深入CLR

（第4版 中文限量版）

[美] 杰弗瑞·李希特 著
(Jeffrey Richter)

周 靖 译

清华大学出版社
北 京

内 容 简 介

本书针对 CLR 和 .NET Framework 4.5(及更高版本)进行深入、全面的探讨，并结合实例介绍了如何利用它们进行设计、开发和调试。全书分 5 部分共 30 章。第 Ⅰ 部分介绍 CLR 基础，第 Ⅱ 部分解释如何设计类型，第Ⅲ部分介绍基本类型，第Ⅳ部分以核心机制为主题展开介绍，第 Ⅴ 部分重点介绍线程处理。

通过本书的阅读，读者可以掌握 CLR 和 .NET Framework 的精髓，轻松、高效地创建高性能应用程序。

北京市版权局著作权合同登记号　图字：01-2024-0680

图书在版编目（CIP）数据

深入CLR：第4版：中文限量版 /（美）杰弗瑞·李希特（Jeffrey Richter）著；周靖译. 一北京：清华大学出版社，2024.5

书名原文：CLR via C#，4th Edition

ISBN 978-7-302-66126-9

Ⅰ. ①深… Ⅱ. ①杰… ②周… Ⅲ. ①C语言—程序设计 Ⅳ. ①TP312.8

中国国家版本馆CIP数据核字（2024）第085137号

责任编辑：文开琪
封面设计：李　坤
责任校对：方　婷
责任印制：杨　艳
出版发行：清华大学出版社
　　　　　网　　　址：https://www.tup.com.cn, https://www.wqxuetang.com
　　　　　地　　　址：北京清华大学学研大厦A座　　　邮　　编：100084
　　　　　社 总 机：010-83470000　　　　　　　　　邮　　购：010-62786544
　　　　　投稿与读者服务：010-62776969, c-service@tup.tsinghua.edu.cn
　　　　　质量反馈：010-62772015, zhiliang@tup.tsinghua.edu.cn
印 装 者：三河市铭诚印务有限公司
经　　销：全国新华书店
开　　本：178mm×230mm　　　印　　张：55　　　字　　数：1107千字
版　　次：2024年7月第1版　　　印　　次：2024年7月第1次印刷
定　　价：198.00元

产品编号：104695-01

译 者 序

从事软件开发的人，都是耐得住寂寞的人。本书作者杰弗瑞不仅耐得住寂寞，还在自己的专业领域取得了很高的造诣，比如 1975 年开始写代码的他，在 1992 年的时候开始接触 NT 3.1 的 Windows 测试版，在 2009 年的时候，将线程锁的专利转让给了微软。取得了很高的造诣不说，他还愿意将自己的心得与大家分享。愿意和大家分享不说，他还非常实诚，真心想把自己的全部知识都清楚地交待给读者。字里行间，全是殷殷叮嘱。无浮夸之文字，倾心血而写就，近十年之所悟，尽呈现于本书。

读完这本书，你的心灵会受到极大的震撼。原因很简单，以前许多似懂非懂的概念，现在变得清晰明了；以前自以为是的做法，现在得到彻底纠正；以前艰苦摸索的编程技巧，现在如同 1+1 一样简单。

杰弗瑞最擅长的就是把最基本的东西讲清楚。你以前或许知道 1+1 等于 2，但他会把 1+1 为什么等于 2 讲得明明白白。最终你会有一种顿悟的感觉，然后自动地知道 1+2 等于几，2+2 等于几。不需要翻阅其他书籍来查询结果。

没有后期维护的书不算是好书。即使是本书英文原版，也维护了一份很长的勘误表，我本人也为其贡献良多。本书中文版将延续我一直以来坚持的风格，建立专门的页面进行维护，提供资源下载和勘误等服务。请大家继续前往我的博客 (*https://bookzhou.com*)，发表关于本书的意见和建议。

综合广大读者的要求，本书于 2023 年底进行了全面修订，具体如下所示：

- 全面提升了可读性：使用了更清晰的代码字体；进行了大量细节修订，以前一些不是特别清楚或者容易产生歧义的地方，都进行了澄清，新增多处"译注"；
- 新的中文版反映了到目前为止所有读者（包括英文版读者）反馈的勘误；
- 标注了一些不适合 .NET Core 的内容（数量极少）；
- 更新了书中引用的 URL，有的进行了缩短 (短网址)；
- 修订了正文中对部分章节标题的引用；
- 增补了术语表；
- 现在，绝大多数屏幕截图基于 Windows 10/11 和 Visual Studio 2022

注意，原书虽然基于 Visual Studio 2012/2013，.NET Framework 4.5.x 和 C# 5.0，但在目前最新的 Visual Studio 2022(.NET Framework 4.8.x 和 C# 10) 上，除了关于 AppDomain 的部分内容，本书绝大多数内容都适合当前的情况。毕竟，整本书讲的都是基础。所有"语法糖"在 ILDasm.exe 的面前，都是一样的。

关于阅读方式和顺序，请参考知乎文章：*https://www.zhihu.com/question/27283360*。感谢作者赵劼。

最后，如同往常一样，我要说所有的功劳都要归于作者，所有的错误都要归于译者。欢迎大家批评指正。

推 荐 序

　　大家好，我们又见面了。谁预见到了今天啊？哈哈，我就预见到了！一旦步入婚姻的殿堂，就相当于过上了"土拨鼠日"。如果还没有看过那部电影，就去看看吧。看了之后，就会明白为什么自己老是犯同样的错误。当杰夫说自己再也不写书的时候，我就知道这是一个"瘾君子"在开空头支票。杰夫不可能停止写书。就在今天，我们还在说起他"绝对"不可能写的另一本书。实际情况是，有一章已经在写了。写书已深入到他骨子里面去了。千里马生来就是要奔跑的，杰夫生来就是要写作的。

　　杰夫太有规律了。他就是离不开硬盘里那些小小的 0 和 1。忽视它们是不可能的。凌晨 3 点，我们睡梦正酣的时候，杰夫的生物钟就在催促他起床了。巧合的是，我们 4 岁大的小儿子也恰好在这个时候爬到我们的床上。爷儿俩的行为模式我都理解不了。一股神秘的力量促使杰夫的大脑自动释放出解决方案、头脑风暴和臭虫之类的东西，迫使他跑到办公室把这些宝贝从脑袋里倒腾出来。而我们呢，则安心地翻个身继续呼呼大睡，知道杰夫会解决那些问题——就像一个神秘的网络超级英雄，防止线程又成为薄弱环节①。

　　但积累这些知识供自己使用，这对杰夫来说远远不够。好东西不该独享。所以必须把它们传播开来，必须把它们写下来。知识就像电波，有心人能接收得到。这就是他为你所做的，亲爱的读者，是他热爱微软技术的明证。

　　本书还有另一层意义在里面。杰夫每次绕着太阳"公转"一圈，都会变得更老一些。经过多年的积累，他也学着"向后看"了。由于看事情的方式变得更成熟，所以他重写了讲反射的那一章。或许你也应该跟他一起回顾一下这个主题。可以学到怎样让代码自个儿询问关于代码的事儿，进而更深入地思考为什么反射要那样工作。穿上便服，找一把舒适的椅子坐下，花些时间想想自己的代码以及它们生命中更深层次的意义。

　　本书还讲了一样有趣的东西，就是异步 / 等待②。和我老公以前鼓捣过一阵子的 AsyncEnumerator 相比，这个东西显然进步了不少。哎，我还以为今后离不开它了呢！事实上，虽然他跟我讲了好多次 AsyncEnumerator，但这个东西根本就没有在我的脑子里"阻塞"嘛！于是我窃想，如果知道什么是 enumerator 的话，也许

---

① 译注：saving the thread from becoming just another loose end，直译就是"防止线头儿又松了"。
② 译注：async 和 await 是 C# 语言的两个关键字，允许用顺序编程模型执行异步操作。

就能明白他讲的是啥了。于是我查了一下维基百科，发现 enumerator 是"人口普查员"的意思。这一章难道是讲人口普查员怎样协调工作的事儿？那也太浪费纳税人的钱了吧！不过，我相信它在计算机里面的意义比我查到的好。杰夫和微软的团队一起工作，将异步／等待打磨得很完美。你现在通过这本书就能舒舒服服地享受他们的成果了。我建议你好好读一下。嗯，要顺着读。[①]

本书的另一个重头戏是我感觉最兴奋的。希望你们都来看看关于 WinRT 的内容。这个术语太书呆子气了，我的理解就是"马上为我无敌帅气的平板搞一些很酷的应用出来！"你猜得没错，新的 Windows Runtime 就是围绕无敌帅气的触摸屏展开的。孩子喜欢小鸟飞向小猪，我则喜欢跟鲜花有关的东西，而你完全可以用平板做其他事情。没有做不到，只有想不到！去折腾出一些"奇思妙想非常牛掰"(Wonderful Innovative Nifty Really Touchy，WinRT) 的东西出来。就当是为了我，好好看看这一章。否则的话，我对杰夫和他不眠不休的写作事业真的可能会失去耐心，会把他关到一间只有"针头线脑"[②]而且没有电的小黑屋里面。你们程序员看着办吧，是用 WinRT 写一些很酷的应用，还是再也没有杰夫的新书看！

总之，在广大读者的力挺之下，杰夫的又一部大作诞生了。我们的家庭貌似又可以回归正常状态了。但真的正常吗？或许他不停写书才真的正常吧。

让我们耐心等待下一本书的神秘召唤。

克里斯汀·特雷西
2012 年 10 月

救命！杰夫要被关小黑屋了！

---

① 译注：克里斯汀用 sequentially 一词来吐槽顺序编程模型。
② 译注：克里斯汀又在吐槽 thread 了。

前　言

　　1999 年 10 月，微软的团队首次向我展示了他们的成果：.NET Framework、公共语言运行时 (Common Language Runtime，CLR) 和 C# 编程语言。看到眼前的一切，我惊呆了，顿时觉得写软件的方式要发生重大变化了。他们聘请我担任他们的顾问，我当即就同意了。刚开始，我以为 .NET Framework 是 Win32 API 和 COM 上的一个抽象层。但随着我投入越来越多的时间进行研究，深刻认识到它是一个更宏大的项目。在某种程度上，它是自己的操作系统。它有自己的内存管理器、自己的安全系统、自己的文件加载器、自己的错误处理机制、自己的应用程序隔离边界 (AppDomain)、自己的线程处理模型等。本书着重于解释所有这些主题，帮助大家为这个平台高效地设计和实现应用程序与组件。

　　我动手写这本书是 2012 年 10 月，距离首次接触 .NET Framework 和 C# 编程语言正好 13 年。13 年以来，我以微软顾问的身份开发过各种应用程序，为 .NET Framework 本身也贡献良多。我作为 Wintellect(http://Wintellect.com)① 的合伙人，也为大量客户提供服务，帮助他们设计、调试、优化软件以及解决使用 .NET Framework 时遇到的问题。正是因为这些资历，我才知道如何用 .NET Framework 进行高效编程。贯穿全书，你会看到我数十年积累下来的经验。

本书面向的读者

　　本书旨在解释如何为 .NET Framework 开发应用程序和可重用的类。具体而言，我要解释 CLR 的工作原理及其提供的功能，还要讨论框架类库（Framework Class Library，FCL) 的各个部分。没有一本书能完整地解释 FCL——其中含有数以千计的类型，而且这个数字一直在以惊人的速度增长。所以，我准备将重点放在每个开发人员都需要注意的核心类型上。

　　本书围绕 Microsoft Visual Studio 2012/2013，.NET Framework 4.5.x 和 C# 5.0 展

---

① 译注：Wintellect 被 Atmosera 收购后更名为 WintellectNOW，提供微软全系列产品 (包括 Azure 云计算服务和 AI 等) 的按需培训服务，网址是 https://www.wintellectnow.com/。

开。① 由于微软在发布这些技术的新版本时，会试图保持很大程度的向后兼容性，所以本书描述的许多内容也适合之前的版本。所有示例代码都用 C# 编程语言写成。但由于 CLR 可由许多编程语言使用，所以本书内容也适合非 C# 程序员。

我和我的编辑们进行了艰苦卓绝的工作，试图为大家提供最准确、最新、最深入、最容易阅读和理解、没有错误的信息。但是，即便有如此完美的团队协作，疏漏和错误也在所难免。如果你发现了本书的任何错误或者想提出一些建设性的意见，请发送邮件给本书中文版编辑 coo@netease.com。

致谢

没有来自其他人的帮助和技术支持，我个人是不可能写好这本书的。尤其要感谢我的家人。写好一本书所投入的时间和精力无法衡量。我只知道，没有我的妻子克里斯汀和两个儿子艾登和格兰特的支持，我根本不可能完成这本书。多少次想花些时间一家人小聚，都因为本书的写作而放弃。现在，总算告一段落，我终于有时间做自己喜欢做的事情了。

本书的修订得到了一些高人的协助。.NET Framework 团队的一些人（其中许多都是我的朋友）审阅了部分章节，我和他们进行了许多发人深省的对话。克里斯托弗·纳沙雷参与了我几本书的出版，在审阅本书并确保我能以最恰当的方式来表达的过程中，他表现出了非凡的才能。他对本书的品质有至关重要的影响。和往常一样，我和微软出版社的团队进行了令人愉快的合作。特别感谢本·瑞安（Ben Ryan）、德文·马斯格罗夫（Devon Musgrave）和卡罗尔·迪林汉姆（Carol Dillingham）。另外，感谢苏茜·卡尔（Susie Carr）和坎迪斯·辛克莱尔（Candace Sinclair）提供的编辑和制作支持。

勘误和支持

我们一直以最大的努力保证本书的准确性。英文版勘误或更改会添加到以下网页：
http://www.oreilly.com/catalog/errata.csp?isbn=0790145353665
http://go.microsoft.com/FWLink/?Linkid=266601
如果发现的错误在此处未列出，可通过同一个网页联系我们。
如需其他支持，请发送邮件联系我们：
mspinput@microsoft.com
注意，上述邮件地址不提供产品支持。

---

① 译注：原书虽然基于 Visual Studio 2012/2013，.NET Framework 4.5.x 和 C# 5.0，但在目前最新的 Visual Studio 2022(.NET Framework 4.8.x 和 C# 10) 上，除了关于 AppDomain 的部分内容，本书绝大多数内容都普遍适用于当前的情况。毕竟，整本书讲的都是基础的核心类型，所有"语法糖"在 ILDasm.exe 面前，都是一样的。

　　最后，本书简体中文版的勘误和资源下载可以访问译者的博客，当前中文版已综合了英文版到 (2023 年) 为止所有的勘误：

　　https://bookzhou.com

简明目录

术语表

详细目录

第 I 部分　CLR 基础

第 II 部分　设计类型

第 III 部分　基本类型

第 Ⅳ 部分　核心机制

第 V 部分　线程处理

第I部分　CLR 基础

第 1 章

CLR 的执行模型

本章内容:

- 将源代码编译成托管模块
- 将托管模块合并成程序集
- 加载公共语言运行时 (CLR)
- 执行程序集的代码
- 本机代码生成器 NGen.exe
- Framework 类库简介
- 通用类型系统
- 公共语言规范 (CLS)
- 与非托管代码的互操作性

微软的 .NET Framework 引入了许多新概念、技术和术语。本章概述了 .NET Framework 是如何设计的,介绍了它所包含的一些新技术,并定义了后文要用到的许多术语。除此之外,还要展示如何将源代码生成 (build) 为一个应用程序,或者生成为一组可重新分发的组件 (文件)——这些组件 (文件) 中包含类型 (类和结构等)。最后,本章解释了应用程序如何执行。

1.1 将源代码编译成托管模块

决定将 .NET Framework 作为自己的开发平台之后,第一步便是决定要生成什么类型的应用程序或组件。假定大家已经完成了这个小细节。换言之,一切均已设计好,规范已经写好,可以着手开发了。

现在，必须决定要使用哪一种编程语言。这通常是一个艰难的抉择，因为不同的语言各有长处。例如，非托管语言 C/C++ 可对系统进行低级的控制。可完全按自己的想法管理内存，必要时能方便地创建线程。另一方面，使用 Microsoft Visual Basic 可以快速生成 UI 应用程序，并且可以方便地控制 COM 对象和数据库。

顾名思义，公共语言运行时 (Common Language Runtime，CLR) 是一个可由多种编程语言使用的"运行时"。[①]CLR 的核心功能 (比如内存管理、程序集加载、安全性、异常处理和线程同步) 可由面向 CLR 的所有语言使用。例如，"运行时"使用异常来报告错误；因此，面向它的任何语言都能通过异常来报告错误。另外，"运行时"允许创建线程，所以面向它的任何语言都能创建线程。

事实上，在运行时，CLR 根本不介意开发人员用哪一种语言写源代码。这意味着在选择编程语言时，应选择最容易表达自己意图的语言。可以使用任何编程语言开发代码，只要编译器是面向 CLR 的。

既然如此，不同编程语言的优势何在呢？事实上，可以将编译器视为语法检查器和"正确代码"分析器。它们检查源代码，确定你写的一切都有意义，并输出对你的意图进行描述的代码。不同编程语言允许用不同的语法来开发。不要低估这个选择的价值。例如，对于数学或金融应用程序，使用 APL 语法来表达自己的意图，相较于使用 Perl 语法来表达同样的意图，可以节省许多开发时间。

微软创建好了几个面向"运行时"的语言编译器，其中包括 C++/CLI、C#(读音同"C sharp")、Visual Basic、F#(读音同"F sharp")、Iron Python、Iron Ruby 以及一个"中间语言"(Intermediate Language，IL) 汇编器。除了微软，另一些公司、学院和大学也创建了自己的编译器，也能面向 CLR 生成代码。我知道有针对这些语言的编译器：Ada、APL、Caml、COBOL、Eiffel、Forth、Fortran、Haskell、Lexico、LISP、LOGO、Lua、Mercury、ML、Mondrian、Oberon、Pascal、Perl、PHP、Prolog、RPG、Scheme、Smalltalk 和 Tcl/Tk。

图 1-1 展示了编译源代码文件的过程。如图所示，可以使用支持 CLR 的任何语言创建源代码文件，然后用对应的编译器检查语法和分析源代码。无论选择哪个编译器，结果都是一个托管模块 (managed module)。托管模块是标准的 32 位 Microsoft Windows 可移植执行体 (PE32) 文件[②]，或者是标准的 64 位 Windows 可移植执行体 (PE32+) 文件，它们都需要 CLR 才能执行。顺便说一句，托管程序集总是利用 Windows 的数据执行保护 (Data Execution Prevention，DEP) 和地址空间布局

---

① 译注：CLR 在早期文档中翻译为"公共语言运行库"，但"库"一词很容易让人误解，所以本书采用的翻译为"公共语言运行时"，或简称为"运行时"。为了和"程序运行的时候"区分，"运行时"在作为名词时会添加引号。

② 译注：PE 是 Portable Executable(可移植执行体) 的简称。

随机化 (Address Space Layout Randomization，ASLR)，这两个功能旨在增强整个系统的安全性。

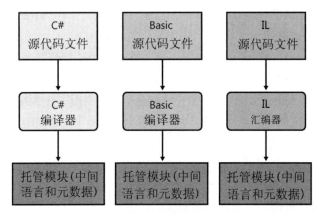

图 1-1 将源代码编译成托管模块

表 1-1 总结了托管模块的各个组成部分。

表 1-1 托管模块的各个部分

组成部分	说明
PE32 或 PE32+ 头	标准 Windows PE 文件头，类似于“公共对象文件格式”(Common Object File Format，COFF) 头。如果这个头使用 PE32 格式，那么文件能在 32 位或 64 位 Windows 上运行。如果这个头使用 PE32+ 格式，那么文件只能在 64 位 Windows 上运行。这个头还标识了文件类型，包括 GUI、CUI 或者 DLL，并包含一个时间标记 (时间戳) 来指出文件的生成时间。对于只包含 IL 代码的模块，PE32(+) 头的大多数信息会被忽视。如果是包含本机 (native)CPU 代码的模块，那么这个头会包含与本机 CPU 代码有关的信息
CLR 头	包含使这个模块成为托管模块的信息 (可由 CLR 和一些实用程序进行解释)。头中包含要求的 CLR 版本，一些标志 (flag)，托管模块入口方法 (Main 方法) 的 MethodDef 元数据 token(标注)，以及模块的元数据、资源、强名称、一些标志及其他不太重要的数据项的位置 / 大小
元数据	每个托管模块都包含元数据表。主要有两种表：一种描述源代码中定义的类型和成员，另一种描述源代码引用的类型和成员
IL(中间语言) 代码	编译器编译源代码时生成的代码。在运行时，CLR 将 IL 编译成本机 CPU 指令

本机代码编译器 (native code compiler)① 生成的是面向特定 CPU 架构 (比如 x86, x64 或 ARM) 的代码。相反，每个面向 CLR 的编译器生成的都是 IL(中间语言) 代码。本章稍后会详细讨论 IL 代码。IL 代码有时称为托管代码 (managed code)，因为由 CLR 管理它的执行。

除了生成 IL，所有面向 CLR 的编译器还要在每个托管模块中生成完整的元数据 (metadata)。元数据简单地说就是数据表的一个集合。一些数据表描述了模块中定义了什么 (比如类型及其成员)，另一些描述了模块引用了什么 (比如导入的类型及其成员)。元数据是一些老技术的超集。这些老技术包括 COM 的 "类型库" (Type Library) 和 "接口定义语言" (Interface Definition Language，IDL) 文件。但是，CLR 元数据远比它们全面。另外，和类型库及 IDL 不同，元数据总是与包含 IL 代码的文件关联。事实上，元数据总是嵌入和代码相同的 EXE/DLL 文件中，这使两者密不可分。由于编译器同时生成元数据和代码，把它们绑定一起，并嵌入最终生成的托管模块，所以元数据和它描述的 IL 代码永远不会失去同步。

元数据有多种用途，下面仅列举一部分。

- 元数据避免了编译时对原生 C/C++ 头和库文件的需求，因为在实现类型 / 成员的 IL 代码文件中，已包含有关引用类型 / 成员的全部信息。编译器直接从托管模块读取元数据。
- Microsoft Visual Studio 用元数据帮助你写代码。"智能感知" (IntelliSense) 技术会解析元数据，告诉你一个类型提供了哪些方法、属性、事件和字段。对于方法，还能告诉你需要的参数。
- CLR 的代码验证过程使用元数据确保代码只执行 "类型安全" 的操作。(稍后就会讲到验证。)
- 元数据允许将对象的字段序列化到内存块，将其发送给另一台机器，然后反序列化，在远程机器上重建对象状态。
- 元数据允许垃圾回收器跟踪对象生存期。垃圾回收器能判断任何对象的类型，并从元数据知道那个对象中的哪些字段引用了其他对象。

第 2 章将更详细地讲述元数据。

微软的 C# 语言、Visual Basic 语言、F# 语言和 IL 的汇编器总是生成包含托管代码 (IL) 和托管数据 (支持垃圾回收的数据类型) 的模块。为了执行包含托管代码以及 / 或者托管数据的模块，最终用户 (end users) 必须在自己的计算机上安装好 CLR(目前作为 .NET Framework 的一部分提供)。这类似于为了运行 MFC 或者 Visual Basic 6.0 应用程序，用户必须安装 Microsoft Foundation Class(MFC) 库或者

---

① 译注：native 在文档中翻译为 "本机"，个人更喜欢 "原生"，比如原生类库、原生 C/C++ 代码、原生堆。一切非托管的，都是 native 的。

Visual Basic DLL。

　　微软的 C++ 编译器默认生成包含非托管 (native) 代码的 EXE/DLL 模块，并在运行时操纵非托管数据 (native 内存)。这些模块不需要 CLR 即可执行。然而，通过指定 /CLR 命令行开关，C++ 编译器就能生成包含托管代码的模块。当然，最终用户必须安装 CLR 才能执行这种代码。在前面提到的所有微软的编译器中，C++ 编译器是最特别的，只有它才允许开发人员同时写托管和非托管代码，并生成到同一个模块中。它也是唯一允许开发人员在源代码中同时定义托管和非托管数据类型的 Microsoft 编译器。微软的 C++ 编译器的灵活性是其他编译器无法比拟的，因为它允许开发人员在托管代码中使用原生 C/C++ 代码，时机成熟后再使用托管类型。

1.2　将托管模块合并成程序集

　　CLR 实际不和模块打交道。它和程序集打交道。程序集 (assembly) 是抽象概念，初学者很难把握它的精髓。首先，程序集是一个或多个模块 / 资源文件的逻辑性分组。其次，程序集是重用、安全性以及版本控制的最小单元。取决于你选择的编译器或工具，既可生成单文件程序集，也可生成多文件程序集。在 CLR 的世界中，程序集相当于 "组件"。

　　第 2 章会深入探讨程序集，这里不打算花费太多笔墨。只想提醒大家注意：利用 "程序集" 这种概念性的东西，可将一组文件当作一个单独的实体来看待。

　　图 1-2 有助于理解程序集。图中一些托管模块和资源 (或数据) 文件准备交由一个工具处理。该工具生成代表文件逻辑分组的一个 PE32(+) 文件。实际发生的事情是，这个 PE32(+) 文件包含一个名为清单 (manifest) 的数据块。清单也是元数据表的一个集合。这些表描述了构成程序集的文件、程序集中的文件所实现的公开导出的类型[①] 以及与程序集关联的资源或数据文件。

　　编译器默认将生成的托管模块转换成程序集。也就是说，C# 编译器生成含有清单的一个托管模块。清单指出程序集只由一个文件构成。所以，对于只有一个托管模块且无资源 (或数据) 文件的项目，程序集就是托管模块，生成过程中无需执行任何额外的步骤。但是，如果希望将一组文件合并到程序集中，就必须掌握更多的工具 (比如程序集链接器 AL.exe) 及其命令行选项。第 2 章将解释这些工具和选项。

　　对于一个可重用的、可保护的、可版本控制的组件，程序集把它的逻辑表示和物理表示区分开。具体如何用不同的文件划分代码和资源，这完全取决于个人。例如，可以将很少用到的类型或资源放到单独的文件中，并把这些文件作为程序集的一部

---

① 译注：所谓公开导出的类型，就是程序集中定义的 public 类型，它们在程序集内部外部均可见。

分。在运行的时候，可以根据需要从网上下载这些单独的文件。如果文件永远用不上，那么永远不会下载。这样不仅节省磁盘空间，还缩短了安装时间。利用程序集，可以在不同的地方部署文件，同时仍然将所有文件作为一个整体来对待。

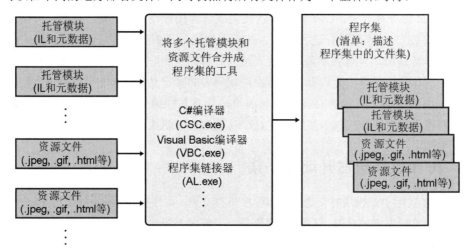

图 1-2 将托管模块合并成程序集

在程序集的模块中，还包含与引用的程序集有关的信息 (包括其版本号)。这些信息使程序集能够自描述 (self-describing)。也就是说，CLR 能判断为了执行程序集中的代码，程序集需要哪些直接依赖项 (immediate dependency)。不需要在注册表或 Active Directory Domain Services(ADDS) 中保存额外的信息。由于无需额外的信息，所以和非托管组件相比，程序集更容易部署。

1.3 加载公共语言运行时 (CLR)

生成的每个程序集既可以是可执行应用程序，也可以是 DLL(其中含有一组由可执行程序使用的类型)。当然，最终是由 CLR 管理这些程序集中的代码的执行。这意味着目标机器必须安装好 .NET Framework。微软创建了一个重分发包 (redistribution package)，允许将 .NET Framework 免费分发并安装到用户的计算机上。现在的 Windows 通常都预装了 .NET Framework。

要想知道是否已安装 .NET Framework，只需检查 %SystemRoot%\System32 目录中的 MSCorEE.dll 文件。存在该文件，表明 .NET Framework 已安装。然而，一台机器可能同时安装好几个版本的 .NET Framework。要了解安装了哪些版本的 .NET Framework，请检查以下目录的子目录：

%SystemRoot%\Microsoft.NET\Framework

%SystemRoot%\Microsoft.NET\Framework64

　　.NET Framework SDK 提供了名为 CLRVer.exe 的命令行实用程序，能列出机器上安装的所有 CLR 版本。还能列出机器中正在运行的进程使用的 CLR 版本号，方法是使用 -all 命令行开关，或向其传递目标进程 ID。

　　在学习 CLR 具体如何加载之前，让我们稍微花点时间讨论一下 Windows 的 32 位和 64 位版本。如果你的程序集文件只包含类型安全的托管代码，那么代码在 32 位和 64 位 Windows 上都能正常工作。在这两种 Windows 上运行时，源代码无需任何改动。事实上，编译器最终生成的 EXE/DLL 文件在 Windows 的 x86 和 x64 版本上都能正常工作。此外，Windows Store 应用或类库能在 Windows RT 机器 (使用 ARM CPU) 上运行。也就是说，只要机器上安装了对应版本的 .NET Framework，文件就能运行。

　　极少数情况下，开发人员希望代码只在一个特定版本的 Windows 上运行。例如，要使用不安全的代码，或者要和面向一种特定 CPU 架构的非托管代码进行互操作，就可能需要这样做。为了帮助这些开发人员，C# 编译器提供了一个 /platform 命令行开关选项。这个开关允许指定最终生成的程序集只能在运行 32 位 Windows 版本的 x86 机器上使用，只能在运行 64 位 Windows 的 x64 机器上使用，或者只能在运行 64 位 Windows RT 的 ARM 机器上使用。不指定具体平台的话，默认选项就是 Any CPU，表明最终生成的程序集能在任何版本的 Windows 上运行。Visual Studio 用户要想设置目标平台，可以打开项目的属性页，从 "生成" 标签页的 "目标平台" 列表中选择一个选项，如图 1-3 所示。

图 1-3　在 Visual Studio 中设置目标平台

取决于 /platform 开关选项，C# 编译器生成的程序集包含的要么是 PE32 头，要么是 PE32+ 头。除此之外，编译器还会在头中指定要求什么 CPU 架构 (如果使用默认值 Any CPU，则代表任意 CPU 架构)。微软发布了 SDK 命令行实用程序 DumpBin.exe 和 CorFlags.exe，可用它们检查编译器生成的托管模块所嵌入的信息。

可执行文件运行时，Windows 检查文件头，判断需要 32 位还是 64 位地址空间。PE32 文件在 32 位或 64 位地址空间中均可运行，PE32+ 文件则需要 64 位地址空间。Windows 还会检查头中嵌入的 CPU 架构信息，确保当前计算机的 CPU 符合要求。最后，Windows 的 64 位版本通过 WoW64(Windows on Windows 64) 技术运行 32 位 Windows 应用程序。

表 1-2 总结了两方面的信息。其一，为 C# 编译器指定不同 /platform 命令行开关将得到哪种托管模块。其二，应用程序在不同版本的 Windows 上如何运行。[①]

表 1-2　/platform 开关选项对生成的模块的影响以及在运行时的影响

/platform 开关	生成的托管模块	x86 Windows	x64 Windows	ARM Windows RT
Any CPU(默认)	PE32/ 任意 CPU 架构	作为 32 位应用程序运行	作为 64 位应用程序运行	作为 32 位应用程序运行
Any CPU32bit preferred	PE32/ 任意 CPU 架构	作为 32 位应用程序运行	作为 WoW64 应用程序运行	作为 32 位应用程序运行
x86	PE32/x86	作为 32 位应用程序运行	作为 WoW64 应用程序运行	不运行
x64	PE32+/x64	不运行	作为 64 位应用程序运行	不运行
arm	PE32/ARM	不运行	不运行	作为 32 位应用程序运行
arm64	PE32+/ARM	不运行	不运行	作为 64 位应用程序运行

Windows 检查 EXE 文件头，决定是创建 32 位还是 64 位进程之后，会在进程地址空间加载 MSCorEE.dll 的 x86，x64 或 ARM 版本。如果是 Windows 的 x86 或 ARM 版本，MSCorEE.dll 的 x86 版本在 %SystemRoot%\System32 目录中。如果是 Windows 的 x64 版本，MSCorEE.dll 的 x86 版本在 %SystemRoot%\SysWow64 目录中，

① 译注：ARM 版的 Windows 一般只提供给 OEM 厂商，不提供给最终用户。2023 年主要还在使用 ARM 架构的设备是 Microsoft Surface(Surface Pro 9 可选 x86 和 ARM 版本) 和 Apple 的各种使用 M1/M2 芯片的电脑。因此，可以在 MacOS 上用虚拟机安装 ARM 版的 Windows。注意，目前 ARM 版本的 Win10 测试通道已经关闭，只有 Win11。

64 位版本则在 %SystemRoot%\System32 目录中 (为了向后兼容)。然后，进程的主线程调用 MSCorEE.dll 中定义的一个方法。这个方法初始化 CLR，加载 EXE 程序集，再调用其入口方法 (Main)。随即，托管应用程序启动并开始运行。[①]

> **注意**
>
> C# 编译器 1.0 或 1.1 版本生成的程序集包含的是 PE32 头，而且未明确指定 CPU 架构。但在加载时，CLR 认为这些程序集只用于 x86。对于可执行文件，这增强了应用程序与 64 位系统的兼容性，因为可执行文件将在 WoW64 中加载，为进程提供和 Windows 的 32 位 x86 版本非常相似的环境。

如果非托管应用程序调用 Win32 函数 LoadLibrary 来加载一个托管程序集，那么 Windows 会自动加载并初始化 CLR(如果尚未加载) 以处理程序集中的代码。当然，这个时候进程已经启动并运行了，而这可能会限制程序集的可用性。例如，64 位进程完全无法加载使用 /platform:x86 开关编译的托管程序集，而用同一个开关编译的可执行文件就能在 64 位 Windows 中用 WoW64 进行加载。

1.4　执行程序集的代码

如前所述，托管程序集同时包含元数据和 IL。IL 是与 CPU 无关的机器语言，是微软在请教了外部的几个商业及学术性语言 / 编译器的作者之后，费尽心思开发出来的。IL 比大多数 CPU 机器语言都高级[②]。IL 能访问和操作对象类型，并提供了指令来创建和初始化对象、在对象上调用虚方法以及直接操作数组元素。甚至提供了抛出和捕捉异常的指令以实现错误处理。可将 IL 视为一种面向对象的机器语言。

开发人员一般用 C# 语言，Visual Basic 或 F# 等高级语言进行编程。它们的编译器将生成 IL。然而，和其他任何机器语言一样，IL 也能使用汇编语言编写，微软甚至专门提供了名为 ILAsm.exe 的 IL 汇编器和名为 ILDasm.exe 的 IL 反汇编器。

注意，高级语言通常只公开了 CLR 全部功能的一个子集。然而，IL 汇编语言允许开发人员访问 CLR 的全部功能。所以，如果你选择的编程语言隐藏了自己迫切需要的一个 CLR 功能，那么可以换用 IL 汇编语言或者提供了所需功能的另一种编程语言来写那部分代码。

[①]　可以在代码中查询 Environment 的 Is64BitOperatingSystem 属性，判断是否在 64 位 Windows 上运行。还可以查询 Environment 的 Is64BitProcess 属性，判断是否在 64 位地址空间中运行。

[②]　译注：在中文语境中，人们往往把"更高级"理解为"更好"。但在软件开发 / 工程 / 需求领域中，"更高级"简单地意味着具有更高的抽象级别。机器语言是计算机唯一能理解的、最低级的语言。

> **重要提示** ⚠️
>
> 在我看来，允许在不同编程语言之间方便地切换，同时又保持紧密集成，这是 CLR 很出众的一个特点。遗憾的是，许多开发人员都忽视了这一点。例如，C# 和 Visual Basic 等语言能很好地执行 I/O 操作，APL 语言能很好地执行高级工程或金融计算。通过 CLR，应用程序的 I/O 部分可用 C# 编写，工程计算部分则换用 APL 编写。CLR 在这些语言之间提供了其他技术无法媲美的集成度，使"混合语言编程"成为许多开发项目一个值得认真考虑的选择。

要想知道 CLR 具体提供了哪些功能，唯一的办法就是阅读 CLR 文档。本书致力于讲解 CLR 的功能，以及 C# 语言如何公开这些功能。对于 C# 没有公开的 CLR 功能，本书也进行了说明。相比之下，其他大多数书籍和文章都是从一种语言的角度讲解 CLR，造成大多数开发人员误以为 CLR 只提供了他们选用的那一种语言所公开的那一部分功能。当然，如果能用一种语言达到目的，那么这种误解也不一定是件坏事。

为了执行方法，首先必须把方法的 IL 转换成本机 CPU 指令。这是 CLR 的 JIT(just-in-time 或者"即时")编译器的职责。

图 1-4 展示了首次调用一个方法时发生的事情。

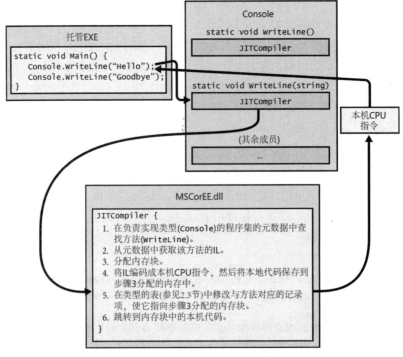

图 1-4 方法的首次调用

就在 Main 方法执行之前，CLR 会检测 Main 的代码引用的所有类型。这导致 CLR 分配一个内部数据结构来管理对引用类型的访问。图 1-4 的 Main 方法只引用了一个 Console 类型，导致 CLR 分配一个内部结构。在这个内部数据结构中，Console 类型定义的每个方法都有一个对应的记录项[①]。每个记录项都含有一个地址，根据此地址即可找到方法的实现。对这个结构初始化时，CLR 将每个记录项都设置成 (指向) 包含在 CLR 内部的一个未编档函数。我把这个函数称为 JITCompiler。

Main 方法首次调用 WriteLine 时，JITCompiler 函数会被调用。JITCompiler 函数负责将方法的 IL 代码编译成本机 CPU 指令。由于 IL 是"即时"(just in time) 编译的，所以通常将 CLR 的这个组件称为 JITter 或者 JIT 编译器。

注意

如果应用程序在 Windows 的 x86 版本或 WoW64 中运行，那么 JIT 编译器将生成 x86 指令。作为 64 位应用程序在 Windows 的 x64 版本中运行，将生成 x64 指令。在 Windows 的 ARM 版本中运行，则将生成 ARM 指令。

JITCompiler 函数被调用时，它知道要调用的是哪个方法，以及具体是什么类型定义了该方法。然后，JITCompiler 会在定义 (该类型的) 程序集的元数据中查找被调用方法的 IL。接着，JITCompiler 验证 IL 代码，并将 IL 代码编译成本机 CPU 指令。本机 CPU 指令保存到动态分配的内存块中。然后，JITCompiler 回到 CLR 为类型创建的内部数据结构，找到与被调用方法对应的那条记录，修改最初对 JITCompiler 的引用，使其指向内存块 (其中包含了刚才编译好的本机 CPU 指令) 的地址。最后，JITCompiler 函数跳转到内存块中的代码。这些代码正是 WriteLine 方法 (获取单个 String 参数的那个版本) 的具体实现。代码执行完毕并返回时，会回到 Main 中的代码，并像往常一样继续执行。

现在，Main 要第二次调用 WriteLine。这一次，由于已对 WriteLine 的代码进行了验证和编译，所以会直接执行内存块中的代码，完全跳过 JITCompiler 函数。WriteLine 方法执行完毕后，会再次回到 Main。图 1-5 展示了第二次调用 WriteLine 时发生的事情。

---

① 译注：本书将 entry 翻译成"记录项"，其他译法还有条目、入口等。虽然某些 entry 包含了一个地址，所以相当于一个指针，但并非所有 entry 都是这样的。在其他 entry 中，还可能包含了文件名、类型名、方法名和位标志等信息。

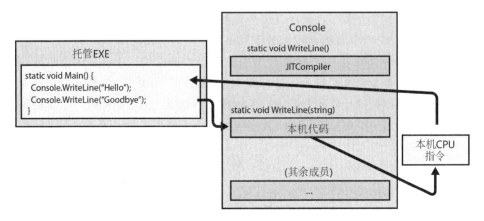

图 1-5 方法的第二次调用

方法仅在首次调用时才会有一些性能损失。以后对该方法的所有调用都以本机代码的形式全速运行，无需重新验证 IL 并把它编译成本机代码。

JIT 编译器将本机 CPU 指令存储到动态内存中。这意味着一旦应用程序终止，编译好的代码也会被丢弃。所以，将来再次运行应用程序，或者同时启动应用程序的两个实例 (使用两个不同的操作系统进程)，JIT 编译器必须再次将 IL 编译成本机指令。对于某些应用程序，这可能显著增加内存耗用。相比之下，如果运行的是一个本机 (native) 应用程序，那么它的只读代码页是可以由应用程序正在运行的所有实例共享的。

对于大多数应用程序，JIT 编译造成的性能损失并不显著。大多数应用程序都反复调用相同的方法。应用程序运行期间，这些方法只会对性能造成一次性的影响。另外，在方法内部花费的时间很有可能比花在调用方法上的时间多得多。

还要注意，CLR 的 JIT 编译器会对本机代码进行优化，这类似于非托管 C++ 编译器的后端所做的事情。同样，可能要花较多时间来生成优化代码。但和不优化相比，代码优化后的性能更佳。

有两个 C# 编译器开关会影响代码优化：/optimize 和 /debug。下面总结了这些开关对 C# 编译器生成的 IL 代码的质量的影响，以及对 JIT 编译器生成的本机代码的质量的影响。

编译器开关设置	C# IL 代码质量	JIT 本机代码质量
/optimize- /debug-(默认)	未优化	有优化
/optimize- /debug(+/full/pdbonly)	未优化	未优化
/optimize+ /debug(-/+/full/pdbonly)	有优化	有优化

使用 /optimize-，在 C# 编译器生成的未优化 IL 代码中，将包含许多 NOP(no-operation，空操作) 指令，还包含许多跳转到下一行代码的分支指令。Visual Studio 利用这些指令在调试期间提供 "编辑并继续"(edit-and-continue) 功能。另外，利用这些额外的指令，还可以在控制流程指令 (比如 for、while、do、if、else、try、catch 和 finally 这几个语句块) 上设置断点，使代码更容易调试。相反，如果生成优化的 IL 代码，C# 编译器会删除多余的 NOP 和分支指令。而在控制流程被优化之后，代码就难以在调试器中进行单步调试了。另外，若在调试器中执行，一些函数求值可能无法进行。不过，优化的 IL 代码变得更小，结果 EXE/DLL 文件也更小。另外，如果你像我一样喜欢检查 IL 来理解编译器生成的东西，这种 IL 也更易读。

除此之外，只有指定 /debug(+/full/pdbonly) 开关，编译器才会生成 Program Database(PDB) 文件。PDB 文件帮助调试器查找局部变量并将 IL 指令映射到源代码。/debug:full 开关告诉 JIT 编译器你打算调试程序集，JIT 编译器会记录每条 IL 指令所生成的本机代码。这样一来，就可以利用 Visual Studio 的 "即时"(just-in-time) 调试功能，将调试器连接到正在运行的进程，并方便地对源代码进行调试。不指定 /debug:full 开关，JIT 编译器默认不记录 IL 与本机代码的联系，这使 JIT 编译器运行得稍快，用的内存也稍少。如果进程用 Visual Studio 调试器启动，那么会强迫 JIT 编译器记录 IL 与本机代码的联系 (无论 /debug 开关的设置是什么)，除非在 Visual Studio 中关闭了 "在模块加载时取消 JIT 优化 (仅限托管)" 选项。[①]

在 Visual Studio 中新建 C# 项目时，项目的 "调试"(Debug) 配置指定的是 /optimize- 和 /debug:full 开关，而 "发布"(Release) 配置指定的是 /optimize+ 和 /debug:pdbonly 开关。

---

① 译注：选择 "工具"｜"选项"，然后选择 "调试" 节点下的 "常规" 页。

非托管 C 或 C++ 的开发人员可能担心这一切对于性能的影响。毕竟，非托管代码是针对一种具体 CPU 平台编译的。一旦调用，代码直接就能执行。但是，在现在这种托管环境中，代码的编译是分两个阶段完成的。首先，编译器遍历源代码，做大量工作来生成 IL 代码。但真正要想执行，这些 IL 代码本身必须在运行时编译成本机 CPU 指令，这需要分配更多的非共享内存，而且要花费额外的 CPU 时间。

事实上，我自己也是从 C/C++ 的背景开始接触 CLR 的，当时也对此持怀疑态度并格外关心这种额外的开销。经过实践，我发现运行时的二次编译确实会影响性能，也确实会分配动态内存。但微软进行了大量性能优化工作来尽可能地将这些额外的开销保持在最低限度。

如果仍不放心，就实际生成一些应用程序，亲自测试一下性能。此外，应该运行由微软或其他公司生成的一些比较正式的托管应用程序，并测试其性能。相信它们出色的性能表现会让你喜出望外。

虽然大家可能很难相信，但许多人 (包括我) 都认为托管应用程序的性能实际上超越了非托管应用程序。这是出于多方面的原因。例如，当 JIT 编译器在运行时将 IL 代码编译成本机代码时，编译器对执行环境的认识比非托管编译器更深刻。相较于非托管代码的优势，托管代码具有以下优势。

- JIT 编译器能判断应用程序是否运行在 Intel Pentium 4 CPU 上，并生成相应的本机代码来利用 Pentium 4 支持的任何特殊指令。相反，非托管应用程序通常是针对具有最小功能集合的 CPU 编译的，不会使用能提升性能的特殊指令。
- JIT 编译器能判断一个特定的测试在它运行的机器上是否总是失败。例如，假定一个方法包含以下代码：

```
if (numberOfCPUs > 1) {
    ...
}
```

  如果主机只有一个 CPU，那么 JIT 编译器不会为以上代码生成任何 CPU 指令。在这种情况下，本机代码将针对主机进行优化，最终代码变得更小，执行得更快。
- 应用程序运行时，CLR 可以探查 (profile) 代码的执行，并将 IL 重新编译成本机代码。重新编译的代码可以重新组织，根据刚才观察到的执行模式，减少不正确的分支预测。虽然目前版本的 CLR 还不能做到这一点，但将来的版本也许就可以了。[1]

---

[1] 译注：现在，可以在 Visual Studio 2022 中选择"调试"|"性能探查器"来使用这个功能。虽然还不能做到全自动，但手动的效果也不错。

除了这些理由，还有另一些理由使我们相信未来的托管代码在执行效率上会比当前的非托管代码更优秀。大多数托管应用程序目前的性能已相当不错，将来还有望进一步提升。

如果大家亲手的试验后发现，CLR 的 JIT 编译器似乎并没有使自己的应用程序达到应有的性能，那么可以考虑使用 .NET Framework SDK 配套提供的 NGen.exe 工具。该工具将程序集的所有 IL 代码预编译成本机代码，并将这些本机代码保存到一个磁盘文件中。在运行时加载程序集时，CLR 自动判断是否存在该程序集的预编译版本。如果是，CLR 就加载预编译代码。这样一来，就避免了在运行时进行编译。注意，NGen.exe 对最终执行环境的预设是很保守的 (不得不如此)。所以，NGen.exe 生成的代码不会像 JIT 编译器生成的代码那样进行高度优化。本章稍后会详细讨论 NGen.exe。

另外，还可以考虑使用 System.Runtime.ProfileOptimization 类。该类导致 CLR 检查程序运行时哪些方法被 JIT 编译，结果被记录到一个文件。程序再次启动时，如果是在多 CPU 机器上运行，就用其他线程并发编译这些方法。这使应用程序运行得更快，因为多个方法并发编译，而且是在应用程序初始化时编译，而不是在用户和程序交互时才"即时"编译。

1.4.1　IL 和验证

IL 基于栈 (stack)。这意味着它的所有指令都要将操作数压入 (push) 一个执行栈，并从栈弹出 (pop) 结果。由于 IL 没有提供操作寄存器的指令，所以人们可以很容易地创建新的语言和编译器，生成面向 CLR 的代码。

IL 指令还是"无类型"(typeless) 的。例如，IL 提供了 add 指令将压入栈的最后两个操作数加到一起。add 指令不分 32 位和 64 位版本。add 指令执行时，它判断栈中的操作数的类型，并执行恰当的操作。

我个人认为，IL 最大的优势不在于它对底层 CPU 的抽象，而在于应用程序的健壮性[①] 和安全性。将 IL 编译成本机 CPU 指令时，CLR 执行一个名为验证

---

① 译注：这里有必要强调一下健壮性 (鲁棒性) 和可靠性的区别，两者对应的英文单词分别是 robustness 和 reliability。健壮性主要描述系统对于参数变化的不敏感性，而可靠性主要描述系统的正确性，也就是在你固定提供一个参数时，它应该产生稳定的、能预测的输出。例如一个程序，它的设计目标是获取输入并输出值。假如它能正确完成这个设计目标，就说它是可靠的。但在这个程序执行完毕后，假如没有正确释放内存，或者说系统没有自动帮它释放占用的资源，就认为这个程序及其"运行时"不健壮。另外，在软件需求领域，还有一种说法称为"可信性"(dependability)，它是"健壮性"的同义词，意思就是"我可以依赖你 (帮我收尾)"。详情参见《敏捷软件需求》2024 年全新译本，清华大学出版社出版发行。

(verification) 的过程。这个过程会检查高级 IL 代码，确定代码所做的一切都是安全的。例如，会核实调用的每个方法都有正确数量的参数，传给每个方法的每个参数都有正确的类型，每个方法的返回值都得到了正确的使用，每个方法都有一个返回语句，等等。在托管模块的元数据中，包含验证过程要用到的所有方法及类型信息。

Windows 的每个进程都有自己的虚拟地址空间。独立地址空间之所以必要，是因为不能简单地信任一个应用程序的代码。应用程序完全可能读写无效的内存地址 (令人遗憾的是，这种情况时有发生)。将每个 Windows 进程都放到独立的地址空间，将获得健壮性与稳定性；一个进程干扰不到另一个进程。

然而，通过验证托管代码，可确保代码不会不正确地访问内存，不会干扰到另一个应用程序的代码。这样就可以放心地将多个托管应用程序放到同一个 Windows 虚拟地址空间运行。

由于 Windows 进程需要大量操作系统资源，所以进程数量太多，会损害性能并制约可用的资源。用一个进程运行多个应用程序，可以减少进程数，从而增强性能，减少所需的资源，健壮性也没有丝毫下降。这是托管代码相较于非托管代码的另一个优势。

事实上，CLR 确实提供了在一个操作系统进程中执行多个托管应用程序的能力。每个托管应用程序都在一个 AppDomain① 中执行。每个托管 EXE 文件默认都在它自己的独立地址空间中运行，这个地址空间只有一个 AppDomain。然而，CLR 的宿主进程 (比如 IIS 或者 SQL Server) 可决定在一个进程中运行多个 AppDomain。第 22 章会详细讨论 AppDomain。

1.4.2　不安全的代码

Microsoft C# 编译器默认生成安全 (safe) 代码，这种代码的安全性可以验证。然而，Microsoft C# 编译器也允许开发人员写不安全的 (unsafe) 代码。不安全的代码允许直接操作内存地址，并可操作这些地址处的字节。这是非常强大的一个功能，通常只有在与非托管代码进行互操作，或者在提升对效率要求极高的一个算法的性能的时候，才需要这样做。

然而，使用不安全的代码存在重大风险：这种代码可能破坏数据结构，危害安全性，甚至造成新的安全漏洞。有鉴于此，C# 编译器要求包含不安全代码的所有方法都用 unsafe 关键字标记。除此之外，C# 编译器要求使用 /unsafe 编译器开关来编译源代码。

---

① 译注：本书按照原书的风格保持了 AppDomain 这样的写法，未将其翻译成"应用程序域"。需引用 AppDomain 类的时候，会使用代码 (等宽) 字体。平时引用时，则采用普通字体。

当 JIT 编译器编译 unsafe 方法时，会检查该方法所在的程序集是否被授予了 System.Security.Permissions.SecurityPermission 权限，而且 System.Security.Permissions. SecurityPermissionFlag 的 SkipVerification 标志是否设置。如果该标志已经设置，JIT 编译器会编译不安全的代码，并允许代码执行。CLR 信任这些代码，并希望对地址及字节的直接操作不会造成损害。如果标志未设置，那么 JIT 编译器会抛出 System.InvalidProgramException 或 System.Security.VerificationException 异常，禁止方法执行。事实上，整个应用程序都有可能在这个时候终止，但这至少能防止造成更大的损害。

> **注意**
> 从本地计算机或"网络共享"加载的程序集默认被授予完全信任，这意味着它们能做任何事情，包括执行不安全代码。但通过互联网执行的程序集默认不会被授予执行不安全代码的权限。如果含有不安全的代码，就会抛出上述异常之一。管理员和最终用户可以修改这些默认设置；但在这种情况下，管理员要对代码的行为负全责。

微软提供了一个名为 PEVerify.exe 的实用程序，它检查一个程序集的所有方法，并报告其中含有不安全代码的方法。对想要引用的程序集运行一下 PEVerify.exe，看看应用程序在通过内网或互联网运行时是否会出问题。

注意，为了进行验证，需要访问所有依赖的程序集中包含的元数据。所以，当 PEVerify 检查程序集时，它必须能够定位并加载引用的所有程序集。由于 PEVerify 使用 CLR 来定位依赖的程序集，所以会采用和平时执行程序集时一样的绑定 (binding) 和探测 (probing) 规则来定位程序集。这些绑定和探测规则将在第 2 章和第 3 章讨论。

IL 和知识产权保护

有人担心 IL 没有为自己的算法提供足够的知识产权保护。换言之，他们认为在生成托管模块后，别人可以使用工具 (比如 IL 反汇编器) 来进行逆向工程，轻松还原应用程序的代码所做的事情。

我承认，IL 代码确实比其他大多数汇编语言高级，而且对 IL 代码进行逆向工程相对而言比较简单。不过，在实现服务器端代码 (比如 Web 服务、Web 窗体或者存储过程) 的时候，程序集是放在服务器上的。由于没人能从公司外部拿到程序集，因而自然就没人能从公司外部使用工具查看 IL。如此说来，这个时候的知识产权是完全有保障的。

如果担心分发出去的程序集，那么可以从第三方厂商购买某个混淆器 (obfuscator)

实用程序。这种实用程序能打乱程序集元数据中的所有私有符号的名称。别人很难还原这些名称，从而很难理解每个方法的作用。但要注意，这些混淆器提供的保护是有限的，因为 IL 必须在某个时候提供给 CLR 做 JIT 编译。

如果觉得混淆器不能提供自己需要的知识产权保护等级，那么可以考虑在非托管模块中实现你想保密的算法。这种模块包含的是本机 CPU 指令，而不是 IL 和元数据。然后，可以利用 CLR 的互操作功能 (要有足够的权限) 来实现应用程序的托管与非托管部分之间的通信。当然，上述方案的前提是不担心别人对非托管代码中的本机 CPU 指令进行逆向工程。

1.5　本机代码生成器 NGen.exe

使用 .NET Framework 提供的 NGen.exe 工具，可以在应用程序安装到用户的计算机上时，将 IL 代码编译成本机代码。由于代码在安装时已经编译好，所以 CLR 的 JIT 编译器不再需要在运行时编译 IL 代码，这有助于提升应用程序的性能。NGen.exe 能在以下两种情况下发挥重要作用：

- 首先是提高应用程序的启动速度，运行 NGen.exe 能提高启动速度，代码已编译成本机代码，所以运行时不再需要花时间编译；
- 然后是减小应用程序的工作集[①]。

如果你认为一个程序集会同时加载到多个进程中，那么对该程序集运行 NGen.exe 可以减小应用程序的工作集。原因是 NGen.exe 会将 IL 编译成本机代码，并将这些代码保存到单独的文件中。该文件可以通过"内存映射"的方式，同时映射到多个进程地址空间中，使代码得到了共享，避免每个进程都需要一份单独的代码拷贝。

安装程序在为一个应用程序或程序集调用 NGen.exe 时，该应用程序的所有程序集 (或者那个指定的程序集) 的 IL 代码会被编译成本机代码。随后 ,NGen.exe 会新建一个程序集文件，其中只包含这种本机代码，不包含其任何 IL。新文件会放到 %SystemRoot%\Assembly\NativeImages_v4.0.#####_64 这样一个目录下的一个文件夹中。在目录名称中，除了包含 CLR 版本号，还会描述本机代码是为 32 位还是 64 位 Windows 编译的。

---

① 译注：所谓工作集 (working set)，是指在进程的所有内存中，已映射物理内存的那一部分 (即这些内存块全在物理内存中，并且 CPU 能直接访问)；进程还有一部分虚拟内存，它们可能在转换列表中 (CPU 不能通过虚地址访问，需要 Windows 映射之后才能访问)；还有一部分内存在磁盘上的分页文件里。

现在，每当 CLR 加载程序集文件，都会检查是否存在一个对应的、由 NGen 生成的本机文件。如果找不到本机文件，CLR 就和往常一样对 IL 代码进行 JIT 编译。如果有对应的本机文件，CLR 就直接使用本机文件中编译好的代码，文件中的方法不需要在运行时编译。

表面上一切都很完美！一方面，获得了托管代码的所有好处 (垃圾回收、验证、类型安全等等)；另一方面，没有托管代码 (JIT 编译) 的所有性能问题。但是，不要被表面所迷惑。NGen 生成的文件存在下面几个问题。

1. 没有知识产权保护

许多人以为，发布 NGen 生成的文件 (而不发布包含原始 IL 代码的文件) 能保护知识产权。但遗憾的是，这是不可能的。在运行时，CLR 要求访问程序集的元数据 (用于反射和序列化等功能)，这就要求发布包含 IL 和元数据的程序集。此外，如果 CLR 因为某些原因不能使用 NGen 生成的文件 (如后文所述)，CLR 会自动对程序集的 IL 代码进行 JIT 编译，所以 IL 代码必须处于可用状态。

2. NGen 生成的文件可能失去同步

CLR 加载 NGen 生成的文件时，会将预编译代码的许多特征与当前执行环境进行比较。任何特征不匹配，NGen 生成的文件就不能使用。此时要改为使用正常的 JIT 编译器进程。下面列举必须匹配的部分特征：

- CLR 版本　随补丁或 Service Pack(服务包) 改变；
- CPU 类型　升级处理器就会改变；
- Windows 操作系统版本　安装新的 Service Pack 后改变；
- 程序集的标识模块版本 ID(Module Version ID，MVID)　重新编译后改变；
- 引用的程序集的版本 ID　重新编译引用的程序集后改变；
- 安全性　吊销了之前授予的权限之后，安全性就会发生改变。这些权限包括声明性继承 (declarative inheritance)、声明性链接时 (declarative link-time)[①]、SkipVerification 或者 UnmanagedCode 权限。

> 注意
>
> 可以使用更新 (update) 模式运行 NGen.exe，这会为之前用 NGen 生成的所有程序集再次运行 NGen.exe。用户一旦安装了 .NET Framework 的新 Service Pack，这个 Service Pack 的安装程序就会自动用更新模式运行 NGen.exe，使 NGen 生成的文件与新安装的 CLR 版本同步。

---

① 译注：declarative inheritance 权限是派生出程序集的那个类所要求的；declarative link-time 权限是程序集调用的方法所要求的。另外，虽然文档将 declarative 翻译成 "声明性"，但我个人更喜欢 "宣告式"。

3. 执行时性能较差

编译代码时，NGen 无法像 JIT 编译器那样对执行环境进行许多假定。这会造成 NGen.exe 生成较差的代码。例如，NGen 不能优化使用特定 CPU 指令；静态字段只能间接访问，而不能直接访问，因为静态字段的实际地址只能在运行时确定。NGen 到处插入代码来调用类构造器，因为它不知道代码的执行顺序，也不知道一个类构造器是否已经调用 (第 8 章会详细讲述类构造器的问题)。测试表明，相较于 JIT 编译的版本，NGen 生成的某些应用程序在执行时反而要慢 5% 左右。所以，如果考虑使用 NGen.exe 来提升应用程序的性能，那么必须仔细比较 NGen 版本和非 NGen 版本，确定 NGen 版本不会变得更慢！对于某些应用程序，由于减小工作集能提升性能，所以使用 NGen 仍有优势。

正是由于这些问题，所以使用 NGen.exe 时必须谨慎。对于服务器端应用程序，NGen.exe 的作用并不明显，有时甚至毫无用处，这是因为只有第一个客户端请求才会感受到性能下降，后续所有客户端请求都能以全速运行。此外，大多数服务器应用程序只需要代码的一个实例，所以缩小工作集不能带来任何好处。

对于客户端应用程序，使用 NGen.exe 也许能提高启动速度，或者能缩小工作集 (如果程序集同时由多个应用程序使用)。即便程序集不由多个应用程序使用，用 NGen 来生成也可能会改善工作集。另外，用 NGen.exe 来生成客户端应用程序的所有程序集，CLR 就不需要加载 JIT 编译器了，从而进一步缩小工作集。当然，只要有一个程序集不是用 NGen 生成的，或者程序集的一个由 NGen 生成的文件无法使用，那么还是会加载 JIT 编译器，应用程序的工作集将随之增大。

对于启动很慢的大型客户端应用程序，微软提供了 Managed Profile Guided Optimization 工具 (MPGO.exe)。该工具分析程序执行，检查程序在启动时需要哪些东西。这些信息反馈给 NGen.exe 来更好地优化本机映像，这使应用程序启动得更快，工作集也缩小了。准备发布应用程序时，用 MPGO 工具启动它，走一遍程序的常规任务。与所执行代码有关的信息会写入一个 profile 并嵌入程序集文件中。NGen.exe 工具利用这些 profile 数据来更好地优化它所生成的本机映像。

1.6 Framework 类库简介

.NET Framework 包含 Framework 类库 (Framework Class Library，FCL)。FCL 是一组 DLL 程序集的统称，其中含有数千个类型定义，每个类型都公开了一些功能。微软还发布了其他库，比如 Windows Azure SDK 和 DirectX SDK。这些库提供了更多类型，公开了更多功能。事实上，微软正在以惊人的速度发布各种各样的库，开发者使用各种微软技术变得前所未有的简单。

下面列举了应用程序开发人员可以利用这些程序集创建的一部分应用程序。

- Web service (Web 服务)

  利用微软的 ASP.NET XML Web Service 技术或者 Windows Communication Foundation(WCF) 技术，可以非常简单地处理通过网络发送的消息。

- Web 窗体 /MVC 基于 HTML 的应用程序 (网站)

  通常，ASP.NET 应用程序查询数据库并调用 Web 服务，合并和筛选返回的信息，然后使用基于 HTML 的"富"用户界面，在浏览器中显示那些信息。

- "富"Windows GUI 应用程序

  也可以不用网页创建 UI，而是用 Windows Store、Windows Presentation Foundation(WPF) 或者 Windows Forms 技术提供的更强大、性能更好的功能。GUI 应用程序可以利用控件、菜单以及触摸 / 鼠标 / 手写笔 / 键盘事件，而且可以直接与底层操作系统交换信息。"富"Windows 应用程序同样可以查询数据库和使用 Web 服务。

- Windows 控制台应用程序

  如果对 UI 的要求很简单，那么控制台应用程序提供了一种快速、简单的方式来生成应用程序。编译器、实用程序和工具一般都是作为控制台应用程序实现的。

- Windows 服务

  是的，完全可以用 .NET Framework 生成"服务"应用程序。通过"Windows 服务控制管理器"(Service Control Manager，SCM) 控制这些服务。

- 数据库存储过程

  微软的 SQL Server、IBM 的 DB2 以及 Oracle 的数据库服务器允许开发人员用 .NET Framework 写存储过程。

- 组件库

  .NET Framework 允许生成独立程序集 (组件)，其中包含的类型可以轻松集成到前面提到的任何一种类型的应用程序中。

重要提示

Visual Studio 允许创建"可移植类库"项目 [1]。这种项目创建的程序集能用于多种应用程序类型，包括 .NET Framework，Silverlight，Windows Phone，Windows Store 应用和 Xbox Series。

由于 FCL 包含的类型数量实在太多，所以有必要将相关的类型放到单独的命

---

[1] 译注：在 Visual Studio 的最新版本中 (目前是 VS 2022)，可移植类库 (PCL) 已被弃用。虽然仍然可以打开、编辑和编译 PCL，但对于新项目，建议改为使用 .NET Framework 类库。

名空间。例如，**System** 命名空间 (应当是你最熟悉的) 包含 **Object** 基类型，其他所有类型最终都从这个基类型派生。此外，**System** 命名空间包含用于整数、字符、字符串、异常处理以及控制台 I/O 的类型。还包含一系列实用工具类型，能在不同数据类型之间进行安全转换、格式化数据类型、生成随机数和执行各种数学运算。所有应用程序都要使用来自 **System** 命名空间的类型。

使用 .NETFramework 的任何功能时，都必须知道这个功能由什么类型提供，以及该类型包含在哪个命名空间中。许多类型都允许自定义其行为，你只需从所需的 FCL 类型派生出自己的类型，再进行自定义即可。.NET Framework 平台本质上是面向对象的，这为软件开发人员提供了一致性的编程模式。此外，开发人员可轻松创建自己的命名空间来包含自己的类型。这些命名空间和类型无缝合并到编程模式中。相较于 Win32 编程模式，这种新方式极大地简化了软件开发。

FCL 的大多数命名空间都提供了各种应用程序通用的类型。表 1-3 总结了部分常规命名空间，并简要描述了其中的类型的用途。这里列出的只是全部可用命名空间中极小的一部分。请参考文档来熟悉微软发布的命名空间 (它们的数量正在变得越来越多)。

表 1-3　部分常规的 FCL 命名空间

命名空间	内容说明
System	包含每个应用程序都要用到的所有基本类型
System.Data	包含用于和数据库通信以及处理数据的类型
System.IO	包含用于执行流 I/O 以及浏览目录 / 文件的类型
System.Net	包含进行低级网络通信，并与一些常用 Internet 协议协作的类型
System.Runtime.InteropServices	包含允许托管代码访问非托管操作系统平台功能 (比如 COM 组件以及 Win32 或定制 DLL 中的函数) 的类型
System.Security	包含用于保护数据和资源的类型
System.Text	包含处理各种编码 (比如 ASCII 和 Unicode) 文本的类型
System.Threading	包含用于异步操作和同步资源访问的类型
System.Xml	包含用于处理 XML 架构 (XML Schema) 和数据的类型

本书重点在于 CLR 以及与 CLR 密切交互的常规类型。所以，任何开发人员只要开发的应用程序或组件是面向 CLR 的，就适合阅读本书。还有其他许多不错的参考书描述了具体应用程序类型，包括 Web Services、Web 窗体 /MVC 和 Windows Presentation Foundation 等。这些书能指导大家快速开始构建自己的应用程序。我认

为这些针对具体应用程序的参考书有助于进行"自上而下"的学习，因为它们将重点放在具体应用程序类型上，而非放在开发平台上。相反，本书提供的信息有助于你进行"自下而上"的学习。阅读本书，再找一本针对具体应用程序的书，我想任何类型的应用程序的开发都应该难不倒大家了。

1.7　通用类型系统

CLR 一切都围绕类型展开。到目前为止，这一点应该很清楚了。类型向应用程序和其他类型公开了功能。通过类型，用一种编程语言写的代码能与用另一种编程语言写的代码沟通。由于类型是 CLR 的根本，所以微软制定了一个正式的规范来描述类型的定义和行为，这就是"通用类型系统"(Common Type System，CTS)。

> **注意**
>
> 微软事实上已将 CTS 和 .NET Framework 的其他组件——包括文件格式、元数据、中间语言以及对底层平台的访问 (P/Invoke)——提交给 ECMA 以完成标准化工作。最后形成的标准称为"公共语言基础结构"(Common Language Infrastructure，CLI)。除此之外，微软还提交了 Framework 类库的一部分、C# 编程语言 (ECMA-334) 以及 C++/CLI 编程语言。要详细了解这些行业标准，请访问 ECMA 的 Technical Committee 39 专题网站：http://www.ecma-international.org。此外，微软还就 ECMA-334 和 ECMA-335 规范做出了社区承诺 (Community Promise)，详情请访问 https://tinyurl.com/2jj2868t。

CTS 规范规定，一个类型可以包含零个或者多个成员。本书第 II 部分"设计类型"将更详细地讨论这些成员。目前只是简单地介绍一下它们。

- 字段 (Field)
  作为对象状态一部分的数据变量。字段使用名称和类型来加以标识。
- 方法 (Method)
  在对象上执行操作的函数，通常会改变对象状态。方法有一个名称、一个签名以及一个或多个修饰符。签名指定参数数量 (及其顺序)；参数类型；方法是否有返回值；如果有返回值，还要指定返回值类型。
- 属性 (Property)
  对于调用者，属性看起来像是字段。但对于类型的实现者，属性看起来像是一个方法 (或者两个方法[①])。属性允许在访问值之前校验输入参数和对象状态，以及 / 或者仅在必要时才计算某个值。属性还允许类型的用户采用简化的语法。最后，属性允许创建只读或只写的"字段"。

---

① 译注：即 getter 和 setter，或者取值方法和赋值方法，统称为"访问器方法"(accessor)。

- 事件 (Event)

  事件在对象以及其他相关对象之间实现了通知机制。例如，利用按钮提供的一个事件，可以在按钮被单击之后通知其他对象。

  CTS 还指定了类型可见性规则以及类型成员的访问规则。例如，如果将类型标记为 *public*(在 C# 语言中使用 `public` 修饰符)，那么任何程序集都能看见并访问该类型。但是，如果标记为 *assembly*(在 C# 语言中使用 `internal` 修饰符)，那么只有同一个程序集中的代码才能看见并访问该类型。所以，利用 CTS 制定的规则，程序集为一个类型建立了可视边界，CLR 则强制 (贯彻) 了这些规则。

  调用者虽然能"看见"一个类型，但并不是说就能随心所欲地访问它的成员。可利用以下选项进一步限制调用者对类型中的成员的访问。

- *private*

  成员只能由同一个类 (class) 类型中的其他成员访问。

- *family*

  成员可由派生类型访问，不管那些类型是否在同一个程序集中。注意，许多语言 (比如 C++ 和 C#) 都用 `protected` 修饰符来标识 *family*。

- *family and assembly*

  成员可由派生类型访问，但这些派生类型必须在同一个程序集中定义。许多语言 (比如 C# 和 Visual Basic) 都没有提供这种访问控制。当然，IL 汇编语言不在此列。

- *assembly*

  成员可由同一个程序集中的任何代码访问。许多语言都用 `internal` 修饰符来标识 assembly。

- *family or assembly*

  成员可由任何程序集中的派生类型访问。成员也可由同一个程序集中的任何类型访问。C# 语言用 `protected internal` 修饰符来标识 *family or assembly*。

- *public*

  成员可由任何程序集中的任何代码访问。

除此之外，CTS 还为类型继承、虚方法、对象生存期等定义了相应的规则。这些规则在设计之初，便顺应了可以用现代编程语言来表示的语义。事实上，根本不需要专门学习 CTS 规则本身，因为你选择的语言会采用你熟悉的方式公开它自己的语言语法与类型规则。通过编译来生成程序集时，它会将语言特有的语法映射到IL——也就是 CLR 的"语言"。

接触 CLR 后不久，我便意识到最好区别对待"代码的语言"和"代码的行为"。

使用 C++/CLI 可以定义自己的类型，这些类型有它们自己的成员。当然，也可使用
C# 或 Visual Basic 来定义相同的类型，并在其中添加相同的成员。使用的语言不同，
用于定义类型的语法也不同。但是，无论使用哪一种语言，类型的行为都完全一致，
因为最终是由 CLR 的 CTS 来定义类型的行为。

为了更形象地理解这一点，让我们来举一个例子。CTS 规定一个类型只能从一
个基类派生 (单继承)。因此，虽然 C++ 语言允许一个类型继承自多个基类型 (多
继承)，但 CTS 既不能接受、也不能操作这样的类型。为了帮助开发人员，微软的
C++/CLI 编译器一旦检测到你试图创建的托管代码含有从多个基类型派生的类型，
就会报错。

下面是另一条 CTS 规则：所有类型最终必须从预定义的 System.Object 类型
继承。可以看出，Object 是 System 命名空间中定义的一个类型的名称。Object
是其他所有类型的根，因而保证了每个类型实例都有一组最基本的行为。具体地讲，
System.Object 类型允许做下面这些事情：

- 比较两个实例的相等性；
- 获取实例的哈希码；
- 查询一个实例的真正类型；
- 执行实例的浅 (按位) 拷贝；
- 获取实例对象当前状态的字符串表示。

1.8　公共语言规范

以前在使用 COM 的时候，用不同语言创建的对象可以相互通信。现在，CLR
集成了所有语言，用一种语言创建的对象在另一种语言中，和用后者创建的对象具
有相同地位。之所以能实现这样的集成，是因为 CLR 使用了标准类型集、元数据 (自
描述的类型信息) 以及通用执行环境。

语言集成是一个宏伟的目标，最棘手的问题是各种编程语言存在极大区别。例
如，有的语言不区分大小写，有的不支持无符号 (unsigned) 整数、操作符重载或者
参数数量可变的方法。

要创建很容易从其他编程语言中访问的类型，只能从自己的语言中挑选其
他所有语言都支持的功能。为了在这个方面提供帮助，微软定义了"公共语言规
范"(Common Language Specification，CLS)，它详细定义了一个最小功能集。任何
编译器只有支持这个功能集，生成的类型才能兼容由其他符合 CLS、面向 CLR 的
语言生成的组件。

CLR/CTS 支持的功能比 CLS 定义的多得多，CLS 定义的只是一个子集。所以，

如果不关心语言之间的互操作性，可以开发一套功能很全的类型，它们仅受你选择的那种语言的功能集的限制。具体地说，在开发类型和方法时，如果希望它们对外"可见"，能从符合 CLS 的任何编程语言中访问，就必须遵守 CLS 定义的规则。注意，假如代码只是从定义(这些代码的)程序集的内部访问，CLS 规则就不适用了。图 1-6 形象地展示了这一段想要表达的意思。

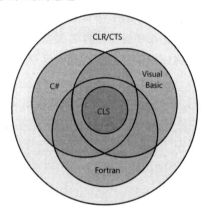

图 1-6 每种语言都提供 CLR/CTS 的一个子集以及 CLS 的一个超集(但不一定是同一个超集)

如图 1-6 所示，CLR/CTS 提供了一个功能集。有的语言公开了 CLR/CTS 的一个较大的子集。如果开发人员用 IL 汇编语言写程序，那么可以使用 CLR/CTS 提供的全部功能。但是，其他大多数语言(比如 C#、Visual Basic 和 Fortran)只向开发人员公开了 CLR/CTS 的一个功能子集。CLS 定义了所有语言都必须支持的最小功能集。

用一种语言定义类型时，如果希望在另一种语言中使用该类型，就不要在该类型的 **public** 和 **protected** 成员中使用位于 CLS 外部的任何功能。否则，其他开发人员使用其他语言写代码时，就可能无法访问该类型的成员。

以下代码使用 C# 定义一个符合 CLS 的类型。然而，类型中含有几个不符合 CLS 的构造，造成 C# 编译器报错。

```
using System;

// 告诉编译器检查 CLS 相容性
[assembly: CLSCompliant(true)]

namespace SomeLibrary {
    // 因为是 public 类，所以才会显示后续的 "警告"
    public sealed class SomeLibraryType {

        // 警告：SomeLibrary.SomeLibraryType.Abc() 的返回类型不符合 CLS
        public UInt32 Abc() { return 0; }
```

```
    // 警告：仅大小写不同的标识符 SomeLibrary.SomeLibraryType.abc()
    // 不符合 CLS
    public void abc() { }

    // 不显示警告：该方法是私有的
    private UInt32 ABC() { return 0; }
  }
}
```

以上代码将 [assembly:CLSCompliant(true)] 这个特性[①]应用于程序集，告诉编译器检查其中的任何公开类型，判断是否存在任何不合适的构造阻止了从其他编程语言中访问该类型。以上代码编译时，C# 编译器会显示两条警告消息。第一个警告是因为 Abc 方法返回无符号整数，一些语言是不能操作无符号整数值的。第二个警告是因为该类型公开了两个 public 方法，而这两个方法 (Abc 和 abc) 只是大小写和返回类型有别。Visual Basic 和其他一些语言无法区分这两个方法。

有趣的是，删除 sealed class SomeLibraryType 之前的 public 字样，然后重新编译，两个警告都会消失。因为这样一来，SomeLibraryType 类型将默认为 internal(而不是 public)，将不再向程序集的外部公开。要获得完整的 CLS 规则列表，请参考 "跨语言互操作性" (http://msdn.microsoft.com/zh-cn/library/730flwy3.aspx)。

现在提炼一下 CLS 的规则。在 CLR 中，类型的每个成员要么是字段 (数据)，要么是方法 (行为)。这意味着每一种编程语言都必须能访问字段和调用方法。字段和方法以特殊或通用的方式使用。为了简化编程，语言往往提供了额外的抽象，从而对这些常见的编程模式进行简化。例如，语言会公开枚举、数组、属性、索引器、委托、事件、构造器、终结器、操作符重载、转换操作符等概念。编译器在源代码中遇到其中任何一样，都必须将其转换为字段和方法，使 CLR 和其他任何编程语言能够访问这些构造。

以下类型定义包含一个构造器、一个终结器、一些重载的操作符、一个属性、一个索引器和一个事件。注意，目的只是让代码能通过编译，不代表类型的正确实现方式。

```
using System;

internal sealed class Test {
    // 构造器
    public Test() {}

    // 终结器
    ~Test() {}

    // 操作符重载
```

① 译注：本书按照文档将 attribute 翻译成 "特性"。

```
public static Boolean operator == (Test t1, Test t2) {
    return true;
}
public static Boolean operator != (Test t1, Test t2) {
    return false;
}

// 操作符重载
public static Test operator + (Test t1, Test t2) { return null; }

// 属性
public String AProperty {
    get { return null; }
    set { }
}

// 索引器
public String this[Int32 x] {
    get { return null; }
    set { }
}

// 事件
event EventHandler AnEvent;
}
```

编译以上代码得到含有大量字段和方法的一个类型。可以使用 .NET Framework SDK 提供的 IL 反汇编器工具 (ILDasm.exe) 检查最终生成的托管模块，如图 1-7 所示。

图 1-7 ILDasm 显示了 Test 类型的字段和方法（从元数据中获取）

表 1-4 总结了编程语言的各种构造与 CLR 字段 / 方法的对应关系。

表 1-4 Test 类型的字段和方法 (从元数据中获取)

类型的成员	成员类型	对应的编程语言构造
AnEvent	字段	事件；字段名是 AnEvent，类型是 System. EventHandler
.ctor	方法	构造器
Finalize	方法	终结器
add_AnEvent	方法	事件的访问器方法 add
get_AProperty	方法	属性的访问器方法 get
get_Item	方法	索引器的访问器方法 get
op_Addition	方法	操作符 +
op_Equality	方法	操作符 ==
op_Inequality	方法	操作符 !=
remove_AnEvent	方法	事件的访问器方法 remove
set_AProperty	方法	属性的访问器方法 set
set_Item	方法	索引器的访问器方法 set

Test 类型还有另一些节点未在表 1-4 中列出，包括 .class、.custom、AnEvent、AProperty 以及 Item——它们标识了类型的其他元数据。这些节点不映射到字段或方法，只是提供了类型的一些额外信息，供 CLR、编程语言或者工具访问。例如，某个工具可以检测到 Test 类型提供了一个名为 AnEvent 的事件，该事件借由两个方法 (add_AnEvent 和 remove_AnEvent) 公开。

1.9 与非托管代码的互操作性

.NET Framework 提供了其他开发平台所不具备的许多优势。但是，能下定决心重新设计和重新实现全部现有代码的公司并不多。微软也知道这个问题，并通过 CLR 来提供了一些机制，允许在应用程序中同时包含托管和非托管代码。具体地说，CLR 支持三种互操作情形。

- 托管代码能调用 DLL 中的非托管函数

  托管代码通过 P/Invoke(Platform Invoke) 机制调用 DLL 中的函数。毕竟，

FCL 中定义的许多类型都要在内部调用从 Kernel32.dll、User32.dll 等导出的函数。许多编程语言都提供了机制方便托管代码调用 DLL 中的非托管函数。例如，C# 应用程序可调用从 Kernel32.dll 导出的 **CreateSemaphore** 函数。

- 托管代码可以使用现有 COM 组件 (服务器)

  许多公司都已经实现了大量非托管 COM 组件。利用来自这些组件的类型库，可以创建一个托管程序集来描述 COM 组件。托管代码可像访问其他任何托管类型一样访问托管程序集中的类型。这方面的详情可以参考 .NET Framework SDK 提供的 TlbImp.exe 工具。有时可能没有类型库，或者想对 TlbImp.exe 生成的内容进行更多控制。这时可在源代码中手动构建一个类型，使 CLR 能用它实现正确的互操作性，例如可从 C# 应用程序中使用 DirectX COM 组件。

- 非托管代码可以使用托管类型 (服务器)

  许多现有的非托管代码要求提供 COM 组件来确保代码正确工作。使用托管代码可以更简单地实现这些组件，避免所有代码都不得不和引用计数以及接口打交道。例如，可以使用 C# 语言创建 ActiveX 控件或 shell 扩展。这方面的详情可以参考 .NET Framework SDK 提供的 TlbExp.exe 和 RegAsm.exe 工具。

> **注意** 为了方便需要与本机代码交互的开发人员，微软公开了 Type Library Importer 工具和 P/Invoke Interop Assistant 工具的源代码。访问 https://github.com/clrinterop 下载这些工具及其源代码。

微软从 Windows 8 开始引入新的 Windows API，名称为 Windows Runtime(WinRT)。该 API 内部通过 COM 组件来实现。但是，COM 组件不是使用类型库文件，而是使用 .NET Framework 团队创建的元数据 ECMA 标准来描述其 API。好处是用一种 .NET 语言写的代码 (在很大程度上) 能与 WinRT API 无缝对接。CLR 在幕后执行需要的所有 COM 互操作，不要求你使用任何额外的工具。第 25 章将进一步加以讲解。

第 **2** 章

生成、打包、部署和管理应用程序及类型

本章内容:

- .NET Framework 部署目标
- 将类型生成到模块中
- 元数据概述
- 将模块合并成程序集
- 程序集版本资源信息
- 语言文化
- 简单应用程序部署 (私有部署的程序集)
- 简单管理控制 (配置)

　　在解释如何为 Microsoft .NET Framework 开发程序之前，首先讨论一下生成、打包和部署应用程序及其类型的步骤。本章重点解释如何生成仅供自己的应用程序使用的程序集。第 3 章将讨论更高级的概念，包括如何生成和使用程序集，使其中包含的类型能由多个应用程序共享。这两章会谈及管理员可以采取什么方式来影响应用程序及其类型的执行。

　　当今的应用程序都由多个类型构成，这些类型通常是由你和微软创建的。除此之外，作为一个新兴产业，组件厂商们也纷纷着手构建一些专用类型，并将其出售给各大公司，以缩短软件项目的开发时间。开发这些类型时，如果使用的语言是面

向 CLR 的，这些类型就能无缝地协同工作。也就是说，用一种语言写的类型可以将另一个类型作为自己的基类使用，不用关心基类是用什么语言开发的。

本章将解释如何生成这些类型，并将其打包到文件中以进行部署。另外，还会提供一个简短的历史回顾，帮助开发人员理解 .NET Framework 希望解决的某些问题。

2.1　.NET Framework 部署目标

Windows 多年来一直因为不稳定和过于复杂而口碑不佳。不管对它的评价对不对，之所以造成这种状况，要归咎于几方面的原因。首先，所有应用程序都使用来自微软或其他厂商的动态链接库 (Dynamic-Link Library，DLL)。由于应用程序要执行多个厂商的代码，所以任何一段代码的开发人员都不能百分之百保证别人以什么方式使用这段代码。虽然这种交互可能造成各种各样的麻烦，但实际一般不会出太大的问题，因为应用程序在部署前会进行严格测试和调试。

但对于用户，当一家公司决定更新其软件产品的代码，并将新文件发送给他们时，就可能出问题。新文件理论上应该向后兼容以前的文件，但谁能对此保证呢？事实上，一家厂商更新代码时，经常都不可能重新测试和调试之前发布的所有应用程序，无法保证自己的更改不会造成不希望的结果。

很多人都可能遭遇过这样的问题：安装新应用程序时，它可能莫名其妙破坏了另一个已经安装好的应用程序。这就是所谓的“DLL 地狱”。这种不稳定会对普通计算机用户带来不小的困扰。最终结果是用户必须慎重考虑是否安装新软件。就我个人来说，有一些重要的应用程序是平时经常要用的。为了避免对它们产生不好的影响，我不会冒险去“尝鲜”。

造成 Windows 口碑不佳的第二个原因是安装的复杂性。如今，大多数应用程序在安装时都会影响到系统的全部组件。例如，安装一个应用程序会将文件复制到多个目录，更新注册表设置，并在桌面和“开始”菜单上安装快捷方式。问题是，应用程序不是一个孤立的实体。应用程序备份不易，因为必须复制应用程序的全部文件以及注册表中的相关部分。除此之外，也不能轻松地将应用程序从一台机器移动到另一台。只有再次运行安装程序，才能确保所有文件和注册表设置的正确性。最后，即使卸载或移除了应用程序，也免不了担心它的一部分内容仍潜伏在我们的机器中。

第三个原因涉及安全性。应用程序安装时会带来各种文件，其中许多是由不同的公司开发的。此外，Web 应用程序经常会悄悄下载一些代码 (比如 ActiveX 控件)，用户根本注意不到自己的机器上安装了这些代码。如今，这种代码能够执行任何操作，包括删除文件或者发送电子邮件。用户完全有理由害怕安装新的应用程序，因为它们可能造成各种各样的危害。考虑到用户的感受，安全性必须集成到系统中，使用户能够明确允许或禁止各个公司开发的代码访问自己的系统资源。

　　阅读本章和下一章可以知道，.NET Framework 正在尝试彻底解决 DLL 地狱的问题。另外，.NET Framework 还在很大程度上解决了应用程序状态在用户硬盘中四处分散的问题。例如，和 COM 不同，类型不再需要注册表中的设置。但遗憾的是，应用程序还是需要快捷方式。安全性方面，.NET Framework 包含称为 "代码访问安全性"(Code Access Security) 的安全模型。Windows 安全性基于用户身份，而代码访问安全性允许宿主设置权限，控制加载的组件能做的事情。像微软 SQL Server 这样的宿主应用程序只能将少许权限授予代码，而本地安装的 (自寄宿) 应用程序可以获得完全信任 (全部权限)。以后会讲到，.NET Framework 允许用户灵活地控制哪些东西能够安装，哪些东西能够运行。他们对自己机器的控制上升到一个前所未有的高度。

2.2　将类型生成到模块中

　　本节讨论如何将包含多个类型的源代码文件转变为可以部署的文件。先看下面这个简单的应用程序：

```
public sealed class Program {
    public static void Main() {
        System.Console.WriteLine("Hi");
    }
}
```

　　该应用程序定义了 Program 类型，其中有名为 Main 的 public static 方法。Main 中引用了另一个类型 System.Console。System.Console 是微软已经实现好的类型，用于实现这个类型的各个方法的 IL 代码存储在 MSCorLib.dll 文件中。总之，该应用程序定义了一个类型，还使用了其他公司提供的类型。

　　为了生成这个示例应用程序，请将以上代码放到一个源代码文件中 (假定为 Program.cs)，然后在命令行执行以下命令：

```
csc.exe /out:Program.exe /t:exe /r:MSCorLib.dll Program.cs
```

这个命令行指示 C# 编译器生成名为 Program.exe 的可执行文件 (/out:Program.exe)。生成的文件是 Win32 控制台应用程序类型 (/t[arget]:exe)。

　　C# 编译器处理源文件时，发现代码引用了 System.Console 类型的 WriteLine 方法。此时，编译器要核实该类型确实存在，它确实有 WriteLine 方法，而且传递的实参与方法形参匹配。由于该类型在 C# 源代码中没有定义，所以要顺利通过编译，必须向 C# 编译器提供一组程序集，使它能解析对外部类型的引用。在上述命令行中，我添加了 /r[eference]:MSCorLib.dll 开关，告诉编译器在 MSCorLib.dll 程序集中查找外部类型。

　　MSCorLib.dll 是特殊文件，它包含所有核心类型，包括 Byte，Char，String，Int32 等等。事实上，由于这些类型使用得如此频繁，以至于 C# 编译器会自动引用 MSCorLib.dll 程序集。换言之，命令行其实可以简化成下面这样 (省略 /r 开关)：

```
csc.exe /out:Program.exe /t:exe Program.cs
```

　　此外，由于 /out:Program.exe 和 /t:exe 开关是 C# 编译器的默认设定，所以能继续简化成以下形式：

```
csc.exe Program.cs
```

　　如果因为某个原因不想让 C# 编译器自动引用 MSCorLib.dll 程序集，就可以考虑使用 /nostdlib 开关。微软在生成 MSCorLib.dll 程序集自身时便使用了这个开关。例如，用以下命令行编译 Program.cs 会报错，因为它用的 System.Console 类型是在 MSCorLib.dll 中定义的：csc.exe /out:Program.exe /t:exe /nostdlib Program.cs。

　　现在更深入地思考一下 C# 编译器生成的 Program.exe 文件。这个文件到底是什么？首先，它是标准 PE(可移植执行体，Portable Executable) 文件。这意味着运行 32 位或 64 位 Windows 的计算机能加载它，并能通过它执行某些操作。Windows 支持三种应用程序。生成控制台用户界面 (Console User Interface，CUI) 应用程序使用 /t:exe 开关；生成图形用户界面 (Graphical User Interface，GUI) 应用程序使用 /t:winexe 开关；生成 Windows Store 应用使用 /t:appcontainerexe 开关。

响应文件

　　结束对编译器开关的讨论之前，让我们花点时间了解一下响应文件 (response file)。响应文件是包含一组编译器命令行开关的文本文件。执行 CSC.exe 时，编译器打开响应文件，并使用其中包含的所有开关，感觉就像是这些开关直接在命令行上传递给 CSC.exe。要告诉编译器使用响应文件，在命令行中，请在 @ 符号之后指定响应文件的名称。例如，假定响应文件 MyProject.rsp 包含以下文本：

```
/out:MyProject.exe
/target:winexe
```

　　为了让 CSC.exe 使用这些设置，可以像下面这样调用它：

```
csc.exe @MyProject.rsp CodeFile1.cs CodeFile2.cs
```

　　这就告诉了 C# 编译器输出文件的名称和要创建哪种类型的应用程序。可以看出，响应文件能带来一些便利，不必每次编译项目时都手动指定命令行参数。

　　C# 编译器支持多个响应文件。除了在命令行上显式指定的文件，编译器还会自动查找名为 CSC.rsp 的文件。CSC.exe 运行时，会在 CSC.exe 所在的目录查找全局 CSC.rsp 文件。应该将你想应用于自己的所有项目的设置放到其中。编译器汇总并使用所有响应文件中的设置。本地和全局响应文件中的某个设置发生冲突，将以本地设置为准。类似地，命令行上显式指定的设置将覆盖本地响应文件中的设置。

　　.NET Framework 安装时会在 %SystemRoot%\Microsoft.NET\Framework(*64*)\v*X.X.X* 目录中安装默认全局 CSC.rsp 文件 (*X.X.X* 是你安装的 .NET Framework 的版本号)。这个文件的最新版本包含以下开关：

```
# This file contains command-line options that the C#
# command line compiler (CSC) will process as part
# of every compilation, unless the "/noconfig" option
# is specified.

# Reference the common Framework libraries
/r:Accessibility.dll
/r:Microsoft.CSharp.dll
/r:System.Configuration.dll
/r:System.Configuration.Install.dll
/r:System.Core.dll
/r:System.Data.dll
/r:System.Data.DataSetExtensions.dll
/r:System.Data.Linq.dll
/r:System.Data.OracleClient.dll
/r:System.Deployment.dll
/r:System.Design.dll
/r:System.DirectoryServices.dll
/r:System.dll
/r:System.Drawing.Design.dll
/r:System.Drawing.dll
/r:System.EnterpriseServices.dll
/r:System.Management.dll
/r:System.Messaging.dll
/r:System.Runtime.Remoting.dll
/r:System.Runtime.Serialization.dll
/r:System.Runtime.Serialization.Formatters.Soap.dll
/r:System.Security.dll
/r:System.ServiceModel.dll
/r:System.ServiceModel.Web.dll
/r:System.ServiceProcess.dll
/r:System.Transactions.dll
/r:System.Web.dll
/r:System.Web.Extensions.Design.dll
/r:System.Web.Extensions.dll
/r:System.Web.Mobile.dll
/r:System.Web.RegularExpressions.dll
```

```
/r:System.Web.Services.dll
/r:System.Windows.Forms.Dll
/r:System.Workflow.Activities.dll
/r:System.Workflow.ComponentModel.dll
/r:System.Workflow.Runtime.dll
/r:System.Xml.dll
/r:System.Xml.Linq.dll
```

由于全局 CSC.rsp 文件引用了列出的所有程序集，所以不必使用 C# 编译器的 /reference 开关显式引用这些程序集。这个响应文件为开发人员带来了极大的方便，因为可以直接使用微软发布的各个程序集中定义的类型和命名空间，不必每次编译时都指定 /reference 编译器开关。

引用所有这些程序集对编译器的速度会有一些影响。但如果源代码没有引用上述任何程序集定义的类型或成员，则不会影响最终的程序集文件，也不会影响程序的执行性能。

当然，要想进一步简化操作，还可以在全局 CSC.rsp 文件中添加自己的开关。但这样一来，在其他机器上重现代码的生成环境就比较困难了：在每台用于生成的机器上，都必须以相同方式更新 CSC.rsp。另外，指定 /noconfig 命令行开关，编译器将忽略本地和全局 CSC.rsp 文件。

> **注意**
>
> 用 /reference 编译器开关引用程序集时，可以指定目标文件的完整路径。然而，如果不指定路径，编译器会在以下位置查找文件 (按所列顺序)：
>
> 1. 工作目录；
> 2. CSC.exe 所在的目录。MSCorLib.dll 总是在该目录中。目录路径形如 %SystemRoot%\Microsoft.NET\Framework\v4.0.#####；
> 3. 使用 /lib 编译器开关指定的任何目录；
> 4. 使用 LIB 环境变量指定的任何目录。

2.3 元数据概述

现在，我们知道了创建的是什么类型的 PE 文件。但是，Program.exe 文件中到底有什么？托管 PE 文件由 4 个部分构成：PE32(+) 头、CLR 头、元数据以及 IL。PE32(+) 头是 Windows 要求的标准信息。CLR 头是一个小的信息块，这些信息是需要 CLR 的模块 (托管模块) 所特有的。这个头包含模块生成时所面向的 CLR 的 major(主) 和 minor(次) 版本号；一些标志 (flag)；一个 MethodDef token(稍后详述)，该 token 指定了模块的入口方法 (前提是该模块是 CUI、GUI 或 Windows Store 执

行体)；一个可选的强名称数字签名 (将在第 3 章讨论)。最后，CLR 头还包含模块内部的一些元数据表的大小和偏移量。可以查看 CorHdr.h 头文件定义的 IMAGE_COR20_HEADER 来了解 CLR 头的具体格式。

　　元数据是由几个表构成的二进制数据块。有三种表，分别是定义表 (definition table)、引用表 (reference table) 和清单表 (manifest table)。表 2-1 总结了模块元数据块中常用的定义表。

表 2-1　常用的元数据定义表

元数据定义表名称	说明
ModuleDef	总是包含对模块进行标识的一个记录项。该记录项包含模块文件名和扩展名 (不含路径) 以及模块版本 ID(形式为编译器创建的 GUID)。这样可在保留原始名称记录的前提下自由重命名文件。但我强烈反对重命名文件，因为可能妨碍 CLR 在运行时正确定位程序集
TypeDef	模块定义的每个类型在这个表中都有一个记录项。每个记录项都包含类型的名称、基类型、一些标志如 (public 和 private 等)；以及一些索引，这些索引指向 MethodDef 表中该类型的方法、FieldDef 表中该类型的字段、PropertyDef 表中该类型的属性以及 EventDef 表中该类型的事件
MethodDef	模块定义的每个方法在这个表中都有一个记录项。每个记录项都包含方法的名称；一些标志如 private、public、virtual、abstract、static 和 final 等；签名以及方法的 IL 代码在模块中的偏移量。每个记录项还引用了 ParamDef 表中的一个记录项，后者包括与方法参数有关的更多信息
FieldDef	模块定义的每个字段在这个表中都有一个记录项。每个记录项都包含标志 (private 和 public 等)、类型和名称
ParamDef	模块定义的每个参数在这个表中都有一个记录项。每个记录项都包含标志 (in、out 和 retval 等)、类型和名称
PropertyDef	模块定义的每个属性在这个表中都有一个记录项。每个记录项都包含标志、类型和名称
EventDef	模块定义的每个事件在这个表中都有一个记录项。每个记录项都包含标志和名称

　　编译器编译源代码时，代码定义的任何东西都导致在表 2-1 列出的某个表中创建一个记录项。此外，编译器还会检测源代码引用的类型、字段、方法、属性和事件，并创建相应的元数据表记录项。在创建的元数据中包含一组引用表，它们记录了所

引用的内容。表 2-2 总结了常用的引用元数据表。

表 2-2　常用的引用元数据表

引用元数据表名称	说明
AssemblyRef	模块引用的每个程序集在这个表中都有一个记录项。每个记录项都包含绑定①该程序集所需的信息：程序集名称 (不含路径和扩展名)、版本号、语言文化 (culture) 以及公钥 token(根据发布者的公钥生成的一个小的哈希值，标识了所引用程序集的发布者)。每个记录项还包含一些标志和一个哈希值。该哈希值本应作为所引用程序集的二进制数据的校验和 (checksum) 来使用。但是，目前 CLR 完全忽略该哈希值，未来的 CLR 可能也如此
ModuleRef	实现该模块所引用的类型的每个 PE 模块在这个表中都有一个记录项。每个记录项都包含模块的文件名和扩展名 (不含路径)。可能是别的模块实现了你需要的类型，这个表的作用便是建立同那些类型的绑定关系
TypeRef	模块引用的每个类型在这个表中都有一个记录项。每个记录项都包含类型的名称和一个引用 (指向类型的位置)。如果类型在另一个类型中实现，引用指向一个 TypeRef 记录项。如果类型在同一个模块中实现，引用指向一个 ModuleDef 记录项。如果类型在调用程序集内的另一个模块中实现，引用指向一个 ModuleRef 记录项。如果类型在不同的程序集中实现，引用指向一个 AssemblyRef 记录项
MemberRef	模块引用的每个成员 (字段和方法，以及属性方法和事件方法) 在这个表中都有一个记录项。每个记录项都包含成员的名称和签名，并指向对成员进行定义的那个类型的 TypeRef 记录项

除了表 2-1 和表 2-2 所列的，还有其他许多定义表和引用表。但是，我的目的只是让你体会一下编译器在生成的元数据中添加的各种信息。前面还提到了清单 (manifest) 元数据表，本章稍后会讨论这种表。

可以使用多种工具检查托管 PE 文件中的元数据。我个人喜欢用 ILDasm.exe，即 IL Disassembler(IL 反汇编器)。要查看元数据表，请执行以下命令行：

```
ILDasm Program.exe
```

ILDasm.exe 将运行并加载 Program.exe 程序集。要采用一种美观的、容易阅读的方式查看元数据，请选择 "视图" | "元信息" | "显示 !" 菜单项 (或直接按 Ctrl+M 组合键)。随后会显示以下信息 (基于 .NET Framework 4.8，用 Release 模式

---

① 译注：bind 在文档中有时翻译成 "联编"，binder 有时翻译成 "联编程序"。本书采用 "绑定" 和 "绑定器" 的译法。

生成，做了一定删减和排版)：

```
=======================================================
ScopeName : Program.exe
MVID      : {1E2A35B5-C81A-4418-B361-3E66954A70F1}
=======================================================
Global functions
-------------------------------------------------------


Global fields
-------------------------------------------------------


Global MemberRefs
-------------------------------------------------------


TypeDef #1 (02000002)
-------------------------------------------------------
    TypDefName: Program  (02000002)
    Flags     : [Public] [AutoLayout] [Class] [Sealed] [AnsiClass]
                [BeforeFieldInit]  (00100101)
    Extends   : 01000010 [TypeRef] System.Object
    Method #1 (06000001) [ENTRYPOINT]
    ---------------------------------------------------
        MethodName: Main (06000001)
        Flags    : [Public] [Static] [HideBySig] [ReuseSlot]  (00000096)
        RVA      : 0x00002050
        ImplFlags: [IL] [Managed]  (00000000)
        CallCnvntn: [DEFAULT]
        ReturnType: Void
        No arguments.

    Method #2 (06000002)
    ---------------------------------------------------
        MethodName: .ctor (06000002)
        Flags    : [Public] [HideBySig] [ReuseSlot] [SpecialName]
                   [RTSpecialName] [.ctor]  (00001886)
        RVA      : 0x0000205c
        ImplFlags : [IL] [Managed]  (00000000)
        CallCnvntn: [DEFAULT]
        hasThis
        ReturnType: Void
        No arguments.


TypeRef #1 (01000001)
-------------------------------------------------------
Token:              0x01000001
ResolutionScope:    0x23000001
TypeRefName:        System.Runtime.CompilerServices.CompilationRelaxationsAttribute
```

```
    MemberRef #1 (0a000001)
    -------------------------------------------------------
        Member: (0a000001) .ctor:
        CallCnvntn: [DEFAULT]
        hasThis
        ReturnType: Void
        1 Arguments
            Argument #1:  I4

TypeRef #2 (01000002)
-------------------------------------------------------
Token:          0x01000002
ResolutionScope:  0x23000001
TypeRefName:      System.Runtime.CompilerServices.RuntimeCompatibilityAttribute
    MemberRef #1 (0a000002)
    -------------------------------------------------------
        Member: (0a000002) .ctor:
        CallCnvntn: [DEFAULT]
        hasThis
        ReturnType: Void
        No arguments.

...


TypeRef #16 (01000010)
-------------------------------------------------------
Token:          0x01000010
ResolutionScope:  0x23000001
TypeRefName:      System.Object
    MemberRef #1 (0a000010)
    -------------------------------------------------------
        Member: (0a000010) .ctor:
        CallCnvntn: [DEFAULT]
        hasThis
        ReturnType: Void
        No arguments.


TypeRef #17 (01000011)
-------------------------------------------------------
Token:          0x01000011
ResolutionScope:  0x23000001
TypeRefName:      System.Console
    MemberRef #1 (0a00000f)
    -------------------------------------------------------
        Member: (0a00000f) WriteLine:
        CallCnvntn: [DEFAULT]
        ReturnType: Void
        1 Arguments
            Argument #1:  String
```

```
Assembly
--------------------------------------------------------
    Token: 0x20000001
    Name : Program
    Public Key    :
    Hash Algorithm : 0x00008004
    Version: 1.0.0.0
    Major Version: 0x00000001
    Minor Version: 0x00000000
    Build Number: 0x00000000
    Revision Number: 0x00000000
    Locale: <null>
    Flags : [none] (00000000)
    CustomAttribute #1 (0c000001)
    --------------------------------------------------------
        CustomAttribute Type: 0a000001
        CustomAttributeName:
            System.Runtime.CompilerServices.CompilationRelaxationsAttribute ::
                instance void .ctor(int32)
        Length: 8
        Value : 01 00 08 00 00 00 00 00                      >           <
        ctor args: (8)

    CustomAttribute #2 (0c000002)
    --------------------------------------------------------
        CustomAttribute Type: 0a000002
        CustomAttributeName:
            System.Runtime.CompilerServices.RuntimeCompatibilityAttribute ::
                instance void .ctor()
        Length: 30
        Value : 01 00 01 00 54 02 16 57  72 61 70 4e 6f 6e 45 78 >    T  WrapNonEx<
                : 63 65 70 74 69 6f 6e 54  68 72 6f 77 73 01       >ceptionThrows   <
        ctor args: ()

...

AssemblyRef #1 (23000001)
--------------------------------------------------------
    Token: 0x23000001
    Public Key or Token: b7 7a 5c 56 19 34 e0 89
    Name: mscorlib
    Version: 4.0.0.0
    Major Version: 0x00000004
    Minor Version: 0x00000000
    Build Number: 0x00000000
    Revision Number: 0x00000000
    Locale: <null>
    HashValue Blob:
```

```
   Flags: [none] (00000000)


User Strings
-------------------------------------------------------
70000001 : ( 2) L"Hi"


Coff symbol name overhead:  0
=========================================================
=========================================================
=========================================================
```

　　幸好 ILDasm 处理了元数据表，恰当合并了信息，避免我们跑去分析原始的表信息。例如，可以看到，当 ILDasm 显示一个 TypeDef 记录项时，会在第一个 TypeRef 项之前显示对应的成员定义信息。

　　不用完全理解上面显示的一切。重点是 Program.exe 包含名为 **Program** 的 TypeDef。**Program** 是公共密封类，从 **System.Object** 派生 (**System.Object** 是引用的另一个程序集中的类型)。**Program** 类型还定义了两个方法: **Main** 和 **.ctor**(构造器)。

　　Main 是公共静态方法，用 IL 代码实现 (有的方法可能用本机 CPU 代码实现，比如 x86 代码)。**Main** 的返回类型是 **void**，无参。构造器 (名称始终是 **.ctor**) 是公共方法，也用 IL 代码实现。构造器的返回类型是 **void**，无参，有一个 **this** 指针 (指向调用方法时要构造的对象内存)。

　　强烈建议多试验一下 ILDasm。它提供了丰富的信息。你对自己看到的东西理解得越多，对 CLR 及其功能的理解就越好。本书后面会大量地用到 ILDasm。

　　为了增加趣味性，来看看 Program.exe 程序集的统计信息。在 ILDasm 中选择"视图"|"统计"，会显示以下信息:

```
File size            : 4608
 PE header size      : 512 (496 used)    (11.11%)
 PE additional info  : 1663              (36.09%)
 Num.of PE sections  : 3
 CLR header size     : 72               ( 1.56%)
 CLR meta-data size  : 1428             (30.99%)
 CLR additional info : 0                ( 0.00%)
 CLR method headers  : 2                ( 0.04%)
 Managed code        : 18               ( 0.39%)
 Data                : 2048             (44.44%)
 Unaccounted         : -1135            (-24.63%)

 Num.of PE sections  : 3
  .text   - 2048
```

```
  .rsrc    - 1536
  .reloc   - 512

CLR meta-data size  : 1428
  Module          -    1 (10 bytes)
  TypeDef         -    2 (28 bytes)      0 interfaces, 0 explicit layout
  TypeRef         -   17 (102 bytes)
  MethodDef       -    2 (28 bytes)      0 abstract, 0 native, 2 bodies
  MemberRef       -   16 (96 bytes)
  CustomAttribute-   14 (84 bytes)
  Assembly        -    1 (22 bytes)
  AssemblyRef     -    1 (20 bytes)
  Strings         -  580 bytes
  Blobs           -  268 bytes
  UserStrings     -    8 bytes
  Guids           -   16 bytes
  Uncategorized   -  166 bytes

CLR method headers : 2
  Num.of method bodies  - 2
  Num.of fat headers    - 0
  Num.of tiny headers   - 2

Managed code : 18
  Ave method size - 9
```

　　从中可以看出文件大小 (字节数) 以及文件各部分大小 (字节数和百分比)。对于这个如此小的 Program.exe 应用程序，PE 头和元数据占了相当大的比重。事实上，IL 代码只有区区 18 字节。当然，随着应用程序规模的增大，它会重用大多数类型以及对其他类型和程序集的引用，元数据和头信息在整个文件中的比重越来越小。

注意

　　顺便说一下，ILDasm.exe 的一个 bug 会影响显示的文件长度。尤其不要相信 Unaccounted 信息。

2.4　将模块合并成程序集

　　上一节讨论的 Program.exe 并非只是含有元数据的 PE 文件，它还是程序集 (assembly)。程序集是一个或多个类型定义文件及资源文件的集合。在程序集的所有文件中，有一个文件容纳了清单 (manifest)。清单也是一个元数据表集合，表中主要包含作为程序集组成部分的那些文件的名称。此外，还描述了程序集的版本、语言文化、发布者、公开导出的类型以及构成程序集的所有文件。

　　CLR 操作的是程序集。换言之，CLR 总是首先加载包含"清单"元数据表的文件，再根据"清单"来获取程序集中的其他文件的名称。要记住程序集以下这些重要特征：

- 程序集定义了可重用的类型；
- 程序集用一个版本号标记；
- 程序集可以关联安全信息。

除了包含清单元数据表的文件，程序集中其他单独的文件都不包含这些特性值。

类型为了顺利地进行打包、版本控制、安全保护以及使用，必须放在作为程序集一部分的模块中。程序集大多数时候只有一个文件，就像前面的 Program.exe 那样。然而，程序集还可以由多个文件构成：一些是含有元数据的 PE 文件，另一些是 .gif 或 .jpg 这样的资源文件。为便于理解，可将程序集视为一个逻辑 EXE 或 DLL。

微软为什么引入"程序集"的概念？这是因为使用程序集，可重用类型的逻辑表示与物理表示就可以分开。例如，程序集可能包含多个类型。可以将常用类型放到一个文件中，不常用类型放到另一个文件中。如果程序集要从 Internet 下载并部署，那么对于含有不常用类型的文件，假如客户端永远不使用那些类型，该文件就永远不会下载到客户端。例如，擅长制作 UI 控件的一家独立软件开发商 (Independent Software Vendor，ISV) 可选择在单独的模块中实现 Active Accessibility 类型 (以满足 Microsoft 徽标认证授权要求)[①]。这样一来，只有需要额外"无障碍访问"功能的用户才需要下载该模块。

为了配置应用程序去下载程序集文件，可以在应用程序配置文件中指定 **codeBase** 元素 (详见第 3 章)。在 **codeBase** 元素定义的 URL 所指向的位置，可以找到程序集的所有文件。试图加载程序集的一个文件时，CLR 获取 **codeBase** 元素的 URL，检查机器的下载缓存，判断文件是否存在。如果是，直接加载文件。如果不是，CLR 去 URL 指向的位置将文件下载到缓存。如果还是找不到文件，CLR 在运行时抛出 **FileNotFoundException** 异常。

我想指出使用多文件程序集的以下三个理由。

- 可以使用单独的文件对类型进行划分，使文件能以"增量"方式下载 (就像前面在互联网下载的例子中描述的那样)。另外，将类型划分到不同的文件中，可以对购买和安装的应用程序进行部分或分批打包 / 部署。也就是说，可以只更新或替换特定文件，而不必重新部署整个应用程序。
- 可在程序集中添加资源或数据文件。例如，假定一个类型的作用是计算保险信息，需要访问精算表才能完成计算。在这种情况下，不必在自己的源代码中嵌入精算表。相反，可以使用一个工具 (比如稍后要讨论的程序集

---

① 译注：Microsoft Active Accessibility 基于 COM，能够为应用程序和 Active Accessibility 客户端提供标准、一致的机制来交换信息，宗旨是帮助残障人士更有效地使用计算机。

链接器 AL.exe)，使数据文件成为程序集的一部分。顺便说一句，数据文件可以为任意格式——包括文本文件、微软的 Excel 电子表格文件以及微软的 Word 表格等——只要应用程序知道如何解析。

- 程序集包含的各个类型可以用不同的编程语言来实现。例如，一些类型可以用 C# 语言实现，一些用 Visual Basic 实现，其他则用其他语言实现。编译用 C# 语言写的类型时，编译器会生成一个模块。编译用 Visual Basic 写的类型时，编译器会生成另一个模块。然后，可以用工具将所有模块合并成单个程序集。其他开发人员在使用这个程序集时，只知道这个程序集包含了一系列类型，根本不知道、也不用知道这些类型分别是用什么语言写的。顺便说一句，如果愿意，可以对每个模块都运行 ILDasm.exe，获得相应的 IL 源代码文件。然后运行 ILAsm.exe，将所有 IL 源代码文件都传给它。随后，ILAsm.exe 会生成包含全部类型的单个文件。该技术的前提是源代码编译器能生成纯 IL 代码。

重要提示 ⚠️

总之，程序集是进行重用、版本控制和应用安全性设置的基本单元。它允许将类型和资源文件划分到单独的文件中。这样一来，无论你自己，还是你的程序集的用户，都可以决定打包和部署哪些文件。一旦 CLR 加载含有清单的文件，就可以确定在程序集的其他文件中，具体是哪些文件了包含应用程序所引用的类型和资源。程序集的用户（其他开发人员）只需知道含有清单的那个文件的名称。这样一来，文件的具体划分方式在程序集的用户那里就是完全透明的。你以后可以自由更改，不会干扰应用程序的行为。

如果多个类型能共享相同的版本号和安全性设置，那么建议将所有这些类型放到同一个文件中，而不是分散到多个文件中，更不要分散到多个程序集中。这是出于对性能的考虑。每次加载文件或程序集，CLR 和 Windows 都要花费一定的时间来查找、加载并初始化程序集。需要加载的文件 / 程序集的数量越少，性能越好，因为加载较少的程序集有助于减小工作集 (working set)，并缓解进程地址空间的碎片化。最后，NGen.exe 在处理较大的文件时可以进行更好的优化。

　　在生成程序集时，要么选择现有的 PE 文件作为“清单”的宿主，要么创建单独的 PE 文件并只在其中包含清单。表 2-3 展示了将托管模块转换成程序集时要用到的各种清单元数据表。

表 2-3　清单元数据表

清单元数据表名称	说明
AssemblyDef	如果模块标识的是程序集，这个元数据表就包含单一记录项来列出程序集名称 (不含路径和扩展名)、版本 (主版本号 major、次版本号 minor、内部版本号 build 和修订号 revision)、语言文化 (culture)、一些标志 (flag)、哈希算法以及发布者公钥 (可为 null)
FileDef	作为程序集一部分的每个 PE 文件和资源文件在这个表中都有一个记录项 (清单本身所在的文件除外，该文件在 AssemblyDef 表的单一记录项中列出)。在每个记录项中，都包含文件名和扩展名 (不含路径)、哈希值和一些标志 (flags)。如果程序集只包含它自己的文件，FileDef 表将无记录①
ManifestResourceDef	作为程序集一部分的每个资源在这个表中都有一个记录项。记录项中包含资源名称、一些标志 (如果在程序集外部可见，就为 public；否则为 private) 以及 FileDef 表的一个索引 (指出资源或流包含在哪个文件中)。如果资源不是独立文件 (比如 .jpg 或者 .gif 文件)，那么资源就是包含在 PE 文件中的流。对于嵌入资源，记录项还包含一个偏移量，指出资源流在 PE 文件中的起始位置
ExportedTypesDef	从程序集的所有 PE 模块中导出的每个 public 类型在这个表中都有一个记录项。记录项中包含类型名称、FileDef 表的一个索引 (指出类型由程序集的哪个文件实现) 以及 TypeDef 表的一个索引。注意，为节省空间，从清单所在文件导出的类型不再重复，因为可通过元数据的 TypeDef 表获取类型信息

正是因为有了清单的存在，所以程序集的用户不必关心程序集的划分细节。另外，清单也使程序集具有了自描述性 (self-describing)。另外，在包含清单的文件中，一些元数据信息描述了哪些文件是程序集的一部分。但是，那些文件本身并不包含元数据来指出它们是程序集的一部分。

注意

包含清单的程序集文件还有一个 AssemblyRef 表。由程序集的全部文件所引用的每个程序集在这个表中都有一个记录项。这样一来，工具只需打开程序集的清单，就可以知道它引用的所有程序集，而不必打开程序集的其他文件。同样地，AssemblyRef 表的存在加强了程序集的自描述性。

---

① 译注：所谓 "如果程序集只包含它自己的文件"，是指程序集只包含它的主模块，不包含其他非主模块和资源文件。1.2 节说过，程序集是一个抽象概念，是一个或者多个模块文件和资源文件组成的逻辑单元，其中包含一个且只能有一个作为主模块的 .exe 或 .dll 文件。

指定以下任何命令行开关，C# 编译器都会生成程序集：/t[arget]:exe，/t[arget]:winexe，/t[arget]:appcontainerexe，/t[arget]:library 或 者 /t[arget]:winmdobj[①]。所有这些开关都会造成编译器生成含有清单元数据表的 PE 文件。这些开关分别生成 CUI 执行体、GUI 执行体、Windows Store 执行体、类库或者 WINMD 库。

除了这些开关，C# 编译器还支持 /t[arget]:module 开关。这个开关指示编译器生成一个不包含清单元数据表的 PE 文件。这样生成的肯定是一个 DLL PE 文件。CLR 要想访问其中的任何类型，必须先将该文件添加到一个程序集中。使用 /t:module 开关时，C# 编译器默认为输出文件使用 .netmodule 扩展名。

重要
提示

遗憾的是，不能直接从 Microsoft Visual Studio 集成开发环境 (IDE) 中创建多文件程序集。只能用命令行工具创建多文件程序集。

可以通过多种方式将模块添加到程序集。如果用 C# 编译器生成含清单的 PE 文件，那么可以使用 /addmodule 开关。为了理解如何生成多文件程序集，假定有下面两个源代码文件：

- RUT.cs，其中包含不常用类型 (R 代表很少)；
- FUT.cs，其中包含常用类型 (F 代表经常)。

下面将不常用类型编译到一个单独的模块。这样一来，如果程序集的用户永远不使用不常用类型，就不需要部署这个模块。

```
csc /t:module RUT.cs
```

上述命令行造成 C# 编译器创建名为 RUT.netmodule 的文件。这是一个标准的 DLL PE 文件，但是，CLR 不能单独加载它。

接着将常用类型编译到另一个模块。该模块将成为程序集清单的宿主，因为这些类型会经常用到。事实上，由于该模块现在代表整个程序集，所以我将输出文件的名称改为 MultiFileLibrary.dll，而不是默认的 FUT.dll。

```
csc /out:MultiFileLibrary.dll /t:library /addmodule:RUT.netmodule FUT.cs
```

上述命令行指示 C# 编译器编译 FUT.cs 来生成 MultiFileLibrary.dll。由于指定了 /t:library 开关，所以生成的是含有清单元数据表的 DLL PE 文件。/addmodule:RUT.netmodule 开关告诉编译器 RUT.netmodule 文件是程序集的一部分。具体地

---

① 如果使用 /t[arget]:winmdobj，那么生成的 .winmdobj 文件必须传给 WinMDExp.exe 工具进行处理，以便将程序集的公共 CLR 类型作为 Windows Runtime 类型公开。WinMDExp.exe 工具根本不会碰 IL 代码。

说，/addmodule 开关告诉编译器将文件添加到 FileDef 清单元数据表，并将 RUT.netmodule 的公开导出类型添加到 ExportedTypesDef 清单元数据表。

编译器最终创建如图 2-1 所示的两个文件。清单在右边的模块中。

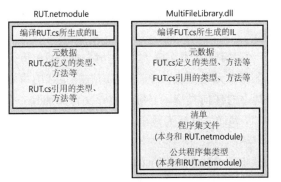

图 2-1 含有两个托管模块的多文件程序集，清单在其中一个模块中

RUT.netmodule 文件包含编译 RUT.cs 所生成的 IL 代码。该文件还包含一些定义元数据表，描述了 RUT.cs 定义的类型、方法、字段、属性、事件等。还包含一些引用元数据表，描述了 RUT.cs 引用的类型、方法等。MultiFileLibrary.dll 是一个单独的文件。与 RUT.netmodule 相似，MultiFileLibrary.dll 包含编译 FUT.cs 所生成的 IL 代码以及类似的定义与引用元数据表。然而，MultiFileLibrary.dll 还包含额外的清单元数据表，这使 MultiFileLibrary.dll 成为了程序集。清单元数据表描述了程序集的所有文件 (MultiFileLibrary.dll 本身和 RUT.netmodule)。清单元数据表还包含从 MultiFileLibrary.dll 和 RUT.netmodule 导出的所有公共类型。

注意　清单元数据表实际并不包含从清单所在的 PE 文件导出的类型。这是一项优化措施，旨在减少 PE 文件中的清单信息量。因此，上述说法"清单元数据表还包含从 MultiFileLibrary.dll 和 RUT.netmodule 导出的所有公共类型"并非百分之百准确。不过，这种说法确实精准反映了清单在逻辑意义上公开的内容。

生成 MultiFileLibrary.dll 程序集之后，接下来可以使用 ILDasm.exe 检查元数据的清单表，验证程序集文件确实包含对 RUT.netmodule 文件的类型的引用。FileDef 和 ExportedTypesDef 元数据表的内容如下所示：

```
File #1 (26000001)
--------------------------------------------------------
    Token: 0x26000001
    Name : RUT.netmodule
```

```
    HashValue Blob : e6 e6 df 62 2c a1 2c 59 97 65 0f 21 44 10 15 96 f2 7e db c2
    Flags : [ContainsMetaData]  (00000000)


ExportedType #1 (27000001)
-------------------------------------------------------
    Token: 0x27000001
    Name: ARarelyUsedType
    Implementation token: 0x26000001
    TypeDef token: 0x02000002
    Flags     : [Public] [AutoLayout] [Class] [Sealed] [AnsiClass]
                [BeforeFieldInit]  (00100101)
```

可以看出，RUT.netmodule 文件已经被视为程序集的一部分，它的 token
是 0x26000001。在 ExportedTypesDef 表中可以看到一个公开导出的类型，名为
ARarelyUsedType。该类型的实现 token 是 0x26000001，表明类型的 IL 代码包含
在 RUT.netmodule 文件中。

客户端代码必须使用 /r[eference]:MultiFileLibrary.dll 编译器开关生
成，才能使用 MultiFileLibrary.dll 程序集的类型。该开关指示编译器在搜索外部类
型时加载 MultiFileLibrary.dll 程序集以及 FileDef 表中列出的所有文件。要求程序集
的所有文件都已安装，而且能够访问。删除 RUT.netmodule 文件会导致 C# 编译器
会报告以下错误：

```
fatal error CS0009: 未能打开元数据文件 "c:\MultiFileLibrary.dll"--" 导入程序集 "c:\
MultiFileLibrary.dll" 的模块 "RUT.netmodule" 时出错 -- 系统找不到指定的文件。"
```

这意味着为了生成新程序集，所引用的程序集中的所有文件都必须存在。

注意
　以下内容仅供技术宅参考。元数据 token 是一个 4 字节的值。其中，高位字
节指明 token 的类型 (0x01=TypeRef, 0x02=TypeDef, 0x23=AssemblyRef,
0x26=File(文件定义), 0x27=ExportedType)。要获取完整列表，请参见 .NET
Framework SDK 包含的 CorHdr.h 文件中的 **CorTokenType** 枚举类型。token
的三个低位字节指明对应的元数据表中的行。例如，0x26000001 这个实现
token 引用的是 File 表的第一行。大多数表的行从 1 而不是 0 开始编号。
TypeDef 表的行号实际从 2 开始。

客户端代码执行时会调用方法。一个方法首次调用时，CLR 检测作为参数、返
回值或者局部变量而被方法引用的类型。然后，CLR 尝试加载所引用程序集中含有
清单的文件。如果要访问的类型恰好在这个文件中，CLR 会执行其内部登记工作，
允许使用该类型。如果清单指出被引用的类型在不同的文件中，CLR 会尝试加载需

要的文件，同样执行内部登记，并允许使用该类型。注意，CLR 并非一上来就加载所有可能用到的程序集。只有在调用的方法确实引用了未加载程序集中的类型时，才会加载程序集。换言之，为了让应用程序运行起来，并不要求被引用程序集的所有文件都存在。

2.4.1 使用 Visual Studio IDE 将程序集添加到项目中

用 Visual Studio IDE 创建项目时，想引用的所有程序集都必须添加到项目中。为此，请打开解决方案资源管理器，右击想要添加引用的项目，从弹出的上下文菜单中选择"添加"|"引用"来打开"引用管理器"对话框，如图 2-2 所示。

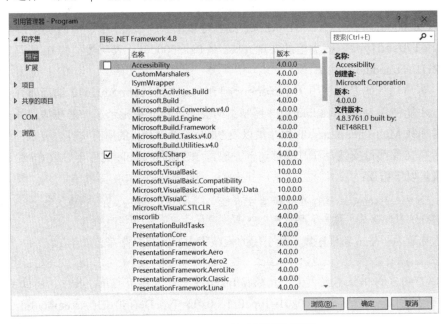

图 2-2 Visual Studio 的"引用管理器"

从列表中选择想让项目引用的程序集。如果程序集不在列表中，就单击"浏览"按钮，选择目标程序集（含清单的文件）并添加程序集引用。利用"项目"节点，当前项目可以引用同一个解决方案中的另一个项目创建的程序集。利用 COM 节点，可以从托管源代码中访问一个非托管 COM 服务器，这是通过 Visual Studio 自动生成的一个托管代理类实现的。利用"浏览"节点，可以选择最近添加到其他项目的程序集。

按照 https://tinyurl.com/4kpebea3 的指令进行操作，可使自己的程序集出现在"引用管理器"中。

2.4.2　使用程序集链接器

除了使用 C# 编译器，还可以使用"程序集链接器"实用程序 AL.exe 来创建程序集。如果程序集要包含由不同编译器生成的模块 (而且这些编译器不支持与 C# 编译器的 /addmodule 开关等价的机制)，或者在生成时不清楚程序集的打包要求，程序集链接器就相当有用了。还可以使用 AL.exe 来生成只含资源的程序集，也就是所谓的附属程序集 (satellite assembly)，它们通常用于本地化。本章稍后会讨论附属程序集的问题。

AL.exe 实用程序能生成 EXE 文件，或者生成只包含清单 (对其他模块中的类型进行描述) 的 DLL PE 文件。为了理解 AL.exe 的工作原理，让我们改变一下 MultiFileLibrary.dll 程序集的生成方式：

```
csc /t:module RUT.cs
csc /t:module FUT.cs
al /out:MultiFileLibrary.dll /t:library FUT.netmodule RUT.netmodule
```

图 2-3 展示了执行这些命令后生成的文件。

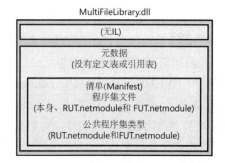

图 2-3　由三个托管模块构成的多文件程序集，其中一个含有清单

这个例子首先创建两个单独的模块，即 RUT.netmodule 和 FUT.netmodule。两个模块都不是程序集，因为都不包含清单元数据表。然后生成第三个文件 MultiFileLibrary.dll，它是 DLL PE 文件 (因为使用了 /t[arget]:library 开关)，其中不包含 IL 代码，但包含清单元数据表。清单元数据表指出 RUT.netmodule 和 FUT.netmodule 是程序

集的一部分。最终的程序集由三个文件构成：MultiFileLibrary.dll，RUT.netmodule 和 FUT.netmodule。程序集链接器不能将多个文件合并成一个文件。

使用 /t[arget]:exe，/t[arget]:winexe 或者 /t[arget]:appcontainerexe 命令行开关，AL.exe 实用程序还能生成 CUI、GUI 或者 Windows Store 应用 PE 文件。但很少需要这样做，因为这意味着在得到的 EXE PE 文件中，IL 代码唯一做的事情就是调用另一个模块中的方法。调用 AL.exe 时添加 /main 命令行开关，可以指定模块的哪个方法是入口。例如：

```
csc /t:module /r:MultiFileLibrary.dll Program.cs
al /out:Program.exe /t:exe /main:Program.Main Program.netmodule
```

第一行将 Program.cs 文件生成为 Program.netmodule 文件。第二行生成包含清单元数据表的 Program.exe PE 文件。此外，由于使用了 /main:Program.Main 命令行开关，所以 AL.exe 还会生成一个小的全局函数，名为 __EntryPoint，其中包含以下 IL 代码：

```
.method privatescope static void __EntryPoint$PST06000001() cil managed
{
    .entrypoint
    // Code size       8 (0x8)
    .maxstack 8
    IL_0000: tail.
    IL_0002: call    void [.module 'Program.netmodule']Program::Main()
    IL_0007: ret
} // end of method 'Global Functions'::__EntryPoint
```

可以看出，以上代码只是调用了一下在 Program.netmodule 文件定义的 Program 类型中包含的 Main 方法。AL.exe 的 /main 开关实际没有多大用处，因为假如一个应用程序的入口不在清单元数据表所在的 PE 文件中，那么何必还要为它创建程序集呢？开发人员只需知道有这个开关就可以了。

本书配套代码有一个 Ch02-3-BuildMultiFileLibrary.bat 文件，它封装了生成多文件程序集所需的全部步骤。作为生成前的命令行步骤，Ch02-4-AppUsingMultiFileLibrary 项目会调用该批处理文件。可以参考这个项目来体会如何在 Visual Studio 中生成和引用多文件程序集。

2.4.3 为程序集添加资源文件

用 AL.exe 创建程序集时，可以使用 /embed[resource] 开关将文件作为资源添加到程序集。该开关获取任意文件，并将文件内容嵌入最终的 PE 文件。清单的 ManifestResourceDef 表会更新以反映新资源的存在。

AL.exe 还支持 /link[resource] 开关，它同样获取包含资源的文件，但只是更新清单的 ManifestResourceDef 和 FileDef 表以反映新资源的存在，指出资源包含在程序集的哪个文件中。资源文件不会嵌入程序集 PE 文件中；相反，它保持独立，而且必须和其他程序集文件一起打包和部署。

与 AL.exe 相似，C# 编译器 CSC.exe 也允许将资源合并到编译器生成的程序集中。/resource 开关将指定的资源文件嵌入最终生成的程序集 PE 文件中，并更新 ManifestResourceDef 表。/linkresource 开关在 ManifestResourceDef 和 FileDef 清单表中添加记录项来引用独立存在的资源文件。

关于资源，最后注意可以在程序集中嵌入标准的 Win32 资源。为此，只需在使用 AL.exe 或者 CSC.exe 时使用 /win32res 开关指定一个 .res 文件的路径名。还可在使用 AL.exe 或者 CSC.exe 时使用 /win32icon 开关指定一个 .ico 文件的路径名，从而在程序集中快速、简单地嵌入标准的 Win32 图标资源。要在 Visual Studio 中将资源文件添加到程序集中，可以显示项目的属性，在"应用程序"标签页中添加"资源文件"。嵌入图标的目的一般是在 Windows 文件资源管理器中为托管的可执行文件显示特色图标。

> **注意**
>
> 托管的程序集文件还包含 Win32 清单资源信息。C# 编译器默认会生成这种清单信息，但是可以使用 /nowin32manifest 开关告诉它不生成。C# 编译器生成的默认清单是下面这样的：
>
> ```xml
> <?xml version="1.0" encoding="UTF-8" standalone="yes"?>
> <assembly xmlns="urn:schemas-microsoft-com:asm.v1" manifestVersion="1.0">
>    <assemblyIdentity version="1.0.0.0" name="MyApplication.app" />
>       <trustInfo xmlns="urn:schemas-microsoft-com:asm.v2">
>          <security>
>             <requestedPrivileges xmlns="urn:schemas-microsoft-com:asm.v3">
>                <requestedExecutionLevel level="asInvoker" uiAccess="false"/>
>             </requestedPrivileges>
>          </security>
>       </trustInfo>
> </assembly>
> ```

2.5 程序集版本资源信息

AL.exe 或 CSC.exe 在生成 PE 文件程序集时，还会在 PE 文件中嵌入标准的 Win32 版本资源。我们可通过查看文件属性来检查该资源。在应用程序代码中调用 System.Diagnostics.FileVersionInfo 的静态方法 GetVersionInfo，并传递程序集的路径作为参数，就可以获取并检查这些信息。图 2-4 显示的是 Ch02-3-

MultiFileLibrary.dll 属性对话框的"详细信息"标签页。

生成程序集时，应该使用定制特性设置各种版本资源字段，这些特性在源代码中应用于 assembly 级别。图 2-4 的版本信息用以下代码生成：

```
using System.Reflection;

// FileDescription 版本信息
[assembly: AssemblyTitle("MultiFileLibrary.dll")]

// Comments 版本信息
[assembly: AssemblyDescription("This assembly contains MultiFileLibrary's types")]

// CompanyName 版本信息
[assembly: AssemblyCompany("Wintellect")]

// ProductName 版本信息
[assembly: AssemblyProduct("Wintellect (R) MultiFileLibrary's Type Library")]

// LegalCopyright 版本信息
[assembly: AssemblyCopyright("Copyright (c) Wintellect 2013")]

// LegalTrademarks 版本信息
[assembly:AssemblyTrademark("MultiFileLibrary is a registered trademark of Wintellect")]

// AssemblyVersion 版本信息
[assembly: AssemblyVersion("3.0.0.0")]

// FILEVERSION/FileVersion 版本信息
[assembly: AssemblyFileVersion("1.0.0.0")]

// PRODUCTVERSION/ProductVersion 版本信息
[assembly: AssemblyInformationalVersion("2.0.0.0")]

// 设置 Language 字段 ( 参见 2.6 节 )
[assembly:AssemblyCulture("")]
```

重要提示 ⚠️　Windows 文件资源管理器的属性对话框明显遗漏了一些特性值。最遗憾的是没有显示 AssemblyVersion 这个特性的值，因为 CLR 加载程序集时会使用这个值，详情将在第 3 章讨论。

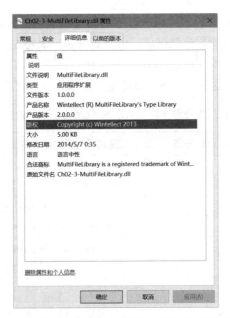

图 2-4 "Ch02-3-MultiFileLibrary.dll 属性"对话框的"详细信息"标签页

重要提示 ⚠

Visual Studio 新建 C# 项目时会在一个 Properties 文件夹中自动创建 AssemblyInfo.cs 文件。该文件除了包含本节描述的所有程序集版本特性,还包含要在第 3 章讨论的几个特性。可直接打开 AssemblyInfo.cs 文件并修改自己的程序集特有信息。Visual Studio 还提供了对话框来帮你编辑该文件。要打开这个对话框,请打开项目的属性页,在"应用程序"标签页中单击"程序集信息"。随后会看到如图 2-5 所示的对话框。

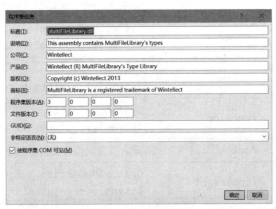

图 2-5 Visual Studio 的"程序集信息"对话框

　　表 2-4 总结了版本资源字段和对应的定制特性。如果用 AL.exe 生成程序集，那么可以用命令行开关设置这些信息，而不必使用定制特性。表 2-4 的第二列显示了与每个版本资源字段对应的 AL.exe 命令行开关。注意，C# 编译器没有提供这些命令行开关。所以，在这种情况下，最好是用定制特性设置相应的信息。

表 2-4　版本资源字段和对应的 AL.exe 开关 / 定制特性

版本资源	AL.exe 开关	定制特性 / 说明
FILEVERSION	/fileversion	System.Reflection. AssemblyFileVersionAttribute
PRODUCTVERSION	/productversion	System.Reflection.AssemblyInformatio nalVersionAttribute
FILEFLAGSMASK	（无）	总是设为 VS_FFI_FILEFLAGSMASK（在 WinVer.h 中定义为 0x0000003F）
FILEFLAGS	（无）	总是 0
FILEOS	（无）	目前总是 VOS__WINDOWS32
FILETYPE	/target	如果指定了 /target:exe 或 /target: winexe，就设为 VFT_APP；如果指定了 / target:library，就设为 VFT_DLL
FILESUBTYPE	（无）	总是设为 VFT2_UNKNOWN(该字段对于 VFT_APP 和 VFT_DLL 无意义)
AssemblyVersion	/version	System.Reflection. AssemblyVersionAttribute
Comments	/description	System.Reflection. AssemblyDescriptionAttribute
CompanyName	/company	System.Reflection. AssemblyCompanyAttribute
FileDescription	/title	System.Reflection. AssemblyTitleAttribute
Version	/version	System.Reflection. AssemblyVersionAttribute
InternalName	/out	设为指定的输出文件的名称 (无扩展名)
LegalCopyright	/copyright	System.Reflection. AssemblyCopyrightAttribute
LegalTrademarks	/trademark	System.Reflection. AssemblyTrademarkAttribute

（续表）

版本资源	AL.exe 开关	定制特性 / 说明
OriginalFilename	/out	设为输出文件的名称 (无路径)
PrivateBuild	(无)	总是空白
ProductName	/product	System.Reflection. AssemblyProductAttribute
ProductVersion	/productversion	System.Reflection.AssemblyInformatio nalVersionAttribute
SpecialBuild	(无)	总是空白

版本号

上一节指出，可以向程序集应用几个版本号。所有这些版本号都具有相同的格式，每个都包含 4 个以句点分隔的部分，如表 2-5 所示。

表 2-5 版本号格式 [①]

	major(主版本号)	minor(次版本号)	build(内部版本号)	revision(修订号)
示例	2	5	719	2

表 2-5 展示了一个示例版本号：2.5.719.2。前两个编号构成了公众对版本的理解。公众会将这个例子看成是程序集的 2.5 版本。第三个编号 719 是程序集的 build 号。如果公司每天都生成程序集，那么每天都应该递增这个 build 号。最后一个编号 2 指出当前 build 的修订次数。如果因为某个原因，公司某一天必须生成两次程序集 (可能是为了修复一个造成其他什么事情都干不了的 hot bug)，revision 号就应该递增。微软采用的就是这个版本编号方案，强烈建议大家也用。

注意：程序集有三个版本号，这使局面复杂化，并造成大量混淆。所以，有必要解释一下每个版本号的用途以及它们的正确用法。

- **AssemblyFileVersion**

  这个版本号存储在 Win32 版本资源中。它仅供参考，CLR 既不检查，也不关心这个版本号。通常，可以先设置好版本号的 major/minor 部分，这是希望公众看到的版本号。然后，每生成一次就递增 build 和 revision 部分。理想情况是 Microsoft 的工具 (比如 CSC.exe 或者 AL.ex) 能自动更新 build 和 revision 号 (根据生成时的日期和时间)。但实情并非如此。在 Windows 文

---

① 译注：根据习惯，本书保留了版本号 4 个组成部分的英文原文，即主版本号 major、次版本号 minor、内部版本号 build 和修订号 revision。

件资源管理器中能看到这个版本号。对客户系统进行故障诊断时，可根据它识别程序集的版本是多少。

- AssemblyInformationalVersion

这个版本号也存储在 Win32 版本资源中，同样仅供参考。CLR 既不检查，也不关心它。这个版本号的作用是指出包含该程序集的产品的版本。例如，产品的 2.0 版本可能包含几个程序集，其中一个程序集标记为版本 1.0，因为它是新开发的，在产品的 1.0 版本中不存在。通常，可以设置这个版本号的 major 和 minor 部分来代表产品的公开版本号。以后每次打包所有程序集来生成完整产品，就递增 build 和 revision 部分。

- AssemblyVersion

这个版本号存储在 AssemblyDef 清单元数据表中。CLR 在绑定到强命名程序集（第 3 章讨论）时会用到它。这个版本号很重要，它唯一性地标识了程序集。开始开发程序集时，应该设置好 major/minor/build/revision 部分。而且除非要开发程序集的下一个可部署版本，否则不应变动。如果程序集 A 引用了强命名的程序集 B，程序集 B 的版本会嵌入程序集 A 的 AssemblyRef 表。这样一来，当 CLR 需要加载程序集 B 时，就准确地知道当初生成和测试的是程序集 B 的哪个版本。利用第 3 章将要讨论的绑定重定向 (binding redirect) 技术，可以让 CLR 加载一个不同的版本。

2.6 语言文化

除了版本号，程序集还将语言文化 (culture)[①] 作为其身份标识的一部分。例如，可能有一个程序集限定德语用户，第二个限定瑞士德语用户，第三个限定美国英语用户，以此类推。语言文化用包含主副标记的字符串进行标识 (依据 RFC1766)。表 2-6 展示了一些例子。

表 2-6 程序集语言文化标记的例子

主标记	副标记	语言文化	主标记	副标记	语言文化
de	（无）	德语	en	（无）	英语
de	AT	奥地利德语	en	GB	英国英语
de	CH	瑞士德语	en	US	美国英语

---

① 译注：文档翻译为"区域性"。

创建含代码的程序集时一般不指定具体的语言文化。这是因为代码只讲"逻辑"，不涉及具体的语言文化。未指定具体语言文化的程序集称为语言文化中性 (culture neutral)。

如果应用程序包含语言文化特有的资源，微软强烈建议专门创建一个程序集来包含代码和应用程序的默认 (或备用) 资源。生成该程序集时不要指定具体的语言文化。其他程序集通过引用该程序集来创建和操纵它公开的类型。

然后，创建一个或多个单独的程序集，只在其中包含语言文化特有的资源——不要包含任何代码。标记了语言文化的程序集称为附属程序集 (satellite assembly)。为附属程序集指定的语言文化应准确反映程序集中的资源的语言文化。针对想要支持的每种语言文化都要创建单独的附属程序集。

通常用 AL.exe 生成附属程序集。不用编译器是因为附属程序集本来就不该含有代码。使用 AL.exe 的 /c[ulture]:text 开关指定语言文化。其中 text 是语言文化字符串，例如 "en-US" 代表美国英语。部署附属程序集时，应该把它保存到专门的子目录中，子目录名称和语言文化的文本匹配。例如，假定应用程序的基目录是 C:\MyApp，与美国英语对应的附属程序集就应该放到 C:\MyApp\en-US 子目录。在运行时，使用 System.Resources.ResourceManager 类访问附属程序集的资源。

注意　虽然不建议，但创建包含代码的附属程序集也是可以的。如果愿意，可以使用定制特性 System.Reflection.AssemblyCultureAttribute 代替 AL.exe 的 /culture 开关来指定语言文化。例如：

```
// 将程序集的语言文化设为瑞士德语
[assembly:AssemblyCulture("de-CH")]
```

一般不要生成引用了附属程序集的程序集。换言之，程序集的 AssemblyRef 记录项只应引用语言文化中性的程序集。要访问附属程序集中的类型或成员，应使用第 23 章 "程序集加载和反射"介绍的反射技术。

2.7　简单应用程序部署 (私有部署的程序集)

前面解释了如何生成模块，如何将模块合并为程序集。接着要解释如何打包和部署程序集，使用户能运行应用程序。

Windows Store 应用对程序集的打包有一套很严格的规则，Visual Studio 会将应用程序所有必要的程序集打包成一个 .appx 文件。该文件要么上传到 Windows

Store，要么 side-load[①] 到机器。用户安装 .appx 文件时，其中包含的所有程序集都进入一个目录。CLR 从该目录加载程序集，Windows 则在用户的"开始"屏幕添加应用程序磁贴。如果其他用户安装相同的 .appx 文件，程序集会使用之前安装好的，新用户只是在"开始"屏幕添加了一个磁贴。用户卸载 Windows Store 应用时，系统从"开始"屏幕删除磁贴。如果没有其他用户安装该应用，Windows 删除目录和其中的所有程序集。注意，不同用户可以安装同一个 Windows Store 应用的不同版本。为此，Windows 将程序集安装到不同的目录，使一个应用可以多版本并存。

对于非 Windows Store 的桌面应用，程序集的打包方式没有任何特殊要求。打包一组程序集最简单的方式就是直接复制所有文件。例如，可将所有程序集文件放到一张光盘上，将光盘分发给用户，执行上面的一个批处理程序，将光盘上的文件复制到用户硬盘上的一个目录。由于已经包含了所有依赖的程序集和类型，所以用户能直接运行应用程序，"运行时"会在应用程序目录查找引用的程序集。不需要对注册表进行任何修改就能运行程序。要卸载应用程序，删除所有文件就可以了——就是那么简单！

也可使用其他机制打包和安装程序集文件，比如使用 .cab 文件 (从互联网上下载时使用，旨在压缩文件并缩短下载时间)。还可将程序集文件打包成一个 MSI 文件，以便由 Windows Installer 服务 (MSIExec.exe) 使用。使用 MSI 文件可实现程序集的"按需安装"——CLR 首次尝试加载一个程序集时才安装它。这不是 MSI 的新功能；非托管 EXE 和 DLL 文件也能这么加载。

注意

> 使用批处理程序或其他简单的"安装软件"，足以将应用程序"弄"到用户的机器上。但要在用户桌面和"开始"菜单上创建快捷方式，仍需使用一款较高级的安装软件。除此之外，可以方便地备份和还原应用程序，或者在机器之间移动，但快捷方式仍需特殊处理。

当然，也可以使用 Visual Studio 内建的机制发布应用程序。具体做法是打开项目属性页并点击"发布"标签。利用其中的选项，可以让 Visual Studio 生成 MSI 文件并将它复制到网站、FTP 服务器或者文件路径。这个 MSI 文件还能安装必备组件，比如 .NET Framework 或 Microsoft SQL Server Express Edition。最后，利用 ClickOnce 技术，应用程序还能自动检查更新，并在用户的机器上安装更新。

在应用程序基目录或者子目录部署的程序集称为私有部署的程序集 (privately deployed assembly)，这是因为程序集文件不和其他任何应用程序共享 (除非其他应

---

① 译注：不经过应用商店而将软件拷贝到设备上，就称为 side-load。

用程序也部署到该目录)。私有部署的程序集为开发人员、最终用户和管理员带来了许多便利，因为只需把它们复制到一个应用程序的基目录，CLR 便会加载它们并执行其中的代码。除此之外，要卸载应用程序，从目录中删除程序集即可。这使备份和还原也变得简单了。

之所以能实现这种简单的安装 / 移动 / 卸载，是因为每个程序集都用元数据注明了自己引用的程序集，不需要注册表设置。另外，引用 (别的程序集的) 程序集限定了每个类型的作用域。也就是说，一个应用程序总是和它生成和测试时的类型绑定。即便另一个程序集恰好提供了同名类型，CLR 也不可能加载那个程序集。这一点有别于 COM。在 COM 中，类型是在注册表中登记的，造成机器上运行的任何应用程序都能使用那些类型。

第 3 章将讨论如何部署可由多个应用程序访问的共享程序集。

2.8 简单管理控制 (配置)

用户或管理员经常需要控制应用程序的执行。例如，管理员可能决定移动用户硬盘上的程序集文件，或者覆写程序集清单中的信息。还有一些情形涉及版本控制，第 3 章将进一步讨论。

为了实现对应用程序的管理控制，可以在应用程序目录放入一个配置文件。应用程序的发布者可创建并打包该文件。安装程序会将配置文件安装到应用程序的基目录。另外，计算机管理员或最终用户也能创建或修改该文件。CLR 会解析文件内容来更改程序集文件的定位和加载策略。

配置文件包含 XML 代码，它既能和应用程序关联，也能和机器关联。由于使用的是一个单独的文件 (而不是注册表设置)，用户可以方便地备份文件，管理员也能将应用程序方便地复制到其他机器——只要把必要的文件复制过去，管理策略就会被复制过去。

第 3 章将更详细探讨这个配置文件，目前只需对它有一个基本的认识。例如，假定应用程序的发布者想把 MultiFileLibrary 的程序集文件部署到和应用程序的程序集文件不同的目录，要求目录结构如下：

```
AppDir 目录 ( 包含应用程序的程序集文件 )
    Program.exe
    Program.exe.config( 在下面讨论 )

    AuxFiles 子目录 ( 包含 MultiFileLibrary 的程序集文件 )
        MultiFileLibrary.dll
        FUT.netmodule
        RUT.netmodule
```

　　由于 MultiFileLibrary 的文件不在应用程序的基目录，所以 CLR 无法定位并加载这些文件。运行程序将抛出 `System.IO.FileNotFoundException` 异常。为了解决问题，发布者创建了 XML 格式的配置文件，把它部署到应用程序的基目录。文件名必须是应用程序主程序集文件的名称，附加 .config 扩展名，也就是 Program. exe.config。配置文件内容如下：

```
<configuration>
  <runtime>
    <assemblyBinding xmlns="urn:schemas-microsoft-com:asm.v1">
      <probing privatePath="AuxFiles" />
    </assemblyBinding>
  </runtime>
</configuration>
```

　　CLR 尝试定位程序集文件时，总是先在应用程序基目录查找。如果没有找到，就查找 AuxFiles 子目录。可以为 `probing` 元素的 `privatePath` 特性指定多个以分号分隔的路径。每个路径都相对于应用程序基目录。不能用绝对或相对路径指定在应用程序基目录外部的目录。这个设计的出发点是应用程序能控制它的目录及其子目录，但不能控制其他目录。

　　这个 XML 配置文件的名称和位置取决于应用程序的类型。

- 对于可执行应用程序 (EXE)，配置文件必须在应用程序的基目录，而且必须采用 EXE 文件全名作为文件名，再附加 .config 扩展名。
- 对于 Microsoft ASP.NET Web 窗体应用程序，文件必须在 Web 应用程序的虚拟根目录中，而且总是命名为 Web.config。除此之外，子目录可以包含自己的 Web.config，而且配置设置会得到继承。

　　本节开头说过，配置设置既可应用于程序，也可应用于机器。.NET Framework 在安装时会创建一个 Machine.config。机器上安装的每个版本的 CLR 都有一个对应的 Machine.config。

　　Machine.config 文件在以下目录中：

```
%SystemRoot%\Microsoft.NET\Framework\version\CONFIG
```

　　其中，%SystemRoot% 是 Windows 目录 (一般是 C:\WINDOWS)，*version* 是 .NET Framework 的版本号 (形如 v4.0.#####)。

　　Machine.config 文件的设置是机器上运行的所有应用程序的默认设置。所以，管理员为了创建适用于整个机器的策略，修改一个文件即可。然而，管理员和用户一般应避免修改该文件，因为该文件的许多设置都有着太多的牵连，难免顾此失彼。另外，我们经常都要对应用程序的设置进行备份和还原，只有将这些设置保存到应用程序专用的配置文件，才能方便地做到这一点。

探测程序集文件

CLR 在定位程序集时会扫描几个子目录。以下是加载一个语言文化中性的程序集时的目录探测顺序 (其中，firstPrivatePath 和 secondPrivatePath 通过配置文件的 privatePath 特性指定)：

```
AppDir\AsmName.dll
AppDir\AsmName\AsmName.dll
AppDir\firstPrivatePath\AsmName.dll
AppDir\firstPrivatePath\AsmName\AsmName.dll
AppDir\secondPrivatePath\AsmName.dll
AppDir\secondPrivatePath\AsmName\AsmName.dll
...
```

在这个例子中，如果 MultiFileLibrary 程序集的文件部署到 MultiFileLibrary 子目录，就不需要配置文件，因为 CLR 能自动扫描与目标程序集名称相符的子目录。

如果在上述任何子目录都找不到目标程序集，CLR 会从头再来，用 .exe 扩展名替换 .dll 扩展名。再找不到就抛出 FileNotFoundException 异常。

附属程序集 (satellite assembly) 遵循类似的规则，只是 CLR 会在应用程序基目录下的一个子目录中查找，子目录名称与语言文化相符。例如，假定向 AsmName.dll 应用了 "en-US" 语言文化，那么会探测以下子目录：

```
C:\AppDir\en-US\AsmName.dll
C:\AppDir\en-US\AsmName\AsmName.dll
C:\AppDir\firstPrivatePath\en-US\AsmName.dll
C:\AppDir\firstPrivatePath\en-US\AsmName\AsmName.dll
C:\AppDir\secondPrivatePath\en-US\AsmName.dll
C:\AppDir\secondPrivatePath\en-US\AsmName\AsmName.dll

C:\AppDir\en-US\AsmName.exe
C:\AppDir\en-US\AsmName\AsmName.exe
C:\AppDir\firstPrivatePath\en-US\AsmName.exe
C:\AppDir\firstPrivatePath\en-US\AsmName\AsmName.exe
C:\AppDir\secondPrivatePath\en-US\AsmName.exe
C:\AppDir\secondPrivatePath\en-US\AsmName\AsmName.exe

C:\AppDir\en\AsmName.dll
C:\AppDir\en\AsmName\AsmName.dll
C:\AppDir\firstPrivatePath\en\AsmName.dll
C:\AppDir\firstPrivatePath\en\AsmName\AsmName.dll
C:\AppDir\secondPrivatePath\en\AsmName.dll
C:\AppDir\secondPrivatePath\en\AsmName\AsmName.dll

C:\AppDir\en\AsmName.exe
C:\AppDir\en\AsmName\AsmName.exe
C:\AppDir\firstPrivatePath\en\AsmName.exe
```

```
C:\AppDir\firstPrivatePath\en\AsmName\AsmName.exe
C:\AppDir\secondPrivatePath\en\AsmName.exe
C:\AppDir\secondPrivatePath\en\AsmName\AsmName.exe
```

　　如大家所见，CLR 会探测具有 .exe 或 .dll 扩展名的文件。由于探测可能很耗时 (尤其是 CLR 需要通过网络查找文件的时候)，所以最好在 XML 配置文件中指定一个或多个 culture 元素，限制 CLR 查找附属程序集时的探测动作。微软提供了 FusLogVw.exe 工具来帮助你了解 CLR 在运行时与程序集的绑定。请访问 https://tinyurl.com/3ruyrvyc 了解详情 (中文版)。

第 **3** 章

共享程序集和强命名程序集

本章内容:

- 两种程序集,两种部署
- 为程序集分配强名称
- 全局程序集缓存
- 在生成的程序集中引用强命名程序集
- 强命名程序集能防篡改
- 延迟签名
- 私有部署强命名程序集
- "运行时"如何解析类型引用
- 高级管理控制(配置)

第 2 章讲述了生成、打包和部署程序集的步骤。我将重点放在所谓的私有部署 (private deployment) 上。进行私有部署,程序集放在应用程序的基目录(或子目录),由这个应用程序独享。以私有方式部署程序集,可以对程序集的命名、版本和行为进行最全面的控制。

本章重点是如何创建可由多个应用程序共享的程序集。微软的 .NET Framework 随带的程序集就是典型的全局部署程序集,因为所有托管应用程序都要使用微软在 .NET Framework Class Library(FCL) 中定义的类型。

第 2 章讲过,Windows 以前在稳定性上的口碑很差,主要原因是应用程序要用别人实现的代码进行生成和测试。想想看,你开发的 Windows 应用程序是不是要调用由微软开发人员写好的代码？另外，许多公司都开发了供别人嵌入的控件。事实上，.NET Framework 鼓励这样做，以后的控件开发商会越来越多。

随着时间的推移，微软的开发人员和控件开发人员会修改代码，这或许是为了修复 bug、进行安全更新、添加功能等。最终，新代码会进入用户机器。以前安装好的、正常工作的应用程序突然要面对"陌生"的代码，不再是应用程序最初生成和测试时的代码。因此，应用程序的行为不再是可以预测的，这是造成 Windows 不稳定的根源。

文件的版本控制是个难题。取得其他代码文件正在使用的一个文件，即使只修改其中一位 (将 0 变成 1，或者将 1 变成 0)，就无法保证使用该文件的代码还能正常工作。使用文件的新版本时，道理是一样的。之所以这样说，是因为许多应用程序都有意或无意地利用了 bug。如果文件的新版本修复了 bug，应用程序就不能像预期的那样运行了。

所以现在的问题是：如何在修复 bug 并添加新功能的同时，保证不会中断应用程序的正常运行？我对这个问题进行过大量思考，最后结论是完全不可能！但是，这个答案明显不够好。分发的文件总是有 bug，公司总是希望推陈出新。必须有一种方式在分发新文件的同时，尽量保证应用程序良好工作。如果应用程序不能良好工作，必须有一种简单的方式将应用程序恢复到上一次已知良好的状态。

本章将解释 .NET Framework 为了解决版本控制问题而建立的基础结构。事先说一句：要讲述的内容比较复杂。将讨论 CLR 集成的大量算法、规则和策略。还要提到应用程序开发人员必须熟练使用的大量工具和实用程序。之所以复杂，是因为如前所述，版本控制本来就是一个复杂的问题。

3.1 两种程序集，两种部署

CLR 支持两种程序集：弱命名程序集 (weakly named assembly) 和强命名程序集 (strongly named assembly)。

重要
提示
⚠

> 任何文档都找不到"弱命名程序集"这个术语，这是我自创的。事实上，文档中没有对应的术语来表示弱命名的程序集。通过自造术语，我在提到不同种类的程序集时可以避免歧义。

弱命名和强命名程序集结构完全相同。也就是说，它们都使用第 1 章和第 2 章讨论的 PE 文件格式、PE32(+) 头、CLR 头、元数据、清单表以及 IL。生成工具也相同，都是 C# 编译器或者 AL.exe。两者真正的区别在于，强命名程序集使用发布者的公钥/私钥进行了签名。这一对密钥允许对程序集进行唯一性的标识、保护和版本控制，并允许程序集部署到用户机器的任何地方，甚至可以部署到 Internet 上。由于程序集被唯一性地标识，所以当应用程序绑定到强命名程序集时，CLR 可以应用一些已知安全的策略。本章将解释什么是强命名程序集，以及 CLR 向其应用的策略。

程序集可以采用两种方式部署：私有或全局。私有部署的程序集是指部署到应用程序基目录或者某个子目录的程序集。弱命名程序集只能以私有方式部署。第 2 章已讨论了私有部署的程序集。全局部署的程序集是指部署到一些公认位置的程序集。CLR 在查找程序集时，会检查这些位置。强命名程序集既可私有部署，也可全局部署。本章将解释如何创建和部署强命名程序集。表 3-1 总结了程序集的种类及其部署方式。

表 3-1　弱命名和强命名程序集的部署方式

程序集种类	可以私有部署	可以全局部署
弱命名	是	否
强命名	是	是

3.2　为程序集分配强名称

要由多个应用程序访问的程序集必须放到公认的目录。另外，检测到对程序集的引用时，CLR 必须能自动检查该目录。但现在的问题是：两个(或更多)公司可能生成具有相同文件名的程序集。所以，假如两个程序集都复制到相同的公认目录，最后一个安装的就是"老大"，造成正在使用旧程序集的所有应用程序都无法正常工作(这正是 Windows"DLL hell"的由来，因为共享 DLL 全都复制到 System32 目录)。

只根据文件名来区分程序集明显不够。CLR 必须支持对程序集进行唯一性标识的机制。这就是所谓的"强命名程序集"。强命名程序集具有 4 个重要特性，它们共同对程序集进行唯一性标识：文件名(不计扩展名)、版本号、语言文化和公钥。由于公钥数字很大，所以经常使用从公钥派生的小哈希值，称为公钥标记(public key token)。以下程序集标识字符串(有时称为程序集显示名称)标识了 4 个完全不同的程序集文件：

```
"MyTypes, Version=1.0.8123.0, Culture=neutral, PublicKeyToken=b77a5c561934e089"
"MyTypes, Version=1.0.8123.0, Culture="en-US", PublicKeyToken=b77a5c561934e089"
"MyTypes, Version=2.0.1234.0, Culture=neutral, PublicKeyToken=b77a5c561934e089"
"MyTypes, Version=1.0.8123.0, Culture=neutral, PublicKeyToken=b03f5f7f11d50a3a"
```

第一个标识的是程序集文件 MyTypes.exe 或 MyTypes.dll (无法根据"程序

集标识字符串"判断文件扩展名)。生成该程序集的公司为其分配的版本号是
1.0.8123.0,而且程序集中没有任何内容与一种特定语言文化关联,因为 Culture
设为 neutral。当然,任何公司都可以生成 MyTypes.dll(或 MyTypes.exe) 程序集文
件,为其分配相同的版本号 1.0.8123.0,并将语言文化设为中性。

　　如此一来,必须有一种方式区分恰好具有相同特性的两个公司的程序集。
出于几方面的考虑,Microsoft 选择的是标准的公钥/私钥加密技术,而没有选择
其他唯一性标识技术,如 GUID(Globally Unique Identifier,全局唯一标识符)、
URL(Uniform Resource Locator,统一资源定位符) 和 URN(Uniform Resource
Name,统一资源名称)。具体地说,使用加密技术,不仅能在程序集安装到一台机
器上时检查其二进制数据的完整性,还允许每个发布者授予一套不同的权限。本章
稍后会讨论这些技术。所以,一个公司要想唯一性地标识自己的程序集,必须创建
一对公钥/私钥。然后,公钥可以和程序集关联。没有任何两家公司有相同的公钥/
私钥对。这样一来,两家公司就可以创建具有相同名称、版本和语言文化的程序集,
同时不会产生任何冲突。

> **注意**　可以利用辅助类 System.Reflection.AssemblyName 轻松构造程序集名称,
> 并获取程序集名称的各个组成部分。该类提供了几个公共实例属性,比如
> CultureInfo、FullName、KeyPair、Name 和 Version。还提供了几个公
> 共实例方法,比如 GetPublicKey、GetPublicKeyToken、SetPublicKey
> 和 SetPublicKeyToken。

　　第 2 章介绍了如何命名程序集文件,以及如何应用程序集版本号和语言文化。
弱命名程序集可以在清单元数据中嵌入程序集版本和语言文化;然而,CLR 通过探
测子目录查找附属程序集 (satellite assembly) 时,会忽略版本号,只用语言文化信息。
由于弱命名程序集总是私有部署,所以 CLR 在应用程序基目录或子目录 (具体子目
录由 XML 配置文件的 probing 元素的 privatePath 特性指定) 中搜索程序集文
件时只使用程序集名称 (添加 .dll 或 .exe 扩展名)。

　　强命名程序集除了有文件名、程序集版本号和语言文化,还用发布者的私钥进
行了签名。

　　创建强命名程序集第一步是用 .NET Framework SDK 和 Microsoft Visual Studio
随带的 Strong Name 实用程序 (SN.exe) 获取密钥。SN.exe 允许通过多个命令行开关
来使用一整套功能。注意,所有命令行开关都区分大小写。为了生成公钥/私钥对,
请像下面这样运行 SN.exe:

```
SN -k MyCompany.snk
```

　　这表明要 SN.exe 创建 MyCompany.snk 文件。文件中包含二进制形式的公钥和私钥。

　　公钥数字很大；如果愿意，创建 .snk 文件后可再次使用 SN.exe 查看实际公钥。这需要执行两次 SN.exe。第一次用 -p 开关创建只含公钥的文件 (MyCompany. PublicKey)：[①]

```
SN -p MyCompany.snk MyCompany.PublicKey sha256
```

　　第二次用 -tp 开关执行，传递只含公钥的文件：

```
SN -tp MyCompany.PublicKey
```

　　执行上述命令，在我的机器上得到如下输出：

```
Microsoft(R) .NET Framework 强名称实用工具 版本 4.0.30319.17929
版权所有 (C) Microsoft Corporation。保留所有权利。

公钥 ( 哈希算法：sha256):
002400000c80000094000000060200000024000052534131300040000010001000e3e32597daeb0a
0d7acf5a6230a3f36d0c406571ae39b1feb5ec0bc93088145011dab48253762b44abf97838380c
29592c58af4eeecafe3dfe20f029e5b70a18d58214c40563fd7bec41c090c94931df579c2a6bb8
019303084444c2945eb488232ff4c43cee91f0977af0e1da2e1dce555803d518c6dfaf2f51c022
775ecf9d

公钥标记为 d4ef0f81895d6eed
```

　　注意，SN.exe 实用程序未提供任何显示私钥的途径。

　　公钥太大，难以使用。为了简化开发人员的工作 (也为了方便最终用户)，人们设计了公钥标记 (public key token)。公钥标记是公钥的 64 位哈希值。SN.exe 的 -tp 开关在输出结果的末尾显示了与完整公钥对应的公钥标记。

　　知道了如何创建公钥 / 私钥对，创建强命名程序集就简单了。编译程序集时使用 /keyfile:<file> 编译器开关：

```
csc /keyfile:MyCompany.snk Program.cs
```

C# 编译器在看到这个开关时，会打开指定文件 (MyCompany.snk)，用私钥对程序集进行签名，并将公钥嵌入清单。注意只能对含清单的程序集文件进行签名；程序集其他文件不能被显式签名。

　　要在 Visual Studio 中新建公钥 / 私钥文件，可以显示项目属性，单击选中 "签名" 标签，勾选 "为程序集签名"，然后从 "选择强名称密钥文件" 选择框中选择 "<

---

① 本例使用 .NET Framework 4.5 引入的增强型强命名 (Enhanced Strong Naming)。要生成和以前版本的 .NET Framework 兼容的程序集，还必须用 AssemblySignatureKeyAttribute 创建联署签名 (counter-signature)。详情参见 http://msdn.microsoft.com/en-us/library/hh415055(v=vs.110).aspx。

新建…>"。

　　"对文件进行签名"的准确含义是：生成强命名程序集时，程序集的 FileDef 清单元数据表列出构成程序集的所有文件。每将一个文件名添加到清单，都对文件内容进行哈希处理。哈希值和文件名一道存储到 FileDef 表中。要覆盖默认哈希算法，可以使用 AL.exe 的 /algid 开关，或者在程序集的某个源代码文件中，在 assembly 这一级上应用定制特性 System.Reflection.AssemblyAlgorithmIdAttribute。默认使用 SHA-1 算法。

　　生成包含清单的 PE 文件后，会对 PE 文件的完整内容 (除去 Authenticode Signature、程序集强名称数据以及 PE 头校验和) 进行哈希处理，如图 3-1 所示。哈希值用发布者的私钥进行签名，得到的 RSA 数字签名存储到 PE 文件的一个保留区域 (进行哈希处理时，会忽略这个区域)。PE 文件的 CLR 头进行更新，反映数字签名在文件中的嵌入位置。

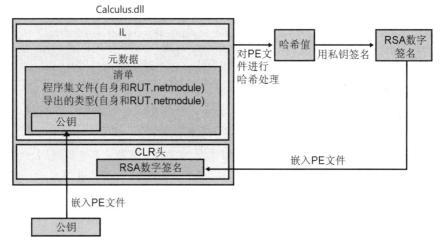

图 3-1 对程序集进行签名

　　发布者公钥也嵌入 PE 文件的 AssemblyDef 清单元数据表。文件名、程序集版本号、语言文化和公钥的组合为这个程序集赋予了一个强名称，它保证是唯一的。两家公司除非共享密钥对，否则即使都生成了名为 OurLibrary 的程序集，公钥 / 私钥也不可能相同。

　　到此为止，程序集及其所有文件就可以打包和分发了。

　　如第 2 章所述，编译器在编译源代码时会检测引用的类型和成员。必须向编译器指定要引用的程序集——C# 编译器是用 /reference 编译器开关。编译器的一项工作是在最终的托管模块中生成 AssemblyRef 元数据表，其中每个记录项都指明被引用程序集的名称 (无路径和扩展名)、版本号、语言文化和公钥信息。

重要
提示
!

> 由于公钥是很大的数字，而一个程序集可能引用其他大量程序集，所以在最终生成的文件中，相当大一部分会被公钥信息占据。为了节省存储空间，微软对公钥进行哈希处理，并获取哈希值的最后 8 个字节。AssemblyRef 表实际存储的是这种简化的公钥值 (称为 "公钥标记")。开发人员和最终用户一般看到的都是公钥标记，而不是完整公钥。

但要注意，CLR 在做出安全或信任决策时，永远都不会使用公钥标记，因为几个公钥可能在哈希处理之后得到同一个公钥标记。

下面是一个简单类库 DLL 文件的 AssemblyRef 元数据信息 (使用 ILDasm.exe 获得)：

```
AssemblyRef #1 (23000001)
-------------------------------------------------------
Token: 0x23000001
Public Key or Token: b7 7a 5c 56 19 34 e0 89
Name: mscorlib
Version: 4.0.0.0
Major Version: 0x00000004
Minor Version: 0x00000000
Build Number: 0x00000000
Revision Number: 0x00000000
Locale: <null>
HashValue Blob:
Flags: [none] (00000000)
```

可以看出，这个 DLL 程序集引用了具有以下特性的一个程序集中的类型：

```
"MSCorLib, Version=4.0.0.0, Culture=neutral, PublicKeyToken=b77a5c561934e089"
```

遗憾的是，ILDasm.exe 在本应该使用术语 "Culture" 的地方使用了 "Locale"。

如果检查 DLL 程序集的 AssemblyDef 元数据表，就会看到以下内容：

```
Assembly
-------------------------------------------------------
Token: 0x20000001
Name : SomeClassLibrary
Public Key :
Hash Algorithm : 0x00008004
Version: 3.0.0.0
Major Version: 0x00000003
Minor Version: 0x00000000
Build Number: 0x00000000
Revision Number: 0x00000000
Locale: <null>
Flags : [none] (00000000)
```

它等价于：

```
"SomeClassLibrary, Version=3.0.0.0, Culture=neutral, PublicKeyToken=null"
```

　　之所以没有公钥标记，是由于 DLL 程序集没有用公钥 / 私钥对进行签名，这使其成为弱命名程序集。如果用 SN.exe 创建密钥文件，再用 /keyfile 编译器开关进行编译，最终的程序集就是经过签名的。使用 ILDasm.exe 查看新程序集的元数据，AssemblyDef 记录项就会在 Public Key 字段之后显示相应的字节，表明它是强命名程序集。顺便说一句，AssemblyDef 的记录项总是存储完整公钥，而不是公钥标记，这是为了保证文件没有被篡改。本章后面将解释强命名程序集如何防篡改。

3.3　全局程序集缓存

　　知道如何创建强命名程序集之后，接下来要学习如何部署它以及 CLR 如何利用信息来定位并加载程序集。

　　由多个应用程序访问的程序集必须放到公认的目录，而且 CLR 在检测到对该程序集的引用时，必须知道检查该目录。这个公认位置就是全局程序集缓存 (Global Assembly Cache，GAC)。GAC 的具体位置是一种实现细节，不同版本会有所变化。但是，一般能在以下目录发现它：

```
%SystemRoot%\Microsoft.NET\Assembly
```

　　GAC 目录是结构化的：其中包含许多子目录，子目录名称用算法生成。永远不要将程序集文件手动复制到 GAC 目录；相反，要用工具完成这项任务。工具知道 GAC 的内部结构，并知道如何生成正确的子目录名。

　　开发和测试时在 GAC 中安装强命名程序集最常用的工具是 GACUtil.exe。如果直接运行，不添加任何命令行参数，就会自动显示用法：

```
Microsoft (R) .NET Global Assembly Cache Utility.  Version 4.0.30319.0
版权所有 (C) Microsoft Corporation。保留所有权利。

用法：Gacutil <命令> [ <选项> ]
命令：
 /i <assembly_path> [ /r <...> ] [ /f ]
    将某个程序集安装到全局程序集缓存中。

 /il <assembly_path_list_file> [ /r <...> ] [ /f ]
    将一个或多个程序集安装到全局程序集缓存中。

 /u <assembly_display_name> [ /r <...> ]
    将某个程序集从全局程序集缓存卸载。

 /ul <assembly_display_name_list_file> [ /r <...> ]
```

将一个或多个程序集从全局程序集缓存卸载。

/l [<assembly_name>]
　列出通过 <assembly_name> 筛选出的全局程序集缓存

/lr [<assembly_name>]
　列出全局程序集缓存以及所有跟踪引用。

/cdl
　删除下载缓存的内容

/ldl
　列出下载缓存的内容

/?
　显示详细帮助屏幕

选项 :
/r <reference_scheme> <reference_id> <description>
　指定要安装 (/i, /il) 或卸载 (/u, /ul) 的跟踪引用。

/f
　强制重新安装程序集。

/nologo
　取消显示徽标版权标志

/silent
　取消显示所有输出

　　使用 GACUtil.exe 的 /i 开关将程序集安装到 GAC，/u 开关从 GAC 卸载程序集。注意不能将弱命名程序集放到 GAC。向 GACUtil.exe 传递弱命名程序集的文件名会报错："将程序集添加到缓存失败：尝试安装没有强名称的程序集。"

注意　GAC 默认只能由 Windows Administrators 用户组的成员操作。如果执行 GACUtil.exe 的用户没有管理员权限，那么 GACUtil.exe 将无法安装或卸载程序集。

　　GACUtil.exe 的 /i 开关方便开发人员在测试时使用。但如果是在生产环境中部署，建议安装或卸载程序集时除了指定 /i 或 /u 开关，还要指定 /r 开关。/r 开关将程序集与 Windows 的安装与卸载引擎集成。简而言之，它告诉系统哪个应用程序需要程序集，并将应用程序与程序集绑定。

> **注意** 如果将强命名程序集打包到 .cab 文件中，或者以其他方式进行压缩，那么程序集的文件首先必须解压成临时文件，然后才能使用 GACUtil.exe 将程序集文件安装到 GAC 中。安装好程序集的文件之后，临时文件可以删除。

.NET Framework 重分发包不随带提供 GACUtil.exe 工具。如果应用程序含有需要部署到 GAC 的程序集，应该使用 Windows Installer(MSI)，因为 MSI 是用户机器上肯定会安装，又能将程序集安装到 GAC 的工具。

> **重要提示** 在 GAC 中全局部署是对程序集进行注册的一种形式，虽然这个过程对 Windows 注册表没有半点影响。将程序集安装到 GAC 破坏了我们想要达到的一个基本目标，即：简单地安装、备份、还原、移动和卸载应用程序。所以，建议尽量进行私有而不是全局部署。

为什么要在 GAC 中"注册"程序集？假定两家公司都生成了名为 OurLibrary 的程序集，两个程序集都由一个 OurLibrary.dll 文件构成。这两个文件显然不能存储到同一个目录，否则最后一个安装的会覆盖第一个，造成应用程序被破坏。相反，将程序集安装到 GAC，就会在 %SystemRoot%\Microsoft.NET\Assembly 目录下创建专门的子目录，程序集文件会复制到其中一个子目录。

一般没人去检查 GAC 的子目录，所以 GAC 的结构对大家来说并不重要，只要使用的工具和 CLR 知道这个结构就可以了。

3.4 在生成的程序集中引用强命名程序集

你生成的任何程序集都包含对其他强命名程序集的引用，这是因为 `System.Object` 在 MSCorLib.dll 中定义，后者就是强命名程序集。此外，程序集中还可以引用由微软、第三方厂商或者你自己公司发布的其他强命名程序集。第 2 章已经介绍了如何使用 CSC.exe 的 `/reference` 编译器开关指定想引用的程序集文件名。如果文件名是完整路径，CSC.exe 会加载指定文件，并根据它的元数据生成程序集。如第 2 章所述，如果指定的是不含路径的文件名，那么 CSC.exe 会尝试在以下目录查找程序集 (按所列顺序)：

1. 工作目录；
2. CSC.exe 所在的目录，目录中还包含 CLR 的各种 DLL 文件；
3. 使用 `/lib` 编译器开关指定的任何目录；
4. 使用 LIB 环境变量指定的任何目录。

如此一来，如果生成的程序集引用了微软的 System.Drawing.dll，那么可以在执行 CSC.exe 时使用 /reference:System.Drawing.dll 开关。编译器会依次检查上述目录，并在 CSC.exe 自己所在的目录找到 System.Drawing.dll 文件 (该目录还存储了与编译器对应的那个版本的 CLR 的各种支持 DLL)。虽然编译时会在这里寻找程序集，但运行时不会从这里加载程序集。

安装 .NET Framework 时，实际会安装微软的程序集文件的两套拷贝。一套安装到编译器 /CLR 目录，另一套则安装到 GAC 的子目录。编译器 /CLR 目录中的文件方便你生成程序集，而 GAC 中的拷贝则方便在运行时加载。

CSC.exe 编译器之所以不在 GAC 中查找引用的程序集，是因为你必须知道程序集路径，而 GAC 的结构又没有正式公开。第二个方案是让 CSC.exe 允许你指定一个依然很长但相对比较容易阅读的字符串，比如 "System.Drawing, Version=v4.0.0.0, Culture=neutral, PublicKeyToken=b03f5f7f11d50a 3a"。但这两个方案都不如在用户硬盘上安装两套一样的程序集文件。

除此之外，编译器 /CLR 目录中的程序集不依赖机器。对于这些程序集来说，只有它们中的元数据才是最重要的。由于编译时不需要 IL 代码，所以该目录不必同时包含程序集的 x86、x64 和 ARM 版本。GAC 中的程序集才同时包含元数据和 IL 代码，因为仅在运行时才需要代码。另外，由于代码可以针对特定 CPU 架构进行优化，所以 GAC 允许存在一个程序集的多个拷贝。每种 CPU 架构都有一个专门的子目录来容纳这些拷贝。

3.5　强命名程序集能防篡改

用私钥对程序集进行签名，并将公钥和签名嵌入程序集，CLR 就可验证程序集未被修改或破坏。程序集安装到 GAC 时，系统对包含清单的那个文件的内容进行哈希处理，将哈希值与 PE 文件中嵌入的 RSA 数字签名进行比较 (在用公钥解除了签名之后)。如果两个值完全一致，表明文件内容未被篡改。此外，系统还对程序集的其他文件的内容进行哈希处理，并将哈希值与清单文件的 FileDef 表中存储的哈希值进行比较。任何一个哈希值不匹配，表明程序集至少有一个文件被篡改，程序集将无法安装到 GAC。

应用程序需要绑定到程序集时，CLR 根据被引用程序集的属性 (名称、版本、语言文化和公钥) 在 GAC 中定位该程序集。如果能找到被引用程序集，就返回包含它的子目录，并加载清单所在的文件。以这种方式查找程序集，可保证运行时加载的程序集和最初编译时生成的程序集来自同一个发布者，因为进行引用的程序集的 AssemblyRef 表中的公钥标记与被引用程序集的 AssemblyRef 表中的公钥匹配。

如果被引用程序集不在 GAC 中，CLR 会查找应用程序的基目录，然后查找应用程序配置文件中标注的任何私有路径。然后，如果应用程序由 MSI 安装，CLR 要求 MSI 定位程序集。如果在任何位置都找不到程序集，那么绑定失败，抛出 System. IO.FileNotFoundException 异常。

如果强命名程序集文件从 GAC 之外的位置加载 (通过应用程序的基目录，或者通过配置文件中的 codeBase 元素)，CLR 会在程序集加载后比较哈希值。也就是说，每次应用程序执行并加载程序集时，都会对文件进行哈希处理，以牺牲性能为代价，以此来保证程序集文件内容没有被篡改。CLR 在运行时检测到不匹配的哈希值会抛出 System.IO.FileLoadException 异常。

注意　将强命名程序集安装到 GAC 时，系统会执行检查，确保包含清单的文件没有被篡改。这个检查仅在安装时执行一次。除此之外，为了增强性能，如果强命名程序集被完全信任并加载到完全信任的 AppDomain 中，CLR 就不会再检查该程序集是否被篡改。相反，从非 GAC 的目录加载强命名程序集时，CLR 会校验程序集的清单文件，确保文件内容未被篡改，造成该文件每次加载都产生额外的性能开销。

3.6　延迟签名

本章前面讲过如何使用 SN.exe 工具生成公钥 / 私钥对。该工具生成密钥时会调用 Windows 提供的 Crypto API。密钥可以存储到文件或其他存储设备中。例如，大公司 (比如微软) 会将自己的私钥保存到一个硬件设备中，再将硬件锁进保险库。公司只有少数人才能访问私钥。这项措施能防止私钥泄露，并保证了密钥的完整性。当然，公钥是完全公开的，可以自由分发。

准备打包自己的强命名程序集时，必须使用受严密保护的私钥对它进行签名。然而，在开发和测试程序集时，访问这些受严密保护的私钥可能有点碍事儿。有鉴于此，.NET Framework 提供了对延迟签名 (delayed signing) 的支持，该技术也称为部分签名 (partial signing)。延迟签名允许只用公司的公钥生成程序集，暂时不用私钥。由于使用了公钥，引用了程序集的其他程序集会在它们的 AssemblyRef 元数据表的记录项中嵌入正确的公钥值。另外，它还使程序集能正确存储到 GAC 的内部结构中。当然，不用公司的私钥对文件进行签名，便无法实现防篡改保护。这是由于无法对程序集的文件进行哈希处理，无法在文件中嵌入数字签名。然而，失去这种保护不是一个大问题，因为只是在开发阶段才延迟签名。打包和部署程序集肯定会签名。

为了实现延迟签名，需要获取存储在文件中的公钥值，将文件名传给用于生成程序集的实用程序。(如本章前面所述，可用 SN.exe 的 -p 开关从包含公钥 / 私钥对的文件中提取公钥。) 另外，还必须让工具知道你想延迟对程序集的签名，暂不提供私钥。如果使用 C# 编译器，就指定 /delaysign 编译器开关。如果使用 Visual Studio，就打开项目属性页，在"签名"标签页中勾选"仅延迟签名"。如果使用 AL.exe，就指定 /delay[sign] 命令行开关。

编译器或 AL.exe 一旦检测到要对程序集进行延迟签名，就会生成程序集的 AssemblyDef 清单记录项，其中将包含程序集的公钥。公钥使程序集能正确存储到 GAC。另外，这也不妨碍引用了该程序集的其他程序集的正确生成。在进行引用的程序集的 AssemblyRef 元数据表记录项中，会包含 (被引用程序集的) 正确公钥。创建程序集时，会在生成的 PE 文件中为 RSA 数字签名预留空间 (实用程序根据公钥大小判断需预留多大空间)。要注意的是，文件内容不会在这个时候进行哈希处理。

目前生成的程序集没有有效签名。安装到 GAC 会失败，因为尚未对文件内容执行哈希处理——文件表面上已经被篡改了。在需要安装到 GAC 的每台机器上，都必须禁止系统验证程序集文件的完整性。这要求使用 SN.exe 实用程序并指定 -Vr 命令行开关。用这个开关执行 SN.exe，程序集的任何文件在运行时加载时，CLR 都会跳过对其哈希值的检查。在内部，SN 的 -Vr 开关会将程序集的标识添加到以下注册表子项中：

```
HKEY_LOCAL_MACHINE\SOFTWARE\Microsoft\StrongName\Verification
```

> **重要提示** ⚠️
>
> 使用会修改注册表的任何实用程序时，请确保在 64 位操作系统中运行的是实用程序的 64 位版本。32 位 x86 实用程序默认安装到 C:\Program Files (x86)\Microsoft SDKs\Windows\v8.0A\bin\NETFX 4.0 Tools 目录，64 位 x64 实用程序安装到 C:\Program Files (x86)\Microsoft SDKs\Windows\v8.0A\bin\NETFX 4.0 Tools\x64 目录。如果安装的是 .NET Framework 4.8，将上述路径中的 8.0 改为 10.0，将 4.0 改成 4.8。

结束程序集的开发和测试之后，要正式对其进行签名，以便打包和部署它。为了对程序集进行签名，要再次使用 SN.exe 实用程序，但这次换用 -R 开关，并指定包含了私钥的文件的名称。-R 开关指示 SN.exe 对文件内容进行哈希处理，用私钥对其进行签名，并将 RSA 数字签名嵌入文件中之前预留的空间。经过这一步之后，就可以部署完全签好名的程序集。在开发和测试机器上，不要忘记使用 SN.exe 的 -Vu 或 -Vx 命令行开关来重新启用对这个程序集的验证。使用延迟签名技术开发程序集的步骤总结如下。

1. 开发期间，获取只含公司公钥的文件，使用 /keyfile 和 /delaysign 编译器开关编译程序集：

```
csc /keyfile:MyCompany.PublicKey /delaysign MyAssembly.cs
```

2. 生成程序集后，执行以下命令，使 CLR 暂时信任程序集的内容，不对它进行哈希处理，也不对哈希值进行比较。这使程序集能顺利安装到 GAC(如果有必要的话)。现在，可以生成引用了这个程序集的其他程序集，并且可以随意测试程序集。注意，在每台开发用的机器上，以下命令行都只需执行一次，不必每次生成程序集都重复这一步：

```
SN.exe -Vr MyAssembly.dll
```

3. 准备好打包和部署程序集后，获取公司的私钥并执行以下命令。如果愿意，可以将这个新版本安装到 GAC 中。但只有先完成步骤 4，才能把它安装到 GAC 中：

```
SN.exe -Ra MyAssembly.dll MyCompany.PrivateKey
```

4. 为了在实际环境中测试，请执行以下命令行，重新启用对这个程序集的验证：

```
SN –Vu MyAssembly.dll
```

本节开头说过，大公司会将自己的密钥存储到硬件设备 (比如智能卡) 中。为了确保密钥的安全性，密钥值绝对不能固定存储在一个磁盘文件中。"加密服务提供程序" (Cryptographic Service Provider，CSP) 提供了对这些密钥的位置进行抽象的容器。以微软使用的 CSP 为例，一旦访问它提供的容器，就会自动从一个硬件设备获取私钥。

如果公钥 / 私钥对在 CSP 容器中，那么必须为 CSC.exe、AL.exe 和 SN.exe 程序指定不同的开关。编译时 (CSC.exe) 要指定 /keycontainer 开关而不是 /keyfile 开关；链接时 (AL.exe) 要指定 /keyname 开关而不是 /keyfile 开关；使用强名称程序 (SN.exe) 对延迟签名的程序集进行重新签名时，要指定 -Rc 开关而不是 -R 开关。SN.exe 还提供了其他几个开关让开发人员与 CSP 交互。

重要提示

> 打包程序集前，如果想对它执行其他任何操作，延迟签名也非常有用。例如，可能想对程序集运行混淆器 (obfuscator) 程序。程序集完全签名后就不能运行混淆器了，否则哈希值就不正确了。所以，要混淆程序集文件，或者进行其他形式的"生成后" (post-build) 操作，就利用延迟签名技术，先完成"生成后"操作，再用 -R 或 -Rc 开关运行 SN.exe 对程序集进行完全签名。

3.7　私有部署强命名程序集

在 GAC 中安装程序集有几方面的优势。GAC 使程序集能被多个应用程序共享，减少了总体物理内存消耗。另外，很容易将程序集的新版本部署到 GAC，让所有应用程序都通过发布者策略 (本章稍后讲述) 使用新版本。GAC 还实现了对程序集多个版本的并行管理。但 GAC 通常受到严密保护，只有管理员才能在其中安装程序集。另外，一旦安装到 GAC，就违反了"简单复制部署"[①]这一基本目标。

虽然强命名程序集能安装到 GAC，但绝非必须。事实上，只有由多个应用程序共享的程序集才应部署到 GAC。不用共享的应该私有部署。私有部署达成了"简单复制部署"目标，而且能更好地隔离应用程序及其程序集。另外，不要将 GAC 想象成新的 C:\Windows\System32 垃圾堆积场。这是因为新版本程序集不会相互覆盖，它们并行安装，每个安装都占用磁盘空间。

强命名程序集除了部署到 GAC 或者进行私有部署，还可部署到只有少数应用程序知道的目录。例如，假定强命名程序集由三个应用程序共享。安装时可创建三个目录，每个程序一个目录。再创建第四个目录，专门存储要共享的程序集。每个应用程序安装到自己的目录时都同时安装一个 XML 配置文件，用 codeBase 元素指出共享程序集路径。这样在运行时，CLR 就知道去那里查找共享程序集。但要注意，这个技术很少使用，也不太推荐使用，因为所有应用程序都不能独立决定何时卸载程序集的文件。

注意

> 配置文件的 codeBase 元素实际标记了一个 URL。这个 URL 可以引用用户机器上的任何目录，也可以引用网址。如果引用网址，那么 CLR 会自动下载文件，并把它存储到用户的下载缓存 (%UserProfile%\Local Settings\Application Data\Assembly 下的子目录)。将来引用时，CLR 将下载文件的时间戳与 URL 处的文件的时间戳进行对比。如果 URL 处的文件具有较新的时间戳，那么 CLR 下载新版本并加载。否则，CLR 加载现有文件，不重复下载 (从而增强性能)。本章稍后会展示包含 codeBase 元素的示例配置文件。

---

① 译注：本来，简单复制一下程序集的文件就可以完成部署。但安装到 GAC 之后，就没有这么简单了。

3.8 "运行时"如何解析类型引用

第 2 章开头展示了以下代码:

```
public sealed class Program {
  public static void Main() {
    System.Console.WriteLine("Hi");
  }
}
```

编译这些代码并生成程序集(假定名为 Program.exe)。运行应用程序,CLR 会
加载并初始化自身,读取程序集的 CLR 头,查找标识了应用程序入口方法(Main)
的 MethodDefToken,检索 MethodDef 元数据表找到方法的 IL 代码在文件中的偏移
量,将 IL 代码 JIT 编译成本机代码(编译时会对代码进行验证以确保类型安全),
最后执行本机代码。下面就是 Main 方法的 IL 代码。要查看代码,请对程序集运行
ILDasm.exe 并选择"视图"|"显示字节",双击树形视图中的 Main 方法。

```
.method public hidebysig static void Main() cil managed
// SIG: 00 00 01
{
 .entrypoint
 // Method begins at RVA 0x2050
 // Code size 11 (0xb)
 .maxstack 8
 IL_0000: /* 72 | (70)000001 */
           ldstr "Hi"
 IL_0005: /* 28 | (0A)000003 */
           call void [mscorlib]System.Console::WriteLine(string)
 IL_000a: /* 2A | */
           ret
} // end of method Program::Main
```

对这些代码进行 JIT 编译,CLR 会检测所有类型和成员引用,加载它们的定义
程序集(如果尚未加载)。上述 IL 代码包含对 System.Console.WriteLine 的引用。
具体地说,IL call 指令引用了元数据 token[1] 0A000003。该 token 标识 MemberRef
元数据表(表 0A)中的记录项 3。CLR 检查该 MemberRef 记录项,发现它的字段引
用了 TypeRef 表中的记录项(System.Console 类型)。按照 TypeRef 记录项,CLR
被引导至一个 AssemblyRef 记录项: "mscorlib, Version=4.0.0.0, Culture=neutral, Publi
cKeyToken=b77a5c561934e089"。这时 CLR 就知道了它需要的是哪个程序集。接着,
CLR 必须定位并加载该程序集。

---

① 译注:元数据 token 的详情请参见 2.4 节。

解析引用的类型时，CLR 可能在以下三个地方找到类型。

- 同一文件

  编译时便能发现对同一文件中的类型的访问，这称为早期绑定 (early binding)[①]。类型直接从文件中加载，然后继续执行。

- 不同文件，相同程序集

  "运行时"确认被引用的文件在当前程序集的清单的 FileDef 表中。然后，"运行时"检查程序集清单文件的加载目录。文件被加载，检查哈希值以确保文件完整性。发现类型的成员，然后继续执行。

- 不同文件，不同程序集

  如果引用的类型在其他程序集的文件中，"运行时"会加载被引用程序集的清单文件。如果需要的类型不在该文件中，就继续加载包含了类型的文件。发现类型的成员，然后继续执行。

注意

> ModuleDef，ModuleRef 和 FileDef 元数据表在引用文件时使用了文件名和扩展名。但 AssemblyRef 元数据表只使用文件名，无扩展名。和程序集绑定时，系统通过探测目录来尝试定位文件，自动附加 .dll 和 exe 扩展名，详见 2.8 节 "简单管理控制 (配置)"。

　　解析类型引用时有任何错误 (找不到文件、文件无法加载、哈希值不匹配等) 都会抛出相应异常。

注意

> 可以向 System.AppDomain 的 AssemblyResolve，ReflectionOnlyAssemblyResolve 和 TypeResolve 事件注册回调方法。在回调方法中执行解决绑定问题的代码，使应用程序不抛出异常而继续运行。

　　在上例中，CLR 发现 System.Console 在和调用者不同的程序集中实现。所以，CLR 必须查找那个程序集，加载包含程序集清单的 PE 文件。然后扫描清单，判断是哪个 PE 文件实现了类型。如果被引用的类型就在清单文件中，一切都很简单。如果类型在程序集的另一个文件中，CLR 必须加载那个文件，并扫描其元数据来定位类型。然后，CLR 创建它的内部数据结构来表示类型，JIT 编译器完成 Main 方法的编译。最后，Main 方法开始执行。图 3-2 演示了类型绑定过程。

---

① 译注：对应地，在运行时通过反射机制绑定到类型并调用方法，就称为晚期绑定 (late binding)。

从严格意义上说,刚才的例子并非百分之百正确。如果引用的不是 .NET Framework 程序集定义的方法和类型,刚才的讨论没有任何问题。但是,.NET Framework 程序集 (MSCorLib.dll 就是其中之一) 和当前运行的 CLR 版本紧密绑定。引用 .NET Framework 程序集的任何程序集总是绑定到与 CLR 版本对应的那个版本(的 .NET Framework 程序集)。这就是所谓的"统一"(Unification)。之所以要"统一",是因为所有 .NET Framework 程序集都是针对一个特定版本的 CLR 来完成测试的。因此,"统一"代码栈 (code stack) 可确保应用程序正确工作。

所以在前面的例子中,对 System.Console 的 WriteLine 方法的引用必然绑定到与当前 CLR 版本对应的 MSCorLib.dll 版本,无论程序集 AssemblyRef 元数据表引用哪个版本的 MSCorLib.dll。

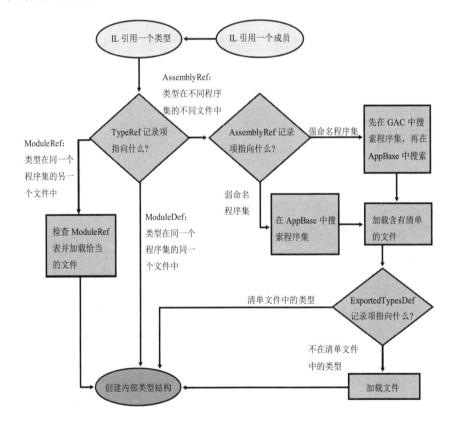

图 3-2 对于引用了方法或类型的 IL 代码,CLR 怎样通过元数据来定位定义了类型的程序集文件

还要注意，对于 CLR，所有程序集都根据名称、版本、语言文化和公钥来识别。但 GAC 根据名称、版本、语言文化、公钥和 CPU 架构来识别。在 GAC 中搜索程序集时，CLR 判断应用程序当前在什么类型的进程中运行，是 32 位 x64(可能使用 WoW64 技术)，64 位 x64，还是 32 位 ARM。然后，在 GAC 中搜索程序集时，CLR 首先搜索程序集的 CPU 架构专用版本。如果没有找到符合要求的，就搜索不区分 CPU 的版本。

本节描述的是 CLR 定位程序集的默认策略，但管理员或程序集发布者可能覆盖默认策略。接下来两个小节将讨论如何更改 CLR 默认绑定策略。

注意

CLR 提供了将类型 (类、结构、枚举、接口或委托) 从一个程序集移动到另一个程序集的功能。例如，.NET 3.5 的 `System.TimeZoneInfo` 类在 System.Core.dll 程序集中定义。但在 .NET 4.0 中，微软将这个类移动到了 MSCorLib.dll 程序集。将类型从一个程序集移动到另一个程序集，一般情况下会造成应用程序"中断"。但 CLR 提供了名为 `System.Runtime.CompilerServices.TypeForwardedToAttribute` 的特性，可将它应用于原始程序集 (比如 System.Core.dll)。要向该特性的构造器传递一个 `System.Type` 类型的参数，指出应用程序要使用的新类型 (现在是在 MSCorLib.dll 中定义)。CLR 的绑定器 (binder) 会利用到这个信息。由于 `TypeForwardedToAttribute` 的构造器获取的是 `Type`，所以包含该特性的程序集要依赖于现在用于定义类型的新程序集。

为了使用这个功能，还要向新程序集中的类型应用名为 `System.Runtime.CompilerServices.TypeForwardedFromAttribute` 的特性，向该特性的构造器传递一个字符串来指出定义类型的旧程序集的全名。该特性一般由工具、实用程序和序列化使用。由于 `TypeForwardedFromAttribute` 的构造器获取的是 `String`，所以包含该特性的程序集不依赖于过去用于定义类型的程序集。

3.9　高级管理控制 (配置)

前面第 2 章中的 2.8 节简要讨论了管理员如何影响 CLR 搜索和绑定程序集的方式。那一节演示了如何将被引用程序集的文件移动到应用程序基目录下的一个子目录，以及 CLR 如何通过应用程序的 XML 配置文件来定位发生移动的文件。

第 2 章只讨论了 probing 元素的 privatePath 属性，本节要讨论 XML 配置文件的其他元素。以下是一个示例 XML 配置文件：

```xml
<?xml version="1.0"?>
<configuration>
  <runtime>
    <assemblyBinding xmlns="urn:schemas-microsoft-com:asm.v1">
      <probing privatePath="AuxFiles;bin\subdir" />

      <dependentAssembly>

        <assemblyIdentity name="SomeClassLibrary"
          publicKeyToken="32ab4ba45e0a69a1" culture="neutral"/>

        <bindingRedirect
          oldVersion="1.0.0.0" newVersion="2.0.0.0" />

        <codeBase version="2.0.0.0"
          href="http://www.Wintellect.com/SomeClassLibrary.dll" />

      </dependentAssembly>

      <dependentAssembly>

        <assemblyIdentity name="TypeLib"
          publicKeyToken="1f2e74e897abbcfe" culture="neutral"/>

        <bindingRedirect
          oldVersion="3.0.0.0-3.5.0.0" newVersion="4.0.0.0" />

        <publisherPolicy apply="no" />

      </dependentAssembly>

    </assemblyBinding>
  </runtime>
</configuration>
```

这个 XML 文件为 CLR 提供了丰富的信息。具体如下所示。

- probing 元素
  查找弱命名程序集时,检查应用程序基目录下的 AuxFiles 和 bin\subdir 子目录。对于强命名程序集,CLR 检查 GAC 或者由 codeBase 元素指定的 URL。只有在未指定 codeBase 元素时,CLR 才会在应用程序的私有路径中检查强命名程序集。

- 第一个 dependentAssembly,assemblyIdentity 和 bindingRedirect 元素
  查找由控制着公钥标记 32ab4ba45e0a69a1 的组织发布的、语言文化为中性的 SomeClassLibrary 程序集的 1.0.0.0 版本时,改为定位同一个程序集的 2.0.0.0 版本。

- codeBase 元素

 查找由控制着公钥标记 32ab4ba45e0a69a1 的组织发布的、语言文化为中性的 SomeClassLibrary 程序集的 2.0.0.0 版本时，尝试在以下 URL 处发现它：www.Wintellect.com/SomeClassLibrary.dll。虽然第 2 章没有特别指出，但 codeBase 元素也能用于弱命名程序集。如果是这样，程序集版本号会被忽略，而且根本就不应该在 XML codeBase 元素中写这个版本号。另外，codeBase 定义的 URL 必须指向应用程序基目录下的一个子目录。

- 第二个 dependentAssembly，assemblyIdentity 和 bindingRedirect 元素

 查找由控制着公钥标记 1f2e74e897abbcfe 的组织发布的、语言文化为中性的 TypeLib 程序集的 3.0.0.0 到 3.5.0.0 版本时 (包括 3.0.0.0 和 3.5.0.0 在内)，改为定位同一个程序集的 4.0.0.0 版本。

- publisherPolicy 元素

 如果生成 TypeLib 程序集的组织部署了发布者策略文件 (详情在下一节讲述)，CLR 应忽略该文件。

 编译方法时，CLR 判断它引用了哪些类型和成员。根据这些信息，"运行时"检查进行引用的程序集的 AssemblyRef 表，判断程序集生成时引用了哪些程序集。然后，CLR 在应用程序配置文件中检查程序集 / 版本，进行指定的版本号重定向操作。随后，CLR 查找新的、重定向的程序集 / 版本。

 如果 publisherPolicy 元素的 apply 特性设为 yes，或该元素被省略，CLR 会在 GAC 中检查新的程序集 / 版本，并进行程序集发布者认为有必要的任何版本号重定向操作。随后，CLR 查找新的、重定向的程序集 / 版本。下一节将更详细讨论发布者策略。最后，CLR 在机器的 Machine.config 文件中检查新的程序集 / 版本并进行指定的版本号重定向操作。

 到此为止，CLR 已知道了它应加载的程序集版本，并尝试从 GAC 中加载。如果程序集不在 GAC 中，也没有 codeBase 元素，CLR 会像第 2 章描述的那样探测程序集。如果执行最后一次重定向操作的配置文件同时包含 codeBase 元素，CLR 会尝试从 codeBase 元素指定的 URL 处加载程序集。

 利用这些配置文件，管理员可以实际地控制 CLR 加载的程序集。如果应用程序出现 bug，管理员可以和有问题的程序集的发布者取得联系。发布者将新程序集发送给管理员，让管理员安装。CLR 默认不加载新程序集，因为已生成的程序集并没有引用新版本。不过，管理员可以修改应用程序的 XML 配置文件，指示 CLR 加载新程序集。

 如果管理员希望机器上的所有应用程序都使用新程序集，可以修改机器的 Machine.config 文件。这样每当应用程序引用旧程序集时，CLR 都自动加载新程序集。

　　如果发现新程序集没有修复 bug，管理员可以从配置文件中删除 bindingRedirect 设置，应用程序会恢复如初。说了这么多，其实重点只有一个：系统允许使用和元数据所记录的不完全匹配的程序集版本。这种额外的灵活性非常有用。

发布者策略控制

　　在上一节的例子中，是由程序集发布者将程序集的新版本发送给管理员，后者安装程序集，并动编辑应用程序或机器的 XML 配置文件。通常，发布者希望在修复了程序集的 bug 之后，采用一种容易的方式将新程序集打包并分发给所有用户。但是，发布者还需要一种方式告诉每个用户的 CLR 使用程序集新版本，而不是继续使用旧版本。当然，可以指示每个用户手动修改应用程序或机器的 XML 配置文件，但这相当不便，而且容易出错。因此，发布者需要一种方式创建策略信息。新程序集安装到用户机器上时，会安装这种策略信息。本节将描述程序集的发布者如何创建这种策略信息。

　　假定你是程序集的发布者，刚刚修复了几个 bug，创建了程序集的新版本。打包要发送给所有用户的新程序集时，应同时创建一个 XML 配置文件。这个配置文件和以前讨论过的配置文件差不多。用于 SomeClassLibrary.dll 程序集的示例文件 (名为 SomeClassLibrary.config) 如下所示：

```xml
<configuration>
  <runtime>
   <assemblyBinding xmlns="urn:schemas-microsoft-com:asm.v1">
     <dependentAssembly>

       <assemblyIdentity name="SomeClassLibrary"
         publicKeyToken="32ab4ba45e0a69a1" culture="neutral"/>

       <bindingRedirect
         oldVersion="1.0.0.0" newVersion="2.0.0.0" />

       <codeBase version="2.0.0.0"
         href="http://www.Wintellect.com/SomeClassLibrary.dll"/>

     </dependentAssembly>
   </assemblyBinding>
  </runtime>
</configuration>
```

　　当然，发布者只能为自己创建的程序集设置策略。另外，发布者策略配置文件只能使用列出的这些元素；例如，probing 元素或 publisherPolicy 元素是不能使用的。

该配置文件告诉 CLR 一旦发现对 SomeClassLibrary 程序集的 1.0.0.0 版本的引用，就自动加载 2.0.0.0 版本。现在，发布者就可以创建包含该发布者策略配置文件的程序集，像下面这样运行 AL.exe：

```
AL.exe    /out:Policy.1.0. SomeClassLibrary.dll
          /version:1.0.0.0
          /keyfile:MyCompany.snk
          /linkresource:SomeClassLibrary.config
```

下面要对 AL.exe 的命令行开关进行解释。

- /out

  告诉 AL.exe 创建新 PE 文件，本例是 Policy.1.0.SomeClassLibrary.dll，其中除了一个清单什么都没有。程序集名称很重要。名称第一部分 (Policy) 告诉 CLR 该程序集包含发布者策略信息。第二部分和第三部分 (1.0) 告诉 CLR 这个发布者策略程序集适用于 major 和 minor 版本为 1.0 的任何版本的 SomeClassLibrary 程序集。发布者策略只能和程序集的 major 和 minor 版本号关联；不能和 build 或 revision 号关联。名称第四部分 (SomeClassLibrary) 指出与发布者策略对应的程序集名称。名称第五部分 (dll) 是现在要生成的发布者策略程序集文件的扩展名。

- /version

  标识发布者策略程序集的版本；这个版本号与 SomeClassLibrary 程序集本身没有任何关系。看得出来，发布者策略程序集本身也有一套版本机制。例如，发布者今天创建一个发布者策略，将 SomeClassLibrary 的版本 1.0.0.0 重定向到版本 2.0.0.0。未来，发布者可能将 SomeClassLibrary 的版本 1.0.0.0 重定向到版本 2.5.0.0。CLR 根据 /version 开关指定的版本号来选择最新版本的发布者策略程序集。

- /keyfile

  告诉 AL.exe 使用发布者的"公钥 / 私钥对"对发布者策略程序集进行签名。这一对密钥还必须匹配所有版本的 SomeClassLibrary 程序集使用的密钥对。毕竟，只有这样，CLR 才知道 SomeClassLibrary 程序集和发布者策略文件由同一个发布者创建。

- /linkresource

  告诉 AL.exe 将 XML 配置文件作为程序集的一个单独的文件。最后的程序集由两个文件构成，两者必须随同新版本 SomeClassLibrary 程序集打包并部署到用户机器。顺便说一句，不能使用 AL.exe 的 /embedresource 开关将 XML 配置文件嵌入程序集文件，从而获得一个单文件程序集。因为 CLR

要求 XML 文件独立。

这个发布者策略程序集一旦生成，就可以随同新的 SomeClassLibrary.dll 程序集文件打包并部署到用户机器。发布者策略程序集必须安装到 GAC。虽然 SomeClassLibrary 程序集也能安装到 GAC，但并不是必须的——它可以部署到应用程序基目录，也可部署到由 `codeBase` URL 标识的其他目录。

重要提示

> 只有部署程序集更新或 Service Pack 时才应创建发布者策略程序集。执行应用程序的全新安装不应安装发布者策略程序集。

关于发布者策略最后注意一点。假定发布者推出发布者策略程序集时，因为某种原因，新程序集引入的 bug 比它修复的 bug 还要多，那么管理员可以指示 CLR 忽略发布者策略程序集。这要求编辑应用程序的配置文件并添加以下 `publisherPolicy` 元素：

```
<publisherPolicy apply="no"/>
```

该元素可以作为应用程序配置文件的 `<assemblyBinding>` 元素的子元素使用，使其应用于所有程序集；也可作为应用程序配置文件的 `<dependantAssembly>` 元素的子元素使用，使其应用于特定程序集。当 CLR 处理应用程序配置文件时，就知道自己不应在 GAC 中检查发布者策略程序集。CLR 会沿用旧版本程序集。但要注意，CLR 仍会检查并应用 Machine.config 文件中指定的任何策略。

重要提示

> 创建发布者策略程序集，发布者相当于肯定了程序集不同版本的兼容性。如果新版本程序集不兼容某个老版本，就不应创建发布者策略程序集。通常，如果需要生成程序集的 bug 修复版本，就应该提供发布者策略程序集。作为发布者，要主动测试新版本程序集的向后兼容性。相反，如果要在程序集中增添新功能，就应该把它视为与之前版本没有关联的程序集，不要随带一个发布者策略程序集。另外，也不必测试这类程序集的向后兼容性。

第 II 部分　设计类型

第 **4** 章

类型基础

本章内容:

- 所有类型都从 System.Object 派生
- 类型转换
- 命名空间和程序集
- 在运行时的相互关系

本章讲述使用类型和 CLR 时需掌握的基础知识。具体地说,要讨论所有类型都具有的一组基本行为。还要讨论类型安全性、命名空间、程序集以及如何将对象从一种类型转换成另一种类型。本章最后会解释类型、对象、线程栈和托管堆在运行时的相互关系。

4.1 所有类型都从 System.Object 派生

"运行时"要求每个类型最终都从 System.Object 类型派生。也就是说,以下两个类型定义完全一致:

```
// 隐式派生自 Object
class Employee {
    ...
}
```

```
// 显式派生自 Object
class Employee : System.Object {
    ...
}
```

由于所有类型最终都从 System.Object 派生,所以每个类型的每个对象都保证了一组最基本的方法。具体地说，System.Object 类提供了如表 4-1 所示的公共实例方法。

表 4-1 System.Object 的公共方法

公共方法	说明
Equals	如果两个对象具有相同的值，就返回 true。欲知该方法的详情，请参见 5.3.2 节 "对象相等性和同一性"
GetHashCode	返回对象的值的哈希码。如果某个类型的对象要在哈希表集合 (比如 Dictionary) 中作为键使用，那么类型应重写该方法。方法应该为不同对象提供良好分布①。将这个方法设计到 Object 中并不恰当。大多数类型永远不会在哈希表中作为键使用；该方法本该在接口中定义。欲知该方法的详情，请参见 5.4 节 "对象哈希码"
ToString	默认返回类型的完整名称 (this.GetType().FullName)。但经常重写该方法来返回包含对象状态表示的 String 对象。例如，核心类型 (如 Boolean 和 Int32) 重写该方法来返回它们的值的字符串表示。另外，经常出于调试的目的而重写该方法；调用后获得一个字符串，显示对象各字段的值。事实上，Microsoft Visual Studio 的调试器会自动调用该函数来显示对象的字符串表示。注意，ToString 理论上应察觉到与调用线程关联的 CultureInfo 并采取相应行动。第 14 章 "字符、字符串和文本处理" 将更详细地讨论 ToString
GetType	返回 "从 Type 派生的一个类型" 的实例，指出调用 GetType 的那个对象是什么类型。返回的 Type 对象可与各种反射类配合，获取与对象的类型有关的元数据信息。反射将在第 23 章 "程序集加载和反射" 讨论。GetType 是非虚方法，目的是防止类重写 (overriding) 该方法，隐瞒其类型，进而破坏类型安全性

此外，从 System.Object 派生的类型能访问如表 4-2 所示的受保护方法。

表 4-2 System.Object 的受保护方法

受保护方法	说明
MemberwiseClone	这个非虚方法创建类型的新实例，并设置新对象的实例字段，使它们与 this 对象的实例字段完全一致。返回对新实例的引用②
Finalize	在垃圾回收器判断对象应该作为垃圾被回收之后，在对象的内存被实际回收之前，会调用这个虚方法。需要在回收内存前执行清理工作的类型应重写该方法。第 21 章 "托管堆和垃圾回收" 会更详细地讨论这个重要的方法

① 译注：所谓 "良好分布"，是指针对所有输入，GetHashCode 生成的哈希值应该在所有整数中产生一个随机的分布。

CLR 要求所有对象都用 new 操作符创建。以下代码展示了如何创建一个 Employee 对象：

```
Employee e = new Employee( "ConstructorParam1" );
```

以下是 new 操作符所做的事情。

1. 计算类型及其所有基类型 (一直到 System.Object，虽然它没有定义自己的实例字段) 中定义的所有实例字段需要的字节数。堆上每个对象都需要一些额外的成员，包括"类型对象指针"(type object pointer) 和"同步块索引"(sync block index)。CLR 利用这些成员来管理对象。额外成员的字节数需计入对象大小。

2. 从托管堆中分配类型要求的字节数，从而分配对象的内存，分配的所有字节都设为零 (0)。

3. 初始化对象的"类型对象指针"和"同步块索引"成员。

4. 调用类型的实例构造器，传递在 new 调用中指定的实参 (上例就是字符串 "ConstructorParam1")。大多数编译器都在构造器中自动生成代码来调用基类构造器。每个类型的构造器都负责初始化该类型定义的实例字段。最终调用 System.Object 的构造器，该构造器什么都不做，简单地返回。

new 执行了所有这些操作之后，返回指向新建对象一个引用 (或指针)。在前面的示例代码中，该引用保存到变量 e 中，后者具有 Employee 类型。

顺便说一句，没有和 new 操作符对应的 delete 操作符；换言之，没有办法显式释放为对象分配的内存。CLR 采用了垃圾回收机制 (详情在第 21 章 "托管堆和垃圾回收" 讲述)，能自动检测到一个对象不再被使用或访问，并自动释放对象的内存。

4.2 类型转换

CLR 最重要的特性之一就是类型安全。在运行时，CLR 总是知道对象的类型是什么。调用 GetType 方法即可知道对象的确切类型。由于它是非虚方法，所以一个类型不可能伪装成另一个类型。例如，Employee 类型不能重写 GetType 方法并返回一个 SuperHero 类型。

开发人员经常需要将对象从一种类型转换为另一种类型。CLR 允许将对象转换为它的 (实际) 类型或者它的任何基类型。每种编程语言都规定了开发人员具体如何进行这种转型操作。例如，C# 不要求任何特殊语法即可将对象转换为它的任何

---

① 译注：作者在这段话里引用了两种不同的"实例"。一种是类的实例，也就是对象；另一种是类中定义的实例字段。所谓"实例字段"，就是指非静态字段，有时也称为"实例成员"。简单地说，实例成员属于类的对象，而静态成员属于类。

基类型，因为向基类型的转换被认为是一种安全的隐式转换。然而，将对象转换为它的某个派生类型时，C# 语言要求开发人员只能进行显式转换，因为这种转换可能在运行时失败。以下代码演示了向基类型和派生类型的转换：

```
// 该类型隐式派生自 System.Object
internal class Employee {
    ...
}

public sealed class Program {
    public static void Main() {
        // 不需要转型，因为 new 返回一个 Employee 对象，
        // 而 Object 是 Employee 的基类型
        Object o = new Employee();

        // 需要转型，因为 Employee 派生自 Object。
        // 其他语言（比如 Visual Basic）也许不要求像
        // 这样进行强制类型转换
        Employee e = (Employee) o;
    }
}
```

这个例子展示了需要做什么才能让编译器顺利编译这些代码。接着，让我们看看运行时发生的事情。在运行时，CLR 检查转型操作，确定总是转换为对象的实际类型或者它的任何基类型。例如，以下代码虽然能通过编译，但会在运行时抛出 `InvalidCastException` 异常：

```
internal class Employee {
    ...
}
internal class Manager : Employee {
    ...
}

public sealed class Program {
    public static void Main() {
        // 构造一个 Manager 对象，把它传给 PromoteEmployee，
        // Manager "属于"（IS-A）Employee，所以 PromoteEmployee 能成功运行
        Manager m = new Manager();
        PromoteEmployee(m);

        // 构造一个 DateTime 对象，把它传给 PromoteEmployee。
        // DateTime 不是从 Employee 派生的，所以 PromoteEmployee
        // 抛出 System.InvalidCastException 异常
        DateTime newYears = new DateTime(2010, 1, 1);
        PromoteEmployee(newYears);
    }
```

```
public static void PromoteEmployee(Object o) {
    // 编译器在编译时无法准确地获知对象 o
    // 引用的是什么类型，因此编译器允许代码
    // 通过编译。但在运行时，CLR 知道了 o 引用
    // 的是什么类型（在每次执行转型的时候），
    // 所以它会核实对象的类型是不是 Employee 或者
    // 从 Employee 派生的任何类型
    Employee e = (Employee) o;
    ...
  }
}
```

Main 构造一个 Manager 对象并将其传给 PromoteEmployee。这些代码能成功编译并运行，因为 Manager 最终从 Object 派生，而 PromoteEmployee 期待的正是一个 Object。进入 PromoteEmployee 内部之后，CLR 核实对象 o 引用的就是一个 Employee 对象，或者是从 Employee 派生的一个类型的对象。由于 Manager 从 Employee 派生，所以 CLR 执行类型转换，允许 PromoteEmployee 继续执行。

PromoteEmployee 返回后，Main 构造一个 DateTime 对象，将其传给 PromoteEmployee。同样地，DateTime 从 Object 派生，所以编译器会顺利编译调用 PromoteEmployee 的代码。但进入 PromoteEmployee 内部之后，CLR 会检查类型转换，发现对象 o 引用一个 DateTime，既不是 Employee，也不是从 Employee 派生的任何类型。此时 CLR 会禁止转型，并抛出 System.InvalidCastException 异常。

如果 CLR 允许这样的转型，就毫无类型安全性可言了，将出现难以预料的结果——包括应用程序崩溃，以及安全漏洞的出现（因为一种类型能轻松地伪装成另一种类型）。类型伪装是许多安全漏洞的根源，它还会破坏应用程序的稳定性和健壮性。因此，类型安全是 CLR 极其重要的一个特性。

顺便说一句，声明 PromoteEmployee 方法的正确方式是将参数类型指定为 Employee，而非指定为 Object。这样修改后，本例在编译时就能报错，而不是等到运行时才报错。这里之所以使用 Object，是为了演示 C# 编译器和 CLR 如何处理类型转换和类型安全性。

使用 C# 语言的操作符 is 和 as 来转型

在 C# 语言中进行类型转换的另一种方式是使用 is 操作符。is 检查对象是否兼容于指定类型，返回 Boolean 值 true 或 false。注意，is 操作符永远不抛出异常，例如以下代码：

```
Object o = new Object();
```

```
Boolean b1 = (o is Object);       // b1 为 true.
Boolean b2 = (o is Employee);     // b2 为 false.
```

如果对象引用为 null，那么 is 操作符总是返回 false，因为没有可供检查其类型的对象。is 操作符一般像下面这样使用：

```
if (o is Employee) {
    Employee e = (Employee) o;
    // 在 if 语句剩余的部分使用 e
}
```

在以上代码中，CLR 实际检查两次对象类型。is 操作符首先核实 o 是否兼容于 Employee 类型。如果是，在 if 语句内部转型时，CLR 再次核实 o 是否引用一个 Employee。CLR 的类型检查增强了安全性，但无疑会对性能造成一定的影响。这是因为 CLR 首先必须判断变量 (o) 引用的对象的实际类型。然后，CLR 必须遍历继承层次结构，用每个基类型去核对指定的类型 (Employee)。由于这是一个相当常用的编程模式，所以 C# 语言专门提供了 as 操作符，目的就是简化这种代码的写法，同时提升其性能。

```
Employee e = o as Employee;
if (e != null) {
    // 在 if 语句中使用 e
}
```

在这段代码中，CLR 核实 o 是否兼容于 Employee 类型；如果是，as 返回对同一个对象的非 null 引用。如果 o 不兼容于 Employee 类型，as 返回 null。注意，as 操作符造成 CLR 只校验一次对象类型。if 语句只检查 e 是否为 null；这个检查的速度比校验对象的类型快得多。

as 操作符的工作方式与强制类型转换一样，只是它永远不抛出异常——相反，如果对象不能转型，结果就是 null。所以，正确做法是检查最终生成的引用是否为 null。否则，企图直接使用最终生成的引用会抛出 System.NullReferenceException 异常。以下代码对此进行了演示：

```
Object o = new Object();          // 新建一个 Object 对象
Employee e = o as Employee;       // 将 o 转型为 Employee
// 上述转型会失败，不抛出异常，但 e 被设为 null

e.ToString();                     // 访问 e 抛出 NullReferenceException 异常
```

为了确定大家已经理解了上述内容，请完成以下小测验。假定以下两个类定义确实存在：

```
internal class B {                // 基类 (Base class)
}
```

```
internal class D : B {                    // 派生类(Derived class)
}
```

　　现在检查表 4-3 列出的 C# 代码。针对每一行代码，都用勾号注明该行代码是成功编译和执行 (OK)，造成编译时错误 (CTE)，还是造成运行时错误 (RTE)。

表 4-3　类型安全性测验

语句	OK	CTE(编译时错误)	RTE(运行时错误)
`Object o1 = new Object();`	√		
`Object o2 = new B();`	√		
`Object o3 = new D();`	√		
`Object o4 = o3;`	√		
`B  b1 = new B();`	√		
`B  b2 = new D();`	√		
`D  d1 = new D();`	√		
`B  b3 = new Object();`		√	
`D  d2 = new Object();`		√	
`B  b4 = d1;`	√		
`D  d3 = b2;`		√	
`D  d4 = (D) d1;`	√		
`D  d5 = (D) b2;`	√		
`D  d6 = (D) b1;`			√
`B  b5 = (B) o1;`			√
`B  b6 = (D) b2;`	√		

注意　　C# 语言允许类型定义转换操作符方法，详情参见 8.5 节。只有在使用转型表达式时才调用这些方法；使用 C# 语言的 as 操作符或 is 操作符时永远不调用它们。

4.3 命名空间和程序集

命名空间对相关的类型进行逻辑分组，开发人员可以通过命名空间方便地定位类型。例如，`System.Text` 命名空间定义了执行字符串处理的一系列类型，而 `System.IO` 命名空间定义了执行 I/O 操作的一系列类型。以下代码构造一个 `System.IO.FileStream` 对象和一个 `System.Text.StringBuilder` 对象：

```
public sealed class Program {
    public static void Main() {
        System.IO.FileStream fs = new System.IO.FileStream(...);
        System.Text.StringBuilder sb = new System.Text.StringBuilder();
    }
}
```

像这样写代码很烦琐，应该有一种简单方式直接引用 **FileStream** 和 **StringBuilder** 类型，减少打字量。幸好，许多编译器都提供了某种机制让程序员少打一些字。C# 编译器通过 using 指令提供这个机制。以下代码和前面的例子完全一致：

```
using System.IO;            // 尝试附加 "System.IO." 前缀
using System.Text;          // 尝试附加 "System.Text." 前缀

public sealed class Program {
    public static void Main() {
        FileStream fs = new FileStream(...);
        StringBuilder sb = new StringBuilder();
    }
}
```

对于编译器，命名空间的作用就是为类型名称附加以句点分隔的符号，使名称变得更长，更可能具有唯一性。所以在本例中，编译器将对 **FileStream** 的引用解析为 `System.IO.FileStream`，将对 **StringBuilder** 的引用解析为 `System.Text.StringBuilder`。

C# 语言的 using 指令是可选的。如果愿意，完全可以输入类型的完全限定名称。C# 语言的 using 指令指示编译器尝试为类型名称附加不同的前缀，直至找到匹配项。

重要
提示

> CLR 自己其实对"命名空间"一无所知。访问类型时，CLR 需要知道类型的完整名称 (可能是相当长的、包含句点符号的名称) 以及该类型的定义具体在哪个程序集中。这样"运行时"才能加载正确程序集，找到目标类型，并对其进行操作。

在前面的示例代码中，编译器需要保证引用的每个类型都确实存在，而且代码以正确方式使用类型——也就是调用确实存在的方法，向方法传递正确数量的实参，保证实参具有正确的类型，正确地使用方法返回值，等等。如果编译器在源代码文件或者引用的任何程序集中找不到具有指定名称的类型，就会在类型名称前附加 `System.IO.` 前缀，检查这样生成的名称是否与现有类型匹配。如果仍然找不到匹配项，就继续为类型名称附加 `System.Text.` 前缀。在前面例子中的两个 using 指令的帮助下，只需在代码中输入 `FileStream` 和 `StringBuilder` 这两个简化的类型名称，编译器就会自动将引用展开成 `System.IO.FileStream` 和 `System.Text.StringBuilder`。这样不仅能极大减少打字，还增强了代码可读性。

检查类型定义时，编译器必须知道要在什么程序集中检查。第 2 章和第 3 章讲过，这通过 `/reference` 编译器开关来实现。编译器扫描引用的所有程序集，在其中查找类型定义。一旦找到正确的程序集，程序集信息和类型信息就嵌入生成的托管模块的元数据中。为了获取程序集信息，必须将定义了被引用类型的程序集传给编译器。C# 编译器自动在 MSCorLib.dll 程序集中查找被引用类型——即使没有显式告诉它这样做。MSCorLib.dll 程序集包含所有核心 Framework 类库 (FCL) 类型 (比如 `Object`、`Int32` 和 `String` 等) 的定义。

大家可能已经猜到，编译器对待命名空间的方式存在潜在的问题: 可能两个 (或更多) 类型在不同命名空间中同名。微软强烈建议开发人员为类型定义具有唯一性的名称。但有的时候，非不为也，是不能也。"运行时"鼓励组件重用。例如，应用程序可能同时使用了微软和 Wintellect 公司创建的组件。假定两家公司都提供名为 Widget 的类型，两个类型做的事情完全不同。由于干涉不了类型命名，所以应该在引用时用完全限定名称区分它们。也就是说，用 `Microsoft.Widget` 引用微软的 Widget，用 `Wintellect.Widget` 引用 Wintellect 公司的 Widget。以下代码对 Widget 的引用会产生歧义，C# 编译器将报告错误消息: CS0104: "Widget"是 "Microsoft.Widget"和"Wintellect.Widget"之间的不明确的引用:

```
using Microsoft;              // 尝试附加 "Microsoft." 前缀
using Wintellect;             // 尝试附加 "Wintellect." 前缀

public sealed class Program {
    public static void Main() {
        Widget w = new Widget();    // 不明确的引用
    }
}
```

为了消除歧义，必须像下面这样显式告诉编译器要创建哪个 Widget:

```
using Microsoft;              // 尝试附加 "Microsoft." 前缀
using Wintellect;             // 尝试附加 "Wintellect." 前缀
```

```
public sealed class Program {
    public static void Main() {
        Wintellect.Widget w = new Wintellect.Widget(); // 无歧义
    }
}
```

  C# 语言的 using 指令的另一种形式允许为类型或命名空间创建别名。如果只想使用命名空间中的少量类型，不想它的所有类型都跑出来"污染"全局命名空间，别名就显得十分方便。以下代码演示了如何用另一个办法解决前例的歧义性问题：

```
using Microsoft;                    // 尝试附加 "Microsoft." 前缀
using Wintellect;                   // 尝试附加 "Wintellect." 前缀

// 将 WintellectWidget 符号定义成 Wintellect.Widget 的别名
using WintellectWidget = Wintellect.Widget;

public sealed class Program {
    public static void Main() {
        WintellectWidget w = new WintellectWidget(); // 现在没错误了
    }
}
```

  这些消除类型歧义性的方法都十分有用，但有时还需更进一步。假定 Australian Boomerang Company(澳大利亚回旋镖公司，ABC) 和 Alaskan Boat Corporation(阿拉斯加船业公司，ABC) 都创建了名为 BuyProduct 的类型。该类型随同两家公司的程序集发布。两家公司都创建了名为 ABC 的命名空间，其中都包含名为 BuyProduct 的类型。任何人要开发应用程序来同时购买这两家公司出售的回旋镖和船都会遇到麻烦——除非编程语言提供了某种方式，能通过编程来区分程序集而非仅仅区分命名空间。幸好，C# 编译器提供了名为外部别名 (extern alias) 的功能，它解决了这个虽然极其罕见但仍有可能发生的问题。外部别名还允许从同一个程序集的两个 (或更多) 不同的版本中访问一个类型。欲知外部别名的详情，请参见 C# 语言规范。[①]

  在自己库中设计要由第三方使用的类型时，应该在专门的命名空间中定义这些类型。这样编译器就能轻松消除它们的歧义。事实上，为了降低发生冲突的概率，应该使用自己的完整公司名称 (而不是首字母缩写或者其他简称) 来作为自己的顶级命名空间名称。在查阅文档时，可以清楚地看到微软为自己的类型使用了命名空间 "Microsoft"，比如 Microsoft.CSharp、Microsoft.VisualBasic 和 Microsoft.Win32。

---

① 网址为 https://tinyurl.com/mr2xvbba。

创建命名空间很简单，像下面这样写个命名空间声明就可以了 (以 C# 为例)：

```
namespace CompanyName {
    public sealed class A {                    // TypeDef: CompanyName.A
    }

    namespace X {
        public sealed class B { ... }          // TypeDef: CompanyName.X.B
    }
}
```

类定义右侧的注释指出编译器在类型定义元数据表中添加的实际类型名称；这是 CLR 看到的实际类型名称。

一些编译器根本不支持命名空间，还有一些编译器允许自由定义"命名空间"对于语言的含义。在 C# 语言中，namespace 指令的作用只是告诉编译器为源代码中出现的每个类型名称附加命名空间名称前缀，让程序员少一些打字的活儿。

命名空间和程序集的关系

注意，命名空间和程序集 (用于实现类型的文件) 不一定相关。特别是，同一个命名空间中的类型可能在不同程序集中实现。例如，System.IO.FileStream 类型在 MSCorLib.dll 程序集中实现，而 System.IO.FileSystemWatcher 类型在 System.dll 程序集中实现。

同一个程序集也可能包含不同命名空间中的类型。例如，System.Int32 和 System.Text.StringBuilder 类型都在 MSCorLib.dll 程序集中。

在文档中查找类型时，文档会明确指出类型所属的命名空间，以及实现了该类型的程序集。如图 4-1 所示，可以清楚地看到，ResXFileRef 类型是 System.Resources 命名空间的一部分，在 System.Windows.Forms.dll 程序集中实现。在编译引用了 ResXFileRef 类型的代码时，需要在源代码中添加 using System.Resources; 指令，而且要使用 /r:System.Windows.Forms.dll 编译器开关。[1]

---

[1]　译注：本例网址是 https://tinyurl.com/ys3n7mbz。

图 4-1 文档显示了类型的命名空间和程序集信息

4.4 在运行时的相互关系

　　本节将解释类型、对象、线程栈和托管堆在运行时的相互关系。此外，还将解释调用静态方法、实例方法和虚方法的区别。首先从一些计算机基础知识开始。虽然下面讨论的东西不是 CLR 特有的，但掌握了这些之后，就有了一个良好的理论基础。接着，就可以将我们的讨论转向 CLR 特有的内容。

　　图 4-2 展示了已加载 CLR 的一个 Windows 进程。该进程可能有多个线程。线程创建时会分配到 1 MB 的栈 (stack)。栈空间用于向方法传递实参，方法内部定义的局部变量也在栈上。图 4-2 展示了线程的栈内存 (右侧)。栈从高位内存地址向低位内存地址构建。图中线程已执行了一些代码，栈上已经有一些数据了 (栈顶部的阴影区域)。现在，假定线程执行的代码要调用 M1 方法。

　　除了最简单的方法之外，大多数代码都包含一些"序言" (prologue) 代码，用于初始化方法，然后方法才能开始"干活儿"；还包含一些"尾声" (epilogue) 代码，在方法"干完活儿"后对其进行清理，然后方法才能返回至调用者。M1 方法开始执行时，其"序幕"代码在线程栈上分配局部变量 name 的内存，如图 4-3 所示。

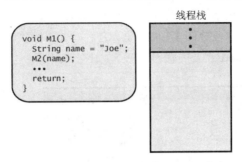

图 4-2 一个线程的栈，正准备调用 M1 方法

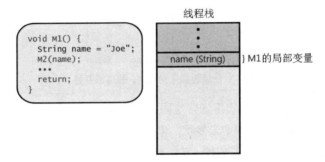

图 4-3 在线程栈上分配 M1 的局部变量

然后，M1 调用 M2 方法，将局部变量 name 作为实参传递。这造成 name 局部变量中的地址被压入栈 (参见图 4-4)。M2 方法内部使用参数变量 s 标识栈位置 (注意，有的 CPU 架构用寄存器传递实参以提升性能，但这个区别对于当前的讨论来说并不重要)。另外，调用方法时还会将"返回地址"压入栈。被调用的方法在结束之后应返回至该位置 (同样参见图 4-4)。

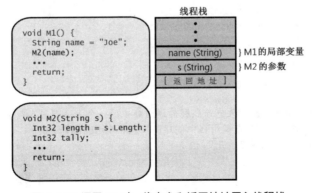

图 4-4 M1 调用 M2 时，将实参和返回地址压入线程栈

M2 方法开始执行时，它的"序幕"代码在线程栈中为局部变量 length 和 tally 分配内存，如图 4-5 所示。然后，M2 方法内部的代码开始执行。最终，M2 抵达它的 return 语句，造成 CPU 的指令指针被设置成栈中的返回地址，M2 的栈帧[①]展开 (unwind)[②]，恢复成图 4-3 的样子。之后，M1 继续执行 M2 调用之后的代码，M1 的栈帧将准确反映 M1 需要的状态。

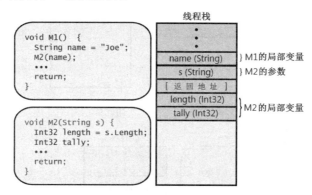

图 4-5 在线程栈上分配 M2 的局部变量

最终，M1 会返回到它的调用者。这同样通过将 CPU 的指令指针设置成返回地址来实现 (这个返回地址在图中未显示，但它应该刚好在栈中的 name 实参上方)，M1 的栈帧展开 (unwind)，恢复成图 4-2 的样子。之后，调用 M1 的方法继续执行 M1 调用之后的代码，那个方法的栈帧将准确反映它需要的状态。

现在，让我们围绕 CLR 来调整一下讨论。假定有以下两个类定义：

```
internal class Employee {
    public          Int32          GetYearsEmployed()        { ... }
    public virtual  String         GetProgressReport()       { ... }
    public static   Employee       Lookup(String name)       { ... }
}

internal sealed class Manager : Employee {
    public override String GetProgressReport()               { ... }
}
```

---

① 译注：栈帧 (stack frame) 代表当前线程的调用栈中的一个方法调用。执行线程的过程中，进行的每个方法调用都会在调用栈中创建并压入一个 StackFrame。

② 译注：unwind 一般翻译成"展开"，但这并不是一个很好的翻译。wind 和 unwind 源于生活。把线缠到线圈上称为 wind；从线圈上松开称为 unwind。同样地，调用方法时压入栈帧，称为 wind；方法执行完毕，弹出栈帧，称为 unwind。把这几张图的线程栈看成一个线圈，就很容易理解了。

Windows 进程已启动，CLR 已加载到其中，托管堆已初始化，而且已经创建了一个线程 (连同它的 1 MB 栈空间)。线程已执行了一些代码，马上就要调用 M3 方法。图 4-6 展示了目前的状态。M3 方法包含的代码演示了 CLR 是如何工作的。平时不这样写代码，因为它们没有做什么真正有用的事情。

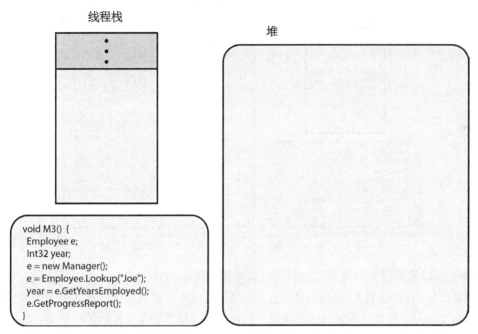

图 4-6　CLR 已加载到进程中，堆已初始化，线程栈已创建，正要调用 M3 方法

JIT 编译器将 M3 的 IL 代码转换成本机 CPU 指令时，会注意到 M3 内部引用的所有类型，包括 Employee，Int32，Manager 以及 String(因为 "Joe")。这时，CLR 要确认定义了这些类型的所有程序集都已加载。然后，利用程序集的元数据，CLR 提取与这些类型有关的信息，创建一些数据结构来表示类型本身。图 4-7 展示了为 Employee 和 Manager 类型对象使用的数据结构。由于线程在调用 M3 前已执行了一些代码，所以不妨假定 Int32 和 String 类型对象已经创建好了 (这是极有可能的，因为它们都是很常用的类型)，所以图中没有显示它们。

让我们稍微花点时间讨论一下这些类型对象。本章前面讲过，堆上所有对象都包含两个额外成员：类型对象指针 (type object pointer) 和同步块索引 (sync block index)。如图所示，Employee 和 Manager 类型对象都有这两个成员。定义类型时，可以在类型内部定义静态数据字段。为这些静态数据字段提供支援的字节在类型对象自身中分配。每个类型对象最后都包含一个方法表。在方法表中，类型定义的每个方法都有对应的记录项。第 1 章已讨论过该方法表。由于 Employee 类型定义了

三个方法 (GetYearsEmployed、GetProgressReport 和 Lookup)，所以 Employee 的方法表有三个记录项。Manager 类型只定义了一个方法 (GetProgressReport 的重写版本)，所以 Manager 的方法表只有一个记录项。

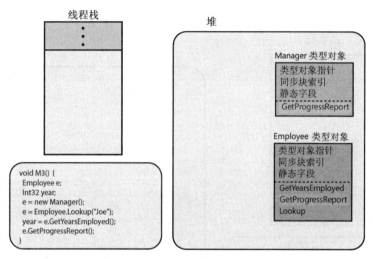

图 4-7 Employee 和 Manager 类型对象在 M3 被调用时创建

　　当 CLR 确认方法需要的所有类型对象都已创建，M3 的代码已经编译之后，就允许线程执行 M3 的本机代码。M3 的"序幕"代码执行时必须在线程栈中为局部变量分配内存，如图 4-8 所示。顺便说一句，作为方法"序幕"代码的一部分，CLR 自动将所有局部变量初始化为 null 或 0(零)。然而，如果代码试图访问尚未显式初始化的局部变量，C# 语言会报告错误消息：使用了未赋值的局部变量。

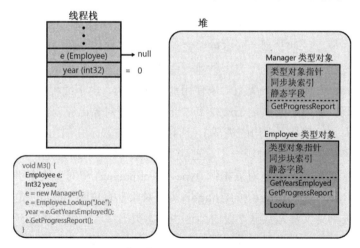

图 4-8 在线程栈上分配 M3 的局部变量

然后，M3 执行代码来构造一个 Manager 对象。这造成在托管堆创建 Manager 类型的一个实例 (也就是一个 Manager 对象)，如图 4-9 所示。可以看出，和所有对象一样，Manager 对象也有类型对象指针和同步块索引。该对象还包含必要的字节来容纳 Manager 类型定义的所有实例数据字段，另外还要容纳由 Manager 的任何基类 (本例就是 Employee 和 Object) 定义的所有实例字段。任何时候在堆上新建对象，CLR 都自动初始化内部的"类型对象指针"成员来引用与对象对应的类型对象 (本例就是 Manager 类型对象)。此外，在调用类型的构造器 (本质上是可能修改某些实例数据字段的方法) 之前，CLR 会先初始化同步块索引，并将对象的所有实例字段设为 null 或 0(零)。new 操作符返回 Manager 对象的内存地址，该地址保存到变量 e 中 (e 在线程栈上)。

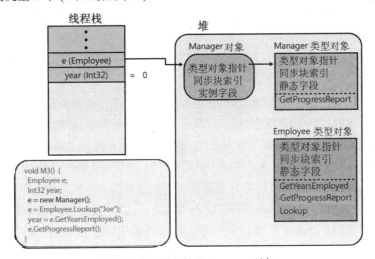

图 4-9　分配并初始化 Manager 对象

M3 的下一行代码调用 Employee 的静态方法 Lookup。调用静态方法时，CLR 会定位与定义静态方法的类型对应的类型对象。然后，JIT 编译器在类型对象的方法表中查找与被调用方法对应的记录项，对方法进行 JIT 编译 (如果需要的话)，再调用 JIT 编译好的代码。本例假定 Employee 的 Lookup 方法要查询数据库来查找 Joe。再假定数据库指出 Joe 是公司的一名经理，所以在内部，Lookup 方法在堆上构造一个新的 Manager 对象，用 Joe 的信息初始化它，返回该对象的地址。该地址保存到局部变量 e 中。这个操作的结果如图 4-10 所示。

注意，e 不再引用第一个 Manager 对象。事实上，由于没有变量引用该对象，所以它是未来垃圾回收的主要目标。垃圾回收机制将自动回收 (释放) 该对象占用的内存。

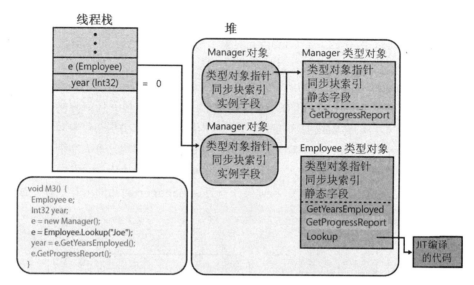

图 4-10　Employee 的静态方法 Lookup 为 Joe 分配并初始化 Manager 对象

　　M3 的下一行代码调用 Employee 的非虚实例方法 GetYearsEmployed。调用非虚实例方法时，JIT 编译器会找到与"发出调用的那个变量 (e) 的类型 (Employee)"对应的类型对象 (Employee 类型对象)。这时的变量 e 被定义成一个 Employee。如果 Employee 类型没有定义正在调用的那个方法，JIT 编译器会回溯类层次结构 (一直回溯到 Object)，并在沿途的每个类型中查找该方法。之所以能这样回溯，是因为每个类型对象都有一个字段引用了它的基类型，这个信息在图中没有显示。

　　然后，JIT 编译器在类型对象的方法表中查找引用了被调用方法的记录项，对方法进行 JIT 编译 (如果需要的话)，再调用 JIT 编译好的代码。本例假定 Employee 的 GetYearsEmployed 方法返回 5，因为 Joe 已被公司雇用 5 年。这个整数保存到局部变量 year 中。这个操作的结果如图 4-11 所示。

　　M3 的下一行代码调用 Employee 的虚实例方法 GetProgressReport。调用虚实例方法时，JIT 编译器要在方法中生成一些额外的代码；方法每次调用都会执行这些代码。这些代码首先检查发出调用的变量，并跟随地址来到发出调用的对象。变量 e 当前引用的是代表"Joe"的 Manager 对象。然后，代码检查对象内部的"类型对象指针"成员，该成员指向对象的实际类型。然后，代码在类型对象的方法表中查找引用了被调用方法的记录项，对方法进行 JIT 编译 (如果需要的话)，再调用 JIT 编译好的代码。由于目前 e 引用一个 Manager 对象，所以会调用 Manager 的 GetProgressReport 实现。这个操作的结果如图 4-12 所示。

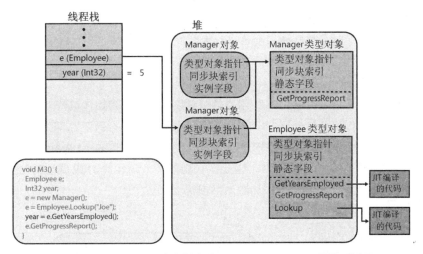

图 4-11 Employee 的非虚实例方法 GetYearsEmployed 调用后返回 5

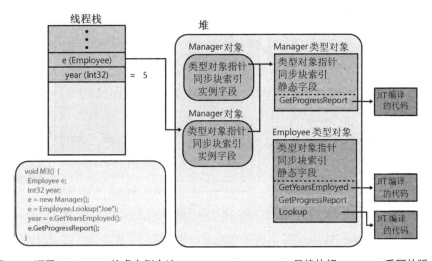

图 4-12 调用 Employee 的虚实例方法 GetProgressReport，最终执行 Manager 重写的版本

注意，如果 Employee 的 Lookup 方法发现 Joe 是 Employee 而不是 Manager，Lookup 会在内部构造一个 Employee 对象，它的类型对象指针将引用 Employee 类型对象。这样最终执行的就是 Employee 的 GetProgressReport 实现，而不是 Manager 的。

至此，我们已经讨论了源代码、IL 和 JIT 编译的代码之间的关系。还讨论了线程栈、实参、局部变量以及这些实参和变量如何引用托管堆上的对象。还知道对象含有一个指针指向对象的类型对象 (类型对象中包含静态字段和方法表)。还讨论了 JIT 编译器如何决定静态方法、非虚实例方法以及虚实例方法的调用方式。理解这一切之后，可以深刻地认识 CLR 的工作方式。以后在建构、设计和实现类型、组件以及应用程序时，这些知识会带来很大帮助。结束本章之前，让我们深入探讨一下 CLR 内部发生的事情。

注意，Employee 和 Manager 类型对象都包含"类型对象指针"成员。这是由于类型对象本质上也是对象。CLR 创建类型对象时，必须初始化这些成员。初始化成什么呢？大家肯定会这样问。CLR 开始在一个进程中运行时，立即为 MSCorLib.dll 中定义的 System.Type 类型创建一个特殊的类型对象。Employee 和 Manager 类型对象都是该类型的"实例"。因此，它们的类型对象指针成员会初始化成对 System.Type 类型对象的引用，如图 4-13 所示。

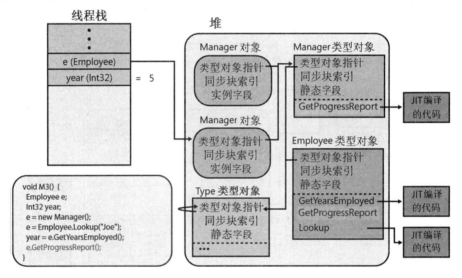

图 4-13　Employee 和 Manager 类型对象是 System.Type 类型的实例

当然，System.Type 类型对象本身也是对象，内部也有"类型对象指针"成员。这个指针指向什么？它指向它本身，因为 System.Type 类型对象本身是一个类型对象的"实例"。现在，我们总算理解了 CLR 的整个类型系统及其工作方式。顺便说一句，System.Object 的 GetType 方法返回存储在指定对象的"类型对象指针"成员中的地址。也就是说，GetType 方法返回指向对象的类型对象的指针。这样就可判断系统中任何对象 (包括类型对象本身) 的真实类型。

第 **5** 章

基元类型、引用类型和值类型

本章内容:

- 编程语言的基元类型
- 引用类型和值类型
- 值类型的装箱和拆箱
- 对象哈希码
- dynamic 基元类型

本章将讨论 .NET Framework 开发人员经常要接触的各种类型。所有开发人员都应熟悉这些类型的不同行为。我首次接触 .NET Framework 时没有完全理解基元类型、引用类型和值类型的区别,造成在代码中不知不觉引入 bug 和性能问题。通过解释类型之间的区别,希望开发人员能避免我所经历的麻烦,同时提高编码效率。

5.1 编程语言的基元类型

某些数据类型如此常用,以至于许多编译器允许代码以简化语法来操纵它们。例如,可用以下语法分配一个整数:

```
System.Int32 a = new System.Int32();
```

但你肯定不愿意用这样的语法来声明并初始化整数,它实在是太烦琐了。幸好,包括 C# 语言在内的许多编译器都允许换用如下所示的语法:

```
int a = 0;
```

这种语法不仅增强了代码可读性，生成的 IL 代码还与使用 System.Int32 生成的 IL 代码完全一致。编译器直接支持的数据类型称为基元类型 (primitive type)[①]。基元类型直接映射到 Framework 类库 (FCL) 中存在的类型。例如，C# 语言的 int 直接映射到 System.Int32 类型。因此，以下 4 行代码都能正确编译，并生成完全相同的 IL：

```
int             a = 0;                    // 最方便的语法
System.Int32    a = 0;                    // 方便的语法
int             a = new int();            // 不方便的语法
System.Int32    a = new System.Int32()    // 最不方便的语法
```

表 5-1 列出的 FCL 类型在 C# 语言中都有对应的基元类型。只要是符合公共语言规范 (CLS) 的类型，其他语言都提供了类似的基元类型。但是，不符合 CLS 的类型语言就不一定要支持了。

表 5-1　C# 基元类型与对应的 FCL 类型

C# 基元类型	FCL 类型	符合 CLS	说明
sbyte	System.SByte	否	有符号 8 位值
byte	System.Byte	是	无符号 8 位值
short	System.Int16	是	有符号 16 位值
ushort	System.UInt16	否	无符号 16 位值
int	System.Int32	是	有符号 32 位值
uint	System.UInt32	否	无符号 32 位值
long	System.Int64	是	有符号 64 位值
ulong	System.UInt64	否	无符号 64 位值
char	System.Char	是	16 位 Unicode 字符 (char 不像非托管 C++ 语言那样代表一个 8 位值)
float	System.Single	是	IEEE 32 位浮点值
double	System.Double	是	IEEE 64 位浮点值
bool	System.Boolean	是	true/false 值

---

① 译注：MSDN 文档将 primitive type 翻译成“基元类型”，而不是容易使人混淆的“基本类型”。

（续表）

C# 基元类型	FCL 类型	符合 CLS	说明
decimal	System.Decimal	是	128 位高精度浮点值，常用于不容许舍入误差的金融计算。128 位中，1 位是符号，96 位是值本身 (N)，8 位是比例因子 (k)。decimal 实际值是 $\pm N \times 10^k$，其中 $-28 <= k <= 0$。其余位没有使用
string	System.String	是	字符数组
object	System.Object	是	所有类型的基类型
dynamic	System.Object	是	对于 CLR，dynamic 和 object 完全一致。但 C# 编译器允许使用简单的语法让 dynamic 变量参与动态调度 (dynamic dispatch)。详情参见本章最后的 5.5 节 "dynamic 基元类型"

从另一个角度，可以认为 C# 编译器自动假定所有源代码文件都添加了以下 using 指令 (参考第 4 章)：

```
using sbyte    = System.SByte;
using byte     = System.Byte;
using short    = System.Int16;
using ushort   = System.UInt16;
using int      = System.Int32;
using uint     = System.UInt32;
...
```

C# 语言规范称："从风格上说，最好是使用关键字，而不是使用完整的系统类型名称。"我不同意语言规范；我情愿使用 FCL 类型名称，完全不用基元类型名称。事实上，我希望编译器根本不提供基元类型名称，而是强迫开发人员使用 FCL 类型名称。理由如下。

1. 许多开发人员纠结于是用 string 还是 String。由于 C# 语言的 string(一个关键字) 直接映射到 System.String(一个 FCL 类型)，所以两者没有区别，都可使用。类似地，一些开发人员说应用程序在 32 位操作系统上运行，int 代表 32 位整数；在 64 位操作系统上运行，int 代表 64 位整数。这个说法完全错误。C# 语言的 int 始终映射到 System.Int32，所以不管在什么操作系统上运行，代表的都是 32 位整数。如果程序员习惯在代码中使用 Int32，像这样的误解就没有了。

2. C# 语言的 long 映射到 System.Int64，但在其他编程语言中，long 可能映射到 Int16 或 Int32。例如，C++/CLI 就将 long 视为 Int32。习惯于用一种语言写程序的人在看用另一种语言写的源代码时，很容易错误理解代码意图。事实上，大多数语言甚至不将 long 当作关键字，根本不编译使用了它的代码。

3. FCL 的许多方法都将类型名作为方法名的一部分。例如，BinaryReader 类型的方法包括 ReadBoolean，ReadInt32，ReadSingle 等；而 System.Convert 类型的方法包括 ToBoolean，ToInt32，ToSingle 等。以下代码虽然语法没问题，但包含 float 的那一行显得很别扭，无法一下子判断该行的正确性：

```
BinaryReader br = new BinaryReader(...);
float val = br.ReadSingle();        // 正确，但感觉别扭
Single val = br.ReadSingle();       // 正确，感觉自然
```

4. 平时只用 C# 语言的许多程序员逐渐忘了还可以用其他语言写面向 CLR 的代码，"C# 主义"逐渐入侵类库代码。例如，Microsoft 的 FCL 几乎完全是用 C# 语言写的，FCL 团队向库中引入了像 Array 的 GetLongLength 这样的方法。该方法返回 Int64 值。这种值在 C# 语言中确实是 long，但在其他语言 (比如 C++/CLI) 中不是。另一个例子是 System.Linq.Enumerable 的 LongCount 方法。

考虑到所有这些原因，本书坚持使用 FCL 类型名称。

在许多编程语言中，以下代码都能正确编译并运行：

```
Int32 i = 5;           // 32 位值
Int64 l = i;           // 隐式转型为 64 位值
```

但根据第 4 章对类型转换的讨论，大家或许认为以上代码无法编译。毕竟，System.Int32 和 System.Int64 是不同的类型，相互不存在派生关系。但事实上，你会欣喜地发现 C# 编译器正确编译了以上代码，运行起来也没有问题。这是为什么呢？原因是 C# 编译器非常熟悉基元类型，会在编译代码时应用自己的特殊规则。也就是说，编译器能识别常见的编程模式，并生成必要的 IL，使写好的代码能像预期的那样工作。具体地说，C# 编译器支持与类型转换、字面值 ① 以及操作符有关的模式。接着的几个例子将对它们进行演示。

首先，编译器能执行基元类型之间的隐式或显式转型，例如：

```
Int32 i = 5;           // 从 Int32 隐式转型为 Int32
Int64 l = i;           // 从 Int32 隐式转型为 Int64
Single s = i;          // 从 Int32 隐式转型为 Single
Byte b = (Byte) i;     // 从 Int32 显式转型为 Byte
Int16 v = (Int16) s;   // 从 Single 显式转型为 Int16
```

---

① 译注：即 literal，也称为直接量或文字常量。本书将采用"字面值"这一译法。

只有在转换"安全"的时候，C# 语言才允许隐式转型。所谓"安全"，是指不会发生数据丢失的情况，比如从 Int32 转换为 Int64。但如果可能不安全，C# 语言就要求显式转型。对于数值类型，"不安全"意味着转换后可能丢失精度或数量级。例如，Int32 转换为 Byte 要求显式转型，因为大的 Int32 数字可能丢失精度；Single 转换为 Int16 也要求显式转型，因为 Single 能表示比 Int16 更大数量级的数字。

注意，不同编译器可能生成不同代码来处理这些转型。例如，将值为 6.8 的 Single 转型为 Int32，有的编译器可能生成代码对其进行截断 (向下取整)，最终将 6 放到一个 Int32 中；其他编译器则可能将结果向上取整为 7。顺便说一句，C# 语言总是对结果进行截断，而不进行向上取整。要了解 C# 语言对基元类型进行转型时的具体规则，请参见 C# 语言规范的"转换"一节 (https://tinyurl.com/3s8p8vkj)。

除了转型，基本类型还能写成字面值 (literal)。字面值可被看成是类型本身的实例，所以可以像下面这样为实例 (123 和 456) 调用实例方法：

```
Console.WriteLine(123.ToString() + 456.ToString());        // "123456"
```

另外，如果表达式由字面值构成，那么编译器在编译时就能完成表达式求值，从而增强应用程序性能：

```
Boolean found = false;        // 生成的代码将 found 设为 0
Int32 x = 100 + 20 + 3;       // 生成的代码将 x 设为 123
String s = "a " + "bc";       // 生成的代码将 s 设为 "a bc"
```

最后，编译器知道如何和以什么顺序解析代码中的操作符 (比如 +, -, *, /, %, &，^, |, ==, !=, >, <, >=, <=, <<, >>, ~, !, ++, -- 等)：

```
Int32 x = 100;                      // 赋值操作符
Int32 y = x + 23;                   // 加和赋值操作符
Boolean lessThanFifty = (y < 50);  // 小于和赋值操作符
```

checked 和 unchecked 基元类型操作

对基元类型执行的许多算术运算都可能造成溢出：

```
Byte b = 100;
b = (Byte) (b + 200); // b 现在包含 44( 或者十六进制值 2C)
```

> 执行上述算术运算时，第一步要求所有操作数都扩大为 32 位值 (或者 64 位值，如果任何操作数需要超过 32 位来表示的话)。所以 b 和 200(两个都不超过 32 位) 首先转换成 32 位值，然后加到一起。结果是一个 32 位值 (十进制 300，或十六进制 12C)。该值在存回变量 b 前必须转型为 Byte。C# 语言不隐式执行这个转型操作，这正是第二行代码需要强制转型 Byte 的原因。

溢出这个问题，在大多数时候非我们所愿。如果没有检测到这种溢出，会导致应用程序行为失常。但极少数时候 (比如计算哈希值或者校验和)，这种溢出不仅可以接受，还是我们希望的。

不同语言处理溢出的方式不同。C 语言和 C++ 语言不将溢出视为错误，允许值回滚 (wrap)[①]；应用程序将"正常"运行。相反，Visual Basic 语言总是将溢出视为错误，并在检测到溢出时抛出异常。

CLR 提供了一些特殊的 IL 指令，允许编译器选择它认为最恰当的行为。CLR 有一个 add 指令，作用是将两个值相加，但不执行溢出检查。还有一个 add.ovf 指令，作用也是将两个值相加，但会在发生溢出时抛出 System.OverflowException 异常。除了用于加法运算的 IL 指令，CLR 还为减、乘和数据转换提供了类似的 IL 指令，分别是 sub/sub.ovf、mul/mul.ovf 和 conv/conv.ovf。

C# 语言允许程序员自己决定如何处理溢出。溢出检查默认关闭。也就是说，编译器生成 IL 代码时，将自动使用加、减、乘以及转换指令的无溢出检查版本。结果是代码能更快地运行——但开发人员必须保证不发生溢出，或者代码能预见到溢出。

让 C# 编译器控制溢出的一个办法是使用 /checked+ 编译器开关。该开关指示编译器在生成代码时，使用加、减、乘和转换指令的溢出检查版本。这样生成的代码在执行时会稍慢一些，因为 CLR 会检查这些运算，判断是否发生溢出。如果发生溢出，CLR 会抛出 OverflowException 异常。

除了全局性地打开或关闭溢出检查，程序员还可以在代码的特定区域控制溢出检查。C# 语言通过 checked 操作符和 unchecked 操作符来提供这种灵活性。下面是使用了 unchecked 操作符的例子：

```
UInt32 invalid = unchecked((UInt32) (-1));    // OK
```

---

① 译注：所谓"回滚"，是指一个值超过了它的类型所允许的最大值，从而"回滚"到一个非常小的、负的或者未定义的值。wrap 是 wrap-around 的简称。

下例则使用了 checked 操作符：

```
Byte b = 100;
b = checked((Byte) (b + 200));   // 抛出 OverflowException 异常
```

在这个例子中，b 和 200 首先转换成 32 位值，然后加到一起，结果是 300。然后，因为显式转型的存在，300 被转换成一个 Byte，这造成 OverflowException 异常。Byte 在 checked 操作符外部转型则不会发生异常：

```
b = (Byte) checked(b + 200);   // b 包含 44；不会抛出 OverflowException 异常
```

除了操作符 checked 和 unchecked，C# 语言还支持 checked 和 unchecked 语句，其结果是一个块中的所有表达式都进行或不进行溢出检查：

```
checked {                     // 开始 checked 块
    Byte b = 100;
    b = (Byte) (b + 200);     // 该表达式会进行溢出检查
}                             // 结束 checked 块
```

事实上，如果使用了 checked 语句块，就可以将 += 操作符用于 Byte，从而稍微简化一下代码：

```
checked {                     // 开始 checked 块
    Byte b = 100;
    b += 200;                 // 该表达式会进行溢出检查
}                             // 结束 checked 块
```

> **重要提示**
>
> 由于 checked 操作符和 checked 语句唯一的作用就是决定生成哪个版本的加、减、乘和数据转换 IL 指令，所以在 checked 操作符或语句中调用方法，不会对该方法造成任何影响，如下例所示：
>
> ```
> checked {
>     // 假定 SomeMethod 试图把 400 加载到一个 Byte 中。
>     SomeMethod(400);
>     // SomeMethod 可能会、也可能不会抛出 OverflowException 异常。
>     // 如果 SomeMethod 使用 checked 指令编译，就可能会抛出异常，
>     // 但这和当前的 checked 语句无关。
> }
> ```

根据我的经验，许多计算都会产生令人吃惊的结果。一般是因为无效的用户输入，但也可能是由于系统的某个部分返回了程序员没有预料到的值。所以我对程序员有以下几个建议。

1. 尽量使用有符号数值类型（比如 Int32 和 Int64）而不是无符号数值类型（比如 UInt32 和 UInt64）。这允许编译器检测更多的上溢 / 下溢错误。除此之外，类

库多个部分 (比如 **Array** 和 **String** 的 **Length** 属性) 被硬编码为返回有符号的值。这样在代码中四处移动这些值时，需要进行的强制类型转换就少了。较少的强制类型转换使代码更整洁，更容易维护。除此之外，无符号数值类型不符合 CLS。

2. 写代码时，如果代码可能发生你不希望的溢出 (可能是因为无效的输入，比如要求使用最终用户或客户机提供的数据)，就把这些代码放到 checked 块中。同时捕捉 OverflowException，得体地从错误中恢复。

3. 写代码时，将允许发生溢出的代码显式放到 unchecked 块中，比如在计算校验和时。

4. 如果代码没有使用 checked 或 unchecked，那么相当于你希望在发生溢出时抛出一个异常。例如，在输入已知的前提下计算一些东西 (比如质数) 时，发生的溢出应被视为 bug。

开发应用程序时，打开编译器的 /checked+ 开关进行调试性生成。这样系统会对没有显式标记 checked 或 unchecked 的代码进行溢出检查，所以应用程序运行起来会慢一些。此时一旦发生异常，就可以轻松检测到，而且能及时修正代码中的 bug。但是，为了正式发布而生成应用程序时，应使用编译器的 /checked- 开关，确保代码能更快运行，不会产生溢出异常。要在 Visual Studio 中更改 Checked 设置，请打开项目的属性页，单击选中"生成"标签，单击"高级"，再勾选"检查算术溢出"，如图 5-1 所示。

图 5-1　在 Visual Studio 的"高级生成设置"对话框中指定编译器是否检查溢出

如果应用程序能容忍总是执行 checked 运算而带来的轻微性能损失，建议即使是为了发布而生成应用程序，也用 /checked 命令行开关进行编译，这样可防止应用程序在包含已损坏的数据 (甚至可能是安全漏洞) 的前提下继续运行。例如，通过乘法运算来计算数组索引时，相较于因为数学运算的"回滚"① 而访问到不正确的数组元素，抛出 OverflowException 异常才是更好的做法。

---

① 译注：乘法运算可能产生一个较大的值，超出数组的索引范围。参见前面关于"wrap"的说明。

> **重要提示** ⚠️
>
> System.Decimal 是非常特殊的类型。虽然许多编程语言 (包括 C# 语言和 Visual Basic 语言) 将 Decimal 视为基元类型，但 CLR 不然。这意味着 CLR 没有知道如何处理 Decimal 值的 IL 指令。在文档中查看 Decimal 类型，可以看到它提供了一系列 public static 方法，包括 Add、Subtract、Multiply 和 Divide 等。此外，Decimal 类型还为操作符 +、-、* 以及 / 等提供了操作符重载方法。

　　编译使用了 Decimal 值的程序时，编译器会生成代码来调用 Decimal 的成员，并通过这些成员来执行实际运算。这意味着 Decimal 值的处理速度慢于 CLR 基元类型的值。另外，由于没有相应的 IL 指令来处理 Decimal 值，所以 checked 操作符和 unchecked 操作符、语句以及编译器开关都失去了作用。对 Decimal 值执行不安全的运算时，肯定会抛出 OverflowException 异常。

　　类似地，System.Numerics.BigInteger 类型也很特殊，因为它在内部使用 UInt32 数组来表示任意大的整数，它的值没有上限和下限。因此，对 BigInteger 执行的运算永远不会造成 OverflowException 异常。但如果值太大，没有足够多的内存来改变数组大小，那么对 BigInteger 的运算可能会抛出 OutOfMemoryException 异常。

5.2 引用类型和值类型

　　CLR 支持两种类型：引用类型和值类型。虽然 FCL 的大多数类型都是引用类型，但程序员用得最多的还是值类型。引用类型总是从托管堆分配，C# 语言的 new 操作符返回对象内存地址——即指向对象数据的内存地址。使用引用类型是，必须留意性能问题。首先要认清楚以下四个事实：

　　1. 内存必须从托管堆分配；
　　2. 堆上分配的每个对象都有一些额外成员，这些成员必须初始化；
　　3. 对象中的其他字节 (为字段而设) 总是设为零；
　　4. 从托管堆分配对象时，可能强制执行一次垃圾回收。

　　如果所有类型都是引用类型，应用程序的性能将显著下降。设想每次使用 Int32 值时都进行一次内存分配，性能会受到多么大的影响！为了提升简单和常用的类型的性能，CLR 提供了名为 "值类型" 的轻量级类型。值类型的实例一般在线程栈上分配 (虽然也可作为字段嵌入引用类型的对象中)。在代表值类型实例的变量中不包含指向实例的指针。相反，变量中包含了实例本身的字段。由于变量已包含了实例的字段，所以操作实例中的字段不需要提领 (dereference) 指针。值类型的实例不受垃圾回收器的控制。因此，值类型的使用缓解了托管堆的压力，并减少了应用程序生存期内的垃圾回收次数。

文档清楚指出哪些类型是引用类型，哪些是值类型。在文档中查看类型时，任何称为"类"的类型都是引用类型。例如，System.Exception 类、System.IO.FileStream 类以及 System.Random 类都是引用类型。相反，所有值类型都称为结构或枚举。例如，System.Int32 结构、System.Boolean 结构、System.Decimal 结构、System.TimeSpan 结构、System.DayOfWeek 枚举、System.IO.FileAttributes 枚举以及 System.Drawing.FontStyle 枚举都是值类型。

进一步研究文档，会发现所有结构都是抽象类型 System.ValueType 的直接派生类。System.ValueType 本身又直接从 System.Object 派生。根据定义，所有值类型都必须从 System.ValueType 派生。所有枚举都从 System.Enum 抽象类型派生，后者又从 System.ValueType 派生。CLR 和所有编程语言都给予枚举特殊待遇[①]。欲知枚举类型的详情，请参见第 15 章"枚举类型和位标志"。

虽然不能在定义值类型时为它选择基类型，但如果愿意，值类型可实现一个或多个接口。除此之外，所有值类型都隐式密封，目的是防止将值类型用作其他引用类型或值类型的基类型。例如，无法将 Boolean、Char、Int32、UInt64、Single、Double 和 Decimal 等作为基类型来定义任何新类型。

> **重要提示** ⚠
>
> 对于许多开发人员(比如非托管 C/C++ 开发人员)，最初接触引用类型和值类型时都觉得有些不解。在非托管 C/C++ 中声明类型后，使用该类型的代码会决定是在线程栈上还是在应用程序的堆中分配类型的实例。但在托管代码中，要由定义类型的开发人员决定在什么地方分配类型的实例，使用类型的人对此并无控制权。

以下代码和图 5-2 演示了引用类型和值类型的区别：

```
// 引用类型 ( 因为 'class' )
class SomeRef { public Int32 x; }

// 值类型 ( 因为 'struct' )
struct SomeVal { public Int32 x; }

static void ValueTypeDemo() {
    SomeRef r1 = new SomeRef();          // 在堆上分配
    SomeVal v1 = new SomeVal();          // 在栈上分配
```

---

① 译注：被视为"一等公民"，直接支持各种强大的操作。在非托管环境中，枚举就没这么"好命"了。

```
    r1.x = 5;                                // 提领指针
    v1.x = 5;                                // 在栈上修改
    Console.WriteLine(r1.x);                 // 显示 "5"
    Console.WriteLine(v1.x);                 // 同样显示 "5"
    // 图 5-2 的左半部分反映了执行以上代码之后的情况

    SomeRef r2 = r1;                         // 只复制引用（指针）
    SomeVal v2 = v1;                         // 在栈上分配并复制成员
    r1.x = 8;                                // r1.x 和 r2.x 都会更改
    v1.x = 9;                                // v1.x 会更改，v2.x 不变
    Console.WriteLine(r1.x);                 // 显示 "8"
    Console.WriteLine(r2.x);                 // 显示 "8"
    Console.WriteLine(v1.x);                 // 显示 "9"
    Console.WriteLine(v2.x);                 // 显示 "5"
    // 图 5-2 的右半部分反映了执行以上所有代码之后的情况
}
```

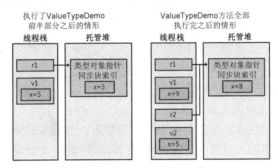

图 5-2　图解代码执行时的内存分配情况

在以上代码中，SomeVal 类型用 struct 声明，而不是用更常见的 class。在 C# 语言中，用 struct 声明的类型是值类型，用 class 声明的类型是引用类型。可以看出，引用类型和值类型的区别相当大。在代码中使用类型时，必须注意是引用类型还是值类型，因为这会极大地影响在代码中表达自己意图的方式。

以上代码中有这样一行：

```
SomeVal v1 = new SomeVal();              // 在栈上分配
```

只看这行代码的写法，似乎是要在托管堆上分配一个 SomeVal 实例。但是，C# 编译器知道 SomeVal 是值类型，所以会生成正确的 IL 代码，在线程栈上分配一个 SomeVal 实例。C# 还会确保值类型中的所有字段都初始化为零。

以上代码还可以像下面这样写：

```
SomeVal v1;                              // 在栈上分配
```

这一行代码生成的 IL 代码也会在线程栈上分配实例，并将字段初始化为零。唯一的区别在于，如果使用 new 操作符，C# 语言会认为实例已初始化。以下代码

更清楚地进行了说明:

```
// 这两行代码能通过编译，因为 C# 认为
// v1 的字段已初始化为 0
SomeVal v1 = new SomeVal();
Int32 a = v1.x;

// 这两行代码不能通过编译，因为 C# 不认为
// v1 的字段已初始化为 0
SomeVal v1;
Int32 a = v1.x; // error CS0170：使用了可能未赋值的字段 "x"
```

设计自己的类型时，要仔细考虑类型是否应该定义成值类型而不是引用类型。值类型有时能提供更好的性能。具体地说，除非满足以下全部条件，否则不应将类型声明为值类型。

- 类型具有基元类型的行为。也就是说，是十分简单的类型，没有成员会修改类型的任何实例字段。如果类型没有提供会更改其字段的成员，就说该类型是不可变 (immutable) 类型。事实上，对于许多值类型，都建议将全部字段标记为 readonly(详情参见第 7 章)。
- 类型不需要从其他任何类型继承。
- 类型也不派生出其他任何类型。

类型实例大小也应在考虑之列，因为实参默认以传值方式传递，造成对值类型实例中的字段进行复制，对性能造成损害。同样地，被定义为返回一个值类型的方法在返回时，实例中的字段会复制到调用者分配的内存中，对性能造成损害。所以，要将类型声明为值类型，除了要满足以上全部条件，还必须满足以下任意条件。

- 类型的实例较小 (16 字节或更小)。
- 类型的实例较大 (大于 16 字节)，但不作为方法实参传递，也不从方法返回。

值类型的主要优势是不作为对象在托管堆上分配。当然，与引用类型相比，值类型也存在自身的一些局限。下面列出了值类型和引用类型的一些区别。

- 值类型对象有两种表示形式：未装箱和已装箱，详情参见下一节。相反，引用类型总是处于已装箱形式。
- 值类型从 System.ValueType 派生。该类型提供了与 System.Object 相同的方法。但 System.ValueType 重写了 Equals 方法，能在两个对象的字段值完全匹配的前提下返回 true。此外，System.ValueType 重写了 GetHashCode 方法。生成哈希码时，这个重写方法所用的算法会将对象的实例字段中的值考虑在内。由于这个默认实现存在性能问题，所以定义自己的值类型时应重写 Equals 方法和 GetHashCode 方法，并提供它们的显式实现。本章末尾会讨论 Equals 方法和 GetHashCode 方法。

- 由于不能将值类型作为基类型来定义新的值类型或者新的引用类型，所以不应在值类型中引入任何新的虚方法。所有方法都不能是抽象的，所有方法都隐式密封（不可重写）。
- 引用类型的变量包含堆中对象的地址。引用类型的变量创建时默认初始化为 null，表明当前不指向有效对象。试图使用 null 引用类型的变量会抛出 NullReferenceException 异常。相反，值类型的变量总是包含其基础类型的一个值，而且值类型的所有成员都初始化为 0。值类型变量不是指针，访问值类型不可能抛出 NullReferenceException 异常。CLR 确实允许为值类型添加"可空"(nullability) 标识。可空类型将在第 19 章"可空值类型"详细讨论。
- 将值类型变量赋给另一个值类型变量，会执行逐字段的复制。将引用类型的变量赋给另一个引用类型的变量，只复制内存地址。
- 基于上一条，两个或多个引用类型变量能引用堆中同一个对象，所以对一个变量执行的操作可能影响到另一个变量引用的对象。相反，值类型变量自成一体，对值类型变量执行的操作不可能影响另一个值类型变量。
- 由于未装箱的值类型不在堆上分配，一旦定义了该类型的一个实例的方法不再活动，为它们分配的存储就会被释放，而不是等着进行垃圾回收。[①]

CLR 如何控制类型中的字段布局

为了提高性能，CLR 能按照它所选择的任何方式排列类型的字段。例如，CLR 可以在内存中重新安排字段的顺序，将对象引用分为一组，同时正确排列和填充数据字段。但在定义类型时，针对类型的各个字段，你可以告诉 CLR 是严格按照自己指定的顺序排列，还是按照 CLR 自己认为合适的方式重新排列。

为了告诉 CLR 应该怎样做，要为自己定义的类或结构应用 System.Runtime.InteropServices. StructLayoutAttribute 特性。可向该特性的构造器传递 LayoutKind.Auto，让 CLR 自动排列字段；也可传递 LayoutKind.Sequential，让 CLR 保持现有的字段布局；也可传递 LayoutKind.Explicit，利用偏移量在内存中显式排列字段。如果不为自己定义的类型显式指定 StructLayoutAttribute，编译器会选择它自认为最好的布局。

注意，微软的 C# 编译器默认为引用类型（类）选择 LayoutKind.Auto，为值类型（结构）选择 LayoutKind.Sequential。显然，C# 编译器团队认为，在和非托管代码互操作时，会经常用到结构。为此，字段必须保持程序员定义的顺序。然而，假

① 译注：这段话的意思是，因为（未装箱）值类型实例是在栈上分配的，所以它们的内存分配和释放直接与方法的活动状态相关联。一旦包含值类型实例的方法不再活动（即方法执行完毕），与这些值类型实例相关的内存就会立即被释放，而不需要等待垃圾回收。这正是"局部变量"的概念。

如创建的值类型不与非托管代码互操作，就应考虑覆盖 C# 编译器的默认设定。下面是一个例子：

```
using System;
using System.Runtime.InteropServices;

// 让 CLR 自动排列字段以增强这个值类型的性能
[StructLayout(LayoutKind.Auto)]
internal struct SomeValType {
    private readonly Byte m_b;
    private readonly Int16 m_x;
    ...
}
```

StructLayoutAttribute 还允许显式指定每个字段的偏移量，这要求向其构造器传递 LayoutKind.Explicit。然后向值类型中的每个字段都应用 System.Runtime.InteropServices.FieldOffsetAttribute 特性的实例，向该特性的构造器传递 Int32 值来指出字段第一个字节距离实例起始处的偏移量 (以字节为单位)。显式布局常用于模拟非托管 C/C++ 中的 union①，因为多个字段可起始于内存的相同偏移位置。下面是一个例子：

```
using System;
using System.Runtime.InteropServices;

// 开发人员显式排列这个值类型的字段
[StructLayout(LayoutKind.Explicit)]
internal struct SomeValType {
    [FieldOffset(0)]
    private readonly Byte m_b;//m_b 和 m_x 字段在该类型的实例中相互重叠

    [FieldOffset(0)]
    private readonly Int16 m_x;//m_b 和 m_x 字段在该类型的实例中相互重叠
}
```

注意，在类型中，一个引用类型和一个值类型相互重叠是不合法的。虽然允许多个引用类型在同一个起始偏移位置相互重叠，但这无法验证 (unverifiable)。定义类型，在其中让多个值类型相互重叠则是合法的。但是，为了使这样的类型能够验证 (verifiable)，所有重叠字节都必须能通过公共字段访问。

---

① 译注：在 C 语言和 C++ 语言中，union(联合体或共同体) 是一种特殊的类，union 中的数据成员在内存中的存储相互重叠。每个数据成员都从相同内存地址开始。分配给 union 的存储区数量是包含它最大数据成员所需的内存数。同一时刻只有一个成员可以被赋值。作为一个内存区域，union 能随着时间推移包含各种类型的对象。由于 union 的成员共享相同的存储空间，所以 union 一次最多只能包含一个对象，并需要足够的内存来容纳其最大的成员。通常将 C++ 语言的 std::variant 对象称为类型安全的 union。摘自《学习 C++20（中文版）》，清华大学出版社 2023 年出版发行。扫码可了解详情。

5.3　值类型的装箱和拆箱

值类型比引用类型"轻量"，原因是它们不作为对象在托管堆中分配，不被垃圾回收，也不通过指针进行引用。但许多时候都需要获取对值类型实例的引用。例如，假定要创建一个 ArrayList(在 System.Collections 命名空间中定义的一个类型) 对象来容纳一组 Point 结构，代码如下：

```
// 声明值类型
struct Point {
    public Int32 x, y;
}

public sealed class Program {
    public static void Main() {
        ArrayList a = new ArrayList();
        Point p;                    // 分配一个 Point( 不在堆中分配 )
        for (Int32 i = 0; i < 10; i++) {
            p.x = p.y = i;          // 初始化值类型中的成员
            a.Add(p);               // 对值类型装箱，将引用添加到 Arraylist 中
        }
        ...
    }
}
```

每次循环迭代都会初始化一个 Point 的值类型字段，并将该 Point 存储到 ArrayList 中。但思考一下 ArrayList 中究竟存储了什么？是 Point 结构，Point 结构的地址，还是其他完全不同的东西？要知道正确答案，必须研究 ArrayList 的 Add 方法，了解它的参数被定义成什么类型。本例的 Add 方法原型如下：

```
public virtual Int32 Add(Object value);
```

可以看出，Add 获取的是一个 Object 参数。也就是说，Add 获取对托管堆上的一个对象的引用 (或指针) 来作为参数。但之前的代码传递的是 p，也就是一个 Point，是值类型。为了使代码正确工作，Point 值类型必须转换成真正的、在堆中托管的对象，而且必须获取对该对象的引用。

将值类型转换成引用类型要使用装箱机制。下面总结对值类型的实例进行装箱时发生的事情。

1. 在托管堆中分配内存。分配的内存量是值类型各字段所需的内存量，还要加上托管堆所有对象都有的两个额外成员 (类型对象指针和同步块索引) 所需的内存量。

2. 值类型的字段复制到新分配的堆内存。

3. 返回对象地址。现在该地址是对象引用；值类型成了引用类型。

C# 编译器自动生成对值类型实例进行装箱所需的 IL 代码。但是，我们仍需理解内部发生的事情，对代码长度和性能做到心中有数。

C# 编译器检测到以上代码是向要求引用类型的方法传递值类型，所以自动生成代码对对象进行装箱。因此在运行时，当前存在于 Point 值类型实例 p 中的字段会复制到新分配的 Point 对象中。然后，将已装箱 Point 对象 (现在是引用类型) 的地址返回并传给 Add 方法。Point 对象会一直存在于堆中，直至被垃圾回收。Point 值类型变量 p 可被重用，因为 ArrayList 不知道关于它的任何事情。所以，在这种情况下，已装箱值类型的生存期超过了未装箱值类型的生存期。

> **注意**　FCL 现在包含一组新的泛型集合类，非泛型集合类已成为"明日黄花"。例如，应该使用 System.Collections.Generic.List<T> 类而不是 System.Collections.ArrayList 类。泛型集合类对非泛型集合类进行了大量改进。例如，API 得到简化和增强，集合类的性能也得到显著提升。但最大的改进在于，泛型集合类允许开发人员在操作值类型的集合时不需要对集合中的项进行装箱 / 拆箱。单这一项改进，就使性能提升了不少。这是因为托管堆中需要创建的对象减少了，进而减少了应用程序需要执行的垃圾回收的次数。另外，开发人员还获得了编译时的类型安全性，源代码也因为强制类型转换的次数减少而变得更清晰。所有这一切都将在第 12 章"泛型"中详细解释。

知道装箱如何进行后，接着谈谈拆箱。假定要用以下代码获取 ArrayList 的第一个元素：

```
Point p = (Point) a[0];
```

它获取 ArrayList 的元素 0 包含的引用 (或指针)，试图将其放到 Point 值类型的实例 p 中。为此，已装箱 Point 对象中的所有字段都必须复制到值类型变量 p 中，后者在线程栈上。CLR 分两步完成复制。第一步获取已装箱 Point 对象中的各个 Point 字段的地址。这个过程称为拆箱 (unboxing)。第二步将字段包含的值从堆复制到基于栈的值类型实例中。

拆箱不是直接将装箱过程倒过来。拆箱的代价比装箱低得多。拆箱其实就是获取指针的过程，该指针指向包含在一个对象中的原始值类型 (数据字段)。其实，指针指向的是已装箱实例中的未装箱部分。所以和装箱不同，拆箱不涉及在内存中复制任何字节。知道这个重要区别之后，还应知道的一个重点是，往往紧接着拆箱会发生一次字段复制。

装箱和拆箱 / 复制显然会对应用程序的速度和内存消耗产生不利影响，所以应留意编译器在什么时候生成代码来自动进行这些操作。尝试手动编写代码，尽量减少这种情况的发生。

已装箱值类型实例在拆箱时，内部发生下面这些事情。

1. 如果包含“对已装箱值类型实例的引用”的变量为 null，那么会抛出 NullReferenceException 异常。

2. 如果引用的对象不是所需值类型的已装箱实例，那么会抛出 InvalidCastException 异常。[①]

第二条意味着以下代码的工作方式可能跟你想的不一样：

```
public static void Main() {
    Int32 x = 5;
    Object o = x;            // 对 x 装箱，o 引用已装箱对象
    Int16 y = (Int16) o;     // 抛出 InvalidCastException 异常
}
```

从逻辑上说，完全能获取 o 引用的已装箱 Int32，将其强制转型为 Int16。但在对对象进行拆箱时，只能转型为最初未装箱的值类型——本例是 Int32。以上代码的正确写法如下：

```
public static void Main() {
    Int32 x = 5;
    Object o = x;                    // 对 x 进行装箱，o 引用已装箱对象
    Int16 y = (Int16)(Int32) o;      // 先拆箱为正确类型，再转型
}
```

前面说过，在一次拆箱操作后，经常紧接着执行一次字段复制。以下 C# 代码演示了拆箱和复制：

```
public static void Main() {
    Point p;
    p.x = p.y = 1;
    Object o = p;         // 对 p 装箱：o 引用已装箱实例

    p = (Point) o;        // 对 o 拆箱，将字段从已装箱实例复制到栈变量中
}
```

最后一行，C# 编译器生成一条 IL 指令对 o 拆箱（获取已装箱实例中的字段的地址），并生成另一条 IL 指令将这些字段从堆复制到基于栈的变量 p 中。

再来看看以下代码：

```
public static void Main() {
    Point p;
    p.x = p.y = 1;
```

① CLR 还允许将值类型拆箱为相同值类型的可空版本。详情将在第 19 章“可空值类型”讨论。

```
Object o = p;                    // 对 p 装箱；o 引用已装箱实例

// 将 Point 的 x 字段变成 2
p = (Point) o;                   // 对 o 拆箱，并将字段从已装箱的实例复制到栈变量中
p.x = 2;                         // 更改栈变量的状态
o = p;                           // 对 p 装箱；o 引用新的已装箱实例
}
```

最后三行代码唯一的目的就是将 Point 的 x 字段从 1 变成 2。为此，首先要执行一次拆箱，再执行一次字段复制，再更改字段 (在栈上)，最后执行一次装箱 (在托管堆上创建全新的已装箱实例)。想必你已体会到了装箱和拆箱 / 复制对应用程序性能的影响。

有的语言 (比如 C++/CLI) 允许在不复制字段的前提下对已装箱的值类型进行拆箱。拆箱返回已装箱对象中的未装箱部分的地址 (忽略对象的 "类型对象指针" 和 "同步块索引" 这两个额外的成员)。接着，可以利用这个指针来操纵未装箱实例的字段 (这些字段恰好在堆上的已装箱对象中)。例如，以上代码用 C++/CLI 来写，效率会高很多，因为可以直接在已装箱 Point 实例中修改 Point 的 x 字段的值。这就避免了在堆上分配新对象和复制所有字段两次！

> **重要提示** ⚠️
>
> 如果关心应用程序的性能，就应该搞清楚编译器何时生成代码执行这些操作。遗憾的是，许多编译器都隐式生成代码来装箱对象，所以有时并不知道自己的代码会造成装箱。如果关心特定算法的性能，可以使用 ILDasm.exe 这样的工具查看方法的 IL 代码，观察 IL 指令 box 都在哪些地方出现。

再来看几个装箱和拆箱的例子：

```
public static void Main() {
    Int32 v = 5;          // 创建未装箱值类型变量
    Object o = v;         // o 引用已装箱的、包含值 5 的 Int32
    v = 123;              // 将未装箱的值修改成 123

    Console.WriteLine(v + ", " + (Int32) o); // 显示 "123, 5"
}
```

能从以上代码中看出发生了多少次装箱吗？如果说 3 次，会不会觉得意外？让我们仔细分析一下代码，理解具体发生的事情。为了帮助理解，下面列出为这个 Main 方法生成的 IL 代码。我为这些代码加上了注释，方便你看清楚发生的每个操作：

```
.method public hidebysig static void  Main() cil managed
{
  .entrypoint
```

```
// 代码大小                    45 (0x2d)
.maxstack 3
.locals init ([0]int32 v,
              [1] object o)
// 将 5 加载到 v 中
IL_0000: ldc.i4.5
IL_0001: stloc.0

// 对 v 装箱，将引用指针存储到 o 中
IL_0002: ldloc.0
IL_0003: box           [mscorlib]System.Int32
IL_0008: stloc.1

// 将 123 加载到 v 中
IL_0009: ldc.i4.s 123
IL_000b: stloc.0

// 对 v 装箱，将指针保留在栈上以进行 Concat( 连接 ) 操作
IL_000c: ldloc.0
IL_000d: box           [mscorlib]System.Int32

// 将字符串加载到栈上以执行 Concat 操作
IL_0012: ldstr ", "

// 对 o 拆箱：获取一个指针，它指向栈上的 Int32 字段
IL_0017: ldloc.1
IL_0018: unbox.any [mscorlib]System.Int32

// 对 Int32 装箱，将指针保留在栈上以进行 Concat 操作
IL_001d: box           [mscorlib]System.Int32

// 调用 Concat
IL_0022: call string [mscorlib]System.String::Conct( object,
                                                     object,
                                                     object)
// 将从 Concat 返回的字符串传给 WriteLine
IL_0027: call void [mscorlib]System.Console::WriteLine(string)

// 从 Main 返回，终止应用程序
IL_002c: ret
} // end of method App::Main
```

　　首先在栈上创建一个 Int32 未装箱值类型实例 (v)，将其初始化为 5。再创建 Object 类型的变量 (o) 并初始化，让它指向 v。但由于引用类型的变量始终指向堆中的对象，所以 C# 生成正确的 IL 代码对 v 进行装箱，将 v 的已装箱拷贝的地址存储到 o 中。接着，值 123 被放到未装箱值类型实例 v 中，但这个操作不会影响已装箱的 Int32，后者的值依然为 5。

接着调用 WriteLine 方法，WriteLine 要求获取一个 String 对象，但当前没有 String 对象。相反，现在有三个数据项：一个未装箱的 Int32 值类型实例 (v)，一个 String(它是引用类型)，以及对已装箱 Int32 值类型实例的引用 (o)，它要转型为未装箱的 Int32。必须以某种方式合并这些数据项来创建一个 String。

为了创建一个 String，C# 编译器生成代码来调用 String 的静态方法 Concat。该方法有几个重载版本，所有版本执行的操作都一样，只是参数的数量不同。由于需要连接[①]三个数据项来创建字符串，所以编译器选择 Concat 方法的以下版本：

```
public static String Concat(Object arg0, Object arg1, Object arg2);
```

为第一个参数 arg0 传递的是 v。但 v 是未装箱的值参数，而 arg0 是 Object，所以必须对 v 进行装箱，并将已装箱的 v 的地址传给 arg0。对于 arg1 参数，", " 这个字符串作为一个 String 对象引用传递。对于 arg2 参数，o(一个 Object 引用) 会转型为 Int32。这要求执行拆箱 (但不紧接着执行复制)，从而获取包含在已装箱 Int32 中的未装箱 Int32 的地址。这个未装箱的 Int32 实例必须再次装箱，并将新的已装箱实例的内存地址传给 Concat 的 arg2 参数。

Concat 方法调用指定的每个对象的 ToString 方法，将每个对象的字符串形式连接起来。从 Concat 返回的 String 对象传给 WriteLine 方法以显示最终结果。

应该指出，如果像下面这样写 WriteLine 调用，生成的 IL 代码将具有更高的执行效率：

```
Console.WriteLine(v + ", " + o);  // 显示 "123, 5"
```

这和前面的版本几乎完全一致，只是移除了变量 o 之前的 (Int32) 强制转型。之所以效率更高，是因为 o 已经是指向一个 Object 的引用类型，它的地址可以直接传给 Concat 方法。所以，移除强制转型避免了两次操作：一次拆箱和一次装箱。不妨重新生成应用程序，观察 IL 代码，体会一下可以避免的额外操作：

```
.method public hidebysig static void  Main() cil managed
{
  .entrypoint
  // 代码大小       35 (0x23)
  .maxstack 3
  .locals init ([0] int32 v,
               [1] object o)


  // 将 5 加载到 v 中
  IL_0000: ldc.i4.5
```

---

① 译注：字符串 "连接" 的另一种说法是字符串 "拼接"，是对 concatenation 的不同翻译。文档中采用 "连接"。

```
IL_0001: stloc.0

// 对 v 装箱，并将引用指针存储到 o 中
IL_0002: ldloc.0
IL_0003: box              [mscorlib]System.Int32
IL_0008: stloc.1

// 将 123 加载到 v 中
IL_0009: ldc.i4.s 123
IL_000b: stloc.0

// 对 v 装箱，并将指针保留在栈上以进行 Concat( 连接 ) 操作
IL_000c: ldloc.0
IL_000d: box              [mscorlib]System.Int32

// 将字符串加载到栈上以执行 Concat 操作
IL_0012: ldstr   ", "

// 将已装箱 Int32 的地址加载到栈上以进行 Concat 操作
IL_0017: ldloc.1

// 调用 Concat
IL_0018: call string [mscorlib]System.String::Conct( object,
                                                     object,
                                                     object)

// 将从 Concat 返回的字符串传给 WriteLine
IL_001d: call void [mscorlib]System.Console::WriteLine(string)

// 从 Main 返回，终止这个应用程序
IL_0022: ret
} // end of method App::Main
```

　　简单对比一下两个版本的 Main 方法的 IL 代码，大家会发现没有 (Int32) 转型的版本比有转型的版本小了 10 字节。第一个版本额外的拆箱 / 装箱步骤显然会生成更多的代码。更大的问题是，额外的装箱步骤会从托管堆中分配一个额外的对象，将来必须对其进行垃圾回收。这两个版本的结果一样，速度上的差别也并不明显。但是，假如在循环中发生额外的、不必要的装箱操作，就会严重影响应用程序的性能和内存消耗。

　　甚至可以这样调用 WriteLine，进一步提升以上代码的性能：

```
Console.WriteLine(v.ToString() + ", " + o);          // 显示 "123, 5"
```

　　这会为未装箱的值类型实例 v 调用 ToString 方法，它返回一个 String。String 对象已经是引用类型，所以能直接传给 Concat 方法，不需要任何装箱操作。

下面是演示装箱和拆箱的另一个例子：

```
public static void Main() {
  Int32 v = 5;                    // 创建未装箱的值类型变量
  Object o = v;                   // o 引用 v 的已装箱版本

  v = 123;                        // 将未装箱的值类型修改成 123
  Console.WriteLine(v);           // 显示 "123"
  v = (Int32) o;                  // 拆箱并将 o 复制到 v
  Console.WriteLine(v);           // 显示 "5"
}
```

以上代码发生了多少次装箱？答案是一次。之所以只发生一次装箱，是因为 System.Console 类已定义了获取单个 Int32 参数的 WriteLine 方法：

```
public static void WriteLine(Int32 value);
```

在前面对 WriteLine 的两次调用中，变量 v(Int32 未装箱值类型实例) 以传值方式传给方法。虽然 WriteLine 方法也许会在它自己内部对 Int32 装箱，但这已经不在我们的控制范围之内了。最重要的是，我们已尽可能地在自己的代码中减少了装箱。

仔细研究一下 FCL，会发现许多方法都针对不同的值类型参数进行了重载。例如，System.Console 类型提供了 WriteLine 方法的几个重载版本：

```
public static void WriteLine(Boolean);
public static void WriteLine(Char);
public static void WriteLine(Char[]);
public static void WriteLine(Int32);
public static void WriteLine(UInt32);
public static void WriteLine(Int64);
public static void WriteLine(UInt64);
public static void WriteLine(Single);
public static void WriteLine(Double);
public static void WriteLine(Decimal);
public static void WriteLine(Object);
public static void WriteLine(String);
```

以下几个方法也有一组类似的重载版本：System.Console 的 Write 方法，System.IO.BinaryWriter 的 Write 方法，System.IO.TextWriter 的 Write 和 WriteLine 这两个方法，System.Runtime.Serialization.SerializationInfo 的 AddValue 方法，System.Text.StringBuilder 的 Append 方法和 Insert 方法。大多数方法之所以要进行重载，唯一的目的就是减少常用值类型的装箱次数。

但是，这些 FCL 类的方法不可能接受你自己定义的值类型。另外，即使是 FCL 中定义好的值类型，这些方法也可能没有提供对应的重载版本。调用方法并传递值类型时，如果不存在与值类型对应的重载版本，那么调用的肯定是获取一个

Object 参数的重载版本。将值类型实例作为 Object 传递会造成装箱，从而对性能造成不利影响。定义自己的类时，可以将类中的方法定义为泛型 (通过类型约束将类型参数限制为值类型)。这样方法就可获取任何值类型而不必装箱。泛型主题将在第 12 章讨论。

关于装箱最后要注意一点：如果知道自己的代码会造成编译器反复对一个值类型装箱，请改成用手动方式对值类型进行装箱。这样代码会变得更小、更快。下面是一个例子：

```
using System;

public sealed class Program {
  public static void Main() {
    Int32 v = 5; // 创建未装箱的值类型变量

#if INEFFICIENT
    // 编译下面这一行，v 被装箱 3 次，浪费时间和内存
    Console.WriteLine("{0}, {1}, {2}", v, v, v);
#else
    // 下面的代码结果一样，但无论执行速度，
    // 还是内存利用，都较前面的代码更胜一筹
    Object o = v;  // 对 v 进行手动装箱 ( 仅 1 次 )

    // 编译下面这一行不发生装箱
    Console.WriteLine("{0}, {1}, {2}", o, o, o);
#endif
  }
}
```

在定义了 INEFFICIENT 符号的前提下编译，编译器会生成代码对 v 装箱 3 次，造成在堆上分配 3 个对象！这太浪费了，因为每个对象都是完全相同的内容：5。在没有定义 INEFFICIENT 符号的前提下编译，v 只装箱一次，所以只在堆上分配一个对象。随后，在对 Console.WriteLine 方法的调用中，对同一个已装箱对象的引用被传递 3 次。第二个版本执行起来快得多，在堆上分配的内存也要少得多。

通过这些例子，很容易判断在什么时候一个值类型的实例需要装箱。简单地说，要获取对值类型实例的引用，实例就必须装箱。将值类型实例传给需要获取引用类型的方法，就会发生这种情况。但这并不是要对值类型实例装箱的唯一情况。

前面说过，未装箱值类型比引用类型更"轻量"。这要归结于以下两个原因：

- 不在托管堆上分配；
- 没有堆上的每个对象都有的额外成员："类型对象指针"和"同步块索引"。

由于未装箱值类型没有同步块索引，所以不能使用 System.Threading. Monitor 类型的方法 (或者 C# 语言的 lock 语句) 让多个线程同步对实例的访问。

　　虽然未装箱值类型没有类型对象指针，但仍可调用由类型继承或重写的虚方法（比如 Equals，GetHashCode 或者 ToString）。如果值类型重写了其中任何虚方法，那么 CLR 可以非虚地调用该方法，因为值类型隐式密封，不可能有类型从它们派生，而且调用虚方法的值类型实例没有装箱。然而，如果重写的虚方法要调用方法在基类中的实现，那么在调用基类的实现时，值类型实例会装箱，以便能够通过 this 指针将对一个堆对象的引用传给基方法。

　　但在调用非虚的、继承的方法时（比如 GetType 或 MemberwiseClone），无论如何都要对值类型进行装箱。因为这些方法由 System.Object 定义，要求 this 实参是指向堆对象的指针。

　　此外，将值类型的未装箱实例转型为类型的某个接口时要对实例进行装箱。这是因为接口变量必须包含对堆对象的引用（接口主题将在第 13 章中讨论）。以下代码对此进行了演示：

```
using System;

internal struct Point : IComparable {
    private Int32 m_x, m_y;

    // 构造器负责初始化字段
    public Point(Int32 x, Int32 y)
    {
        m_x = x;
        m_y = y;
    }

    // 重写从 System.ValueType 继承的 ToString 方法
    public override String ToString()
    {
        // 将 point 作为字符串返回。注意：调用 ToString 以避免装箱
        return String.Format("({0}, {1})", m_x.ToString(), m_y.ToString());
    }

    // 实现类型安全的 CompareTo 方法
    public Int32 CompareTo(Point other)
    {
        // 利用勾股定理计算哪个 point 距离原点 (0, 0) 更远
        return Math.Sign(Math.Sqrt(m_x * m_x + m_y * m_y)
          - Math.Sqrt(other.m_x * other.m_x + other.m_y * other.m_y));
    }

    // 实现 IComparable 的 CompareTo 方法
    public Int32 CompareTo(Object o) {
```

```
        if (GetType() != o.GetType()) {
            throw new ArgumentException("o is not a Point");
        }
        // 调用类型安全的 CompareTo 方法
        return CompareTo((Point) o);
    }
}

public static class Program
{
    public static void Main()
    {
        // 在栈上创建两个 Point 实例
        Point p1 = new Point(10, 10);
        Point p2 = new Point(20, 20);

        // 调用 ToString( 虚方法 ) 不装箱 p1
        Console.WriteLine(p1.ToString());   // 显示 "(10, 10)"

        // 调用 GetType( 非虚方法 ) 时，要对 p1 进行装箱
        Console.WriteLine(p1.GetType());    // 显示 "Point"

        // 调用 CompareTo 不装箱 p1
        // 由于调用的是 CompareTo(Point)，所以 p2 不装箱
        Console.WriteLine(p1.CompareTo(p2));    // 显示 "-1"

        // p1 要装箱，引用放到 c 中
        IComparable c = p1;
        Console.WriteLine(c.GetType());     // 显示 "Point"

        // 调用 CompareTo 不装箱 p1
        // 由于向 CompareTo 传递的不是 Point 变量，
        // 所以调用的是 CompareTo(Object)，它要求获取对已装箱 Point 的引用
        // c 不装箱是因为它本来就引用已装箱 Point
        Console.WriteLine(p1.CompareTo(c));     // 显示 "0"

        // c 不装箱，因为它本来就引用已装箱 Point
        // p2 要装箱，因为调用的是 CompareTo(Object)
        Console.WriteLine(c.CompareTo(p2));     // 显示 "-1"

        // 对 c 拆箱，字段复制到 p2 中
        p2 = (Point) c;

        // 证明字段已复制到 p2 中
        Console.WriteLine(p2.ToString());   // 显示 "(10, 10)"
    }
}
```

以上代码演示了涉及装箱和拆箱的几种情形。

1. 调用 ToString

调用 ToString 时 p1 不必装箱。表面看 p1 似乎必须装箱，因为 ToString 是从基类 System.ValueType 继承的虚方法。通常，为了调用虚方法，CLR 需要判断对象的类型来定位类型的方法表。由于 p1 是未装箱的值类型，所以不存在 "类型对象指针"。但 JIT 编译器发现 Point 重写了 ToString 方法，所以会生成代码来直接 (非虚地) 调用 ToString 方法，而不必进行任何装箱操作。编译器知道这里不存在多态性问题，因为 Point 是值类型，没有类型能从它派生以提供虚方法的另一个实现。但假如 Point 的 ToString 方法在内部调用 base.ToString()，那么在调用 System.ValueType 的 ToString 方法时，值类型的实例会被装箱。

2. 调用 GetType

调用非虚方法 GetType 时 p1 必须装箱。Point 的 GetType 方法是从 System.Object 继承的。所以，为了调用 GetType，CLR 必须使用指向类型对象的指针，而这个指针只能通过装箱 p1 来获得。

3. 调用 CompareTo(第一次)

第一次调用 CompareTo 时 p1 不必装箱，因为 Point 实现了 CompareTo 方法，编译器能直接调用它。注意向 CompareTo 传递的是一个 Point 变量 (p2)，所以编译器调用的是获取一个 Point 参数的 CompareTo 重载版本。这意味着 p2 以传值方式传给 CompareTo，无需装箱。

4. 转型为 IComparable

p1 转型为接口类型的变量 c 时必须装箱，因为接口被定义为引用类型。装箱 p1 后，指向已装箱对象的指针存储到变量 c 中。后面对 GetType 的调用证明变量 c 确实引用堆上的已装箱 Point。

5. 调用 CompareTo(第二次)

第二次调用 CompareTo 时 p1 不必装箱，因为 Point 实现了 CompareTo 方法，编译器能直接调用。注意，向 CompareTo 传递的是 IComparable 类型的变量 c，所以编译器调用的是获取一个 Object 参数的 CompareTo 重载版本。这意味着传递的实参必须是指针，必须引用堆上一个对象。幸好，变量 c 确实引用一个已装箱 Point，所以变量 c 中的内存地址直接传给 CompareTo，无需额外装箱。

6. 调用 CompareTo(第三次)

第三次调用 CompareTo 时，变量 c 本来就引用堆上的已装箱 Point 对象，所以不装箱。由于变量 c 是 IComparable 接口类型，所以只能调用接口的获取一个 Object 参数的 CompareTo 方法。这意味着传递的实参必须是引用了堆上对象的指针。所以 p2 要装箱，指向这个已装箱对象的指针将传给 CompareTo。

7. 转型为 Point

将变量 c 转型为 Point 时，变量 c 引用的堆上对象被拆箱，其字段从堆复制到 p2。p2 是栈上的 Point 类型实例。

我知道，对于引用类型、值类型和装箱的所有这些讨论很容易让人产生挫折感。但是，任何 .NET Framework 开发人员只有在切实理解了这些概念之后，才能保证自己的长期成功。相信我，只有在深刻理解了之后，才能更快、更轻松地构建高效率的应用程序。

5.3.1　使用接口更改已装箱值类型中的字段（以及为何不该这样做）

下面通过一些例子来验证自己对值类型、装箱和拆箱的理解程度。请研究以下代码，判断它会在控制台上显示什么：

```
using System;

// Point 是值类型
internal struct Point {
  private Int32 m_x, m_y;

  public Point(Int32 x, Int32 y) {
    m_x = x;
    m_y = y;
  }

  public void Change(Int32 x, Int32 y) {
    m_x = x; m_y = y;
  }

  public override String ToString() {
    return String.Format("({0}, {1})", m_x.ToString(), m_y.ToString());
  }
}

public sealed class Program {
  public static void Main() {
    Point p = new Point(1, 1);

    Console.WriteLine(p);

    p.Change(2, 2);
    Console.WriteLine(p);

    Object o = p;
    Console.WriteLine(o);
```

```
    ((Point) o).Change(3, 3);
    Console.WriteLine(o);
  }
}
```

程序其实很简单。Main 在栈上创建 Point 值类型的实例 (p)，将它的 m_x 字段和 m_y 字段设为 1。然后，第一次调用 WriteLine 之前 p 要装箱。WriteLine 在已装箱 Point 上调用 ToString，并像预期的那样显示 (1, 1)。然后用 p 调用 Change 方法，该方法将 p 在栈上的 m_x 和 m_y 字段值都更改为 2。第二次调用 WriteLine 时，再次对 p 进行装箱，像预料之中的那样显示 (2, 2)。

现在，p 进行第 3 次装箱，o 引用已装箱的 Point 对象。第 3 次调用 WriteLine 再次显示 (2, 2)，这同样是在预料之中的。最后，我们希望调用 Change 方法来更新已装箱的 Point 对象中的字段。然而，Object(变量 o 的类型) 对 Change 方法一无所知，所以首先必须将 o 转型为 Point。将 o 转型为 Point 要求对 o 进行拆箱，并将已装箱 Point 中的字段复制到线程栈上的一个临时 Point 中！这个临时 Point 的 m_x 字段和 m_y 字段会变成 3 和 3，但已装箱的 Point 不受这个 Change 调用的影响。第 4 次调用 WriteLine 方法，会再次显示 (2, 2)。这是出乎许多开发人员预料的。

有的语言 (比如 C++/CLI) 允许更改已装箱值类型中的字段，但 C# 语言不允许。不过，可以用接口欺骗 C#，让它允许这个操作。下面是上例的修改版本：

```
using System;

// 接口定义了 Change 方法
internal interface IChangeBoxedPoint {
    void Change(Int32 x, Int32 y);
}

// Point 是值类型
internal struct Point : IChangeBoxedPoint {
    private Int32 m_x, m_y;

    public Point(Int32 x, Int32 y) {
        m_x = x;
        m_y = y;
    }

  public void Change(Int32 x, Int32 y) {
      m_x = x; m_y = y;
  }

  public override String ToString() {
    return String.Format("({0}, {1})", m_x.ToString(), m_y.ToString());
```

```
  }
}

public sealed class Program {
  public static void Main() {
    Point p = new Point(1, 1);

    Console.WriteLine(p);

    p.Change(2, 2);
    Console.WriteLine(p);

    Object o = p;
    Console.WriteLine(o);

    ((Point) o).Change(3, 3);
    Console.WriteLine(o);

    // 对 p 进行装箱，更改已装箱的对象，然后丢弃它
    ((IChangeBoxedPoint) p).Change(4, 4);
    Console.WriteLine(p);

    // 更改已装箱的对象，并显示它
    ((IChangeBoxedPoint) o).Change(5, 5);
    Console.WriteLine(o);
  }
}
```

以上代码和上一个版本几乎完全一致，主要区别是 Change 方法由
IChangeBoxedPoint 接口定义，Point 类型现在实现了该接口。Main 中的前 4 个
WriteLine 调用和前面的例子相同，生成的结果也一样 (这是我们预期的)。然而，
Main 最后新增了两个例子。

在第一个例子中，未装箱的 Point p 转型为一个 IChangeBoxedPoint。这个
转型造成对 p 中的值进行装箱。然后在已装箱值上调用 Change，这确实会将其 m_
x 和 m_y 字段分别变成 4 和 4。但在 Change 返回之后，已装箱对象立即准备好进
行垃圾回收。所以，对 WriteLine 的第 5 个调用会显示 (2，2)。这同样出乎许多
开发人员的预料。

在最后一个例子中，o 引用的已装箱 Point 转型为一个 IChangeBoxedPoint。
这不需要装箱，因为 o 本来就是已装箱的 Point。然后调用 Change，它能正确修
改已装箱 Point 的 m_x 和 m_y 字段。接口方法 Change 使我能够更改已装箱 Point
对象中的字段！现在调用 WriteLine，会像预期的那样显示 (5，5)。本例旨在演
示接口方法如何修改已装箱值类型中的字段。在 C# 语言中，不用接口方法便无法
做到。

重要
提示
!

本章前面提到，值类型应该"不可变"(immutable)。也就是说，不应定义任何会修改实例字段的成员。事实上，我建议将值类型的字段都标记为 readonly。这样，一旦不留神写了一个试图更改字段的方法，编译时就会报错。前面的例子清楚揭示了为什么应该这样做。假如方法试图修改值类型的实例字段，调用这个方法就会产生非预期的行为。构造好值类型后，如果不调用任何会修改其状态的方法（或者如果根本不存在这样的方法），就用不着操心什么时候发生装箱和拆箱/字段复制。在值类型不可变的情况下，我们可以"无脑"地复制相同的状态，不必担心有方法会修改这些状态，代码的任何行为都在自己的掌控之中。

有许多开发人员审阅了本书内容。在阅读我的部分示例代码之后（比如前面的代码），他们告诉我以后再也不敢使用值类型了。我必须声明，值类型的这些玄妙之处着实花了我好几天时间进行调试，痛定思痛之余，我必须在这里着重强调，提醒大家注意，希望大家记住我描述的问题。这样，当代码真正出现这些问题的时候，就能够做到心中有数。虽然如此，但也不要因噎废食而惧怕值类型。它们很有用，有自己的适用场景。毕竟，程序偶尔还是需要 Int32 的。只是要注意，值类型和引用类型的行为会因为使用方式的不同而有明显差异。事实上，前例将 Point 声明为 class 而不是 struct，即可获得令人满意的结果。最后还要告诉你一个好消息，FCL 的核心值类型 (Byte、Int32、UInt32、Int64、UInt64、Single、Double、Decimal、BigInteger、Complex 以及所有枚举）都是"不可变"的，所以在使用这些类型时，不会发生任何稀奇古怪的事情。

5.3.2　对象相等性和同一性

开发人员经常写代码比较对象。例如，有时要将对象放到集合，写代码对集合中的对象排序、搜索或比较。本节将讨论相等性和同一性，还将讨论如何定义正确实现了对象相等性的类型。

System.Object 类型提供了名为 Equals 的虚方法，作用是在两个对象包含相同值的前提下返回 true。Object 的 Equals 方法是像下面这样实现的：

```
public class Object {
  public virtual Boolean Equals(Object obj) {

    // 如果两个引用指向同一个对象，它们肯定包含相同的值
    if (this == obj) return true;
```

```
    // 假定对象不包含相同的值
    return false;
  }
}
```

乍一看，这似乎就是 Equals 的合理实现：假如 this 和 obj 实参引用同一个对象，就返回 true。似乎合理是因为 Equals 知道对象肯定包含和它自身一样的值。但假如实参引用不同对象，Equals 就无法肯定对象包含的是一样的值，所以返回 false。换言之，对于 Object 的 Equals 方法的默认实现，它实现的实际是同一性 (identity)，而非相等性 (equality)。

遗憾的是，Object 的 Equals 方法的默认实现并不合理，而且永远都不应该像这样实现。研究一下类的继承层次结构，并思考如何正确重写 (override)Equals 方法，马上会发现问题出在哪里。下面展示了 Equals 方法应该如何正确实现。

1. 如果 obj 实参为 null，就返回 false，因为调用非静态 Equals 方法时，this 所标识的当前对象显然不为 null。

2. 如果 this 和 obj 实参引用同一个对象，就返回 true。在比较包含大量字段的对象时，这一步能显著提升性能。

3. 如果 this 和 obj 实参引用不同类型的对象，就返回 false。一个 String 对象显然不等于一个 FileStream 对象。

4. 针对类型定义的每个实例字段，将 this 对象中的值与 obj 对象中的值进行比较。任何字段不相等，就返回 false。

5. 调用基类的 Equals 方法来比较它定义的任何字段。如果基类的 Equals 方法返回 false，就返回 false；否则返回 true。

如此一来，微软本应像下面这样实现 Object 的 Equals 方法：

```
public class Object {
  public virtual Boolean Equals(Object obj) {
    // 要比较的对象不能为 null
    if (obj == null) return false;

    // 如果对象属于不同的类型，则肯定不相等
    if (this.GetType() != obj.GetType()) return false;

    // 如果对象属于相同的类型，那么在它们的所有字段都匹配的前提下返回 true
    // 由于 System.Object 没有定义任何字段，所以字段是匹配的
    return true;
  }
}
```

但是，由于微软没有像这样实现 Object 类的 Equals，所以大家在自己的类

中实现 Equals 时，规则远比想象的复杂。类型在重写 Equals 方法时应调用其基类的 Equals 实现 (除非基类就是 Object)。另外，由于类型能重写 Object 的 Equals 方法，所以不能再用它测试同一性。为了解决这个问题，Object 提供了静态方法 ReferenceEquals，其原型如下：

```
public class Object {
    public static Boolean ReferenceEquals(Object objA, Object objB) {
        return (objA == objB);
    }
}
```

要想检查同一性 (判断两个引用是否指向同一个对象)，务必调用 ReferenceEquals，而不要使用 C# 语言的操作符 ==(除非先把两个操作数都转型为 Object)。这是因为某个操作数的类型可能重载了操作符 ==，为其赋予了不同于 "同一性" 的语义。

可以看出，在涉及对象相等性和同一性的时候，.NET Framework 的设计很容易使人混淆。顺便说一下，System.ValueType(所有值类型的基类) 就重写了 Object 的 Equals 方法，并进行了正确的实现来执行值的相等性检查 (而不是同一性检查)。ValueType 的 Equals 内部是这样实现的。

1. 如果 obj 实参为 null，就返回 false。

2. 如果 this 和 obj 实参引用不同类型的对象，就返回 false。

3. 针对类型定义的每个实例字段，都将 this 对象中的值与 obj 对象中的值进行比较 (通过调用字段的 Equals 方法)。任何字段不相等，就返回 false。

4. 返回 true。ValueType 的 Equals 方法不调用 Object 的 Equals 方法。

在内部，ValueType 的 Equals 方法利用反射 (详情将在第 23 章讲述) 完成上述步骤 3。由于 CLR 反射机制慢，定义自己的值类型时应重写 Equals 方法来提供自己的实现，从而提高用自己类型的实例进行值相等性比较的性能。当然，自己的实现不调用 base.Equals。

定义自己的类型时，重写的 Equals 要符合相等性的 4 个特征：

* Equals 必须自反　x.Equals(x) 肯定返回 true；
* Equals 必须对称　x.Equals(y) 和 y.Equals(x) 返回相同的值；
* Equals 必须可传递　如果 x.Equals(y) 返回 true，y.Equals(z) 返回 true，那么 x.Equals(z) 肯定返回 true；
* Equals 必须一致　比较的两个值不变，Equals 的返回值 (true 或 false) 也不能变。

如果实现的 Equals 不符合上述任何特征，应用程序就会行为失常。重写

Equals 方法时，可能还需要做下面几件事情。

- 让类型实现 System.IEquatable<T> 接口的 Equals 方法

  这个泛型接口允许定义类型安全的 Equals 方法。通常，你实现的 Equals 方法应获取一个 Object 参数，以便在内部调用类型安全的 Equals 方法。

- 重载操作符方法 == 和 !=

  通常应实现这些操作符方法，在内部调用类型安全的 Equals。

此外，如果以后要出于排序目的而比较类型的实例，那么类型还应实现 System.IComparable 的 CompareTo 方法和 System.IComparable<T> 的类型安全的 CompareTo 方法。如果实现了这些方法，还可考虑重载 (overload) 各种比较操作符方法 (<、<=、> 和 >=)，在这些方法内部调用类型安全的 CompareTo 方法。

5.4 对象哈希码

FCL 的设计者认为，如果能将任何对象的任何实例放到哈希表集合中的话，会带来很多好处。为此，System.Object 提供了虚方法 GetHashCode，它能获取任意对象的 Int32 哈希码。

如果大家定义的类型重写了 Equals 方法，那么还应重写 GetHashCode 方法。事实上，如果类型重写 Equals 的同时没有重写 GetHashCode，微软的 C# 编译器会生成一条警告。例如，编译以下类型会显示警告消息：warning CS0659: "Program" 重写 Object.Equals(object o) 但不重写 Object.GetHashCode()。

```
public sealed class Program {
  public override Boolean Equals(Object obj) { ... }
}
```

类型定义 Equals 方法之所以还要定义 GetHashCode 方法，是由于在 System.Collections.Hashtable 类型、System.Collections.Generic.Dictionary 类型以及其他一些集合的实现中，要求两个对象必须具有相同哈希码才被视为相等。所以，重写 Equals 就必须重写 GetHashCode，确保相等性算法和对象哈希码算法一致。

简单地说，向集合添加键 / 值 (key/value) 对，首先要获取键对象的哈希码。该哈希码指出键 / 值对要存储到哪个哈希桶 (bucket) 中。集合需要查找键时，会获取指定键对象的哈希码。该哈希码标识了现在要以顺序方式搜索的哈希桶，将在其中查找与指定键对象相等的键对象。采用这个算法来存储和查找键，意味着一旦修改了集合中的一个键对象，集合就再也找不到该对象。所以，需要修改哈希表中的键对象时，正确做法是移除原来的键 / 值对，修改键对象，再将新的键 / 值对添加回哈希表。

　　自定义 GetHashCode 方法或许不是一件难事。但取决于数据类型和数据分布情况，可能并不容易设计出能返回良好分布值的哈希算法。下面是一个简单的哈希算法，它用于 Point 对象时也许还不错：

```
internal sealed class Point {
  private readonly Int32 m_x, m_y;
  public override Int32 GetHashCode() {
    return m_x ^ m_y; // 返回 m_x 和 m_y 的 XOR 结果
  }
  ...
}
```

　　选择算法来计算类型实例的哈希码时，请遵守以下规则。

- 这个算法要提供良好的随机分布，使哈希表获得最佳性能。
- 可以在算法中调用基类的 GetHashCode 方法，并包含它的返回值。但一般不要调用 Object 或 ValueType 的 GetHashCode 方法，因为两者的实现都与高性能哈希算法"不沾边"。
- 算法至少使用一个实例字段。
- 理想情况下，算法使用的字段应该不可变 (immutable)；也就是说，字段应在对象构造时初始化，在对象生存期"永不言变"。
- 算法执行速度尽量快。
- 包含相同值的不同对象应返回相同哈希码。例如，包含相同文本的两个 String 对象应返回相同哈希码。

　　System.Object 实现的 GetHashCode 方法对派生类型和其中的字段一无所知，所以返回一个在对象生存期保证不变的编号。

重要
提示

假如因为某些原因要实现自己的哈希表集合，或者要在实现的代码中调用 GetHashCode，记住千万不要对哈希码进行持久化，因为哈希码很容易改变。例如，一个类型未来的版本可能使用不同的算法计算对象哈希码。

有个公司没有把这个警告放在心上。在他们的网站上，用户可选择用户名和密码来创建账号。然后，网站获取密码 String，调用 GetHashCode，将哈希码持久性存储到数据库。用户重新登录网站，输入自己的密码。网站再次调用 GetHashCode，并将哈希码与数据库中存储的值比较，匹配就允许访问。不幸的是，公司升级到新版本 CLR 后，String 的 GetHashCode 方法发生了改变，现在返回的是不同的哈希码。结果是所有用户都无法登录！

5.5 dynamic 基元类型

　　C# 是类型安全的编程语言。这意味着所有表达式都解析成类型的实例，编译器生成的代码只执行对该类型有效的操作。和非类型安全的语言相比，类型安全的语言的优势在于：程序员会犯的许多错误都能在编译时检测到，确保代码在尝试执行前是正确的。此外，还能编译出更小、更快的代码，因为能在编译时做更多预设，并在生成的 IL 和元数据中落实预设。

　　但是，程序许多时候仍需处理一些运行时才会知晓的信息。虽然可以使用类型安全的语言 (比如 C#) 和这些信息交互，但语法就会比较笨拙，尤其是在涉及大量字符串处理的时候。另外，性能也会有所损失。如果写的是纯 C# 应用程序，只有在使用反射 (详情参见第 23 章 "程序集加载和反射") 的时候，才需要和运行时才能确定的信息打交道。但是，许多开发者在使用 C# 时，都要和一些不是用 C# 实现的组件进行通信。有的组件是 .NET 动态语言，比如 Python 或 Ruby，有的是支持 **IDispatch** 接口的 COM 对象 (可能用原生 C 或 C++ 实现)，也有的是 HTML 文档对象模型 (Document Object Model，DOM) 对象 (可以用多种语言和技术实现)。

　　为了方便开发人员使用反射或者与其他组件通信，C# 编译器允许将表达式的类型标记为 dynamic。还可将表达式的结果放到变量中，并将变量类型标记为 dynamic。然后，可以使用这个 dynamic 表达式 / 变量来调用一个成员，比如字段、属性 / 索引器、方法、委托以及一元 / 二元 / 转换操作符。代码使用 **dynamic** 表达式 / 变量调用成员时，编译器将生成特殊 IL 代码来描述所需的操作。这种特殊的代码称为 payload(有效载荷)。在运行时，payload 代码根据 dynamic 表达式 / 变量引用的对象的实际类型来决定具体执行的操作。

　　以下代码进行了演示：

```
internal static class DynamicDemo {
  public static void Main() {
    dynamic value;
    for (Int32 demo = 0; demo < 2; demo++) {
      value = (demo == 0) ? (dynamic) 5 : (dynamic) "A";
      value = value + value;
      M(value);
    }
  }

  private static void M(Int32 n) { Console.WriteLine("M(Int32): " + n); }
  private static void M(String s) { Console.WriteLine("M(String): " + s); }
}
```

执行 Main 会得到以下输出：

```
M(Int32): 10
M(String): AA
```

要理解发生的事情，首先就得搞清楚操作符 +。它的两个操作数的类型是 dynamic。由于 value 是 dynamic，所以 C# 编译器生成 payload 代码在运行时检查 value 的实际类型，决定操作符 + 实际要做什么。

第一次对操作符 + 求值，value 包含 5(一个 Int32)，所以结果是 10(也是 Int32)。结果存回 value 变量。然后调用 M 方法，将 value 传给它。编译器针对 M 调用生成 payload 代码，以便在运行时检查传给 M 的实参的实际类型，并决定应该调用 M 方法的哪个重载版本。由于 value 包含一个 Int32，所以调用的是获取 Int32 参数的那个版本。

第二次对操作符 + 求值，value 包含 "A"(一个 String)，所以结果是 "AA"("A" 和它自己连接)。然后再次调用 M 方法，将 value 传给它。这次 payload 代码判断传给 M 的是一个 String，所以调用获取 String 参数的版本。

如果字段、方法参数或方法返回值的类型是 dynamic，编译器会将该类型转换为 System.Object，并在元数据中向字段、参数或返回类型应用 System.Runtime.CompilerServices.DynamicAttribute 的实例。如果局部变量被指定为 dynamic，则变量类型也会成为 Object，但不会向局部变量应用 DynamicAttribute，因为它限制在方法内部使用。由于 dynamic 其实就是 Object，所以方法签名不能仅靠 dynamic 和 Object 的变化来区分。

泛型类 (引用类型)、结构 (值类型)、接口、委托或方法的泛型类型实参也可以是 dynamic 类型。编译器将 dynamic 转换成 Object，并向必要的各种元数据应用 DynamicAttribute。注意，使用的泛型代码是已经编译好的，会将类型视为 Object；编译器不在泛型代码中生成 payload 代码，所以不会执行动态调度 (dynamic dispatch)。

所有表达式都能隐式转型为 dynamic，因为所有表达式最终都生成从 Object 派生的类型[①]。正常情况下，编译器不允许写代码将表达式从 Object 隐式转型为其他类型；必须显式转型。但是，编译器允许使用隐式转型语法将表达式从 dynamic 转型为其他类型：

```
Object o1 = 123;          // OK: 从 Int32 隐式转型为 Object( 装箱 )
Int32 n1 = o1;            // Error: 不允许从 Object 到 Int32 的隐式转型
Int32 n2 = (Int32) o1;    // OK: 从 Object 显式转型为 Int32( 拆箱 )
```

---

① 值类型当然要装箱。

```
dynamic d1 = 123;                  // OK: 从 Int32 隐式转型为 dynamic( 装箱 )
Int32 n3 = d1;                     // OK: 从 dynamic 隐式转型为 Int32( 拆箱 )
```

从 dynamic 转型为其他类型时，虽然编译器允许省略显式转型，但 CLR 会在运行时验证转型来确保类型安全性。如果对象类型不兼容要转换成的类型，CLR 会抛出 InvalidCastException 异常。

注意，dynamic 表达式的求值结果是一个动态表达式。例如以下代码：

```
dynamic d = 123;
var result = M(d);                 // 注意: 'var result' 等同于 'dynamic result'
```

代码之所以能通过编译，是因为编译时不知道调用哪个 M 方法，从而不知道 M 的返回类型，所以编译器假定 result 变量具有 dynamic 类型。为了对此进行验证，可以在 Visual Studio 中将鼠标指针放在 var 上。随后，"智能感知"窗口会显示 "dynamic: 表示将在运行时解析其操作的对象"。如果运行时调用的 M 方法的返回类型是 void，那么将抛出 Microsoft.CSharp.RuntimeBinder. RuntimeBinderException 异常。

> **重要提示** ⚠️
>
> 不要混淆 dynamic 和 var。用 var 声明局部变量只是一种简化语法 (语法糖)，它要求编译器根据表达式推断具体数据类型。var 关键字只能在方法内部声明局部变量，而 dynamic 关键字可用于局部变量、字段和参数。表达式不能转型为 var，但能转型为 dynamic。必须显式初始化用 var 声明的变量，但无需初始化用 dynamic 声明的变量。欲知 C# 语言的 var 关键字的详情，请参见 9.2 节 "隐式类型的局部变量"。

然而，从 dynamic 转换成另一个静态类型时，结果类型当然是静态类型。类似地，向类型的构造器传递一个或多个 dynamic 实参，结果是所要构造的对象的类型：

```
dynamic d = 123;
var x = (Int32) d;                 // 转换 : 'var x' 等同于 'Int32 x'
var dt = new DateTime(d);          // 构造 : 'var dt' 等同于 'DateTime dt'
```

如果 dynamic 表达式被指定为 foreach 语句中的集合，或者被指定为 using 语句中的资源，编译器会生成代码，分别将表达式转型为非泛型 System.IEnumerable 接口或 System.IDisposable 接口。转型成功，就使用表达式，代码正常运行。转型失败，就抛出 Microsoft.CSharp.RuntimeBinder.RuntimeBinderException 异常。

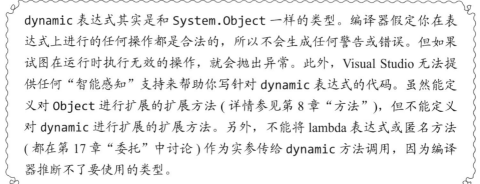

重要提示

> dynamic 表达式其实是和 System.Object 一样的类型。编译器假定你在表达式上进行的任何操作都是合法的，所以不会生成任何警告或错误。但如果试图在运行时执行无效的操作，就会抛出异常。此外，Visual Studio 无法提供任何"智能感知"支持来帮助你写针对 dynamic 表达式的代码。虽然能定义对 Object 进行扩展的扩展方法 (详情参见第 8 章"方法")，但不能定义对 dynamic 进行扩展的扩展方法。另外，不能将 lambda 表达式或匿名方法 (都在第 17 章"委托"中讨论) 作为实参传给 dynamic 方法调用，因为编译器推断不了要使用的类型。

以下示例 C# 代码使用 COM IDispatch 创建 Microsoft Office Excel 工作簿，将一个字符串放到单元格 A1 中：

```
using Microsoft.Office.Interop.Excel;
...
public static void Main() {
    Application excel = new Application();
    excel.Visible = true;
    excel.Workbooks.Add(Type.Missing);
    ((Range)excel.Cells[1, 1]).Value
        = "Text in cell A1"; // 把这个字符串放到单元格 A1 中
}
```

没有 dynamic 类型，excel.Cells[1, 1] 的返回值就是 Object 类型，必须先转型为 Range 类型才能访问其 Value 属性。但在为 COM 对象生成可由"运行时"调用的包装器 (wrapper) 程序集时，COM 方法中使用的任何 VARIANT 实际都转换成 dynamic；这称为动态化 (dynamification)。因此，由于 excel.Cells[1, 1] 是 dynamic 类型，所以不必显式转型为 Range 类型就能访问其 Value 属性。动态化显著简化了与 COM 对象的互操作。下面是简化后的代码：

```
using Microsoft.Office.Interop.Excel;
...
public static void Main() {
    Application excel = new Application();
    excel.Visible = true;
    excel.Workbooks.Add(Type.Missing);
    excel.Cells[1, 1].Value
        = "Text in cell A1"; // 把这个字符串放到单元格 A1 中
}
```

以下代码展示了如何利用反射在 String 目标 ("Jeffrey Richter") 上调用方法 ("Contains")，向它传递一个 String 实参 ("ff")，并将 Boolean 结果存储到局部变量 result 中：

```
Object target = "Jeffrey Richter";
Object arg = "ff";

// 在目标上查找和希望的实参类型匹配的方法
Type[] argTypes = new Type[] { arg.GetType() };
MethodInfo method = target.GetType().GetMethod("Contains", argTypes);

// 在目标上调用方法, 传递希望的实参
Object[] arguments = new Object[] { arg };
Boolean result = Convert.ToBoolean(method.Invoke(target, arguments));
```

可以利用 C# 语言的 **dynamic** 类型重写以上代码, 从而大幅简化语法:

```
dynamic target = "Jeffrey Richter";
dynamic arg = "ff";
Boolean result = target.Contains(arg);
```

我早先指出 C# 编译器会生成 payload 代码, 在运行时根据对象实际类型判断要执行什么操作。这些 payload 代码使用了称为运行时绑定器 (runtime binder) 的类。不同编程语言定义了不同的运行时绑定器来封装自己的规则。C# 语言的 "运行时绑定器" 的代码在 Microsoft.CSharp.dll 程序集中, 生成使用 **dynamic** 关键字的项目必须引用该程序集。编译器的默认响应文件 CSC.rsp 中已引用了该程序集。记住, 是这个程序集中的代码知道在运行时生成代码, 在操作符 + 应用于两个 **Int32** 对象时执行加法, 在操作符 + 应用于两个 **String** 对象时执行连接。

在运行时, Microsoft.CSharp.dll 程序集必须加载到 AppDomain 中, 这会损害应用程序的性能, 增大内存消耗。Microsoft.CSharp.dll 还会加载 System.dll 和 System.Core.dll。如果使用 **dynamic** 与 COM 组件互操作, 还会加载 System.Dynamic.dll。payload 代码执行时, 会在运行时生成动态代码; 这些代码进入驻留于内存的程序集, 即 "匿名寄宿的 DynamicMethods 程序集" (Anonymously Hosted DynamicMethods Assembly), 作用是当特定 call site[①] 使用具有相同运行时类型的动态实参发出大量调用时增强动态调度性能。

C# 语言内建的动态求值功能所产生的额外开销不容忽视。虽然能用动态功能简化语法, 但也要看是否值得。毕竟, 加载所有这些程序集以及额外的内存消耗, 会对性能造成额外影响。如果程序中只是一、两个地方需要动态行为, 传统做法或许更高效。即调用反射方法 (如果是托管对象), 或者进行手动类型转换 (如果是 COM 对象)。

在运行时, C# 语言的 "运行时绑定器" 根据对象的运行时类型分析应采取什么动态操作。绑定器首先检查类型是否实现了 **IDynamicMetaObjectProvider** 接

---

① 译注:call site 是发出调用的地方, 可理解成调用了一个目标方法的表达式或代码行。

口。如果是，就调用接口的 GetMetaObject 方法，它返回 DynamicMetaObject 的一个派生类型。该类型能处理对象的所有成员、方法和操作符绑定。IDynamicMetaObjectProvider 接口和 DynamicMetaObject 基类都在 System.Dynamic 命名空间中定义，都位于 System.Core.dll 程序集中。

像 Python 和 Ruby 这样的动态语言，是为它们的类型赋予了从 DynamicMetaObject 派生的类型，以便能从其他编程语言 (比如 C#) 中以恰当的方式访问。类似地，访问 COM 组件时，C# 语言的 "运行时绑定器" 会使用知道如何与 COM 组件通信的 DynamicMetaObject 派生类型。COM DynamicMetaObject 派生类型在 System.Dynamic.dll 程序集中定义。

如果在动态表达式中使用的一个对象的类型并没有实现 IDynamicMetaObjectProvider 接口，C# 编译器就会将对象视为用 C# 定义的普通类型的实例，利用反射在对象上执行操作。

dynamic 的一个限制是只能访问对象的实例成员，因为 dynamic 变量必须引用对象。但是，有时需要动态调用在运行时才能确定的一个类型的静态成员。我为此创建了 StaticMemberDynamicWrapper 类，它从 System.Dynamic.DynamicObject 派生。后者实现了 IDynamicMetaObjectProvider 接口。类内部使用了相当多的反射 (这个主题将在第 23 章讨论)。以下是我写的 StaticMemberDynamicWrapper 类的完整代码：

```
internal sealed class StaticMemberDynamicWrapper : DynamicObject {
  private readonly TypeInfo m_type;
  public StaticMemberDynamicWrapper(Type type) { m_type = type.GetTypeInfo(); }

  public override IEnumerable<String> GetDynamicMemberNames() {
    return m_type.DeclaredMembers.Select(mi => mi.Name);
  }

  public override Boolean TryGetMember(GetMemberBinder binder, out object result) {
    result = null;
    var field = FindField(binder.Name);
    if (field != null) { result = field.GetValue(null); return true; }

    var prop = FindProperty(binder.Name, true);
    if (prop != null) { result = prop.GetValue(null, null); return true; }
    return false;
  }

  public override Boolean TrySetMember(SetMemberBinder binder, object value) {
    var field = FindField(binder.Name);
    if (field != null) { field.SetValue(null, value); return true; }
```

```
        var prop = FindProperty(binder.Name, false);
        if (prop != null) { prop.SetValue(null, value, null); return true; }
        return false;
    }

    public override Boolean TryInvokeMember(InvokeMemberBinder binder, Object[] args,
        out Object result) {
        MethodInfo method = FindMethod(binder.Name,
                            args.Select(c=>c.GetType()).ToArray());
        if (method == null) { result = null; return false; }
        result = method.Invoke(null, args);
        return true;
    }

    private MethodInfo FindMethod(String name, Type[] paramTypes) {
        return m_type.DeclaredMethods.FirstOrDefault(mi => mi.IsPublic && mi.IsStatic
            && mi.Name == name
            && ParametersMatch(mi.GetParameters(), paramTypes));
    }

    private Boolean ParametersMatch(ParameterInfo[] parameters, Type[] paramTypes) {
        if (parameters.Length != paramTypes.Length) return false;
        for (Int32 i = 0; i < parameters.Length; i++)
            if (parameters[i].ParameterType != paramTypes[i]) return false;
        return true;
    }

    private FieldInfo FindField(String name) {
        return m_type.DeclaredFields.FirstOrDefault(fi => fi.IsPublic && fi.IsStatic
            && fi.Name == name);
    }

    private PropertyInfo FindProperty(String name, Boolean get) {
        if (get)
            return m_type.DeclaredProperties.FirstOrDefault(
                pi => pi.Name == name && pi.GetMethod != null &&
                pi.GetMethod.IsPublic && pi.GetMethod.IsStatic);

        return m_type.DeclaredProperties.FirstOrDefault(
            pi => pi.Name == name && pi.SetMethod != null &&
            pi.SetMethod.IsPublic && pi.SetMethod.IsStatic);
    }
}
```

为了动态调用静态成员，传递想要操作的 Type 来构建上述类的实例，将引用放到 dynamic 变量中，再用实例成员语法调用所需的静态成员。下例展示了如何调用 String 的静态 Concat(String, String) 方法。

```
dynamic stringType = new StaticMemberDynamicWrapper(typeof(String));
var r = stringType.Concat("A", "B"); // 动态调用 String 的静态 Concat 方法
Console.WriteLine(r);                 // 显示 "AB"
```

第 **6** 章

类型和成员基础

本章内容:

- 类型的各种成员
- 类型的可见性
- 成员的可访问性
- 静态类
- 分部类、结构和接口
- 组件、多态和版本控制

第 4 章"类型基础"和第 5 章"基元类型、引用类型和值类型"重点介绍了类型以及所有类型的所有实例都支持的一组操作,并指出可以将所有类型划分为引用类型或值类型。在本章及本部分后续的章节,将解释如何在类型中定义各种成员,从而设计出符合需要的类型。第 7 章"常量和字段"～第 11 章"事件"将详细讨论每种成员。

6.1 类型的各种成员

类型中可定义 0 个或多个以下种类的成员。

- **常量** 常量是指出数据值恒定不变的符号。这种符号使代码更易阅读和维护。常量总与类型关联,不与类型的实例关联。常量逻辑上总是静态成员。相关内容在第 7 章"常量和字段"讨论。
- **字段** 字段表示只读或可读 / 可写的数据值。字段可以是静态的;这种字段被认为是类型状态的一部分。字段也可以是实例 (非静态)；这种字段被认为是对象状态的一部分。强烈建议将字段声明为私有，防止类型或对象的状态被类型外部的代码破坏。相关内容在第 7 章 "常量和字段" 讨论。

- **实例构造器**　实例构造器是将新对象的实例字段初始化为良好初始状态的特殊方法。相关内容在第 8 章 "方法" 讨论。

- **类型构造器**　类型构造器是将类型的静态字段初始化为良好初始状态的特殊方法。相关内容在第 8 章 "方法" 讨论。

- **方法**　方法是更改或查询类型或对象状态的函数。作用于类型称为静态方法，作用于对象称为实例方法。方法通常要读写类型或对象的字段。相关内容在第 8 章讨论。

- **操作符重载**　操作符重载实际是方法，定义了当操作符作用于对象时，应该如何操作该对象。由于不是所有编程语言都支持操作符重载，所以操作符重载方法不是 "公共语言规范" (Common Language Specification，CLS) 的一部分。相关内容在第 8 章 "方法" 讨论。

- **转换操作符**　转换操作符是定义如何隐式或显式将对象从一种类型转型为另一种类型的方法。和操作符重载方法一样，并不是所有编程语言都支持转换操作符，所以不是 CLS 的一部分。相关内容在第 8 章 "方法" 讨论。

- **属性**　属性允许用简单的、字段风格的语法设置或查询类型或对象的逻辑状态，同时保证状态不被破坏。作用于类型称为静态属性，作用于对象称为实例属性。属性可以无参 (非常普遍)，也可以有多个参数 (相当少见，但集合类用得多)。相关内容在第 10 章 "属性" 讨论。

- **事件**　静态事件允许类型向一个或多个静态或实例方法发送通知。实例 (非静态) 事件允许对象向一个或多个静态或实例方法发送通知。引发事件通常是为了响应提供事件的那个类型或对象的状态改变。事件包含两个方法，允许静态或实例方法登记或注销对该事件的关注。除了这两个方法，事件通常还用一个委托字段来维护已登记的方法集。相关内容在第 11 章 "事件" 讨论。

- **类型**　类型可以定义其他嵌套类型。通常用这个办法将大的、复杂的类型分解成更小的构建单元 (building block) 以简化实现。

再次声明，本章宗旨并非详细描述各种成员，而是帮你打好基础，阐明这些成员的共性。

无论什么编程语言，编译器都必须能处理源代码，为上述每种成员生成元数据和 IL 代码。所有编程语言生成的元数据格式完全一致。这正是 CLR 成为 "公共语言运行时" 的原因。元数据是所有语言都生成和使用的公共信息。正是由于有了元数据，用一种语言写的代码才能无缝访问用另一种语言写的代码。

　　CLR 还利用公共元数据格式决定常量、字段、构造器、方法、属性和事件在运行时的行为。简单地说，元数据是整个微软 .NET Framework 开发平台的关键，它实现了编程语言、类型和对象的无缝集成。

　　以下 C# 代码展示了一个类型定义，其中包含所有可能的成员。代码能通过编译 (有一些警告)，但你平时应该不会这样创建类型。大多数方法都没有实用价值，仅仅是为了示范编译器如何将类型及其成员转换成元数据。再次说明，后面几章会逐一对这些成员进行讨论。

```
using System;

public sealed class SomeType  {                              // 1

   // 嵌套类
   private class SomeNestedType{}                            // 2

   // 常量、只读和静态可读 / 可写字段
   private const Int32 c_SomeConstant = 1;                   // 3
   private readonly String m_SomeReadOnlyField = "2";        // 4
   private static Int32 s_SomeReadWriteField = 3;            // 5

   // 类型构造器
   static SomeType(){}                                       // 6

   // 实例构造器
   public SomeType(Int32 x) { }                              // 7
   public SomeType() { }                                     // 8

   // 实例方法和静态方法
   private String InstanceMethod() {return null;}            // 9
   public static void Main(){}                               //10

   // 实例属性
   public Int32 SomeProp{                                    //11
      get{ return 0; }                                       //12
      set{  }                                                //13
   }

   // 实例有参属性 ( 索引器 )
   public Int32 this[String s] {                             //14
      get{return 0;}                                         //15
      set{}                                                  //16
   }

   // 实例事件
   public event EventHandler SomeEvent;                      //17
}
```

编译这个类型，用 ILDasm.exe 查看元数据，将得到如图 6-1 所示的输出。

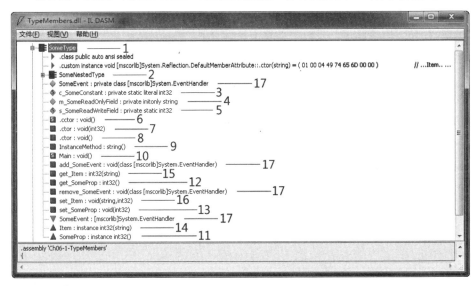

图 6-1　用 ILDasm.exe 查看 SomeType 的元数据

注意，源代码中定义的所有成员都造成编译器生成元数据。事实上，有的成员还造成编译器生成额外的成员和额外的元数据。例如，事件成员 (17) 造成编译器生成一个字段、两个方法和一些额外的元数据。目前不理解这些内容没有关系。但在学习后面几章时，希望你能回头看看这个例子，体会成员是如何定义的，它们对编译器生成的元数据有何影响。

6.2　类型的可见性

要定义文件范围的类型 (而不是定义嵌套在另一个类型中的类型)，可将类型的可见性指定为 public 或 internal。public 类型不仅对定义程序集中的所有代码可见，还对其他程序集中的代码可见。internal 类型则仅对定义程序集中的所有代码可见，对其他程序集中的代码不可见。定义类型时不显式指定可见性，C# 编译器会帮你指定 internal(限制比 public 大)。下面是几个例子。

```
using System;

// 以下类型的可见性为 public，既可由本程序集中的代码访问,
// 也可由其他程序集中的代码访问
public class ThisIsAPublicType { ... }

// 以下类型的可见性为 internal，只可由本程序集中的代码访问
internal class ThisIsAnInternalType { ... }
```

```
// 由于没有显式声明类型的可见性，以下类型的可见性默认为 internal
class ThisIsAlsoAnInternalType { ... }
```

友元程序集

假定下述情形：某公司的团队 TeamA 在某个程序集中定义了一组实用工具类型 (utility type)，并希望公司的另一个团队 TeamB 的成员使用这些类型。但由于各种原因，比如时间安排、地理位置、不同的成本中心或报表结构，这两个团队不能将他们的所有类型都生成到一个程序集中；相反，每个团队都要生成自己的程序集。

为了使团队 TeamB 的程序集能使用团队 TeamA 的类型，TeamA 必须将他们的所有实用工具类型定义为 public。但这意味着工具类型会对所有程序集公开，就连另一家公司的开发人员也能写代码使用它们。这不是公司所希望的。这些实用工具类型也许做出了一些预设，而 TeamB 在写代码的时候会默认这些预设成立。我们希望 TeamA 能有一个办法将他们的实用工具类型定义为 internal，同时仍然允许团队 TeamB 访问这些类型。CLR 和 C# 通过友元程序集 (friend assembly) 来提供这方面的支持。用一个程序集中的代码对另一个程序集中的内部类型进行单元测试时，友元程序集功能也能派上用场。

生成程序集时，可用 System.Runtime.CompilerServices 命名空间中的 InternalsVisibleTo 特性标明它认为是"友元"的其他程序集。该特性获取标识友元程序集名称和公钥的字符串参数 (传给该特性的字符串绝不能包含版本、语言文化和处理器架构)。注意当程序集认了"友元"之后，友元程序集就能访问该程序集中的所有 internal 类型，以及这些类型的 internal 成员。下例展示一个程序集如何将两个强命名程序集"Wintellect"和"Microsoft"指定为友元程序集：

```
using System;
using System.Runtime.CompilerServices; // 为了 InternalsVisibleTo 特性

// 当前程序集中的 internal 类型可由以下两个程序集中
// 的任何代码访问 ( 不管什么版本或语言文化 )
[assembly:InternalsVisibleTo("Wintellect, PublicKey=12345678...90abcdef")]
[assembly:InternalsVisibleTo("Microsoft, PublicKey=b77a5c56...1934e089")]

internal sealed class SomeInternalType { ... }
internal sealed class AnotherInternalType { ... }
```

从友元程序集访问上述程序集的 internal 类型很容易。例如，下面展示了公钥为 12345678...90abcdef 的友元程序集 Wintellect 如何访问上述程序集的 internal 类型 SomeInternalType。

```
using System;

internal sealed class Foo {
    private static Object SomeMethod() {
        // 这个 "Wintellect" 程序集能访问另一个程序集的 internal 类型,
        // 就好像那是 public 类型
        SomeInternalType sit = new SomeInternalType();
        return sit;
    }
}
```

由于程序集中的类型的 **internal** 成员能从友元程序集访问,所以要慎重考虑类型成员的可访问性,以及要将哪些程序集声明为友元。注意,C# 编译器在编译友元程序集 (该程序集不含 **InternalsVisibleTo** 特性) 时,要求使用编译器开关 **/out:<file>**。使用这个编译器开关的原因在于,编译器需要知道准备编译的程序集的名称,从而判断生成的程序集是不是友元程序集。你或许以为 C# 编译器能自己判断,因为平时都是它自己确定输出文件名。但事实上,在代码结束编译之前,C# 编译器是不知道输出文件名的。因此,使用 /out:<file> 编译器开关能极大增强编译性能。

另外,如果使用 C# 编译器的 **/t:module** 开关来编译模块 (而不是编译成程序集),而且该模块将成为某个友元程序集的一部分,那么需要使用 C# 编译器的 **/moduleassemblyname:<string>** 开关来编译该模块,它告诉编译器该模块将成为哪个程序集的一部分,使编译器设置模块中的代码,使它们能访问另一个程序集中的 **internal** 类型。

6.3 成员的可访问性

定义类型的成员 (包括嵌套类型) 时,可以指定成员的可访问性。在代码中引用成员时,成员的可访问性指出引用是否合法。CLR 自己定义了一组可访问性修饰符,但每种编程语言在向成员应用可访问性时,都选择了自己的一组术语以及相应的语法。例如,CLR 使用术语 Assembly 表明成员对同一程序集内的所有代码可见,而 C# 语言对应的术语是 **internal**。

表 6-1 总结了 6 个应用于成员的可访问性修饰符。当然,任何成员要想被访问,都必须在可见的类型中定义。例如,如果程序集 AssemblyA 定义了含有一个 **public** 方法的 **internal** 类型,那么程序集 AssemblyB 中的代码不能调用该 **public** 方法,因为 **internal** 类型对 AssemblyB 来说不可见。

表 6-1 成员的可访问性

CLR 术语	C# 术语	描述
Private	private	成员只能由定义类型或任何嵌套类型中的方法访问
Family	protected	成员只能由定义类型、任何嵌套类型或者不管在什么程序集中的派生类型中的方法访问
Family and Assembly	（不支持）	成员只能由定义类型、任何嵌套类型或者同一程序集中定义的任何派生类型中的方法访问
Assembly	internal	成员只能由定义程序集中的方法访问
Family or Assembly	protected internal	成员可由任何嵌套类型、任何派生类型（不管在什么程序集）或者定义程序集中的任何方法访问
Public	public	成员可由任何程序集的任何方法访问

编译代码时，编程语言的编译器检查代码是不是正确引用了类型和成员。如果代码不正确地引用了类型或成员，编译器会生成一条相应的错误消息。另外，在运行时将 IL 代码编译成本机 CPU 指令时，JIT 编译器也会确保对字段和方法的引用合法。例如，JIT 编译器如果检测到代码不正确地访问了私有字段或方法，将分别抛出 FieldAccessException 或 MethodAccessException 异常。

通过对 IL 代码进行验证，可以确保被引用成员的可访问性在运行时得到正确兑现——即使语言的编译器忽略了对可访问性的检查。另外，极有可能发生的一种情况是：语言编译器编译的代码访问的是另一个程序集中的另一个类型的 public 成员，但到运行时却加载了程序集的不同版本，而新版本中的 public 成员变成了 protected 或 private 成员。

在 C# 语言中，如果没有显式声明成员的可访问性，编译器通常（但并不总是）默认选择 private（限制最大的那个）。CLR 要求接口类型的所有成员都具有 public 可访问性。C#编译器知道这一点，因此禁止开发人员显式指定接口成员的可访问性；编译器自动将所有成员的可访问性设为 public。

详情

> 参考 C# 语言规范的 Declared Accessibility（声明的可访问性）一节，完整地了解在 C# 语言中可以向类型和成员应用哪些可访问性以及如何根据声明的上下文来选择默认可访问性。

大家或许已经注意到，CLR 提供了可访问性，其名称为 Family and Assembly。不过 C# 语言并不支持。C# 语言的开发团队认为这种可访问性基本没用，所以决定放弃。

派生类型重写基类型定义的成员时，C# 编译器要求原始成员和重写成员具有相同的可访问性。也就是说，如果基类成员是 `protected` 的，派生类中的重写成员也必须是 `protected` 的。但这是 C# 语言的限制，不是 CLR 的。从基类派生时，CLR 允许放宽但不允许收紧成员的可访问性限制。例如，类可以重写基类定义的 `protected` 方法，将重写方法设为 public(放宽限制)。但不能重写基类定义的 `protected` 方法，将重写方法设为 private(收紧限制)。之所以不能在派生类中收紧对基类方法的访问，是因为 CLR 承诺派生类总能转型为基类，并获取对基类方法的访问权。如果允许派生类收紧限制，CLR 的承诺就无法兑现了。

6.4　静态类

有一些永远不需要实例化的类，例如 `Console`，`Math`，`Environment` 和 `ThreadPool`。这些类只有 `static` 成员。事实上，这种类唯一的作用就是对相关的成员进行分组。例如，`Math` 类就定义了一组执行数学运算的方法。在 C# 语言中，要用 `static` 关键字定义不可实例化的类。该关键字只能应用于类，不能应用于结构 (值类型)。因为 CLR 总是允许值类型实例化，这是没办法阻止的。

C# 编译器对静态类进行了如下限制：

- 静态类必须直接从基类 `System.Object` 派生，从其他任何基类派生都没有意义。继承只适用于对象，而你不能创建静态类的实例；
- 静态类不能实现任何接口，这是因为只有使用类的实例时，才可以调用类的接口方法；
- 静态类只能定义静态成员 (字段、方法、属性和事件)，任何实例成员都会导致编译器报错；
- 静态类不能作为字段、方法参数或局部变量使用，这些都是引用了实例的变量，而静态类与实例"天生相克"，编译器检测到任何这样的用法都会报错。

下面是定义了静态成员的一个静态类。代码虽能通过编译 (有一个警告)，但该类没有做任何有意义的事情。

```
using System;

   public static class AStaticClass {
     public static void AStaticMethod() { }
```

```
    public static String AStaticProperty {
        get { return s_AStaticField; }
        set { s_AStaticField = value; }
    }

    private static String s_AStaticField;

    public static event EventHandler AStaticEvent;
}
```

将以上代码编译成库 (DLL) 程序集，用 ILDasm.exe 查看会得到如图 6-2 所示的结果。如你所见，使用关键字 **static** 定义类，将导致 C# 编译器将该类标记为 **abstract** 和 **sealed**。另外，编译器不在类型中生成实例构造器方法，图 6-2 中看不到实例构造器 (.ctor) 方法。

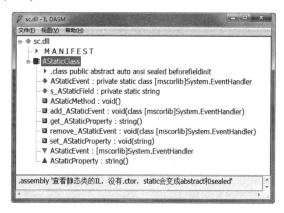

图 6-2 ILDasm.exe 表明静态类在元数据中是抽象密封类

6.5 分部类、结构和接口

本节要讨论分部类、结构和接口。**partial** 关键字告诉 C# 编译器：类、结构或接口的定义源代码可能要分散到一个或多个源代码文件中。将类型源代码分散到多个文件的原因有三个。

- 源代码控制

  假定类型定义包含大量源代码，一个程序员把它从源代码控制系统中签出 (check out) 以进行修改。其他程序员不能同时修改这个类型，除非之后执行合并 (merge)。使用 **partial** 关键字可以将类型的代码分散到多个源代码文件中，每个文件都可单独签出，多个程序员能同时编辑类型。

- 在同一个文件中将类或结构分解成不同的逻辑单元

  我有时会创建一个类型来提供多个功能，使类型能提供完整解决方案。为简化实现，有时会在一个源代码文件中重复声明同一个分部类型。然后，分部类型的每个部分都实现一个功能，并配以它的全部字段、方法、属性、事件等。这样能方便地看到组合以提供一个功能的全体成员，从而简化编码。与此同时，可以方便地将分部类型的一部分注释掉，以便从类中删除一个完整的功能，代之以另一个实现（通过分部类型的一个新的部分）。

- 代码拆分

  在 Visual Studio 中新建项目时，一些源代码文件会作为项目一部分自动创建，其中包含的是为项目打基础的模板。使用 Visual Studio 在设计图面上拖放控件时，Visual Studio 会自动生成源代码，并将代码拆分到不同的源代码文件中。这提高了开发效率。很久以前，生成的代码是直接放到当前正在处理的那个源代码文件中的。这样做的问题在于，如果不小心编辑了一下生成的代码，设计器行为就可能失常。从 Visual Studio 2005 开始，新建窗体、控件等的时候，Visual Studio 自动创建两个源代码文件：一个用于你的代码，另一个用于设计器生成的代码。由于设计器的代码在单独的文件中，所以基本上杜绝了不小心编辑到它的可能。

要为类型分散于不同文件中的每个部分都应用 **partial** 关键字。这些文件编译到一起时，编译器会合并代码，在最后的 .exe 或 .dll 程序集文件（或 .netmodule 模块文件）中生成完整类型。"分部类型"功能完全由 C# 编译器实现，CLR 对该功能一无所知，这解释了一个类型的所有源代码文件为什么必须使用相同编程语言，而且必须作为一个编译单元编译到一起。

6.6 组件、多态和版本控制

面向对象编程(Object-Oriented Programming，OOP) 已问世多年。它在上个世纪 70 年代末、80 年代初首次投入应用时，应用程序的规模还很小，而且使应用程序运行起来所需的全部代码都由同一家公司编写。当然，那时确实有操作系统，应用程序也确实使用了操作系统的一些功能，但和今天的操作系统相比，那时的操作系统功能实在太少了。

如今软件变得相当复杂，而且用户希望应用程序提供更丰富的功能，如 GUI、菜单、鼠标输入、手写板输入、打印输出、网络功能等。正是由于这个原因，操作系统和开发平台在这几年中取得了迅猛发展。另外，应用程序的开发也必须分工。

不能再像以前那样，一个或几个开发人员就能写出一个应用程序需要的全部代码。这要么不可能，要么效率太低。现在的应用程序一般都包含了由许多不同的公司生成的代码。这些代码通过面向对象编程机制契合到一起。

组件软件编程 (Component Software Programming，CSP) 正是 OOP 发展到极致的成果。下面列举组件的一些特点：

- 组件 (.NET Framework 称为程序集) 让人觉得它们"已发布"；
- 组件有自己的标识 (名称、版本、语言文化和公钥)；
- 组件永远维持自己的标识 (程序集中的代码永远不会静态链接到另一个程序集中；.NET 总是使用动态链接)；
- 组件清楚指明它所依赖的组件 (引用元数据表)；
- 组件应编档它的类和成员。C# 语言通过源代码内的 XML 文档和编译器的 /doc 命令行开关提供这个功能；
- 组件必须指定它需要的安全权限。CLR 的代码访问安全性 (Code Access Security，CAS) 机制提供这个功能；
- 组件发布了在任何"维护版本"中都不会改变的一个接口 (对象模型)。"维护版本"(servicing version) 代表组件的新版本，它旨在向后兼容组件的原始版本，它通常包含 bug 修复、安全补丁或者一些小的功能增强。但不能在"维护版本"中要求任何新的依赖关系，也不能要求任何额外的安全权限。

如最后一点所述，CSP 有很大一部分涉及版本控制。组件随着时间而改变，并根据不同的时间表来发布。版本控制使 CSP 的复杂性上升到了 OOP 无法企及的高度。(在 OOP 中，全部代码都由一家公司编写和测试，并作为一个整体发布。) 本节将重点放在组件的版本控制上。

.NET Framework 中的版本号包含 4 个部分：主版本号 (major version)、次版本号 (minor version)、内部版本号 (build number) 和修订号 (revision)。例如，版本号为 1.2.3.4 的程序集，其主版本号为 1，次版本号为 2，内部版本号为 3，修订号为 4。major/minor 部分通常代表程序集的一个连续的、稳定的功能集，而 build/revision 部分通常代表对这个功能集的一次维护。

假定某公司发布了版本号为 2.7.0.0 的程序集。之后，为了修复该组件的 bug，他们可以生成一个新的程序集，并只改动版本号的 build/revision 部分，比如 2.7.1.34。这表明该程序集是维护版本，向后兼容原始版本 (2.7.0.0)。

另一方面，假定该公司想生成程序集的新版本，而且由于发生了重大变化，所以不准备向后兼容程序集的原始版本。在这种情况下，公司实际是要创建一个全新的组件，major/minor 版本号 (比如 3.0.0.0) 应该和原来的组件不同。

注意　此处只是说明理论上应该如何看待版本号。遗憾的是，CLR 不以这种方式看待版本号。现在，CLR 将版本号看成是一个不透明的值，而且假如某个程序集依赖版本号为 1.2.3.4 的另一个程序集，那么 CLR 只会尝试加载版本号为 1.2.3.4 的程序集，除非设置了绑定重定向。

前面讨论了如何使用版本号更新组件的标识，从而反映出组件的新版本。下面要讨论如何利用 CLR 和编程语言 (比如 C#) 提供的功能来自动适应组件可能发生的变化。

将一个组件 (程序集) 中定义的类型作为另一个组件 (程序集) 中的一个类型的基类使用时，便会发生版本控制问题。显然，如果基类的版本 (被修改得) 低于派生类，派生类的行为也会改变，这可能造成类的行为失常。在多态情形中，由于派生类型会重写基类型定义的虚方法，所以这个问题显得尤其突出。

C# 语言提供了 5 个能影响组件版本控制的关键字，可将它们应用于类型以及 / 或者类型成员。这些关键字直接对应 CLR 用于支持组件版本控制的功能。表 6-2 总结了与组件版本控制相关的 C# 关键字，并描述了每个关键字如何影响类型或者类型成员的定义。

表 6-2　C# 关键字及其对组件版本控制的影响

C# 关键字	类型	方法 / 属性 / 事件	常量 / 字段
abstract	表示不能构造该类型的实例	表示为了构造派生类型的实例，派生类型必须重写并实现这个成员	(不允许)
virtual	(不允许)	表示这个成员可由派生类型重写	(不允许)
override	(不允许)	表示派生类型正在重写基类型的成员	(不允许)
sealed	表示该类型不能用作基类型	表示这个成员不能被派生类型重写，只能将该关键字应用于正在重写虚方法的方法	(不允许)
new	应用于嵌套类型、方法、属性、事件、常量或字段时，表示该成员与基类中相似的成员无任何关系		

6.6.3 节 "对类型进行版本控制时的虚方法的处理" 将演示这些关键字的作用和用法。但在讨论版本控制之前，先要讨论一下 CLR 实际如何调用虚方法。

6.6.1 CLR 如何调用虚方法、属性和事件

本节重点是方法，但我们的讨论也与虚属性和虚事件密切相关。属性和事件实际作为方法实现，本书后面会用专门的章来讨论它们。

方法代表在类型或类型的实例上执行某些操作的代码。在类型上执行操作，称为静态方法；在类型的实例上执行操作，称为非静态方法。所有方法都有名称、签名和返回类型 (可为 void)。CLR 允许类型定义多个同名方法，只要每个方法都有一组不同的参数或者一个不同的返回类型。所以，完全能定义两个同名、同参数的方法，只要两者返回类型不同。但除了 IL 汇编语言，我没有发现任何利用了这一 "特点" 的语言。大多数语言 (包括 C# 语言) 在判断方法的唯一性时，除了方法名之外，都只以参数为准，方法返回类型会被忽略。C# 在定义转换操作符方法时实际上放宽了此限制，详见第 8 章。

以下 Employee 类定义了三种不同的方法：

```
internal class Employee {
    // 非虚实例方法
    public           Int32       GetYearsEmployed() { ... }

    // 虚方法 (" 虚 " 暗示着 " 实例 ")
    public virtual   String      GetProgressReport() { ... }

    // 静态方法
    public static    Employee    Lookup(String name) { ... }
}
```

编译以上代码，编译器会在程序集的方法定义表中写入三个记录项，每个记录项都用一组标志 (flag) 指明方法是实例方法、虚方法还是静态方法。

写代码调用这些方法，生成调用代码的编译器会检查方法定义的标志 (flag)，判断应如何生成 IL 代码来正确调用方法。CLR 提供两个方法调用指令。

- **call**
  该 IL 指令可调用静态方法、实例方法和虚方法。用 call 指令调用静态方法，必须指定方法的定义类型。用 call 指令调用实例方法或虚方法，必须指定引用了对象的变量。call 指令假定该变量不为 null。换言之，变量本身的类型指明了方法的定义类型。如果变量的类型没有定义该方法，就检查基类型来查找匹配方法。call 指令经常用于以非虚方式调用虚方法。

- **callvirt**
  该 IL 指令可调用实例方法和虚方法，不能调用静态方法。用 callvirt 指令调用实例方法或虚方法，必须指定引用了对象的变量。用 callvirt 指令调用非虚实例方法，变量的类型指明了方法的定义类型。用 callvirt 指令

调用虚实例方法，CLR 调查发出调用的对象的实际类型，然后以多态方式调用方法。为了确定类型，发出调用的变量绝不能是 null。换言之，编译这个调用时，JIT 编译器会生成代码来验证变量的值是不是 null。如果是，callvirt 指令造成 CLR 抛出 NullReferenceException 异常。正是由于要进行这种额外的检查，所以 callvirt 指令的执行速度比 call 指令稍慢。

注意，即使 callvirt 指令调用的是非虚实例方法，也要执行这种 null 检查。

现在综合运用上述知识，看看 C# 语言如何使用这些不同的 IL 指令：

```
using System;

public sealed class Program{
    public static void Main(){
        Console.WriteLine();          // 调用静态方法

        Object o = new Object();
        o.GetHashCode();              // 调用虚实例方法
        o.GetType();                  // 调用非虚实例方法
    }
}
```

编译以上代码，查看最后得到的 IL，结果如下：

```
.method public hidebysig static void Main() cil managed {
 .entrypoint
 // Code size 26 (0x1a)
 .maxstack 1
 .locals init (object o)
 IL_0000: call void System.Console::WriteLine()
 IL_0005: newobj instance void System.Object::.ctor()
 IL_000a: stloc.0
 IL_000b: ldloc.0
 IL_000c: callvirt instance int32 System.Object::GetHashCode()
 IL_0011: pop
 IL_0012: ldloc.0
 IL_0013: callvirt instance class System.Type System.Object::GetType()
 IL_0018: pop
 IL_0019: ret
} // end of method Program::Main
```

注意，C# 编译器用 call 指令调用 Console 的 WriteLine 方法。这在意料之中，因为 WriteLine 是静态方法。接着用 callvirt 指令调用 GetHashCode，这也在意料之中，因为 GetHashCode 是虚方法。最后，C# 编译器用 callvirt 指令调用 GetType 方法。这就有点出乎意料了，因为 GetType 不是虚方法。但这是可行的，因为对代码进行 JIT 编译时，CLR 知道 GetType 不是虚方法，所以在 JIT 编译好的代码中，会直接以非虚方式调用 GetType。

那么，为什么 C# 编译器不干脆生成 call 指令呢？答案是 C# 团队认为，JIT 编译器应生成代码来验证发出调用的对象不为 null。这意味着对非虚实例方法的调用要稍慢一点。这也意味着以下 C# 代码将抛出 NullReferenceException 异常。注意，在另一些编程语言中，以下代码是能正常工作的：

```
using System;

public sealed class Program{
    public Int32 GetFive(){ return 5; }
    public static void Main(){
        Program p = null;
        Int32 x = p.GetFive();   // 在 C# 中抛出 NullReferenceException 异常
    }
}
```

以上代码理论上并无问题。虽然变量 p 确实为 null，但在调用非虚方法 (GetFive) 时，CLR 唯一需要知道的就是 p 的数据类型 (Program)。如果真的允许调用 GetFive，那么 this 实参值将是 null。由于 GetFive 方法内部并未使用该实参，所以不会抛出 NullReferenceException 异常。但是，由于 C# 编译器生成 callvirt 而不是 call 指令，所以以上代码抛出了 NullReferenceException 异常。

**重要
提示**

> 将方法定义为非虚后，将来永远都不要把它更改为虚方法。这是因为某些编译器会用 call 而不是 callvirt 调用非虚方法。如果方法从非虚变成虚，而引用 (该方法的) 代码[①] 没有重新编译，那么会以非虚方式调用虚方法，造成应用程序的行为变得无法预料。用 C# 语言写的引用代码不会出问题，因为 C# 语言坚持用 callvirt 指令调用所有实例方法。但是，如果引用代码是用其他语言写的，就可能出问题。

编译器有时用 call 而不是 callvirt 调用虚方法。虽然刚开始有点难以理解，但以下代码证明了有时真的需要这样做：

```
internal class SomeClass {
    // ToString 是基类 Object 定义的虚方法
    public override String ToString() {

    // 编译器使用 IL 指令 'call',
    // 以非虚方式调用 Object 的 ToString 方法

    // 如果编译器用 'callvirt' 而不是 'call',
```

---

① 译注：平时说在代码中"引用"一个方法或字段时，就是指在代码中调用或使用它来执行特定功能。

```
    // 那么该方法将递归调用自身，直至栈溢出
    return base.ToString();
    }
}
```

调用虚方法 base.ToString 时，C# 编译器生成 call 指令来确保以非虚方式调用基类的 ToString 方法。这是必要的，因为如果以虚方式调用 ToString，调用会递归执行，直至线程栈溢出，这显然不是你所期望的。

调用值类型定义的方法时，编译器倾向于使用 call 指令，因为值类型是密封的。这意味着即使值类型含有虚方法也不用考虑多态性，这使调用更快。此外，值类型实例的本质保证它永不为 null，所以永远不抛出 NullReferenceException 异常。最后，如果以虚方式调用值类型中的虚方法，CLR 要获取对值类型的类型对象的引用，以便引用 (类型对象中的) 方法表，这要求对值类型装箱。装箱对堆造成更大压力，迫使进行更频繁的垃圾回收，使性能受到影响。

无论用 call 还是 callvirt 调用实例方法或虚方法，这些方法通常接收隐藏的 this 实参作为方法第一个参数。this 实参引用了当前要操作的对象。

设计类型时应尽量减少虚方法数量。首先，调用虚方法的速度比调用非虚方法慢。其次，JIT 编译器不能内联 (inline) 虚方法 [1]，这进一步影响性能。第三，虚方法使组件版本控制变得更脆弱，详情参见下一节。第四，定义基类型时，经常要提供一组重载的简便方法 (convenience method)。如果希望这些方法是多态的，最好的办法就是使最复杂的方法成为虚方法，使所有重载的简便方法成为非虚方法。顺便说一句，遵循这个原则，还可在改善组件版本控制的同时，不至于对派生类型产生负面影响。下面是一个例子：

```
public class Set {
  private Int32 m_length = 0;

  // 这个重载的简便方法是非虚的
  public Int32 Find(Object value) {
    return Find(value, 0, m_length);
  }

  // 这个重载的简便方法是非虚的
  public Int32 Find(Object value, Int32 startIndex) {
    return Find(value, startIndex, m_length - startIndex);
  }

  // 功能最丰富的方法是虚方法，可以被重写
  public virtual Int32 Find(Object value, Int32 startIndex, Int32 endIndex)
  {
```

---

[1] 译注：所谓方法的“内联”，就是在调用方法的位置直接嵌入方法的实际代码。

```
        // 可被重写的实现放在这里…
    }

        // 其他方法放在这里
}
```

6.6.2　合理使用类型的可见性和成员的可访问性

使用 .NET Framework 时，应用程序是由多个公司生产的多个程序集所定义的类型构成的。这意味着开发人员对所用的组件以及其中定义的类型几乎没有什么控制权。开发人员通常无法访问源代码 (甚至可能不知道组件用什么编程语言创建)，而且不同组件的版本发布一般都基于不同的时间表。除此之外，由于多态和受保护成员，基类开发人员必须信任派生类开发人员所写的代码。当然，派生类的开发人员也必须信任从基类继承的代码。设计组件和类型时，应慎重考虑这些问题。

本节描述了设计类型时应如何思考这些问题，具体就是如何正确设置类型的可见性和成员的可访问性来取得最优结果。

首先，在定义一个新类型时，编译器本应默认生成密封类，使其不能作为基类使用。但是，包括 C# 编译器在内的许多编译器都默认生成非密封类，只是允许开发人员使用关键字 sealed 将类显式标记为密封。我认为，现在的编译器使用了错误的默认设定。不过，亡羊补牢，为时不晚，希望将来的编译器能改正这一错误。密封类之所以比非密封类更好，是出于以下三个方面的原因。

- 版本控制

  如果类最初密封，将来就可以在不破坏兼容性的前提下更改为非密封。但如果最初非密封，将来就不可能更改为密封，因为这将中断派生类。除此之外，如果非密封类定义了非密封虚方法，那么必须在新版本的类中保持虚方法调用顺序，否则可能中断派生类。例如，如果一个方法先调用虚方法 A，再调用虚方法 B，那么以后不应将代码更改为先调用方法 B，再调用方法 A，因为重写的方法可能依赖于方法的调用顺序。

- 性能

  如上一节所述，调用虚方法在性能上不及调用非虚方法，因为 CLR 必须在运行时查找对象的类型，判断要调用的方法由哪个类型定义。但是，如果 JIT 编译器看到使用密封类型的虚方法调用，就可直接采用非虚方式调用虚方法，从而生成更高效的代码。之所以能这么做，是因为密封类自然不会有派生类。例如，在下面的代码中，JIT 编译器可以采用非虚方式调用虚方法 ToString：

```
using System;
public sealed class Point {
    private Int32 m_x, m_y;
    public Point(Int32 x, Int32 y) { m_x = x; m_y = y; }

    public override String ToString() {
        return String.Format("({0}, {1})", m_x, m_y);
    }

    public static void Main() {
        Point p = new Point(3, 4);

        // C# 编译器在此生成 callvirt 指令，
        // 但 JIT 编译器将优化这个调用，并生
        // 成代码来非虚地调用 ToString。这
        // 是因为 p 的类型是 Point，而 Point
        // 是密封类
        Console.WriteLine(p.ToString());
    }
}
```

- 安全性和可预测性

  类必须保护自己的状态，不允许被破坏。当类处于非密封状态时，只要它的任何数据字段或者在内部对这些字段进行处理的方法是可以访问的，而且不是私有的，派生类就能访问和更改基类的状态。另外，派生类既可重写基类的虚方法，也可直接调用这个虚方法在基类中的实现。一旦将某个方法、属性或事件设为 virtual，基类就会丧失对它的行为和状态的部分控制权。所以，除非经过了认真考虑，否则这种做法可能导致对象的行为变得不可预测，还可能留下安全隐患。

  密封类的问题在于它可能对类型的用户造成很大的不便。有的时候，开发人员希望从现有类型派生出一个类，在其中添加额外字段或状态信息来满足自己应用程序的需要。他们甚至希望在派生类中定义辅助方法 (helper method) 或简便方法 (convenience method) 来操纵这些额外的字段。虽然 CLR 没有提供机制允许你用辅助方法或字段来扩展一个已经生成的类型，但可利用 C# 的扩展方法 (第 8 章) 模拟辅助方法，还可利用 ConditionalWeakTable 类 (第 21 章 "托管堆和垃圾回收") 模拟为对象附加状态。

  以下是我个人在定义类时所遵循的原则。

- 定义类时，除非确定要将其作为基类，并允许派生类对它进行特化[①]，否则

[①] 译注：特化 (specialization) 是指继承了基类的东西不算，还对这些东西进行特殊处理，加入自己的东西。

总是显式地指定为 sealed 类。如前所述，这与 C# 以及其他许多编译器的默认方式相反。另外，我默认将类指定为 internal 类，除非我希望在程序集外部公开这个类。幸好，如果不显式指定类型的可见性，C# 编译器默认使用的就是 internal。如果我真的要定义一个可由其他人继承的类，同时不想允许特化，那么我会重写并密封继承的所有虚方法。

- 在类的内部，我总是毫不犹豫地将数据字段定义为 private。幸好，C# 默认就将字段标记为 private。事实上，我情愿 C# 强制所有字段都标记为 private，根本不允许 protected，internal 和 public 等等。状态一旦公开，就极易产生问题，造成对象的行为无法预测，并留下安全隐患。即使只将一些字段声明为 internal 也会如此。即使在单个程序集中，也很难跟踪引用了一个字段的所有代码，尤其是假如代码由几个开发人员编写，并编译到同一个程序集中。

- 在类的内部，我总是将自己的方法、属性和事件定义为 private 和非虚。幸好，C# 默认也是这样的。当然，我会将某个方法、属性和事件定义为 public，以便公开类型的某些功能。我会尽量避免将上述任何成员定义为 protected 或 internal，因为这会使类型面临更大的安全风险。即使迫不得已，我也会尽量选择 protected 或 internal。virtual 永远最后才考虑，因为虚成员会放弃许多控制，丧失独立性，变得彻底依赖于派生类的正确行为。

- OOP 有一条古老的格言，大意是当事情变得过于复杂时，就搞更多的类型出来。当算法的实现开始变得复杂时，我会定义一些辅助类型来封装独立的功能。如果定义的辅助类型只由一个"超类型"使用，我会在"超类型"中嵌套这些辅助类型。这样除了可以限制范围，还允许嵌套的辅助类型的代码引用"超类型"所定义的私有成员。但是，Visual Studio 的代码分析工具 (FxCopCmd.exe) 强制执行了一条设计规则，即对外公开的嵌套类型必须在文件或程序集范围中定义，不能在另一个类型中定义。之所以会有这个规则，是因为一些开发人员觉得引用嵌套类型时，所用的语法过于烦琐。我赞同该规则，自己绝不会定义公共嵌套类型。

6.6.3　对类型进行版本控制时的虚方法的处理

如前所述，在组件软件编程 (Component Software Programming，CSP) 环境中，版本控制是非常重要的问题。第 3 章"共享程序集和强命名程序集"已讨论了部分版本控制问题。那一章解释了强命名程序集，并讨论了管理员如何确保应用程序绑定到和生成 / 测试时一样的程序集。但是，还有其他版本控制问题会造成源代码兼容性问题。例如，如果类型要作为基类型使用，那么增加或修改它的成员时务必非常小心。下面来看一些例子。

假定 CompanyA 定义了 Phone 类型：

```
namespace CompanyA {
    public class Phone {
        public void Dial() {
            Console.WriteLine("Phone.Dial");
            // 在这里执行拨号操作
        }
    }
}
```

再假定 CompanyB 定义了 BetterPhone 类型，使用 CompanyA 的 Phone 类型作为基类型：

```
namespace CompanyB {
    public class BetterPhone : CompanyA.Phone {
        public void Dial() {
            Console.WriteLine("BetterPhone.Dial");
            EstablishConnection();
            base.Dial();
        }

        protected virtual void EstablishConnection() {
            Console.WriteLine("BetterPhone.EstablishConnection");
            // 在这里执行建立连接的操作
        }
    }
}
```

CompanyB 编译以上代码时，C# 编译器生成以下警告消息：

```
warning CS0108:"CompanyB.BetterPhone.Dial()" 隐藏了继承的成员 "CompanyA.Phone.Dial()"。如果
是有意隐藏，请使用关键字 new
```

该警告告诉开发人员 BetterPhone 类正在定义一个 Dial 方法，它会隐藏 Phone 类定义的 Dial。新方法可能改变 Dial 的语义（这个语义是 CompanyA 最初创建 Dial 方法时定义的）。

编译器就潜在的语言不匹配问题发出警告，这是一个令人欣赏的设计。编译器甚至贴心地告诉你如何消除这条警告，办法是在 BetterPhone 类中定义 Dial 时，在前面加一个 new 关键字。以下是修改后的 BetterPhone 类：

```
namespace CompanyB {
    public class BetterPhone : CompanyA.Phone {

        // 新的 Dial 方法变得与 Phone 的 Dial 方法无关了
```

```
    public new void Dial() {
        Console.WriteLine("BetterPhone.Dial");
        EstablishConnection();
        base.Dial();
    }

    protected virtual void EstablishConnection() {
        Console.WriteLine("BetterPhone.EstablishConnection");
        // 在这里执行建立连接的操作
    }
  }
}
```

现在，CompanyB 能在其应用程序中使用 BetterPhone.Dial。以下是 CompanyB 可能写的一些示例代码：

```
public sealed class Program{
    public static void Main(){
        CompanyB.BetterPhone phone = new CompanyB.BetterPhone();
        phone.Dial();
    }
}
```

运行以上代码，输出结果如下所示：

```
BetterPhone.Dial
BetterPhone.EstablishConnection
Phone.Dial
```

输出符合 CompanyB 的预期。调用 Dial 方法时，会调用由 BetterPhone 类定义的新 Dial。在新 Dial 中，先调用虚方法 EstablishConnection，再调用基类型 Phone 中的 Dial 方法。

现在，假定几家公司计划使用 CompanyA 的 Phone 类型。再假定这几家公司都认为在 Dial 方法中建立连接的主意非常好。CompanyA 收到这个反馈，决定对 Phone 类进行修订：

```
namespace CompanyA{
    public class Phone{
        public void Dial(){
            Console.WriteLine("Phone.Dial");
            EstablishConnection();
            // 在这里执行拨号操作
        }

        protected virtual void EstablishConnection(){
            Console.WriteLine("Phone.EstablishConnection");
            // 在这里执行建立连接的操作
        }
```

```
        }
}
```

现在，一旦 CompanyB 编译它的 BetterPhone 类型 (从 CompanyA 的新版本 Phone 派生)，编译器将生成以下警告消息：

```
warning CS0114: "CompanyB.BetterPhone.EstablishConnection()" 将隐藏继承的成员 "CompanyA.Phone.
EstablishConnection()"。若要使当前成员重写该实现，请添加关键字 override。否则，添加关键字 new。
```

编译器警告 Phone 和 BetterPhone 都提供了 EstablishConnection 方法，而且两者的语义可能不一致。只是简单地重新编译 BetterPhone，可能无法获得和使用第一个版本的 Phone 类型时相同的行为。

如果 CompanyB 认定 EstablishConnection 方法在两个类型中的语义不一致，CompanyB 可以告诉编译器使用 BetterPhone 类中定义的 Dial 和 EstablishConnection 方法，它们与基类型 Phone 中定义的 EstablishConnection 方法没有关系。CompanyB 可以为 EstablishConnection 方法添加 new 关键字来告诉编译器这一点：

```
namespace CompanyB {
    public class BetterPhone : CompanyA.Phone {

        // 保留关键字 new，指明该方法与基类型的
        // Dial 方法没有关系
        public new void Dial() {
            Console.WriteLine("BetterPhone.Dial");
            EstablishConnection();
            base.Dial();
        }

        // 为这个方法添加关键字 new，指明该方法与基类型的
        // EstablishConnection 方法没有关系
        protected new virtual void EstablishConnection() {
            Console.WriteLine("BetterPhone.EstablishConnection");
            // 在这里执行建立连接的操作
        }
    }
}
```

在这段代码中，关键字 new 告诉编译器生成元数据，向 CLR 澄清 BetterPhone 类型的 EstablishConnection 方法应被视为由 BetterPhone 类型引入的一个新函数。这样一来，CLR 就知道 Phone 和 BetterPhone 这两个类中的该同名方法无任何关系。

执行相同的应用程序代码 (前面列出的 Main 方法中的代码)，输出结果如下所示：

```
BetterPhone.Dial
BetterPhone.EstablishConnection
```

```
Phone.Dial
Phone.EstablishConnection
```

　　这个输出结果表明，在 Main 方法中调用 Dial，调用的是 BetterPhone 类定义的新 Dial 方法。后者调用了同样由 BetterPhone 类定义的虚方法 EstablishConnection。BetterPhone 的 EstablishConnection 方法返回后，将调用 Phone 的 Dial 方法。Phone 的 Dial 方法调用了 EstablishConnection，但 由 于 BetterPhone 的 EstablishConnection 使 用 new 进 行 了 标 识，所以 不 认 为 BetterPhone 的 EstablishConnection 是 对 Phone 的 虚 方 法 EstablishConnection 的重写。最终结果是，Phone 的 Dial 方法调用了 Phone 的 EstablishConnection 方法——这正是我们所期望的。

注意　如果编译器像原生 C++ 编译器那样默认将方法视为重写，那么 BetterPhone 的开发者就不能使用方法名 Dial 和 EstablishConnection 了。这极有可能造成整个源代码 base 的连锁反应，破坏源代码和二进制兼容性。这种波及面太大的改变是我们不希望的，尤其是中大型的项目。但是，如果更改方法名只会造成源代码发生适度更新，就应该更改方法名，避免 Dial 和 EstablishConnection 方法的两种不同的含义使其他开发人员产生混淆。

　　还 有 一 个 办 法 是，CompanyB 可 以 获 得 CompanyA 的 新 版 本 Phone 类型，并 确 定 Dial 和 EstablishConnection 在 Phone 中 的 语 义 正 好 是 他 们所希望的。这种情况下，CompanyB 可通过完全移除 Dial 方法来修改他们的 BetterPhone 类型。另外，由于 CompanyB 现在希望告诉编译器，BetterPhone 的 EstablishConnection 方法和 Phone 的 EstablishConnection 方法是相关的，所以必须移除 new 关键字。但是，仅仅移除 new 关键字还不够，因为编译器目前还无法准确判断 BetterPhone 的 EstablishConnection 方法的意图。为了准确表示意图，CompanyB 的开发人员还必须将 BetterPhone 的 EstablishConnection 方法由 virtual 改变为 override。以下代码展示了新版本的 BetterPhone 类：

```
namespace CompanyB{
    public class BetterPhone : CompanyA.Phone {

        // 删除 Dial 方法 ( 从基类继承 Dial)

        // 移除关键字 'new'，将关键字 'virtual' 修改为 'override'，
        // 指明该方法与基类的 EstablishConnection 方法的关系
        protected override void EstablishConnection(){
            Console.WriteLine("BetterPhone.EstablishConnection");
            // 在这里执行建立连接的操作
```

```
        }
    }
}
```

执行相同的应用程序代码(前面列出的 Main 方法中的代码),输出结果如下
所示:

```
Phone.Dial
BetterPhone.EstablishConnection
```

该输出结果表明,在 Main 中调用 Dial 方法,调用的是由 Phone 定义、并
由 BetterPhone 继承的 Dial 方法。然后,当 Phone 的 Dial 方法调用虚方法
EstablishConnection 时,实际调用的是 BetterPhone 类的 EstablishConnection
方法,因为它重写了由 Phone 定义的虚方法 EstablishConnection。

第 **7** 章

常量和字段

本章内容：

- 常量
- 字段

本章介绍如何向类型添加数据成员，具体指的是常量和字段。

7.1 常量

　　常量是其值不发生任何变化的符号。定义常量符号时，它的值必须在编译时确定。确定后，编译器将常量值保存到程序集元数据中。这意味着只能定义编译器识别的基元类型的常量。在 C# 语言中，以下类型是基元类型，可用于定义常量：Boolean、Char、Byte、SByte、Int16、UInt16、Int32、UInt32、Int64、UInt64、Single、Double、Decimal 和 String。然而，C# 语言还允许定义非基元类型的一个常量变量 (constant variable)，前提是把值设为 null：

```
using System;

public sealed class SomeType {
    // SomeType 不是基元类型，但 C# 允许
    // 值为 null 的这种类型的 " 常量变量 "
    public const SomeType Empty = null;
}
```

由于常量的值从来不变，所以常量总是被视为类型定义的一部分。换言之，常量总是被视为静态成员，而不是实例成员。定义常量的结果是创建元数据。

代码引用常量符号时，编译器在定义常量的程序集的元数据中查找该符号，提取常量的值，将值嵌入生成的 IL 代码中。由于常量的值直接嵌入代码，所以在运行时不需要为常量分配任何内存①。除此之外，不能获取常量的地址，也不能以传引用的方式传递常量。这些限制意味着常量不能很好地支持跨程序集的版本控制。因此，只有确定一个符号的值从不变化才应定义常量。将 MaxInt16 定义为 32767 就是一个很好的例子。下面来演示我刚才所说的内容。首先，请输入以下代码，并将其编译成一个 DLL 程序集：

```
using System;

public sealed class SomeLibraryType {
    // 注意：C# 不允许为常量指定 static 关键字，
    // 因为常量总是隐式为 static
    public const Int32 MaxEntriesInList = 50;
}
```

接着用以下代码生成一个应用程序程序集②：

```
using System;

public sealed class Program {
    public static void Main() {
        Console.WriteLine("Max entries supported in list: "
            + SomeLibraryType.MaxEntriesInList);
    }
}
```

注意，代码引用了在 SomeLibraryType 类中定义的 MaxEntriesInList 常量。编译器生成应用程序代码时，会注意到 MaxEntriesInList 是值为 50 的常量符号，所以会将 Int32 值 50 嵌入应用程序的 IL 代码，如下所示。事实上，在生成了应用程序程序集之后，运行时根本不会加载 DLL 程序集，可以把它从磁盘上删除：

```
.method public hidebysig static void Main() cil managed
{
  .entrypoint
  // Code size          25 (0x19)
```

---

① 译注："不为常量分配内存"并不意味着它不占内存。我们在编程中说到"分配内存"时，一般都是指在运行时从"堆"中动态分配一块内存。这是一个耗时、耗资源的操作。详情参见 4.1 节。
② 译注：用 csc.exe 的 /r 开关来引用刚才的 .dll 文件。

```
  .maxstack 8
  IL_0000: nop
  IL_0001: ldstr           "Max entries supported in list: "
  IL_0006: ldc.i4.s        50
  IL_0008: box             [mscorlib]System.Int32
  IL_000d: call            string [mscorlib]System.String::Concat(object, object)
  IL_0012: call            void [mscorlib]System.Console::WriteLine(string)
  IL_0017: nop
  IL_0018: ret
} // end of method Program::Main
```

这个例子清楚地展示了版本控制问题。如果开发人员将常量
MaxEntriesInList 的值更改为 1000，并且只是重新生成了 DLL 程序集，那么应
用程序程序集不会受到任何影响。应用程序要想获得新值，那么也必须重新编译。
如果希望在运行时从一个程序集中动态提取另一个程序集中的值，那就不该使用常
量，而应使用 readonly 字段，详情参见下一节。

7.2 字段

字段是一种数据成员，其中容纳了一个值类型的实例或者对一个引用类型的引
用。表 7-1 总结了可应用于字段的修饰符。

表 7-1　字段修饰符

CLR 术语	C# 术语	说明
Static	Static	这种字段是类型状态的一部分，而非对象状态的一部分
Instance	（默认）	这种字段与类型的一个实例关联，而非与类型本身关联
InitOnly	readonly	这种字段只能由一个构造器方法中的代码写入
Volatile	volatile	编译器、CLR 和硬件不会对访问这种字段的代码执行"线程不安全"的优化措施。只有以下类型才能标记为 volatile：所有引用类型，Single、Boolean、Byte、SByte、Int16、UInt16、Int32、UInt32、Char 以及基础类型为 Byte、SByte、Int16、UInt16、Int32 或 UInt32 的所有枚举类型。volatile 字段将在第 29 章讨论[①]

如表 7-1 所示，CLR 支持类型（静态）字段和实例（非静态）字段。如果是类
型字段，容纳字段数据所需的动态内存是在类型对象中分配的，而类型对象是在类
型加载到一个 AppDomain 时创建的（参见第 22 章）。那么，什么时候将类型加载

① 译注：文档将 volatile 翻译为"可变"。其实它是"短暂存在""易变"的意思，因为
可能有多个线程想都对这种字段进行修改，所以"易变"或"易失"更佳。

到一个 AppDomain 中呢？这通常是在引用了该类型的任何方法首次进行 JIT 编译的时候。如果是实例字段，那么容纳字段数据所需的动态内存是在构造类型的实例时分配的。

由于字段存储在动态分配的内存中，所以它们的值在运行时才能获取。字段还解决了常量存在的版本控制问题。此外，字段可以是任何数据类型，不像常量那样仅限于编译器内置的基元类型。

CLR 支持 readonly 字段和 read/write 字段。大多数字段都是 read/write 字段，意味着在代码执行过程中，字段值可多次改变。但是，readonly 字段只能在构造器方法中写入。构造器方法只能调用一次，即对象首次创建时。编译器和验证机制确保 readonly 字段不会被构造器以外的其他任何方法写入。注意，可利用反射来修改 readonly 字段。

现在，让我们以 7.1 节的代码为例，使用一个静态 readonly 字段来修正版本控制问题。下面是新版本 DLL 程序集的代码：

```
using System;

public sealed class SomeLibraryType {
    // 字段要和类型关联，就必须使用 static 关键字
    public static readonly Int32 MaxEntriesInList = 50;
}
```

修改这里就可以了，应用程序的代码不必修改。但是，为了观察新的行为，必须重新生成它。当应用程序的 Main 方法运行时，CLR 将加载 DLL 程序集（现在运行时需要该程序集），并从分配给它的动态内存中提取 MaxEntriesInList 字段的值。当然，该值是 50。

假设 DLL 程序集的开发人员将 50 改为 1000，并重新生成程序集。当应用程序代码重新执行时，它会自动提取字段的新值 1000。应用程序不需要重新生成，可以直接运行，只不过性能会受一点影响。要注意的是，当前假定的是 DLL 程序集的新版本没有进行强命名，而且应用程序的版本策略是让 CLR 加载这个新版本。

下例演示了如何定义一个与类型本身关联的 readonly 静态字段。还定义了 read/write 静态字段，以及实例字段 readonly 和 read/write：

```
public sealed class SomeType {
    // 这是一个静态 readonly 字段；在运行时对这个类进行初始化时，
    // 它的值会被计算并存储到内存中
    public static readonly Random s_random = new Random();

    // 这是一个静态 read/write 字段
    private static Int32 s_numberOfWrites = 0;
```

```
// 这是一个实例 readonly 字段
public readonly String Pathname = "Untitled";

// 这是一个实例 read/write 字段
private System.IO.FileStream m_fs;

public SomeType(String pathname) {
    // 该行修改只读字段 pathname,
    // 在构造器中可以这样做
    this.Pathname = pathname;
}

public String DoSomething() {
    // 该行读写静态 read/write 字段
    s_numberOfWrites = s_numberOfWrites + 1;

    // 该行读取 readonly 实例字段
    return Pathname;
}
}
```

在以上代码中,许多字段都是内联初始化的 [1]。C# 语言允许使用这种简便的内联初始化语法来初始化类的常量、read/write 字段和 readonly 字段。第 8 章 "方法"会讲到,C# 语言实际是在构造器中对字段进行初始化的,字段的内联初始化只是一种语法上的简化。另外,在 C# 中初始化字段时,如果使用内联语法,而不是在构造器中赋值,那么有一些性能问题需要考虑,具体也将在第 8 章 "方法"中讨论。

重要提示

如果某个字段是引用类型,而且该字段被标记为 readonly,那么不可变的是引用,而非字段引用的对象。以下代码对此进行了演示:

```
public sealed class AType {
    // InvalidChars 总是引用同一个数组对象
    public static readonly Char[] InvalidChars = new Char[] {''A','B','C'};
}

public sealed class AnotherType {
    public static void M() {
        // 下面三行代码是合法的,可通过编译,并可成功
        // 修改 InvalidChars 数组中的字符
        AType.InvalidChars[0] = 'X';
        AType.InvalidChars[1] = 'Y';
        AType.InvalidChars[2] = 'Z';
    }
}
```

---

[1] 译注:内联 (inline) 初始化是指在代码中直接赋值来初始化,而不是将对构造器的调用写出来。

```
        // 下面这行代码是非法的，无法通过编译，
        // 因为不能让 InvalidChars 引用别的什么东西
        AType.InvalidChars = new Char[] { 'X', 'Y', 'Z' };
    }
}
```

第 **8** 章

方法

本章内容:

- 实例构造器和类 (引用类型)
- 实例构造器和结构 (值类型)
- 类型构造器
- 操作符重载方法
- 转换操作符方法
- 扩展方法
- 分部方法

　　本章重点讨论将来可能遇到的各种方法，包括实例构造器和类型构造器。然后讲述如何定义方法来重载操作符和类型转换以进行隐式和显式转型。接下来讨论扩展方法，以便将自己的实例方法从逻辑上"添加"到现有类型中。最后讨论分部方法，允许将类型的实现分散到多个组成部分中。

8.1　实例构造器和类 (引用类型)

　　构造器 ① 是将类型的实例初始化为良好状态的特殊方法。构造器方法在"方法定义元数据表"中始终叫 `.ctor`(constructor 的简称)。创建引用类型的实例时，首先为实例的数据字段分配内存，然后初始化对象的附加字段 (类型对象指针和同步

---

① 译注:"构造器"(constructor) 也称为"构造函数"。相应地,"析构器"也称为"析构函数"。

块索引)[1]，最后调用类型的实例构造器来设置对象的初始状态。

　　构造引用类型的对象时，在调用类型的实例构造器之前，为对象分配的内存总是先被"置零"。没有被构造器显式重写的所有字段都保证获得 0 或 null 值。

　　和其他方法不同，实例构造器永远不能被继承。也就是说，类只有类自己定义的实例构造器。由于永远不能继承实例构造器，所以实例构造器不能使用以下修饰符：virtual、new、override、sealed 和 abstract。如果类没有显式定义任何构造器，那么 C# 编译器将定义一个默认 (无参) 构造器。在它的实现中，只是简单地调用了基类的无参构造器。

　　例如下面这个类：

```
public class SomeType {
}
```

　　它等价于：

```
public class SomeType {
    public SomeType() : base() { }
}
```

　　如果类的修饰符为 abstract，那么编译器生成的默认构造器的可访问性就为 protected[2]；否则，构造器会被赋予 public 可访问性。如果基类没有提供无参构造器，那么派生类必须显式调用一个基类构造器，否则编译器会报错。如果类的修饰符为 static(sealed 和 abstract)[3]，那么编译器根本不会在类的定义中生成默认构造器。

　　一个类型可以定义多个实例构造器。每个构造器都必须有不同的签名，而且每个都可以有不同的可访问性。为了使代码"可验证"(verifiable)，类的实例构造器在访问从基类继承的任何字段之前，必须先调用基类的构造器。如果派生类的构造器没有显式调用一个基类构造器，C# 编译器会自动生成对默认的基类构造器的调用。最终，System.Object 的公共无参构造器会得到调用。该构造器什么都不做，会直接返回。由于 System.Object 没有定义实例数据字段，所以它的构造器无事可做。

　　极少数时候，可以在不调用实例构造器的前提下创建类型的实例。一个典型的例子是 Object 的 MemberwiseClone 方法。该方法的作用是分配内存，初始化对象的附加字段(类型对象指针和同步块索引)，然后将源对象的字节数据复制到新对象中。

---

① 译注：这些附加的字段称为 overhead fields，overhead 是开销的意思，意味着是创建对象时必须的"开销"。
② 译注：这种类型的成员可由派生类型访问，不管这些派生类型是不是在同一个程序集中。
③ 译注：静态类在元数据中是抽象密封类。

另外，用运行时序列化器 (runtime serializer) 反序列化对象时，通常也不需要调用构造器。反序列化代码使用 System.Runtime.Serialization.FormatterServices 类型的 GetUninitializedObject 或者 GetSafeUninitializedObject 方法为对象分配内存，期间不会调用一个构造器。详情参见第 24 章。

重要提示

> 在构造器中，不要调用任何可能影响所构造对象的虚方法。原因是假如被实例化的类型重写了虚方法，那么在调用基类的构造器时，实际执行的是派生类型的虚方法实现。但在这个时候，尚未完成对继承层次结构中所有字段的初始化 (此时，派生类型的构造器还没有运行)。所以，调用虚方法的结果是无法预测的行为。[①]

C# 语言用简单的语法在构造引用类型的实例时初始化类型中定义的字段：

```
internal sealed class SomeType {
    private Int32 m_x = 5;
}
```

构造 SomeType 的对象时，它的 m_x 字段被初始化为 5。这是如何发生的呢？检查一下 SomeType 的构造器方法 (也称作 .ctor) 的 IL 代码就明白了，如下所示：

```
.method public hidebysig specialname rtspecialname
        instance void .ctor() cil managed
{
 // Code size 14 (0xe)
 .maxstack 8
 IL_0000: ldarg.0
 IL_0001: ldc.i4.5
 IL_0002: stfld   int32    SomeType::m_x
 IL_0007: ldarg.0
 IL_0008: call           instance void [mscorlib]System.Object::.ctor()
 IL_000d: ret
} // end of method SomeType::.ctor
```

可以看出，SomeType 的构造器是先将值 5 存储到字段 m_x，再调用基类的构造器。换句话说，C# 编译器提供了一个简化的语法，允许以 "内联" (其实就是嵌入) 方式初始化实例字段。但在幕后，它会将这种语法转换成构造器方法中的代码来执行初始化。这同时提醒我们注意代码的膨胀效应。如以下类定义所示：

```
internal sealed class SomeType {
    private Int32    m_x = 5;
```

---

① 译注：记住，创建派生类的实例时，首先会调用基类的构造函数，然后才会调用派生类的构造函数。这是一个自上而下的过程，从基类到派生类。

```
    private String      m_s = "Hi there";
    private Double      m_d = 3.14159;
    private Byte        m_b;

    // 下面是一些构造器
    public SomeType()           {...}
    public SomeType(Int32 x)    {...}
    public SomeType(String s)   {...; m_d=10;}
}
```

编译器为这三个构造器方法生成代码时，在每个方法的开始位置，都会包含用于初始化 m_x、m_s 和 m_d 的代码。在这些初始化代码之后，编译器会插入对基类构造器的调用。再然后，会插入构造器自己的代码。例如，对于获取一个 String 参数的构造器，编译器生成的代码首先初始化 m_x、m_s 和 m_d，再调用基类 (Object) 的构造器，再执行自己的代码 (最后是用值 10 覆盖 m_d 原先的值)。注意，即使没有代码显式初始化 m_b，m_b 也保证会被初始化为 0。

> **注意**
>
> 编译器在调用基类构造器前，会使用简化语法对所有字段进行初始化，以维持源代码给人留下的 "这些字段总是有一个值" 的印象。但是，假如基类构造器调用了虚方法并回调由派生类定义的方法，就可能出问题。在这种情况下，使用简化语法初始化的字段在调用虚方法之前就初始化好了。

由于有三个构造器，所以编译器将生成三次初始化 m_x, m_s 和 m_d 的代码——每个构造器一次。因此，如果有几个已初始化的实例字段和多个重载的构造器方法，那么可以考虑不要在定义字段的同时初始化。相反，专门创建一个构造器来执行这些公共的初始化。然后，让其他构造器都显式调用这个公共初始化构造器。这样能减少生成的代码。下例演示了如何在 C# 语言中利用 this 关键字显式调用另一个构造器：

```csharp
using System;
internal sealed class SomeType {
    // 不要显式初始化下面的字段
    private Int32       m_x;
    private String      m_s;
    private Double      m_d;
    private Byte        m_b;

    // 这个专门的构造器将所有字段都设为默认值，
    // 其他所有构造器都显式调用该构造器
    public SomeType() {
        m_x = 5;
```

```
        m_s = "Hi there";
        m_d = 3.14159;
        m_b = 0xff;
    }

    // 该构造器将所有字段都设为默认值, 然后修改 m_x
    public SomeType(Int32 x) : this() {
        m_x = x;
    }

    // 该构造器将所有字段都设为默认值, 然后修改 m_s
    public SomeType(String s) : this() {
        m_s = s;
    }

    // 该构造器将所有字段都设为默认值, 然后修改 m_x 和 m_s
    public SomeType(Int32 x, String s) : this() {
        m_x = x;
        m_s = s;
    }
}
```

8.2 实例构造器和结构（值类型）

值类型 (struct) 构造器的工作方式完全不同于引用类型 (class) 的构造器。
CLR 总是允许创建值类型的实例, 并且没有办法阻止值类型的实例化。所以, 值类
型其实并不需要定义构造器, C# 编译器根本不会为值类型内联（嵌入）默认的无参
构造器。接下来看下面的代码：

```
internal struct Point {
    public Int32 m_x, m_y;
}
internal sealed class Rectangle {
    public Point m_topLeft, m_bottomRight;
}
```

为了构造一个 Rectangle, 必须使用 new 操作符, 而且必须指定构造器。在
这个例子中, 调用的是 C# 编译器自动生成的默认构造器。为引用类型 Rectangle
的对象分配内存时, 内存中将包含 Point 值类型的两个实例。考虑到性能, CLR
不会为包含在引用类型中的每个值类型字段都主动调用构造器。但是, 如前所述,
值类型的字段会被初始化为 0 或 null。

CLR 确实允许为值类型定义构造器, 但必须显式调用才会执行。下面是一个
例子：

```
internal struct Point {
    public Int32 m_x, m_y;

    public Point(Int32 x, Int32 y) {
        m_x = x;
        m_y = y;
    }
}

internal sealed class Rectangle {
    public Point m_topLeft, m_bottomRight;

    public Rectangle() {
        // 在 C# 中，向一个值类型应用关键字 new，
        // 可以调用构造器来初始化值类型的字段
        m_topLeft    = new Point(1, 2);
        m_bottomRight= new Point(100, 200);
    }
}
```

值类型的实例构造器只有显式调用才会执行。因此，如果 Rectangle 的构造器没有使用 new 操作符来调用 Point 的构造器，从而初始化 Rectangle 的 m_topLeft 字段和 m_bottomRight 字段，那么两个 Point 字段中的 m_x 和 m_y 字段都将默认初始化为 0。

前面展示的 Point 值类型没有定义默认无参构造器。现在进行如下改写：

```
internal struct Point {
    public Int32 m_x, m_y;

    public Point() {
        m_x = m_y = 5;
    }
}

internal sealed class Rectangle {
    public Point m_topLeft, m_bottomRight;

    public Rectangle() {
    }
}
```

现在，构造一个新的 Rectangle 对象时，两个 Point 字段中的 m_x 和 m_y 字段会被初始化成多少？是 0 还是 5？（提示：小心上当！）

许多开发人员（尤其是有 C++ 语言背景的）都觉得 C# 编译器会在 Rectangle 的构造器中生成代码，为 Rectangle 的两个字段自动调用 Point 的默认无参构造器。但是，为了增强应用程序的运行时性能，C# 编译器不会自动生成这样的代码。

实际上，即便值类型提供了无参构造器，许多编译器也永远不会生成代码来自动调用它。为了执行值类型的无参构造器，开发人员必须增加显式调用值类型构造器的代码。

基于上面这一段描述，你可能会觉得，对于上述示例代码，Rectangle 类的两个 Point 字段的 m_x 和 m_y 字段都会初始化为 0，因为代码没有在任何地方显式调用了 Point 的构造器。

但我说过，这是一个容易让人上当的问题。这里的关键在于，C# 编译器根本不允许值类型定义无参构造器。所以，以上代码实际是编译不了的。试图编译以上代码时，C# 编译器会显示以下消息：error CS0568：结构不能包含显式的无参数构造器。

C# 编译器故意不允许值类型定义无参构造器，目的是防止开发人员对这种构造器在什么时候调用产生迷惑。由于不能定义无参构造器，所以编译器永远不会生成自动调用它的代码。没有无参构造器，值类型的字段总是被初始化为 0 或 null。

> **注意**
>
> 严格地说，只有当值类型的字段嵌套到引用类型中时，才保证被初始化为 0 或 null。基于栈的值类型字段则无此保证。但是，为了确保代码的 "可验证性"(verifiability)，任何基于栈的值类型字段都必须在读取之前写入(赋值)。如果允许代码先读取值类型的一个字段，再向其写入，那么会造成安全漏洞。对于基于栈的值类型中的所有字段，C# 语言和其他能生成 "可验证" 代码的编译器可以保证对它们进行 "置零"，或至少保证在读取之前赋值，确保不会在运行时因验证失败而抛出异常。所以，你完全可以忽略本 "注意" 的内容，假定自己的值类型的字段都会被初始化为 0 或 null。

注意，虽然 C# 语言不允许值类型带有无参构造器，但 CLR 允许。所以，如果不在乎前面描述的问题，可以使用另一编程语言(比如 IL 汇编语言)定义带有无参构造器的值类型。

由于 C# 语言不允许为值类型定义无参构造器，所以编译以下类型时，C# 编译器将显示消息：error CS0573："SomeValType.m_x"：结构中不能有实例字段初始值设定项。

```
internal struct SomeValType {
    // 不能在值类型中内联实例字段的初始化
    private Int32 m_x = 5;
}
```

另外，为了生成"可验证"代码，在访问值类型的任何字段之前，都需要完全对全部字段的赋值。所以，值类型的任何构造器都必须初始化值类型的全部字段。以下类型为值类型定义了一个构造器，但没有初始化值类型的全部字段：

```
internal struct SomeValType {
    private Int32 m_x, m_y;

    // C# 允许为值类型定义有参构造器
    public SomeValType(Int32 x) {
        m_x = x;
        // 注意 m_y 没有在这里初始化
    }
}
```

编译上述类型，C# 编译器会显示消息：

```
error CS0171: 在控制返回到调用方之前，字段 "SomeValType.m_y" 必须完全赋值。
```

为了修正这个问题，需要在构造器中为 m_y 赋一个值 (通常是 0)。下面是对值类型的全部字段进行赋值的一个替代方案：

```
// C# 允许为值类型定义有参构造器
public SomeValType(Int32 x) {
    // 虽说看起来很奇怪，但编译没问题，会将所有字段初始化为 0/null
    this = new SomeValType();

    m_x = x; // 用 x 覆盖 m_x 的 0
    // 注意此时 m_y 已自动初始化为 0
}
```

在值类型的构造器中，this 代表值类型本身的一个实例，用 new 创建的值类型的一个实例可以赋给 this。在 new 的过程中，会将所有字段置为零。而在引用类型的构造器中，this 被认为是只读的，所以不能对它进行赋值。

8.3 类型构造器

除了实例构造器，CLR 还支持类型构造器 (type constructor)，也称为静态构造器 (static constructor)、类构造器 (class constructor) 或者类型初始化器 (type initializer)。类型构造器可应用于接口 (虽然 C# 编译器不允许)、引用类型和值类型。实例构造器的作用是设置类型的实例的初始状态。对应地，类型构造器的作用是设置类型的初始状态。类型默认没有定义类型构造器。如果定义，也只能定义一个。此外，类型构造器永远没有参数。以下代码演示了如何在 C# 语言中为引用类型和值类型定义一个类型构造器：

```
internal sealed class SomeRefType {
    static SomeRefType() {
        // SomeRefType 首次访问时，执行这里的代码
    }
}

internal struct SomeValType{
    // C# 允许值类型定义无参的类型构造器
    static SomeValType() {
        // SomeValType 首次访问时，执行这里的代码
    }
}
```

可以看出，定义类型构造器类似于定义无参实例构造器，区别在于必须标记为 **static**。此外，类型构造器总是私有；C# 语言自动把它们标记为 **private**。事实上，如果在源代码中显式将类型构造器标记为 **private**(或其他访问修饰符)，C# 编译器会显示以下消息：**error CS0515**：静态构造函数中不允许出现访问修饰符。之所以必须私有，是为了防止任何由开发人员写的代码调用它，对它的调用总是由 CLR 负责。

> **重要提示**
> ⚠️
>
> 虽然能在值类型中定义类型构造器，但永远都不要真的那么做，因为 CLR 有时不会调用值类型的静态类型构造器。下面是一个例子：
>
> ```
> internal struct SomeValType {
>     static SomeValType() {
>         Console.WriteLine(" 这句话永远不会显示 ");
>     }
>     public Int32 m_x;
> }
>
> public sealed class Program {
>     public static void Main() {
>         SomeValType[] a = new SomeValType[10];
>         a[0].m_x = 123;
>         Console.WriteLine(a[0].m_x); // 显示 123
>     }
> }
> ```

类型构造器的调用比较麻烦。JIT 编译器在编译一个方法时，会查看代码中都引用了哪些类型。任何一个类型定义了类型构造器，JIT 编译器都会检查针对当前 AppDomain，是否已经执行了这个类型构造器。如果构造器从未执行，JIT 编译器会在它生成的本机 (native) 代码中添加对类型构造器的调用。如果类型构造器已经

执行，JIT 编译器就不添加对它的调用，因为它知道类型已经初始化好了。

现在，当方法被 JIT 编译完毕之后，线程开始执行它，最终会执行到调用类型构造器的代码。事实上，多个线程可能同时执行相同的方法。CLR 希望确保在每个 AppDomain 中，一个类型构造器只执行一次。为了保证这一点，在调用类型构造器时，调用线程要获取一个互斥线程同步锁。这样一来，如果多个线程试图同时调用某个类型的静态构造器，只有一个线程才可以获得锁，其他线程会被阻塞 (blocked)。第一个线程会执行静态构造器中的代码。当第一个线程离开构造器后，正在等待的线程将被唤醒，然后发现构造器的代码已被执行过。因此，这些线程不会再次执行那些代码，将直接从构造器方法返回。除此之外，如果再次调用这样的一个方法，CLR 知道类型构造器已被执行过，从而确保构造器不被再次调用。

注意　由于 CLR 保证一个类型构造器在每个 AppDomain 中只执行一次，而且 (这种执行) 是线程安全的，所以非常适合在类型构造器中初始化类型需要的任何单实例 (Singleton) 对象。[①]

单个线程中的两个类型构造器包含相互引用的代码可能出问题。例如，假定 ClassA 的类型构造器包含了引用 ClassB 的代码，ClassB 的类型构造器包含了引用 ClassA 的代码。在这种情况下，CLR 仍然保证每个类型构造器的代码只被执行一次；但是，完全有可能在 ClassA 的类型构造器还没有执行完毕的前提下，就开始执行 ClassB 的类型构造器。因此，应尽量避免写会造成这种情况的代码。事实上，由于是 CLR 负责类型构造器的调用，所以任何代码都不应要求以一个特定的顺序调用类型构造器。

最后，如果类型构造器抛出未处理的异常，CLR 会认为类型不可用。试图访问该类型的任何字段或方法都会抛出 System.TypeInitializationException 异常。

类型构造器中的代码只能访问类型的静态字段，并且它的常规用途就是初始化这些字段。和实例字段一样，C# 提供了一个简单的语法来初始化类型的静态字段：

```
internal sealed class SomeType {
    private static Int32 s_x = 5;
}
```

注意　虽然 C# 不允许值类型为它的实例字段使用内联字段初始化语法，但可以为静态字段使用。换句话说，如果将前面定义的 SomeType 类型从 class 改为 struct，那么代码能通过编译，而且会像大家预期的那样工作。

[①] 译注：在每个 AppDomain 中只能有一个实例，这样的类型就是单实例类型。

生成以上代码时，编译器自动为 SomeType 生成一个类型构造器，好像源代码原本就这样：

```
internal sealed class SomeType {
    private static Int32 s_x;
    static SomeType() { s_x = 5; }
}
```

使用 ILDasm.exe 查看类型构造器的 IL，很容易验证编译器实际生成的东西。类型构造器方法总是叫 .cctor(代表 class constructor)。

在以下代码中，可以看到 .cctor 方法是 private 和 static 的。另外，注意方法中的代码确实将值 5 加载到静态字段 s_x 中。

```
.method private hidebysig specialname rtspecialname static
        void .cctor() cil managed
{
  // Code size 7 (0x7)
  .maxstack 8
  IL_0000: ldc.i4.5
  IL_0001: stsfld  int32 SomeType::s_x
  IL_0006: ret
} // end of method SomeType::.cctor
```

类型构造器不应调用基类型的类型构造器。这种调用之所以没必要，是因为类型不可能有静态字段是从基类型分享或继承的。

注意
有的语言 (比如 Java) 希望在访问类型时自动调用该类型的类型构造器，并调用所有基类型的类型构造器。此外，类型所实现的接口也必须调用接口的类型构造器。[1]CLR 不支持这种行为。但是，使用由 System.Runtime.CompilerServices.RuntimeHelpers 提供的 RunClassConstructor 方法，编译器和开发人员可以实现这种行为。任何语言如果想实现这种行为，可以告诉它的编译器在一个类型的类型构造器中生成代码来调用所有基类型的这个方法。用 RunClassConstructor 方法调用一个类型构造器时，CLR 知道类型构造器之前是否执行过。如果是，CLR 不会再次调用它。

最后，假定有以下代码：

```
internal sealed class SomeType {
    private static Int32 s_x = 5;

    static SomeType() {
```

———————

[1]　译注：在 CLR 看来，接口即类型。详情请参见第 13 章"接口"。

```
    s_x = 10;
  }
}
```

在这个例子中，C# 编译器会生成单一的类型构造器方法。它首先将 s_x 初始化为 5，再把它修改成 10。换言之，当 C# 编译器为类型构造器生成 IL 代码时，它首先生成的是初始化静态字段所需的代码，然后才会添加你的类型构造器方法中显式包含的代码。

重要
提示

> 偶尔有开发人员问我，是否可以在卸载类型时执行一些代码。首先要搞清楚的是，类型只有在 AppDomain 卸载时才会卸载。AppDomain 卸载时，用于标识类型的对象 (类型对象) 将成为 "不可达" 的对象 (不再有对它的引用)，垃圾回收器会回收类型对象的内存。这个行为导致许多开发人员以为可以为类型添加一个静态 Finalize 方法。当类型卸载时，就自动地调用这个方法。遗憾的是，CLR 并不支持静态 Finalize 方法。但是，也并非完全没有办法。要在 AppDomain 卸载时执行一些代码，可以向 System.AppDomain 类型的 DomainUnload 事件登记一个回调方法。

8.4 操作符重载方法

有的语言允许类型定义操作符应该如何操作类型的实例。例如，许多类型 (比如 System.String) 都重载了相等 (==) 和不等 (!=) 操作符。CLR 对操作符重载一无所知，它甚至不知道什么是操作符。是编程语言定义了每个操作符的含义，以及当这些特殊符号出现时，应该生成什么样的代码。

例如在 C# 语言中，向基元 (类型的) 数字应用 + 符号，编译器会生成将两个数加到一起的代码。将符号 + 应用于 String 对象，C# 编译器则生成将两个字符串连接 (拼接) 到一起的代码。测试不等性时，C# 语言使用的是 != 符号，Visual Basic 语言用的则是 <>。最后，^ 在 C# 语言中的含义为异或 (XOR)，在 Visual Basic 语言中则为求幂。

虽然 CLR 对操作符一无所知，但它确实规定了语言应如何公开操作符重载，以便由另一种语言的代码使用。每种编程语言都要自行决定是否支持操作符重载。如果决定支持，还要决定用什么语法来表示和使用它们。至于 CLR，操作符重载只是方法而已。

对编程语言的选择决定了你是否获得对操作符重载的支持，以及具体的语法是什么。编译源代码时，编译器会生成一个标识操作符行为的方法。CLR 规范要求操

作符重载方法必须是 public 方法和 static 方法。另外，C# (以及其他许多语言)
要求操作符重载方法至少有一个参数的类型与当前定义这个方法的类型相同。之所
以要进行这样的限制，是为了使 C# 编译器能在合理的时间内找到要绑定的操作符
方法。

以下 C# 代码展示了在一个类中定义的操作符重载方法：[①]

```
public sealed class Complex {
    public static Complex operator+(Complex c1, Complex c2) { ... }
}
```

编译器为名为 op_Addition 的方法生成元数据方法定义项；这个方法定义项
还设置了 specialname 标志，表明这是一个 "特殊" 方法。编程语言的编译器 (包
括 C# 编译器) 看到源代码中出现一个 + 操作符时，会检查是否有一个操作数的类
型定义了名为 op_Addition 的 specialname 方法，而且该方法的参数兼容于操作
数的类型。如果存在这样的方法，编译器就生成调用它的代码。不存在这样的方法
就报告编译错误。

表 8-1 和表 8-2 总结了 C# 允许重载的一元操作符和二元操作符，以及由编译
器生成的对应的 CLS(Common Language Specification，公共语言规范) 方法名。下
一节解释这些表的第三列。

表 8-1　C# 的一元操作符及其相容于 CLS 的方法名

C# 操作符	特殊方法名	推荐的相容于 CLS 的方法名
+	op_UnaryPlus	Plus
-	op_UnaryNegation	Negate
!	op_LogicalNot	Not
~	op_OnesComplement	OnesComplement
++	op_Increment	Increment
--	op_Decrement	Decrement
(无)	op_True	IsTrue { get; }
(无)	op_False	IsFalse { get; }

---

① 译注：Complex 建模的是 "复数" 类。形如 $x + yi$(x 和 y 均为实数) 的数称为复数。其中，
x 称为实部，y 称为虚部，i 为虚数单位 (-1 的平方根)。

表 8-2 C# 的二元操作符及其相容于 CLS 的方法名

C# 操作符	特殊方法名	推荐的相容于 CLS 的方法名
+	op_Addition	Add
-	op_Subtraction	Subtract
*	op_Multiply	Multiply
/	op_Division	Divide
%	op_Modulus	Mod
&	op_BitwiseAnd	BitwiseAnd
|	op_BitwiseOr	BitwiseOr
^	op_ExclusiveOr	Xor
<<	op_LeftShift	LeftShift
>>	op_RightShift	RightShift
==	op_Equality	Equals
!=	op_Inequality	Equals
<	op_LessThan	Compare
>	op_GreaterThan	Compare
<=	op_LessThanOrEqual	Compare
>=	op_GreaterThanOrEqual	Compare

注意 检查 Framework 类库 (FCL) 的核心数值类型 (Int32，Int64 和 UInt32 等)，会发现它们没有定义任何操作符重载方法。之所以不定义，是因为编译器会 (在代码中) 专门查找针对这些基元类型执行的操作 (运算)，并生成 IL 指令来直接操作这些类型的实例。如果类型要提供方法，而且编译器要生成代码来调用这些方法，方法调用就会产生额外的运行时开销。而且，方法最后无论如何都要执行一些 IL 指令来完成你希望的操作。这正是核心 FCL 类型没有定义任何操作符重载方法的原因。对于开发人员，这意味着假如选择的编程语言不支持其中的某个 FCL 类型，便不能对该类型的实例执行任何操作。

CLR 规范定义了许多额外的可重载的操作符，但 C# 不支持这些额外的操作符。由于是非主流，所以此处不列出它们。如果对完整列表感兴趣，请访问 CLI 的 ECMA 规范 (*https://tinyurl.com/4nykrnmt*)，下载 PDF，并阅读 Partition I：Concepts and Architecture 的 I.10.3.1 节 (一元操作符) 和 I.10.3.2 节 (二元操作符)。

操作符和编程语言互操作性

操作符重载是很有用的工具，允许开发人员用简洁的代码表达自己的想法。但并不是所有编程语言都支持操作符重载。使用不支持操作符重载的语言时，语言不知道如何解释操作符 +(除非类型是该语言的基元类型)，编译器会报错。使用不支持操作符重载的编程语言时，语言应该允许你直接调用希望的 op_* 方法 (例如 op_Addition)。

即使语言不支持在一个类型中定义操作符 + 重载，该类型仍有可能提供了一个 op_Addition 方法。在这种情况下，可不可以在 C# 中使用操作符 + 来调用这个 op_Addition 方法呢？答案是否定的。C# 编译器检测到操作符 + 时，会查找关联了 specialname 元数据标志的 op_Addition 方法，以确定 op_Addition 方法是要作为操作符重载方法使用。但是，由于现在这个 op_Addition 方法是由不支持操作符重载的编程语言生成的，所以方法没有关联 specialname 标记。因此，C# 编译器会报告编译错误。当然，用任何编程语言写的代码都可以显式调用碰巧命名为 op_Addition 的方法，但编译器不会将一个 + 号的使用翻译成对这个方法的调用。

注意

> FCL 的 System.Decimal 类型 (实际是结构) 很好地演示了如何重载操作符并根据 Microsoft 设计规范使用友好的方法名 (*https://tinyurl.com/3xeszzx4*)。

微软对操作符方法的命名规则之我见

操作符重载方法什么时候能调用，什么时候不能调用，这些规则会令人感觉非常困惑。如果支持操作符重载的编译器不生成 specialname 元数据标记，规则会简单得多，而且开发人员使用提供了操作符重载方法的类型也会更轻松。在这种情况下，支持操作符重载的语言都将支持操作符符号语法，而且所有语言都将支持显式调用各种 op_ 方法。我不理解为什么微软非要把它搞得这么复杂。希望微软在编译器未来的版本中放宽这些限制。

如果一个类型定义了操作符重载方法，微软还建议类型定义更友好的公共静态 (public static) 方法，并在这种方法的内部调用操作符重载方法。例如，根据微软的设计规范，重载了 **op_Addition** 方法的类型应定义一个公共的、名字更友好的 **Add** 方法。表 8-1 和表 8-2 的第三列展示了每个操作符推荐使用的友好名称。因此，前面的示例类型 **Complex** 应该像下面这样定义：

```
public sealed class Complex {
    public static Complex operator+(Complex c1, Complex c2) { ... }
    public static Complex Add(Complex c1, Complex c2) { return(c1 + c2); }
}
```

用任何语言写的代码肯定都能调用 **Add** 这样友好的操作符方法。但是，微软建议为类型提供友好方法名的设计规范使得局面进一步复杂起来。在我看来，这种额外的复杂性完全没必要。而且，除非 JIT 编译器能内联 (直接嵌入) 友好方法的代码，否则调用它们的话可能导致额外的性能损失。内联代码使 JIT 编译器能够优化代码，移除额外的方法调用，并提升运行时性能。

8.5 转换操作符方法

有的时候，我们需要将对象从一种类型转换为另一种类型 (例如将 **Byte** 转换为 **Int32**)。当源类型和目标类型都是编译器识别的基元类型时，编译器自己就知道如何生成转换对象所需的代码。

如果源类型或目标类型不是基元类型，编译器会生成代码，要求 CLR 执行转换 (强制转型)。这种情况下，CLR 只是检查源对象的类型和目标类型 (或者从目标类型派生的其他类型) 是不是相同。但是，有时需要将对象从一种类型转换成全然不同的其他类型。例如，**System.Xml.Linq.XElement** 类允许将 XML 元素转换成 **Boolean**、**(U)Int32**、**(U)Int64**、**Single**、**Double**、**Decimal**、**String**、**DateTime**、**DateTimeOﬀset**、**TimeSpan**、**Guid** 或者所有这些类型 (**String** 除外) 的可空版本。另外，假设 FCL 包含一个 **Rational**(有理数) 类型，那么如果能将 **Int32** 或 **Single** 转换成 **Rational**，就会显得很方便；反之亦然。

为了进行这样的转换，**Rational** 类型应该定义只有一个参数的公共构造器，该参数要求是源类型的实例。还应该定义无参的公共实例方法 **ToXxx**(类似于你熟悉的 **ToString** 方法)，每个方法都将定义类型 [①] 的实例转换成 **Xxx** 类型。以下代码展示了如何为 **Rational** 类型正确定义转换构造器和方法：

```
public sealed class Rational {
    // 由一个 Int32 构造一个 Rational
```

───────────

① 译注：定义该方法的类型。

```
    public Rational(Int32 num){ ... }

    // 由一个 Single 构造一个 Rational
    public Rational(Single num){ ... }

    // 将一个 Rational 转换成一个 Int32
    public Int32 ToInt32(){ ... }

    // 将一个 Rational 转换成一个 Single
    public Single ToSingle(){ ... }
}
```

调用这些构造器和方法，使用任何编程语言的开发人员都能将 **Int32** 或 **Single** 对象转换成 **Rational** 对象，反之亦然。这些转换能给编程带来很多方便。设计类型时，应认真考虑类型需要支持的转换构造器和方法。

上一节讨论了某些编程语言如何提供操作符重载。事实上，有些编程语言 (比如 C# 语言) 还提供了转换操作符重载。转换操作符是将对象从一种类型转换成另一种类型的方法。可以使用特殊的语法来定义转换操作符方法。CLR 规范要求转换操作符重载方法必须是 **public** 方法和 **static** 方法。此外，C#(以及其他许多语言) 要求参数类型和返回类型二者必有其一与定义转换方法的类型相同。之所以要进行这个限制，是为了使 C# 编译器能在一个合理的时间内找到要绑定的操作符方法。以下代码为 **Rational** 类型添加了 4 个转换操作符方法：

```
public sealed class Rational {
    // 由一个 Int32 构造一个 Rational
    public Rational(Int32 num){ ... }

    // 由一个 Single 构造一个 Rational
    public Rational(Single num){ ... }

    // 将一个 Rational 转换成一个 Int32
    public Int32 ToInt32(){ ... }

    // 将一个 Rational 转换成一个 Single
    public Single ToSingle(){ ... }

    // 由一个 Int32 隐式构造并返回一个 Rational
    public static implicit operator Rational(Int32 num) {
        return new Rational(num);
    }

    // 由一个 Single 隐式构造并返回一个 Rational
    public static implicit operator Rational(Single num) {
        return new Rational(num);
    }
```

```
    // 由一个 Rational 显式返回一个 Int32
    public static explicit operator Int32(Rational r) {
        return r.ToInt32();
    }

    // 由一个 Rational 显式返回一个 Single
    public static explicit operator Single(Rational r) {
        return r.ToSingle();
    }
}
```

对于转换操作符方法，编译器既可生成代码来隐式调用转换操作符方法，也可只有在源代码进行了显式转型时才生成代码来调用转换操作符方法。在 C# 语言中，implicit 关键字告诉编译器为了生成代码来调用方法，不需要在源代码中进行显式转型。相反，explicit 关键字告诉编译器只有在发现了显式转型时，才调用方法。

在关键字 implicit 或 explicit 之后，要指定 operator 关键字告诉编译器该方法是一个转换操作符。在 operator 之后，指定对象要转换成什么类型。在圆括号内，则指定要从什么类型转换。

像前面那样为 Rational 类型定义了转换操作符之后，就可以写像下面这样的 C# 代码：

```
public sealed class Program {
    public static void Main() {
        Rational r1 = 5;          // Int32 隐式转型为 Rational
        Rational r2 = 2.5F;       // Single 隐式转型为 Rational

        Int32 x = (Int32) r1;     // Rational 显式转型为 Int32
        Single s = (Single) r2;   // Rational 显式转型为 Single
    }
}
```

在幕后，C# 编译器检测到代码中的转型，并内部生成 IL 代码来调用 Rational 类型定义的转换操作符方法。现在的问题是，这些方法的名称是什么？编译 Rational 类型并查看元数据，会发现编译器为定义的每个转换操作符都生成了一个方法。Rational 类型的 4 个转换操作符方法的元数据如下：

```
public static Rational          op_Implicit(Int32 num)
public static Rational          op_Implicit(Single num)
public static Int32             op_Explicit(Rational r)
public static Single            op_Explicit(Rational r)
```

可以看出，将对象从一种类型转换成另一种类型的方法总是叫做 op_Implicit 或者 op_Explicit。只有在转换不损失精度或数量级的前提下 (比如将一个 Int32 转换成 Rational)，才能定义隐式转换操作符。如果转换会造成精度或数量级的损失 (比如将 Rational 转换成 Int32)，就应该定义一个显式转换操作符。显式转换失败，应该让显式转换操作符方法抛出 OverflowException 异常或者 InvalidOperationException 异常。

> **注意** 两个 op_Explicit 方法获取相同的参数，也就是一个 Rational。但两个方法的返回类型不同，一个是 Int32，另一个是 Single。这是仅凭返回类型来区分两个方法的例子。CLR 允许在一个类型中定义仅返回类型不同的多个方法。但是，只有极少数语言支持这个能力。你可能已经注意到了，C++、C#、Visual Basic 和 Java 这几种语言都不允许在一个类型中定义仅返回类型不同的多个方法。个别语言 (比如 IL 汇编语言) 允许开发人员显式选择调用其中哪一个方法。当然，IL 汇编语言的程序员不应利用这个能力，否则定义的方法无法从其他语言中调用。虽然 C# 语言没有向 C# 程序员公开这个能力，但当一个类型定义了转换操作符方法时，C# 编译器会在内部利用这个能力。

C# 编译器提供了对转换操作符的完全支持。如果检测到代码中正在使用某个类型的对象，但实际期望的是另一种类型的对象，编译器就会查找能执行这种转换的隐式转换操作符方法，并生成代码来调用该方法。如果存在隐式转换操作符方法，编译器会在结果 IL 代码中生成对它的调用。如果编译器看到源代码是将对象从一种类型显式转换为另一种类型，就会查找能执行这种转换的隐式或显式转换操作符方法。如果找到一个，编译器就生成 IL 代码来调用它。如果没有找到合适的转换操作符方法，就报错并停止编译。

> **注意** 使用强制类型转换表达式时，C# 语言生成代码来调用显式转换操作符方法。使用 C# 语言的 as 或 is 操作符时，则永远不会调用这些语言方法 (参见 4.2 节)。

为了真正理解操作符重载方法和转换操作符方法，强烈建议将 System. Decimal 类型作为典型来研究。Decimal 定义了几个构造器，允许将对象从各种类型转换为 Decimal。还定义了几个 ToXxx 方法，允许将 Decimal 转换成其他类型。最后，Decimal 类型还定义了几个转换操作符方法和操作符重载方法。

8.6 扩展方法

理解 C# 扩展方法最好的办法就是从例子中学习。14.3.2 节会提到，StringBuilder 类提供的字符串处理方法比 String 类少。这其实是很奇怪的一件事情：由于 StringBuilder 类是可变的 (mutable)，所以它才应该是进行字符串处理的首选方式。现在，假定大家想自己定义一些缺失的方法以更方便地操作 StringBuilder。例如，也许想定义以下 IndexOf 方法：

```
public static class StringBuilderExtensions {
    public static Int32 IndexOf(StringBuilder sb, Char value) {
        for (Int32 index = 0; index < sb.Length; index++)
            if (sb[index] == value) return index;
        return -1;
    }
}
```

定义好这个方法后，可以在代码中使用它，如下所示：

```
StringBuilder sb=new StringBuilder("Hello. My name is Jeff."); // 初始字符串

// 先将句点更改为感叹号，再获取！字符的索引(5)
Int32 index = StringBuilderExtensions.IndexOf(sb.Replace('.', '!'), '!');
```

以上代码工作起来没问题，但从程序员角度看不理想。第一个问题是，要获取一个 StringBuilder 中的某个字符的索引，必须先知道 StringBuilderExtensions 类的存在。第二个问题是，代码没有反映出在 StringBuilder 对象上执行的操作的顺序，使代码很难写、读和维护。程序员希望先调用 Replace，再调用 IndexOf。但最后一行代码从左向右读，先看到的是 IndexOf，然后才看到 Replace。当然，可以像下面这样重写，使代码的行为看起来更容易理解：

```
// 首先，将句点更改成感叹号
sb.Replace('.', '!');

// 然后，获取！字符的索引(5)
Int32 index = StringBuilderExtensions.IndexOf(sb, '!');
```

但是，这两个版本都存在另一个不容忽视的问题，它影响了我们对代码行为的理解。使用 StringBuilderExtensions 显得"小题大做"，造成程序员无法专注于当前要执行的操作：IndexOf。如果 StringBuilder 类定义了自己的 IndexOf 方法，以上代码就可以如下重写：

```
// 把句点更改为感叹号，获取！字符的索引(5)
Int32 index = sb.Replace('.', '!').IndexOf('!');
```

哇哦，是不是马上就显得"高大上"了？一眼就能看出在 StringBuilder 对象中，是先将句点更改为感叹号，再获取感叹号的索引。

有了这个例子作为铺垫，就很容易理解 C# 扩展方法的意义了。它允许定义一个静态方法，并以实例方法的语法来调用。换言之，现在既能定义自己的 IndexOf 方法，又能避免上述三个问题。要将 IndexOf 方法转变成扩展方法，只需在第一个参数前添加 this 关键字：

```
public static class StringBuilderExtensions {
    public static Int32 IndexOf(this StringBuilder sb, Char value) {
        for (Int32 index = 0; index < sb.Length; index++)
            if (sb[index] == value) return index;
        return -1;
    }
}
```

现在，当编译器看到以下代码：

```
Int32 index = sb.IndexOf('X');
```

就会首先检查 StringBuilder 类或者它的任何基类是否提供了获取单个 Char 参数、名为 IndexOf 的一个实例方法。如果是，就生成 IL 代码来调用它。如果没有找到匹配的实例方法，就继续检查是否有任何静态类定义了名为 IndexOf 的静态方法，方法的第一个参数的类型和当前用于调用方法的那个表达式的类型匹配，而且该类型必须用 this 关键字标识。在本例中，表达式是 sb，类型是 StringBuilder。所以编译器会查找一个 IndexOf 方法，它有两个参数：一个 StringBuilder(用 this 关键字标记) 和一个 Char。编译器找到了这个 IndexOf 方法，所以生成相应的 IL 代码来调用这个静态方法。

好——这解释了编译器如何解决前面提到的、会影响代码理解的最后两个问题。但还没有说第一个问题是如何解决的：程序员怎么知道有这样的一个 IndexOf 方法可以用来操作 StringBuilder 对象呢？这个问题是通过 Visual Studio 的 "智能感知" 功能来解决的。在编辑器中输入句点符号，会弹出 Visual Studio 的"智能感知"窗口，列出当前可用的实例方法。现在，这个窗口还会列出可作用于句点左侧表达式类型的扩展方法。图 8-1 展示了 Visual Studio 的"智能感知"窗口；扩展方法的图标中有一个下箭头，方法旁边的"工具提示"表明该方法实际是一个扩展方法。这是相当实用的一个功能，因为现在可以轻松定义自己的方法来操作各种类型，其他程序员在使用这些类型的对象时，也能轻松地发现你的方法。

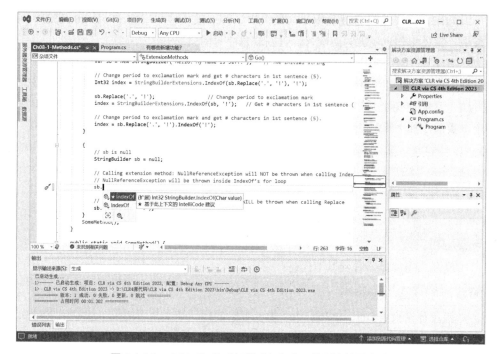

图 8-1 Visual Studio 的"智能感知"窗口能列出扩展方法

8.6.1 规则和指导原则

关于扩展方法，需要注意下面这些额外的规则和指导原则。

- C# 只支持扩展方法，不支持扩展属性、扩展事件、扩展操作符等。

- 扩展方法(第一个参数前面有 `this` 的方法)必须在非泛型的静态类中声明。然而，用于容纳扩展方法的类名没有限制，可以随便叫什么名字。当然，扩展方法至少要有一个参数，而且只有第一个参数能用 `this` 关键字标记。

- C# 编译器在静态类中查找扩展方法时，要求静态类本身必须具有文件作用域[①]。如果静态类嵌套在另一个类中，C# 编译器将显示以下消息：`error CS1109`：扩展方法必须在顶级静态类中定义；`StringBuilderExtensions` 是嵌套类。

- 由于静态类可以取任何名字，所以 C# 编译器要花一定时间来寻找扩展方法，它必须检查文件作用域中的所有静态类，并扫描它们的所有静态方法来查找一个匹配。为增强性能，并避免找到非你所愿的扩展方法，C# 编译器要求"导入"扩展方法。例如，如果有人在 `Wintellect` 命名空间中定义了

---

① 译注：类要具有整个文件的作用域，而不能嵌套在某个类中而只具有该类的作用域。

一个 StringBuilderExtensions 类，那么程序员为了访问这个类的扩展
方法，必须在其源代码文件顶部写一条 using Wintellect; 指令。

- 多个静态类可以定义相同的扩展方法。如果编译器检测到存在两个或多个
扩展方法，就会显示以下消息：error CS0121：在以下方法或属性之间的
调用不明确："StringBuilderExtensions.IndexOf(string, char)"
和 "AnotherStringBuilderExtensions.IndexOf(string, char)"。
要想修正这个错误，必须修改源代码。具体地说，不能再用实例方法语法
来调用这个静态方法。相反，必须使用静态方法语法。换言之，必须显式
指定静态类的名称，明确告诉编译器要调用哪个方法。

- 使用这个功能须谨慎，一个原因是并非所有程序员都熟悉它。例如，用
一个扩展方法扩展一个类型时，同时也扩展了派生类型。所以，不要将
System.Object 作为扩展方法的第一个参数，否则这个方法在所有表达式
类型上都能调用，造成 Visual Studio 的"智能感知"窗口被填充太多垃圾信息。

- 扩展方法可能存在版本控制问题。如果 Microsoft 未来为他们的
StringBuilder 类添加了 IndexOf 实例方法，而且和我的代码调用的原型
一样，那么在重新编译我的代码时，编译器会绑定到 Microsoft 的 IndexOf
实例方法，而不是我的静态 IndexOf 方法。这样我的程序就会有不同的行为。
版本控制问题是使用扩展方法须谨慎的另一个原因。

8.6.2 用扩展方法扩展各种类型

前面演示了如何为 StringBuilder 类定义扩展方法。我要指出的一个问题是，
由于扩展方法实际是对一个静态方法的调用，所以 CLR 不会生成代码对调用方法
的表达式的值进行 null 值检查 (不保证它非空)：

```
// sb 为 null
StringBuilder sb = null;

// 调用扩展方法： NullReferenceException 异常不会在调用 IndexOf 时抛出，
// 相反，NullReferenceException 是在 IndexOf 内部的 for 循环中抛出的
sb.IndexOf('X');

// 调用实例方法：NullReferenceException 异常会在调用 Replace 时抛出
sb.Replace('.', '!');
```

还要注意，可以为接口类型定义扩展方法，如下所示：

```
public static void ShowItems<T>(this IEnumerable<T> collection) {
    foreach (var item in collection)
        Console.WriteLine(item);
}
```

任何表达式，只要它最终的类型实现了 IEnumerable<T> 接口，就能调用上述扩展方法：

```
public static void Main() {
    // 每个 Char 在控制台上单独显示一行
    "Grant".ShowItems();

    // 每个 String 在控制台上单独显示一行
    new[] { "Jeff", "Kristin" }.ShowItems();

    // 每个 Int32 在控制台上单独显示一行
    new List<Int32>() { 1, 2, 3 }.ShowItems();
}
```

重要
提示

> 扩展方法是微软的 LINQ(Language Integrated Query，语言集成查询) 技术的基础。要想仔细研究提供了大量扩展方法的一个典型的类，请自行在文档中查看静态类 System.Linq.Enumerable 及其所有静态扩展方法。这个类中的每个扩展方法都扩展了 IEnumerable 或 IEnumerable<T> 接口。

还可以为委托类型定义扩展方法，如下所示：

```
public static void InvokeAndCatch<TException>(this Action<Object> d, Object o)
    where TException : Exception {
    try { d(o); }
    catch (TException) { }
}
```

下面演示了如何调用它 [①]:

```
Action<Object> action = o =>
            Console.WriteLine(o.GetType()); // 抛出 NullReferenceException
action.InvokeAndCatch<NullReferenceException>(null); // 吞噬 NullReferenceException
```

还可为枚举类型添加扩展方法(15.3 节"向枚举类型添加方法"展示了一个例子)。

最后，C# 编译器允许创建委托 (参见第 17 章"委托") 来引用一个对象上的扩展方法：

```
public static void Main () {
    // 创建一个 Action 委托 ( 实例 ) 来引用静态 ShowItems 扩展方法，
    // 并初始化第一个实参来引用字符串 "Jeff"
    Action a = "Jeff".ShowItems;
    ...
```

---

① 译注：对"吞噬"异常的解释请参见 20.8.2 节。

```
    // 调用 (Invoke) 委托，后者调用 (call)① ShowItems，
    // 并向它传递对字符串 "Jeff" 的引用
    a();
}
```

在以上代码中，C# 编译器生成 IL 代码来构造一个 **Action** 委托。创建委托时，会向构造器传递应调用的方法，同时传递一个对象引用，这个引用应传给方法的隐藏 **this** 参数。正常情况下，创建引用静态方法的委托时，对象引用是 **null**，因为静态方法没有 **this** 参数。但在这个例子中，C# 编译器生成特殊代码创建一个委托来引用静态方法 (**ShowItems**)，而静态方法的目标对象是对 **"Jeff"** 字符串的引用。稍后，当这个委托被调用 (invoke) 时，CLR 会调用 (call) 静态方法，并向其传递对 **"Jeff"** 字符串的引用。这是编译器耍的小"花招"，但效果不错，而且只要你不去细想内部发生的事情，整个过程还是感觉非常自然的。

8.6.3 ExtensionAttribute 类

扩展方法的概念要不是 C# 特有的就好了！具体地说，我们希望程序员能用一种编程语言定义一组扩展方法，并让其他语言的程序员利用它们。要实现这一点，选择的编译器必须能够搜索静态类型和方法来寻找匹配的扩展方法。另外，速度慢了还不行。编译器必须快速完成上述搜索，将编译时间控制在合理范围内。

在 C# 语言中，一旦用 **this** 关键字标记了某个静态方法的第一个参数，编译器就会在内部向该方法应用一个定制特性。该特性会在最终生成的文件的元数据中持久性地存储下来。该特性在 System.Core.dll 程序集中定义，它看起来像下面这样：

```
// 在 System.Runtime.CompilerServices 命名空间中定义
[AttributeUsage( AttributeTargets.Method | AttributeTargets.Class
                 AttributeTargets.Assembly)]
public sealed class ExtensionAttribute : Attribute {
}
```

除此之外，任何静态类只要包含至少一个扩展方法，它的元数据中也会应用这个特性。类似地，任何程序集只要包含了至少一个符合上述特点的静态类，它的元数据中也会应用这个特性。这样一来，如果代码调用了一个不存在的实例方法，编

---

① 译注："调用一个委托实例"中的"调用"对应的是 invoke，理解为"唤出"更恰当。它和后面的"在一个对象上调用方法"中的"调用"稍有不同，后者对应的是 call。在英语的语境中，invoke 和 call 的区别在于，在执行一个所有信息都已知的方法时，用 call 比较恰当。这些信息包括要引用的类型，方法的签名以及方法名。但是，在需要先"唤出"某个东西来帮你调用一个信息不明的方法时，用 invoke 就比较恰当。但是，由于两者均翻译为"调用"不会对读者的理解造成太大的困扰，所以本书仍然采用约定俗成的方式来进行翻译，只是在必要的时候附加英文原文提醒你加以区分。

译器就能快速扫描引用的所有程序集，判断它们哪些包含了扩展方法。然后，在这些程序集中，可以只扫描包含扩展方法的静态类。在每个这样的静态类中，可以只扫描扩展方法来查找匹配。利用这个技术，代码能以最快速度编译完毕。

> **注意**
>
> ExtensionAttribute 类在 System.Core.dll 程序集中定义。这意味着，即使在编译代码时没有使用 System.Core.dll 中的任何类型，甚至没有引用 System.Core.dll，编译器生成的结果程序集仍然会嵌入对 System.Core.dll 的引用。但是，这并不是太大的问题，因为 ExtensionAttribute 仅在编译时使用；在运行时，除非应用程序使用了 System.Core.dll 程序集中的其他内容，否则不需要加载该程序集。

8.7 分部方法

假定用某个工具生成了包含类型定义的 C# 源代码文件，该工具知道在生成的代码中可能存在你想要自定义类型行为的地方。正常情况下，是让工具生成的代码调用虚方法来进行定制。工具生成的代码还必须包含虚方法的定义。另外，这些方法的实现是什么事情都不做，直接返回了事。现在，如果想定制类的行为，你可以从基类派生并定义自己的类，并重写虚方法来实现自己想要的行为。下面是一个例子：

```
// 工具生成的代码，存储在某个源代码文件中:
internal class Base {
    private String m_name;

    // 在更改 m_name 字段前调用
    protected virtual void OnNameChanging(String value) {
    }

    public String Name {
        get { return m_name; }
        set {
            OnNameChanging(value.ToUpper());      // 告诉类要进行更改了
            m_name = value;                        // 更改字段
        }
    }
}

// 开发人员生成的代码，重写了虚方法，存储在另一个源代码文件中:
internal class Derived : Base {
    protected override void OnNameChanging(string value) {
```

```
        if (String.IsNullOrEmpty(value))
            throw new ArgumentNullException("value");
    }
}
```

遗憾的是,以上代码存在两个问题。

- 类型必须是非密封的类。这个技术不能用于密封类,也不能用于值类型(值类型隐式密封)。此外,这个技术不能用于静态方法,因为静态方法不能重写。
- 效率问题。定义一个类型只是为了重写一个方法,这会浪费少量系统资源。另外,即使不想重写 **OnNameChanging** 的行为,基类代码仍需调用一个什么都不做、直接就返回的虚方法。另外,无论 **OnNameChanging** 是否访问传给它的实参,编译器都会生成对 **ToUpper** 进行调用的 IL 代码。

利用 C# 语言的分部方法功能,可以在解决上述问题的同时重写 (override) 类的行为。以下代码使用分部方法实现和以上代码完全一样的语义:

```
// 工具生成的代码,存储在某个源代码文件中:
internal sealed partial class Base {
    private String m_name;

    // 这是分部方法的声明
    partial void OnNameChanging(String value);

    public String Name {
        get { return m_name; }
        set {
            OnNameChanging(value.ToUpper());        // 通知类要进行更改了
            m_name = value;                         // 更改字段
        }
    }
}

// 开发人员生成的代码,存储在另一个源代码文件中:
internal sealed partial class Base {

    // 这是分部方法的实现,会在 m_name 更改前调用
    partial void OnNameChanging(String value) {
        if (String.IsNullOrEmpty(value))
            throw new ArgumentNullException("value");
    }
}
```

这个新版本要注意下面几个问题。

- 类现在密封(虽然并非一定如此)。事实上,类可以是静态类,甚至可以是值类型。

- 工具和开发者所生成的代码真的是一个类型定义的两个部分。要更多地了解分部类型，请参见 6.5 节。
- 工具生成的代码包含分部方法的声明。要用 partial 关键字标记，无主体（方法体）。
- 开发者生成的代码实现这个声明。该方法也要用 partial 关键字标记，有主体。

编译以上代码后，可以获得和原始代码一样的效果。现在的好处在于，可以重新运行工具，在新的源代码文件中生成新的代码，但你自己的代码是存储在一个单独的文件中的，不会受到影响。另外，这个技术可用于密封类、静态类以及值类型。

注意　在 Visual Studio 编辑器中，如果输入 partial 并按空格键，"智能感知"窗口会列出当前类型定义的、还没有匹配实现的所有分部方法声明。可以方便地从窗口中选择一个分部方法。然后，Visual Studio 会自动生成方法原型。这个功能提高了编程效率。

除此之外，分部方法还提供了另一个巨大的提升。如果不想修改工具生成的类型的行为，那么根本不需要提供自己的源代码文件。如果只是对工具生成的代码进行编译，编译器会改变生成的 IL 代码和元数据，使工具生成的代码看起来变成下面这样：

```
// 如果没有分部方法的 " 实现 " 部分,
// 那么工具生成的代码在逻辑上就等价于下面的代码
internal sealed class Base {
    private String m_name;

    public String Name {
        get { return m_name; }
        set {
            m_name = value; // 更改字段
        }
    }
}
```

也就是说，如果没有实现分部方法，编译器不会生成任何代表分部方法的元数据。此外，编译器不会生成任何调用分部方法的 IL 指令。而且，编译器不会生成对本该传给分部方法的实参进行求值的 IL 指令。在这个例子中，编译器不会生成调用 ToUpper 方法的代码。结果就是更少的元数据 /IL，运行时性能也得到了提升。

注意

分部方法的工作方式类似于 System.Diagnostics.ConditionalAttribute 特性。然而，分部方法只能在单个类型中使用，而 ConditionalAttribute 能用于有选择地调用 (invoke) 另一个类型中定义的方法。

规则和指导原则

关于分部方法，需要注意下面这些额外的规则和指导原则。

- 它们只能在分部类或结构中声明。

- 分部方法的返回类型始终是 void，任何参数都不能用 out 修饰符来标记。之所以有这两个限制，是因为方法在运行时可能不存在，所以不能将变量初始化为方法也许会返回的东西。类似地，不允许 out 参数是因为方法必须初始化它，而方法可能不存在。分部方法可以有 ref 参数，可以是泛型方法，可以是实例或静态方法，而且可以标记为 unsafe。

- 当然，分部方法的声明和实现部分必须具有完全一致的签名。如果两者都应用了定制特性，编译器会合并两个方法的特性。应用于参数的任何特性也会合并。

- 如果没有对应的实现部分，便不能在代码中创建一个委托来引用这个分部方法。这同样是由于方法在运行时不存在。编译器会报告以下消息：error CS0762：无法通过方法 "Base.OnNameChanging(string)" 创建委托，因为该方法是没有实现声明的分部方法。

- 分部方法总是被视为 private 方法，但 C# 编译器禁止在分部方法声明之前添加 private 关键字。

第 **9** 章

参数

本章内容：

- 可选参数和命名参数
- 隐式类型的局部变量
- 以传引用的方式向方法传递参数
- 向方法传递可变数量的参数
- 参数和返回类型的设计规范
- 常量性

本章重点讨论各种向方法传递参数的方式，包括如何选择性地指定参数、按名称指定参数、按引用传递参数以及如何定义方法来接受可变数量的参数。

9.1 可选参数和命名参数

设计方法的参数时，可以为部分或全部参数分配默认值。然后，调用这些方法的代码可以选择不提供部分实参，直接使用其默认值。此外，调用方法时，可以通过指定参数名称来传递实参。以下代码演示了可选参数和命名(具名)参数的用法：

```
using System;
public static class Program {
    private static Int32 s_n = 0;

    private static void M(Int32 x = 9, String s = "A",
        DateTime dt = default(DateTime), Guid guid = new Guid()) {
```

```
        Console.WriteLine("x={0}, s={1}, dt={2}, guid={3}", x, s, dt, guid);
    }

    public static void Main() {
        // 1. 等同于 M(9, "A", default(DateTime), new Guid());
        M();

        // 2. 等同于 M(8, "X", default(DateTime), new Guid());
        M(8, "X");

        // 3. 等同于 M(5, "A", DateTime.Now, Guid.NewGuid());
        M(5, guid: Guid.NewGuid(), dt: DateTime.Now);

        // 4. 等同于 M(0, "1", default(DateTime), new Guid());
        M(s_n++, s_n++.ToString());

        // 5. 等同于以下两行代码:
        // String t1 = "2"; Int32 t2 = 3;
        // M(t2, t1, default(DateTime), new Guid());
        M(s: (s_n++).ToString(), x: s_n++);
    }
}
```

运行程序得到以下输出:

```
x=9, s=A, dt=0001/1/1 0:00:00, guid=00000000-0000-0000-0000-000000000000
x=8, s=X, dt=0001/1/1 0:00:00, guid=00000000-0000-0000-0000-000000000000
x=5, s=A, dt=2023/9/22 23:11:26, guid=650de8db-dce3-4864-b055-c022e4456eef
x=0, s=1, dt=0001/1/1 0:00:00, guid=00000000-0000-0000-0000-000000000000
x=3, s=2, dt=0001/1/1 0:00:00, guid=00000000-0000-0000-0000-000000000000
```

如你所见，如果调用时省略了一个实参，C# 编译器会自动嵌入参数的默认值。对 M 的第 3 个和第 5 个调用使用了 C# 语言的命名参数功能。在这两个调用中，我为 x 显式传递了值，并指出要为名为 guid 和 dt 的参数传递实参。

向方法传递实参时，编译器按从左到右的顺序对实参进行求值。在对 M 的第 4 个调用中，s_n 的当前值 (0) 传给 x，然后 s_n 递增。随后，s_n 的当前值 (1) 作为字符串传给 s，然后继续递增到 2。使用命名参数传递实参时，编译器仍然按从左到右的顺序对实参进行求值。在对 M 的第 5 个调用中，s_n 中的当前值 (2) 被转换成字符串，并保存到编译器创建的临时变量 (t1) 中。接着，s_n 递增到 3，这个值保存到编译器创建的另一个临时变量 (t2) 中。然后，s_n 继续递增到 4。最后在调用 M 时，向它传递的实参依次是 t2，t1，一个默认 DateTime 和一个新建的 Guid。

9.1.1 规则和指导原则

如果在方法中为部分参数指定了默认值，就要注意下面几个额外的规则和指导原则。

- 可为方法、构造器方法和有参属性 (C# 索引器) 的参数指定默认值。还可为属于委托定义一部分的参数指定默认值。以后调用该委托类型的变量时可省略实参来接受默认值。

- 有默认值的参数必须放在没有默认值的所有参数之后。换言之，一旦定义了有默认值的参数，它右边的所有参数也必须有默认值。例如在前面的 M 方法定义中，如果删除 s 的默认值 ("A")，就会出现编译错误。但这个规则有一个例外："参数数组"① 这种参数必须放在所有参数 (包括有默认值的这些) 之后，而且数组本身不能有一个默认值。

- 默认值必须是编译时能确定的常量值。那么，哪些参数能设置默认值？这些参数的类型可以是 C# 认定的基元类型 (参见第 5 章的表 5-1)。还包括枚举类型，以及能设为 null 的任何引用类型。值类型的参数可将默认值设为值类型的实例，并让它的所有字段都包含零值。可以使用 default 关键字或者 new 关键字来表达这个意思；两种语法将生成完全一致的 IL 代码。在 M 方法中设置 dt 参数和 guid 参数的默认值时，分别使用的就是这两种语法。

- 不要重命名参数变量，否则任何调用者以传参数名的方式传递实参，它们的代码也必须修改。例如，在前面的 M 方法声明中，如果将 dt 变量重命名为 dateTime，对 M 的第三个调用就会造成编译器显示以下消息：error CS1739："M" 的最佳重载没有名为 "dt" 的参数。

- 如果方法从模块外部调用，更改参数的默认值具有潜在的危险性。call site② 在它的调用中嵌入默认值。如果以后更改了参数的默认值，但没有重新编译包含 call site 的代码，它在调用你的方法时就会传递旧的默认值。可以考虑将默认值 0/null 作为哨兵值使用，从而指出默认行为。这样一来，即使更改了默认值，也不必重新编译包含 call site 的全部代码。下面是一个例子：

```
// 不要这样做:
private static String MakePath(String filename = "Untitled") {
    return String.Format(@"C:\{0}.txt", filename);
}

// 而要这样做:
private static String MakePath(String filename = null) {
    // 这里使用了空接合操作符 (??); 详情参见第 19 章
```

---

① 在本章后面 9.4 节 "向方法传递可变数量的参数" 详细讨论。
② 译注：call site 是发出调用的地方，可理解成调用了一个目标方法的表达式或代码行。

```
    return String.Format(@"C:\{0}.txt", filename ?? "Untitled");
}
```

- 如果参数用 ref 或 out 关键字进行了标识，就不能设置默认值。因为没有办法为这些参数传递有意义的默认值。

使用可选或命名参数调用方法时，还要注意下面几个额外的规则和指导原则。

- 实参可按任意顺序传递，但命名实参只能出现在实参列表的尾部。
- 可按名称将实参传给没有默认值的参数，但所有必须的实参都必须传递 (无论按位置还是按名称)，编译器才能编译代码。
- C# 不允许省略逗号之间的实参，比如 M(1, ,DateTime.Now)。因为这会造成对可读性的影响，程序员将被迫去数逗号。对于有默认值的参数，如果想省略它们的实参，以传参数名的方式传递实参即可。
- 如果参数要求 ref/out，为了以传参数名的方式传递实参，请使用下面这样的语法：

```
// 方法声明:
private static void M(ref Int32 x) { ... }

// 方法调用:
Int32 a = 5;
M(x: ref a);
```

> **注意** 写 C# 代码和 Microsoft Office 的 COM 对象模型进行互操作时，C# 语言的可选参数和命名参数功能非常好用。另外，调用 COM 组件时，如果是以传引用的方式传递实参，C# 语言还允许省略 ref/out，进一步简化编码。但如果调用的不是 COM 组件，C# 语言就要求必须向实参应用 ref/out 关键字。

9.1.2 DefaultParameterValue 特性和 Optional 特性

默认和可选参数的概念要不是 C# 特有的就好了！具体地说，我们希望程序员能用一种编程语言定义一个方法，指出哪些参数是可选的，以及它们的默认值是什么。然后，另一种语言的程序员可以调用该方法。为了实现这一点，编译器必须允许调用者忽略一些实参，还必须能确定这些实参的默认值。

在 C# 语言中，一旦为参数分配了默认值，编译器就会在内部向该参数应用定制特性 System.Runtime.InteropServices.OptionalAttribute。该特性会在最终生成的文件的元数据中持久性地存储下来。另外，编译器还会向参数应用 System.Runtime.InteropServices.DefaultParameterValueAttribut

特性，并将该特性持久性存储到生成的文件的元数据中。然后，会向 `DefaultParameterValueAttribute` 的构造器传递你在源代码中指定的常量值。

　　之后，一旦编译器发现某个方法调用缺失了部分实参，就可以确定省略的是可选的实参，并从元数据中提取默认值，将值自动嵌入调用中。

9.2　隐式类型的局部变量

　　C# 语言能根据初始化表达式的类型推断方法中的局部变量的类型，如下所示：

```
private static void ImplicitlyTypedLocalVariables() {
  var name = "Jeff";
  ShowVariableType(name);          // 显示 : System.String

  // var n = null;                 // 错误，不能将 null 赋给隐式类型的局部变量
  var x = (String)null;            // 可以这样写，但意义不大
  ShowVariableType(x);             // 显示 : System.String

  var numbers = new Int32[] { 1, 2, 3, 4 };
  ShowVariableType(numbers);       // 显示 : System.Int32[]

  // 复杂类型能少打一些字
  var collection = new Dictionary<String, Single>() { { "Grant", 4.0f } };

  //显示 : System.Collections.Generic.Dictionary`2[System.String,System.Single]
  ShowVariableType(collection);

  foreach (var item in collection) {
      // 显示 : System.Collections.Generic.KeyValuePair`2[System.String,System.Single]
      ShowVariableType(item);
  }
}

private static void ShowVariableType<T>(T t) {
  Console.WriteLine(typeof(T));
}
```

　　`ImplicitlyTypedLocalVariables` 方法中的第一行代码使用 C# 语言的 `var` 关键字引入了一个新的局部变量。为了确定 `name` 变量的类型，编译器要检查赋值操作符 (=) 右侧的表达式的类型。由于 `"Jeff"` 是字符串，所以编译器推断 `name` 的类型是 `String`。为了证明编译器正确推断出类型，我写了 `ShowVariableType` 方法。这个泛型方法推断它的实参的类型并在控制台上显示。为方便阅读，我在 `ImplicitlyTypedLocalVariables` 方法内部以注释形式列出了每次调用 `ShowVariableType` 方法的显示结果。

　　ImplicitlyTypedLocalVariables 方法内部的第二个赋值 (被注释掉了) 会造成编译错误："error CS0815：无法将 <null> 赋予隐式类型化的局部变量。"这是由于 null 能隐式转型为任何引用类型或可空值类型。因此，编译器无法推断它的确切类型。但在第三个赋值语句中，我证明只要显式指定了类型 (本例是 String)，就可以将隐式类型 (化) 的局部变量初始化为 null。这样做虽然可行，但意义不大，因为可以写 String x = null; 来获得同样效果。

　　第 4 个赋值语句反映了 C# 语言"隐式类型局部变量"功能的真正价值。没有这个功能，就不得不在赋值操作符的左右两侧都指定 Dictionary<String, Single>。这不仅需要打更多的字，而且以后修改了集合类型或者任何泛型参数类型，赋值操作符两侧的代码也要修改。

　　在 foreach 循环中，我用 var 让编译器自动推断集合中的元素的类型。这证明了 var 能很好地用于 foreach，using 和 for 语句。它在对代码做实验时也很好用。例如，可以用方法的返回值初始化隐式类型的局部变量。开发方法时，则可以灵活更改返回类型。编译器能察觉到返回类型的变化，并自动更改变量的类型！当然，如果使用变量的代码没有相应地进行修改，还是像使用旧类型那样使用它，就可能无法编译。

　　在 Microsoft Visual Studio 中，鼠标放到 var 上将显示一条"工具提示"，指出编译器根据表达式推断出来的类型。在方法中使用匿名类型时必须用到 C# 的隐式类型局部变量，详情参见第 10 章"属性"。

　　不能用 var 声明方法的参数类型。原因显而易见，因为编译器必须根据在 call site 传递的实参来推断参数类型，但 call site 可能一个都没有，也可能有好多个[①]。除此之外，不能用 var 声明类型中的字段。C# 语言的这个限制是出于多方面的考虑。一个原因是字段可以被多个方法访问，而 C# 团队认为这个协定 (变量的类型) 应该显式陈述。另一个原因是一旦允许，匿名类型 (第 10 章) 就会泄露到方法的外部。

重要提示 ⚠️

> 不要混淆 dynamic 和 var。用 var 声明局部变量只是一种简化语法，它要求编译器根据表达式推断具体数据类型。var 关键字只能声明方法内部的局部变量，而 dynamic 关键字适用于局部变量、字段和参数。表达式不能转型为 var，但能转型为 dynamic。必须显式初始化用 var 声明的变量，但无需初始化 dynamic 声明的变量。欲知 C# 语言的 dynamic 类型的详情，请参见 5.5 节"dynamic 基元类型"。

---

① 译注：要么一个类型都推断不出来，要么多个推断发生冲突。

9.3 以传引用的方式向方法传递参数

　　CLR 默认所有方法参数都传值。传递引用类型的对象时，对象引用 (或者说指向对象的指针) 被传给方法。注意，引用 (或指针) 本身是传值的，这意味着方法能修改对象，而调用者能看到这些修改。对于值类型的实例，传给方法的是实例的一个副本，意味着方法将获得它专用的一个值类型实例副本，调用者中的实例不受影响。

重要提示

> 在方法中，必须知道传递的每个参数是引用类型还是值类型，因为你编写的用于操作参数的代码可能会有显著的不同。

　　CLR 允许以传引用而非传值的方式传递参数。C# 语言用关键字 out 或 ref 来为此提供支持。两个关键字都告诉 C# 编译器生成元数据来指明该参数是传引用的。编译器将生成代码来传递参数的地址，而非传递参数本身。

　　CLR 本身不区分 out 和 ref，这意味着不管使用哪个关键字，都会生成相同的 IL 代码。另外，元数据也几乎完全一致，其中只有一个 bit 除外，它用于记录声明方法时指定的是 out 还是 ref。但是，C# 编译器对这两个关键字是区别对待的，而且这个区别决定了由哪个方法负责初始化所引用的对象。如果方法的参数用 out 来标记，表明不指望调用者在调用方法之前初始化对象。被调用的方法不能一开始就直接读取参数的值，而且在返回之前必须向这个参数赋值。相反，如果方法的参数用 ref 来标记，调用者就必须在调用该方法前初始化参数的值，被调用的方法可以读取参数值以及 / 或者向参数写入。

　　对于 out 和 ref，引用类型和值类型的行为迥然有异。先看看为值类型使用 out 和 ref 的情况：

```
public sealed class Program {
    public static void Main() {
        Int32 x;                    // x 没有初始化
        GetVal(out x);              // x 不必初始化
        Console.WriteLine(x);       // 显示 "10"
    }

    private static void GetVal(out Int32 v) {
        v = 10; // 该方法必须初始化 v
    }
}
```

在以上代码中，x 在 Main 的栈帧①中声明。然后，x 的地址传递给 GetVal。GetVal 的 v 是一个指针，指向 Main 栈帧中的 Int32 值。在 GetVal 内部，v 指向的那个 Int32 被更改为 10。当 GetVal 返回时，Main 的 x 就有了一个为 10 的值，控制台上会显示 10。为大的值类型使用 out 可以提升代码的执行效率，因为它避免了在进行方法调用时复制值类型字段的实例。

下例将 out 替换成了 ref：

```
public sealed class Program {
    public static void Main(){
        Int32 x = 5;                // x 已经初始化
        AddVal(ref x);              // x 必须初始化
        Console.WriteLine(x);       // 显示 "15"
    }

    private static void AddVal(ref Int32 v) {
        v += 10; // 该方法可以使用 v 的已初始化的值
    }
}
```

在以上代码中，x 也在 Main 的栈帧中声明，并初始化为 5。然后，x 的地址传给 AddVal。AddVal 的 v 是一个指针，指向 Main 栈帧中的 Int32 值。在 AddVal 内部，v 指向的那个 Int32 要求必须是已经初始化的。因此，AddVal 可以在任何表达式中直接使用该初始值。AddVal 还可以自由更改这个值，新值会"返回给"调用者。在本例中，AddVal 将 10 加到初始值上。AddVal 返回时，Main 的 x 将包含 15，这个值会在控制台上显示出来。

综上所述，从 IL 和 CLR 的角度看，out 和 ref 是同一码事：都导致传递指向实例的一个指针。但从编译器的角度看，两者是有区别的。根据是 out 还是 ref，编译器会按照不同的标准来验证你写的代码是否正确。以下代码试图向要求 ref 参数的方法传递未初始化的值，结果是编译器报告以下错误："error CS0165：使用了未赋值的局部变量 "x"。"

```
public sealed class Program {
    public static void Main() {
        Int32 x;                    // x 没有初始化

        // 下一行代码无法通过编译，编译器将报告：
        // error CS0165: 使用了未赋值的局部变量 "x"
        AddVal(ref x);
```

---

① 译注：栈帧 (stack frame) 代表当前线程的调用栈中的一个方法调用。在执行线程的过程中进行的每个方法调用都会在调用栈中创建并压入一个 StackFrame。详情参见 4.4 节"在运行时的相互关系"。

```
        Console.WriteLine(x);
    }

    private static void AddVal(ref Int32 v) {
        v += 10; // 该方法可使用 v 的已初始化的值
    }
}
```

重要
提示

!

经常有人问我，为什么 C# 语言要求在调用方法时也必须指定 out 或 ref ？
毕竟，编译器知道被调用的方法要求的是 out 还是 ref，所以应该能正确编
译代码。事实上，C# 编译器确实能自动采取正确的操作。但是，C# 语言的
设计者认为调用者应显式表明意图。这样，在 call site(调用位置) 那里，就
可以很明显地看出被调用的方法会更改所传递的变量的值。

另外，CLR 允许根据使用的是 out 还是 ref 参数对方法进行重载。例如，在
C# 中，以下代码是合法的，可以通过编译：

```
public sealed class Point {
    static void Add(Point p) { ... }
    static void Add(ref Point p) { ... }
}
```

两个重载方法仅 out 和 ref 有别则不合法，因为两个签名的元数据完全相同。
所以，不能在上述 Point 类型中再定义以下方法：

```
static void Add(out Point p) { ... }
```

试图在 Point 类型中添加这个 Add 方法，C# 编译器会显示以下消息："Error
CS0663："Point" 不能定义仅在参数修饰符 "out" 和 "ref" 上存在区别的
重载方法。"

　　为值类型使用 out 和 ref，效果等同于以传值的方式传递引用类型。对于值类
型，out 和 ref 允许方法操纵单一的值类型实例。调用者必须为实例分配内存，被
调用者则操纵该内存 (中的内容)。对于引用类型，调用者为一个指针分配内存 (该
指针指向一个引用类型的对象)，被调用者则操纵这个指针。正因为如此，仅当方
法 "返回" 对其已知对象的引用时，为引用类型使用 out 和 ref 才有意义。以下代
码对此进行了演示：

```
using System;
using System.IO;

public sealed class Program {
```

```
public static void Main() {
    FileStream fs;    // fs 没有初始化

    // 打开第一个待处理的文件
    StartProcessingFiles(out fs);

    // 如果有更多需要处理的文件，就继续
    for (; fs != null; ContinueProcessingFiles(ref fs)) {

        // 处理一个文件
        fs.Read(...);
    }
}

private static void StartProcessingFiles(out FileStream fs) {
    fs = new FileStream(...);    // fs 必须在这个方法中初始化
}

private static void ContinueProcessingFiles(ref FileStream fs) {
    fs.Close();    // 关闭上一个操作的文件

    // 打开下一个文件；如果没有更多文件，就 " 返回 "null
    if (noMoreFilesToProcess) fs = null;
    else fs = new FileStream (...);
}
}
```

可以看出，以上代码最大的不同就是定义了一些使用了 out 或 ref 引用类型参数的方法，并用这些方法构造对象。指向新对象的指针将"返回给"调用者。还要注意，ContinueProcessingFiles 方法可以操作传给它的对象，并"返回"一个新的对象。之所以能这样做，是因为参数是用 ref 关键字来标记的。因而，以上代码可以稍微简化一下，如下所示：

```
using System;
using System.IO;

public sealed class Program {
    public static void Main() {
        FileStream fs = null; // 初始化为 null（必要的操作）

        // 打开第一个待处理的文件
        ProcessFiles(ref fs);

        // 如果有更多需要处理的文件，就继续
        for (; fs != null; ProcessFiles(ref fs)) {

            // 处理文件
```

```
            fs.Read(...);
        }
    }

    private static void ProcessFiles(ref FileStream fs) {
        // 如果先前的文件是打开的，就将其关闭
        if (fs != null) fs.Close(); // 关闭上一个操作的文件

        // 打开下一个文件；如果没有更多的文件，就 " 返回 "null
        if (noMoreFilesToProcess) fs = null;
        else fs = new FileStream (...);
    }
}
```

下例演示了如何用 **ref** 关键字实现一个用于交换两个引用类型的方法：

```
public static void Swap(ref Object a, ref Object b) {
    Object t = b; // t 代表 " 临时 "
    b = a;
    a = t;
}
```

为了交换对两个 **String** 对象的引用，你或许以为代码能像下面这样写：

```
public static void SomeMethod(){
    String s1="Jeffrey";
    String s2="Richter";

    Swap(ref s1,ref s2);
    Console.WriteLine(s1); // 显示 "Richter"
    Console.WriteLine(s2); // 显示 "Jeffrey"
}
```

但以上代码无法通过编译。问题在于，对于以传引用的方式传给方法的变量，它的类型必须与方法签名中声明的类型相同。换言之，**Swap** 预期的是两个 **Object** 引用，而不是两个 **String** 引用。为了交换两个 **String** 引用，代码要像下面这样写：

```
public static void SomeMethod() {
    String s1 = "Jeffrey";
    String s2 = "Richter";

    // 以传引用的方式传递的变量，
    // 必须和方法预期的匹配
    Object o1 = s1, o2 = s2;
    Swap(ref o1, ref o2);

    // 完事后再将 Object 转型为 String
    s1 = (String) o1;
    s2 = (String) o2;
```

```
    Console.WriteLine(s1); // 显示 "Richter"
    Console.WriteLine(s2); // 显示 "Jeffrey"
}
```

这个版本的 SomeMethod 可以通过编译，并会如预期的一样执行。传递的参数之所以必须与方法预期的参数匹配，原因是保障类型安全性。以下代码 (幸好不会编译) 演示了类型安全性是如何被破坏的：

```
internal sealed class SomeType {
    public Int32 m_val;
}

public sealed class Program {
    public static void Main() {
        SomeType st;

        // 以下代码将产生编译错误:
        // error CS1503: 参数 1: 无法从 "out SomeType" 转换为 "out object"
        GetAnObject(out st);

        Console.WriteLine(st.m_val);
    }

    private static void GetAnObject(out Object o) {
        o = new String('X', 100);
    }
}
```

在以上代码中，Main 显然预期 GetAnObject 方法返回一个 SomeType 对象。但是，由于 GetAnObject 的签名表示的是一个 Object 引用，所以 GetAnObject 可以将 o 初始化为任意类型的对象。在这个例子中，当 GetAnObject 返回 Main 时，st 引用一个 String，显然不是 SomeType 对象，所以对 Console.WriteLine 的调用肯定会失败。幸好，C# 编译器不会编译以上代码，因为 st 是一个 SomeType 引用，而 GetAnObject 要求的是一个 Object 引用。

可以通过泛型来修正这些方法，使它们按你的预期来运行。下面修正了前面的 Swap 方法：

```
public static void Swap<T>(ref T a, ref T b) {
    T t = b;
    b = a;
    a = t;
}
```

重写了 Swap 后,以下代码(和以前展示过的完全相同)就能通过编译了,而且能完美运行:

```
public static void SomeMethod(){
    String s1="Jeffrey";
    String s2="Richter";

    Swap(ref s1,ref s2);
    Console.WriteLine(s1); // 显示 "Richter"
    Console.WriteLine(s2); // 显示 "Jeffrey"
}
```

要想查看用泛型来解决这个问题的其他例子,请参见 System.Threading 命名空间中的 Interlocked 类的 CompareExchange 方法和 Exchange 方法。

9.4 向方法传递可变数量的参数

方法有时需要获取可变数量的参数。例如,System.String 类型的一些方法允许连接(拼接)任意数量的字符串,还有一些方法允许指定一组要统一格式化的字符串。

为了接收可变数量的参数,方法要像下面这样声明:

```
static Int32 Add(params Int32[] values) {
    // 注意:如果愿意,可将 values 数组传给其他方法

    Int32 sum = 0;
    if (values != null) {
        for (Int32 x = 0; x < values.Length; x++)
            sum += values[x];
    }
    return sum;
}
```

除了 params 关键字,这个方法的一切对你来说都应该是非常熟悉的。params 只能应用于方法签名中的最后一个参数。暂时忽略 params 关键字,可以明显地看出 Add 方法接收一个 Int32 类型的数组,遍历数组,将其中的 Int32 值加到一起,结果 sum 返回给调用者。

显然,可以像下面这样调用该方法:

```
public static void Main() {
    // 显示 "15"
    Console.WriteLine(Add(new Int32[] { 1, 2, 3, 4, 5 } ));
}
```

数组能用任意数量的一组元素来初始化，再传给 Add 方法进行处理。尽管以上代码可以通过编译并能正确运行，但并不好看。我们当然希望能像下面这样调用 Add 方法：

```
public static void Main() {
    // 显示 "15"
    Console.WriteLine(Add(1, 2, 3, 4, 5));
}
```

由于 params 关键字的存在，所以的确能这样做。params 关键字告诉编译器向参数应用定制特性 System.ParamArrayAttribute 的一个实例。

C# 编译器检测到方法调用时，会先检查所有具有指定名称、同时参数没有应用 ParamArray 特性的方法。找到匹配的方法，就生成调用它所需的代码。没有找到，就接着检查应用了 ParamArray 特性的方法。找到匹配的方法，编译器先生成代码来构造一个数组，填充它的元素，再生成代码来调用所选的方法。

上个例子并没有定义可获取 5 个 Int32 兼容实参的 Add 方法。但是，编译器发现在一个 Add 方法调用中传递了一组 Int32 值，而且有一个 Add 方法的 Int32 数组参数应用了 ParamArray 特性。因此，编译器认为这是一个匹配，会生成代码将实参保存到一个 Int32 类型的数组中，再调用 Add 方法并传递该数组。最终结果就是，你可以写代码直接向 Add 方法传递一组实参，而编译器会生成代码，像前面的第一个版本的方法调用那样，构造和初始化一个数组来容纳这些实参。

只有方法的最后一个参数才可以用 params 关键字 (ParamArrayAttribute) 标记。另外，这个参数只能标识一维数组 (任意类型)。可为这个参数传递 null 值，或传递对包含零个元素的一个数组的引用。以下 Add 调用能正常编译和运行，生成的结果是 0(和预期的一样)：

```
public static void Main() {
    // 以下两行都显示 "0"
    Console.WriteLine(Add());          // 向 Add 传递 new Int32[0]
    Console.WriteLine(Add(null));      // 向 Add 传递 null：更高效 ( 因为不会分配数组 )
}
```

前面所有例子都只演示了如何写方法来获取任意数量的 Int32 参数。那么，如何写方法来获取任意数量、任意类型的参数呢？答案很简单：只需修改方法原型，让它获取一个 Object[] 而不是 Int32[]。以下方法显示传给它的每个对象的类型：

```
public sealed class Program {
    public static void Main() {
        DisplayTypes(new Object(), new Random(), "Jeff", 5);
    }
}
```

```
private static void DisplayTypes(params Object[] objects) {
    if (objects != null) {
        foreach (Object o in objects)
            Console.WriteLine(o.GetType());
    }
}
```

以上代码的输出如下：

```
System.Object
System.Random
System.String
System.Int32
```

重要提示 ⚠️

注意，调用参数数量可变的方法对性能有所影响（除非显式传递 null）。毕竟，数组对象必须在堆上分配，数组元素必须初始化，而且数组的内存最终需要垃圾回收。要减小对性能的影响，可考虑定义几个没有使用 params 关键字的重载版本。关于这方面的范例，请参考 System.String 类的 Concat 方法，该方法定义了以下重载版本：

```
public sealed class String : Object, ... {
    public static string Concat(object arg0);
    public static string Concat(object arg0, object arg1);
    public static string Concat(object arg0, object arg1, object arg2);
    public static string Concat(params object[] args);

    public static string Concat(string str0, string str1);
    public static string Concat(string str0, string str1, string str2);
    public static string Concat(string str0, string str1, string str2, string str3);
    public static string Concat(params string[] values);
}
```

如你所见，Concat 方法定义了几个没有使用 params 关键字的重载版本。这是为了改善常规情形下的性能。使用了 params 关键字的重载则用于不太常见的情形；在这些情形下，性能有一定的损失。但幸运的是，这些情形本来就不常见。

9.5 参数和返回类型的设计规范

声明方法的参数类型时，应尽量指定最弱的类型，宁愿要接口也不要基类。例如，如果要写方法来处理一组数据项，最好是用接口（比如 IEnumerable<T>）

来声明参数，而不要用强数据类型 (比如 List<T>) 或者更强的接口类型 (比如 ICollection<T> 或 IList<T>)：

```
// 好：方法使用了弱参数类型
public void ManipulateItems<T>(IEnumerable<T> collection) { ... }
```

```
// 不好：方法使用了强参数类型
public void ManipulateItems<T>(List<T> collection) { ... }
```

原因是调用第一个方法时可传递数组对象、List<T> 对象、String 对象或者其他对象——只要对象的类型实现了 IEnumerable<T> 接口。相反，第二个方法只允许传递 List<T> 对象，不接受数组或 String 对象。显然，第一个方法更好，它更灵活，适合更广泛的情形。

当然，如果方法需要的是列表 (而非任何可枚举的对象)，就应该将参数类型声明为 IList<T>。但仍然要避免将参数类型声明为 List<T>。声明为 IList<T>，调用者可以向方法传递数组和实现了 IList<T> 的其他类型的对象。

注意，这里的例子讨论的是集合，是用接口体系结构来设计的。讨论使用基类体系结构设计的类时，概念同样适用。例如，要实现对流中的字节进行处理的方法，可定义以下方法：

```
// 好：方法使用了弱参数类型
public void ProcessBytes(Stream someStream) { ... }
```

```
// 不好：方法使用了强参数类型
public void ProcessBytes(FileStream fileStream) { ... }
```

第一个方法能处理任何流，包括 FileStream, NetworkStream 和 MemoryStream 等。第二个则只能处理 FileStream 流，这限制了它的应用。

与此相反的是，一般最好将方法的返回类型声明为最强的类型 (防止受限于一个特定类型)。例如，方法最好返回 FileStream 而不是 Stream 对象：

```
// 好：方法使用了强返回类型
public FileStream OpenFile() { ... }
```

```
// 不好：方法使用了弱返回类型
public Stream OpenFile() { ... }
```

第一个方法是首选的，它允许方法的调用者将返回对象视为 FileStream 对象或者 Stream 对象。但第二个方法要求调用者只能将返回对象视为 Stream 对象。总之，要确保调用者在调用方法时有尽量大的灵活性，使方法的适用范围更大。

有的时候，需要在不影响调用者的前提下修改方法的内部实现。在刚才的例子中，OpenFile 方法不太可能更改内部实现来返回除 FileStream(或 FileStream 的派生类型) 之外的其他对象。但是，如果方法返回的是 List<String> 对象，就可能想在未来的某个时候修改它的内部实现来返回一个 String[]。如果想保持一定的灵活性，于未来更改方法返回的东西，那么请事先选择一个较弱的返回类型。例如：

```
// 灵活：方法使用了较弱的返回类型
public IList<String> GetStringCollection() { ... }

// 不灵活：方法使用了较强的返回类型
public List<String> GetStringCollection() { ... }
```

在这个例子中，即使 GetStringCollection 方法在内部使用一个 List<String> 对象并返回它，但最好还是修改方法的原型，使它返回一个 IList<String>。将来，GetStringCollection 方法可以更改它的内部集合来使用一个 String[]；与此同时，不需要修改调用者的源代码。事实上，调用者甚至不需要重新编译。注意，这个例子在较弱的类型中选择的是最强的那一个。例如，它没有使用最弱的 IEnumerable<String>，也没有使用较强的 ICollection<String>。[①]

9.6　常量性

有的语言 (比如非托管 C++) 允许将方法或参数声明为常量，从而禁止实例方法中的代码更改对象的任何字段，或者更改传给方法的任何对象。CLR 没有提供这个功能，许多程序员因此觉得遗憾。既然 CLR 都不提供，面向它的任何编程语言 (包括 C#) 自然也无法提供。

首先要注意，非托管 C++ 将实例方法或参数声明为 const 只能防止程序员用一般的代码来更改对象或参数。方法内部总是可以更改对象或实参的。这要么是通过强制类型转换来去掉 “常量性”，要么通过获取对象 / 实参的地址，再向那个地址写入。从某种意义上说，非托管 C++ 向程序员撒了一个谎，使他们以为常量对象或实参不能写入 (其实可以)。

实现类型时，开发人员可以避免写操纵对象或实参的代码。例如，String 类就没有提供任何能更改 String 对象的方法，所以字符串是不可变 (immutable) 的。

此外，微软很难为 CLR 赋予验证常量对象 / 实参未被更改的能力。CLR 将不得不对每个写入操作进行验证，确定该写入针对的不是常量对象。这对性能的影响非常大。当然，如果检测到有违反常量性的地方，会造成 CLR 抛出异常。此外，

---

① 译注：IList 继承自 ICollection，ICollection 继承自 IEnumerable。作者的意思是说，在这三个比 List<String> 都弱的类型中 “矮个子里挑高个儿”，选择最强的 IList。

如果支持常量性，还会给开发人员带来大量复杂性。例如，如果类型是不可变的，它的所有派生类型都不得不遵守这个约定。除此之外，在不可变的类型中，字段也必须不可变。

考虑到这些原因以及其他许多原因，CLR 没有提供对常量对象 / 实参的支持。

第 10 章

属性

本章内容:

- 无参属性
- 有参属性
- 调用属性访问器方法时的性能
- 属性访问器的可访问性
- 泛型属性访问器方法

本章讨论属性 (property)，它允许源代码用简化语法来调用方法。CLR 支持两种属性：无参属性，平时说的属性就是指它；有参属性，它在不同的编程语言中有不同的称呼。例如，C# 语言将有参属性称为索引器，Visual Basic 语言将有参属性称为默认属性。还要讨论如何使用"对象和集合初始化器"来初始化属性，以及如何用 C# 语言的匿名类型和 System.Tuple 类型将多个属性打包到一起。

10.1 无参属性

许多类型都定义了能被获取或更改的状态信息。这种状态信息一般作为类型的字段成员实现。例如，以下类型定义包含两个字段：

```
public sealed class Employee {
    public String Name;              // 员工姓名
    public Int32 Age;                // 员工年龄
}
```

创建该类型的实例后，可以使用以下形式的代码轻松获取 (get) 或设置 (set) 它的状态信息：

```
Employee e = new Employee();
e.Name = "Jeffrey Richter";        // 设置员工姓名
e.Age = 45;                        // 设置员工年龄

Console.WriteLine(e.Name);         // 显示 "Jeffrey Richter"
```

这种查询和设置对象状态信息的做法十分常见。但我必须争辩的是，永远都不应该像这样实现。面向对象设计和编程的重要原则之一就是数据封装，这意味着类型的字段永远不应该公开，否则很容易因为不恰当使用字段而破坏对象的状态。例如，以下代码可以很容易地破坏一个 Employee 对象：

```
e.Age = -5;        // 怎么可能有人是 -5 岁呢?
```

还有其他原因促使我们封装对类型中的数据字段的访问。其一，你可能希望访问字段来执行一些副作用[1]、缓存某些值或者推迟创建一些内部对象[2]。其二，你可能希望以线程安全的方式访问字段。其三，字段可能是一个逻辑字段，它的值不由内存中的字节表示，而是通过某个算法来计算获得。

基于上述原因，强烈建议将所有字段都设为 private。要允许用户或类型获取或设置状态信息，就公开一个针对该用途的方法。封装了字段访问的方法通常称为访问器 (accessor) 方法。访问器方法可选择对数据的合理性进行检查，确保对象的状态永远不被破坏。例如，我将上一个类重写为以下形式：

```
public sealed class Employee {
    private String m_Name;        // 字段现在是私有的
    private Int32 m_Age;          // 字段现在是私有的

    public String GetName() {
        return(m_Name);
    }

    public void SetName(String value) {
        m_Name = value;
    }

    public Int32 GetAge() {
        return(m_Age);
    }
}
```

---

[1] 译注：即 side effect；在计算机编程中，如果一个函数或表达式除了生成一个值，还会造成状态的改变，就说它会造成副作用；或者说会执行一个副作用。

[2] 译注：推迟创建对象是指在对象第一次需要时才真正创建它。

```
    public void SetAge(Int32 value) {
        if (value < 0)
            throw new ArgumentOutOfRangeException("value",
                value.ToString(),
                "The value must be greater than or equal to 0");
        m_Age = value;
    }
}
```

虽然这只是一个简单的例子，但还是可以看出数据字段封装带来的巨大好处。另外可以看出，实现只读属性或只写属性是多么简单！只需选择不实现一个访问器方法即可。另外，将 **SetXxx** 方法标记为 **protected**，就可以只允许派生类型修改值。

但是，像这样进行数据封装有两个缺点。首先，因为不得不实现额外的方法，所以必须写更多的代码；其次，类型的用户必须调用方法，而不能直接引用字段名：

```
e.SetName("Jeffrey Richter" );          // 更新员工姓名
String EmployeeName = e.GetName();       // 获取员工姓名
e.SetAge(41);                            // 更新员工年龄
e.SetAge(-5);                            // 抛出 ArgumentOutOfRangeException 异常
Int32 EmployeeAge = e.GetAge();          // 获取员工年龄
```

我个人认为这些缺点微不足道。不过，编程语言和 CLR 还是提供了一个称为属性 (property) 的机制。它缓解了第一个缺点所造成的影响，同时完全消除了第二个缺点。

下面的类使用了属性，它与前面定义的类功能相同：

```
public sealed class Employee {
    private String m_Name;
    private Int32 m_Age;

    public String Name {
        get { return (m_Name); }
        set { m_Name = value; } // 关键字 value 总是代表新值
    }

    public Int32 Age {
        get { return (m_Age); }
        set {
            if (value < 0)   // 关键字 value 总是代表新值
                throw new ArgumentOutOfRangeException("value",
                    value.ToString(),
                    "The value must be greater than or equal to 0");
            m_Age = value;
        }
    }
}
```

如你所见，属性使类型的定义稍微复杂了一些，但由于属性允许采用以下形式来写代码，所以额外的付出还是值得的：

```
e.Name = "Jeffrey Richter";       // set 员工姓名
String EmployeeName = e.Name;     // get 员工姓名
e.Age = 41;                       // set 员工年龄
e.Age = -5;                       // 抛出 ArgumentOutOfRangeException 异常
Int32 EmployeeAge = e.Age;        // get 员工年龄
```

可将属性想象成智能字段，即背后有额外逻辑的字段。CLR 支持静态、实例、抽象和虚属性。另外，属性可用任意"可访问性"修饰符来标记 (详情参见第 6.3 节"成员的可访问性")，而且可以在接口中定义 (详情参见第 13 章"接口")。

每个属性都有名称和类型 (类型不能是 void)。属性不能重载，即不能定义名称相同、类型不同的两个属性。定义属性时通常同时指定 get 和 set 这两个方法。但可省略 set 方法来定义只读属性，或省略 get 方法来定义只写属性。

经常利用属性的 get 方法和 set 方法操纵类型中定义的私有字段。私有字段通常称为支持字段 (backing field)。但 get 方法和 set 方法并非一定要访问支持字段。例如，System.Threading.Thread 类型提供了 Priority 属性来直接和操作系统通信。Thread 对象内部没有一个关于线程优先级的字段。没有支持字段的另一种典型的属性是在运行时计算的只读属性。例如，以 0 结束的一个数组的长度或者已知高度和宽度的一个矩形的面积。

定义属性时，取决于属性的定义，编译器在最后的托管程序集中生成以下两项或三项：

- 代表属性 get 访问器的方法。仅在属性定义了 get 访问器方法时生成；
- 代表属性 set 访问器的方法。仅在属性定义了 set 访问器方法时生成；
- 托管程序集元数据中的属性定义。这一项必然生成。

以前面的 Employee 类型为例。编译器编译该类型时发现其中的 Name 和 Age 属性。由于两者都有 get 和 set 访问器方法，所以编译器在 Employee 类型中生成 4 个方法定义，这造成原始代码似乎是像下面这样写的：

```
public sealed class Employee {
    private String              m_Name;
    private Int32               m_Age;

    public String get_Name() {
        return m_Name;
    }
    public void   set_Name(String value) {
        m_Name = value;   // 实参 value 总是代表新设的值
    }

    public Int32 get_Age() {
```

```
        return m_Age;
    }

    public void set_Age(Int32 value) {
        if (value < 0)   // value 总是代表新值
            throw new ArgumentOutOfRangeException("value",
                value.ToString(),
                "The value must be greater than or equal to 0");
        m_Age = value;
    }
}
```

　　编译器在指定的属性名之前自动附加 **get_** 前缀或 **set_** 前缀来生成方法名。
C# 语言内建了对属性的支持。C# 编译器发现代码试图获取或设置属性时，实际会
生成对上述某个方法的调用。即使编程语言不直接支持属性，也可调用需要的访问
器方法来访问属性。效果一样，只是代码看起来没那么优雅。

　　除了生成访问器方法，针对源代码中定义的每一个属性，编译器还会在托管程
序集的元数据中生成一个属性定义项。在这个记录项中，包含了一些标志(flag) 以
及属性的类型。另外，它还引用了访问器方法 **get** 和 **set**。这些信息唯一的作用就
是在 "属性" 这种抽象概念与它的访问器方法之间建立起一个联系。编译器和其他
工具可以利用这种元数据信息 (使用 System.Reflection.PropertyInfo 类来获
得)。CLR 不使用这种元数据信息，在运行时只需要访问器方法。

10.1.1　自动实现的属性

　　如果只是为了封装一个支持字段而创建属性，C# 语言还提供了一种更简洁
的语法，称为自动实现的属性 (Automatically Implemented Property，后文简称为
AIP)，例如下面的 Name 属性：

```
public sealed class Employee {
    // 自动实现的属性
    public String Name { get; set; }

    private Int32 m_Age;

    public Int32 Age {
        get { return(m_Age); }
        set {
            if (value < 0)      // value 关键字总是代表新值
                throw new ArgumentOutOfRangeException("value",
                    value.ToString(),
                    "The value must be greater than or equal to 0");
            m_Age = value;
        }
    }
}
```

}

声明属性而不提供 get/set 方法的实现，C# 语言会自动为你声明一个私有字段。在本例中，字段的类型是 String，也就是属性的类型。另外，编译器会自动实现 get_Name 和 set_Name 方法，分别返回和设置字段中的值。

和直接声明名为 Name 的 public String 字段相比，AIP 的优势在哪里？事实上，两者存在一处重要的区别。使用 AIP，意味着你已经创建了一个属性。访问该属性的任何代码实际都会调用 get 方法和 set 方法。如果以后决定自己实现 get 方法和 / 或 set 方法，而不是接受编译器的默认实现，访问属性的任何代码都不必重新编译。然而，如果将 Name 声明为字段，以后又想把它更改为属性，那么访问字段的所有代码都必须重新编译才能访问属性方法。

- 我个人不喜欢编译器的 AIP 功能，通常会避免使用它。理由是：字段声明语法可以包含初始化部分，这样就可以在一行代码中声明并初始化字段。但是，没有简单的语法初始化 AIP。因此，必须在每个构造器方法中显式初始化每个 AIP。
- 运行时序列化引擎将字段名持久存储到序列化的流中。AIP 的支持字段名称由编译器决定，每次重新编译代码都可能更改这个名称。因此，任何类型只要含有一个 AIP，就没办法对该类型的实例进行反序列化。在任何想要序列化或反序列化的类型中，都不要使用 AIP 功能。
- 调试时不能在 AIP 的 get 或 set 方法上添加断点，所以不好检测应用程序在什么时候获取或设置这个属性。相反，手动实现的属性可以设置断点，追踪错误时更方便。

还要注意，如果使用 AIP，属性必然是可读和可写的。换言之，编译器肯定同时生成 get 和 set 方法。这很合理，对于一个只写的字段，它的值不能读取有什么用呢？类似地，只读字段肯定具有默认值。另外，由于不知道编译器生成的支持字段到底是什么名字，所以代码只能用属性名访问属性。而且，如果你决定显式实现任何访问器方法 (get 或 set)，那么两个访问器方法都必须显式实现，这时也就用不上 AIP 了。换言之，AIP 是作用于整个属性的；要么都用，要么都不用。不能显式实现一个访问器方法，而让另一个自动实现。

10.1.2 合理定义属性

我个人不喜欢属性，我还希望微软的 .NET Framework 及其编程语言不要提供对属性的支持。理由是属性看起来和字段相似，但本质是方法。这造成了大量误解。程序员在看到貌似访问字段的代码时，会做出一些对属性来说不成立的假定，具体如下所示。

- 属性可以只读或只写，而字段访问总是可读和可写的（一个例外是 readonly 字段仅在构造器中可写）。如果定义属性，最好同时为它提供访问器方法 get 和 set。

- 属性方法可能抛出异常；字段访问永远不会。

- 属性不能作为 out 或 ref 参数传给方法，而字段可以。例如以下代码是无法编译的：

```
using System;

public sealed class SomeType {
    private static String Name {
        get { return null; }
        set {}
    }

    static void MethodWithOutParam(out String n) { n = null; }

    public static void Main() {
        // 对于下一行代码，C# 编译器将报告以下错误消息：
        // error CS0206: 属性或索引器不能作为 out 或 ref 参数传递
        MethodWithOutParam(out Name);
    }
}
```

- 属性方法可能花较长时间执行，字段访问则总是立即完成。许多人使用属性是为了线程同步，这就可能造成线程永远阻塞。所以，要线程同步就不要使用属性，而要使用方法。此外，如果大家写的类可以被远程访问（例如，在类从 System.MashalByRefObject 派生的情况下），那么调用属性方法会非常慢。在这种情况下，应该优先使用方法而不是属性。我个人认为，从 MashalByRefObject 派生的类永远都不应该使用属性。

- 连续多次调用，属性方法每次都可能返回不同的值，字段则每次都返回相同的值。例如，System.DateTime 类的只读属性 Now 返回当前日期和时间。每次查询这个属性都返回不同的值。这是一个错误，微软现在很想修正这个错误，将 Now 改成方法而不是属性。Environment 类的 TickCount 属性也是微软犯的一个错。

- 属性方法可能造成可观察到的副作用[①]，字段访问则永远不会。类型的使用者应该能按照他／她选择的任何顺序设置类型定义的各个属性，而不会造成类型中（因为设置顺序的不同）出现不同的行为。

---

① 译注：这里的副作用 (side effect) 是指，访问属性时，除了单纯设置或获取属性，还会造成对象状态的改变。如果存在多个副作用，程序的行为就要依赖于历史；或者说要依赖于求值顺序。如果以不同顺序设置属性，而类型每一次的行为都不同，那么显然是不合理的。

- 属性方法可能需要额外的内存，或者返回的引用并非指向对象状态一部分，造成对返回对象的修改作用不到原始对象身上。而查询字段所返回的引用总是指向原始对象状态的一部分。使用会返回一个拷贝的属性很容易引起混淆，文档经常也没有对此进行专门说明。①

属性和 Visual Studio 调试器

Microsoft Visual Studio 允许在调试器的监视窗口中输入一个对象的属性。这样一来，每次遇到一个断点，调试器都会调用属性的 get 访问器方法，并显示返回值。这个技术在追踪错误时很有用，但也有可能造成 bug，并损害调试性能。例如，假定为"网络共享"中的文件创建了一个 FileStream，然后将 FileStream 的 Length 属性添加到调试器的监视窗口中。现在，每次遇到一个断点，调试器都会调用 Length 的 get 访问器方法，该方法内部向服务器发出一个网络请求来获取文件的当前长度。这显著影响了性能！

类似地，假定属性的 get 访问器方法有一个"副作用"，那么每次抵达断点，都会执行该"副作用"。例如，假定属性的 get 访问器方法在每次调用时都会递增一个计数器(一个"副作用")，那么每次抵达断点，都会递增这个计数器。考虑到可能有这样的问题，Visual Studio 允许为监视窗口中显示的属性关闭属性求值。要在 Visual Studio 中关闭属性求值，请选择"工具"|"选项"|"调试"|"常规"。然后，在如图 10-1 所示的列表框中，清除勾选"启用属性求值和其他隐式函数调用"。注意，即使清除了这个选项，仍可将属性添加到监视窗口，然后手动强制 Visual Studio 对它进行求值。为此，单击监视窗口"值"列中的强制求值圆圈即可。

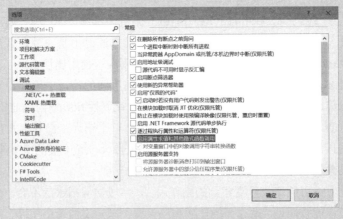

图 10-1 Visual Studio 的常规调试设置

---

① 译注：指开发人员在文档中没有清楚地指明这是属性，而且返回的是一个拷贝，因而导致其他人在使用这个类时产生混淆。

我发现，现在的人对属性的依赖有过之而无不及，经常是不管有没有必要都使用属性。仔细研究一下上面的属性与字段区别列表，你会发现只有在极个别的情况下，定义属性才真正有用，同时不会造成开发人员的混淆。属性唯一的好处就是提供了简化的语法。和调用普通方法 (非属性中的方法) 相比，属性不仅不会提升代码的性能，还会妨碍对代码的理解。要是我参与 .NET Framework 以及编译器的设计，根本就不会提供属性；相反，我会让程序员老老实实地实现 GetXxx 和 SetXxx 方法。然后，编译器可以提供一些特殊的、简化的语法来调用这些方法。但是，我希望编译器使用有别于字段访问的语法，使程序员能真正理解自己正在做什么——是在调用一个方法！

10.1.3 对象和集合初始化器

经常要构造一个对象并设置对象的一些公共属性 (或字段)。为了简化这种常见的编程模式，C# 语言支持一种特殊的对象初始化语法。下面是一个例子：

```
Employee e = new Employee() { Name = "Jeff", Age = 45 };
```

这个语句做了好几件事情，包括构造一个 Employee 对象，调用它的无参构造器，将它的公共 Name 属性设为 "Jeff"，并将公共 Age 属性设为 45。事实上，这一行代码等价于以下几行代码（可以自行检查两者的 IL 代码来加以验证）：

```
Employee e = new Employee();
e.Name = "Jeff";
e.Age = 45;
```

对象初始化器语法真正的好处在于，它允许在表达式的上下文 (相对于语句的上下文) 中编码，允许组合多个函数，进而增强了代码的可读性。例如，现在可以写这样的代码：

```
String s = new Employee() { Name = "Jeff", Age = 45 }.ToString().ToUpper();
```

这个语句做的事情更多，首先仍然是构造一个 Employee 对象，调用它的构造器，再初始化两个公共属性。然后，在结果表达式上，先调用 ToString，再调用 ToUpper。要深入了解函数的组合使用，请参见 8.6 节 "扩展方法"。

作为一个小的补充，如果想调用的本来就是一个无参构造器，C# 还允许省略起始大括号之前的圆括号。下面这行代码生成与上一行相同的 IL：

```
String s = new Employee { Name = "Jeff", Age = 45 }.ToString().ToUpper();
```

如果属性的类型实现了 IEnumerable 或 IEnumerable<T> 接口，属性就被认为是集合，而集合的初始化是一种相加 (additive) 操作，而非替换 (replacement) 操作。例如，假定有下面这个类定义：

```
public sealed class Classroom {
    private List<String> m_students = new List<String>();
    public List<String> Students { get { return m_students; } }

    public Classroom() {}
}
```

现在可以写代码来构造一个 Classroom 对象，并像下面这样初始化 Students 集合：

```
public static void M() {
    Classroom classroom = new Classroom {
        Students = { "Jeff", "Kristin", "Aidan", "Grant" }
    };

    // 显示教室中的 4 个学生
    foreach (var student in classroom.Students)
        Console.WriteLine(student);
}
```

编译以上代码时，编译器发现 Students 属性的类型是 List<String>，而且这个类型实现了 IEnumerable<String> 接口。现在，编译器假定 List<String> 类型提供了一个名为 Add 的方法 (因为大多数集合类都提供了 Add 方法将数据项添加到集合)。然后，编译器生成代码来调用集合的 Add 方法。所以，以上代码会被编译器转换成下面这样：

```
public static void M() {
    Classroom classroom = new Classroom();
    classroom.Students.Add("Jeff");
    classroom.Students.Add("Kristin");
    classroom.Students.Add("Aidan");
    classroom.Students.Add("Grant");

    // 显示教室中的 4 个学生
    foreach (var student in classroom.Students)
        Console.WriteLine(student);
}
```

如果属性的类型实现了 IEnumerable 或 IEnumerable<T>，但未提供 Add 方法，编译器就不允许使用集合初始化语法向集合中添加数据项；相反，编译器报告以下消息：error CS0117: "System.Collections.Generic.IEnumerable<string>" 不包含 "Add" 的定义。

有的集合的 Add 方法要获取多个实参，比如 Dictionary 的 Add：

```
public void Add(TKey key, TValue value);
```

通过在集合初始化器中嵌套大括号的方式，可以向 Add 方法传递多个实参，如下所示：

```
var table = new Dictionary<String, Int32> {
    { "Jeffrey", 1 }, { "Kristin", 2 }, { "Aidan", 3 }, { "Grant", 4 }
};
```

　　它等价于以下代码：

```
var table = new Dictionary<String, Int32>();
table.Add("Jeffrey", 1);
table.Add("Kristin", 2);
table.Add("Aidan", 3);
table.Add("Grant", 4);
```

10.1.4 匿名类型

　　利用 C# 语言的匿名类型功能，可以用很简洁的语法来自动声明不可变 (immutable) 的元组类型。元组 ① 类型是含有一组属性的类型，这些属性通常以某种方式相互关联。在以下代码的第一行中，我定义了含有两个属性 (String 类型的 Name 和 Int32 类型的 Year) 的类，构造了该类型的实例，将 Name 属性设为 "Jeff"，将 Year 属性设为 1964：

```
// 定义类型，构造实例，并初始化属性
var o1 = new { Name = "Jeff", Year = 1964 };

// 在控制台上显示属性：Name=Jeff, Year=1964
Console.WriteLine("Name={0}, Year={1}", o1.Name, o1.Year);
```

　　第一行代码创建了匿名类型，我没有在 new 关键字后指定类型名称，所以编译器会自动创建类型名称，而且不会告诉我这个名称具体是什么 (这正是匿名的含义)。这行代码使用上一节讨论的"对象初始化器"语法来声明属性，同时初始化这些属性。另外，由于我 (开发人员) 不知道编译时的类型名称，也就不知道变量 o1 声明为什么类型。但这不是问题，因为可以像第 9 章讨论过的那样使用 C# 语言的 "隐式类型局部变量" 功能 (var)。它的作用是告诉编译器根据赋值操作符 = 右侧的表达式推断类型。

　　现在，让我们将注意力放在编译器实际做的事情上面。在遇到下面这行代码时：

```
var o = new { 属性 1 = 表达式 1, ..., 属性 N = 表达式 N };
```

　　编译器会推断每个表达式的类型，创建推断类型的私有字段，为每个字段创建公共只读属性，并创建一个构造器来接收所有这些表达式。在构造器的代码中，会用传给它的表达式的求值结果来初始化私有只读字段。除此之外，编译器还会重写

---

① 元组 (tuple) 一词来源于对顺序的抽象：single、double、triple、quadruple、quintuple 以及 n-tuple。

Object 的 Equals 方法、GetHashCode 方法和 ToString 方法，并生成所有这些方法中的代码。最终，编译器生成的类看起来像下面这样：

```
[CompilerGenerated]
internal sealed class <>f__AnonymousType0<...>: Object {
    private readonly t1 f1;
    public t1 p1 { get { return f1; } }


    ...

    private readonly tn fn;
    public tn pn { get { return fn; } }

    public <>f__AnonymousType0<...>(t1 a1, ..., tn an) {
        f1 = a1; ...; fn = an; // 设置所有字段
    }

    public override Boolean Equals(Object value) {
        // 任何字段不匹配就返回 false，否则返回 true
    }

    public override Int32 GetHashCode() {
        // 返回根据每个字段的哈希码生成的一个哈希码
    }

    public override String ToString() {
        // 返回 "属性名 = 值" 对的以逗号分隔的列表
    }
}
```

编译器会生成 Equals 方法和 GetHashCode 方法，因此匿名类型的实例能放到哈希表集合中。属性是只读的，而非可读可写，目的是防止对象的哈希码发生改变。如果对象在哈希表中作为键使用，那么更改它的哈希码会造成再也找不到它。编译器会生成 ToString 方法来帮助进行调试。在 Visual Studio 调试器中，可将鼠标指针放在引用了匿名类型实例的一个变量上方。随后，Visual Studio 会调用 ToString 方法，并在一个提示窗口中显示结果字符串。顺便说一句，在编辑器中写代码时，Visual Studio 的 "智能感知" 功能会提示属性名，这是非常好用的一个功能。

编译器支持用另外两种语法在匿名类型中声明属性。匿名类型能根据变量推断属性名和类型：

```
String Name = "Grant";
DateTime dt = DateTime.Now;

// 有两个属性的一个匿名类型
// 1. String Name 属性设为 "Grant"
```

```
// 2. Int32 Year 属性设为 dt 中的年份
var o2 = new { Name, dt.Year };
```

在这个例子中，编译器判断第一个属性应该叫 Name。由于 Name 是局部变量的名称，所以编译器将属性类型设为与局部变量相同的类型：String。对于第二个属性，编译器使用字段 / 属性的名称：Year。Year 是 DateTime 类的一个 Int32 属性，所以匿名类型中的 Year 属性也是一个 Int32。现在，当编译器构造这个匿名类型的一个实例时，会将实例的 Name 属性设为 Name 局部变量中的值，使 Name 属性引用同一个 "Grant" 字符串。编译器还要将实例的 Year 属性设为从 dt 的 Year 属性返回的同一个值。

编译器在定义匿名类型时是非常"善解人意"的。如果它看到你在源代码中定义了多个匿名类型，而且这些类型具有相同的结构，那么它只会创建一个匿名类型定义，但创建该类型的多个实例。所谓"相同的结构"，是指在这些匿名类型中，每个属性都有相同的类型和名称，而且这些属性的指定顺序相同。在前面的几个例子中，变量 o1 和 o2 就是同类型的，因为在定义匿名类型的两行代码中，都是先一个 String 类型的 Name 属性，再一个 Int32 类型的 Year 属性。

由于两个变量 (o1 和 o2) 的类型相同，所以可以做一些非常"酷"的事情，比如检查两个对象是否包含相等的值，并将对一个对象的引用赋给正在指向另一个对象的变量，如下所示：

```
// 类型支持相等性测试和赋值操作
Console.WriteLine("Objects are equal: " + o1.Equals(o2));
o1 = o2; // 赋值
```

另外，由于类型的这种同一性，所以可以创建一个隐式类型的数组 (详情参见 16.1 节"初始化数组元素"），在其中包含一组匿名类型的对象。

```
// 之所以能这样写，是因为所有对象都是同一个匿名类型
var people = new[] {
    o1, // o1 的定义参见本节开头
    new { Name = "Kristin", Year = 1970 },
    new { Name = "Aidan", Year = 2003 },
    new { Name = "Grant", Year = 2008 }
};

// 下面展示如何遍历匿名类型的对象构成的一个数组 (var 是必须有的 )
foreach (var person in people)
    Console.WriteLine("Person={0}, Year={1}", person.Name, person.Year);
```

匿名类型经常与 LINQ(Language Integrated Query，语言集成查询) 配合使用。可用 LINQ 执行查询，从而生成由一组对象构成的集合，这些对象都是相同的匿名类型。然后，可以对结果集合中的对象进行处理。所有这些都是在同一个方法中发

生的。下例展示了如何返回"文档"文件夹中过去 7 天修改过的所有文件：

```
String myDocuments = Environment.GetFolderPath(Environment.SpecialFolder.MyDocuments);
var query =
     from pathname in Directory.GetFiles(myDocuments)
     let LastWriteTime = File.GetLastWriteTime(pathname)
     where LastWriteTime > (DateTime.Now - TimeSpan.FromDays(7))
     orderby LastWriteTime
     select new { Path = pathname, LastWriteTime };  // 匿名类型的对象构成的集合

foreach (var file in query)
  Console.WriteLine("LastWriteTime={0}, Path={1}", file.LastWriteTime, file.Path);
```

    匿名类型的实例不能泄露到方法外部。方法原型不能接受匿名类型的参数，因为无法指定匿名类型 (的名称)。类似地，方法也不能返回对匿名类型的引用。虽然可以将匿名类型的实例视为一个 Object(所有匿名类型都从 Object 派生)，但没办法将 Object 类型的变量转型回匿名类型，因为不知道在匿名类型在编译时的名称。要传递元组，应考虑使用下一节讨论的 System.Tuple 类型。

10.1.5 System.Tuple 类型

    微软在 System 命名空间中定义了几个泛型 Tuple 类型，它们全都从 Object 派生，区别只在于元数[①](泛型参数的个数)。下面演示了最简单和最复杂的 Tuple 类型：

```
// 这是最简单的:
[Serializable]
public class Tuple<T1> {
    private T1 m_Item1;
    public Tuple(T1 item1) { m_Item1 = item1; }
    public T1 Item1 { get { return m_Item1; } }
}

// 这是最复杂的:
[Serializable]
public class Tuple<T1, T2, T3, T4, T5, T6, T7, TRest> {
    private T1 m_Item1; private T2 m_Item2; private T3 m_Item3; private T4 m_Item4;
    private T5 m_Item5; private T6 m_Item6; private T7 m_Item7; private TRest m_Rest;
    public Tuple(T1 item1, T2 item2, T3 item3, T4 item4, T5 item5, T6 item6, T7 item7,
      TRest rest) {
      m_Item1 = item1; m_Item2 = item2; m_Item3 = item3; m_Item4 = item4;
      m_Item5 = item5; m_Item6 = item6; m_Item7 = item7; m_Rest = rest;
```

---

① 译注：元数的英文是 arity。在计算机编程中，一个函数或运算 (操作) 的元数是指函数获取的实参或操作数的个数。它源于 unary(arity=1)、binary(arity=2)、ternary(arity=3) 这样的单词。

```
    }

    public T1 Item1 { get { return m_Item1; } }
    public T2 Item2 { get { return m_Item2; } }
    public T3 Item3 { get { return m_Item3; } }
    public T4 Item4 { get { return m_Item4; } }
    public T5 Item5 { get { return m_Item5; } }
    public T6 Item6 { get { return m_Item6; } }
    public T7 Item7 { get { return m_Item7; } }
    public TRest Rest { get { return m_Rest; } }
}
```

　　和匿名类型相似，Tuple 创建好之后就不可变了 (所有属性都只读)。虽然这里没有显示，但 Tuple 类还提供了 CompareTo、Equals、GetHashCode 和 ToString 方法以及 Size 属性。此外，所有 Tuple 类型都实现了 IStructuralEquatable、IStructuralComparable 和 IComparable 接口，所以可以比较两个 Tuple 对象，逐个比对它们的字段。请参考文档更多地了解这些方法和接口。

　　下面的示例泛型方法 MinMax 用一个 Tuple 类型向调用者返回两样信息：

```
// 用 Item1 返回最小值 & 用 Item2 返回最大值
private static Tuple<Int32, Int32>MinMax(Int32 a, Int32 b) {
    return new Tuple<Int32, Int32>(Math.Min(a, b), Math.Max(a, b));
}

// 下面展示了如何调用方法，以及如何使用返回的 Tuple
private static void TupleTypes() {
    var minmax = MinMax(6, 2);

    // Min=2, Max=6
    Console.WriteLine("Min={0}, Max={1}", minmax.Item1, minmax.Item2);
}
```

　　当然，很重要的一点是 Tuple 的生产者 (写它的人) 和消费者 (用它的人) 必须对 Item# 属性返回的内容有一个清楚的理解。对于匿名类型，属性的实际名称是根据定义匿名类型的源代码来确定的。对于 Tuple 类型，属性一律被微软称为 Item#，我们无法对此进行任何改变。遗憾的是，这种名字没有任何实际的含义或意义，所以要由生产者和消费者为它们分配具体含义。这还影响了代码的可读性和可维护性。所以，应该在自己的代码添加详细的注释，使生产者和消费者取得共识。

注意　除了匿名类型和 Tuple 类型，还可研究一下 System.Dynamic.ExpandoObject 类 (在 System.Core.dll 程序集中定义)。这个类和 C# dynamic 类型 (参见 5.5 节) 配合使用，就可以采取另一种方式将一系列属性 (键 / 值对) 组合到一起。虽然实现不了编译时的类型安全性，而且得不到"智能感知"的支持，但语法看起来不错，而且还可以在 C# 和 Python 这样的动态语言之间传递 ExpandoObject 对象。以下是使用了一个 ExpandoObject 的示例代码：

```
dynamic e = new System.Dynamic.ExpandoObject();
e.x = 6;        // 添加一个 Int32 'x' 属性，其值为 6
e.y = "Jeff";   // 添加一个 String 'y' 属性，其值为 "Jeff"
e.z = null;     // 添加一个 Object 'z' 属性，其值为 null

// 查看所有属性及其值：
foreach (var v in (IDictionary<String, Object>)e)
    Console.WriteLine( "Key={0}, V={1}" , v.Key, v.Value);

// 删除 'x' 属性及其值：
var d = (IDictionary<String, Object>)e;
d.Remove( "x" );
```

编译器只能在调用泛型方法时推断泛型类型，调用构造器时则不能。因此，System 命名空间还包含了一个非泛型静态 Tuple 类，其中包含一组静态 Create 方法，能根据实参推断泛型类型。这个类扮演了创建 Tuple 对象的一个"工厂"的角色，它存在的唯一意义便是简化你的代码。下面用静态 Tuple 类重写了刚才的 MinMax 方法：

```
// 用 Item1 返回最小值 & 用 Item2 返回最大值
private static Tuple<Int32, Int32>MinMax(Int32 a, Int32 b) {
    return Tuple.Create(Math.Min(a, b), Math.Max(a, b));  // 更简单的语法
}
```

要创建 8 个或 8 个以上元素的 Tuple，可为 Rest 参数传递另一个 Tuple，如下所示：

```
var t = Tuple.Create(0, 1, 2, 3, 4, 5, 6, Tuple.Create(7, 8));
Console.WriteLine("{0}, {1}, {2}, {3}, {4}, {5}, {6}, {7}, {8}",
    t.Item1, t.Item2, t.Item3, t.Item4, t.Item5, t.Item6, t.Item7,
    t.Rest.Item1.Item1, t.Rest.Item1.Item2);
```

10.2 有参属性

在上一节中，属性的 get 访问器方法不接受参数，所以我把它们称为无参属性。由于用起来就像访问字段，所以很容易理解。除了这些与字段相似的属性，编程语言还支持我所谓的有参属性，其 get 访问器方法接收一个或多个参数，set 访问器方法则接收两个或多个参数。不同编程语言以不同方式公开有参属性。另外，不同

编程语言对有参属性的称呼也不同。C# 语言称为索引器，Visual Basic 则称为默认属性。本节主要讨论 C# 语言如何使用有参属性来公开索引器。

C# 语言使用数组风格的语法来公开有参属性 (索引器)。换言之，可将索引器看成是 C# 开发人员对 [ ] 操作符的重载。下面是一个示例 BitArray 类，它允许用数组风格的语法来索引由该类的实例维护的一组二进制位：

```csharp
using System;

public sealed class BitArray {
    // 容纳了二进制位的私有字节数组
    private Byte[] m_byteArray;
    private Int32 m_numBits;

    // 下面的构造器用于分配字节数组，并将所有位设为 0
    public BitArray(Int32 numBits) {
        // 先验证实参
        if (numBits <= 0)
            throw new ArgumentOutOfRangeException("numBits must be > 0");

        // 保存位的个数
        m_numBits = numBits;

        // 为位数组分配字节
        m_byteArray = new Byte[(numBits + 7) / 8];
    }

    // 下面是索引器 ( 有参属性 )
    public Boolean this[Int32 bitPos] {

        // 下面是索引器的 get 访问器方法
        get {
            // 先验证实参
            if ((bitPos < 0) || (bitPos >= m_numBits))
                throw new ArgumentOutOfRangeException("bitPos");

            // 返回指定索引处的位的状态
            return (m_byteArray[bitPos / 8] & (1 << (bitPos % 8))) != 0;
        }

        // 下面是索引器的 set 访问器方法
        set {
            if ((bitPos < 0) || (bitPos >= m_numBits))
                throw new ArgumentOutOfRangeException("bitPos",
                                        bitPos.ToString());
            if (value) {
                // 将指定索引处的位设为 true
                m_byteArray[bitPos / 8] = (Byte)
```

```
                        (m_byteArray[bitPos / 8] | (1 << (bitPos % 8)));
            } else {
                // 将指定索引处的位设为 false
                m_byteArray[bitPos / 8] = (Byte)
                    (m_byteArray[bitPos / 8] & ~(1 << (bitPos % 8)));
            }
        }
    }
}
```

BitArray 类的索引器用起来很简单：

```
// 分配含 14 个位的 BitArray 数组
BitArray ba = new BitArray(14);

// 调用 set 访问器方法，将编号为偶数的所有位都设为 true
for (Int32 x = 0; x < 14; x++) {
    ba[x] = (x % 2 == 0);
}

// 调用 get 访问器方法显示所有位的状态
for (Int32 x = 0; x < 14; x++) {
    Console.WriteLine("Bit " + x + " is " + (ba[x] ? "On" : "Off"));
}
```

在这个示例 **BitArray** 类中，索引器获取 **Int32** 类型的参数 **bitPos**。所有索引器至少要有一个参数，但可以有更多。这些参数 (和返回类型) 可以是除了 **void** 之外的任意类型。在 **System.Drawing.dll** 程序集的 **System.Drawing.Imaging.ColorMatrix** 类中，提供了有多个参数的一个索引器的例子。

经常要创建索引器来查询关联数组[①] 中的值。**System.Collections.Generic.Dictionary** 类型就提供了这样的一个索引器，它获取一个键，并返回与该键关联的值。和无参属性不同，类型可提供多个重载的索引器，只要这些索引器的签名不同。

和无参属性的 **set** 访问器方法相似，索引器的 **set** 访问器方法同样包含了一个隐藏参数，在 C# 语言中称为 **value**。该参数代表想赋给 "被索引元素" 的新值。

CLR 本身并不区分无参属性和有参属性。对 CLR 来说，每个属性都只是类型中定义的一对方法和一些元数据。如前所述，不同编程语言要求用不同的语法来创建和使用有参属性。将 **this[...]** 作为表达索引器的语法，这纯粹是 C# 团队自己的选择。也正是因为这个选择，所以 C# 语言只允许在对象的实例上定义索引器。C# 语言不支持定义静态索引器属性，虽然 CLR 是支持静态有参属性的。

---

① 译注：关联数组 (associative array) 使用字符串索引 (称为键) 来访问存储在数组中的值 (称为值)。

由于 CLR 以相同的方式对待有参和无参属性，所以编译器会在托管程序集中生成以下两项或三项：

- 代表有参属性 get 访问器的方法。仅在属性定义了 get 访问器方法时生成；
- 代表有参属性 set 访问器的方法。仅在属性定义了 set 访问器方法时生成；
- 托管程序集元数据中的属性定义。这一项必然生成。没有专门的有参属性元数据定义表，因为对于 CLR 来说，有参属性和普通的属性无异。

对于前面的 BitArray 类，编译器在编译索引器时，原始代码似乎是像下面这样写的：

```
public sealed class BitArray {

    // 下面是索引器的 get 访问器方法
    public Boolean get_Item(Int32 bitPos) { /* ... */ }

    // 下面是索引器的 set 访问器方法
    public void set_Item(Int32 bitPos, Boolean value) { /* ... */ }
}
```

编译器在索引器名称之前附加 get_ 或者 set_ 前缀，从而自动生成这些方法的名称。由于 C# 的索引器语法不允许开发人员指定索引器名称，所以 C# 编译器团队不得不为访问器方法选择一个默认名称；他们最后选择了 Item。因此，编译器生成的方法名就是 get_Item 和 set_Item。

查看文档时，留意类型是否提供了名为 Item 的属性，从而判断该类型是否提供了索引器。例如，System.Collections.Generic.List 类型提供了名为 Item 的公共实例属性，它就是 List 的索引器。

用 C# 语言进行编程时，永远看不到 Item 这个名称，所以一般无需关心编译器在幕后选择的是什么名称。但是，如果为类型设计的索引器要由其他语言的代码访问，就可能需要更改索引器的访问器方法 get 和 set 所用的默认名称 Item。C# 语言允许向索引器应用定制特性 System.Runtime.CompilerServices.IndexerNameAttribute 来重命名这些方法，如下所示：

```
using System;
using System.Runtime.CompilerServices;

public sealed class BitArray {

    [IndexerName("Bit")]
    public Boolean this[Int32 bitPos] {
        // 这里至少要定义一个访问器方法
    }
}
```

现在，编译器将生成名为 get_Bit 和 set_Bit 的方法，而不是 get_Item 和 set_Item。编译时，C# 编译器会注意到 IndexerName 特性，它告诉编译器如何对方法和属性的元数据进行命名。特性本身不会进入程序集的元数据。[①]

以下 Visual Basic 代码演示了如何访问这个 C# 索引器：

```
' 构造 BitArray 类型的实例
Dim ba as New BitArray(10)

' Visual Basic 用 () 而不是 [] 指定数组元素
Console.WriteLine(ba(2)) ' 显示 True 或 False

' Visual Basic 还允许通过索引器的名称来访问它
Console.WriteLine(ba.Bit(2)) ' 显示的内容和上一行代码相同
```

C# 语言允许一个类型定义多个索引器，只要索引器的参数集不同。在其他语言中，IndexerName 特性允许定义多个相同签名的索引器，因为索引器各自可以有不同的名称。C# 不允许这样做，是因为它的语法不是通过名称来引用索引器，编译器不知道你引用的是哪个索引器。编译以下 C# 代码将导致编译器报错："error C0111：类型 "SomeType" 已定义了一个名为 "this" 的具有相同参数类型的成员。"

```
using System;
using System.Runtime.CompilerServices;

public sealed class SomeType {
    // 定义 get_Item 访问器方法
    public Int32 this[Boolean b] {
        get { return 0; }
    }

    // 定义 get_Jeff 访问器方法
    [IndexerName("Jeff")]
    public String this[Boolean b] {
        get { return null; }
    }
}
```

显然，C 语言 # 将索引器看成是对操作符 [] 的重载，而操作符 [] 不能用来消除具有不同方法名和相同参数集的有参属性的歧义。

顺便说一句，System.String 类型是改变了索引器名称的一个例子。String 的索引器的名称是 Chars，而不是 Item。这个只读属性允许从字符串中获得一个单独的字符。对于不用操作符 [] 语法来访问这个属性的编程语言，Chars 这个名称更有意义。

----

① 正是因为这个原因，才造成了 IndexerNameAttribute 类不是 CLI 和 C# 语言的 ECMA 标准的一部分。

选择主要有参属性

C# 语言对索引器的限制会引起以下两个问题：

- 如果定义类型的语言允许多个有参属性应该怎么办？
- 从 C# 中如何使用这个类型？

这两个问题的答案是类型必须选择其中一个有参属性名来作为默认 (主要) 属性，这要求向类本身应用 `System.Reflection.DefaultMemberAttribute` 的一个实例。要说明的是，该特性可应用于类、结构或接口。在 C# 语言中编译定义了有参属性的类型时，编译器会自动向类型应用该特性的实例，同时会考虑到你可能应用了 `IndexerName` 特性的情况。在 `DefaultMemberAttribute` 特性的构造器中，指定了要作为类型的默认有参属性使用的名称。

因此，如果在 C# 语言中定义包含有参属性的类型，但没有指定 `IndexerName` 特性，那么在向该类型应用的 `DefaultMember` 特性中，会将默认成员的名称指定为 `Item`。如果向有参属性应用了 `IndexerName` 特性，那么在向该类型应用的 `DefaultMember` 特性中，会将默认成员的名称指定为由 `IndexerName` 特性指定的字符串名称。记住，如果代码中含有多个名称不一样的有参属性，C# 语言将无法编译。

而对于支持多个有参属性的编程语言，必须从中选择一个属性方法名，并用 `DefaultMember` 特性进行标识。这是 C# 代码唯一能访问的有参属性。

C# 编译器发现代码试图获取或设置索引器时，会生成对其中一个方法的调用。有的语言不支持有参属性。要从这种语言中访问有参属性，必须显式调用需要的索引器方法。对于 CLR，无参和有参属性没有区别，所以可用相同的 `System.Reflection.PropertyInfo` 类来发现有参属性和它的访问器方法之间的关联。

10.3　调用属性访问器方法时的性能

对于简单的访问器方法 get 和 set，JIT 编译器会将代码内联 (inline，或者说嵌入)。这样一来，使用属性 (而不是使用字段) 就没有性能上的损失。内联是指将方法 (目前说的是访问器方法) 的代码直接编译到调用它的方法中。这就避免了在运行时发出调用所产生的开销，代价是编译好的方法变得更大。由于属性访问器方法包含的代码一般很少，所以对内联会使生成的本机代码变得更小，而且执行得更快。

注意　JIT 编译器在调试代码时不会内联属性方法，因为内联的代码会变得难以调试。这意味着在程序的 Release 版本中，访问属性时的性能可能比较快；而在程序的 Debug 版本中，则可能比较慢。相应地，在 Debug 和 Release 这两个版本中，字段的访问速度都很快。

10.4 属性访问器的可访问性

有的时候，我们希望为 get 访问器方法指定一种可访问性，为 set 访问器方法指定另一种可访问性。最常见的一种情形是提供公共 get 访问器和受保护 set 访问器：

```
public class SomeType {
    private String m_name;
    public String Name {
        get { return m_name; }
        protected set { m_name = value;}
    }
}
```

如以上代码所示，Name 属性本身声明为 public 属性，意味着 get 访问器方法是公共的，所有代码都能调用。而 set 访问器方法声明为 protected，只能从 SomeType 内部定义的代码中调用，或者从 SomeType 的派生类的代码中调用。

定义属性时，如果两个访问器方法需要不同的可访问性，C# 语言要求必须为属性本身指定限制最小的可访问性。然后，两个访问器只能选择一个来使用限制较大的。在前面的例子中，属性本身声明为 public，而 set 访问器方法声明为 protected(限制大于 public)。

10.5 泛型属性访问器方法

既然属性本质上是方法，而 C# 和 CLR 允许泛型方法，所以有时可能想在定义属性时引入它自己的泛型类型参数 (而非使用当前包容它的类型的泛型类型参数)，但 C# 语言不允许。之所以属性不能引入它自己的泛型类型参数，最主要的原因是概念上说不通。属性本应表示可供查询或设置的一个对象特征。一旦引入泛型类型的参数，就意味着有可能改变查询 / 设置的行为。但属性不应该和行为沾边。要想公开对象的行为 (无论是不是泛型)，应该定义方法而非属性。

第 **11** 章

事件

本章讨论可以在类型中定义的最后一种成员：事件。定义了事件成员的类型允许类型 (或类型的实例) 通知其他对象发生了特定的事情。例如，Button 类提供了 Click 事件。应用程序中的一个或多个对象可接收关于该事件的通知，以便在 Button 被单击 (click) 之后采取特定操作。我们用"事件"这种类型成员来实现这种交互。具体地说，定义了事件成员的类型能提供以下能力：

- 方法能登记 (register) 它对事件的关注；
- 方法能注销 (unregister) 它对事件的关注；
- 事件发生时，登记了的方法将收到通知。

类型之所以能提供事件通知功能，是因为类型维护了一个已登记方法的列表。事件发生后，类型将通知列表中所有已登记的方法。

CLR 事件模型以委托为基础。委托本质上是一种类型，提供了调用[①]回调方法的一种类型安全的方式。对象凭借回调方法接收它们订阅的通知。委托虽然会在本章开始使用，但它的完整细节将在第 17 章"委托"中讲述。

为了帮你完整地理解事件在 CLR 中的工作机制，先来描述事件很有用的一个场景。假定要设计一个电子邮件应用程序。电子邮件到达时，用户可能希望将该邮件转发给传真机或寻呼机。先设计名为 MailManager 的类型来接收传入的电子邮件，它公开 NewMail 事件。其他类型 (如 Fax 和 Pager) 的对象登记对于该事件的关注。MailManager 在收到新电子邮件时会引发 (raise) 该事件，造成邮件分发给每一个已登记的对象。每个对象都以它们自己的方式处理邮件。

应用程序初始化时只实例化一个 MailManager 实例，然后可以实例化任意数量的 Fax 和 Pager 对象。图 11-1 展示了应用程序如何初始化，以及新电子邮件到达时发生的事情。

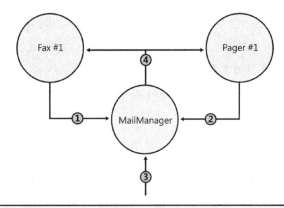

1. Fax对象中的一个方法登记对MailManager的NewMail事件的关注。
2. Pager对象中的一个方法登记对MailManager的NewMail事件的关注。
3. 一封新邮件到达MailManager。
4. MailManager对象将事件通知发送给所有已登记的方法，这些方法以自己的方式处理邮件。

图 11-1 设计使用了事件的应用程序

图 11-1 的应用程序首先构造 MailManager 的一个实例。MailManager 提供了 NewMail 事件。构造 Fax 对象和 Pager 对象时，它们向 MailManager 的 NewMail

---

① 译注：这个"调用"(invoke) 理解为"唤出"更恰当。它和普通的"调用"(call) 稍有不同。在英语的语境中，invoke 和 call 的区别在于，在执行一个所有信息都已知的方法时，用 call 比较恰当。这些信息包括要引用的类型、方法的签名以及方法名。但是，在需要先"唤出"某个东西来帮你调用一个信息不明的方法时，用 invoke 就比较恰当。但是，由于两者均翻译为"调用"不会对读者的理解造成太大的困扰，所以本书仍然采用约定俗成的方式来进行翻译，只是在必要的时候附加英文原文提醒加以区分。

事件登记自己的一个实例方法。这样当新邮件到达时，`MailManager` 就知道通知 `Fax` 对象和 `Pager` 对象。`MailManager` 将来在收到新邮件时会引发 `NewMail` 事件，使所有已登记的方法都有机会以自己的方式处理邮件。

11.1 设计要公开事件的类型

开发人员通过连续几个步骤定义公开了一个或多个事件成员的类型。本节详细描述每个必要的步骤。`MailManager` 示例应用程序 (参见本书配套代码) 展示了 `MailManager` 类型、`Fax` 类型和 `Pager` 类型的所有源代码。注意，`Pager` 类型和 `Fax` 类型几乎完全相同。

11.1.1 第一步：定义类型来容纳所有需要发送给事件通知接收者的附加信息

事件引发时，引发事件的对象可能希望向接收事件通知的对象传递一些附加信息。这些附加信息需要封装到它自己的一个类中。该类通常包含一组私有字段，以及一些用于公开这些字段的只读公共属性。根据约定，这种类应该从 `System.EventArgs` 派生，而且类名以 `EventArgs` 结束。本例将该类命名为 `NewMailEventArgs` 类，它的各个字段分别标识了发件人 (m_from)、收件人 (m_to) 和主题 (m_subject)：

```
// 第一步：定义一个类型来容纳所有应该发送给事件通知接收者的附加信息
internal class NewMailEventArgs : EventArgs {

    private readonly String m_from, m_to, m_subject;

    public NewMailEventArgs(String from, String to, String subject) {
        m_from = from; m_to = to; m_subject = subject;
    }

    public String From { get { return m_from; } }
    public String To { get { return m_to; } }
    public String Subject { get { return m_subject; } }
}
```

注意

> `EventArgs` 类在 Microsoft .NET Framework 类库 (FCL) 中定义，是下面这样实现的：
>
> ```
> [ComVisible(true), Serializable]
> public class EventArgs {
>     public static readonly EventArgs Empty = new EventArgs();
> ```

```
    public EventArgs() { }
}
```

可以看出，该类型的实现非常简单，就是一个让其他类型继承的基类型。许多事件都没有附加信息需要传递。例如，当一个 Button 向已登记的接收者通知自己被单击时，直接调用回调方法即可。定义不需要传递附加数据的事件时，可以直接使用 EventArgs.Empty，不用构造新的 EventArgs 对象。

11.1.2 第二步：定义事件成员

事件成员使用 C# 关键字 event 类定义。每个事件成员都要指定以下内容：可访问性标识符 (几乎肯定是 public，这样其他代码才能访问该事件成员)；委托类型，指出要调用的方法的原型；以及名称 (可为任何有效的标识符)。以下是我们的 MailManager 类中的事件成员：

```
internal class MailManager {

    // 第二步：定义事件成员
    public event EventHandler<NewMailEventArgs> NewMail;
    ...
}
```

NewMail 是事件名称。事件成员的类型是 EventHandler<NewMailEventArgs>，意味着 " 事件通知 " 的所有接收者都必须提供一个原型和 EventHandler <NewMailEventArgs> 委托类型匹配的回调方法。由于泛型 System. EventHandler 委托类型的定义如下：

```
public delegate void EventHandler<TEventArgs>(Object sender, TEventArgs e);
```

所以方法原型必须具有以下形式：

```
void MethodName(Object sender, NewMailEventArgs e);
```

注意　许多人奇怪事件模式为什么要求 sender 参数是 Object 类型。毕竟，只有 MailManager 才会引发传递了 NewMailEventArgs 对象的事件，所以回调方法更合适的原型似乎是下面这个：

```
void MethodName(MailManager sender, NewMailEventArgs e);
```

要求 sender 是 Object 主要是因为继承。例如，假定 MailManager 成为 SmtpMailManager 的基类，那么回调方法的 sender 参数应该是 SmtpMailManager 类型而不是 MailManager 类型。但这不可能发生，因为 SmtpMailManager 继承了 NewMail 事件。所以，如果代码需要由 SmtpMailManager 引发事件，还是要将 sender 实参转型为 SmtpMailManager。反正都要进行类型转换，这和将 sender 定为 Object 类型没什么两样。

将 sender 参数的类型定为 Object 的另一个原因是灵活性。它使委托能由多个类型使用，只要求类型提供一个会传递 NewMailEventArgs 对象的事件。例如，即使 PopMailManager 类不是从 MailManager 类派生的，也能使用这个委托。

此外，事件模式要求委托定义和回调方法将派生自 EventArgs 的参数命名为 e。这个要求唯一的作用就是加强事件模式的一致性，使开发人员更容易学习和实现这个模式。注意，能自动生成源代码的工具 (比如 Microsoft Visual Studio) 也知道将参数命名为 e。

最后，事件模式要求所有事件处理程序[1] 的返回类型都是 void。这很有必要，因为引发事件后可能要调用好几个回调方法，但没办法获得所有方法的返回值。将返回类型定为 void，就不允许回调 (方法) 返回一个值。遗憾的是，FCL 中的一些事件处理程序没有遵循微软自己规定的模式。例如，ResolveEventHandler 事件处理程序会返回 Assembly 类型的一个对象。

11.1.3 第三步：定义负责引发事件的方法来通知事件的登记对象

按照约定，类要定义一个受保护的虚方法。引发事件时，类及其派生类中的代码会调用该方法。方法只获取一个参数 (即一个 NewMailEventArgs 对象)，其中包含要传给接收通知的对象的信息。方法的默认实现只是检查一下是否有对象登记了对事件的关注。如果有，就引发事件来通知事件的登记对象。该方法在 MailManager 类中看起来像下面这样：

```
internal class MailManager {
    ...
    // 第三步：定义负责引发事件的方法来通知已登记的对象。
    // 如果类是密封的，该方法要声明为私有和非虚
    protected virtual void OnNewMail(NewMailEventArgs e) {
```

---

[1] 译注：本书按约定俗成的译法将 event handler 翻译成"事件处理程序"，但请把它理解成"事件处理方法" (在 VB 中，则理解成"事件处理 Sub 过程")。

```
        // 出于线程安全的考虑，现在将对委托字段的引用复制到一个临时变量中
        EventHandler<NewMailEventArgs> temp = Volatile.Read(ref NewMail);

        // 任何方法登记了对事件的关注，就通知它们
        if (temp != null) temp(this, e);
    }
    ...
}
```

以线程安全的方式引发事件

.NET Framework 刚发布时建议开发者用以下方式引发事件：

```
// 版本 1
protected virtual void OnNewMail(NewMailEventArgs e) {
    if (NewMail != null) NewMail(this, e);
}
```

OnNewMail 方法的问题在于，虽然线程检查出 NewMail 不为 null，但就在调用 NewMail 之前，另一个线程可能从委托链中移除一个委托，使 NewMail 变成了 null。这会抛出 NullReferenceException 异常。为了修正这个竞态问题，许多开发者都像下面这样写 OnNewMail 方法：

```
// 版本 2
protected virtual void OnNewMail(NewMailEventArgs e) {
    EventHandler<NewMailEventArgs> temp = NewMail;
    if (temp != null) temp(this, e);
}
```

它的思路是，将对 NewMail 的引用复制到临时变量 temp 中，后者引用赋值发生时的委托链。然后，方法比较 temp 和 null，并调用 (invoke)temp；所以，向 temp 赋值后，即使另一个线程更改了 NewMail 也没有关系。委托是不可变的 (immutable)，所以这个技术理论上行得通。但许多开发者没有意识到的是，编译器可能 "擅做主张"，通过完全移除局部变量 temp 的方式对以上代码进行优化。如果发生这种情况，版本 2 就和版本 1 就没有任何区别。所以，仍有可能抛出 NullReferenceException 异常。

要想彻底修正这个问题，应该像下面这样重写 OnNewMail：

```
// 版本 3
protected virtual void OnNewMail(NewMailEventArgs e) {
    EventHandler<NewMailEventArgs> temp = Volatile.Read(ref NewMail);
    if (temp != null) temp(this, e);
}
```

对 Volatile.Read 的调用强迫 NewMail 在这个调用发生时读取，引用真的必须复制到 temp 变量中 (编译器别想走捷径)。然后，temp 变量只有在不为 null 时才会被

调用 (invoke)。第 29 章将详细讨论 Volatile.Read 方法。

　　虽然最后一个版本很完美，是技术正确的版本，但版本 2 实际也是可以使用的，因为 JIT 编译器理解这个模式，知道自己不该将局部变量 temp "优化" 掉。具体地说，微软的所有 JIT 编译器都 "尊重" 那些不会造成对堆内存的新的读取动作的不变量 (invariant)。所以，在局部变量中缓存一个引用，可确保堆引用只被访问一次。这一点并未在文档中反映，理论上说将来可能改变，这正是为什么应该使用最后一个版本的原因。但实际上，微软的 JIT 编译器永远没有可能真的进行修改来破坏这个模式，否则太多的应用程序都会 "遭殃"[①]。此外，事件主要在单线程的情形 (WPF 和 Windows Store 应用) 中使用，所以线程安全不是问题。

　　另外，非常重点的一点在于，考虑到线程竞态条件[②]，方法有可能在从事件的委托链中移除之后得到调用 (invoke)。

　　为方便起见，可以定义一个扩展方法 (参见第 8 章) 来封装这个线程安全逻辑。如下所示：

```
public static class EventArgExtensions {
  public static void Raise<TEventArgs>(this TEventArgs e,
    Object sender, ref EventHandler<TEventArgs> eventDelegate) {

      // 出于线程安全的考虑，现在将对委托字段的引用复制到临时字段
      EventHandler<TEventArgs> temp = Volatile.Read(ref eventDelegate);

      // 任何方法登记了对事件的关注就通知它们
      if (temp != null) temp(sender, e);
  }
}
```

　　现在可以像下面这样重写 OnNewMail 方法：

```
protected virtual void OnNewMail(NewMailEventArgs e) {
  e.Raise(this, ref m_NewMail);
}
```

　　以 MailManager 为基类的类可以自由地重写 OnNewMail 方法。这使派生类能控制事件的引发，以自己的方式处理新邮件。一般情况下，派生类会调用基类的 OnNewMail 方法，使登记的方法能收到通知。但是，派生类也可以决定不再允许事件被进一步转发 (已登记的方法将不会收到事件通知)。

① 这是微软 JIT 编译器团队的人告诉我的。
② 译注：文档翻译成 "争用状态" 或 "争用条件"。

11.1.4 第四步：定义方法将输入转化为期望事件

类还必须有一个方法获取输入并转化为事件的引发。在 MailManager 的例子中，是调用 SimulateNewMail 方法来指出一封新的电子邮件已到达 MailManager：

```
internal class MailManager {

    // 第四步：定义一个方法，将输入转化为期望的事件
    public void SimulateNewMail(String from, String to, String subject) {

        // 构造一个对象来容纳想传给通知接收者的信息
        NewMailEventArgs e = new NewMailEventArgs(from, to, subject);

        // 调用虚方法通知对象事件已发生，
        // 如果没有类型重写该方法，我们的对象将通知事件的所有登记对象
        OnNewMail(e);
    }
}
```

SimulateNewMail 接收关于邮件的信息并构造 NewMailEventArgs 对象，将邮件的信息传给它的构造器。然后调用 MailManager 自己的虚方法 OnNewMail 来正式通知 MailManager 对象收到了新的电子邮件。这通常会导致事件的引发，从而通知所有已登记的方法。如前所述，以 MailManager 为基类的类可能重写这个行为。

11.2 编译器如何实现事件

知道如何定义提供了事件成员的类之后，接着研究一下事件到底是什么，以及它是如何工作的。MailManager 类用一行代码定义了事件成员本身：

```
public event EventHandler<NewMailEventArgs> NewMail;
```

C# 编译器在编译时，会把它转换为以下三个构造：

```
// 1. 一个被初始化为 null 的私有委托字段
private EventHandler<NewMailEventArgs> NewMail = null;

// 2. 一个公共 add_Xxx 方法（其中 Xxx 是事件名）
// 允许方法登记对事件的关注
public void add_NewMail(EventHandler<NewMailEventArgs> value) {
    // 通过循环和对 CompareExchange 的调用，可以
    // 以一种线程安全的方式向事件添加委托
    EventHandler<NewMailEventArgs> prevHandler;
    EventHandler<NewMailEventArgs> newMail = this.NewMail;
```

```
    do {
        prevHandler = newMail;
        EventHandler<NewMailEventArgs> newHandler =
            (EventHandler<NewMailEventArgs>) Delegate.Combine(prevHandler, value);
        newMail = Interlocked.CompareExchange<EventHandler<NewMailEventArgs>>(
            ref this.NewMail, newHandler, prevHandler);
    } while (newMail != prevHandler);
}

// 3. 一个公共 remove_Xxx 方法 ( 其中 Xxx 是事件名 )
// 允许方法注销对事件的关注
public void remove_NewMail(EventHandler<NewMailEventArgs> value) {
    // 通过循环和对 CompareExchange 的调用，可以
    // 以一种线程安全的方式从事件中移除一个委托
    EventHandler<NewMailEventArgs> prevHandler;
    EventHandler<NewMailEventArgs> newMail = this.NewMail;
    do {
        prevHandler = newMail;
        EventHandler<NewMailEventArgs> newHandler =
            (EventHandler<NewMailEventArgs>) Delegate.Remove(prevHandler, value);
        newMail = Interlocked.CompareExchange<EventHandler<NewMailEventArgs>>(
            ref this.NewMail, newHandler, prevHandler);
    } while (newMail != prevHandler);
}
```

第一个构造是具有恰当委托类型的字段。该字段是对一个委托列表的头部的引用。事件发生时会通知这个列表中的委托。字段初始化为 null，表明暂无侦听者 (listener) 登记对该事件的关注。一旦有一个方法登记了对事件的关注，该字段就会引用 EventHandler<NewMailEventArgs> 委托的一个实例，后者可能引用更多的 EventHandler<NewMailEventArgs> 委托。侦听者在登记对事件的关注时，只需要将委托类型的一个实例添加到列表中。显然，注销 (对事件的关注) 意味着从列表中移除委托。

注意，尽管原始代码行将事件定义为 public，但委托字段 (本例是 NewMail) 始终是 private 的。将委托字段定义为 private，其目的是防止类外部的代码对它操纵不当。如果字段定义为 public，那么任何代码都能更改字段中的值，而且可能删除已登记了对事件的关注的委托。

C# 编译器生成的第二个构造是一个方法，允许其他对象登记对事件的关注。C# 编译器在事件名 (NewMail) 之前附加 add_ 前缀，从而自动命名该方法。C# 编译器还自动为方法生成代码。生成的代码总是调用 System.Delegate 的静态 Combine 方法，它将委托实例添加到委托列表中，返回新的列表头 (地址)，并将

这个地址存回字段。

C# 编译器生成的第三个构造是一个方法，允许对象注销对事件的关注。同样地，C# 编译器在事件名 (NewMail) 之前附加 remove_ 前缀，从而自动命名该方法。方法中的代码总是调用 Delegate 的静态 Remove 方法，将委托实例从委托列表中删除，返回新的列表头 (地址)，并将这个地址存回字段。

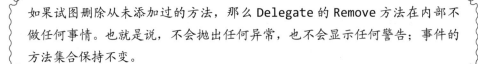

警告　如果试图删除从未添加过的方法，那么 Delegate 的 Remove 方法在内部不做任何事情。也就是说，不会抛出任何异常，也不会显示任何警告；事件的方法集合保持不变。

注意　add 方法和 remove 方法以线程安全的一种模式更新值。该模式的详情将在 29.3.4 节 "Interlocked Anything 模式" 中讨论。

在本例中，add 方法和 remove 方法的可访问性都是 public。这是因为源代码将事件声明为 public。如果事件声明为 protected，编译器生成的 add 和 remove 方法也会被声明为 protected。因此，在类型中定义事件时，事件的可访问性决定了什么代码能登记和注销对事件的关注。但无论如何，只有类型本身才能直接访问私有的委托字段。事件成员也可声明为 static 或 virtual。在这种情况下，编译器生成的 add 和 remove 方法分别标记为 static 或 virtual。

除了生成上述三个构造，编译器还会在托管程序集的元数据中生成一个事件定义记录项。这个记录项包含了一些标志 (flag) 和基础委托类型 (underlying delegate type)，还引用了访问器方法 add 和 remove。这些信息的作用很简单，就是建立 "事件" 的抽象概念和它的访问器方法之间的联系。编译器和其他工具可以利用这些元数据信息，并且可以通过 System.Reflection.EventInfo 类获取这些信息。但是，CLR 本身并不使用这些元数据信息，它在运行时只需要访问器方法。

11.3 设计侦听事件的类型

最难的部分已经完成了，接下来是一些较为简单的事情。本节将演示如何定义一个类型来使用另一个类型提供的事件。我们先来看看 Fax 类型的代码：

```
internal sealed class Fax {
    // 将 MailManager 对象传给构造器
    public Fax(MailManager mm) {
```

```
        // 构造 EventHandler<NewMailEventArgs> 委托的一个实例,
        // 使它引用我们的 FaxMsg 回调方法。
        // 向 MailManager 的 NewMail 事件登记我们的回调方法。
        mm.NewMail += FaxMsg;
    }

    // 新电子邮件到达时, MailManager 将调用这个方法
    private void FaxMsg(Object sender, NewMailEventArgs e) {

        // 'sender' 表示 MailManager 对象, 便于将信息传回给它
        // 'e' 表示 MailManager 对象想传给我们的附加事件信息

        // 以下代码正常情况下应该传真电子邮件,
        // 但这个测试性的实现只是在控制台上显示邮件
        Console.WriteLine("Faxing mail message:");
        Console.WriteLine(" From={0}, To={1}, Subject={2}",
            e.From, e.To, e.Subject);
    }

    // 执行这个方法, Fax 对象将向 NewMail 事件注销自己对它的关注,
    // 以后不再接收通知
    public void Unregister(MailManager mm) {
        // 向 MailManager 的 NewMail 事件注销自己对这个事件的关注
        mm.NewMail -= FaxMsg;
    }
}
```

　　电子邮件应用程序初始化时首先构造一个 **MailManager** 对象,并将对该对象的引用保存到变量中。然后构造 **Fax** 对象,并将 **MailManager** 对象引用作为实参传递。在 **Fax** 构造器中, **Fax** 对象使用 C# 的操作符 **+=** 登记它对 **MailManager** 的 **NewMail** 事件的关注:

```
mm.NewMail += FaxMsg;
```

　　C# 编译器内建了对事件的支持,会将 **+=** 操作符翻译成以下代码来添加对象对事件的关注:

```
mm.add_NewMail(new EventHandler<NewMailEventArgs>(this.FaxMsg));
```

C# 编译器生成的代码构造一个 **EventHandler<NewMailEventArgs>** 委托对象,其中包装了 **Fax** 类的 **FaxMsg** 方法。接着, C# 编译器调用 **MailManager** 类的 **add_NewMail** 方法,向它传递新的委托对象。为了对此进行验证,可以编译代码并用 **ILDasm.exe** 这样的工具查看 IL 代码。

　　即使使用的编程语言不直接支持事件,也可以显式调用 **add** 访问器方法向事件

登记委托。两者效果一样，只是后者的源代码看起来没那么优雅。两者最终都是用 add 访问器将委托添加到事件的委托列表中，从而完成委托向事件的登记。

MailManager 对象引发事件时，Fax 对象的 FaxMsg 方法会被调用。调用这个方法时，会传递 MailManager 对象引用作为它的第一个参数，即 sender。该参数大多数时候会被忽略。但是，如果 Fax 对象希望在响应事件时访问 MailManager 对象的成员，它就能派上用场了。第二个参数是 NewMailEventArgs 对象引用。对象中包含 MailManager 和 NewMailEventArgs 的设计者认为对事件接收者来说有用的附加信息。

FaxMsg 方法可以从 NewMailEventArgs 对象中轻松访问邮件的发件人、收件人以及主题。真实的 Fax 对象应将这些信息传真到某处。本例只是在控制台窗口显示。

对象不再希望接收事件通知时，应注销对事件的关注。例如，如果不再希望将电子邮件转发到一台传真机，Fax 对象就应该注销它对 NewMail 事件的关注。对象只要向事件登记了它的一个方法，便不能被垃圾回收。所以，如果你的类型要实现 IDisposable 的 Dispose 方法，就应该在实现中注销对所有事件的关注。IDisposable 的详情参见第 21 章 "托管堆和垃圾回收"。

Fax 的 Unregister 方法示范了如何注销对事件的关注。该方法和 Fax 构造器中的代码十分相似。唯一区别是使用 -= 而不是 +=。C# 编译器看到代码使用操作符 -= 向事件注销委托时，会生成对事件的 remove 方法的调用：

```
mm.remove_NewMail(new EventHandler<NewMailEventArgs>(FaxMsg));
```

和操作符 += 一样，即使编程语言不直接支持事件，也可显式调用 remove 访问器方法向事件注销委托。remove 方法为了向事件注销委托，需要扫描委托列表来寻找一个恰当的委托 (其中包装的方法和传递的方法相同)。一旦找到匹配，现有委托就会从事件的委托列表中删除。没有找到也不会报错，列表不发生任何变动。

顺便说一下，C# 语言要求代码使用操作符 += 和 -= 在列表中增删委托。如果显式调用 add 方法和 remove 方法，C# 编译器会报告以下错误消息："CS0571: 无法显式调用运算符或访问器。"

11.4 显式实现事件

System.Windows.Forms.Control 类型定义了大约 70 个事件。假如 Control 类型在实现事件时，允许编译器隐式生成 add 和 remove 访问器方法以及委托字段，那么每个 Control 对象仅为事件就要准备 70 个委托字段！由于大多数程序员只关心少数几个事件，所以从 Control 派生类型创建的每个对象都会浪费大量内存。顺便说一下，ASP.NET 的 System.Web.UI.Control 类型和 WPF 的 System.Windows.UIElement 类型也提供了大多数程序员都用不上的大量事件。

本节将讨论 C# 编译器如何允许类的开发人员显式实现一个事件，使开发人员能够控制 add 和 remove 方法处理回调委托的方式。我要演示如何通过显式实现事件来高效率地实现提供了大量事件的类，但肯定还有其他情形也需要显式实现事件。

为了高效率存储事件委托，公开了事件的每个对象都要维护一个集合 (通常是字典)。集合将某种形式的事件标识符作为键 (key)，将委托列表作为值 (value)。新对象构造时，这个集合是空白的。登记对一个事件的关注时，会在集合中查找事件的标识符。如果事件标识符已在其中，新委托就和这个事件的委托列表合并。如果事件标识符不在集合中，就添加事件标识符和委托。

对象需要引发事件时，会在集合中查找事件标识符。如果集合中没有找到事件标识符，表明还没有任何对象登记对这个事件的关注，所以没有任何委托需要回调。如果事件标识符在集合中，就调用与它关联的委托列表。具体怎么实现这个设计模式，是定义事件的那个类型的开发人员的责任；使用类型的开发人员不知道事件在内部如何实现。

下例展示了如何完成这个模式。首先实现一个 EventSet 类，它代表一个集合，其中包含事件以及每个事件的委托列表：

```csharp
using System;
using System.Collections.Generic;
using System.Threading;

// 这个类的目的是在使用 EventSet 时，提供
// 多一点的类型安全性和代码可维护性
public sealed class EventKey { }

public sealed class EventSet {
    // 该私有字典用于维护 EventKey -> Delegate 映射
    private readonly Dictionary<EventKey, Delegate> m_events =
        new Dictionary<EventKey, Delegate>();

// 添加 EventKey -> Delegate 映射 ( 如果 EventKey 不存在 )，
// 或者将委托和现有的 EventKey 合并
public void Add(EventKey eventKey, Delegate handler) {
    Monitor.Enter(m_events);
    Delegate d;
    m_events.TryGetValue(eventKey, out d);
    m_events[eventKey] = Delegate.Combine(d, handler);
    Monitor.Exit(m_events);
}
```

```
// 从 EventKey( 如果它存在 ) 删除委托，并且
// 在删除最后一个委托时删除 EventKey -> Delegate 映射
public void Remove(EventKey eventKey, Delegate handler) {
    Monitor.Enter(m_events);
    // 调用 TryGetValue，确保在尝试从集合中删除不存在的 EventKey 时不会抛出异常
    Delegate d;
    if (m_events.TryGetValue(eventKey, out d)) {
        d = Delegate.Remove(d, handler);

        // 如果还有委托，就设置新的头部 ( 地址 )，否则删除 EventKey
        if (d != null) m_events[eventKey] = d;
        else m_events.Remove(eventKey);
    }
    Monitor.Exit(m_events);
}

// 为指定的 EventKey 引发事件
public void Raise(EventKey eventKey, Object sender, EventArgs e) {
    // 如果 EventKey 不在集合中，不抛出异常
    Delegate d;
    Monitor.Enter(m_events);
    m_events.TryGetValue(eventKey, out d);
    Monitor.Exit(m_events);

    if (d != null) {
        // 由于字典可能包含几个不同的委托类型，
        // 所以无法在编译时构造一个类型安全的委托调用。
        // 因此，我调用 System.Delegate 类型的 DynamicInvoke
        // 方法，以一个对象数组的形式向它传递回调方法的参数。
        // 在内部，DynamicInvoke 会向调用的回调方法查证参数的
        // 类型安全性，并调用方法。
        // 如果存在类型不匹配的情况，DynamicInvoke 会抛出异常。
        d.DynamicInvoke(new Object[] { sender, e });
    }
}
```

接着定义一个类来使用 EventSet 类。在这个类中，一个字段引用了一个 EventSet 对象，而且这个类的每个事件都是显式实现的，使每个事件的 add 方法都将指定的回调委托存储到 EventSet 对象中，而且每个事件的 remove 方法都删除指定的回调委托 (如果找得到的话)：

```
using System;

// 为这个事件定义从 EventArgs 派生的类型
public class FooEventArgs : EventArgs { }
```

```
public class TypeWithLotsOfEvents {
    // 定义私有实例字段来引用集合
    // 集合用于管理一组 "事件 / 委托" 对
    // 注意: EventSet 类型不是 FCL 的一部分，它是我自己的类型
    private readonly EventSet m_eventSet = new EventSet();

    // 受保护的属性使派生类型能访问集合
    protected EventSet EventSet { get { return m_eventSet; } }

    #region 用于支持 Foo 事件的代码（为附加的事件重复这个模式）
    // 定义 Foo 事件必要的成员
    // 2a. 构造一个静态只读对象来标识这个事件 .
    // 每个对象都有自己的哈希码，以便在对象的集合中查找这个事件的委托链表
    protected static readonly EventKey s_fooEventKey = new EventKey();

    // 2b. 定义事件的访问器方法，用于在集合中增删委托
    public event EventHandler<FooEventArgs> Foo {
        add    { m_eventSet.Add(s_fooEventKey, value); }
        remove { m_eventSet.Remove(s_fooEventKey, value); }
    }

    // 2c. 为这个事件定义受保护的虚方法 OnFoo
    protected virtual void OnFoo(FooEventArgs e) {
        m_eventSet.Raise(s_fooEventKey, this, e);
    }

    // 2d. 定义将输入转换成这个事件的方法
    public void SimulateFoo() {OnFoo(new FooEventArgs());}
    #endregion
}
```

使用 TypeWithLotsOfEvents 类型的代码不知道事件是由编译器隐式实现，还是由开发人员显式实现。它们只需用标准的语法向事件登记即可。以下代码进行了演示:

```
public sealed class Program {
    public static void Main() {
        TypeWithLotsOfEvents twle = new TypeWithLotsOfEvents();

        // 添加一个回调
        twle.Foo += HandleFooEvent;

        // 证明确实可行
        twle.SimulateFoo();
    }
```

```
    private static void HandleFooEvent(object sender, FooEventArgs e) {
        Console.WriteLine("Handling Foo Event here...");
    }
}
```

第 **12** 章

泛型

本章内容:

- FCL 中的泛型
- 泛型基础结构
- 泛型接口
- 泛型委托
- 委托和接口的逆变与协变泛型类型实参
- 泛型方法
- 泛型和其他成员
- 可验证性和约束

　　熟悉面向对象编程 (OOP) 的开发人员都深谙这种编程方式的好处。其中一个好处是 "代码重用", 它极大提高了开发效率。也就是说, 可以派生出一个类, 让它继承基类的所有能力。派生类只需重写虚方法, 或添加一些新方法, 就可定制派生类的行为, 使之满足开发人员的需求。泛型 (generic) 是 CLR 和编程语言提供的一种特殊机制, 它支持另一种形式的代码重用, 即 "算法重用"。

　　简单地说, 开发人员先定义好算法, 比如排序、搜索、交换、比较或者转换等。但是, 定义算法的开发人员并不设定该算法具体要操作的数据类型; 该算法可广泛地应用于不同类型的对象。然后, 另一个开发人员只要指定了算法要操作的具体数据类型, 就可以开始使用这个算法了。例如, 一个排序算法可以操作 Int32 和 String 等类型的对象, 而一个比较算法可以操作 DateTime 和 Version 等类型的对象。

大多数算法都封装在一个类型中，CLR 允许创建泛型引用类型和泛型值类型，但不允许创建泛型枚举类型。此外，CLR 还允许创建泛型接口和泛型委托。偶尔也有方法封装了有用的算法，所以 CLR 允许在引用类型、值类型或接口中定义泛型方法。

先来看一个简单的例子。Framework 类库 (Framework Class Library，FCL) 定义了一个泛型列表算法，它知道如何管理对象集合。泛型算法没有设定对象的数据类型。要在使用这个泛型列表算法时指定具体数据类型。

封装了泛型列表算法的 FCL 类称为 List<T>(读作 List of Tee)。这个类是在 System.Collections.Generic 命名空间中定义的。下面展示了类定义 (有大幅简化)：

```
[Serializable]
public class List<T> : IList<T>, ICollection<T>, IEnumerable<T>,
  IList, ICollection, IEnumerable {

  public List();
  public void Add(T item);
  public Int32 BinarySearch(T item);
  public void Clear();
  public Boolean Contains(T item);
  public Int32 IndexOf(T item);
  public Boolean Remove(T item);
  public void Sort();
  public void Sort(IComparer<T> comparer);
  public void Sort(Comparison<T> comparison);
  public T[] ToArray();

  public Int32 Count { get; }
  public T this[Int32 index] { get; set; }
}
```

泛型 List 类的设计者紧接在类名后添加了一个 <T>，表明它操作的是一个未指定的数据类型。定义泛型类型或方法时，为类型指定的任何变量 (比如 T) 都称为类型参数 (type parameter)。T 是变量名，源代码中凡是能使用数据类型的地方都能使用 T。例如，在 List 类定义中，T 被用于方法参数 (Add 方法接收一个 T 类型的参数) 和返回值 (ToArray 方法返回 T 类型的一维数组)。另一个例子是索引器方法 (在 C# 语言中称为 this)。索引器有一个 get 访问器方法，它返回 T 类型的值；一个 set 访问器方法，它接收 T 类型的参数。由于凡是能指定一个数据类型的地方都能使用 T 变量，所以在方法内部定义一个局部变量时，或者在类型中定义字段时，也可以使用 T。

注意　按照微软的设计原则，泛型参数变量要么称为 T，要么至少以大写 T 开头 (如 TKey 和 TValue)。大写 T 代表类型 (Type)，就像大写 I 代表接口 (Interface) 一样，比如 IComparable。

定义好泛型 List<T> 类型之后，其他开发人员为了使用这个泛型算法，要指定由算法操作的具体数据类型。使用泛型类型或方法时指定的具体数据类型称为类型实参 (type argument)。例如，开发人员可以指定一个 DateTime 类型实参来使用 List 算法。以下代码对此进行了演示：

```
private static void SomeMethod() {
  // 构造一个 List 来操作 DateTime 对象
  List<DateTime> dtList = new List<DateTime>();

  // 向列表添加一个 DateTime 对象
  dtList.Add(DateTime.Now);                    // 不进行装箱

  // 向列表添加另一个 DateTime 对象
  dtList.Add(DateTime.MinValue);               // 不进行装箱

  // 尝试向列表中添加一个 String 对象
  dtList.Add("1/1/2004");                      // 编译时错误

  // 从列表提取一个 DateTime 对象
  DateTime dt = dtList[0];                      // 不需要转型
}
```

从以上代码可以看出，泛型为开发人员提供了以下优势。

- 源代码保护

  使用泛型算法的开发人员不需要访问算法的源代码。然而，使用 C++ 模板时，算法源代码必须提供给准备使用算法的用户。

- 类型安全

  将泛型算法应用于一个具体的类型时，编译器和 CLR 能理解开发人员的意图，并保证只有与指定数据类型兼容的对象才能用于算法。试图使用不兼容类型的对象会造成编译时错误，或在运行时抛出异常。在上例中，试图将 String 对象传给 Add 方法造成编译器报错。

- 更清晰的代码

  由于编译器强制类型安全性，所以减少了源代码中必须进行的强制类型转换次数，使代码更容易编写和维护。在 SomeMethod 的最后一行，开发人员不需要进行 (DateTime) 强制类型转换，就能将索引器的结果 (查询在索引位置 0 处的元素) 存储到 dt 变量中。

- 更佳的性能

  没有泛型的时候，要想定义常规化的算法，它的所有成员都必须定义成操作 Object 数据类型。要用这个算法来操作值类型的实例，CLR 必须在调用算法的成员之前对值类型实例进行装箱。正如第 5 章 "基元类型、引用类型和值类型" 讨论的那样，装箱造成在托管堆上进行内存分配，造成更频繁的垃圾回收，从而损害应用程序的性能。由于现在能创建一个泛型算法来操作一种具体的值类型，所以值类型的实例能以传值方式传递，CLR 不再需要执行任何装箱操作。此外，由于不再需要进行强制类型转换 (参见上一条)，所以 CLR 无需验证这种转型是否类型安全，这同样提高了代码的运行速度。

为了理解泛型的性能优势，我写了一个程序来比较泛型 List 算法和 FCL 的非泛型 ArrayList 算法的性能。我打算同时使用值类型的对象和引用类型的对象来测试这两个算法的性能。下面是程序：

```
using System;
using System.Collections;
using System.Collections.Generic;
using System.Diagnostics;

public static class Program {
  public static void Main() {
    ValueTypePerfTest();
    ReferenceTypePerfTest();
  }

  private static void ValueTypePerfTest() {
    const Int32 count = 100000000;

    using (new OperationTimer("List<Int32>")) {
      List<Int32> l = new List<Int32>();
      for (Int32 n = 0; n < count; n++) {
        l.Add(n);         // 不发生装箱
        Int32 x = l[n];   // 不发生拆箱
      }
      l = null; // 确保进行垃圾回收
    }

    using (new OperationTimer("ArrayList of Int32")) {
      ArrayList a = new ArrayList();
      for (Int32 n = 0; n < count; n++) {
        a.Add(n);                   // 发生装箱
        Int32 x = (Int32) a[n];     // 发生拆箱
```

```
        }
        a = null;                              // 确保进行垃圾回收
    }
}

private static void ReferenceTypePerfTest() {
    const Int32 count = 100000000;

    using (new OperationTimer("List<String>")) {
        List<String> l = new List<String>();
        for (Int32 n = 0; n < count; n++) {
            l.Add("X");                        // 复制引用
            String x = l[n];                   // 复制引用
        }
        l = null;                              // 确保进行垃圾回收
    }

    using (new OperationTimer("ArrayList of String")) {
        ArrayList a = new ArrayList();
        for (Int32 n = 0; n < count; n++) {
            a.Add("X");                        // 复制引用
            String x = (String) a[n];          // 检查强制类型转换 & 复制引用
        }
        a = null;  // 确保进行垃圾回收
    }
}
}

// 这个类用于进行运算性能计时
internal sealed class OperationTimer : IDisposable {
    private Stopwatch m_stopwatch;
    private String m_text;
    private Int32 m_collectionCount;

    public OperationTimer(String text) {
        PrepareForOperation();

        m_text = text;
        m_collectionCount = GC.CollectionCount(0);

        // 这应该是方法的最后一个语句，从而最大程度保证计时的准确性
        m_stopwatch = Stopwatch.StartNew();
    }

    public void Dispose() {
        Console.WriteLine("{0} (GCs={1,3}) {2}", (m_stopwatch.Elapsed),
            GC.CollectionCount(0) - m_collectionCount, m_text);
    }
```

```
private static void PrepareForOperation() {
    GC.Collect();
    GC.WaitForPendingFinalizers();
    GC.Collect();
}
}
```

在我的机器上编译并运行这个程序 (打开优化开关)，得到以下输出：

```
00:00:01.2848275 (GCs=  6) List<Int32>
00:00:21.3052240 (GCs=221) ArrayList of Int32
00:00:01.6353842 (GCs=  6) List<String>
00:00:01.4143716 (GCs=  0) ArrayList of String
```

这证明在操作 Int32 类型时，泛型 List 算法比非泛型 ArrayList 算法快得多。
1.3 秒和 21 秒，约 16 倍的差异！此外，用 ArrayList 操作值类型 (Int32) 会造成
大量装箱，最终要进行 221 次垃圾回收。对应地，List 算法只需进行 6 次。

不过，用引用类型来测试，差异就没那么明显了，用时非常接近。所以，泛型
List 算法此时表面上没什么优势。但要注意的是，泛型算法的优势还包括更清晰
的代码和编译时的类型安全。所以，虽然性能提升不是很明显，但泛型算法的其他
优势也不容忽视。

> **注意**　应该意识到，首次为一个特定的数据类型调用泛型方法时，CLR 都会为该方
> 法生成本机代码。这会增大应用程序的工作集 (working set) 大小，从而损害
> 性能。12.2 节"泛型基础结构"将进一步探讨这个问题。

12.1 FCL 中的泛型

泛型最明显的应用就是集合类。FCL 在 System.Collections.Generic
和 System.Collections.ObjectModel 命名空间中提供了多个泛型集合类。
System.Collections.Concurrent 命名空间则提供了线程安全的泛型集合类。
Microsoft 建议使用泛型集合类，不建议使用非泛型集合类。这是出于几方面的考虑。
首先，使用非泛型集合类，无法像使用泛型集合类那样获得类型安全性、更清晰的
代码以及更佳的性能。其次，泛型类具有比非泛型类更好的对象模型。例如，虚方
法数量显著变少，性能更好。另外，泛型集合类增添了一些新成员，为开发人员提
供了新的功能。

集合类实现了许多接口，放入集合中的对象可通过实现接口来执行排序和搜索
等操作。FCL 包含许多泛型接口定义，所以使用接口时也能享受到泛型带来的好处。

常用接口在 System.Collections.Generic 命名空间中提供。

新的泛型接口不是为了替代旧的非泛型接口。许多时候两者都要使用 (为了向后兼容)。例如，如果 List<T> 类只实现了 IList<T> 接口，代码就不能将一个 List<DateTime> 对象当作一个 IList 来处理。

还要注意，System.Array 类 (所有数组类型的基类) 提供了大量静态泛型方法，比 如 AsReadOnly、BinarySearch、ConvertAll、Exists、Find、FindAll、FindIndex、FindLast、FindLastIndex、ForEach、IndexOf、LastIndexOf、Resize、Sort 和 TrueForAll 等。下面展示了部分方法：

```
public abstract class Array : ICloneable, IList, ICollection, IEnumerable,
  IStructuralComparable, IStructuralEquatable {

  public static void Sort<T>(T[] array);
  public static void Sort<T>(T[] array, IComparer<T> comparer);

  public static Int32 BinarySearch<T>(T[] array, T value);
  public static Int32 BinarySearch<T>(T[] array, T value,
    IComparer<T> comparer);
  ...
}
```

以下代码展示了如何使用其中的一些方法：

```
public static void Main() {
  // 创建并初始化字节数组
  Byte[] byteArray = new Byte[] { 5, 1, 4, 2, 3 };

  // 调用 Byte[] 排序算法
  Array.Sort<Byte>(byteArray);

  // 调用 Byte[] 二分搜索算法
  Int32 i = Array.BinarySearch<Byte>(byteArray, 1);
  Console.WriteLine(i); // 显示 "0"
}
```

12.2 泛型基础结构

泛型在 CLR 2.0 中加入。为了在 CLR 中加入泛型，许多人花费了大量时间来完成这个大型任务。具体地说，为了使泛型能够工作，微软必须完成以下工作：

- 创建新的 IL 指令，使之能够识别类型实参；
- 修改现有元数据表的格式，以便表示具有泛型参数的类型名称和方法；
- 修改各种编程语言 (C# 和 Visual Basic .NET 等) 来支持新语法，允许开发人员定义和引用泛型类型和方法；

- 修改编译器，使之能生成新的 IL 指令和修改的元数据格式；
- 修改 JIT 编译器，以便处理新的支持类型实参的 IL 指令来生成正确的本机代码；
- 创建新的反射成员，使开发人员能查询类型和成员，以判断它们是否具有泛型参数，同时还必须定义新的反射成员，使开发人员能在运行时创建泛型类型和方法定义；
- 修改调试器以显示和操纵泛型类型、成员、字段以及局部变量；
- 修改微软 Visual Studio 的"智能感知"(IntelliSense) 功能。将泛型类型或方法应用于特定数据类型时能显示成员的原型。

现在让我们花些时间讨论 CLR 内部如何处理泛型。这一部分的知识可能影响你构建和设计泛型算法的方式。另外，还可能影响大家是否会使用一个现有泛型算法的决策。

12.2.1 开放类型和封闭类型

贯穿全书，讨论了 CLR 如何为应用程序使用的各种类型创建称为类型对象 (type object) 的内部数据结构。具有泛型类型参数的类型仍然是类型，CLR 同样会为它创建内部的类型对象。这一点适合引用类型 (类)、值类型 (结构)、接口类型和委托类型。然而，具有泛型类型参数的类型称为开放类型，CLR 禁止构造开放类型的任何实例。这类似于 CLR 禁止构造接口类型的实例。

代码在引用泛型类型时可以指定一组泛型类型实参。为所有类型参数都传递了实际的数据类型，类型就成为封闭类型。CLR 允许构造封闭类型的实例。然而，代码引用泛型类型的时候，可能留下一些泛型类型实参未指定。这会在 CLR 中创建新的开放类型对象，而且不能创建该类型的实例。以下代码更清楚地说明了这一点：

```
using System;
using System.Collections.Generic;

// 一个部分指定的开放类型
internal sealed class DictionaryStringKey<TValue> :
   Dictionary<String, TValue> {
}

public static class Program {
   public static void Main() {
      Object o = null;

      // Dictionary<,>是开放类型，有两个类型参数
      Type t = typeof(Dictionary<,>);
```

```
    // 尝试创建该类型的实例（失败）
    o = CreateInstance(t);
    Console.WriteLine();

    // DictionaryStringKey<> 是开放类型，有一个类型参数
    t = typeof(DictionaryStringKey<>);

    // 尝试创建该类型的实例（失败）
    o = CreateInstance(t);
    Console.WriteLine();

    // DictionaryStringKey<Guid> 是封闭类型
    t = typeof(DictionaryStringKey<Guid>);

    // 尝试创建该类型的一个实例（成功）
    o = CreateInstance(t);

    // 证明它确实能够工作
    Console.WriteLine(" 对象类型 = " + o.GetType());
}

private static Object CreateInstance(Type t) {
    Object o = null;
    try {
        o = Activator.CreateInstance(t);
        Console.Write(" 已创建 {0} 的实例。", t.ToString());
    }
    catch (ArgumentException e) {
        Console.WriteLine(e.Message);
    }
    return o;
}
}
```

编译并运行以上代码得到以下输出：

```
无法创建 System.Collections.Generic.Dictionary`2[TKey,TValue] 的实例，
因为 Type.ContainsGenericParameters 为 True。

无法创建 DictionaryStringKey`1[TValue] 的实例，
因为 Type.ContainsGenericParameters 为 True。

已创建 DictionaryStringKey`1[System.Guid] 的实例。
对象类型 = DictionaryStringKey`1[System.Guid]
```

可以看出，Activator 的 CreateInstance 方法会在试图构造开放类型的实例时抛出 ArgumentException 异常。注意，异常的字符串消息指明类型中仍然含有一些泛型参数。

从输出可以看出，类型名以 "`" 字符和一个数字结尾。数字代表类型的元数，也就是类型要求的类型参数个数。例如，Dictionary 类的元数为 2，要求为 TKey 和 TValue 这两个类型参数指定具体类型。DictionaryStringKey 类的元数为 1，只要求为 TValue 指定具体类型。

还要注意，CLR 会在类型对象内部分配类型的静态字段 (前面第 4 章对此进行了讨论)。因此，每个封闭类型都有自己的静态字段。换言之，假如 List<T> 定义了任何静态字段，这些字段不会在一个 List<DateTime> 和一个 List<String> 之间共享；每个封闭类型对象都有自己的静态字段。另外，假如泛型类型定义了静态构造器 (参见第 8 章 "方法")，那么针对每个封闭类型，这个构造器都会执行一次。泛型类型定义静态构造器的目的是保证传递的类型实参满足特定条件。例如，我们可以像下面这样定义只能处理枚举类型的泛型类型：

```
internal sealed class GenericTypeThatRequiresAnEnum<T> {
    static GenericTypeThatRequiresAnEnum() {
        if (!typeof(T).IsEnum) {
            throw new ArgumentException("T 必须是某个枚举类型 ");
        }
    }
}
```

CLR 提供了名为约束的功能，可以更好地指定有效的类型实参。本章稍后会详细讨论。遗憾的是，约束无法将类型实参限制为 "仅枚举类型"。正是因为这个原因，所以上例需要用静态构造器来保证类型是一个枚举类型。

12.2.2 泛型类型和继承

泛型类型仍然是类型，所以能从其他任何类型派生。使用泛型类型并指定类型实参时，实际是在 CLR 中定义一个新的类型对象，新的类型对象从泛型类型派生自的那个类型派生。换言之，由于 List<T> 从 Object 派生，所以 List<String> 和 List<Guid> 也从 Object 派生。类似地，由于 DictionaryStringKey<TValue> 从 Dictionary<String, TValue> 派生，所以 DictionaryStringKey<Guid> 也从 Dictionary<String, Guid> 派生。指定类型实参不影响继承层次结构——理解这一点，有助于大家判断哪些强制类型转换是允许的以及哪些不允许。

假定像下面这样定义一个链表节点类：

```
internal sealed class Node<T> {
    public T m_data;
    public Node<T> m_next;

    public Node(T data) : this(data, null) {
```

```
}

   public Node(T data, Node<T> next) {
      m_data = data; m_next = next;
   }

   public override String ToString() {
      return m_data.ToString() +
         ((m_next != null) ? m_next.ToString() : String.Empty);
   }
}
```

那么可以写代码来构造链表，例如：

```
private static void SameDataLinkedList() {
   Node<Char> head = new Node<Char>('C');
   head = new Node<Char>('B', head);
   head = new Node<Char>('A', head);
   Console.WriteLine(head.ToString());  // 显示 "ABC"
}
```

在这个 Node 类中，对于 **m_next** 字段引用的另一个节点来说，它的 **m_data** 字段必须包含相同的数据类型。这意味着在链表包含的节点中，所有数据项都必须具有相同的类型 (或派生类型)。例如，不能使用 Node 类来创建这样一个链表：其中一个元素包含 Char 值，另一个包含 DateTime 值，另一个元素则包含 String 值。当然，如果到处都用 Node<Object>，那么确实可以做到，但会丧失编译时类型安全性，而且值类型会被装箱。

所以，更好的办法是定义非泛型 Node 基类，再定义泛型 TypedNode 类 (用 Node 类作为基类)。这样就可以创建一个链表，其中每个节点都可以是一种具体的数据类型 (不能是 Object)，同时获得编译时的类型安全性，并防止值类型装箱。下面是新的类型定义：

```
internal class Node {
   protected Node m_next;

   public Node(Node next) {
      m_next = next;
   }
}

internal sealed class TypedNode<T> : Node {
   public T m_data;

   public TypedNode(T data) : this(data, null) {
   }
```

```
public TypedNode(T data, Node next) : base(next) {
    m_data = data;
}

public override String ToString() {
    return m_data.ToString() +
        ((m_next != null) ? m_next.ToString() : String.Empty);
}
}
```

现在可以写代码来创建一个链表，其中每个节点都是不同的数据类型，例如：

```
private static void DifferentDataLinkedList() {
    Node head = new TypedNode<Char>('.');
    head = new TypedNode<DateTime>(DateTime.Now, head);
    head = new TypedNode<String>("Today is ", head);
    Console.WriteLine(head.ToString());
}
```

12.2.3 泛型类型同一性

泛型语法有时会将开发人员弄糊涂，因为源代码中可能散布着大量的 < 和 > 符号，这有损可读性。为了对语法进行增强，有的开发人员定义了一个新的非泛型类类型，它从一个泛型类型派生，并指定了所有类型实参。例如，为了简化下面这样的代码：

```
List<DateTime> dtl = new List<DateTime>();
```

一些开发人员可能首先定义下面这样的类：

```
internal sealed class DateTimeList : List<DateTime> {
    // 这里无需放入任何代码！
}
```

然后就可以简化创建列表的代码 (没有 < 和 > 符号了)：

```
DateTimeList dt1 = new DateTimeList();
```

这样做表面上的方面是方便了 (尤其是要为参数、局部变量和字段使用新类型的时候)，但是，绝对不要单纯出于增强源代码可读性的目的来定义一个新类。这样会丧失类型同一性 (identity) 和相等性 (equivalence)，如以下代码所示：

```
Boolean sameType = (typeof(List<DateTime>) == typeof(DateTimeList));
```

以上代码运行时，sameType 会被初始化为 false，因为比较的是两个不同类型的对象。这也意味着如果方法的原型接受一个 DateTimeList，那么不可以将一个 List<DateTime> 传给它。然而，如果方法的原型接受一个 List<DateTime>，

那么可以将一个 DateTimeList 传给它，因为 DateTimeList 从 List<DateTime>
派生。开发人员很容易被所有这一切搞糊涂。

幸好，C# 语言允许使用简化的语法来引用泛型封闭类型，同时不会影响类型
的相等性。这个语法要求在源文件顶部使用传统的 using 指令，例如：

```
using DateTimeList = System.Collections.Generic.List<System.DateTime>;
```

using 指令实际定义的是名为 DateTimeList 的符号。代码编译时，编译
器将代码中出现的所有 DateTimeList 替换成 System.Collections.Generic.
List<System.DateTime>。这样就允许开发人员使用简化的语法，同时不影响代
码的实际含义。所以，类型的同一性和相等性得到了维持。现在，执行下面这行代
码时，sameType 会被初始化为 true：

```
Boolean sameType = (typeof(List<DateTime>) == typeof(DateTimeList));
```

另外，可以利用 C# 语言的"隐式类型局部变量"功能，让编译器根据表达式
的类型来推断方法的局部变量的类型：

```
using System;
using System.Collections.Generic;
...
internal sealed class SomeType {
    private static void SomeMethod () {

        // 编译器推断出 dtl 的类型
        // 是 System.Collections.Generic.List<System.DateTime>
        var dtl = new List<DateTime>();
        ...
    }
}
```

12.2.4 代码爆炸

使用泛型类型参数的方法在进行 JIT 编译时，CLR 获取方法的 IL，用指定的
类型实参替换，然后创建恰当的本机代码——这些代码为操作指定的数据类型"量
身定制"。这正是你希望的，也是泛型的重要特点。但它有一个缺点：CLR 要为每
种不同的方法 / 类型组合生成本机代码。我们将这个现象称为代码爆炸。它可能造
成应用程序的工作集显著增大，从而损害性能。

幸好，CLR 内建了一些优化措施能缓解代码爆炸。首先，假如为特定的类型
实参调用了一个方法，以后再用相同的类型实参调用这个方法，CLR 只会为这个方
法 / 类型组合编译一次代码。所以，如果一个程序集使用 List<DateTime>，一个
完全不同的程序集 (加载到同一个 AppDomain 中) 也使用 List<DateTime>，那么

CLR 只为 `List<DateTime>` 编译一次方法。这样就显著缓解了代码爆炸。

CLR 还有另一个优化，它认为所有引用类型实参都完全相同，所以代码能够共享。例如，CLR 为 `List<String>` 的方法编译的代码可直接用于 `List<Stream>` 的方法，因为 `String` 和 `Stream` 均为引用类型。事实上，对于任何引用类型，都会使用相同的代码。CLR 之所以能执行这个优化，是因为所有引用类型的实参或变量实际只是指向堆上对象的指针 (32 位 Windows 系统上是 32 位指针；64 位 Windows 系统上是 64 位指针)，而所有对象指针都以相同方式操纵。

但是，假如某个类型实参是值类型，CLR 就必须专门为那个值类型生成本机代码。这是因为值类型的大小不定。即使两个值类型大小一样 (比如 `Int32` 和 `UInt32`，两者都是 32 位)，CLR 仍然无法共享代码，因为可能要用不同的本机 CPU 指令来操纵这些值。

12.3 泛型接口

显然，泛型的主要作用就是定义泛型的引用类型和值类型。然而，对泛型接口的支持对 CLR 来说也很重要。没有泛型接口，每次用非泛型接口 (如 `IComparable`) 来操纵值类型都会发生装箱，而且会失去编译时的类型安全性。这将严重制约泛型类型的应用范围。因此，CLR 提供了对泛型接口的支持。引用类型或值类型可以指定类型实参，从而实现一个泛型接口。也可以保持类型实参的未指定状态来实现泛型接口。下面来看一些例子。

以下泛型接口定义是 FCL 的一部分 (在 `System.Collections.Generic` 命名空间中)：

```
public interface IEnumerator<T> : IDisposable, IEnumerator {
  T Current { get; }
}
```

下面的示例类型实现了上述泛型接口，而且指定了类型实参。注意，`Triangle` 对象可以枚举一组 `Point` 对象 (三角形的顶点)。还要注意，`Current` 属性具有 `Point` 数据类型：

```
internal sealed class Triangle : IEnumerator<Point> {
  private Point[] m_vertices;

  // IEnumerator<Point> 的 Current 属性的类型是 Point
  public Point Current { get { ... } }

  ...
}
```

下例实现了相同的泛型接口，但保持类型实参的未指定状态：

```
internal sealed class ArrayEnumerator<T> : IEnumerator<T> {
  private T[] m_array;

  // IEnumerator<T> 的 Current 属性的类型是 T
  public T Current { get { ... } }

  ...
}
```

注意，ArrayEnumerator 对象可以枚举一组 T 对象 (T 未指定，允许使用 ArrayEnumerator 泛型类型的代码以后再为 T 指定具体类型)。还要注意，Current 属性现在具有未指定的数据类型 T。第 13 章将更深入地讨论泛型接口。

12.4 泛型委托

CLR 支持泛型委托，目的是保证任何类型的对象都能以类型安全的方式传给回调方法。此外，泛型委托允许值类型实例在传给回调方法时不进行任何装箱。第 17 章会讲到，委托实际只是提供了 4 个方法的一个类定义。4 个方法包括一个构造器、一个 Invoke 方法，一个 BeginInvoke 方法和一个 EndInvoke 方法。如果定义的委托类型指定了类型参数，编译器会定义委托类的方法，用指定的类型参数替换方法的参数类型和返回值类型。

例如，假定像下面这样定义泛型委托：

```
public delegate TReturn CallMe<TReturn, TKey, TValue>(TKey key, TValue value);
```

编译器会将它转换成如下所示的类：

```
public sealed class CallMe<TReturn, TKey, TValue> : MulticastDelegate {
    public CallMe(Object object, IntPtr method);
    public virtual TReturn Invoke(TKey key, TValue value);
    public virtual IAsyncResult BeginInvoke(TKey key, TValue value,
        AsyncCallback callback, Object object);
    public virtual TReturn EndInvoke(IAsyncResult result);
}
```

建议尽量使用 FCL 预定义的泛型 Action 委托和 Func 委托。这些委托的详情将在 17.6 节 "委托定义不要太多 (泛型委托)" 中讲述。

12.5 委托和接口的逆变和协变泛型类型实参

委托的每个泛型类型参数都可以标记为协变量或逆变量[①]。利用这个功能，可将泛型委托类型的变量转换为相同的委托类型 (但泛型参数类型不同)。泛型类型参数可以是以下任何一种形式。

- **不变量 (invariant)**：意味着泛型类型参数不能更改。到目前为止，你在本章看到的全是不变量形式的泛型类型参数。
- **逆变量 (contravariant)**：意味着泛型类型参数可以从一个类更改为它的某个派生类。在 C# 语言中，是用 **in** 关键字标记逆变量形式的泛型类型参数。逆变量泛型类型参数只出现在输入位置，比如作为方法的参数。
- **协变量 (covariant)**：意味着泛型类型参数可以从一个类更改为它的某个基类。C# 语言是用 **out** 关键字标记协变量形式的泛型类型参数。协变量泛型类型参数只能出现在输出位置，比如作为方法的返回类型。

例如，假定存在以下委托类型定义 (顺便说一下，它真的存在)：

```
public delegate TResult Func<in T, out TResult>(T arg);
```

其中，泛型类型参数 T 用 **in** 关键字标记，这使它成为逆变量；泛型类型参数 **TResult** 用 **out** 关键字标记，这使它成为协变量。

所以，如果像下面这样声明一个变量：

```
Func<Object, ArgumentException> fn1 = null;
```

就可以将它转型为另一个泛型类型参数不同的 Func 类型：

```
Func<String, Exception> fn2 = fn1;  // 不需要显式转型
Exception e = fn2("");
```

以上代码的意思是说：fn1 变量引用一个方法，获取一个 Object，返回一个 ArgumentException。而 fn2 变量引用另一个方法，获取一个 String，返回一个 Exception。由于可以将一个 String 传给期待 Object 的方法 (因为 String 从 Object 派生)，而且由于可以获取返回 ArgumentException 的一个方法的结果，并将这个结果当成一个 Exception(因为 Exception 是 ArgumentException 的基类)，所以以上代码能正常编译，而且编译时能维持类型安全性。

[①] 译注：本书采用目前约定俗成的译法：covariant= 协变量，contravariant= 逆变量；covariance= 协变性，contravariance= 逆变性。另外，variance= 可变性。至于两者更详细的区别，推荐阅读 Eric Lippert 的 Covariance and Contravariance in C# 系列博客文章 (https://tinyurl.com/5cx8nz33)。简而言之，协变性指定返回类型的兼容性，而逆变性指定参数的兼容性。

注意　只有编译器能验证类型之间存在引用转换，这些可变性才有用。换言之，由于需要装箱，所以值类型不具有这种可变性。我个人认为，正是因为存在这个限制，所以这些可变性的用处不是特别大。例如，假定定义了以下方法：

```
void ProcessCollection(IEnumerable<Object> collection) { ... }
```

我不能在调用它时传递一个 List<DateTime> 对象引用，因为 DateTime 值类型和 Object 之间不存在引用转换——虽然 DateTime 是从 Object 派生的。为了解决这个问题，可以像下面这样声明 ProcessCollection：

```
void ProcessCollection<T>(IEnumerable<T> collection) { ... }
```

另外，ProcessCollection(IEnumerable<Object> collection) 最大的好处是 JIT 编译得到的代码只有一个版本。但如果使用 ProcessCollection<T> (IEnumerable<T> collection)，那么只有在 T 是引用类型的前提下，才可共享同一个版本的 JIT 编译代码。对于 T 是值类型的情况，每个值类型都有一份不同的 JIT 编译代码；不过，起码能在调用方法时传递一个值类型集合了。

另外，对于泛型类型参数，如果要将该类型的实参传给使用了 out 或 ref 关键字的方法，便不允许可变性。例如，以下代码会造成编译器报告错误消息：无效的可变性：类型参数 "T" 在 "SomeDelegate<T>.Invoke(ref T)" 中必须是不变量。现在的 "T" 是逆变量。[1]

```
delegate void SomeDelegate<in T>(ref T t);
```

　　使用要获取泛型参数和返回值的委托时，建议尽量为逆变性和协变性指定 in 关键字和 out 关键字。这样做不仅没有不好的后果，还能使大家的委托适用于更多的情形。
　　和委托相似，具有泛型类型参数的接口也可以将类型参数标记为逆变量和协变量。下面的示例接口有一个协变量泛型类型参数：

```
public interface IEnumerator<out T> : IEnumerator {
    Boolean MoveNext();
    T Current { get; }
}
```

---

① 译注：Visual Studio 中文版实际显示的消息有些让人摸不着头脑：error CS1961：变型无效；类型参数 "T" 必须是在 "Program.Node.SomeDelegate<T>.Invoke(ref T)" 上有效的固定式。"T" 为逆变。

由于 T 是协变量，所以以下代码能顺利编译和运行：

```
// 这个方法接受任意引用类型的一个 IEnumerable 对象
Int32 Count(IEnumerable<Object> collection) { ... }

...
// 以下调用向 Count 传递一个 IEnumerable<String> 对象
Int32 c = Count(new[] { "Grant" });
```

重要提示

开发人员有时会问："为什么必须显式用关键字 in 或 out 来标记泛型类型参数？"他们认为，编译器应该能检查委托或接口声明，并自动检测哪些泛型类型参数能够逆变和协变。虽然编译器确实能，但 C# 团队认为必须由你订立协定 (contract)，明确说明想允许什么。例如，假定编译器判断一个泛型类型参数是逆变量 (用在输入位置)，但你将来向某个接口添加了成员，并将类型参数用在了输出位置。下次编译时，编译器就会认为该类型参数是不变量。但在引用了其他成员的所有地方，只要还以为"类型参数是逆变量"，那么就可能出错。

因此，编译器团队决定，在声明泛型类型参数时，必须由你显式使用关键字 in 或 out 来标记可变性。以后使用这个类型参数时，假如用法与声明时指定的不符，编译器就会报错，提醒你违反了自己先前订立的协定。如果为泛型类型参数添加 in 或 out 来打破原来的协定，就必须修改使用旧协定的代码。

12.6　泛型方法

定义泛型类、结构或接口时，类型中定义的任何方法都可以引用类型指定的类型参数。类型参数可以作为方法参数的类型、方法返回值的类型或者方法内部定义的局部变量的类型使用。然而，CLR 还允许方法指定它自己的类型参数。这些类型参数也可以作为参数、返回值或局部变量的类型使用。

在下例中，类型定义了一个类型参数，方法也定义了自己的：

```
internal sealed class GenericType<T> {
  private T m_value;

  public GenericType(T value) { m_value = value; }

  public TOutput Converter<TOutput>() {
    TOutput result = (TOutput) Convert.ChangeType(m_value, typeof(TOutput));
    return result;      // 返回类型转换之后的结果
```

```
  }
}
```

在这个例子中，GenericType 类定义了类型参数 (T)，Converter 方法也定义了自己的类型参数 (TOutput)。这样的 GenericType 可以处理任意类型。Converter 方法能将 m_value 字段引用的对象转换成任意类型——具体取决于调用时传递的类型实参是什么。泛型方法的存在，为开发人员提供了极大的灵活性。

泛型方法的一个很好的例子是 Swap 方法：

```
private static void Swap<T>(ref T o1, ref T o2) {
  T temp = o1;
  o1 = o2;
  o2 = temp;
}
```

现在可以这样调用 Swap：

```
private static void CallingSwap() {
  Int32 n1 = 1, n2 = 2;
  Console.WriteLine("n1={0}, n2={1}", n1, n2);
  Swap<Int32>(ref n1, ref n2);
  Console.WriteLine("n1={0}, n2={1}", n1, n2);

  String s1 = "Aidan", s2 = "Grant";
  Console.WriteLine("s1={0}, s2={1}", s1, s2);
  Swap<String>(ref s1, ref s2);
  Console.WriteLine("s1={0}, s2={1}", s1, s2);
}
```

为获取 out 参数和 ref 参数的方法使用泛型类型很有意思，因为作为 out/ref 实参传递的变量必须具有与方法参数相同的类型，以防止损害类型安全性。涉及 out/ref 参数的这个问题已在 9.3 节讨论。事实上，Interlocked 类的 Exchange 和 CompareExchange 方法就是因为这个原因才提供泛型重载的 [1]：

```
public static class Interlocked {
  public static T Exchange<T>(ref T location1, T value) where T: class;
  public static T CompareExchange<T>(
    ref T location1, T value, T comparand) where T: class;
}
```

泛型方法和类型推断

C# 泛型语法因为涉及大量的 < 和 > 符号，所以开发人员很容易被弄得晕头转向。为了改进代码的创建，增强可读性和可维护性，C# 编译器支持在调用泛型方法时

---

① where 子句将在本章稍后的 12.8 节 "可验证性和约束" 中讨论。

进行类型推断。这意味着编译器会在调用泛型方法时自动判断 (或者说推断) 要使用的类型。以下代码对类型推断进行了演示：

```
private static void CallingSwapUsingInference() {
    Int32 n1 = 1, n2 = 2;
    Swap(ref n1, ref n2);  // 调用 Swap<Int32>

    String s1 = "Aidan";
    Object s2 = "Grant";
    Swap(ref s1, ref s2);  // 错误，不能推断类型
}
```

在以上代码中，对 Swap 的调用没有在一对 "<" 和 ">" 中指定类型实参。在第一个 Swap 调用中，C# 编译器推断 n1 和 n2 都是 Int32，所以应该使用 Int32 类型实参来调用 Swap。

推断类型时，C# 使用变量的数据类型，而不是变量引用的对象的实际类型。所以在第二个 Swap 调用中，C# 发现 s1 是 String，而 s2 是 Object(即使它恰好引用了一个 String)。由于 s1 和 s2 是不同数据类型的变量，编译器拿不准要为 Swap 传递什么类型实参，所以会报告以下消息：error CS0411：无法从用法中推断出方法 "Program.Swap<T>(ref T, ref T)" 的类型参数。请尝试显式指定类型参数。

类型可以定义多个方法，让其中一个方法接受具体数据类型，让另一个接受泛型类型参数，如下例所示：

```
private static void Display(String s) {
    Console.WriteLine(s);
}

private static void Display<T>(T o) {
    Display(o.ToString());        // 调用 Display(String)
}
```

下面展示 Display 方法的一些调用方式：

```
Display("Jeff");                  // 调用 Display(String)
Display(123);                     // 调用 Display<T>(T)
Display<String>("Aidan");         // 调用 Display<T>(T)
```

在第一个调用中，编译器可以调用接受一个 String 参数的 Display 方法，也可以调用泛型 Display 方法 (将 T 替换成 String)。但是，C# 编译器的策略是先考虑较明确的匹配，再考虑泛型匹配。所以，它会生成对非泛型 Display 方法的调用，也就是接收一个 String 参数的版本。对于第二个调用，编译器不能调用接收 String 参数的非泛型 Display 方法，所以必须调用泛型 Display 方法。顺便说一句，

编译器优先选择较明确的匹配，开发人员应对此感到庆幸。假如编译器优先选择泛型方法，那么由于泛型 Display 方法会再次调用 Display(但传递由 ToString 返回的一个 String)，所以会造成无限递归。

对 Display 的第三个调用明确指定了泛型类型实参 String。这告诉编译器不要尝试推断类型实参。相反，应使用显式指定的类型实参。在本例中，编译器还假定我肯定是想调用泛型 Display 方法，所以会毫不犹豫地调用泛型 Display 方法。在内部，泛型 Display 方法会为传入的字符串调用 ToString 方法，然后将转换所得的字符串传给非泛型 Display 方法。

12.7 泛型和其他成员

在 C# 语言中，属性、索引器、事件、操作符方法、构造器和终结器本身不能有类型参数。但它们能在泛型类型中定义，而且这些成员中的代码能使用类型的类型参数。

C# 语言之所以不允许这些成员指定自己的泛型类型参数，是因为微软 C# 团队认为，开发人员很少需要将这些成员作为泛型使用。除此之外，为这些成员添加泛型支持的代价是相当高的，因为必须为语言设计足够的语法。例如，在代码中使用一个操作符 + 时，编译器可能要调用一个操作符重载方法。而在代码中，没有任何办法能伴随操作符 + 指定类型实参。

12.8 可验证性和约束

编译泛型代码时，C# 编译器会进行分析，确保代码适用于当前已有或将来可能定义的任何类型。看看下面这个方法：

```
private static Boolean MethodTakingAnyType<T>(T o) {
  T temp = o;
  Console.WriteLine(o.ToString());
  Boolean b = temp.Equals(o);
  return b;
}
```

这个方法声明了 T 类型的临时变量 (temp)。然后，方法执行一些变量赋值和方法调用。这个方法适用于任何类型。无论 T 是引用类型，是值类型或枚举类型，还是接口或委托类型，它都能工作。这个方法适用于当前存在的所有类型，也适用于将来可能定义的其他任何类型，因为所有类型都支持对 Object 类型的变量的赋值，也支持对 Object 类型定义的方法的调用——比如 ToString 和 Equals。

再来看看下面这个方法：

```
private static T Min<T>(T o1, T o2) {
    if (o1.CompareTo(o2) < 0) return o1;
    return o2;
}
```

Min 方法试图使用 o1 变量来调用 CompareTo 方法。但是，许多类型都没有提供 CompareTo 方法，所以 C# 编译器不能编译以上代码，它不能保证这个方法适用于所有类型。强行编译以上代码会报告消息：

```
error CS1061:"T" 未包含 "CompareTo" 的定义，并且找不到可接受第一个 "T" 类型参数的可访问扩展方法
"CompareTo"( 是否缺少 using 指令或程序集引用 ?)。
```

所以从表面上看，使用泛型似乎做不了太多事情。只能声明泛型类型的变量，执行变量赋值，再调用 Object 定义的方法，如此而已！显然，假如泛型只能这么用，可以说它几乎没有任何用。幸好，编译器和 CLR 支持称为约束的机制，可通过它使泛型变得真正有用！

约束的作用是限制能指定成泛型实参的类型数量。通过限制类型的数量，可以对那些类型执行更多操作。以下是新版本的 Min 方法，它指定了一个约束 (加粗显示)：

```
public static T Min<T>(T o1, T o2) where T : IComparable<T> {
    if (o1.CompareTo(o2) < 0) return o1;
    return o2;
}
```

C# 语言的 where 关键字告诉编译器，为 T 指定的任何类型都必须实现同类型 (T) 的泛型 IComparable 接口。有了这个约束，就可以在方法中调用 CompareTo，因为已知 IComparable<T> 接口定义了 CompareTo。

现在，当代码引用泛型类型或方法时，编译器要负责保证类型实参符合指定的约束。例如，假如编译以下代码：

```
private static void CallMin() {
    Object o1 = "Jeff", o2 = "Richter";
    Object oMin = Min<Object>(o1, o2); // Error CS0311
}
```

编译器会报告以下消息：

```
error CS0311: 类型 "object" 不能用作泛型类型或方法 "SomeType.Min<T>(T,T)" 中的类型参数 "T"。没
有从 "object" 到 "System.IComparable<object>" 的隐式引用转换。
```

编译器之所以报错，是因为 System.Object 没有实现 IComparable<Object> 接口。而且事实上，System.Object 没有实现任何接口。

对约束及其工作方式有了一个基本的认识后，让我们更深入地研究一下它。约束可应用于泛型类型的类型参数，也可应用于泛型方法的类型参数 (如 Min 方法所示)。CLR 不允许基于类型参数名称或约束来进行重载；只能基于元数 (类型参数个数) 对类型或方法进行重载。下例对此进行了演示：

```
// 可以定义以下类型
internal sealed class AType {}
internal sealed class AType<T> {}
internal sealed class AType<T1, T2> {}

// 错误：与没有约束的 AType<T> 冲突
internal sealed class AType<T> where T : IComparable<T> {}

// 错误：与 AType<T1, T2> 冲突
internal sealed class AType<T3, T4> {}

internal sealed class AnotherType {
  // 可以定义以下方法，参数个数不同:
  private static void M() {}
  private static void M<T>() {}
  private static void M<T1, T2>() {}

  // 错误：与没有约束的 M<T> 冲突
  private static void M<T>() where T : IComparable<T> {}

  // 错误：与 M<T1, T2> 冲突
  private static void M<T3, T4>() {}
}
```

重写虚泛型方法时，重写的方法必须指定相同数量的类型参数，而且这些类型参数会继承在基类方法上指定的约束。事实上，根本不允许为重写方法的类型参数指定任何约束。但是，类型参数的名称是可以改变的。类似地，实现接口方法时，方法必须指定与接口方法等量的类型参数，这些类型参数将继承由接口方法指定的约束。下例使用虚方法演示了这一规则：

```
internal class Base {
  public virtual void M<T1, T2>()
    where T1 : struct
    where T2 : class {
  }
}

internal sealed class Derived : Base {
  public override void M<T3, T4>()
    where T3 : EventArgs              // 错误
```

```
    where T4 : class                    // 错误
    { }
}
```

试图编译以上代码，编译器会报告以下错误：

```
error CS0460: 重写和显式接口实现方法的约束是从基方法继承的，因此不能直接指定这些约束。
```

从 Derived 类的 M<T3，T4> 方法中移除两个 where 子句，代码就能正常编译了。注意，类型参数的名称可以更改，比如将 T1 改成 T3，将 T2 改成 T4)；但约束不能更改 (甚至不能指定)。

下面讨论编译器 /CLR 允许向类型参数应用的各种约束。可用一个主要约束、一个次要约束以及 / 或者一个构造器约束来约束类型参数。接下来的三个小节将分别讨论这些约束。

12.8.1 主要约束

类型参数可以指定零个或者一个主要约束。主要约束可以是代表非密封类的一个引用类型。不能指定以下特殊引用类型：System.Object、System.Array、System.Delegate、System.MulticastDelegate、System.ValueType、System.Enum 或者 System.Void。

指定引用类型约束时，相当于向编译器承诺：一个指定的类型实参要么是与约束类型相同的类型，要么是从约束类型派生的类型。例如以下泛型类：

```
internal sealed class PrimaryConstraintOfStream<T> where T : Stream {
  public void M(T stream) {
    stream.Close();    // 正确
  }
}
```

在这个类定义中，类型参数 T 设置了主要约束 Stream(在 System.IO 命名空间中定义)。这就告诉编译器，使用 PrimaryConstraintOfStream 的代码在指定类型实参时，必须指定 Stream 或者从 Stream 派生的类型 (比如 FileStream)。如果类型参数没有指定主要约束，就默认为 System.Object。但是，如果在源代码中显式指定 System.Object，那么 C# 语言会报错："error CS0702: 约束不能是特殊类 "object"。"

有两个特殊的主要约束：class 和 struct。其中，class 约束向编译器承诺类型实参是引用类型。任何类类型、接口类型、委托类型或数组类型都满足这个约束。例如以下泛型类：

```
internal sealed class PrimaryConstraintOfClass<T> where T : class {
  public void M() {
```

```
        T temp = null;  // 允许，因为 T 肯定是引用类型
    }
}
```

在这个例子中，将 `temp` 设为 `null` 是合法的，因为 T 已知是引用类型，而所有引用类型的变量都能设为 `null`。不对 T 进行约束，以上代码就通不过编译，因为 T 可能是值类型，而值类型的变量不能设为 `null`。

`struct` 约束向编译器承诺类型实参是值类型。包括枚举在内的任何值类型都满足这个约束。但是，编译器和 CLR 将任何 `System.Nullable<T>` 值类型视为特殊类型，不满足这个 `struct` 约束。原因是 `Nullable<T>` 类型将它的类型参数约束为 `struct`，而 CLR 希望禁止像 `Nullable<Nullable<T>>` 这样的递归类型。可空类型将在第 19 章讨论。

以下示例类使用 `struct` 约束来约束它的类型参数：

```
internal sealed class PrimaryConstraintOfStruct<T> where T : struct {
    public static T Factory() {
        // 允许。因为所有值类型都隐式有一个公共无参构造器
        return new T();
    }
}
```

这个例子中的 `new T()` 是合法的，因为 T 已知是值类型，而所有值类型都隐式地有一个公共无参构造器。如果 T 不约束，约束为引用类型，或者约束为 `class`，那么以上代码将无法通过编译，因为有的引用类型没有公共无参构造器。

12.8.2　次要约束

类型参数可以指定零个或者多个次要约束，次要约束代表接口类型。这种约束向编译器承诺类型实参实现了接口。由于能指定多个接口约束，所以类型实参必须实现了所有接口约束 (以及主要约束，如果有的话)。第 13 章将详细讨论接口约束。

还有一种次要约束称为类型参数约束，有时也称为裸类型约束。这种约束用得比接口约束少得多。它允许一个泛型类型或方法规定：指定的类型实参要么就是约束的类型，要么是约束的类型的派生类。一个类型参数可以指定零个或者多个类型参数约束。下面这个泛型方法演示了如何使用类型参数约束：

```
private static List<TBase> ConvertIList<T, TBase>(IList<T> list)
    where T : TBase {
    List<TBase> baseList = new List<TBase>(list.Count);
    for (Int32 index = 0; index < list.Count; index++) {
        baseList.Add(list[index]);
    }
    return baseList;
```

```
}
```

ConvertIList 方法指定了两个类型参数，其中 T 参数由 TBase 类型参数约束。意味着不管为 T 指定什么类型实参，都必须兼容于为 TBase 指定的类型实参。下面这个方法演示了对 ConvertIList 的合法调用和非法调用：

```
private static void CallingConvertIList() {
    // 构造并初始化一个 List<String>(它实现了 IList<String>)
    IList<String> ls = new List<String>();
    ls.Add("A String");

    // 1. 将 IList<String> 转换成一个 IList<Object>
    IList<Object> lo = ConvertIList<String, Object>(ls);

    // 2. 将 IList<String> 转换成一个 IList<IComparable>
    IList<IComparable> lc = ConvertIList<String, IComparable>(ls);

    // 3. 将 IList<String> 转换成一个 IList<IComparable<String>>
    IList<IComparable<String>> lcs =
        ConvertIList<String, IComparable<String>>(ls);

    // 4. 将 IList<String> 转换成一个 IList<String>
    IList<String> ls2 = ConvertIList<String, String>(ls);

    // 5. 将 IList<String> 转换成一个 IList<Exception>
    IList<Exception> le = ConvertIList<String, Exception>(ls); // 错误
}
```

在对 ConvertIList 的第一个调用中，编译器检查 String 是否兼容于 Object。由于 String 从 Object 派生，所以第一个调用满足类型参数约束。在对 ConvertIList 的第二个调用中，编译器检查 String 是否兼容于 IComparable。由于 String 实现了 IComparable 接口，所以第二个调用满足类型参数约束。在对 ConvertIList 的第三个调用中，编译器检查 String 是否兼容于 IComparable<String>。由于 String 实现了 IComparable<String> 接口，所以第三个调用满足类型参数约束。在对 ConvertIList 的第 4 个调用中，编译器知道 String 兼容于它自己。在对 ConvertIList 的第 5 个调用中，编译器检查 String 是否兼容于 Exception。由于 String 不兼容于 Exception，所以第 5 个调用不满足类型参数约束，编译器报告以下消息：

```
error CS0311: 类型 "string" 不能用作泛型类型或方法 "Program.ConvertIList<T, TBase> (System.Collections.Generic.IList<T>)" 中的类型参数 "T"。没有从 "string" 到 "System.Exception" 的隐式引用转换。
```

12.8.3 构造器约束

类型参数可以指定零个或一个构造器约束，它向编译器承诺类型实参是实现了公共无参构造器的非抽象类型。注意，如果同时使用构造器约束和 struct 约束，C# 编译器会认为这是一个错误，因为这是多余的；所有值类型都隐式提供了公共无参构造器。以下示例类使用构造器约束来约束它的类型参数：

```
internal sealed class ConstructorConstraint<T> where T : new() {
    public static T Factory() {
        // 允许，因为所有值类型都隐式有一个公共无参构造器。
        // 而且，如果指定的是引用类型，约束也要求它提供公共无参构造器。
        return new T();
    }
}
```

这个例子中的 new T() 是合法的，因为已知 T 是拥有公共无参构造器的类型。对所有值类型来说，这一点 (拥有公共无参构造器) 肯定成立。对于作为类型实参指定的任何引用类型，这一点也成立，因为构造器约束要求它必须成立。

开发人员有时想为类型参数指定一个构造器约束，并指定构造器要获取多个参数。目前，CLR(以及 C# 编译器) 只支持无参构造器。微软认为这已经能满足几乎所有情况，我对此也表示同意。

12.8.4 其他可验证性问题

本节剩下的部分将讨论另外几个特殊的代码构造。由于可验证性问题，这些代码构造在和泛型共同使用时，可能产生不可预期的行为。另外，还讨论如何利用约束使代码重新变得可以验证。

1. 泛型类型变量的转型

除非转型为与约束兼容的类型，否则将泛型类型的变量转型为其他类型是非法的：

```
private static void CastingAGenericTypeVariable1<T>(T obj) {
    Int32 x = (Int32) obj ;    // 错误
    String s = (String) obj;   // 错误
}
```

上述两行代码会造成编译器报错，因为 T 可能是任意类型，无法保证成功转型。为了修改以上代码使其能通过编译，可以先转型为 Object。

```
private static void CastingAGenericTypeVariable2<T>(T obj) {
    Int32 x = (Int32) (Object) obj ;  // 无错误
    String s = (String) (Object) obj; // 无错误
}
```

虽然代码现在能编译，但 CLR 仍有可能在运行时抛出 InvalidCastException 异常。

转型为引用类型时还可以使用 C# 语言的 as 操作符。下面对代码进行了修改，为 String 使用了 as 操作符 (Int32 是值类型，所以不能用)：

```
private static void CastingAGenericTypeVariable3<T>(T obj) {
    String s = obj as String; // 不会报错
}
```

2. 将泛型类型变量设为默认值

除非将泛型类型约束成引用类型，否则将泛型类型变量设为 null 是非法的：

```
private static void SettingAGenericTypeVariableToNull<T>() {
    T temp = null;   // error CS0403 - 无法将 null 转换为类型参数 "T"，
                     // 因为它可能是不可以为 null 的值类型。请考虑改用 default(T)
}
```

由于未对 T 进行约束，所以它可能是值类型，而将值类型的变量设为 null 是不可能的。如果 T 被约束成引用类型，将 temp 设为 null 就是合法的，代码能顺利编译并运行。

C# 团队认为有必要允许开发人员将变量设为它的默认值，并专门为此提供了 default 关键字：

```
private static void SettingAGenericTypeVariableToDefaultValue<T>() {
    T temp = default(T); // 正确
}
```

以上代码中的 default 关键字告诉 C# 编译器和 CLR 的 JIT 编译器，如果 T 是引用类型，就将 temp 设为 null；如果是值类型，就将 temp 的所有位设为 0。

3. 将泛型类型变量与 null 进行比较

无论泛型类型是否被约束，使用操作符 == 或 != 将泛型类型变量与 null 进行比较都是合法的：

```
private static void ComparingAGenericTypeVariableWithNull<T>(T obj) {
    if (obj == null) { /* 对于值类型，永远都不会执行 */ }
}
```

由于 T 未进行约束，所以可能是引用类型或值类型。如果 T 是值类型，那么

obj 永远都不会为 null。大家或许以为 C# 编译器会报错。但 C# 编译器并不报错；相反，它能顺利地编译代码。调用这个方法时，如果为类型参数传递值类型，那么 JIT 编译器知道 if 语句永远都不会为 true，所以不会为 if 测试或者花括号内的代码生成本机代码。如果换用 != 操作符，那么 JIT 编译器不会为 if 测试生成代码 (因为测试结果肯定为 true)，但会为 if 花括号内的代码生成本机代码。

顺便说一句，如果 T 被约束成 struct，C# 编译器会报错。值类型的变量不能与 null 进行比较，因为结果始终一样。

4. 两个泛型类型变量相互比较

如果泛型类型参数不能肯定是引用类型，那么对同一个泛型类型的两个变量进行比较便是非法的：

```
private static void ComparingTwoGenericTypeVariables<T>(T o1, T o2) {
  if (o1 == o2) { } // 错误
}
```

在这个例子中，T 未进行约束。虽然两个引用类型的变量相互比较是合法的，但两个值类型的变量相互比较是非法的，除非值类型重载了操作符 ==。如果 T 被约束成 class，以上代码能通过编译。如果变量引用同一个对象，操作符 == 会返回 true。注意，如果 T 被约束成引用类型，而且该引用类型重载了 operator== 方法，那么编译器会在看到操作符 == 时生成对这个方法的调用。显然，所有些讨论也适合操作符 !=。

写代码来比较基元值类型 (Byte，Int32，Single，Decimal 等) 时，C# 编译器知道如何生成正确的代码。然而，对于非基元值类型，C# 编译器不知道如何生成代码来进行比较。所以，如果 ComparingTwoGenericTypeVariables 方法的 T 被约束成 struct，编译器会报错。

不允许将类型参数约束成具体的值类型，因为值类型隐式密封，不可能存在从值类型派生的类型。如果允许将类型参数约束成具体的值类型，那么泛型方法会被约束为只支持该具体类型，这还不如不要泛型呢！

5. 泛型类型变量作为操作数使用

最后要注意，将操作符应用于泛型类型的操作数会出现大量问题。第 5 章讨论了 C# 如何处理它的基元类型：Byte，Int16，Int32，Int64，Decimal 等。我特别指出 C# 知道如何解释应用于基元类型的操作符 (比如 +，-，* 和 /)。但不能将这些操作符应用于泛型类型的变量。编译器在编译时确定不了类型，所以不能向泛型类型的变量应用任何操作符。所以，不可能写一个能处理任何数值数据类型的算法。下面是我想写的一个示例泛型方法：

```
private static T Sum<T>(T num) where T : struct {
  T sum = default(T) ;
  for (T n = default(T) ; n < num ; n++)
     sum += n;
  return sum;
}
```

　　可以看出，我千方百计想让这个方法通过编译。我将 T 约束成一个 struct，而且使用 default(T) 将 sum 和 n 初始化为 0。但是，编译时还是得到了以下三个错误：

- error CS0019：运算符 "<" 无法应用于 "T" 和 "T" 类型的操作数
- error CS0023：运算符 "++" 无法应用于 "T" 类型的操作数
- error CS0019：运算符 "+=" 无法应用于 "T" 和 "T" 类型的操作数

　　这是 CLR 的泛型支持体系的一个严重不足，许多开发人员 (尤其是科学、金融和数学领域的开发人员) 对这个限制感到很失望。许多人尝试用各种技术来避开这一限制，其中包括反射 (参见第 23 章 "程序集加载和反射")、dynamic 基元类型 (5.5 节 "dynamic 基元类型") 和操作符重载等。但是，所有这些技术都会严重损害性能或者影响代码的可读性。希望微软在 CLR 和编译器未来的版本中解决这个问题。

第 **13** 章

接口

本章内容:

- 类和接口继承
- 定义接口
- 继承接口
- 关于调用接口方法的更多探讨
- 隐式和显式接口方法实现 (幕后机制)
- 泛型接口
- 泛型和接口约束
- 实现多个具有相同方法名和签名的接口
- 用显式接口方法实现来增强编译时类型安全性
- 谨慎使用显式接口方法实现
- 设计:基类还是接口

对于多继承 (multiple inheritance) 的概念,许多程序员并不陌生,它是指一个类从两个或多个基类派生的能力。例如,假定 TransmitData 类的作用是发送数据,ReceiveData 类的作用是接收数据。现在要创建 SocketPort 类,作用是发送和接收数据。在这种情况下,你会希望 SocketPort 从 TransmitData 和 ReceiveData 这两个类继承。

有些编程语言允许多继承,所以能从 TransmitData 和 ReceiveData 这两个基类派生出 SocketPort。但 CLR 不支持多继承 (因此所有托管编程语言也支持不

了)。CLR 只是通过接口提供了"缩水版"的多继承。本章将讨论如何定义和使用接口，还要提供一些指导性原则，以便你判断何时应该使用接口而不是基类。

13.1　类和接口继承

微软的 .NET Framework 提供了 System.Object 类，它定义了 4 个公共实例方法：ToString、Equals、GetHashCode 和 GetType。该类是其他所有类的根或者说终极基类。换言之，所有类都继承了 Object 的 4 个实例方法。这还意味着只要代码能操作 Object 类的实例，就能操作任何类的实例。

由于微软的开发团队已实现了 Object 的方法，所以从 Object 派生的任何类实际都继承了以下内容。

- 方法签名

  使代码认为自己是在操作 Object 类的实例，但实际操作的可能是其他类的实例。

- 方法实现

  使开发人员定义 Object 的派生类时不必手动实现 Object 的方法。

在 CLR 中，任何类都肯定从一个 (而且只能是一个) 类派生，后者最终从 Object 派生。这个类称为基类。基类提供了一组方法签名和这些方法的实现。你定义的新类可在将来由其他开发人员用作基类——所有方法签名和方法实现都会由新的派生类继承。

CLR 还允许开发人员定义接口，它实际只是对一组方法签名进行了统一命名。这些方法不提供任何实现。类通过指定接口名称来继承接口，而且必须显式实现接口方法，否则 CLR 会认为此类型定义无效。当然，实现接口方法的过程可能比较烦琐，所以我才在前面说接口继承是实现多继承的一种"缩水版"机制。C# 编译器和 CLR 允许一个类继承多个接口。当然，继承的所有接口方法都必须实现。

我们知道，类继承的一个重要特点是，凡是能使用基类型实例的地方，都能使用派生类型的实例。类似地，接口继承的一个重要特点是，凡是能使用具名接口类型的实例的地方，都能使用实现了接口的一个类型的实例。下面先看看如何定义接口。

13.2　定义接口

如前所述，接口对一组方法签名进行了统一命名。注意，接口还能定义事件、无参属性和有参属性 (C# 的索引器)。如前所述，所有这些东西本质上都是方法，它们只是语法上的简化。不过，接口不能定义任何构造器方法，也不能定义任何实例字段。

虽然 CLR 允许接口定义静态方法、静态字段、常量和静态构造器，但符合 CLS 标准的接口绝不允许，因为有的编程语言不能定义或访问它们。事实上，C# 语言禁止接口定义任何一种这样的静态成员。

C# 语言用 interface 关键字定义接口。要为接口指定名称和一组实例方法签名。下面是 FCL 中的几个接口的定义：

```
public interface IDisposable {
   void Dispose();
}

public interface IEnumerable {
   IEnumerator GetEnumerator();
}

public interface IEnumerable<T> : IEnumerable {
   new IEnumerator<T> GetEnumerator();
}

public interface ICollection<T> : IEnumerable<T>, IEnumerable {
   void       Add(T item);
   void       Clear();
   Boolean    Contains(T item);
   void       CopyTo(T[] array, Int32 arrayIndex);
   Boolean    Remove(T item);
   Int32      Count        { get; } // 只读属性
   Boolean    IsReadOnly   { get; } // 只读属性
}
```

在 CLR 看来，接口定义就是类型定义。也就是说，CLR 会为接口类型对象定义内部数据结构，同时可以通过反射机制来查询接口类型所提供的功能。和类型一样，接口可以在文件范围中定义，也可嵌套在另一个类型中。定义接口类型时，可以指定你希望的任何可见性 / 可访问性 (public、protected 和 internal 等)。

根据约定，接口类型名称以大写字母 I 开头，目的是方便在源代码中辨认接口类型。CLR 支持泛型接口 (前面几个例子已进行了演示) 和接口中的泛型方法。本章稍后会讨论泛型接口提供的许多功能。另外，第 12 章已全面讨论了泛型。

接口定义可以从另一个或多个接口 "继承"。但是，"继承" 应打上引号，因为它并不是严格的继承。接口继承的工作方式并不完全和类继承一样。我个人倾向于将接口继承看成是将其他接口的协定 (contract) 包括到新接口中。例如，ICollection<T> 接口定义就包含了 IEnumerable<T> 和 IEnumerable 两个接口的协定。这有下面两层含义：

- 继 承 ICollection<T> 接 口 的 任 何 类 必 须 实 现 ICollection<T>、IEnumerable<T> 和 IEnumerable 这三个接口所定义的方法；

- 任何代码在引用对象时，如果期待该对象的类型实现了 ICollection<T> 接口，则可以认为该类型同时实现了 IEnumerable<T> 和 IEnumerable 接口。

13.3 继承接口

本节介绍如何定义实现了接口的类型，然后介绍如何创建该类型的实例，并用这个对象调用接口的方法。C# 语言将这个过程变得很简单，但幕后发生的事情还是有点复杂。本章稍后会详细解释。

下面是在 MSCorLib.dll 中定义的 System.IComparable<T> 接口：

```
public interface IComparable<in T> {
    Int32 CompareTo(T other);
}
```

以下代码展示了如何定义实现了该接口的类型，同时还展示了对两个 Point 对象进行比较的代码：

```
using System;

// Point 从 System.Object 派生，并实现了 IComparable<T>
public sealed class Point : IComparable<Point> {
    private Int32 m_x, m_y;

    public Point(Int32 x, Int32 y) {
        m_x = x;
        m_y = y;
    }

    // 该方法为 Point 实现 IComparable<T>.CompareTo()
    public Int32 CompareTo(Point other) {
        return Math.Sign(Math.Sqrt(m_x * m_x + m_y * m_y)
            - Math.Sqrt(other.m_x * other.m_x + other.m_y * other.m_y));
    }

    public override String ToString() {
        return String.Format("({0}, {1})", m_x, m_y);
    }
}

public static class Program {
    public static void Main() {
        Point[] points = new Point[] {
            new Point(3, 3),
            new Point(1, 2),
        };
```

```
        // 下面调用由 Point 实现的 IComparable<T> 的 CompareTo 方法
        if (points[0].CompareTo(points[1]) > 0) {
            Point tempPoint = points[0];
            points[0] = points[1];
            points[1] = tempPoint;
        }
        Console.WriteLine("Points from closest to (0, 0) to farthest:");
        foreach (Point p in points)
            Console.WriteLine(p);
    }
}
```

但凡有一个方法实现了某个接口方法签名，C# 编译器都要求将它标记为 public。CLR 要求将接口方法标记为 virtual。如果你的代码不将方法显式标记为 virtual，那么编译器会将它们标记为 virtual 和 sealed；这会阻止派生类重写接口方法。但是，如果将方法显式标记为 virtual，编译器就会将该方法标记为 virtual(并保持它的非密封状态)，使派生类能重写它。

派生类不能重写标记为 sealed 的接口方法。但是，派生类可以重新继承同一个接口，并为接口方法提供自己的实现。在对象上调用接口方法时，调用的是该方法在该对象的类型中的实现。下例对此进行了演示：

```
using System;

public static class Program {
    public static void Main() {
        /*********************** 第一个例子 ***********************/
        Base b = new Base();

        // 用 b 的类型来调用 Dispose，显示："Base's Dispose"
        b.Dispose();

        // 用 b 的对象的类型来调用 Dispose，显示："Base's Dispose"
        ((IDisposable)b).Dispose();


        /*********************** 第二个例子 ***********************/
        Derived d = new Derived();

        // 用 d 的类型来调用 Dispose，显示："Derived's Dispose"
        d.Dispose();

        // 用 d 的对象的类型来调用 Dispose，显示："Derived's Dispose"
        ((IDisposable)d).Dispose();


        /*********************** 第三个例子 ***********************/
```

```
        b = new Derived();

        // 用 b 的类型来调用 Dispose，显示："Base's Dispose"
        b.Dispose();

        // 用 b 的对象的类型来调用 Dispose，显示："Derived's Dispose"
        ((IDisposable)b).Dispose();
    }
}

// 这个类派生自 Object，它实现了 IDisposable
internal class Base : IDisposable {
    // 这个方法隐式密封，不能被重写
    public void Dispose() {
        Console.WriteLine("Base's Dispose");
    }
}

// 这个类派生自 Base，它重新实现了 IDisposable
internal class Derived : Base, IDisposable {
    // 这个方法不能重写 Base 的 Dispose，
    // 'new' 表明该方法重新实现了 IDisposable 的 Dispose 方法
    new public void Dispose() {
        Console.WriteLine("Derived's Dispose");

        // 注意，下面这行代码展示了如何调用基类的实现（如果需要的话）
        // base.Dispose();
    }
}
```

13.4 关于调用接口方法的更多探讨

FCL 的 System.String 类型继承了 System.Object 的方法签名及其实现。此外，String 类型还实现了几个接口：IComparable、ICloneable、IConvertible、IEnumerable、IComparable<String>、IEnumerable<Char> 和 IEquatable<String>。这意味着 String 类型不需要实现（或重写）其 Object 基类型提供的方法，但必须实现所有接口声明的方法。

CLR 允许定义接口类型的字段、参数或局部变量。使用接口类型的变量可以调用该接口定义的方法。此外，CLR 允许调用 Object 定义的方法，因为所有类都继承了 Object 的方法。以下代码对此进行了演示：

```
// s 变量引用一个 String 对象
String s = "Jeffrey";
// 可以使用 s 调用在 String, Object, IComparable, ICloneable,
```

```
// IConvertible, IEnumerable 中定义的任何方法

// cloneable 变量引用同一个 String 对象
ICloneable cloneable = s;
// 使用 cloneable 只能调用 ICloneable 接口声明的
// 任何方法（或 Object 定义的任何方法）

// comparable 变量引用同一个 String 对象
IComparable comparable = s;
// 使用 comparable 只能调用 IComparable 接口声明的
// 任何方法（或 Object 定义的任何方法）

// enumerable 变量引用同一个 String 对象
// 可在运行时将变量从一个接口转换成另一个，只要
// 对象的类型实现了这两个接口
IEnumerable enumerable = (IEnumerable) comparable;
// 使用 enumerable 只能调用 IEnumerable 接口声明的
// 任何方法（或 Object 定义的任何方法）
```

在这段代码中，所有变量都引用同一个 "Jeffrey" String 对象。该对象在托管堆中；所以，使用其中任何变量时，调用的任何方法都会影响这个 "Jeffrey" String 对象。不过，变量的类型规定了能对这个对象执行的操作。s 变量是 String 类型，所以可以用 s 调用 String 类型定义的任何成员（比如 Length 属性）。还可用变量 s 调用从 Object 继承的任何方法（比如 GetType）。

cloneable 变量是 ICloneable 接口类型。所以，使用 cloneable 变量可以调用该接口定义的 Clone 方法。此外，可以调用 Object 定义的任何方法（比如 GetType），因为 CLR 知道所有类型都继承自 Object。不过，不能用 cloneable 变量调用 String 本身定义的公共方法，也不能调用由 String 实现的其他任何接口的方法。类似地，使用 comparable 变量可以调用 CompareTo 方法或 Object 定义的任何方法，但不能调用其他方法。

重要提示 ⚠️ 和引用类型相似，值类型可以实现零个或多个接口。但是，值类型的实例在转换为接口类型时必须装箱。这是由于接口变量是引用，必须指向堆上的对象，使 CLR 能检查对象的类型对象指针，从而判断对象的确切类型。调用已装箱值类型的接口方法时，CLR 会跟随对象的类型对象指针找到类型对象的方法表，从而调用正确的方法。

13.5 隐式和显式接口方法实现（幕后机制）

类型加载到 CLR 中时，会为该类型创建并初始化一个方法表（参见第 1 章）。在这个方法表中，类型引入的每个新方法都有对应的记录项；另外，还为该类型继承的所有虚方法添加了记录项。继承的虚方法既有继承层次结构中的各个基类型定义的，也有接口类型定义的。所以，对于下面这个简单的类型定义：

```
internal sealed class SimpleType : IDisposable {
    public void Dispose() { Console.WriteLine("Dispose"); }
}
```

类型的方法表将包含以下方法的记录项：

- Object(隐式继承的基类) 定义的所有虚实例方法；
- IDisposable(继承的接口) 定义的所有接口方法。本例只有一个方法，即 Dispose，因为 IDisposable 接口只定义了这个方法；
- SimpleType 引入的新方法 Dispose。

为简化编程，C# 编译器假定 SimpleType 引入的 Dispose 方法是对 IDisposable 的 Dispose 方法的实现。之所以这样假定，是由于 Dispose 方法的可访问性是 public，而接口方法的签名和新引入的方法完全一致。也就是说，两个方法具有相同的参数和返回类型。顺便说一句，如果新的 Dispose 方法被标记为 virtual，C# 编译器仍然认为该方法匹配接口方法。

C# 编译器将新方法和接口方法匹配起来之后，会生成元数据，指明 SimpleType 类型的方法表中的两个记录项应引用同一个实现。为了更清楚地理解这一点，下面的代码演示了如何调用类的公共 Dispose 方法以及如何调用 IDisposable 的 Dispose 方法在类中的实现：

```
public sealed class Program {
    public static void Main() {
        SimpleType st = new SimpleType();

        // 调用公共 Dispose 方法实现
        st.Dispose();

        // 调用 IDisposable 的 Dispose 方法的实现
        IDisposable d = st;
        d.Dispose();
    }
}
```

在第一个 Dispose 方法调用中，调用的是 SimpleType 定义的 Dispose 方法。然后定义 IDisposable 接口类型的变量 d，它引用 SimpleType 对象 st。调

用 d.Dispose() 时，调用的是 IDisposable 接口的 Dispose 方法。由于 C# 要求
公共 Dispose 方法同时是 IDisposable 的 Dispose 方法的实现，所以会执行相同
的代码。在这个例子中，两个调用你看不出任何区别。输出结果如下所示：

```
Dispose
Dispose
```

现在重写 SimpleType，以便于看出区别：

```
internal sealed class SimpleType : IDisposable {
    public void Dispose() { Console.WriteLine("public Dispose"); }
    void IDisposable.Dispose() { Console.WriteLine("IDisposable Dispose"); }
}
```

在不改动前面的 Main 方法的前提下，重新编译并再次运行程序，输出结果如
下所示：

```
public Dispose
IDisposable Dispose
```

在 C# 语言中，将定义方法的那个接口的名称作为方法名前缀 (例如
IDisposable.Dispose)，就会创建显式接口方法实现 (Explicit Interface Method
Implementation，EIMI[①])。注意，C# 中不允许在定义显式接口方法时指定可访问性 (比
如 public 或 private)。但是，编译器生成方法的元数据时，可访问性会自动设为
private，防止其他代码在使用类的实例时直接调用接口方法。只有通过接口类型
的变量才能调用接口方法。

还要注意，EIMI 方法不能标记为 virtual，所以不能被重写。这是由于 EIMI
方法并非真的是类型的对象模型的一部分，它只是将接口 (一组行为或方法) 和类
型连接起来，同时避免公开行为 / 方法。如果觉得这一点不好理解，说明你的感觉
并没有错！它就是不太好理解。本章稍后会介绍 EIMI 有用的一些场合。

13.6 泛型接口

C# 语言和 CLR 所支持的泛型接口为开发人员提供了许多非常出色的功能。本
节要讨论泛型接口提供的一些好处。

首先，泛型接口提供了出色的编译时类型安全性。有的接口 (比如非泛型
IComparable 接口) 定义的方法使用了 Object 参数或 Object 返回类型。在代码
中调用这些接口方法时，可传递对任何类型的实例的引用。但这通常不是我们期望
的。下面的代码对此进行了演示：

---

① 译注：请记住 EIMI 的意思，本书后面会大量使用这个缩写词。

```
private void SomeMethod1() {
    Int32 x = 1, y = 2;
    IComparable c = x;

    // CompareTo 期待 Object，传递 y( 一个 Int32) 没有问题
    c.CompareTo(y); // y 在这里装箱

    // CompareTo 期待 Object，传递 "2" ( 一个 String) 虽然可以编译，
    // 但会在运行时抛出 ArgumentException 异常
    c.CompareTo("2");
}
```

接口方法在理想情况下是应该使用强类型的。这正是 FCL 包含泛型 IComparable<in T> 接口的原因。下面修改代码来使用泛型接口：

```
private void SomeMethod2() {
    Int32 x = 1, y = 2;
    IComparable<Int32> c = x;

    // CompareTo 期待 Int32，传递 y( 一个 Int32) 没有问题
    c.CompareTo(y);    // y 在这里不装箱

    // CompareTo 期待 Int32，传递 "2"( 一个 String) 造成编译错误，
    // 指出 String 不能被转换为 Int32
    c.CompareTo("2");  // 错误
}
```

泛型接口的第二个好处在于，处理值类型时装箱次数会少很多。在 SomeMethod1 方法中，非泛型 IComparable 接口的 CompareTo 方法期待获取一个 Object；传递 y(Int32 值类型) 会造成 y 中的值装箱。但在 SomeMethod2 方法中，泛型 IComparable<in T> 接口的 CompareTo 方法本来期待的就是 Int32；y 以传值的方式传递，无须装箱。

注意
> FCL 定义了 IComparable，ICollection，IList 和 IDictionary 等接口的泛型和非泛型版本。定义类型时如果要实现其中任何一个接口，那么一般应该实现泛型版本。FCL 保留非泛型版本是为了向后兼容，照顾在 .NET Framework 支持泛型之前写的代码。非泛型版本还允许用户以较常规的、类型较不安全 (more general、less type-safe) 的方式处理数据。
>
> 有的泛型接口继承了非泛型版本，所以必须同时实现接口的泛型和非泛型版本。例如，泛型 IEnumerable<out T> 接口继承了非泛型 IEnumerable 接口，所以实现 IEnumerable<out T> 就必须实现 IEnumerable。

和其他代码集成时，有时必须实现非泛型接口，因为接口的泛型版本并不存
在。这时，如果接口的任何方法获取或返回 Object，就会失去编译时的类
型安全性，而且值类型将发生装箱。可以利用 13.9 节介绍的技术来缓解该
问题。

泛型接口的第三个好处在于，类可以实现同一个接口若干次，只要每次使用不
同的类型参数。以下代码对此进行了演示：

```
using System;

// 该类实现泛型 IComparable<T> 接口两次
public sealed class Number: IComparable<Int32>, IComparable<String> {
    private Int32 m_val = 5;

    // 该方法实现 IComparable<Int32> 的 CompareTo 方法
    public Int32 CompareTo(Int32 n) {
        return m_val.CompareTo(n);
    }

    // 该方法实现 IComparable<String> 的 CompareTo 方法
    public Int32 CompareTo(String s) {
        return m_val.CompareTo(Int32.Parse(s));
    }
}

public static class Program {
    public static void Main() {
        Number n = new Number();

        // 将 n 中的值和一个 Int32(5) 比较
        IComparable<Int32> cInt32 = n;
        Int32 result = cInt32.CompareTo(5);

        // 将 n 中的值和一个 String("5") 比较
        IComparable<String> cString = n;
        result = cString.CompareTo("5");
    }
}
```

接口的泛型类型参数可以标记为逆变和协变，为泛型接口的使用提供更大的灵
活性。欲知协变和逆变的详情，请参见 12.5 节"委托和接口的逆变和协变泛型类型
实参"。

13.7 泛型和接口约束

上一节讨论了泛型接口的好处。本节要讨论将泛型类型参数约束为接口的好处。

第一个好处在于，可以将泛型类型参数约束为多个接口。这样一来，传递的参数的类型必须实现全部接口约束。例如：

```
public static class SomeType {
    private static void Test() {
        Int32 x = 5;
        Guid g = new Guid();

        // 对 M 的调用能通过编译，因为 Int32 实现了
        // IComparable 和 IConvertible
        M(x);

        // 这个 M 调用导致编译错误，因为 Guid 虽然
        // 实现了 IComparable，但没有实现 IConvertible
        M(g);
    }

    // M 的类型参数 T 被约束为只支持同时实现了
    // IComparable 和 IConvertible 接口的类型
    private static Int32 M<T>(T t) where T : IComparable, IConvertible {
        ...
    }
}
```

这真的很酷！定义方法参数时，参数的类型规定了传递的实参必须是该类型或者它的派生类型。如果参数的类型是接口，那么实参可以是任意类类型，只要该类实现了接口。使用多个接口约束，实际是表示向方法传递的实参必须实现多个接口。

事实上，如果将 T 约束为一个类和两个接口，就表示传递的实参类型必须是指定的基类 (或者它的派生类)，而且必须实现两个接口。这种灵活性使方法能细致地约束调用者能传递的内容。调用者不满足这些约束，就会产生编译错误。

接口约束的第二个好处是传递值类型的实例时减少装箱。以上代码向 M 方法传递了 x(值类型 Int32 的实例)。x 传给 M 方法时不会发生装箱。如果 M 方法内部的代码调用 t.CompareTo(…)，这个调用本身也不会引发装箱 (但传给 CompareTo 的实参可能发生装箱)。

另一方面，如果 M 方法像下面这样声明：

```
private static Int32 M(IComparable t) {
    ...
}
```

那么 x 要传给 M 就必须装箱。

　　C# 编译器为接口约束生成特殊 IL 指令，导致直接在值类型上调用接口方法而不装箱。不用接口约束便没有其他办法让 C# 编译器生成这些 IL 指令；如此一来，在值类型上调用接口方法总是发生装箱。一个例外是如果值类型实现了一个接口方法，在值类型的实例上调用这个方法不会造成值类型的实例装箱。

13.8　实现多个具有相同方法名和签名的接口

　　定义实现多个接口的类型时，这些接口可能定义了具有相同名称和签名的方法。例如，假定有以下两个接口：

```
public interface IWindow {
    Object GetMenu();
}

public interface IRestaurant {
    Object GetMenu();
}
```

　　要定义实现这两个接口的类型，必须使用"显式接口方法实现"来实现这个类型的成员，如下所示：

```
// 这个类型派生自 System.Object,
// 并实现了 IWindow 和 IRestaurant 接口。
// (Mario Pizzeria 是一家比萨连锁餐厅 )
public sealed class MarioPizzeria : IWindow, IRestaurant {

    // 这是 IWindow 的 GetMenu 方法的实现
    Object IWindow.GetMenu() { ... }

    // 这是 IRestaurant 的 GetMenu 方法的实现
    Object IRestaurant.GetMenu() { ... }

    // 这个 GetMenu 方法是可选的，与接口无关
    public Object GetMenu() { ... }
}
```

　　由于这个类型必须实现多个接口的 GetMenu 方法，所以要告诉 C# 编译器每个 GetMenu 方法对应的是哪个接口的实现。

　　代码在使用 MarioPizzeria 对象时必须将其转换为具体的接口才能调用所需的方法。例如：

```
MarioPizzeria mp = new MarioPizzeria();

// 以下代码调用 MarioPizzeria 的公共 GetMenu 方法
```

```
mp.GetMenu();

// 以下代码调用 MarioPizzeria 的 IWindow.GetMenu 方法
IWindow window = mp;
window.GetMenu();

// 以下代码调用 MarioPizzeria 的 IRestaurant.GetMenu 方法
IRestaurant restaurant = mp;
restaurant.GetMenu();
```

13.9 用显式接口方法实现来增强编译时类型安全性

接口很好用，它们定义了在类型之间进行沟通的标准方式。前面曾讨论了泛型接口，讨论了它们如何增强编译时的类型安全性和减少装箱操作。遗憾的是，有时由于不存在泛型版本，所以仍需实现非泛型接口。接口的任何方法接收 System.Object 类型的参数或返回 System.Object 类型的值，就会失去编译时的类型安全性，装箱也会发生。本节将介绍如何用"显式接口方法实现"(EIMI) 在某种程度上改善这个局面。

下面是极其常用的 IComparable 接口：

```
public interface IComparable {
    Int32 CompareTo(Object other);
}
```

该接口定义了接收一个 System.Object 参数的方法。可以如下定义实现了该接口的类型：

```
internal struct SomeValueType : IComparable {
    private Int32 m_x;
    public SomeValueType(Int32 x) { m_x = x; }
    public Int32 CompareTo(Object other) {
        return(m_x - ((SomeValueType) other).m_x);
    }
}
```

可以用 SomeValueType 写如下代码：

```
public static void Main() {
    SomeValueType v = new SomeValueType(0);
    Object o = new Object();
    Int32 n = v.CompareTo(v);        // 不希望的装箱操作
    n = v.CompareTo(o);              // InvalidCastException 异常
}
```

以上代码有两个问题。

- 不希望有的装箱操作

  v 作为实参传给 CompareTo 方法时必须装箱，因为 CompareTo 期待的是一个 Object。

- 缺乏类型安全性

  代码能通过编译，但 CompareTo 方法内部试图将 o 转换为 SomeValueType 时抛出 InvalidCastException 异常。

所幸的是，这两个问题都可以用 EIMI 解决。下面是 SomeValueType 的修改版本，这次添加了一个 EIMI：

```
internal struct SomeValueType : IComparable {
    private Int32 m_x;
    public SomeValueType(Int32 x) { m_x = x; }

    public Int32 CompareTo(SomeValueType other) {
        return(m_x - other.m_x);
    }

    // 注意以下代码没有指定 public/private 可访问性
    Int32 IComparable.CompareTo(Object other) {
        return CompareTo((SomeValueType) other);
    }
}
```

注意新版本的几处改动。现在有两个 CompareTo 方法。第一个 CompareTo 方法不是获取一个 Object 作为参数，而是获取一个 SomeValueType。这样就不必将 other 的类型转换为 SomeValueType 了，所以用于强制类型转换的代码被去掉了。修改了第一个 CompareTo 方法使其变得类型安全之后，SomeValueType 还必须实现一个 CompareTo 方法来满足 IComparable 的协定。这正是第二个 IComparable.CompareTo 方法的作用，它是一个 EIMI。

经过这两处改动之后，就获得了编译时的类型安全性，而且不会发生装箱：

```
public static void Main() {
    SomeValueType v = new SomeValueType(0);
    Object o = new Object();
    Int32 n = v.CompareTo(v);      // 不发生装箱
    n = v.CompareTo(o);            // 编译时错误
}
```

不过，定义接口类型的变量会再次失去编译时的类型安全性，而且会再次发生装箱：

```
public static void Main() {
```

```
    SomeValueType v = new SomeValueType(0);
    IComparable c = v;         // 装箱!

    Object o = new Object();
    Int32 n = c.CompareTo(v);      // 不希望的装箱操作
    n = c.CompareTo(o);            // InvalidCastException 异常
}
```

事实上，如本章前面所述，将值类型的实例转换为接口类型时，CLR 必须对值类型的实例进行装箱。因此，前面的 Main 方法中会发生两次装箱。

实现 IConvertible，ICollection，IList 和 IDictionary 等接口时 EIMI 很有用。可利用它为这些接口的方法创建类型安全的版本，并减少值类型的装箱。

13.10 谨慎使用显式接口方法实现

使用 EIMI 也可能造成一些严重后果，所以应该尽量避免使用 EIMI。幸好，泛型接口可以帮助我们在大多数时候避免使用 EIMI。但有时 (比如实现具有相同名称和签名的两个接口方法时) 仍然需要它们。EIMI 最主要的问题如下。

- 没有文档解释类型具体如何实现一个 EIMI 方法，也没有微软的 Visual Studio "智能感知" 支持；
- 值类型的实例在转换成接口时装箱；
- EIMI 不能由派生类型调用。

下面详细讨论这些问题。

文档在列出一个类型的方法时，会列出显式接口方法实现 (EIMI)，但没有提供类型特有的帮助，只有接口方法的常规性帮助。例如，Int32 类型的文档只是说它实现了 IConvertible 接口的所有方法。能做到这一步已经不错，它使开发人员知道存在这些方法。但也使开发人员感到困惑，因为不能直接在一个 Int32 上调用一个 IConvertible 方法。例如，下面的代码无法编译：

```
public static void Main() {
    Int32 x = 5;
    Single s = x.ToSingle(null);   // 试图调用一个 IConvertible 方法
}
```

编译这个方法时，C# 编译器会报告以下消息：error CS0117: "int" 未包含 "ToSingle" 的定义。这个错误信息使开发人员感到困惑，因为它明显是说 Int32 类型没有定义 ToSingle 方法，但实际上定义了。

要想在一个 Int32 上调用 ToSingle，首先必须将其转换为 IConvertible，如下所示：

```
public static void Main() {
    Int32 x = 5;
    Single s = ((IConvertible) x).ToSingle(null);
}
```

对类型转换的要求不明确，而许多开发人员自己看不出来问题出在哪里。还有一个更让人烦恼的问题：Int32 值类型转换为 IConvertible 会发生装箱，既浪费内存，还损害性能。这是本节开头提到的 EIMI 存在的第二个问题。

EIMI 的第三个也可能是最大的问题是，它们不能被派生类调用。下面是一个例子：

```
internal class Base : IComparable {

    // 显式接口方法实现
    Int32 IComparable.CompareTo(Object o) {
        Console.WriteLine("Base's CompareTo");
        return 0;
    }
}

internal sealed class Derived : Base, IComparable {

    // 一个公共方法，也是接口的实现
    public Int32 CompareTo(Object o) {
        Console.WriteLine("Derived's CompareTo");

        // 试图调用基类的 EIMI 导致编译错误：
        // error CS0117: "Base" 不包含 "CompareTo" 的定义
        base.CompareTo(o);
        return 0;
    }
}
```

在 Derived 的 CompareTo 方法中调用 base.CompareTo 导致 C# 编译器报错。现在的问题是，Base 类没有提供一个可供调用的公共或受保护 CompareTo 方法，它提供的是一个只能用 IComparable 类型的变量来调用的 CompareTo 方法。可将 Derived 的 CompareTo 方法修改成下面这样：

```
// 一个公共方法，也是接口的实现
public Int32 CompareTo(Object o) {
    Console.WriteLine("Derived's CompareTo");

    // 试图调用基类的 EIMI 导致无穷递归
    IComparable c = this;
    c.CompareTo(o);

    return 0;
}
```

这个版本将 this 转换成 IComparable 变量 c，然后用变量 c 调用 CompareTo。但 Derived 的公共 CompareTo 方法充当了 Derived 的 IComparable.CompareTo 方法的实现，所以造成了无穷递归。这可以通过声明没有 IComparable 接口的 Derived 类来解决：

```
internal sealed class Derived : Base /*, IComparable */ { ... }
```

现在，前面的 CompareTo 方法将调用 Base 中的 CompareTo 方法。但有时不能因为想在派生类中实现接口方法就将接口从类型中删除。解决这个问题的最佳方法是在基类中除了提供一个被选为显式实现的接口方法，还要提供一个虚方法。然后，Derived 类可以重写虚方法。下面展示了如何正确定义 Base 类和 Derived 类：

```
internal class Base : IComparable {

    // 显式接口方法实现 (EIMI)
    Int32 IComparable.CompareTo(Object o) {
        Console.WriteLine("Base's IComparable.CompareTo");
        return CompareTo(o); // 调用虚方法
    }

    // 用于派生类的虚方法 (该方法可为任意名称)
    public virtual Int32 CompareTo(Object o) {
        Console.WriteLine("Base's virtual CompareTo");
        return 0;
    }
}

internal sealed class Derived : Base, IComparable {

    // 一个公共方法，也是接口的实现
    public override Int32 CompareTo(Object o) {
        Console.WriteLine("Derived's CompareTo");

        // 现在可以调用 Base 的虚方法
        return base.CompareTo(o);
    }
}
```

注意，这里是将虚方法定义成公共方法，但有时可能需要定义成受保护方法。把方法定义为受保护 (而不是公共) 是可以的，但必须进行另一些小的改动。我们的讨论清楚证明了务必谨慎使用 EIMI。许多开发人员在最初接触 EIMI 时，认为 EIMI 非常 "酷"，于是开始肆无忌惮地使用。千万不要这样做！EIMI 在某些情况下确实有用，但应该尽量避免使用，因为它们导致类型变得很不好用。

13.11 设计：基类还是接口

经常有人问："应该设计基类还是接口？"这个问题不能一概而论，以下设计规范或许能帮助大家理清思路。

- IS-A 对比 CAN-DO 关系 [①]

  类型只能继承一个实现。如果派生类型和基类型建立不起 IS-A 关系，就不用基类而用接口。接口意味着 CAN-DO 关系。如果多种对象类型都"能"做某事，就为它们创建接口。例如，一个类型能将自己的实例转换为另一个类型 (IConvertible)，一个类型能序列化自己的实例 (ISerializable)。注意，值类型必须从 System.ValueType 派生，所以不能从一个任意的基类派生。这时必须使用 CAN-DO 关系并定义接口。

- 易用性

  对于开发人员，定义从基类派生的新类型通常比实现接口的所有方法容易得多。基类型可提供大量功能，所以派生类型可能只需稍做改动。而提供接口的话，新类型必须实现所有成员。

- 一致性实现

  无论接口协定 (contract) 订立得有多好，都无法保证所有人百分之百正确实现它。事实上，COM 就颇受该问题之累，导致有的 COM 对象只能正常用于 Office Word 或 Internet Explorer。而如果为基类型提供良好的默认实现，那么一开始得到的就是能正常工作并经过良好测试的类型。以后根据需要修改就可以了。

- 版本控制

  向基类型添加一个方法，派生类型将继承新方法。所以，如果一开始使用的就是一个能正常工作的类型，那么用户的源代码甚至不需要重新编译。

  相反，向接口添加新成员，会强迫接口的继承者更改其源代码并重新编译。

在 FCL 中，涉及数据流处理 (streaming data) 的类采用的是"实现继承"方案 [②]。例如，System.IO.Stream 是抽象基类，提供了包括 Read 和 Write 在内的一组方法。其他类 (System.IO.FileStream, System.IO.MemoryStream 和 System.Net.Sockets.NetworkStream) 都从 Stream 派生。在这三个类中，每一个和 Stream 类的关系都是 IS-A 关系，这使具体类 [③] 的实现变得更容易。例如，派

[①] 译注：IS-A 是指"属于"，例如，汽车属于交通工具；CAN-DO 是指"能做某事"，例如，一个类型能将自己的实例转换为另一个类型。

[②] 译注：即继承基类的实现。

[③] 译注：对应于"抽象类"。

生类只需实现同步 I/O 操作，异步 I/O 操作则已经从 Stream 基类继承了。

必须承认，为流类 (*XXX*Stream) 选择继承的理由不是特别充分，因为 Stream 基类实际只提供了很少的实现。那么就以 Windows 窗体控件类为例好了。Button、CheckBox、ListBox 和其他所有窗体控件都从 System.Windows. Forms.Control 派生。Control 实现了大量代码，各种控件类简单继承一下即可正常工作。这时选择继承应该没有疑问了吧？

相反，微软采用基于接口的方式来设计 FCL 中的集合。System.Collections. Generic 命名空间定义了几个与集合有关的接口：IEnumerable<out T>, ICollection<T>, IList<T> 和 IDictionary<TKey, TValue>。然后，微软提供了大量类来实现这些接口组合，包括 List<T>、Dictionary<TKey,TValue>、Queue<T> 和 Stack<T> 等。设计者之所以在类和接口之间选择 CAN-DO 关系，是因为不同集合类的实现迥然有异。换句话说，List<T>，Dictionary<TKey、TValue> 和 Queue<T> 之间没有多少能共享的代码。

不过，这些集合类提供的操作相当一致。例如，都维护了一组可枚举的元素，而且都允许添加和删除元素。假定有一个对象引用，对象的类型实现了 IList<T> 接口，就可在不需要知道集合准确类型的前提下插入、删除和搜索元素。这个机制太强大了！

最后要说的是，两件事情实际能同时做：定义接口，同时提供实现该接口的基类。例如，FCL 定义了 IComparer<in T> 接口，任何类型都可选择实现该接口。此外，FCL 提供了抽象基类 Comparer<T>，它实现了该接口，同时为非泛型 IComparer 的 Compare 方法提供了默认实现。接口定义和基类同时存在带来了很大的灵活性，开发人员可根据需要从中选择一个。

第III部分 基本类型

## 第 14 章

字符、字符串和文本处理

本章内容:

- 字符
- System.String 类型
- 高效率构造字符串
- 获取对象的字符串表示: ToString
- 解析字符串来获取对象: Parse
- 编码: 字符和字节的相互转换
- 安全字符串

本章将解释在微软 .NET Framework 中处理字符和字符串的机制。首先讨论 System.Char 结构以及处理字符的多种方式。然后讨论更有用的 System.String 类, 它允许处理不可变 (immutable) 字符串 (一经创建, 字符串便不能以任何方式修改)。本章探讨字符串之后, 将介绍如何使用 System.Text.StringBuilder 类高效率地动态构造字符串。掌握了字符串的基础知识之后, 将讨论如何将对象格式化成字符串, 以及如何使用各种编码方案高效率地持久化或传输字符串。最后讨论 System.Security.SecureString 类, 它保护密码和信用卡资料等敏感字符串。

14.1 字符

在 .NET Framework 中, 字符总是表示成 16 位 Unicode 代码值, 这简化了国际化应用程序的开发。每个字符都是 System.Char 结构 (一个值类型) 的实例。

System.Char 类型很简单。它提供了两个公共只读常量字段：MinValue(定义成 '\0') 和 MaxValue(定义成 '\uffff')。

给定一个 Char 实例，我们便可以调用静态 GetUnicodeCategory 方法来返回 System.Globalization.UnicodeCategory 枚举类型的一个值。该值表明该字符是由 Unicode 标准定义的一个控制字符、货币符号、小写字母、大写字母、标点符号、数学符号还是其他字符。下面展示了一个例子。

```
Console.WriteLine(Char.GetUnicodeCategory('a')); // 'a' 是一个 Char 实例
// 以上代码的输出是 LowercaseLetter，即小写字母
```

为了简化开发，Char 类型还提供了几个静态方法，包括 IsDigit、IsLetter、IsUpper、IsLower、IsPunctuation、IsLetterOrDigit、IsControl、IsNumber、IsSeparator、IsSurrogate、IsLowSurrogate、IsHighSurrogate 和 IsSymbol 等。它们中的大多数都在内部调用 GetUnicodeCategory，并简单地返回 true 或 false。注意，所有这些方法要么获取单个字符作为参数，要么获取一个 String 以及目标字符在这个 String 中的索引作为参数。

另外，可以调用静态方法 ToLowerInvariant 或者 ToUpperInvariant，以忽略语言文化 (culture) 的方式将字符转换为小写或大写形式。另一个方案是调用 ToLower 和 ToUpper 方法来转换大小写，但转换时会使用与调用线程关联的语言文化信息 (方法在内部查询 System.Threading.Thread 类的静态 CurrentCulture 属性来获得)。也可向这些方法传递 CultureInfo 类的实例来指定一种语言文化。ToLower 和 ToUpper 之所以需要语言文化信息，是因为字母的大小写转换是一种依赖于语言文化的操作。比如在土耳其语中，字母 U+0069(小写拉丁字母 i) 转换成大写是 U+0130(大写拉丁字母 I，上面加一点，即 i)，而其他语言文化的转换结果是 U+0049(大写拉丁字母 I)。

除了这些静态方法，Char 类型还有自己的实例方法。其中，Equals 方法在两个 Char 实例代表同一个 16 位 Unicode 码位[1] 的前提下返回 true。CompareTo 方法 (由 IComparable 和 IComparable<Char> 接口定义) 返回两个 Char 实例的忽略语言文化的比较结果。ConvertFromUtf32 方法从一个 UTF-32 字符生成包含一个或两个 UTF-16 字符的字符串。ConvertToUtf32 方法从一对低 / 高代理项或者字符串生成一个 UTF-32 字符。ToString 方法返回包含单个字符的一个 String。与 ToString 相反的是 Char 类型的静态 Parse/TryParse 方法，它们获取一个单字符 String，返回等价的 UTF-16 字符。

---

[1]　译注：在字符编码术语中，码位或称编码位置，即英文的 code point 或 code position，是组成码空间 (或代码页) 的数值。例如，ASCII 码包含 128 个码位。在这里，可以直接将 "码位" 理解为字符。

最后一个方法是 GetNumericValue，它返回与 (数值) 字符等价的数值。以下代码演示了这个方法。

```
using System;

public static class Program {
  public static void Main() {
    Double d;
    d = Char.GetNumericValue('\u0033');    // '\u0033' 是数字 3，也可直接使用 '3'
    Console.WriteLine(d.ToString()); // 显示 "3"

    // '\u00bc' 是分数四分之一 ('¼')
    d = Char.GetNumericValue('\u00bc');
    Console.WriteLine(d.ToString()); // 显示 "0.25"

    // 'A' 是大写拉丁字母 A
    d = Char.GetNumericValue('A');
    Console.WriteLine(d.ToString()); // 显示 "-1"，表明这个字符不代表数值
  }
}
```

最后，可以使用三种技术实现各种数值类型与 Char 实例的相互转换。下面按照优先顺序列出这些技术。

- 转型 (强制类型转换)
  将 Char 转换成数值 (比如 Int32) 最简单的办法就是转型。这是三种技术中效率最高的，因为编译器会生成中间语言 (IL) 指令来执行转换，而且不必调用方法。此外，有的语言 (比如 C#) 允许指定转换时是使用 checked 还是 unchecked 代码 (参见 5.1 节 "编程语言的基元类型")。

- 使用 **Convert** 类型
  System.Convert 类型提供了几个静态方法来实现 Char 和数值类型的相互转换。所有这些转换都以 checked 方式执行，发现转换将造成数据丢失就抛出 OverflowException 异常。

- 使用 **IConvertible** 接口
  Char 类型和 FCL 中的所有数值类型都实现了 IConvertible 接口。该接口定义了像 ToUInt16 和 ToChar 这样的方法。这种技术效率最差，因为在值类型上调用接口方法要求对实例进行装箱——Char 和所有数值类型都是值类型。如果某个类型不能转换 (比如 Char 转换成 Boolean)，或者转换将造成数据丢失，IConvertible 的方法会抛出 System.InvalidCastException 异常。注意，许多类型 (包括 FCL 的 Char 和数值类型) 都将 IConvertible 的方法实现为显式接口成员[①]。这意味着为了调用接口的任何方法，都必

---

① 详情参见 13.9 节 "用显式接口方法实现来增强编译时类型安全性"。

须先将实例显式转型为一个 IConvertible。IConvertible 的所有方法
(GetTypeCode 除外) 都接收对实现了 IFormatProvider 接口的一个对象的引用。
如果转换时需要考虑语言文化信息，该参数就很有用。但大多数时候都可以
忽略语言文化，为这个参数传递 null 值。

以下代码演示了如何使用这三种技术。

```csharp
using System;

public static class Program {
  public static void Main() {
    Char c;
    Int32 n;

    // 通过 C# 转型（强制类型转换）实现数字与字符的相互转换
    c = (Char) 65;
    Console.WriteLine(c);            // 显示 "A"

    n = (Int32) c;
    Console.WriteLine(n);            // 显示 "65"

    c = unchecked((Char) (65536 + 65));
    Console.WriteLine(c);            // 显示 "A"

    // 使用 Convert 实现数字与字符的相互转换
    c = Convert.ToChar(65);
    Console.WriteLine(c);            // 显示 "A"

    n = Convert.ToInt32(c);
    Console.WriteLine(n);            // 显示 "65"

    // 演示 Convert 的范围检查
    try {
      c = Convert.ToChar(70000);    // 对 16 位来说过大
      Console.WriteLine(c);         // 不执行
    }
    catch (OverflowException) {
      Console.WriteLine(" 不能将 70000 转换为 Char.");
    }

    // 使用 IConvertible 实现数字与字符的相互转换
    c = ((IConvertible) 65).ToChar(null);
    Console.WriteLine(c); // 显示 "A"

    n = ((IConvertible) c).ToInt32(null);
    Console.WriteLine(n); // 显示 "65"
  }
}
```

14.2 System.String 类型

在任何应用程序中，`System.String` 都是用得最多的类型之一。一个 `String` 代表一个不可变 (immutable) 的顺序字符集。`String` 类型直接派生自 `Object`，所以是引用类型。因此，`String` 对象 (它的字符数组) 总是存在于堆上，永远不会跑到线程栈 [①]。`String` 类型还实现了几个接口，包括 `IComparable/IComparable<String>`，`ICloneable`，`IConvertible`，`IEnumerable/IEnumerable<Char>` 和 `IEquatable<String>`。

14.2.1 构造字符串

许多编程语言 (包括 C# 语言) 都将 `String` 视为基元类型——也就是说，编译器允许在源代码中直接使用字面值 (literal) 字符串。编译器将这些字符串放到模块的元数据中，并在运行时加载和引用它们。

C# 语言不允许使用 **new** 操作符从字面值字符串构造 `String` 对象：

```
using System;

public static class Program {
  public static void Main() {
    String s = new String("Hi there.");  // 错误
    Console.WriteLine(s);
  }
}
```

相反，必须使用以下简化语法：

```
using System;

public static class Program {
  public static void Main() {
    String s = "Hi there.";
    Console.WriteLine(s);
  }
}
```

编译代码并检查 IL(使用 ILDasm.exe)，会看到以下内容：

```
.method public hidebysig static void Main() cil managed
{
  .entrypoint
  // Code size 13 (0xd)
  .maxstack 1
```

---

① 堆和线程栈的详情可参见 4.4 节 "在运行时的相互关系"。

```
   .locals init (string V_0)
   IL_0000: ldstr "Hi there."
   IL_0005: stloc.0
   IL_0006: ldloc.0
   IL_0007: call void [mscorlib]System.Console::WriteLine(string)
   IL_000c: ret
} // end of method Program::Main
```

用于构造对象新实例的 IL 指令是 newobj。但上述 IL 代码中并没有出现 newobj 指令，只有一个特殊 ldstr(即 load string) 指令，它使用从元数据获得的字面值 (literal) 字符串构造 String 对象。这证明 CLR 实际是用一种特殊方式构造字面值 String 对象。

如果使用不安全的 (unsafe) 代码，可以从一个 Char* 或 Sbyte* 构造一个 String。这时要使用 C# 语言的 new 操作符，并调用由 String 类型提供的、能接收 Char* 或 Sbyte* 参数的某个构造器。这些构造器将创建 String 对象，根据由 Char 实例或有符号 (signed) 字节构成的一个数组来初始化字符串。其他构造器则不允许接受任何指针参数，用任何托管编程语言写的安全 (可验证) 代码都能调用它们。[①]

C# 语言提供了一些特殊语法来帮助开发人员在源代码中输入字面值 (literal) 字符串。对于换行符、回车符和退格符这样的特殊字符，C# 语言采用的是 C/C++ 开发人员熟悉的转义机制：

```
// 包含回车符和换行符的字符串
String s = "Hi\r\nthere.";
```

重要
提示

> 上例在字符串中硬编码了回车符和换行符，但一般不建议这样做。相反，System.Environment 类型定义了只读 NewLine 属性。应用程序在 Windows 上运行时，该属性返回由回车符和换行符构成的字符串。NewLine 属性对平台敏感，会根据底层平台来返回恰当的字符串。例如，如果将公共语言基础结构 (CLI) 移植到 UNIX 系统，NewLine 属性将返回由单字符 \n 构成的字符串。以下才是定义上述字符串的正确方式，它在任何平台上都能正确工作：
>
> ```
> String s = "Hi" + Environment.NewLine + "there.";
> ```

可以使用 C# 语言的操作符 + 将几个字符串连接 (拼接) 成一个。如下所示：

```
// 三个字面值 (literal) 字符串连接成一个字面值字符串
String s = "Hi" + " " + "there.";
```

---

① 译注：记住，除非指定了 /unsafe 编译器开关，否则 C# 代码必须是安全的或者说具有可验证性，确保代码不会引起安全风险和稳定性风险。详情参见 1.4.2 节"不安全的代码"。

在以上代码中，由于所有字符串都是字面值，所以 C# 编译器能在编译时连接它们，最终只将一个字符串 (即 "Hi there.") 放到模块的元数据中。对非字面值字符串使用 + 操作符，连接则在运行时进行。运行时连接不要使用 + 操作符，因为这样会在堆上创建多个字符串对象，而堆是需要垃圾回收的，对性能有影响。相反，应该使用 System.Text.StringBuilder 类型 (本章稍后详细解释)。

最后，C# 语言提供了一种特殊的字符串声明方式。采取这种方式，引号之间的所有字符会都被视为字符串的一部分。这种特殊声明称为 "逐字字符串" (verbatim string)，通常用于指定文件或目录的路径，或者与正则表达式配合使用。以下代码展示了如何使用和不使用逐字字符串字符 (@) 来声明同一个字符串：

```
// 指定应用程序路径
String file = "C:\\Windows\\System32\\Notepad.exe";

// 使用逐字字符串指定应用程序路径
String file = @"C:\Windows\System32\Notepad.exe";
```

两种写法在程序集的元数据中生成完全一样的字符串，但后者可读性更好。在字符串之前添加 @ 符号使编译器知道这是逐字字符串。编译器会将反斜杠字符视为字面值 (literal) 而非转义符，使文件路径在源代码中更易读。

了解如何构造字符串之后，接下来要探讨可以在 String 对象上执行的操作。

14.2.2 字符串是不可变的

String 对象最重要的一点就是不可变 (immutable)。也就是说，字符串一经创建便不能更改，不能变长、变短或修改其中的任何字符。使字符串不可变有几方面的好处。首先，它允许在一个字符串上执行各种操作，并不是实际更改字符串：

```
if (s.ToUpperInvariant().Substring(10, 21).EndsWith("EXE")) {
  ...
}
```

ToUpperInvariant 返回一个新的字符串，它并没有修改字符串 s 的字符。在 ToUpperInvariant 返回的字符串上执行的 Substring 操作也返回新字符串。然后，EndsWith 对这个字符串进行检查，看它是不是以 "EXE" 结尾。代码不会长时间引用由 ToUpperInvariant 和 Substring 创建的两个临时字符串，垃圾回收器会在下次回收时回收它们的内存。但是，如果执行大量字符串操作，那么会在堆上创建大量 String 对象，造成更频繁的垃圾回收，从而影响应用程序性能。要高效执行大量字符串操作，建议使用 StringBuilder 类。

字符串不可变还意味着在操纵或访问字符串时不会发生线程同步问题。此外，

CLR 可以通过一个 `String` 对象共享多个完全一致的 `String` 的内容。这样可以减少系统中的字符串数量——从而节省内存——这就是所谓的"字符串留用"(string interning)[①]。

出于对性能的考虑，`String` 类型与 CLR 紧密集成。具体地说，CLR 知道 `String` 类型中定义的字段如何布局，会直接访问这些字段。但为了获得这种性能和直接访问的好处，`String` 只能是密封类。换言之，不能把它作为自己类型的基类。如果允许 `String` 作为基类来定义自己的类型，就能添加自己的字段，而这会破坏 CLR 对于 `String` 类型的各种预设。此外，还可能破坏 CLR 团队因为 `String` 对象"不可变"而做出的各种预设。

14.2.3 比较字符串

"比较"或许是最常见的字符串操作。一般因为两个原因要比较字符串：判断相等性或者排序 (通常是为了显示给用户看)。

判断字符串相等性或进行排序时，强烈建议调用 `String` 类定义的以下方法之一：

```
Boolean Equals(String value, StringComparison comparisonType)
static Boolean Equals(String a, String b, StringComparison comparisonType)

static Int32 Compare(String strA, String strB, StringComparison comparisonType)
static Int32 Compare(string strA, string strB, Boolean ignoreCase, CultureInfo culture)
static Int32 Compare(String strA, String strB, CultureInfo culture, CompareOptions options)
static Int32 Compare(String strA, Int32 indexA, String strB, Int32 indexB, Int32 length,
    StringComparison comparisonType)
static Int32 Compare(String strA, Int32 indexA, String strB, Int32 indexB, Int32 length,
    CultureInfo culture, CompareOptions options)
static Int32 Compare(String strA, Int32 indexA, String strB, Int32 indexB, Int32 length,
    Boolean ignoreCase, CultureInfo culture)

Boolean StartsWith(String value, StringComparison comparisonType)
Boolean StartsWith(String value,
    Boolean ignoreCase, CultureInfo culture)

Boolean EndsWith(String value, StringComparison comparisonType)
Boolean EndsWith(String value, Boolean ignoreCase, CultureInfo culture)
```

排序时应该总是执行区分大小写的比较。原因是假如只是大小写不同的两个字符串被视为相等，那么每次排序都可能按不同顺序排列，这样会让用户感到困惑。

---

① 译注：MSDN 文档将 interning 翻译成"拘留"，专门供字符串留用的表称为"拘留池"。本书采用"留用"这一译法。该技术的详情将在本章后面详细解释。

comparisonType 参数 (上述大多数方法都有) 要求获取由 StringComparison 枚举类型定义的某个值。该枚举类型的定义如下所示:

```
public enum StringComparison {
  CurrentCulture = 0,
  CurrentCultureIgnoreCase = 1,
  InvariantCulture = 2,
  InvariantCultureIgnoreCase = 3,
  Ordinal = 4,
  OrdinalIgnoreCase = 5
}
```

另外, 前面有两个方法要求传递一个 options 参数, 它是 CompareOptions 枚举类型定义的值之一:

```
[Flags]
public enum CompareOptions {
  None = 0,
  IgnoreCase = 1,
  IgnoreNonSpace = 2,
  IgnoreSymbols = 4,
  IgnoreKanaType = 8,
  IgnoreWidth = 0x00000010,
  Ordinal = 0x40000000,
  OrdinalIgnoreCase = 0x10000000,
  StringSort = 0x20000000
}
```

接受 CompareOptions 实参的方法要求显式传递语言文化。传递 Ordinal 或 OrdinalIgnoreCase 标志, 这些 Compare 方法会忽略指定的语言文化。

许多程序都将字符串用于内部编程目的, 比如路径名、文件名、URL、注册表项 / 值、环境变量、反射、XML 标记、XML 特性等。这些字符串通常只在程序内部使用, 不向用户显示。出于编程目的而比较字符串时, 应该总是使用 StringComparison.Ordinal 或 者 StringComparison.OrdinalIgnoreCase。忽略语言文化是字符串比较最快的方式。

另一方面, 要以语言文化正确的方式来比较字符串 (通常为了向用户显示), 就 应 该 使 用 StringComparison.CurrentCulture 或 者 StringComparison.CurrentCultureIgnoreCase。

重要
提示

StringComparison.InvariantCulture 和 StringComparison.InvariantCultureIgnoreCase 平时最好不要用。虽然这两个值能保证比较时的语言文化正确性，但出于内部编程的目的而比较字符串时，所花的时间将远远超出序号比较[①]。此外，所谓 invariant culture(固定语言文化)，其实就是与语言文化无关。所以，在处理要向用户显示的字符串时，选择它并不恰当。

重要
提示

要在序号比较前更改字符串中的字符的大小写，应该使用 String 的 ToUpperInvariant 或 ToLowerInvariant 方法。强烈建议用 ToUpperInvariant 方法对字符串进行正规化(normalizing)，而不要用 ToLowerInvariant，因为微软对执行大写比较的代码进行了优化。事实上，执行不区分大小写的比较之前，FCL 会自动将字符串正规化为大写形式。之所以要用 ToUpperInvariant 方法和 ToLowerInvariant 方法，是因为 String 类没有提供 ToUpperOrdinal 方法和 ToLowerOrdinal 方法。而之所以不用 ToUpper 方法和 ToLower 方法，是因为它们对语言文化敏感。

以语言文化正确的方式比较字符串时，有时需要指定另一种语言文化，而不是使用与调用线程关联的那一种。在这种情况下，可以使用前面列出的 StartsWith 方法、EndsWith 方法和 Compare 方法的重载版本，它们都接受 Boolean 参数和 CultureInfo 参数。

重要
提示

除了前面列出的之外，String 类型还为 Equals 方法、StartsWith 方法、EndsWith 方法和 Compare 方法定义了其他几个重载版本。但是，微软建议避免使用这些额外的版本(也就是本书没有列出的版本)。除此之外，String 的其他比较方法——CompareTo(这是 IComparable 接口所要求的)、CompareOrdinal 以及操作符 == 和 !=——也应避免使用。之所以要避免使用这些方法和操作符，是因为调用者不显式指出以什么方式执行字符串比较，而你无法从方法名看出默认比较方式。例如，CompareTo 默认执行对语言文化敏感的比较，而 Equals 执行普通的序号(ordinal)比较。如果总是显式地指出以什么方式执行字符串比较，代码将更容易阅读和维护。

---

① 译注：传递 StringComparison.Ordinal 执行的就是序号比较，也就是不考虑语言文化信息，只比较字符串中的每个 Char 的 Unicode 码位。

现在重点讲一下如何执行语言文化正确的比较。.NET Framework 使用 `System.Globalization.CultureInfo` 类型表示一个"语言/国家"对(根据 RFC 1766 标准)。例如，"en-US"代表美国英语，"en-AU"代表澳大利亚英语，而"de-DE"代表德国德语。在 CLR 中，每个线程都关联了两个特殊属性，每个属性都引用一个 `CultureInfo` 对象。两个属性的具体描述如下。

- `CurrentUICulture` 属性

  该属性获取要向用户显示的资源。它在 GUI 或 Web 窗体应用程序中特别有用，因为它标识了在显示 UI 元素(比如标签和按钮)时应使用的语言。创建线程时，这个线程属性会被设置成一个默认的 `CultureInfo` 对象，该对象标识了正在运行应用程序的 Windows 版本所用的语言。而这个语言是用 Win32 函数 `GetUserDefaultUILanguage` 来获取的。如果应用程序在 Windows 的 MUI(多语言用户界面, Multilingual User Interface) 版本上运行，可以通过控制面板的"时间和语言"对话框来修改语言。在非 MUI 版本的 Windows 上，语言由安装的操作系统的本地化版本(或者安装的语言包)决定，而且这个语言不可更改。

- `CurrentCulture` 属性

  不适合使用 `CurrentUICulture` 属性的场合就使用该属性，例如数字和日期格式化、字符串大小写转换以及字符串比较。格式化要同时用到 `CultureInfo` 对象的"语言"和"国家"部分。创建线程时，这个线程属性被设为一个默认的 `CultureInfo` 对象，其值通过调用 Win32 函数 `GetUserDefaultLCID` 来获取。可通过 Windows 控制面板的"区域和语言"对话框来修改这个值。

在许多计算机上，线程的 `CurrentUICulture` 和 `CurrentCulture` 属性都被设为同一个 `CultureInfo` 对象。也就是说，它们使用相同的语言/国家信息。但是，也可把它们设为不同对象。例如，在美国运行的一个应用程序可能要用西班牙语来显示它的所有菜单项以及其他 GUI 元素，同时仍然要正确显示美国的货币和日期格式。为此，线程的 `CurrentUICulture` 属性要引用一个 `CultureInfo` 对象，该对象使用"es"(代表西班牙语)初始化。线程的 `CurrentCulture` 属性要引用另一个 `CultureInfo` 对象，用"en-US"初始化。

`CultureInfo` 对象内部的一个字段引用了一个 `System.Globalization.CompareInfo` 对象，该对象封装了语言文化的字符排序表信息(根据 Unicode 标准的定义)。以下代码演示了序号比较和对语言文化敏感的比较的区别：

```
using System;
using System.Globalization;
```

```
public static class Program {
  public static void Main() {
    String s1 = "Strasse";
    String s2 = "Straße";
    Boolean eq;

    // Compare 返回非零值 ①
    eq = String.Compare(s1, s2, StringComparison.Ordinal) == 0;
    Console.WriteLine("Ordinal comparison: '{0}' {2} '{1}'", s1, s2,
      eq ? "==" : "!=");

    // 面向在德国 (DE) 说德语 (de) 的人群,
    // 正确地比较字符串
    CultureInfo ci = new CultureInfo("de-DE");

    // Compare 返回零值
    eq = String.Compare(s1, s2, true, ci) == 0;
    Console.WriteLine("Cultural comparison: '{0}' {2} '{1}'", s1, s2,
      eq ? "==" : "!=");
  }
}
```

生成并运行以上代码得到以下输出:

```
Ordinal comparison: 'Strasse' != 'Straße'
Cultural comparison: 'Strasse' == 'Straße'
```

> **注意**
>
> Compare 方法如果执行的不是序号比较就会进行"字符展开"(character expansion),也就是将一个字符展开成忽视语言文化的多个字符。在前例中,德语 Eszet 字符"ß"总是展开成"ss"。类似地,"Æ"连字总是展开成"AE"。所以在以上代码中,无论传递什么语言文化,对 Compare 的第二个调用始终返回 0。

　　比较字符串以判断相等性或执行排序时,偶尔需要更多的控制。例如,比较日语字符串时就可能有这个需要。额外的控制通过 CultureInfo 对象的 CompareInfo 属性获得。前面说过,CompareInfo 对象封装了一种语言文化的字符比较表,每种语言文化只有一个 CompareInfo 对象。

　　调用 String 的 Compare 方法时,如果调用者指定了语言文化,就使用指定的语言文化;如果没有指定,就使用调用线程的 CurrentCulture 属性值。

---

① 译注:Compare 返回 Int32 值;非零表示不相等,零表示相等。非零和零分别对应 true 和 false,所以后面的代码将比较结果与 0(false) 进行比较,将 true 或 false 结果赋给 eq 变量。

Compare 方法内部会获取与特定语言文化匹配的 CompareInfo 对象引用，并调用
CompareInfo 对象的 Compare 方法，传递恰当的选项 (比如不区分大小写)。自然，
如果需要额外的控制，可以自己调用一个特定 CompareInfo 对象的 Compare 方法。

CompareInfo 类型的 Compare 方法获取来自 CompareOptions 枚举类型 [①] 的
一个值作为参数。该枚举类型定义的符号代表一组位标志 (bit flag)，对这些位标志
执行 OR 运算就能更全面地控制字符串比较。请参考文档获取这些符号的完整描述。

以下代码演示语言文化对字符串排序的重要性，并展示执行字符串比较的各种
方式：

```
using System;
using System.Text;
using System.Windows.Forms;
using System.Globalization;
using System.Threading;

public static class Program {
  public static void Main() {
    String output = String.Empty;
    String[] symbol = new String[] { "<", "=", ">" };
    Int32 x;
    CultureInfo ci;

    // 以下代码演示了在不同语言文化中,
    // 字符串的比较方式也有所不同
    String s1 = "coté";
    String s2 = "côte";

    // 为法国法语排序字符串
    ci = new CultureInfo("fr-FR");
    x = Math.Sign(ci.CompareInfo.Compare(s1, s2));
    output += String.Format("{0} Compare: {1} {3} {2}",
      ci.Name, s1, s2, symbol[x + 1]);
    output += Environment.NewLine;

    // 为日本日语排序字符串
    ci = new CultureInfo("ja-JP");
    x = Math.Sign(ci.CompareInfo.Compare(s1, s2));
    output += String.Format("{0} Compare: {1} {3} {2}",
      ci.Name, s1, s2, symbol[x + 1]);
    output += Environment.NewLine;

    // 为当前线程的当前语言文化排序字符串
    ci = Thread.CurrentThread.CurrentCulture;
    x = Math.Sign(ci.CompareInfo.Compare(s1, s2));
```

① 前面展示过 CompareOptions 枚举类型。

```
    output += String.Format("{0} Compare: {1} {3} {2}",
       ci.Name, s1, s2, symbol[x + 1]);
    output += Environment.NewLine + Environment.NewLine;

    // 以下代码演示了如何将 CompareInfo.Compare 的
    // 高级选项应用于两个日语字符串。
    // 一个字符串代表用平假名写成的单词 "shinkansen"( 新干线 )；
    // 另一个字符串代表用片假名写成的同一个单词
    s1 = " しんかんせん ";    //("\u3057\u3093\u304B\u3093\u305b\u3093")
    s2 = " シンカンセン ";    //("\u30b7\u30f3\u30ab\u30f3\u30bb\u30f3")

    // 以下是默认比较结果
    ci = new CultureInfo("ja-JP");
    x = Math.Sign(String.Compare(s1, s2, true, ci));
    output += String.Format("Simple {0} Compare: {1} {3} {2}",
       ci.Name, s1, s2, symbol[x + 1]);
    output += Environment.NewLine;

    // 以下是忽略日语假名的比较结果
    CompareInfo compareInfo = CompareInfo.GetCompareInfo("ja-JP");
    x = Math.Sign(compareInfo.Compare(s1, s2, CompareOptions.IgnoreKanaType));
    output += String.Format("Advanced {0} Compare: {1} {3} {2}",
       ci.Name, s1, s2, symbol[x + 1]);

    MessageBox.Show(output, "Comparing Strings For Sorting");
  }
}
```

生成并运行以上代码得到如图 14-1 所示的结果。

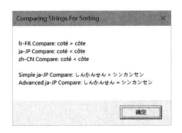

图 14-1 字符串排序结果

 注意

源代码不要用 ANSI 格式保存，否则日语字符会丢失。要在 Visual Studio 中保存这个文件，请打开"另存文件为"对话框，单击"保存"按钮右侧的下箭头，选择"编码保存"，并选择"Unicode (UTF-8 带签名)– 代码页 65001"。C# 编译器用这个代码页就能成功解析源代码文件了。[①]

---

① 译注：中文版 Visual Studio 可忽略这个"注意"。

除了 Compare，CompareInfo 类还提供了 IndexOf 方法、LastIndexOf 方法、IsPrefix 方法和 IsSuffix 方法。由于所有这些方法都提供了接收 CompareOptions 枚举值的重载版本，所以能提供比 String 类定义的 Compare 方法，IndexOf 方法、LastIndexOf 方法、StartsWith 方法和 EndsWith 方法更全面的控制。另外，FCL 的 System.StringComparer 类也能执行字符串比较，它适合对大量不同的字符串反复执行同一种比较。

14.2.4 字符串留用

如上一节所述，检查字符串相等性是应用程序的常见操作，也是一种可能严重损害性能的操作。执行序号 (ordinal) 相等性检查时，CLR 快速测试两个字符串是否包含相同数量的字符。答案否定，字符串肯定不相等；答案肯定，字符串则可能相等。然后，CLR 必须比较每个单独的字符才能最终确认。而执行对语言文化敏感的比较时，CLR 必须比较所有单独的字符，因为两个字符串即使长度不同也可能相等。

此外，在内存中复制同一个字符串的多个实例纯属浪费，因为字符串是"不可变"(immutable) 的。在内存中只保留字符串的一个实例将显著提升内存的利用率。需要引用字符串的所有变量只需指向单独一个字符串对象。

如果应用程序经常对字符串进行区分大小写的序号比较，或者事先知道许多字符串对象都有相同的值，就可利用 CLR 的字符串留用 (string interning) 机制来显著提升性能。CLR 初始化时会创建一个内部哈希表。在这个表中，键 (key) 是字符串，而值 (value) 是对托管堆中的 String 对象的引用。哈希表最开始是空的 (理应如此)。String 类提供了两个方法，便于你访问这个内部哈希表：

```
public static String Intern(String str);
public static String IsInterned(String str);
```

第一个方法 Intern 获取一个 String，获得它的哈希码，并在内部哈希表中检查是否有相匹配的。如果存在完全相同的字符串，就返回对现有 String 对象的引用。如果不存在完全相同的字符串，就创建字符串的副本，将这个副本添加到内部哈希表中，返回对该副本的引用。如果应用程序不再保持对原始 String 对象的引用，垃圾回收器就可释放那个字符串的内存。注意，垃圾回收器不能释放内部哈希表引用的字符串，因为哈希表正在容纳对它们的引用。除非卸载 AppDomain 或进程终止，否则内部哈希表引用的 String 对象不能被释放。

和 Intern 方法一样，IsInterned 方法也获取一个 String，并在内部哈希表中查找它。如果哈希表中有匹配的字符串，IsInterned 就返回对这个留用 (interned) 字符串对象的引用。但如果没有，IsInterned 会返回 null，不会将字符串添加到哈希表中。

　　程序集加载时，CLR 默认留用程序集的元数据中描述的所有字面值 (literal) 字符串。微软知道可能因为额外的哈希表查找而显著影响性能，所以现在允许禁用该功能。如果程序集用 System.Runtime.CompilerServices. CompilationRelaxationsAttribute 进行了标记，并指定了 System.Runtime. CompilerServices.CompilationRelaxations.NoStringInterning 标志值，那么根据 ECMA 规范，CLR 可能选择不留用那个程序集的元数据中定义的所有字符串。注意，为了提升应用程序性能，C# 编译器在编译程序集时总是指定上述两个特性和标志。

　　即使程序集指定了这些特性和标志，CLR 也可能选择对字符串进行留用，但不要依赖 CLR 的这个行为。事实上，除非显式调用 String 的 Intern 方法，否则永远都不要以"字符串已留用"为前提来写代码。以下代码演示了字符串留用：

```
String s1 = "Hello";
String s2 = "Hello";
Console.WriteLine(Object.ReferenceEquals(s1, s2)); // 本应显示 'False'，实则不然

s1 = String.Intern(s1);
s2 = String.Intern(s2);
Console.WriteLine(Object.ReferenceEquals(s1, s2)); // 保证显示 'True'
```

　　在第一个 ReferenceEquals 方法调用中，s1 引用堆中的 "Hello" 字符串对象，而 s2 引用堆中的另一个 "Hello" 对象。由于引用不同，所以应该显示 False。但在 CLR 的 4.5 版本上运行，实际显示的是 True。这是由于这个版本的 CLR 选择忽视 C# 编译器插入的特性和标志。程序集加载到 AppDomain 中时，CLR 对字面值 (literal) 字符串 "Hello" 进行留用，结果是 s1 和 s2 引用堆中的同一个 "Hello" 字符串。但如前所述，你的代码永远不要依赖这个行为，因为未来版本的 CLR 有可能会尊重这些特性和标志，从而不对 "Hello" 字符串进行留用。事实上，如果使用 NGen.exe 实用程序编译这个程序集的代码，CLR 的 4.5 版本 (及更高版本) 真的会按这些特性和标志行事。

　　在第二个 ReferenceEquals 方法调用之前，"Hello" 字符串被显式留用，s1 现在引用已留用的 "Hello"。然后，通过再次调用 Intern，s2 引用和 s1 一样的 "Hello" 字符串。所以第二个 ReferenceEquals 调用保证结果是 True，无论程序集在编译时是否设置了特性和标志。

　　现在通过一个例子理解如何利用字符串留用来提升性能并减少内存耗用。以下 NumTimesWordAppearsEquals 方法获取两个参数：一个单词和一个字符串数组。每个数组元素都引用了一个单词。方法统计指定单词在单词列表中出现了多少次并返回计数：

```
private static Int32 NumTimesWordAppearsEquals(String word, String[] wordlist) {
  Int32 count = 0;
  for (Int32 wordnum = 0; wordnum < wordlist.Length; wordnum++) {
    if (word.Equals(wordlist[wordnum], StringComparison.Ordinal))
      count++;
  }
  return count;
}
```

　　这个方法调用了 String 的 Equals 方法，后者在内部比较字符串的各个单独字符，并核实所有字符都匹配。这个比较可能很慢。此外，wordlist 数组可能有多个元素引用了含有相同字符内容的不同 String 对象。这意味着堆中可能存在多个内容完全相同的字符串，并会在将来进行垃圾回收时幸存下来。

　　现在看一下这个方法的另一个版本。新版本利用了字符串留用：

```
private static Int32 NumTimesWordAppearsIntern(String word,String[] wordlist) {
  // 这个方法假定 wordlist 中的所有数组元素都引用已留用的字符串
  word = String.Intern(word);
  Int32 count = 0;
  for (Int32 wordnum = 0; wordnum < wordlist.Length; wordnum++) {
    if (Object.ReferenceEquals(word, wordlist[wordnum]))
      count++;
  }
  return count;
}
```

　　这个版本留用了单词，并假定 wordlist 包含对已留用字符串的引用。首先，假如一个单词在单词列表中多次出现，这个版本有助于节省内存。因为在这个版本中，wordlist 会包含对堆中同一个 String 对象的多个引用。其次，这个版本更快。因为比较指针就知道指定单词是否在数组中。

　　虽然 NumTimesWordAppearsIntern 方法本身比 NumTimesWordAppearsEquals 方法快，但在使用 NumTimesWordAppearsIntern 方法时，应用程序的总体性能是可能变慢的。这是因为所有字符串在添加到 wordlist 数组时 (这里没有列出具体的代码) 都要花时间进行留用。但是，如果应用程序要为同一个 wordlist 多次调用 NumTimesWordAppearsIntern，这个方法就真的能提升应用程序性能和内存利用率。总之，字符串留用虽然有用，但使用须谨慎。事实上，这正是 C# 编译器默认不想启用字符串留用的原因。[①]

———————————

① 译注：虽然编译器应用了特性并设置了不进行字符串留用的标志，但 CLR 选择忽视这些设置，对此你也没有办法。

14.2.5 字符串池

编译源代码时，编译器必须处理每个字面值 (literal) 字符串，并在托管模块的元数据中嵌入。同一个字符串在源代码中多次出现，把它们都嵌入元数据会使生成的文件无谓地增大。

为了解决这个问题，许多编译器 (包括 C# 编译器) 只在模块的元数据中将字面值字符串写入一次。引用该字符串的所有代码都被修改成引用元数据中的同一个字符串。编译器将单个字符串的多个实例合并成一个实例，能显著减少模块的大小。但这并不是新技术，C/C++ 编译器多年来一直在采用这个技术 (微软 C/C++ 编译器称之为 "字符串池")。尽管如此，字符串池仍是提升字符串性能的另一种行之有效的方式，而你应注意到它的存在。

14.2.6 检查字符串中的字符和文本元素

虽然字符串比较对于排序或测试相等性很有用，但有时只是想检查一下字符串中的字符。String 类型为此提供了几个属性和方法，包括 Length、Chars(一个 C# 索引器 [①])、GetEnumerator、ToCharArray、Contains、IndexOf、LastIndexOf、IndexOfAny 和 LastIndexOfAny。

System.Char 实际代表一个 16 位 Unicode 码值，而且该值不一定就等于一个抽象 Unicode 字符。例如，有的抽象 Unicode 字符是两个码值的组合。U+0625(阿拉伯字母 Alef with Hamza below) 和 U+0650(Arabic Kasra) 字符组合起来就构成了一个抽象字符或者文本元素 (text element)。

除此之外，有的 Unicode 文本元素要求用两个 16 位值表示。第一个称为 "高位代理项" (high surrogate)，第二个称为 "低位代理项" (low surrogate)。其中，高位代理项范围在 U+D800 到 U+DBFF 之间，低位代理项范围在 U+DC00 到 U+DFFF 之间。有了代理项，Unicode 就能表示 100 万个以上不同的字符。

美国和欧洲很少使用代理项，东亚各国则很常用。为了正确处理文本元素，应当使用 System.Globalization.StringInfo 类型。使用这个类型最简单的方式就是构造它的实例，向构造器传递一个字符串。然后可以查询 StringInfo 的 LengthInTextElements 属性来了解字符串中有多少个文本元素。接着就可以调用 StringInfo 的 SubstringByTextElements 方法来提取所有文本元素，或者提取指定数量的连续文本元素。

StringInfo 类还提供了静态方法 GetTextElementEnumerator，它返回一个 System.Globalization.TextElementEnumerator 对象，允许枚举字符

---

① 译注：或者说有参属性。

串中包含的所有抽象 Unicode 字符。最后，可以调用 **StringInfo** 的静态方法
ParseCombiningCharacters 来返回一个 **Int32** 数组。从数组长度就能知道字符
串包含多少个文本元素。每个数组元素都是一个文本元素的起始码值索引。

　　以下代码演示了使用 **StringInfo** 类来处理字符串中的文本元素的各种方式：

```
using System;
using System.Text;
using System.Globalization;
using System.Windows.Forms;

public sealed class Program {
  public static void Main() {
    // 以下字符串包含组合字符
    String s = "a\u0304\u0308bc\u0327";
    SubstringByTextElements(s);
    EnumTextElements(s);
    EnumTextElementIndexes(s);
  }

  private static void SubstringByTextElements(String s) {
    String output = String.Empty;

    StringInfo si = new StringInfo(s);
    for (Int32 element = 0; element < si.LengthInTextElements; element++) {
      output += String.Format(
        "Text element {0} is '{1}'{2}",
        element, si.SubstringByTextElements(element, 1),
        Environment.NewLine);
    }
    MessageBox.Show(output, "Result of SubstringByTextElements");
  }

  private static void EnumTextElements(String s) {
    String output = String.Empty;

    TextElementEnumerator charEnum =
      StringInfo.GetTextElementEnumerator(s);
    while (charEnum.MoveNext()) {
      output += String.Format(
        "Character at index {0} is '{1}'{2}",
        charEnum.ElementIndex, charEnum.GetTextElement(),
        Environment.NewLine);
    }
    MessageBox.Show(output, "Result of GetTextElementEnumerator");
  }

  private static void EnumTextElementIndexes(String s) {
    String output = String.Empty;
```

```
Int32[] textElemIndex = StringInfo.ParseCombiningCharacters(s);
  for (Int32 i = 0; i < textElemIndex.Length; i++) {
    output += String.Format(
      "Character {0} starts at index {1}{2}",
      i, textElemIndex[i], Environment.NewLine);
  }
  MessageBox.Show(output, "Result of ParseCombiningCharacters");
 }
}
```

编译并运行以上代码，会显示如图 14-2 ～图 14-4 所示的对话框。

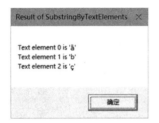

图 14-2 SubstringByTextElements 结果

图 14-3 GetTextElementEnumerator 结果

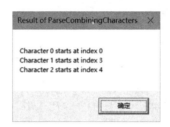

图 14-4 ParseCombiningCharacters 结果

14.2.7 其他字符串操作

还可利用 String 类型提供的一些方法来复制整个字符串或者它的一部分。表 14-1 总结了这些方法。

表 14-1 用于复制字符串的方法

成员名称	方法类型	说明
Clone	实例	返回对同一个对象 (this) 的引用。能这样做是因为 String 对象不可变 (immutable)。该方法实现了 String 的 ICloneable 接口
Copy	静态	返回指定字符串的新副本。该方法很少用，它的存在只是为了帮助一些需要把字符串当作 token 来对待的应用程序。通常，包含相同字符内容的多个字符串会被"留用" (intern) 为单个字符串。该方法创建新字符串对象，确保即使字符串包含相同字符内容，引用 (指针) 也有所不同

（续表）

成员名称	方法类型	说明
CopyTo	实例	将字符串中的部分字符复制到一个字符数组中
Substring	实例	返回代表原始字符串一部分的新字符串
ToString	实例	返回对同一个对象 (this) 的引用

除了这些方法，String 还提供了多个用于处理字符串的静态方法和实例方法，比如 Insert、Remove、PadLeft、Replace、Split、Join、ToLower、ToUpper、Trim、Concat、Format 等。使用所有这些方法时都请牢记一点，它们返回的都是新的字符串对象。这是由于字符串是不可变的。一经创建，便不能修改 (使用安全代码的话)。

14.3　高效率构造字符串

由于 String 类型代表不可变字符串，所以 FCL 提供了 System.Text.StringBuilder 类型对字符串和字符进行高效动态处理，并返回处理好的 String 对象。可将 StringBuilder 想象为创建 String 对象的特殊构造器。你的方法一般应获取 String 参数而非 *StringBuilder* 参数。

从逻辑上说，StringBuilder 对象包含一个字段，该字段引用了由 Char 结构构成的数组。可利用 StringBuilder 的各个成员来操纵该字符数组，高效率地缩短字符串或更改字符串中的字符。如果字符串变大，超过了事先分配的字符数组大小，StringBuilder 会自动分配一个新的、更大的数组，复制字符，并开始使用新数组。前一个数组被垃圾回收。

用 StringBuilder 对象构造好字符串后，调用 StringBuilder 的 ToString 方法即可将 StringBuilder 的字符数组 "转换" 成 String。这样会在堆上新建 String 对象，其中包含调用 ToString 时存在于 StringBuilder 中的字符串。之后可以继续处理 StringBuilder 中的字符串。以后可再次调用 ToString 把它转换成另一个 String 对象。

14.3.1　构造 StringBuilder 对象

和 String 类不同，CLR 不觉得 StringBuilder 类有什么特别。此外，大多数语言 (包括 C#) 都不将 StringBuilder 类视为基元类型。要像构造其他任何非基元类型那样构造 StringBuilder 对象：

```
StringBuilder sb = new StringBuilder();
```

StringBuilder 类型提供了许多构造器。每个构造器的职责是分配和初始化由每个 StringBuilder 对象维护的状态。下面解释 StringBuilder 类的关键概念。

- 最大容量

  一个 Int32 值，指定了能放到字符串中的最大字符数。默认值是 Int32. MaxValue(约 20 亿)。一般不用更改这个值，但有时需要指定较小的最大容量，以确保永远不会创建超出特定长度的字符串。构造好之后，这个 StringBuilder 的最大容量就固定下来了，不能再变。

- 容量

  一个 Int32 值，指定了由 StringBuilder 维护的字符数组的长度。默认为 16。如果事先知道要在这个 StringBuilder 中放入多少字符，那么构造 StringBuilder 对象时应该自己设置容量。向字符数组追加字符时，StringBuilder 会检测数组会不会超过设定的容量。如果会，StringBuilder 会自动倍增容量字段，用新容量来分配新数组，并将原始数组的字符复制到新数组中。随后，原始数组可以被垃圾回收。数组动态扩容会损害性能。要避免就要设置一个合适的初始容量。

- 字符数组

  一个由 Char 结构构成的数组，负责维护"字符串"的字符内容。字符数总是小于或等于"容量"和"最大容量"值。可用 StringBuilder 的 Length 属性来获取数组中已经使用的字符数。Length 总是小于或等于 StringBuilder 的"容量"值。可在构造 StringBuilder 时传递一个 String 来初始化字符数组。不传递字符串，数组刚开始不包含任何字符——也就是说，Length 属性返回 0。

14.3.2 StringBuilder 的成员

和 String 不同，StringBuilder 代表可变 (mutable) 字符串。也就是说，StringBuilder 的大多数成员都能更改字符数组的内容，同时不会造成在托管堆上分配新对象。StringBuilder 只有以下两种情况才会分配新对象：

- 动态构造字符串，其长度超过了设置的"容量"；
- 调用 StringBuilder 的 ToString 方法。

表 14-2 总结了 StringBuilder 的成员。

表 14-2 StringBuilder 的成员

成员名称	成员类型	说明
MaxCapacity	只读属性	返回字符串能容纳的最大字符数 (最大容量)
Capacity	可读 / 可写属性	获取或设置字符数组的长度 (容量)。将容量设得比字符串长度小或者比 MaxCapacity 大将抛出 ArgumentOutOfRangeException 异常
EnsureCapacity	方法	保证字符数组至少具有指定的长度 (容量)。如果传给方法的值大于 StringBuilder 的当前容量，当前容量会自动增大。如果当前容量已大于传给该属性的值，则不发生任何变化。
Length	可读 / 可写属性	获取或设置 "字符串" 中的字符数。它可能小于字符数组的当前容量。将这个属性设为 0，会将 StringBuilder 的内容重置为空字符串
ToString	方法	这个方法的无参版本返回代表 StringBuilder 的字符数组的一个 String
Chars	可读 / 可写索引器属性	获取或设置字符数组指定索引位置的字符。在 C# 中，这是一个索引器 (有参属性)，要用数组语法 ([ ]) 来访问
Clear	方法	清除 StringBuilder 对象的内容，等同于把它的 Length 属性设为 0
Append	方法	在字符数组末尾追加一个对象；如有必要，数组会进行扩充。会使用常规格式和与调用线程关联的语言文化将对象转换成字符串
Insert	方法	在字符数组中插入一个对象；如有必要，数组会进行扩充。会使用常规格式和与调用线程关联的语言文化将对象转换成字符串
AppendFormat	方法	在字符数组末尾追加指定的零个或多个对象；如有必要，数组会进行扩充。会使用由调用者提供的格式化和语言文化信息将这些对象转换成字符串。AppendFormat 是处理 StringBuilder 对象时最常用的方法之一
AppendLine	方法	在字符数组末尾追加一个行中止符或者一个带行中止符的字符串；如有必要，会增大数组的容量

成员名称	成员类型	说明
Replace	方法	将字符数组中的一个字符替换成另一个字符，或者将一个字符串替换成另一个字符串
Remove	方法	从字符数组中删除指定范围的字符
Equals	方法	只有两个 StringBuilder 对象具有相同最大容量、字符数组容量和字符内容才返回 true
CopyTo	方法	将 StringBuilder 的字符内容的一个子集复制到一个 Char 数组中

使用 StringBuilder 的方法要注意，大多数方法返回的都是对同一个 StringBuilder 对象的引用，所以几个操作能连接到一起完成：

```
StringBuilder sb = new StringBuilder();
String s = sb.AppendFormat("{0} {1}", "Jeffrey", "Richter").
  Replace(' ', '-').Remove(4, 3).ToString();
Console.WriteLine(s);            // 显示 "Jeff-Richter"
```

String 和 StringBuilder 类提供的方法并不完全对应。例如，String 提供了 ToLower、ToUpper、EndsWith、PadLeft、PadRight、Trim 等方法；但 StringBuilder 类没有提供任何与之对应的方法。另一方面，StringBuilder 类提供了功能更全面的 Replace 方法，允许替换作为字符串一部分的字符或者子字符串 (而不是一定要替换整个字符串)。由于两个类不完全对应，所以有时需要在 String 和 StringBuilder 之间转换以完成特定任务。例如，要构造字符串将所有字符转换成大写，再在其中插入一个子字符串，需要像下面这样写代码：

```
// 构造一个 StringBuilder 来执行字符串操作
StringBuilder sb = new StringBuilder();

// 使用 StringBuilder 来执行一些字符串操作
sb.AppendFormat("{0} {1}", "Jeffrey", "Richter").Replace(" ", "-");

// 将 StringBuilder 转换成 String，以便将所有字符转换成大写
String s = sb.ToString().ToUpper();

// 清除 StringBuilder( 分配新的 Char 数组 )
sb.Length = 0;

// 将全部字符大写的 String 加载到 StringBuilder 中，执行其他操作
sb.Append(s).Insert(8, "Marc-");
```

```
// 将 StringBuilder 转换回 String
s = sb.ToString();

// 向用户显示 String
Console.WriteLine(s);               // "JEFFREY-Marc-RICHTER"
```

仅仅因为 StringBuilder 没有提供 String 提供的所有操作就要像这样写代码，这显然是不方便的，效率也很低。希望微软将来能为 StringBuilder 添加更多的字符串操作，进一步完善这个类。

14.4　获取对象的字符串表示：ToString

经常都要获取对象的字符串表示。例如，可能需要向用户显示数值类型 (比如 Byte、Int32 和 Single) 或者 DateTime 对象。由于 .NET Framework 是面向对象的平台，每个类型都有责任提供代码将实例的值转换成字符串表示。FCL 的设计者为此规划了统一的模式。本节将描述这个模式。

可以调用 ToString 方法来获取任何对象的字符串表示。System.Object 定义了一个 public、virtual、无参的 ToString 方法，所以在任何类型的实例上都能调用该方法。在语义上，ToString 返回代表对象当前值的字符串，该字符串应根据调用线程当前的语言文化进行格式化。例如，在数字的字符串表示中，应该使用与调用线程的语言文化关联的小数点符号、数字分组符号和其他元素。

System.Object 实现的 ToString 只是返回对象所属类型的全名。这个值用处不大，但对许多不能提供有意义的字符串的类型来说，这也是一个合理的默认值。例如，一个 FileStream 或 Hashtable 对象的字符串表示应该是什么呢？

任何类型要想提供合理的方式来获取对象当前值的字符串表示，就应重写 ToString 方法。FCL 内建的许多核心类型 (Byte、Int32、UInt64、Double 等) 都重写了 ToString，能返回符合语言文化的字符串。在 Visual Studio 调试器中，鼠标移到变量上方会出现一条数据提示 (datatip)。提示中的文本正是通过调用对象的 ToString 方法来获取的。所以，定义类时应该总是重写 ToString 方法，以提供良好的调试支持。

14.4.1　指定具体的格式和语言文化

无参 ToString 方法有两个问题。首先，调用者无法控制字符串的格式。例如，应用程序可能需要将数字格式化成货币、十进制、百分比或者十六进制字符串。其次，调用者不能方便地选择一种特定语言文化来格式化字符串。相较于客户端代码，服务器端应用程序在第二个问题上尤其麻烦。极少数时候，应用程序需要使用与调用线程不同的语言文化来格式化字符串。为了对字符串格式进行更多的控制，你重写的 ToString 方法应该允许指定具体的格式和语言文化信息。

为了使调用者能够选择格式和语言文化，类型应该实现 System.IFormattable 接口：

```
public interface IFormattable {
  String ToString(String format, IFormatProvider formatProvider);
}
```

FCL 的所有基类型 (Byte、SByte、Int16/UInt16、Int32/UInt32、Int64/UInt64、Single、Double、Decimal 和 DateTime) 都实现了这个接口。此外，还有另一些类型 (比如 Guid) 也实现了它。最后，每个枚举类型定义都自动实现 IFormattable 接口，以便从枚举类型的实例获取一个有意义的字符串符号。

IFormattable 的 ToString 方法获取两个参数。第一个是 format，这个特殊字符串告诉方法应该如何格式化对象。第二个是 formatProvider，是实现了 System.IFormatProvider 接口的一个类型的实例。该类型为 ToString 方法提供具体的语言文化信息。稍后还要详细讨论。

实现 IFormattable 接口的 ToString 方法的类型决定哪些格式字符串能被识别。如果传递的格式字符串无法识别，类型应抛出 System.FormatException 异常。

微软在 FCL 中定义的许多类型都能同时识别几种格式。例如，DateTime 类型支持用 "d" 表示短日期，用 "D" 表示长日期，用 "g" 表示常规 (general)，用 "M" 表示月 / 日，用 "s" 表示可排序 (sortable)，用 "T" 表示长时间，用 "u" 表示 ISO 8601 格式的协调世界时，用 "U" 表示长日期格式的协调世界时，用 "Y" 表示年 / 月。所有枚举类型都支持用 "G" 表示常规，用 "F" 表示标志 (flag)，用 "D" 表示十进制，用 "X" 表示十六进制。第 15 章 "枚举类型和位标志" 将详细讨论枚举类型的格式化。

此外，所有内建数值类型都支持用 "C" 表示货币格式，用 "D" 表示十进制格式，用 "E" 表示科学记数法 (指数) 格式，用 "F" 表示定点 (fix-point) 格式，用 "G" 表示常规格式，用 "N" 表示数字格式，用 "P" 表示百分比格式，用 "R" 表示往返行程 (round-trip) 格式 [1]，用 "X" 表示十六进制格式。事实上，数值类型还支持

---

① 译注：文档中的 "标准数字格式字符串" 一节对 R 符号 (文档中称为说明符) 的解释是：往返行程说明符保证转换为字符串的数值再次被分析为相同的数值。使用此说明符格式化数值时，首先使用常规格式对其进行测试：Double 使用 15 位精度，Single 使用 7 位精度。如果此值被成功地分析回相同的数值，则使用常规格式说明符对其进行格式化。但是，如果此值未被成功地分析为相同数值，则它这样格式化：Double 使用 17 位精度，Single 使用 9 位精度。虽然精度说明符可以附加到往返行程格式说明符，但它将被忽略。使用此说明符时，往返行程优先于精度。此格式仅有浮点型 (Single 和 Double) 支持。

picture 格式字符串[1]，它是考虑到在某些时候，简单的格式字符串可能无法完全满足需求。picture 格式字符串包含一些特殊字符，它们告诉类型的 ToString 方法具体要显示多少个数位、具体在什么放置一个小数分隔符以及具体有多少位小数等。欲知详情，请查阅文档中的"自定义数字格式字符串"主题。

对于大多数类型，调用 ToString 并为格式字符串传递 null 值完全等价于调用 ToString 并为格式字符串传递"G"。换言之，对象默认使用"常规格式"对自身进行格式化。实现类型时，要选择自己认为最常用的一种格式；这个格式就是"常规格式"。顺便说一句，无参的 ToString 方法假定调用者希望的是"常规格式"。

理解了格式字符串之后，接着研究一下语言文化的问题。字符串默认使用与调用线程关联的语言文化信息进行格式化。无参 ToString 方法就是这么做的；另外，为 formatProvider 参数传递 null 值，IFormattable 的 ToString 方法也这么做。

格式化数字 (货币、整数、浮点数、百分比、日期和时间) 时，会应用对语言文化敏感的信息。Guid 类型的 ToString 方法只返回代表 GUID 值的字符串。生成 Guid 的字符串时不必考虑语言文化，因为 GUID 只用于编程。

格式化数字时，ToString 方法检查为 formatProvider 参数传递的值。如果传递 null，ToString 读取 System.Globalization.CultureInfo.CurrentCulture 属性来判断与调用线程关联的语言文化。该属性返回 System.Globalization.CultureInfo 类型的一个实例。

利用这个对象，ToString 会读取它的 NumberFormat 或 DateTimeFormat 属性 (具体取决于要格式化数字还是日期 / 时间)。这两个属性分别返回 System.Globalization.NumberFormatInfo 或 System.Globalization.DateTimeFormatInfo 类型的实例。NumberFormatInfo 类型定义了 CurrencyDecimalSeparator，CurrencySymbol，NegativeSign，NumberGroupSeparator 和 PercentSymbol 等属性。而 DateTimeFormatInfo 类型定义了 Calendar，DateSeparator，DayNames，LongDatePattern，ShortTimePattern 和 TimeSeparator 等属性。ToString 会在构造并格式化字符串时读取这些属性。

调用 IFormattable 的 ToString 方法时可以不传递 null，而是传递一个对象引用，该对象的类型实现了 IFormatProvider 接口：

```
public interface IFormatProvider {
  Object GetFormat(Type formatType);
}
```

---

[1] 译注：picture 确实可以理解成"图片"。例如，使用 picture 数值格式字符串 ###，### 可以显示千分位分隔符。换言之，像画图那样指定确切的显示格式。

IFormatProvider 接口的基本思路是：当一个类型实现了该接口，就认为该类型的实例能提供对语言文化敏感的格式信息，与调用线程关联的语言文化应被忽略。

FCL 仅少数类型实现了 IFormatProvider 接口。System.Globalization.CultureInfo 类型就是其中之一。例如，要为越南地区格式化字符串，就需要构造一个 CultureInfo 对象，并将那个对象作为 ToString 的 formatProvider 参数来传递。以下代码将以越南地区适用的货币格式来获取一个 Decimal 数值的字符串表示：

```
Decimal price = 123.54M;
String s = price.ToString("C", new CultureInfo("vi-VN"));
MessageBox.Show(s);
```

生成并运行以上代码，会得到如图 14-5 所示的消息框。

图 14-5　数值正确格式化以表示越南货币

在内部，Decimal 的 ToString 方法发现 formatProvider 实参不为 null，所以会像下面这样调用对象的 GetFormat 方法：

```
NumberFormatInfo nfi = (NumberFormatInfo)
    formatProvider.GetFormat(typeof(NumberFormatInfo));
```

ToString 正是采取这种方式从 CultureInfo 对象获取恰当的数字格式信息。数值类型 (比如 Decimal) 只请求数字格式信息。但其他类型 (如 DateTime) 可能像下面这样调用 GetFormat：

```
DateTimeFormatInfo dtfi = (DateTimeFormatInfo)
    formatProvider.GetFormat(typeof(DateTimeFormatInfo));
```

实际上，由于 GetFormat 的参数能标识任何类型，所以该方法非常灵活，能请求任意类型的格式信息。.NET Framework 中的类型在调用 GetFormat 时，暂时只会请求数字或日期 / 时间信息，但未来可能会请求其他格式信息。

顺便说一句，如果对象不针对任何具体的语言文化而格式化，那么为了获取它的字符串表示，应调用 System.Globalization.CultureInfo 的静态 InvariantCulture 属性，并将返回的对象作为 ToString 的 formatProvider 参数来传递：

```
Decimal price = 123.54M;
String s = price.ToString("C", CultureInfo.InvariantCulture);
MessageBox.Show(s);
```

生成并运行以上代码，会得到如图 14-6 所示的消息框。注意，在生成的字符串中，第一个字符是 ¤，即国际通用货币符号 (U+00A4)。

图 14-6　格式化数值来表示语言文化中性的货币值

用 InvariantCulture 格式化的字符串一般都不是向用户显示的。相反，一般将这种字符串保存到数据文件中供将来解析。

FCL 只有三个类型实现了 IFormatProvider 接口。第一个是前面解释过的 CultureInfo。另外两个是 NumberFormatInfo 和 DateTimeFormatInfo。在 NumberFormatInfo 对象上调用 GetFormat，方法会检查被请求的类型是不是一个 NumberFormatInfo。如果是就返回 this，否则返回 null。类似地，在 DateTimeFormatInfo 对象上调用 GetFormat，如果请求的是一个 DateTimeFormatInfo 就返回 this，否则返回 null。这两个类型实现 IFormatProvider 接口是为了简化编程。试图获取对象的字符串表示时，调用者通常要指定格式，并使用与调用线程关联的语言文化。因此，经常都要调用 ToString，为 format 参数传递一个字符串，并为 formatProvider 参数传递 null。为了简化 ToString 调用，许多类型都提供了 ToString 方法的多个重载版本。例如，Decimal 类型提供了 4 个不同的 ToString 方法：

```
// 这个版本调用 ToString(null, null)
// 含义：采用常规数值格式，采用线程的语言文化信息
public override String ToString();

// 这个版本是 ToString 的真正实现
// 这个版本实现了 IFormattable 的 ToString 方法
// 含义：采用由调用者指定的格式和语言文化信息
public String ToString(String format, IFormatProvider formatProvider);

// 这个版本简单地调用 ToString(format, null)
// 含义：采用由调用者指定的格式，采用线程的语言文化信息
public String ToString(String format);
```

```
// 这个版本简单地调用 ToString(null, formatProvider)
// 这个版本实现了 IConvertible 的 ToString 方法
// 含义: 采用常规格式, 采用由调用者指定的语言文化信息
public String ToString(IFormatProvider formatProvider);
```

14.4.2 将多个对象格式化成一个字符串

到目前为止讲的都是一个单独的类型如何格式化它自己的对象。但有时需要构造由多个已格式化对象构成的字符串。例如, 以下字符串由一个日期、一个人名和一个年龄构成:

```
String s = String.Format("On {0}, {1} is {2} years old.",
    new DateTime(2012, 4, 22, 14, 35, 5), "Aidan", 9);
Console.WriteLine(s);
```

生成并运行以上代码, 而且"en-US"是线程当前的语言文化, 就会看到以下输出:

```
On 4/22/2012 2:35:05 PM, Aidan is 9 years old.
```

String 的静态 Format 方法获取一个格式字符串。在格式字符串中, 大括号中的数字指定了可供替换的参数。本例的格式字符串告诉 Format 方法将 {0} 替换成格式字符串之后的第一个参数 (日期 / 时间), 将 {1} 替换成格式字符串之后的第二个参数 ("Aidan"), 将 {2} 替换成格式字符串之后的第三个参数 (9)。

在内部, Format 方法会调用每个对象的 ToString 方法来获取对象的字符串表示。返回的字符串依次连接到一起, 并返回最终的完整字符串。看起来不错, 但它意味着所有对象都要使用它们的常规格式和调用线程的语言文化信息来格式化。

在大括号内指定格式信息, 可以更全面地控制对象格式化。例如, 以下代码和上例几乎完全一致, 只是为可替换参数 0 和 2 添加了格式化信息:

```
String s = String.Format("On {0:D}, {1} is {2:E} years old.",
    new DateTime(2012, 4, 22, 14, 35, 5), "Aidan", 9);
Console.WriteLine(s);
```

生成并运行以上代码, 同时 "en-US" 是线程当前的语言文化, 会看到以下输出:

```
On Sunday, April 22, 2012, Aidan is 9.000000E+000 years old.
```

Format 方法解析格式字符串时, 发现可替换参数 0 应该调用它的 IFormattable 接口的 ToString 方法, 并为该方法的两个参数分别传递 "D" 和 null。类似地, Format 会调用可替换的参数 2 的 IFormattable 接口的 ToString 方法, 并传递 "E" 和 null。假如可替换参数 0 和 2 的类型没有实现 IFormattable 接口, Format 会调用从 Object 继承 (而且有可能重写) 的无参 ToString 方法, 并将默认格式附加到最终生成的字符串中。

String 类提供了静态 Format 方法的几个重载版本。一个版本获取实现了 IFormatProvider 接口的对象，允许使用由调用者指定的语言文化信息来格式化所有可替换参数。显然，这个版本的 Format 会调用每个对象的 IFormattable. ToString 方法，并将传给 Format 的任何 IFormatProvider 对象传给它。

如果使用 StringBuilder 而不是 String 来构造字符串，可以调用 StringBuilder 的 AppendFormat 方法。它的原理与 String 的 Format 方法相似，只是会格式化字符串并将其附加到 StringBuilder 的字符数组中。和 String 的 Format 方法一样，AppendFormat 也要获取格式字符串，而且也有获取一个 IFormatProvider 的版本。

System.Console 的 Write 和 WriteLine 方法也能获取格式字符串和可替换参数。但 Console 的 Write 和 WriteLine 方法没有重载版本能获取一个 IFormatProvider。要格式化符合特定语言文化的字符串，必须调用 String 的 Format 方法，首先传递所需的 IFormatProvider 对象，再将结果字符串传给 Console 的 Write 或 WriteLine 方法。但这应该不是一个大问题。正如前文所述，客户端代码极少需要使用有别于调用线程的其他语言文化来格式化字符串。

14.4.3 提供定制格式化器

现在应该很清楚了，.NET Framework 的格式化功能旨在提供更大的灵活性和更多的控制。但讨论还没有完。可以定义一个方法，在任何对象需要格式化成字符串的时候由 StringBuilder 的 AppendFormat 方法调用该方法。也就是说，AppendFormat 不是为每个对象调用 ToString，而是调用定制的方法，按照我们希望的任何方式格式化部分或全部对象。下面的讨论也适用于 String 的 Format 方法。

下面通过一个例子来解释这个机制。假定需要格式化用户在 Internet 浏览器中查看的 HTML 文本，希望所有 Int32 值都加粗显示。所以，每次将 Int32 值格式化成 String 时，都用 <B> 和 </B> 标记将字符串包围起来。以下代码演示了要做到这一点是多么地容易：

```
using System;
using System.Text;
using System.Threading;

public static class Program {
  public static void Main() {
    StringBuilder sb = new StringBuilder();
    sb.AppendFormat(new BoldInt32s(), "{0} {1} {2:M}", "Jeff", 123, DateTime.Now);
    Console.WriteLine(sb);
```

```
  }
}

internal sealed class BoldInt32s : IFormatProvider, ICustomFormatter {
  public Object GetFormat(Type formatType) {
    if (formatType == typeof(ICustomFormatter)) return this;
    return Thread.CurrentThread.CurrentCulture.GetFormat(formatType);
  }

  public String Format(String format, Object arg, IFormatProvider formatProvider) {
    String s;

    IFormattable formattable = arg as IFormattable;

    if (formattable == null) s = arg.ToString();
    else s = formattable.ToString(format, formatProvider);

    if (arg.GetType() == typeof(Int32))
      return "<B>" + s + "</B>";
    return s;
  }
}
```

编译并运行以上代码，而且 "en-US" 是线程当前的语言文化，控制台上将显示以下输出 (你的日期当然不同)：

```
Jeff <B>123</B> September 1
```

Main 构造了一个空白 StringBuilder，在其中附加了格式化好的字符串。调用 AppendFormat 时，第一个参数是 BoldInt32s 类的实例。该类实现了前面描述的 IFormatProvider 接口，另外还实现了 ICustomFormatter 接口：

```
public interface ICustomFormatter {
  String Format(String format, Object arg,
    IFormatProvider formatProvider);
}
```

任何时候，只要 StringBuilder 的 AppendFormat 方法需要获取对象的字符串表示，就会调用这个接口的 Format 方法。可在方法内部通过一些巧妙的操作对字符串格式化进行全面控制。现在深入 AppendFormat 方法内部，看看它具体如何工作。以下伪代码展示了 AppendFormat 的工作方式：

```
public StringBuilder AppendFormat(IFormatProvider formatProvider,
  String format, params Object[] args) {

  // 如果传递了一个 IFormatProvider，
  // 就调查它是否提供了一个 ICustomFormatter 对象
  ICustomFormatter cf = null;
```

```
if (formatProvider != null)
  cf = (ICustomFormatter)
    formatProvider.GetFormat(typeof(ICustomFormatter));

// 在 StringBuilder 的字符数组中连续附加
// 字面值 (literal) 字符 ( 伪代码未显示 ) 和可替换参数
Boolean MoreReplaceableArgumentsToAppend = true;
while (MoreReplaceableArgumentsToAppend) {
  // argFormat 引用从 format 参数获取的可替换格式字符串
  String argFormat = /* ... */;

  // argObj 引用来自 args 数组参数的对应元素
  Object argObj = /* ... */;

  // argStr 引用要在最终生成的字符串后面附加的格式化好的字符串
  String argStr = null;

  // 如果存在定制格式化器，就让它对传递的实参进行格式化
  if (cf != null)
    argStr = cf.Format(argFormat, argObj, formatProvider);

  // 如果不存在定制格式化器，或者它不对实参进行格式化，
  // 就尝试别的操作
  if (argStr == null) {
    // 实参的类型支持通过 IFormattable 接口来实现的
    // 富格式化操作 (rich formatting) 吗?
    IFormattable formattable = argObj as IFormattable;
    if (formattable != null) {
      // 是; 向类型的 IFormattable ToString 方法传递
      // 格式字符串和 formatProvider 参数
      argStr = formattable.ToString(argFormat, formatProvider);
    } else {
      // 否; 使用线程的语言文化信息来获取默认格式
      if (argObj != null) argStr = argObj.ToString();
      else argStr = String.Empty;
    }
  }

  // 将 argStr 的字符附加到 " 字符数组 " 字段成员
  /* ... */

  // 检查剩余的参数是否需要格式化
  MoreReplaceableArgumentsToAppend = /* ... */;
}
return this;
}
```

当 Main 调用 AppendFormat 时，AppendFormat 会调用我的格式提供器 (format

provider) 的 `GetFormat` 方法，向它传递 `ICustomFormatter` 类型。在 `BoldInt32s` 类型中定义的 `GetFormat` 方法发现当前请求了 `ICustomFormatter`，所以会返回对它自身的引用，因为它已实现了该接口。调用我的 `GetFormat` 方法时，如果传递的是其他任何类型，就调用与线程关联的 `CultureInfo` 对象的 `GetFormat` 方法。

`AppendFormat` 需要格式化一个可替换参数时，会调用 `ICustomFormatter` 的 `Format` 方法。在本例中，`AppendFormat` 调用由 `BoldInt32s` 类型定义的 `Format` 方法。我的这个 `Format` 方法核实要格式化的对象是否支持通过 `IFormattable` 接口来实现的富格式化操作。如果对象不支持，就调用简单的、无参的 `ToString` 方法 (从 `Object` 继承) 来格式化对象。如果对象支持 `IFormattable`，就调用支持富格式化的 `ToString`，向它传递格式字符串和格式提供器。

现在已经有了格式化好的字符串。接着要核实对应的对象是不是一个 `Int32` 类型；如果是，就将格式化好的字符串放到 `<B>` 和 `</B>` 这两个 HTML 标记之间，然后返回新字符串。如果不是，就简单地返回格式化好的字符串，不做进一步处理。

14.5 解析字符串来获取对象：Parse

上一节解释了如何获取对象并得到它的字符串表示。本节讨论与之相反的操作，即如何获取字符串并得到它的对象表示。从字符串获得对象，这并不是一个常见的操作，但偶尔也会用到。微软觉得有必要规划一个正式的机制将字符串解析成对象。

能解析字符串的任何类型都提供了公共静态方法 `Parse`。方法获取一个 `String` 并返回类型的实例。从某种意义上说，`Parse` 扮演了一个工厂 (factory) 的角色。在 FCL 中，所有数值类型、`DateTime`、`TimeSpan` 以及其他一些类型 (比如各种 SQL 数据类型) 均提供了 `Parse` 方法。

下面来看看如何将字符串解析成数值类型。所有数值类型 (`Byte`、`SByte`、`Int16`/`UInt16`、`Int32`/`UInt32`、`Int64`/`UInt64`、`Single`、`Double` 和 `Decimal`) 都提供了至少一个 `Parse` 方法。以 `Int32` 类型的 `Parse` 方法为例 (其他数值类型的 `Parse` 方法与此相似)：

```
public static Int32 Parse(String s, NumberStyles style,
  IFormatProvider provider);
```

从原型就能猜出方法具体如何工作。`String` 参数 s 是希望解析成 `Int32` 对象的一个数字的字符串表示。`System.Globalization.NumberStyles` 参数 style 是位标志 (bit flag) 集合，标识了 `Parse` 应在字符串查找的字符 (也就是字符串 s 中允许的样式，有不允许的样式会抛出异常)。如本章前面所述，`IFormatProvider` 参数 provider 标识了一个对象，`Parse` 方法通过该对象获取语言文化特有的信息。

例如，以下代码造成 Parse 抛出 System.FormatException 异常，因为要解析的字符串包含前导空白字符：

```
Int32 x = Int32.Parse(" 123", NumberStyles.None, null);
```

要允许 Parse 跳过前导的空白字符，要像下面这样修改 style 参数：

```
Int32 x = Int32.Parse(" 123", NumberStyles.AllowLeadingWhite, null);
```

请参考文档来完整地了解 NumberStyles 枚举类型定义的位符号和常见组合。

以下代码段展示了如何解析十六进制数：

```
Int32 x = Int32.Parse("1A", NumberStyles.HexNumber, null);
Console.WriteLine(x);        // 显示: "26"
```

这个 Parse 方法接受三个参数。为了简化编程，许多类型都提供了额外的 Parse 重载版本，所以不需要传递如此多的实参。例如，Int32 提供了 Parse 方法的 4 个重载版本：

```
// 为 style 参数传递 NumberStyles.Integer,
// 并传递线程的语言文化提供者信息
public static Int32 Parse(String s);

// 传递线程的语言文化提供者信息
public static Int32 Parse(String s, NumberStyles style);

// 为 style 参数传递 NumberStyles.Integer
public static Int32 Parse(String s, IFormatProvider provider);

// 以下是刚才展示的版本
public static Int32 Parse(String s, NumberStyles style,
  IFormatProvider provider);
```

DateTime 类型也提供了一个 Parse 方法：

```
public static DateTime Parse(String s,
  IFormatProvider provider, DateTimeStyles styles);
```

这个方法与数值类型定义的 Parse 方法相似，只是 DateTime 的 Parse 方法获取的是由 System.Globalization.DateTimeStyles 枚举类型 (而不是 NumberStyles 枚举类型) 定义的位标志集合。参考文档来全面了解 DateTimeStyles 类型定义的位符号和常见组合。

为了简化编程，DateTime 类型提供了 Parse 方法的三个重载版本：

```
// 传递线程的语言文化的提供者信息
// 并为 style 参数传递 DateTimeStyles.None
public static DateTime Parse(String s);
```

```
// 为 style 参数传递 DateTimeStyles.None
public static DateTime Parse(String s, IFormatProvider provider);

// 以下是刚才展示的版本
public static DateTime Parse(String s,
  IFormatProvider provider, DateTimeStyles styles);
```

对日期和时间的解析比较复杂。许多开发人员都感觉 DateTime 类型的 Parse 方法过于宽松，有时会解析不含日期或时间的字符串。有鉴于此，DateTime 类型还提供了 ParseExact 方法，它接受一个 picture 格式字符串，能准确描述应该如何格式化日期/时间字符串，以及如何对它进行解析。欲知详情，请在文档中查阅 DateTimeFormatInfo 类。

> **注意** 一些开发人员向微软报告了这样一个问题：如果应用程序频繁调用 Parse，而且 Parse 频繁抛出异常（由于无效的用户输入），那么应用程序的性能会显著下降。为此，微软在所有数值数据类型、DateTime 类型、TimeSpan 类型、甚至 IPAddress 类型中加入了 TryParse 方法。下面是 Int32 的 TryParse 方法的两个重载版本之一：
>
> ```
> public static Boolean TryParse(String s, NumberStyles style,
>     IFormatProvider provider, out Int32 result);
> ```

可以看出，方法会返回 true 或 false，指出传递的字符串是否能解析成 Int32。如果返回 true，以"传引用"的方式传给 result 参数的变量将包含解析好的数值。*TryXxx* 模式的详情将在第 20 章"异常和状态管理"中讨论。

14.6 编码：字符和字节的相互转换

Win32 开发人员经常要写代码将 Unicode 字符和字符串转换成"多字节字符集"(Multi-Byte Character Set，MBCS) 格式。我个人就经常写这样的代码，这个过程很烦琐，还容易出错。在 CLR 中，所有字符都表示成 16 位 Uncode 码值，而所有字符串都由 16 位 Unicode 码值构成，这简化了运行时的字符和字符串处理。

但偶尔也想要将字符串保存到文件中，或者通过网络传输。如果字符串中的大多数字符都是英语用户用的，那么保存或传输一系列 16 位值，效率就显得不那么理想，因为写入的半数字节都只由零构成。相反，更有效的做法是将 16 位值编码成压缩的字节数组，以后再将字节数组解码回 16 位值的数组。

这种编码技术还使托管应用程序能和非 Unicode 系统创建的字符串进行交互。例如，要生成能由 Windows 95 日文版上运行的应用程序读取的文件，必须使用

Shift-JIS(代码页 932) 保存 Unicode 文本。类似地，要用 Shift-JIS 编码将 Windows 95 日文版生成的文本文件读入 CLR。

用 System.IO.BinaryWriter 或者 System.IO.StreamWriter 类型将字符串发送给文件或网络流时，通常要进行编码。对应地，用 System.IO.BinaryReader 或者 System.IO.StreamReader 类型从文件或网络流中读取字符串时，通常要进行解码。不显式指定一种编码方案，所有这些类型都默认使用 UTF-8[①]。但有时还是需要显式编码或解码字符串。即使不需要显式编码或解码，也能通过本节的学习，对流中的字符串读写有一个更清醒的认识。

幸好，FCL 提供了一些类型来简化字符编码和解码。两种最常用的编码方案是 UTF-16 和 UTF-8，如下所述。

- UTF-16 将每个 16 位字符编码成 2 个字节。不对字符产生任何影响，也不发生压缩，因此性能非常出色。UTF-16 编码也称为 "Unicode 编码"。还要注意，可以使用 UTF-16 将 "低位优先"(little-endian) 转换为 "高位优先"(big-endian)，或者将 "高位优先" 转换为 "低位优先"。[②]

- UTF-8 将部分字符编码成 1 个字节，部分编码成 2 个字节，部分编码成 3 个字节，再有部分编码成 4 个字节。值在 0x0080 之下的字符压缩成 1 个字节，适合表示美国使用的字符。0x0080 ～ 0x07FF 的字符转换成 2 个字节，适合欧洲和中东语言。0x0800 以及之上的字符转换成 3 个字节，适合东亚语言。最后，代理项对 (surrogate pair) 表示成 4 个字节。UTF-8 编码方案非常流行，但如果要编码的许多字符都具有 0x0800 或者之上的值，效率反而不如 UTF-16。

UTF-16 和 UTF-8 编码是目前最常用的编码方案。FCL 还支持下面这些不常用的。

- UTF-32 使用 4 个字节来编码所有字符。要写简单算法来遍历所有字符，同时不愿意花额外精力应付字节数可变的字符，就适合采用这种编码。例如，使用 UTF-32 根本不需要考虑代理项的问题，因为每个字符都是 4 字节。当然，UTF-32 的内存使用并不高效，所以很少用它将字符串保存到文件或者通过网络来传输字符串。这种编码方案通常在程序内部使用。还要注意，UTF-32 可用于 "低位优先" 和 "高位优先" 之间的相互转换。

① 译注：UTF 全称是 Unicode Transformation Format，即 "Unicode 转换格式"。
② 译注：endian 代表 "字节序"，即在多字节数据中字节的排列顺序。对于不同的计算机架构，字节序可能不同。little-endian 也称为小端序，即低位字节放在内存的低地址端，高位字节放在内存的高地址端。big-endian 也称为大端序，即高位字节放在内存的低地址端，低位字节放在内存的高地址端。UTF-16 具有这种灵活性，可以在不同字节序之间进行转换，这在跨平台或不同系统之间交换数据时非常有用。

- UTF-7 编码用于旧式系统,在那些系统上,字符可以使用 7 位值来表示。应该避免使用这种编码,因为它最终通常会使数据膨胀,而不是压缩。这种编码方案已被 Unicode 协会淘汰。
- ASCII 编码方案将 16 位字符编码成 ASCII 字符;也就是说,值小于 0x0080 的 16 位字符被转换成单字节。值超过 0x007F 的任何字符都不能被转换,否则字符的值会丢失。假如字符串完全由 ASCII 范围 (0x00 ~ 0x7F) 内的字符构成,ASCII 编码方案就能将数据压缩到原来的一半,而且速度非常快 (高位字节被直接截掉)。但如果一些字符在 ASCII 范围之外,这种编码方案就不适合了,因为字符的值会丢失。

最后,FCL 还允许将 16 位字符编码到任意代码页。和 ASCII 一样,编码到代码页也是危险的,因为代码页表示不了的任何字符都会丢失。除非必须和使用其他编码方案的遗留文件或应用程序兼容,否则应该总是选择 UTF-16 或 UTF-8 编码。

要编码或解码一组字符时,应获取从 System.Text.Encoding 派生的一个类的实例。抽象基类 Encoding 提供了几个静态只读属性,每个属性都返回从 Encoding 派生的一个类的实例。

下例使用 UTF-8 进行字符编码 / 解码:

```csharp
using System;
using System.Text;

public static class Program {
  public static void Main() {
    // 准备编码的字符串
    String s = "Hi there.";

    // 获取从 Encoding 派生的一个对象,
    // 它知道怎样使用 UTF8 来进行编码 / 解码
    Encoding encodingUTF8 = Encoding.UTF8;

    // 将字符串编码成字节数组
    Byte[] encodedBytes = encodingUTF8.GetBytes(s);

    // 显示编好码的字节值
    Console.WriteLine("Encoded bytes: " +
      BitConverter.ToString(encodedBytes));

    // 将字节数组解码回字符串
    String decodedString = encodingUTF8.GetString(encodedBytes);

    // 显示解码的字符串
    Console.WriteLine("Decoded string: " + decodedString);
```

```
    }
}
```

以上代码的输出如下：

```
Encoded bytes: 48-69-20-74-68-65-72-65-2E
Decoded string: Hi there.
```

除了 UTF8 静态属性，Encoding 类还提供了以下静态属性：Unicode，BigEndianUnicode，UTF32，UTF7，ASCII 和 Default。Default 属性返回的对象使用用户当前的代码页来进行编码 / 解码。为了指定当前用户的代码页，可以在控制面板的"时间和语言"对话框中单击"其他日期、时间和区域设置"，单击"更改日期、时间和区域设置"，在"区域"对话框中单击"管理"标签，最后在"非 Unicode 程序的语言"区域单击"更改系统区域设置"按钮。详情可以参考 Win32 函数 GetACP。但是，我们并不鼓励使用 Default 属性，因为这样一来，应用程序的行为就会随着机器的设置而变。也就是说，一旦更改系统默认代码页，或者应用程序在另一台机器上运行，应用程序的行为就会改变。

除了这些属性，Encoding 还提供了静态 GetEncoding 方法，允许指定代码页 (整数或字符串形式)，并返回可以使用指定代码页来编码 / 解码的对象。例如，可调用 GetEncoding 并传递 "Shift-JIS" 或者 932。

首次请求一个编码对象时，Encoding 类的属性或者 GetEncoding 方法会为请求的编码方案构造对象，并返回该对象。假如请求的编码对象以前请求过，Encoding 类会直接返回之前构造好的对象；不会为每个请求都构造新对象。这一举措减少了系统中的对象数量，也缓解了堆的垃圾回收压力。

除了调用 Encoding 的某个静态属性或其 GetEncoding 方法，还可构造几个类的实例：System.Text.UnicodeEncoding，System.Text.UTF8Encoding，System.Text.UTF32Encoding，System.Text.UTF7Encoding 或 者 System.Text.ASCIIEncoding。但要注意，构造任何这些类的实例都会在托管堆中创建新对象，对性能有损害。

其中 4 个类 (UnicodeEncoding, UTF8Encoding, UTF32Encoding 和 UTF7Encoding) 提供了多个构造器，允许对编码和前导码[1] 进行更多的控制 (前导码有时也称为"字节顺序标记"，即 Byte Order Mark 或者 BOM)。在这 4 个类中，前三个类还提供了特殊的构造器，允许在对一个无效的字节序列进行解码的时候抛出异常。如果需要保证应用程序的安全性，防范无效的输入数据，就应当使用这些能抛出异常的类。

处理 BinaryWriter 或 StreamWriter 时，显式构造这些 Encoding 类型的实

---

[1]　译注：reamble 在文档中翻译成"前导码"，可通过 Encoding.GetPreamble 方法获取。

例是可以的。但 ASCIIEncoding 类仅一个构造器，没有提供更多的编码控制。所以如果需要 ASCIIEncoding 对象，请务必查询 Encoding 的 ASCII 属性来获得。该属性返回的是一个 ASCIIEncoding 对象引用。自己构造 ASCIIEncoding 对象会在堆上创建更多的对象，无谓地损害应用程序的性能。

一旦获得从 Encoding 派生的对象，就可以调用 GetBytes 方法将字符串或字符数组转换成字节数组 (GetBytes 有几个重载版本)。要将字节数组转换成字符数组或字符串，需要调用 GetChars 方法或者更有用的 GetString 方法 (这两个方法都有几个重载版本)。前面的示例代码演示了如何调用 GetBytes 方法和 GetString 方法。

从 Encoding 派生的所有类型都提供了 GetByteCount 方法，它能统计对一组字符进行编码所产生的字节数，同时不实际进行编码。虽然 GetByteCount 方法的用处不是很大，但在分配字节数组时还是可以用一下的。另有一个 GetCharCount 方法，它返回解码得到的字符数，同时不实际进行解码。要想节省内存和重用数组，可考虑使用这些方法。

GetByteCount 方法和 GetCharCount 方法的速度一般，因为必须分析字符或字节数组才能返回准确的结果。如果更加追求速度而不是结果的准确性，可改为调用 GetMaxByteCount 方法或 GetMaxCharCount 方法。这两个方法获取代表字符数或字节数的一个整数，返回最坏情况下的值。[①]

从 Encoding 类派生的每个对象都提供了一组公共只读属性，可查询这些属性来获取有关编码的详细信息。详情请参考文档。

以下程序演示了大多数属性及其含义，它将显示几个不同的编码的属性值：

```
using System;
using System.Text;

public static class Program {
  public static void Main() {
    foreach (EncodingInfo ei in Encoding.GetEncodings()) {
      Encoding e = ei.GetEncoding();
      Console.WriteLine("{1}{0}" +
        "\tCodePage={2}, WindowsCodePage={3}{0}" +
        "\tWebName={4}, HeaderName={5}, BodyName={6}{0}" +
        "\tIsBrowserDisplay={7}, IsBrowserSave={8}{0}" +
        "\tIsMailNewsDisplay={9}, IsMailNewsSave={10}{0}",

        Environment.NewLine,
        e.EncodingName, e.CodePage, e.WindowsCodePage,
```

---

① 译注：如果对指定数量的字符 / 字节进行编码 / 解码，那么所产生的将是最大字节数 / 字符数。

```
            e.WebName, e.HeaderName, e.BodyName,
            e.IsBrowserDisplay, e.IsBrowserSave,
            e.IsMailNewsDisplay, e.IsMailNewsSave);
      }
   }
}
```

运行以上程序将得到以下输出 (为节省篇幅删除了部分内容)：

```
简体中文 (GB18030)
        CodePage=54936, WindowsCodePage=936
        WebName=GB18030, HeaderName=GB18030, BodyName=GB18030
        IsBrowserDisplay=True, IsBrowserSave=True
        IsMailNewsDisplay=True, IsMailNewsSave=True

ISCII 梵文
        CodePage=57002, WindowsCodePage=57002
        WebName=x-iscii-de, HeaderName=x-iscii-de, BodyName=x-iscii-de
        IsBrowserDisplay=False, IsBrowserSave=False
        IsMailNewsDisplay=False, IsMailNewsSave=False

ISCII 孟加拉语
        CodePage=57003, WindowsCodePage=57003
        WebName=x-iscii-be, HeaderName=x-iscii-be, BodyName=x-iscii-be
        IsBrowserDisplay=False, IsBrowserSave=False
        IsMailNewsDisplay=False, IsMailNewsSave=False

ISCII 泰米尔语
        CodePage=57004, WindowsCodePage=57004
        WebName=x-iscii-ta, HeaderName=x-iscii-ta, BodyName=x-iscii-ta
        IsBrowserDisplay=False, IsBrowserSave=False
        IsMailNewsDisplay=False, IsMailNewsSave=False

Unicode (UTF-7)
        CodePage=65000, WindowsCodePage=1200
        WebName=utf-7, HeaderName=utf-7, BodyName=utf-7
        IsBrowserDisplay=False, IsBrowserSave=False
        IsMailNewsDisplay=True, IsMailNewsSave=True

Unicode (UTF-8)
        CodePage=65001, WindowsCodePage=1200
        WebName=utf-8, HeaderName=utf-8, BodyName=utf-8
        IsBrowserDisplay=True, IsBrowserSave=True
        IsMailNewsDisplay=True, IsMailNewsSave=True
```

表 14-3 总结了 Encoding 的所有派生类都提供的常用方法。

表 14-3 Encoding 类的派生类提供的方法

方法名称	说明
GetPreamble	返回一个字节数组，指出在写入任何已编码字节之前，首先应该在一个流中写入什么字节。这些字节经常称为"前导码"(preamble) 或"字节顺序标记"(Byte Order Mark，BOM) 字节。开始从一个流中读取时，BOM 字节自动帮助检测当初写入流时采用的编码，以确保使用正确的解码器。对于从 Encoding 派生的一些类，这个方法返回 0 字节的数组——即没有前导码字节。显式构造 UTF8Encoding 对象，这个方法将返回一个 3 字节数组 (包含 0xEF、0xBB 和 0xBF)。显式构造 UnicodeEncoding 对象，这个方法将返回一个 2 字节数组 (包含 0xFE 和 0xFF) 来表示"高位优先"(big-endian) 编码，或者返回一个 2 字节数组 (包含 0xFF 和 0xFE) 来表示"低位优先"(little-endian) 编码。默认为低位优先
Convert	将字节数组从一种编码 (来源编码) 转换为另一种 (目标编码)。在内部，这个静态方法调用来源编码对象的 GetChars 方法，并将结果传给目标编码对象的 GetBytes 方法。结果字节数组返回给调用者
Equals	如果从 Encoding 派生的两个对象代表相同的代码页和前导码设置，就返回 true
GetHashCode	返回当前 Encoding 实例的哈希码

14.6.1 字符和字节流的编码和解码

假定现在要通过 System.Net.Sockets.NetworkStream 对象来读取一个 UTF-16 编码字符串。字节流通常以数据块 (data chunk) 的形式传输。换言之，可能是先从流中读取 5 个字节，再读取 7 个字节。UTF-16 的每个字符都由 2 个字节构成。所以，调用 Encoding 类的 GetString 方法并传递第一个 5 字节数组，返回的字符串只包含 2 个字符。再次调用 GetString 并传递接着的 7 个字节，将返回只包含 3 个字符的字符串。显然，所有 code point[①] 都会存储错误的值！

之所以会造成数据损坏，是由于所有 Encoding 派生都不维护多个方法调用之间的状态。要编码或解码以数据块形式传输的字符 / 字节，必须进行一些额外的工作来维护方法调用之间的状态，从而防止丢失数据。

字节块解码首先要获取一个 Encoding 派生对象引用 (参见上一节)，再调用其 GetDecoder 方法。方法返回对一个新构造对象的引用，该对象的类型从 System.Text.Decoder 类派生。和 Encoding 类一样，Decoder 也是抽象基类。

① 译注：code point(码位) 是一个抽象概念。可将每个字符都想象成一个抽象的 Unicode code point，可能需要使用多个字节来表示一个 code point。

查阅文档，会发现找不到任何具体实现了 Decoder 的类。但 FCL 确实定义了一系列 Decoder 派生类。这些类在 FCL 内部使用。但是，GetDecoder 方法能构造这些类的实例，并将这些实例返回给应用程序代码。

Decoder 的所有派生类都提供了两个重要的方法：GetChars 和 GetCharCount。显然，这些方法的作用是对字节数组进行解码，工作方式类似于前面讨论过的 Encoding 的 GetChars 和 GetCharCount 方法。调用其中一个方法时，它会尽可能多地解码字节数组。假如字节数组包含的字节不足以完成一个字符，剩余的字节会保存到 Decoder 对象内部。下次调用其中一个方法时，Decoder 对象会利用之前剩余的字节再加上传给它的新字节数组。这样一来，就可以确保对数据块进行正确解码。从流中读取字节时 Decoder 对象的作用很大。

从 Encoding 派生的类型可用于无状态 (中途不保持状态) 编码和解码。而从 Decoder 派生的类型只能用于解码。以成块的方式编码字符串需要调用 GetEncoder 方法，而不是调用 Encoding 对象的 GetDecoder 方法。GetEncoder 返回一个新构造的对象，它的类型从抽象基类 System.Text.Encoder 派生。在文档中同样找不到谁具体实现了 Encoder。但 FCL 确实定义了一系列 Encoder 派生类。和从 Decoder 派生的类一样，这些类全都在 FCL 内部使用，只是 GetEncoder 方法能构造这些类的实例，并将这些实例返回给应用程序代码。

从 Encoder 派生的所有类都提供了两个重要方法：GetBytes 和 GetByteCount。每次调用，从 Encoder 派生的对象都会维护余下数据的状态信息，以便以成块的方式对数据进行编码。

14.6.2　Base-64 字符串编码和解码

写作本书时，UTF-16 和 UTF-8 编码已相当流行。另一个流行的方案是将字节序列编码成 Base-64 字符串。FCL 专门提供了进行 Base-64 编码和解码的方法。你可能以为这是通过一个从 Encoding 派生的类型来完成的。但考虑到某些原因，Base-64 编码和解码用 System.Convert 类型提供的一些静态方法来进行。

将 Base-64 字符串编码成字节数组需调用 Convert 的静态 FromBase64String 或 FromBase64CharArray 方法。类似地，将字节数组解码成 Base-64 字符串需调用 Convert 的静态 ToBase64String 或者 ToBase64CharArray 方法。以下代码演示了如何使用其中的部分方法：

```
using System;

public static class Program {
  public static void Main() {
    // 获取一组 10 个随机生成的字节
```

```
Byte[] bytes = new Byte[10];
new Random().NextBytes(bytes);

// 显示字节
Console.WriteLine(BitConverter.ToString(bytes));

// 将字节解码成 Base-64 字节串，并显示字符串
String s = Convert.ToBase64String(bytes);
Console.WriteLine(s);

// 将 Base-64 字符串编码回字节，并显示字节
bytes = Convert.FromBase64String(s);
Console.WriteLine(BitConverter.ToString(bytes));
  }
}
```

编译并执行以上代码得到以下输出 (因为是随机生成的字节，所以你的输出可能不同):

```
62-35-90-9A-87-F6-81-A3-A7-5A
YjWQmof2gaOnWg==
62-35-90-9A-87-F6-81-A3-A7-5A
```

14.7 安全字符串

String 对象可能包含敏感数据，比如用户密码或信用卡资料。遗憾的是，String 对象在内存中包含一个字符数组。如果允许执行不安全或者非托管的代码，这些代码就可以扫描进程的地址空间，找到包含敏感数据的字符串，并以非授权的方式加以利用。即使 String 对象只用一小段时间就进行垃圾回收，CLR 也可能无法立即重用 String 对象的内存，致使 String 的字符长时间保留在进程的内存中 (尤其是假如 String 对象是较旧的一代[①])，造成机密数据泄露。此外，由于字符串不可变 (immutable)，所以当你处理它们时，旧的副本会逗留在内存中，最终造成多个不同版本的字符串散布在整个内存空间中。

有些政府部门有严格的安全要求，对各种安全措施进行了非常具体的规定。为了满足这些要求，微软在 FCL 中增添了一个更安全的字符串类，即 System.Security.SecureString。构造 SecureString 对象时，会在内部分配一个非托管内存块，其中包含一个字符数组。使用非托管内存是为了避开垃圾回收器的"魔爪"。

① 译注：CLR 为了改善垃圾回收性能，引入了"代"(generation) 的概念。简单地说，越新的对象，生命期越短。越旧的对象，生命期越长。这些对象按照新旧顺序，放入垃圾回收器专门分配的内存空间中 (第 0 代、第 1 代和第 2 代)。

这些字符串的字符是经过加密的，能防范任何恶意的非安全 / 非托管代码获取机密信息。利用以下任何一个方法，即可在安全字符串中附加、插入、删除或者设置一个字符：AppendChar、InsertAt、RemoveAt 和 SetAt。调用其中任何一个方法时，方法内部会解密字符，执行指定的操作，再重新加密字符。这意味着字符有一小段时间处于未加密状态。还意味着这些操作的性能会比较一般。所以，应该尽可能少地执行这些操作。

SecureString 类实现了 IDisposable 接口，允许以简单的方式确定性地销毁字符串中的安全内容。应用程序不再需要敏感的字符串内容时，只需调用 SecureString 的 Dispose 方法。在内部，Dispose 会对内存缓冲区的内容进行清零，确保恶意代码无法获得敏感信息，然后释放缓冲区。SecureString 对象内部的一个字段引用了一个从 SafeBuffer 派生的对象，它负责维护实际的字符串。由于 SafeBuffer 类最终从 CriticalFinalizerObject 类派生 ①，所以字符串在垃圾回收时，它的字符内容保证会被清零，而且缓冲区会得到释放。和 String 对象不同，SecureString 对象在被回收之后，加密字符串的内容将不再存在于内存中。

知道了如何创建和修改 SecureString 对象之后，接着讨论如何使用它。遗憾的是，最新的 FCL 限制了对 SecureString 类的支持。也就是说，只有少数方法才能接受 SecureString 参数。在 .NET Framework 4 中，以下情况允许将 SecureString 作为密码传递：

- 与加密服务提供程序 (Cryptographic Service Provider，CSP) 协作。详情可参见 System.Security.Cryptography.CspParameters 类；
- 创建、导入或导出 X.509 证书。详情可参见 System.Security.Cryptography.X509Certificates.X509Certificate 类 和 System.Security.Cryptography.X509Certificates.X509Certificate2 类；
- 在特定用户账户下启动新进程。详情可参见 System.Diagnostics.Process 和 System.Diagnostics.ProcessStartInfo 类；
- 构造事件日志会话。详情可参见 System.Diagnostics.Eventing.Reader.EventLogSession 类；
- 使用 System.Windows.Controls.PasswordBox 控件。详情可参见该类的 SecurePassword 属性。

最后，可以创建自己的方法来接受 SecureString 对象参数。方法内部必须先让 SecureString 对象创建一个非托管内存缓冲区，它将用于包含解密过的字符，然后才能让该方法使用缓冲区。为了最大程度降低恶意代码获取敏感数据的风

① 第 21 章将讨论该抽象基类。

险，你的代码在访问解密过的字符串时，时间应尽可能短。结束使用字符串之后，代码应尽快清零并释放缓冲区。此外，绝对不要将 SecureString 的内容放到一个 String 中。否则，String 会在堆中保持未加密状态，只有经过垃圾回收，而且内存被重用的时候，它的字符内容才会被清零。SecureString 类特地没有重写 ToString 方法，目的就是避免泄露敏感数据。

下例演示了如何初始化和使用一个 SecureString(编译时要为 C# 编译器指定 /unsafe 开关选项)：

```csharp
using System;
using System.Security;
using System.Runtime.InteropServices;

public static class Program {
  public static void Main() {
    using (SecureString ss = new SecureString()) {
      Console.Write("Please enter password: ");
      while (true) {
        ConsoleKeyInfo cki = Console.ReadKey(true);
        if (cki.Key == ConsoleKey.Enter) break;

        // 将密码字符附加到 SecureString 中
        ss.AppendChar(cki.KeyChar);
        Console.Write("*");
      }
      Console.WriteLine();

      // 密码已输入，出于演示的目的显示它
      DisplaySecureString(ss);
    }

    // using 之后，SecureString 被 dispose，内存中无敏感数据
  }

  // 这个方法是不安全的，因为它要访问非托管内存
  private unsafe static void DisplaySecureString(SecureString ss) {
    Char* pc = null;
    try {
      // 将 SecureString 解密到一个非托管内存缓冲区中
      pc = (Char*) Marshal.SecureStringToCoTaskMemUnicode(ss);

      // 访问包含已解密 SecureString 的非托管内存缓冲区
      for (Int32 index = 0; pc[index] != 0; index++)
        Console.Write(pc[index]);
    }
    finally {
      // 确定清零并释放包含已解密 SecureString 字符的非托管内存缓冲区
```

```
    if (pc != null)
      Marshal.ZeroFreeCoTaskMemUnicode((IntPtr) pc);
  }
 }
}
```

System.Runtime.InteropServices.Marshal 类提供了 5 个方法来将一个
SecureString 的字符解密到非托管内存缓冲区。所有方法都是静态方法，所有方
法都接受一个 SecureString 参数，而且所有方法都返回一个 IntPtr。每个方法
都另外有一个配对的方法，必须调用配对方法来清零并释放内部缓冲区。表 14-4
总结了 System.Runtime.InteropServices.Marshal 类提供的将 SecureString
解密到内部缓冲区的方法以及对应的清零和释放缓冲区的方法。

表 14-4 Marshal 类提供的用于操纵安全字符串的方法

将 SecureString 解密到缓冲的方法	清零并释放缓冲区的方法
SecureStringToBSTR	ZeroFreeBSTR
SecureStringToCoTaskMemAnsi	ZeroFreeCoTaskMemAnsi
SecureStringToCoTaskMemUnicode	ZeroFreeCoTaskMemUnicode
SecureStringToGlobalAllocAnsi	ZeroFreeGlobalAllocAnsi
SecureStringToGlobalAllocUnicode	ZeroFreeGlobalAllocUnicode

第 15 章

枚举类型和位标志

本章内容：

- 枚举类型
- 位标志
- 向枚举类型添加方法

本章要讨论枚举类型和位标志。由于微软的 Windows 和许多编程语言多年来一直在使用这些结构，相信许多人已经知道了如何使用它们。不过，CLR 与 FCL 结合起来之后，枚举类型和位标志才真正成为面向对象的类型。而它们提供的一些非常"酷"的功能，我相信大多数开发人员并不熟悉。让我惊讶的是，这些新功能极大地简化了应用程序开发，个中缘由且听我娓娓道来。

15.1 枚举类型

枚举类型 (enumerated type) 定义了一组"符号名称 / 值"配对。例如，以下 Color 类型定义了一组符号，每个符号都标识一种颜色：

```
internal enum Color {
    White,      // 赋值 0
    Red,        // 赋值 1
    Green,      // 赋值 2
    Blue,       // 赋值 3
    Orange      // 赋值 4
}
```

当然，也可写程序用 0 表示白色，用 1 表示红色，以此类推。不过，不应将这些数字硬编码到代码中，而应使用枚举类型，理由至少有两个。

- 枚举类型使程序更容易编写、阅读和维护。有了枚举类型，符号名称可在代码中随便使用，程序员不用费心思量每个硬编码值的含义 (例如，不用念叨 white 是 0，或者 0 是 white)。而且，一旦与符号名称对应的值发生改变，代码也可以简单地重新编译，不需要对源代码进行任何修改。此外，文档工具和其他实用程序 (比如调试程序) 能向开发人员显示有意义的符号名称。
- 枚举类型是强类型的。例如，将 Color.Orange 作为参数传给要求 Fruit 枚举类型的方法，编译器会报错。[①]

在微软的 .NET Framework 中，枚举类型不只是编译器所关心的符号，它还是类型系统中的"一等公民"，能实现很强大的操作。而在其他环境 (比如非托管 C++) 中，枚举类型是没有这个特点的。

每个枚举类型都直接从 System.Enum 派生，后者从 System.ValueType 派生，而 System.ValueType 又从 System.Object 派生。所以，枚举类型是值类型 (详情参见第 5 章)，可用未装箱和已装箱的形式来表示。但有别于其他值类型，枚举类型不能定义任何方法、属性或事件。不过，可利用 C# 语言的"扩展方法"功能模拟向枚举类型添加方法，15.3 节"向枚举类型添加方法"展示了一个例子。

编译枚举类型时，C# 编译器把每个符号转换成类型的一个常量字段。例如，编译器将前面的 Color 枚举类型看成是以下代码：

```
internal struct Color : System.Enum {
  // 以下是一些公共常量，它们定义了 Color 的符号和值
  public const Color White  = (Color) 0;
  public const Color Red    = (Color) 1;
  public const Color Green  = (Color) 2;
  public const Color Blue   = (Color) 3;
  public const Color Orange = (Color) 4;

  // 以下是一个公共实例字段，包含 Color 变量的值，
  // 不能写代码来直接引用该字段
  public Int32 value__;
}
```

C# 编译器并不会实际编译以上代码，因为它禁止定义从特殊类型 System. Enum 派生的类型。不过，可以通过上述伪类型定义了解内部的工作方式。简单地说，枚举类型只是一个结构，其中定义了一组常量字段和一个实例字段。常量字段会嵌入程序集的元数据中，并可通过反射来访问。这意味着可以在运行时获得与枚举类

---

① 译注：fruit 枚举类型定义的应该是水果，而 Color 枚举类型定义的是颜色。虽然两个枚举类型中都有一个 Orange，但分别代表橙子和橙色。

型关联的所有符号及其值。还意味着可以将字符串符号转换成对应的数值。这些操作是通过 System.Enum 基类型来提供的，该类型提供了几个静态和实例方法，可利用它们操作枚举类型的实例，从而避免了必须使用反射的麻烦。下面将讨论其中一些操作。

重要提示

⚠️

> 枚举类型定义的符号是常量值。所以，当编译器看到引用了枚举类型的符号的代码时，会在编译时用数值替换符号，而且这些代码将不再引用定义了符号的枚举类型。这意味着运行时可能并不需要定义了枚举类型的程序集，编译时才需要。假如代码引用了枚举类型（而非仅仅引用类型定义的符号），那么运行时就需要包含了枚举类型定义的程序集。由于枚举类型符号是常量而非只读的值，所以可能会出现一些版本问题。7.1 节"常量"已解释过这些问题。

　　例如，System.Enum 类型有一个名为 GetUnderlyingType 的静态方法，而 System.Type 类型有一个名为 GetEnumUnderlyingType 的实例方法：

```
public static Type GetUnderlyingType(Type enumType);   // 在 System.Enum 中定义
public Type GetEnumUnderlyingType();                   // 在 System.Type 中定义
```

　　这些方法返回用于容纳一个枚举类型的值的基础类型。每个枚举类型都有一个基础类型，它可以是 vabyte、sbyte、short、ushort、int(最常用且也是 C# 默认选择的)、uint、long 或 ulong。虽然这些 C# 基元类型[①]都有对应的 FCL 类型，但 C# 编译器为了简化本身的实现，要求只能指定基元类型名称。如果使用 FCL 类型名称（比如 Int32），会显示以下错误信息：error CS1008: 应输入类型 byte、sbyte、short、ushort、int、uint、long 或 ulong。

　　以下代码演示了如何声明一个基础类型为 byte(System.Byte) 的枚举类型：

```
internal enum Color : byte {
   White,
   Red,
   Green,
   Blue,
   Orange
}
```

　　基于这个 Color 枚举类型，以下代码显示了 GetUnderlyingType 的返回结果：

---

① 译注：不要混淆"基础类型"和"基元类型"（参见 5.1 节"基元类型、引用类型和值类型"）。虽然枚举的基础类型就是这些基元类型（其实就是除 Char 之外的所有整型），但英语中用 underlying type 和 primitive type 进行了区分，中文翻译同样要区分。简而言之，基元类型是语言的内建类型，编译器能直接识别。

```
// 以下代码会显示 "System.Byte"
Console.WriteLine(Enum.GetUnderlyingType(typeof(Color)));
```

　　C# 编译器将枚举类型视为基元类型。所以可以使用许多熟悉的操作符 (==、!=、<、>、<=、>=、+、-、^、&、|、~、++ 和 --) 来操纵枚举类型的实例。所有这些操作符实际作用于每个枚举类型实例内部的 value__ 实例字段。此外，C# 编译器允许将枚举类型的实例显式转型为不同的枚举类型。也可显式将枚举类型实例转型为数值类型。

　　给定一个枚举类型的实例，可以调用从 System.Enum 继承的 ToString 方法，把这个值映射为以下几种字符串表示：

```
Color c = Color.Blue;
Console.WriteLine(c);                // "Blue" ( 常规格式 )
Console.WriteLine(c.ToString());     // "Blue" ( 常规格式 )
Console.WriteLine(c.ToString("G"));  // "Blue" ( 常规格式 )
Console.WriteLine(c.ToString("D"));  // "3" ( 十进制格式 )
Console.WriteLine(c.ToString("X"));  // "03" ( 十六进制格式 )
```

注意
> 使用十六进制格式时，ToString 总是输出大写字母。此外，输出几位数取决于枚举的基础类型：byte/sbyte 输出 2 位数，short/ushort 输出 4 位数，int/uint 输出 8 位数，而 long/ulong 输出 16 位数。如有必要会添加前导零。

　　除了 ToString 方法，System.Enum 类型还提供了静态 Format 方法，可调用它格式化枚举类型的值：

```
public static String Format(Type enumType, Object value, String format);
```

　　我个人倾向于调用 ToString 方法，因为它需要的代码更少，而且更容易调用。但 Format 有一个 ToString 没有的优势：允许为 value 参数传递数值。这样就不一定要有枚举类型的实例。例如，以下代码将显示"Blue"：

```
// 以下代码显示 "Blue"
Console.WriteLine(Enum.Format(typeof(Color), 3, "G"));
```

注意
> 声明有多个符号的枚举类型时，所有符号都可以有相同的数值。使用常规格式将数值转换为符号时，Enum 的方法会返回其中一个符号，但不保证具体返回哪一个符号名称。另外，如果没有为要查找的数值定义符号，会返回包含该数值的字符串。

也可调用 System.Enum 的静态方法 GetValues 或者 System.Type 的实例方法 GetEnumValues 来返回一个数组，数组中的每个元素都对应枚举类型中的一个符号名称，每个元素都包含符号名称的数值：

```
public static Array GetValues(Type enumType);      // 在 System.Enum 中定义
public Array GetEnumValues();                       // 在 System.Type 中定义
```

该方法可以结合 ToString 方法使用，以显示枚举类型中的所有符号名称及其对应数值，如下所示：

```
Color[] colors = (Color[]) Enum.GetValues(typeof(Color));
Console.WriteLine("Number of symbols defined: " + colors.Length);
Console.WriteLine("Value\tSymbol\n-----\t------");
foreach (Color c in colors) {
// 以十进制和常规格式显示每个符号
    Console.WriteLine("{0,5:D}\t{0:G}", c);
}
```

以上代码的输出如下：

```
Number of symbols defined: 5
Value    Symbol
-----    ------
    0    White
    1    Red
    2    Green
    3    Blue
    4    Orange
```

我个人不喜欢使用 GetValues 方法和 GetEnumValues 方法，因为两者均返回一个 Array，必须转型成恰当的数组类型。所以我总是定义自己的方法：

```
public static TEnum[] GetEnumValues<TEnum>() where TEnum : struct {
    return (TEnum[])Enum.GetValues(typeof(TEnum));
}
```

使用我的泛型 GetEnumValues 方法可获得更好的编译时类型安全性，而且上例的第一行代码可简化成以下形式：

```
Color[] colors = GetEnumValues<Color>();
```

前面的讨论展示了可以对枚举类型执行的一些很"酷"的操作。在程序的 UI 元素（列表框、组合框等）中显示符号名称时，我认为经常使用的会是 ToString 方法（常规格式），前提是字符串不需要本地化（因为枚举类型没有提供本地化支持）。除了 GetValues 方法，System.Enum 类型和 System.Type 类型还提供了以下方法来返回枚举类型的符号：

```
// 返回数值的字符串表示
public static String GetName(Type enumType, Object value);   // 在 System.Enum 中定义
public String GetEnumName(Object value);                     // 在 System.Type 中定义

// 返回一个 String 数组，枚举中的每个符号都对应一个 String
public static String[] GetNames(Type enumType);              // 在 System.Enum 中定义
public String[] GetEnumNames();                              // 在 System.Type 中定义
```

前面讨论了用于查找枚举类型中的符号的多种方法。但还需要一个方法来查找与符号对应的值。例如，可以利用这个操作转换用户在文本框中输入的一个符号。利用 Enum 提供的静态方法 Parse 和 TryParse，可以很容易地将符号转换为枚举类型的实例：

```
public static Object Parse(Type enumType, String value);
public static Object Parse(Type enumType, String value, Boolean ignoreCase);
public static Boolean TryParse<TEnum>(String value, out TEnum result) where TEnum: struct;
public static Boolean TryParse<TEnum>(String value, Boolean ignoreCase, out TEnum result)
   where TEnum : struct;
```

以下代码演示了如何使用这些方法：

```
// 因为 Orange 定义为 4，'c' 被初始化为 4
Color c = (Color) Enum.Parse(typeof(Color), "orange", true);

// 因为没有定义 Brown，所以抛出 ArgumentException 异常
Color c = (Color) Enum.Parse(typeof(Color), "Brown", false);

// 创建值为 1 的 Color 枚举类型实例
Enum.TryParse<Color>("1", false, out c);

// 创建值为 23 的 Color 枚举类型实例
Enum.TryParse<Color>("23", false, out c);
```

以下是 Enum 的静态方法 IsDefined 和 Type 的 IsEnumDefined 方法：

```
public static Boolean IsDefined(Type enumType, Object value); // 在 System.Enum 中定义
public Boolean IsEnumDefined(Object value);                   // 在 System.Type 中定义
```

可以利用 IsDefined 方法判断数值对于某枚举类型是否合法：

```
// 显示 "True"，因为 Color 将 Red 定义为 1
Console.WriteLine(Enum.IsDefined(typeof(Color), 1));

// 显示 "True"，因为 Color 将 White 定义为 0
Console.WriteLine(Enum.IsDefined(typeof(Color), "White"));

// 显示 "False"，因为检查要区分大小写
Console.WriteLine(Enum.IsDefined(typeof(Color), "white"));
```

```
// 显示 "False"，因为 Color 没有和值 10 对应的符号
Console.WriteLine(Enum.IsDefined(typeof(Color), 10));
```

IsDefined 方法经常用于参数校验，如下例所示：

```
public void SetColor(Color c) {
    if (!Enum.IsDefined(typeof(Color), c)) {
        throw(new ArgumentOutOfRangeException("c", c, "无效颜色值。"));
    }
    // 将颜色设置为 White, Red, Green, Blue 或 Orange
    ...
}
```

参数校验是很有用的一个功能，因为其他人可能像下面这样调用 SetColor：

```
SetColor((Color) 547);
```

没有和值 547 对应的符号，所以 SetColor 方法抛出 ArgumentOutOfRangeException 异常，指出哪个参数无效，并解释为什么无效。

重要提示

> **IsDefined** 方法很方便，但必须慎用。首先，**IsDefined** 总是执行区分大小写的查找，而且完全没有办法让它执行不区分大小写的查找。其次，**IsDefined** 相当慢，因为它在内部使用了反射。如果写代码来手动检查每一个可能的值，应用程序的性能极有可能变得更好。最后，只有当枚举类型本身在调用 **IsDefined** 的同一个程序集中定义时，才可使用 **IsDefined**。
>
> 原因如下：假定 Color 枚举类型在一个程序集中定义，SetColor 方法在另一个程序集中定义。SetColor 方法调用 IsDefined，假如颜色是 White、Red、Green、Blue 或者 Orange，那么 SetColor 能正常执行。然而，假如 Color 枚举将来发生了变化，在其中包含了 Purple，那么 SetColor 现在就会接受 Purple，这是以前没有预料到的。因此，方法现在可能返回无法预料的结果。

最后，**System.Enum** 类型提供了一组静态 **ToObject** 方法。这些方法将 **Byte**、**SByte**、**Int16**、**UInt16**、**Int32**、**UInt32**、**Int64** 或 **UInt64** 类型的实例转换为枚举类型的实例。

枚举类型总是要与另外某个类型结合使用，一般作为类型的方法参数或返回类型、属性和字段使用。初学者经常提出这个问题：枚举类型是嵌套定义在需要它的类型中，还是和该类型同级？检查 FCL，会发现枚举类型通常与需要它的类同级。原因很简单，就是减少代码的录入量，使开发人员的工作变得更轻松。所以，除非担心名称冲突，否则你定义的枚举类型应该和需要它的类型同级。

15.2 位标志

程序员经常要和位标志 (bit flag) 集合打交道。调用 System.IO.File 类型的 GetAttributes 方法，会返回 FileAttributes 类型的一个实例。FileAttributes 类型是基本类型为 Int32 的枚举类型，其中每一位都反映了文件的一个特性 (attribute)。FileAttributes 类型在 FCL 中的定义如下：

```
[Flags, Serializable]
public enum FileAttributes {
    ReadOnly            = 0x0001,
    Hidden              = 0x0002,
    System              = 0x0004,
    Directory           = 0x0010,
    Archive             = 0x0020,
    Device              = 0x0040,
    Normal              = 0x0080,
    Temporary           = 0x0100,
    SparseFile          = 0x0200,
    ReparsePoint        = 0x0400,
    Compressed          = 0x0800,
    Offline             = 0x1000,
    NotContentIndexed   = 0x2000,
    Encrypted           = 0x4000,
    IntegrityStream     = 0x08000,
    NoScrubData         = 0x20000
}
```

判断文件是否隐藏可执行以下代码：

```
String file = Assembly.GetEntryAssembly().Location;
FileAttributes attributes = File.GetAttributes(file);
Console.WriteLine("Is {0} hidden? {1}", file, (attributes & FileAttributes.Hidden) != 0);
```

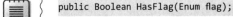

注意 Enum 类定义了一个 HasFlag 方法：

```
public Boolean HasFlag(Enum flag);
```

可利用该方法重写之前的 sole.WriteLine 调用：

```
Console.WriteLine("Is {0} hidden? {1}", file,
    attributes.HasFlag(FileAttributes.Hidden));
```

但我建议避免使用 HasFlag 方法，理由是：由于它获取 Enum 类型的参数，所以传给它的任何值都必须装箱，这样会产生一次内存分配。

以下代码演示了如何为文件设置只读和隐藏特性：

```
File.SetAttributes(file, FileAttributes.ReadOnly | FileAttributes.Hidden);
```

正如 FileAttributes 类型展示的那样，经常要用枚举类型来表示一组可以组合的位标志。不过，虽然枚举类型和位标志相似，但它们的语义不尽相同。例如，枚举类型表示单个数值，而位标志表示位集合，其中一些位处于 on 状态，一些处于 off 状态[①]。

定义用于标识位标志的枚举类型时，当然应该显式为每个符号分配数值。通常，每个符号都有单独的一个位处于 on 状态。此外，经常都要定义一个值为 0 的 None 符号。还可定义一些符号来表示常见的位组合 (参见下面的 ReadWrite 符号)。另外，强烈建议向枚举类型应用定制特性类型 System.FlagsAttribute，如下所示：

```
[Flags] // C#编译器允许 "Flags" 或 "FlagsAttribute"
internal enum Actions {
   None        = 0
   Read        = 0x0001,
   Write       = 0x0002,
   ReadWrite   = Actions.Read | Actions.Write,
   Delete      = 0x0004,
   Query       = 0x0008,
   Sync        = 0x0010
}
```

由于 Actions 是枚举类型，所以在操纵位标志枚举类型时，可以使用上一节描述的任何一种方法。不过，假如其中一些方法的行为稍有区别，效果会更加理想。例如，假设有以下代码：

```
Actions actions = Actions.Read | Actions.Delete;   // 0x0005
Console.WriteLine(actions.ToString());             // "Read, Delete"
```

那么在调用 ToString 时，它会试图将数值转换为对应的符号。现在的数值是 0x0005，没有对应的符号。不过，ToString 方法检测到 Actions 类型上存在 [Flags] 特性，所以 ToString 方法现在不会将该数值视为单独的值。相反，会把它视为一组位标志。由于 0x0005 由 0x0001 和 0x0004 组合而成，所以 ToString 会生成字符串 "Read, Delete"。从 Actions 类型中删除 [Flags] 特性，ToString 方法将返回 "5"。

上一节讨论了 ToString 方法，指出它允许以三种方式格式化输出："G"(常规)、"D"(十进制) 和 "X"(十六进制)。使用常规格式来格式化枚举类型的实例时，首先检查类型，看它是否应用了 [Flags] 这个特性。如果没有应用，就查找与该数值匹配的符号并返回符号。如果应用了 [Flags] 特性，那么 ToString 方法的工作过程如下所示。

1. 获取枚举类型定义的数值集合，降序排列这些数值；

---

① 译注：进制 1 代表"on"，二进制 0 代表"off"。

2. 每个数值都和枚举实例中的值进行"按位与"计算，假如结果等于数值，
   与该数值关联的字符串就附加到输出字符串上，对应的位会被认为已经处
   理并被关闭 (设为 0)。这一步不断重复，直到检查完所有数值，或直到枚
   举实例的所有位都被关闭。

3. 检查完所有数值后，如果枚举实例仍然不为 0，表明枚举实例中一些处于
   on 状态的位不对应任何已定义的符号。在这种情况下，ToString 将枚举
   实例中的原始数值作为字符串返回。

4. 如果枚举实例原始值不为 0，那么返回符号之间以逗号分隔的字符串。

5. 如果枚举实例原始值为 0，而且枚举类型定义的一个符号对应的是 0 值，
   就返回这个符号。

6. 如果到达这一步，就返回"0"。

如果愿意，可以定义没有 [Flags] 特性的 Actions 类型，并用 "F" 格式获得
正确的字符串：

```
// [Flags]                                  // 现在已经被注释掉
internal enum Actions {
    None      = 0
    Read      = 0x0001,
    Write     = 0x0002,
    ReadWrite = Actions.Read | Actions.Write,
    Delete    = 0x0004,
    Query     = 0x0008,
    Sync      = 0x0010
}

Actions actions = Actions.Read | Actions.Delete;   // 0x0005
Console.WriteLine(actions.ToString("F"));          // "Read, Delete"
```

如果数值有一个位不能映射到一个符号，返回的字符串只包含一个代表原始数
值的十进制数；字符串中不会有符号。

注意，枚举类型中定义的符号不一定是 2 的整数次方。例如，Actions 类型可
定义一个名为 All 的符号，它对应的值是 0x001F[①]。如果 Actions 类型的一个实
例的值是 0x001F，格式化该实例就会生成一个含有 "All" 的字符串。其他符号字
符串不会出现。

前面讨论的是如何将数值转换成标志字符串 (string of flag)。还可将以逗号分隔
的符号字符串转换成数值，这是通过调用 Enum 的静态方法 Parse 和 TryParse 来
实现的。以下代码演示了如何使用这些方法：

---

① 译注：计算可知，二进制 00000001(Read) | 00000010(Write) | 00000100(Delete) | 00001000(Query) | 00010000(Sync) = 00011111(All) = 十六进制 0x001F。

```
// 由于 Query 被定义为 8, 所以 'a' 被初始化为 8
Actions a = (Actions) Enum.Parse(typeof(Actions), "Query", true);
Console.WriteLine(a.ToString()); // "Query"

// 由于 Query 和 Read 已定义，所以 'a' 被初始化为 9
Enum.TryParse<Actions>("Query, Read", false, out a);
Console.WriteLine(a.ToString()); // "Read, Query"

// 创建一个 Actions 枚举类型实例，其值为 28
a = (Actions) Enum.Parse(typeof(Actions), "28", false);
Console.WriteLine(a.ToString()); // "Delete, Query, Sync"
```

Parse 和 TryParse 方法在调用时，会在内部执行以下动作。

1. 删除字符串头尾的所有空白字符。

2. 如果字符串第一个字符是数字、加号 (+) 或减号 (-)，该字符串会被认为是一个数字，方法返回一个枚举类型实例，其数值等于字符串转换后的数值。

3. 传递的字符串被分解为一组以逗号分隔的 token，每个 token 的空白字符都被删除。

4. 在枚举类型的已定义符号中查找每个 token 字符串。如果没有找到相应的符号，Parse 会抛出 System.ArgumentException 异常；而 TryParse 会返回 false。如果找到符号，就将它对应的数值与当前的一个动态结果进行"按位或"计算，再查找下一个符号。

5. 查找并找到所有标记之后，返回这个动态结果。

永远不要对位标志枚举类型使用 IsDefined 方法。以下两方面原因造成该方法无法使用。

- 向 IsDefined 方法传递字符串，它不会将这个字符串拆分为单独的 token 来进行查找，而是试图查找整个字符串，把它看成是包含逗号的一个更大的符号。由于不能在枚举类型中定义含有逗号的符号，所以这个符号永远找不到。

- 向 IsDefined 方法传递一个数值，它会检查枚举类型是否定义了其数值和传入数值匹配的一个符号。由于位标志不能这样简单地匹配[①]，所以 IsDefined 通常会返回 false。

15.3 向枚举类型添加方法

本章早些时候曾指出，不能将方法定义为枚举类型的一部分。多年以来，我对此一直感到很"郁闷"，因为很多时候都需要为我的枚举类型提供一些方法。幸好，现在可以利用 C# 的扩展方法功能 (参见第 8 章) 模拟向枚举类型添加方法。

---

① 译注：因为 bit flag 一般组合使用。

要为 FileAttributes 枚举类型添加方法，先定义一个包含了扩展方法的静态类，如下所示：

```
internal static class FileAttributesExtensionMethods {
    public static Boolean IsSet(this FileAttributes flags, FileAttributes flagToTest) {
        if (flagToTest == 0)
            throw new ArgumentOutOfRangeException("flagToTest", "Value must not be 0");
        return (flags & flagToTest) == flagToTest;
    }

    public static Boolean IsClear(this FileAttributes flags,
            FileAttributes flagToTest) {
        if (flagToTest == 0)
            throw new ArgumentOutOfRangeException("flagToTest", "Value must not be 0");
        return !IsSet(flags, flagToTest);
    }

    public static Boolean AnyFlagsSet(this FileAttributes flags,
                            FileAttributes testFlags) {
        return ((flags & testFlags) != 0);
    }

    public static FileAttributes Set(this FileAttributes flags,
                            FileAttributes setFlags) {
        return flags | setFlags;
    }

    public static FileAttributes Clear(this FileAttributes flags,
        FileAttributes clearFlags) {
        return flags & ~clearFlags;
    }

    public static void ForEach(this FileAttributes flags,
        Action<FileAttributes> processFlag) {
        if (processFlag == null) throw new ArgumentNullException("processFlag");
        for (UInt32 bit = 1; bit != 0; bit <<= 1) {
            UInt32 temp = ((UInt32)flags) & bit;
            if (temp != 0) processFlag((FileAttributes)temp);
        }
    }
}
```

以下代码演示了如何调用其中的一些方法。从表面上看，似乎真的是在枚举类型上调用这些方法：

```
FileAttributes fa = FileAttributes.System;
fa = fa.Set(FileAttributes.ReadOnly);
fa = fa.Clear(FileAttributes.System);
fa.ForEach(f => Console.WriteLine(f));
```

第 16 章

数组

本章内容：

- 初始化数组元素
- 数组转型
- 所有数组都隐式派生自 System.Array
- 所有数组都隐式实现 IEnumerable、ICollection 和 IList
- 数组的传递和返回
- 创建下限非零的数组
- 数组的内部工作原理
- 不安全的数组访问和固定大小的数组

数组是允许将多个数据项作为集合来处理的机制。CLR 支持一维、多维和交错数组（即数组构成的数组）。所有数组类型都隐式地从 System.Array 抽象类派生，后者又派生自 System.Object。这意味着数组始终是引用类型，是在托管堆上分配的。在应用程序的变量或字段中，包含的是对数组的引用，而不是包含数组本身的元素。下面的代码更清楚地说明了这一点：

```
Int32[] myIntegers;              // 声明一个数组引用
myIntegers = new Int32[100];     // 创建含有 100 个 Int32 的数组
```

第一行代码声明 **myIntegers** 变量，它能指向包含 Int32 值的一维数组。**myIntegers** 刚开始被设为 null，因为当时还没有分配数组。第二行代码分配了含有 100 个 Int32 值的数组，所有 Int32 都被初始化为 0。由于数组是引用类型，所以会在托管堆上分配容纳 100 个未装箱 Int32 所需的内存块。实际上，除了数组元素，数组对象占据的内存块还包含一个类型对象指针、一个同步块索引和一些额外的成员 [1]。该数组的内存块地址被返回并保存到 myIntegers 变量中。

还可创建引用类型的数组：

```
Control[] myControls;              // 声明一个数组引用
myControls = new Control[50];      // 创建含有 50 个 Control 引用的数组
```

第一行代码声明 myControls 变量，它能指向包含 Control 引用的一维数组。myControls 刚开始被设为 null，因为当时还没有分配数组。第二行代码分配了含有 50 个 Control 引用的数组，这些引用全被初始化为 null。由于 Control 是引用类型，所以创建数组只是创建了一组引用，此时没有创建实际的对象。这个内存块的地址被返回并保存到 myControls 变量中。

图 16-1 展示了值类型的数组和引用类型的数组在托管堆中的情况。

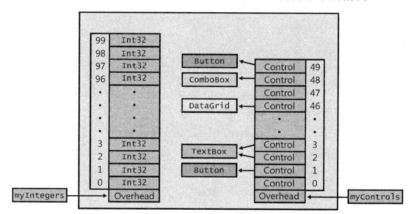

图 16-1 值类型和引用类型的数组在托管堆中的情况

在图 16-1 中，Control 数组显示了执行以下各行代码之后的结果：

```
myControls[1] = new Button();
myControls[2] = new TextBox();
myControls[3] = myControls[2];       // 两个元素引用同一个对象
myControls[46] = new DataGrid();
myControls[48] = new ComboBox();
myControls[49] = new Button();
```

为了符合 "公共语言规范" (Common Language Specification，CLS) 的要求，所有数组都必须是 0 基数组 (即最小索引为 0)。这样就可以用 C# 的方法创建数组，并将该数组的引用传给用其他语言 (比如 Visual Basic .NET) 写的代码。此外，由于

---

[1] 译注：这些额外的成员称为 overhead 字段或者说 "开销字段"。

0 基数组是最常用的数组 (至少就目前而言)，所以微软花费了很大力气优化性能。不过，CLR 确实支持非 0 基数组，只是不提倡使用。对于不介意稍许性能下降或者跨语言移植问题的读者，本章后文介绍了如何创建和使用非 0 基数组。

　　注意，在图 16-1 中，每个数组都关联了一些额外的开销信息。这些信息包括数组的秩[1]、数组每一维的下限 (几乎总是 0) 和每一维的长度。开销信息还包含数组的元素类型。本章后文将介绍查询这种开销信息的方法。

　　前面已通过几个例子演示了如何创建一维数组。应尽可能使用一维 0 基数组，有时也将这种数组称为 SZ[2] 数组或向量 (vector)。向量的性能是最佳的，因为可以使用一些特殊的 IL 指令 (比如 `newarr`、`ldelem`、`ldelema`、`ldlen` 和 `stelem`) 来处理。不过，必要时也可使用多维数组。下面展示了几个多维数组的例子：

```
// 创建一个二维数组，由 Double 值构成
Double[,] myDoubles = new Double[10, 20];

// 创建一个三维数组，由 String 引用构成
String[,,] myStrings = new String[5, 3, 10];
```

　　CLR 还支持交错数组 (jagged array)，即数组构成的数组。0 基一维交错数组的性能和普通向量一样好。不过，访问交错数组的元素意味着必须进行两次或更多次数组访问。下例演示了如何创建一个多边形数组，每个多边形都由一个包含 Point 实例的数组构成：

```
// 创建由多个 Point 数组构成的一维数组
Point[][] myPolygons = new Point[3][];

// myPolygons[0] 引用一个含有 10 个 Point 实例的数组
myPolygons[0] = new Point[10];

// myPolygons[1] 引用一个含有 20 个 Point 实例的数组
myPolygons[1] = new Point[20];

// myPolygons[2] 引用一个含有 30 个 Point 实例的数组
myPolygons[2] = new Point[30];

// 显示第一个多边形中的 Point
for (Int32 x = 0; x < myPolygons[0].Length; x++)
    Console.WriteLine(myPolygons[0][x]);
```

---

[1]　译注：即 rank，或称“数组的维数”。
[2]　译注：SZ 的全程是 single-dimension，zero-based(一维 0 基)。

注意

> CLR 会验证数组索引的有效性。换句话说，不能创建含有 100 个元素的数组（索引编号 0 到 99），然后试图访问索引为 -5 或 100 的元素。这样做会导致 System.IndexOutOfRangeException 异常。允许访问数组范围之外的内存会破坏类型安全性，而且会造成潜在的安全漏洞，所以 CLR 不允许可验证的代码这么做。通常，索引范围检查对性能的影响微乎其微，因为 JIT 编译器通常只在循环开始之前检查一次数组边界，而不是每次循环迭代都检查。不过，如果仍然担心 CLR 索引检查所造成的性能损失，可以在 C# 中使用 unsafe 代码来访问数组。16.7 节 "数组的内部工作原理" 将演示具体做法。

16.1　初始化数组元素

　　前面展示了如何创建数组对象，如何初始化数组中的元素。C# 语言允许用一个语句同时做这两件事情。例如：

```
String[] names = new String[] { "Aidan", "Grant" };
```

　　大括号中的以逗号分隔的数据项称为数组初始化器 (array initializer)[①]。每个数据项都可以是一个任意复杂度的表达式；在多维数组的情况下，则可以是一个嵌套的数组初始化器。上例只使用了两个简单的 String 表达式。

　　在方法中声明局部变量来引用初始化好的数组时，可以利用 C# 语言的 "隐式类型的局部变量" 功能来简化以下代码：

```
// 利用C#隐式类型（化）局部变量功能:
var names = new String[] { "Aidan", "Grant" };
```

　　编译器推断局部变量 names 是 String[] 类型，因为那是赋值操作符 (=) 右侧的表达式的类型。

　　可以利用 C# 语言的隐式类型的数组功能让编译器推断数组元素的类型。注意，下面这行代码没有在 new 和 [] 之间指定类型：

```
// 利用C#隐式类型（化）局部变量和隐式类型（化）数组功能:
var names = new[] { "Aidan", "Grant", null };
```

　　在上一行中，编译器检查数组中用于初始化数组元素的表达式的类型，并选择所有元素最接近的共同基类来作为数组的类型。在本例中，编译器发现两个 String 和一个 null。由于 null 可隐式转型为任意引用类型 (包括 String)，所以编译器推断应创建和初始化一个由 String 引用构成的数组。但是，假如写以下

––––––––––––––––

① 译注：或者称为 "数组初始化列表"。

代码：

```
// 使用 C# 隐式类型 ( 化 ) 局部变量和隐式类型 ( 化 ) 数组功能：( 错误 )
var names = new[] { "Aidan", "Grant", 123 };
```

编译器就会报错："error CS0826：找不到隐式类型数组的最佳类型。"这是由于两个 String 和一个 Int32 的共同基类是 Object，意味着编译器不得不创建 Object 引用的一个数组，然后对 123 进行装箱，并让最后一个数组元素引用已装箱的、值为 123 的一个 Int32。C# 团队认为，隐式对数组元素进行装箱是一个代价高昂的操作，所以需要在编译时报错。

作为初始化数组时的一个额外的语法奖励，还可以像下面这样写：

```
String[] names = { "Aidan", "Grant" };
```

注意，赋值操作符 (=) 右侧只给出了一个初始化器，没有 new，没有类型，没有 []。这个语法可读性虽好，但遗憾的是，C# 编译器不允许在这种语法中使用隐式类型的局部变量：

```
// 试图使用隐式类型 ( 化 ) 局部变量 ( 错误 )
var names = { "Aidan", "Grant" };
```

试图编译上面这行代码，编译器会报告以下两条消息：

- "error CS0820：无法用数组初始值设定项初始化隐式类型的局部变量。"
- "error CS0622：只能使用数组初始值设定项表达式为数组类型赋值，请尝试改用 new 表达式。"

虽然理论上它可以通过编译，但 C# 团队认为编译器在这里会为你做太多的工作。它要推断数组类型，新建数组对象，初始化数组，还要推断局部变量的类型。

最后讲一下"隐式类型的数组"如何与"匿名类型"和"隐式类型的局部变量"组合使用。10.1.4 节"匿名类型"讨论了匿名类型以及如何保证类型同一性。下面来看看以下代码：

```
// 使用 C# 隐式类型 ( 化 ) 局部变量、隐式类型的数组和匿名类型功能：
var kids = new[] {new { Name="Aidan" }, new { Name="Grant" }};

// 示例用法 ( 用了另一个隐式类型的局部变量 )：
foreach (var kid in kids)
    Console.WriteLine(kid.Name);
```

这个例子在一个数组初始化器中添加了两个用于定义数组元素的表达式。每个表达式都代表一个匿名类型 (因为 new 操作符后没有提供类型名称)。由于两个匿名类型具有一致的结构 (有一个 String 类型的 Name 字段)，所以编译器知道这两个对象具有相同的类型 (类型的同一性)。然后，我使用了 C# 语言的"隐式类型的数组"功能 (在 new 和 [] 之间不指定类型)，让编译器推断数组本身的类型，构造这个数组对象，并初始化它内部的两个引用，指向匿名类型的两个实例。最后，将对这个数组对象的引用赋给 kids 局部变量，该变量的类型通过 C# 语言的"隐式类型的局部变量"功能来推断。

第二行代码用 foreach 循环演示如何使用刚才创建的、用两个匿名类型实例初始化的数组。注意必须为循环使用隐式类型的局部变量 (kid)。运行这段代码将得到以下输出：

```
Aidan
Grant
```

16.2 数组转型

如果数组包含引用类型的元素，那么 CLR 允许将数组元素从一种类型转型另一种。为了成功进行转型，要求数组维数相同，而且必须存在从元素源类型到目标类型的隐式或显式转换。CLR 不允许将值类型元素的数组转型为其他任何类型。(不过，可用 Array.Copy 方法创建新数组并在其中填充元素来模拟这种效果。)[①] 以下代码演示了数组转型：

```
// 创建二维 FileStream 数组
FileStream[,] fs2dim = new FileStream[5, 10];

// 隐式转型为二维 Object 数组
Object[,] o2dim = fs2dim;

// 二维数组不能转型为一维数组，编译器报错：
// error CS0030: 无法将类型 "object[*,*]" 转换为 "System.IO.Stream[]"
Stream[] s1dim = (Stream[]) o2dim;

// 显式转型为二维 Stream 数组
Stream[,] s2dim = (Stream[,]) o2dim;

// 显式转型为二维 String 数组
// 能通过编译，但在运行时抛出 InvalidCastException 异常
String[,] st2dim = (String[,]) o2dim;

// 创建一维 Int32 数组 ( 元素是值类型 )
Int32[] i1dim = new Int32[5];

// 不能将值类型的数组转型为其他任何类型，编译器报错：
// error CS0030: 无法将类型 "int[]" 转换为 "object[]"
Object[] o1dim = (Object[]) i1dim;
```

---

① 译注：注意，Array.Copy 方法执行的是浅拷贝。换言之，如果数组元素是引用类型，新数组将引用现有的对象。

```
// 创建一个新数组，使用 Array.Copy 将源数组中的每个元素
// 转型为目标数组中的元素类型，并把它们复制过去。
// 下面的代码创建元素为引用类型的数组，
// 每个元素都是对已装箱 Int32 的引用
Object[] ob1dim = new Object[i1dim.Length];
Array.Copy(i1dim, ob1dim, i1dim.Length);
```

Array.Copy 的作用不仅仅是将元素从一个数组复制到另一个。Copy 方法还能正确处理内存的重叠区域，就像 C 语言的 memmove 函数一样。有趣的是，C 语言的 memcpy 函数反而不能正确处理重叠的内存区域。Copy 方法还能在复制每个数组元素时进行必要的类型转换，具体如下所述。

- 将值类型的元素装箱为引用类型的元素，比如将一个 Int32[] 复制到一个 Object[] 中。
- 将引用类型的元素拆箱为值类型的元素，比如将一个 Object[] 复制到一个 Int32[] 中。
- 加宽 CLR 基元值类型，比如将一个 Int32[] 的元素复制到一个 Double[] 中。
- 在两个数组之间复制时，如果仅从数组类型证明不了两者的兼容性，比如从 Object[] 转型为 IFormattable[]，就根据需要对元素进行向下类型转换。如果 Object[] 中的每个对象都实现了 IFormattable，Copy 方法就能成功执行。

下面演示 Copy 方法的另一种用法：

```
// 定义实现了一个接口的值类型
internal struct MyValueType : IComparable {
    public Int32 CompareTo(Object obj) {
        ...
    }
}

public static class Program {
    public static void Main() {
        // 创建含有 100 个值类型的数组
        MyValueType[] src = new MyValueType[100];

        // 创建 IComparable 引用数组
        IComparable[] dest = new IComparable[src.Length];

        // 初始化 IComparable 数组中的元素，
        // 使它们引用源数组元素的已装箱版本
        Array.Copy(src, dest, src.Length);
    }
}
```

地球人都猜得到，FCL 频繁运用了 Array 的 Copy 方法。

有的时候，确实需要将数组从一种类型转换为另一种类型。这种功能称为"数组协变性"(array covariance)。但在利用它时要清楚由此造成的性能损失。假设有以下代码：

```
String[] sa = new String[100];
Object[] oa = sa;          // oa 引用一个 String 数组
oa[5] = "Jeff";            // 性能损失：CLR 检查 oa 的元素类型是不是 String；检查通过
oa[3] = 5;                 // 性能损失：CLR 检查 oa 的元素类型是不是 Int32；发现有错，
                           // 抛出 ArrayTypeMismatchException 异常
```

在以上代码中，oa 变量被定义为 Object[] 类型，但实际引用一个 String[]。编译器允许代码将 5 放到数组元素中，因为 5 是 Int32，而 Int32 派生自 Object。虽然编译能通过，但 CLR 必须保证类型安全。对数组元素赋值时，它必须保证赋值的合法性。所以，CLR 必须在运行时检查数组包含的是不是 Int32 元素。在本例中，答案是否定的，所以不允许赋值；CLR 抛出 ArrayTypeMismatchException 异常。

> **注意**　如果只是需要将数组的某些元素复制到另一个数组，可选择 System.Buffer 的 BlockCopy 方法，它比 Array 的 Copy 方法快。但 Buffer 的 BlockCopy 方法只支持基元类型，不提供像 Array 的 Copy 方法那样的转型能力。方法的 Int32 参数代表的是数组中的字节偏移量，而非元素索引。设计 BlockCopy 的目的实际是将按位兼容 (bitwise-compatible)[①] 的数据从一个数组类型复制到另一个按位兼容的数据类型，比如将包含 Unicode 字符的一个 Byte[](按字节的正确顺序) 复制到一个 Char[] 中。该方法一定程度上弥补了不能将数组当作任意类型的内存块来处理的不足。
>
> 要将一个数组的元素可靠地复制到另一个数组，应该使用 System.Array 的 ConstrainedCopy 方法。该方法要么完成复制，要么抛出异常，总之不会破坏目标数组中的数据。这就允许 ConstrainedCopy 在约束执行区域 (Constrained Execution Region，CER) 中执行。为了提供这种保证，ConstrainedCopy 要求源数组的元素类型要么与目标数组的元素类型相同，要么派生自目标数组的元素类型。另外，它不执行任何装箱、拆箱或向下类型转换。

---

① 译注："按位兼容"因为英文原文是 bitwise-compatible，所以人们发明 blittable 一词来表示这种类型。这种类型在托管和非托管内存中具有相同的表示。一部分基元类型是 blittable 类型。如果一维数组包含的是 blittable 类型，该数组也是 blittable 类型。另外，格式化的值类型如果只包含 blittable 类型，该值类型也是 blittable 类型。欲知详情，请在 MSDN 文档中搜索"可直接复制到本机结构中的类型和非直接复制到本机结构中的类型"这一主题。

16.3 所有数组都隐式派生自 System.Array

像下面这样声明数组变量：

```
FileStream[] fsArray;
```

CLR 会自动为 AppDomain 创建一个 FileStream[] 类型。该类型隐式派生自 System.Array 类型；因此，System.Array 类型定义的所有实例方法和属性都将由 FileStream[] 继承，使这些方法和属性能通过 fsArray 变量调用。这样一来，便极大地方便了数组处理，因为 System.Array 定义了许多有用的实例方法和属性，比如 Clone、CopyTo、GetLength、GetLongLength、GetLowerBound、GetUpperBound、Length、Rank 等。

System.Array 类型还公开了很多有用的、用于数组处理的静态方法。这些方法均获取一个数组引用作为参数。一些有用的静态方法包括：AsReadOnly、BinarySearch、Clear、ConstrainedCopy、ConvertAll、Copy、Exists、Find、FindAll、FindIndex、FindLast、FindLastIndex、ForEach、IndexOf、LastIndexOf、Resize、Reverse、Sort 和 TrueForAll。这些方法中，每个都有多个重载版本。事实上，许多方法还提供了泛型重载版本，能保障编译时的类型安全性和良好的性能。鼓励大家查阅文档，体会这些方法究竟多么有用和强大！

16.4 所有数组都隐式实现 IEnumerable、ICollection 和 IList

许多方法都能操纵各种各样的集合对象，因为它们声明为允许获取 IEnumerable、ICollection 和 IList 等参数。可将数组传给这些方法，因为 System.Array 也实现了这三个接口。System.Array 之所以实现这些非泛型接口，是因为这些接口将所有元素都视为 System.Object。然而，最好是让 System.Array 实现这些接口的泛型形式，提供更好的编译时类型安全性和更好的性能。

不过，由于涉及多维数组和非 0 基数组的问题，CLR 团队不希望 System.Array 实现 IEnumerable<T>、ICollection<T> 和 IList<T>。若在 System.Array 上定义这些接口，就会为所有数组类型启用这些接口。所以，CLR 没有那么做，而是耍了一个小花招：创建一维 0 基数组类型时，CLR 自动使数组类型实现 IEnumerable<T>、ICollection<T> 和 IList<T>(其中，T 是数组元素的类型)。同时，还为数组类型的所有基类型实现这三个接口，只要它们是引用类型。以下层次结构图对此进行了澄清：

```
Object
    Array (非泛型 IEnumerable, ICollection, IList)
        Object[]            (IEnumerable, ICollection, IList of Object)
            String[]        (IEnumerable, ICollection, IList of String)
            Stream[]        (IEnumerable, ICollection, IList of Stream)
                FileStream[] (IEnumerable, ICollection, IList of FileStream)
                .
                .    (其他引用类型的数组)
                .
```

所以，如果执行以下代码：

```
FileStream[] fsArray;
```

那么当 CLR 创建 FileStream[] 类型时，便会自动为这个类型实现 IEnumerable<FileStream>、ICollection<FileStream> 和 IList<FileStream> 接口。此外，FileStream[] 类型还会为基类型实现接口：IEnumerable<Stream>、IEnumerable<Object>、ICollection<Stream>、ICollection<Object>、IList<Stream> 和 IList<Object>。由于所有这些接口都由 CLR 自动实现，所以在存在这些接口的任何地方都可以使用 fsArray 变量。例如，可将 fsArray 变量传给具有以下任何一种原型的方法：

```
void M1(IList<FileStream> fsList) { … }
void M2(ICollection<Stream> sCollection) { … }
void M3(IEnumerable<Object> oEnumerable) { … }
```

注意，如果数组包含值类型的元素，数组类型不会为元素的基类型实现接口。例如，如果执行以下代码：

```
DateTime[] dtArray; // 一个值类型的数组
```

那么 DateTime[] 类型只会实现 IEnumerable<DateTime>、ICollection<DateTime> 和 IList<DateTime> 接口，不会为 DateTime 的基类型 (包括 System.ValueType 和 System.Object) 实现这些泛型接口。这意味着 dtArray 变量不能作为实参传给前面的 M3 方法。这是因为值类型的数组在内存中的布局与引用类型的数组不同。数组内存的布局请参见本章前面的描述。

16.5 数组的传递和返回

数组作为实参传给方法时，实际传递的是对该数组的引用。因此，被调用的方法能修改数组中的元素。如果不想被修改，必须生成数组的拷贝并将拷贝传给方法。

注意，`Array.Copy` 方法执行的是浅拷贝。换言之，如果数组元素是引用类型，新数组将引用现有的对象。

类似地，有的方法会返回对数组的引用。如果方法构造并初始化数组，返回数组引用是没有问题的。但假如方法返回的是对字段所维护的一个内部数组的引用，就必须决定是否想让该方法的调用者直接访问这个数组及其元素。如果是，就可以返回数组引用。但更常见的情况是，你并不希望方法的调用者获得这个访问权限。所以，方法应该构造一个新数组，并调用 `Array.Copy` 返回对新数组的引用。再次提醒，`Array.Copy` 执行的是对原始数组的浅拷贝。

如果定义返回数组引用的方法，而且数组中不包含元素，那么方法既可以返回 `null`，也可以返回对包含零个元素的一个数组的引用。实现这种方法时，微软强烈建议让它返回后者，因为这样能简化调用该方法时需要写的代码[①]。例如，以下代码很容易理解。而且即使没有可供遍历的约会(即 `appointments` 数组中没有元素)，也能正确运行：

```
// 这段代码更容易写，更容易理解
Appointment[] appointments = GetAppointmentsForToday();
for (Int32 a = 0; a < appointments.Length; a++) {
    // 对 appointments[a] 执行操作
}
```

以下代码也能够在没有约会的前提下正确运行，但写起来麻烦一些，而且不容易理解：

```
// 这段代码写起来麻烦一些，而且不好理解
Appointment[] appointments = GetAppointmentsForToday();
if (appointments != null) {
    for (Int32 a = 0, a < appointments.Length; a++) {
        // 对 appointments[a] 执行操作
    }
}
```

将方法设计为返回对含有 0 个元素的一个数组的引用，而不是返回 `null`，该方法的调用者就能更轻松地使用该方法。顺便提一句，对字段也应如此。如果类型中有一个字段是数组引用，应考虑让这个字段始终引用数组，即使数组中不包含任何元素。

16.6　创建下限非零的数组

前面提到，能够创建和操作下限非 0 的数组。可以调用数组的静态 `CreatInstance` 方法来动态创建自己的数组。该方法有若干重载版本，允许指定数

---

① 译注：因为不需要执行 `null` 值检测。

组元素的类型、数组的维数、每一维的下限和每一维的元素数目。**CreateInstance** 为数组分配内存，将参数信息保存到数组的内存块的开销 (overhead) 部分，然后返回对该数组的引用。如果数组维数是 2 或 2 以上，就可以把 **CreateInstance** 返回的引用转型为一个 **ElementType[]** 变量 (**ElementType** 要替换为类型名称)，以简化对数组中的元素的访问。如果只有一维，C# 语言要求必须使用该 **Array** 的 **GetValue** 方法和 **SetValue** 方法访问数组元素。

以下代码演示了如何动态创建由 **System.Decimal** 值构成的二维数组。第一维代表 2005 到 2009(含) 年份，第二维代表 1 到 4(含) 季度。代码遍历动态数组中的所有元素。我本来可以将数组的上下限硬编码到代码中，这样能获得更好的性能。但我最后决定使用 **System.Array** 的 **GetLowerBound** 方法和 **GetUpperBound** 方法来演示它们的用法：

```csharp
using System;

public sealed class DynamicArrays {
    public static void Main() {
        // 我想创建一个二维数组 [2005..2009][1..4]
        Int32[] lowerBounds       = { 2005, 1 };
        Int32[] lengths           = {    5, 4 };
        Decimal[,] quarterlyRevenue = (Decimal[,])
            Array.CreateInstance(typeof(Decimal), lengths, lowerBounds);

        Console.WriteLine("{0,4} {1,9} {2,9} {3,9} {4,9}",
            "Year", "Q1", "Q2", "Q3", "Q4");
        Int32 firstYear    = quarterlyRevenue.GetLowerBound(0);
        Int32 lastYear               = quarterlyRevenue.GetUpperBound(0);
        Int32 firstQuarter = quarterlyRevenue.GetLowerBound(1);
        Int32 lastQuarter  = quarterlyRevenue.GetUpperBound(1);

        for (Int32 year = firstYear; year <= lastYear; year++) {
            Console.Write(year + " ");
            for (Int32 quarter = firstQuarter; quarter <= lastQuarter; quarter++) {
                Console.Write("{0,9:C} ", quarterlyRevenue[year, quarter]);
            }
            Console.WriteLine();
        }
    }
}
```

编译并运行以上代码将得到以下输出：[①]

Year	Q1	Q2	Q3	Q4
2005	$0.00	$0.00	$0.00	$0.00
2006	$0.00	$0.00	$0.00	$0.00
2007	$0.00	$0.00	$0.00	$0.00
2008	$0.00	$0.00	$0.00	$0.00
2009	$0.00	$0.00	$0.00	$0.00

16.7　数组的内部工作原理

CLR 内部实际支持两种不同的数组：

- 下限为 0 的一维数组。这些数组有时称为 SZ(single-dimensional、zero-based 或一维 0 基) 数组或向量 (vector)；
- 下限未知的一维或多维数组。

可以执行以下代码来实际查看不同种类的数组 (注释显示了输出)：

```csharp
using System;

public sealed class Program {
    public static void Main() {
    Array a;

    // 创建一维的 0 基数组，不包含任何元素
    a = new String[0];
    Console.WriteLine(a.GetType()); // "System.String[]"

    // 创建一维 0 基数组，不包含任何元素
    a = Array.CreateInstance(typeof(String),
        new Int32[] { 0 }, new Int32[] { 0 });
    Console.WriteLine(a.GetType()); // "System.String[]"

    // 创建一维 1 基数组，其中不包含任何元素
    a = Array.CreateInstance(typeof(String),
        new Int32[] { 0 }, new Int32[] { 1 });
    Console.WriteLine(a.GetType()); // "System.String[*]" <-- 这个显示很奇怪，不是吗？

    Console.WriteLine();

    // 创建二维 0 基数组，其中不包含任何元素
```

---

① 译注：在中文 Windows 中运行的话，$ 会替换为¥。

```
        a = new String[0, 0];
        Console.WriteLine(a.GetType());  // "System.String[,]"

        // 创建二维 0 基数组，其中不包含任何元素
        a = Array.CreateInstance(typeof(String),
            new Int32[] { 0, 0 }, new Int32[] { 0, 0 });
        Console.WriteLine(a.GetType()); // "System.String[,]"

        // 创建二维的1基数组，其中不包含任何元素
        a = Array.CreateInstance(typeof(String),
            new Int32[] { 0, 0 }, new Int32[] { 1, 1 });
        Console.WriteLine(a.GetType()); // "System.String[,]"
    }
}
```

每个 `Console.WriteLine` 语句后都有一条指出其输出的注释。对于一维数组，0 基数组显示的类型名称是 `System.String[]`，但 1 基数组显示的是 `System.String[*]`。`*` 符号表明 CLR 知道该数组不是 0 基的。注意，C# 语言不允许声明 `String[*]` 类型的变量，因此不能使用 C# 语法来访问一维非 0 基数组。尽管可以调用 `Array` 的 `GetValue` 和 `SetValue` 方法来访问这种数组的元素，但速度会比较慢，因为有方法调用的开销。

对于多维数组，0 基和 1 基数组会显示同样的类型名称：`System.String[,]`。在运行时，CLR 将所有多维数组都视为非 0 基数组。这自然会让人觉得类型名称应该显示为 `System.String[*,*]`。但是，对于多维数组，CLR 决定不使用 `*` 符号。这是由于假如使用 `*`，那么它们会始终存在，而大量的 `*` 会使开发人员产生混淆。

访问一维 0 基数组的元素比访问非 0 基一维或多维数组的元素稍快。这是多方面的原因造成的。首先，有一些特殊 IL 指令 (比如 `newarr`、`ldelem`、`ldelema`、`ldlen` 和 `stelem`) 用于处理一维 0 基数组，这些特殊 IL 指令会导致 JIT 编译器生成优化代码。例如，JIT 编译器生成的代码假定数组是 0 基的，所以在访问元素时不需要从指定索引中减去一个偏移量。其次，一般情况下，JIT 编译器能将索引范围检查代码从循环迭代中拿出，导致它只在循环开始前执行一次。以下面这段常见的代码为例：

```
using System;

public static class Program {
    public static void Main() {
        Int32[] a = new Int32[5];
        for(Int32 index = 0; index < a.Length; index++) {
            // 对 a[index] 执行操作
        }
```

```
    }
}
```

对于以上代码，首先注意在 for 循环的测试表达式中对数组的 Length 属性的调用。由于 Length 是属性，所以以查询长度实际是方法调用。但 JIT 编译器知道 Length 是 Array 类的属性，所以在生成的代码中，实际只调用该属性一次，结果存储到一个临时变量中。每次循环迭代检查的都是这个临时变量。这就加快了 JIT 编译的代码的速度。但是，有的开发人员低估了 JIT 编译器的"本事"，试图自己写一些"高明"的代码来"帮助" JIT 编译器。任何自作聪明的尝试都几乎肯定会对性能造成负面影响，还会使代码更难阅读，妨碍可维护性。在以上代码中，最好保持对数组 Length 属性的调用，而不要自己用什么局部变量来缓存它的值。

其次要注意，JIT 编译器知道 for 循环要访问 0 到 Length - 1 的数组元素。所以，JIT 编译器会生成代码，在运行时测试所有数组元素的访问都在数组有效范围内。具体地说，JIT 编译器会生成代码来检查是否 (0 >= a.GetLowerBound(0)) && ((Length - 1) <= a.GetUpperBound(0))。这个检查在循环之前发生。如果在数组有效范围内，JIT 编译器不会在循环内部生成代码验证每一次数组访问都在有效范围内。这样一来，循环内部的数组访问会变得非常快。

遗憾的是，正如前文所述，访问"非 0 基一维数组"或"多维数组"的速度比不上一维 0 基数组。对于这些数组类型，JIT 编译器不会将索引检查从循环中拿出来，所以每次数组访问都要验证指定的索引。此外，JIT 编译器还要添加代码从指定索引中减去数组下限，这进一步影响了代码执行速度，即使此时使用的多维数组碰巧是 0 基数组。所以，如果很关心性能，请考虑用由数组构成的数组（即交错数组）代替矩形数组。

C# 语言和 CLR 还允许使用 unsafe(不可验证) 代码访问数组。这种技术实际能在访问数组时关闭索引上下限检查。这种不安全的数组访问技术适合以下元素类型的数组：SByte、Byte、Int16、UInt16、Int32、UInt32、Int64、UInt64、Char、Single、Double、Decimal、Boolean、枚举类型或者字段为上述任何类型的值类型结构。

这个功能很强大，但使用须谨慎，因为它允许直接内存访问。访问越界（超出数组上下限）不会抛出异常，但会损坏内存中的数据，破坏类型安全性，并可能造成安全漏洞！有鉴于此，包含 unsafe 代码的程序集必须被授予完全信任，或至少启用"跳过验证"安全权限。

以下 C# 代码演示了访问二维数组的三种方式（安全、交错和 unsafe)：

```
using System;
using System.Diagnostics;
```

```
public static class Program {
    private const Int32 c_numElements = 10000;

    public static void Main() {
        // 声明二维数组
        Int32[,] a2Dim = new Int32[c_numElements, c_numElements];

        // 将二维数组声明为交错数组（向量构成的向量）
        Int32[][] aJagged = new Int32[c_numElements][];
        for (Int32 x = 0; x < c_numElements; x++)
            aJagged[x] = new Int32[c_numElements];

        // 1: 用普通的安全技术访问数组中的所有元素
        Safe2DimArrayAccess(a2Dim);

        // 2: 用交错数组技术访问数组中的所有元素
        SafeJaggedArrayAccess(aJagged);

        // 3: 用 unsafe 技术访问数值中的所有元素
        Unsafe2DimArrayAccess(a2Dim);
    }

    private static Int32 Safe2DimArrayAccess(Int32[,] a) {
        Int32 sum = 0;
        for (Int32 x = 0; x < c_numElements; x++) {
            for (Int32 y = 0; y < c_numElements; y++) {
                sum += a[x, y];
            }
        }
        return sum;
    }

    private static Int32 SafeJaggedArrayAccess(Int32[][] a) {
        Int32 sum = 0;
        for (Int32 x = 0; x < c_numElements; x++) {
            for (Int32 y = 0; y < c_numElements; y++) {
                sum += a[x][y];
            }
        }
        return sum;
    }

    private static unsafe Int32 Unsafe2DimArrayAccess(Int32[,] a) {
        Int32 sum = 0;
        fixed (Int32* pi = a) {
            for (Int32 x = 0; x < c_numElements; x++) {
                Int32 baseOfDim = x * c_numElements;
                for (Int32 y = 0; y < c_numElements; y++) {
```

```
                    sum += pi[baseOfDim + y];
                }
            }
        }
        return sum;
    }
}
```

　　Unsafe2DimArrayAccess 方法标记了 unsafe 修饰符，这是使用 C# 语言的 fixed 语句所必须的。编译这段代码要求在运行 C# 编译器时指定 /unsafe 开关，或者在微软的 Visual Studio 的项目属性页的"生成"标签页中勾选"允许不安全代码"。

　　写代码时，不安全 (unsafe) 数据访问技术有时或许是你的最佳选择，但要注意该技术的以下三点不足：

- 相较于其他技术，处理数组元素的代码更复杂，不容易读和写，因为要使用 C# fixed 语句，要执行内存地址计算；
- 计算过程中出错，可能访问到不属于数组的内存。这会造成计算错误，损坏内存数据，破坏类型安全性，并可能造成安全漏洞；
- 因为这些潜在的问题，CLR 禁止在降低了安全级别的环境中运行不安全代码。

16.8　不安全的数组访问和固定大小的数组

　　不安全的数组访问非常强大，因为它允许访问以下元素：

- 堆上的托管数组对象中的元素 (上一节对此进行了演示)；
- 非托管堆上的数组中的元素。第 14 章的 SecureString 示例演示了如何调用 System.Runtime.InteropServices.Marshal 类的 SecureStringToCoTaskMemUnicode 方法来返回一个数组，并对这个数组进行不安全的数组访问；
- 线程栈上的数组中的元素。

　　如果性能是首要目标，请避免在堆上分配托管的数组对象。相反，在线程栈上分配数组。这是通过 C# 语言的 stackalloc 语句来完成的 (它在很大程度上类似于 C 语言的 alloca 函数)。stackalloc 语句只能创建一维 0 基、由值类型元素构成的数组，而且值类型绝对不能包含任何引用类型的字段。实际上，应该把它的作用看成是分配一个内存块，这个内存块可以使用不安全的指针来操纵。所以，不能将这个内存缓冲区的地址传给大部分 FCL 方法。当然，栈上分配的内存 (数组) 会在方法返回时自动释放；这对增强性能起了一定作用。使用这个功能要求为 C# 编译器指定 /unsafe 开关。

　　以下代码中的 StackallocDemo 方法演示如何使用 C# 语言的 stackalloc 语句：

```
using System;

public static class Program {
    public static void Main() {
        StackallocDemo();
        InlineArrayDemo();
    }

    private static void StackallocDemo() {
        unsafe {
            const Int32 width = 20;
            Char* pc = stackalloc Char[width];   // 在栈上分配数组

            String s = "Jeffrey Richter";         // 15 个字符

            for (Int32 index = 0; index < width; index++) {
                pc[width - index - 1] =
                    (index < s.Length) ? s[index] : '.';
            }

            // 下面这行代码显示 ".....rethciR yerffeJ"
            Console.WriteLine(new String(pc, 0, width));
        }
    }

    private static void InlineArrayDemo() {
        unsafe {
            CharArray ca;      // 在栈上分配数组
            Int32 widthInBytes = sizeof(CharArray);
            Int32 width = widthInBytes / 2;

            String s = "Jeffrey Richter";    // 15 个字符

            for (Int32 index = 0; index < width; index++) {
                ca.Characters[width - index - 1] =
                    (index < s.Length) ? s[index] : '.';
            }

            // 下面这行代码显示 ".....rethciR yerffeJ"
            Console.WriteLine(new String(ca.Characters, 0, width));
        }
    }
}

internal unsafe struct CharArray {
    // 这个数组内联（嵌入）到结构中
    public fixed Char Characters[20];
}
```

通常，由于数组是引用类型，所以结构中定义的数组字段实际只是指向数组的指针或引用；数组本身在结构的内存的外部。不过，也可像以上代码中的 **CharArray** 结构那样，直接将数组嵌入结构。在结构中嵌入数组需满足以下几个条件：

- 类型必须是结构 (值类型)；不能在类 (引用类型) 中嵌入数组；
- 字段或其定义结构必须用 unsafe 关键字标记；
- 数组字段必须用 fixed 关键字标记；
- 数组必须是一维 0 基数组；
- 数组的元素类型必须是以下类型之一——Boolean、Char、SByte、Byte、Int16、Int32、UInt16、UInt32、Int64、UInt64、Single 或 Double。

要和非托管代码进行互操作，而且非托管数据结构也有一个内联数组，就特别适合使用内联的数组。但内联数组也能用于其他地方。以上代码中的 **InlineArrayDemo** 方法提供了如何使用内联数组的一个例子。它执行的功能和 **StackallocDemo** 方法一样，只不过用了不一样的方式。

第 **17** 章

委托

本章内容:

- 初识委托
- 用委托回调静态方法
- 用委托回调实例方法
- 委托揭秘
- 用委托回调多个方法 (委托链)
- 委托定义不要太多 (泛型委托)
- C# 语言为委托提供的简化语法
- 委托和反射

本章要讨论回调函数。回调函数是一种非常有用的编程机制,它已经存在很多年了。.NET Framework 通过委托来提供回调函数机制。不同于其他平台 (比如非托管 C++) 的回调机制,委托的功能要多得多。例如,委托确保回调方法是类型安全的——这是 CLR 最重要的目标之一。委托还允许顺序调用多个方法,并支持调用静态方法和实例方法。

17.1 初识委托

C 语言 "运行时" 的 qsort 函数获取指向一个回调函数的指针,以便对数组中的元素进行排序。在微软的 Windows 操作系统中,窗口过程、钩子过程和异步过程调用等都需要回调函数。在 .NET Framework 中,回调方法的应用更是广泛。例如,可以登记回调方法来获得各种各样的通知，例如未处理的异常、窗口状态变化、菜单项选择、文件系统变化、窗体控件事件和异步操作已完成等。

在非托管 C/C++ 中，非成员函数的地址只是一个内存地址。这个地址不携带任何额外的信息，比如函数期望收到的参数个数、参数类型、函数返回值类型以及函数的调用协定。简单地说，非托管 C/C++ 回调函数不是类型安全的，不过它们确实是一种非常轻量级的机制。

.NET Framework 的回调函数和非托管 Windows 编程环境的回调函数一样有用，一样普遍。但是，.NET Framework 提供了称为委托的类型安全机制。为了理解委托，先来看看如何使用它。以下代码演示了如何声明、创建和使用委托：

```csharp
using System;
using System.Windows.Forms;
using System.IO;

// 声明一个委托类型，它的实例引用一个方法，
// 该方法获取一个 Int32 参数，返回 void
internal delegate void Feedback(Int32 value);

public sealed class Program {
    public static void Main() {
        StaticDelegateDemo();
        InstanceDelegateDemo();
        ChainDelegateDemo1(new Program());
        ChainDelegateDemo2(new Program());
    }

    private static void StaticDelegateDemo() {
        Console.WriteLine("----- Static Delegate Demo -----");
        Counter(1, 3, null);
        Counter(1, 3, new Feedback(Program.FeedbackToConsole));
        Counter(1, 3, new Feedback(FeedbackToMsgBox)); // 前缀 "Program." 可选
        Console.WriteLine();
    }

    private static void InstanceDelegateDemo() {
        Console.WriteLine("----- Instance Delegate Demo -----");
        Program p = new Program();
        Counter(1, 3, new Feedback(p.FeedbackToFile));
        Console.WriteLine();
    }

    private static void ChainDelegateDemo1(Program p) {
        Console.WriteLine("----- Chain Delegate Demo 1 -----");
        Feedback fb1 = new Feedback(FeedbackToConsole);
        Feedback fb2 = new Feedback(FeedbackToMsgBox);
```

```
        Feedback fb3 = new Feedback(p.FeedbackToFile);

        Feedback fbChain = null;
        fbChain = (Feedback) Delegate.Combine(fbChain, fb1);
        fbChain = (Feedback) Delegate.Combine(fbChain, fb2);
        fbChain = (Feedback) Delegate.Combine(fbChain, fb3);
        Counter(1, 2, fbChain);

        Console.WriteLine();
        fbChain = (Feedback)
            Delegate.Remove(fbChain, new Feedback(FeedbackToMsgBox));
        Counter(1, 2, fbChain);
    }

    private static void ChainDelegateDemo2(Program p) {
        Console.WriteLine("----- Chain Delegate Demo 2 -----");
        Feedback fb1 = new Feedback(FeedbackToConsole);
        Feedback fb2 = new Feedback(FeedbackToMsgBox);
        Feedback fb3 = new Feedback(p.FeedbackToFile);

        Feedback fbChain = null;
        fbChain += fb1;
        fbChain += fb2;
        fbChain += fb3;
        Counter(1, 2, fbChain);

        Console.WriteLine();
        fbChain -= new Feedback(FeedbackToMsgBox);
        Counter(1, 2, fbChain);
    }

    private static void Counter(Int32 from, Int32 to, Feedback fb) {
        for (Int32 val = from; val <= to; val++) {
            // 如果指定了任何回调，就调用它们
            if (fb != null)
                fb(val);
        }
    }

    private static void FeedbackToConsole(Int32 value) {
        Console.WriteLine("Item=" + value);
    }

    private static void FeedbackToMsgBox(Int32 value) {
        MessageBox.Show("Item=" + value);
    }

    private void FeedbackToFile(Int32 value) {
        using (StreamWriter sw = new StreamWriter("Status", true)) {
```

```
            sw.WriteLine("Item=" + value);
        }
    }
}
```

下面来看看代码所做的事情。在顶部，注意看 internal 委托 Feedback 的声明。委托要指定一个回调方法签名。在本例中，Feedback 委托指定的方法要获取一个 Int32 参数，返回 void。在某种程度上，委托和非托管 C/C++ 中代表函数地址的 typedef 很相似。

Program 类定义了私有静态方法 Counter，它从整数 from 计数到整数 to。方法的 fb 参数代表 Feedback 委托对象引用。方法遍历所有整数。对于每个整数，如果 fb 变量不为 null，就调用由 fb 变量指定的回调方法。传入这个回调方法的是正在处理的那个数据项的值，也就是数据项的编号。设计和实现回调方法时，可以选择任何恰当的方式来处理数据项。

17.2 用委托回调静态方法

理解 Counter 方法的设计及其工作方式之后，再来看看如何利用委托回调静态方法。本节重点是上一节示例代码中的 StaticDelegateDemo 方法。

在 StaticDelegateDemo 方法中第一次调用 Counter 方法时，为第三个参数 (对应于 Counter 的 fb 参数) 传递的是 null。由于 Counter 的 fb 参数收到的是 null，所以处理每个数据项时都不调用回调方法。

StaticDelegateDemo 方法再次调用 Counter，为第三个参数传递新构造的 Feedback 委托对象。委托对象是方法的包装器 (wrapper)，使方法能通过包装器来间接回调。在本例中，静态方法的完整名称 Program.FeedbackToConsole 被传给 Feedback 委托类型的构造器，这就是要包装的方法。new 操作符返回的引用作为 Counter 的第三个参数来传递。现在，当 Counter 执行时，会为序列中的每个数据项调用 Program 类型的静态方法 FeedbackToConsole。FeedbackToConsole 方法本身的作用很简单，就是向控制台写一个字符串，显示正在进行处理的数据项。

注意 FeedbackToConsole 方法被定义成 Program 类型内部的私有方法，但 Counter 方法能调用 Program 的私有方法。这明显没有问题，因为 Counter 和 FeedbackToConsole 在同一个类型中定义。但是，即使 Counter 方法在另一个类型中定义，也不会出问题！简单地说，在一个类型中通过委托来调用另一个类型的私有成员，只要委托对象是由具有足够安全性 / 可访问性的代码创建的，便没有问题。

在 StaticDelegateDemo 方法中，对 Counter 方法的第三个调用和第二个调用几乎完全一致。唯一的区别在于 Feedback 委托对象包装的是静态方法 Program.FeedbackToMsgBox。FeedbackToMsgBox 构造一个字符串来指出正在处理的数据项，然后在消息框中显示该字符串。

这个例子中的所有操作都是类型安全的。例如，在构造 Feedback 委托对象时，编译器确保 Program 的 FeedbackToConsole 和 FeedbackToMsgBox 方法的签名兼容于 Feedback 委托定义的签名。具体地说，两个方法都要获取一个参数 (一个 Int32)，而且两者都要有相同的返回类型 (void)。将 FeedbackToConsole 的定义改为下面这样：

```
private static Boolean FeedbackToConsole(String value) {
    ...
}
```

C# 编译器将不会编译以上代码，并报告以下错误："error CS0123: "FeedbackToConsole" 的重载均与委托 "Feedback" 不匹配。"

将方法绑定到委托时，C# 语言和 CLR 都允许引用类型的协变性 (covariance) 和逆变性 (contravariance)。协变性是指方法能返回从委托的返回类型派生的一个类型。逆变性是指方法获取的参数可以是委托的参数类型的基类。例如下面这个委托：

```
delegate Object MyCallback(FileStream s);
```

完全可以构造该委托类型的一个实例并绑定具有以下原型的方法：

```
String SomeMethod(Stream s);
```

在这里，SomeMethod 的返回类型 (String) 派生自委托的返回类型 (Object)；这种协变性是允许的。SomeMethod 的参数类型 (Stream) 是委托的参数类型 (FileStream) 的基类；这种逆变性是允许的。

注意，只有引用类型才支持协变性与逆变性，值类型或 void 不支持。所以，不能把下面的方法绑定到 MyCallback 委托：

```
Int32 SomeOtherMethod(Stream s);
```

尽管 SomeOtherMethod 的返回类型 (Int32) 派生自 MyCallback 的返回类型 (Object)，但这种形式的协变性是不允许的，因为 Int32 是值类型。显然，值类型和 void 之所以不支持协变性与逆变性，是因为它们的存储结构是变化的，而引用类型的存储结构始终是一个指针。幸好，试图执行不支持的操作的话，C# 编译器是会报错的。

17.3 用委托回调实例方法

委托除了能调用静态方法，还能为具体的对象调用实例方法。为了理解如何回调实例方法，先来看看 17.1 节 "初识委托" 的示例代码中的 InstanceDelegateDemo 方法。

注意，InstanceDelegateDemo 方法构造了名为 p 的 Program 对象。这个 Program 对象没有定义任何实例字段或属性；创建它纯粹是为了演示。在 Counter 方法调用中构造新的 Feedback 委托对象时，向 Feedback 委托类型的构造函数传递的是 p.FeedbackToFile。这导致委托包装对 FeedbackToFile 方法的引用，这是一个实例方法 (而不是静态方法)。当 Counter 调用由其 fb 实参标识的回调方法时，会调用 FeedbackToFile 实例方法，新构造的对象 p 的地址作为隐式的 this 参数传给这个实例方法。

FeedbackToFile 方 法 的 工 作 方 式 类 似 于 FeedbackToConsole 和 FeedbackToMsgBox，不同的是它会打开一个文件，并将字符串附加到文件末尾。方法创建的 Status 文件可在与可执行程序相同的目录中找到。

再次声明，本例旨在演示委托可以包装对实例方法和静态方法的调用。如果是实例方法，委托要知道方法操作的是具体哪个对象实例。包装实例方法很有用，因为对象内部的代码可以访问对象的实例成员。这意味着对象可以维护一些状态，并在回调方法执行期间利用这些状态信息。

17.4 委托揭秘

从表面看，委托似乎很容易使用：用 C# 语言的 delegate 关键字定义，用熟悉的 new 操作符构造委托实例，用熟悉的方法调用语法来调用回调函数 (用引用了委托对象的变量替代方法名)。

但实际情况比前几个例子演示的要复杂一些。编译器和 CLR 在幕后做了大量工作来隐藏复杂性。本节要解释编译器和 CLR 如何协同工作来实现委托。掌握这些知识有助于加深对委托的理解，并学会如何更高效地使用。另外，还要介绍通过委托来实现的一些附加功能。

首先重新审视这一行代码：

```
internal delegate void Feedback(Int32 value);
```

看到这行代码后，编译器实际会像下面这样定义一个完整的类：

```
internal class Feedback : System.MulticastDelegate {
    // 构造器
```

```
    public Feedback(Object @object, IntPtr method);

    // 这个方法的原型和源代码指定的一样
    public virtual void Invoke(Int32 value);

    // 以下方法实现对回调方法的异步回调
    public virtual IAsyncResult BeginInvoke(Int32 value,
        AsyncCallback callback, Object @object);
    public virtual void EndInvoke(IAsyncResult result);
}
```

编译器定义的类有 4 个方法：一个构造器、Invoke、BeginInvoke 和 EndInvoke。本章重点是解释构造器和 Invoke 方法。BeginInvoke 和 EndInvoke 方法将留到第 27 章 "计算限制的异步操作" 讨论。

事实上，可用 ILDasm.exe 查看生成的程序集，验证编译器真的会自动生成这个类，如图 17-1 所示。

图 17-1 ILDasm.exe 显示了编译器为委托生成的元数据

在本例中，编译器定义了 Feedback 类，它派生自 FCL 定义的 System.MulticastDelegate 类型 (所有委托类型都派生自 MulticastDelegate)。

> **重要提示**
>
> System.MulticastDelegate 派生自 System.Delegate，后者又派生自 System.Object。是历史原因造成有两个委托类，这实在是令人遗憾——FCL 本该只有一个委托类。没有办法，我们对这两个类都要有所了解。即使创建的所有委托类型都将 MulticastDelegate 作为基类，个别情况下仍会使用 Delegate 类 (而非 MulticastDelegate 类) 定义的方法处理自己的委托类型。例如，Delegate 类的两个静态方法 Combine 和 Remove(后文将解释其用途) 的签名都指出要获取 Delegate 参数。由于你创建的委托类型派生自 MulticastDelegate，后者又派生自 Delegate，所以你的委托类型的实例是可以传给这两个方法的。

这个类的可访问性是 private，因为委托在源代码中声明为 internal。如果源代码改成使用 public 可见性，编译器生成的 Feedback 类也会变成公共类。要注意的是，委托类既可嵌套在一个类型中定义，也可在全局范围中定义。简单地说，由于委托是类，所以凡是能够定义类的地方，都能定义委托。

由于所有委托类型都派生自 MulticastDelegate，所以它们继承了 MulticastDelegate 的字段、属性和方法。在所有这些成员中，有三个非公共字段是最重要的。表 17-1 总结了这些重要字段。

表 17-1 MulticastDelegate 三个重要的非公共字段

字段	类型	说明
_target	System.Object	当委托对象包装一个静态方法时，这个字段为 null。当委托对象包装一个实例方法时，这个字段引用的是回调方法要操作的对象。换言之，这个字段指出要传给实例方法的隐式参数 this 的值
_methodPtr	System.IntPtr	一个内部的整数值，CLR 用它标识要回调的方法
_invocationList	System.Object	该字段通常为 null。构造委托链时它引用一个委托数组 (详情参见下一节)

注意，所有委托都有一个构造器，它获取两个参数：一个是对象引用，另一个是引用了回调方法的整数。但是，如果仔细查看前面的源代码，会发现传递的是 Program.FeedbackToConsole 或 p.FeedbackToFile 这样的值。根据迄今为止学到的编程知识，似乎没有可能通过编译！

然而，C# 编译器知道要构造的是委托，所以会分析源代码来确定引用的是哪个对象和方法。对象引用被传给构造器的 object 参数，标识了方法的一个特殊 IntPtr 值 (从 MethodDef 或 MemberRef 元数据 token 获得) 被传给构造器的 method 参数。对于静态方法，会为 object 参数传递 null 值。在构造器内部，这两个实参分别保存在 _target 和 _methodPtr 私有字段中。除此以外，构造器还将 _invocationList 字段设为 null，对这个字段的讨论将推迟到 17.5 节 "用委托回调多个方法 (委托链)" 进行。

所以，每个委托对象实际都是一个包装器，其中包装了一个方法和调用该方法时要操作的对象。例如，在执行以下两行代码之后：

```
Feedback fbStatic = new Feedback(Program.FeedbackToConsole);
Feedback fbInstance = new Feedback(new Program().FeedbackToFile);
```

fbStatic 和 fbInstance 变量将引用两个独立的、初始化好的 Feedback 委托对象，如图 17-2 所示。

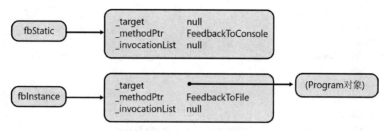

图 17-2　在两个变量引用的委托中，一个包装静态方法，另一个包装实例方法

知道委托对象如何构造并了解其内部结构之后，再来看看回调方法是如何调用的。为方便讨论，下面重复了 Counter 方法的定义：

```
private static void Counter(Int32 from, Int32 to, Feedback fb) {
    for (Int32 val = from; val <= to; val++) {
        // 如果指定了任何回调，就调用它们
        if (fb != null)
            fb(val);
    }
}
```

注意，if 语句首先检查 fb 是否为 null。不为 null 就调用[①] 回调方法。null 检查必不可少，因为 fb 只是可能引用了 Feedback 委托对象的变量；它也可能为 null。这段代码看上去像是调用了一个名为 fb 的函数，并向它传递一个参数 (val)。但事实上，这里没有名为 fb 的函数。再次提醒你注意，因为编译器知道 fb 是引用了委托对象的变量，所以会生成代码调用该委托对象的 Invoke 方法。也就是说，编译器在看到以下代码时：

```
fb(val);
```

它将生成以下代码，好像源代码本来就是这么写的一样：

```
fb.Invoke(val);
```

为了验证编译器生成代码来调用委托类型的 Invoke 方法，可利用 ILDasm.exe 检查为 Counter 方法创建的 IL 代码。下面列出 Counter 方法的 IL 代码。IL_0009 处的指令就是对 Feedback 的 Invoke 方法的调用：

```
.method private hidebysig static void Counter( int32 from,
                                               int32 'to',
                                               class Feedback fb) cil managed
```

---

① 译注：这里的"调用"是 invoke，参考 8.6.2 节"用扩展方法扩展各种类型"的译注对 invoke 和 call 的解释。

```
{
  // Code size 23 (0x17)
  .maxstack 2
  .locals init (int32 val)
  IL_0000: ldarg.0
  IL_0001: stloc.0
  IL_0002: br.s IL_0012
  IL_0004: ldarg.2
  IL_0005: brfalse.s IL_000e
  IL_0007: ldarg.2
  IL_0008: ldloc.0
  IL_0009: callvirt instance void Feedback::Invoke(int32)
  IL_000e: ldloc.0
  IL_000f: ldc.i4.1
  IL_0010: add
  IL_0011: stloc.0
  IL_0012: ldloc.0
  IL_0013: ldarg.1
  IL_0014: ble.s IL_0004
  IL_0016: ret
} // end of method Program::Counter
```

其实，完全可以修改 Counter 方法来显式调用 Invoke 方法，如下所示：

```
private static void Counter(Int32 from, Int32 to, Feedback fb) {
    for (Int32 val = from; val <= to; val++) {
        // 如果指定了任何回调，就调用它们
        if (fb != null)
            fb.Invoke(val);
    }
}
```

前面说过，编译器是在定义 Feedback 类的时候定义 Invoke 的。在 Invoke 被调用时，它使用私有字段 _target 和 _methodPtr 在指定对象上调用包装好的回调方法。注意，Invoke 方法的签名和委托的签名匹配。由于 Feedback 委托要获取一个 Int32 参数并返回 void，所以编译器生成的 Invoke 方法也要获取一个 Int32 参数并返回 void。

17.5 用委托回调多个方法（委托链）

委托本身就很有用，再加上对委托链的支持，用处简直就更大了！委托链是委托对象的集合。我们可以利用委托链调用集合中的委托所代表的全部方法。要想加深理解，请参考 17.1 节"初始委托"的示例代码中的 ChainDelegateDemo1 方法。在 Console.WriteLine 语句之后，我构造了三个委托对象并让变量 fb1、fb2 和 fb3 分别引用每个对象，如图 17-3 所示。

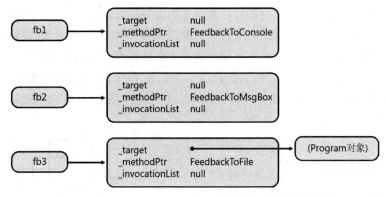

图 17-3 变量 fb1、fb2 和 fb3 引用的委托对象的初始状态

指向 Feedback 委托对象的引用变量 fbChain 旨在引用委托链（或者说委托对象集合），这些对象包装了可回调的方法。fbChain 初始化为 null，表明目前没有要回调的方法。使用 Delegate 类的公共静态方法 Combine 将委托添加到链中：

```
fbChain = (Feedback) Delegate.Combine(fbChain, fb1);
```

执行这行代码时，Combine 方法发现试图合并的是 null 和 fb1。在内部，Combine 直接返回 fb1 中的值，所以 fbChain 变量现在引用 fb1 变量所引用的委托对象，如图 17-4 所示。

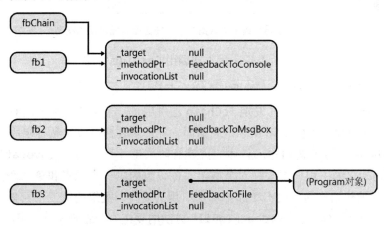

图 17-4 在委托链中插入第一个委托后委托对象的状态

再次调用 Combine 方法在链中添加第二个委托：

```
fbChain = (Feedback) Delegate.Combine(fbChain, fb2);
```

在内部，Combine 方法发现 fbChain 已引用了一个委托对象，所以 Combine 会构造一个新的委托对象。新委托对象对它的私有字段 _target 和 _methodPtr 进行初始化，具体的值对于目前的讨论来说并不重要。重要的是，_invocationList 字段被初始化为引用一个委托对象数组。数组的第一个元素 (索引 0) 被初始化为引用包装了 FeedbackToConsole 方法的委托 (也就是 fbChain 目前引用的委托)。数组的第二个元素 (索引 1) 被初始化为引用包装了 FeedbackToMsgBox 方法的委托 (也就是 fb2 引用的委托)。最后，fbChain 被设为引用新建的委托对象，如图 17-5 所示。

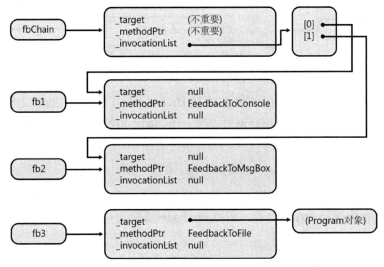

图 17-5 在委托链中插入第二个委托之后委托对象的状态

为了在链中添加第三个委托，我再次调用 Combine 方法。

```
fbChain = (Feedback) Delegate.Combine(fbChain, fb3);
```

同样地，Combine 方法发现 fbChain 已引用了一个委托对象，因而又构造一个新的委托对象，如图 17-6 所示。和前面一样，新委托对象对私有字段 _target 和 _methodPtr 进行初始化，具体的值就目前来说并不重要。_invocationList 字段被初始化为引用一个委托对象数组。该数组的第一个元素和第二个元素 (索引 0 和 1) 被初始化为引用 fb1 和 fb2 所引用的委托。数组的第三个元素 (索引 2) 被初始化为引用包装了 FeedbackToFile 方法的委托 (这是 fb3 所引用的委托)。最后，fbChain 被设为引用这个新建的委托对象。注意，之前新建的委托及其 _invocationList 字段引用的数组现在可以进行垃圾回收。

在 ChainDelegateDemo1 方法中，用于设置委托链的所有代码执行完毕之后，我将 fbChain 变量传给 Counter 方法：

```
Counter(1, 2, fbChain);
```

Counter 方法内部的代码会在 Feedback 委托对象上隐式调用 Invoke 方法，具体已在前面讲述过了。在 fbChain 引用的委托上调用 Invoke 时，该委托发现私有字段 _invocationList 不为 null，所以会执行一个循环来遍历数组中的所有元素，并依次调用每个委托包装的方法。在本例中，FeedbackToConsole 首先被调用，随后是 FeedbackToMsgBox，最后是 FeedbackToFile。

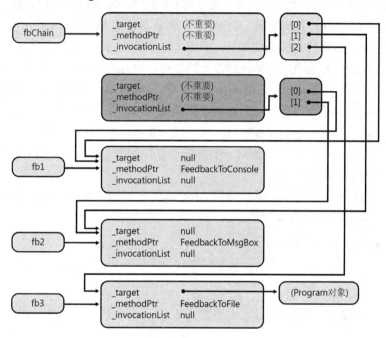

图 17-6 委托链完成后委托对象的最终状态

以伪代码的形式，Feedback 的 Invoke 方法基本上是像下面这样实现的：

```
public void Invoke(Int32 value) {
    Delegate[] delegateSet = _invocationList as Delegate[];
    if (delegateSet != null) {
        // 这个委托数组指定了应该调用的委托
        foreach (Feedback d in delegateSet)
            d(value); // 调用每个委托
    } else { // 否则就不是委托链
        // 该委托标识了要回调的单个方法，
        // 在指定的目标对象上调用这个回调方法
        _methodPtr.Invoke(_target, value);
        // 上面这行代码接近实际的代码，
        // 实际发生的事情是用 C# 表示不出来的
    }
}
```

注意，还可调用 Delegate 的公共静态方法 Remove 从链中删除委托。ChainDelegateDemo1 方法在结尾处对此进行了演示：

```
fbChain = (Feedback) Delegate.Remove(fbChain, new Feedback(FeedbackToMsgBox));
```

Remove 方法被调用时，它扫描第一个实参 (本例是 fbChain) 所引用的那个委托对象内部维护的委托数组 (从末尾向索引 0 扫描)。Remove 查找的是其 _target 字段和 _methodPtr 字段与第二个实参 (本例是新建的 Feedback 委托) 中的字段匹配的委托。如果找到匹配的委托，并且 (在删除之后) 数组中只剩余一个数据项，就返回那个数据项。如果找到匹配的委托，并且数组中还剩余多个数据项，就新建一个委托对象——其中创建并初始化的 _invocationList 数组将引用原始数组中的所有数据项，当然被删除的数据项除外——并返回对这个新建委托对象的引用。如果从链中删除了仅有的一个元素，Remove 会返回 null。注意，每次 Remove 方法调用只能从链中删除一个委托，它不会删除具有匹配 _target 字段和 _methodPtr 字段的所有委托。

在前面展示的例子中，委托类型 Feedback 的返回值都是 void。但完全可以像下面这样定义 Feedback 委托：

```
public delegate Int32 Feedback(Int32 value);
```

如果是这样定义的，那么该委托的 Invoke 方法就应该像下面这样 (又是伪代码形式)：

```
public Int32 Invoke(Int32 value) {
    Int32 result;
    Delegate[] delegateSet = _invocationList as Delegate[];
    if (delegateSet != null) {
        // 这个委托数组指定了应该调用的委托
        foreach (Feedback d in delegateSet)
            result = d(value); // 调用每个委托
    } else { // 否则就不是委托链
        // 该委托标识了要回调的单个方法,
        // 在指定的目标对象上调用这个回调方法
        result = _methodPtr.Invoke(_target, value);
        // 上面这行代码接近实际的代码
        // 实际发生的事情用 C# 是表示不出来的
    }
    return result;
}
```

数组中的每个委托被调用时，其返回值被保存到 result 变量中。循环完成后，result 变量只包含调用的最后一个委托的结果 (前面的返回值会被丢弃)，该值返回给调用 Invoke 的代码。

17.5.1 C# 语言对委托链的支持

为方便 C# 开发人员，C# 编译器自动为委托类型的实例重载了操作符 += 和 -=。这些操作符分别调用 Delegate.Combine 和 Delegate.Remove。可用这些操作符简化委托链的构造。在 17.1 节的示例代码中，ChainDelegateDemo1 和 ChainDelegateDemo2 方法生成的 IL 代码完全一样。唯一的区别是 ChainDelegateDemo2 方法利用 C# 语言的操作符 += 和 -= 简化了源代码。

要想证明两个方法生成的 IL 代码一样，可利用 ILDasm.exe 查看生成的 IL 代码。C# 编译器用 Delegate 类型的公共静态方法 Combine 和 Remove 调用分别替代了操作符 += 和 -=。

17.5.2 取得对委托链调用的更多控制

此时，想必你已理解了如何创建委托对象链，以及如何调用链中的所有对象。链中的所有项都会被调用，因为委托类型的 Invoke 方法包含了对数组中的所有项进行遍历的代码。这是一个很简单的算法。尽管这个简单的算法足以应付很多情形，但也有它的局限性。例如，除了最后一个返回值，其他所有回调方法的返回值都会被丢弃。但局限并不止于此。如果被调用的委托中有一个抛出了异常或阻塞了相当长一段时间，会出现什么情况呢？由于这个简单的算法是顺序调用链中的每一个委托，所以一个委托对象出现问题，链中后续的所有对象都调用不了。显然，这个算法还不够健壮。[①]

由于这个算法有的时候不胜其任，所以 MulticastDelegate 类提供了一个实例方法 GetInvocationList，用于显式调用链中的每一个委托，并允许你使用需要的任何算法：

```
public abstract class MulticastDelegate : Delegate {
    // 创建一个委托数组，其中每个元素都引用链中的一个委托
    public sealed override Delegate[] GetInvocationList();
}
```

GetInvocationList 方法操作从 MulticastDelegate 派生的对象，返回包含 Delegate 引用的一个数组，其中每个引用都指向链中的一个委托对象。在内部，

① 译注：健壮性（鲁棒性）和可靠性是有区别的，两者对应的英文单词分别是 robustness 和 reliability。健壮性主要描述一个系统对于参数变化的不敏感性，而可靠性主要描述一个系统的正确性，也就是在你固定提供一个参数时，它应该产生稳定的、能预测的输出。例如一个程序，它的设计目标是获取一个参数并输出一个值。假如它能正确完成这个设计目标，就说它是可靠的。但在这个程序执行完毕后，假如没有正确释放内存，或者说系统没有自动帮它释放占用的资源，就认为这个程序及其"运行时"不具备健壮性或者鲁棒性。

GetInvocationList 构造并初始化一个数组，让它的每个元素都引用链中的一个委托，然后返回对该数组的引用。如果 _invocationList 字段为 null，返回的数组就只有一个元素，该元素引用链中唯一的委托，即委托实例本身。

可以很容易地写一个算法来显式调用数组中每个对象。以下代码进行了演示：

```
using System;
using System.Reflection;
using System.Text;

// 定义一个 Light(灯)组件
internal sealed class Light {
    // 该方法返回灯的状态
    public String SwitchPosition() {
        return "The light is off";
    }
}

// 定义一个 Fan(风扇)组件
internal sealed class Fan {
    // 该方法返回风扇的状态
    public String Speed() {
        throw new InvalidOperationException("The fan broke due to overheating");
    }
}

// 定义一个 Speaker(扬声器)组件
internal sealed class Speaker {
    // 该方法返回扬声器的状态
    public String Volume() {
        return "The volume is loud";
    }
}

public sealed class Program {

    // 定义委托来查询一个组件的状态
    private delegate String GetStatus();

    public static void Main() {
        // 声明空委托链
        GetStatus getStatus = null;

        // 构造 3 个组件，将它们的状态方法添加到委托链中
        getStatus += new GetStatus(new Light().SwitchPosition);
        getStatus += new GetStatus(new Fan().Speed);
        getStatus += new GetStatus(new Speaker().Volume);

        // 显示整理好的状态报告，反映这 3 个组件的状态
```

```
            Console.WriteLine(GetComponentStatusReport(getStatus));
    }

    // 该方法查询几个组件并返回状态报告
    private static String GetComponentStatusReport(GetStatus status) {

        // 如果委托链为空，就不进行任何操作
        if (status == null) return null;

        // 用下面的变量来创建状态报告
        StringBuilder report = new StringBuilder();

        // 获得一个数组，其中每个元素都是链中的委托
        Delegate[] arrayOfDelegates = status.GetInvocationList();

        // 遍历数组中的每一个委托
        foreach (GetStatus getStatus in arrayOfDelegates) {

            try {
                // 获得一个组件的状态字符串，把它附加到报告中
                report.AppendFormat("{0}{1}{1}", getStatus(),
                    Environment.NewLine);
            }
            catch (InvalidOperationException e) {
                // 在状态报告中为该组件生成一个错误记录
                Object component = getStatus.Target;
                report.AppendFormat(
                    "Failed to get status from {1}{2}{0}   Error: {3}{0}{0}",
                    Environment.NewLine,
                    ((component == null) ? "" : component.GetType() + "."),
                    getStatus.Method.Name,
                    e.Message);
            }
        }

        // 把整理好的报告返回给调用者
        return report.ToString();
    }
}
```

生成并运行以上代码，会得到如下所示的输出：

```
The light is off

Failed to get status from Fan.Speed
    Error: The fan broke due to overheating

The volume is loud
```

17.6 委托定义不要太多（泛型委托）

许多年前，微软刚开始开发 .NET Framework 的时候引入了委托的概念。开发人员在 FCL 中添加类时，凡是有回调方法的地方都定义了新的委托类型。随着时间的推移，他们定义了许多委托。事实上，现在仅仅在 MSCorLib.dll 中，就有接近50 个委托类型。下面只列出其中少数几个：

```
public delegate void TryCode(Object userData);
public delegate void WaitCallback(Object state);
public delegate void TimerCallback(Object state);
public delegate void ContextCallback(Object state);
public delegate void SendOrPostCallback(Object state);
public delegate void ParameterizedThreadStart(Object obj);
```

发现这几个委托的共同点了吗？它们其实都是一样的：这些委托类型的变量所引用的方法都是获取一个 Object，并返回 void。没理由定义这么多委托类型，留一个就可以了！

事实上，.NET Framework 现在支持泛型，所以实际只需几个泛型委托（在 System 命名空间中定义）就能表示需要获取多达 16 个参数的方法：

```
public delegate void Action(); // OK，这个不是泛型
public delegate void Action<T>(T obj);
public delegate void Action<T1, T2>(T1 arg1, T2 arg2);
public delegate void Action<T1, T2, T3>(T1 arg1, T2 arg2, T3 arg3);
...
public delegate void Action<T1, ..., T16>(T1 arg1, ..., T16 arg16);
```

所以，.NET Framework 现在提供了 17 个 Action 委托，它们从无参数到最多16 个参数。如需获取 16 个以上的参数，就必须定义自己的委托类型，但这种情况极其罕见。除了 Action 委托，.NET Framework 还提供了 17 个 Func 函数，允许回调方法返回值：

```
public delegate TResult Func<TResult>();
public delegate TResult Func<T, TResult>(T arg);
public delegate TResult Func<T1, T2, TResult>(T1 arg1, T2 arg2);
public delegate TResult Func<T1, T2, T3, TResult>(T1 arg1, T2 arg2, T3 arg3);
...
public delegate TResult Func<T1,..., T16, TResult>(T1 arg1, ..., T16 arg16);
```

建议尽量使用这些委托类型，而不是在代码中定义更多的委托类型。这样可以减少系统中的类型数量，同时简化编码。然而，如果需要使用关键字 ref 或 out 以传引用的方式传递参数，就可能不得不定义自己的委托：

```
delegate void Bar(ref Int32 z);
```

如果委托要通过 C# 语言的 params 关键字获取数量可变的参数，要为委托的任何参数指定默认值，或者要对委托的泛型类型参数进行约束，也必须定义自己的委托类型。

获取泛型实参并返回值的委托支持逆变和协变，而且建议总是利用这些功能，因为它们没有副作用，而且使你的委托适用于更多情形。欲知逆变和协变的详情，请参见 12.5 节"委托和接口的逆变和协变泛型类型实参"。

17.7　C# 为委托提供的简化语法

许多程序员因为语法奇怪而对委托有抗拒感。例如下面这行代码：

```
button1.Click += new EventHandler(button1_Click);
```

其中的 button1_Click 是方法，看起来像下面这样：

```
void button1_Click(Object sender, EventArgs e) {
    // 按钮单击后要做的事情 ...
}
```

第一行代码的思路是向按钮控件登记 button1_Click 方法的地址，以便在按钮被单击时调用方法。许多程序员认为，仅仅为了指定 button1_Click 方法的地址，就构造一个 EventHandler 委托对象，这显得有点儿不可思议。然而，构造 EventHandler 委托对象是 CLR 要求的，因为这个对象提供了一个包装器，可确保 (被包装的) 方法只能以类型安全的方式调用。这个包装器还支持调用实例方法和委托链。遗憾的是，很多程序员并不想仔细研究这些细节。程序员更喜欢像下面这样写之前的代码：

```
button1.Click += button1_Click;
```

幸好，微软的 C# 编译器确实为程序员提供了用于处理委托的一些简化语法。本节将讨论所有这些简化语法。但开始之前我要声明一点，后文描述的基本上只是 C# 的语法糖 [①]，这些简化语法为程序员提供了一种更简单的方式生成 CLR 和其他编程语言处理委托时所必需的 IL 代码。这些简化语法是 C# 特有的，其他编译器可能还没有提供额外的委托简化语法。

[①] 译注：一般而言，越是高级的语言，提供的简化语法越多，以方便写程序 (少打几个字且提高可读性)，这就是所谓的"语法糖"。

17.7.1 简化语法 1：不需要构造委托对象

如前所述，C# 语言允许指定回调方法的名称，不必构造委托对象包装器。例如：

```
internal sealed class AClass {
    public static void CallbackWithoutNewingADelegateObject() {
        ThreadPool.QueueUserWorkItem(SomeAsyncTask, 5);
    }

    private static void SomeAsyncTask(Object o) {
        Console.WriteLine(o);
    }
}
```

ThreadPool 类的静态 QueueUserWorkItem 方法期待一个 WaitCallback 委托对象引用，委托对象中包装的是对 SomeAsyncTask 方法的引用。由于 C# 编译器能自己进行推断，所以可以省略构造 WaitCallback 委托对象的代码，使代码的可读性更佳，也更容易理解。当然，当代码编译时，C# 编译器还是会生成 IL 代码来新建 WaitCallback 委托对象——只是语法得到了简化而已。

17.7.2 简化语法 2：不需要定义回调方法 (lambda 表达式)

在前面的代码中，回调方法名称 SomeAsyncTask 传给 ThreadPool 的 QueueUserWorkItem 方法。C# 允许以内联 (直接嵌入) 的方式写回调方法的代码，不必在它自己的方法中写。例如，前面的代码可以这样重写：

```
internal sealed class AClass {
    public static void CallbackWithoutNewingADelegateObject() {
        ThreadPool.QueueUserWorkItem( obj => Console.WriteLine(obj), 5 },
    }
}
```

注意，传给 QueueUserWorkItem 方法的第一个实参是代码 (我把它倾斜显示了)！更正式地说，这是一个 C# 语言 lambda 表达式，可通过 C# lambda 表达式操作符 => 来轻松识别。lambda 表达式可在编译器预计会看到一个委托的地方使用。编译器看到这个 lambda 表达式之后，会在类 (本例是 AClass) 中自动定义一个新的私有方法。这个新方法称为匿名函数，因为方法名称由编译器自动创建，而且你一般不知道这个名称。①但是，可以利用 ILDasm.exe 这样的工具检查编译器生成的

———
① 译注：作者在这里故意区分了匿名函数和匿名方法。一般情况下，两者可以互换着使用。如果非要区分，那么编译器生成的全都是"匿名函数"，这是最开始的叫法。从 C# 2.0 开始引入了"匿名方法"功能，它的作用就是简化生成匿名函数而需要写的代码。在新的 C# 版本中 (3.0 和以后)，更是建议用 lambda 表达式来进一步简化语法，不再推荐使用 C# 2.0 引入的"匿名方法"。但归根结底，所有这些语法糖都是为了更简单地生成匿名函数。

代码。写完前面的代码并编译之后，我通过 ILDasm.exe 看到 C# 编译器将该方法命名为 <CallbackWithoutNewingADelegateObject>b__0，它获取一个 Object，返回 void。

编译器选择的方法名以 < 符号开头，这是因为在 C# 中，标识符是不能包含 < 符号的；这就确保了你不会碰巧定义一个编译器自动选择的名称。顺便说一句，虽然 C# 禁止标识符包含 < 符号，但 CLR 允许，这是为什么不会出错的原因。还要注意，虽然可将方法名作为字符串来传递，通过反射来访问方法，但 C# 语言规范指出，编译器生成名称的方式是没有任何保证的。例如，每次编译代码，编译器都可能为方法生成一个不同的名称。

注意，C# 编译器向方法应用了 System.Runtime.CompilerServices. CompilerGeneratedAttribute 特性，指出该方法由编译器生成，而非程序员写的。=> 操作符右侧的代码被放入编译器生成的方法中。

> **注意**　写 lambda 表达式时，没有办法向编译器生成的方法应用定制特性。此外，不能向方法应用任何方法修饰符 (比如 unsafe)。但这一般不会有什么问题，因为编译器生成的匿名函数总是私有方法，而且方法要么是静态的，要么是非静态的，具体取决于方法是否访问了任何实例成员。所以，没必要向方法应用 public、protected、internal、virtual、sealed、override 或 abstract 之类的修饰符。

最后，如果写前面的代码并编译，C# 编译器会将这些代码改写为下面这样 (注释是我自己添加的)：

```
internal sealed class AClass {
    // 创建该私有字段是为了缓存委托对象，
    // 优点：CallbackWithoutNewingADelegateObject 不会每次调用都新建一个对象
    // 缺点：缓存的对象永远不会被垃圾回收
    [CompilerGenerated]
    private static WaitCallback <>9__CachedAnonymousMethodDelegate1;

    public static void CallbackWithoutNewingADelegateObject() {
        if (<>9__CachedAnonymousMethodDelegate1 == null) {
            // 第一次调用时，创建委托对象，并缓存它
            <>9__CachedAnonymousMethodDelegate1 =
                new WaitCallback(<CallbackWithoutNewingADelegateObject>b__0);
        }
        ThreadPool.QueueUserWorkItem(<>9__CachedAnonymousMethodDelegate1, 5);
    }
}
```

```
    [CompilerGenerated]
    private static void <CallbackWithoutNewingADelegateObject>b__0(Object obj){
        Console.WriteLine(obj);
    }
}
```

lambda 表达式必须匹配 WaitCallback 委托：获取一个 Object 并返回 void。但在指定参数名称时，我简单地将 obj 放在 => 操作符的左侧。在 => 操作符右侧，Console.WriteLine 碰巧本来就返回 void。然而，如果在这里放一个返回值不为 void 的表达式，编译器生成的代码会直接忽略返回值，因为编译器生成的方法必须用 void 返回类型来满足 WaitCallback 委托。

另外还要注意，匿名函数被标记为 private，禁止非类型内定义的代码访问（尽管反射能揭示出方法确实存在）。另外，匿名函数被标记为 static，因为代码没有访问任何实例成员（也不能访问，因为 CallbackWithoutNewingADelegateObject 本身是静态方法）。不过，代码可以引用类中定义的任何静态字段或静态方法。下面是一个例子：

```
internal sealed class AClass {
    private static String sm_name; // 一个静态字段

    public static void CallbackWithoutNewingADelegateObject() {
        ThreadPool.QueueUserWorkItem(
            // 回调代码可引用静态成员
            obj => Console.WriteLine(sm_name+ ": " + obj), 5);
    }
}
```

如果 CallbackWithoutNewingADelegateObject 方法不是静态的，匿名函数的代码就可以包含对实例成员的引用。不包含实例成员引用，编译器仍会生成静态匿名函数，因为它的效率比实例方法高。之所以更高效，是因为不需要额外的 this 参数。但如果匿名函数的代码确实引用了实例成员，编译器就会生成非静态匿名函数：

```
internal sealed class AClass {
    private String m_name; // 一个实例字段

    // 一个实例方法
    public void CallbackWithoutNewingADelegateObject() {
        ThreadPool.QueueUserWorkItem(
            // 回调代码可以引用实例成员
            obj => Console.WriteLine(m_name+ ": " + obj), 5);
    }
}
```

操作符 => 左侧供指定传给 lambda 表达式的参数的名称。下例总结了一些规则：

```
// 如果委托不获取任何参数，就使用 ()
Func<String> f = () => "Jeff";

// 如果委托获取一个或更多参数，那么可以显式指定类型
Func<Int32, String> f2 = (Int32 n) => n.ToString();
Func<Int32, Int32, String> f3 = (Int32 n1, Int32 n2) => (n1 + n2).ToString();

// 如果委托获取一个或更多参数，那么编译器可推断类型
Func<Int32, String> f4 = (n) => n.ToString();
Func<Int32, Int32, String> f5 = (n1, n2) => (n1 + n2).ToString();

// 如果委托获取一个参数，那么可以省略 ( 和 )
Func<Int32, String> f6 = n => n.ToString();

// 如果委托有 ref/out 参数，那么必须显式指定 ref/out 和类型
Bar b = (out Int32 n) => n = 5;
```

对于最后一个例子，假定 Bar 的定义如下：

```
delegate void Bar(out Int32 z);
```

操作符 => 右侧供指定匿名函数主体。通常，主体包含最终返回非 void 值的一个简单或复杂的表达式。刚才的代码为所有 Func 委托变量赋的都是返回 String 的一个 lambda 表达式。匿名函数主体还经常只由一个语句构成。之前在调用 ThreadPool.QueueUserWorkItem 时就是这种情况，我向它传递了调用 Console.WriteLine(返回 void) 的一个 lambda 表达式。

如果主体由两个或多个语句构成，必须用大括号将语句封闭。在用了大括号的情况下，如果委托期待返回值，还必须在主体中添加 return 语句，例如：

```
Func<Int32, Int32, String> f7 = (n1, n2) => { Int32 sum = n1 + n2; return sum.ToString(); };
```

重要提示 ⚠️

> lambda 表达式的主要优势在于，它从你的源代码中移除了一个"间接层"(a level of indirection)，或者说避免了迂回。正常情况下，必须写一个单独的方法，命名该方法，再在需要委托的地方传递这个方法名。方法名提供了引用代码主体的一种方式，如果要在多个地方引用同一个代码主体，单独写一个方法并命名确实是理想的方案。但如果只需在代码中引用这个主体一次，那么 lambda 表达式允许直接内联那些代码，不必为它分配名称，从而提高了编程效率。

注意   C# 2.0 问世时引入了一个称为匿名方法的功能。和 C# 3.0 引入的 lambda 表达式相似，匿名方法描述的也是创建匿名函数的语法。新规范建议开发人员使用新的 lambda 表达式语法，而不要使用旧的匿名方法语法，因为 lambda 表达式语法更简洁，代码更容易读写和维护。当然，微软的 C# 编译器仍然支持用这两种语法创建匿名函数，以兼容当年为 C# 2.0 写的代码。在本书中，我只解释并使用 lambda 表达式语法。

17.7.3 简化语法 3：局部变量不需要手动包装到类中即可传给回调方法

前面展示了回调代码如何引用类中定义的其他成员。但有时还希望回调代码引用存在于定义方法中的局部参数或变量。下面是一个有趣的例子：

```
internal sealed class AClass {
    public static void UsingLocalVariablesInTheCallbackCode(Int32 numToDo){
        // 一些局部变量
        Int32[] squares = new Int32[numToDo];
        AutoResetEvent done = new AutoResetEvent(false);

        // 在其他线程上执行一系列任务
        for (Int32 n = 0; n < squares.Length; n++) {
            ThreadPool.QueueUserWorkItem(
                obj => {
                    Int32 num = (Int32) obj;

                    // 该任务通常更耗时
                    squares[num] = num * num;

                    // 如果是最后一个任务，就让主线程继续运行
                    if (Interlocked.Decrement(ref numToDo) == 0)
                        done.Set();
                }, n);
        }

        // 等待其他所有线程结束运行
        done.WaitOne();

        // 显示结果
        for (Int32 n = 0; n < squares.Length; n++)
            Console.WriteLine("Index {0}, Square={1}", n, squares[n]);
    }
}
```

这个例子生动地演示了 C# 语言如何简单地实现一个非常复杂的任务。方法定义了一个参数 numToDo 和两个局部变量 squares 和 done。而且 lambda 表达式的主体引用了这些变量。

现在，想象 lambda 表达式主体中的代码在一个单独的方法中 (确实如此，这是 CLR 要求的)。变量的值如何传给这个单独的方法？唯一的办法是定义一个新的辅助类，这个类要为打算传给回调代码的每个值都定义一个字段。此外，回调代码还必须定义成辅助类中的实例方法。然后，UsingLocalVariablesInTheCallbackCode 方法必须构造辅助类的实例，用方法定义的局部变量的值来初始化该实例中的字段。然后，构造绑定到辅助对象 / 实例方法的委托对象。

> **注意**　当 lambda 表达式造成编译器生成一个类，而且参数 / 局部变量被转变成该类的字段后，变量引用的对象的生存期就被延长了。正常情况下，在方法中最后一次使用参数 / 局部变量之后，这个参数 / 局部变量就会"离开作用域"，结束其生命期。但是，将变量转变成字段后，只要包含字段的那个对象不"死"，字段引用的对象也不会"死"。这在大多数应用程序中虽然不是什么不是大问题，但有时要注意一下。

这项工作非常单调乏味，而且容易出错。但理所当然地，它们全部由 C# 语言自动完成。写前面的代码时，C# 编译器实际是像下面这样重写了代码 (注释是我添加的)：

```
internal sealed class AClass {
    public static void UsingLocalVariablesInTheCallbackCode(Int32 numToDo){

        // 一些局部变量
        WaitCallback callback1 = null;

        // 构造辅助类的实例
        <>c__DisplayClass2 class1 = new <>c__DisplayClass2();

        // 初始化辅助类的字段
        class1.numToDo = numToDo;
        class1.squares = new Int32[class1.numToDo];
        class1.done = new AutoResetEvent(false);

        // 在其他线程上执行一系列任务
        for (Int32 n = 0; n < class1.squares.Length; n++) {
            if (callback1 == null) {
                // 新建的委托对象绑定到辅助对象及其匿名实例方法
                callback1 = new WaitCallback(
                    class1.<UsingLocalVariablesInTheCallbackCode>b__0);
```

```
    }

        ThreadPool.QueueUserWorkItem(callback1, n);
    }

    // 等待其他所有线程结束运行
    class1.done.WaitOne();

    // 显示结果
    for (Int32 n = 0; n < class1.squares.Length; n++)
        Console.WriteLine("Index {0}, Square={1}", n, class1.squares[n]);
    }


    // 为避免冲突，辅助类被指定了一个奇怪的名称，
    // 而且被指定为私有的，禁止从 AClass 类外部访问
    [CompilerGenerated]
    private sealed class <>c__DisplayClass2 : Object {

        // 回调代码要使用的每个局部变量都有一个对应的公共字段
        public Int32[] squares;
        public Int32 numToDo;
        public AutoResetEvent done;

        // 公共无参构造器
        public <>c__DisplayClass2 { }

        // 包含回调代码的公共实例方法
        public void <UsingLocalVariablesInTheCallbackCode>b__0(Object obj) {
            Int32 num = (Int32) obj;
            squares[num] = num * num;
            if (Interlocked.Decrement(ref numToDo) == 0)
                done.Set();
        }
    }
}
```

> **重要提示** ⚠
>
> 毫无疑问，C# 语言的 lambda 表达式功能很容易被程序员滥用。我开始使用 lambda 表达式时，绝对是花了一些时间来熟悉它的。毕竟，你在一个方法中写的代码实际不在这个方法中。除了有违直觉，还使调试和单步执行变得比较有挑战性。但事实上，Visual Studio 调试器还是非常不错的。我对自己源代码中的 lambda 表达式进行单步测试时，它处理得相当好。
>
> 我为自己设定了一个规则：如果需要在回调方法中包含三行以上的代码，就不使用 lambda 表达式。相反，我会手动写一个方法，并为其分配自己的名称。但如果使用得当，匿名方法确实能显著提高开发人员的效率和代码的可维护

性。在以下代码中，使用 lambda 表达式感觉非常自然。没有它们，这样的代码会很难读写和维护：

```
// 创建并初始化一个 String 数组
String[] names = { "Jeff", "Kristin", "Aidan", "Grant"};

// 只获取含有小写字母 'a' 的名字
Char charToFind = 'a';
names = Array.FindAll(names, name => name.IndexOf(charToFind) >= 0);

// 将每个字符串的字符转换为大写
names = Array.ConvertAll(names, name => name.ToUpper());

// 显示结果
Array.ForEach(names, Console.WriteLine);
```

17.8 委托和反射

本章到目前为止使用的委托都要求开发人员事先知道回调方法的原型。例如，假定 fb 是引用了一个 Feedback 委托的变量 (参见本章 17.1 节 "初始委托" 中的示例程序)，那么为了调用这个委托，代码应该像下面这样写：

```
fb(item);   // item 被定义 Int32
```

可以看出，编码时必须知道回调方法需要多少个参数，以及参数的具体类型。还好，开发人员几乎总是知道这些信息，所以像前面那样写代码是没有问题的。

不过在个别情况下，这些信息在编译时并不知道。第 11 章 "事件" 讨论 EventSet 类型时曾展示了一个例子。这个例子用字典来维护一组不同的委托类型。在运行时，为了引发事件，要在字典中查找并调用一个委托。但编译时不可能准确地知道要调用哪个委托，哪些参数必须传给委托的回调方法。

幸好 System.Delegate.MethodInfo 提供了一个 CreateDelegate 方法，允许在编译时不知道委托的所有必要信息的前提下创建委托。下面是 MethodInfo 为该方法定义的重载：

```
public abstract class MethodInfo : MethodBase {
    // 构造包装了一个静态方法的委托
    public virtual Delegate CreateDelegate(Type delegateType);

    // 构造包装了一个实例方法的委托；target 引用 "this" 实参
    public virtual Delegate CreateDelegate(Type delegateType, Object target);
}
```

创建好委托后，用 Delegate 的 DynamicInvoke 方法调用它，如下所示：

```
public abstract class Delegate {
    // 调用委托并传递参数
    public Object DynamicInvoke(params Object[] args);
}
```

使用反射 API(参见第 23 章"程序集加载和反射")，首先必须获取引用了回调方法的一个 MethodInfo 对象。然后，调用 CreateDelegate 方法来构造由第一个参数 delegateType 所标识的 Delegate 派生类型的对象。如果委托包装了实例方法，还要向 CreateDelegate 方法传递一个 target 参数，指定作为 this 参数传给实例方法的对象。

System.Delegate 的 DynamicInvoke 方法允许调用委托对象的回调方法，传递一组在运行时确定的参数。调用 DynamicInvoke 时，它会在内部保证传递的参数与回调方法期望的参数兼容。如果兼容，就调用回调方法；否则抛出 ArgumentException 异常。DynamicInvoke 返回回调方法所返回的对象。

以下代码演示了如何使用 CreateDelegate 方法和 DynamicInvoke 方法：[①]

```
using System;
using System.Reflection;
using System.IO;
using System.Linq;

// 下面是一些不同的委托定义
internal delegate Object TwoInt32s(Int32 n1, Int32 n2);
internal delegate Object OneString(String s1);
public static class DelegateReflection
{
    public static void Main(String[] args)
    {
        if (args.Length < 2)
        {
            String usage =
            @"用法 :" +
            "{0} delType methodName [Arg1] [Arg2]" +
            "{0} 其中, delType 必须是 TwoInt32s 或 OneString" +
            "{0} 如果 delType 是 TwoInt32s, 那么 methodName 只能是 Add 或 Subtract" +
            "{0} 如果 delType 是 OneString, 那么 methodName 只能是 NumChars 或 Reverse" +
            "{0}" +
            "{0} 示例 :" +
            "{0} TwoInt32s Add 123 321" +
            "{0} TwoInt32s Subtract 123 321" +
            "{0} OneString NumChars \"Hello there\"" +
```

---

① 译注：生成这个程序后，在一个"命令提示符"窗口中运行程序，并按规定传递命令行参数。

```
        "{0} OneString Reverse \"Hello there\"";
        Console.WriteLine(usage, Environment.NewLine);
        return;
    }

    // 将 delType 实参转换为委托类型
    Type delType = Type.GetType(args[0]);
    if (delType == null)
    {
        Console.WriteLine("Invalid delType argument: " + args[0]);
        return;
    }
    Delegate d;
    try
    {
        // 将 Arg1 实参转换为方法
        MethodInfo mi = typeof(DelegateReflection).GetTypeInfo().
                            GetDeclaredMethod(args[1]);
        // 创建包装了静态方法的委托对象
        d = mi.CreateDelegate(delType);
    }
    catch (ArgumentException)
    {
        Console.WriteLine("Invalid methodName argument: " + args[1]);
        return;
    }

    // 创建一个数组，其中只包含要通过委托对象传给方法的参数
    Object[] callbackArgs = new Object[args.Length - 2];

    if (d.GetType() == typeof(TwoInt32s))
    {
        try
        {
            // 将 String 类型的参数转换为 Int32 类型的参数
            for (Int32 a = 2; a < args.Length; a++)
                callbackArgs[a - 2] = Int32.Parse(args[a]);
        }
        catch (FormatException)
        {
            Console.WriteLine("Parameters must be integers.");
            return;
        }
    }

    if (d.GetType() == typeof(OneString))
    {
        // 只复制 String 实参
        Array.Copy(args, 2, callbackArgs, 0, callbackArgs.Length);
```

```
    }
    try
    {
        // 调用 (invoke) 委托并显示结果
        Object result = d.DynamicInvoke(callbackArgs);
        Console.WriteLine("Result = " + result);
    }
    catch (TargetParameterCountException)
    {
        Console.WriteLine("Incorrect number of parameters specified.");
    }
}

// 这个回调方法获取两个 Int32 实参
private static Object Add(Int32 n1, Int32 n2)
{
    return n1 + n2;
}

// 这个回调方法获取两个 Int32 实参
private static Object Subtract(Int32 n1, Int32 n2)
{
    return n1 - n2;
}
// 这个回调方法获取一个 String 实参
private static Object NumChars(String s1)
{
    return s1.Length;
}

// 这个回调方法获取一个 String 实参
private static Object Reverse(String s1)
{
    return new String(s1.Reverse().ToArray());
}
}
```

第 **18** 章

定制特性

本章内容:

- 使用定制特性
- 定义自己的特性类
- 特性构造器和字段/属性数据类型
- 检测定制特性
- 两个特性实例的相互匹配
- 检测定制特性时不创建从 **Attribute** 派生的对象
- 条件特性类

　　本章讨论微软 .NET Framework 提供的最具创意的功能之一: 定制特性 (custom attribute)[①]。利用定制特性,可以宣告式地为自己的代码构造添加注解来实现特殊功能。定制特性允许为几乎每一个元数据表记录项定义和应用信息。这种可扩展的元数据信息能在运行时查询,从而动态改变代码的执行方式。使用各种 .NET Framework 技术 (Windows 窗体、WPF 和 WCF 等),会发现它们都利用了定制特性,目的是方便开发者在代码中表达他们的意图。任何 .NET Framework 开发人员都有必要完全掌握定制特性。

---

① 译注:自然也可以像文档中那样称为"自定义特性"。之所以使用"定制特性",是为了避免和后文的 user-defined attributes 冲突。两者其实是一样的意思。

18.1 使用定制特性

我们都知道能将 public、private 及 static 这样的特性应用于类型和成员。我们都同意应用特性具有很大的作用。但是，如果能定义自己的特性，会不会更有用？例如，能不能定义一个类型，指出该类型能通过序列化来进行远程处理？能不能将特性应用于方法，指出执行该方法需要授予特定安全权限？

为类型和方法创建和应用用户自定义的特性能带来极大的便利。当然，编译器必须理解这些特性，才能在最终的元数据中生成特性信息。由于编译器厂商一般不会发布其编译器产品的源代码，所以微软采取另一种机制提供对用户自定义特性的支持。这个机制称为定制特性。它的功能很强大，在应用程序的设计时和运行时都能发挥重要作用。任何人都能定义和使用定制特性。另外，面向 CLR 的所有编译器都必须识别定制特性，并能在最终的元数据中生成特性信息。

关于定制特性，首先要知道它们只是将一些附加信息与某个目标元素关联起来的方式。编译器在托管模块的元数据中生成 (嵌入) 这些额外的信息。大多数特性对编译器来说没有意义；编译器只是机械地检测源代码中的特性，并生成对应的元数据。

.NET Framework 类库 (FCL) 定义了几百个定制特性，可将它们应用于自己源代码中的各种元素。下面是一些例子：

- 将 DllImport 特性应用于方法，告诉 CLR 该方法的实现位于指定 DLL 的非托管代码中；
- 将 Serializable 特性应用于类型，告诉序列化格式化器[①]一个实例的字段可以序列化和反序列化；
- 将 AssemblyVersion 特性应用于程序集，设置程序集的版本号；
- 将 Flags 特性应用于枚举类型，枚举类型就成了位标志 (bit flag) 集合。

以下 C# 代码应用了大量特性。在 C# 语言 中，为了将定制特性应用于目标元素，要将特性放置于目标元素前的一对方括号中。代码本身做的事情不重要，重要的是对特性有一个认识：

```
using System;
using System.Runtime.InteropServices;

[StructLayout(LayoutKind.Sequential, CharSet = CharSet.Auto)]
internal sealed class OSVERSIONINFO {
```

---

① 译注："格式化器"是本书的译法，文档翻译成"格式化程序"。格式化器是实现了 System.Runtime.Serialization.IFormatter 接口的类型，它知道如何序列化和反序列化一个对象图。

```
public OSVERSIONINFO() {
    OSVersionInfoSize = (UInt32) Marshal.SizeOf(this);
}

public UInt32 OSVersionInfoSize = 0;
public UInt32 MajorVersion = 0;
public UInt32 MinorVersion = 0;
public UInt32 BuildNumber = 0;
public UInt32 PlatformId = 0;

[MarshalAs(UnmanagedType.ByValTStr, SizeConst = 128)]
public String CSDVersion = null;
}

internal sealed class MyClass {
    [DllImport("Kernel32", CharSet = CharSet.Auto, SetLastError = true)]
    public static extern Boolean GetVersionEx([In, Out] OSVERSIONINFO ver);
}
```

在这里，StructLayout 特性应用于 OSVERSIONINFO 类，MarshalAs 特性应用于 CSDVersion 字段，DllImport 特性应用于 GetVersionEx 方法，而 In 和 Out 特性应用于 GetVersionEx 方法的 ver 参数。每种编程语言都定义了将定制特性应用于目标元素所采用的语法。例如，Visual Basic .NET 要求使用一对尖括号 (<>) 而不是方括号。

CLR 允许将特性应用于可在文件的元数据中表示的几乎任何东西。不过，最常应用特性的还是以下定义表中的记录项：TypeDef(类、结构、枚举、接口和委托)、MethodDef(含构造器)、ParamDef、FieldDef、PropertyDef、EventDef、AssemblyDef 和 ModuleDef。更具体地说，C# 语言只允许将特性应用于定义了以下任何目标元素的源代码：程序集、模块、类型 (类、结构、枚举、接口、委托)、字段、方法 (含构造器)、方法参数、方法返回值、属性、事件和泛型类型参数。

应用特性时，C# 语言允许用一个前缀明确指定特性要应用于的目标元素。以下代码展示了所有可能的前缀。许多时候，即使省略前缀，编译器也能判断特性要应用于什么目标元素 (就像上例展示的那样)。但在其他时候，必须指定前缀向编译器清楚表明我们的意图。下面倾斜显示的前缀是必须的。

```
using System;

[assembly: SomeAttr]                        // 应用于程序集
[module: SomeAttr]                          // 应用于模块

[type: SomeAttr]                            // 应用于类型
internal sealed class SomeType<[typevar: SomeAttr] T> { // 应用于泛型类型变量
```

```
[field: SomeAttr]                          // 应用于字段
public Int32 SomeField = 0;

[return: SomeAttr]                         // 应用于返回值
[method: SomeAttr]                         // 应用于方法
public Int32 SomeMethod(
   [param: SomeAttr]                       // 应用于参数
   Int32 SomeParam) { return SomeParam; }

[property: SomeAttr]                       // 应用于属性
public String SomeProp {
   [method: SomeAttr]                      // 应用于 get 访问器方法
   get { return null; }
}

[event: SomeAttr]                          // 应用于事件
[field: SomeAttr]                          // 应用于编译器生成的字段
[method: SomeAttr]                         // 应用于编译器生成的 add & remove 方法
public event EventHandler SomeEvent;
}
```

　　前面介绍了如何应用定制特性，现在看看特性到底是什么。定制特性其实是一个类型的实例。为了符合“公共语言规范”(CLS) 的要求，定制特性类必须直接或间接从公共抽象类 System.Attribute 派生。C# 语言只允许符合 CLS 规范的特性。查看文档会发现定义了以下类 (参见前面的例子)：StructLayoutAttribute，MarshalAsAttribute，DllImportAttribute，InAttribute 和 OutAttribute。所有这些类碰巧都在 System.Runtime.InteropServices 命名空间中定义。但是，特性类实际可以在任何命名空间中定义。进一步查看，会发现所有这些类都从 System.Attribute 派生，所有符合 CLS 规范的特性类都肯定从这个类派生。

 注意　将特性应用于源代码中的目标元素时，C# 语言编译器允许省略 Attribute 后缀，从而少打一点字，并提升源代码的可读性。本章许多示例代码都利用了 C# 语言提供的这一便利。例如，会用 [DllImport(...)]，而不是用 [DllImportAttribute(...)]。

　　如前所述，特性是类的实例。类必须有公共构造器才能创建它的实例。所以，将特性应用于目标元素时，语法类似于调用类的某个实例构造器。除此之外，语言可能支持一些特殊的语法，允许设置与特性类关联的公共字段或属性。前面的例子将 DllImport 特性应用于 GetVersionEx 方法：

```
[DllImport("Kernel32", CharSet = CharSet.Auto, SetLastError = true)]
```

这一行代码的语法表面上看很奇怪，因为调用构造器时永远不会使用这样的语法。查阅 DllImportAttribute 类的文档，会发现它的构造器要求接收一个 String 参数。在这个例子中，"Kernel32" 将传给这个参数。构造器的参数称为位置参数 (positional parameter)，而且是强制性的；也就是说，应用特性时必须指定参数。

那另外两个"参数"是什么呢？这种特殊的语法允许在构造好 DllImportAttribute 对象后设置对象的任何公共字段或属性。在这个例子中，将 "Kernel32" 传给构造器并构造好 DllImportAttribute 对象之后，对象的公共实例字段 CharSet 和 SetLastError 分别设为 CharSet.Auto 和 true。用于设置字段或属性的"参数"称为命名参数 (named parameter)。这种参数是可选的，因为在应用特性的实例时不一定要指定参数。稍后会解释是什么导致了实际地构造 DllImportAttribute 类的实例。

还要注意，可以将多个特性应用于一个目标元素。例如，在本章的第一个示例程序中，GetVersionEx 方法的 ver 参数同时应用了 In 和 Out 这两个特性。将多个特性应用于单个目标元素时，注意，特性的顺序无关紧要。另外，在 C# 中，既可以将每个特性都封闭到单独的一对方括号中，也可以在一对方括号中封闭多个以逗号分隔的特性。如果特性类的构造器不获取参数，那么圆括号可以省略。最后，就像前面说到的那样，Attribute 后缀也是可选的。以下代码都具有相同的行为，它们演示了应用多个特性时所有可能的方式：

```
[Serializable][Flags]
[Serializable, Flags]
[FlagsAttribute, SerializableAttribute]
[FlagsAttribute()][Serializable()]
```

18.2 定义自己的特性类

现在已经知道特性是从 System.Attribute 派生的一个类的实例，也知道了如何应用特性。接着研究如何定义定制特性类。假定你是微软的员工，负责为枚举类型添加位标志 (bit flag) 支持，那么要做的第一件事就是定义一个 FlagsAttribute 类：

```
namespace System {
  public class FlagsAttribute : System.Attribute {
    public FlagsAttribute() {
    }
  }
}
```

注意，FlagsAttribute 类从 Attribute 继承。这使 FlagsAttribute 类成为符合 CLS 规范的定制特性。此外，注意类名有 Attribute 后缀；这是为了保持与标准的相容性，但这并不是必须的。最后，所有非抽象特性至少要包含一个公共构造器。以上代码中的 **FlagsAttribute** 构造器非常简单，不获取任何参数，也不做任何事情。

> **重要提示** ⚠
>
> 应将特性想象成逻辑状态容器。也就是说，虽然特性类型是一个类，但这个类应该很简单。应该只提供一个公共构造器来接受特性的强制性（或定位性）状态信息，而且这个类可以提供公共字段和属性，以接受特性的可选（或命名）状态信息。类不应提供任何公共方法、事件或其他成员。

我通常不鼓励使用公共字段。特性也不例外，我同样不鼓励在这种类型中使用公共字段。使用属性要好得多。因为在更改特性类的实现方式时，属性能提供更大的灵活性。

现在的情况是 **FlagsAttribute** 类的实例能应用于任何目标元素。但事实上，这个特性应该只能应用于枚举类型，应用于属性或方法是没有意义的。为了告诉编译器这个特性的合法应用范围，需要向特性类应用 **System.AttributeUsageAttribute** 类的实例。下面是新的代码：

```
namespace System {
  [AttributeUsage(AttributeTargets.Enum, Inherited = false)]
  public class FlagsAttribute : System.Attribute {
    public FlagsAttribute() {
    }
  }
}
```

新版本将 **AttributeUsageAttribute** 的实例应用于特性。毕竟，特性类型本质上还是类，而类是可以应用特性的。**AttributeUsage** 特性是一个简单的类，可利用它告诉编译器定制特性的合法应用范围。所有编译器都内建了对该特性的支持，并会在定制特性应用于无效目标时报错。在这个例子中，**AttributeUsage** 特性指出 **Flags** 特性的实例只能应用于枚举类型的目标。

由于特性不过是类型，所以 **AttributeUsageAttribute** 类理解起来很容易。以下是该类的 FCL 源代码：

```
[Serializable]
[AttributeUsage(AttributeTargets.Class, Inherited=true)]
public sealed class AttributeUsageAttribute : Attribute {
  internal static AttributeUsageAttribute Default =
    new AttributeUsageAttribute(AttributeTargets.All);

  internal Boolean m_allowMultiple = false;
```

```
internal AttributeTargets m_attributeTarget = AttributeTargets.All;
internal Boolean m_inherited = true;

// 这是一个公共构造器
public AttributeUsageAttribute(AttributeTargets validOn) {
  m_attributeTarget = validOn;
}

internal AttributeUsageAttribute(AttributeTargets validOn,
      Boolean allowMultiple, Boolean inherited) {
  m_attributeTarget = validOn;
  m_allowMultiple = allowMultiple;
  m_inherited = inherited;
}

public Boolean AllowMultiple {
  get { return m_allowMultiple; }
  set { m_allowMultiple = value; }
}

public Boolean Inherited {
  get { return m_inherited; }
  set { m_inherited = value; }
}

public AttributeTargets ValidOn {
  get { return m_attributeTarget; }
}
}
```

如你所见，**AttributeUsageAttribute** 类有一个公共构造器，它允许传递位标志 (bit flag) 来指明特性的合法应用范围。**System.AttributeTargets** 枚举类型在 FCL 中是像下面这样定义的：

```
[Flags, Serializable]
public enum AttributeTargets {
  Assembly      = 0x0001,
  Module        = 0x0002,
  Class         = 0x0004,
  Struct        = 0x0008,
  Enum          = 0x0010,
  Constructor   = 0x0020,
  Method        = 0x0040,
  Property      = 0x0080,
  Field         = 0x0100,
  Event         = 0x0200,
  Interface     = 0x0400,
  Parameter     = 0x0800,
```

```
    Delegate            = 0x1000,
    ReturnValue         = 0x2000,
    GenericParameter    = 0x4000,
    All = Assembly      | Module  | Class    | Struct   | Enum   |
          Constructor   | Method  | Property | Field    | Event  |
          Interface     | Parameter | Delegate | ReturnValue |
          GenericParameter
}
```

AttributeUsageAttribute 类提供了两个附加的公共属性，分别为
AllowMultiple 和 Inherited。可以在向特性类应用特性时选择设置这两个属性。

大多数特性多次应用于同一个目标是没有意义的。例如，将 Flags 或
Serializable 特性多次应用于同一个目标不会有任何好处。事实上，编译如下所
示的代码：

```
[Flags][Flags]
internal enum Color {
    Red
}
```

编译器会报告以下错误：

```
error CS0579: 重复的 "Flags" 特性。
```

但是，少数几个特性确实有必要多次应用于同一个目标。FCL 特性类
ConditionalAttribute 允许将它的多个实例应用于同一个目标元素。不将
AllowMultiple 明确设为 true，特性就只能向选定的目标元素应用一次。

AttributeUsageAttribute 的另一个属性是 Inherited，它指出特性在应用
于基类时，是否同时应用于派生类和重写的方法。以下代码演示了特性的继承：

```
[AttributeUsage(AttributeTargets.Class | AttributeTargets.Method,
    Inherited=true)]
internal class TastyAttribute : Attribute {
}

[Tasty][Serializable]
internal class BaseType {

    [Tasty] protected virtual void DoSomething() { }
}

internal class DerivedType : BaseType {
    protected override void DoSomething() { }
}
```

在以上代码中，DerivedType 及其 DoSomething 方法都被视为 Tasty，因为
TastyAttribute 类被标记为可继承。但 DerivedType 不可序列化，因为 FCL 的

SerializableAttribute 类被标记为一个不可继承的特性。

　　注意，.NET Framework 只认为类、方法、属性、事件、字段、方法返回值和参数等目标元素是可继承的。所以，在定义一个特性类型时，只有在该特性应用于上述某个目标的前提下，才应该将 Inherited 设为 true。注意，可继承特性不会造成在托管模块中为派生类型生成额外的元数据。18.4 节 "检测定制特性" 将进一步讨论这方面的问题。

> **注意**　定义自己的特性类时，如果忘记向自己的类应用 AttributeUsage 特性，那么编译器和 CLR 会假定该特性能应用于所有目标元素，向每个目标元素都只能应用一次，而且可继承。这些假定模仿了 AttributeUsageAttribute 类中的默认字段值。

18.3　特性构造器和字段 / 属性数据类型

　　定制特性类可定义构造器来获取参数。开发人员在应用特性类的实例时必须指定这些参数。还可在类中定义非静态公共字段和属性，使开发人员能为特性类的实例选择恰当的设置。

　　定义特性类的实例构造器、字段和属性时，可供选择的数据类型并不多。具体地说，只允许 Boolean、Char、Byte、SByte、Int16、UInt16、Int32、UInt32、Int64、UInt64、Single、Double、String、Type、Object 或枚举类型。此外，可使用上述任意类型的一维 0 基数组。但应尽量避免使用数组，因为对于定制特性，如果它的构造器要获取数组作为参数，就会失去与 CLS 的相容性。

　　应用特性时必须传递一个编译时常量表达式，它与特性类定义的类型匹配。在特性类定义了一个 Type 参数、Type 字段或者 Type 属性的任何地方，都必须使用 C# 语言的 typeof 操作符 (如下例所示)。在特性类定义了一个 Object 参数、Object 字段或者 Object 属性的任何地方，都可传递一个 Int32、String 或其他任何常量表达式 (包括 null)。如果常量表达式代表值类型，那么在运行时构造特性的实例时会对值类型进行装箱。以下是一个示例特性及其用法：

```
using System;

internal enum Color { Red }

[AttributeUsage(AttributeTargets.All)]
internal sealed class SomeAttribute : Attribute {
   public SomeAttribute(String name, Object o, Type[] types) {
```

```
    // 'name' 引用一个 String
    // 'o' 引用一个合法的类型（如有必要，就进行装箱）
    // 'types' 引用一个一维 0 基 Type 数组
  }
}

[Some("Jeff", Color.Red, new Type[] { typeof(Math), typeof(Console) })]
internal sealed class SomeType {
}
```

逻辑上，当编译器检测到向目标元素应用了定制特性时，会调用特性类的构造器，向它传递任何指定的参数，从而构造特性类的实例。然后，编译器采用增强型构造器语法所指定的值，对任何公共字段和属性进行初始化。构造并初始化好定制特性类的对象之后，编译器将它的状态序列化到目标元素的元数据表记录项中。

> **重要提示** ⚠️
>
> 为方便理解，可以这样想象定制特性：它是类的实例，被序列化成驻留在元数据中的字节流。运行时可对元数据中的字节进行反序列化，从而构造出类的实例。实际发生的事情是：编译器在元数据中生成创建特性类的实例所需的信息。每个构造器参数都是 1 字节的类型 ID，后跟具体的值。对构造器的参数进行"序列化"时，编译器先写入字段/属性名称，再跟上 1 字节的类型 ID，最后是具体的值。如果是数组，则会先保存数组元素的个数，再跟上每个单独的元素。

18.4 检测定制特性

仅仅定义特性类没有用。确实可以定义自己想要的所有特性类，并应用自己想要的所有实例。但这样除了在程序集中生成额外的元数据，并没有其他任何意义。应用程序代码的行为不会有任何改变。

第 15 章"枚举类型和位标志"描述了如何将 Flags 特性应用于枚举类型，从而改变 System.Enum 的 ToString 方法和 Format 方法的行为。方法的行为之所以改变，是因为它们会在运行时检查自己操作的枚举类型是否关联了 Flags 特性元数据。代码利用一种称为反射的技术检测特性的存在。这里只是简单地演示一下反射。第 23 章"程序集加载和反射"会完整地讨论这种技术。

假定是微软的员工，负责实现 Enum 的 ToString 方法，则会像下面这样实现它：

```
public override String ToString() {

    // 枚举类型是否应用了 FlagsAttribute 类型的实例？
```

```
if (this.GetType().IsDefined(typeof(FlagsAttribute), false)) {
    // 如果是，就执行代码，将值视为一个位标志枚举类型
    ...
} else {
    // 如果不是，就执行代码，将值视为一个普通枚举类型
    ...
}
...
}
```

以上代码调用 Type 的 IsDefined 方法，要求系统查看枚举类型的元数据，检查是否关联了 FlagsAttribute 类的实例。如果 IsDefined 返回 true，表明 FlagsAttribute 的一个实例已与枚举类型关联，ToString 方法认为值包含了一个位标志 (bit flag) 集合。如果 IsDefined 返回 false，Format 方法认为值是普通的枚举类型。

因此，在定义定制特性时，也必须实现一些代码来检测某些目标上是否存在该特性类的实例，然后执行一些逻辑分支代码。这样定制特性才能真正发挥作用。

FCL 提供了多种方式来检测特性的存在。如果通过 System.Type 对象来检测特性，可以像前面展示的那样使用 IsDefined 方法。但有时需要检测除了类型之外的其他目标 (比如程序集、模块或方法) 上的特性。为简化讨论，让我们聚焦于 System.Reflection.CustomAttributeExtensions 类定义的扩展方法。该类定义了三个静态方法来获取与目标关联的特性：IsDefined、GetCustomAttributes 和 GetCustomAttribute。每个方法都有几个重载版本。例如，每个方法都有一个版本能操作类型成员 (类、结构、枚举、接口、委托、构造器、方法、属性、字段、事件和返回类型)、参数、模块和程序集。还有一些版本能指示系统遍历继承层次结构，在结果中包含继承的特性。表 18-1 简要总结了每个方法的用途，它们在元数据上反射以查找与 CLS 相容的定制特性类型的实例。

如果只想判断目标是否应用了一个特性，那么应该调用 IsDefined，因为它比另两个方法更高效。但我们知道，将特性应用于目标时，可以为特性的构造器指定参数，并可选择设置字段和属性。使用 IsDefined 不会构造特性对象，不会调用构造器，也不会设置字段和属性。

要构造特性对象，必须调用 GetCustomAttributes 或 GetCustomAttribute 方法。每次调用这两个方法，都会构造指定特性类型的新实例，并根据源代码中指定的值来设置每个实例的字段和属性。两个方法返回的都是对完全构造好的特性类实例的引用。

表 18-1 System.Reflection.CustomAttributeExtensions 定义的三个静态方法

方法名称	说明
IsDefined	如果至少有一个指定的 Attribute 派生类的实例与目标关联，就返回 true。这个方法效率很高，因为它不构造 (反序列化) 特性类的任何实例
GetCustomAttributes	返回应用于目标的指定特性对象的集合。每个实例都使用编译时指定的参数、字段和属性来构造 (反序列化)。如果目标没有应用指定特性类的实例，就返回一个空集合。该方法通常用于已将 AllowMultiple 设为 true 的特性，或者用于列出已应用的所有特性
GetCustomAttribute	返回应用于目标的指定特性类的实例。实例使用编译时指定的参数、字段和属性来构造 (反序列化)。如果目标没有应用指定特性类的实例，就返回 null。如果目标应用了指定特性的多个实例，就抛出 System.Reflection.AmbiguousMatchException 异常。该方法通常用于已将 AllowMultiple 设为 false 的特性

　　调用上述任何方法，内部都必须扫描托管模块的元数据，执行字符串比较来定位指定的定制特性类。显然，这些操作会耗费一定时间。假如对性能的要求比较高，可考虑缓存这些方法的调用结果，而不是反复调用来请求相同的信息。

　　System.Reflection 命名空间定义了几个类允许检查模块的元数据。这些类包括 Assembly、Module、ParameterInfo、MemberInfo、Type、MethodInfo、ConstructorInfo、FieldInfo、EventInfo、PropertyInfo 及其各自的 *Builder 类。所有类都提供了 IsDefined 和 GetCustomAttributes 方法。

　　反射类提供的 GetCustomAttributes 方法返回的是由 Object 实例构成的数组 (Object[])，而不是由 Attribute 实例构成的数组 (Attribute[])。这是由于反射类能返回不相容于 CLS 规范的特性类的对象。不过，大可不必关心这种不一致性，因为非 CLS 相容的特性是很稀少的。事实上，我与 .NET Framework 打交道至今，还没有见过一例。

注意 　只有 Attribute，Type 和 MethodInfo 类才实现了支持 Boolean inherit 参数的反射方法。其他能检查特性的所有反射方法都会忽略 inherit 参数，而且不会检查继承层次结构。要检查事件、属性、字段、构造器或参数是否应用了继承的特性，只能调用 Attribute 的某个方法。

还要注意，将一个类传给 IsDefined，GetCustomAttribute 或者 GetCustomAttributes 方法时，这些方法会检测是否应用了指定的特性类或者它的派生类。如果只是想搜索一个具体的特性类，应针对返回值执行一次额外的检查，确保方法返回的正是想搜索的类。还可考虑将自己的特性类定义成 sealed，减少可能存在的混淆，并避免执行这个额外的检查。

以下示例代码列出了一个类型中定义的所有方法，并显示应用于每个方法的特性。代码仅供演示，平时不会像这样将这些定制特性应用于这些目标元素：

```csharp
using System;
using System.Diagnostics;
using System.Reflection;
using System.Linq;
[assembly: CLSCompliant(true)]

[Serializable]
[DefaultMemberAttribute("Main")]
[DebuggerDisplayAttribute("Richter", Name = "Jeff", Target = typeof(Program))]
public sealed class Program {
    [Conditional("Debug")]
    [Conditional("Release")]
    public void DoSomething() { }

    public Program() {
    }

    [CLSCompliant(true)]
    [STAThread]
    public static void Main()
    {
        // 显示应用于这个类型的特性集
        ShowAttributes(typeof(Program));

        // 获取与类型关联的方法集
        var members =
            from m in typeof(Program).GetTypeInfo().DeclaredMembers.OfType<MethodBase>()
            where m.IsPublic
            select m;

        foreach (MemberInfo member in members) {
            // 显示应用于这个成员的特性集
            ShowAttributes(member);
        }
    }

    private static void ShowAttributes(MemberInfo attributeTarget) {
        var attributes = attributeTarget.GetCustomAttributes<Attribute>();
```

```
        Console.WriteLine("Attributes applied to {0}: {1}",
            attributeTarget.Name, (attributes.Count() == 0 ? "None" : String.Empty));

        foreach (Attribute attribute in attributes) {
            // 显示所应用的每个特性的类型
            Console.WriteLine(" {0}", attribute.GetType().ToString());

            if (attribute is DefaultMemberAttribute)
                Console.WriteLine(" MemberName={0}",
                    ((DefaultMemberAttribute)attribute).MemberName);
            if (attribute is ConditionalAttribute)
                Console.WriteLine(" ConditionString={0}",
                    ((ConditionalAttribute)attribute).ConditionString);
            if (attribute is CLSCompliantAttribute)
                Console.WriteLine(" IsCompliant={0}",
                    ((CLSCompliantAttribute)attribute).IsCompliant);

            DebuggerDisplayAttribute dda = attribute as DebuggerDisplayAttribute;
            if (dda != null) {
                Console.WriteLine(" Value={0}, Name={1}, Target={2}",
                    dda.Value, dda.Name, dda.Target);
            }
        }
        Console.WriteLine();
    }
}
```

编译并运行上述应用程序得到以下输出：

```
Attributes applied to Program:
 System.SerializableAttribute
 System.Reflection.DefaultMemberAttribute
 MemberName=Main
 System.Diagnostics.DebuggerDisplayAttribute
 Value=Richter, Name=Jeff, Target=Program

Attributes applied to DoSomething:
 System.Diagnostics.ConditionalAttribute
 ConditionString=Debug
 System.Diagnostics.ConditionalAttribute
 ConditionString=Release

Attributes applied to Main:
 System.CLSCompliantAttribute
 IsCompliant=True
 System.STAThreadAttribute

Attributes applied to .ctor: None
```

18.5　两个特性实例的相互匹配

除了判断是否向目标应用了一个特性的实例，可能还需要检查特性的字段来确定它们的值。一个办法是老老实实写代码检查特性类的字段值。但 System. Attribute 重写了 Object 的 Equals 方法，会在内部比较两个对象的类型。不一致会返回 false。如果一致，Equals 会利用反射来比较两个特性对象中的字段值 (为每个字段都调用 Equals)。所有字段都匹配就返回 true；否则返回 false。可在自己的定制特性类中重写 Equals 来移除反射的使用，从而提升性能。

System.Attribute 还公开了虚方法 Match，可重写它来提供更丰富的语义。Match 的默认实现只是调用 Equal 方法并返回它的结果。下例演示了如何重写 Equals 和 Match，后者在一个特性代表另一个特性的子集的前提下返回 true。另外，还演示了如何使用 Match。

```
using System;

[Flags]
internal enum Accounts {
    Savings     = 0x0001,
    Checking    = 0x0002,
    Brokerage   = 0x0004
}

[AttributeUsage(AttributeTargets.Class)]
internal sealed class AccountsAttribute : Attribute {
    private Accounts m_accounts;

    public AccountsAttribute(Accounts accounts) {
        m_accounts = accounts;
    }

    public override Boolean Match(Object obj)
    {
        // 如果基类实现了 Match，而且基类不是
        // Attribute，就取消对下面这行代码的注释
        // if (!base.Match(obj)) return false;

        // 由于 'this' 不为 null，所以假如 obj 为 null,
        // 那么对象肯定不匹配
        // 注意：如果你信任基类正确实现了 Match,
        // 那么下面这一行可以删除
        if (obj == null) return false;

        // 如果对象属于不同的类型，肯定不匹配
        // 注意：如果你信任基类正确实现了 Match,
```

```
    // 那么下面这一行可以删除
    if (this.GetType() != obj.GetType()) return false;

    // 将 obj 转型为我们的类型以访问字段
    // 注意：转型不可能失败，因为我们知道
    // 两个对象是相同的类型
    AccountsAttribute other = (AccountsAttribute)obj;

    // 比较字段，判断它们是否有相同的值
    // 这个例子判断 'this' 的账户是不是
    // other 的账户的一个子集
    if ((other.m_accounts & m_accounts) != m_accounts)
        return false;

    return true; // 对象匹配
}

public override Boolean Equals(Object obj)
{
    // 如果基类实现了 Equals，而且基类不是
    // Object，就取消对下面这行代码的注释：
    // if (!base.Equals(obj)) return false

    // 由于 'this 不为 null，所以假如 object 为 null，
    // 那么对象肯定不相等
    // 注意：如果你信任基类正确实现了 Equals，
    // 那么下面这一行可以删除
    if (obj == null) return false;

    // 如果对象属于不同的类型，肯定不相等
    // 注意：如果你信任基类正确实现了 Equals，
    // 那么下面这一行可以删除
    if (this.GetType() != obj.GetType()) return false;

    // 将 obj 转型为我们的类型以访问字段
    // 注意：转型不可能失败，因为我们知道
    // 两个对象是相同的类型
    AccountsAttribute other = (AccountsAttribute)obj;

    // 比较字段，判断它们是否有相同的值
    // 这个例子判断 'this' 的账户是不是
    // 与 other 的账户相同
    if (other.m_accounts != m_accounts)
        return false;

    return true; // 对象相等
}

// 重写 GetHashCode，因为我们重写了 Equals
```

```
        public override Int32 GetHashCode() {
            return (Int32)m_accounts;
        }
    }


[Accounts(Accounts.Savings)]
internal sealed class ChildAccount { }

[Accounts(Accounts.Savings | Accounts.Checking | Accounts.Brokerage)]
internal sealed class AdultAccount { }

public sealed class Program
{
    public static void Main()
    {
        CanWriteCheck(new ChildAccount());
        CanWriteCheck(new AdultAccount());

        // 只是为了演示在一个没有应用 AccountsAttribute 的类型上,
        // 方法也能正确地工作
        CanWriteCheck(new Program());
    }

    private static void CanWriteCheck(Object obj) {
        // 构造 attribute 类型的一个实例，并把它初始化成
        // 我们要显式查找的内容
        Attribute checking = new AccountsAttribute(Accounts.Checking);

        // 构造应用于类型的特性实例
        Attribute validAccounts = Attribute.GetCustomAttribute(
            obj.GetType(), typeof(AccountsAttribute), false);

        // 如果向精英应用了特性，而且特性指定了
        // "Checking" 账户, 表明该类型可以开支票
        if ((validAccounts != null) && checking.Match(validAccounts)) {
            Console.WriteLine("{0} types can write checks.", obj.GetType());
        } else {
            Console.WriteLine("{0} types can NOT write checks.", obj.GetType());
        }
    }
}
```

编译并运行这个应用程序，会得到以下输出：

```
ChildAccount types can NOT write checks.
AdultAccount types can write checks.
Program types can NOT write checks.
```

18.6 检测定制特性时不创建从 **Attribute** 派生的对象

本节将讨论如何利用另一种技术检测应用于元数据记录项的特性。在某些安全性要求严格的场合，这个技术能保证不执行从 Attribute 派生的类中的代码。毕竟，调用 Attribute 的 GetCustomAttribute 或者 GetCustomAttributes 方法时，这些方法会在内部调用特性类的构造器，而且可能调用属性的 set 访问器方法。此外，首次访问类型会造成 CLR 调用类型的类型构造器 (如果有的话)。在构造器、set 访问器方法以及类型构造器中，可能包含每次查找特性都要执行的代码。这就相当于允许未知代码在 AppDomain 中运行，所以存在安全隐患。

可用 System.Reflection.CustomAttributeData 类在查找特性的同时禁止执行特性类中的代码。该类定义了静态方法 GetCustomAttributes 来获取与目标关联的特性。方法有 4 个重载版本，分别获取一个 Assembly、Module、ParameterInfo 和 MemberInfo。该类在 System.Reflection 命名空间 (将在第 23 章 "程序集加载和反射" 讨论) 中定义。通常，先用 Assembly 的静态方法 ReflectionOnlyLoad(也在第 23 章 "程序集加载和反射" 讨论) 加载程序集，再用 CustomAttributeData 类分析这个程序集的元数据中的特性。简单地说，ReflectionOnlyLoad 以特殊方式加载程序集，期间会禁止 CLR 执行程序集中的任何代码；其中包括类型构造器。

CustomAttributeData 的 GetCustomAttributes 方法是一个工厂 (factory) 方法。也就是说，调用它会返回一个 IList<CustomAttributeData> 类型的对象，其中包含了由 CustomAttributeData 对象构成的集合。集合中的每个元素都是应用于指定目标的一个定制特性。可查询每个 CustomAttributeData 对象的只读属性，判断特性对象如何构造和初始化。具体地说，Constructor 属性指出构造器方法将如何调用。ConstructorArguments 属性以一个 IList<CustomAttributeTypedArgument> 实例的形式返回将传给这个构造器的实参。而 NamedArguments 属性以一个 IList<CustomAttributeNamedArgument> 实例的形式，返回将设置的字段 / 属性。注意，之所以说 "将"，是因为不会实际地调用构造器和 set 访问器方法。禁止执行特性类的任何方法增强了安全性。

下面是之前例子的修改版本，它利用 CustomAttributeData 类来安全地获取应用于各个目标的特性：

```
using System;
using System.Diagnostics;
using System.Reflection;
using System.Collections.Generic;
using System.Linq;
```

```
[assembly: CLSCompliant(true)]

[Serializable]
[DefaultMemberAttribute("Main")]
[DebuggerDisplayAttribute("Richter", Name = "Jeff", Target = typeof(Program))]
public sealed class Program
{
    [Conditional("Debug")]
    [Conditional("Release")]
    public void DoSomething() { }

    public Program() {
    }

    [CLSCompliant(true)]
    [STAThread]
    public static void Main()
    {
        // 显示应用于这个类型的特性集
        ShowAttributes(typeof(Program));

        // 获取与类型关联的方法集
        var members =
          from m in typeof(Program).GetTypeInfo().DeclaredMembers.OfType<MethodBase>()
          where m.IsPublic
          select m;

        foreach (MemberInfo member in members) {
            // 显示应用于这个成员的特性集
            ShowAttributes(member);
        }
    }

    private static void ShowAttributes(MemberInfo attributeTarget) {
        IList<CustomAttributeData> attributes =
            CustomAttributeData.GetCustomAttributes(attributeTarget);

        Console.WriteLine("Attributes applied to {0}: {1}",
            attributeTarget.Name, (attributes.Count == 0 ? "None" : String.Empty));

        foreach (CustomAttributeData attribute in attributes) {
            // 显示所应用的每个特性的类型
            Type t = attribute.Constructor.DeclaringType;
            Console.WriteLine("  {0}", t.ToString());
            Console.WriteLine("    Constructor called={0}", attribute.Constructor);

            IList<CustomAttributeTypedArgument> posArgs =
                    attribute.ConstructorArguments;
```

```
            Console.WriteLine("    Positional arguments passed to constructor:" +
                ((posArgs.Count == 0) ? " None" : String.Empty));
            foreach (CustomAttributeTypedArgument pa in posArgs)  {
                Console.WriteLine("      Type={0}, Value={1}", pa.ArgumentType, pa.Value);
            }

            IList<CustomAttributeNamedArgument> namedArgs = attribute.NamedArguments;
            Console.WriteLine("    Named arguments set after construction:" +
                ((namedArgs.Count == 0) ? " None" : String.Empty));
            foreach (CustomAttributeNamedArgument na in namedArgs) {
                Console.WriteLine("      Name={0}, Type={1}, Value={2}",
                    na.MemberInfo.Name, na.TypedValue.ArgumentType, na.TypedValue.Value);
            }
            Console.WriteLine();
        }
        Console.WriteLine();
    }
}
```

编译并运行上述应用程序，将获得以下输出：

```
Attributes applied to Program:
  System.SerializableAttribute
    Constructor called=Void .ctor()
    Positional arguments passed to constructor: None
    Named arguments set after construction: None

  System.Reflection.DefaultMemberAttribute
    Constructor called=Void .ctor(System.String)
    Positional arguments passed to constructor:
      Type=System.String, Value=Main
    Named arguments set after construction: None

  System.Diagnostics.DebuggerDisplayAttribute
    Constructor called=Void .ctor(System.String)
    Positional arguments passed to constructor:
      Type=System.String, Value=Richter
    Named arguments set after construction:
      Name=Name, Type=System.String, Value=Jeff
      Name=Target, Type=System.Type, Value=Program

Attributes applied to DoSomething:
  System.Diagnostics.ConditionalAttribute
    Constructor called=Void .ctor(System.String)
    Positional arguments passed to constructor:
      Type=System.String, Value=Debug
    Named arguments set after construction: None

  System.Diagnostics.ConditionalAttribute
```

```
    Constructor called=Void .ctor(System.String)
    Positional arguments passed to constructor:
      Type=System.String, Value=Release
    Named arguments set after construction: None

Attributes applied to Main:
  System.CLSCompliantAttribute
    Constructor called=Void .ctor(Boolean)
    Positional arguments passed to constructor:
      Type=System.Boolean, Value=True
    Named arguments set after construction: None

  System.STAThreadAttribute
    Constructor called=Void .ctor()
    Positional arguments passed to constructor: None
    Named arguments set after construction: None

Attributes applied to .ctor: None
```

18.7　条件特性类

　　定义、应用和反射特性能够为我们带来许多便利，所以开发人员越来越频繁地使用这些技术。特性简化了对代码的注释，还能实现丰富的功能。近来，开发人员越来越喜欢在设计和调试期间利用特性来辅助开发。例如，微软的 Visual Studio 代码分析工具 (FxCopCmd.exe) 提供了一个 **System.Diagnostics.CodeAnalysis. SuppressMessageAttribute**，可将它应用于类型和成员，从而阻止报告特定的静态分析工具规则冲突 (rule violation)。该特性仅对代码分析工具有用；程序平常运行时不会关注它。没有使用代码分析工具时，将 **SuppressMessage** 特性留在元数据中会使元数据无谓地膨胀，这会使文件变得更大，增大进程的工作集，损害应用程序的性能。假如有一种简单的方式，使编译器只有在使用代码分析工具时才生成 **SuppressMessage** 特性，结果会好很多。幸好，利用条件特性类真的能做到这一点。

　　应用了 **System.Diagnostics.ConditionalAttribute** 的特性类称为条件特性类。下面是一个例子：

```
//#define TEST
#define VERIFY

using System;
using System.Diagnostics;

[Conditional("TEST")][Conditional("VERIFY")]
public sealed class CondAttribute : Attribute {

}
```

```
[Cond]
public sealed class Program {
  public static void Main() {
    Console.WriteLine("CondAttribute is {0}applied to Program type.",
      Attribute.IsDefined(typeof(Program),
        typeof(CondAttribute)) ? "" : "not ");
  }
}
```

编译器如果发现向目标元素应用了 **CondAttribute** 的实例，那么当含有目标元素的代码编译时，只有在定义 **TEST** 或 **VERIFY** 符号的前提下，编译器才会在元数据中生成特性信息。不过，特性类的定义元数据和实现仍存在于程序集中。

第 **19** 章

可空值类型

本章内容:

- C# 语言对可空值类型的支持
- C# 语言的空接合操作符
- CLR 对可空值类型的特殊支持

我们知道,值类型的变量永远不会为 null;它总是包含值类型的值本身。事实上,这正是"值类型"一词的由来。遗憾的是,这在某些情况下会成为问题。例如,设计数据库时,可以将一个列的数据类型定义成一个 32 位整数,并映射到 FCL(Framework Class Library) 的 Int32 数据类型。但是,数据库中的一个列可能允许值为空;也就是说,该列在某一行上允许没有任何值。用 .NET Framework 处理数据库数据可能变得很困难,因为在 CLR 中,没有办法将 Int32 值表示成 null。

注意
ADO.NET 的表适配器 (table adapter) 确实支持可空类型。遗憾的是,System.Data.SqlTypes 命名空间中的类型没有用可空类型替换,部分原因是类型之间没有"一对一"的对应关系。例如,SqlDecimal 类型最大允许 38 位数,而普通的 Decimal 类型最大只允许 29 位数。此外,SqlString 类型支持它自己的本地化和比较选项,而普通的 String 类型并不支持这些。

下面是另一个例子:Java 语言的 java.util.Date 类是引用类型,所以该类型的变量能设为 null。但 CLR 的 System.DateTime 是值类型,DateTime 变量永远不能设为 null。如果用 Java 写的一个应用程序想和运行 CLR 的 Web 服务交流日期/时间，那么一旦 Java 程序发送 null，就会出问题，因为 CLR 不知道如何表示 null，也不知道如何操作它。

为了解决这个问题，微软的在 CLR 中引入了可空值类型的概念。为了理解它们是如何工作的，先来看看 FCL 中定义的 System.Nullable<T> 结构。以下是 System.Nullable<T> 定义的逻辑表示 [1]：

```
[Serializable, StructLayout(LayoutKind.Sequential)]
public struct Nullable<T> where T : struct {

    // 这两个字段表示状态
    private Boolean hasValue = false;      // 假定 null
    internal T value = default(T);         // 假定所有位都为零

    public Nullable(T value) {
        this.value = value;
        this.hasValue = true;
    }

    public Boolean HasValue { get { return hasValue; } }

    public T Value {
        get {
            if (!hasValue) {
                throw new InvalidOperationException(
                    "Nullable object must have a value." );
            }
            return value;
        }
    }

    public T GetValueOrDefault() { return value; }

    public T GetValueOrDefault(T defaultValue) {
        if (!HasValue) return defaultValue;
        return value;
    }

    public override Boolean Equals(Object other) {
        if (!HasValue) return (other == null);
        if (other == null) return false;
        return value.Equals(other);
    }

    public override int GetHashCode() {
```

---

① 译注：该结构已经定义好，无需在自己的代码中重复定义。

```
        if (!HasValue) return 0;
        return value.GetHashCode();
    }

    public override string ToString() {
        if (!HasValue) return "";
        return value.ToString();
    }

    public static implicit operator Nullable<T>(T value) {
        return new Nullable<T>(value);
    }

    public static explicit operator T(Nullable<T> value) {
        return value.Value;
    }
}
```

可以看出，该结构能表示可为 **null** 的值类型。由于 **Nullable<T>** 本身是值类型，所以它的实例仍然是"轻量级"的。也就是说，实例仍然可以在栈上，而且实例的大小和原始值类型基本一样，只是多了一个 **Boolean** 字段。注意，**Nullable** 的类型参数 T 被约束为 **struct**。这是由于引用类型的变量本来就可以为 **null**，所以没必要多余去照顾它。

现在，要在代码中使用一个可空的 **Int32**，就可以像下面这样写：

```
Nullable<Int32> x = 5;
Nullable<Int32> y = null;
Console.WriteLine("x: HasValue={0}, Value={1}", x.HasValue, x.Value);
Console.WriteLine("y: HasValue={0}, Value={1}", y.HasValue, y.GetValueOrDefault());
```

编译并运行以上代码，将获得以下输出：

```
x: HasValue=True, Value=5
y: HasValue=False, Value=0
```

19.1 C# 语言对可空值类型的支持

C# 语言允许使用相当简单的语法初始化上述两个 **Nullable<Int32>** 变量 x 和 y。事实上，C# 语言开发团队的目的是将可空值类型集成到 C# 语言中，使之成为"一等公民"。为此，C# 语言提供了更清晰的语法来处理可空值类型。C# 语言允许用问号表示法来声明并初始化 x 变量和 y 变量：

```
Int32? x = 5;
Int32? y = null;
```

在 C# 语言中，`Int32?` 等价于 `Nullable<Int32>`。但 C# 语言在此基础上更进一步，允许开发人员在可空实例上执行转换和转型 [①]。C# 语言还允许向可空实例应用操作符。以下代码对此进行了演示：

```
private static void ConversionsAndCasting() {
    // 从非可空 Int32 隐式转换为 Nullable<Int32>
    Int32? a = 5;

    // 从 'null' 隐式转换为 Nullable<Int32>
    Int32? b = null;

    // 从 Nullable<Int32> 显式转换为非可空 Int32
    Int32 c = (Int32) a;

    // 在可空基元类型之间转型
    Double? d = 5;         // Int32 转型为 Double? (d 是 double 值 5.0)
    Double? e = b;         // Int32? 转型为 Double? (e 是 null)
}
```

C# 还允许向可空实例应用操作符，例如：

```
private static void Operators() {
    Int32? a = 5;
    Int32? b = null;

    // 一元操作符 (+ ++ - -- ! ~)
    a++;       // a = 6
    b = -b;    // b = null

    // 二元操作符 (+ - * / % & | ^ << >>)
    a = a + 3;         // a = 9
    b = b * 3;         // b = null;

    // 相等性操作符 ((== !=)
    if (a == null) { /* no */     }   else { /* yes */ }
    if (b == null) { /* yes */    }   else { /* no */ }
    if (a != b)    { /* yes */    }   else { /* no */ }

    // 比较操作符 (< > <= >=)
    if (a < b)          { /* no */ } else { /* yes */ }
}
```

下面总结 C# 语言如何解析操作符。

- 一元操作符 (+, ++, -, --, !, ~)

  操作数是 `null`，结果就是 `null`。

[①] 译注：作者在这里区分了转换和转型。例如，从 Int32 的可空版本到非可空版本(或相反)，称为"转换"。但是，涉及不同基元类型的转换，就称为"转型"或"强制类型转换"。

- 二元操作符 (+，-，*，/，%，&，|，^，<<，>>)

  两个操作数任何一个是 null，结果就是 null。但有一个例外，它发生在将 & 和 | 操作符应用于 Boolean? 操作数的时候。在这种情况下，两个操作符的行为和 SQL 的三值逻辑一样。对于这两个操作符，如果两个操作数都不是 null，那么操作符和平常一样工作。如果两个操作数都是 null，结果就是 null。特殊行为仅在其中之一为 null 时发生。下表列出了针对操作数的 true、false 和 null 三个值的各种组合，两个操作符的求值情况。

操作数 1 → 操作数 2 ↓	true	false	null
true	& = true | = true	& = false | = true	& = null | = true
false	& = false | = true	& = false | = false	& = false | = null
null	& = null | = true	& = false | = null	& = null | = null

- 相等性操作符 (==、!=)

  两个操作数都是 null，两者相等。一个操作数是 null，两者不相等。两个操作数都不是 null，就比较值来判断是否相等。

- 关系操作符 (<、>、<=、>=)

  两个操作数任何一个是 null，结果就是 false。两个操作数都不是 null，就比较值。

注意，操作可空实例会生成大量代码。例如以下方法：

```
private static Int32? NullableCodeSize(Int32? a, Int32? b) {
    return (a + b);
}
```

编译这个方法会生成相当多的 IL 代码，而且操作可空类型的速度慢于非可空类型。编译器生成的 IL 代码等价于以下 C# 代码：

```
private static Nullable<Int32> NullableCodeSize(
    Nullable<Int32> a, Nullable<Int32> b) {

  Nullable<Int32> nullable1 = a;
  Nullable<Int32> nullable2 = b;
  if (!(nullable1.HasValue & nullable2.HasValue)) {
    return new Nullable<Int32>();
  }
```

```
    return new Nullable<Int32>(
        nullable1.GetValueOrDefault() + nullable2.GetValueOrDefault());
}
```

最后要说明的是，可以定义自己的值类型来重载上述各种操作符。8.4 节已对此进行了讨论。使用自己的值类型的可空实例，编译器能正确识别它并调用你重载的操作符 (方法)。以下 Point 值类型重载了操作符 == 和 !=：

```
using System;

internal struct Point {
    private Int32 m_x, m_y;
    public Point(Int32 x, Int32 y) { m_x = x; m_y = y; }

    public static Boolean operator==(Point p1, Point p2) {
        return (p1.m_x == p2.m_x) && (p1.m_y == p2.m_y);
    }

    public static Boolean operator!=(Point p1, Point p2) {
        return !(p1 == p2);
    }
}
```

然后可以使用 Point 类型的可空实例，编译器能自动调用重载的操作符 (方法)：

```
internal static class Program {
    public static void Main() {
        Point? p1 = new Point(1, 1);
        Point? p2 = new Point(2, 2);

        Console.WriteLine("Are points equal? " + (p1 == p2).ToString());
        Console.WriteLine("Are points not equal? " + (p1 != p2).ToString());
    }
}
```

生成并运行以上代码得到以下输出：

```
Are points equal? False
Are points not equal? True
```

19.2 C# 语言的空接合操作符

C# 语言提供了一个 "空接合操作符" (null-coalescing operator)，即操作符 ??，它要获取两个操作数。假如左边的操作数不为 null，就返回这个操作数的值。如果左边的操作数为 null，就返回右边的操作数的值。利用空接合操作符，可以方便地设置变量的默认值。

空接合操作符的一个好处在于，它既能用于引用类型，也能用于可空值类型。以下代码演示了如何使用操作符 ??：

```
private static void NullCoalescingOperator() {
   Int32? b = null;

   // 下面这行等价于:
   // x = (b.HasValue) ? b.Value : 123
   Int32 x = b ?? 123;
   Console.WriteLine(x); // "123"

   // 下面这行等价于:
   // String temp = GetFilename();
   // filename = (temp != null) ? temp : "Untitled";
   String filename = GetFilename() ?? "Untitled";
}
```

有人争辩说操作符 ?? 不过是 ?: 操作符的"语法糖"而已，所以 C# 编译器团队不应该将这个操作符添加到语言中。实际上，?? 提供了重大的语法上的改进。第一个改进是 ?? 操作符能更好地支持表达式：

```
Func<String> f = () => SomeMethod() ?? "Untitled";
```

相比下一行代码，以上代码更容易阅读和理解。下面这行代码要求进行变量赋值，而且用一个语句还搞不定：

```
Func<String> f = () => { var temp = SomeMethod();
return temp != null ? temp : "Untitled";};
```

第二个改进是 ?? 在复合情形中更好用。例如，下面这行代码：

```
String s = SomeMethod1() ?? SomeMethod2() ?? "Untitled";
```

它比下面这一堆代码更容易阅读和理解：

```
String s;
var sm1 = SomeMethod1();
if (sm1 != null) s = sm1;
else {
   var sm2 = SomeMethod2();
   if (sm2 != null) s = sm2;
   else s = "Untitled";
}
```

19.3　CLR 对可空值类型的特殊支持

CLR 内建对可空值类型的支持。这个特殊的支持是针对装箱、拆箱、调用 **GetType** 和调用接口方法提供的，它使可空类型能无缝地集成到 CLR 中，而且使它们具有更自然的行为，更符合大多数开发人员的预期。下面深入研究一下 CLR 对可空类型的特殊支持。

19.3.1 可空值类型的装箱

假定有一个逻辑上设为 null 的 Nullable<Int32> 变量。将其传给期待一个 Object 的方法，就必须对其进行装箱，并将对已装箱 Nullable<Int32> 的引用传给方法。但对表面上为 null 的值进行装箱不符合直觉——即使 Nullable<Int32> 变量本身非 null，它只是在逻辑上包含了 null。为了解决这个问题，CLR 会在装箱可空变量时执行一些特殊代码，从表面上维持可空类型的"一等公民"地位。

具体地说，当 CLR 对 Nullable<T> 实例进行装箱时，会检查它是否为 null。如果是，CLR 不装箱任何东西，直接返回 null。如果可空实例不为 null，CLR 从可空实例中取出值并进行装箱。也就是说，一个值为 5 的 Nullable<Int32> 会装箱成值为 5 的已装箱 Int32。以下代码演示了这一行为：

```
// 对 Nullable<T> 进行装箱，要么返回 null，要么返回一个已装箱的 T
Int32? n = null;
Object o = n; // o 为 null
Console.WriteLine("o is null={0}", o == null);      // "True"

n = 5;
o = n;   // o 引用一个已装箱的 Int32
Console.WriteLine("o's type={0}", o.GetType()); // "System.Int32"
```

19.3.2 可空值类型的拆箱

CLR 允许将已装箱的值类型 T 拆箱为一个 T 或者 Nullable<T>。如果对已装箱值类型的引用是 null，而且要把它拆箱为一个 Nullable<T>，那么 CLR 会将 Nullable<T> 的值设为 null。以下代码演示了这个行为：

```
// 创建已装箱的 Int32
Object o = 5;

// 把它拆箱为一个 Nullable<Int32> 和一个 Int32
Int32? a = (Int32?) o;  // a = 5
Int32 b = (Int32) o;    // b = 5

// 创建初始化为 null 的一个引用
o = null;

// 把它"拆箱"为一个 Nullable<Int32> 和一个 Int32
a = (Int32?) o;   // a = null
b = (Int32) o;    // NullReferenceException
```

19.3.3　通过可空值类型调用 GetType

在 Nullable<T> 对象上调用 GetType，CLR 实际会"撒谎"说类型是 T，而不是 Nullable<T>。以下代码演示了这一行为：

```
Int32? x = 5;

// 下面这行代码会显示" System.Int32"，而非" System.Nullable<Int32>"
Console.WriteLine(x.GetType());
```

19.3.4　通过可空值类型调用接口方法

以下代码将 Nullable<Int32> 类型的变量 n 转型为接口类型 IComparable<Int32>。Nullable<T> 不像 Int32 那样实现了 IComparable<Int32> 接口，但 C# 编译器允许这样的代码通过编译，而且 CLR 的校验器也认为这样的代码可验证，从而允许使用更简洁的语法：

```
Int32? n = 5;
Int32 result = ((IComparable) n).CompareTo(5); // 能顺利编译和运行
Console.WriteLine(result);                      // 0
```

假如 CLR 不提供这一特殊支持，要在可空值类型上调用接口方法，就必须写很烦琐的代码。首先要转型为已拆箱的值类型，然后才能转型为接口以发出调用：

```
Int32 result = ((IComparable) (Int32) n).CompareTo(5); // 很烦琐
```

第IV部分 核心机制

第 20 章

异常和状态管理

本章内容：

- 定义"异常"
- 异常处理机制
- System.Exception 类
- FCL 定义的异常类
- 抛出异常
- 定义自己的异常类
- 牺牲可靠性来换取开发效率
- 设计规范和最佳实践
- 未处理的异常
- 对异常进行调试
- 异常处理的性能问题
- 约束执行区域 (CER)
- 代码协定

    本章重点在于错误处理，但并非仅限于此。错误处理要分几个部分。首先要定义到底什么是错误。然后要讨论如何判断代码正在经历一个错误，以及如何从错误中恢复。这个时候，状态就成为一个要考虑的问题，因为错误常常在不恰当的时候发生。代码可能在状态改变的中途发生错误。这时需要将一些状态还原为改变之前的样子。当然，还要讨论代码如何通知调用者有错误发生。

在我看来，异常处理是 CLR 最薄弱的一个环节，造成开发人员在写托管代码时遇到许多问题。经过多年的发展，微软确实进行了一系列显著的改进来帮助开发人员处理错误。但我认为在获得一个真正良好、可靠的系统之前，微软仍有大量工作要做。本章讨论了微软已经对未处理的异常、约束执行区域 (Constrained Execution Region，CER)、代码协定、运行时包装的异常以及未捕捉的异常做出的一些改进。

20.1 定义"异常"

设计类型时要想好各种使用情况。类型名称通常是名词，例如 FileStream 或者 StringBuilder。然后要为类型定义属性、方法、事件等。这些成员的定义方式(属性的数据类型、方法的参数、返回值等)就是类型的编程接口。这些成员代表类本身或者类型实例能执行的行动。行动成员通常用动词表示，比如 Read、Write、Flush、Append、Insert 和 Remove 等。当行动成员不能完成任务时，就应抛出异常。

重要提示

> 成员没有完成它的名称所宣称的行动，就发生了异常。

例如以下类定义：

```
internal class Account {
    public static void Transfer(Account from, Account to, Decimal amount) {
        from -= amount;
        to += amount;
    }
}
```

Transfer 方法接收两个 Account 对象和一个代表账号之间转账金额的 Decimal 值。显然，Transfer 方法的作用是从一个账户扣除钱，把钱添加到另一个账户中。Transfer 方法可能因为多种原因而失败。例如，from 或 to 实参可能为 null；from 或 to 实参引用的可能不是活动账户；from 账户可能没有足够的资金；to 账户的资金可能过多，以至于增加资金时导致账户溢出；amount 实参为 0、负数或者小数超过两位。

Transfer 方法在调用时，它的代码应检查前面描述的种种可能。检测到其中任何一种可能都不能转账，应抛出异常来通知调用者它不能完成任务。事实上，Transfer 方法的返回类型为 void。这是由于 Transfer 方法没有什么有意义的值需要返回。这一点很容易想得通：方法正常返回[①]表明转账成功，失败就抛出一个有意义的异常。

---

① 译注：指返回到调用位置，而不是返回一个值。

面向对象编程极大提高了开发人员的开发效率，因为可以写这样的代码：

```
Boolean f = "Jeff".Substring(1, 1).ToUpper().EndsWith("E");    // true
```

这行代码将多个操作链接到一起①。我很容易写这行代码，其他人也很容易阅读和维护，因为它的意图很明显：获取字符串，取出一部分 (子串)，全部大写那个部分，然后检查那个部分是否以 "E" 结尾。出发点不错，但有一个重要的前提：没有操作失败，中途不出错。但错误总是可能发生的，所以需要以一种方式处理错误。事实上，许多面向对象的构造 (构造器、获取和设置属性、添加和删除事件、调用操作符重载和调用转换操作符等) 都没办法返回错误代码，但它们仍然需要报告错误。微软的 .NET Framework 和所有编程语言通过异常处理来解决这个问题。

重要提示

许多开发人员都错误地认为异常和某件事情的发生频率有关。例如，一个设计文件 Read 方法的开发人员可能会这样想："读取文件最终会抵达文件尾。由于抵达文件尾总是会发生，所以我设计这个 Read 方法返回一个特殊值来报告抵达了文件尾；我不让它抛出异常。"问题在于，这是设计 Read 方法的开发人员的想法，而非调用 Read 方法的开发人员的想法。

设计 Read 方法的开发人员不可能知道这个方法的所有调用情形。所以，开发人员不可能知道 Read 的调用者是不是每次都会一路读取到文件尾。事实上，由于大多数文件包含的都是结构化数据，所以一路读取直至文件尾的情况是很少发生的。

20.2 异常处理机制

本节介绍异常处理机制，以及进行异常处理所需的 C# 构造，但不打算罗列过多的细节。本章旨在讲解何时以及如何使用异常处理的设计规范。要更多地了解异常处理机制和相关的 C# 语言构造，请参考文档和 C# 语言规范。另外，.NET Framework 异常处理机制是用 Windows 提供的结构化异常处理 (Structured Exception Handling，SEH) 机制构建的。对 SEH 的讨论有很多，包括我自己的《Windows 核心编程 (第 5 版)》一书，其中有 3 章内容专门讨论 SEH。②

以下 C# 代码展示了异常处理机制的标准用法，可通过它对异常处理代码块及其用途产生初步认识。代码后面的各小节将正式描述 **try** 块、**catch** 块和 **finally** 块及其用途，并提供关于它们的一些注意事项。

---

① 事实上，利用 C# 语言的"扩展方法"，可以将更多本来不能链接的方法链接到一起。
② 译注：扫码了解详情。

```
private void SomeMethod() {

    try {
        // 需要得体地进行恢复和 / 或清理的代码放在这里
    }
    catch (InvalidOperationException) {
        // 从 InvalidOperationException 恢复的代码放在这里
    }
    catch (IOException) {
        // 从 IOException 恢复的代码放在这里
    }
    catch {
        // 从除了上述异常之外的其他所有异常恢复的代码放在这里

        ...
        // 如果什么异常都捕捉，通常要重新抛出异常。本章稍后将详细解释
        throw;
    }
    finally {
        // 这里的代码对始于 try 块的任何操作进行清理
        // 这里的代码总是执行，不管是不是抛出了异常
    }
    // 如果 try 块没有抛出异常，或者某个 catch 块捕捉到异常，但没有抛出或
    // 重新抛出异常，就执行下面的代码
    ...
}
```

这段代码只是使用各种异常处理块的一种可能的方式。不要被这些代码吓到——大多数方法都只有一个 try 块和一个匹配的 finally 块，或者一个 try 块和一个匹配的 catch 块。像本例那样有这么多 catch 块是很少见的，这里列出它们仅仅是为了演示。

20.2.1 try 块

如果代码需要执行一般性的资源清理操作，需要从异常中恢复，或者两者都需要，就可以放到 try 块中。负责清理的代码应放到一个 finally 块中。可能抛出异常的代码也应放到 try 块中。负责异常恢复的代码应放到一个或多个 catch 块中。针对应用程序能从中安全恢复的每一种异常，都应该创建一个对应的 catch 块。一个 try 块至少要有一个关联的 catch 块或 finally 块，单独一个 try 块没有意义，C# 语言也不允许。

重要提示

开发人员有时不知道应该在一个 try 块中放入多少代码。这具体取决于状态管理。如果在一个 try 块中执行多个可能抛出同一个异常类型的操作，但不同的操作有不同的异常恢复措施，就应该将每个操作都放到它自己的 try 块中，这样才能正确地恢复状态。

20.2.2 `catch` 块

`catch` 块包含的是用于响应异常的代码。一个 `try` 块可以关联 0 个或多个 `catch` 块。如果 `try` 块中的代码没有造成异常的抛出，那么 CLR 永远不会执行它的任何 `catch` 块。线程将跳过所有 `catch` 块，直接执行 `finally` 块 (如果有的话)。`finally` 块执行完毕后，从 `finally` 块后面的语句继续执行。

`catch` 关键字后的圆括号中的表达式称为捕捉类型。C# 语言要求捕捉类型必须是 `System.Exception` 或其他的派生类型。例如，以上代码包含用于处理 `InvalidOperationException` 异常 (或者从它派生的任何异常) 和 `IOException` 异常 (或者从它派生的任何异常) 的 `catch` 块。最后一个 `catch` 块没有指定捕捉类型，能处理除了前面的 `catch` 块指定的之外的其他所有异常；这相当于捕捉 `System.Exception` (只是无法通过 `catch` 块的大括号内的代码来访问异常信息)。

注意　用微软的 Visual Studio 调试 `catch` 块时，可在监视窗口中添加特殊变量名称 `$exception` 来查看当前抛出的异常对象。

CLR 自上而下搜索匹配的 `catch` 块，所以应将较具体的异常放在顶部。也就是说，首先出现的应该是派生程度最大的异常类型，接着是它们的基类型 (如果有的话)，最后是 `System.Exception`(或者没有指定任何捕捉类型的 `catch` 块)。事实上，如果弄反了这个顺序，将较具体的 `catch` 块放在靠近底部的位置，那么 C# 编译器会报错，因为这样的 `catch` 块是不可达的。

在 `try` 块的代码 (或者从 `try` 块调用的任何方法) 中抛出异常，CLR 将搜索捕捉类型与抛出的异常相同 (或者是它的基类) 的 `catch` 块。如果没有任何捕捉类型与抛出的异常匹配，那么 CLR 会去调用栈[1]更高的一层搜索与异常匹配的捕捉类型。如果都到了调用栈的顶部，还是没有找到匹配的 `catch` 块，就会发生 "未处理的异常"。本章后面将更深入地探讨未处理的异常。

一旦 CLR 找到匹配的 `catch` 块，就会执行内层所有 `finally` 块中的代码。所谓 "内层 `finally` 块" 是指从抛出异常的 `try` 块开始，到匹配异常的 `catch` 块之间的所有 `finally` 块。[2]注意，在这个时候，与异常匹配的那个 `catch` 块所关联的

---

[1]　译注：文档翻译成 "调用堆栈"。

[2]　译注：内层 `finally` 块指的是在嵌套的异常处理结构中，位于外层 `try-catch` 块内部的 `finally` 块。在这种情况下，内层 `finally` 块的代码将在外层 `try-catch` 块的 `catch` 块执行之前执行。这种结构允许进行一些必要的清理工作，无论是否发生了异常。前面说过，异常处理涉及调用栈的知识。内层没有找到合适的 `catch`，就跑去上一层。以此类推，直至栈顶。不要产生 "`finally` 块怎么会放到 `try` 和 `catch` 之间" 的误解。请用 "立体" 思维来看待寻找合适 `catch` 的过程。

finally 块此时尚未执行，该 finally 块中的代码要一直等到这个 catch 块中的代码执行完毕才会执行。

所有内层 finally 块执行完毕之后，匹配异常的那个 catch 块中的代码才开始执行。catch 块中的代码通常执行一些对异常进行处理的操作。在 catch 块的末尾，我们有以下三个选择：

- 重新抛出相同的异常，向调用栈高一层的代码通知该异常的发生；
- 抛出一个不同的异常，向调用栈高一层的代码提供更丰富的异常信息；
- 让线程从 catch 块的底部退出 [①]。

本章稍后将针对每一种技术的使用时机提供一些指导原则。选择前两种技术将抛出异常，CLR 的行为和之前说的一样：回溯调用栈，查找捕捉类型与抛出的异常的类型匹配的 catch 块。

选择最后一种技术，线程从 catch 块的底部退出后，它会立即执行包含在 finally 块 [②](如果有的话) 中的代码。finally 块的所有代码执行完毕后，线程退出 finally 块，执行紧跟在 finally 块之后的语句。如果不存在 finally 块，线程将从最后一个 catch 块之后的语句开始执行。

C# 语言允许在捕捉类型后指定一个变量。捕捉到异常时，该变量将引用抛出的 System.Exception 派生对象。catch 块中的代码可以通过引用该变量来访问异常的具体信息 (例如异常发生时的跟踪 [③])。虽然这个对象可以修改，但最好不要这么做，而应把它当成是只读的。本章稍后将解释 Exception 类型以及可以在该类型上进行哪些操作。

>
> 注意
>
> 大家的代码可向 AppDomain 的 FirstChanceException 事件登记。这样只要 AppDomain 中发生异常，就会收到通知。这个通知是在 CLR 开始搜索任何 catch 块之前发生的。欲知该事件的详情，请参见第 22 章 "CLR 寄宿和 AppDomain"。

---

① 译注：此退出 (fall out of the bottom of the catch block) 非彼退出。不是说要终止线程，而是说执行正常地 "贯穿" catch 块的底部，并执行匹配的 finally 块。
② 译注：这个才是与 catch 关联的 finally 块，也就是常说的 try-catch-finally 中的 finally。
③ 译注：对方法调用的跟踪称为堆栈跟踪 (stack trace)。堆栈跟踪列表提供了一种循着调用序列跟踪到异常发生处的手段。另外要注意，虽然本书大多数时候会将 stack 翻译成 "栈" 而不是 "堆栈"，但为了保持和文档及习惯说法的一致，偶尔还是得将一些 stack 翻译成 "堆栈"。

20.2.3 finally 块

finally 块包含的是保证会执行的代码[1]。一般在 finally 块中执行 try 块的行动所要求的资源清理操作。

例如，在 try 块中打开了文件，就应该将关闭文件的代码放到 finally 块中：

```
private void ReadData(String pathname) {
    FileStream fs = null;
    try {
        fs = new FileStream(pathname, FileMode.Open);
        // 处理文件中的数据 ...
    }
    catch (IOException) {
        // 在此添加从 IOException 恢复的代码
    }
    finally {
        // 确保文件被关闭
        if (fs != null) fs.Close();
    }
}
```

在以上代码中，如果 try 块中的代码没有抛出异常，文件保证会被关闭。如果 try 块中的代码抛出异常，文件也保证会被关闭，无论该异常是否被捕捉到。将关闭文件的语句放在 finally 块之后是不正确的，因为假若异常抛出但未被捕捉到，该语句就执行不到，造成文件一直保持打开状态 (直到下一次垃圾回收)。

try 块并非一定要关联一个 finally 块。try 块中的代码有时并不需要执行任何清理工作。但是，只要有 finally 块，它就必须出现在所有 catch 块之后，而且一个 try 块最多只能够关联一个 finally 块。

线程执行完 finally 块中的代码后，会执行紧跟在 finally 块之后的语句。记住，finally 块中的代码是清理代码，这些代码只需要对 try 块中发起的操作进行清理。catch 和 finally 块中的代码应该非常短 (通常只有一两行)，而且要有非常高的成功率，避免自己又抛出异常。

当然，(catch 中的) 异常恢复代码或 (finally 中的) 清理代码总是有可能失败并抛出异常的。但这个可能性不大。而且如果真的发生，那么通常意味着某个地方出了很严重的问题。很可能是某些状态在一个地方发生了损坏。即使 catch 或 finally 块内部抛出了异常，也并非就是世界末日——CLR 的异常机制仍会正常运

---

[1] 终止线程或卸载 AppDomain 会造成 CLR 抛出一个 ThreadAbortException，使 finally 块能够执行。如果直接用 Win32 函数 TerminateThread 杀死线程，或者用 Win32 函数 TerminateProcess 或 System.Environment 的 FailFast 方法杀死进程，那么 finally 块不会执行。当然，进程终止后，Windows 会负责清理该进程使用的所有资源。

转，好像异常是在 **finally** 块之后抛出的一样。但是，出现这种情况时，CLR 不会记录对应的 **try** 块 (如果有的话) 中抛出的第一个异常，关于第一个异常的所有信息 (例如堆栈跟踪) 都将丢失。这个新异常可能 (而且极有可能) 不会由你的代码处理，最终变成一个未处理的异常。在这种情况下，CLR 会终止你的进程。这是件好事情，因为损坏的所有状态现在都会被销毁。相较于让应用程序继续运行，造成不可预知的结果以及可能的安全漏洞，这样处理要好得多！

我个人认为，C# 团队应该为异常处理机制选择一套不同的语言关键字。程序员想做的是尝试 (try) 执行一些代码。如果发生错误，要么处理 (handle) 错误，以便从错误中恢复并继续；要么进行补偿 (compensate) 来撤消一些状态更改，并向调用者上报错误。程序员还希望确保清理操作 (cleanup) 无论如何都会发生。左边的代码是目前 C# 编译器所支持的方式，右边的是我推荐的可读性更佳的方式：

```
void Method() {
   try {
      ...
   }
   catch (XxxException) {
      ...
   }
   catch (YyyException) {
      ...
   }
   catch {
      ...; throw;
   }
   finally {
      ...
   }
}
```

```
void Method() {
   try {
      ...
   }
   handle (XxxException) {
      ...
   }
   handle (YyyException) {
      ...
   }
   compensate {
      ...
   }
   cleanup {
      ...
   }
}
```

CLS 和非 CLS 异常

所有面向 CLR 的编程语言都必须支持抛出从 Exception 派生的对象，因为公共语言规范 (Common Language Specification，CLS) 对此进行了硬性规定。但是，CLR 实际允许抛出任何类型的实例，而且有些编程语言允许代码抛出非 CLS 相容的异常对象，比如一个 String、Int32 和 DateTime 等。C# 编译器只允许代码抛出从 Exception 派生的对象，而用其他一些语言写的代码不仅允许抛出 Exception 派生对象，还允许抛出非 Exception 派生对象。

许多程序员没有意识到，CLR 实际允许抛出任何对象来报告异常。大多数开发人员以为只有派生自 Exception 的对象才能抛出。在 CLR 的 2.0 版本之前，程序员写 catch 块来捕捉异常时，只能捕捉 CLS 相容的异常。如果一个 C# 方法调用了用另一种编程语言写的方法，而且那个方法抛出一个非 CLS 相容的异常，那么 C# 代码根本不能捕捉这个异常，从而造成一些安全隐患。

　　在 CLR 2.0 中，微软引入了新的 RuntimeWrappedException 类（在命名空间 System.Runtime.CompilerServices 中定义）。该类派生自 Exception，所以它是一个 CLS 相容的异常类型。RuntimeWrappedException 类含有一个 Object 类型的私有字段（可通过 RuntimeWrappedException 类的只读属性 WrappedException 来访问）。在 CLR 2.0 中，非 CLS 相容的一个异常被抛出时，CLR 会自动构造 RuntimeWrappedException 类的实例，并初始化该实例的私有字段，使之引用实际抛出的对象。这样 CLR 就将非 CLS 相容的异常转变成了 CLS 相容的异常。所以，任何能捕捉 Exception 类型的代码，现在都能捕捉非 CLS 相容的异常，从而消除了潜在的安全隐患。

　　虽然 C# 编译器只允许开发人员抛出派生自 Exception 的对象，但在 C# 2.0 之前，C# 编译器确实允许开发人员使用以下形式的代码捕捉非 CLS 相容的异常：

```
private void SomeMethod() {
    try {
        // 需要得体地进行恢复和 / 或清理的代码放在这里
    }
    catch (Exception e) {
        // C# 2.0 以前，这个块只能捕捉 CLS 相容的异常；
        // 而现在，这个块能捕捉 CLS 相容和不相容的异常
        throw;  // 重新抛出捕捉到的任何异常
    }
    catch {
        // 在所有版本的 C# 中，这个块可以捕捉 CLS 相容和不相容的异常
        throw;  // 重新抛出捕捉到的任何异常
    }
}
```

　　现在，一些开发人员注意到 CLR 同时支持相容和不相容于 CLS 的异常，他们可能像上面展示的那样写两个 catch 块来捕捉这两种异常。但是，为 CLR 2.0 或更高版本重新编译以上代码，第二个 catch 块永远执行不到，C# 编译器将显示以下警告消息：

CS1058: 上一个 catch 子句已捕获所有异常。引发的所有非异常[①]均被包装在 System.Runtime.CompilerServices.RuntimeWrappedException 中。

　　开发人员有两个办法迁移 .NET Framework 2.0 之前的代码。首先，两个 catch 块中的代码可以合并到一个 catch 块中，并删除其中的一个 catch 块。这是推荐的办法。另外，还可以向 CLR 说明程序集中的代码想按照旧的规则行事。也就是说，告诉 CLR 你的 catch (Exception) 块不应捕捉新的 RuntimeWrappedException 类的一个实例。在这种情况下，CLR 不会将非 CLS 相容的对象包装到一个 RuntimeWrappedException 实例中，而且只有在你提供了一个没有指定任何类型的 catch 块时才调用你的代码。为了告诉 CLR 需要旧的行为，可以向你的程序集应用

① 译注："非异常"其实就是"非自 System.Exception 派生的异常"。

RuntimeCompatibilityAttribute 类的实例:

```
using System.Runtime.CompilerServices;
[assembly:RuntimeCompatibility(WrapNonExceptionThrows = false)]
```

注意,该特性影响的是整个程序集。在同一个程序集中,包装和不包装异常这两种处理方式不能同时存在。向包含旧代码的程序集 (CLR 不支持在其中包装异常) 添加新代码 (预期 CLR 会包装异常) 时要特别小心。

20.3 System.Exception 类

CLR 允许异常抛出任何类型的实例——从 Int32 到 String 都可以。但是,微软决定不强迫所有编程语言都抛出和捕捉任意类型的异常。因此,他们定义了 System.Exception 类型,并规定所有 CLS 相容的编程语言都必须能抛出和捕捉派生自该类型的异常。派生自 System.Exception 的异常类型被认为是 CLS 相容的。C# 语言和其他许多语言的编译器都只允许抛出 CLS 相容的异常。

System.Exception 是一个很简单的类型,表 20-1 描述了它包含的属性。但一般不要写任何代码以任何方式查询或访问这些属性。相反,当应用程序因为未处理的异常而终止时,可以在调试器中查看这些属性,或者在 Windows 应用程序事件日志或崩溃转储 (crash dump) 中查看。

表 20-1 System.Exception 类型的公共属性

属性名称	访问	类型	说明
Message	只读	String	包含辅助性文字说明,指出抛出异常的原因。如果抛出的异常未处理,该消息通常被写入日志。由于最终用户一般不看这种消息,所以消息应提供尽可能多的技术细节,方便开发人员在生成新版本程序集时,利用消息所提供的信息来修正代码
Data	只读	IDictionary	引用一个 "键 / 值对" 集合。通常,代码在抛出异常前在该集合中添加记录项;捕捉异常的代码可在异常恢复过程中查询记录项并利用其中的信息
Source	读 / 写	String	包含生成异常的程序集的名称
StackTrace	只读	String	包含抛出异常之前调用过的所有方法的名称和签名,该属性对调试很有用

（续表）

属性名称	访问	类型	说明
TargetSite	只读	MethodBase	包含抛出异常的方法
HelpLink	只读	String	包含帮助用户理解异常的一个文档的 URL（例如 file://C:\MyApp\Help.htm#MyExceptionHelp)。但要注意，健全的编程和安全实践阻止用户查看原始的未处理的异常。因此，除非希望将信息传达给其他程序员，否则不要使用该属性
InnerException	只读	Exception	如果当前异常是在处理一个异常时抛出的，该属性就指出上一个异常是什么。这个只读属性通常为 null。Exception 类型还提供了公共方法 GetBaseException 来遍历由内层异常构成的链表，并返回最初抛出的异常
HResult	读 / 写	Int32	跨越托管和本机代码边界时使用的一个 32 位值。例如，当 COM API 返回代表失败的 HRESULT 值时，CLR 抛出一个 Exception 派生对象，并通过该属性来维护 HRESULT 值

　　这里有必要讲一下 System.Exception 类型提供的只读 StackTrace 属性。catch 块可读取该属性来获取一个堆栈跟踪 (stack trace)，它描述了异常发生前调用了哪些方法。检查异常原因并改正代码时，这些信息是很有用的。访问该属性实际会调用 CLR 中的代码；该属性并不是简单地返回一个字符串。构造 Exception 派生类型的新对象时，StackTrace 属性被初始化为 null。如果此时读取该属性，得到的不是堆栈跟踪，而是一个 null。

　　一个异常抛出时，CLR 在内部记录 throw 指令的位置 (抛出位置)。一个catch 块捕捉到该异常时，CLR 记录捕捉位置。现在，如果在 catch 块内部访问被抛出的异常对象的 StackTrace 属性，负责实现该属性的代码会调用 CLR 内部的代码，后者会创建一个字符串来指出从异常抛出位置到异常捕捉位置的所有方法。

重要
提示

> 抛出异常时，CLR 会重置异常起点；也就是说，CLR 只记得最新的异常对象的抛出位置。

以下代码抛出它捕捉到的相同的异常对象，导致 CLR 重置该异常的起点 (以前说过，FxCop 是 Visual Studio 的代码分析工具)：

```
private void SomeMethod() {
    try { ... }
    catch (Exception e) {
        ...
        throw e;    // CLR 认为这是异常的起点，FxCop 报错
    }
}
```

但是，如果仅仅使用 throw 关键字本身 (删除后面的 e) 来重新抛出异常对象，CLR 就不会重置堆栈的起点。以下代码重新抛出它捕捉到的异常，但不会导致 CLR 重置起点：

```
private void SomeMethod() {
    try { ... }
    catch (Exception e) {
        ...
        throw; // 不影响 CLR 对异常起点的认知。FxCop 不再报错
    }
}
```

实际上，两段代码唯一的区别就是 CLR 对于异常起始抛出位置的认知。遗憾的是，不管抛出还是重新抛出异常，Windows 都会重置栈的起点。因此，如果一个异常成为未处理的异常，那么向 Windows Error Reporting 报告的栈位置就是最后一次抛出或重新抛出的位置 (即使 CLR 知道异常的原始抛出位置)。之所以遗憾，是因为假如应用程序在部署后的实际运行环境中失败，那么会使调试工作变得异常困难。有些开发人员无法忍受这一点，于是选择以一种不同的方式实现代码，确保堆栈跟踪能真正反映异常的原始抛出位置：

```
private void SomeMethod() {
    Boolean trySucceeds = false;
    try {
        ...
        trySucceeds = true;
    }
    finally {
        if (!trySucceeds) { /* 捕捉代码放到这里 */ }
    }
}
```

在 StackTrace 属性返回的字符串中，不包含调用栈中比接收异常对象的那个 catch 块更高的任何方法[①]。要获得从线程起始处到异常处理程序 (catch 块) 之间的

---

① 译注：向栈顶移动即"升高"，向栈底移动即"降低"。

完整堆栈跟踪，需要使用 System.Diagnostics.StackTrace 类型。该类型定义了一些属性和方法，允许开发人员程序化地处理堆栈跟踪以及构成堆栈跟踪的栈帧[①]。

可以使用几个不同的构造器来构造一个 StackTrace 对象。一些构造器构造从线程起始处到 StackTrace 对象的构造位置的栈帧。另一些使用作为参数传递的一个 Exception 派生对象来初始化栈帧。

如果 CLR 能找到你的程序集的调试符号 (存储在 .pdb 文件中)，那么在 System.Exception 的 StackTrace 属性或者 System.Diagnostics.StackTrace 的 ToString 方法返回的字符串中，将包括源代码文件路径和代码行号，这些信息对于调试是很有用的。

获得堆栈跟踪后，可能发现实际调用栈中的一些方法并没有出现在堆栈跟踪字符串中。这可能有两方面的原因。首先，调用栈记录的是线程的返回位置 (而非来源位置)。其次，JIT 编译器可能进行了优化，将一些方法内联 (inline)，以避免调用单独的方法并从中返回的开销。许多编译器 (包括 C# 编译器) 都支持 /debug 命令行开关。使用这个开关，编译器会在生成的程序集中嵌入信息，告诉 JIT 编译器不要内联程序集的任何方法，确保调试人员获得更完整、更有意义的堆栈跟踪。

注意

JIT 编译器会检查应用于程序集的 System.Diagnostics.DebuggableAttribute 定制特性。C# 编译器会自动应用该特性。如果该特性指定了 DisableOptimizations 标志，那么 JIT 编译器不会对程序集的方法进行内联。如果使用了 C# 编译器的 /debug 开关，那么会自动设置这个标志。另外，如果向方法应用了定制特性 System.Runtime.CompilerServices. MethodImplAttribue，那么将禁止 JIT 编译器在调试和发布生成 (debug and release build) 时对该方法进行内联处理，以下方法定义示范了如何禁止方法内联：

```
using System;
using System.Runtime.CompilerServices;

internal sealed class SomeType {

    [MethodImpl(MethodImplOptions.NoInlining)]
    public void SomeMethod() {
        ...
    }
}
```

---

① 译注：栈帧 (stack frame) 代表当前线程的调用栈中的一个方法调用。执行线程的过程中进行的每个方法调用都会在调用栈中创建并压入一个 StackFrame。

20.4 FCL 定义的异常类

FCL 定义了许多异常类型（它们最终都从 System.Exception 类型派生）。以下层次结构展示了 MSCorLib.dll 程序集中定义的异常类型；其他程序集还定义了更多的异常类型。用于获得这个层次结构的应用程序请参见 23.3.3 节"构建 Exception 派生类型的层次结构"：[①]

```
System.Exception
  System.DirectoryServices.ActiveDirectory.ActiveDirectoryObjectExistsException
  System.DirectoryServices.ActiveDirectory.ActiveDirectoryObjectNotFoundException
  System.DirectoryServices.ActiveDirectory.ActiveDirectoryOperationException
    System.DirectoryServices.ActiveDirectory.ForestTrustCollisionException
    System.DirectoryServices.ActiveDirectory.SyncFromAllServersOperationException
  System.DirectoryServices.ActiveDirectory.ActiveDirectoryServerDownException
  System.AggregateException
  System.ApplicationException
    System.Reflection.InvalidFilterCriteriaException
    System.Reflection.TargetException
    System.Reflection.TargetInvocationException
    System.Reflection.TargetParameterCountException
    System.Threading.WaitHandleCannotBeOpenedException
  System.Threading.BarrierPostPhaseException
  System.Diagnostics.Eventing.Reader.EventLogException
    System.Diagnostics.Eventing.Reader.EventLogInvalidDataException
    System.Diagnostics.Eventing.Reader.EventLogNotFoundException
    System.Diagnostics.Eventing.Reader.EventLogProviderDisabledException
    System.Diagnostics.Eventing.Reader.EventLogReadingException
  System.Diagnostics.Tracing.EventSourceException
  System.ComponentModel.Design.ExceptionCollection
  System.Management.Instrumentation.InstrumentationBaseException
    System.Management.Instrumentation.InstrumentationException
      System.Management.Instrumentation.InstanceNotFoundException
  System.InvalidTimeZoneException
  System.IO.IsolatedStorage.IsolatedStorageException
  System.Threading.LockRecursionException
  System.Runtime.CompilerServices.RuntimeWrappedException
  System.Configuration.SettingsPropertyIsReadOnlyException
  System.Configuration.SettingsPropertyNotFoundException
  System.Configuration.SettingsPropertyWrongTypeException
  System.Net.Mail.SmtpException
    System.Net.Mail.SmtpFailedRecipientException
      System.Net.Mail.SmtpFailedRecipientsException
  System.Runtime.Remoting.MetadataServices.SUDSGeneratorException
  System.Runtime.Remoting.MetadataServices.SUDSParserException
```

① 译注：这里的输出基于 mscorlib.dll 的 4.8.9181.0 版本。根据你当前使用的 .NET Framework 版本，结果可能有所不同。

```
System.SystemException
    System.Threading.AbandonedMutexException
    System.AccessViolationException
    System.Reflection.AmbiguousMatchException
    System.AppDomainUnloadedException
    System.ArgumentException
        System.ArgumentNullException
        System.ArgumentOutOfRangeException
        System.Globalization.CultureNotFoundException
        System.Text.DecoderFallbackException
        System.DuplicateWaitObjectException
        System.Text.EncoderFallbackException
        System.ComponentModel.InvalidAsynchronousStateException
        System.ComponentModel.InvalidEnumArgumentException
    System.ArithmeticException
        System.DivideByZeroException
        System.NotFiniteNumberException
        System.OverflowException
    System.ArrayTypeMismatchException
    System.Security.Authentication.AuthenticationException
        System.Security.Authentication.InvalidCredentialException
    System.BadImageFormatException
    System.CannotUnloadAppDomainException
    System.ComponentModel.Design.Serialization.CodeDomSerializerException
    System.Configuration.ConfigurationException
    System.ContextMarshalException
    System.Security.Cryptography.CryptographicException
        System.Security.Cryptography.CryptographicUnexpectedOperationException
    System.Web.Caching.DatabaseNotEnabledForNotificationException
    System.Data.DataException
        System.Data.ConstraintException
        System.Data.DeletedRowInaccessibleException
        System.Data.DuplicateNameException
        System.Data.InRowChangingEventException
        System.Data.InvalidConstraintException
        System.Data.InvalidExpressionException
            System.Data.EvaluateException
            System.Data.SyntaxErrorException
        System.Data.MissingPrimaryKeyException
        System.Data.NoNullAllowedException
        System.Data.ReadOnlyException
        System.Data.RowNotInTableException
        System.Data.StrongTypingException
        System.Data.TypedDataSetGeneratorException
        System.Data.Design.TypedDataSetGeneratorException
        System.Data.VersionNotFoundException
    System.DataMisalignedException
    System.Data.DBConcurrencyException
    System.ExecutionEngineException
```

```
System.Runtime.InteropServices.ExternalException
    System.ComponentModel.Design.CheckoutException
    System.Runtime.InteropServices.COMException
        System.DirectoryServices.DirectoryServicesCOMException
    System.Data.Common.DbException
        System.Data.Odbc.OdbcException
        System.Data.OleDb.OleDbException
        System.Data.SqlClient.SqlException
    System.Web.HttpException
        System.Web.HttpCompileException
        System.Web.HttpParseException
        System.Web.HttpRequestValidationException
        System.Web.HttpUnhandledException
    System.Messaging.MessageQueueException
    System.Runtime.InteropServices.SEHException
    System.ComponentModel.Win32Exception
        System.Net.HttpListenerException
        System.Net.NetworkInformation.NetworkInformationException
        System.Net.Sockets.SocketException
        System.Net.WebSockets.WebSocketException
System.FormatException
    System.Net.CookieException
    System.Reflection.CustomAttributeFormatException
    System.UriFormatException
System.Security.HostProtectionException
System.Security.Principal.IdentityNotMappedException
System.IndexOutOfRangeException
System.InsufficientExecutionStackException
System.IO.InternalBufferOverflowException
System.InvalidCastException
System.Runtime.InteropServices.InvalidComObjectException
System.IO.InvalidDataException
System.Runtime.InteropServices.InvalidOleVariantTypeException
System.InvalidOperationException
    System.ObjectDisposedException
    System.Net.NetworkInformation.PingException
    System.Net.ProtocolViolationException
    System.Net.WebException
System.Drawing.Printing.InvalidPrinterException
System.InvalidProgramException
Microsoft.SqlServer.Server.InvalidUdtException
System.IO.IOException
    System.IO.DirectoryNotFoundException
    System.IO.DriveNotFoundException
    System.IO.EndOfStreamException
    System.IO.FileLoadException
    System.IO.FileNotFoundException
    System.IO.PathTooLongException
System.Collections.Generic.KeyNotFoundException
```

```
System.ComponentModel.LicenseException
System.Management.ManagementException
System.Runtime.InteropServices.MarshalDirectiveException
System.MemberAccessException
    System.FieldAccessException
    System.MethodAccessException
    System.MissingMemberException
        System.MissingFieldException
        System.MissingMethodException
System.Resources.MissingManifestResourceException
System.Resources.MissingSatelliteAssemblyException
System.MulticastNotSupportedException
System.NotImplementedException
System.NotSupportedException
    System.PlatformNotSupportedException
System.NullReferenceException
System.Data.OperationAbortedException
System.OperationCanceledException
    System.Threading.Tasks.TaskCanceledException
System.OutOfMemoryException
    System.InsufficientMemoryException
System.Security.Policy.PolicyException
System.RankException
System.Reflection.ReflectionTypeLoadException
System.Runtime.Remoting.RemotingException
    System.Runtime.Remoting.RemotingTimeoutException
System.Runtime.InteropServices.SafeArrayRankMismatchException
System.Runtime.InteropServices.SafeArrayTypeMismatchException
System.Security.SecurityException
System.Threading.SemaphoreFullException
System.Runtime.Serialization.SerializationException
System.Runtime.Remoting.ServerException
System.Web.Services.Protocols.SoapException
    System.Web.Services.Protocols.SoapHeaderException
System.Web.Management.SqlExecutionException
System.Data.SqlTypes.SqlTypeException
    System.Data.SqlTypes.SqlAlreadyFilledException
    System.Data.SqlTypes.SqlNotFilledException
    System.Data.SqlTypes.SqlNullValueException
    System.Data.SqlTypes.SqlTruncateException
System.StackOverflowException
System.Threading.SynchronizationLockException
System.Web.Caching.TableNotEnabledForNotificationException
System.Threading.ThreadAbortException
System.Threading.ThreadInterruptedException
System.Threading.ThreadStartException
System.Threading.ThreadStateException
System.TimeoutException
    System.Text.RegularExpressions.RegexMatchTimeoutException
```

```
    System.ServiceProcess.TimeoutException
    System.TypeInitializationException
    System.TypeLoadException
        System.DllNotFoundException
        System.EntryPointNotFoundException
        System.TypeAccessException
    System.TypeUnloadedException
    System.UnauthorizedAccessException
        System.Security.AccessControl.PrivilegeNotHeldException
    System.Security.VerificationException
    System.ComponentModel.WarningException
    System.Xml.XmlException
    System.Xml.Schema.XmlSchemaException
        System.Xml.Schema.XmlSchemaInferenceException
        System.Xml.Schema.XmlSchemaValidationException
    System.Security.XmlSyntaxException
    System.Xml.XPath.XPathException
    System.Xml.Xsl.XsltException
        System.Xml.Xsl.XsltCompileException
System.Threading.Tasks.TaskSchedulerException
System.TimeZoneNotFoundException
System.Web.UI.ViewStateException
```

  微软本来是打算将 System.Exception 类型作为所有异常的基类型，而另外两个类型 System.SystemException 和 System.ApplicationException 是唯一直接从 Exception 派生的类型。另外，CLR 抛出的所有异常都从 SystemException 派生，应用程序抛出的所有异常都从 ApplicationException 派生。这样就可以写一个 catch 块来捕捉 CLR 抛出的所有异常或者应用程序抛出的所有异常。

  但是，正如你看到的那样，规则没有得到严格遵守。有的异常类型直接从 Exception 派生（例如 IsolatedStorageException）；CLR 抛出的一些异常从 ApplicationException 派生（例如 TargetInvocationException）；而应用程序抛出的一些异常从 SystemException 派生（例如 FormatException）。这根本就是一团糟。结果是 SystemException 类型和 ApplicationException 类型根本没什么特殊含义。微软本该及时将它们从异常类的层次结构中移除，但现在已经不能那样做了，因为会破坏现有大量代码对这两个类型的引用。

20.5 抛出异常

  实现自己的方法时，如果方法无法完成方法名所宣称的任务，就应抛出一个异常。抛出异常时应考虑两个问题。

  第一个问题是抛出什么 Exception 派生类型。应选择一个有意义的类型。要考虑调用栈中位于高处的代码，要知道那些代码如何判断一个方法失败从而执行得体的恢复代码。可以直接使用 FCL 定义好的类型。但是，在 FCL 中也许找不到和你想表达的意思完全匹配的类型，所以可能需要定义自己的类型，只要它最终从 System.Exception 派生就好。

强烈建议定义浅而宽的异常类型层次结构[1]，以创建尽量少的基类。原因是基类的主要作用就是将大量错误当作一个错误，而这通常是危险的。基于同样的考虑，永远都不要抛出一个 System.Exception 对象[2]，抛出其他任何基类异常类型时也要特别谨慎。

> **重要提示** ⚠️
>
> 还要考虑版本问题。如果定义从现有异常类型派生的一个新异常类型，那么捕捉现有基类型的所有代码也能捕捉新类型。这有时可能正好是你期望的，但有时也可能不是，具体要取决于捕捉基类的代码以什么样的方式响应异常类型及其派生类型。现在，未预料到会有新异常的代码可能出现非预期的行为，并因而引发安全漏洞。另外，定义新异常类型的开发人员一般不知道基异常的所有捕捉位置以及具体的处理方式，所以事实上不可能做出一个面面俱到的决定。

第二个问题是向异常类型的构造器传递什么字符串消息。抛出异常时应包含一条字符串消息，详细说明方法为什么无法完成任务。如果异常被捕捉到并进行了处理，用户就看不到该字符串消息。但是，如果成为未处理的异常，消息通常会被写入日志。未处理的异常意味着应用程序存在真正的 bug，开发人员必须修复该 bug。最终用户没有源代码，也没有能力去修复 bug 并重新编译程序。事实上，这个字符串消息根本不应该向最终用户显示，所以，字符串消息可以包含非常详细的技术细节，以帮助开发人员修正代码。

另外，由于所有开发人员都不得不讲英语（至少要会一点，因为编程语言和 FCL 类 / 方法都使用英语），所以通常不必本地化异常字符串消息。但是，如果要构建由非英语开发人员使用的类库，就可能需要本地化字符串消息。微软已本地化了 FCL 抛出的异常消息，因为全世界的开发人员都要用这个类库。

20.6 定义自己的异常类

遗憾的是，设计自己的异常不仅烦琐，还容易出错。主要原因是从 Exception 派生的所有类型都应该是可序列化的 (serializable)，使它们能穿

---

[1] 译注：▅▅▅ = 浅而宽；▆ = 深而窄。
[2] 事实上，微软本来就应该将 System.Exception 类标记为 abstract，在编译时就禁止代码试图抛出它（的实例）。

越 AppDomain 边界或者写入日志 / 数据库。序列化涉及许多问题，详情将在第 24 章 "运行时序列化" 讲述。所以，为了简化编码，我写了一个自己的泛型 Exception<TExceptionArgs> 类，它像下面这样定义：

```
[Serializable]
public sealed class Exception<TExceptionArgs> : Exception, ISerializable
    where TExceptionArgs : ExceptionArgs {

    private const String c_args = "Args"; // 用于 ( 反 ) 序列化
    private readonly TExceptionArgs m_args;

    public TExceptionArgs Args { get { return m_args; } }

    public Exception(String message = null, Exception innerException = null)
        : this(null, message, innerException) { }

    public Exception(TExceptionArgs args, String message = null,
        Exception innerException = null): base(message, innerException) { m_args = args; }

    // 这个构造器用于反序列化；由于类是密封的，所以构造器是私有的。
    // 如果这个类不是密封的，这个构造器就应该是受保护的。
    [SecurityPermission(SecurityAction.LinkDemand,
        Flags=SecurityPermissionFlag.SerializationFormatter)]
    private Exception(SerializationInfo info, StreamingContext context)
        : base(info, context) {
            m_args = (TExceptionArgs)info.GetValue(c_args, typeof(TExceptionArgs));
    }

    // 这个方法用于序列化；由于 ISerializable 接口的原因，所以它是公共的
    [SecurityPermission(SecurityAction.LinkDemand,
        Flags=SecurityPermissionFlag.SerializationFormatter)]
    public override void GetObjectData(SerializationInfo info, StreamingContext context) {
        info.AddValue(c_args, m_args);
        base.GetObjectData(info, context);
    }

    public override String Message {
        get {
            String baseMsg = base.Message;
            return (m_args == null) ? baseMsg : baseMsg + " (" + m_args.Message + ")";
        }
    }

    public override Boolean Equals(Object obj) {
        Exception<TExceptionArgs> other = obj as Exception<TExceptionArgs>;
        if (other == null) return false;
        return Object.Equals(m_args, other.m_args) && base.Equals(obj);
    }
```

```
    public override int GetHashCode() { return base.GetHashCode(); }
}
```

TExceptionArgs 约束为的 **ExceptionArgs** 基类非常简单，它看起来像下面这样：

```
[Serializable]
public abstract class ExceptionArgs {
    public virtual String Message { get { return String.Empty; } }
}
```

定义好这两个类之后，定义其他异常类就是小事一桩。要定义代表磁盘已满的异常类，可以像下面这样写：

```
[Serializable]
public sealed class DiskFullExceptionArgs : ExceptionArgs {
    private readonly String m_diskpath; // 在构造时设置的私有字段

    public DiskFullExceptionArgs(String diskpath) { m_diskpath = diskpath; }

    // 返回字段的公共只读属性
    public String DiskPath { get { return m_diskpath; } }

    // 重写 Message 属性来包含我们的字段 ( 如已设置 )
    public override String Message {
        get {
            return (m_diskpath == null) ? base.Message : "DiskPath=" + m_diskpath;
        }
    }
}
```

另外，如果没有额外的数据要包含到类中，可以简单写成下面这样：

```
[Serializable]
public sealed class DiskFullExceptionArgs : ExceptionArgs { }
```

现在，可以写以下代码来抛出并捕捉这样的一个异常：

```
public static void TestException() {
    try {
        throw new Exception<DiskFullExceptionArgs>(
            new DiskFullExceptionArgs(@"C:\"), "磁盘已满");
    }
    catch (Exception<DiskFullExceptionArgs> e) {
        Console.WriteLine(e.Message);
    }
}
```

注意　我的这个 Exception<TExceptionArgs> 类有两个问题需要注意。第一个问题是，用它定义的任何异常类型都总是派生自 System.Exception。这在大多数时候都不是问题，而且浅而宽的异常类型层次结构还是一件好事。第二个问题是，Visual Studio 的未处理异常对话框不会显示 Exception<T> 类型的泛型类型参数，如下图所示。

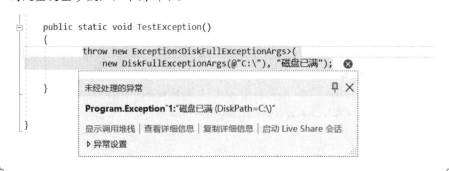

20.7　牺牲可靠性来换取开发效率

我从 1975 年开始写软件。首先是进行大量 BASIC 编程。随着我对硬件的兴趣日增，又转向汇编语言。随着时间的推移，我开始转向 C 语言，因为它允许我从更高的抽象层访问硬件，使编程变得更容易。我的资历是写操作系统代码和平台 / 库代码，所以我总是努力使自己的代码尽量小而快。应用程序写得再好，也不会强过它们赖以生存的操作系统和库吧？

除了创建小而快的代码，我还总是关注错误恢复。分配内存时 (使用 C++ 的 new 操作符或调用 malloc、HeapAlloc、VirtualAlloc 等)，我总是检查返回值，确保我请求的内存真的给了我。另外，如果内存请求失败，我总是提供一个备选的代码路径，确保剩余的程序状态不会受影响，而且让我的所有调用者都知道我失败了，使调用代码也能采取正确的补救措施。

出于某些我不好解释的原因，为 .NET Framework 写代码时，我没有做到这种对细节的关注。"内存耗尽"总是可能发生的，但我几乎没看到过任何代码包含从 OutOfMemoryException 恢复的 catch 块。事实上，甚至有的开发人员告诉我 CLR 不让程序捕捉 OutOfMemoryException。我在此要郑重声明，绝对不是这样的——你可以捕捉这个异常。事实上，执行托管代码时，有太多的错误都可能发生，但我很少看到开发人员写代码尝试从这些潜在的错误中恢复。本节要指出其中的一些潜在的错误，并解释为什么可以合理地忽略它们。我还要指出忽略了这些错误之后，可能造成什么重大的问题，并推荐了有助于缓解这些问题的一些方式。

面向对象编程极大提升了开发人员的开发效率。开发效率的提升有很大一部分来自可组合性 (composability)，它使代码很容易编写、阅读和维护。例如下面这行代码：

```
Boolean f = "Jeff".Substring(1, 1).ToUpper().EndsWith("E");
```

但以上代码有一个很重要的前提：期间没有错误发生。但是，错误总是可能“不期而至”。所以，我们需要一种方式处理错误。这正是异常处理构造[①]和机制的目的，我们不能像 Win32 和 COM 函数那样返回 true/false 或者一个 HRESULT 来指出成功 / 失败。

除了代码的可组合性，开发效率的提升还来自编译器提供的各种好用的功能。例如，编译器能隐式地做下面这些事情。

- 调用方法时插入可选参数；
- 对值类型的实例进行装箱；
- 构造 / 初始化参数数组；
- 绑定到 dynamic 变量 / 表达式的成员；
- 绑定到扩展方法；
- 绑定 / 调用重载的操作符 (方法)；
- 构造委托对象；
- 在调用泛型方法、声明局部变量和使用 lambda 表达式时推断类型；
- 为 lambda 表达式和迭代器定义 / 构造闭包类[②]；
- 定义 / 构造 / 初始化匿名类型及其实例；
- 重写代码来支持 LINQ 查询表达式和表达式树。

另外，CLR 本身也会提供大量辅助来进一步简化编程。例如，CLR 会隐式做下面这些事情。

- 调用虚方法和接口方法；
- 加载程序集并对方法进行 JIT 编译，可能抛出以下异常：FileLoadException、BadImageFormatException、InvalidProgramException、FieldAccessException、MethodAccessException、MissingFieldException、MissingMethodException 和 VerificationException。

---

① 译注：try-catch-finally 就是 C# 语言的异常处理“构造”。
② 译注：闭包 (closure) 是由编译器生成的数据结构 (一个 C# 类)，其中包含一个表达式以及对表达式进行求值所需的变量 (C# 语言的公共字段)。变量允许在不改变表达式签名的前提下，将数据从表达式的一次调用传递到下一次调用。

- 访问 MarshalByRefObject 派生类型的对象时穿越 AppDomain 边界 (可能抛出 AppDomainUnloadedException);
- 穿越 AppDomain 边界时序列化和反序列化对象;
- 调用 Thread.Abort 或 AppDomain.Unload 时造成线程抛出 ThreadAbortException;
- 垃圾回收之后,在回收对象的内存之前调用 Finalize 方法;
- 使用泛型类型时,在 Loader 堆中创建类型对象[①];
- 调用类型的静态构造器[②](可能抛出 TypeInitializationException);
- 抛出各种异常,包括 OutOfMemoryException, DivideByZeroException、NullReferenceException、RuntimeWrappedException、TargetInvocationException、OverflowException、NotFiniteNumberException、ArrayTypeMismatchException、DataMisalignedException、IndexOutOfRangeException、InvalidCastException、RankException 和 SecurityException 等。

另外,理所当然地,.NET Framework 配套提供了一个包罗万象的类库,其中有无数的类型,每个类型都封装了常用的、可重用的功能。可利用这些类型构建 Web 窗体应用程序、Web 服务和富 GUI 应用程序,可以处理安全性、图像和语音识别等。所有这些代码都可能抛出代表某个地方出错的异常。另外,未来的版本可能引入从现有异常类型派生的新异常类型,而你的 catch 块能捕捉未来才会出现的异常类型。

所有这一切——面向对象编程、编译器功能、CLR 功能以及庞大的类库——使 .NET Framework 成为颇具吸引力的软件开发平台[③]。但我的观点是,所有这些东西都会在代码中引入你没什么控制权的"错误点"(point of failure)。如果所有东西都正确无误地运行,那么一切都很好:可以方便地编写代码,写出来的代码也很容易阅读和维护。但一旦某样东西出了问题,就几乎不可能完全理解哪里出错和为什么出错。下面这个例子可以证明我的观点:

① 译注:每个 AppDomain 都有一个自己的托管堆,这个托管堆内部又按照功能进行了不同的划分,其中最重要的就是 GC 堆和 Loader 堆,前者存储引用类型的实例,也就是会被垃圾回收机制"照顾"到的东西。而 Loader 堆负责存储类型的元数据,也就是所谓的"类型对象"。在每个"类型对象"的末尾,都含有一个"方法表"。详情参见 22.2 节"AppDomain"和图 22-1。
② 译注:也称为类型构造器,详情参见 8.3 节"类型构造器"。
③ 应该补充的是,Visual Studio 的编辑器、智能感知支持、代码段 (code snippet) 支持、模板、可扩展系统、调试系统以及其他多种工具也增大了平台对于开发人员的吸引力。但之所以把这些放在讨论主线以外,是因为它们对代码运行时的行为没有任何影响。

```
private static Object OneStatement(Stream stream, Char charToFind) {
    return (charToFind + ": " + stream.GetType() + String.Empty +
        (stream.Position + 512M)).Where(c=>c == charToFind).ToArray();
}
```

这个不太自然的方法只包含一个 C# 语句，但该语句做了大量工作。下面是 C#
编译器为这个方法生成的 IL 代码 (一些行加粗并倾斜；由于一些隐式的操作，它们
成了潜在的 "错误点")：

```
.method private hidebysig static object OneStatement(
  class [mscorlib]System.IO.Stream stream, char charToFind) cil managed {
  .maxstack 4
  .locals init (
    [0] class Program/<>c__DisplayClass1 V_0,
    [1] object[] V_1)
  IL_0000: newobj instance void Program/<>c__DisplayClass1::.ctor()
  IL_0005: stloc.0
  IL_0006: ldloc.0
  IL_0007: ldarg.1
  IL_0008: stfld char Program/<>c__DisplayClass1::charToFind
  IL_000d: ldc.i4.5
  IL_000e: newarr [mscorlib]System.Object
  IL_0013: stloc.1
  IL_0014: ldloc.1
  IL_0015: ldc.i4.0
  IL_0016: ldloc.0
  IL_0017: ldfld char Program/<>c__DisplayClass1::charToFind
  IL_001c: box [mscorlib]System.Char
  IL_0021: stelem.ref
  IL_0022: ldloc.1
  IL_0023: ldc.i4.1
  IL_0024: ldstr ": "
  IL_0029: stelem.ref
  IL_002a: ldloc.1
  IL_002b: ldc.i4.2
  IL_002c: ldarg.0
  IL_002d: callvirt instance class [mscorlib]System.Type [mscorlib]System.Object::GetType()
  IL_0032: stelem.ref
  IL_0033: ldloc.1
  IL_0034: ldc.i4.3
  IL_0035: ldsfld string [mscorlib]System.String::Empty
  IL_003a: stelem.ref
  IL_003b: ldloc.1
  IL_003c: ldc.i4.4
  IL_003d: ldarg.0
  IL_003e: callvirt instance int64 [mscorlib]System.IO.Stream::get_Position()
  IL_0043: call valuetype [mscorlib]System.Decimal
          [mscorlib]System.Decimal::op_Implicit(int64)
```

```
IL_0048: ldc.i4 0x200
IL_004d: newobj instance void [mscorlib]System.Decimal::.ctor(int32)
IL_0052: call valuetype [mscorlib]System.Decimal [mscorlib]System.Decimal::op_Addition
            (valuetype [mscorlib]System.Decimal,
            valuetype [mscorlib]System.Decimal)
IL_0057: box [mscorlib]System.Decimal
IL_005c: stelem.ref
IL_005d: ldloc.1
IL_005e: call string [mscorlib]System.String::Concat(object[])
IL_0063: ldloc.0
IL_0064: ldftn instance bool Program/<>c__DisplayClass1::<OneStatement>b__0(char)
IL_006a: newobj instance
        void [mscorlib]System.Func`2<char, bool>::.ctor(object, native int)
IL_006f: call class [mscorlib]System.Collections.Generic.IEnumerable`1<!!0>
        [System.Core]System.Linq.Enumerable::Where<char>(
        class [mscorlib]System.Collections.Generic.IEnumerable`1<!!0>,
        class [mscorlib]System.Func`2<!!0, bool>)
IL_0074: call !!0[] [System.Core]System.Linq.Enumerable::ToArray<char>
        (class [mscorlib]System.Collections.Generic.IEnumerable`1<!!0>)
IL_0079: ret}
```

如你所见，构造 <>c__DisplayClass1 类 (编译器生成的类型)、Object[] 数组和 Func 委托，以及对 char 和 Decimal 进行装箱时，可能抛出一个 OutOfMemoryException。调用 Concat、Where 和 ToArray 时，也会在内部分配内存。构造 Decimal 实例时，可能造成它的类型构造器被调用，并抛出一个 TypeInitializationException[①]。还存在对 Decimal 的 op_Implicit 操作符和 op_Addition 操作符方法的隐式调用，这些方法可能抛出一个 OverflowException。

Stream 的 Position 属性比较有趣。首先，它是一个虚属性，所以我的 OneStatement 方法无法知道实际执行的代码，可能抛出任何异常。其次，Stream 从 MarshalByRefObject 派生，所以 stream 实参可能引用一个代理对象，后者又引用另一个 AppDomain 中的对象。而另一个 AppDomain 可能已经卸载，造成一个 AppDomainUnloadedException。

当然，调用的所有方法都是我个人无法控制的，它们都由微软创建。微软将来还可能更改它们的实现，抛出我写 OneStatement 方法时不可能预料到的新异常类型。所以，我怎么可能写这个 OneStatement 方法来获得完全的"健壮性"，防范所有可能的错误呢？顺便说一句，反过来也存在问题：catch 块可以捕捉指定异常类型的派生类型，所以我现在是在为一种不同的错误执行恢复代码。

对所有可能的错误有了一个基本认识之后，就能理解为何不去追求完全

---

① 顺便说一句，System.Char、System.String、System.Type 和 System.IO.Stream 都定义了类构造器，它们全都有可能造成在这个应用程序的某个位置抛出一个 TypeInitializationException 异常。

健壮和可靠的代码了：因为不切实际 (更极端的说法是根本不可能)。不去追求完全的健壮性和可靠性，另一个原因是错误不经常发生。由于错误 (比如 OutOfMemoryException) 极其罕见，所以开发人员决定不去追求完全可靠的代码，牺牲一定的可靠性来换取程序员开发效率的提升。

异常的好处在于，未处理的异常会造成应用程序终止。之所以是好事，是因为可在测试期间提早发现问题。利用由未处理异常提供的信息 (错误消息和堆栈跟踪)，通常足以完成对代码的修正。当然，许多公司不希望应用程序在测试和部署之后还发生意外终止的情况，所以会插入代码来捕捉 System.Exception，也就是所有异常类型的基类。但如果捕捉 System.Exception 并允许应用程序继续运行，一个很大的问题是状态可能遭受破坏。

本章早些时候展示了一个 Account 类，它定义了一个 Transfer 方法，用于将钱从一个账户转到另一个。这个 Transfer 方法调用时，如果成功将钱从 from 账户扣除，但在将钱添加到 to 账户之前抛出异常，那么会发生什么？如果调用代码 (调用这个方法的代码) 捕捉 System.Exception 并继续运行，应用程序的状态就会被破坏：from 和 to 账户的钱都会错误地变少。由于涉及到金钱，所以这种对状态的破坏不能被视为简单 bug，而应被看成是一个安全性 bug。应用程序继续运行，会尝试对大量账户执行更多的转账操作，造成状态破坏大量蔓延。

一些人会说，Transfer 方法本身应该捕捉 System.Exception 并将钱还给 from 账户。如果 Transfer 方法很简单，这个方案确实可行。但如果 Transfer 方法还要生成关于取钱的审计记录，或者其他线程要同时操作同一个账户，那么撤消 (undo) 操作本身就可能失败，造成抛出其他异常。现在，状态破坏将变得更糟而非更好。

注意　有人或许会说，知道哪里出错，比知道出了什么错更有用。例如，更有用的是知道从一个账户转账失败，而不是知道 Transfer 由于 SecurityException 或 OutOfMemoryException 而失败。事实上，Win32 错误模型就是这么设计的，方法是返回 true/false 来指明成功 / 失败，使你知道哪个方法失败。然后，如果程序关心失败的原因，那么可以调用 Win32 函数 GetLastError。System.Exception 确实有一个 Source 属性可以告诉你失败的方法。但这个属性是一个你必须进行解析的 String，而且假如两个方法在内部调用同一个方法，那么单凭 Source 属性是看不出哪个方法失败的。相反，必须解析从 Exception 的 StackTrace 属性返回的 String 来获取这个信息。这实在是太难了，我从未见过任何人真的这样写代码。

为了缓解对状态的破坏，可以做下面几件事情：

- 执行 catch 或 finally 块中的代码时，CLR 不允许线程终止。所以，可以像下面这样使 Transfer 方法变得更健壮：

```
public static void Transfer(Account from, Account to, Decimal amount) {
    try { /* 这里什么都不做 */ }
    finally {
        from -= amount;
        // 现在，这里不可能因为 Thread.Abort / AppDomain.Unload 而发生线程终止
        to += amount;
    }
}
```

但绝对不建议将所有代码都放到 finally 块中！这个技术只适合修改极其敏感的状态。

- 可以用 System.Diagnostics.Contracts.Contract 类向方法应用代码协定。通过代码协定，在用实参和其他变量对状态进行修改之前，可以先对这些实参/变量进行验证。如果实参/变量遵守协定，状态被破坏的可能性将大幅降低 (但不能完全消除)。如果不遵守协定，那么异常会在任何状态被修改之前抛出。本章稍后将讨论代码协定。

- 可以使用约束执行区域 (Constrained Execution Region，CER)，它能消除 CLR 的某些不确定性。例如，可让 CLR 在进入 try 块之前加载与这个 try 块关联的任何 catch 和 finally 块需要的程序集。此外，CLR 会编译 catch 和 finally 块中的所有代码，包括从这些块中调用的所有方法。这样在尝试执行 catch 块中的错误恢复代码或者 finally 块中的 (资源) 清理代码时，就可以消除众多潜在的异常 (包括 FileLoadException、BadImageFormatException、InvalidProgramException、FieldAccessException、MethodAccessException、MissingFieldException 和 MissingMethodException)。它还降低了发生 OutOfMemoryException 和其他一些异常的机率。本章稍后会讨论 CER。

- 取决于状态存在于何处，可利用事务 (transaction) 来确保状态要么都修改，要么都不修改。例如，如果数据在数据库中，事务能很好地工作。Windows 现在还支持事务式的注册表和文件操作 (仅限 NTFS 卷)，所以也许能利用它。但是，.NET Framework 目前没有直接公开这个功能。必须 P/Invoke[①] 本机代码才行。请参见 System.Transactions.TransactionScope 类了解细节。

---

① 译注：平台调用。

- 将自己的方法设计得更明确。例如，一般像下面这样使用 Monitor 类来获取 / 释放线程同步锁：

```
public static class SomeType {
    private static Object s_myLockObject = new Object();

    public static void SomeMethod () {
        Monitor.Enter(s_myLockObject);     // 如果在这里抛出异常，是否已经获取了锁？
                                           // 如果已经获取了锁，它将不会被释放！
        try {
            // 在这里执行线程安全的操作 ...
        }
        finally {
            Monitor.Exit(s_myLockObject);  // 释放锁
        }
    }
        // ...
}
```

由于存在前面展示的问题，所以这个重载的 Monitor 类的 Enter 方法已经不再鼓励使用。建议像下面这样重写以上代码：

```
public static class SomeType {
    private static Object s_myLockObject = new Object();

    public static void SomeMethod () {
        Boolean lockTaken = false; // 假定没有获取锁
        try {
            // 无论是否抛出异常，以下代码都能正常工作！
            Monitor.Enter(s_myLockObject, ref lockTaken);

            // 在这里执行线程安全的操作 ...
        }
        finally {
            // 如果已经获取锁，就释放它
            if (lockTaken) Monitor.Exit(s_myLockObject);
        }
    }
    // ...
}
```

虽然以上代码使方法变得更明确，但在线程同步锁的情况下，现在的建议是根本不要随同异常处理使用它们。详情参见第 30 章 "混合线程同步构造"。

在你的代码中，如果确定状态已损坏到无法修复的程度，就应销毁所有损坏的状态，防止它造成更多的伤害。然后，重启应用程序，将状态初始化到良好状态，并寄希望于状态不再损坏。由于托管的状态泄露不到 AppDomain 的外部，所以为了销毁 AppDomain 中所有损坏的状态，可以调用 AppDomain 的 Unload 方法来卸载整个 AppDomain，详情参见第 22 章"CLR 寄宿和 AppDomain"。

如果觉得状态过于糟糕，以至于整个进程都应该终止，那么应该调用 Environment 的静态 FailFast 方法：

```
public static void FailFast(String message);
public static void FailFast(String message, Exception exception);
```

这个方法会终止进程，同时不会执行任何活动的 **try/finally** 块或者 **Finalize** 方法。之所以这样做，是因为在状态已损坏的前提下执行更多的代码，很容易使局面变得更糟。不过，**FailFast** 为从 **CriticalFinalizerObject** 派生的任何对象 (参见第 21 章"托管堆和垃圾回收") 提供了进行清理的机会。这通常是可以接受的，因为它们一般只是关闭本机资源；而即使 CLR 或者你的应用程序的状态发生损坏，Windows 状态也可能是好的。**FailFast** 方法将消息字符串和可选的异常 (通常是 **catch** 块中捕捉的异常) 写入 Windows Application 事件日志，生成 Windows 错误报告，创建应用程序的内存转储 (dump)，然后终止当前进程。

> **重要提示** ⚠
>
> 发生意料之外的异常时，微软的大多数 FCL 代码都不保证状态保持良好。如果你的代码捕捉从 FCL 代码那里"漏"过来的异常并继续使用 FCL 的对象，这些对象的行为有可能变得无法预测。令人难堪的是，现在越来越多的 FCL 对象在面对非预期的异常时不能更好地维护状态或者在状态无法恢复时调用 **FailFast**。

以上讨论主要是为了让你意识到 CLR 异常处理机制存在的一些问题。大多数应用程序都不能容忍状态受损而继续运行，因为这可能造成不正确的数据，甚至可能造成安全漏洞。如果应用程序不方便终止 (比如操作系统或数据库引擎)，那么托管代码就不是一个好的技术。尽管微软的 Exchange Server 有很大一部分是用托管代码写的，但它还是要用一个本机 (native) 数据库存储电子邮件。这个本机数据库称为 Extensible Storage Engine，它是随同 Windows 提供的，路径一般是 C:\Windows\System32\EseNT.dll。如果喜欢，你的应用程序也能使用这个引擎。欲知详情，请在文档中搜索"Extensible Storage Engine" (可扩展存储引擎)。[①]

如果应用程序"在状态可能损坏时终止"不会造成严重后果，就适合用托管代码来写。有许多应用程序都满足这个要求。此外，需要多得多的资源和技能，才能写出健壮的本机 (native) 类库或应用程序。对于许多应用程序，托管代码是更好的选择，因为它极大提升了开发效率。

---

① 译注：*https://tinyurl.com/2p8urhyt*。

20.8 设计规范和最佳实践

理解异常机制固然重要，但同等重要的是理解如何正确使用异常。我经常发现类库开发人员捕捉所有类型的异常，造成应用程序开发人员完全不知道已经发生了问题。本节将针对异常的使用提供一些设计规范。

重要提示 !

如果是类库开发人员，要设计供其他开发人员使用的类型，那么一定要严格遵照这些规范行事。你的责任很重大，要精心设计类库中的类型，使之适用于各种各样的应用程序。记住，你无法做到对要回调的代码 (通过委托、虚方法或接口方法) 了如指掌，也不知道哪些代码会调用你的代码。由于无法预知使用类型的每一种情形，所以不要做出任何策略抉择 (预见到具体异常并相应处理)。换言之，大家的代码一定不能想当然地决定一些错误情形，这些应该让调用者自己决定。

此外，要严密监视状态，尽量不要破坏它。使用代码协定 (本章稍后讨论) 验证传给方法的实参。尝试完全不去修改状态。如果不得不修改状态，就做好出错的准备，并在出错后尝试恢复状态。只要遵照本章的设计规范行事，应用程序的开发人员就可以顺畅地使用你的类库中的类型。

如果是应用程序开发人员，那么可以定义自己认为合适的任何策略。遵照本章的规范行事，有助于在应用程序发布前发现并修复代码中的问题，使应用程序更健壮。但是，经深思熟虑之后，也可以不按这些规范行事。大家可以设置自己的策略。例如，应用程序代码在捕捉异常方面可以比类库代码更激进一些。[1]

20.8.1 善用 finally 块

我认为，finally 块非常"厉害"！无论线程抛出什么类型的异常，finally 块中的代码都会执行。应该先用 finally 块清理那些已成功启动的操作，再返回至调用者或者执行 finally 块之后的代码。另外，还经常利用 finally 块显式释放对象以避免资源泄漏。下例将所有资源清理代码 (负责关闭文件) 都放到一个 finally 块中：

```
using System;
```

----

[1] 译注：由于知道自己的应用程序的情况，所以可以捕捉一些更具体的异常，而不是像类库代码那样"畏首畏尾"。

```
using System.IO;

public sealed class SomeType {
    private void SomeMethod() {
        FileStream fs = new FileStream(@"C:\Data.bin ", FileMode.Open);
        try {
            // 显示用 100 除以文件第一个字节的结果
            Console.WriteLine(100 / fs.ReadByte());
        }
        finally {
            // 将资源清理代码放到 finally 块中，确保无论是否发生异常
            // （例如，第一个字节为 0），文件都会关闭
            fs.Close();
        }
    }
}
```

确保清理代码的执行是如此重要，以至于许多编程语言都提供了一些构造来简化这种代码的编写。例如，只要使用了 lock，using 和 foreach 语句，C# 编译器就会自动生成 try/finally 块。另外，重写类的析构器 (Finalize 方法) 时，C# 编译器也会自动生成 try/finally 块。使用这些构造时，编译器将你写的代码放到 try 块内部，并将清理代码放到 finally 块中。具体如下所示：

- 使用 lock 语句时，锁在 finally 块中释放；
- 使用 using 语句时，在 finally 块中调用对象的 Dispose 方法；
- 使用 foreach 语句时，在 finally 块中调用 IEnumerator 对象的 Dispose 方法；
- 定义析构器方法时，在 finally 块中调用基类的 Finalize 方法。

例如，以下 C# 代码利用了 using 语句。比上例精简，但编译后的结果一样：

```
using System;
using System.IO;

internal sealed class SomeType {
    private void SomeMethod() {
        using (FileStream fs = new FileStream(@"C:\Data.bin", FileMode.Open)) {
            // 显示用 100 除以文件第一个字节的结果
            Console.WriteLine(100 / fs.ReadByte());
        }
    }
}
```

要详细了解 using 语句，请参见第 21 章 "托管堆和垃圾回收"；要详细了解 lock 语句，请参见第 30 章 "混合线程同步构造"。

20.8.2　不要什么都捕捉

使用异常时，新手常犯的错误是过于频繁或者不恰当地使用 catch 块。捕捉异常表明你预见到该异常，理解它为什么发生，并知道如何处理它。换言之，是在为应用程序定义一个策略，详情请参考 20.7 节"牺牲可靠性来换取开发效率"。

但我经常看到下面这样的代码：

```
try {
    // 尝试执行程序员知道可能失败的代码…
}
catch (Exception) {
    ...
}
```

这段代码说它预见到了所有异常类型，并知道如何从*所有*异常状况恢复。这不是在吹牛吗？如果类型是类库的一部分，那么任何情况下都绝对不允许捕捉并"吞噬"[①] 所有异常，因为它不可能准确预知应用程序将如何响应一个异常。此外，类型经常通过委托、虚方法或接口方法调用应用程序代码。应用程序代码抛出异常，应用程序的另一部分可能预期要捕捉该异常。所以，绝对不要写"大小通吃"的类型，悄悄地"吞噬"异常，而是应该允许异常在调用栈中向上移动，让应用程序代码针对性地处理它。

如果异常未得到处理，CLR 会终止进程。本章稍后会讨论未处理的异常。大多数未处理异常都能在代码测试期间发现。为了修正这些未处理的异常，要么修改代码来捕捉特定异常，要么重写代码排除会造成异常的出错条件。在生产环境中运行的最终版本应该极少出现未处理的异常，而且应该相当健壮。

注意　有的时候，不能完成任务的一个方法会检测到对象状态已经损坏，而且状态无法恢复。假如允许应用程序继续运行，可能造成不可预测的行为或安全隐患。检测到这种情况，方法不应抛出异常。相反，应调用 System. Environment 的 FailFast 方法强迫进程终止。

顺便说一句，确实可以在 catch 块中捕捉 System.Exception 并执行一些代码，但前提是要在这个 catch 块的末尾重新抛出异常。千万不要捕捉 System. Exception 异常并悄悄"吞噬"它而不重新抛出，否则应用程序不知道已经出错，还是会继续运行，造成不可预测的结果和潜在的安全隐患。Visual Studio 的代码分

---

① 译注：即"swallow"，这是本书作者喜欢的说法；也有一些作者喜欢说"bury"。除了"吞噬"，也有人把它翻译为"隐藏"。简单地说，就是自己"搞定"异常，然后装作异常没有发生。

析工具 (FxCopCmd.exe) 会标记包含 catch (Exception) 块的所有代码，除非块中有 throw 语句。稍后的 20.8.4 节将讨论这个模式。

最后，可以在一个线程中捕捉异常，在另一个线程中重新抛出异常。为此提供支持的是异步编程模型 (详情参见第 28 章)。例如，假定一个线程池线程执行的代码抛出了异常，CLR 捕捉并"吞噬"这个异常，并允许线程返回线程池。稍后，会有某个线程调用 EndXxx 方法来判断异步操作的结果。EndXxx 方法将抛出与负责实际工作的那个线程池线程抛出的一样的异常。所以，异常虽然被第一个方法"吞噬"，但又被调用 EndXxx 的线程重新抛出。这样，该异常在应用程序面前就不是隐藏的了。

20.8.3 得体地从异常中恢复

有的时候，调用方法时已预料到它可能抛出某些异常。由于能预料到这些异常，所以可以写一些代码，允许应用程序从异常中得体地恢复并继续运行。下面是一个伪代码的例子：

```
public String CalculateSpreadsheetCell(Int32 row, Int32 column) {
    String result;
    try {
        result = /* 计算电子表格单元格中的值 */
    }
    catch (DivideByZeroException) {   // 捕捉被零除错误
        result = " 不能显示值：除以零 ";
    }
    catch (OverflowException) {   // 捕捉溢出错误
        result = " 不能显示值：太大 ";
    }
    return result;
}
```

上述伪代码计算电子表格的单元格中的内容，将代表值的字符串返回给调用者，使调用者能在应用程序的窗口中显示字符串。但是，单元格的内容可能是另外两个单元格相除的结果。如果作为分母的单元格包含 0，CLR 将抛出 DivideByZeroException 异常。在本例中，方法会捕捉这个具体的异常，返回并向用户显示一个特殊字符串。类似地，单元格的内容可能是另两个单元格相乘的结果。如果结果超出该单元格的取值范围，CLR 将抛出 OverflowException 异常。同样地，会返回并向用户显示一个特殊字符串。

捕捉具体异常时，应充分理解可能会在什么情况下抛出异常，并知道从捕捉的异常类型派生出了哪些类型。不要捕捉并处理 System.Exception(除非你会重新抛出)，因为不可能搞清楚在 try 块中可能抛出的全部异常。例如，try 块还可能抛出 OutOfMemoryException 和 StackOverflowException，而这只是所有可能的异常中很普通的两个。

20.8.4 发生不可恢复的异常时回滚部分完成的操作——维持状态

通常，方法要调用其他几个方法来完成一个抽象操作，这些方法有的可能成功，有的可能失败。例如，将一组对象序列化成磁盘文件时，序列化好第 10 个对象后抛出了异常 (可能因为磁盘已满，或者要序列化的下个对象没有应用 Serializable 定制特性)。在这种情况下，应该将这个异常"漏"给调用者处理，但磁盘文件的状态怎么办呢？文件包含一个部分序列化的对象图 (object graph)[①]，所以它已经损坏。理想情况下，应用程序应回滚已部分完成的操作，将文件恢复为任何对象序列化之前的状态。以下代码演示了正确的实现方式：

```
public void SerializeObjectGraph(FileStream fs, IFormatter formatter, Object rootObj) {
    // 保存文件的当前位置
    Int64 beforeSerialization = fs.Position;

    try {
        // 尝试将对象图序列化到文件中
        formatter.Serialize(fs, rootObj);
    }
    catch { // 捕捉所有异常
        // 任何事情出错，就将文件恢复到一个有效状态
        fs.Position = beforeSerialization;

        // 截断文件
        fs.SetLength(fs.Position);

        // 注意：以上代码没有放到 finally 块中，因为只有在
        // 序列化失败时才对流进行重置

        // 重新抛出相同的异常，让调用者知道发生了什么
        throw;
    }
}
```

为了正确回滚已部分完成的操作，代码应捕捉所有异常。是的，这里要捕捉*所有*异常，因为你不关心发生了什么错误，只关心如何将数据结构恢复为一致状态。捕捉并处理好异常后，不要把它"吞噬"(假装它没有发生)。相反，要让调用者知道发生了异常。为此，只需重新抛出相同的异常。事实上，C# 语言和许多其他语言都简化了这项任务，只需像以上代码那样单独使用 C# 语言的 throw 关键字，不

---

① 译注：object graph 是一个抽象的概念，代表对象系统在特定时间点的视图。另一个常用的术语 object diagram 则是指总体 object graph 的一个子集。

在 throw 后指定任何东西。

注意，以上示例代码中的 catch 块没有指定任何异常类型，因为要捕捉所有异常类型。此外，catch 块中的代码也不需要准确地知道抛出了什么类型的异常，只需知道有错误发生就可以了。幸好 C# 语言对这个模式进行了简化，我们不需要指定任何异常类型，而且 throw 语句可以重新抛出捕捉到的任何对象。

20.8.5 隐藏实现细节来维系协定

有时需要捕捉一个异常并重新抛出不同的异常。这样做唯一的原因是维系方法的"协定"(contract)。另外，抛出的新异常类型应该是一个具体异常（不能是其他异常类型的基类）。假定 PhoneBook 类型定义了一个方法，它根据姓名来查找电话号码，如以下伪代码所示：

```
internal sealed class PhoneBook {
    private String m_pathname;    // 地址簿文件的路径名

    // 其他方法放在这里

    public String GetPhoneNumber(String name) {
        String phone;
        FileStream fs = null;
        try {
            fs = new FileStream(m_pathname, FileMode.Open);
             // 这里的代码从 fs 读取内容，直至找到匹配的 name
            phone = /* 已找到的电话号码 */;
        }
        catch (FileNotFoundException e) {
            // 抛出一个不同的异常，将 name 包含到其中，
            // 并将原来的异常设为内部异常
            throw new NameNotFoundException(name, e);
        }
        catch (IOException e) {
            // 抛出一个不同的异常，将 name 包含到其中，
            // 并将原来的异常设为内部异常
            throw new NameNotFoundException(name, e);
        }
        finally {
            if (fs != null) fs.Close();
        }
        return phone;
    }
}
```

地址簿数据从一个文件（而非网络连接或数据库）中获得。但 PhoneBook 类型的用户并不知道这一点，因为该实现细节将来是可能改变的。所以，文件由

于任何原因未找到或者不能读取，调用者将看到一个 FileNotFoundException 或者 IOException 异常，但这两个异常都不是 (调用者) 预期的，因为 "文件存在与否" 以及 "能否读取" 不是方法的隐式协定的一部分，调用者根本猜不到[①]。所以，GetPhoneNumber 方法会捕捉这两种异常类型，并抛出一个新的 NameNotFoundException 异常。

　　使用这个技术时，只有充分掌握了抛出异常的原因，才应捕捉这些具体的异常。另外，还应知道哪些异常类型是从你捕捉的这个异常类型派生的。

　　由于最终还是抛出了一个异常，所以调用者仍然顺利地知道了该方法不能完成任务，而 NameNotFoundException 类型为调用者提供了理解其中原因的一个抽象视图。将内部异常设为 FileNotFoundException 或 IOException 是非常重要的一环，这样才能保证不丢失造成异常的真正原因。此外，知道造成异常的原因，不仅对 PhoneBook 类型的开发人员有用，对使用 PhoneBook 类型的开发人员同样有用。

重要提示 ⚠️

　　使用这个技术时，实际是在两个方面欺骗了调用者。首先，在实际发生的错误上欺骗了调用者。本例是文件未找到，而报告的是没有找到指定的姓名。其次，在错误发生的位置上欺骗了调用者。如果允许 FileNotFoundException 异常在调用栈中向上传递，它的 StackTrace 属性显示错误在 FileStream 的构造器中发生。但由于现在是 "吞噬" 该异常并重新抛出新的 NameNotFoundException 异常，所以堆栈跟踪会显示错误在 catch 块中发生，离异常实际发生的位置有好几行远。这会使调试变得困难。所以，这个技术务必慎用。

　　假设 PhoneBook 类型的实现和前面稍有不同，它提供了公共属性 PhoneBookPathname，用户可通过它设置或获取存储了电话号码的那个文件的路径名。由于用户现在知道电话数据来自一个文件，所以应该修改 GetPhoneNumber 方法，使它不捕捉任何异常。相反，应该让抛出的所有异常都沿着方法的调用栈向上传递 (而不是把它们 "吞噬" 了之后抛出一个新的)。注意，这里没有改变 GetPhoneNumber 方法的任何参数，但我改变了 PhoneBook 类型之于用户的抽象。用户现在期待文件路径是 PhoneBook 的协定的一部分。

　　有的时候，开发人员之所以捕捉一个异常并抛出一个新异常，目的是在异常中添加额外的数据或上下文。然而，如果这是你唯一的目的，那么只需捕捉希望的异常类型，在异常对象的 Data 属性 (一个键 / 值对的集合) 中添加数据，然后重新抛出相同的异常对象：

① 译注：猜不到 PhoneBook 类的 GetPhoneNumber 方法要从文件中读取数据。

```
private static void SomeMethod(String filename) {
    try {
        // 这里随便做什么 ...
    }
    catch (IOException e) {
        // 将文件名添加到 IOException 对象中
        e.Data.Add("Filename", filename);

        throw; // 重新抛出同一个异常对象，只是它现在包含额外的数据
    }
}
```

下面是这个技术的一个很好的应用：如果类型构造器抛出异常，而且该异常未在类型构造器方法中捕捉，CLR 就会在内部捕捉该异常，并改为抛出一个新的 TypeInitializationException。这样做之所以有用，是因为 CLR 会在你的方法中生成代码来隐式调用类型构造器[①]。如果类型构造器抛出一个 DivideByZeroException，那么你的代码可能会尝试捕捉它并从中恢复，而你甚至不知道自己正在调用类型构造器。所以，CLR 将 DivideByZeroException 转换成一个 TypeInitializationException，使你清楚地知道异常是因为类型构造器失败而发生的；问题不出在你的代码。

相反，下面是这个技术的一个不好的应用：通过反射调用方法时，CLR 内部捕捉方法抛出的任何异常，并把它转换成一个 TargetInvocationException。这是一个让人十分讨厌的设计，因为现在必须捕捉 TargetInvocationException 对象，并查看它的 InnerException 属性来辨别失败的真正原因。事实上，使用反射时经常看到如下所示的代码：

```
private static void Reflection(Object o) {
    try {
        // 在这个对象上调用一个 DoSomething 方法
        var mi = o.GetType().GetMethod("DoSomething");
        mi.Invoke(o, null); // DoSomething 方法可能抛出异常
    }
    catch (System.Reflection.TargetInvocationException e) {
        // CLR 将反射生成的异常转换成 TargetInvocationException
        throw e.InnerException; // 重新抛出最初抛出的
    }
}
```

好消息是：使用 C# 语言的 dynamic 基元类型（参见 5.5 节 "dynamic 基元类型"）来调用成员，编译器生成的代码就不会捕捉全部异常并抛出一个 TargetInvocationException 对象；最初抛出的异常对象会正常地在调用栈中向上

---

① 详情参见 8.3 节。

传递。对于大多数开发人员，这是使用 C# 语言的 dynamic 基元类型来代替反射的一个很好的理由。

20.9　未处理的异常

异常抛出时，CLR 在调用栈中向上查找与抛出的异常对象的类型匹配的 catch 块。没有任何 catch 块匹配抛出的异常类型，就发生一个未处理的异常。CLR 检测到进程中的任何线程有未处理的异常，都会终止进程。未处理异常表明应用程序遇到了未预料到的情况，并认为这是应用程序真正的 bug。随后，应将 bug 报告给发布该应用程序的公司。这个公司也许会修复 bug，并发布应用程序的新版本。

类库开发人员压根儿用不着去想未处理的异常。只有应用程序的开发人员才需关心未处理的异常。而且应用程序应建立处理未处理异常的策略。微软建议应用程序开发人员接受 CLR 的默认策略。也就是说，应用程序发生未处理的异常时，Windows 会向事件日志写一条记录。为了查看该记录，可以打开"事件查看器"应用程序，然后打开树结构中的"Windows 日志"→"应用程序"节点，如图 20-1 所示。

图 20-1　Windows 事件日志显示应用程序因为未处理的异常而终止

然而，还可以通过"Windows 操作中心"来获取更有趣的细节。为此，请单击 Windows "开始"按钮，输入"可靠性"，单击"查看可靠性历史记录"链接。随后，会在底部的窗格看到应用程序由于未处理的异常而终止，如图 20-2 所示。

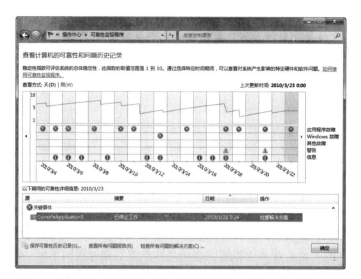

图 20-2 "可靠性监视程序"显示应用程序由于未处理的异常而终止

要查看已终止的应用程序的更多细节,请在"可靠性监视程序"中双击终止的应用程序。图 20-3 显示了这些细节,各个"问题签名"的含义在表 20-2 中进行了总结。托管应用程序生成的所有未处理的异常都放在 CLR20r3 这个存储段 (bucket) 中。

图 20-3 "可靠性监视程序"显示了与出错应用程序有关的更多细节

表 20-2　问题签名

问题签名	说明 *
01	EXE 文件名 (限 32 个字符)
02	EXE 文件的程序集版本号
03	EXE 文件的时间戳
04	EXE 文件的完整程序集名称 (限 64 个字符)
05	出错的程序集的版本
06	出错的程序集的时间戳
07	出错的程序集的类型和方法。这个值是一个 MethodDef 元数据标记 (剥离了 0x06 高位字符)，代表抛出异常的方法。有了这个值之后，就可以通过 ILDasm.exe 来确定有问题的类型和方法
08	有问题的方法的 IL 指令。这个值是抛出异常的那个方法的 IL 指令中的一个偏移量。有了这个值之后，就可以通过 ILDasm.exe 来确定有问题的指令
09	抛出的异常类型 (限 32 个字符)

* 如果一个字符串超过允许的限制，会执行一些巧妙的截断处理，比如会将 "Exception" 从异常类型名称中截去，或者将 ".dll" 从文件名中截去。如果结果字符串仍然太长，CLR 会对字符串进行哈希处理或者进行 base-64 编码来创建一个新值

记录好出错的应用程序有关的信息后，Windows 显示一个消息框，允许用户将与出错的应用程序有关的信息发送给微软的服务器。[①] 这称为 "Windows 错误报告"(Windows Error Reporting)，详情请访问 https://tinyurl.com/mvfj8y49。

作为公司，可以向微软注册查看与它们自己的应用程序和组件有关的信息。注册是免费的，但要求程序集用 VeriSign ID(也称为 Software Publisher Digital ID for Authenticode) 进行签名。

当然也可以开发自己的系统，将未处理异常的信息传回给你自己，以便修正代码中的 bug。应用程序初始化时，可以告诉 CLR 当应用程序中的任何线程发生一个未处理的异常时，都调用一个方法。

遗憾的是，微软的每种应用程序模型都有自己的与未处理异常打交道的方式。需要在文档中查阅以下成员的信息。

- 对于任何应用程序，查阅 System.AppDomain 的 UnhandledException 事件。Windows Store 应用和 Microsoft Silverlight 应用程序访问不了该事件。
- 对于 Windows Store 应用，查阅 Windows.UI.Xaml.Application 的 UnhandledException 事件。

①　要想禁止显示这个消息框，可以通过 P/Invoke 来调用 Win32 函数 SetErrorMode，向函数传递 SEM_NOGPFAULTERRORBOX。

- 对于 Windows 窗体应用程序，查阅 System.Windows.Forms.NativeWindow 的 OnThreadException 虚 方 法、System.Windows.Forms.Application 的 OnThreadException 虚 方 法 以 及 System.Windows.Forms.Application 的 ThreadException 事件。

- 对于 Windows Presentation Foundation(WPF)应用程序，查阅 System.Windows. Application 的 DispatcherUnhandledException 事件和 System.Windows.Threading. Dispatcher 的 UnhandledException 和 UnhandledExceptionFilter 事件。

- 对于 Silverlight，查阅 System.Windows.Application 的 UnhandledException 事件。

- 对于 ASP.NET Web 窗体应用程序，查阅 System.Web.UI.TemplateControl 的 Error 事件。TemplateControl 是 System.Web.UI.Page 类 和 System.Web.UI.UserControl 类的基类。另外，还要查阅 System.Web.HttpApplication 的 Error 事件。

- 对于 Windows Communication Foundation 应用程序，查阅 System.ServiceModel. Dispatcher.ChannelDispatcher 的 ErrorHandlers 属性。

结束本节的讨论之前，最后讲一下分布式应用程序(例如 Web 站点或 Web 服务)中发生的未处理异常。理想情况下，服务器应用程序发生未处理异常，应该先把它记录到日志中，再向客户端发送通知，表明所请求的操作无法完成，最后终止服务器应用程序。遗憾的是，我们并非生活在理想世界中。因此，也许不可能向客户端发送失败通知。对于某些"有状态"的服务器(比如 Microsoft SQL Server)，终止服务器并重新启动服务器的新实例是不切实际的。

对于服务器应用程序，与未处理异常有关的信息不应返回客户端，因为客户端对这种信息基本上是束手无策的，尤其是假如客户端由不同的公司实现。另外，服务器应尽量少暴露自己的相关信息，减少自己被"黑"的机率。

注意　CLR 认为本机代码 (native code) 抛出的一些异常是损坏状态异常 (corrupted state exceptions，CSE) 异常，因为它们一般由 CLR 自身的 bug 造成，或者由托管开发人员无法控制的本机代码的 bug 造成。CLR 默认不让托管代码捕捉这些异常，finally 块也不会执行。以下本机 Win32 异常被认为是 CSE:

```
EXCEPTION_ACCESS_VIOLATION        EXCEPTION_STACK_OVERFLOW
EXCEPTION_ILLEGAL_INSTRUCTION     EXCEPTION_IN_PAGE_ERROR
EXCEPTION_INVALID_DISPOSITION     EXCEPTION_NONCONTINUABLE_EXCEPTION
EXCEPTION_PRIV_INSTRUCTION        STATUS_UNWIND_CONSOLIDATE.
```

但是，单独的托管方法可以覆盖默认设置来捕捉这些异常，这需要向方法应用 System.Runtime.ExceptionServices.HandleProcessCorruptedStateExcep tionsAttribute。方法还要应用 System.Security.SecurityCriticalAttribute。要覆盖整个进程的默认设置，可在应用程序的 XML 配置文件中将 lega cyCorruptedStateExceptionPolicy 元素设为 true。CLR 将上述大多数异常都转换成一个 System.Runtime.InteropServices.SEHException 对象，但有两个异常例外：EXCEPTION_ACCESS_VIOLATION 被转换成 System. AccessViolationException 对象，EXCEPTION_STACK_ OVERFLOW 被转换成 System.StackOverflowException 对象。

注意 可在调用方法前调用 RuntimeHelper 类的 EnsureSufficientExecutionStack 检查栈空间是否够用。该方法检查调用线程是否有足够的栈空间来执行一般性的方法(定义得比较随便的方法)。如果栈空间不够，那么方法会抛出一个 InsufficientExecutionStackException，可以捕捉这个异常。EnsureSufficientExecutionStack 方法不接受任何实参，返回值是 void。递归方法特别要用好这个方法。

20.10　对异常进行调试

Visual Studio 调试器为异常提供了特殊支持。在当前已打开一个解决方案的前提下，请从"调试"菜单选择"异常"，随后会看到如图 20-4 所示的对话框。[①]

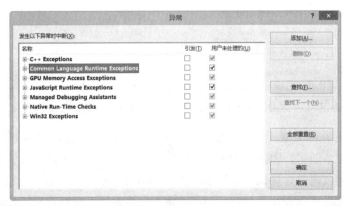

图 20-4　"异常"对话框显示了不同种类的异常

———————————
① 译注：本节内容只适用于 Visual Studio 2012/2013。在更高版本的 Visual Studio 中，对话框已进行了大量重制，功能更全，更加好用。另外，在 Visual Studio 2022 中，通过选择"调试"|"窗口"|"异常设置"来使用本节介绍的功能。

这个对话框显示了 Visual Studio 能识别的不同种类的异常。展开 Common Language Runtime Exceptions，会看到 Visual Studio 调试器能识别的命名空间集，如图 20-5 所示。

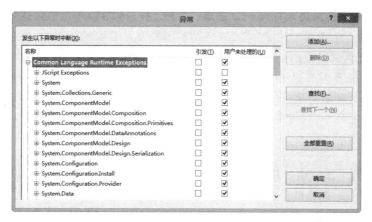

图 20-5　按命名空间划分的各种 CLR 异常

展开一个命名空间，会看到在该命名空间中定义的所有 System.Exception 派生类型。例如，图 20-6 展示的是 System 命名空间中的 CLR 异常。

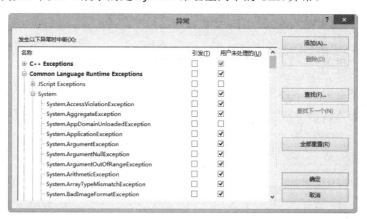

图 20-6　"异常"对话框，显示 System 命名空间中定义的 CLR 异常

对于任何异常类型，如果勾选了"引发"选项框，调试器就会在抛出该异常时中断。注意在中断时，CLR 还没有尝试去查找任何匹配的 catch 块。要对捕捉和处理一个异常的代码进行调试，这个功能相当有用。另外，如果怀疑一个组件或库"吞噬"了异常或者重新抛出了异常，但不确定在什么位置设置断点来捕捉它，这个功能也很有用。

如果异常类型的"引发"框没有勾选，调试器只有在该异常类型未得到处理时才中断。开发人员一般都保持"引发"选项框的未勾选状态，因为得到处理的异常表明应用程序已预见到了异常，并会对它进行处理；应用程序能继续正常运行。

如果定义了自己的异常类型，可单击"添加"把它们添加到这个对话框中。这会打开如图 20-7 所示的对话框。

图 20-7　让 Visual Studio 识别你自己的异常类型："新异常"对话框

在这个对话框中，首先将异常类型设为 Common Language Runtime Exceptions，然后输入异常类型的完全限定名称。注意，输入的不一定是从 System.Exception 派生的类型。非 CLS 相容的类型也是完全支持的。没有办法区分两个或多个同名但在不同程序集中的类型。幸亏这种情况很少发生。

如果你的程序集定义了几个异常类型，那么一次只能添加一个。希望在未来的版本中，这个对话框允许单击"浏览"按钮查找程序集，并自动将其中所有从 Exception 派生的类型导入 Visual Studio 调试器。然后，每个类型都可以根据程序集来区分。这样就可以解决同名、不同程序集的两个类型不能共存的问题。

20.11　异常处理的性能问题

开发人员社区经常就异常处理的性能问题展开活跃讨论。有人说异常处理的性能是如此之差，以至于他们根本就不打算使用。但是，我认为在面向对象平台中，异常处理不是一个可有可无的东西，而是必须的！另外，假若不用它，有什么是可以替代的呢？是让方法返回 true/false 来表示成功 / 失败，还是使用某种错误代码 enum 类型？真的这么做，两个世界 [①] 最坏的情况都会发生：CLR 和类库抛出异常而你的代码返回错误代码。现在你两者都要应付。

异常处理与较常规的异常报告方式 (HRESULT 和特殊返回码等) 相比，很难看出两者在性能上的差异。如果写代码检查每个方法调用的返回值并将返回值"漏"给调用者，应用程序性能将受到严重影响。就算不考虑性能，由于要写代码检查每个方法的返回值，也必须进行大量额外的编程，而且出错机率也会大增。异常处理是优选方案。

---

① 译注：托管世界和非托管世界。

但异常处理也是有代价的：非托管 C++ 编译器必须生成代码来跟踪哪些对象被成功构造。编译器还必须生成代码，以便在一个异常被捕捉到的时候，调用每个已成功构造的对象的析构器。由编译器担负这个责任是很好的，但会在应用程序中生成大量簿记 (bookkeeping) 代码，对代码的大小和执行时间造成负面影响。

另一方面，托管编译器就要轻松得多，因为托管对象在托管堆中分配，而托管堆受垃圾回收器的监视。如果对象成功构造，而且抛出了异常，那么垃圾回收器最终会释放对象的内存。编译器无需生成任何簿记 (bookkeeping) 代码来跟踪成功构造的对象，也无需保证析构器的调用。与非托管 C++ 相比，这意味着编译器生成的代码更少，运行时要执行的代码更少，应用程序的性能更好。

多年来，我在不同的编程语言、不同的操作系统和不同的 CPU 架构中进行过异常处理。每种情况下的异常处理都以不同方式实现，而且在性能方面各有优劣。一些实现将异常处理构造直接编译到一个方法中。一些实现将与异常处理相关的信息存储到一个与方法关联的数据表中——只有在抛出异常时才去访问这个表。一些编译器不能内联含有异常处理程序 [1] 的方法，另一些编译器在方法含有异常处理程序的时候无法用寄存器来容纳变量。

总之，不好判断异常处理到底会使应用程序增大多少额外的开销。在托管世界里更不好说，因为程序集的代码在支持 .NET Framework 的任何平台上都能运行。所以，当程序集在 x86 处理器上运行时，JIT 编译器生成的用于管理异常处理的代码也会显著有别于程序集在 x64 或 ARM 处理器上运行时生成的代码。另外，与其他 CLR 实现 (比如微软的 .NET Compact Framework 或者开源 Mono 项目) 关联的 JIT 编译器也有可能生成不同的代码。

实际上，我用微软内部使用的几个 JIT 编译器对自己的代码进行过一些测试，它们在性能上的差异大得令人吃惊。所以，必须在各种目标平台上测试代码，并相应进行调整。再次声明，我不在意异常处理所造成的额外性能开销，因为它带来的收益远大于对性能的影响。

如果希望了解异常处理对代码性能的影响，可使用 Windows 自带的 "性能监视器"。图 20-8 展示了随同 .NET Framework 安装的与异常有关的计数器。

个别时候会遇到一个频繁调用但频频失败的方法。这时抛出异常所造成的性能损失可能令人无法接受。例如，微软从一些客户那里了解到，在调用 Int32 的 Parse 方法时，最终用户经常输入无法解析的数据。由于频繁调用 Parse 方法，抛出和捕捉异常所造成的性能损失对应用程序的总体性能造成了很大影响。

---

[1] 译注：本书按照约定俗成的译法，将 exception handler 翻译成 "异常处理程序"，但在这里请把它理解成 "用于异常处理的构造"。

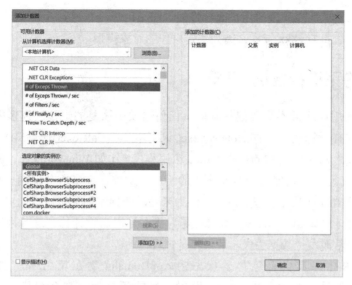

图 20-8　性能监视器显示了 .NET CLR Exceptions 计数器

为了解决客户反映的问题，并与本章描述的设计规范保持一致，微软为 Int32
类添加了新方法 TryParse，它有两个重载版本：

```
public static Boolean TryParse(String s, out Int32 result);
public static Boolean TryParse(String s, NumberStyles style,
                               IFormatProvider provider, out Int32 result);
```

注意，这些方法都返回一个 Boolean，指明传给方法的 String 是否包含了能
解析成 Int32 的字符。它们同时返回一个名为 result 的输出参数。如果方法返回
true，result 将包含字符串解析成 32 位整数的结果。返回 false，result 将包含 0，
这时自然不应再执行任何代码去检查 result。

有一点必须澄清：TryXxx 方法的 Boolean 返回值如果为 false，那么代表的只
是一种错误。方法仍要为其他错误抛出异常。例如，如果为 style 参数传递的实参
无效，Int32 的 TryParse 方法会抛出一个 ArgumentException 异常。另外，调用
TryParse 方法时仍有可能抛出一个 OutMemoryException 异常。

另外要澄清的是，面向对象编程提高了程序员的编程效率。为此，它采取的一
个措施是不在类型的成员中暴露错误代码。换言之，构造器、方法、属性等都采用
了"调用它们不会失败"这一思路。而且，如果正确定义，成员的大多数使用都不
会失败。而且由于不抛出异常，所以也没有性能上的损失。

定义类型的成员时，应确保在一般使用情形中不会失败。只有用户以后因为抛
出异常而对性能不满意时，才应考虑添加一些 TryXxx 方法。换言之，首先应建立
一个最佳的对象模型。然后，只有在用户抱怨的时候，才在类型中添加一些 TryXxx

方法，帮助遭遇性能问题的用户改善性能。如果用户没有遇到性能问题，那么应继续使用方法的非 TryXxx 版本，因为那是更佳的对象模型。

20.12 约束执行区域 (CER)

许多应用程序都不需要健壮到能从任何错误中恢复的地步。许多客户端应用程序都是这样设计的，比如 Notepad.exe(记事本) 和 Calc.exe(计算器)。另外，我们中的许多人都经历过 Microsoft Office 应用程序 (比如 WinWord.exe、Excel.exe 和 Outlook.exe) 因为未处理的异常而终止的情况。此外，许多服务器端应用程序 (比如 Web 服务器) 都是无状态的，会在因为未处理的异常而失败时自动重启。当然，某些服务器 (比如 SQL Server) 本来就是为状态管理而设计的。这种程序假如因为未处理的异常而发生数据丢失，后果将是灾难性的。

在 CLR 中，我们有包含了状态的 AppDomain(将在第 22 章 "CLR 寄宿和 AppDomain" 讨论)。AppDomain 卸载时，它的所有状态都会卸载。所以，如果 AppDomain 中的一个线程遭遇未处理的异常，那么可以在不终止整个进程的情况下卸载 AppDomain——会销毁它的所有状态[①]。

根据定义，CER 是必须对错误有适应力的代码块。由于 AppDomain 可能被卸载，造成它的状态被销毁，所以一般用 CER 处理由多个 AppDomain 或进程共享的状态。如果要在抛出了非预期的异常时维护状态，CER 就非常有用。有时将这些异常称为异步异常。例如，调用方法时，CLR 必须加载一个程序集，在 AppDomain 的 Loader 堆中创建类型对象，调用类型的静态构造器，并将 IL 代码 JIT 编译成本机代码。所有这些操作都可能失败，CLR 通过抛出异常来报告失败。

如果任何这些操作在一个 catch 或 finally 块中失败，你的错误恢复或资源清理代码就不会完整地执行。下例演示了可能出现的问题：

```
private static void Demo1() {
    try {
        Console.WriteLine("In try");
    }
    finally {
        // 隐式调用 Type1 的静态构造器
        Type1.M();
    }
}
```

[①] 如果线程的整个生命期都在一个 AppDomain 的内部 (比如 ASP.NET 和托管 SQL Server 存储过程)，那么这个说法是完全成立的。但是，如果线程在其生存期内跨越了 AppDomain 边界，那么可能就得终止整个进程了。

```
private sealed class Type1 {
    static Type1() {
        // 如果这里抛出异常，M 就得不到调用
        Console.WriteLine("Type1's static ctor called");
    }

    public static void M() { }
}
```

运行以上代码得到以下输出：

```
In try
Type1's static ctor called
```

我们想要达到的目的是，除非保证 (或大致保证)① 关联的 catch 块和 finally
块中的代码得到执行，否则上述 try 块中的代码根本不会开始执行。为了达到这个
目的，可以像下面这样修改代码：

```
private static void Demo2() {
    // 强迫 finally 块中的代码提前准备好
    // 以下方法位于 System.Runtime.CompilerServices 命名空间
    RuntimeHelpers.PrepareConstrainedRegions();
    try {
        Console.WriteLine("In try");
    }
    finally {
        // 隐式调用 Type2 的静态构造器
        Type2.M();
    }
}

public class Type2 {
    static Type2() {
        Console.WriteLine("Type2's static ctor called");
    }

    // 应用在 System.Runtime.ConstrainedExecution 命名空间中定义的这个特性
    [ReliabilityContract(Consistency.WillNotCorruptState, Cer.Success)]
    public static void M() { }
}
```

运行此版本得到以下输入：

```
Type2's static ctor called
In try
```

PrepareConstrainedRegions 是一个很特别的方法。JIT 编译器如果发现在一

————————
① 译注："保证"和"大致保证"分别对应后文所说的 WillNotCorruptState 和
MayCorruptInstance 两个枚举成员。

个 try 块之前调用了这个方法，就会提前编译与 try 关联的 catch 块和 finally 块中的代码。JIT 编译器会加载任何程序集，创建任何类型对象，调用任何静态构造器，并对任何方法进行 JIT 编译。如果其中任何操作造成异常，这个异常会在线程进入 try 块之前发生。

JIT 编译器提前准备方法时，还会遍历整个调用图，提前准备被调用的方法，前提是这些方法应用了 ReliabilityContractAttribute，而且向这个特性实例的构造器传递的是 Consistency.WillNotCorruptState 或者 Consistency.MayCorruptInstance 枚举成员。这是由于假如方法会损坏 AppDomain 或进程的状态，CLR 便无法对状态一致性做出任何保证。在通过一个 PrepareConstrainedRegions 调用来保护的一个 catch 块或 finally 块中，请确保只调用根据刚才的描述设置了 ReliabilityContractAttribute 的方法。

ReliabilityContractAttribute 是像下面这样定义的：

```
public sealed class ReliabilityContractAttribute : Attribute {
    public ReliabilityContractAttribute(Consistency consistencyGuarantee, Cer cer);
    public Cer Cer { get; }
    public Consistency ConsistencyGuarantee { get; }
}
```

该特性允许开发者向方法 [1] 的潜在调用者申明方法的可靠性协定 (reliability contract)。Cer 和 Consistency 都是枚举类型，它们的定义如下：

```
enum Consistency {
    MayCorruptProcess, MayCorruptAppDomain, MayCorruptInstance, WillNotCorruptState
}

enum Cer { None, MayFail, Success }
```

如果你写的方法保证不损坏任何状态，就用 Consistency.WillNotCorruptState，否则就用其他三个值之一来申明方法可能损坏哪一种状态。如果方法保证不会失败，就用 Cer.Success，否则用 Cer.MayFail。没有应用 ReliabilityContractAttribute 的任何方法等价于像下面这样标记：

```
[ReliabilityContract(Consistency.MayCorruptProcess, Cer.None)]
```

Cer.None 这个值表明方法不进行 CER 保证。换言之，方法没有 CER 的概念。因此，这个方法可能失败，而且可能会、也可能不会报告失败。记住，大多数这些设置都为方法提供了一种方式来申明它向潜在的调用者提供的东西，使调用者知道什么可以期待。CLR 和 JIT 编译器不使用这种信息。

如果想写一个可靠的方法，那么务必保持它的短小精悍，同时约束它做的事情。

---

[1]　也可将这个特性应用于接口、构造器、结构、类或者程序集，从而影响其中的成员。

要保证它不分配任何对象(例如,不进行装箱)。另外,不调用任何虚方法或接口方法,不使用任何委托,也不使用反射,因为 JIT 编译器不知道实际会调用哪个方法。然而,可以调用 RuntimeHelper 类定义的以下方法之一,从而手动准备这些方法:

```
public static void PrepareMethod(RuntimeMethodHandle method)
public static void PrepareMethod(RuntimeMethodHandle method,
    RuntimeTypeHandle[] instantiation)
public static void PrepareDelegate(Delegate d);
public static void PrepareContractedDelegate(Delegate d);
```

注意,编译器和 CLR 并不验证你写的方法真的符合通过 ReliabilityContractAttribute 来作出的保证。所以,如果犯了错误,状态仍有可能损坏。

注意

即使所有方法都提前准备好,方法调用仍有可能造成 StackOverflowException。在 CLR 没有寄宿的前提下,StackOverflowException 会造成 CLR 在内部调用 Environment.FailFast 来立即终止进程。在已经寄宿的前提下,PrepareConstrainedRegions 方法检查是否剩下约 48 KB 的栈空间。栈空间不足,就在进入 try 块前抛出 StackOverflowException。

还应该关注一下 RuntimeHelper 的 ExecuteCodeWithGuaranteedCleanup 方法,它在资源保证得到清理的前提下才执行代码。方法的原型如下:

```
public static void ExecuteCodeWithGuaranteedCleanup(TryCode code,
    CleanupCode backoutCode, Object userData);
```

调用这个方法时,要将 try 块和 finally 块的主体作为回调方法传递,它们的原型分别匹配以下两个委托:

```
public delegate void TryCode(Object userData);
public delegate void CleanupCode(Object userData, Boolean exceptionThrown);
```

最后,另一种保证代码得以执行的方式是使用 CriticalFinalizerObject 类,该类将在第 21 章"托管堆和垃圾回收"中详细解释。

20.13　代码协定

代码协定 (code contract) 提供了直接在代码中声明代码设计决策的一种方式。这些协定采取以下形式。[1]

- 前条件

  一般用于对实参进行验证。

---

[1] 本节代码只适用于 Visual Studio 2012/2013。"代码协定"从 .NET 5+(含 .NET Core 2.0 以后的版本) 开始不再支持。从 C# 8.0 起,建议用"可空引用类型"来代替。

- 后条件

  方法因为一次普通的返回或者抛出异常而终止时，对状态进行验证。

- 对象不变性 (Object Invariant)

  在对象的整个生命期内，确保对象的字段的良好状态。

代码协定有利于代码的使用、理解、进化、测试、文档和早期错误检测[①]。可将前条件、后条件和对象不变性想象为方法签名的一部分。所以，代码新版本的协定可以变得更宽松。但不能变得更严格，否则会破坏向后兼容性。

代码协定的核心是静态类 System.Diagnostics.Contracts.Contract：

```
public static class Contract {
    // 前条件方法：[Conditional("CONTRACTS_FULL")]
    public static void Requires(Boolean condition);
    public static void EndContractBlock();

    // 前条件：Always
    public static void Requires<TException>(Boolean condition) where TException : Exception;

    // 后条件方法：[Conditional("CONTRACTS_FULL")]
    public static void Ensures(Boolean condition);
    public static void EnsuresOnThrow<TException>(Boolean condition)
        where TException : Exception;

    // 特殊后条件方法：Always
    public static T Result<T>();
    public static T OldValue<T>(T value);
    public static T ValueAtReturn<T>(out T value);

    // 对象不变性方法：[Conditional("CONTRACTS_FULL")]
    public static void Invariant(Boolean condition);

    // 限定符 (Quantifier) 方法：Always
    public static Boolean Exists<T>(IEnumerable<T> collection, Predicate<T> predicate);
    public static Boolean Exists(Int32 fromInclusive, Int32 toExclusive,
        Predicate<Int32> predicate);
    public static Boolean ForAll<T>(IEnumerable<T> collection, Predicate<T> predicate);
    public static Boolean ForAll(Int32 fromInclusive, Int32 toExclusive,
        Predicate<Int32> predicate);
    // 辅助 (Helper) 方法：[Conditional("CONTRACTS_FULL")] 或 [Conditional("DEBUG")]
    public static void Assert(Boolean condition);
    public static void Assume(Boolean condition);

    // 基础结构 (Infrastructure) 事件：你的代码一般不使用这个事件
    public static event EventHandler<ContractFailedEventArgs> ContractFailed;
}
```

---

① 为了帮助大家进行自动化测试，微软研究院创建了 Pex 工具，网址是 http://research.microsoft.com/en-us/projects/pex/。

如前所示，许多静态方法都应用了 [Conditional("CONTRACTS_FULL")] 特性。有的辅助方法还应用了 [Conditional("DEBUG")]，意味着除非定义了恰当的符号，否则编译器会忽略调用这些方法的任何代码。标记 "Always" 的任何方法意味着编译器总是生成调用方法的代码。另外，Requires、Requires<TException>、Ensures、EnsuresOnThrow、Invariant、Assert 和 Assume 方法有一个额外的重载版本 (这里没有列出)，它获取一个 String 实参，用于显式指定违反协定时显示的字符串消息。

协定默认只作为文档使用，因为生成项目时没有定义 CONTRACTS_FULL 符号。为了发掘协定的附加价值，必须下载额外的工具和一个 Visual Studio 属性窗格，网址是 http://msdn.microsoft.com/en-us/devlabs/dd491992.aspx。Visual Studio 之所以不包含所有代码协定工具，是因为该技术相当新，而且正处在迅速发展阶段。微软的 DevLabs 网站提供新版本和增强的速度比 Visual Studio 本身快得多。下载和安装好额外的工具之后，会看到项目有一个新的属性窗格，如图 20-9 所示。

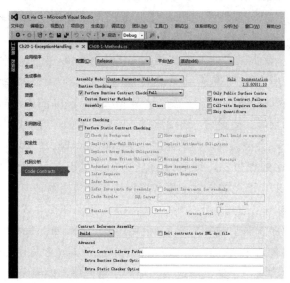

图 20-9　一个 Visual Studio 项目的 Code Contracts 窗格

启用代码协定功能要勾选 Perform Runtime Contract Checking，并从旁边的组合框中选择 Full。这样就会在生成项目时定义 CONTRACTS_FULL 符号，并在项目生成之后调用恰当的工具 (稍后详述)。然后，运行时违反协定会引发 Contract 的 ContractFailed 事件。一般情况下，开发人员不向这个事件登记任何方法。但如果登记了方法，你登记的任何方法都会接收到一个 ContractFailedEventArgs 对象，它看起来像下面这样：

```
public sealed class ContractFailedEventArgs : EventArgs {
```

```
public ContractFailedEventArgs(ContractFailureKind failureKind,
  String message, String condition, Exception originalException);

public ContractFailureKind FailureKind      { get; }
public String Message                        { get; }
public String Condition                      { get; }
public Exception OriginalException           { get; }

public Boolean Handled { get; } // 任何事件处理方法调用了 SetHandled，就为 true
public void SetHandled();        // 调用该方法来忽略违反协定的情况；将 Handled 设为 true

public Boolean Unwind { get; }  // 任何事件处理方法调用了 SetUnwind 或抛出异常，就为 true
public void SetUnwind();  // 调用该方法强制抛出 ContractException；将 Unwind 设为 true
}
```

可向该事件登记多个事件处理方法。每个方法都可以按照它选择的任何方式处理违反协定的情况。例如，方法可以记录协定违反，可以忽略协定违反 (通过调用 SetHandled)，也可以终止进程。任何方法如果调用了 SetHandled，违反协定的情况就会被认为已得到处理，而且在所有处理方法返回之后，允许应用程序代码继续运行——除非任何处理方法调用了 SetUnwind。如果一个处理方法调用了 SetUnwind，在所有处理方法结束运行后，会抛出一个 System.Diagnostics.Contracts.ContractException。注意，这是 MSCorLib.dll 的内部类型，所以你不能写一个 catch 块来显式捕捉它。还要注意，如果任何处理方法抛出未处理的异常，那么剩余的处理方法会被调用，然后抛出一个 ContractException。

如果没有事件处理方法，或者没有任何事件处理方法调用了 SetHandled，SetUnwind 或者抛出未处理的异常，那么违反协定会采用默认方式进行处理。如果 CLR 已寄宿，会向宿主通知协定失败。如果 CLR 正在非交互式窗口站上运行应用程序 (服务应用程序就属于这种情况)，会调用 Environment.FailFast 来立即终止进程。如果编译时勾选了 Assert On Contract Failure 选项 (参见图 20-9)，会出现一个断言对话框，允许将一个调试器连接到你的应用程序。如果没有勾选这个选项，就抛出一个 ContractException。

下面是一个使用了代码协定的示例类：

```
public sealed class Item { /* ... */ }

public sealed class ShoppingCart {
    private List<Item> m_cart = new List<Item>();
    private Decimal m_totalCost = 0;

    public ShoppingCart() {
    }
```

```csharp
public void AddItem(Item item) {
    AddItemHelper(m_cart, item, ref m_totalCost);
}

private static void AddItemHelper(List<Item> m_cart, Item newItem,
    ref Decimal totalCost) {

    // 前条件:
    Contract.Requires(newItem != null);
    Contract.Requires(Contract.ForAll(m_cart, s => s != newItem));

    // 后条件:
    Contract.Ensures(Contract.Exists(m_cart, s => s == newItem));
    Contract.Ensures(totalCost >= Contract.OldValue(totalCost));
    Contract.EnsuresOnThrow<IOException>(totalCost == Contract.OldValue(totalCost));

    // 做一些事情 ( 可能抛出 IOException)...
    m_cart.Add(newItem);
    totalCost += 1.00M;
}

// 对象不变性
[ContractInvariantMethod]
private void ObjectInvariant() {
    Contract.Invariant(m_totalCost >= 0);
}
}
```

AddItemHelper 方法定义了一系列代码协定。其中，前条件指出 newItem 不能为 **null**，而且要添加到购物车的商品不能已经在购物车中。后条件指出新商品必须在购物车中，而且总价格至少要与将商品添加到购物车之前一样多。还有一个后条件指出如果 AddItemHelper 因为某个原因抛出 IOException，那么 totalCost 不会发生变化，和方法开始执行时一样。ObjectInvariant 方法只是一个私有方法；一旦调用，它会确保对象的 m_totalCost 字段永远不包含负值。

重要
提示

前条件、后条件或不变性测试中引用的任何成员都一定不能有副作用 (改变对象的状态)。这是必须的，因为测试条件不应改变对象本身的状态。除此之外，前条件测试中引用的所有成员的可访问性都至少要和定义前条件的方法一样。这是必须的，因为方法的调用者应该能在调用方法之前验证它们符合所有前条件。另一方面，后条件或不变性测试中引用的成员可具有任何可访问性，只要代码能编译就行。可访问性之所以不重要，是因为后条件和不变性测试不影响调用者正确调用方法的能力。

重要
提示

涉及继承时，派生类型不能重写并更改基类型中定义的虚成员的前条件。类似地，实现了接口成员的类型不能更改接口成员定义的前条件。如果一个成员没有定义显式的协定，那么成员将获得一个隐式协定，逻辑上这样表示：

```
Contract.Requires(true);
```

由于协定不能在新版本中变得更严格 (否则会破坏兼容性)，所以在引入新的虚 / 抽象 / 接口成员时，应仔细考虑好前条件。对于后条件和对象不变性，协定可以随意添加和删除，因为虚 / 抽象 / 接口成员中表示的条件和重写成员中表示的条件会 "逻辑 AND" 到一起。

现在，我们已掌握了如何声明协定。接着研究一下它们在运行时是如何工作的。要在方法的顶部声明所有前条件和后条件协定，这样才容易发现。当然，前条件协定是在方法调用时验证的。但是，我们希望后条件协定在方法返回时才验证。为了获得所需的行为，C# 编译器生成的程序集必须用 Code Contract Rewriter 工具进行处理，该工具的路径一般是 C:\Program Files (x86)\Microsoft\Contracts\Bin，它生成程序集的一个修改版本。为自己的项目勾选 Perform Runtime Contract Checking 之后，Visual Studio 会在生成项目时自动调用这个工具。工具分析所有方法中的 IL，并重写这些 IL，使任何后条件协定都在每个方法的末尾执行。如果方法内部有多个返回点，CCRewrite.exe 工具会修改方法的 IL，使所有返回点都在方法返回前执行后条件代码。

CCRewrite.exe 工具会在类型中查找标记了 [ContractInvariantMethod] 特性的任何方法。这个方法可以取任何名字，但根据约定，一般将方法命名为 ObjectInvariant，并将方法标记为 private(就像前面我所做的那样)。方法不接受任何实参，返回类型是 void。CCRewrite.exe 一旦看到标记了这个特性的 ObjectInvariant 方法 (或者你取的其他名字)，就会在每个公共实例方法的末尾插入调用 ObjectInvariant 方法的 IL 代码。这样一来，方法每次返回，都会检查对象的状态，确保方法没有违反协定。注意，CCRewrite.exe 不会修改 Finalize 方法或者 IDisposable 的 Dispose 方法来调用 ObjectInvariant 方法。因为既然已决定要销毁 (destroy) 或处置 (dispose)，对象的状态自然是可以改变的。还要注意，一个类型可以定义多个应用了 [ContractInvariantMethod] 特性的方法。使用分部类型时，这样做就很有用。CCRewrite.exe 修改 IL，在每个公共方法末尾调用所有这些方法 (顺序不定)。

Assert 方法和 Assume 方法比较特殊。首先，不应把它们视为方法签名的一部分，也不必把它们放在方法的起始处。在运行时，这两个方法执行完全一样的操作：

验证传给它们的条件是否为 true；不为 true 就抛出异常。但还可使用另一个名为 Code Contract Checker(CCCheck.exe) 的工具。该工具能分析 C# 编译器生成的 IL，静态验证方法中没有代码违反协定。该工具会尝试证明传给 Assert 的任何条件都为 true，但假设传给 Assume 的任何条件都已经为 true，而且工具会将表达式添加到它的已知为 true 的事实列表中。一般要先用 Assert，然后在 CCCheck.exe 不能静态证明表达式为 true 的前提下将 Assert 更改为 Assume。

下面来看一个例子。假定有以下类型定义：

```
internal sealed class SomeType {
    private static String s_name = "Jeffrey";

    public static void ShowFirstLetter() {
        Console.WriteLine(s_name[0]); // 警告 : requires unproven: index < this.Length
    }
}
```

在项目属性页中勾选 Perform Static Contract Checking 再生成以上代码，CCCheck.exe 工具会生成如注释所示的警告。该警告指出查询 s_name 的第一个字母可能失败并抛出异常，因为无法证明 s_name 总是引用至少包含了一个字符的字符串。

如此一来，我们要做的是为 ShowFirstLetter 方法添加一个断言：

```
public static void ShowFirstLetter() {
    Contract.Assert(s_name.Length >= 1); // warning: assert unproven
    Console.WriteLine(s_name[0]);
}
```

遗憾的是，当 CCCheck.exe 工具分析以上代码时，仍然无法验证 s_name 总是引用包含至少一个字母的字符串。所以，工具会生成类似的警告。有时，会由于工具的限制造成无法验证断言，工具未来的版本也许能执行更全面的分析。

为了避开工具的短处，或者声明工具永远证明不了的一件事情成立，可将 Assert 更改为 Assume。如果知道没有其他代码会修改 s_name，就可以这样修改 ShowFirstLetter：

```
public static void ShowFirstLetter() {
    Contract.Assume(s_name.Length >= 1);  // 这样就没有警告了！
    Console.WriteLine(s_name[0]);
}
```

针对代码的这个新版本，CCCheck.exe 工具会相信我们的"假设"，断定 s_name 总是引用至少含有一个字母的字符串。这个版本的 ShowFirstLetter 方法会顺利通过代码协定静态检查器 (CCCheck.exe) 的检查，不显示任何警告。

我们再来讨论一下 Code Contract Reference Assembly Generator 工具 (CCRefGen.

exe)。像前面描述的那样使用 CCRewrite.exe 工具来启用协定检查，确实有助于更快地发现 bug。但是，协定检查期间生成的所有代码会使程序集变得更大，并有损它的运行时性能。为了对这一点进行改进，可以使用 CCRefGen.exe 工具来创建独立的、包含协定的一个引用程序集。在 Contract Reference Assembly 组合框中选择 Build，Visual Studio 会自动帮你调用这个工具。协定程序集的名字一般是 AssemblyName. Contracts.dll(例如 MSCorLib.Contracts.dll)，而且这些程序集只包含对协定进行描述的元数据和 IL——别的什么都没有。协定引用程序集的特点是向程序集的定义元数据表应用了 System.Diagnostics.Contracts.ContractReferenceAssemblyAttribute。CCRewrite.exe 和 CCCheck.exe 工具在执行操作和分析的时候，可将协定引用程序集作为输入。

最后一个工具是 Code Contract Document Generator(CCDocGen.exe)，使用 C# 编译器的 /doc:file 开关生成 XML 文档后，可利用该工具在文档中添加协定信息。经 CCDocGen.exe 增强的 XML 文档可由微软的 Sandcastle 工具进行处理，以生成 MSDN 风格的、含有协定信息的文档。

第 **21** 章

托管堆和垃圾回收

本章内容：

- 托管堆基础
- 代：提升性能
- 使用需要特殊清理的类型
- 手动监视和控制对象生存期

本章要讨论托管应用程序如何构造新对象，托管堆如何控制这些对象的生存期，以及如何回收这些对象的内存。简单地说，本章不仅要解释 CLR 中的垃圾回收器是如何工作的，还要解释相关的性能问题。另外，本章最后要讨论如何设计应用程序来最有效地使用内存。

21.1 托管堆基础

每个程序都要使用这样或那样的资源，包括文件、内存缓冲区、屏幕空间、网络连接、数据库资源等。事实上，在面向对象的环境中，每个类型都代表可供程序使用的一种资源。要使用这些资源，必须为代表资源的类型分配内存。以下是访问一个资源所需要的步骤：

1. 调用 IL 指令 newobj，为代表资源的类型分配内存，这一般使用 C# 的 new 操作符来完成；
2. 初始化内存，设置资源的初始状态并使资源可用。类型的实例构造器负责设置初始状态；

3. 访问类型的成员来使用资源 (根据需要重复);

4. 销毁资源的状态以进行清理;

5. 释放内存,垃圾回收器独自负责这一步。

如果需要程序员手动管理内存 (例如,原生 C++ 开发人员就是这样的),这个看似简单的模式就会成为导致大量编程错误的"元凶"之一。想想看,有多少次程序员忘记释放不再需要的内存而造成内存泄漏?又有多少次试图使用已经释放的内存,然后由于内存被破坏而造成程序错误和安全漏洞?而且,这两种 bug 比其他大多数 bug 都要严重,因为一般无法预测它们的后果或发生的时间[①]。如果是其他 bug,一旦发现程序行为异常,改正有问题的代码行就可以了。

现在,只要写的是可验证的、类型安全的代码 (不要用 C# 语言的 unsafe 关键字),应用程序就不可能会出现内存被破坏的情况。内存仍有可能泄漏,但不像以前那样是默认行为。现在,内存泄漏一般是因为在集合中存储了对象,但不需要对象的时候一直不去删除。

为了进一步简化编程,开发人员经常使用的大多数类型都不需要步骤 4(销毁资源的状态以进行清理)。所以,托管堆除了能避免前面提到的 bug,还能为开发人员提供一个简化的编程模型:分配并初始化资源并直接使用。大多数类型都无需资源清理,垃圾回收器会自动释放内存。

使用需要特殊清理的类型时,编程模型还是像刚才描述的那样简单。只是有时需要尽快清理资源,而不是非要等着 GC[②] 介入。可在这些类中调用一个额外的清理方法 (称为 Dispose),按照自己的节奏清理资源。另一方面,实现这样的类需要考虑到较多的问题 (21.4 节"手动监视和控制对象的生存期"会详细讨论)。一般只有包装了本机资源 (文件、套接字和数据库连接等) 的类型才需要特殊清理。

21.1.1 从托管堆分配资源

CLR 要求所有对象都从托管堆分配。进程初始化时,CLR 划出一个地址空间区域作为托管堆。CLR 还要维护一个指针,我把它称作 NextObjPtr。该指针指向下一个对象在堆中的分配位置。刚开始的时候,NextObjPtr 设为地址空间区域的基地址。

一个区域被非垃圾对象填满后,CLR 会分配更多的区域。这个过程一直重复,直至整个进程地址空间都被填满。所以,你的应用程序的内存受进程的虚拟地址空间的限制。32 位进程最多能分配 1.5 GB,64 位进程最多能分配 8 TB。

---

① 译注:例如,访问越界的 bug 可能取回不相干的数据,使程序结果变得不正确。而且错误没有规律,让人捉摸不定。

② 译注:垃圾回收、垃圾回收器都可以简称为 GC。

C# 语言的 new 操作符导致 CLR 执行以下步骤。

1. 计算类型的字段 (以及从基类型继承的字段) 所需的字节数。
2. 加上对象的开销所需的字节数。每个对象都有两个开销字段：类型对象指针和同步块索引。对于 32 位应用程序，这两个字段各自需要 32 位，所以每个对象要增加 8 字节。对于 64 位应用程序，这两个字段各自需要 64 位，所以每个对象要增加 16 字节。
3. CLR 检查区域中是否有分配对象所需的字节数。如果托管堆有足够的可用空间，就在 NextObjPtr 指针指向的地址处放入对象，为对象分配的字节会被清零。接着调用类型的构造器 (为 this 参数传递 NextObjPtr)，new 操作符返回对象引用。就在返回这个引用之前，NextObjPtr 指针的值会加上对象占用的字节数来得到一个新值，即下个对象放入托管堆时的地址。

图 21-1 展示了包含三个对象 (A、B 和 C) 的一个托管堆。如果要分配新对象，它将放在 NextObjPtr 指针指向的位置 (紧接在对象 C 后)。

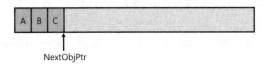

图 21-1 新初始化的托管堆，其中构造了三个对象

对于托管堆，分配对象只需在指针上加一个值——速度相当快。在许多应用程序中，差不多同时分配的对象彼此间有较强的联系，而且经常差不多在同一时间访问。例如，经常在分配一个 BinaryWriter 对象之前分配一个 FileStream 对象。然后，应用程序使用 BinaryWriter 对象，而后者在内部使用 FileStream 对象。由于托管堆在内存中连续分配这些对象，所以会因为引用的"局部化"(locality) 而获得性能上的提升。具体地说，这意味着进程的工作集会非常小，应用程序只需使用很少的内存，从而提高了速度。还意味着代码使用的对象可以全部驻留在 CPU 的缓存中。结果是应用程序能以惊人的速度访问这些对象，因为 CPU 在执行大多数操作时，不会因为"缓存未命中"(cache miss) 而被迫访问较慢的 RAM。

根据前面的描述，似乎托管堆的性能天下无敌。但先别激动，刚才说的有一个大前提——内存无限，CLR 总是能分配新对象。但内存不可能无限，所以 CLR 通过称为"垃圾回收"(GC) 的技术"删除"堆中应用程序不再需要的对象。

21.1.2　垃圾回收算法

应用程序调用 new 操作符创建对象时，可能没有足够地址空间来分配该对象。发现空间不够，CLR 就执行垃圾回收。

前面的描述过于简单。事实上，垃圾回收是在第 0 代满的时候发生的。本章后面会解释"代"。在此之前，先假设堆满就发生垃圾回收。

对于对象生存期的管理，有的系统采用的是某种引用计数算法。事实上，微软自己的"组件对象模型"(Component Object Model，COM) 用的就是引用计数。在这种系统中，堆上的每个对象都维护着一个内存字段来统计程序中多少"部分"正在使用对象。随着每一"部分"到达代码中某个不再需要一个对象的地方，就递减那个对象的计数字段。计数字段变成 0，对象就可以从内存中删除了。许多引用计数系统最大的问题是处理不好循环引用。例如在 GUI 应用程序中，窗口将容纳对子 UI 元素的引用，而子 UI 元素将容纳对父窗口的引用。这种引用会阻止两个对象的计数器达到 0，所以两个对象永远不会删除，即使应用程序本身不再需要窗口了。

鉴于引用计数垃圾回收器算法存在的问题，CLR 改为使用一种引用跟踪算法。引用跟踪算法只关心引用类型的变量，因为只有这种变量才能引用堆上的对象；值类型变量直接包含值类型实例。引用类型变量可在许多场合使用，包括类的静态和实例字段，或者方法的参数和局部变量。我们将所有引用类型的变量都称为根 (root)。

CLR 开始 GC 时，首先暂停进程中的所有线程。这样可以防止线程在 CLR 检查期间访问对象并更改其状态。然后，CLR 进入 GC 的标记 (marking) 阶段。在这个阶段，CLR 遍历堆中的所有对象，将同步块索引字段中的一位设为 0。这表明所有对象都应删除。然后，CLR 检查所有活动根，查看它们引用了哪些对象。这正是 CLR 的 GC 称为"引用跟踪 GC"的原因。如果一个根包含 null，CLR 忽略这个根并继续检查下个根。

任何根如果引用了堆上的对象，CLR 都会标记那个对象，也就是将该对象的同步块索引中的位设为 1。一个对象被标记后，CLR 会检查那个对象中的根，标记它们引用的对象。如果发现对象已经标记，就不重新检查对象的字段。这就避免了因为循环引用而产生死循环。

图 21-2 展示了一个堆，其中包含几个对象。应用程序的根直接引用对象 A、C、D 和 F。所有对象都已标记。标记对象 D 时，垃圾回收器发现这个对象含有一个引用对象 H 的字段，造成对象 H 也被标记。标记过程会持续，直至应用程序的所有根所有检查完毕。

检查完毕后，堆中的对象要么已标记，要么未标记。已标记的对象不能被垃圾回收，因为至少有一个根在引用它。我们说这种对象是可达 (reachable) 的，因为应用程序代码可以通过仍在引用它的变量抵达 (或访问) 它。未标记的对象是不可达 (unreachable) 的，因为应用程序中不存在使对象能被再次访问的根。

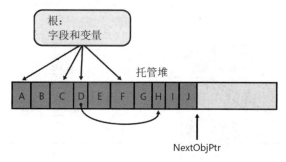

图 21-2　回收之前的托管堆

　　CLR 知道哪些对象可以幸存，哪些可以删除后，就进入 GC 的压缩 (compact)[①] 阶段。在这个阶段，CLR 对堆中已标记的对象进行"乾坤大挪移"，压缩所有幸存下来的对象，使它们占用连续的内存空间。这样做有许多好处。首先，所有幸存对象在内存中紧挨在一起，恢复了引用的"局部化"，减小了应用程序的工作集，从而提升了将来访问这些对象时的性能。其实，可用空间也全部是连续的，所以这个地址空间区段 (region) 得到了解放，允许其他东西进驻。最后，压缩意味着托管堆解决了本机 (原生) 堆的空间碎片化问题。[②]

　　在内存中移动了对象之后有一个问题亟待解决。引用幸存对象的根现在引用的还是对象最初在内存中的位置，而非移动之后的位置。被暂停的线程恢复执行时，将访问旧的内存位置，会造成内存损坏。这显然不能容忍的，所以作为压缩阶段的一部分，CLR 还要从每个根减去所引用的对象在内存中偏移的字节数。这样就能保证每个根还是引用和之前一样的对象；只是对象在内存中移动了位置。

　　压缩好内存后，托管堆的 NextObjPtr 指针指向最后一个幸存对象之后的位置。下一个分配的对象将放到这个位置。图 21-3 展示了压缩阶段之后的托管堆。压缩阶段完成后，CLR 恢复应用程序的所有线程。这些线程继续访问对象，就好象 GC 没有发过一样。

　　如果 CLR 在一次 GC 之后回收不了内存，而且进程中没有空间来分配新的 GC 区域，就说明该进程的内存已耗尽。此时，试图分配更多内存的 new 操作符会抛出

---

① 译注：此压缩非彼压缩，这里只是按照约定俗成的方式将 compact 翻译成"压缩"。不要以为"压缩"后内存会增多。相反，这里的"压缩"更接近于"碎片整理"。事实上，compact 正确的意思是"变得更紧凑"。但事实上，从上个世纪 80 年开始，人们就把它看成是 compress 的近义词而翻译成"压缩"，以讹传讹至今。

② 大对象堆 (本章稍后讨论) 中的对象不会压缩，所以大对象堆还是可能发生地址空间碎片化的。

OutOfMemoryException。应用程序可以捕捉该异常并从中恢复。但是，大多数应用程序都不会这么做；相反，异常会成为未处理异常，Windows 将终止进程并回收进程使用的全部内存。

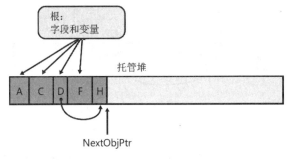

图 21-3 垃圾回收后的托管堆

作为程序员，应注意本章开头描述的两个 bug 不复存在了。首先，内存不可能泄漏，因为从应用程序的根[①]访问不了任何对象，都会在某个时间被垃圾回收。其次，不可能因为访问被释放的内存而造成内存损坏，因为现在只能引用活动对象；非活动的对象是引用不了的。

> **重要提示** ⚠️
>
> 静态字段引用的对象一直存在，直到用于加载类型的 AppDomain 卸载为止。内存泄漏的一个常见原因就是让静态字段引用某个集合对象，然后不停地向集合添加数据项。静态字段使集合对象一直存活，而集合对象使所有数据项一直存活。因此，应尽量避免使用静态字段。

21.1.3 垃圾回收和调试

一旦根离开作用域，它引用的对象就会变得"不可达"，GC 会回收其内存；不保证对象在方法的生存期中自始至终地存活。这会对应用程序产生有趣的影响。例如以下代码：

```
using System;
using System.Threading;

public static class Program {
    public static void Main() {
        // 创建每 2000 毫秒就调用一次 TimerCallback 方法的 Timer 对象
        Timer t = new Timer(TimerCallback, null, 0, 2000);
```

---

① 译注：前面说过，所有引用类型的变量都是"根"。

```
    // 等待用户按 Enter 键
    Console.ReadLine();
}


private static void TimerCallback(Object o) {
    // 当调用该方法时，显示日期和时间
    Console.WriteLine( "In TimerCallback: " + DateTime.Now);

    // 出于演示目的，强制执行一次垃圾回收
    GC.Collect();
}
}
```

在命令行上，不用任何特殊编译器开关编译代码。运行可执行文件，会发现 TimerCallback 方法只被调用了一次！

观察代码，可能以为 TimerCallback 方法每隔 2000 毫秒调用一次。毕竟，代码创建了一个 Timer 对象，而且有一个变量 t 引用该对象。只要计时器对象存在，计时器就应该一直触发。但要注意，TimerCallback 方法调用 GC.Collect() 强制执行了一次垃圾回收。

回收开始时，垃圾回收器首先假定堆中的所有对象都是不可达的 (垃圾)；这自然也包括 Timer 对象。然后，垃圾回收器检查应用程序的根，发现在初始化之后，Main 方法再也没有用过变量 t。既然应用程序没有任何变量引用 Timer 对象，垃圾回收自然会回收分配给它的内存；这使计时器停止触发，并解释了为什么 TimerCallback 方法只被调用了一次。

现在，假定用调试器单步调试 Main，而且在将新 Timer 对象的地址赋给 t 之后，立即发生了一次垃圾回收。然后，用调试器的 "监视" 窗口查看 t 引用的对象，会发生什么事情呢？因为对象已被回收，所以调试器无法显示该对象。大多数开发人员都没有预料到这个结果，认为不合常理。所以，微软提出了一个解决方案。

使用 C# 编译器的 /debug 开关编译程序集时，编译器会应用 System. Diagnostics.DebuggableAttribute，并为结果程序集设置 DebuggingModes 的 DisableOptimizations 标志。在运行时编译方法时，JIT 编译器看到这个标志，会将所有根的生存期延长至方法结束。在我的例子中，JIT 编译器认为 Main 的 t 变量必须存活至方法结束。所以在垃圾回收时，GC 认为 t 仍然是一个根，t 引用的 Timer 对象仍然 "可达"。Timer 对象会在回收中存活，TimerCallback 方法会被反复调用，直至 Console.ReadLine 方法返回 (用户按 Enter 键) 而且 Main 方法退出。[①]

---

① 译注：本节的所有代码请用 Visual Studio 2012/2013 编译。新版本 .NET/.NET Core 已经解决了这个问题，能正确理解代码的意图。

这很容易验证，只需在命令行中重新编译程序，但这一次指定 C# 编译器的 /debug 开关。运行可执行文件，会看到 TimerCallback 方法被反复调用。注意，C# 编译器的 /optimize+ 编译器开关会将 DisableOptimizations 禁止的优化重新恢复，所以实验时不要指定该开关。

JIT 编译器这样做的目的是帮助进行 JIT 调试。现在可以用正常方式启动应用程序(不用调试器)，方法一经调用，JIT 编译器就会将变量的生存期延长至方法结束。以后，如果决定为进程连接一个调试器，可在先前编译好的方法中添加一个断点，并检查根变量。

你现在知道了如何构建在 Debug 生成中正常工作的应用程序，但它在 Release 生成中还是不正常。没人喜欢只有调试时才正常的应用程序，所以应该修改程序，使它在任何时候都能正常工作。

可以试着像下面这样修改 Main 方法：

```
public static void Main() {
    // 创建每 2000 毫秒就调用一次 TimerCallback 方法的 Timer 对象
    Timer t = new Timer(TimerCallback, null, 0, 2000);

    // 等待用户按 Enter 键
    Console.ReadLine();

    // 在 ReadLine 之后引用 t( 会被优化掉 )
    t = null;
}
```

但编译以上代码 (无 /debug+ 开关)，并运行可执行文件，会看到 TimerCallback 方法仍然只被调用了一次。问题在于，JIT 编译器是一个优化编译器，将局部变量或参数变量设为 null，等价于根本不引用该变量。换言之，JIT 编译器会将 t=null; 整行代码删除 (优化掉)。所以，程序仍然不会按期望的方式工作。下面才是 Main 方法的正确修改方式：

```
public static void Main() {
    // 创建每 2000 毫秒就调用一次 TimerCallback 方法的 Timer 对象
    Timer t = new Timer(TimerCallback, null, 0, 2000);

    // 等待用户按 Enter 键
    Console.ReadLine();

    // 在 ReadLine 之后引用 t( 在 Dispose 方法返回之前，t 会在 GC 中存活 )
    t.Dispose();
}
```

现在编译代码 (无 /debug+ 编译器开关) 并运行可执行文件，会发现 TimerCallback 方法被正确地重复调用，程序终于得到修正。现在发生的事情是，t 引用的对象必须存活，才能在它上面调用 Dispose 实例方法 (t 中的值要作为 this 实参传给 Dispose)。真是讽刺，要显式要求释放计时器，它才能活到被释放的那一刻。

> **注意**
>
> 不要因为本节的讨论而担心对象被过早回收的问题。这里的讨论之所以使用 Timer 类，是因为它具有其他类不具有的特殊行为。Timer 类的特点 (和问题) 在于，堆中存在的一个 Timer 对象会造成别的事情的发生：一个线程池线程会定期调用一个方法。其他任何类型都不具有这个行为。例如，内存中存在的一个 String 对象不会造成别的事情的发生；字符串就那么"傻傻地呆在那里"。所以，我用 Timer 展示根的工作原理以及对象生存期与调试器的关系，讨论的重点并不是如何保持对象的存活。所有非 Timer 的对象都会根据应用程序的需要而自动存活。

21.2　代：提升性能

CLR 的 GC 是基于代的垃圾回收器 (generational garbage collector)[①]，它对我们写的代码做出了以下几点假设：

- 对象越新，生存期越短；
- 对象越老，生存期越长；
- 回收堆的一部分，速度快于回收整个堆。

大量研究证明，这些假设对于现今大多数应用程序都是成立的，它们影响了垃圾回收器的实现方式。本节将解释代的工作原理。

托管堆在初始化时不包含对象。添加到堆的对象称为第 0 代对象。简单地说，第 0 代对象就是那些新构造的对象，垃圾回收器从未检查过它们。图 21-4 展示了一个新启动的应用程序，它分配了 5 个对象 (从 A 到 E)。过了一会儿，对象 C 和 E 变得不可达。

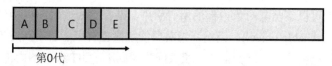

图 21-4　一个新初始化的堆，其中包含一些对象，所有对象都是第 0 代，垃圾回收尚未发生

---

① 也称为 ephemeral garbage collector，本书不打算使用这一术语。

CLR 在初始化时会为第 0 代对象选择一个预算容量 (以 KB 为单位)。如果分配一个新对象造成第 0 代超过该预算，就必须启动一次垃圾回收。假设对象 A 到 E 刚好用完第 0 代的空间，那么分配对象 F 就必须启动垃圾回收。垃圾回收器判断对象 C 和 E 是垃圾，所以会压缩 (compact) 对象 D，使之与对象 B 相邻。在垃圾回收中存活的对象 (A、B 和 D) 现在成为第 1 代对象。第 1 代对象已经经历了垃圾回收器的一次检查。此时的堆如图 21-5 所示。

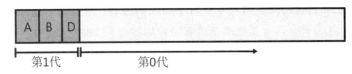

图 21-5 经过一次垃圾回收，第 0 代的幸存者被提升至第 1 代；第 0 代暂时是空的

一次垃圾回收后，第 0 代就不包含任何对象了。和之前一样，新对象会分配到第 0 代中。在图 21-6 中，应用程序继续运行，并新分配了对象 F 到对象 K。另外，随着应用程序继续运行，对象 B、H 和 J 变得不可达，它们的内存将在某一时刻回收。

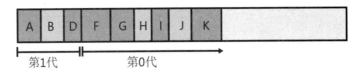

图 21-6 第 0 代分配了新对象；第 1 代有垃圾产生

现在，假定分配新对象 L 会造成第 0 代超出预算，造成必须启动垃圾回收。开始垃圾回收时，垃圾回收器必须决定检查哪些代。前面说过，CLR 初始化时会为第 0 代对象选择一个预算。事实上，它还必须为第 1 代选择预算。

开始一次垃圾回收时，垃圾回收器还会检查第 1 代占用了多少内存。在本例中，由于第 1 代占用的内存远少于预算，所以垃圾回收器只检查第 0 代中的对象。回顾一下基于代的垃圾回收器做出的假设。第一个假设是越新的对象活得越短。因此，第 0 代包含更多垃圾的可能性很大，能回收更多的内存。由于忽略了第 1 代中的对象，所以加快了垃圾回收速度。

显然，忽略第 1 代中的对象能提升垃圾回收器的性能。但对性能有更大提振作用的是现在不必遍历托管堆中的每个对象。如果根或对象引用了老一代的某个对象，垃圾回收器就可以忽略老对象内部的所有引用，能在更短的时间内构造好可达对象图 (graph of reachable object)。当然，老对象的字段也有可能引用新对象。为了确保对老对象中已更新的字段进行检查，垃圾回收器利用了 JIT 编译器内部的一个机制。这个机制在对象的引用字段发生变化时，会设置一个对应的位标志。这样，垃圾回收器就知道自上一次垃圾回收以来，哪些老对象 (如果有的话) 已被写入。只有字段发生了变化的老对象才需要检查是否引用了第 0 代中的任何新对象。[①]

微软的性能测试表明，对第 0 代执行一次垃圾回收，所花的时间不超过 1 毫秒。微软的目标是使垃圾回收所花的时间不超过一次普通的内存页面错误 (page fault) 的时间。

基于代的垃圾回收器还假设越老的对象活得越长。也就是说，第 1 代对象在应用程序中很有可能是继续可达的。如果垃圾回收器检查第 1 代中的对象，很有可能找不到多少垃圾，结果是回收不了多少内存。因此，对第 1 代进行垃圾回收很可能是浪费时间。如果真的有垃圾在第 1 代中，它将留在那里。此时的堆如图 21-7 所示。

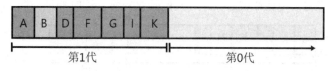

图 21-7 经过两次垃圾回收，第 0 代的幸存者提升第 1 代（第 1 代大小增加），第 0 代再次空出

如你所见，所有幸存下来的第 0 代对象都成了第 1 代的一部分。由于垃圾回收器没有检查第 1 代，所以对象 B 的内存并没有被回收，即使它在上一次垃圾回收时已经不可达。同样，在一次垃圾回收后，第 0 代不包含任何对象，等着分配新对象。假定应用程序继续运行，并分配对象 L 到对象 O。另外，在运行过程中，应用程序停止使用对象 G、L 和 M，使它们变得不可达。此时的托管堆如图 21-8 所示。

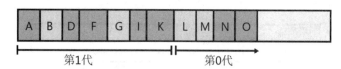

图 21-8 新对象分配到第 0 代中，第 1 代产生了更多的垃圾

假设分配对象 P 导致第 0 代超过预算，垃圾回收发生。由于第 1 代中的所有对

[①]　如果想知道更多细节，这里便可以满足他们的好奇心。当 JIT 编译器生成本机 (native) 代码来修改对象中的一个引用字段时，本机代码会生成对一个 write barrier 方法的调用（译注：write barrier 方法是在有数据向对象写入时执行一些内存管理代码的机制）。这个 write barrier 方法检查字段被修改的那个对象是否在第 1 代或第 2 代中。如果在，write barrier 代码就在一个所谓的 card table 中设置一个 bit。card table 为堆中的每 128 字节的数据都准备好了一个 bit。GC 下一次启动时会扫描 card talbe，了解第 1 代和第 2 代中的哪些对象的字段自上次 GC 以来已被修改。任何被修改的对象引用了第 0 代中的一个对象，被引用的第 0 代对象就会在垃圾回收过程中"存活"。GC 之后，card table 中的所有 bit 都被重置为 0。向对象的引用字段中写入时，write barrier 代码会造成少量性能损失（对应地，向局部变量或静态字段写入便不会有这个损失）。另外，如果对象在第 1 代或第 2 代中，性能会损失得稍微多一些。

象占据的内存仍小于预算，所以垃圾回收器再次决定只回收第 0 代，忽略第 1 代中的不可达对象 (对象 B 和 G)。回收后，堆的情况如图 21-9 所示。

图 21-9 经过三次垃圾回收，第 0 代幸存者被提升至第 1 代 (第 1 代的大小再次增加)；第 0 代空出来了

从图 21-9 可以看到，第 1 代正在缓慢增长。假定第 1 代的增长导致它的所有对象占用了全部预算。这时，应用程序继续运行 (因为垃圾回收刚刚完成)，并分配对象 P 到对象 S，使第 0 代对象达到它的预算容量。这时的堆如图 21-10 所示。

图 21-10 新对象分配到第 0 代；第 1 代有了更多的垃圾

应用程序试图分配对象 T 时，由于第 0 代已满，所以必须开始垃圾回收。但这一次垃圾回收器发现第 1 代占用了太多内存，以至于用完了预算。由于前几次对第 0 代进行回收时，第 1 代可能已经有许多对象变得不可达 (就像本例这样)。所以这次垃圾回收器决定检查第 1 代和第 0 代中的所有对象。两代都被垃圾回收后，堆的情况如图 21-11 所示。

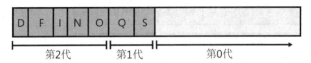

图 21-11 经过 4 次垃圾回收，第 1 代幸存者提升至第 2 代，第 0 代幸存者提升至第 1 代，第 0 代空出

和之前一样，垃圾回收后，第 0 代的幸存者被提升至第 1 代，第 1 代的幸存者被提升至第 2 代，第 0 代再次空出来了，准备好迎接新对象的到来。第 2 代中的对象经过了 2 次或更多次检查。虽然到目前为止已发生过多次垃圾回收，但只有在第 1 代超出预算时才会检查第 1 代中的对象。而在此之前，一般都已经对第 0 代进行了好几次垃圾回收。

托管堆只支持三代：第 0 代、第 1 代和第 2 代。没有第 3 代 [①]。CLR 初始化时，会为每一代选择预算 (容量)。然而，CLR 的垃圾回收器是自调节的。这意味着垃圾回收器会在执行垃圾回收的过程中了解应用程序的行为。例如，假定应用程序构

———————————
① System.GC 类的静态 MaxGeneration 方法返回 2。

造了许多对象，但每个对象用的时间都很短。在这种情况下，对第 0 代的垃圾回收会回收大量内存。事实上，第 0 代的所有对象都可能被回收。

如果垃圾回收器发现在回收 0 代后存活下来的对象很少，就可能减少第 0 代的预算。已分配空间的减少意味着垃圾回收将更频繁地发生，但垃圾回收器每次做的事情也减少了，这减小了进程的工作集。事实上，如果第 0 代中的所有对象都是垃圾，垃圾回收时就不必压缩（移动）任何内存；只需让 NextObjPtr 指针指回第 0 代的起始处即可。这样回收可真快！

> **注意**
>
> 如果应用程序的一些线程大多数时候都在栈顶闲置（即处于空闲状态），垃圾回收器工作起来就尤其"得心应手"。在这种情况下，线程有事做就会被唤醒，创建一组短期存活的对象，返回，然后继续睡眠。许多应用程序都遵循这种架构。例如，GUI 应用程序大多数时候都让 GUI 线程处在一个消息循环中。用户偶尔产生一些输入（触摸、鼠标或键盘事件），线程被唤醒，处理输入并重新回到消息循环。然后，为了处理输入而创建的大多数对象都会成为垃圾。
>
> 类似地，对于服务器应用程序，线程在池里呆着，等着客户端请求进入。有客户端请求进入后，线程创建新对象，代表客户端执行工作。结果发回客户端后，线程将回到线程池，创建的所有对象现在都成了垃圾。

另一方面，如果垃圾回收器回收了第 0 代，发现还有很多对象存活，没有多少内存被回收，就会增大第 0 代的预算。现在，垃圾回收的次数将减少，但每次进行垃圾回收时，回收的内存要多得多。顺便说一句，如果没有回收到足够的内存，垃圾回收器会执行一次完整回收。如果还是不够，就抛出 OutOfMemoryException 异常。

到目前为止，我们只是讨论了每次垃圾回收后如何动态调整第 0 代的预算。但垃圾回收器还会用类似的启发式算法调整第 1 代和第 2 代的预算。这些代被垃圾回收时，垃圾回收器会检查有多少内存被回收，以及有多少对象幸存。基于这些结果，垃圾回收器可能增大或减小这些代的预算，从而提升应用程序的总体性能。最终的结果是，垃圾回收器会根据应用程序要求的内存负载来自动优化——这非常"酷"！

以下 GCNotification 类在第 0 代或第 2 代回收时引发一个事件。利用这种事件，可以在发生一次回收时响铃，计算两次回收的间隔时间，或者计算两次回收之间分配了多少内存等。可以通过这个类方便地检测应用程序，更好地理解应用程序的内存使用情况。

```
public static class GCNotification {
    private static Action<Int32> s_gcDone = null; // 事件的字段

    // 该事件用于订阅 GC 完成通知；
```

```
// 当有委托订阅这个事件时，它会在 GC 完成时触发通知
public static event Action<Int32> GCDone {
    add {
        // 如果之前没有已登记的委托，就开始报告通知
        if (s_gcDone == null) { new GenObject(0); new GenObject(2); }
        s_gcDone += value;
    }
    remove { s_gcDone -= value; }
}


private sealed class GenObject {
    private Int32 m_generation;
    public GenObject(Int32 generation) { m_generation = generation; }
    ~GenObject() { // 这是 Finalize 方法
        // 如果这个对象在我们希望的（或更高的）代中，
        // 就通知委托一次 GC 刚刚完成
        if (GC.GetGeneration(this) >= m_generation) {
            Action<Int32> temp = Volatile.Read(ref s_gcDone);
            if (temp != null) temp(m_generation);
        }

        // 如果至少还有一个已登记的委托，而且 AppDomain 并非正在卸载，
        // 而且进程并非正在关闭，就继续报告通知
        if ((s_gcDone != null)
            && !AppDomain.CurrentDomain.IsFinalizingForUnload()
            && !Environment.HasShutdownStarted) {
            // 对于第 0 代，创建一个新对象；对于第 2 代，复活对象，
            // 使第 2 代在下次回收时，GC 会再次调用 Finalize
            if (m_generation == 0) new GenObject(0);
            else GC.ReRegisterForFinalize(this);
        } else { /* 放过对象，让其被回收 */ }
    }
}
}
```

21.2.1 垃圾回收触发条件

前面说过，CLR 在检测第 0 代超过预算时触发一次 GC。这是 GC 最常见的触发条件，下面列出其他条件。

- **代码显式调用 System.GC 的静态 Collect 方法**
  代码可以显式请求 CLR 执行回收。虽然微软强烈反对这种请求，但有时情势比人强。详情参见本章稍后的 21.2.4 节"强制垃圾回收"。
- **Windows 报告低内存情况**
  CLR 内 部 使 用 Win32 函 数 CreateMemoryResourceNotification 和 QueryMemory ResourceNotification 监视系统的总体内存使用情况。如

果 Windows 报告低内存，CLR 将强制垃圾回收以释放死对象，减小进程工
作集。

- CLR 正在卸载 AppDomain

  一个 AppDomain 卸载时，CLR 认为其中一切都不是根，所以执行涵盖所有
  代的垃圾回收。AppDomain 将在第 22 章讨论。

- CLR 正在关闭

  CLR 在进程正常终止 [①] 时关闭。关闭期间，CLR 认为进程中一切都不是根。
  对象有机会进行资源清理，但 CLR 不会试图压缩或释放内存。既然整个进
  程都要终止了，所以 Windows 将回收进程的全部内存。

21.2.2　大对象

还有另一个性能提升举措值得注意。CLR 将对象分为大对象和小对象。本章到
目前为止说的都是小对象。目前认为 85 000 字节或更大的对象是大对象 [②]。CLR 以
不同方式对待大小对象。

- 大对象不是在小对象的地址空间分配，而是在进程地址空间的其他地方分配。
- 目前版本的 GC 不压缩大对象，因为在内存中移动它们代价过高。但
  这可能在进程中的大对象之间造成地址空间的碎片化，以至于抛出
  OutOfMemoryException。CLR 将来的版本可能压缩大对象。
- 大对象总是第 2 代，绝不可能是第 0 代或第 1 代。所以只能为需要长时间
  存活的资源创建大对象。分配短时间存活的大对象会导致第 2 代被更频繁
  地回收，会损害性能。大对象一般是大字符串 (比如 XML 或 JSON) 或者用
  于 I/O 操作的字节数组 (比如从文件或网络将字节读入缓冲区以便处理)。

可在很大程度上视大对象若无物。可以忽略它们的存在，仅在出现解释不了的
情况时 (比如地址空间碎片化) 才对它们进行特殊处理。

21.2.3　垃圾回收模式

CLR 启动时会选择一个 GC 模式，进程终止前该模式不会改变。有两个基本
GC 模式。

- 工作站

  该模式针对客户端应用程序优化 GC。GC 造成的延时很低，应用程序线程
  挂起时间很短，避免使用户感到焦虑。在该模式中，GC 假定机器上运行的
  其他应用程序都不会消耗太多的 CPU 资源。

---

① 与之相对的是从外部终止，比如通过任务管理器。
② 未来 CLR 可能更改大对象的标准。85 000 不是常数。

- 服务器

  该模式针对服务器端应用程序优化 GC。被优化的主要是吞吐量和资源利用。GC 假定机器上没有运行其他应用程序 (无论客户端还是服务器应用程序)，并假定机器的所有 CPU 都可用来辅助完成 GC。该模式造成托管堆被拆分成几个区域 (section)，每个 CPU 一个。开始垃圾回收时，垃圾回收器在每个 CPU 上都运行一个特殊线程；每个线程都和其他线程并发回收它自己的区域。对于工作者线程 (worker thread) 行为一致的服务器应用程序，并发回收能很好地进行。这个功能要求应用程序在多 CPU 计算机上运行，使线程能真正地同时工作，从而获得性能的提升。

  应用程序默认以"工作站" GC 模式运行。寄宿 ① 了 CLR 的服务器应用程序 (比如 ASP.NET 或 Microsoft SQL Server) 可以请求 CLR 加载"服务器" GC。但是，如果服务器应用程序在单处理器计算机上运行，那么 CLR 将总是使用"工作站" GC 模式。独立 (stand-alone) 应用程序可以创建一个配置文件 ② 告诉 CLR 使用服务器回收器。配置文件要为应用程序添加一个 gcServer 元素。下面是一个示例配置文件：

```
<configuration>
    <runtime>
        <gcServer enabled="true"/>
    </runtime>
</configuration>
```

应用程序运行时，可以查询 GCSettings 类的只读 Boolean 属性 IsServerGC 来询问 CLR 它是否正在以"服务器" GC 模式运行：

```
using System;
using System.Runtime; // 这个命名空间包含了 GCSettings

public static class Program {
    public static void Main() {
        Console.WriteLine( "应用程序以服务 GC 模式运行 =" + GCSettings.IsServerGC);
    }
}
```

除了这两种主要模式，GC 还支持两种子模式：并发 (默认) 或非并发。在并发方式中，垃圾回收器有一个额外的后台线程，它能在应用程序运行时并发地标记对象。一个线程因为分配对象造成第 0 代超出预算时，GC 首先挂起所有线程，再判断要回收哪些代。如果要回收第 0 代或第 1 代，那么一切如常进行。但是，如果

① 译注：hosts(动词)。注意，本书将 host 的动词形式统一翻译成"寄宿"，名词形式翻译成"宿主"。但在作动词用时，理解成"容纳"更佳。
② 第 2 章"生成、打包、部署和管理应用程序及类型"和第 3 章"共享程序集和强命名程序集"都讲到应用程序配置文件的问题。

要回收第 2 代，就会增大第 0 代的大小 (超过其预算)，以便在第 0 代中分配新对象。然后，应用程序的线程恢复运行。

应用程序线程运行时，垃圾回收器运行一个普通优先级的后台线程来查找不可达对象。找到之后，垃圾回收器再次挂起所有线程，判断是否要压缩 (移动) 内存。如决定压缩，内存会被压缩，根引用会被修正，应用程序线程恢复运行。这一次垃圾回收花费的时间比平常少，因为不可达对象集合已经构造好了。但垃圾回收器也可能决定不压缩内存；事实上，垃圾回收器更倾向于选择不压缩。可用内存多，垃圾回收器便不会压缩堆；这有利于增强性能，但会增大应用程序的工作集。使用并发垃圾回收器，应用程序消耗的内存通常比使用并非发垃圾回收器多。

为了告诉 CLR 不要使用并发回收器，可以创建包含 gcConcurrent 元素的应用程序配置文件。下面是配置文件的一个例子：

```
<configuration>
    <runtime>
        <gcConcurrent enabled="false"/>
    </runtime>
</configuration>
```

GC 模式是针对进程配置的，进程运行期间不能更改。但是，大家的应用程序可以使用 GCSettings 类的 GCLatencyMode 属性对垃圾回收进行某种程度的控制。这个读 / 写属性能设为 GCLatencyMode 枚举类型中的任何值，表 21-1 对此进行了总结。

表 21-1 GCLatencyMode 枚举类型定义的符号

符号名称	说明
Batch("服务器"GC 模式的默认值)	关闭并发 GC
Interactive(" 工作站" GC 模式的默认值)	打开并发 GC
LowLatency	在短期的、时间敏感的操作中 (比如动画绘制) 使用这个延迟模式。这些操作不适合对第 2 代进行回收
SustainedLowLatency	使用这个延迟模式，应用程序的大多数操作都不会发生长的 GC 暂停。只要有足够内存，它将禁止所有会造成阻塞的第 2 代回收动作。事实上，这种应用程序 (例如需要迅速响应的股票软件) 的用户应考虑安装更多的 RAM 来防止发生长的 GC 暂停

LowLatency 模式有必要多说几句。一般用它执行一次短期的、时间敏感的操作，再将模式设回普通的 Batch 或 Interactive。在模式设为 LowLatency 期间，垃圾回收器会全力避免任何第 2 代回收，因为那样花费的时间较多。当然，调用 GC.Collect() 仍会回收第 2 代。此外，如果 Windows 告诉 CLR 系统内存低，GC 也会回收第 2 代，参见本章前面的 21.2.1 节"垃圾回收触发条件"。

在 LowLatency 模式中，应用程序抛出 OutOfMemoryException 的机率会大一些。所以，处于该模式的时间应尽量短，避免分配太多对象，避免分配大对象，并用一个约束执行区域 (CER)[①] 将模式设回 Batch 或 Interactive。另外注意，延迟模式是进程级的设置，而可能有多个线程并发运行。在一个线程使用该设置期间，其他线程可能试图更改这个设置。所以，假如有多个线程都要操作这个设置，可考虑更新某种计数器 (更新计数器要通过 Interlocked 的方法来进行)。以下代码展示了如何正确使用 LowLatency 模式：

```
private static void LowLatencyDemo() {
    GCLatencyMode oldMode = GCSettings.LatencyMode;
    System.Runtime.CompilerServices.RuntimeHelpers.PrepareConstrainedRegions();
    try {
        GCSettings.LatencyMode = GCLatencyMode.LowLatency;
        // 在这里运行你的代码 ...
    }
    finally {
        GCSettings.LatencyMode = oldMode;
    }
}
```

21.2.4 强制垃圾回收

System.GC 类型允许应用程序对垃圾回收器进行一些直接控制。例如，可读取 GC.MaxGeneration 属性来查询托管堆支持的最大代数；该属性总是返回 2。

还可调用 GC 类的 Collect 方法强制垃圾回收。可向方法传递一个代表最多回收几代的整数、一个 GCCollectionMode 以及指定阻塞 (非并发) 或后台 (并发) 回收的一个 Boolean 值。以下是最复杂的 Collect 重载的签名：

```
void Collect(Int32 generation, GCCollectionMode mode, Boolean blocking);
```

表 21-2 总结了 GCCollectionMode 枚举类型的值。

---

① 参见 20.12 节。

表 21-2 GCCollectionMode 枚举类型定义的符号

符号名称	说明
Default	等同于不传递任何符号名称。目前还等同于传递 Forced，但 CLR 未来的版本可能对此进行修改[①]
Forced	强制回收指定的代（以及低于它的所有代）
Optimized	只有在能释放大量内存或者能减少碎片化的前提下，才执行回收。如果垃圾回收没有什么效率，当前调用就没有任何效果

大多时候都应避免调用任何 Collect 方法；最好让垃圾回收器自行斟酌执行，让它根据应用程序的行为调整各个代的预算。但是，如果写一个 CUI(Console User Interface，控制台用户界面) 或 GUI(Graphical User Interface，图形用户界面) 应用程序，那么应用程序代码将拥有进程和那个进程中的 CLR[②]。对于这种应用程序，你可能希望建议在特定的时刻进行垃圾回收；为此，请将 GCCollectionMode 设为 Optimized 并调用 Collect。Default 模式和 Forced 模式一般用于调试、测试和查找内存泄漏。

例如，假如刚才发生了某个非重复性的事件，并导致大量旧对象死亡，就可考虑手动调用一次 Collect 方法。由于是非重复性事件，垃圾回收器基于历史的预测可能变得不准确。所以，这时调用 Collect 方法是合适的。例如，在应用程序初始化完成之后或者在用户保存了一个数据文件之后，应用程序可强制执行一次对所有代的垃圾回收。由于调用 Collect 会导致代的预算发生调整，所以调用它不是为了改善应用程序的响应时间，而是为了减小进程工作集。

对于某些应用程序（尤其是喜欢在内存中容纳大量对象的服务器应用程序），如果对包括第 2 代在内的对象执行完全的垃圾回收，花费的时间可能过长。如果一次回收要花很长时间才能完成，那么客户端请求可能超时。为了满足这种应用程序的需求，GC 类提供了一个 RegisterForFullGCNotification 方法。利用这个方法和一些额外的辅助方法 (WaitForFullGCApproach, WaitForFullGCComplete 和 CancelFullGCNotification)，应用程序会在垃圾回收器将要执行完全回收时收到通知。然后，应用程序可以调用 GC.Collect，在更恰当的时间强制回收。也可与另一个服务器通信，对客户端请求进行更好的负载平衡。欲知详情，请在文档中查找这些方法和"垃圾回收通知"主题。注意，WaitForFullGCApproach 和

---

①　译注：这在 .NET 7 中也没有发生变化。
②　译注：所谓"拥有"进程，是指应用程序能控制自己的进程，而不受外部控制。对应地，作为库或组件在其他应用程序中运行的代码则无法"拥有"进程。

`WaitForFullGCComplete` 方法必须成对调用，因为 CLR 内部把它们当作一对儿进行处理。

21.2.5 监视应用程序的内存使用

可在进程中调用几个方法来监视垃圾回收器。具体地说，`GC` 类提供了以下静态方法，可调用它们查看某一代发生了多少次垃圾回收，或者托管堆中的对象当前使用了多少内存。

```
Int32 CollectionCount(Int32 generation);
Int64 GetTotalMemory(Boolean forceFullCollection);
```

为了探查 (profile) 特定代码块的性能，我经常在代码块前后写代码调用这些方法，并计算差异。这使我能很好地把握代码块对进程工作集的影响，并了解执行代码块时发生了多少次垃圾回收。数字太大，就知道应该花更多的时间调整代码块中的算法。

还可以了解单独的 AppDomain(而非整个进程) 使用了多少内存。欲知这方面的详情，请参见 22.4 节"监视 AppDomain"。

安装 .NET Framework 时会自动安装一组性能计数器，为 CLR 的操作提供大量实时统计数据。这些统计数据可通过 Windows 自带的 PerfMon.exe 工具来查看。在"性能监视器"中单击"＋"工具栏按钮，随后会显示"添加计数器"对话框，如图 21-12 所示。

为了监视 CLR 的垃圾回收器，请展开 ".NET CLR Memory"性能对象。然后，从下方的实例列表框中选择一个具体的应用程序。最后，选定想监视的计数器集合，单击"添加"，再单击"确定"。随后，"性能监视器"会图示实时统计数据。要知道特定计数器的含义，请选定该计数器，然后勾选"显示描述"。

还有一个很出色的工具可分析内存和应用程序的性能，它的名字是 PerfView。该工具能收集"Windows 事件跟踪"(Event Tracing for Windows，ETW) 日志并处理它们。获取该工具最好的办法是网上搜索 PerfView。最后还应该考虑一下 SOS Debugging Extension(SOS.dll)，它对于内存问题和其他 CLR 问题的调试颇有帮助。对于内存有关的行动，SOS Debugging Extension 允许检查进程中为托管堆分配了多少内存，显示在终结队列中登记终结的所有对象，显示每个 AppDomain 或整个进程的 GCHandle 表中的记录项，并显示是什么根保持对象在堆中存活。

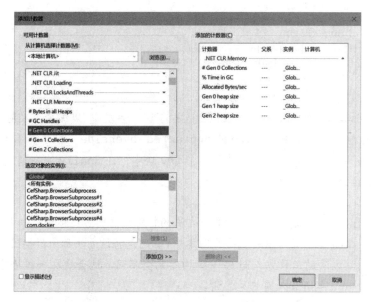

图 21-12　PerfMon.exe 显示了 .NET CLR Memory 计数器

21.3　使用需要特殊清理的类型

你现在基本了解了垃圾回收和托管堆的情况，包括垃圾回收器如何回收对象的内存。幸好，大多数类型有内存就能正常工作。但有的类型除了内存还需要本机资源。

例如，`System.IO.FileStream` 类型需要打开一个文件 (本机资源) 并保存文件的句柄。然后，类型的 `Read` 方法和 `Write` 方法用句柄操作文件。类似地，`System.Threading.Mutex` 类型要打开一个 Windows 互斥体内核对象 (本机资源) 并保存其句柄，并在调用 `Mutex` 的方法时使用该句柄。

包含本机资源的类型被 GC 时，GC 会回收对象在托管堆中使用的内存。但这样会造成本机资源 (GC 对它一无所知) 的泄漏，这当然是不允许的。所以，CLR 提供了称为终结 (finalization) 的机制，允许对象在被判定为垃圾之后，但在对象内存被回收之前执行一些代码。任何包装了本机资源 (文件、网络连接、套接字、互斥体) 的类型都支持终结。CLR 判定一个对象不可达时，对象将终结它自己，释放它包装的本机资源。之后，GC 会从托管堆回收对象。

终极基类 `System.Object` 定义了受保护的虚方法 `Finalize`。垃圾回收器判定对象是垃圾后，会调用对象的 `Finalize` 方法 (如果重写)。微软 C# 语言团队认为 `Finalize` 在编程语言中需要特殊语法 (类似于 C# 语言要求用特殊语法定义构造器)。因此，C# 语言要求在类名前添加 ~ 符号来定义 `Finalize` 方法，如下例所示：

```
internal sealed class SomeType {
    // 这是一个 Finalize 方法
    ~SomeType() {
        // 这里的代码会进入 Finalize 方法
    }
}
```

编译以上代码，用 ILDasm.exe 检查得到的程序集，会发现 C# 编译器实际是在模块的元数据中生成了名为 Finalize 的 protected override 方法。查看 Finalize 的 IL，会发现方法主体的代码被放到一个 try 块中，在 finally 块中则放入了一个 base.Finalize 调用。

> **重要提示** ⚠️
>
> 如果熟悉 C++，会发现 C# Finalize 方法的特殊语法非常类似于 C++ 析构器。事实上，在 C# 编程语言规范的早期版本中，真的是将该方法称为**析构器**。但是，Finalize 方法的工作方式与 C++ 析构器完全不同，这会使从一种语言迁移到另一种语言的开发人员产生混淆。
>
> 问题在于，这些开发人员可能错误地以为，就像在 C++ 中那样，使用 C# 析构器语法意味着类型的实例会被确定性析构①。但是，CLR 不支持确定性析构，故而作为面向 CLR 的语言，C# 语言也无法提供这种机制。

被视为垃圾的对象在垃圾回收完毕后才调用 Finalize 方法，所以这些对象的内存并没有被马上回收，因为 Finalize 方法可能要执行代码来访问字段。可终结对象在回收时必须存活，造成它被提升到另一代，使对象活得比正常时间长。这增大了内存耗用，所以应尽可能避免终结。更糟的是，可终结对象被提升时，其字段引用的所有对象也会被提升，因为它们也必须继续存活。所以，要尽量避免为引用类型的字段定义可终结对象。

另外要注意，Finalize 方法的执行时间是控制不了的。应用程序请求更多内存时才可能发生 GC，而只有 GC 完成后才运行 Finalize。另外，CLR 不保证多个 Finalize 方法的调用顺序。所以，在 Finalize 方法中不要访问定义了 Finalize 方法的其他类型的对象；那些对象可能已经终结了。但是，可以安全地访问值类型的实例，或者访问没有定义 Finalize 方法的引用类型的对象。调用静态方法也要当心，这些方法可能在内部访问已终结的对象，导致静态方法的行为变得无法预测。

CLR 用一个特殊的、高优先级的专用线程调用 Finalize 方法来避免死锁②。如果 Finalize 方法阻塞（例如进入死循环或等待一个永远不发出信号的对象），该

---

① 译注：所谓确定性析构，就是明确知道什么时候析构，或者说知道析构一定会发生。
② CLR 未来的版本可能用多个终结器线程提升性能。

特殊线程就调用不了任何更多的 `Finalize` 方法。这是非常坏的情况，因为应用程序永远回收不了可终结对象占用的内存——只要应用程序运行就会一直泄漏内存。如果 `Finalize` 方法抛出未处理的异常，则进程终止，没办法捕捉该异常。

综上所述，`Finalize` 方法问题较多，使用须谨慎。记住它们是为释放本机资源而设计的。强烈建议不要重写 `Object` 类的 `Finalize` 方法。相反，使用微软在 FCL 中提供的辅助类。这些辅助类重写了 `Finalize` 方法并添加了一些特殊的 CLR "魔法"（以后会慢慢讲述）。你从这些辅助类派生出自己的类，从而继承 CLR 的 "魔法"。

在创建封装了本机资源的托管类型的时候，应该先从 `System.Runtime.InteropServices.SafeHandle` 这个特殊基类派生出一个类。该类的形式如下（我在方法中添加了注释，指明它们做的事情）：

```
public abstract class SafeHandle : CriticalFinalizerObject, IDisposable {
    // 这是本机资源的句柄
    protected IntPtr handle;

    protected SafeHandle(IntPtr invalidHandleValue, Boolean ownsHandle) {
        this.handle = invalidHandleValue;
        // 如果 ownsHandle 为 true，那么这个从 SafeHandle 派生的对象被回收时，
        // 本机资源会被关闭
    }

    protected void SetHandle(IntPtr handle) {
        this.handle = handle;
    }

// 可调用 Dispose 显式释放资源
// 这是 IDisposable 接口的 Dispose 方法
    public void Dispose() { Dispose(true); }

    // 默认的 Dispose 实现（如下所示）正是我们希望的。强烈建议不要重写这个方法
    protected virtual void Dispose(Boolean disposing) {
        // 这个默认实现会忽略 disposing 参数:
        // 如果资源已经释放，那么返回;
        // 如果 ownsHandle 为 false，那么返回;
        // 设置一个标志来指明该资源已经释放;
        // 调用虚方法 ReleaseHandle;
        // 调用 GC.SuppressFinalize(this) 方法来阻止调用 Finalize 方法;
        // 如果 ReleaseHandle 返回 true，那么返回;
        // 如果走到这一步，就激活 releaseHandleFailed 托管调试助手 (MDA)。
    }

    // 默认的 Finalize 实现（如下所示）正是我们希望的。强烈建议不要重写这个方法
    ~SafeHandle() { Dispose(false); }
```

```
// 派生类要重写这个方法以实现释放资源的代码
protected abstract Boolean ReleaseHandle();

public void SetHandleAsInvalid() {
    // 设置标志来指出这个资源已经释放
    // 调用 GC.SuppressFinalize(this) 方法来阻止调用 Finalize 方法
}

public Boolean IsClosed {
    get {
        // 返回指出资源是否释放的一个标志
    }
}
public abstract Boolean IsInvalid {
    // 派生类要重写这个属性
    // 如果句柄的值不代表资源 ( 通常意味着句柄为 0 或 -1), 实现应返回 true
    get;
}

// 以下三个方法涉及安全性和引用计数, 本节最后会讨论它们
public void    DangerousAddRef(ref Boolean success) {...}
public IntPtr DangerousGetHandle() {...}
public void    DangerousRelease() {...}
}
```

　　SafeHandle 类有两点需要注意。其一，它派生自 CriticalFinalizerObject；后者在 System.Runtime.ConstrainedExecution 命名空间定义。CLR 以特殊方式对待这个类及其派生类。具体地说，CLR 赋予这个类以下三个很酷的功能。

- 首次构造任何 CriticalFinalizerObject 派生类型的对象时，CLR 立即对继承层次结构中的所有 Finalize 方法进行 JIT 编译。构造对象时就编译这些方法，可确保当对象被确定为垃圾之后，本机资源肯定会得以释放。不对 Finalize 方法进行提前编译，那么也许能分配并使用本机资源，但无法保证释放。内存紧张时，CLR 可能找不到足够的内存来编译 Finalize 方法，这会阻止 Finalize 方法的执行，造成本机资源泄漏。另外，如果 Finalize 方法中的代码引用了另一个程序集中的类型，但 CLR 定位该程序集失败，那么资源将得不到释放。
- CLR 是在调用了非 CriticalFinalizerObject 派生类型的 Finalize 方法之后，才调用 CriticalFinalizerObject 派生类型的 Finalize 方法。这样，托管资源类就可以在它们的 Finalize 方法中成功地访问 CriticalFinalizerObject 派生类型的对象。例如，FileStream 类的

Finalize 方法可以放心地将数据从内存缓冲区 flush[1] 到磁盘，它知道此时磁盘文件还没有关闭。

- 如果 AppDomain 被一个宿主应用程序 (例如 SQL Server 或者 ASP.NET) 强行中断，CLR 将调用 CriticalFinalizerObject 派生类型的 Finalize 方法。宿主应用程序不再信任它内部运行的托管代码时，也利用这个功能确保本机资源得以释放。

其二，SafeHandle 是抽象类，必须有另一个类从该类派生并重写受保护的构造器、抽象方法 ReleaseHandle 以及抽象属性 IsInvalid 的 get 访问器方法。

大多数本机资源都用句柄 (32 位系统是 32 位值，64 位系统是 64 位值) 进行操作。所以 SafeHandle 类定义了受保护 IntPtr 字段 handle。在 Windows 中，大多数值为 0 或 -1 的句柄往往都是无效的。Microsoft.Win32.SafeHandles 命名空间包含 SafeHandleZeroOrMinusOneIsInvalid 辅助类，如下所示：

```
public abstract class SafeHandleZeroOrMinusOneIsInvalid : SafeHandle {
    protected SafeHandleZeroOrMinusOneIsInvalid(Boolean ownsHandle)
        : base(IntPtr.Zero, ownsHandle) {
    }

    public override Boolean IsInvalid {
        get {
            if (base.handle == IntPtr.Zero) return true;
            if (base.handle == (IntPtr) (-1)) return true;
            return false;
        }
    }
}
```

SafeHandleZeroOrMinusOneIsInvalid 也是抽象类，所以必须有另一个类从该类派生并重写它的受保护构造器[2] 和抽象方法 ReleaseHandle。.NET Framework 只提供了很少几个从 SafeHandleZeroOrMinusOneIsInvalid 派生的公共类，其中包括 SafeFileHandle、SafeRegistryHandle、SafeWaitHandle 和 SafeMemoryMappedViewHandle。以下是 SafeFileHandle 类：

```
public sealed class SafeFileHandle : SafeHandleZeroOrMinusOneIsInvalid {
    public SafeFileHandle(IntPtr preexistingHandle, Boolean ownsHandle)
        : base(ownsHandle) {
```

---

[1] 译注：flush 在文档中翻译成"刷新"，本书保留原文未译。其实 flush 在技术文档中的意思和日常生活中一样，即"冲洗 (到别处)"。例如，我们会说"冲马桶"，不会说"刷新马桶"。

[2] 译注：构造器不能虚或抽象，自然也不能"重写"。作者的意思是说，派生类会定义一个 .ctor 来调用受保护的 .ctor，再重写其他抽象成员。

```
        base.SetHandle(preexistingHandle);
    }
    protected override Boolean ReleaseHandle() {
        // 告诉 Windows 我们希望本机资源关闭
        return Win32Native.CloseHandle(base.handle);
    }
}
```

SafeWaitHandle 类的实现方式与上述 SafeFileHandle 类相似。之所以要用不同的类来提供相似的实现，唯一的原因就是为了保证类型安全；编译器不允许将一个文件句柄作为实参传给希望获取一个等待句柄的方法，反之亦然。SafeRegistryHandle 类的 ReleaseHandle 方法调用的是 Win32 RegCloseKey 函数。

如果 .NET Framework 还提供额外的类来包装各种本机资源，那么肯定会大受欢迎。例如，它似乎还应该提供下面这些类：SafeProcessHandle、SafeThreadHandle、SafeTokenHandle，SafeLibraryHandle(它的 ReleaseHandle 方法调用 Win32 函数 FreeLibrary)以及 SafeLocalAllocHandle(其 ReleaseHandle 方法调用 Win32 函数 LocalFree)。

其实，所有这些类(还有许多没有列出)已经和 FCL 一道发布了，只是没有公开。它们全都在定义它们的程序集内部使用。微软之所以不公开，是因为不想完整地测试它们，也不想花时间编写它们的文档。但如果想在自己的工作中使用这些类，建议用一个工具(比如 ILDasm.exe 或某个 IL 反编译工具)提取这些类的代码，并将代码集成到自己项目的源代码中。所有这些类的实现其实很简单，自己从头写也花不了多少时间。

SafeHandle 派生类非常有用，因为它们保证本机资源在垃圾回收时得以释放。除了前面讨论过的功能，SafeHandle 类还有两个功能值得注意。首先，与本机代码互操作时，SafeHandle 派生类将获得 CLR 的特殊对待。例如以下代码：

```
using System;
using System.Runtime.InteropServices;
using Microsoft.Win32.SafeHandles;

internal static class SomeType {
    [DllImport("Kernel32", CharSet=CharSet.Unicode, EntryPoint="CreateEvent")]
    // 这个原型不健壮
    private static extern IntPtr CreateEventBad(
        IntPtr pSecurityAttributes, Boolean manualReset,
            Boolean initialState, String name);

    // 这个原型是健壮的
    [DllImport("Kernel32", CharSet=CharSet.Unicode, EntryPoint="CreateEvent")]
    private static extern SafeWaitHandle CreateEventGood(
        IntPtr pSecurityAttributes, Boolean manualReset,
```

```
            Boolean initialState, String name);

    public static void SomeMethod() {
        IntPtr          handle   = CreateEventBad(IntPtr.Zero, false, false, null);
        SafeWaitHandle  swh      = CreateEventGood(IntPtr.Zero, false, false, null);
    }
}
```

在以上代码中，CreateEventBad 方法的原型是返回一个 IntPtr，这会将句柄返回给托管代码。但以这种方式与本机代码交互是不健壮的。调用 CreateEventBad(该方法创建本机事件资源) 之后，在句柄赋给 handle 变量之前，可能抛出一个 ThreadAbortExcption。虽然这很少发生，但一旦发生，托管代码将造成本机资源的泄漏。这时只有终止整个进程才能关闭事件。

SafeHandle 类修正了这个潜在的资源泄漏问题。注意，CreateEventGood 方法的原型是返回一个 SafeWaitHandle(而非 IntPtr)。调用 CreateEventGood 方法时，CLR 会调用 Win32 CreateEvent 函数。CreateEvent 函数返回至托管代码时，CLR 知道 SafeWaitHandle 是从 SafeHandle 派生的，所以会自动在托管堆构造 SafeWaitHandle 的实例，向其传递从 CreateEvent 返回的句柄值。新 SafeWaitHandle 对象的构造以及句柄的赋值现在是在本机代码中发生的，不可能被一个 ThreadAbortExcption 打断。托管代码现在不可能泄漏这个本机资源。SafeWaitHandle 对象最终会被垃圾回收，其 Finalize 方法会被调用，确保资源得以释放。

SafeHandle 派生类最后一个值得注意的功能是防止有人利用潜在的安全漏洞。问题起因是一个线程可能试图使用一个本机资源，而另一个线程试图释放该资源。这可能造成句柄循环使用漏洞。SafeHandle 类防范这个安全隐患的办法是使用引用计数。SafeHandle 类内部定义了私有字段来维护一个计数器。一旦某个 SafeHandle 派生对象被设为有效句柄，计数器就被设为 1。每次将 SafeHandle 派生对象作为实参传给一个本机方法 (非托管方法)，CLR 就会自动递增计数器。类似地，当本机方法返回到托管代码时，CLR 自动递减计数器。例如，Win32 SetEvent 函数的原型如下：

```
[DllImport("Kernel32", ExactSpelling=true)]
private static extern Boolean SetEvent(SafeWaitHandle swh);
```

现在，调用这个方法并传递一个 SafeWaitHandle 对象引用，CLR 会在调用前递增计数器，调用后递减计数器。当然，对计数器的操作是以线程安全的方式进行的。那么安全性如何得以保障？当另一个线程试图释放 SafeHandle 对象包装的本机资源时，CLR 知道它实际上不能释放资源，因为该资源正在由一个本机 (非托管)

函数使用。本机函数返回后，计数器递减为 0，资源才会得以释放。

如果编写或调用代码将句柄作为一个 IntPtr 来操作，可以从 SafeHandle 对象中访问它，但就要显式操作引用计数器。这是通过 SafeHandle 的 DangerousAddRef 方法和 DangerousRelease 方法来完成的。另外，可通过 DangerousGetHandle 方法访问原始句柄。

System.Runtime.InteropServices 命名空间还定义了一个 CriticalHandle 类。该类除了不提供引用计数器功能，其他方面与 SafeHandle 类相同。CriticalHandle 类及其派生类通过牺牲安全性来换取更好的性能 (因为不用操作计数器)。和 SafeHandle 相似，CriticalHandle 类也有自己的几个派生类型，其中包括 CriticalHandleMinusOneIsInvalid 和 CriticalHandleZeroOrMinusOneIsInvalid。由于微软倾向于建立更安全而不是更快的系统，所以类库中没有提供从这两个类派生的类型。自己写程序时，建议只有在必须追求性能的时候才使用派生自 CriticalHandle 的类型。如果降低安全性不会有什么严重的后果，就选择从 CriticalHandle 派生的一个类型。

21.3.1 使用包装了本机资源的类型

你现在知道了如何定义包装了本机资源的 SafeHandle 派生类，接着说说如何使用它。以常用的 System.IO.FileStream 类为例，可利用它打开一个文件，从文件中读取字节，向文件写入字节，然后关闭文件。FileStream 对象在构造时会调用 Win32 CreateFile 函数，函数返回的句柄保存到 SafeFileHandle 对象中，然后通过 FileStream 对象的一个私有字段来维护对该对象的引用。FileStream 类还提供子几个额外的属性 (例如 Length、Position、CanRead) 和方法 (例如 Read、Write、Flush)。

假定要写代码来创建一个临时文件，向其中写入一些字节，然后删除文件。开始可能会像下面这样写代码：

```
using System;
using System.IO;

public static class Program {
    public static void Main() {
        // 创建要写入临时文件的字节
        Byte[] bytesToWrite = new Byte[] { 1, 2, 3, 4, 5 };

        // 创建临时文件
        FileStream fs = new FileStream("Temp.dat", FileMode.Create);

        // 将字节写入临时文件
```

```
        fs.Write(bytesToWrite, 0, bytesToWrite.Length);

        // 删除临时文件
        File.Delete("Temp.dat"); // 抛出 IOException 异常
    }
}
```

遗憾的是，生成并运行以上代码，它也许能工作，但大多数时候都不能。问题在于 File 的静态 Delete 方法要求 Windows 删除一个仍然打开的文件。所以 Delete 方法会抛出 System.IO.IOException 异常，并显示以下字符串消息：文件 "Temp.dat" 正由另一进程使用，因此该进程无法访问此文件。

但某些情况下，文件可能"误打误撞"地被删除！如果另一线程不知怎么造成了一次垃圾回收，而且这次垃圾回收刚好在调用 Write 之后、调用 Delete 之前发生，那么 FileStream 的 SafeFileHandle 字段的 Finalize 方法就会被调用，这会关闭文件，随后 Delete 操作也就可以正常运行。但发生这种情况的概率很小，以上代码无法运行的可能性在 99% 以上。

类如果想允许使用者控制类所包装的本机资源的生存期，就必须实现如下所示的 IDisposable 接口。

```
public interface IDisposable {
    void Dispose();
}
```

> **重要提示** ⚠️
>
> 如果类定义的一个字段的类型实现了 dispose 模式[1]，那么类本身也应实现 dispose 模式。Dispose 方法应该 dispose[2] 字段引用的对象。这就允许类的使用者在类上调用 Dispose 来释放对象自身使用的资源。

幸好，FileStream 类实现了 IDisposable 接口。在它的实现中，会在 FileStream 对象的私有 SafeFileHandle 字段上调用 Dispose。现在，我们可以修改代码来显式关闭文件，而不是等着未来某个时候 GC 的发生。下面是修改后的源代码：

---

[1]　译注：实现了 IDisposable 接口，就实现了 dispose 模式。

[2]　译注：文档将 disposal 和 dispose 翻译成"释放"。这里解释一下为什么不赞成这个翻译。在英语中，这个词的意思是"摆脱"或"除去"(get rid of) 一个东西，尤其是在这个东西很难除去的情况下。之所以认为"释放"不恰当，除了和 release 一词冲突，还因为 dispose 强调了"清理"和"处置"，而且在完成(对象中包装的)资源的清理之后，对象占用的内存还暂时不会释放。所以，"dispose 一个对象"真正的意思是：清理或处置对象中包装的资源(比如它的字段引用的对象)，然后等着在一次垃圾回收之后回收该对象占用的托管堆内存(此时才释放)。为避免误解，本书保留了 dispose 和 disposal 的原文。

```
using System;
using System.IO;

public static class Program {
    public static void Main() {
        // 创建要写入临时文件的字节
        Byte[] bytesToWrite = new Byte[] { 1, 2, 3, 4, 5 };

        // 创建临时文件
        FileStream fs = new FileStream("Temp.dat", FileMode.Create);

        // 将字节写入临时文件
        fs.Write(bytesToWrite, 0, bytesToWrite.Length);

        // 写入结束后显式关闭文件
        fs.Dispose();

        // 删除临时文件
        File.Delete("Temp.dat"); // 总能正常工作
    }
}
```

现在，当调用 File 类的 Delete 方法时，Windows 发现该文件没有打开，所以能成功删除它。

注意，并非一定要调用 Dispose 才能保证本机资源得以清理。本机资源的清理最终总会发生，调用 Dispose 只是控制这个清理动作的发生时间。另外，调用 Dispose 不会将托管对象从托管堆删除。只有在垃圾回收之后，托管堆中的内存才会得以回收。这意味着即使 dispose 了托管对象过去用过的任何本机资源，也能在托管对象上调用方法。

以下代码在文件关闭后调用 Write 方法，试图写入更多的字节。这显然不可能。代码执行时，第二个 Write 调用会抛出 System.ObjectDisposedException 异常并显示以下字符串消息：无法访问已关闭的文件：

```
using System;
using System.IO;

public static class Program {
    public static void Main() {
        // 创建要写入临时文件的字节
        Byte[] bytesToWrite = new Byte[] { 1, 2, 3, 4, 5 };

        // 创建临时文件
        FileStream fs = new FileStream("Temp.dat", FileMode.Create);

        // 将字节写入临时文件
```

```
        fs.Write(bytesToWrite, 0, bytesToWrite.Length);

        // 结束写入后显式关闭文件
        fs.Dispose();

        // 关闭文件后继续写入
        fs.Write(bytesToWrite, 0,
            bytesToWrite.Length); // 抛出 ObjectDisposedException

        // 删除临时文件
        File.Delete("Temp.dat");
    }
}
```

　　这不会造成对内存的破坏，因为 FileStream 对象的内存依然"健在"。只是在对象被显式 dispose 之后，它的方法不能再成功执行而已。

> **重要提示** ⚠️
>
> 定义实现 IDisposable 接口的类型时，在它的所有方法和属性中，一定要在对象被显式清理之后抛出一个 System.ObjectDisposedException。而 Dispose 方法永远不要抛出 ObjectDisposedException；如果它被多次调用，就应该直接返回。

> **重要提示** ⚠️
>
> 我一般不赞成在代码中显式调用 Dispose。理由是 CLR 的垃圾回收器已经写得非常好，应该放心地把工作交给它。垃圾回收器知道一个对象何时不再由应用程序代码访问，而且只有到那时才会回收对象。[①] 而当应用程序代码调用 Dispose 时，实际是在信誓旦旦地说它知道应用程序在什么时候不需要一个对象。但许多应用程序都不可能准确知道一个对象在什么时候不需要。
>
> 例如，假定在方法 A 的代码中构造了一个新对象，然后将对该对象的引用传给方法 B。方法 B 可能将对该对象的引用保存到某个内部字段变量 (一个根) 中。但方法 A 并不知道这个情况，它当然可以调用 Dispose。但在此之后，其他代码可能试图访问该对象，造成抛出一个 ObjectDisposedException。建议只有在确定必须清理资源 (例如删除打开的文件) 时才调用 Dispose。

[①]　垃圾回收系统有许多好处：无内存泄漏、无内存损坏、无地址空间碎片化以及缩小的工作集。现在还增加了一个好处：同步。你没有看错，GC 确实能作为线程同步机制使用。问题是，怎么知道所有线程都不再使用一个对象？答案是，GC 会终结对象。创建自己的应用程序时，利用 GC 的所有功能并不是一件坏事。

也可能多个线程同时调用一个对象的 Dispose。但 Dispose 的设计规范指出 Dispose 不一定要线程安全。原因是代码只有在确定没有别的线程使用对象时才应调用 Dispose。

前面的例子展示了如何显式调用类型的 Dispose 方法。如果决定显式调用 Dispose，那么强烈建议将调用放到一个异常处理 finally 块中。这样可保证清理代码得以执行。因此，前面代码示例可修改成下面这种更好的形式：

```
using System;
using System.IO;

public static class Program {
    public static void Main() {
        // 创建要写入临时文件的字节
        Byte[] bytesToWrite = new Byte[] { 1, 2, 3, 4, 5 };

        // 创建临时文件
        FileStream fs = new FileStream("Temp.dat", FileMode.Create);
        try {
            // 将字节写入临时文件
            fs.Write(bytesToWrite, 0, bytesToWrite.Length);
        }
        finally {
            // 写入字节后显式关闭文件
            if (fs != null) fs.Dispose();
        }

        // 删除临时文件
        File.Delete("Temp.dat");
    }
}
```

添加异常处理代码是正确的，而且应该坚持这样做。幸好，C# 语言提供了一个 using 语句，它允许用简化的语法来获得和以上代码相同的结果。下面演示了如何使用 C# 语言的 using 语句重写以上代码：

```
using System;
using System.IO;

public static class Program {
    public static void Main() {
        // 创建要写入临时文件的字节
        Byte[] bytesToWrite = new Byte[] { 1, 2, 3, 4, 5 };

        // 创建临时文件
        using (FileStream fs = new FileStream("Temp.dat", FileMode.Create)) {
```

```
        // 将字节写入临时文件
        fs.Write(bytesToWrite, 0, bytesToWrite.Length);
    }
    // 删除临时文件
    File.Delete("Temp.dat");
  }
}
```

　　using 语句初始化一个对象，并将它的引用保存到一个变量中。然后在 using 语句的大括号内访问该变量。编译这段代码时，编译器自动生成 try 块和 finally 块。在 finally 块中，编译器生成代码将变量转型为一个 IDisposable 并调用 Dispose 方法。但是很显然，using 语句只能用于那些实现了 IDisposable 接口的类型。

21.3.2　一个有趣的依赖性问题

　　System.IO.FileStream 类型允许用户打开文件进行读写。为了提高性能，该类型的实现利用了一个内存缓冲区。只有缓冲区满时，类型才将缓冲区中的数据 flush 到文件。FileStream 类型只支持字节的写入。如果想写入字符和字符串，那么可以使用一个 System.IO.StreamWriter，如下所示：

```
FileStream fs = new FileStream("DataFile.dat", FileMode.Create);
StreamWriter sw = new StreamWriter(fs);
sw.Write("Hi there");

// 不要忘记写下面这个 Dispose 调用
sw.Dispose();
// 注意：调用 StreamWriter.Dispose 会关闭 FileStream，
// FileStream 对象无需显式关闭
```

注意，StreamWriter 的构造器接受一个 Stream 对象引用作为参数，可以向它传递一个 FileStream 对象引用作为实参。在内部，StreamWriter 对象会保存 Stream 对象引用。向一个 StreamWriter 对象写入时，它会将数据缓存在自己的内存缓冲区中。缓冲区满时，StreamWriter 对象将数据写入 Stream 对象。

　　通过 StreamWriter 对象写入数据完毕后应调用 Dispose。（由于 StreamWriter 类型实现了 IDisposable 接口，所以也可使用 C# 语言的 using 语句。）这导致 StreamWriter 对象将数据 flush 到 Stream 对象并关闭该 Stream 对象。[①]

---

① 　译注：可调用 StreamWriter 获取一个 Boolean leaveOpen 参数的构造器来覆盖该行为。

> **注意** 不需要在 FileStream 对象上显式调用 Dispose，因为 StreamWriter 会帮你调用。但如果非要显式调用 Dispose，FileStream 会发现对象已经清理过了，所以方法什么都不做而直接返回。

没有代码显式调用 Dispose 会发生什么？在某个时刻，垃圾回收器会正确检测到对象是垃圾，并对其进行终结。但垃圾回收器不保证对象的终结顺序。所以，如果 FileStream 对象先终结，就会关闭文件。然后，当 StreamWriter 对象终结时，会试图向已关闭的文件写入数据，造成抛出异常。相反，如果是 StreamWriter 对象先终结，数据就会安全写入文件。

微软是如何解决这个问题的呢？让垃圾回收器以特定顺序终结对象是不可能的，因为不同的对象可能包含相互之间的引用，垃圾回收器无法正确猜出这些对象的终结顺序。微软的解决方案是：StreamWriter 类型不支持终结，所以永远不会将它的缓冲区中的数据 flush 到底层 FileStream 对象。这意味着如果忘记在 StreamWriter 对象上显式调用 Dispose，数据肯定会丢失。微软希望开发人员注意到这个数据一直丢失的问题，并插入对 Dispose 的调用来修正代码。

> **注意** .NET Framework 支持托管调试助手 (Managed Debugging Assistant，MDA) 功能。启用一个 MDA 后，.NET Framework 就会查找特定种类的常见编程错误，并激活对应的 MDA。在调试器中，激活一个 MDA 感觉就像是抛出一个异常。有一个 MDA 可以检测 StreamWriter 对象没有显式 dispose 就作为垃圾被回收的情况。
>
> 为了在 Visual Studio 中启用这个 MDA，请打开项目，选择"调试"|"异常"(在 Visual Studio 2022 中，则选择"调试"|"窗口"|"异常设置"。在"异常"(或"异常设置")对话框中，展开 Managed Debugging Assistants 节点并滚动到底部，找到这个名为 StreamWriterBufferedDataLost 的 MDA，勾选"引发"即可让 Visual Studio 调试器在 StreamWriter 对象的数据丢失时停止 (在 Visual Studio 2022 中直接勾选即可)。

21.3.3 GC 为本机资源提供的其他功能

本机资源有时会消耗大量内存，但用于包装它的托管对象只占用很少的内存。一个典型的例子就是位图 (bitmap)。一个位图可能占用几兆字节的本机内存，托管对象却极小，只包含一个 HBITMAP(一个 4 或 8 字节的值)。从 CLR 的角度看，一个进程可以在执行一次垃圾回收之前分配数百个位图（它们用的托管内存太少了）。但如果进程操作许多位图，进程的内存消耗将以一个恐怖的速度增长。为了修正这个问题，GC 类提供了以下两个静态方法：

```
public static void AddMemoryPressure(Int64 bytesAllocated);
public static void RemoveMemoryPressure(Int64 bytesAllocated);
```

如果一个类要包装可能很大的本机资源，就应该使用这些方法提示垃圾回收器实际需要消耗多少内存。垃圾回收器内部会监视内存压力，压力变大时，就强制执行垃圾回收。

有的本机资源的数量是固定的。例如，Windows 以前就限制只能创建 5 个设备上下文。应用程序能打开的文件数量也必须有限制。同样地，从 CLR 的角度看，一个进程可以在执行垃圾回收之前分配数百个对象（每个对象都使用极少的内存）。但如果这些本机资源的数量有限，那么一旦试图使用超过允许数量的资源，通常就会导致抛出异常。为了解决这个问题，命名空间 System.Runtime.InteropServices 提供了 HandleCollector 类：

```
public sealed class HandleCollector {
    public HandleCollector(String name, Int32 initialThreshold);
    public HandleCollector(String name, Int32 initialThreshold,
        Int32 maximumThreshold);
    public void Add();
    public void Remove();

    public Int32 Count { get; }
    public Int32 InitialThreshold { get; }
    public Int32 MaximumThreshold { get; }
    public String Name { get; }
}
```

如果一个类要包装数量有限制的本机资源，就应该使用该类的实例来提示垃圾回收器实际要使用资源的多少个实例。该类的对象会在内部监视这个计数，计数太大就强制垃圾回收。

注意　GC.AddMemoryPressure 和 HandleCollector.Add 方法会在内部调用 GC.Collect，在第 0 代超过预算前强制进行 GC。一般都强烈反对强制开始一次垃圾回收，因为它会对应用程序性能造成负面影响。但是，类之所以调用这些方法，是为了保证应用程序能用上有限的本机资源。本地资源用光了，应用程序就会失败。对于大多数应用程序，性能遭受一些损失总胜于完全无法运行。

以下代码演示了内存压力方法及 **HandleCollector** 类的使用和效果：

```
using System;
using System.Runtime.InteropServices;

public static class Program {
    public static void Main() {
        MemoryPressureDemo(0);                    // 0 导致不频繁的 GC
        MemoryPressureDemo(10 * 1024 * 1024);     // 10MB 导致频繁的 GC

        HandleCollectorDemo();
    }

    private static void MemoryPressureDemo(Int32 size) {
        Console.WriteLine();
        Console.WriteLine("MemoryPressureDemo, size={0}", size);
        // 创建一组对象，并指定它们的逻辑大小
        for (Int32 count = 0; count < 15; count++) {
            new BigNativeResource(size);
        }

        // 出于演示目的，强制一切都被清理
        GC.Collect();
    }

    private sealed class BigNativeResource {
        private Int32 m_size;

        public BigNativeResource(Int32 size) {
            m_size = size;
            // 使垃圾回收器认为对象在物理上比较大
            if (m_size > 0)  GC.AddMemoryPressure(m_size);
            Console.WriteLine("BigNativeResource create.");
        }

        ~BigNativeResource() {
            // 使垃圾回收器认为对象释放了更多的内存
            if (m_size > 0) GC.RemoveMemoryPressure(m_size);
            Console.WriteLine("BigNativeResource destroy.");
        }
    }

    private static void HandleCollectorDemo() {
        Console.WriteLine();
        Console.WriteLine("HandleCollectorDemo");
        for (Int32 count = 0; count < 10; count++) {
            new LimitedResource();
        }
```

```
        // 出于演示目的，强制一切都被清理
        GC.Collect();
    }

    private sealed class LimitedResource {
        // 创建一个 HandleCollector，告诉它当两个或者更多这样的对象
        // 存在于堆中时，就执行回收
        private static readonly HandleCollector s_hc =
            new HandleCollector("LimitedResource", 2);

        public LimitedResource() {
            // 告诉 HandleCollector 堆中增加了一个 LimitedResource 对象
            s_hc.Add();
            Console.WriteLine("LimitedResource create. Count={0}", s_hc.Count);
        }

        ~LimitedResource() {
            // 告诉 HandleCollector 堆中移除了一个 LimitedResource 对象
            s_hc.Remove();
            Console.WriteLine("LimitedResource destroy. Count={0}", s_hc.Count);
        }
    }
}
```

编译并运行以上代码，得到的输出和下面相似：

```
MemoryPressureDemo, size=0
BigNativeResource create.
BigNativeResource create.
BigNativeResource create.
BigNativeResource create.
BigNativeResource create.
BigNativeResource create.
BigNativeResource create.
BigNativeResource create.
BigNativeResource create.
BigNativeResource create.
BigNativeResource create.
BigNativeResource create.
BigNativeResource create.
BigNativeResource create.
BigNativeResource destroy.
BigNativeResource destroy.
BigNativeResource destroy.
BigNativeResource destroy.
BigNativeResource destroy.
BigNativeResource destroy.
BigNativeResource destroy.
```

```
BigNativeResource destroy.
BigNativeResource destroy.
BigNativeResource destroy.
BigNativeResource destroy.
BigNativeResource destroy.
BigNativeResource destroy.
BigNativeResource destroy.
BigNativeResource destroy.

MemoryPressureDemo, size=10485760
BigNativeResource create.
BigNativeResource create.
BigNativeResource create.
BigNativeResource create.
BigNativeResource create.
BigNativeResource create.
BigNativeResource create.
BigNativeResource create.
BigNativeResource create.
BigNativeResource create.
BigNativeResource create.
BigNativeResource destroy.
BigNativeResource destroy.
BigNativeResource destroy.
BigNativeResource destroy.
BigNativeResource destroy.
BigNativeResource destroy.
BigNativeResource destroy.
BigNativeResource create.
BigNativeResource create.
BigNativeResource create.
BigNativeResource destroy.
BigNativeResource destroy.
BigNativeResource destroy.
BigNativeResource destroy.
BigNativeResource destroy.
BigNativeResource destroy.
BigNativeResource destroy.
BigNativeResource destroy.

HandleCollectorDemo
LimitedResource create. Count=1
LimitedResource create. Count=2
LimitedResource create. Count=3
LimitedResource destroy. Count=3
LimitedResource destroy. Count=2
LimitedResource destroy. Count=1
LimitedResource create. Count=1
```

```
LimitedResource create. Count=2
LimitedResource create. Count=3
LimitedResource destroy. Count=2
LimitedResource create. Count=3
LimitedResource destroy. Count=3
LimitedResource destroy. Count=2
LimitedResource destroy. Count=1
LimitedResource create. Count=1
LimitedResource create. Count=2
LimitedResource create. Count=3
LimitedResource destroy. Count=2
LimitedResource destroy. Count=1
LimitedResource destroy. Count=0
```

21.3.4 终结的内部工作原理

终结表面上很简单：创建对象，当它被回收时，它的 `Finalize` 方法得以调用。但一旦深究下去，就会发现终结的门道很多。

应用程序创建新对象时，`new` 操作符会从堆中分配内存。如果对象的类型定义了 `Finalize` 方法，那么在该类型的实例构造器被调用之前，会将指向该对象的指针放到一个终结列表 (finalization list) 中。终结列表是由垃圾回收器控制的一个内部数据结构。列表中的每一项都指向一个对象——回收该对象的内存前应调用它的 `Finalize` 方法。

图21-13展示了包含几个对象的堆。有的对象从应用程序的根可达，有的不可达。对象 C、E、F、I 和 J 被创建时，系统检测到这些对象的类型定义了 `Finalize` 方法，所以将指向这些对象的指针添加到终结列表中。

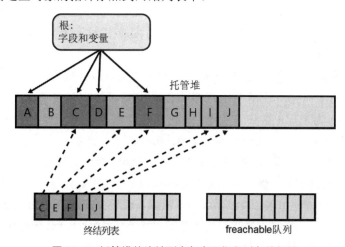

图 21-13　托管堆的络结列表包含了指向对象的指针

> **注意** 虽然 System.Object 定义了 Finalize 方法，但 CLR 知道忽略它。也就是说，构造类型的实例时，如果该类型的 Finalize 方法是从 System.Object 继承的，就不认为这个对象是"可终结"的。类型必须重写 Object 的 Finalize 方法，这个类型及其派生类型的对象才被认为"可终结"。

垃圾回收开始时，对象 B、E、G、H、I 和 J 被判定为垃圾。垃圾回收器扫描终结列表以查找对这些对象的引用。找到一个引用后，该引用会从终结列表中移除，并附加到 freachable 队列。freachable 队列（发音是"F-reachable"）也是垃圾回收器的一种内部数据结构。队列中的每个引用都代表其 Finalize 方法已准备好调用的一个对象。图 21-14 展示了回收完成后的托管堆。

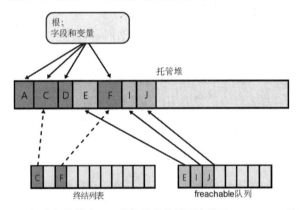

图 21-14 在托管堆中，一些指针从终结列表移至 freachable 队列

从图 21-14 可以看出，对象 B、G 和 H 占用的内存已被回收，因为它们没有 Finalize 方法。但对象 E、I 和 J 占用的内存暂时不能回收，因为它们的 Finalize 方法还没有调用。

一个特殊的高优先级 CLR 线程专门调用 Finalize 方法。专用线程可避免潜在的线程同步问题。使用应用程序的普通优先级线程就可能发生这个问题。freachable 队列为空时（这很常见），该线程将睡眠。但一旦队列中有记录项出现，线程就会被唤醒，将每一项都从 freachable 队列中移除，同时调用每个对象的 Finalize 方法。由于该线程的特殊工作方式，Finalize 中的代码不应该对执行代码的线程做出任何假设。例如，不要在 Finalize 方法中访问线程的本地存储。

CLR 未来可能使用多个终结器线程。所以，代码不应假设 Finalize 方法会被连续调用。在只有一个终结器线程的情况下，可能有多个 CPU 分配可终结的对象，但只有一个线程执行 Finalize 方法，这造成该线程可能跟不上分配的速度，从而产生性能和伸缩性方面的问题。

　　终结列表和 freachable 队列之间的交互很有意思。首先，让我给你讲讲 freachable 队列这个名称的由来。"f"明显代表"终结"(finalization)；freachable 队列中的每个记录项都是对托管堆中应调用其 Finalize 方法的一个对象的引用。"reachable"意味着对象是可达的。换言之，可将 freachable 队列看成是像静态字段那样的一个根。所以，freachable 队列中的引用使它指向的对象保持可达，不是垃圾。

　　简单地说，当一个对象不可达时，垃圾回收器就把它视为垃圾。但是，当垃圾回收器将对象的引用从终结列表移至 freachable 队列时，对象不再被认为是垃圾，不能回收它的内存。对象被视为垃圾又变得不是垃圾，我们就可以说对象被复活了。

　　标记 freachable 对象时，将递归标记对象中的引用类型的字段所引用的对象；所有这些对象也必须复活以便在回收过程中存活。之后，垃圾回收器才结束对垃圾的标识。在这个过程中，一些原本被认为是垃圾的对象复活了。然后，垃圾回收器压缩 (移动) 可回收的内存，将复活的对象提升到较老的一代 (这不理想)。现在，特殊的终结线程清空 freachable 队列，执行每个对象的 Finalize 方法。

　　下次对老一代进行垃圾回收时，会发现已终结的对象成为真正的垃圾，因为没有应用程序的根指向它们，freachable 队列也不再指向它们。所以，这些对象的内存会直接回收。注意，在整个过程中，可终结对象需要执行两次垃圾回收才能释放它们占用的内存。在实际应用中，由于对象可能被提升至另一代，所以可能要求不止进行两次垃圾回收。图 21-15 展示了第二次垃圾回收后托管堆的情况。

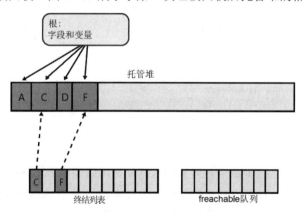

图 21-15　第二次垃圾回收后托管堆的情况

21.3.5　手动监视和控制对象的生存期

　　CLR 为每个 AppDomain 都提供了一个 GC 句柄表 (GC Handle table)，允许应用程序监视或手动控制对象的生存期。这个表在 AppDomain 创建之初是空白的。表中每个记录项都包含以下两种信息：对托管堆中的一个对象的引用，以及指出如何监视或控制对象的标志 (flag)。应用程序使用如下所示的 System.Runtime. InteropServices.GCHandle 类型在表中添加或删除记录项。

```
// 该类型在 System.Runtime.InteropServices 命名空间中定义
public struct GCHandle {
    // 静态方法，用于在表中创建一个记录项
    public static GCHandle Alloc(object value);
    public static GCHandle Alloc(object value, GCHandleType type);

    // 静态方法，用于将一个 GCHandle 转换成一个 IntPtr
    public static explicit operator IntPtr(GCHandle value);
    public static IntPtr ToIntPtr(GCHandle value);

    // 静态方法，用于将一个 IntPtr 转换为一个 GCHandle
    public static explicit operator GCHandle(IntPtr value);
    public static GCHandle FromIntPtr(IntPtr value);

    // 静态方法，用于比较两个 GCHandle
    public static Boolean operator ==(GCHandle a, GCHandle b);
    public static Boolean operator !=(GCHandle a, GCHandle b);

    // 实例方法，用于释放表中的记录项（索引设为 0）
    public void Free();

    // 实例属性，用于 get/set 记录项的对象引用
    public object Target { get; set; }

    // 实例属性，如果索引不为 0，就返回 true
    public Boolean IsAllocated { get; }

    // 对于已固定 (pinned) 的记录项，这个方法返回对象的地址
    public IntPtr AddrOfPinnedObject();

    public override Int32 GetHashCode();
    public override Boolean Equals(object o);
}
```

简单地说，为了控制或监视对象的生存期，可以调用 GCHandle 的静态 Alloc 方法并传递想控制/监视的对象的引用。还可传递一个 GCHandleType，这是一个标志，指定了你想如何控制/监视对象。GCHandleType 是枚举类型，它的定义如下所示：

```
public enum GCHandleType {
    Weak = 0,                        // 用于监视对象的存在
    WeakTrackResurrection = 1,       // 用于监视对象的存在
    Normal = 2,                      // 用于控制对象的生存期
    Pinned = 3                       // 用于控制对象的生存期
}
```

下面解释每个标志的具体含义。

- Weak

  该标志允许监视对象的生存期。具体地说，可检测垃圾回收器在什么时候判定该对象在应用程序代码中不可达。注意，此时对象的 Finalize 方法可能执行，也可能没有执行，对象可能还在内存中。

- WeakTrackResurrection

  该标志允许监视对象的生存期。具体地说，可检测垃圾回收器在什么时候判定该对象在应用程序的代码中不可达。注意，此时对象的 Finalize 方法（如果有的话）已经执行，对象的内存已经回收。

- Normal

  该标志允许控制对象的生存期。具体地说，是告诉垃圾回收器：即使应用程序中没有变量(根)引用该对象，该对象也必须留在内存中。垃圾回收发生时，该对象的内存可以压缩（移动）。不向 Alloc 方法传递任何 GCHandleType 标志，就默认使用 GCHandleType.Normal。

- Pinned

  该标志允许控制对象的生存期。具体地说，是告诉垃圾回收器：即使应用程序中没有变量（根）引用该对象，该对象也必须留在内存中。垃圾回收发生时，该对象的内存不能压缩（移动）。需要将内存地址交给本机代码时，这个功能很好用。本机代码知道 GC 不会移动对象，所以能放心地向托管堆的这个内存写入。

GCHandle 的静态 Alloc 方法在调用时会扫描 AppDomain 的 GC 句柄表，查找一个可用的记录项来存储传给 Alloc 的对象引用，并将标志设为你为 GCHandleType 实参传递的值。然后，Alloc 方法返回一个 GCHandle 实例。GCHandle 是轻量级的值类型，其中包含一个实例字段(一个 IntPtr 字段)，它引用了句柄表中的记录项索引。要释放 GC 句柄表中的这个记录项时，可以获取 GCHandle 实例，并在这个实例上调用 Free 方法。Free 方法将 IntPtr 字段设为 0，使实例变得无效。

下面展示了垃圾回收器如何使用 GC 句柄表。当垃圾回收发生时，垃圾回收器的行为如下。

1. 垃圾回收器标记所有可达的对象（本章开始的时候已进行了描述）。然后，垃圾回收器扫描 GC 句柄表；所有 Normal 或 Pinned 对象都被看成是根，同时标记这些对象（包括这些对象通过它们的字段引用的对象）。

2. 垃圾回收器扫描 GC 句柄表，查找所有 Weak 记录项。如果一个 Weak 记录项引用了未标记的对象，该引用标识的就是不可达对象（垃圾），该记录项的引用值更改为 null。

3. 垃圾回收器扫描终结列表。在列表中，对未标记对象的引用标识的是不可达对象，这些引用从终结列表移至 freachable 队列。这时对象会被标记，因为对象又变成可达了。

4. 垃圾回收器扫描 GC 句柄表，查找所有 WeakTrackResurrection 记录项。如果一个 WeakTrackResurrection 记录项引用了未标记的对象 (它现在是由 freachable 队列中的记录项引用的)，该引用标识的就是不可达对象 (垃圾)，该记录项的引用值更改为 null。

5. 垃圾回收器对内存进行压缩，填补不可达对象留下的内存"空洞"，这其实就是一个内存碎片整理的过程。Pinned 对象不会压缩 (移动)，垃圾回收器会移动它周围的其他对象。

理解了机制之后，接着看看在什么情况下使用。最容易理解的标志就是 Normal 和 Pinned，所以让我们从它们入手。这两个标志通常在和本机代码互操作时使用。

需要将托管对象的指针交给本机代码时使用 Normal 标记，因为本机代码将来要回调托管代码并传递指针。但不能就这么将托管对象的指针交给本机代码，因为如果垃圾回收发生，对象可能在内存中移动，指针便无效了。解决方案是调用 GCHandle 的 Alloc 方法，传递对象引用和 Normal 标志。将返回的 GCHandle 实例转型为 IntPtr，再将这个 IntPtr 传给本机代码。本机代码回调托管代码时，托管代码将传递的 IntPtr 转型为 GCHandle，查询 Target 属性获得托管对象的引用 (当前地址)。本机代码不再需要这个引用之后，你可以调用 GCHandle 的 Free 方法，使未来的垃圾回收能够释放对象 (假定不存在引用该对象的其他根)。

注意，在这种情况下，本机代码并没有真正使用托管对象本身；它只是通过一种方式引用了对象。但某些时候，本机代码需要真正地使用托管对象。这时托管对象必须固定 (pinned)，从而阻止垃圾回收器压缩 (移动) 对象。常见的例子是将托管 String 对象传给某个 Win32 函数。这时 String 对象必须固定。不能将对托管对象的引用传给本机代码，然后任由垃圾回收器在内存中移动对象。String 对象被移走了，本机代码就会向已经不包含 String 对象的字符内容的内存进行读写——导致应用程序的行为变得无法预测。

使用 CLR 的 P/Invoke 机制调用方法时，CLR 会自动帮你固定实参，并在本机方法返回时自动解除固定。所以，大多数时候都不必使用 GCHandle 类型来显式固定任何托管对象。只有在将托管对象的指针传给本机代码，然后本机函数返回，但本机代码将来仍需使用该对象时，才需要显式使用 GCHandle 类型。最常见的例子就是执行异步 I/O 操作。

假定分配了一个字节数组，并准备在其中填充来自一个套接字的数据。这时应该调用 GCHandle 的 Alloc 方法，传递对数组对象的引用以及 Pinned 标志。然后，在返回的 `GCHandle` 实例上调用 `AddrOfPinnedObject` 方法。这会返回一个 `IntPtr`，它是已固定对象在托管堆中的实际地址。然后，将该地址传给本机函数，该函数立即返回至托管代码。数据从套接字传来时，该字节数组缓冲区在内存中不会移动；阻止移动是 `Pinned` 标志的功劳。异步 I/O 操作完毕后调用 `GCHandle` 的 `Free` 方法，以后垃圾回收时就可以移动缓冲区了。托管代码应该仍然保留着一个缓冲区引用，这使你能访问数据。正是由于这个引用的存在，所以才会阻止垃圾回收从内存中彻底释放该缓冲区。

　　值得注意的是，C# 语言提供了一个 fixed 语句，它能在一个代码块中固定对象。以下代码演示了该语句是如何使用的：

```
unsafe public static void Go() {
    // 分配一系列立即变成垃圾的对象
    for (Int32 x = 0; x < 10000; x++) new Object();

    IntPtr originalMemoryAddress;
    Byte[] bytes = new Byte[1000]; // 在垃圾对象后分配这个数组

    // 获取 Byte[] 在内存中的地址
    fixed (Byte* pbytes = bytes) { originalMemoryAddress = (IntPtr) pbytes; }

    // 强迫进行一次垃圾回收; 垃圾对象会被回收, Byte[] 可能被压缩
    GC.Collect();

    // 获取 Byte[] 当前在内存中的地址, 把它同第一个地址比较
    fixed (Byte* pbytes = bytes) {
        Console.WriteLine("The Byte[] did{0} move during the GC",
            (originalMemoryAddress == (IntPtr) pbytes) ? " not" : null);
    }
}
```

　　使用 C# 语言的 fixed 语句比分配一个固定的 GC 句柄高效得多。这里发生的事情是，C# 编译器在 `pbytes` 局部变量上生成一个特殊的 "已固定"(pinned) 标志。垃圾回收期间，GC 检查这个根的内容，如果根不为 `null`，就知道在压缩阶段不要移动变量引用的对象。C# 编译器生成 IL 将 `pbytes` 局部变量初始化为 fixed 块起始处的对象的地址。在 fixed 块的尾部，编译器还会生成 IL 指令将 `pbytes` 局部变量设回 `null`，使变量不引用任何对象。这样一来，下一次垃圾回收发生时，对象就可以移动了。

　　现在讨论一下另两个标志，即 `Weak` 和 `WeakTrackResurrection`。它们既可用于和本机代码的互操作，也可在只有托管代码的时候使用。`Weak` 标志使你知道在什么时候一个对象被判定为垃圾，但这时对象的内存不一定被回收。`WeakTrackResurrection` 标志使你知道在什么时候对象的内存已被回收。两个标志中 `Weak` 更常用。事实上，

我还没有见过有人在真正的应用程序中使用 WeakTrackResurrection 标志。

假定 Object-A 定时在 Object-B 上调用一个方法。但由于 Object-A 有一个对 Object-B 的引用,所以阻止了 Object-B 被垃圾回收。在极少数情况下,这可能并不是你希望的;相反,你可能希望只要 Object-B 仍然存活于托管堆中,Object-A 就调用 Object-B 的方法。为此,Object-A 要调用 GCHandle 的 Alloc 方法,向方法传递对 Object-B 的引用和 Weak 标志。Object-A 现在只需保存返回的 GCHandle 实例,而不是保存对 Object-B 的引用。

在这种情况下,如果没有其他根引用 Object-B(保持其存活状态),Object-B 就可以被垃圾回收。Object-A 每次想调用 Object-B 的方法时,都必须查询 GCHandle 的只读属性 Target。如果该属性返回非 null 的值,就表明 Object-B 依然存活。然后,Object-A 的代码会将返回的引用转型为 Object-B 的类型,并调用方法。如果 Target 属性返回 null,表明 Object-B 已被回收,Object-A 不再尝试调用方法。在这个时候,Object-A 的代码也许还要调用 GCHandle 的 Free 方法来释放 GCHandle 实例。

由于使用 GCHandle 类型有些烦琐,而且要求提升的安全性才能在内存中保持或固定对象,所以 System 命名空间提供了一个 WeakReference<T> 类来帮助你:

```
public sealed class WeakReference<T> : ISerializable where T : class {
    public WeakReference(T target);
    public WeakReference(T target, Boolean trackResurrection);
    public void SetTarget(T target);
    public Boolean TryGetTarget(out T target);
}
```

这个类其实是包装了一个 GCHandle 实例的面向对象包装器 (wrapper):逻辑上说,它的构造器调用 GCHandle 的 Alloc 方法,TryGetTarget 方法查询 GCHandle 的 Target 属性,SetTarget 方法设置 GCHandle 的 Target 属性,而 Finalize 方法 (这里未显示,因为是受保护方法) 则调用 GCHandle 的 Free 方法。此外,代码无需特殊权限即可使用 WeakReference<T> 类,因为该类只支持弱引用;不支持 GCHandleType 设为 Normal 或 Pinned 的 GCHandle 实例的行为。WeakReference<T> 类的缺点在于它的实例必须在堆上分配。所以,WeakReference 类比 GCHandle 实例更“重”。

重要
提示

开发人员刚开始学习弱引用时,会马上想到它们在缓存情形中的用处。例如,他们会想到构造包含大量数据的一组对象,并创建对这些对象的弱引用。程序需要数据时就检查这些弱引用,看看包含这些数据的对象是否依然“健在”。对象还在,程序就直接使用对象;这样程序将具有很高的性能。但是,如果发生垃圾回收,包含数据的对象就会被销毁。而一旦需要重新创建数据,程序的性能会不升反降。

这个技术的问题在于：垃圾回收不是在内存满或接近满时才发生的。相反，只要第 0 代满了，垃圾回收就会发生。所以，对象在内存中被抛弃的频率比预想的高得多，应用程序的性能将大打折扣。

弱引用在缓存情形中确实能得到高效应用。但构建良好的缓存算法来找到内存消耗与速度之间的平衡点十分复杂。简单地说，你希望缓存保持对自己的所有对象的强引用，内存吃紧就开始将强引用转换为弱引用。目前，CLR没有提供一个能告诉应用程序内存吃紧的机制。但已经有人通过定时调用Win32 GlobalMemoryStatusEx 函数并检查返回的 MEMORYSTATUSEX 结构的 dwMemoryLoad 成员成功做到了这一点。如果该成员报告大于 80 的值，内存空间就处于吃紧状态。然后可以开始将强引用转换为弱引用——可依据的算法包括：最近最少使用 (Least-Recently Used，LRU) 算法[1]、最频繁使用 (Most-Frequently Used，MFU) 算法以及某个时基 (time-base) 算法等。

　　开发人员经常需要将一些数据和另一个实体关联。例如，数据可以和一个线程或 AppDomain 关联。另外，System.Runtime.CompilerServices.ConditionalWeakTable<TKey,TValue> 类可以用于将数据和单独的对象关联 (为对象附加状态)，如下所示：

```
public sealed class ConditionalWeakTable<TKey, TValue>
    where TKey : class where TValue : class {
    public ConditionalWeakTable();
    public void Add(TKey key, TValue value);
    public TValue GetValue(TKey key, CreateValueCallback<TKey, TValue>
        createValueCallback);
    public Boolean TryGetValue(TKey key, out TValue value);
    public TValue GetOrCreateValue(TKey key);
    public Boolean Remove(TKey key);

    public delegate TValue CreateValueCallback(TKey key); // 嵌套的委托定义
}
```

　　任意数据要和一个或多个对象关联，首先要创建该类的实例。然后调用 Add 方法，为 key 参数传递对象引用，为 value 参数传递想和对象关联的数据。试图多次添加对同一个对象的引用，Add 方法会抛出 ArgumentException；要更改和对象关联的值，必须先删除 key，再用新值把它添加回来。注意这个类是线程安全的，多个线程能同时使用它 (虽然这也意味着类的性能并不出众)；应测试好这个类的

---

[1]　译注：LRU 缓存淘汰算法面试时经常会被问道是这个经典的算法，其原理是最近用过的数据都应该是有用的，很久都不曾用的数据是无用的，如果内存吃紧，就优先删去之前很久都没用过的数据。

性能，验证它是否适合你的实际环境。

当然，表对象在内部存储了对作为 key 传递的对象的弱引用 (一个 WeakReference 对象)，这样可保证不会因为表的存在而造成对象"被迫"存活。但是，ConditionalWeakTable 类最特别的地方在于，它保证了只要 key 所标识的对象在内存中，值就肯定在内存中。这使其超越了一个普通的 WeakReference，因为如果是普通的 WeakReference，那么即使 key 对象保持存活，值也可能被垃圾回收。ConditionalWeakTable 类可用于实现 XAML 的依赖属性 (dependency property) 机制。动态语言也可在内部利用它将数据和对象动态关联。

以下代码演示了 ConditionalWeakTable 类的使用。它允许在任何对象上调用 GCWatch 扩展方法并传递一些 String 标签 (在程序中作为通知消息显示)。然后，在特定对象被垃圾回收时，它通过控制台窗口发出通知：

```csharp
internal static class ConditionalWeakTableDemo {
    public static void Main() {
        Object o = new Object().GCWatch("My Object created at " + DateTime.Now);
        GC.Collect();    // 此时看不到 GC 通知
        GC.KeepAlive(o); // 确定 o 引用的对象现在还活着
        o = null;        // o 引用的对象现在可以死了

        GC.Collect();    // 此时才会看到 GC 通知
        Console.ReadLine();
    }
}


internal static class GCWatcher {
    // 注意：由于字符串留用 (interning) 和 MarshalByRefObject 代理对象，所以
    // 使用 String 要当心
    private readonly static ConditionalWeakTable<Object,
            NotifyWhenGCd<String>> s_cwt =
                new ConditionalWeakTable<Object, NotifyWhenGCd<String>>();

    private sealed class NotifyWhenGCd<T> {
        private readonly T m_value;

        internal NotifyWhenGCd(T value) { m_value = value; }
        public override string ToString() { return m_value.ToString(); }
        ~NotifyWhenGCd() { Console.WriteLine("GC'd: " + m_value); }
    }

    public static T GCWatch<T>(this T @object, String tag) where T : class{
        s_cwt.Add(@object, new NotifyWhenGCd<String>(tag));
        return @object;
    }
}
```

第

22 章

章

CLR 寄宿和 AppDomain

本章内容：

- CLR 寄宿
- AppDomain
- 卸载 AppDomain
- 监视 AppDomain
- AppDomain FirstChance 异常通知
- 宿主如何使用 AppDomain
- 高级宿主控制

    本章主要讨论两个主题：寄宿和 AppDomain。这两个主题充分演示了 .NET Framework 巨大的价值。寄宿 (hosting) 使任何应用程序都能利用 CLR 的功能。特别要指出的是，它使现有的应用程序至少能部分使用托管代码编写。另外，寄宿还为应用程序提供了通过编程来进行自定义和扩展的能力。

    允许可扩展性意味着第三方代码可在你的进程中运行。在 Windows 中将第三方 DLL 加载到进程中意味着冒险。DLL 中的代码很容易破坏应用程序的数据结构和代码。DLL 还可能企图利用应用程序的安全上下文来访问它本来无权访问的资源。CLR 的 AppDomain 功能解决了所有这些问题。AppDomain 允许第三方的、不受信任的代码在现有的进程中运行，而 CLR 保证数据结构、代码和安全上下文不被滥用或破坏。

    程序员经常将寄宿和 AppDomain 与程序集的加载和反射一起使用。这 4 种技术一起使用，使 CLR 成为一个功能极其丰富和强大的平台。本章重点聚焦于寄宿和 AppDomain。下一章则将重点放在程序集加载和反射上。学习并理解了所有这些技术后，你会发现今天在 .NET Framework 上面的投资，将来必定会获得丰厚的回报。

22.1 CLR 寄宿

.NET Framework 在 Windows 平台的顶部运行。这意味着 .NET Framework 必须用 Windows 能理解的技术来构建。首先，所有托管模块和程序集文件都必须使用 Windows PE 文件格式，而且要么是 Windows EXE 文件，要么是 DLL 文件。

开发 CLR 时，微软实际是把它实现成包含在一个 DLL 中的 COM 服务器。也就是说，微软为 CLR 定义了一个标准的 COM 接口，并为该接口和 COM 服务器分配了 GUID。安装 .NET Framework 时，代表 CLR 的 COM 服务器和其他 COM 服务器一样在 Windows 注册表中注册。要了解这方面的更多信息，可参考与 .NET Framework SDK 一起发布的 C++ 头文件 MetaHost.h。该头文件中定义了 GUID 和非托管 `ICLRMetaHost` 接口。

任何 Windows 应用程序都能寄宿 (容纳)CLR。但不要通过调用 `CoCreateInstance` 来创建 CLR COM 服务器的实例，相反，你的非托管宿主应该调用 MetaHost.h 文件中声明的 `CLRCreateInstance` 函数。`CLRCreateInstance` 函数在 MSCorEE.dll 文件中实现，该文件一般在 C:\Windows\System32 目录中。这个 DLL 被人们亲切地称为"垫片" (shim)，它的工作是决定创建哪个版本的 CLR；垫片 DLL 本身不包含 CLR COM 服务器。

一台机器可安装多个版本的 CLR，但只有一个版本的 MSCorEE.dll 文件 (垫片)[①]。机器上安装的 MSCorEE.dll 是与机器上安装的最新版本的 CLR 一起发布的那个版本。所以，该版本的 MSCorEE.dll 知道如何查找机器上的老版本 CLR。

包含实际 CLR 代码的文件的名称在不同版本的 CLR 中是不同的。版本 1.0, 1.1 和 2.0 的 CLR 代码在 MSCorWks.dll 文件中；版本 4 则在 Clr.dll 文件中。由于一台机器可能安装多个版本的 CLR，所以这些文件安装到不同的目录，如下所示：[②]

- 版本 1.0 在 C:\Windows\Microsoft.Net\Framework\v1.0.3705 中；
- 版本 1.1 在 C:\Windows\Microsoft.Net\Framework\v1.0.4322 中；
- 版本 2.0 在 C:\Windows\Microsoft.Net\Framework\v2.0.50727 中；

---

① 译注：使用 64 位 Windows 实际会安装两个版本的 MSCorEE.dll 文件。一个是 32 位 x86 版本，在 C:\Windows\SysWOW64 目录中；另一个是 64 位 x64 或 IA64 版本 (取决于计算机的 CPU 架构)，在 C:\Windows\System32 目录中。

② 译注：注意，.NET Framework 3.0 和 3.5 与 CLR 2.0 一起发布。我没有显示 .NET Framework 3.0 和 3.5 的目录，因为 CLR DLL 是从 v2.0.50727 目录加载的。

- 版本 4 在 C:\Windows\Microsoft.NET\Framework\v4.0.30319[①] 中。

CLRCreateInstance 函数可以返回一个 ICLRMetaHost 接口。宿主应用程序可以调用这个接口的 GetRuntime 函数，同时指定宿主想要创建的 CLR 的版本。然后，垫片将所需版本的 CLR 加载到宿主的进程中。

默认情况下，当一个托管的可执行文件启动时，垫片会检查可执行文件，提取当初生成和测试应用程序时使用的 CLR 的版本信息。但应用程序可以在它的 XML 配置文件中设置 requiredRuntime 和 supportedRuntime 这两项来覆盖该默认行为。XML 配置文件的详情请参见第 2 章 "生成、打包、部署和管理应用程序及类型" 和第 3 章 "共享程序集和强命名程序集"。)

GetRuntime 函数返回指向非托管 ICLRRuntimeInfo 接口的指针。有了这个指针后，就可以利用 GetInterface 方法获得 ICLRRuntimeHost 接口。宿主应用程序可以调用该接口定义的方法来做下面这些事情。

- 设置宿主管理器。告诉 CLR 宿主想参与涉及以下操作的决策：内存分配、线程调度／同步以及程序集加载等。宿主还可声明它想获得有关垃圾回收启动和停止以及特定操作超时的通知。
- 获取 CLR 管理器。告诉 CLR 阻止使用某些类／成员。另外，宿主能分辨哪些代码可以调试，哪些不可以，以及当特定事件 (例如 AppDomain 卸载、CLR 停止或者堆栈溢出异常) 发生时宿主应调用哪个方法。
- 初始化并启动 CLR。
- 加载程序集并执行其中的代码。
- 停止 CLR，阻止任何更多的托管代码在 Windows 进程中运行。

注意

Windows 进程完全可以不加载 CLR，只有在进程中执行托管代码时才进行加载。在 .NET Framework 4 之前，CLR 只允许它的一个实例寄宿在 Windows 进程中。换言之，在一个进程中，要么不包含任何 CLR，要么只能包含 CLR v1.0，CLR v1.1 或者 CLR 2.0 之一。每进程仅一个版本的 CLR 显然过于局限。例如，如果这样的话，那么 Microsoft Office Outlook 就不能加载为不同版本的 .NET Framework 生成和测试的两个加载项了。

但是，随着 .NET Framework 4 的发布，微软支持在一个 Windows 进程中同时加载 CLR v2.0 和 v4.0，为 .NET Framework 2.0 和 4.0 写的不同组件能同时运行，不会出现任何兼容性问题。这是一个令人激动的功能，因为它极大扩展了 .NET Framework 组件的应用场景。可以利用 ClrVer.exe 工具检查给定的

---

① 译注：这是本书出版时的 .NET Framework 目录。在不同的机器上可能有所不同。

进程加载的是哪个 (哪些) 版本的 CLR。

一个 CLR 加载到 Windows 进程之后，便永远不能卸载；在 `ICLRRuntimeHost` 接口上调用 `AddRef` 和 `Release` 方法是没有作用的。CLR 从进程中卸载的唯一途径就是终止进程，这会造成 Windows 清理进程使用的所有资源。

22.2 AppDomain

CLR COM 服务器初始化时会创建一个 AppDomain。AppDomain 是一组程序集的逻辑容器。CLR 初始化时创建的第一个 AppDomain 称为"默认 AppDomain"，这个默认的 AppDomain 只有在 Windows 进程终止时才会被销毁。

除了默认 AppDomain，正在使用非托管 COM 接口方法或托管类型方法的宿主还可要求 CLR 创建额外的 AppDomain。AppDomain 是为了提供隔离而设计的。下面总结了 AppDomain 的具体功能。

- 一个 AppDomain 的代码不能直接访问另一个 AppDomain 的代码创建的对象
  一个 AppDomain 中的代码创建了一个对象后，该对象便被该 AppDomain "拥有"。换言之，它的生存期不能超过创建它的代码所在的 AppDomain。一个 AppDomain 中的代码要访问另一个 AppDomain 中的对象，只能使用"按引用封送"(marshal-by-reference) 或者"按值封送"(marshal-by-value) 的语义。这就强制建立了清晰的分隔和边界，因为一个 AppDomain 中的代码不能直接引用另一个 AppDomain 中的代码创建的对象。这种隔离使 AppDomain 能很容易地从进程中卸载，不会影响其他 AppDomain 正在运行的代码。

- AppDomain 可以卸载
  CLR 不支持从 AppDomain 中卸载特定的程序集。但可以告诉 CLR 卸载一个 AppDomain，从而卸载该 AppDomain 当前包含的所有程序集。

- AppDomain 可以单独保护
  AppDomain 创建后会应用一个权限集，它决定了向这个 AppDomain 中运行的程序集授予的最大权限。正是由于存在这些权限，所以当宿主加载一些代码后，可以保证这些代码不会破坏 (或读取) 宿主本身使用的一些重要数据结构。

- AppDomain 可以单独配置
  AppDomain 创建后会关联一组配置设置。这些设置主要影响 CLR 在 AppDomain 中加载程序集的方式。涉及搜索路径、版本绑定重定向、卷影复制以及加载器优化。

> **重要提示** ⚠️
>
> Windows 的一个重要特色是让每个应用程序都在自己的进程地址空间中运行。这就保证了一个应用程序的代码不能访问另一个应用程序使用的代码或数据。进程隔离可防范安全漏洞、数据破坏和其他不可预测的行为，确保了 Windows 系统以及在它上面运行的应用程序的健壮性。遗憾的是，在 Windows 中创建进程的开销很大。Win32 **CreateProcess** 函数的速度很慢，而且 Windows 需要大量内存来虚拟化进程的地址空间。
>
> 但是，如果应用程序完全由托管代码构成 (这些代码的安全性可以验证)，同时这些代码没有调用非托管代码，那么在一个 Windows 进程中运行多个托管应用程序是没有问题的。AppDomain 提供了保护、配置和终止其中每一个应用程序所需的隔离。

图 22-1 演示了一个 Windows 进程，其中运行着一个 CLR COM 服务器。该 CLR 当前管理着两个 AppDomain(虽然在一个 Windows 进程中可以运行的 AppDomain 数量没有硬性限制)。每个 AppDomain 都有自己的 Loader 堆，每个 Loader 堆都记录了自 AppDomain 创建以来已访问过哪些类型。这些类型对象已经在第 4 章讨论过，Loader 堆中的每个类型对象都有一个方法表，方法表中的每个记录项都指向 JIT 编译的本机代码，前提是方法至少执行过一次。

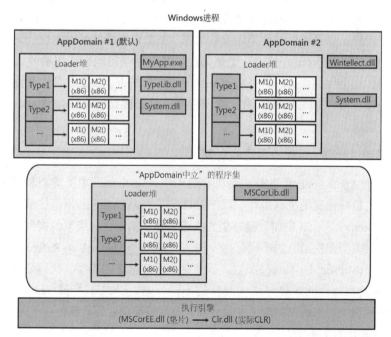

图 22-1　一个寄宿了 CLR 和两个 AppDomain 的 Windows 进程

此外，每个 AppDomain 都加载一些程序集。AppDomain #1(默认 AppDomain) 有三个程序集：MyApp.exe、TypeLib.dll 和 System.dll。AppDomain #2 有两个程序集，分别是 Wintellect.dll 和 System.dll。

如图 22-1 所示，两个 AppDomain 都加载了 System.dll 程序集。如果这两个 AppDomain 都使用了来自 System.dll 的一个类型，那么两个 AppDomain 的 Loader 堆会为相同的类型分别分配一个类型对象；类型对象的内存不会由两个 AppDomain 共享。另外，一个 AppDomain 中的代码调用一个类型定义的方法时，方法的 IL 代码会进行 JIT 编译，生成的本机代码单独与每个 AppDomain 关联，而不是由调用它的所有 AppDomain 共享。

不共享类型对象的内存或本机代码显得有些浪费。但是，AppDomain 的设计宗旨就是提供隔离；CLR 要求在卸载某个 AppDomain 并释放其所有资源时不会影响到其他任何 AppDomain。复制 CLR 的数据结构才能保证这一点。另外，还保证多个 AppDomain 使用的类型在每个 AppDomain 中都有一组静态字段。

有些程序集本来就要由多个 AppDomain 使用。最典型的例子就是 MSCorLib.dll。该程序集包含 System.Object、System.Int32 以及其他所有与 .NET Framework 密不可分的类型。CLR 初始化时，该程序集会自动加载，而且所有 AppDomain 都共享该程序集中的类型。为了减少资源消耗，MSCorLib.dll 程序集以一种 "AppDomain 中立" 的方式加载。也就是说，针对以 "AppDomain 中立" 的方式加载的程序集，CLR 会为它们维护一个特殊的 Loader 堆。该 Loader 堆中的所有类型对象，以及为这些类型定义的方法 JIT 编译生成的所有本机代码，都会由进程中的所有 AppDomain 共享。遗憾的是，共享这些资源所获得的收益并不是没有代价的。这个代价就是，以 "AppDomain 中立" 的方式加载的所有程序集永远不能卸载。要回收它们占用的资源，唯一的办法就是终止 Windows 进程，让 Windows 去回收资源。

跨越 AppDomain 边界访问对象

一个 AppDomain 中的代码可以和另一个 AppDomain 中的类型和对象通信，但只能通过良好定义的机制进行。以下 Ch22-1-AppDomains 示例程序演示了如何创建新 AppDomain，在其中加载程序集并构造该程序集定义的类型的实例。代码演示了以下三种类型在构造时的不同行为："按引用封送"(Marshal-by-Reference) 类型，"按值封送"(Marshal-by-Value) 类型，以及完全不能封送的类型。代码还演示了当创建它们的 AppDomain 卸载时这些对象的不同行为。Ch22-1-AppDomains 示例程序的代码实际很少，只是我添加了大量注释。在代码清单之后，我将逐一分析这些代码，解释 CLR 所做的事情。

```
private static void Marshalling() {
    // 获取 AppDomain 引用（" 调用线程 " 当前正在该 AppDomain 中执行 )
    AppDomain adCallingThreadDomain = Thread.GetDomain();

    // 每个 AppDomain 都分配了友好字符串名称（以便调试）
    // 获取这个 AppDomain 的友好字符串名称并显示它
    String callingDomainName = adCallingThreadDomain.FriendlyName;
    Console.WriteLine("Default AppDomain's friendly name={0}", callingDomainName);

    // 获取并显示我们的 AppDomain 中包含了 "Main" 方法的程序集
    String exeAssembly = Assembly.GetEntryAssembly().FullName;
    Console.WriteLine("Main assembly={0}", exeAssembly);

    // 定义局部变量来引用一个 AppDomain
    AppDomain ad2 = null;

    // *** DEMO 1: 使用 Marshal-by-Reference 进行跨 AppDomain 通信 ***
    Console.WriteLine("{0}Demo #1", Environment.NewLine);

    // 新建一个 AppDomain( 从当前 AppDomain 继承安全性和配置 )
    ad2 = AppDomain.CreateDomain("AD #2", null, null);
    MarshalByRefType mbrt = null;

    // 将我们的程序集加载到新 AppDomain 中，构造一个对象，把它
    // 封送回我们的 AppDomain( 实际得到对一个代理的引用 )
    mbrt = (MarshalByRefType)
        ad2.CreateInstanceAndUnwrap(exeAssembly, "MarshalByRefType");

    Console.WriteLine("Type={0}", mbrt.GetType());   // CLR 在类型上撒谎了

    // 证明得到的是对一个代理对象的引用
    Console.WriteLine("Is proxy={0}", RemotingServices.IsTransparentProxy(mbrt));

    // 看起来像是在 MarshalByRefType 上调用一个方法，实则不然、
    // 我们是在代理类型上调用一个方法，代理使线程切换到拥有对象的
    // 那个 AppDomain，并在真实的对象上调用这个方法
    mbrt.SomeMethod();

    // 卸载新的 AppDomain
    AppDomain.Unload(ad2);
    // mbrt 引用一个有效的代理对象；代理对象引用一个无效的 AppDomain

    try {
        // 在代理类型上调用一个方法。AppDomain 无效，造成抛出异常
        mbrt.SomeMethod();
        Console.WriteLine("Successful call.");
    }
    catch (AppDomainUnloadedException) {
        Console.WriteLine("Failed call.");
```

```
}

// *** DEMO 2: 使用 Marshal-by-Value 进行跨 AppDomain 通信 ***
Console.WriteLine("{0}Demo #2", Environment.NewLine);

// 新建一个 AppDomain( 从当前 AppDomain 继承安全性和配置 )
ad2 = AppDomain.CreateDomain("AD #2", null, null);

// 将我们的程序集加载到新 AppDomain 中，构造一个对象，把它
// 封送回我们的 AppDomain( 实际得到对一个代理的引用 )
mbrt = (MarshalByRefType)
    ad2.CreateInstanceAndUnwrap(exeAssembly, "MarshalByRefType");

// 对象的方法返回所返回对象的副本；
// 对象按值（而非按引用）封送
MarshalByValType mbvt = mbrt.MethodWithReturn();

// 证明得到的不是对一个代理对象的引用
Console.WriteLine("Is proxy={0}", RemotingServices.IsTransparentProxy(mbvt));

// 看起来是在 MarshalByValType 上调用一个方法，实际也是如此
Console.WriteLine("Returned object created " + mbvt.ToString());

// 卸载新的 AppDomain
AppDomain.Unload(ad2);
// mbvt 引用有效的对象；卸载 AppDomain 没有影响

try {
    // 我们是在对象上调用一个方法：不会抛出异常
    Console.WriteLine("Returned object created " + mbvt.ToString());
    Console.WriteLine("Successful call.");
}
catch (AppDomainUnloadedException) {
    Console.WriteLine("Failed call.");
}

// DEMO 3: 使用不可封送的类型进行跨 AppDomain 通信 ***
Console.WriteLine("{0}Demo #3", Environment.NewLine);

// 新建一个 AppDomain （从当前 AppDomain 继承安全性和配置 )
ad2 = AppDomain.CreateDomain("AD #2", null, null);
// 将我们的程序集加载到新 AppDomain 中，构造一个对象，把它
// 封送回我们的 AppDomain( 实际得到对一个代理的引用 )
mbrt = (MarshalByRefType)
    ad2.CreateInstanceAndUnwrap(exeAssembly, "MarshalByRefType");

// 对象的方法返回一个不可封送的对象：抛出异常
NonMarshalableType nmt = mbrt.MethodArgAndReturn(callingDomainName);
// 这里永远执行不到 ...
```

```
}

// 该类的实例可跨越 AppDomain 的边界 " 按引用封送 "
public sealed class MarshalByRefType : MarshalByRefObject {
    public MarshalByRefType() {
        Console.WriteLine("{0} ctor running in {1}",
            this.GetType().ToString(), Thread.GetDomain().FriendlyName);
    }

    public void SomeMethod() {
        Console.WriteLine("Executing in " + Thread.GetDomain().FriendlyName);
    }

    public MarshalByValType MethodWithReturn() {
        Console.WriteLine("Executing in" + Thread.GetDomain().FriendlyName);
        MarshalByValType t = new MarshalByValType();
        return t;
    }

    public NonMarshalableType MethodArgAndReturn(String callingDomainName) {
        // 注意：callingDomainName 是可序列化的
        Console.WriteLine("Calling from '{0}' to '{1}'.",
            callingDomainName, Thread.GetDomain().FriendlyName);
        NonMarshalableType t = new NonMarshalableType();
        return t;
    }
}

// 该类的实例可跨越 AppDomain 的边界 " 按值封送 "
[Serializable]
public sealed class MarshalByValType : Object {
    private DateTime m_creationTime = DateTime.Now; // 注意 :DateTime 是可序列化的

public MarshalByValType() {
    Console.WriteLine("{0} ctor running in {1}, Created on {2:D}",
        this.GetType().ToString(),
        Thread.GetDomain().FriendlyName,
        m_creationTime);
    }

    public override String ToString() {
        return m_creationTime.ToLongDateString();
    }
}

// 该类的实例不能跨 AppDomain 边界进行封送
// [Serializable]
public sealed class NonMarshalableType : Object {
    public NonMarshalableType() {
```

```
        Console.WriteLine("Executing in " + Thread.GetDomain().FriendlyName);
    }
}
```

生成并运行 Ch22-1-AppDomains 应用程序，获得以下输出结果：[①]

```
Default AppDomain's friendly name=Ch22-1-AppDomains.exe
Main assembly=Ch22-1-AppDomains, Version=1.0.0.0, Culture=neutral, PublicKeyToken=null

Demo #1
MarshalByRefType ctor running in AD #2
Type=MarshalByRefType
Is proxy=True
Executing in AD #2
Failed call.

Demo #2
MarshalByRefType ctor running in AD #2
Executing in AD #2
MarshalByValType ctor running in AD #2, Created on 2023 年 10 月 9 日
Is proxy=False
Returned object created 2023 年 10 月 9 日
Returned object created 2023 年 10 月 9 日
Successful call.

Demo #3
MarshalByRefType ctor running in AD #2
Calling from 'Ch22-1-AppDomains.exe' to 'AD #2'.
Executing in AD #2

未经处理的异常：System.Runtime.Serialization.SerializationException: 程序集 "Ch
22-1-AppDomains, Version=0.0.0.0, Culture=neutral, PublicKeyToken=null" 中的类型
"NonMarshalableType" 未标记为可序列化。
    在 MarshalByRefType.MethodArgAndReturn(String callingDomainName)
    在 Program.Marshalling()
    在 Program.Main()
```

现在来讨论以上代码以及 CLR 所做的事情。

Marshalling 方法首先获得一个 AppDomain 对象引用，当前调用线程正在该 AppDomain 中执行。在 Windows 中，线程总是在一个进程的上下文中创建，而且线程的整个生存期都在该进程的生存期内。但线程和 AppDomain 没有一对一关系。AppDomain 是一项 CLR 功能；Windows 对 AppDomain 一无所知。由于一个 Windows 进程可包含多个 AppDomain，所以线程能执行一个 AppDomain 中的代

---

① 译注：在本书配套代码中，找到 C22-1-AppDomains.cs，在 Main() 方法中解除对
 Marshalling() 方法调用的注释。另外注意，本程序只能在 .NET Framework 项目中编译，
 它不支持 .NET Core。

码，再执行另一个 AppDomain 中的代码。从 CLR 的角度看，线程一次只能执行一个 AppDomain 中的代码。线程可以调用 System.Threading.Thread 的静态方法 GetDomain 向 CLR 询问它正在哪个 AppDomain 中执行。线程还可查询 System.AppDomain 的静态只读属性 CurrentDomain 来获得相同的信息。

AppDomain 创建后可被赋予一个友好名称。它是用于标识 AppDomain 的一个 String。友好名称主要是为了方便调试。由于 CLR 要在我们的任何代码执行前创建默认 AppDomain，所以使用可执行文件的文件名作为默认的 AppDomain 友好名称。Marshalling 方法使用 System.AppDomain 的只读 FriendlyName 属性来查询默认 AppDomain 的友好名称。

接着，Marshalling 方法查询默认 AppDomain 中加载的程序集的强命名标识，这个程序集定义了入口方法 Main(其中调用了 Marshalling)。程序集定义了几个类型：Program，MarshalByRefType，MarshalByValType 和 NonMarshalableType。现在，我们已经准备好研究上面的三个演示 (Demo)，它们本质上很相似。

演示 1：使用"按引用封送"进行跨 AppDomain 通信

演示 1 调用 System.AppDomain 的静态 CreateDomain 方法指示 CLR 在同一个 Windows 进程中创建一个新 AppDomain。AppDomain 类型提供了 CreateDomain 方法的多个重载版本。建议仔细研究一下它们，并在新建 AppDomain 时选择最合适的一个。本例使用的 CreateDomain 接受以下三个参数。

- 代表新 AppDomain 的友好名称的一个 String。本例传递的是" AD #2"。
- 一个 System.Security.Policy.Evidence，这是 CLR 用于计算 AppDomain 权限集的证据 (evidence)。本例为该参数传递 null，造成新 AppDomain 从创建它的 AppDomain 继承权限集。通常，如果希望围绕 AppDomain 中的代码创建安全边界，那么可以构造一个 System.Security.PermissionSet 对象，在其中添加希望的权限对象 (实现了 IPermission 接口的类型的实例)，将得到的 PermissionSet 对象引用传给接收一个 PermissionSet 的 CreateDomain 方法重载。
- 一个 System.AppDomainSetup，代表 CLR 为新 AppDomain 使用的配置设置。同样，本例为该参数传递 null，使新 AppDomain 从创建它的 AppDomain 继承配置设置。如果希望对新 AppDomain 进行特殊配置，那么可以构造一个 AppDomainSetup 对象，将它的各种属性 (例如配置文件的名称) 设为你希望的值，然后将得到的 AppDomainSetup 对象引用传给 CreateDomain 方法。

CreateDomain 方法内部会在进程中新建一个 AppDomain，该 AppDomain 将

被赋予指定的友好名称、安全性和配置设置。新 AppDomain 有自己的 Loader 堆，这个堆目前是空的，因为还没有程序集加载到新 AppDomain 中。创建 AppDomain 时，CLR 不在这个 AppDomain 中创建任何线程；AppDomain 中也不会运行代码，除非显式地让一个线程调用 AppDomain 中的代码。

现在，为了在新 AppDomain 中创建类型的实例，首先要将程序集加载到新 AppDomain 中，然后构造程序集中定义的类型的实例。这就是 AppDomain 的公共实例方法 CreateInstanceAndUnwrap 所做的事情。调用这个方法时，我传递了两个 String 实参：第一个标识了想在新 AppDomain(ad2 变量引用的那个 AppDomain) 中加载的程序集；第二个标识了想构建其实例的那个类型的名称 ("MarshalByRefType")。在内部，CreateInstanceAndUnwrap 方法导致调用线程从当前 AppDomain 切换新 AppDomain。现在，线程 (当前正在调用 CreateInstanceAndUnwrap) 将指定程序集加载到新 AppDomain 中，并扫描程序集的类型定义元数据表，查找指定类型 ("MarshalByRefType")。找到类型后，线程调用 MarshalByRefType 的无参构造器。现在，线程又切换回默认 AppDomain，使 CreateInstanceAndUnwrap 能返回对新 MarshalByRefType 对象的引用。

> 注意   CreateInstanceAndUnwrap 方法的一些重载版本允许在调用类型的构造器时传递实参。

所有这一切听起来都很美好，但还有一个问题：CLR 不允许一个 AppDomain 中的变量 (根) 引用另一个 AppDomain 中创建的对象。如果 CreateInstanceAndUnwrap 直接返回对象引用的话，隔离性就会被打破，而隔离是 AppDomain 的全部目的！因此，CreateInstanceAndUnwrap 在返回对象引用前要执行一些额外的逻辑。

我们的 MarshalByRefType 类型从一个很特别的基类 System.MarshalByRefObject 派生。当 CreateInstanceAndUnwrap 发现它封送的一个对象的类型派生自 MarshalByRefObject 时，CLR 就会跨 AppDomain 边界按引用封送对象。下面讲述了按引用将对象从一个 AppDomain(源 AppDomain，这是真正创建对象的地方) 封送到另一个 AppDomain(目标 AppDomain，这是调用 CreateInstanceAndUnwrap 的地方) 的具体含义。

源 AppDomain 想向目标 AppDomain 发送或返回对象引用时，CLR 会在目标 AppDomain 的 Loader 堆中定义一个代理类型。代理类型是用原始类型的元数据定义的。所以，它看起来和原始类型完全一样；有完全一样的实例成员 (属性、事件

和方法)。但是，实例字段不会成为 (代理) 类型的一部分，我稍后会具体解释这一点。代理类型确实定义了几个 (自己的) 实例字段，但这些字段和原始类型的不一致。相反，这些字段只是指出哪个 AppDomain "拥有" 真实的对象，以及如何在拥有 (对象的)AppDomain 中找到真实的对象。(在内部，代理对象用一个 GCHandle 实例引用真实的对象。第 21 章讨论了 GCHandle 类型。)

在目标 AppDomain 中定义好这个代理类型之后，CreateInstanceAndUnwrap 方法就会创建代理类型的实例，初始化它的字段来标识源 AppDomain 和真实对象，然后将对这个代理对象的引用返回给目标 AppDomain。在 Ch22-1-AppDomains 应用程序中，mbrt 变量被设为引用这个代理。注意，从 CreateInstanceAndUnwrap 方法返回的对象实际不是 MarshalByRefType 类型的实例。CLR 一般不允许将一个类型的对象转换成不兼容的类型。但在当前这种情况下，CLR 允许转型，因为新类型具有和原始类型一样的实例成员。事实上，用代理对象调用 GetType，它会向你撒谎，说自己是一个 MarshalByRefType 对象。

但是，可以证明从 CreateInstanceAndUnwrap 返回的对象实际是对代理对象的引用。为此，Ch22-1-AppDomains 应用程序调用了 System.Runtime.Remoting.RemotingService 的公共静态 IsTransparentProxy 方法，并向其传递 CreateInstanceAndUnwrap 方法返回的引用。从输出结果可知，IsTransparentProxy 方法返回 true，证明返回的是代理。

接着，Ch22-1-AppDomains 应用程序使用代理调用 SomeMethod 方法。由于 mbrt 变量引用代理对象，所以会调用由代理实现的 SomeMethod。代理的实现利用代理对象中的信息字段，将调用线程从默认 AppDomain 切换至新 AppDomain。现在，该线程的任何行动都在新 AppDomain 的安全策略和配置设置下运行。线程接着使用代理对象的 GCHandle 字段查找新 AppDomain 中的真实对象，并用真实对象调用真实的 SomeMethod 方法。

有两个办法可证明调用线程已从默认 AppDomain 切换至新 AppDomain。首先，我在 SomeMethod 方法中调用了 Thread.GetDomain().FriendlyName。这将返回 "AD #2"(参见输出)，这是由于线程当前在新的 AppDomain 中运行，而这个新 AppDomain 是通过调用 AppDomain.CreateDomain 方法，并传递 "AD #2" 作为友好名称参数来创建的。其次，在调试器中逐语句调试代码 (一直按 F11)，并打开 "调用堆栈" 窗口，那么 "[外部代码]" 行会标注一个线程在什么位置跨越 AppDomain 边界。请参见图 22-2 底部的 "调用堆栈" 窗口。

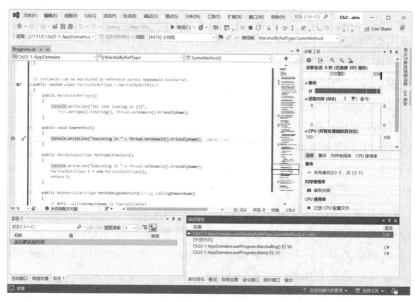

图 22-2 调试器的"调用堆栈"窗口显示了一次 AppDomain 切换

真实的 SomeMethod 方法返回后，会返回至代理的 SomeMethod 方法，后者将线程切换回默认 AppDomain。线程继续执行默认 AppDomain 中的代码。

> **注意** 一个 AppDomain 中的线程调用另一个 AppDomain 中的方法时，线程会在这两个 AppDomain 之间切换。这意味着跨 AppDomain 边界的方法调用是同步执行的。任何时刻一个线程只能在一个 AppDomain 中，而且要用那个 AppDomain 的安全和配置设置来执行代码。如果希望多个 AppDomain 中的代码并发执行，应创建额外的线程，让这些线程在你希望的 AppDomain 中执行你希望的代码。

Ch22-1-AppDomains 应用程序接着做的事情是调用 AppDomain 类的公共静态 Unload 方法，这会强制 CLR 卸载指定的 AppDomain(包括加载到其中的所有程序集)，并强制执行一次垃圾回收，以释放由卸载的 AppDomain 中的代码创建的所有对象。这时，默认 AppDomain 的 mbrt 变量仍然引用一个有效的代理对象。但代理对象已不再引用一个有效的 AppDomain，因为它已经卸载了。

当默认 AppDomain 试图使用代理对象调用 SomeMethod 方法时，调用的是该方法在代理中的实现。代理的实现发现包含真实对象的 AppDomain 已卸载。所以，代理的 SomeMethod 方法抛出一个 AppDomainUnloadedException 异常，告诉调用者操作无法完成。

　　显然，微软 CLR 团队不得不做大量的工作来确保 AppDomain 的正确隔离，但这是他们必须做的。跨 AppDomain 访问对象的功能正在被大量地使用，开发人员对这个功能的依赖性正在日益增加。不过，使用"按引用封送"的语义进行跨 AppDomain 边界的对象访问，会产生一些性能上的开销。所以，一般应尽量少用。

　　前面承诺过要进一步讨论实例字段。从 MarshalByRefObject 派生的类型可以定义实例字段。但这些实例字段不会成为代理类型的一部分，也不会包含在代理对象中。写代码对派生自 MarshalByRefObject 的类型的实例字段进行读写时，JIT 编译器会自动生成代码，分别调用 System.Object 的 FieldGetter 方法 (用于读) 或 FieldSetter 方法 (用于写) 来使用代理对象 (以找到真正的 AppDomain/对象)。这些方法是私有的，而且没有在文档中记录。简单地说，这些方法利用反射机制获取或设置字段值。因此，虽然能访问派生自 MarshalByRefObject 的一个类型中的字段，但性能很差，因为 CLR 最终要调用方法来执行字段访问。事实上，即使要访问的字段在你自己的 AppDomain 中，性能也好不到哪里去。[①]

访问实例字段时的性能问题

　　我用以下代码演示性能损失的程度：

```
private sealed class NonMBRO : Object              { public Int32 x; }
private sealed class MBRO    : MarshalByRefObject  { public Int32 x; }

private static void FieldAccessTiming(){
    const Int32 count = 100000000;
    NonMBRO nonMbro = new NonMBRO();
    MBRO mbro = new MBRO();

    Stopwatch sw = Stopwatch.StartNew();
    for (Int32 c = 0; c < count; c++) nonMbro.x++;
    Console.WriteLine("{0}", sw.Elapsed); // 00:00:00.4073560

    sw = Stopwatch.StartNew();
    for (Int32 c = 0; c < count; c++) mbro.x++;
    Console.WriteLine("{0}", sw.Elapsed); // 00:00:02.5388665
}
```

　　运行以上代码，我访问从 Object 派生的 NonMBRO 类的实例字段只花了约 0.4 秒，但访问从 MarshalByRefObject 派生的 MBRO 类的实例字段却花了 2.54 秒。也就是说，访问从 MarshalByRefObject 派生的一个类的实例字段要多花约 6 倍的时间！

___
① 如果 CLR 要求所有字段都必须私有 (为了获得好的数据封装，我强烈建议这样做)，那么 FieldGetter 和 FieldSetter 方法根本没有存在的必要，从方法中总是能够直接访问字段，避免 (因为还要经由中间的 getter 方法或 setter 方法) 造成性能损失。

从好不好用 (usability) 这个角度说，派生自 `MarshalByRefObject` 的类型真的应该避免定义任何静态成员。这是因为静态成员总是在调用 AppDomain 的上下文中访问。要切换到哪个 AppDomain 的信息包含在代理对象中，但调用静态成员时没有代理对象，所以不会发生 AppDomain 的切换。让类型的静态成员在一个 AppDomain 中执行，实例成员却在另一个 AppDomain 中执行，这样的编程模型未免太"丑"了！

由于第二个 AppDomain 中没有根，所以代理引用的原始对象可以被垃圾回收。这当然不理想。但另一方面，假如将原始对象不确定地 (indefinitely) 留在内存中，代理可能不再引用它，而原始对象依然存活；这同样不理想。CLR 解决这个问题的办法是使用一个"租约管理器" (lease manager)。一个对象的代理创建好之后，CLR 保持对象存活 5 分钟。5 分钟内没有通过代理发出调用，对象就会失效，下次垃圾回收会释放它的内存。每发出一次对对象的调用，"租约管理器"都会续订对象的租期，保证它在接下来的 2 分钟内在内存中保持存活。在对象过期后试图通过代理调用它，CLR 会抛出 `System.Runtime.Remoting.RemotingException` 异常。

默认的 5 分钟和 2 分钟租期设定是可以修改的，重写 `MarshalByRefObject` 的虚方法 `InitializeLifetimeService` 即可。详情参见文档的"生存期租约"主题。

演示 2：使用"按值封送"进行跨 AppDomain 通信

演示 2 与演示 1 很相似。和演示 1 一样，演示 2 也创建了新 AppDomain。然后调用 `CreateInstanceAndUnwrap` 方法将同一个程序集加载到新建 AppDomain 中，并在这个新 AppDomain 中创建 `MarshalByRefType` 类型的实例。CLR 为这个对象创建代理，`mbrt` 变量 (在默认 AppDomain 中) 被初始化成引用这个代理。接着用代理调用 `MethodWithReturn` 方法。这个方法是无参的，将在新 AppDomain 中执行以创建 `MarshalByValType` 类型的实例，并将一个对象引用返回给默认 AppDomain。

`MarshalByValType` 不从 `System.MarshalByRefObject` 派生，所以 CLR 不能定义一个代理类型并创建代理类型的实例；对象不能按引用跨 AppDomain 边界进行封送。

但是，由于 `MarshalByValType` 标记了自定义特性 `[Serializable]`，所以 `MethodWithReturn` 方法能按值封送对象。下面具体描述了将一个对象按值从一个 AppDomain(源 AppDomain) 封送到另一个 AppDomain(目标 AppDomain) 的含义。欲知 CLR 序列化和反序列化的详情，请参见第 24 章"运行时序列化"。

源 AppDomain 想向目标 AppDomain 发送或返回一个对象引用时，CLR 将对象的实例字段序列化成一个字节数组。字节数组从源 AppDomain 复制到目标

AppDomain。然后，CLR 在目标 AppDomain 中反序列化字节数组，这会强制 CLR 将定义了"被反序列化的类型"的程序集加载到目标 AppDomain 中 (如果尚未加载 的话)。接着，CLR 创建类型的实例，并利用字节数组中的值初始化对象的字段， 使之与源对象中的值相同。换言之，CLR 在目标 AppDomain 中精确复制了源对 象。然后，`MethodWithReturn` 方法返回对这个副本的引用；这样一来，对象就跨 AppDomain 的边界按值封送了。

重要 提示

> 加载程序集时，CLR 使用目标 AppDomain 的策略和配置设置 (而 AppDomain 可能设置了不同的 AppBase 目录或者不同的版本绑定重定向)。 策略上的差异可能妨碍 CLR 定位程序集。程序集无法加载时会抛出异常，目 标 AppDomain 接收不到对象引用。

　　至此，源 AppDomain 中的对象和目标 AppDomain 中的对象就有了独立的生存 期，它们的状态也可以独立地更改。如果源 AppDomain 中没有根保持源对象存活 (就 像我的 Ch22-1-AppDomains 应用程序所做的那样)，源对象的内存就会在下次垃圾 回收时被回收。

　　为了证明 `MethodWithReturn` 方法返回的不是对代理对象的引用，Ch22-1- AppDomains 应用程序调用了 `System.Runtime.Remoting.RemotingService` 的 公共静态 `IsTransparentProxy` 方法，将 `MethodWithReturn` 方法返回的引用作 为参数传给它。如输出所示，`IsTransparentProxy` 方法返回 **false**，表明对象是 一个真实的对象，不是代理。

　　现在，程序使用真实的对象调用 `ToString` 方法。由于 `mbvt` 变量引用真实的 对象，所以会调用这个方法的真实实现，线程不会在 AppDomain 之间切换。为了 证明这一点，可查看调试器的"调用堆栈"窗口，它没有显示一个"[外部代码]"行。

　　为进一步证实没有涉及代理，Ch22-1-AppDomains 应用程序卸载了 AppDomain，然后尝试再次调用 `ToString`。和演示 1 不一样，这次调用会成功， 因为卸载新 AppDomain 对默认 AppDomain "拥有"的对象 (其中包括按值封送的 对象) 没有影响。

演示 3：使用不可封送的类型跨 AppDomain 通信

　　演示 3 的开始部分与演示 1 和 2 相似，都是新建 AppDomain，调用 `CreateInstanceAndUnwrap` 方法将相同的程序集加载到新 AppDomain 中，在新 AppDomain 中创建一个 `MarshalByRefType` 对象，并让 `mbrt` 引用该对象的代理。

　　然后，我用代理调用接受一个实参的 `MethodArgAndReturn` 方法。同样地，CLR 必须保持 AppDomain 的隔离，所以不能直接将对实参的引用传给新 AppDomain。如果对象的类型派生自 **MarshalByRefObject**，CLR 会为它创建代理并按引用封送。如果对象的类型用 **[Serializable]** 进行了标记，CLR 会将对象 (及其子) 序列化成一个字节数组，将字节数组封送到新 AppDomain 中，再将字节数组反序列化成对象图，将对象图的根传给 **MethodArgAndReturn** 方法。

在这个特定的例子中，我跨越 AppDomain 边界传递一个 **System.String** 对象。**System.String** 类型不是从 **MarshalByRefObject** 派生的，所以 CLR 不能创建代理。幸好，**System.String** 被标记为 **[Serializable]**，所以 CLR 能按值封送它，使代码能正常工作。注意，对于 **String** 对象，CLR 会采取特殊的优化措施。跨越 AppDomain 边界封送一个 **String** 对象时，CLR 只是跨越边界传递对 **String** 对象的引用；不会真的生成 **String** 对象的副本。之所以能提供这个优化，是因为 **String** 对象是不可变的；所以，一个 AppDomain 中的代码不可能破坏 **String** 对象的字段。[①]**String** "不可变" 的详情请参见第 14 章 "字符、字符串和文本处理"。

在 **MethodArgAndReturn** 内部，我显示传给它的字符串，证明字符串跨越了 AppDomain 边界。然后，我创建 **NonMarshalableType** 类型的实例，并将对这个对象的引用返回至默认 AppDomain。由于 **NonMarshalableType** 不是从 **System. MarshalByRefObject** 派生的，也没有用 **[Serializable]** 定制特性进行标记，所以不允许 **MethodArgAndReturn** 按引用或按值封送对象——对象完全不能跨越 AppDomain 边界进行封送！为了报告这个问题，**MethodArgAndReturn** 在默认 AppDomain 中抛出一个 **SerializationException** 异常。由于我的程序未捕捉这个异常，所以程序终止。

22.3 卸载 AppDomain

AppDomain 很强大的一个地方在于它是可以卸载的。卸载 AppDomain 会导致 CLR 卸载 AppDomain 中的所有程序集，还会释放 AppDomain 的 Loader 堆。卸载 AppDomain 的办法是调用 AppDomain 的静态 **Unload** 方法 (参见 Ch22-1-AppDomains 应用程序)。这导致 CLR 执行一系列操作来得体地卸载指定的 AppDomain。

1. CLR 挂起进程中执行过托管代码的所有线程。

[①] 顺便说一句，这正是之所以为 System.String 类是密封类的原因。类不密封，就能定义从 String 派生的类，并添加自己的字段。如果这样做了，CLR 就没有办法确保你的 "字符串" 类是不可变的。

2. CLR 检查所有线程栈，查看哪些线程正在执行要卸载的 AppDomain 中的代码，或者哪些线程会在某个时候返回至要卸载的 AppDomain。任何栈上有要卸载的 AppDomain，CLR 都会强迫对应的线程抛出一个 `ThreadAbortException`(同时恢复线程的执行)。这将导致线程展开 (unwind)，并执行遇到的所有 **finally** 块以清理资源。如果没有代码捕捉 `ThreadAbortException`，它最终会成为未处理的异常，CLR 会 "吞噬" 这个异常；线程会终止，但进程可以继续运行。这是很特别的一点，因为对于其他所有未经处理的异常，CLR 都会终止进程。

> **重要提示** ⚠️
>
> 如果线程当前正在 **finally** 块、**catch** 块、类构造器、临界执行区域[①]或非托管代码中执行，那么 CLR 不会立即终止该线程。否则，资源清理代码、错误恢复代码、类型初始化代码、关键 (critical) 代码或者其他任何 CLR 不了解的代码都将无法完成，导致应用程序的行为无法预测，甚至可能造成安全漏洞。线程终止时会等待这些代码块执行完毕。然后，当代码块结束时，CLR 再强制线程抛出一个 `ThreadAbortException` 异常。

3. 当第 2 步发现的所有线程都离开 AppDomain 后，CLR 遍历堆，为引用了 "由已卸载的 AppDomain 创建的对象" 的每个代理对象都设置一个标志 (flag)。这些代理对象现在知道它们引用的真实对象已经不在了。现在，任何代码在无效的代理对象上调用方法都会抛出一个 `AppDomainUnloadedException` 异常。

4. CLR 强制垃圾回收，回收由已卸载的 AppDomain 创建的任何对象的内存。这些对象的 `Finalize` 方法被调用，使对象有机会正确清理它们占用的资源。

5. CLR 恢复剩余所有线程的执行。调用 `AppDomain.Unload` 方法的线程将继续运行；对 `AppDomain.Unload` 的调用是同步进行的。[②]

在 Ch22-1-AppDomains 应用程序中，所有工作都用一个线程来做。因此，任何时候只要调用 `AppDomain.Unload`，都不可能有另一个线程在要卸载的 AppDomain 中。因此，CLR 不必抛出任何 `ThreadAbortException` 异常。本章后面将进一步讨论 `ThreadAbortException`。

顺便说一句，当一个线程调用 `AppDomain.Unload` 方法时，针对要卸

---

① 译注：即 critical execution region，文档翻译为 "关键执行区域"，本书翻译为 "临界执行区域" 或 "临界区"。临界区是指线程终止或未处理异常的影响可能不限于当前任务的区域。相反，非临界区中的终止或失败只对出错的任务有影响。

② 译注：换言之，一旦调用 Unload，只有在它返回之后，线程才能恢复运行。

载的 AppDomain 中的线程，CLR 会给它们 10 秒钟的时间离开。10 秒钟后，如果调用 AppDomain.Unload 方法的线程还没有返回，CLR 将抛出一个 CannotUnloadAppDomainException 异常，AppDomain 将来可能会、也可能不会卸载。

注意   如果调用 AppDomain.Unload 方法的线程不巧在要卸载的 AppDomain 中，CLR 会创建另一个线程来尝试卸载 AppDomain。第一个线程被强制抛出 ThreadAbortException 并展开 (unwind)。新线程将等待 AppDomain 卸载，然后新线程会终止。如果 AppDomain 卸载失败，新线程将抛出 CannotUnloadAppDomainException 异常。但是，由于我们没有写由新线程执行的代码，所以无法捕捉这个异常。

22.4 监视 AppDomain

宿主应用程序可以监视 AppDomain 消耗的资源。有的宿主根据这种信息判断一个 AppDomain 的内存或 CPU 消耗是否超过了应有的水准，并强制卸载一个 AppDomain。还可利用监视来比较不同算法的资源消耗情况，判断哪一种算法用的资源较少。由于 AppDomain 监视本身也会产生开销，所以宿主必须将 AppDomain 的静态 MonitoringEnabled 属性设为 true，从而显式地开启监视。监视一旦开启便不能关闭；将 MonitoringEnabled 属性设为 false 会抛出一个 ArgumentException 异常。

监视开启后，代码可查询 AppDomain 类提供的以下 4 个只读属性。

* MonitoringSurvivedProcessMemorySize：这个 Int64 静态属性返回由当前 CLR 实例控制的所有 AppDomain 使用的字节数。这个数字只保证在上一次垃圾回收时是准确的。

* MonitoringTotalAllocatedMemorySize：这个 Int64 实例属性返回特定 AppDomain 已分配的字节数。这个数字只保证在上一次垃圾回收时是准确的。

* MonitoringSurvivedMemorySize：这个 Int64 实例属性返回特定 AppDomain 当前正在使用的字节数。这个数字只保证在上一次垃圾回收时是准确的。

* MonitoringTotalProcessorTime：这个 TimeSpan 实例属性返回特定 AppDomain 的 CPU 占用率。

下面这个类演示了如何利用这些属性检查两个时间点之间一个 AppDomain 发生的变化：

```
private sealed class AppDomainMonitorDelta : IDisposable {
    private AppDomain m_appDomain;
    private TimeSpan m_thisADCpu;
    private Int64 m_thisADMemoryInUse;
    private Int64 m_thisADMemoryAllocated;

    static AppDomainMonitorDelta() {
        // 确定已开启了 AppDomain 监视
        AppDomain.MonitoringIsEnabled = true;
    }

    public AppDomainMonitorDelta(AppDomain ad) {
        m_appDomain = ad ?? AppDomain.CurrentDomain;
        m_thisADCpu = m_appDomain.MonitoringTotalProcessorTime;
        m_thisADMemoryInUse = m_appDomain.MonitoringSurvivedMemorySize;
        m_thisADMemoryAllocated = m_appDomain.MonitoringTotalAllocatedMemorySize;
    }

    public void Dispose() {
        GC.Collect();
        Console.WriteLine("FriendlyName={0}, CPU={1}ms", m_appDomain.FriendlyName,
            (m_appDomain.MonitoringTotalProcessorTime - m_thisADCpu).TotalMilliseconds);
        Console.WriteLine(" Allocated {0:N0} bytes of which {1:N0} survived GCs",
            m_appDomain.MonitoringTotalAllocatedMemorySize - m_thisADMemoryAllocated,
            m_appDomain.MonitoringSurvivedMemorySize - m_thisADMemoryInUse);
    }
}
```

以下代码演示了如何使用 AppDomainMonitorDelta 类：

```
private static void AppDomainResourceMonitoring() {
    using (new AppDomainMonitorDelta(null)) {
        // 分配在回收时能存活的约 10MB 数据
        var list = new List<Object>();
        for (Int32 x = 0; x < 1000; x++) list.Add(new Byte[10000]);

        // 分配在回收时存活不了的约 20MB 数据
        for (Int32 x = 0; x < 2000; x++) new Byte[10000].GetType();

        // 保持 CPU 工作约 5 秒
        Int64 stop = Environment.TickCount + 5000;
        while (Environment.TickCount < stop) ;
    }
}
```

在我的机器上运行以上代码，得到的输入如下：[①]

```
FriendlyName=Ch22-1-AppDomains.exe, CPU=5015.625ms
  Allocated 30,112,960 bytes of which 10,048,300 survived GCs
```

22.5 AppDomain FirstChance 异常通知

　　每个 AppDomain 都可关联一组回调方法；CLR 开始查找 AppDomain 中的 catch 块时，这些回调方法将得以调用。可用这些方法执行日志记录操作。另外，宿主可利用这个机制监视 AppDomain 中抛出的异常。回调方法不能处理异常，也不能以任何方式"吞噬"异常 (装作异常没有发生)；它们只是接收关于异常发生的通知。要登记回调方法，为 AppDomain 的实例事件 FirstChanceException 添加一个委托就可以了。

　　下面描述了 CLR 如何处理异常：异常首次抛出时，CLR 调用向抛出异常的 AppDomain 登记的所有 FirstChanceException 回调方法。然后，CLR 查找栈上在同一个 AppDomain 中的任何 catch 块。有一个 catch 块能处理异常，则异常处理完成，将继续正常执行。如果 AppDomain 中没有一个 catch 块能处理异常，则 CLR 沿着栈向上来到调用 AppDomain，再次抛出同一个异常对象 (序列化和反序列化之后)。这时感觉就像是抛出了一个全新的异常，CLR 调用向当前 AppDomain 登记的所有 FirstChanceException 回调方法。这个过程会一直持续，直到抵达线程栈顶部。届时如果异常还未被任何代码处理，CLR 只好终止整个进程。

22.6 宿主如何使用 AppDomain

　　前面已经讨论了宿主以及宿主加载 CLR 的方式。同时还讨论了宿主如何告诉 CLR 创建和卸载 AppDomain。为了使这些讨论更加具体，下面将描述一些常见的寄宿和 AppDomain 使用情形。我着重解释了不同应用程序类型如何寄宿 (容纳) CLR 以及如何管理 AppDomain。

22.6.1 可执行应用程序

　　控制台 UI 应用程序、NT Service 应用程序、Windows 窗体应用程序和 Windows Presentation Foundation(WPF) 应用程序都是自寄宿 (self-hosted，即自己容纳 CLR) 的应用程序，它们都有托管 EXE 文件。Windows 用托管 EXE 文件初始化

---

① 译注：在本书配套代码中，找到 C22-1-AppDomains.cs，在 Main() 方法中注释掉其他所有方法调用，只执行对 AppDomainResourceMonitoring() 的调用。

进程时，会加载垫片 ①。垫片检查应用程序的程序集 (EXE 文件) 中的 CLR 头信息。头信息指明了生成和测试应用程序时所用的 CLR 版本。垫片根据这些信息决定将哪个版本的 CLR 加载到进程中，CLR 加载并初始化好之后，会再次检查程序集的 CLR 头，判断哪个方法是应用程序的入口点 (`Main`)。CLR 调用该方法，此时应用程序才真正启动并运行起来。

代码运行时会访问其他类型。引用另一个程序集中的类型时，CLR 会定位所需的程序集，并将其加载到同一个 AppDomain 中。应用程序的 `Main` 方法返回后，Windows 进程终止 (销毁默认 AppDomain 和其他所有 AppDomain)。

注意
> 顺便说一句，要关闭 Windows 进程 (包括它的所有 AppDomain)，可以调用 `System.Environment` 的静态方法 `Exit`。`Exit` 是终止进程最得体的方式，因为它首先调用托管堆上的所有对象的 `Finalize` 方法，再释放 CLR 容纳的所有非托管 COM 对象。最后，`Exit` 调用 Win32 `ExitProcess` 函数。

应用程序可以指示 CLR 在进程的地址空间中创建额外的 AppDomain。事实上，我的 Ch22-1-AppDomains 应用程序正是这么做的。

22.6.2　Silverlight 富 Internet 应用程序

Silverlight"运行时"使用了有别于 .NET Framework 普通桌面版本的特殊 CLR。② 安装好 Silverlight"运行时"之后，每次访问使用了 Silverlight 技术的网站，都会造成 Silverlight CLR(CoreClr.dll) 加载到浏览器 (这可能是、也可能不是 Windows Internet Explorer——甚至不一定是 Windows 机器) 中。网页上的每个 Silverlight 控件都在它自己的 AppDomain 中运行。用户关闭标签页或切换至另一个网站，不再使用的任何 Silverlight 控件的 AppDomain 都会被卸载。AppDomain 中的 Silverlight 代码在限制了安全权限的沙盒中运行，不会对用户或机器造成任何损害。

22.6.3　ASP.NET 和 XML Web 服务应用程序

ASP.NET 作为一个 ISAPI DLL(ASPNet_ISAPI.dll) 实现。客户端首次请求由这个 DLL 处理的 URL 时，ASP.NET 会加载 CLR。客户端请求一个 Web 应用程序时，ASP.NET 判断这是不是第一次请求。如果是，ASP.NET 要求 CLR 为该 Web 应用程序创建新 AppDomain；每个 Web 应用程序都根据虚拟根目录来标识。然后，ASP.

---

① 译注：垫片的问题请参见 22.1 节"托管堆基础"。
② 译注：Silverlight 已于 2021 年 10 月 12 日停止支持。

NET 要求 CLR 将包含应用程序所公开类型的程序集加载到新 AppDomain 中，创建该型的实例，并调用其中的方法响应客户端的 Web 请求。如果代码引用了更多的类型，CLR 将所需的程序集加载到 Web 应用程序的 AppDomain 中。

以后，如果客户端请求已开始运行的 Web 应用程序，ASP.NET 就不再新建 AppDomain 了，而是使用现有的 AppDomain，创建 Web 应用程序的类型的新实例并开始调用方法。这些方法已 JIT 编译成本机代码，所以后续客户端请求的性能会比较出众。

如果客户端请求不同的 Web 应用程序，ASP.NET 会告诉 CLR 创建新 AppDomain。新 AppDomain 通常在和其他 AppDomain 一样的工作进程中创建。这意味着将有大量 Web 应用程序在同一个 Windows 进程中运行，这提升了系统的总体效率。同样地，每个 Web 应用程序需要的程序集都会加载到一个单独的 AppDomain 中，以隔离不同 Web 应用程序的代码和对象。

ASP.NET 的一个亮点是允许在不关闭 Web 服务器的前提下动态更改网站代码。网站的文件在硬盘上发生改动时，ASP.NET 会检测到这个情况，并卸载包含旧版本文件的 AppDomain(在当前运行的最后一个请求完成之后)，并创建一个新 AppDomain，向其中加载新版本的文件。为了确保这个过程的顺利进行，ASP.NET 使用了 AppDomain 的一个名为 "影像复制①" (shadow copying) 的功能。

22.6.4 SQL Server

微软的 SQL Server 是非托管应用程序，它的大部分代码仍是用非托管 C++ 写的。SQL Server 允许开发人员使用托管代码创建存储过程。首次请求数据库运行一个用托管代码写的存储过程时，SQL Server 会加载 CLR。存储过程在它们自己的安全 AppDomain 中运行，这避免了存储过程对数据库服务器产生负面影响。

这其实是一项非同寻常的功能！它意味着开发人员可以选择自己喜欢的编程语言来编写存储过程。存储过程可以在自己的代码中使用强类型的数据对象。代码还会被 JIT 编译成本机代码执行，而不是采用解释执行的方式。开发人员可利用 FCL 或任何其他程序集中定义的任何类型。结果是我们的工作变得越来越轻松，但应用程序的表现变得越来越好。作为开发人员，我表示很知足！

22.6.5 更多的用法只局限于想象力

生产型应用程序 (比如字处理和电子表格软件) 也允许用户使用任何编程语言来编写宏。宏可以访问与 CLR 一起运行的所有程序集和类型。宏会被编译，所以

---

① 译注：AppDomainSetup.ShadowCopyDirectories 属性的文档如此。但是，其他文档更多使用 "卷影复制"。

执行得更快。最重要的是，宏在一个安全 AppDomain 中运行，不会骚扰到用户。
你自己的应用程序也可利用这个功能。具体怎么用，只局限于个人的想象力。

22.7　高级宿主控制

本节探讨与寄宿 CLR 有关的高级话题。目的是让你有一个初步的认识，帮你
更多地理解 CLR 的能力。如果有兴趣，鼓励你参考其他更有针对性的参考书。

22.7.1　使用托管代码管理 CLR

System.AppDomainManager 类允许宿主使用托管代码 (而不是非托管代码)
覆盖 CLR 的默认行为。当然，使用托管代码使宿主的实现变得更容易。你唯一要
做的就是定义自己的类，让它从 System.AppDomainManager 派生，重写想接手控
制的任何虚方法。然后，在专用的程序集中生成类，并将程序集安装到 GAC 中。
这是由于该程序集需要被授予完全信任权限，而 GAC 中的所有程序集都总是被授
予完全信任权限。

然 后 要 告 诉 CLR 使 用 你 的 AppDomainManager 派 生 类。 在 代 码
中， 最 佳 的 办 法 就 是 创 建 一 个 AppDomainSetup 对 象， 初 始 化 它 的
AppDomainManagerAssembly 和 AppDomainManagerType 属性 (均 为 String 类
型)。将前者设为定义了你的 AppDomainManager 派生类的那个程序集的强名称字
符串，后者设为你的 AppDomainManager 派生类的全名。还可以在应用程序 XML
配置文件中，用 appDomainManagerAssembly 和 appDomainManagerType 元素
来设置 AppDomainManager。此外，本机宿主可查询 ICLRControl 接口，调用该
接口的 SetAppDomainManagerType 函数，向它传递 GAC 安装的程序集的标识和
AppDomainManager 派生类的名称。[①]

现 在 来 看 AppDomainManager 派 生 类 能 做 什 么。AppDomainManager 派
生类的作用是使宿主保持控制权，即使是在加载项 (add-in) 试图创建自己的
AppDomain 时。进程中的代码试图创建新 AppDomain 时，那个 AppDomain 中
的 AppDomainManager 派生对象可修改安全性和配置设置。它还可决定阻止一次
AppDomain 创建，或返回对现有 AppDomain 的引用。新 AppDomain 创建好之后，
CLR 会在其中创建新的 AppDomainManager 派生对象。这个对象也能修改配置设置、
决定执行上下文如何在线程之间切换，并决定向程序集授予的权限。

---

① 还可使用环境变量和注册表设置来配置一个 AppDomainManager。但是，这些机制比正
文描述的方法麻烦得多。除非是在一些测试性的场合中，否则应避免使用。

22.7.2 写健壮的宿主应用程序

托管代码出现错误时，宿主可告诉 CLR 采取什么行动。下面是一些例子 (按严重性从低到高排序)：

- 如果线程执行时间过长，CLR 可终止线程并返回一个响应——下一节会更多地讨论这个问题；
- CLR 可卸载 AppDomain。这会终止该 AppDomain 中的所有线程，导致有问题的代码卸载；
- CLR 可被禁用，虽然这会阻止更多的托管代码在程序中运行，但仍然允许非托管代码运行；
- CLR 可退出 Windows 进程。首先会终止所有线程，并卸载所有 AppDomain，使资源清理操作得以执行，然后才会终止进程。

CLR 可以得体地 (gracefully) 或者粗鲁地 (rudely) 终止线程或 AppDomain。得体意味着会执行 (资源) 清理代码。换言之，**finally** 块中的代码会运行，对象的 **Finalize** 方法也将被执行。而粗鲁意味着清理代码不会执行。换言之，**finally** 块中的代码可能不会运行，对象的 **Finalize** 方法也可能不会执行。如果得体地终止，当前正在一个 **catch** 块或 **finally** 块中的线程无法终止。但如果粗鲁地终止，就能终止 **catch** 块或 **finally** 块中的线程。遗憾的是，非托管代码或者约束执行区 (Constrained Execution Region，CER) 中的线程完全无法终止。

宿主可以设置所谓的升级 / 提升策略 (escalation policy)，从而告诉 CLR 应该如何处理托管代码的错误。例如，SQL Server 就告诉 CLR 在执行托管代码时，假如遇到未处理的异常应该如何处理。线程遇到未经处理的异常时，CLR 首先尝试将该异常升级成一次得体的线程终止。如果线程在指定时间内没有终止，CLR 就尝试将得体的终止升级成粗鲁的终止。

刚才描述的是最常见的情况。但是，如果线程在一个临界区 (critical region) 遇到了未处理的异常，策略就有所不同。位于临界区的线程是指进入线程同步锁的线程，该锁必须由同一个线程释放 (例如最初调用 **Monitor.Enter** 方法，调用 **Mutex** 的 **WaitOne** 方法，或者调用 **ReaderWriterLock** 的 **AcquireReaderLock** 或 **AcquireWriteLock** 方法的那个线程[①])。成功等待一个 **AutoResetEvent**，**ManualResetEvent** 或者 **Semaphore** 不会造成线程进入临界区，因为另一个线程可通知这些同步对象。线程在临界区时，CLR 认为线程访问的数据是由同一个 AppDomain 中的多个线程共享的。毕竟，这才是导致线程跑去获取一个锁的原因。

---

① 所有这些锁都在内部调用 **Thread** 的 **BeginCriticalRegion** 方法和 **EndCriticalRegion** 方法，指出它们要进入和离开临界区。如有必要，你的代码也可调用这些方法。但一般只有在与非托管代码进行互操作时才需要。

直接终止正在访问共享数据的线程是不合适的，因为其他线程随后得到的就可能是已损坏的数据，造成 AppDomain 的运行变得无法预测，甚至可能留下安全隐患

　　所以，位于临界区的线程遭遇未处理的异常时，CLR 首先尝试将异常升级成一次得体的 AppDomain 卸载，从而摆脱 (清理) 当前正在这个 AppDomain 中的所有线程以及当前正在使用的数据对象。如果 AppDomain 未能在指定时间内卸载，CLR 就将得体的 AppDomain 卸载升级成粗鲁的 AppDomain 卸载。

22.7.3　宿主如何拿回它的线程

　　宿主应用程序一般都想保持对自己的线程的控制。以一个数据库服务器为例。当一个请求抵达数据库服务器时，线程 A 获得请求，并将该请求派发 (dispatch) 给线程 B 以执行实际工作。线程 B 可能要执行并不是由数据库服务器的开发团队创建和测试的代码。例如，假定一个请求到达数据库服务器，要执行由运行服务器的公司用托管代码写的存储过程。数据库服务器要求存储过程在自己的 AppDomain 中运行，这个设计自然是极好的，因为能保障安全，防止存储过程访问其 AppDomain 外部的对象，还能防止代码访问不允许访问的资源 (比如磁盘文件或剪贴板)。

　　但是，如果存储过程的代码进入死循环怎么办？在这种情况下，数据库服务器把它的一个线程派发给存储过程代码，但这个线程一去不复返。这便将数据库服务器置于一个危险的境地；服务器未来的行为变得不可预测了。例如，由于线程进入死循环，所以服务器的性能可能变得很糟。服务器是不是应该创建更多的线程？这样会消耗更多的资源 (比如栈空间)，而且这些线程本身也可能进入死循环。

　　为了解决这些问题，宿主可以利用线程中止功能。图 22-3 展示了旨在解决落跑 (runway) 线程问题的宿主应用程序的典型架构。其具体工作方式如下所示 (编号和图的圆圈中的编号对应)。

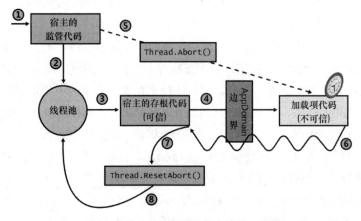

图 22-3　宿主应用程序如何拿回它的线程

1. 客户端向服务器发送请求。

2. 服务器线程获得请求，把它派发给一个线程池线程来执行实际工作。

3. 线程池线程获得客户端的请求，执行由构建并测试宿主应用程序的那个公司写的可信代码 (trusted code)。

4. 可信代码进入一个 **try** 块。从这个 **try** 块中，跨越一个 AppDomain 的边界进行调用 (通过派生自 **MarshalByRefObject** 的一个类型)。AppDomain 中包含的是不可信代码 (可能是存储过程)，这些代码不是由制作宿主应用程序的那个公司生成和测试的。在这个时候，服务器相当于把它的线程的控制权交给了一些不可信的代码。服务器感到有点儿"紧张"了。

5. 宿主会记录接收到客户端请求的时间。不可信代码在管理员设定的时间内没有对客户端做出响应，宿主就会调用 **Thread** 的 **Abort** 方法要求 CLR 中止线程池线程，强制它抛出一个 **ThreadAbortException** 异常。

6. 这时，线程池线程开始展开 (unwind)，调用 **finally** 块，使 (资源) 清理代码得以执行。最后，线程池线程穿越 AppDomain 边界返回。由于宿主的存根代码是从一个 **try** 块中调用不可信代码，所以宿主的存根代码有一个 **catch** 块捕捉 **ThreadAbortException**。

7. 为了响应捕捉到的 **ThreadAbortException** 异常，宿主调用 **Thread** 的 **ResetAbort** 方法。稍后将介绍该调用的目的。

8. 现在，宿主的代码已捕捉到 **ThreadAbortException** 异常。因此，宿主可向客户端返回某种形式的错误，允许线程池线程返回线程池，供未来的客户端请求使用。

澄清一下上述架构中容易被忽视的地方。首先，**Thread** 的 **Abort** 方法是异步的。调用 **Abort** 方法时，会在设置目标线程的 **AbortRequsted** 标志后立即返回。"运行时"检测到一个线程要中止时，会尝试让该线程到达一个安全地点 (safe place)。如果"运行时"认为能安全地停止线程正在做的事情，不会造成灾难性后果，就说线程在安全地点。如果线程正在执行一个托管的阻塞操作 (比如睡眠或等待)，它就在一个安全地点。相反，如果线程正在执行类型的类构造器、**catch** 块或 **finally** 块中的代码、CER 中的代码或者非托管代码，线程就不在安全地点。

线程到达安全地点后，"运行时"检测到线程已设置了 **AbortRequsted** 标志。这导致线程抛出一个 **ThreadAbortException**，如果该异常未被捕捉，异常就会成为未处理的异常，所有挂起的 **finally** 块将执行，线程得体地中止。和其他所有异常不同，未处理的 **ThreadAbortException** 不会导致应用程序终止。"运行时"会悄悄地"吞噬"这个异常 (假装它没有发生)，线程将"死亡"。但应用程序及其剩余的所有线程都将继续运行。

在本例中，宿主捕捉 ThreadAbortException，允许宿主重新获取该线程的控制权，并把它归还到线程池中。但还有一个问题：宿主用什么办法阻止不可信代码自己捕捉 ThreadAbortException，从而保持宿主对线程的控制呢？答案是 CLR 以一种非常特殊的方式对待 ThreadAbortException。即使代码捕捉了 ThreadAbortException，CLR 也不允许代码悄悄地"吞噬"该异常。换言之，在 catch 块的尾部，CLR 会自动重新抛出 ThreadAbortException 异常。

CLR 的这个功能又引起另一个问题：如果 CLR 在 catch 块的尾部重新抛出了 ThreadAbortException 异常，那么宿主如何捕捉它并重新获取线程的控制权呢？宿主的 catch 块中有一个对 Thread 的 ResetAbort 方法的调用。调用该方法会告诉 CLR 在 catch 块的尾部不要重新抛出 ThreadAbortException 异常。

这又引起了另一个问题：宿主怎么阻止不可信代码自己捕捉 ThreadAbortException 并调用 Thread 的 ResetAbort 方法，从而保持宿主对线程的控制呢？答案是 Thread 的 ResetAbort 方法要求调用者被授予了 SecurityPermission 权限，而且其 ControlThread 标志已被设为 true。宿主为不可信代码创建 AppDomain 时，不会向其授予这个权限，所以不可信代码不能保持对宿主的线程的控制权。

需要指出的是，这里仍然存在一个潜在的漏洞：当线程从它的 ThreadAbortException 展开时，不可信代码可执行 catch 块和 finally 块。在这些块中，不可信代码可能进入死循环，阻止宿主重新获取线程的控制权。宿主应用程序通过设置一个升级策略（前面已进行了讨论）来修正这个问题。要终止的线程在合理的时间内没有完成，CLR 可将线程的终止方式升级成"粗鲁"的线程终止、"粗鲁"的 AppDomain 卸载、禁用 CLR 或者干脆杀死整个进程。还要注意，不可信代码可捕捉 ThreadAbortException，并在 catch 块中抛出其他种类的一个异常。如果这个其他的异常被捕捉到，CLR 会在 catch 块的尾部自动重新抛出 ThreadAbortException 异常。

需要指出的是，大多数不可信的代码实际并非故意写成恶意代码；只是按照宿主的标准，它们的执行时间太长了一点。通常，catch 块和 finally 块只包含极少量代码，这些代码可以很快地执行，不会造成死循环，也不会执行耗时很长的任务。所以，宿主为了重新获取线程的控制权，一般情况都不会动用升级策略——开始各种各样的"粗鲁"行为。

顺便说一句，Thread 类实际提供了两个 Abort 方法：一个无参；另一个获取一个 Object 参数，允许传递任何东西进来。代码捕捉到 ThreadAbortException

时，可查询它的只读 ExceptionState 属性。该属性返回的就是传给 Abort 的对象。这就允许调用 Abort 的线程指定一些额外的信息，供捕捉 ThreadAbortException 异常的代码检查。宿主可利用这个功能让自己的处理代码知道它为什么要中止线程。

第 23 章

程序集加载和反射

本章内容：

- 程序集加载
- 使用反射构建动态可扩展应用程序
- 反射的性能
- 设计支持加载项的应用程序
- 使用反射发现类型的成员

　　本章讨论了在编译时对一个类型一无所知的情况下，如何在运行时发现类型的信息、创建类型的实例以及访问类型的成员。可以利用本章讲述的内容创建动态可扩展应用程序。在这种情况下，一般是由一家公司创建宿主应用程序，其他公司创建加载项 (add-in) 来扩展宿主应用程序。宿主不能基于一些具体的加载项来构建和测试，因为加载项由不同公司创建，而且极有可能是在宿主应用程序发布之后才创建的。这是宿主为什么要在运行时发现加载项的原因。

　　动态可扩展应用程序可以利用第 22 章讲述的 CLR 寄宿和 AppDomain。宿主可以在一个 AppDomain 中运行加载项代码，这个 AppDomain 有它自己的安全性和配置设置。宿主还可通过卸载 AppDomain 来卸载加载项。在本章末尾，将花费一点时间来讨论如何将所有这些功能组合到一起——包括 CLR 寄宿、AppDomain、程序集加载、类型发现、类型实例构造和反射——从而构建健壮、安全而且可以动态扩展的应用程序。

重要
提示

从 .NET Framework 4.5 开始引入了新的反射 API。旧的 API 缺点太多。例如，它对 LINQ 的支持不好，内建的策略对某些语言来说不正确，有时会不必要地强制加载程序集，而且为很少遇到的问题提供了过于复杂的 API。新的 API 解决了所有这些问题。但是，至少就 .NET 4.5 来说，新的反射 API 在完整程度上还比不上旧 API。利用新 API 和 System.Reflection. RuntimeReflectionExtensions 类中的扩展方法，现在所有事情都可以做到。希望 .NET Framework 未来的版本能为新 API 添加更多的方法。当然，对于桌面应用程序，旧 API 是仍然存在的，所以重新编译现有的代码不会出任何问题。但新 API 是未来的发展方向，这正是本章要全面讨论新 API 的原因。Windows Store 应用由于不用考虑向后兼容，所以必须使用新 API。

23.1 程序集加载

我们知道，JIT 编译器将方法的 IL 代码编译成本机代码时，会查看 IL 代码中引用了哪些类型。在运行时，JIT 编译器利用程序集的 TypeRef 和 AssemblyRef 元数据表来确定哪一个程序集定义了所引用的类型。在 AssemblyRef 元数据表的记录项中，包含了构成程序集强名称的各个部分。JIT 编译器获取所有这些部分——包括名称 (无扩展名和路径)、版本、语言文化和公钥标记 (public key token)——并把它们连接成一个字符串。然后，JIT 编译器尝试将与该标识匹配的程序集加载到 AppDomain 中 (如果还没有加载的话)。如果被加载的程序集是弱命名的，那么标识中就只包含程序集的名称 (不包含版本、语言文化及公钥标记信息)。[①]

在内部，CLR 使用 System.Reflection.Assembly 类的静态 Load 方法尝试加载这个程序集。该方法在 .NET Framework SDK 文档中是公开的，可调用它显式地将程序集加载到 AppDomain 中。该方法是 CLR 的与 Win32 函数 LoadLibrary 等价的方法。Assembly 的 Load 方法实际有几个重载版本。以下是最常用的重载的原型：

```
public class Assembly {
    public static Assembly Load(AssemblyName assemblyRef);
    public static Assembly Load(String assemblyString);
    // 未列出不常用的 Load 重载
}
```

在内部，Load 导致 CLR 向程序集应用一个版本绑定重定向策略，并在 GAC(全局程序集缓存) 中查找程序集。如果没找到，就接着去应用程序的基目

---

① 译注：强命名程序集和弱命名程序集的区别请参见 3.1 节 "共享程序集和强命多程序集"。

录、私有路径子目录和 codebase[①] 位置查找。如果调用 Load 时传递的是弱命名程序集，Load 就不会向程序集应用版本绑定重定向策略，CLR 也不会去 GAC 查找程序集。如果 Load 找到指定的程序集，会返回对代表已加载的那个程序集的一个 Assembly 对象的引用。如果 Load 没有找到指定程序集，会抛出一个 System.IO.FileNotFoundException 异常。

> **注意**
>
> 一些极罕见的情况可能需要加载为特定 CPU 架构生成的程序集。这时在指定程序集的标识时，还可包括一个进程架构部分。例如，假定 GAC 中同时包含了一个程序集的 IL 中立版本和 x86 专用版本，CLR 会默认选择 x86 专用版本（参见第 3 章 "共享程序集和强命名程序集"）。但是，为了强迫 CLR 加载 IL 中立的版本，可以向 Assembly 的 Load 方法传递以下字符串：
>
> ```
> "SomeAssembly, Version=2.0.0.0, Culture=neutral,
> PublicKeyToken=01234567890abcde, ProcessorArchitecture=MSIL"
> ```
>
> CLR 目前允许 ProcessorArchitecture 取 5 个值之一：MSIL(Microsoft IL)、X86、IA64，AMD64 以及 Arm。

> **重要提示**
>
> 一些开发人员可能注意到 System.AppDomain 提供了 Load 方法。和 Assembly 的静态 Load 方法不同，AppDomain 的 Load 是实例方法，它允许将程序集加载到指定的 AppDomain 中。该方法设计由非托管代码调用，允许宿主将程序集 "注入"(inject) 特定 AppDomain 中。托管代码的开发人员一般情况下不应调用它，因为调用 AppDomain 的 Load 方法时需要传递一个标识了程序集的字符串。该方法随后会应用策略，并在一些常规位置搜索程序集。我们知道，AppDomain 关联了一些告诉 CLR 如何查找程序集的设置。为了加载这个程序集，CLR 将使用与指定 AppDomain 关联的设置，而非与发出调用的那个 AppDomain 关联的设置。
>
> 但是，AppDomain 的 Load 方法会返回对一个程序集的引用。由于 System.Assembly 类不是从 System.MarshalByRefObject 派生的，所以程序集对象必须按值封送回发出调用的那个 AppDomain。但是，现在 CLR 就会用发出调用的那个 AppDomain 的设置来定位并加载程序集。如果使用发出调用的那个 AppDomain 的策略和搜索位置找不到指定的程序集，就会抛出一个 FileNotFoundException。这个行为一般不是你所期望的，所以应该避免使用 AppDomain 的 Load 方法。

---

① 译注：要了解 codeBase 元素指定的位置，请参见 3.9 节 "高级管理控制（配制）"。

在大多数动态可扩展应用程序中，`Assembly` 的 `Load` 方法是将程序集加载到 AppDomain 的首选方式。但它要求事先掌握构成程序集标识的各个部分。开发人员经常需要写一些工具或实用程序 (例如 ILDasm.exe、PEVerify.exe、CorFlags.exe、GACUtil.exe、SGen.exe、SN.exe 和 XSD.exe 等) 来操作程序集，它们都要获取引用了程序集文件路径名 (包括文件扩展名) 的命令行实参。

调用 `Assembly` 的 `LoadFrom` 方法加载指定了路径名的程序集：

```
public class Assembly {
    public static Assembly LoadFrom(String path);
    // 未列出不常用的 LoadFrom 重载
}
```

在内部，`LoadFrom` 首先调用 `System.Reflection.AssemblyName` 类的静态 `GetAssemblyName` 方法。该方法打开指定的文件，找到 `AssemblyRef` 元数据表的记录项，提取程序集标识信息，然后以一个 `System.Reflection.AssemblyName` 对象的形式返回这些信息 (文件同时会关闭)。随后，`LoadFrom` 方法在内部调用 `Assembly` 的 `Load` 方法，将 `AssemblyName` 对象传给它。然后，CLR 应用版本绑定重定向策略，并在各个位置查找匹配的程序集。`Load` 找到匹配程序集会加载它，并返回代表已加载程序集的 `Assembly` 对象；`LoadFrom` 方法将返回这个值。如果 `Load` 没有找到匹配的程序集，`LoadFrom` 会加载通过 `LoadFrom` 的实参传递的路径中的程序集。当然，如果已加载了具有相同标识的程序集，`LoadFrom` 方法就会直接返回代表已加载程序集的 `Assembly` 对象。

顺便说一句，`LoadFrom` 方法允许传递一个 URL 作为实参，下面是一个例子：

```
Assembly a = Assembly.LoadFrom(@"http://Wintellect.com/SomeAssembly.dll");
```

如果传递的是一个 Internet 位置，CLR 会下载文件，把它安装到用户的下载缓存中，再从那儿加载文件。注意，当前必须联网，否则会抛出异常。但如果文件之前已下载过，而且网页浏览器被设为脱机 (离线) 模式，就会使用以前下载的文件，不会抛出异常。还可以调用 `UnsafeLoadFrom`，它能够加载从网上下载的程序集，同时绕过一些安全检查。

> **重要提示** ⚠
>
> 一台机器可能同时存在具有相同标识的多个程序集。由于 `LoadFrom` 会在内部调用 `Load`，所以 CLR 有可能并没有加载你指定的文件，而是加载一个不同的文件，从而造成非预期的行为。强烈建议每次生成程序集时都更改版本号，确保每个版本都有自己的唯一性标识，确保 `LoadFrom` 方法的行为符合预期。

Visual Studio 的 UI 设计人员和其他工具一般用的是 Assembly 的 LoadFile 方法。这个方法可以从任意路径加载程序集，而且可以将具有相同标识的程序集多次加载到一个 AppDomain 中。在设计器 / 工具中对应用程序的 UI 进行了修改，而且用户重新生成了程序集时，便有可能发生这种情况。通过 LoadFile 加载程序集时，CLR 不会自动解析任何依赖性问题；你的代码必须向 AppDomain 的 AssemblyResolve 事件登记，并让事件回调方法显式地加载任何依赖的程序集。

如果你构建的一个工具只想通过反射 (本章稍后进行讨论) 来分析程序集的元数据，并希望确保程序集中的任何代码都不会执行，那么加载程序集的最佳方式就是使用 Assembly 的 ReflectionOnlyLoadFrom 方法或者使用 Assembly 的 ReflectionOnlyLoad 方法 (后者用得比较少)。下面是这两个方法的原型：

```
public class Assembly {
    public static Assembly ReflectionOnlyLoadFrom(String assemblyFile);
    public static Assembly ReflectionOnlyLoad(String assemblyString);
    // 未列出不常用的 ReflectionOnlyLoad 重载
}
```

ReflectionOnlyLoadFrom 方法加载由路径指定的文件；文件的强名称标识不会获取，也不会在 GAC 和其他位置搜索文件。ReflectionOnlyLoad 方法会在 GAC、应用程序基目录、私有路径和 codebase 指定的位置搜索指定的程序集。但和 Load 方法不同的是，ReflectionOnlyLoad 方法不会应用版本控制策略，所以你指定的是哪个版本，获得的就是哪个版本。要自行向程序集标识应用版本控制策略，可将字符串传给 AppDomain 的 ApplyPolicy 方法。

用 ReflectionOnlyLoadFrom 或 ReflectionOnlyLoad 方法加载程序集时，CLR 禁止程序集中的任何代码执行；试图执行由这两个方法加载的程序集中的代码，会导致 CLR 抛出一个 InvalidOperationException 异常。这两个方法允许工具加载延迟签名的程序集 [①]，这种程序集正常情况下会因为安全权限不够而无法加载。另外，这种程序集也可能是为不同的 CPU 架构而创建的。

利用反射来分析由这两个方法之一加载的程序集时，代码经常需要向 AppDomain 的 ReflectionOnlyAssemblyResovle 事件登记一个回调方法，以便手动加载任何引用的程序集 (如有必要，还需要调用 AppDomain 的 ApplyPolicy 方法)；CLR 不会自动帮你做这个事情。回调方法被调用 (invoke) 时，它必须调用 (call) Assembly 的 ReflectionOnlyLoadFrom 或 ReflectionOnlyLoad 方法来显式加载引用的程序集，并返回对该程序集的引用。

---

① 译注：要进一步了解延迟签名的程序集，请参见 3.6 节 "延迟签名"。

注意

经常有人问我程序集卸载的问题。遗憾的是，CLR 不提供卸载单独程序集的能力。如果 CLR 允许这样做，那么一旦线程从某个方法返回至已卸载的一个程序集中的代码，应用程序就会崩溃。健壮性和安全性是 CLR 最优先考虑的目标，如果允许应用程序以这样的一种方式崩溃，就和它的设计初衷背道而驰了。卸载程序集必须卸载包含它的整个 AppDomain。这方面的详情已在第 22 章进行了讨论。

使用 ReflectionOnlyLoadFrom 或 ReflectionOnlyLoad 方法加载的程序集表面上是可以卸载的。毕竟，这些程序集中的代码是不允许执行的。但 CLR 一样不允许卸载用这两个方法加载的程序集。因为用这两个方法加载了程序集之后，仍然可以利用反射来创建对象，以便引用这些程序集中定义的元数据。如果卸载程序集，就必须通过某种方式使这些对象失效。无论是实现的复杂性，还是执行速度，跟踪这些对象的状态都是得不偿失的。

许多应用程序都由一个要依赖于众多 DLL 文件的 EXE 文件构成。部署应用程序时，所有文件都必须部署。但有一个技术允许只部署一个 EXE 文件。首先标识出 EXE 文件要依赖的、不是作为 .NET Framework 一部分发布的所有 DLL 文件。然后将这些 DLL 添加到 Visual Studio 项目中。对于添加的每个 DLL，都显示它的属性，将它的"生成操作"更改为"嵌入的资源"。这会导致 C# 编译器将 DLL 文件嵌入 EXE 文件中，以后就只需部署这个 EXE。

在运行时，CLR 会找不到依赖的 DLL 程序集。为了解决这个问题，当应用程序初始化时，向 AppDomain 的 ResolveAssembly 事件登记一个回调方法。代码大致如下：

```
private static Assembly ResolveEventHandler(Object sender, ResolveEventArgs args) {
   String dllName = new AssemblyName(args.Name).Name + ".dll";

   var assem = Assembly.GetExecutingAssembly();
   String resourceName = assem.GetManifestResourceNames().FirstOrDefault(rn =>
rn.EndsWith(dllName));
   if (resourceName == null) return null; // 没有找到，也许另一个处理程序能找到它
   using (var stream = assem.GetManifestResourceStream(resourceName)) {
      Byte[] assemblyData = new Byte[stream.Length];
      stream.Read(assemblyData, 0, assemblyData.Length);
      return Assembly.Load(assemblyData);
   }
}
```

现在，线程首次调用一个方法时，如果发现该方法引用了依赖 DLL 文件中的类型，就会引发一个 AssemblyResolve 事件，而上述回调代码会找到所需的嵌入

DLL 资源，并调用 Assembly 的 Load 方法获取一个 Byte[] 实参的重载版本来加载所需的资源。虽然我喜欢将依赖 DLL 嵌入程序集的技术，但要注意这会增大应用程序在运行时的内存消耗。

23.2　使用反射构建动态可扩展应用程序

众所周知，元数据是用一系列表来存储的。生成程序集或模块时，编译器会创建一个类型定义表、一个字段定义表、一个方法定义表以及其他表。利用 System.Reflection 命名空间中包含的类型，可以写代码来反射 (或者说 "解析") 这些元数据表。实际上，这个命名空间中的类型为程序集或模块中包含的元数据提供了一个对象模型。

利用对象模型中的类型，可以轻松枚举类型定义元数据表中的所有类型，而针对每个类型都可获取它的基类型、它实现的接口以及与类型关联的标志 (flag)。利用 System.Reflection 命名空间中的其他类型，还可解析对应的元数据表来查询类型的字段、方法、属性和事件。还可发现应用于任何元数据实体的定制特性 (详情参见第 18 章)。甚至有些类允许判断引用的程序集；还有一些方法能返回一个方法的 IL 字节流。利用所有这些信息，很容易构建出与微软的 ILDasm.exe 相似的工具。

> **注意**　有的反射类型及其成员是专门由 CLR 编译器的开发人员使用的。应用程序的开发人员一般用不着。FCL 文档没有明确指出哪些类型和成员供编译器开发人员 (而非应用程序开发人员) 使用，但只要意识到有些反射类型及其成员不适合所有人使用，读文档时就会更清醒一些。

事实上，只有极少数应用程序才需使用反射类型。如果类库需要理解类型的定义才能提供丰富的功能，就适合使用反射。例如，FCL 的序列化机制 (详情参见第 24 章) 就是利用反射来判断类型定义了哪些字段。然后，序列化格式器 (serialization formatter) 可获取这些字段的值，把它们写入字节流以便通过 Internet 传送、保存到文件或复制到剪贴板。类似地，在设计期间，Microsoft Visual Studio 设计器在 Web 窗体或 Windows 窗体上放置控件时，也利用反射来决定要向开发人员显示的属性。

在运行时，当应用程序需要从特定程序集中加载特定类型以执行特定任务时，也要使用反射。例如，应用程序可要求用户提供程序集和类型名。然后，应用程序可显式加载程序集，构造类型的实例，再调用类型中定义的方法。这种用法在概念上类似于调用 Win32 LoadLibrary 函数和 GetProcAddress 函数。以这种方式绑定到类型并调用方法称为晚期绑定。(对应地，早期绑定是指在编译时就确定应用程序要使用的类型和方法。)

23.3 反射的性能

反射是相当强大的机制，允许在运行时发现并使用编译时还不了解的类型及其成员。但是，它也有以下两个缺点。

- 反射造成编译时无法保证类型安全性。由于反射严重依赖字符串，所以会丧失编译时的类型安全性。例如，执行 `Type.GetType("int");` 要求通过反射在程序集中查找名为 `"int"` 的类型，代码会通过编译，但在运行时会返回 `null`，因为 CLR 只知 `"System.Int32"`，而不知 `"int"`。
- 反射速度慢。使用反射时，类型及其成员的名称在编译时未知；你要用字符串名称标识每个类型及其成员，然后在运行时发现它们。也就是说，使用 `System.Reflection` 命名空间中的类型扫描程序集的元数据时，反射机制会不停地执行字符串搜索。通常，字符串搜索执行的是不区分大小写的比较，这会进一步影响速度。

使用反射调用成员也会影响性能。用反射调用方法时，首先必须将实参打包 (pack) 成数组；在内部，反射必须将这些实参解包 (unpack) 到线程栈上。此外，在调用方法前，CLR 必须检查实参具有正确的数据类型。最后，CLR 必须确保调用者有正确的安全权限来访问被调用的成员。

基于上述所有原因，最好避免利用反射来访问字段或调用方法/属性。应该利用以下两种技术之一开发应用程序来动态发现和构造类型实例。

- 让类型从编译时已知的基类型派生。在运行时构造派生类型的实例，将对它的引用放到基类型的变量中 (利用转型)，再调用基类型定义的虚方法。
- 让类型实现编译时已知的接口。在运行时构造类型的实例，将对它的引用放到接口类型的变量中 (利用转型)，再调用接口定义的方法。

在这两种技术中，我个人更喜欢使用接口技术而非基类技术，因为基类技术不允许开发人员选择特定情况下工作得最好的基类。不过，需要版本控制的时候基类技术更合适，因为可以随时向基类型添加成员，派生类会直接继承该成员。相反，要向接口添加成员，实现该接口的所有类型都得修改它们的代码并重新编译。

使用这两种技术时，强烈建议接口或基类型在它们自己的程序集中定义，这有助于缓解版本控制问题。欲知详情，请参见稍后的 23.4 节。

23.3.1 发现程序集中定义的类型

经常利用反射来判断程序集定义了哪些类型。FCL 提供了许多 API 来获取这方面的信息。目前最常用的 API 是 `Assembly` 的 `ExportedTypes` 属性。下例加载一个程序集，并显示其中定义的所有公开导出的类型 [①]：

```
using System;
using System.Reflection;

public static class Program {
    public static void Main() {
        String dataAssembly = "System.Data, version=4.0.0.0, " +
            "culture=neutral, PublicKeyToken=b77a5c561934e089";
        LoadAssemAndShowPublicTypes(dataAssembly);
    }

    private static void LoadAssemAndShowPublicTypes(String assemId) {
        // 显式地将程序集加载到这个 AppDomain 中
        Assembly a = Assembly.Load(assemId);

        // 在一个循环中显示已加载程序集中每个公          开导出 Type 的全名
        foreach (Type t in a.ExportedTypes) {
            // 显示类型全名
            Console.WriteLine(t.FullName);
        }
    }
}
```

23.3.2　类型对象的准确含义

注意，以上代码遍历 `System.Type` 对象构成的数组。`System.Type` 类型是执行类型和对象操作的起点。`System.Type` 对象代表一个类型引用（而不是类型定义）。

众所周知，`System.Object` 定义了公共非虚实例方法 `GetType`。调用这个方法时，CLR 会判断指定对象的类型，并返回对该类型的 `Type` 对象的引用。由于在一个 AppDomain 中，每个类型只有一个 `Type` 对象，所以可以使用相等和不等操作符来判断两个对象是不是相同的类型：

```
private static Boolean AreObjectsTheSameType(Object o1, Object o2) {
    return o1.GetType() == o2.GetType();
}
```

除了调用 `Object` 的 `GetType` 方法，FCL 还提供了获得 `Type` 对象的其他几种方式。

* `System.Type` 类型提供了静态 `GetType` 方法的几个重载版本。所有版本都接受一个 `String` 参数。字符串必须指定类型的全名（包括它的命名空间）。注意不允许使用编译器支持的基元类型（比如 C# 的 `int`, `string`, `bool` 等），

[①]　译注：所谓公开导出的类型，就是程序集中定义的 public 类型，它们在程序集的外部可见。

这些名称对于 CLR 没有任何意义。如果传递的只是一个类型名称，方法将检查调用程序集，看它是否定义了指定名称的类型。如果是，就返回对恰当 Type 对象的引用。

如果调用程序集没有定义指定的类型，就检查 MSCorLib.dll 定义的类型。

如果还是没有找到，就返回 null 或抛出 System.TypeLoadException(取决于调用的是 GetType 方法的哪个重载，以及传递的是什么参数)。文档对该方法进行了完整的解释。

可向 GetType 传递限定了程序集的类型字符串，比如 "System.Int32, mscorlib, Version=4.0.0.0, Culture=neutral, PublicKeyToken=b77a5c561934e089"。在本例中，GetType 会在指定程序集中查找类型 (如有必要会加载程序集)。

- System.Type 类型提供了静态 ReflectionOnlyGetType 方法。该方法与上一条提到的 GetType 方法在行为上相似，只是类型会以 "仅反射" 的方式加载，不能执行。

- System.TypeInfo 类型提供了实例成员 DeclaredNestedTypes 和 GetDeclaredNestedType。

- System.Reflection.Assembly 类型提供了实例成员 GetType、DefinedTypes 和 ExportedTypes。

> 注意
>
> 构造传给反射方法的字符串时，要使用类型名称或限定了程序集的类型名称。微软为这些名称定义了巴克斯 - 诺尔范式 (Backus-Naur Form, BNF) 语法。使用反射时，了解这种语法对你很有帮助，尤其是在处理嵌套类型、泛型类型、泛型方法、引用参数或者数组的时候。要想了解完整语法，请参考文档[①]或者自行上网搜索 "BNF 范式"。还可参考 Type 和 TypeInfo 的 MakeArrayType、MakeByRefType、MakeGenericType 和 MakePointerType。

许多编程语言都允许使用一个操作符并根据编译时已知的类型名称来获得 Type 对象。尽量用这个操作符获得 Type 引用，而不要使用上述列表中的任何方法，因为操作符生成的代码通常更快。C# 语言的这个操作符称为 typeof，通常用它将晚期绑定的类型信息与早期绑定 (编译时已知) 的类型信息进行比较。以下代码演示了一个例子：

---

① 译注：参考文档中的 "指定完全限定的类型名称" 主题 (https://tinyurl.com/ms8d8jxs)。

```
private static void SomeMethod(Object o) {
    // GetType 在运行时返回对象的类型（晚期绑定）
    // typeof 返回指定类的类型（早期绑定）
    if (o.GetType() == typeof(FileInfo))      { ... }
    if (o.GetType() == typeof(DirectoryInfo)) { ... }
}
```

> **注意**　以上代码的第一个 if 语句检查变量 o 是否引用了 FileInfo 类型的对象；它不检查 o 是否引用从 FileInfo 类型派生的对象。换言之，以上代码测试的是精确匹配，而非兼容匹配。进行强制类型转换或者使用 C# 语言的 is/as 操作符时，测试的就是兼容匹配。

如前所述，Type 对象是轻量级的对象引用。要更多地了解类型本身，必须获取一个 TypeInfo 对象，后者才代表类型定义。可以调用 System.Reflection.IntrospectionExtensions 的 GetTypeInfo 扩展方法将 Type 对象转换成 TypeInfo 对象：

```
Type typeReference = ...; // 例如：o.GetType() 或者 typeof(Object)
TypeInfo typeDefinition = typeReference.GetTypeInfo();
```

另外，虽然作用不大，但还可调用 TypeInfo 的 AsType 方法将 TypeInfo 对象转换为 Type 对象：

```
TypeInfo typeDefinition = ...;
Type typeReference = typeDefinition.AsType();
```

获取 TypeInfo 对象会强迫 CLR 确保已加载类型的定义程序集，从而对类型进行解析。这个操作可能代价高昂。如果只需要类型引用 (Type 对象)，就应避免这个操作。但一旦获得了 TypeInfo 对象，就可查询类型的许多属性进一步了解它。大多数属性，比如 IsPublic、IsSealed、IsAbstract、IsClass 和 IsValueType 等，都指明了与类型关联的标志。另一些属性，比如 Assembly、AssemblyQualifiedName、FullName 和 Module 等，则返回定义该类型的程序集或模块的名称以及类型的全名。还可查询 BaseType 属性来获取对类型的基类型的引用。除此之外，还有许多方法能提供关于类型的更多信息。文档描述了 TypeInfo 公开的所有方法和属性。

23.3.3　构建 Exception 派生类型的层次结构

以下代码使用本章讨论的许多概念将一组程序集加载到 AppDomain 中，并显示最终从 System.Exception 派生的所有类。顺便说一句，20.4 节 "FCL 定义的

异常类"展示的 Exception 层次结构就是用这个程序显示的：[1]

```csharp
using System;
using System.Reflection;
using System.Collections.Generic;
using System.Text;
using System.Linq;

class Program
{
    static void Main()
    {
        // 显式地加载想要反射的程序集
        LoadAssemblies();

        // 对所有类型进行筛选和排序
        var allTypes =
            (from a in AppDomain.CurrentDomain.GetAssemblies()
             from t in a.ExportedTypes
             where typeof(Exception).GetTypeInfo().IsAssignableFrom(t.GetTypeInfo())
             orderby t.Name
             select t).ToArray();

        // 生成并显示继承层次结构
        Console.WriteLine(WalkInheritanceHierarchy(new StringBuilder(), 0,
                            typeof(Exception), allTypes));


    }

    private static StringBuilder WalkInheritanceHierarchy( StringBuilder sb,
            Int32 indent, Type baseType, IEnumerable<Type> allTypes)
    {
        String spaces = new String(' ', indent * 3);
        sb.AppendLine(spaces + baseType.FullName);
        foreach (var t in allTypes)
        {
            if (t.GetTypeInfo().BaseType != baseType) continue;
            WalkInheritanceHierarchy(sb, indent + 1, t, allTypes);
        }
        return sb;
    }

    private static void LoadAssemblies()
    {
        String[] assemblies = {
        "System,                                   PublicKeyToken={0}",
```

---

[1]　译注：这个程序限定 .NET Framework，在 .NET Core 中需要修改。

```
        "System.Core,                               PublicKeyToken={0}",
        "System.Data,                               PublicKeyToken={0}",
        "System.Design,                       PublicKeyToken={1}",
        "System.DirectoryServices,                  PublicKeyToken={1}",
        "System.Drawing,                            PublicKeyToken={1}",
        "System.Drawing.Design,                     PublicKeyToken={1}",
        "System.Management,                   PublicKeyToken={1}",
        "System.Messaging,                          PublicKeyToken={1}",
        "System.Runtime.Remoting,                   PublicKeyToken={0}",
        "System.Security,                     PublicKeyToken={1}",
        "System.ServiceProcess,                     PublicKeyToken={1}",
        "System.Web,                                PublicKeyToken={1}",
        "System.Web.RegularExpressions,             PublicKeyToken={1}",
        "System.Web.Services,                       PublicKeyToken={1}",
        "System.Xml,                                PublicKeyToken={0}",
    };

        String EcmaPublicKeyToken = "b77a5c561934e089";
        String MSPublicKeyToken = "b03f5f7f11d50a3a";

        // 获取包含 System.Object 的程序集的版本，
        // 假定其他所有程序集都是相同的版本
        Version version = typeof(System.Object).Assembly.GetName().Version;

        // 显式地加载想要反射的程序集
        foreach (String a in assemblies)
        {
            String AssemblyIdentity =
                String.Format(a, EcmaPublicKeyToken, MSPublicKeyToken) +
                    ", Culture=neutral, Version=" + version;
            Assembly.Load(AssemblyIdentity);
        }
    }
}
```

23.3.4　构造类型的实例

获得对 Type 派生对象的引用之后，即可构造该类型的实例。FCL 提供了以下机制。

- System.Activator 的 CreateInstance 方法
  Activator 类提供了静态 CreateInstance 方法的几个重载版本。调用方法时既可传递一个 Type 对象引用，也可传递标识了类型的 String。直接获取类型对象的几个版本较为简单。你要为类型的构造器传递一组实参，方法返回对新对象的引用。用字符串来指定类型的几个版本则稍微复杂一些。首先必须指定另一个字符串来标识定义了类型的程序集。其次，如果正确配置了远程访问 (remoting) 选项，这些方法还允许构造远程对象。第三，这些版本返回的不是对新对象的引用，而是一个 System.Runtime.Remoting.ObjectHandle 对 象（从 System.MarshalByRefObject 派生）。ObjectHandle 类型允许将一个 AppDomain 中创建的对象传至其他 AppDomain，期间不强迫对象具体化(materialize)。准备好具体化这个对象时，请调用 ObjectHandle 的 Unwrap 方法。在一个 AppDomain 中调用该方法时，它将定义了要具体化的类型的程序集加载到这个 AppDomain 中。如果对象按引用封送，会创建代理类型和对象。如果对象按值封送，对象的副本会被反序列化。

- System.Activator 的 CreateInstanceFrom 方法
  Activator 类还提供了一组静态 CreateInstanceFrom 方法。它们与 CreateInstance 的行为相似，只是必须通过字符串参数来指定类型及其程序集。程序集用 Assembly 的 LoadFrom(而非 Load) 方法加载到调用 AppDomain 中。由于都不接受 Type 参数，所以返回的都是一个 ObjectHandle 对象引用，必须调用 ObjectHandle 的 Unwrap 方法进行具体化。

- System.AppDomain 的方法
  AppDomain 类型提供了 4 个用于构造类型实例的实例方法 (每个都有几个重载版本)，包括 CreateInstance、CreateInstanceAndUnwrap、CreateInstanceFrom 和 CreateInstanceFromAndUnwrap。这些方法的行为和 Activator 类的方法相似，区别在于它们都是实例方法，允许指定在哪个 AppDomain 中构造对象。另外，带 Unwrap 后缀的方法还能简化操作，不必执行额外的方法调用。

- System.Reflection.ConstructorInfo 的 Invoke 实例方法
  使用一个 Type 对象引用，可以绑定到一个特定的构造器，并获取对构造器的 ConstructorInfo 对象的引用。然后，可利用 ConstructorInfo 对象引用来调用它的 Invoke 方法。类型总是在调用 AppDomain 中创建，返回的是对新对象的引用。本章稍后会详细讨论该方法。

注意

CLR 不要求值类型定义任何构造器。但这会造成一个问题，因为上述列表中的所有机制都要求调用构造器来构造对象。然而，Activator 的 CreateInstance 方法允许在不调用构造器的情况下创建值类型的实例。要在不调用构造器的情况下创建值类型的实例，必须调用 CreateInstance 方法获取单个 Type 参数的版本或者获取 Type 参数和 Boolean 参数的版本。

　　利用前面列出的机制，可为除数组 (System.Array 派生类型) 和委托 (System.MulticastDelegate 派生类型) 之外的所有类型创建对象。创建数组需要调用 Array 的静态 CreateInstance 方法 (有几个重载的版本)。所有版本的 CreateInstance 方法获取的第一个参数都是对数组元素 Type 的引用。CreateInstance 的其他参数允许指定数组维数和上下限的各种组合。创建委托则要调用 MethodInfo 的静态 CreateDelegate 方法。所有版本的 CreateDelegate 方法获取的第一个参数都是对委托 Type 的引用。CreateDelegate 方法的其他参数允许指定在调用实例方法时应将哪个对象作为 this 参数传递。

　　构造泛型类型的实例首先要获取对开放类型的引用，然后调用 Type 的 MakeGenericType 方法并向其传递一个数组 (其中包含要作为类型实参使用的类型)[①]。然后，获取返回的 Type 对象并把它传给前面列出的某个方法。下面是一个例子：

```
using System;
using System.Reflection;

internal sealed class Dictionary<TKey, TValue> { }

public static class Program {
    public static void Main() {
        // 获取对泛型类型的类型对象的引用
        Type openType = typeof(Dictionary<,>);

        // 使用 TKey=String、TValue=Int32 封闭泛型类型
        Type closedType = openType.MakeGenericType(typeof(String),
                                                   typeof(Int32));

        // 构造封闭类型的实例
        Object o = Activator.CreateInstance(closedType);

        // 证实能正常工作
        Console.WriteLine(o.GetType());
    }
}
```

　　编译并运行以上代码得到以下输出：

```
Dictionary`2[System.String,System.Int32]
```

---

① 译注：要想进一步了解开放类型、封闭类型、类型参数和类型实参等术语，请参见第 12 章 "泛型"。

23.4 设计支持加载项的应用程序

构建可扩展应用程序时，接口是中心。可用基类代替接口，但接口通常是首选的，因为它允许加载项开发人员选择他们自己的基类。例如，假定要写一个应用程序来无缝地加载和使用别人创建的类型，下面描述了如何设计这样的应用程序。

- 创建"宿主 SDK"(Host SDK) 程序集，它定义了一个接口，接口的方法作为宿主应用程序与加载项之间的通信机制使用。为接口方法定义参数和返回类型时，请尝试使用 MSCorLib.dll 中定义的其他接口或类型。要传递并返回自己的数据类型，也请在"宿主 SDK"程序集中定义它们。搞定了接口定义的，请为这个程序集赋予一个强名称 (参见第 3 章"共享程序集和强命名程序集")，然后把它打包并部署到合作伙伴和用户那里。发布后，要避免对该程序集中的类型做出任何重大的改变。例如，不要以任何方式更改接口。但是，如果定义了任何数据类型，在类型中添加新成员是完全允许的。对程序集进行任何修改之后，可能需要使用一个发布者策略文件来部署它 (也参见第 3 章的讨论)。

> **注意** 之所以能使用 MSCorLib.dll 中定义的类型，是因为 CLR 总是加载与 CLR 本身的版本匹配的那个版本的 MSCorLib.dll。此外，一个 CLR 实例只会加载一个版本的 MSCorLib.dll。换言之，永远不会出现多个不同版本的 MSCorLib.dll 都加载的情况 (详见第 3 章"共享程序集和强命名程序集")。最后结果就是，绝不会出现类型版本不匹配的情况。这还有助于减少应用程序对内存的需求。

- 当然，加载项开发人员会在加载项程序集中定义自己的类型。这些程序集将引用你的"宿主"程序集中的类型。加载项开发人员可按自己的节奏推出程序集的新版本，而宿主应用程序能正常使用加载项中的类型，不会出任何纰漏。
- 创建单独的"宿主应用程序"(Host Application) 程序集，在其中包含你的应用程序的各种类型。该程序集显然要引用"宿主 SDK"程序集，并使用其中定义的类型。可以自由修改"宿主应用程序"程序集的代码。由于加载项开发人员不会引用这个"宿主应用程序"程序集，所以你随时都可以推出"宿主应用程序"程序集的新版本，这不会对加载项开发人员产生任何影响。

本节包含一些非常重要的信息。跨程序集使用类型时，需要关注程序集的版本控制问题。要花一些时间精心建构，将跨程序集通信的类型隔离到它们自己的程序集中。要避免日后对这些类型的定义进行更改。但是，如果真的要修改类型定义，一定要修改程序集的版本号，并为新版本的程序集创建发布者策略文件。

下面来看一个非常简单的例子，它综合运用了所有这些知识。首先是 HostSDK.dll 程序集的代码：

```
using System;

namespace Wintellect.HostSDK {
    public interface IAddIn {
        String DoSomething(Int32 x);
    }
}
```

其次是 AddInTypes.dll 程序集的代码，其中定义了两个公共类型，它们实现了 HostSDK.dll 的接口。要生成该程序集，必须引用 HostSDK.dll 程序集：

```
using System;
using Wintellect.HostSDK;

public sealed class AddIn_A : IAddIn {
    public AddIn_A() {
    }
    public String DoSomething(Int32 x) {
        return "AddIn_A: " + x.ToString();
    }
}

public sealed class AddIn_B : IAddIn {
    public AddIn_B() {
    }
    public String DoSomething(Int32 x) {
        return "AddIn_B: " + (x * 2).ToString();
    }
}
```

然后是一个简单的 Host.exe 程序集（控制台应用程序）的代码。生成该程序集必须引用 HostSDK.dll 程序集。为了发现有哪些可用的加载项类型，以下宿主代码假定类型是在一个以 .dll 文件扩展名结尾的程序集中定义的，而且这些程序集已部署到和宿主的 EXE 文件相同的目录中。微软的“托管可扩展性框架”(Managed Extensibility Framework, MEF) 是在我刚才描述的各种机制的顶部构建的，它还提供了加载项注册和发现机制。构建动态可扩展应用程序时，强烈建议研究一下 MEF，它能简化本章描述的一些操作：

```
using System;
using System.IO;
```

```
using System.Reflection;
using System.Collections.Generic;
using Wintellect.HostSDK;

public static class Program {
    public static void Main() {
        // 查找宿主 EXE 文件所在的目录
        String AddInDir = Path.GetDirectoryName(Assembly.GetEntryAssembly().Location);

        // 假定加载程序集和宿主 EXE 文件在同一个目录
        var AddInAssemblies = Directory.EnumerateFiles(AddInDir, "*.dll");

        // 创建可由宿主使用的所有加载 Type 的一个集合
        var AddInTypes =
            from file in AddInAssemblies
            let assembly = Assembly.Load(file)
            from t in assembly.ExportedTypes // 公开导出的类型
            // 如果类型实现了 IAddIn 接口，该类型就可由宿主使用
            where t.IsClass && typeof(IAddIn).GetTypeInfo().IsAssignableFrom(t.GetTypeInfo())
            select t;
        // 初始化完成：宿主已发现了所有可用的加载项

        // 下面示范宿主如何构造加载项对象并使用它们
        foreach (Type t in AddInTypes) {
            IAddIn ai = (IAddIn) Activator.CreateInstance(t);
            Console.WriteLine(ai.DoSomething(5));
        }
    }
}
```

这个简单的宿主/加载项例子没有用到 AppDomain。但在实际应用中，每个加载项都可能要在自己的 AppDomain 中创建，每个 AppDomain 都有自己的安全性和配置设置。当然，如果希望将加载项从内存中移除，可以卸载相应的 AppDomain。为了跨 AppDomain 边界通信，可告诉加载项开发人员从 MashalByRefObject 派生出他们自己的加载类型。但另一个更常见的办法是让宿主应用程序定义自己的、从 MashalByRefObject 派生的内部类型。每个 AppDomain 创建好后，宿主要在新 AppDomain 中创建它自己的 MashalByRefObject 派生类型实例。宿主的代码(位于默认 AppDomain 中)将与它自己的类型(位于其他 AppDomain 中)通信，让后者加载"加载项程序集"，并创建和使用加载的类型的实例。

23.5 使用反射发现类型的成员

到目前为止，本章的重点一直都是构建动态可扩展应用程序所需的反射机制，包括程序集加载、类型发现以及对象构造。要获得好的性能和编译时的类型安全性，

应尽量避免使用反射。如果是动态可扩展应用程序，构造好对象后，宿主代码一般要将对象转型为编译时已知的接口类型或者基类。这样访问对象的成员就可以获得较好的性能，而且可以确保编译时的类型安全性。

本章剩余部分将从其他角度探讨反射，目的是发现并调用类型的成员。一般利用这个功能创建开发工具和实用程序，查找特定编程模式或者对特定成员的使用，从而对程序集进行分析。例子包括 ILDasm、FxCopCmd.exe 以及 Visual Studio 的 Windows 窗体 /WPF/Web 窗体设计器。另外，一些类库也利用这个功能发现和调用类型的成员，为开发人员提供便利和丰富的功能。例子包括执行序列化 / 反序列化以及简单数据绑定的类库。

23.5.1　发现类型的成员

字段、构造器、方法、属性、事件和嵌套类型都可以定义成类型的成员。FCL 包含抽象基类 `System.Reflection.MemberInfo`，封装了所有类型成员都通用的一组属性。`MemberInfo` 有许多派生类，每个都封装了与特定类型成员相关的更多属性。图 23-1 是这些类型的层次结构。

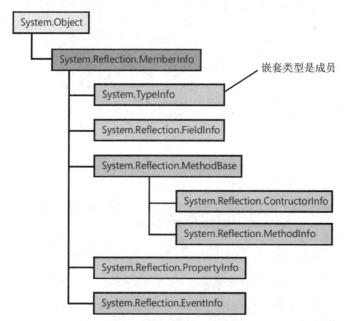

图 23-1　封装了类型成员信息的反射类型层次结构

以下程序演示了如何查询类型的成员并显示成员的信息。代码处理的是由调用 AppDomain 加载的所有程序集定义的所有公共类型。对每个类型都调用

DeclaredMembers 属性以返回由 MemberInfo 派生对象构成的集合；每个对象都引用类型中定义的一个成员。然后，显示每个成员的种类 (字段、构造器、方法和属性等) 及其字符串值 (调用 ToString 来获取)。

```
using System;
using System.Reflection;

public static class Program {
    public static void Main() {
        // 遍历这个 AppDomain 中加载的所有程序集
        Assembly[] assemblies = AppDomain.CurrentDomain.GetAssemblies();
        foreach (Assembly a in assemblies) {
            Show(0, "Assembly: {0}", a);

            // 查找程序集中的类型
            foreach (Type t in a.ExportedTypes) {
                Show(1, "Type: {0}", t);

                // 发现类型的成员
                foreach (MemberInfo mi in t.GetTypeInfo().DeclaredMembers) {
                    String typeName = String.Empty;
                    if (mi is Type) typeName = "(Nested) Type";
                    if (mi is FieldInfo) typeName = "FieldInfo";
                    if (mi is MethodInfo) typeName = "MethodInfo";
                    if (mi is ConstructorInfo) typeName = "ConstructoInfo";
                    if (mi is PropertyInfo) typeName = "PropertyInfo";
                    if (mi is EventInfo) typeName = "EventInfo";
                    Show(2, "{0}: {1}", typeName, mi);
                }
            }
        }
    }

    private static void Show(Int32 indent, String format, params Object[] args) {
        Console.WriteLine(new String(' ', 3 * indent) + format, args);
    }
}
```

编译并运行以上代码会产生大量输出。下面仅摘录其中一小部分 [①]：

```
Assembly: mscorlib, Version=4.0.0.0, Culture=neutral, PublicKeyToken=b77a5c561934e089
  Type: System.Object
    MethodInfo: System.String ToString()
    MethodInfo: Boolean Equals(System.Object)
    MethodInfo: Boolean Equals(System.Object, System.Object)
```

① 译注：这些输出基于 .NET Framework。在 .NET Core 中编译会有不同的输出。

```
    MethodInfo: Boolean ReferenceEquals(System.Object, System.Object)
    MethodInfo: Int32 GetHashCode()
    MethodInfo: System.Type GetType()
    MethodInfo: Void Finalize()
    MethodInfo: System.Object MemberwiseClone()
    MethodInfo: Void FieldSetter(System.String, System.String, System.Object)
    MethodInfo: Void FieldGetter(System.String, System.String, System.Object ByRef)
    MethodInfo: System.Reflection.FieldInfo GetFieldInfo(System.String, System.String)
    ConstructoInfo: Void .ctor()
Type: System.Collections.Generic.IComparer`1[T]
    MethodInfo: Int32 Compare(T, T)
Type: System.Collections.IEnumerator
    MethodInfo: Boolean MoveNext()
    MethodInfo: System.Object get_Current()
    MethodInfo: Void Reset()
    PropertyInfo: System.Object Current
Type: System.IDisposable
    MethodInfo: Void Dispose()
Type: System.Collections.Generic.IEnumerator`1[T]
    MethodInfo: T get_Current()
    PropertyInfo: T Current
Type: System.ArraySegment`1[T]
    MethodInfo: T[] get_Array()
    MethodInfo: Int32 get_Offset()
    MethodInfo: Int32 get_Count()
    MethodInfo: Int32 GetHashCode()
    MethodInfo: Boolean Equals(System.Object)
    MethodInfo: Boolean Equals(System.ArraySegment`1[T])
    MethodInfo: Boolean op_Equality(System.ArraySegment`1[T], System.ArraySegment`1[T])
    MethodInfo: Boolean op_Inequality(System.ArraySegment`1[T], System.ArraySegment`1[T])
    ConstructoInfo: Void .ctor(T[])
    ConstructoInfo: Void .ctor(T[], Int32, Int32)
    PropertyInfo: T[] Array
    PropertyInfo: Int32 Offset
    PropertyInfo: Int32 Count
    FieldInfo: T[] _array
    FieldInfo: Int32 _offset
```

由于 MemberInfo 类是成员层次结构的根，所以有必要更深入地研究一下它。表 23-1 展示了 MemberInfo 类提供的几个只读属性和方法。这些属性和方法是一个类型的所有成员都通用的。不要忘了 System.TypeInfo 从 MemberInfo 派生。TypeInfo 也提供了表 23-1 列出的所有属性。

表 23-1 MemberInfo 的所有派生类型都通用的属性和方法

成员名称	成员类型	说明
Name	一个 String 属性	返回成员名称
DeclaringType	一个 Type 属性	返回声明成员的 Type
Module	一个 Module 属性	返回声明成员的 Module
CustomAttributes	该属性返回一个 IEnumerable\<CustomAttributeData>	返回一个集合，其中每个元素都标识了应用于该成员的一个定制特性的实例。定制特性可应用于任何成员。虽然 Assembly 不从 MemberInfo 派生，但它提供了可用于程序集的相同属性

  在查询 DeclaredMembers 属性所返回的集合中，每个元素都是对层次结构中的一个具体类型的引用。虽然 TypeInfo 的 DeclaredMembers 属性能返回类型的所有成员，但还可利用 TypeInfo 提供的一些方法返回具有指定字符串名称的成员类型。例如，利用 TypeInfo 的 GetDeclaredNestedType、GetDeclaredField、GetDeclaredMethod、GetDeclaredProperty 和 GetDeclaredEvent 方法，可以分别返回一个 TypeInfo、FieldInfo、MethodInfo、PropertyInfo 和 EventInfo 对象引用。而利用 GetDeclaredMethods 方法能返回由 MethodInfo 对象构成的集合，这些对象描述了和指定字符串名称匹配的一个 (多个) 方法。

  图 23-2 总结了用于遍历反射对象模型的各种类型。基于 AppDomain，可以发现其中加载的所有程序集。基于程序集，可以发现构成它的所有模块。基于程序集或模块，可以发现它定义的所有类型。基于类型，则可以发现它的嵌套类型、字段、构造器、方法、属性和事件。命名空间不是这个层次结构的一部分，因为它们只是从语法角度将相关类型聚集到一起。CLR 不知道什么是命名空间。若要列出程序集中定义的所有命名空间，则枚举程序集中的所有类型，并查看其 Namespace 属性。

  基于一个类型，还可以发现它实现的接口。基于构造器、方法、属性访问器方法或者事件的添加 / 删除方法，可以调用 GetParameters 方法来获取由 ParameterInfo 对象构成的数组，从而了解成员的参数的类型。还可查询只读属性 ReturnParameter 来获得一个 ParameterInfo 对象，它详细描述了成员的返回类型。对于泛型类型或方法，可以调用 GetGenericArguments 方法来获得类型参数的集合。最后，针对上述任何一项，都可以查询 CustomAttributes 属性来获得应用于它们的自定义定制特性的集合。

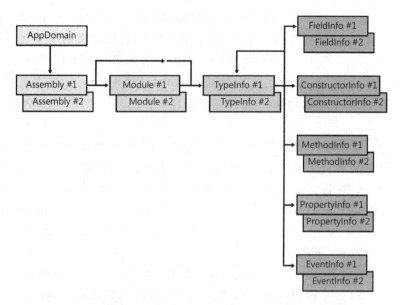

图 23-2　应用程序用于遍历反射对象模型的各种类型

23.5.2　调用类型的成员

发现类型定义的成员后可调用它们。"调用"(invoke) 的确切含义取决于要调用的成员的种类。表 23-2 展示了为了调用 (invoke) 一种成员而需调用 (call) 的方法。

表 23-2　如何调用成员

成员类型	调用 (invoke) 成员而需调用 (call) 的方法
FieldInfo	调用 GetValue 获取字段的值 调用 SetValue 设置字段的值
ConstructorInfo	调用 Invoke 构造类型的实例并调用构造器
MethodInfo	调用 Invoke 来调用类型的方法
PropertyInfo	调用 GetValue 来调用的属性的 get 访问器方法 调用 SetValue 来调用属性的 set 访问器方法
EventInfo	调用 AddEventHandler 来调用事件的 add 访问器方法 调用 RemoveEventHandler 来调用事件的 remove 访问器方法

PropertyInfo 类型代表与属性有关的元数据信息 (参见第 10 章 "属性")；也就是说，PropertyInfo 提供了 CanRead、CanWrite 和 PropertyType 只读属性，

它们指出属性是否可读和可写，以及属性的数据类型是什么。`PropertyInfo` 还提供了只读属性 `GetMethod` 和 `SetMethod`，它们返回代表属性 get 和 set 访问器方法的 `MethodInfo` 对象。`PropertyInfo` 的 `GetValue` 方法和 `SetValue` 方法只是为了提供方便；在内部，它们会自己调用合适的 `MethodInfo` 对象。为了支持有参属性 (C# 语言的索引器)，`GetValue` 方法和 `SetValue` 方法提供了一个 `Object[]` 类型的 index 参数。

　　`EventInfo` 类型代表与事件有关的元数据信息 (参见第 11 章 "事件")。`EventInfo` 类型提供了只读 `EventHandlerType` 属性，返回事件的基础委托的 `Type`。`EventInfo` 类型还提供了只读 `AddMethod` 和 `RemoveMethod` 属性，返回为事件增删委托的方法的 `MethodInfo` 对象。增删委托可调用这些 **MethodInfo** 对象，也可调用 `EventInfo` 类型提供的更好用的 `AddEventHandler` 和 `RemoveEventHandler` 方法。

　　以下示例应用程序演示了用反射来访问类型成员的各种方式。`SomeType` 类包含多种成员：一个私有字段 (m_someField)；一个公共构造器 (SomeType)，它获取一个传引用的 `Int32` 实参；一个公共方法 (ToString)；一个公共属性 (SomeProp)；以及一个公共事件 (SomeEvent)。定义好 `SomeType` 类型后，我提供了三个不同的方法，它们利用反射来访问 `SomeType` 的成员。三个方法用不同的方式做相同的事情。

- `BindToMemberThenInvokeTheMember` 方法演示了如何绑定到成员并调用它。
- `BindToMemberCreateDelegateToMemberThenInvokeTheMember` 方法演示了如何绑定到一个对象或成员，然后创建一个委托来引用该对象或成员。通过委托来调用的速度很快。如果需要在相同的对象上多次调用相同的成员，这个技术的性能比上一个好。
- `UseDynamicToBindAndInvokeTheMember` 方法演示了如何利用 C# 语言的 `dynamic` 基元类型 (参见第 5 章) 简化成员访问语法。此外，在相同类型的不同对象上调用相同成员时，这个技术还能提供不错的性能，因为针对每个类型，绑定都只会发生一次。而且可以缓存起来，以后多次调用的速度会非常快。用这个技术也可以调用不同类型的对象的成员。

```
using System;
using System.Reflection;
using Microsoft.CSharp.RuntimeBinder;
using System.Linq;

// 该类用于演示反射机制，
// 其中定义了一个字段、构造器、方法、属性和一个事件
internal sealed class SomeType {
    private Int32 m_someField;
```

```
    public SomeType(ref Int32 x) { x *= 2; }
    public override String ToString() { return m_someField.ToString(); }
    public Int32 SomeProp
    {
        get { return m_someField; }
        set {
          if (value < 1)
              throw new ArgumentOutOfRangeException("value");
          m_someField = value;
        }
    }
    public event EventHandler SomeEvent;
    private void NoCompilerWarnings() { SomeEvent.ToString(); }
}

public static class Program {
    public static void Main()
    {
        Type t = typeof(SomeType);
        BindToMemberThenInvokeTheMember(t);
        Console.WriteLine();

        BindToMemberCreateDelegateToMemberThenInvokeTheMember(t);
        Console.WriteLine();

        UseDynamicToBindAndInvokeTheMember(t);
        Console.WriteLine();
    }

    private static void BindToMemberThenInvokeTheMember(Type t) {
        Console.WriteLine("BindToMemberThenInvokeTheMember");

        // 构造实例
          Type ctorArgument =
              Type.GetType("System.Int32&");       // 或者 typeof(Int32).MakeByRefType();
        ConstructorInfo ctor = t.GetTypeInfo().DeclaredConstructors.First(
          c => c.GetParameters()[0].ParameterType == ctorArgument);
        Object[] args = new Object[] { 12 }; // 构造器的实参
        Console.WriteLine("x before constructor called: " + args[0]);
        Object obj = ctor.Invoke(args);
        Console.WriteLine("Type: " + obj.GetType());
        Console.WriteLine("x after constructor returns: " + args[0]);

        // 读写字段
        FieldInfo fi = obj.GetType().GetTypeInfo().GetDeclaredField("m_someField");
        fi.SetValue(obj, 33);
        Console.WriteLine("someField: " + fi.GetValue(obj));
```

```
    // 调用方法
    MethodInfo mi = obj.GetType().GetTypeInfo().GetDeclaredMethod("ToString");
    String s = (String)mi.Invoke(obj, null);
    Console.WriteLine("ToString: " + s);

    // 读写属性
    PropertyInfo pi =
        obj.GetType().GetTypeInfo().GetDeclaredProperty("SomeProp");
    try
    {
        pi.SetValue(obj, 0, null);
    }
    catch (TargetInvocationException e)  {
        if (e.InnerException.GetType() != typeof(ArgumentOutOfRangeException)) throw;
        Console.WriteLine("Property set catch.");
    }
    pi.SetValue(obj, 2, null);
    Console.WriteLine("SomeProp: " + pi.GetValue(obj, null));

    // 为事件添加和删除委托
    EventInfo ei = obj.GetType().GetTypeInfo().GetDeclaredEvent("SomeEvent");
    EventHandler eh = new EventHandler(EventCallback); // See ei.EventHandlerType
    ei.AddEventHandler(obj, eh);
    ei.RemoveEventHandler(obj, eh);
}

// 添加到事件的回调方法
private static void EventCallback(Object sender, EventArgs e) { }

private static void BindToMemberCreateDelegateToMemberThenInvokeTheMember(Type t)
{
    Console.WriteLine("BindToMemberCreateDelegateToMemberThenInvokeTheMember");

    // 构造实例（不能创建对构造器的委托）
    Object[] args = new Object[] { 12 }; // 构造器实参
    Console.WriteLine("x before constructor called: " + args[0]);
    Object obj = Activator.CreateInstance(t, args);
    Console.WriteLine("Type: " + obj.GetType().ToString());
    Console.WriteLine("x after constructor returns: " + args[0]);

    // 注意：不能创建对字段的委托

    // 调用方法
    MethodInfo mi = obj.GetType().GetTypeInfo().GetDeclaredMethod("ToString");
    var toString = mi.CreateDelegate<Func<String>>(obj);
    String s = toString();
```

```
        Console.WriteLine("ToString: " + s);

        // 读写属性
        PropertyInfo pi =
            obj.GetType().GetTypeInfo().GetDeclaredProperty("SomeProp");
        var setSomeProp = pi.SetMethod.CreateDelegate<Action<Int32>>(obj);
        try {
            setSomeProp(0);
        }
        catch (ArgumentOutOfRangeException)  {
            Console.WriteLine("Property set catch.");
        }
        setSomeProp(2);
        var getSomeProp = pi.GetMethod.CreateDelegate<Func<Int32>>(obj);
        Console.WriteLine("SomeProp: " + getSomeProp());

        // 向事件增删委托
        EventInfo ei = obj.GetType().GetTypeInfo().GetDeclaredEvent("SomeEvent");
        var addSomeEvent = ei.AddMethod.CreateDelegate<Action<EventHandler>>(obj);
        addSomeEvent(EventCallback);
        var removeSomeEvent =
            ei.RemoveMethod.CreateDelegate<Action<EventHandler>>(obj);
        removeSomeEvent(EventCallback);
}

private static void UseDynamicToBindAndInvokeTheMember(Type t) {
    Console.WriteLine("UseDynamicToBindAndInvokeTheMember");

    // 构造实例（不能创建对构造器的委托）
    Object[] args = new Object[] { 12 }; // 构造器的实参
    Console.WriteLine("x before constructor called: " + args[0]);
    dynamic obj = Activator.CreateInstance(t, args);
    Console.WriteLine("Type: " + obj.GetType().ToString());
    Console.WriteLine("x after constructor returns: " + args[0]);

    // 读写字段
    try {
        obj.m_someField = 5;
        Int32 v = (Int32)obj.m_someField;
        Console.WriteLine("someField: " + v);
    }
    catch (RuntimeBinderException e) {
        // 之所以会执行到这里，是因为字段是私有的
        Console.WriteLine("Failed to access field: " + e.Message);
    }

    // 调用方法
```

```
        String s = (String)obj.ToString();
        Console.WriteLine("ToString: " + s);

        // 读写属性
        try {
            obj.SomeProp = 0;
        }
        catch (ArgumentOutOfRangeException) {
            Console.WriteLine("Property set catch.");
        }
        obj.SomeProp = 2;
        Int32 val = (Int32)obj.SomeProp;
        Console.WriteLine("SomeProp: " + val);

        // 从事件增删委托
        obj.SomeEvent += new EventHandler(EventCallback);
        obj.SomeEvent -= new EventHandler(EventCallback);
    }
}

internal static class ReflectionExtensions {
    // 这个辅助扩展方法简化了创建委托的语法
    public static TDelegate CreateDelegate<TDelegate>(this MethodInfo mi,
                Object target = null){
        return (TDelegate)(Object)mi.CreateDelegate(typeof(TDelegate), target);
    }
}
```

生成并运行以上代码得到以下输出:

```
BindToMemberThenInvokeTheMember
x before constructor called: 12
Type: SomeType
x after constructor returns: 24
someField: 33
ToString: 33
Property set catch.
SomeProp: 2

BindToMemberCreateDelegateToMemberThenInvokeTheMember
x before constructor called: 12
Type: SomeType
x after constructor returns: 24
ToString: 0
Property set catch.
SomeProp: 2

UseDynamicToBindAndInvokeTheMember
```

```
x before constructor called: 12
Type: SomeType
x after constructor returns: 24
Failed to access field: "SomeType.m_someField" 不可访问，因为它具有一定的保护级别
ToString: 0
Property set catch.
SomeProp: 2
```

注意，SomeType 构造器唯一的参数就是传引用的 Int32。以上代码演示了如何调用这个构造器，如何在构造器返回后检查修改过的 Int32 值。在 BindToMemberThenInvokeTheMember 方法靠近顶部的地方，我调用 Type 对象的 GetType 方法并传递字符串 "System.Int32&"。其中的 "&" 表明参数是传引用的。这个符号是类型名称的巴克斯 - 诺尔范式 (BNF) 语法的一部分，详情请参考文档。在注释中，我还解释了如何用 Type 对象的 MakeByRefType 方法获得相同效果。

23.5.3 使用绑定句柄减少进程的内存消耗

许多应用程序都绑定了一组类型 (Type 对象) 或类型成员 (MemberInfo 派生对象)，并将这些对象保存在某种形式的集合中。以后，应用程序搜索这个集合，查找特定对象，然后调用 (invoke) 这个对象。这个机制很好，只是有个小问题：Type 和 MemberInfo 这两个派生对象需要大量内存。所以，如果应用程序容纳了太多这样的对象，但只是偶尔调用，应用程序消耗的内存就会急剧增加，对应用程序的性能产生负面影响。

CLR 内部用更精简的方式表示这种信息。CLR 之所以为应用程序创建这些对象，只是为了方便开发人员。CLR 不需要这些大对象就能运行。如果需要保存 / 缓存大量 Type 和 MemberInfo 派生对象，开发人员可以使用运行时句柄 (runtime handle) 代替对象以减小工作集 (占用的物理内存)。FCL 定义了三个运行时句柄类型 (全都在 System 命名空间中)，包括 RuntimeTypeHandle、RuntimeFieldHandle 和 RuntimeMethodHandle。三个类型都是值类型，都只包含一个字段，也就是一个 IntPtr；这使类型的实例显得相当精简 (相当省内存)。IntPtr 字段是一个句柄，引用了 AppDomain 的 Loader 堆中的一个类型、字段或方法。因此，现在需要以一种简单、高效的方式将重量级的 Type 或 MemberInfo 对象转换为轻量级的运行时句柄实例，反之亦然。幸好，使用以下转换方法和属性可轻松达到目的：

- 要将 Type 对象转换为一个 RuntimeTypeHandle，调用 Type 对象的静态 GetTypeHandle 方法并传递那个 Type 对象引用；
- 要将一个 RuntimeTypeHandle 转换为 Type 对象，调用 Type 的静态方法 GetTypeFromHandle，并传递那个 RuntimeTypeHandle；

- 要将 FieldInfo 对象转换为一个 RuntimeFieldHandle，查询 FieldInfo 的实例只读属性 FieldHandle；
- 要将一个 RuntimeFieldHandle 转换为 FieldInfo 对象，调用 FieldInfo 的静态方法 GetFieldFromHandle；
- 要将 MethodInfo 对象转换为一个 RuntimeMethodHandle，查询 MethodInfo 的实例只读属性 MethodHandle；
- 要将一个 RuntimeMethodHandle 转换为一个 MethodInfo 对象，调用 MethodInfo 的静态方法 GetMethodFromHandle。

以下示例程序获取许多 MethodInfo 对象，把它们转换为 RuntimeMethodHandle 实例，并演示了转换前后的工作集的差异：[①]

```
using System;
using System.Reflection;
using System.Collections.Generic;

public sealed class Program {
    private const BindingFlags c_bf = BindingFlags.FlattenHierarchy |
        BindingFlags.Instance | BindingFlags.Static |
        BindingFlags.Public | BindingFlags.NonPublic;

    public static void Main() {
        // 显示在任何反射操作之前堆的大小
        Show("Before doing anything");

        // 为 MSCorlib.dll 中的所有方法构建 MethodInfo 对象缓存
        List<MethodBase> methodInfos = new List<MethodBase>();
        foreach (Type t in typeof(Object).Assembly.GetExportedTypes()) {
            // 跳过任何泛型类型
            if (t.IsGenericTypeDefinition) continue;

            MethodBase[] mb = t.GetMethods(c_bf);
            methodInfos.AddRange(mb);
        }

        // 显示当绑定所有方法之后，方法的个数和堆的大小
        Console.WriteLine("# of methods={0:N0}", methodInfos.Count);
        Show("After building cache of MethodInfo objects");

        // 为所有 MethodInfo 对象构建 RuntimeMethodHandle 缓存
        List<RuntimeMethodHandle> methodHandles =
            methodInfos.ConvertAll<RuntimeMethodHandle>(mb => mb.MethodHandle);

        Show("Holding MethodInfo and RuntimeMethodHandle cache");
```

---

① 译注：这个程序限定用于 .NET Framework，不支持 .NET Core。

```
        GC.KeepAlive(methodInfos);                    // 阻止缓存被过早垃圾回收

        methodInfos = null;                           // 现在允许缓存垃圾回收
        Show("After freeing MethodInfo objects");

        methodInfos = methodHandles.ConvertAll<MethodBase>(
            rmh => MethodBase.GetMethodFromHandle(rmh));
        Show("Size of heap after re-creating MethodInfo objects");
        GC.KeepAlive(methodHandles);                  // 阻止缓存被过早垃圾回收
        GC.KeepAlive(methodInfos);                    // 阻止缓存被过早垃圾回收

        methodHandles = null;                         // 现在允许缓存垃圾回收
        methodInfos = null;                           // 现在允许缓存垃圾回收
        Show("After freeing MethodInfos and RuntimeMethodHandles");
    }

    private static void Show(String s) {
        Console.WriteLine("Heap size={0,12:N0} - {1}",
            GC.GetTotalMemory(true), s);
    }
}
```

编译并运行以上程序，在我的机器上得到的输出如下：

```
Heap size=      22,060 - Before doing anything
# of methods=52,737
Heap size=   3,996,640 - After building cache of MethodInfo objects
Heap size=   4,207,656 - Holding MethodInfo and RuntimeMethodHandle cache
Heap size=   3,847,352 - After freeing MethodInfo objects
Heap size=   4,058,336 - Size of heap after re-creating MethodInfo objects
Heap size=      81,224 - After freeing MethodInfos and RuntimeMethodHandles
```

第 **24** 章

运行时序列化

本章内容：

- 序列化 / 反序列化快速入门
- 使类型可序列化
- 控制序列化和反序列化
- 格式化器如何序列化类型实例
- 控制序列化 / 反序列化的数据
- 流上下文
- 类型序列化为不同类型，对象反序列化为不同的对象
- 序列化代理
- 反序列化对象时重写程序集 / 类型

序列化是将对象或对象图[①]转换成字节流的过程。反序列化是将字节流转换回对象图的过程。在对象和字节流之间转换是很有用的机制。下面是一些例子。

---

① 译注：本书将 object graph 翻译成"对象图"。对象图是一个抽象的概念，代表的是对象系统在特定时间点的一个视图。另一个常用的术语 object diagram 则是指总体 object graph 的一个子集。普通的对象模型（比如 UML 类图）描述的是对象之间的关系，而对象图侧重于它们的实例在特定时间点的状态。在面向对象应用程序中，相互关联的对象构成了一个复杂的网络。一个对象可能拥有或包含另一个对象，或者容纳了对另一个对象的引用。这样一来，不同的对象便相互链接起来了。这个对象网络便是对象图。它是一种比较抽象的结构，可在讨论应用程序的状态时使用它。注意，在 .NET Framework SDK 中文版帮助文档中，由对象相互连接而构成的对象图被称为"连接对象图形"。

- 应用程序的状态 (对象图) 可轻松保存到磁盘文件或数据库中，并在应用程序下次运行时恢复。ASP.NET 就是利用序列化和反序列化来保存和还原会话状态的。

- 一组对象可以轻松复制到系统的剪贴板，再粘贴回同一个或另一个应用程序。事实上，Windows 窗体和 Windows Presentation Foundation(WPF) 就利用了这个功能。

- 一组对象可以克隆并放到一边作为"备份"；与此同时，用户操纵一组"主"对象。

- 一组对象可以轻松地通过网络发送给另一台机器上运行的进程。.NET Framework 的 Remoting(远程处理) 架构会对按值封送 (marshaled by value) 的对象进行序列化和反序列化。这个技术还可跨 AppDomain 边界发送对象，具体如第 22 章 "CLR 寄宿和 AppDomain" 所述。

除了上述应用，一旦将对象序列化成内存中的字节流，就可方便地以一些更有用的方式处理数据，比如进行加密和压缩。

由于序列化如此有用，所以许多程序员耗费了大量时间写代码执行这些操作。历史上，这种代码很难编写，相当烦琐，还容易出错。开发人员需要克服的难题包括通信协议、客户端 / 服务器数据类型不匹配 (比如低位优先 / 高位优先 [①] 问题)、错误处理、一个对象引用了其他对象、in 参数和 out 参数以及由结构构成的数组等。

让人高兴的是，.NET Framework 内建了出色的序列化和反序列化支持。上述所有难题都迎刃而解，而且 .NET Framework 是在后台悄悄帮你解决的。开发者现在只需负责序列化之前和反序列化之后的对象处理，中间过程由 .NET Framework 负责。

本章解释了 .NET Framework 如何公开它的序列化和序列化服务。对于几乎所有数据类型，这些服务的默认行为已经足够。也就是说，几乎不需要做任何工作就可以使自己的类型"可序列化"。但对于少量类型，序列化服务的默认行为是不够的。幸好，序列化服务的扩展性极佳，本章将解释如何利用这些扩展性机制，在序列化或反序列化对象时采取一些相当强大的操作。例如，本章演示了如何将对象的"版本 1"序列化到磁盘文件，一年后把它反序列化成"版本 2"的对象。

> **注意**
>
> 本章重点在于 CLR 的运行时序列化技术。这种技术对 CLR 数据类型有很深刻的理解，能将对象的所有公共、受保护、内部甚至私有字段序列化成压缩的二进制流，从而获得很好的性能。要把 CLR 数据类型序列化成 XML 流，

[①]　译注：little-endian/big-endian，也称为小端序和大端序。

请参见 System.Runtime.Serialization. NetDataContractSerializer 类。.NET Framework 还提供了其他序列化技术，它们主要是为 CLR 数据类型和非 CLR 数据类型之间的互操作而设计的。这些序列化技术用的是 System.Xml. Serialization.XmlSerializer 类和 System.Runtime.Serialization. DataContractSerializer 类。

24.1 序列化 / 反序列化快速入门

先来看一些代码：

```
using System;
using System.Collections.Generic;
using System.IO;
using System.Runtime.Serialization.Formatters.Binary;

internal static class QuickStart {
    public static void Main() {
        // 创建对象图以便把它们序列化到流中
        var objectGraph = new List<String> { "Jeff", "Kristin", "Aidan", "Grant" };
        Stream stream = SerializeToMemory(objectGraph);

        // 为了演示，将一切都重置
        stream.Position = 0;
        objectGraph = null;

        // 反序列化对象，证明它能工作
        objectGraph = (List<String>) DeserializeFromMemory(stream);
        foreach (var s in objectGraph) Console.WriteLine(s);
    }

    private static MemoryStream SerializeToMemory(Object objectGraph) {
        // 构造流来容纳序列化的对象
        MemoryStream stream = new MemoryStream();

        // 构造序列化格式化器来执行所有真正的工作
        BinaryFormatter formatter = new BinaryFormatter();

        // 告诉格式化器将对象序列化到流中
        formatter.Serialize(stream, objectGraph);

        // 将序列化好的对象流返回给调用者
        return stream;
    }
```

```
private static Object DeserializeFromMemory(Stream stream) {
    // 构造序列化格式化器来做所有真正的工作
    BinaryFormatter formatter = new BinaryFormatter();

    // 告诉格式化器从流中反序列化对象
    return formatter.Deserialize(stream);
}
}
```

一切似乎都很简单！SerializeToMemory 方法构造一个 System.IO.MemoryStream 对象。这个对象标明要将序列化好的字节块放到哪里。然后，方法构造一个 BinaryFormatter 对象 (在 System.Runtime.Serialization.Formatters.Binary 命名空间中定义)。格式化器是实现了 System.Runtime.Serialization.IFormatter 接口的类型，它知道如何序列化和反序列化对象图。FCL 提供了两个格式化器：BinaryFormatter(本例用的就是它) 和 SoapFormatter(在 System.Runtime.Serialization.Formatters.Soap 命名空间中定义，在 System.Runtime.Serialization.Formatters.Soap.dll 程序集中实现)。

注意 | 从 .NET Framework 3.5 开始便弃用了 SoapFormatter 类，不要在生产代码中使用它。但在调试序列化代码时，它仍有一定用处，因为它能生成便于阅读的 XML 文本。要在生产代码中使用 XML 序列化和反序列化，请参见 XmlSerializer 和 DataContractSerializer 类。

序列化对象图只需调用格式化器的 Serialize 方法，并向它传递两样东西：对流对象的引用，以及对想要序列化的对象图的引用。流对象标识了序列化好的字节应放到哪里，它可以是从 System.IO.Stream 抽象基类派生的任何类型的对象。也就是说，对象图可序列化成一个 MemoryStream、FileStream 或者 NetworkStream 等。

Serialize 的第二个参数是一个对象引用。该对象可以是任何东西，可以是一个 Int32、String、DateTime、Exception、List<String> 或者 Dictionary<Int32, DateTime> 等。objectGraph 参数引用的对象可引用其他对象。例如，objectGraph 可引用一个集合，而这个集合引用了一组对象。这些对象还可继续引用其他对象。调用格式化器的 Serialize 方法时，对象图中的所有对象都被序列化到流中。

格式化器参考对每个对象的类型进行描述的元数据，从而了解如何序列化完整的对象图。序列化时，Serialize 方法利用反射来查看每个对象的类型中都有哪些实例字段。在这些字段中，任何一个引用了其他对象，格式化器的 Serialize 方法就知道那些对象也要进行序列化。

格式化器的算法非常智能。它们知道如何确保对象图中的每个对象都只序列化一次。换言之，如果对象图中的两个对象相互引用，格式化器会检测到这一点，每个对象都只序列化一次，避免发生死循环。

在以上代码的 `SerializeToMemory` 方法中，当格式化器的 `Serialize` 方法返回后，`MemoryStream` 直接返回给调用者。应用程序可以按照自己希望的任何方式利用这个字节数组的内容。例如，可以把它保存到文件中、复制到剪贴板或者通过网络发送等。

`DeserializeFromStream` 方法将流反序列化为对象图。该方法比用于序列化对象图的方法还要简单。在代码中，我构造了一个 `BinaryFormatter`，然后调用它的 `Deserialize` 方法。这个方法获取流作为参数，返回对反序列化好的对象图中的根对象的一个引用。

在内部，格式化器的 `Deserialize` 方法检查流的内容，构造流中所有对象的实例，并初始化所有这些对象中的字段，使它们具有与当初序列化时相同的值。通常要将 `Deserialize` 方法返回的对象引用转型为应用程序期待的类型。

注意 下面是一个有趣而实用的方法，它利用序列化创建对象的深拷贝（或者说克隆体）：

```
private static Object DeepClone(Object original) {
    // 构造临时内存流
    using (MemoryStream stream = new MemoryStream()) {

        // 构造序列化格式化器来执行所有实际的工作
        BinaryFormatter formatter = new BinaryFormatter();

        // 这一行在本章 24.6 节 " 流上下文 " 解释
        formatter.Context = new StreamingContext(StreamingContextStates.Clone);

        // 将对象图序列化到内存流中
        formatter.Serialize(stream, original);

        // 反序列化前，定位到内存流的起始位置
        stream.Position = 0;

        // 将对象图反序列化成一组新对象,
        // 向调用者返回对象图 ( 深拷贝 ) 的根
        return formatter.Deserialize(stream);
    }
}
```

有几点大家需要注意。首先，是由大家来保证代码为序列化和反序列化使用相同的格式化器。例如，不要写代码用 SoapFormatter 序列化一个对象图，再用 BinaryFormatter 反序列化。Deserialize 如果解译不了流的内容会抛出 System.Runtime.Serialization.SerializationException 异常。

其次，可以将多个对象图序列化到一个流中，这是很有用的一个操作。例如，假定有以下两个类定义：

```
[Serializable] internal sealed class Customer { /* ... */ }
[Serializable] internal sealed class Order    { /* ... */ }
```

然后，在应用程序的主要类中定义了以下静态字段：

```
private static List<Customer>   s_customers       = new List<Customer>();
private static List<Order>      s_pendingOrders   = new List<Order>();
private static List<Order>      s_processedOrders = new List<Order>();
```

现在，可以利用如下所示的方法将应用程序的状态序列化到单个流中：

```
private static void SaveApplicationState(Stream stream) {
    // 构造序列化格式化器来执行所有实际的工作
    BinaryFormatter formatter = new BinaryFormatter();

    // 序列化我们的应用程序的完整状态
    formatter.Serialize(stream, s_customers);
    formatter.Serialize(stream, s_pendingOrders);
    formatter.Serialize(stream, s_processedOrders);
}
```

要重新构建应用程序的状态，可以使用如下所示的一个方法来反序列化状态：

```
private static void RestoreApplicationState(Stream stream) {
    // 构造序列化格式化器来执行所有实际的工作
    BinaryFormatter formatter = new BinaryFormatter();

    // 反序列化应用程序的完整状态 ( 和序列化时的顺序一样 )
    s_customers       = (List<Customer>)       formatter.Deserialize(stream);
    s_pendingOrders   = (List<Order>)          formatter.Deserialize(stream);
    s_processedOrders = (List<Order>)          formatter.Deserialize(stream);
}
```

最后一个注意事项与程序集有关。序列化对象时，类型的全名和类型定义程序集的全名会被写入流。BinaryFormatter 默认输出程序集的完整标识，其中包括程序集的文件名 (无扩展名)、版本号、语言文化以及公钥信息。反序列化对象时，格式化器首先获取程序集标识信息，并通过调用 System.Reflection.Assembly 的 Load 方法 (参见 23.1 节 "程序集加载")，确保程序集已加载到正在执行的 AppDomain 中。

程序集加载好之后，格式化器在程序集中查找与要反序列化的对象匹配的类型。

找不到匹配类型就抛出异常，不再对更多的对象进行反序列化。找到匹配的类型，就创建类型的实例，并用流中包含的值对其字段进行初始化。如果类型中的字段与流中读取的字段名不完全匹配，就抛出 SerializationException 异常，不再对更多的对象进行反序列化。本章以后会讨论一些高级机制，它们允许你覆盖某些行为。

　　本节讲述了序列化和反序列化对象图的基础知识。之后的小节将讨论如何定义自己的可序列化类型。还讨论了如何利用一些机制对序列化和反序列化进行更好的控制。

> **重要提示**
>
> 有的可扩展应用程序使用 Assembly.LoadFrom 加载程序集，然后根据加载的程序集中定义的类型来构造对象。这些对象序列化到流中是没有问题的。但在反序列化时，格式化器会调用 Assembly 的 Load 方法 (而非 LoadFrom 方法) 来加载程序集。大多数情况下，CLR 都将无法定位程序集文件，从而造成 SerializationException 异常。许多开发人员对这个结果深感不解。序列化都能正确进行，他们当然预期反序列化也是正确的。
>
> 如果应用程序使用 Assembly.LoadFrom 加载程序集，再对程序集中定义的类型进行序列化，那么在调用格式化器的 Deserialize 方法之前，我建议你实现一个方法，它的签名要匹配 System.ResolveEventHandler 委托，并向 System.AppDomain 的 AssemblyResolve 事件登记这个方法。(Deserialize 方法返回后，马上向事件注销这个方法。) 现在，每次格式化器加载一个程序集失败，CLR 都会自动调用你的 ResolveEventHandler 方法。加载失败的程序集的标识 (identity) 会传给这个方法。方法可以从程序集的标识中提取程序集文件名，并用这个名称来构造路径，使应用程序知道去哪里寻找文件。然后，方法可以调用 Assembly.LoadFrom 加载程序集，最后返回对结果程序集的引用。

24.2　使类型可序列化

　　设计类型时，设计人员必须民生郑重地决定是否允许类型的实例序列化。类型默认是不可序列化的。例如，以下代码可能不会像大家希望的那样工作：

```
internal struct Point { public Int32 x, y; }

private static void OptInSerialization() {
    Point pt = new Point { x = 1, y = 2 };
    using (var stream = new MemoryStream()) {
        new BinaryFormatter().Serialize(stream, pt); // 抛出 SerializationException
```

```
    }
}
```

在这种情况下，格式化器的 Serialize 方法会抛出 System.Runtime.Serialization.
SerializationException 异常。问题在于，Point 类型的开发人员没有显式地
指出 Point 对象可以序列化。为了解决这个问题，开发者必须像下面这样向类型
应用定制特性 System.SerializableAttribute(注意该特性在 System 而不是
System.Runtime.Serialization 命名空间中定义)。

```
[Serializable]
internal struct Point { public Int32 x, y; }
```

重新生成并运行，就会像预期的那样工作，Point 对象会顺利序列化到流中。序列
化对象图时，格式化器会确认每个对象的类型都是可序列化的。任何对象不可序列
化，格式化器的 Serialize 方法都会抛出 SerializationException 异常。

> **注意** 序列化对象图时，也许有的对象的类型能序列化，有的不能。考虑到性能，
> 在序列化之前，格式化器不会验证对象图中的所有对象都能序列化。所以，
> 序列化对象图时，在抛出 SerializationException 异常之前，完全有可
> 能已经有一部分对象序列化到流中。如果发生这种情况，流中就会包含已损
> 坏的数据。序列化对象图时，如果你认为也许有一些对象不可序列化，那
> 么写的代码应该能得体地从这种情况中恢复。一个方案是先将对象序列化
> 到一个 MemoryStream 中。然后，如果所有对象都成功序列化，就可以将
> MemoryStream 中的字节复制到你真正希望的目标流中(比如文件和网络)。

SerializableAttribute 这个定制特性只能应用于引用类型 (class)、值
类型 (struct)、枚举类型 (enum) 和委托类型 (delegate)。注意，枚举和委托类
型总是可序列化的，所以不必显式应用 SerializableAttribute 特性。此外，
SerializableAttribute 特性不会被派生类型继承。所以，如果给定以下两个类
型定义，那么 Person 对象可以序列化，Employee 对象则不可以：

```
[Serializable]
internal class Person { ... }

internal class Employee : Person { ... }
```

解决方案是也向 Employee 类型应用 SerializableAttribute 特性：

```
[Serializable]
internal class Person { ... }
```

```
[Serializable]
internal class Employee : Person { ... }
```

上述问题很容易修正,反之则不然。如果基类型没有应用 SerializableAttribute 特性,那么很难想象如何从它派生出可序列化的类型。但这样设计是有原因的;如果基类型不允许它的实例序列化,它的字段就不能序列化,因为基对象实际是派生对象的一部分。这正是为什么 System.Object 已经很体贴地应用了 SerializableAttribute 特性的原因。

注意 一般建议将你定义的大多数类型都设置成可序列化。毕竟,这样能为类型的用户提供很大的灵活性。但必须注意的是,序列化会读取对象的所有字段,不管这些字段声明为 public,protected,internal 还是 private。如果类型的实例要包含敏感或安全数据(比如密码),或者数据在转移之后便没有含义或者没有值,就不应使类型变得可序列化。

如果使用的类型不是为序列化而设计的,而且手上没有类型的源代码,无法从源头添加序列化支持,那么也不必气馁。在本章最后的 24.9 节中,会解释如何使任何不可序列化的类型变得可序列化。

24.3　控制序列化和反序列化

将 SerializableAttribute 定制特性应用于类型,所有实例字段 (public, private 和 protected 等) 都会被序列化[①]。但是,类型可能定义了一些不应序列化的实例字段。一般有两个原因造成我们不想序列化部分实例字段。

- 字段含有反序列化后变得无效的信息。例如,假定对象包含 Windows 内核对象 (比如文件、进程、线程、互斥体、事件、信号量等) 的句柄,那么在反序列化到另一个进程或另一台机器之后,就会失去意义。因为 Windows 内核对象是跟进程相关的值。
- 字段含有很容易计算的信息。这时应挑出那些无须序列化的字段,减少需要传输的数据,从而增强应用程序的性能。

以下代码使用 System.NonSerializedAttribute 定制特性指出类型中不应序列化的字段。注意,该特性也在 System(而非 System.Runtime.Serialization) 命名空间中定义。

[①]　在用 [Serializable] 特性标记的类型中,不要用 C# 语言的"自动实现的属性"功能来定义属性。这是由于字段名是由编译器自动生成的,而生成的名称每次重新编译代码时都不同。这会阻止类型被反序列化。详情参见 10.1.1 节"自动实现的属性"。

```
[Serializable]
internal class Circle {
    private Double m_radius; // 半径

    [NonSerialized]
    private Double m_area;     // 面积

    public Circle(Double radius) {
        m_radius = radius;
        m_area = Math.PI * m_radius * m_radius;
    }

    ...
}
```

在以上代码中，Circle 的对象可以序列化。但格式化器只会序列化对象的 m_radius 字段的值。m_area 字段的值不会被序列化，因为该字段应用了 NonSerializedAttribute 特性。注意，该特性只能应用于类型中的字段，而且会被派生类型继承。当然，可向一个类型中的多个字段应用 NonSerializedAttribute 特性。

假定代码像下面这样构造了一个 Circle 对象：

```
Circle c = new Circle(10);
```

在内部，m_area 字段会设置成一个约等于 314.159 的值。这个对象序列化时，只有 m_radius 字段的值 (10) 才会写入流。这正是我们希望的，但当流反序列化成 Circle 对象时，就会遇到一个问题。反序列化时，Circle 对象的 m_radius 字段会被设为 10，但它的 m_area 字段会被初始化成 0——而不是 314.159！

以下代码演示了如何修改 Circle 类型来修正这个问题：

```
[Serializable]
internal class Circle {
    private Double m_radius;  // 半径

    [NonSerialized]
    private Double m_area;     // 面积

    public Circle(Double radius) {
        m_radius = radius;
        m_area = Math.PI * m_radius * m_radius;
    }

    [OnDeserialized]
    private void OnDeserialized(StreamingContext context) {
        m_area = Math.PI * m_radius * m_radius;
    }
}
```

可以看出，修改过的 Circle 类包含一个标记了 System.Runtime.Serialization.
OnDeserializedAttribute 定制特性的方法 ①。每次反序列化类型的实例，格式
化器都会检查类型中是否定义了应用了该特性的方法。如果是，就调用该方法。调
用这个方法时，所有可序列化的字段都会被正确设置。在该方法中，可能需要访问
这些字段来执行一些额外的工作，从而确保对象的完全反序列化。

在上述 Circle 修改版本中，我调用 OnDeserialized 方法，使用 m_radius
字段来计算圆的面积，并将结果放到 m_area 字段中。这样 m_area 就有了我们希
望的值 (314.159)。

除了 OnDeserializedAttribute 这个定制特性，System.Runtime.Serialization
命名空间同时还定义了包括 OnSerializingAttribute、OnSerializedAttribute
和 OnDeserializingAttribute 在内的其他定制特性。可将它们应用于类型中定
义的方法，从而对序列化和反序列化过程进行更多的控制。在下面这个类中，这些
特性被应用于不同的方法：

```
[Serializable]
public class MyType {
    Int32 x, y; [NonSerialized] Int32 sum;

    public MyType(Int32 x, Int32 y) {
        this.x = x; this.y = y; sum = x + y;
    }

    [OnDeserializing]
    private void OnDeserializing(StreamingContext context) {
        // 举例：在这个类型的新版本中，为字段设置默认值
    }

    [OnDeserialized]
    private void OnDeserialized(StreamingContext context) {
        // 举例：根据字段值初始化瞬时状态（比如 sum 的值）
        sum = x + y;
    }

    [OnSerializing]
    private void OnSerializing(StreamingContext context) {
        // 举例：在序列化前，修改任何需要修改的状态
    }

    [OnSerialized]
```

---

① 若是要在对象反序列化时调用一个方法，System.Runtime.Serialization.OnDeserialized
定制特性是首选方案，而不是让类型实现 System.Runtime.Serialization.
IDeserializationCallback 接口的 OnDeserialization 方法。

```
    private void OnSerialized(StreamingContext context) {
        // 举例: 在序列化后, 恢复任何需要恢复的状态
    }
}
```

　　使用这 4 个属性中的任何一个时, 你定义的方法必须获取一个 **StreamingContext** 参数 (在本章后面的 24.6 节 "流上下文" 中讨论) 并返回 **void**。方法名可以是你希望的任何名称, 不一定要和属性名称相同。另外, 应将方法声明为 **private**, 以免它被普通的代码调用; 格式化器要以足够的安全权限运行, 使之可以调用私有方法。

> **注意**
>
> 序列化一组对象时, 格式化器首先调用对象标记了 **OnSerializing** 特性的所有方法。接着, 它序列化对象的所有字段。最后, 调用对象标记了 **OnSerialized** 特性的所有方法。类似地, 反序列化一组对象时, 格式化器首先调用对象标记了 **OnDeserializing** 特性的所有方法。然后, 它反序列化对象的所有字段。最后, 它调用对象标记了 **OnDeserialized** 特性的所有方法。
>
> 还要注意, 在反序列化期间, 当格式化器看到类型提供的一个方法标记了 **OnDeserialized** 特性时, 格式化器会将这个对象的引用添加到一个内部列表中。所有对象都反序列化之后, 格式化器反向遍历列表, 调用每个对象的 **OnDeserialized** 方法。调用这个方法后, 所有可序列化的字段都会被正确设置, 可以访问这些字段来执行任何必要的、进一步的工作, 从而将对象完整地反序列化。之所以要以相反的顺序调用这些方法, 是因为这样才能使内层对象先于外层对象完成反序列化。
>
> 例如, 假定一个集合对象 (比如 Hashtable 或 Dictionary) 内部用一个哈希表维护其数据项列表。集合对象类型可以实现一个标记了 **OnDeserialized** 特性的方法。即使集合对象先反序列化 (先于它包含的数据项), 它的 **OnDeserialized** 方法也会最后调用 (在调用完它的数据项的所有 **OnDeserialized** 方法之后)。这样一来, 所有数据项在反序列化后, 它们的所有字段都能得到正确的初始化, 以便计算出一个好的哈希码值。然后, 集合对象创建它的内部哈希桶, 并利用数据项的哈希码将数据项放到桶中。本章稍后的 24.5 节会提供一个例子, 它展示了 Dictionary 类如何利用这个技术。

　　如果序列化类型的实例, 在类型中添加新字段, 然后试图反序列化不包含新字段的对象, 格式化器会抛出 **SerializationException** 异常, 并显示一条消息告诉你流中要反序列化的数据包含错误的成员数目。这非常不利于版本控制, 因

为我们经常都要在类型的新版本中添加新的字段。值得庆幸的是，这时可以利用 System.Runtime.Serialization.OptionalFieldAttribute 特性。

类型中新增的每个字段都要应用 OptionalFieldAttribute 特性。然后，当格式化器看到该特性应用于一个字段时，就不会因为流中的数据不包含这个字段而抛出 SerializationException。

24.4 格式化器如何序列化类型实例

本节将深入探讨格式化器如何序列化对象的字段。掌握这些知识后，可以更容易地理解本章后面要解释的一些更高级的序列化和反序列化技术。

为了简化格式化器的操作，FCL 在 System.Runtime.Serialization 命名空间提供了一个 FormatterServices 类型。该类型只包含静态方法，而且该类型不能实例化。以下步骤描述了格式化器如何自动序列化类型应用了 SerializableAttribute 特性的对象。

1. 格式化器调用 FormatterServices 的 GetSerializableMembers 方法：

```
public static MemberInfo[] GetSerializableMembers(Type type, StreamingContext context);
```

这个方法利用反射获取类型的 public 和 private 实例字段 (标记了 NonSerializedAttribute 特性的字段除外)。方法返回由 MemberInfo 对象构成的数组，其中每个元素都对应一个可序列化的实例字段。

2. 对象被序列化，System.Reflection.MemberInfo 对象数组传给 FormatterServices 的静态方法 GetObjectData：

```
public static Object[] GetObjectData(Object obj, MemberInfo[] members);
```

这个方法返回一个 Object 数组，其中每个元素都标识了被序列化的那个对象中的一个字段的值。这个 Object 数组和 MemberInfo 数组是并行 (parallel) 的；换言之，Object 数组中的元素 0 是 MemberInfo 数组中的元素 0 所标识的那个成员的值。

3. 格式化器将程序集标识和类型的完整名称写入流中。

4. 格式化器随后遍历两个数组中的元素，将每个成员的名称和值写入流中。

以下步骤描述格式化器如何自动反序列化类型应用了 SerializableAttribute 特性的对象。

1. 格式化器从流中读取程序集标识和完整类型名称。如果程序集当前没有加载到 AppDomain 中，就加载它 (这一点前面已经讲过了)。如果程序集不能加载，就抛出一个 SerializationException 异常，对象不能反序列

化。如果程序集已加载，那么格式化器将程序集标识信息和类型全名传给
FormatterServices 的静态方法 GetTypeFromAssembly：

```
public static Type GetTypeFromAssembly(Assembly assem, String name);
```

这个方法返回一个 System.Type 对象，它代表要反序列化的那个对象的类型。

2. 格式化器调用 FormatterServices 的静态方法 GetUninitializedObject：

```
public static Object GetUninitializedObject(Type type);
```

这个方法为一个新对象分配内存，但不为对象调用构造器。然而，对象的
所有字节都被初始化为成 null 或 0。

3. 格式化器现在构造并初始化一个 MemberInfo 数组，具体做法和前面一样，
都是调用 FormatterServices 的 GetSerializableMembers 方法。这个
方法返回序列化好、现在需要反序列化的一组字段。

4. 格式化器根据流中包含的数据创建并初始化一个 Object 数组。

5. 将新分配对象、MemberInfo 数组以及并行 Object 数组 (其中包含字段值)
的引用传给 FormatterServices 的静态方法 PopulateObjectMembers：

```
public static Object PopulateObjectMembers(
    Object obj, MemberInfo[] members, Object[] data);
```

这个方法遍历数组，将每个字段初始化成对应的值。到此为止，对象就算
是被彻底反序列化了。

24.5 控制序列化 / 反序列化的数据

本章前面讨论过，控制序列化和反序列化过程的最佳方式就是使用 OnSerializing,
OnSerialized, OnDeserializing, OnDeserialized, NonSerialized 和
OptionalField 等特性。然而，在一些极少见的情况下，这些特性不能提供你想
要的全部控制。此外，格式化器内部使用的是反射，而反射的速度是比较慢的，会
增大序列化和反序列化对象所花的时间。为了对序列化 / 反序列化的数据进行完全
的控制，并避免使用反射，你的类型可实现 System.Runtime.Serialization.
ISerializable 接口，它的定义如下：

```
public interface ISerializable {
    void GetObjectData(SerializationInfo info, StreamingContext context);
}
```

这个接口只有一个方法，即 GetObjectData。但实现这个接口的大多数类型
还实现了一个特殊的构造器，我稍后会详细描述它。

注意　ISerializable 接口最大的问题在于，一旦类型实现了它，所有派生类型也
必须实现，而且派生类型必须保证调用基类的 GetObjectData 方法和特殊
构造器。此外，一旦类型实现了该接口，便永远不能删除它，否则会失去与
派生类型的兼容性。所以，密封类实现 ISerializable 接口是最让人放心的。
使用本章前面描述的各种定制特性，ISerializable 接口的所有问题都可以
避免。

注意　ISerializable 接口和特殊构造器旨在由格式化器使用。但其他代码可能调
用 GetObjectData 来返回敏感数据。另外，其他代码可能构造对象，并传
入损坏的数据。因此，建议向 GetObjectData 方法和特殊构造器应用以下
特性：

```
[SecurityPermissionAttribute(SecurityAction.Demand, SerializationFormatter = true)]
```

　　格式化器序列化对象图时会检查每个对象。如果发现一个对象的类型实现了
ISerializable 接口，就会忽略所有定制特性，改为构造新的 System.Runtime.
Serialization.SerializationInfo 对象。该对象包含了要为对象序列化的值的集合。

　　构造 SerializationInfo 对象时，格式化器要传递两个参数：Type 和
System.Runtime.Serialization.IFormatterConverter。Type 参数标识要序列
化的对象。唯一性地标识一个类型需要两个部分的信息：类型的字符串名称及其程
序集标识 (包括程序集名、版本、语言文化和公钥)。构造好的 SerializationInfo
对象包含类型的全名 (通过在内部查询 Type 的 FullName 属性)，这个字符串会
存储到一个私有字段中。为了获取类型的全名，可以查询 SerializationInfo 的
FullTypeName 属性。类似地，构造器获取类型的定义程序集 (通过在内部查询 Type
的 Module 属性，再查询 Module 的 Assembly 属性，再查询 Assembly 的 FullName
属性)，这个字符串会存储在一个私有字段中。为了获取程序集的标识，可以查询
SerializationInfo 的 AssemblyName 属性。

注意　虽然可以设置一个 SerializationInfo 的 FullTypeName 和 AssemblyName
属性，但不建议这样做。如果想更改被序列化的类型，建议调用
SerializationInfo 的 SetType 方法，传递对目标 Type 对象的引用。
调用 SetType 可确保类型的全名和定义程序集被正确设置。本章后面的
24.7 节 "类型序列化为不同类型，对象仅序列化为不同对象" 将展示调用
SetType 的一个例子。

构造好并初始化好 SerializationInfo 对象后，格式化器调用类型的 GetObjectData 方法，向它传递对 SerializationInfo 对象的引用。GetObjectData 方法决定需要哪些信息来序列化对象，并将这些信息添加到 SerializationInfo 对象中。GetObjectData 调用 SerializationInfo 类型提供的 AddValue 方法的众多重载版本之一来指定要序列化的信息。针对要添加的每个数据，都要调用一次 AddValue。

以下代码展示了 Dictionary<TKey, TValue> 类型如何实现 ISerializable 和 IDeserializationCallback 接口来控制其对象的序列化和反序列化：

```
[Serializable]
public class Dictionary<TKey, TValue>: ISerializable, IDeserializationCallback {
    // 私有字段放在这里（未列出）

    private SerializationInfo m_siInfo; // 只用于反序列化

    // 用于控制反序列化的特殊构造器（这是 ISerializable 需要的）
    [SecurityPermissionAttribute(SecurityAction.Demand, SerializationFormatter = true)]
    protected Dictionary(SerializationInfo info, StreamingContext context) {
        // 反序列化期间，为 OnDeserialization 保存 SerializationInfo
        m_siInfo = info;
    }

    // 用于控制序列化的方法
    [SecurityCritical]
    public virtual void GetObjectData(SerializationInfo info,
        StreamingContext context) {
        info.AddValue("Version", m_version);
        info.AddValue("Comparer", m_comparer, typeof(IEqualityComparer<TKey>));
        info.AddValue("HashSize", (m_ buckets == null) ? 0 : m_buckets.Length);
        if (m_buckets != null) {
            KeyValuePair<TKey, TValue>[] array = new KeyValuePair<TKey, TValue>[Count];
            CopyTo(array, 0);
            info.AddValue("KeyValuePairs", array,
                typeof(KeyValuePair<TKey, TValue>[]));
        }
    }

    // 所有 key/value 对象都反序列化好之后调用的方法
    public virtual void IDeserializationCallback.OnDeserialization(Object sender) {
        if (m_siInfo == null) return; // 从不设置，直接返回

        Int32 num = m_siInfo.GetInt32("Version");
        Int32 num2 = m_siInfo.GetInt32("HashSize");
        m_comparer = (IEqualityComparer<TKey>)
        m_siInfo.GetValue("Comparer", typeof(IEqualityComparer<TKey>));
        if (num2 != 0) {
```

```
            m_buckets = new Int32[num2];
            for (Int32 i = 0; i < m_buckets.Length; i++) m_buckets[i] = -1;
            m_entries = new Entry<TKey, TValue>[num2];
            m_freeList = -1;
            KeyValuePair<TKey, TValue>[] pairArray = (KeyValuePair<TKey, TValue>[])
              m_siInfo.GetValue("KeyValuePairs", typeof(KeyValuePair<TKey, TValue>[]));
            if (pairArray == null)
                ThrowHelper.ThrowSerializationException(
                    ExceptionResource.Serialization_MissingKeys);

            for (Int32 j = 0; j < pairArray.Length; j++) {
                if (pairArray[j].Key == null)
                    ThrowHelper.ThrowSerializationException(
                        ExceptionResource.Serialization_NullKey);

                Insert(pairArray[j].Key, pairArray[j].Value, true);
            }
        } else { m_buckets = null; }
        m_version = num;
        m_siInfo = null;
    }
}
```

　　每个 AddValue 方法都获取一个 String 名称和一些数据。数据一般是简单的值
类型，比如 Boolean、Char、Byte、SByte、Int16、UInt16、Int32、UInt32、
Int64、UInt64、Single、Double、Decimal 或 者 DateTime。 然 而， 还 可
以 在 调 用 AddValue 时 向 它 传 递 对 一 个 Object(比 如 一 个 String) 的 引 用。
GetObjectData 添加好所有必要的序列化信息之后，会返回至格式化器。

注意

> 务必调用 AddValue 方法的某个重载版本为自己的类型添加序列化信息。
> 如果一个字段的类型实现了 ISerializable 接口，就不要在字段上调用
> GetObjectData。相反，调用 AddValue 来添加字段；格式化器会注意到字
> 段的类型实现了 ISerializable，会帮你调用 GetObjectData。如果自己
> 在字段对象上调用 GetObjectData，格式化器便不知道在对流进行反序列化
> 时创建新对象。

　　现在，格式化器获取已添加到 SerializationInfo 对象的所有值，并把它们
都序列化到流中。注意，我们还向 GetObjectData 方法传递了另一个参数，也就
是对一个 System.Runtime.Serialization.StreamingContext 对象的引用。大
多数类型的 GetObjectData 方法都会完全忽略这个参数，所以我现在不准备讨论
它。相反，我准备把它放到本章后面的 24.6 节"流上下文"讨论。

知道了如何设置序列化所需的全部信息之后，再来看反序列化。格式化器从流中提取一个对象时，会为新对象分配内存（通过调用 System.Runtime.Serialize.FormatterServices 类型的静态 GetUninitializedObject 方法）。最初，这个对象的所有字段都设为 0 或 null。然后，格式化器检查类型是否实现了 ISerializable 接口。如果存在这个接口，格式化器就尝试调用一个特殊构造器，它的参数和 GetObjectData 方法的完全一致。

如果你的类是密封类，强烈建议将这个特殊构造器声明为 private。这样可防止任何代码不慎调用它，从而提升安全性。如果不是密封类，应该将这个特殊构造器声明为 protected，确保只有派生类才能调用。注意，无论这个特殊构造器是如何声明的，格式化器都能调用它。

构造器获取一个 SerializationInfo 对象引用。在这个 SerializationInfo 对象中，包含了对象序列化时添加的所有值。特殊构造器可调用 GetBoolean、GetChar、GetByte、GetSByte、GetInt16、GetUInt16、GetInt32、GetUInt32、GetInt64、GetUInt64、GetSingle、GetDouble、GetDecimal、GetDateTime、GetString 和 GetValue 等任何一个方法，向它传递与序列化一个值所用的名称对应的字符串。上述每个方法返回的值再用于初始化新对象的各个字段。

反序列化对象的字段时，应调用和对象序列化时传给 AddValue 方法的值的类型匹配的 Get 方法。换言之，如果 GetObjectData 方法调用 AddValue 时传递的是一个 Int32 值，那么在反序列化对象时，应该为同一个值调用 GetInt32 方法。如果值在流中的类型和你试图获取 (Get) 的类型不符，格式化器会尝试用一个 IFormatterConverter 对象将流中的值转型成你指定的类型。

前面我们说过，构造 SerializationInfo 对象时，要向它传递类型实现了 IFormatterConverter 接口的一个对象。由于是格式化器负责构造 SerializationInfo 对象，所以要由它选择它想要的 IFormatterConverter 类型。微软的 BinaryFormatter 和 SoapFormatter 类型总是构造 System.Runtime.Serialization.FormatterConverter 类型的实例。微软的格式化器没有提供任何方式让你选择不同的 IFormatterConverter 类型。

FormatterConverter 类型调用 System.Convert 类的各种静态方法在不同的核心类型之间对值进行转换，比如将一个 Int32 转换成一个 Int64。然而，为了在其他任意类型之间转换一个值，FormatterConverter 要调用 Convert 的 ChangeType 方法将序列化好的（或者原始的）类型转型为一个 IConvertible 接口，再调用恰当的接口方法。所以，要允许一个可序列化类型的对象反序列化成一个不同的类型，可考虑让自己的类型实现 IConvertible 接口。注意，只有在反序列化对象时调用一个 Get 方法，但发现它的类型和流中的值的类型不符时，才会使用 FormatterConverter 对象。

特殊构造器也可以不调用上面列出的各个 Get 方法，而是调用 GetEnumerator。该方法返回一个 System.Runtime.Serialization.SerializationInfoEnumerator 对象，可用该对象遍历 SerializationInfo 对象中包含的所有值。枚举的每个值都是一个 System.Runtime.Serialization.SerializationEntry 对象。

当然，完全可以定义自己的类型，让它从实现了 ISerializable 的 GetObjectData 方法和特殊构造器类型派生。如果大家的类型也实现了 ISerializable，那么在你实现的 GetObjectData 方法和特殊构造器中，必须调用基类中的同名方法，确保对象能正确序列化和反序列化。这一点务必牢记，否则对象是不能正确序列化和反序列化的。下一节将解释如何正确地定义基类型未实现 ISerializable 接口一个 ISerializable 类型。

如果大家的派生类型中没有任何额外的字段，因而没有特殊的序列化 / 反序列化需求，就完全不必实现 ISerializable。和所有接口成员相似，GetObjectData 是 virtual 的，调用它可以正确地序列化对象。此外，格式化器将特殊构造器视为"已虚拟化"（virtualized）。换言之，反序列化期间，格式化器会检查要实例化的类型。如果那个类型没有提供特殊构造器，格式化器会扫描基类，直到它找到实现了特殊构造器的一个类。

> **重要提示** ⚠️
>
> 特殊构造器中的代码一般从传给它的 SerializationInfo 对象中提取字段。提取字段后，不保证对象已完全反序列化，所以特殊构造器中的代码不应尝试操纵它提取的对象。
>
> 如果大家的类型必须访问提取的对象中的成员（比如调用方法），建议你的类型提供一个应用了 OnDeserialized 特性的方法，或者让类型实现 IDeserializationCallback 接口的 OnDeserialization 方法（就像前面的 Dictionary 示例中那样）。调用该方法时，所有对象的字段都已设置好。然而，对于多个对象来说，它们的 OnDeserialized 或 OnDeserialization 方法的调用顺序是没有保障的。所以，虽然字段可能已初始化，但你仍然不知道被引用的对象是否已完全反序列化好（如果那个被引用的对象也提供了一个 OnDeserialized 方法或者实现了 IDeserializationCallback）。

要实现 ISerializable 时却发现基类型没有实现，怎么办？

前面讲过，ISerializable 接口的功能非常强大，允许类型完全控制如何对类型的实例进行序列化和反序列化。但这个能力是有代价的：现在，该类型还要负责它的基类型的所有字段的序列化。如果基类型也实现了 ISerializable 接口，那么对基类型的字段进行序列化是很容易的。调用基类型的 GetObjectData 方法即可。

总有一天需要定义类型来控制它的序列化，但发现它的基类没有实现 ISerializable 接口。在这种情况下，派生类必须手动序列化基类的字段，具体的做法是获取它们的值，并把这些值添加到 SerializationInfo 集合中。然后，在你的特殊构造器中，还必须从集合中取出值，并以某种方式设置基类的字段。如果基类的字段是 public 或 protected 的，那么一切都很容易实现。但如果是 private 字段，就很难或者根本不可能实现。

以下代码演示了如何正确实现 ISerializable 的 GetObjectData 方法和它的隐含的构造器，使基类的字段能被序列化：

```
[Serializable]
internal class Base {
    protected String m_name = "Jeff";
    public Base() { /* Make the type instantiable */ }
}

[Serializable]
internal class Derived : Base, ISerializable {
    private DateTime m_date = DateTime.Now;
    public Derived() { /* Make the type instantiable*/ }

    // 如果这个构造器不存在，便会引发一个 SerializationException 异常、
    // 如果这个类不是密封类，这个构造器就应该是 protected 的
    [SecurityPermissionAttribute(SecurityAction.Demand, SerializationFormatter = true)]
    private Derived(SerializationInfo info, StreamingContext context) {
        // 为我们的类和基类获取可序列化的成员集合
        Type baseType = this.GetType().BaseType;
        MemberInfo[] mi = FormatterServices.GetSerializableMembers(baseType, context);

        // 从 info 对象反序列化基类的字段
        for (Int32 i = 0; i < mi.Length; i++) {
            // 获取字段，并把它设为反序列化好的值
            FieldInfo fi = (FieldInfo)mi[i];
            fi.SetValue(this, info.GetValue(baseType.FullName + "+" + fi.Name, fi.FieldType));
        }

        // 反序列化为这个类序列化的值
        m_date = info.GetDateTime("Date");
```

```
}

[SecurityPermissionAttribute(SecurityAction.Demand, SerializationFormatter = true)]
public virtual void GetObjectData(SerializationInfo info, StreamingContext context) {
    // 为这个类序列化希望的值
    info.AddValue("Date", m_date);

    // 获取我们的类和基类的可序列化的成员
    Type baseType = this.GetType().BaseType;
    MemberInfo[] mi = FormatterServices.GetSerializableMembers(baseType, context);

    // 将基类的字段序列化到 info 对象中
    for (Int32 i = 0; i < mi.Length; i++) {
        // 为字段名附加基类型全名作为前缀
        info.AddValue(baseType.FullName + "+" + mi[i].Name,
            ((FieldInfo)mi[i]).GetValue(this));
    }
}

public override String ToString() {
    return String.Format("Name={0}, Date={1}", m_name, m_date);
}
}
```

以上代码有一个名为 Base 的基类，它只用 SerializableAttribute 定制特性进行了标识。从 Base 派生的是 Derived 类，它除了也用 SerializableAttribute 特性进行标识，还实现了 ISerializable 接口。为了使局面变得更有趣，两个类都定义了名为 m_name 的一个 String 字段。调用 SerializationInfo 的 AddValue 方法时不能添加多个同名的值。在以上代码中，解决这个问题的方案是在字段名前附加类名作为前缀，从而对每个字段进行标识。例如，当 GetObjectData 方法调用 AddValue 来序列化 Base 的 m_name 字段时，写入的值的名称是"Base+m_name"。

24.6 流上下文

前面讲过，一组序列化好的对象可以有许多目的地，包括同一个进程、同一台机器上的不同进程、不同机器上的不同进程等。在一些比较少见的情况下，一个对象可能想要知道它会在什么地方反序列化，从而以不同的方式生成它的状态。例如，对于一个包装了 Windows 信号量 (semaphore) 的对象，如果它知道要反序列化到同一个进程中，那么可以决定对它的内核句柄 (kernel handle) 进行序列化，这是因为内核句柄在一个进程中有效。然而，如果要反序列化到同一台计算机的不同进程中，那么可以决定对信号量的字符串名称进行序列化。最后，如果要反序列化到不同计算机上的进程，那么可以决定抛出异常，因为信号量只在一台机器内有效。

本章提到的大量方法都接收一个 StreamingContext(流上下文)。StreamingContext 结构是一个非常简单的值类型，它只提供了两个公共只读属性，如表 24-1 所示。

表 24-1 StreamingContext 的公共只读属性

成员名称	成员类型	说明
State	StreamingContextStates	一组位标志 (bit flag)，指定要序列化 / 反序列化的对象的来源或目的地
Context	Object	一个对象引用，对象中包含用户希望的任何上下文信息

接收一个 StreamingContext 结构的方法能检查 State 属性的位标志，判断要序列化 / 反序列化的对象的来源或目的地。表 24-2 展示了可能的位标志值。

表 24-2 StreamingContextStates 的标志

标志名称	标志值	说明
CrossProcess	0x0001	来源或目的地是同一台机器的不同进程
CrossMachines	0x0002	来源或目的地在不同机器上
File	0x0004	来源或目的地是文件。不保证反序列化数据的是同一个进程
Persistence	0x0008	来源或目的地是存储 (store)，比如数据库或文件。不保证反序列化数据的是同一个进程
Remoting	0x0010	来源或目的地是远程的未知位置。这个位置可能在 (也可能不在) 同一台机器上
Other	0x0020	来源或目的地未知
Clone	0x0040	对象图被克隆。序列化代码可认为是由同一进程对数据进行反序列化，所以可安全地访问句柄或其他非托管资源
CrossAppDomain	0x0080	来源或目的地是不同的 AppDomain
All	0x00FF	来源或目的地可能是上述任何一个上下文。这是默认设定

知道如何获取这些信息后，接着讨论如何设置。IFormatter 接口 (同时由 BinaryFormatter 和 SoapFormatter 类型实现) 定义了 StreamingContext 类型的可读/可写属性 Context。构造格式化器时，格式化器会初始化它的 Context 属性，将 StreamingContextStates 设为 All，将对额外状态对象的引用设为 null。

格式化器构造好之后，就可以使用任何 StreamingContextStates 位标志来构造一个 StreamingContext 结构，并可选择传递一个对象引用 (对象中包含你需要的任何额外的上下文信息)。现在，在调用格式化器的 Serialize 或 Deserialize 方法之前，你只需要将格式化器的 Context 属性设为这个新的 StreamingContext 对象。在本章前面的 24.1 节 "序列化 / 反序列化快速入门" 中，已通过 DeepClone 方法演示了如何告诉格式化器，对一个对象图进行序列化 / 反序列化的唯一目的就是克隆对象图中的所有对象。

24.7 类型序列化为不同类型，对象反序列化为不同对象

.NET Framework 的序列化架构是相当全面的，本节要讨论如何设计类型将自己序列化或反序列化成不同的类型或对象。下面列举了一些有趣的例子。

- 有的类型 (比如 System.DBNull 和 System.Reflection.Missing) 设计成每个 AppDomain 一个实例。经常将这些类型称为单实例 (singleton) 类型。给定一个 DBNull 对象引用，序列化和反序列化它不应造成在 AppDomain 中新建一个 DBNull 对象。反序列化后，返回的引用应指向 AppDomain 中现有的 DBNull 对象。

- 对于某些类型 (例如 System.Type 和 System.Reflection.Assembly 以及其他反射类型，例如 MemberInfo)，每个类型、程序集或者成员等都只能有一个实例。例如，假定一个数组中的每个元素都引用一个 MemberInfo 对象，其中 5 个元素引用的都是一个 MemberInfo 对象。序列化和反序列化这个数组后，那 5 个元素引用的应该还是一个 MemberInfo 对象 (而不是分别引用 5 个不同的对象)。除此之外，这些元素引用的 MemberInfo 对象还必须实际对应于 AppDomain 中的一个特定成员。轮询 (polling) 数据库连接对象或者其他任何类型的对象时，这个功能也是很好用的。

- 对于远程控制的对象，CLR 序列化与服务器对象有关的信息。在客户端上反序列化时，会造成 CLR 创建一个代理对象。这个代理对象的类型有别于服务器对象的类型，但这对于客户端代码来说是透明的 (客户端不需要关心这个问题)。客户端直接在代理对象上调用实例方法。然后，代理代码内部会调用远程发送给服务器，由后者实际执行请求的操作。

下面来看看一些示例代码，它们展示了如何正确地序列化和反序列化单实例类型：

```csharp
// 每个 AppDomain 应该只有这个类型的一个实例
[Serializable]
public sealed class Singleton : ISerializable {
    // 这是该类型的一个实例
    private static readonly Singleton s_theOneObject = new Singleton();

    // 这些是实例字段
    public String Name = "Jeff";
    public DateTime Date = DateTime.Now;

    // 私有构造器，允许这个类型构造单实例
    private Singleton() { }

    // 该方法返回对单实例的引用
    public static Singleton GetSingleton() { return s_theOneObject; }

    // 序列化一个 Singleton 时调用的方法
    // 我建议在这里使用一个显式接口方法实现 (EIMI)
    [SecurityPermissionAttribute(SecurityAction.Demand, SerializationFormatter = true)]
    void ISerializable.GetObjectData(SerializationInfo info, StreamingContext context)
{
        info.SetType(typeof(SingletonSerializationHelper));
        // 不需要添加其他值
    }

    [Serializable]
    private sealed class SingletonSerializationHelper : IObjectReference {
        // 这个方法在对象（它没有字段）反序列化之后调用
        public Object GetRealObject(StreamingContext context) {
            return Singleton.GetSingleton();
        }
    }

    // 注意：特殊构造器是不必要的，因为它永远不会调用
}
```

Singleton 类所代表的类型规定每个 AppDomain 只能存在它的一个实例。以下代码测试 Singleton 的序列化和反序列化代码，保证 AppDomain 中只有 Singleton 类型的一个实例：

```csharp
private static void SingletonSerializationTest() {
    // 创建数组，其中多个元素引用一个 Singleton 对象
    Singleton[] a1 = { Singleton.GetSingleton(), Singleton.GetSingleton() };
    Console.WriteLine("Do both elements refer to the same object? "
      + (a1[0] == a1[1])); // "True"

    using (var stream = new MemoryStream()) {
```

```
        BinaryFormatter formatter = new BinaryFormatter();

        // 先序列化再反序列化数组元素
        formatter.Serialize(stream, a1);
        stream.Position = 0;
        Singleton[] a2 = (Singleton[])formatter.Deserialize(stream);

        // 证明它的工作和预期的一样:
        Console.WriteLine("Do both elements refer to the same object? "
            + (a2[0] == a2[1])); // "True"
        Console.WriteLine("Do all elements refer to the same object? "
            + (a1[0] == a2[0])); // "True"
    }
}
```

现在分析一下代码，理解具体发生的事情。Singleton 类型加载到 AppDomain
中时，CLR 调用它的静态构造器来构造一个 Singleton 对象，并将对它的引用保
存到静态字段 s_theOneObject 中。Singleton 类没有提供任何公共构造器，这
防止了其他任何代码构造该类的其他实例。

在 SingletonSerializationTest 中，我们创建包含两个元素的一个数组；
每个元素都引用 Singleton 对象。为了初始化两个元素，我们调用 Singleton
的静态 GetSingleton 方法。这个方法返回对一个 Singleton 对象的引用。对
Console 的 WriteLine 方法的第一个调用显示"True"，证明两个数组元素引用
同一个对象。

现在，SingletonSerializationTest 调用格式化器的 Serialize 方法序列化
数组及其元素。序列化第一个 Singleton 时，格式化器检测到 Singleton 类型实现
了 ISerializable 接口，并调用 GetObjectData 方法。这个方法调用 SetType,
向它传递 SingletonSerializationHelper 类型，告诉格式化器将 Singleton 对象
序列化成一个 SingletonSerializationHelper 对象。由于 AddValue 没有调用,
所以没有额外的字段信息写入流。由于格式化器自动检测出两个数组元素都引用一个
对象，所以格式化器只序列化一个对象。

序列化数组之后，SingletonSerializationTest 调用格式化器的 Deserialize
方法。对流进行反序列化时，格式化器尝试反序列化一个 SingletonSerializationHelper
对象，这是格式化器之前被"欺骗"所序列化的东西。事实上，这正是为什么
Singleton 类不提供特殊构造器的原因；实现 ISerializable 接口时通常都要求提
供这个特殊构造器。构造好 SingletonSerializationHelper 对象后，格式化器发
现这个类型实现了 System.Runtime.Serialization.IObjectReference 接口。这
个接口在 FCL 中是像下面这样定义的：

```
public interface IObjectReference {
    Object GetRealObject(StreamingContext context);
}
```

　　如果类型实现了这个接口，格式化器会调用 `GetRealObject` 方法。这个方法返回在对象反序列化好之后你真正想引用的对象。在我的例子中，`SingletonSerializationHelper` 类型让 `GetRealObject` 返回对 AppDomain 中已经存在的 `Singleton` 对象的一个引用。所以，当格式化器的 `Deserialize` 方法返回时，a2 数组包含两个元素，两者都引用 AppDomain 的 `Singleton` 对象。用于帮助进行反序列化的 `SingletonSerializationHelper` 对象立即变得"不可达"了 [1]，将来会被垃圾回收。

　　对 `WriteLine` 的第二个调用显示"True"，证明 a2 数组的两个元素都引用同一个对象。第三个 (也是最后一个)`WriteLine` 调用也显示"True"，证明两个数组中的元素引用的是同一个对象。

24.8 序列化代理

　　前面讨论了如何修改一个类型的实现，控制该类型如何对它本身的实例进行序列化和反序列化。然而，格式化器还允许不是"类型实现的一部分"的代码重写该类型"序列化和反序列化其对象"的方式。应用程序代码之所以要重写 (覆盖) 类型的行为，主要是出于两方面的考虑：

- 允许开发人员序列化最初没有设计成要序列化的类型；
- 允许开发人员提供一种方式将类型的一个版本映射到类型的一个不同的版本。

　　简单地说，为了使这个机制工作起来，首先要定义一个"代理类型"(surrogate type)，它接管对现有类型进行序列化和反序列化的行动。然后，向格式化器登记该代理类型的实例，告诉格式化器代理类型要作用于现有的哪个类型。一旦格式化器要对现有类型的实例进行序列化或反序列化，就调用由你的代理对象定义的方法。下面用一个例子演示这一切是如何工作的。

　　序列化代理类型必须实现 System.Runtime.Serialization.ISerializationSurrogate 接口，它在 FCL 中像下面这样定义：

```
public interface ISerializationSurrogate {
    void GetObjectData(Object obj, SerializationInfo info, StreamingContext context);

    Object SetObjectData(Object obj, SerializationInfo info, StreamingContext context,
        ISurrogateSelector selector);
}
```

[1] 译注：没有谁引用它了。

让我们分析使用了该接口的一个例子。假定程序含有一些 DateTime 对象，其中包含用户计算机的本地值。如果想把 DateTime 对象序列化到流中，同时希望值用国际标准时间 (世界时) 序列化，那么应该如何操作呢？这样一来，就可以将数据通过网络流发送给世界上其他地方的另一台机器，使 DateTime 值保持正确。虽然不能修改 FCL 自带的 DateTime 类型，但可以定义自己的序列化代理类，它能控制 DateTime 对象的序列化和反序列化方式。下面展示了如何定义代理类：

```
internal sealed class UniversalToLocalTimeSerializationSurrogate
        : ISerializationSurrogate {
   public void GetObjectData(Object obj, SerializationInfo info,
           StreamingContext context) {
       // 将 DateTime 从本地时间转换成 UTC
       info.AddValue("Date", ((DateTime)obj).ToUniversalTime().ToString("u"));
   }

   public Object SetObjectData(Object obj, SerializationInfo info,
       StreamingContext context,
       ISurrogateSelector selector) {
       // 将 DateTime 从 UTC 转换成本地时间
       return DateTime.ParseExact(info.GetString("Date"), "u", null).ToLocalTime();
   }
}
```

GetObjectData 方法在这里的工作方式与 ISerializable 接口的 GetObjectData 方法差不多。唯一的区别在于，ISerializationSurrogate 的 GetObjectData 方法要获取一个额外的参数 —— 对要序列化的 "真实" 对象的引用。在上述 GetObjectData 方法中，这个对象转型为 DateTime，值从本地时间转换为世界时，并将一个字符串 (使用通用完整日期 / 时间模式来格式化) 添加到 SerializationInfo 集合。

SetObjectData 方法用于反序列化一个 DateTime 对象。调用这个方法时要向它传递一个 SerializationInfo 对象引用。SetObjectData 从这个集合中获取字符串形式的日期，把它解析成通用完整日期 / 时间模式的字符串，然后将结果 DateTime 对象从世界时转换成计算机的本地时间。

传给 SetObjectData 第一个参数的 Object 有点儿奇怪。在调用 SetObjectData 之前，格式化器分配 (通过 FormatterServices 的静态方法 GetUninitializedObject) 要代理的那个类型的实例。实例的字段全是 0/null，而且没有在对象上调用构造器。SetObjectData 内部的代码为了初始化这个实例的字段，可以使用传入的 SerializationInfo 中的值，并让 SetObjectData 返回 null。另外，SetObjectData 可以创建一个完全不同的对象，甚至创建不同类型的对象，并返回对新对象的引用。在这种情况下，格式化器会忽略对传给 SetObjectData 的对象的任何更改。

在我的这个例子中，UniversalToLocalTimeSerializationSurrogate 类扮演了 DateTime 类型的代理的角色。DateTime 是值类型，所以 obj 参数引用一个 DateTime 的已装箱实例。大多数值类型中的字段都无法更改（值类型本来就设计成"不可变"），所以我的 SetObjectData 方法会忽略 obj 参数，并返回一个新的 DateTime 对象，其中已装好了期望的值。

此时，大家肯定会问，序列化 / 反序列化一个 DateTime 对象的时候，格式化器怎么知道要用这个 ISerializationSurrogate 类型呢？以下代码对 UniversalToLocalTimeSerializationSurrogate 类进行了测试：

```
private static void SerializationSurrogateDemo() {
    using (var stream = new MemoryStream()) {
        // 1. 构造所需的格式化器
        IFormatter formatter = new SoapFormatter();

        // 2. 构造一个 SurrogateSelector( 代理选择器 ) 对象
        SurrogateSelector ss = new SurrogateSelector();

        // 3. 告诉代理选择器为 DateTime 对象使用我们的代理
        ss.AddSurrogate(typeof(DateTime), formatter.Context,
            new UniversalToLocalTimeSerializationSurrogate());
        // 注意：AddSurrogate 可多次调用来登记多个代理

        // 4. 告诉格式化器使用代理选择器
        formatter.SurrogateSelector = ss;

        // 创建一个 DateTime 来代表机器上的本地时间，并序列化它
        DateTime localTimeBeforeSerialize = DateTime.Now;
        formatter.Serialize(stream, localTimeBeforeSerialize);

        // stream 将 Universal 时间作为一个字符串显示，证明能正常工作
        stream.Position = 0;
        Console.WriteLine(new StreamReader(stream).ReadToEnd());

        // 反序列化 Universal 时间字符串，并且把它转换成本地 DateTime
        stream.Position = 0;
        DateTime localTimeAfterDeserialize = (DateTime)formatter.Deserialize(stream);

        // 证明它能正确工作
        Console.WriteLine("LocalTimeBeforeSerialize ={0}", localTimeBeforeSerialize);
        Console.WriteLine("LocalTimeAfterDeserialize={0}", localTimeAfterDeserialize);
    }
}
```

步骤 1 到步骤 4 执行完成后，格式化器就准备好使用已登记的代理类型。

调用格式化器的 Serialize 方法时，会在 SurrogateSelector 维护的集合 (一个哈希表) 中查找 (要序列化的) 每个对象的类型。如果发现一个匹配，就调用 ISerializationSurrogate 对象的 GetObjectData 方法来获取应该写入流的信息。

格式化器的 Deserialize 方法在调用时，会在格式化器的 SurrogateSelector 中查找要反序列化的对象的类型。如果发现一个匹配，就调用 ISerializationSurrogate 对象的 SetObjectData 方法来设置要反序列化的对象中的字段。

SurrogateSelector 对象在内部维护了一个私有哈希表。调用 AddSurrogate 时，Type 和 StreamingContext 构成了哈希表的键 (key)，对应的值 (value) 就是 ISerializationSurrogate 对象。如果已经存在和要添加的 Type/StreamingContext 相同的一个键，AddSurrogate 会抛出一个 ArgumentException。通过在键中包含一个 StreamingContext，可以登记一个代理类型对象，它知道如何将 DateTime 对象序列化 / 反序列化到一个文件中；再登记一个不同的代理对象，它知道如何将 DateTime 对象序列化 / 反序列化到一个不同的进程中。

> **注意**
>
> BinaryFormatter 类有一个 bug，会造成代理无法序列化循环引用的对象。为了解决这个问题，需要将对自己的 ISerializationSurrogate 对象的引用传给 FormatterServices 的静态 GetSurrogateForCyclicalReference 方法。该方法返回一个 ISerializationSurrogate 对象。然后，可以将对这个对象的引用传给 SurrogateSelector 的 AddSurrogate 方法。但要注意，使用 GetSurrogateForCyclicalReference 方法时，代理的 SetObjectData 方法必须修改 SetObjectData 的 obj 参数所引用的对象中的值，而且最后要向调用方法返回 null 或 obj。在本书的配套资源中，有一个例子展示了如何修改 UniversalToLocalTimeSerializationSurrogate 类和 SerializationSurrogateDemo 方法来支持循环引用。

代理选择器链

多个 SurrogateSelector 对象可链接到一起。例如，可以让一个 SurrogateSelector 对象维护一组序列化代理，这些序列化代理 (surrogate) 用于将类型序列化成代理 (proxy)[①]，以便通过网络传送，或者跨越不同的 AppDomain 传送。还可以让另一个 SurrogateSelector 对象维护一组序列化代理，这些序列化代理用于将版本 1 的类型转换成版本 2 的类型。

---

① 译注：两个"代理"是不同的概念。surrogate 对象负责序列化，而 proxy 对象负责跨越 AppDomain 边界访问对象 (参见 22.2 "AppDomain"节)。

如果有多个希望格式化器使用的 SurrogateSelector 对象，必须把它们链接到一个链表中。SurrogateSelector 类型实现了 ISurrogateSelector 接口，该接口定义了三个方法。这些方法全部跟链接有关。下面展示了 ISurrogateSelector 接口是如何定义的：

```
public interface ISurrogateSelector {
    void ChainSelector(ISurrogateSelector selector);
    ISurrogateSelector GetNextSelector();
    ISerializationSurrogate GetSurrogate(Type type, StreamingContext context,
        out ISurrogateSelector selector);
}
```

ChainSelector 方法紧接在当前操作的 ISurrogateSelector 对象 (this 对象) 之后插入一个 ISurrogateSelector 对象。GetNextSelector 方法返回对链表中的下一个 ISurrogateSelector 对象的引用；如果当前操作的对象是链尾，就返回 null。

GetSurrogate 方法在 this 所代表的 ISurrogateSelector 对象中查找一对 Type/StreamingContext。如果没有找到 Type/StreamingContext 对，就访问链中的下一个 ISurrogateSelector 对象，以此类推。如果找到一个匹配项，GetSurrogate 将返回一个 ISerializationSurrogate 对象，该对象负责对找到的类型进行序列化/反序列化。除此之外，GetSurrogate 还会返回包含匹配项的 ISurrogateSelector 对象；一般都用不着这个对象，所以一般会将其忽略。如果链中所有 ISurrogateSelector 对象都不包含匹配的一对 Type/StreamingContext，GetSurrogate 将返回 null。

注意　FCL 定义了一个 ISurrogateSelector 接口，还定义了一个实现了该接口的 SurrogateSelector 类型。然而，只有在一些非常罕见的情况下，我们才需要定义自己的类型来实现 ISurrogateSelector 接口。实现 ISurrogateSelector 接口的唯一原因就是将类型映射到另一个类型时需要更大的灵活性。例如，大家可能希望以一种特殊方式序列化从一个特定基类继承的所有类型。System.Runtime.Remoting.Messaging.RemotingSurrogateSelector 类 就是一个很好的例子。出于远程访问 (remoting) 目的而序列化对象时，CLR 使用 RemotingSurrogateSelector 来格式化对象。这个代理选择器 (surrogate selector) 以一种特殊方式序列化从 System.MarshalByRefObject 派生的所有对象，确保反序列化会造成在客户端创建代理对象 (proxy object)。

24.9 反序列化对象时重写程序集 / 类型

序列化对象时，格式化器输出类型及其定义程序集的全名。反序列化对象时，格式化器根据这个信息确定要为对象构造并初始化什么类型。前面讨论了如何利用 ISerializationSurrogate 接口来接管特定类型的序列化和反序列化工作。实现了 ISerializationSurrogate 接口的类型与特定程序集中的特定类型关联。

但有的时候，ISerializationSurrogate 机制的灵活性显得有点不足。在下面列举的情形中，有必要将对象反序列化成和序列化时不同的类型。

- 开发人员可能想把一个类型的实现从一个程序集移动到另一个程序集。例如，程序集版本号的变化造成新程序集有别于原始程序集。
- 服务器对象序列化到发送给客户端的流中。客户端处理流时，可以将对象反序列化成完全不同的类型，该类型的代码知道如何向服务器的对象发出远程方法调用。
- 开发人员创建了类型的新版本，想把已序列化的对象反序列化成类型的新版本。

利用 System.Runtime.Serialization.SerializationBinder 类，可以非常简单地将一个对象反序列化成不同类型。为此，要先定义自己的类型，让它从抽象类 SerializationBinder 派生。在下面的代码中，假定你的版本 1.0.0.0 的程序集定义了名为 Ver1 的类，并假定程序集的新版本定义了 Ver1ToVer2SerializationBinder 类，还定义了名为 Ver2 的类：

```
internal sealed class Ver1ToVer2SerializationBinder : SerializationBinder {
    public override Type BindToType(String assemblyName, String typeName) {
        // 将任何 Ver1 对象从版本 1.0.0.0 反序列化成一个 Ver2 对象

        // 计算定义 Ver1 类型的程序集名称
        AssemblyName assemVer1 = Assembly.GetExecutingAssembly().GetName();
        assemVer1.Version = new Version(1, 0, 0, 0);

        // 如果从 v1.0.0.0 反序列化 Ver1 对象，就把它转变成一个 Ver2 对象
        if (assemblyName == assemVer1.ToString() && typeName == "Ver1")
                return typeof(Ver2);

        // 否则，就只返回请求的同一个类型
        return Type.GetType(String.Format("{0}, {1}", typeName, assemblyName));
    }
}
```

现在，在构造好格式化器之后，构造 Ver1ToVer2SerializationBinder 的实例，并设置格式化器的可读 / 可写属性 Binder，让它引用绑定器 (binder) 对象。

设置好 Binder 属性后，调用格式化器的 Deserialize 方法。在反序列化期间，格式化器发现已设置了一个绑定器。每个对象要反序列化时，格式化器都调用绑定器的 BindToType 方法，向它传递程序集名称以及格式化器想要反序列化的类型。然后，BindToType 判断实际应该构建什么类型，并返回这个类型。

注意　SerializationBinder 类还可以重写 BindToName 方法，从而在序列化对象时更改程序集/类型信息，这个方法看起来像下面这样：

```
public virtual void BindToName(Type serializedType,
    out string assemblyName, out string typeName)
```

序列化期间，格式化器调用这个方法，传递它想要序列化的类型。然后，你可以通过两个 out 参数返回真正想要序列化的程序集和类型。如果两个 out 参数返回 null 和 null(默认实现就是这样的)，就不执行任何更改。

第 25 章

与 WinRT 组件互操作

本章内容：

- CLR 投射与 WinRT 组件类型系统规则
- 框架投射
- 用 C# 语言定义 WinRT 组件

从 Windows 8/8.1 开始引入了一个新类库，应用程序可通过它访问操作系统功能。类库正式名称是 Windows 运行时 (Windows Runtime，WinRT)，其组件通过 WinRT 类型系统访问。首次发布时，WinRT 的许多目标都和 CLR 相同，例如简化应用程序开发，以及允许代码用不同编程语言实现以简化互操作。特别是，微软支持在原生 C/C++、JavaScript(通过微软的 "Chakra" JavaScript 虚拟机) 和 C# 语言 / Visual Basic 语言 (通过 CLR) 中使用 WinRT 组件。

图 25-1 展示了 Windows 的 WinRT 组件所公开的功能，以及可以访问它们的微软语言。对于用原生 C/C++ 实现的应用程序，开发人员必须为每种 CPU 架构 (x86，x64 和 ARM) 单独编译代码。相比之下，.NET 开发人员只需编译一次 (编译成 IL，CLR 自行将其编译成与主机 CPU 对应的本机代码)。JavaScript 应用程序则自带了源代码，"Chakra" 虚拟机解析这些源代码，把它编译成与主机 CPU 对应的本机代码。其他公司也可制作能与 WinRT 组件互操作的语言和环境。

Windows Store 应用和桌面应用程序可以通过 WinRT 组件来利用操作系统的功能。Windows 配套提供的 WinRT 组件数量比 .NET Framework 类库小多了。但设计就是这样的，组件的目的是公开操作系统最擅长的事情，也就是对硬件和跨应用程序的功能进行抽象。所以，大多数 WinRT 组件都只是公开了功能，比如存储、联网、图形、媒体、安全性、线程处理等。而其他核心语言服务 (比如字符串操作) 和较复杂的框架 (比如 LINQ) 不是由操作系统提供，而是由访问 WinRT 组件的语言提供。

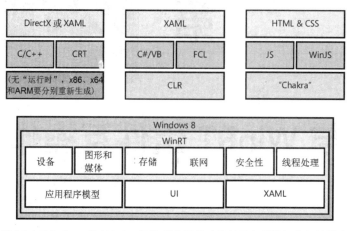

图 25-1 Windows 的 WinRT 组件所公开的功能以及各种访问它们的语言

WinRT 组件内部作为"组件对象模型"(Component Object Model，COM) 组件来实现，后者是微软于 1993 年推出的技术。COM 当年被认为过于复杂，规则过于难解，是一个很让人头疼的编程模型。但 COM 实际是有许多亮点的。多年来，微软对其进行了大量修订，显著地进行了简化。微软对 WinRT 组件又进行了一个很大的调整，不是使用类库来描述 COM 组件的 API，而是使用元数据。你没有看错，WinRT 组件使用由 ECMA 协会标准化的 .NET 元数据格式 (ECMA-335) 来描述其API。

这个元数据格式正是本书一直在讨论的。元数据比类库更有表现力，而且 CLR 已经对元数据有了全面理解。此外，CLR 从一开始就通过运行时可调用包装器 (Runtime Callable Wrapper，RCW) 和 COM 可调用包装器 (COM Callable Wrapper，CCW) 实现了与 COM 组件的互操作。这使在 CLR 顶部运行的语言 (如 C#) 能无缝地与 WinRT 类型和组件进行互操作。

在 C# 语言中引用 WinRT 对象，实际获得的是对一个 RCW 的引用，RCW 内部引用了 WinRT 组件。类似地，将 CLR 对象传给 WinRT API，实际传递的是 CCW 引用，CCW 内部容纳了对 CLR 对象的引用。

WinRT 组件将元数据嵌入扩展名为 .winmd 的文件中 (winmd 代表 Windows MetaData)。Windows 搭载的 WinRT 组件将元数据存储到各种 Windows.*.winmd 文件中，这些文件可在 %WinDir%\System32\WinMetadata 目录中找到。生成应用程序时，要引用在以下目录安装的 Windows.winmd 文件：

```
%ProgramFiles(x86)%\Windows Kits\8.1\References\
    CommonConfiguration\Neutral\Windows.winmd
```

Windows Runtime 类型系统的一个主要设计目标是使开发人员能使用他们擅长的技术、工具、实践以及约定写应用。为此，有的 WinRT 功能被投射[①]成对应的开发技术。针对 .NET Framework 开发人员主要有两种投射。

- CLR 投射

  CLR 投射由 CLR 隐式执行，通常和元数据的重新解释有关。下一节会讨论 WinRT 组件类型系统规则以及 CLR 如何将这些规则投射给 .NET Framework 开发人员。

- Framework 投射

  Framework 投射由你的代码显式执行，这是通过 FCL 新引入的 API 来执行的。如果 WinRT 类型系统和 CLR 类型系统差异太大，造成 CLR 不能隐式地投射，就需要用到 Framework 投射。本章稍后会讨论这种投射。

25.1　CLR 投射与 WinRT 组件类型系统规则

就像 CLR 强制遵循一个类型系统，WinRT 组件也遵循自己的类型系统。CLR 看到一个 WinRT 类型时，通常允许通过 CLR 的一般化 COM 互操作技术来使用该类型。但有时 CLR 会隐藏 WinRT 类型 (将其动态设为私有)。然后，CLR 通过一个不同的类型来公开该类型。在内部，CLR 会查找特定的类型 (通过元数据)，然后将这些类型映射成 FCL 的类型。要获得 CLR 隐式投射到 FCL 类型的完整 WinRT 类型列表，请访问 http://msdn.microsoft.com/en-us/library/windows/apps/hh995050.aspx。

WinRT 类型系统的核心概念

WinRT 类型系统在功能上不如 CLR 类型系统丰富。下面总结 WinRT 类型系统的核心概念以及 CLR 如何投射它们。

- 文件名和命名空间　.winmd 文件本身的名称必须和包含 WinRT 组件的命名空间匹配。例如，Wintellect.WindowsStore.winmd 文件必须在 `Wintellect.WindowsStore` 命名空间或者它的子命名空间中定义 WinRT 组件。由于 Windows 系统不区分大小写，所以仅大小写不同的命名空间是不允许的。另外，WinRT 组件不能与命名空间同名。

- 通用基类型　WinRT 组件不共享一个通用基类。CLR 投射一个 WinRT 类型时，感觉 WinRT 就像是从 `System.Object` 派生，因此所有 WinRT 类

---

① 译注：本章所说的投射 (projection) 和映射 (mapping) 是一回事。

型都会继承所有公共方法，包括 `ToString`、`GetHashCode`、`Equals` 和 `GetType`。所以，在通过 C# 语言使用 WinRT 对象时，对象看起来是从 `System.Object` 派生，可在代码中到处传递 WinRT 对象而不会出任何问题。还可调用"继承"的方法，例如 `ToString`。

- 核心数据类型 WinRT 类型系统支持核心数据类型，包括 `Boolean`，无符号字节、16/32/64 位有符号和无符号整数、单精度和双精度浮点数、16 位字符、字符串和 `void`[①]。和 CLR 一样，其他所有数据类型都由这些核心数据类型合成。

- 类 WinRT 是面向对象的类型系统，这意味着 WinRT 组件支持数据抽象、继承和多态[②]。但有的语言 (如 JavaScript) 不支持类型继承。为了迎合这些语言，几乎没有 WinRT 组件会利用继承。这意味着它们也没有利用多态。事实上，只有除 JavaScript 之外的其他语言所用的 WinRT 组件才会利用继承和多态。在随 Windows 发布的 WinRT 组件中，只有 XAML 组件 (用于创建 UI) 才利用了继承和多态。用 JavaScript 写的应用程序使用 HTML 和 CSS 来创建 UI。

- 结构 WinRT 支持结构 (值类型)，它们的实例跨越 COM 互操作边界按值封送。和 CLR 的值类型不同，WinRT 结构只能包含核心数据类型或其他 WinRT 结构类型的公共字段[③]。另外，WinRT 结构不能有任何构造器或辅助方法 (helper method)。为方便起见，CLR 将某些操作系统 WinRT 结构投射成原生 CLR 类型，后者确实提供了构造器和辅助方法。CLR 开发人员会觉得这些投射的类型更亲切。例子包括 `Windows.Foundation` 命名空间中定义的 `Point`、`Rect`、`Size` 和 `TimeSpan` 结构。

- 可空结构 WinRT API 可公开可空结构 (值类型)。CLR 将 WinRT 的 `Windows.Foundation.IReference<T>` 接口投射成 CLR 的 `System.Nullable<T>` 类型。

- 枚举 枚举值作为有符号或无符号 32 位整数传递。用 C# 定义枚举类型，基础类型要么是 `int`，要么是 `uint`。另外，有符号 32 位枚举被看成是离散值，而无符号 32 位枚举被看成是可以 OR 到一起的标志值。

- 接口 对于 WinRT 接口的成员，其参数和返回类型只能是 WinRT 兼容的类型。

- 方法 WinRT 提供了对方法重载的有限支持。具体地说，由于 JavaScript 使用动态类型，所以它分辨不了仅参数类型有区别的方法。例如，JavaScript

---

[①] WinRT 不支持有符号字节。
[②] 数据抽象实际是被强制的，因为 WinRT 类不允许有公共字段。
[③] 枚举也可以，但枚举本质上是 32 位整数。

允许向原本期待字符串的方法传递数字。但 JavaScript 确实能区分获取一个
参数和获取两个参数的方法 。此外，WinRT 不支持操作符重载方法和默认
参数值。另外，实参只能在封送进入或外出 (marshal in or out) 之间选择一个，
永远都不能两者同时进行 (marshal in and out)。这意味着不能向方法实参应
用 ref，但应用 out 就是可以的。欲知详情，请参考下个列表的"数组"项目。

- 属性　WinRT 属性的数据类型只能指定 WinRT 兼容类型。WinRT 不支持有
  参属性或只写属性。

- 委托　WinRT 委托类型只能为参数类型和返回类型指定 WinRT 组件。向
  WinRT 组件传递一个委托时，委托对象会用一个 CCW 包装，在使用它的
  WinRT 组件释放 CCW 之前，该委托对象不会被垃圾回收。WinRT 委托无
  BeginInvoke 和 EndInvoke 方法。

- 事件　WinRT 组件可通过一个 WinRT 委托类型公开事件。由于大多数
  WinRT组件都密封 (无继承)，WinRT 定义了一个 TypedEventHandler 委托，
  其 sender 参数是泛型类型 (而不是 System.Object)。

```
public delegate void TypedEventHandler<TSender, TResult>(TSender sender,
    TResult args);
```

还有一个 Windows.Foundation.EventHandler<T> WinRT 委托类型，
CLR 把它投射成大家熟悉的 .NET Framework 的 System.EventHandler<T>
委托类型。

- 异常　和 COM 组件一样，WinRT 组件幕后用 HRESULT 值 (具有特殊语义的
  32 位整数) 指明其状态。CLR 将 Windows.Foundation.HResult 类型的
  WinRT 值投射成异常对象。WinRT API 返回已知的、代表错误的 HRESULT
  值时，CLR 会抛出对应的 Exception 派生类实例。例如，HRESULT
  0x8007000e(E_OUTOFMEMORY) 映射成 System.OutOfMemoryException。
  其他 HRESULT 值造成 CLR 抛出 System.Exception 对象，其 HResult 属
  性将包含 HRESULT 值。用 C# 实现的 WinRT 组件可以直接抛出所需类型的
  异常，CLR 会把它自动转换成恰当的 HRESULT 值。要获得对 HRESULT 值的
  完全控制，可构造异常对象，将你想要的 HRESULT 值赋给对象的 HResult
  属性，再抛出对象。

- 字符串　当然可以在 WinRT 和 CLR 类型系统之间传递不可变的字符串。但
  WinRT 类型系统不允许字符串为 null 值。向 WinRT API 的字符串参数传
  递 null，CLR 会检测到这个动作并抛出 ArgumentNullException。相反，
  应该用 String.Empty 向 WinRT API 传递空字符串。字符串以传引用的方
  式传给 WinRT API；传入时被固定 (pinned)，返回时解除固定 (unpinned)。

从 WinRT API 返回 CLR 时，字符串总是被拷贝。将 CLR 字符串数组 (String[]) 传入或传出 WinRT API 时，会生成包含其所有字符串元素的数组拷贝。传入或返回的是这个拷贝。

- 日期和时间 WinRT Windows.Foundation.DateTime 结构代表的是一个 UTC 日期/时间。CLR 将 WinRT DateTime 结构投射成 .NET Framework 的 System.DateTimeOffset 结构，这是因为 DateTimeOffset 优于 .NET Framework 的 System.DateTime 结构。在生成的 DateTimeOffset 实例中，CLR 将从 WinRT 组件返回的 UTC 日期/时间转换成本地时间。相反，CLR 将一个 DateTimeOffet 作为 UTC 时间传给 WinRT API。

- URI CLR 将 WinRT Windows.Foundation.Uri 类型投射成 .NET Framework 的 System.Uri 类型。向 WinRT API 传递一个 .NET Framework URI 时，CLR 发现它是相对 URI 会抛出一个 ArgumentException。WinRT 只支持绝对 URI。URI 总是跨越互操作边界进行拷贝。

- IClosable/IDisposable CLR 将 WinRT Windows.Foundation.IClosable 接口 (仅有一个 Close 方法) 投射成 .NET Framework 的 System.IDisposable 接口 (及其 Dispose 方法)。注意，执行 I/O 操作的所有 WinRT API 都是异步实现的。由于 IClosable 接口的方法称为 Close 而不是 CloseAsync，所以 Close 方法绝对不能执行任何 I/O 操作。这在语义上有别于 .NET Framework 的 Dispose 方法。对于 .NET Framework 实现的类型，调用 Dispose 是可以执行 I/O 操作的。而且事实上，它经常导致先将缓冲数据写入再关闭设备。但 C# 代码在某个 WinRT 类型上调用 Dispose 时，I/O(比如将缓冲数据写入) 是不会执行的，所以有丢失数据的风险。这一点务必引起重视。写包装了输出流的 WinRT 组件时，必须显式调用方法来防止数据丢失。例如，使用 DataWriter 时必须记得调用它的 StoreAsync 方法。

- 数组 WinRT API 支持一维零基数组。WinRT 能将数组元素封送进入方法，或者从方法中封送出去 (marshal in or out)，永远不能两者同时进行 (marshal in and out)。所以，不能将数组传入 WinRT API，让 API 修改数组元素，再在 API 返回后访问修改的元素。[①] 但我说的只是一个应该遵守的协定。该协定没有得到强制贯彻，所以有的投射可能同时封送传入传出数组内容。这一般是为了改善性能。例如，如果数组包含结构，CLR 会直接固定 (pin) 数组，

[①] 这意味着无法实现像 System.Array 的 Sort 方法这样的 API。有趣的是，所有语言 (C、C++、C#、Visual Basic 和 JavaScript) 都支持传入和传出数组元素，但 WinRT 类型系统就是不允许。

把它传给 WinRT API，返回后再解除固定 (unpin)。在这个过程中，实际是传入数组内容，由 WinRT API 修改内容，然后返回修改的内容。但在这个例子中，WinRT API 违反了协定，其行为是得不到保证的。事实上，在进程外运行的一个 WinRT 组件上调用 API 就肯定行不通。

- 集合　向 WinRT API 传递集合时，CLR 用一个 CCW 来包装集合对象，然后将 CCW 引用传给 WinRT API。WinRT 代码在 CCW 上调用一个成员时，调用线程要跨越互操作边界，造成一定的性能损失。和数组不同，这意味着将集合传给 WinRT API 后，API 可以现场操作集合，不会创建集合元素的拷贝。表 25-1 总结了 WinRT 集合接口以及 CLR 如何把它们投射到 .NET 应用程序代码。

表 25-1　WinRT 集合接口和投射的 CLR 集合类型

WinRT 集合类型 (Windows.Foundation.Collections 命名空间)	投射的 CLR 集合类型 (System.Collections.Generic 命名空间)
IIterable<T>	IEnumerable<T>
IVector<T>	IList<T>
IVectorView<T>	IReadOnlyList<T>
IMap<K, V>	IDictionary<TKey, TValue>
IMapView<K, V>	IReadOnlyDictionary<TKey, TValue>
IKeyValuePair<K, V>	KeyValuePair<TKey, TValue>

从上述列表可以看出，CLR 团队进行了大量工作，尽量保证了 WinRT 类型系统和 CLR 类型系统之间的无缝互操作，使托管代码的开发人员能在代码中更好地利用 WinRT 组件。[1]

25.2 框架投射

在 CLR 不能将一个 WinRT 类型隐式投射给 .NET Framework 开发人员的时候，开发人员就必须显式使用框架投射。主要有三种需要进行框架投射的技术：异步编程、WinRT 流和 .NET Framework 流之间的互操作以及需要在 CLR 和 WinRT API 之间传输数据块的时候。后续的小节将分别讨论这三种框架投射。由于许多应用程序

---

[1]　欲知详情，请访问 http://msdn.microsoft.com/en-us/library/windows/apps/hh995050.aspx 并下载 CLR and the Windows Runtime.docx 文档 (也可以从本书中文版配套资源中获取，网址是 https://bookzhou.com)。

都要使用这些技术，所以有必要很好地理解和高效地使用它们。

25.2.1 从 .NET 代码中调用异步 WinRT API

线程以同步方式执行 I/O 操作时，线程可能阻塞不确定的时间 (记住，"同步" 意味着一个操作开始后，必须等待它完成，才能进行下一个操作)。GUI 线程等待一个同步 I/O 操作时，应用程序 UI 会停止响应用户的输入，比如触摸、鼠标和手写笔事件，造成用户对应用程序感到厌烦。为了防止应用程序出现不响应的情况，执行 I/O 操作的 WinRT 组件通过异步 API 公开其功能。事实上，凡是 CPU 计算时间可能超过 50 毫秒的功能，WinRT 组件都通过异步 API 来公开该功能。本书第 V 部分"线程处理"将详细讨论如何构建响应灵敏的应用程序。

由于如此多的 WinRT API 都是异步的，所以为了高效地使用它们，需要理解如何通过 C# 语言与它们互操作。例如以下代码：

```
public void WinRTAsyncIntro() {
   IAsyncOperation<StorageFile> asyncOp =
               KnownFolders.MusicLibrary.GetFileAsync("Song.mp3");
   asyncOp.Completed = OpCompleted;
   // 可选：在之后某个时间调用 asyncOp.Cancel()
}

// 注意：回调方法通过 GUI 或线程池线程执行
private void OpCompleted(IAsyncOperation<StorageFile> asyncOp, AsyncStatus status) {
   switch (status) {
     case AsyncStatus.Completed: // 处理结果
        StorageFile file = asyncOp.GetResults(); /* Completed... */ break;

     case AsyncStatus.Canceled: // 处理取消
        /* Canceled... */ break;

     case AsyncStatus.Error: // 处理异常
        Exception exception = asyncOp.ErrorCode; /* Error... */ break;
   }
   asyncOp.Close();
}
```

WinRTAsyncIntro 方法调用 WinRT GetFileAsync 方法在用户的音乐库中查找文件。执行异步操作的所有 WinRT API 名称都要以 Async 结尾，而且都要返回类型实现了 WinRT IAsyncXxx 接口的对象；本例使用的接口是 IAsyncOperation<TResult>，其中 TResult 是 WinRT StorageFile 类型。我将对该对象的引用放到名为 asyncOp 的变量中，代表等待进行的异步操作。代码必须通过某种方式接收操作完成通知。为此，必须实现一个回调方法 (本例是 OpCompleted)，创建对它的委托，并将委托赋给 asyncOp 变量的 Completed 属性。

现在，一旦操作结束，就会由某个线程 (不一定是 GUI 线程) 调用回调方法。如果操作在将委托赋给 Completed 属性之前便结束了，系统会尽快安排对回调方法的调用。换言之，这里发生了竞态条件 (race condition)，但实现 IAsyncXxx 接口的对象帮你解决了竞态，确保代码能正常工作。

就像 WinRTAsyncIntro 方法最后的注释所说的，要取消正在等待进行的操作，可以选择调用所有 IAsyncXxx 接口都有提供的 Cancel 方法。所有异步操作结束都是因为三个原因之一：操作成功完成、操作被显式取消或者操作出错。异步操作因为上述任何原因而结束时，系统都会调用回调方法，向其传递和原始 XxxAsync 方法返回的一样的对象引用，同时传递一个 AsyncStatus。在 OpCompleted 方法中，我检查 status 参数，分别处理成功完成、显式取消和出错的情况[①]。还要注意，处理好操作因为各种原因而结束的情况之后，应该调用 IAsyncXxx 接口对象的 Close 方法进行清理。

图 25-2 展示了各种 WinRT IAsyncXxx 接口。主要的 4 个接口都从 IAsyncInfo 接口派生。其中，两个 IAsyncAction 接口使你知道操作在什么时候结束，但这些操作没有返回值 (GetResults 的返回类型是 void)。而两个 IAsyncOperation 接口不仅使你知道操作在什么时候结束，还能获取它们的返回值 (GetResults 方法具有泛型 TResult 返回类型)。

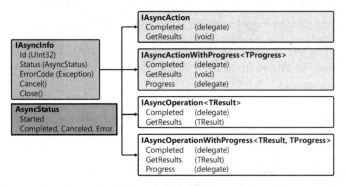

图 25-2　和执行异步 I/O 与计算操作有关的 WinRT 接口

两个 IAsyncXxxWithProgress 接口允许代码接收异步操作期间的定期进度更新。大多数异步操作都不提供进度更新，但有的会 (比如后台下载和上传)。接收定时进度更新要求定义另一个回调方法，创建引用它的委托，并将委托赋给 IAsyncXxxWithProgress 对象的 Progress 属性。回调方法被调用时，会向其传递类型与泛型 TProgress 类型匹配的实参。

---

① IAsyncInfo 接口提供了一个 Status 属性，其中包含的值和传给回调方法的 status 参数的值是一样的。但由于参数以传值方式传递，所以访问参数的速度比查询 IAsyncInfo 接口的 Status 属性快 (查询属性要求通过一个 RCW 来调用 WinRT API)。

.NET Framework 使用 System.Threading.Tasks 命名空间的类型来简化异步操作。我将在第 27 章"计算限制的异步操作"解释这些类型以及如何用它们执行计算操作，在第 28 章"I/O 限制的异步操作"解释如何用它们执行 I/O 操作。除此之外，C# 语言提供了 async 关键字和 await 关键字，允许使用顺序编程模型来执行异步操作，从而大幅简化了编码。

以下代码重写了之前的 WinRTAsyncIntro 方法该版本利用 .NET Framework 提供的一些扩展方法，将 WinRT 异步编程模型转变成更方便的 C# 编程模型：

```
using System;       // 为了使用 WindowsRuntimeSystemExtensions 中的扩展方法，
                    // 这些扩展方法称为框架投射扩展方法
.
.
.
public async void WinRTAsyncIntro() {
   try {
      StorageFile file = await KnownFolders.MusicLibrary.GetFileAsync("Song.mp3");
      /* Completed... */
   }
   catch (OperationCanceledException) { /* Canceled... */ }
   catch (SomeOtherException ex) { /* Error... */ }
}
```

C# 语言的 await 操作符导致编译器在 GetFileAsync 方法返回的 IAsyncOperation<StorageFile> 接口上查找 GetAwaiter 方法。该接口没有提供 GetAwaiter 方法，所以编译器查找扩展方法。幸好，.NET Framework 团队在 System.Runtime.WindowsRuntime.dll 中提供了能在任何一个 WinRT IAsyncXxx 接口上调用的大量扩展方法：

```
namespace System {
   public static class WindowsRuntimeSystemExtensions {
      public static TaskAwaiter GetAwaiter(
         this IAsyncAction source);
      public static TaskAwaiter GetAwaiter<TProgress>(
         this IAsyncActionWithProgress<TProgress> source);
      public static TaskAwaiter<TResult> GetAwaiter<TResult>(
         this IAsyncOperation<TResult> source);
      public static TaskAwaiter<TResult> GetAwaiter<TResult, TProgress>(
         this IAsyncOperationWithProgress<TResult, TProgress> source);
   }
}
```

所有这些方法都在内部构造一个 TaskCompletionSource，并告诉 IAsyncXxx 对象在异步操作结束后调用一个回调方法来设置 TaskCompletionSource 的最终状态。这些扩展方法返回的 TaskAwaiter 对象才是 C# 语言最终所等待的。异步操作结束后，**TaskAwaiter** 对象通过与原始线程关联的 **SynchronizationContext**(第 28 章 "I/O 限制的异步操作" 讨论) 确保代码继续执行。然后，线程执行 C# 编译器生成的代码。这些代码查询 **TaskCompletionSource** 的 **Task** 的 **Result** 属性来返回结果 (本例是一个 **StorageFile**)，在取消的情况下抛出 **OperationCanceledException**，或在出错的情况下抛出其他异常。要了解这些方法的内部工作过程，请参考本节末尾的代码。

刚才展示的只是调用异步 WinRT API 并发现其结果的一般情况。我展示了如何知道发生了取消，但没有展示如何真正地取消操作，也没有展示如何处理进度更新。为了正确处理取消和进度更新，不要让编译器自动调用某个 **GetAwaiter** 扩展方法，而要显式调用同样在 **WindowsRuntimeSystemExtensions** 类中定义的某个 **AsTask** 扩展方法：

```
namespace System {
  public static class WindowsRuntimeSystemExtensions {
    public static Task AsTask<TProgress>(this IAsyncActionWithProgress<TProgress> source,
      CancellationToken cancellationToken, IProgress<TProgress> progress);

    public static Task<TResult> AsTask<TResult, TProgress>(
      this IAsyncOperationWithProgress<TResult, TProgress> source,
      CancellationToken cancellationToken, IProgress<TProgress> progress);

    // 未显示更简单的重载
  }
}
```

现在就可以对程序进行最后的完善了。下面展示了如何调用异步 WinRT API，并在需要的时候正确使用取消和进度更新功能：

```
using System; // 为了 WindowsRuntimeSystemExtensions 的 AsTask
using System.Threading; // 为了 CancellationTokenSource

internal sealed class MyClass {
  private CancellationTokenSource m_cts = new CancellationTokenSource();

  // 注意: 如果由 GUI 线程调用, 所有代码都通过 GUI 线程执行
  private async void MappingWinRTAsyncToDotNet(WinRTType someWinRTObj) {
    try {
      // 假定 XxxAsync 返回 IAsyncOperationWithProgress<IBuffer, UInt32>
      IBuffer result = await someWinRTObj.XxxAsync(...)
        .AsTask(m_cts.Token, new Progress<UInt32>(ProgressReport));
      /* Completed... */
    }
    catch (OperationCanceledException) { /* Canceled... */ }
    catch (SomeOtherException) { /* Error... */ }
```

```
    }

    private void ProgressReport(UInt32 progress) { /* Update progress... */ }

    public void Cancel() { m_cts.Cancel(); } // 以后某个时间调用
}
```

有些读者想要知道这些 AsTask 方法内部如何将一个 WinRT IAsyncXxx 转换成最终可以等待的一个 .NET Framework Task。以下代码展示了最复杂的 AsTask 方法在内部如何实现。当然，更简单的重载实现起来更简单：

```
public static Task<TResult> AsTask<TResult, TProgress>(
    this IAsyncOperationWithProgress<TResult, TProgress> asyncOp,
    CancellationToken ct = default(CancellationToken),
    IProgress<TProgress> progress = null) {

    // 在 CancellationTokenSource 取消时取消异步操作
    ct.Register(() => asyncOp.Cancel());

    // 在异步操作报告进度时，报告给进度回调
    asyncOp.Progress = (asyncInfo, p) => progress.Report(p);

    // 这个 TaskCompletionSource 监视异步操作结束
    var tcs = new TaskCompletionSource<TResult>();

    // 在异步操作结束时通知 TaskCompletionSource①。
    // 届时，正在等待 TaskCompletionSource 的代码重新获得控制权
    asyncOp.Completed = (asyncOp2, asyncStatus) => {
        switch (asyncStatus) {
            case AsyncStatus.Completed: tcs.SetResult(asyncOp2.GetResults()); break;
            case AsyncStatus.Canceled: tcs.SetCanceled(); break;
            case AsyncStatus.Error: tcs.SetException(asyncOp2.ErrorCode); break;
        }
    };

    // 调用代码等待这个返回的 Task 时，它调用 GetAwaiter，后者
    // 用一个 SynchronizationContext 包装 Task，确保异步操作
    // 在 SynchronizationContext 对象的上下文中结束
    return tcs.Task;
}
```

25.2.2 WinRT 流和 .NET 流之间的互操作

许多 .NET Framework 类都要求操作 System.IO.Stream 派生类型，包括序列化和 LINQ to XML 等。只有使用 System.IO.WindowsRuntimeStorageExtensions

---

① 译注：或者说向这个 TaskCompletionSource 发信号。

类定义的扩展方法，实现了 WinRT **IStorageFile** 或 **IStorageFolder** 接口的 WinRT 对象才能和要求 **Stream** 派生类型的 .NET Framework 类一起使用：

```
namespace System.IO { // 在 System.Runtime.WindowsRuntime.dll 中定义
   public static class WindowsRuntimeStorageExtensions {
      public static Task<Stream> OpenStreamForReadAsync(this IStorageFile file);
      public static Task<Stream> OpenStreamForWriteAsync(this IStorageFile file);

      public static Task<Stream> OpenStreamForReadAsync(
               this IStorageFolder rootDirectory,
               String relativePath);
      public static Task<Stream> OpenStreamForWriteAsync(
               this IStorageFolder rootDirectory,
               String relativePath,
               CreationCollisionOption creationCollisionOption);
   }
}
```

下例使用扩展方法打开一个 WinRT **StorageFile**，将内容读入一个 .NET Framework **XElement** 对象：

```
async Task<XElement> FromStorageFileToXElement(StorageFile file) {
   using (Stream stream = await file.OpenStreamForReadAsync()) {
      return XElement.Load(stream);
   }
}
```

最后，**System.IO.WindowsRuntimeStreamExtensions** 类提供了一些扩展方法能将 WinRT 流接口 (如 **IRandomAccessStream**、**IInputStream** 和 **IOutputStream**) "转型" 为 .NET Framework 的 **Stream** 类型，或者反向转换：

```
namespace System.IO { // 在 System.Runtime.WindowsRuntime.dll 中定义
   public static class WindowsRuntimeStreamExtensions {
      public static Stream AsStream(this IRandomAccessStream winRTStream);
      public static Stream AsStream(this IRandomAccessStream winRTStream,
                                    Int32 bufferSize);

      public static Stream AsStreamForRead(this IInputStream winRTStream);
      public static Stream AsStreamForRead(this IInputStream winRTStream,
                                           Int32 bufferSize);

      public static Stream AsStreamForWrite(this IOutputStream winRTStream);
      public static Stream AsStreamForWrite(this IOutputStream winRTStream,
                                            Int32 bufferSize);

      public static IInputStream AsInputStream (this Stream clrStream);
      public static IOutputStream AsOutputStream(this Stream clrStream);
   }
```

```
}
```

下例使用扩展方法将一个 WinRT `IInputStream` "转型" 为 .NET Framework `Stream` 对象。

```
XElement FromWinRTStreamToXElement(IInputStream winRTStream) {
    Stream netStream = winRTStream.AsStreamForRead();
    return XElement.Load(netStream);
}
```

注意，.NET Framework 提供的 "转型" 扩展方法幕后不仅仅是执行转型。具体地说，将 WinRT 流转换成 .NET Framework 流时，会在托管堆中为 WinRT 流隐式创建一个缓冲区。结果是大多数操作都向这个缓冲区写入，不需要跨越互操作边界，这提升了性能。涉及大量小的 I/O 操作 (比如解析 XML 文档) 时，性能的提升尤其明显。

使用 .NET Framework 流投射的好处是，在同一个 WinRT 流实例上多次执行一个 `AsStreamXxx` 方法，不用担心会创建多个相互没有连接的缓冲区，造成向一个缓冲区写入的数据在另一个那里看不见。.NET Framework 的 API 确保每个流对象都有唯一的适配器实例，所有用户共享同一个缓冲区。

虽然默认缓冲区大多数时候都能在性能与内存使用之间获得较好的平衡，但有时还是希望调整缓冲区的大小 (而不是默认的 16 KB)。这时可以使用 `AsStreamXxx` 方法的重载版本来达到目的。例如，如果知道要长时间操作一个很大的文件，同时不会使用其他太多的缓冲流，就可为自己的流请求一个很大的缓冲区来获得进一步的性能提升。相反，有的应用程序要求低网络延迟，这时可能希望确保除非应用程序显式请求，否则不要从网络读取更多的字节。这时可考虑完全禁用缓冲区。为 `AsStreamXxx` 方法指定零字节的缓冲区，就不会创建缓冲区对象了。

25.2.3 在 CLR 和 WinRT 之间传输数据块

要尽量使用上一节讨论的框架投射，因为它们有不错的性能。但有时需要在 CLR 和 WinRT 组件之间传递原始数据块 (raw blocks)。例如，WinRT 的文件和套接字流组就要求读写原始数据块。另外，WinRT 的加密组件要对数据块进行加密和解密，位图像素也要用原始数据块来维护。

.NET Framework 获取数据块的方式一般是通过字节数组 (`Byte[]`)，或者通过流 (比如在使用 `MemoryStream` 类的时候)。当然，字节数组和 `MemoryStream` 对象都不能直接传给 WinRT 组件。所以，WinRT 定义了 `IBuffer` 接口，实现该接口的对象代表可传给 WinRT API 的原始数据块。WinRT `IBuffer` 接口是这样定义的：

```
namespace Windows.Storage.Streams {
```

```
public interface IBuffer {
    UInt32 Capacity { get; }      // 缓冲区最大大小 ( 以字节为单位 )
    UInt32 Length { get; set; }   // 缓冲区当前使用的字节数
}
}
```

如你所见，**IBuffer** 对象定义了缓冲区的最大大小和实际长度。但奇怪的是，它没有提供实际在缓冲区中读写数据的方式。这主要是由于 WinRT 类型不能在其元数据中表示指针，因为指针不能很好地映射到部分语言 (比如 JavaScript 和安全 C# 代码)。所以，**IBuffer** 对象实际只是在 CLR 和 WinRT API 之间传递内存地址的一种方式。为了访问内存地址处的字节，需要使用一个名为 **IBufferByteAccess** 的内部 COM 接口。注意这是 COM 接口 (因为返回指针) 而不是 WinRT 接口。.NET Framework 团队为这个 COM 接口定义了一个内部 RCW，如下所示：

```
namespace System.Runtime.InteropServices.WindowsRuntime {
    [Guid("905a0fef-bc53-11df-8c49-001e4fc686da")]
    [InterfaceType(ComInterfaceType.InterfaceIsIUnknown)]
    [ComImport]
    internal interface IBufferByteAccess {
        unsafe Byte* Buffer { get; }
    }
}
```

CLR 内部获取 **IBuffer** 对象，查询其 **IBufferByteAccess** 接口，再查询 **Buffer** 属性来获得指向缓冲区中的字节数据的不安全指针。利用该指针就能直接访问字节。

为了防止开发人员写出不安全的代码来操作指针，FCL 包含一个 **WindowsRuntimeBufferExtensions** 类，它定义了大量扩展方法，.NET Framework 开发人员可以显式调用这些方法在 CLR 字节数组和传给 WinRT **IBuffer** 对象的流之间传递数据块。为了调用这些扩展方法，要求我们在源代码中添加 **using System.Runtime.InteropServices.WindowsRuntime;** 指令。

```
namespace System.Runtime.InteropServices.WindowsRuntime {
    public static class WindowsRuntimeBufferExtensions {
        public static IBuffer AsBuffer(this Byte[] source);
        public static IBuffer AsBuffer(this Byte[] source, Int32 offset, Int32 length);
        public static IBuffer AsBuffer(this Byte[] source, Int32 offset, Int32 length,
                Int32 capacity);
        public static IBuffer GetWindowsRuntimeBuffer(this MemoryStream stream);
        public static IBuffer GetWindowsRuntimeBuffer(this MemoryStream stream, Int32
                position, Int32 length);
    }
}
```

所以，要将一个 **Byte[]** 传给需要一个 **IBuffer** 的 WinRT API，只需在 **Byte[]**

数组上调用 AsBuffer。这实际是将对 Byte[] 的引用包装到实现了 IBuffer 接口的对象中；Byte[] 数组的内容不会被复制，所以效率很高。类似地，对于包装了公共 Byte[] 数组缓冲区的一个 MemoryStream 对象，只需在它上面调用 GetWindowsRuntimeBuffer 就可以将对 MemoryStream 的缓冲区的引用包装到一个实现了 IBuffer 接口的对象中。缓冲区内容同样不会被复制，所以效率很高。以下方法演示了这两种情况：

```
private async Task ByteArrayAndStreamToIBuffer(IRandomAccessStream winRTStream, Int32 count) {
  Byte[] bytes = new Byte[count];
  await winRTStream.ReadAsync(bytes.AsBuffer(),
              (UInt32)bytes.Length, InputStreamOptions.None);
  Int32 sum = bytes.Sum(b => b); // 访问从 Byte[] 读取的字节

  using (var ms = new MemoryStream())
  using (var sw = new StreamWriter(ms)) {
    sw.Write("This string represents data in a stream");
    sw.Flush();
    UInt32 bytesWritten =
            await winRTStream.WriteAsync(ms.GetWindowsRuntimeBuffer());
  }
}
```

WinRT 的 **IRandomAccessStream** 接口实现了 WinRT 的 **IInputStream** 接口，后者的定义如下所示。

```
namespace Windows.Storage.Streams {
  public interface IInputStream : IDisposable {
    IAsyncOperationWithProgress<IBuffer, UInt32> ReadAsync(
        IBuffer buffer,
        uint count,
        InputStreamOption options)
  }
}
```

在代码中调用 AsBuffer 或 GetWindowsRuntimeBuffer 扩展方法时，这些方法将来源对象包装到实现了 IBuffer 接口的一个类的对象中。然后，CLR 为该对象创建一个 CCW，并将 CCW 传给 WinRT API。一旦 WinRT API 查询 **IBufferByteAccess** 接口的 Buffer 属性，获取指向基础字节数组的指针，字节数组就会被固定 (pinned)，其地址返回给 WinRT API 以便访问数据。一旦 WinRT API 内部在 **IBufferByteAccess** 接口上调用 COM 的 **Release** 方法，字节数组就会解除固定 (unpinned)。

调用返回一个 **IBuffer** 的 WinRT API 时，数据本身可能在本机 (native) 内存中，需要以某种方式从托管代码中访问这些数据。这时需要借助于

WindowsRuntimeBufferExtensions 类定义的其他扩展方法：

```
namespace System.Runtime.InteropServices.WindowsRuntime {
  public static class WindowsRuntimeBufferExtensions {
    public static Stream AsStream(this IBuffer source);
    public static Byte[] ToArray(this IBuffer source);
    public static Byte[] ToArray(this IBuffer source,
            UInt32 sourceIndex, Int32 count);

    // 未显示: CopyTo 方法在一个 IBuffer 和一个 Byte[] 之间传输字节
    // 未显示: GetByte, IsSameData 方法
  }
}
```

　　AsStream 方法创建包装了来源 IBuffer 的一个 Stream 派生对象。调用 Stream 的 Read、Write 和其他类似的方法，即可访问该 IBuffer 的数据。ToArray 方法在内部分配一个 Byte[]，将来源 IBuffer 中的所有字节复制到 Byte[] 中；注意该扩展方法可能会占用大量内存和 CPU 时间。

　　WindowsRuntimeBufferExtensions 类还提供了 CopyTo 方法的几个重载版本，能在一个 IBuffer 和一个 Byte[] 之间复制数据。还提供了一个 GetByte 方法，能每次从 IBuffer 中获取一个字节。IsSameData 方法则比较两个 IBuffer 对象的内容，判断内容是否完全一样。大多数应用程序都不需要调用这些方法。

　　.NET Framework 定义了一个 System.Runtime.InteropServices.WindowsRuntimeBuffer 类，允许创建字节在托管堆中的 IBuffer 对象。对应地，WinRT 组件 Windows.Storage.Streams.Buffer 允许创建字节在本机 (native) 堆中的 IBuffer 对象。大多数 .NET Framework 开发人员都不需要在代码中显式使用这两个类。

25.3　用 C# 语言定义 WinRT 组件

　　本章一直在讲述如何在 C# 语言中使用现有的 WinRT 组件。但也可定义自己的 WinRT 组件，以便原生 C/C++、C#/Visual Basic、JavaScript 和其他语言使用这些组件。但有的时候是不为也，非不能也。例如，如果唯一的使用者就是在 CLR 顶部运行的其他托管语言，那么用 C# 语言定义的 WinRT 组件就没有什么意义。这是由于 WinRT 类型系统功能少得多，相比 CLR 的类型系统限制太大。

　　用 C# 语言定义能由原生 C/C++ 代码使用的 WinRT 组件也没有啥意义。一般情况下，应用程序关心性能和内存消耗时才会用原生 C/C++ 来实现。这时不太可能使用由托管代码实现的 WinRT 组件，否则就要被迫在进程中加载 CLR，增大内存消耗和降低性能 (因为要进行垃圾回收和 JIT 编译)。所以，大多数 WinRT 组件 (比如随

Windows 提供的那些) 都是用原生代码实现的。当然, 如果原生 C++ 应用的某些部分对性能不敏感, 就可考虑利用 .NET Framework 的功能来提高开发效率。例如, 必应地图 Bing Maps 用原生 C++ 语言和 DirectX 绘制 UI, 但业务逻辑用 C# 实现。

所以, 我认为用 C# 语言实现的 WinRT 组件最佳应用场合就是: Windows Store 应用的开发人员用 HTML 和 CSS 构建 UI。然后, 使用 JavaScript 代码将 UI 和用 C# WinRT 组件实现的业务逻辑 "粘合" 起来。还有一个应用场合是在 HTML/JavaScript 应用中使用现有的 FCL 功能 (比如 WCF)。HTML/JavaScript 开发人员已习惯了浏览器引擎造成的性能损失和内存消耗, 所以基本上能接受使用 CLR 造成的额外性能损失和内存消耗。

用 C# 语言定义 WinRT 组件首先要在微软 Visual Studio 中创建 "Windows 运行时组件" 项目。创建的其实是一个普通的类库项目, 但 C# 编译器会自动添加 /t:winmdobj 命令行开关来生成 .winmdobj 文件。文件中会插入一些和平时不同的 IL 代码。例如, WinRT 组件采用和 CLR 不同的方式为事件添加和删除委托。所以, 如果指定了这个编译器开关, 编译器就会为事件的添加和删除方法生成不同的代码。本节稍后会展示如何显式地实现事件的添加和删除方法。

编译器生成 .winmdobj 文件后将启动 WinMD 实用程序 (WinMDExp.exe)[①], 向它传递由编译器生成的 .winmdobj, .pdb 和 .xml (doc) 文件。WinMDExp.exe 实用程序检查文件的元数据, 确保你的类型符合本章开头讨论的 WinRT 类型系统的各种规则。实用程序还会修改 .winmdobj 文件中的元数据; 它一点儿都不会碰 IL 代码。具体地说, 实用程序只是将 CLR 类型映射到等价的 WinRT 类型。例如, 对 .NET Framework IList<String> 类型的引用被更改为 WinRT 的 IVector<String> 类型。WinMDExp.exe 输出的是可供其他语言使用的 .winmd 文件。

> **重要提示** ⚠️
>
> 托管代码使用同样用托管代码写成的 WinRT 组件时, CLR 将其视为普通的托管组件。也就是说, CLR 不会创建 CCW 和 RCW, 不通过这些包装器来调用 WinRT API。这显著增强了性能。但在测试组件时, API 的调用方式有别于从其他语言 (如原生 C/C++ 或 JavaScript) 调用时的方式。所以, 除了性能和内存消耗不能反映实际情况, 托管代码还能向要求一个 String 的 WinRT API 传递 null 而不引发 ArgumentNullException。另外, 用托管代码实现的 WinRT API 可操作传入的数组, 调用者能在 API 返回时看到更改过的数组内容。而一般情况下, WinRT 类型系统禁止修改传给 API 的数组。还有其他未列出的差异, 所以务必小心。

---

① 译注: WinMDExp 是 Windows Metadata Exporter 的简称。

可用 .NET Framework 的 IL 反汇编器工具 (ILDasm.exe) 检查 .winmd 文件的内容。ILDasm.exe 默认显示文件的原始内容。但它支持用 /project 命令行开关显示将 WinRT 类型投射成 .NET Framework 等价类型之后的元数据。

以下代码演示了如何用 C# 语言实现各种 WinRT 组件。组件利用了本章讨论的许多功能，我用大量注释解释了具体发生的事情。用 C# 语言实现 WinRT 组件时，建议把它作为模板使用：

扫码查看

```
/*************************************************************************
Module:  WinRTComponents.cs
Notices: Copyright (c) 2012 by Jeffrey Richter
*************************************************************************/

using System;
using System.Collections.Generic;
using System.Linq;
using System.Runtime.InteropServices.WindowsRuntime;
using System.Threading;
using System.Threading.Tasks;
using Windows.Foundation;
using Windows.Foundation.Metadata;

// The namespace MUST match the assembly name and cannot be "Windows"
namespace Wintellect.WinRTComponents {
   // [Flags]  // Must not be present if enum is int; required if enum is uint
   public enum WinRTEnum : int {    // Enums must be backed by int or uint
     None,
     NotNone
   }


   // Structures can only contain core data types, String, & other structures
   // No constructors or methods are allowed
   public struct WinRTStruct {
     public Int32 ANumber;
     public String AString;
     public WinRTEnum AEnum;    // Really just a 32-bit integer
   }


   // Delegates must have WinRT-compatible types in the signature (no BeginInvoke/EndInvoke)
   public delegate String WinRTDelegate(Int32 x);


   // Interfaces can have methods, properties, & events but cannot be generic.
   public interface IWinRTInterface {
     // Nullable<T> marshals as IReference<T>
     Int32? InterfaceProperty { get; set; }
   }
```

```
// Members without a [Version(#)] attribute default to the class's
// version (1) and are part of the same underlying COM interface
// produced by WinMDExp.exe.
[Version(1)]
// Class must be derived from Object, sealed, not generic,
// implement only WinRT interfaces, & public members must be WinRT types
public sealed class WinRTClass : IWinRTInterface {
   // Public fields are not allowed

   #region Class can expose static methods, properties, and events
   public static String StaticMethod(String s) { return "Returning " + s; }
   public static WinRTStruct StaticProperty { get; set; }

   // In JavaScript 'out' parameters are returned as objects with each
   // parameter becoming a property along with the return value
   public static String OutParameters(out WinRTStruct x, out Int32 year) {
      x = new WinRTStruct { AEnum = WinRTEnum.NotNone, ANumber = 333,
            AString = "Jeff" };
      year = DateTimeOffset.Now.Year;
      return "Grant";
   }
   #endregion

   // Constructor can take arguments but not out/ref arguments
   public WinRTClass(Int32? number) { InterfaceProperty = number; }

   public Int32? InterfaceProperty { get; set; }

   // Only ToString is allowed to be overridden
   public override String ToString() {
      return String.Format("InterfaceProperty={0}",
         InterfaceProperty.HasValue ?
            InterfaceProperty.Value.ToString() : "(not set)");
   }

   public void ThrowingMethod() {
      throw new InvalidOperationException("My exception message");

      // To throw a specific HRESULT, use COMException instead
      //const Int32 COR_E_INVALIDOPERATION = unchecked((Int32)0x80131509);
      //throw new COMException("Invalid Operation", COR_E_INVALIDOPERATION);
   }

   #region Arrays are passed, returned OR filled; never a combination
   public Int32 PassArray([ReadOnlyArray] /* [In] implied */ Int32[] data) {
      // NOTE: Modified array contents MAY not be marshaled out; do not modify the array
      return data.Sum();
   }
```

```
public Int32 FillArray([WriteOnlyArray] /* [Out] implied */ Int32[] data) {
    // NOTE: Original array contents MAY not be marshaled in;
    // write to the array before reading from it
    for (Int32 n = 0; n < data.Length; n++) data[n] = n;
    return data.Length;
}

public Int32[] ReturnArray() {
    // Array is marshaled out upon return
    return new Int32[] { 1, 2, 3 };
}
#endregion

// Collections are passed by reference
public void PassAndModifyCollection(IDictionary<String, Object> collection) {
    collection["Key2"] = "Value2";  // Modifies collection in place via interop }

#region Method overloading
// Overloads with same # of parameters are considered identical to JavaScript
public void SomeMethod(Int32 x) { }

[Windows.Foundation.Metadata.DefaultOverload] // Attribute makes this method
                                              // the default overload
public void SomeMethod(String s) { }
#endregion

#region Automatically implemented event
public event WinRTDelegate AutoEvent;

public String RaiseAutoEvent(Int32 number) {
    WinRTDelegate d = AutoEvent;
    return (d == null) ? "No callbacks registered" : d(number);
}
#endregion

#region Manually implemented event
// Private field that keeps track of the event's registered delegates
private EventRegistrationTokenTable<WinRTDelegate> m_manualEvent = null;

// Manual implementation of the event's add and remove methods
public event WinRTDelegate ManualEvent {
    add {
        // Gets the existing table,
        // or creates a new one if the table is not yet initialized
        return EventRegistrationTokenTable<WinRTDelegate>
            .GetOrCreateEventRegistrationTokenTable(
                ref m_manualEvent).AddEventHandler(value);
    }
```

```
      remove {
         EventRegistrationTokenTable<WinRTDelegate>
            .GetOrCreateEventRegistrationTokenTable(
                  ref m_manualEvent).RemoveEventHandler(value);
      }
   }

   public String RaiseManualEvent(Int32 number) {
      WinRTDelegate d = EventRegistrationTokenTable<WinRTDelegate>
         .GetOrCreateEventRegistrationTokenTable(
               ref m_manualEvent).InvocationList;
      return (d == null) ? "No callbacks registered" : d(number);
   }
#endregion

#region Asynchronous methods
// Async methods MUST return IAsync[Action|Operation](WithProgress)
// NOTE: Other languages see the DataTimeOffset as Windows.Foundation.DateTime
public IAsyncOperationWithProgress<DateTimeOffset, Int32> DoSomethingAsync() {
   // Use the System.Runtime.InteropServices.WindowsRuntime.AsyncInfo's
   // Run methods to invoke a private method written entirely in managed code
   return AsyncInfo.Run<DateTimeOffset, Int32>(DoSomethingAsyncInternal);
}

// Implement the async operation via a
// private method using normal .NET technologies
private async Task<DateTimeOffset> DoSomethingAsyncInternal(
   CancellationToken ct, IProgress<Int32> progress) {

   for (Int32 x = 0; x < 10; x++) {
      // This code supports cancellation and progress reporting
      ct.ThrowIfCancellationRequested();
      if (progress != null) progress.Report(x * 10);
      await Task.Delay(1000); // Simulate doing something asynchronously
   }
   return DateTimeOffset.Now; // Ultimate return value
}

public IAsyncOperation<DateTimeOffset> DoSomethingAsync2() {
   // If you don't need cancellation & progress, use
   // System.WindowsRuntimeSystemExtensions' AsAsync[Action|Operation] Task
   // extension methods (these call AsyncInfo.Run internally)
   return DoSomethingAsyncInternal(default(CancellationToken),
            null).AsAsyncOperation();
}
#endregion

// After you ship a version, mark new members with a [Version(#)] attribute
// so that WinMDExp.exe puts the new members in a different underlying COM
```

```
    // interface. This is required since COM interfaces are supposed to be immutable.
    [Version(2)]
    public void NewMethodAddedInV2() { }
  }
}
```

以下 JavaScript 代码演示了如何访问前面的所有 WinRT 组件和功能。

扫码查看

```javascript
function () {
  // Make accessing the namespace more convenient in the code
  var WinRTComps = Wintellect.WinRTComponents;

  // NOTE: The JavaScript VM projects WinRT APIs via camel casing

  // Access WinRT type's static method & property
  var s = WinRTComps.WinRTClass.staticMethod(null); // NOTE: JavaScript pass "null" here!
  var struct = { anumber: 123, astring: "Jeff", aenum: WinRTComps.WinRTEnum.notNone };
  WinRTComps.WinRTClass.staticProperty = struct;
  s = WinRTComps.WinRTClass.staticProperty; // Read it back

  // If the method has out parameters, they and the return value
  // are returned as an object's properties
  var s = WinRTComps.WinRTClass.outParameters();
  var name = s.value; // Return value
  var struct = s.x; // an 'out' parameter
  var year = s.year; // another 'out' parameter

  // Construct an instance of the WinRT component
  var winRTClass = new WinRTComps.WinRTClass(null);
  s = winRTClass.toString(); // Call ToString()

  // Demonstrate throw and catch
  try { winRTClass.throwingMethod(); }
  catch (err) { }

  // Array passing
  var a = [1, 2, 3, 4, 5];
  var sum = winRTClass.passArray(a);

  // Array filling
  var arrayOut = [7, 7, 7]; // NOTE: fillArray sees all zeros!
  var length = winRTClass.fillArray(arrayOut); // On return, arrayOut = [0, 1, 2]

  // Array returning
  a = winRTClass.returnArray(); // a = [ 1, 2, 3]

  // Pass a collection and have its elements modified
  var localSettings = Windows.Storage.ApplicationData.current.localSettings;
  localSettings.values["Key1"] = "Value1";
```

```
winRTClass.passAndModifyCollection(localSettings.values);
// On return, localSettings.values has 2 key/value pairs in it

// Call overloaded method
winRTClass.someMethod(5); // Actually calls SomeMethod(String) passing "5"

// Consume the automatically implemented event
var f = function (v) { return v.target; };
winRTClass.addEventListener("autoevent", f, false);
s = winRTClass.raiseAutoEvent(7);

// Consume the manually implemented event
winRTClass.addEventListener("manualevent", f, false);
s = winRTClass.raiseManualEvent(8);

// Invoke asynchronous method supporting progress, cancelation, & error handling
var promise = winRTClass.doSomethingAsync();
promise.then(
  function (result) { console.log("Async op complete: " + result); },
  function (error) { console.log("Async op error: " + error); },
  function (progress) {
     console.log("Async op progress: " + progress);
    //if (progress == 30) promise.cancel(); // To test cancelation
  });
}
```

第 V 部分　线程处理

第 **26** 章

线程基础

本章内容:

- Windows 为什么要支持线程
- 线程开销
- 停止疯狂
- CPU 发展趋势
- CLR 线程和 Windows 线程
- 使用专用线程执行异步的计算限制操作
- 使用线程的理由
- 线程调度和优先级
- 前台线程和后台线程
- 继续学习

　　本章将介绍线程的基本概念,帮助开发人员理解线程及其使用。我将解释微软的 Windows 为什么引入线程的概念、CPU 发展趋势、CLR 线程和 Windows 线程的关系、线程开销、Windows 如何调度线程以及公开了线程属性的微软的 .NET Framework 类。

　　本书第 V 部分 "线程处理" 的各个章节将解释 Windows 和 CLR 如何协同提供一个线程处理架构。希望通过这些内容帮你打下一个良好的基础,学会高效使用线程来设计和构建响应灵敏的、可靠的、可伸缩的应用程序和组件。

26.1 Windows 为什么要支持线程

在计算机的早期岁月，操作系统没有线程的概念。事实上，整个系统只运行着一个执行线程，其中同时包含操作系统代码和应用程序代码。只用一个执行线程的问题在于，长时间运行的任务会阻止其他任务执行。例如，在 16 位 Windows 的那些日子，打印文档的应用程序很容易"冻结"整个机器，造成 OS(操作系统)和其他应用程序停止响应。有些应用程序的 bug 会造成死循环，同样会造成整个机器停止工作。

遇到这个问题，用户只好按 Reset 键或电源开关重启计算机。用户对此深恶痛绝(事实上，他们现在一样会)，因为所有正在运行的应用程序都会终止。更重要的是，这些应用程序正在处理的数据都会无端地丢失。微软明白 16 位 Windows 不是理想的操作系统。随着计算机工业的持续进步，它不足以使微软保持领先地位。所以，他们计划构建一个新的 OS 来满足企业和个人的需要。这个新的 OS 必须健壮、可靠、易于伸缩和安全，而且它必须弥补 16 位 Windows 的许多不足。新的 OS 内核最初通过微软的 Windows NT 发布。经过多年的发展，它已进行了大量改进，增加了大量功能。微软每次发布客户端和服务器 Windows 操作系统的最新版本时，都在其中采用了这个内核的最新版本。

微软设计这个 OS 内核时，决定在一个进程中运行应用程序的每个实例。进程实际是应用程序的实例要使用的资源的集合。每个进程都被赋予了一个虚拟地址空间，确保在一个进程中使用的代码和数据无法由另一个进程访问。这就确保了应用程序实例的健壮性，因为一个进程无法破坏另一个进程使用的代码或数据。此外，进程访问不了 OS 的内核代码和数据；所以，应用程序代码破坏不了操作系统代码或数据。由于应用程序代码破坏不了其他应用程序或者 OS 自身，所以用户的计算体验变得更好了。除此之外，系统变得比以往更安全，因为应用程序代码无法访问另一个应用程序或者 OS 自身使用的用户名、密码、信用卡资料或其他敏感信息。

听起来不错，但 CPU 本身呢？应用程序发生死循环会发生什么？如果机器只有一个 CPU，它会执行死循环，不能执行其他任何东西。所以，虽然数据无法被破坏，而且更安全，但系统仍然可能停止响应。微软需要修正这个问题，他们拿出的方案就是线程。作为一个 Windows 概念，线程的职责是对 CPU 进行虚拟化。Windows 为每个进程都提供了该进程专用的线程(功能相当于一个 CPU)。应用程序的代码进入死循环，与那个代码关联的进程会"冻结"，但其他进程(它们有自己的线程)不会冻结，它们会继续执行！

26.2　线程开销

线程很强大，因为它们使 Windows 即使在执行长时间运行的任务时也能随时响应。另外，线程允许用户使用一个应用程序 (比如 "任务管理器") 强制终止似乎已经冻结的应用程序 (它也有可能正在执行一个长时间运行的任务)。但和一切虚拟化机制一样，线程有空间 (内存耗用) 和时间 (运行时的执行性能) 上的开销。

下面更详细地探讨这种开销。每个线程都有以下要素。

- 线程内核对象 (thread kernel object)　OS 为系统中创建的每个线程都分配并初始化这种数据结构之一。数据结构包含一组对线程进行描述的属性 (本章后面讨论)。数据结构还包含所谓的线程上下文 (thread context)。上下文是包含 CPU 寄存器集合的内存块。对于 x86、x64 和 ARM CPU 架构，线程上下文分别使用约 700，1240 和 350 字节的内存。

- 线程环境块 (thread environment block，TEB)　TEB 是在用户模式 (应用程序代码能快速访问的地址空间) 中分配和初始化的内存块。TEB 耗用一个内存页 (x86、x64 和 ARM CPU 中是 4 KB)。TEB 包含线程的异常处理链首 (head)。线程进入的每个 **try** 块都在链首插入一个节点 (node)；线程退出 **try** 块时从链中删除该节点。此外，TEB 还包含线程的"线程本地存储"数据，以及由 GDI(Graphics Device Interface，图形设备接口) 和 OpenGL 图形使用的一些数据结构。

- 用户模式栈 (user-mode stack)　用户模式栈存储传给方法的局部变量和实参。它还包含一个地址；指出当前方法返回时，线程应该从什么地方接着执行。Windows 默认为每个线程的用户模式栈分配 1 MB 内存。更具体地说，Windows 只是保留 1 MB 地址空间，在线程实际需要时才会提交 (调拨) 物理内存。

- 内核模式栈 (kernel-mode stack)　应用程序代码向操作系统中的内核模式函数传递实参时，还会使用内核模式栈。出于对安全性的考虑，针对从用户模式的代码传给内核的任何实参，Windows 都会把它们从线程的用户模式栈复制到线程的内核模式栈。一经复制，内核就可以校验实参的值。另外，由于应用程序代码不能访问内核模式栈，所以在实参值完成校验，而且操作系统内核代码开始处理它们之后，应用程序不能修改实参的值。除此之外，内核会调用它自己内部的方法，并利用内核模式栈传递它自己的实参，存储函数的局部变量，以及存储返回地址。在 32 位 Windows 上运行，内核模式栈大小是 12 KB；64 位 Windows 则是 24 KB。

- DLL 线程连接 (attach) 和线程分离 (detach) 通知　Windows 的一个策略是，任何时候在进程中创建线程，都会调用进程中加载的所有非托管 DLL 的 `DllMain` 方法，并向该方法传递 `DLL_THREAD_ATTACH` 标志。类似地，任何时候线程终止，都会调用进程中的所有非托管 DLL 的 `DllMain` 方法，并向方法传递 `DLL_THREAD_DETACH` 标志。有的 DLL 需要获取这些通知，才能为进程中创建 / 销毁的每个线程执行特殊的初始化或 (资源) 清理操作。例如，C-Runtime 库 DLL 会分配一些线程本地存储状态。线程使用 C-Runtime 库中包含的函数时需要用到这些状态。

在 Windows 的早期岁月，许多进程最多只加载五六个 DLL。但时至今日，随便一个进程就可能加载几百个 DLL。就拿目前来说，在我的机器上，微软的 Visual Studio 在它的进程地址空间加载了大约 470 个 DLL ！这意味着每次在 Visual Studio 中新建一个线程，都必须先调用 470 个 DLL 函数，然后线程才能开始做它想做的事情。而 Visual Studio 中的一个线程终止时，这 470 个函数还必须再调用一遍。这严重影响了在进程中创建和销毁线程的性能。[①]

你现在已经知道了创建线程、让它进驻系统以及最后销毁它所需的全部空间和时间开销。但还没完——接着再来说说上下文切换。单 CPU 计算机一次只能做一件事情。所以，Windows 必须在系统中的所有线程 (逻辑 CPU) 之间共享物理 CPU。

Windows 任何时刻只将一个线程分配给一个 CPU。那个线程能运行一个 "时间片" (有时也称为 "量" 或者 "量程"，即 quantum) 的长度。时间片到期，Windows 就上下文切换到另一个线程。每次上下文切换都要求 Windows 执行以下操作。

1. 将 CPU 寄存器的值保存到当前正在运行的线程的内核对象内部的一个上下文结构中。
2. 从现有线程集合中选出一个线程供调度。如果该线程由另一个进程拥有，Windows 在开始执行任何代码或者接触任何数据之前，还必须切换 CPU "看见" 的虚拟地址空间。
3. 将所选上下文结构中的值加载到 CPU 的寄存器中。

上下文切换完成后，CPU 执行所选的线程，直到它的时间片到期。然后发生下次上下文切换。Windows 大约每 30 毫秒执行一次上下文切换。上下文切换是净开销；也就是说，上下文切换所产生的开销不会换来任何内存或性能上的收益。Windows

---

[①]　C# 语言和其他大多数托管编程语言生成的 DLL 没有 `DllMain` 函数。所以，托管 DLL 不会收到 `DLL_THREAD_ATTACH` 和 `DLL_THREAD_DETACH` 这两个通知，这提升了性能。此外，非托管 DLL 可以调用 Win32 `DisableThreadLibraryCalls` 函数来决定不理会这些通知。遗憾的是，许多非托管开发人员都不知道有这个函数。

执行上下文切换，向用户提供一个健壮的、响应灵敏的操作系统。

现在，假如一个应用程序的线程进入死循环，Windows 会定期抢占 (preempt) 它，将一个不同的线程分配给实际的 CPU，使该新线程运行一段时间。假定新线程是"任务管理器"的线程，用户就可利用"任务管理器"终止包含了死循环线程的进程。之后，进程会终止，它处理的所有数据会被销毁。但是，系统中的其他所有进程都继续运行，它们的数据不会丢失，用户当然也不需要重启计算机。所以，上下文切换通过牺牲性能换来了好得多的用户体验。

事实上，上下文切换对性能的影响可能超出你的想象。是的，当 Windows 上下文切换到另一个线程时，会产生一定的性能损失。但是，CPU 现在是要执行一个不同的线程，而之前的线程的代码和数据还在 CPU 的高速缓存 (cache) 中，这使 CPU 不必经常访问 RAM(它的速度比 CPU 高速缓存慢得多)。当 Windows 上下文切换到新线程时，这个新线程极有可能要执行不同的代码并访问不同的数据，这些代码和数据不在 CPU 的高速缓存中。因此，CPU 必须访问 RAM 来填充它的高速缓存，以恢复高速执行状态。但在 30 毫秒之后，一次新的上下文切换又发生了。

> **重要提示**
>
> 一个时间片结束时，如果 Windows 决定再次调度同一个线程 (而不是切换到另一个线程)，那么 Windows 不会执行上下文切换。相反，线程将继续运行。这显著改进了性能。注意，在设计自己的代码时，上下文切换能避免就要尽量避免。

> **重要提示**
>
> 线程可以自主提前终止其时间片。这经常发生，因为线程经常要等待 I/O 操作 (键盘、鼠标、文件、网络等) 结束。例如，"记事本"程序的线程经常处于空闲状态，什么事情都不做；这个线程是在等待输入。如果用户按键盘上的 J 键，Windows 会唤醒"记事本"线程，让它处理按键操作。"记事本"线程可能花 5 毫秒来处理按键，然后调用一个 Win32 函数，告诉 Windows 它准备好处理下一个输入事件。如果没有更多的输入事件，那么 Windows 使"记事本"线程进入等待状态 (时间片剩余的部分就放弃了)，使线程在任何 CPU 上都不再调度，直到发生下一次输入事件。这增强了系统的总体性能，因为正在等待 I/O 操作完成的线程不会在 CPU 上调度，所以不会浪费 CPU 时间，而节省出来的时间可供 CPU 调度其他线程。

执行上下文切换所需的时间取决于 CPU 架构和速度。而填充 CPU 缓存所需的时间取决于系统中运行的应用程序、CPU 缓存的大小以及其他各种因素。所以，无法为每一次上下文切换的时间开销给出确定值，甚至无法给出估计值。唯一确定的是，要构建高性能应用程序和组件，就应该尽量避免上下文切换。

此外，执行垃圾回收时，CLR 必须挂起 (暂停) 所有线程，遍历它们的栈来查找根以便对堆中的对象进行标记 ①，再次遍历它们的栈 (有的对象在压缩期间发生了移动，所以要更新它们的根)，再恢复所有线程。所以，减少线程的数量也能显著提升垃圾回收器的性能。每次使用调试器并遇到断点，Windows 都会挂起正在调试的应用程序中的所有线程，并在单步执行或者运行应用程序时恢复所有线程。所以，线程越多，调试体验越差。

基于上述讨论，我们的结论是必须尽量避免使用线程，因为它们要耗用大量内存，而且需要相当多的时间来创建、销毁和管理。Windows 在线程之间进行上下文切换，以及在发生垃圾回收的时候，也会浪费不少时间。然而，基于上述讨论，我们还得出了另一个结论，那就是有时必须使用线程，因为它们使 Windows 变得更健壮，响应更灵敏。

应该指出的是，安装了多个 CPU(或者一个多核 CPU) 的计算机可以真正同时运行几个线程，这提升了应用程序的可伸缩性 (用更少的时间做更多的工作)。Windows 为每个 CPU 内核都分配一个线程，每个内核都自己执行到其他线程的上下文切换。Windows 确保单个线程不会同时在多个内核上调度，因为这会造成混乱。如今许多计算机都配备了多个 CPU、超线程 CPU 或者多核 CPU。但在 Windows 最初设计时，单 CPU 计算机才是主流，所以 Windows 设计了线程来增强系统的响应能力和可靠性。今天，线程还被用于增强应用程序的可伸缩性，但只有在多 CPU(多核) 计算机上才有可能。

本书后续各章将讨论如何利用 Windows 和 CLR 提供的各种机制，当代码在多 CPU(多核) 计算机上运行时，创建尽量少的线程并保证代码的响应能力和伸缩性。

26.3 停止疯狂

如果只关心性能，那么任何机器最优的线程数就是那台机器的 CPU 数目 (从现在开始将 CPU 的每个内核都当作一个 CPU)。所以，安装了一个 CPU 的机器最好只有一个线程，安装了两个 CPU 的机器最好只有两个线程，以此类推。理由非常明显：如果线程数超过了 CPU 的数目，就会产生上下文切换和性能损失。如果每个 CPU 只有一个线程，就不会有上下文切换，线程将全速运行。

然而，微软在设计 Windows 时，决定侧重于可靠性和响应能力，而非侧重于速度和性能。我个人拥护这个决定：如果今天的应用程序还是会造成 OS 和其他

---

① 译注："标记"是垃圾回收器的第一个阶段，详见 21.1.2 节"垃圾回收算法"。

应用程序"冻结",我想也没人愿意使用 Windows 或者 .NET Framework。因此,Windows 为每个进程提供了该进程专用的线程来增强系统的可靠性和响应能力。例如,在我的机器上运行"任务管理器"并选择"性能"标签页,会看到如图 26-1 所示的结果。

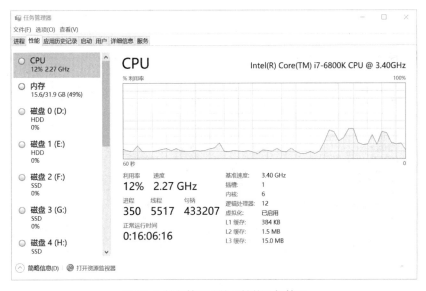

图 26-1 任务管理器的"性能"标签页

看来我的机器正在运行 350 个进程,所以可以认为机器上至少运行着 350 个线程,因为每个进程都至少有一个线程。但是,"任务管理器"显示我的机器实际有 5517 个线程!这意味着仅仅是线程栈就需要分配 5.5 GB 内存,而我的机器总共才 32 GB RAM!另外,这还意味着每个进程平均有大约 15.8 个线程,而我的 6 核电脑理想情况下不应该是每进程 6 线程吗?

再来看看 CPU 利用率读数:它显示我的 CPU "忙"的时间是 12%。这意味着在 88% 的时间里,这 5517 个线程什么事情都没做——它们白白霸占着内存;线程未运行时,这些内存是不会使用的。你肯定会问:这些应用程序真的需要这些在 88% 的时间里什么事情都不做的线程吗?答案明显是否定的。要知道哪些进程最浪费,请单击"详细信息"标签,添加"线程"列[①],再按降序对这个列进行排序,如图 26-2 所示。

如你所见,System 创建了 344 个线程,CPU 利用率为 0%。Explorer(文件资源管理器)创建了 145 个线程,CPU 利用率为 0%。微软的 Excel(EXCEL.exe)创建了 97 个线程,CPU 利用率为 0%。微信 (WeChat.exe) 创建了 83 个线程,CPU 利用率为 0%

---

① 右击现有的列,从弹出的上下文菜单中选择"选择列"。

我可以一直列举下去。到底发生了什么事情？

图 26-2 任务管理器显示进程的详细信息

　　在 Windows 中，进程是十分"昂贵"的。创建一个进程通常要花几秒钟的时间，必须分配大量内存，这些内存必须初始化，EXE 和 DLL 文件必须从磁盘上加载，等等。相反，在 Windows 中创建线程则十分"廉价"。所以，开发人员决定停止创建进程，改为创建线程。这正是我们看到有这么多线程的原因。但是，虽然线程比进程廉价，它们和其他系统资源相比仍然十分昂贵，所以还是应该省着用，而且要用得恰当。

　　可以肯定地说，刚才讨论的所有这些应用程序都在以效率低下的方式使用线程。所有这些线程在系统中都没有存在的必要。在应用程序中分配资源是十分正常的一件事情，但分配了又不用，这又算是什么呢？这纯属浪费！另外，为线程栈分配这么多内存，意味着一些更重要的数据（比如用户的文档）获得的内存变少了。[①]

---

① 　为了让你体会到情况有多糟，我忍不住想和你分享另一个例子。请做个试验：打开"记事本"程序 (Notepad.exe)，用"任务管理器"查看它包含了多少个线程，记录这个数字。然后，选择"记事本"的"文件"|"打开"菜单来显示通用的"打开"对话框。保持这个对话框的打开状态，在"任务管理器"中查看现在创建了多少个新线程。在我的机器上，仅仅是因为打开了这个对话框，就创建了 14 个额外的线程！事实上，使用通用"打开"和"保存"对话框的每个应用程序都会在其内部创建大量额外的线程，这些线程大多数时候都处于空闲状态。另外，即使对话框关闭，其中大多数线程也不会销毁。

更可怕的是，假如这些进程在用户的"远程桌面服务"会话中运行，而且这台机器有 100 个用户在访问，那么会发生什么？在这种情况下，将会有 100 个 Excel 实例，每个实例都创建 97 个什么都不干的线程。这 9700 个"坐吃等死"的线程每个都有自己的内核对象、TEB、用户模式栈、内核模式栈等。由此浪费的资源将非常可观。必须停止这种疯狂的举动，尤其是如果微软想为笔记本用户提供一个好的使用体验的话（许多笔记本都只有 4~8 GB RAM）。本书剩余各章将讲述如何正确设置应用程序，以一种高效的方式使用尽量少的线程。

26.4 CPU 发展趋势

CPU 厂商过去只知道一味地提高 CPU 速度。所以，在旧机器上运行得慢的程序在新机器上一般都会快一些。但 CPU 厂商没有延续这个趋势，因为高速运行的 CPU 会产生大量热量。我几年前从一家著名厂商那里购买了一台新款笔记本电脑。这台电脑的固件有一个 bug，造成风扇时转时不转。结果是，用不了多久，CPU 和主板便烧坏了。硬件厂商更换了机器，并"改进"了固件，使风扇能更频繁地工作。遗憾的是，这又造成耗电过大，因为风扇本身也很耗电。

这些问题是今天的硬件厂商必须面对的。由于不能做到一直提升 CPU 的速度，所以又改为侧重于将晶体管做得更小，使一个芯片能容下更多的晶体管。今天，一个硅芯片可以容纳两个或者更多的 CPU 内核。这样一来，如果在写软件时能利用多个内核，软件就能运行得更快。我们是怎么做到的呢？是"以一种智能的方式"使用线程。

今天的计算机使用了以下三种多 CPU 技术。

- 多个 CPU　有的计算机安装了多个 CPU。主板上有多个 CPU 插座，每个都可安装一个物理 CPU。由于主板会变得更大，所以计算机机箱也会变得更大。有的时候，这种机器甚至要安装多个电源以提供额外的功率。这种计算机问世已有几十年的历史，但在普通用户中并不流行，因其体积和价格都不太理想。

- 超线程芯片　这种技术（英特尔专利）允许一个芯片在操作系统中显示成两个。芯片中包含两组架构状态（比如 CPU 寄存器），但芯片只有一组执行资源。对于 Windows，这看起来是安装了两个 CPU，所以 Windows 会同时调度两个线程。但芯片一次只能执行一个线程。一个线程由于缓存未命中（cache miss）、分支预测错误（branch misprediction）或者要等待数据（data dependency）而暂停时，芯片将切换到另一个线程。一切都是在硬件中发生的，Windows 对此一无所知；它以为有两个线程正在并发运行。Windows 不知道实际使用的是超线程 CPU。如果一台机器上安装了多个超线程 CPU，Windows 首先在每个 CPU 上都调度一个线程，使线程真正并发运行，然后在已经处于"忙"状态的 CPU 上调度其他线程。英特尔声称超线程 CPU 能提升 10% ～ 30% 的性能。

- 多核芯片　包含多个内核的 CPU 芯片几年前就已问世。当我写到这里的时候，双核、四核和八核 CPU 已经"遍地开花"。就连我的笔记本电脑都是四核的。不久，也许我们的手机都普遍 4~8 核。英特尔现在甚至在试验集成了 80 个核的处理器！这是多么强大的计算能力！除此之外，英特尔甚至推出了超线程的多核芯片。

26.5 CLR 线程和 Windows 线程

CLR 使用 Windows 的线程处理功能，所以本书第 V 部分实际是围绕 Windows 向开发人员公开的线程处理功能展开的。我将解释线程在 Windows 中如何工作，以及 CLR 如何改变线程的行为 (如果能的话)。然而，如果想更多地学习线程，建议阅读我以前就这个主题出版的著作，比如《Windows 核心编程（第 5 版）》)[①]。

> **注意**　在 .NET Framework 的早期岁月，CLR 团队认为有朝一日 CLR 会提供不一定会映射到 Windows 线程的逻辑线程。但大约在 2005 年的时候，这个尝试宣告失败，CLR 团队放弃了在这方面的努力。所以，今天的 CLR 线程完全等价于 Windows 线程。但 .NET Framework 仍然留下了一些能看出当年努力成果的一些东西。例如，System.Environment 类公开了 CurrentManagedThreadId 属性，返回线程的 CLR ID；而 System.Diagnostics.ProcessThread 类公开了 Id 属性，返回同一个线程的 Windows ID。System.Thread 类的 BeginThreadAffinity 和 EndThreadAffinity 方法则处理 CLR 线程没有映射到 Windows 线程的情况。

> **注意**　微软为 Windows Store 应用移除了和线程处理有关的一些 API，因为它们有诱导不好的编程实践之嫌 (就像 26.3 节"停止疯狂"描述的那样)，或者是因为它们不利于达成微软为 Windows Store 应用设立的目标。例如，整个 System.Thread 类都不开放给 Windows Store 应用，因为其中有许多不好

---

① 译注：繁体中文版为《Windows 应用程式开发经典》，分别由清华大学出版社和台湾悦知文化出版。详情请访问 https://bookzhou.com。

的 API(比如 Start、IsBackground、Sleep、Suspend、Resume、Join、Interrupt、Abort、BeginThreadAffinity 和 EndThreadAffinity)。我个人赞成这个做法，而且认为早就该这么做。所以，第 26 章"线程基础"到第 30 章"混合线程同步构造"讨论了适合桌面应用但不适合 Windows Store 应用的一些 API 和功能。阅读过程中能清楚地认识到为何有一些 API 不适合 Windows Store 应用。

26.6 使用专用线程执行异步的计算限制操作

本节展示如何创建线程来执行异步的计算限制 (compute-bound) 操作①。虽然会展示完整过程，但强烈建议避免使用这个技术。而且事实上，由于 Thread 类不可用，所以构建 Windows Store 应用时根本用不了这个技术。相反，应尽量使用线程池来执行异步的计算限制操作，这方面的详情将在第 27 章"计算限制的异步操作"讨论。

但极少数情况下，你可能想显式创建线程来专门执行一个计算限制的操作。如果执行的代码要求线程处于一种特定状态，而这种状态对于线程池线程来说是非同寻常的，就可考虑创建专用线程。例如，满足以下任何条件，就可以显式创建自己的线程。

- 线程需要以非普通线程优先级运行。所有线程池线程都以普通优先级运行；虽然可以更改这个优先级，但不建议那样做。另外，在不同的线程池操作之间，对优先级的更改是无法持续的。

- 需要线程表现为一个前台线程，防止应用程序在线程结束任务前终止。欲知详情，请参见本章后面的 26.9 节"前台线程和后台线程"。线程池线程始终是后台线程。如果 CLR 想终止进程，它们就可能完成不了任务。

- 计算限制的任务需要长时间运行。线程池为了判断是否需要创建一个额外的线程，所采用的逻辑是比较复杂的。直接为长时间运行的任务创建专用线程，就可以避免这个问题。

- 要启动线程，并可能调用 Thread 的 Abort 方法来提前终止它(参见第 22 章)。

① 译注：对于 compute-bound 和 I/O-bound 的操作，本书分别翻译为"计算限制"和"I/O 限制"的操作。为什么不是"计算密集型"和"I/O 密集型"？虽然后者更常用，二十世纪八九十年代的教科书均采用这种说法，但它们并不准确。这些操作之所以要以异步的方式来做，不是因为它们很"密集"，而是因为设备 (CPU、存储设备等) 本身能力有限，不能很快地完成一个操作。例如，某个操作需要长时间"霸占"CPU 来完成冗长的计算任务。这个时候能说它是一个"计算密集型"操作吗？

为了创建专用线程，要构造 System.Threading.Thread 类的实例，向构造器传递一个方法名。以下是 Thread 的构造器的原型：

```
public sealed class Thread : CriticalFinalizerObject, ... {
        public Thread(ParameterizedThreadStart start);
        // 未列出不常用的构造器
}
```

start 参数标识专用线程要执行的方法，这个方法必须和 ParameterizedThreadStart 委托的签名匹配：[1]

```
delegate void ParameterizedThreadStart(Object obj);
```

构造 Thread 对象是轻量级的操作，因为它并不实际创建一个操作系统线程。要实际创建操作系统线程，并让它开始执行回调方法，必须调用 Thread 类的 Start 方法，向它传递要作为回调方法的实参传递的对象 (状态)。

以下代码演示了如何创建专用线程并让它异步调用一个方法：

```
using System;
using System.Threading;

public static class Program {
    public static void Main() {
        Console.WriteLine(" 主线程：启动一个专用线程 " +
                " 来执行一个异步操作 ");
        Thread dedicatedThread = new Thread(ComputeBoundOp);
        dedicatedThread.Start(5);

        Console.WriteLine(" 主线程：在这里做其他工作 ...");
        Thread.Sleep(10000);          // 模拟做其他工作 (10 秒 )

        dedicatedThread.Join();       // 等待线程终止
        Console.WriteLine(" 按 <Enter> 键结束程序 ...");
        Console.ReadLine();
    }

    // 这个方法的签名必须和 ParameterizedThreadStart 委托匹配
    private static void ComputeBoundOp(Object state) {
        // 这个方法由一个专用线程执行

        Console.WriteLine(" 现在位于 ComputeBoundOp 中 : state={0}", state);
        Thread.Sleep(1000);           // 模拟做其他任务 (1 秒 )
```

---

[1] 郑重声明，Thread 还提供了一个获取 ThreadStart 委托的构造器。ThreadStart 委托不接受任何实参，返回 void。我个人不建议使用这个构造器和委托，因为它们的功能十分有限。如果你的线程方法 (要在线程上执行的方法) 要获取一个 Object 并返回 void，那么既可以使用一个专用线程来调用，也可以使用线程池 (第 27 章 "计算限制的异步操作" 会解释具体做法)。

```
        // 这个方法返回后，专用线程将终止
    }
}
```

编译并运行以上代码可能得到以下输出：

```
主线程：启动一个专用线程来执行一个异步操作
主线程：在这里做其他工作 ...
现在位于 ComputeBoundOp 中：state=5
```

但也可能得到以下输出，因为我无法控制 Windows 对两个线程进行调度的方式：

```
主线程：启动一个专用线程来执行一个异步操作
现在位于 ComputeBoundOp 中：state=5
主线程：在这里做其他工作 ...
```

注意，Main 方法调用了 Join。Join 方法造成调用线程阻塞（暂停）当前执行的任何代码，直到 dedicatedThread 所代表的那个线程销毁或终止。

26.7　使用线程的理由

主要是出于两方面的原因而使用线程。

- 可响应性（通常是对于客户端 GUI 应用程序）　Windows 为每个进程提供它自己的线程，确保发生死循环的应用程序不会妨碍其他应用程序。类似地，在自己的客户端 GUI 应用程序中，可以将一些工作交给一个线程进行，使 GUI 线程能灵敏地响应用户输入。在这个过程中创建的线程数可能超过 CPU 的核数，会浪费系统资源和损害性能。但是，用户得到了一个响应灵敏的 UI，所以应用程序的总体使用体验增强了。

- 性能（对于客户端和服务器应用程序）　由于 Windows 每个 CPU 调度一个线程，而且多个 CPU 能并发执行这些线程，所以同时执行多个操作能提升性能。当然，只有多 CPU（或多核 CPU）才能得到性能的提升。如今这种机器很普遍，所以所以设计应用程序来使用多个内核是有意义的，这将是第 27 章 "计算限制的异步操作" 和第 28 章 "I/O 限制的异步操作" 的主题。

我想和大家分享我的一个观点。每台计算机其实都包含一个无比强大的资源，即 CPU 自身。既然已经花了钱在计算机上，它就应该一直工作。换言之，我认为计算机所有 CPU 的利用率都应该一直保持在 100%。但有两个例外。首先，如果计算机用电池供电，那么你可能不希望 CPU 一直保持 100% 的利用率，否则会快速耗尽电池。其次，有的数据中心可能情愿让 10 机器以 50% 的 CPU 利用率运行，也不愿意让 5 台机器以 100% 的利用率运行。这是由于全速运行的 CPU 会变成散热大户，由此带来的散热成本的大幅提升反而不美。虽然数据中心维护多台机器的费用也不算低 (每台机器都要定期进行软硬件升级和监控)，但必须把这方面的费用同运行高级散热系统所需的费用比较。

如果大家同意我的观点，那么下一步是决定应该让 CPU 做什么。在我给出我自己的想法之前，先来说一些别的东西。过去，开发人员和最终用户总是觉得计算机不够强劲。所以，除非最终用户通过 UI 元素 (比如菜单项、按钮和复选框) 给开发人员权限，允许应用程序开始消耗 CPU 资源，否则开发人员绝对不会擅自决定让代码开始执行。

但今非昔比。如今的计算机一般都配备了强大的计算能力。而且可以预见，在不久的将来，计算能力还会大幅提高。本章早些时候，我演示了通过 "任务管理器" 查看我的 CPU 的利用率只有 12%。如果我的计算机使用 24 核 CPU，而不是现在的六核，那么 "任务管理器" 可能只会报告 3% 的利用率。等 80 核处理器问世时，我的机器看起来会在几乎所有时间里什么都不做！对于计算机的购买者来说，这感觉就像是花了更多的钱购买了更强大的 CPU，但计算机所做的工作却变得越来越少！

这正是用户升级电脑动力不足的原因：软件没有充分地利用硬件，用户没有从额外的 CPU 中获益。我认为现在的计算能力有很大的富余，而且还会越来越富余，所以开发人员应该大胆消费它。是时候转变思维了——过去，除非最终用户确定想要获得计算结果，否则我们根本不敢提前计算。但现在有了额外的计算能力，所以开发人员完全不必像以前那样畏手畏脚。

举一个例子：在 Visual Studio 的编辑器中停止输入的时候，Visual Studio 会自动运行编译器并编译代码。这极大提高了开发人员的开发效率，因为他们能在输入时看到源代码的警告和错误，并可立即修正问题。事实上，传统的 "编辑 - 生成 - 调试" 模式逐渐变成 "编辑 - 调试"，因为生成 (编译) 代码的动作一直都在发生。作为最终用户，你是注意不到这一点的，因为有充足的计算资源可供使用，而且编译器的频繁运行一般不会影响你正在做的其他事情。事实上，我希望 Visual Studio 未来的版本完全移除 "生成" 菜单，因为这个过程变得完全自动化。这不仅能使应用程序的 UI 变得更简单，还能自动向用户提供 "答案" 来提高他们使用软件的效率。

移除菜单项这样的 UI 元素后，计算机对最终用户来说变得更简单。他们面临的选项变得更少，需要阅读和理解的概念也变得更少。多核革命使我们能够消除菜单项这样的 UI 元素，进而使软件变得更简单好用，让我的奶奶有一天也能舒舒服服地用上计算机。对于开发人员，移除 UI 元素之后，所需的测试次数一般会变得更少。另外，向最终用户提供更少的选项简化了代码库。如果需要对 UI 元素和文档进行本地化 (就像微软那样)，那么移除 UI 元素意味着需要写的文档变少了，需要本地化的文档也变少了。这一切能为你的公司节省大量时间和金钱。

　　下面是更多主动消费计算能力的例子：文档拼写检查和语法检查、电子表格重新计算、磁盘文件索引以提高搜索速度以及硬盘碎片整理以提升 I/O 性能。

　　我愿意生活在一个 UI 得到大幅简化的世界里。我想有更多的屏幕空间来显示自己实际在处理的数据。应用程序主动提供更多的信息帮我快速和高效地完成工作，而不是每次都由我自己告诉应用程序去获取信息。过去这几年，硬件在那里静静地等待着软件开发人员去发掘它们的潜力。现在，软件是时候开始创造性地使用硬件了！

26.8 线程调度和优先级

　　抢占式 (preemptive) 操作系统必须使用算法判断在什么时候调度哪些线程多长时间。本节讨论 Windows 采用的算法。本章早些时候说过，每个线程的内核对象都包含一个上下文结构。上下文 (context) 结构反映了线程上一次执行完毕后 CPU 寄存器的状态。在一个时间片 (time-slice) 之后，Windows 检查现存的所有线程内核对象。在这些对象中，只有那些没有正在等待什么的线程才适合调度。Windows 选择一个可调度的线程内核对象，并上下文切换到它。Windows 实际记录了每个线程被上下文切换到的次数。可以使用像微软的 Spy++ 这样的工具查看这个数据。[①] 图 26-3 展示了一个线程的属性。注意，这个线程已被调度了 2 062 次[②]。

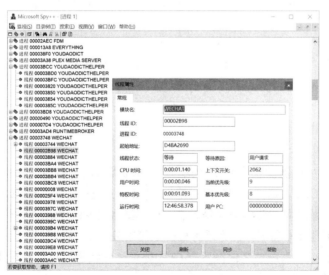

图 26-3　Spy++ 显示了线程属性

---

① 译注：微软的 Spy++(spyxx.exe) 随同 Visual Studio 安装。启动"Visual Studio 开发人员命令提示"，输入 spyxx 即可启动它。另外，也可以在 Visual Studio 中选择"工具"|"Spy++"

② 补充一点，线程已在系统中存在超过 12 小时了，但它实际只被使用了 1 秒多一点的 CPU 时间。可想而知，它浪费了太多少资源！另外，注意，中文版 Spy++ 将"上下文切换"错误翻译为"上下文开关"。

　　然后，线程开始执行代码，并在其进程的地址空间处理数据。又过了一个时间片之后，Windows 执行下一次上下文切换。Windows 从系统启动开始便一直执行上下文切换，直到系统关闭为止。

　　Windows 之所以被称为抢占式多线程 (preemptive multithreaded) 操作系统，是因为线程可在任何时间停止 (被抢占) 并调度另一个线程。你在这个方面有一定控制权，但不多。记住，你不能保证自己的线程一直运行，你无法阻止其他线程的运行。

注意

　　经常有开发人员问我，怎样保证线程在发生某个事件后的一段时间内开始运行——例如，怎样保证一个线程在网络有数据传来的 1 毫秒内开始运行？对此我的回答总是很干脆：保证不了！

　　实时操作系统能做出这样的保证，但 Windows 不是实时操作系统。实时操作系统需要对硬件的运行情况有一个精准的把握，它知道硬盘控制器、键盘以及其他组件的准确延迟时间。但微软的 Windows 的设计目标是兼容大范围的硬件，包括不同的 CPU、不同的驱动器、不同的网络等。简单地说，Windows 没有被设计成实时操作系统。补充一句，CLR 使托管代码的行为变得更不"实时"了。之所以要这样设计，是出于许多方面的原因，包括 DLL 的 JIT(just-in-time) 加载、代码的 JIT 编译以及垃圾回收器无法预测的介入时间等。

　　每个线程都分配了从 0(最低) 到 31(最高) 的优先级。系统决定为 CPU 分配哪个线程时，首先检查优先级 31 的线程，并以一种轮流 (round-robin) 方式调度它们。如果优先级 31 的一个线程可以调度，就把它分配给 CPU。在这个线程的时间片结束时，系统检查是否有另一个优先级 31 的线程可以运行；如果是，就允许将那个线程分配给 CPU。

　　只要存在可调度的优先级 31 的线程，系统就永远不会将优先级 0 ～ 30 的任何线程分配给 CPU。这种情况称为饥饿 (starvation)。较高优先级的线程占用了太多 CPU 时间，造成较低优先级的线程无法运行，就会发生这种情况。多处理器机器发生饥饿的可能性要小得多，因为这种机器上优先级为 31 的线程和优先级为 30 的线程可以同时运行。系统总是保持各个 CPU 处于忙碌状态，只有没有线程可调度的时候，CPU 才会空闲下来。

　　较高优先级的线程总是抢占较低优先级的线程，无论正在运行的是什么较低优先级的线程。例如，如果有一个优先级为 5 的线程在运行，而系统确定有一个较高优先级的线程准备好运行，系统会立即挂起 (暂停) 较低优先级的线程 (即使后者的时间片还没有用完)，将 CPU 分配给较高优先级的线程，该线程将获得一个完整的时间片。

顺便说一下，系统启动时会创建一个特殊的零页线程 (zero page thread)。该线程的优先级是 0，而且是整个系统唯一优先级为 0 的线程。在没有其他线程需要"干活儿"的时候，零页线程将系统 RAM 的所有空闲页清零。

微软知道开发人员在为线程分配优先级时很难做到完全合理。这个线程的优先级应该为 10 吗？另一个线程的优先级应该为 23 吗？为了解决这个问题，Windows 公开了优先级系统的一个抽象层。

设计应用程序时，要决定自己的应用程序需要比机器上同时运行的其他应用程序更大还是更小的响应能力。然后，选择一个进程优先级类 (priority class)[①] 来反映自己的决定。Windows 支持 6 个进程优先级类：Idle、Below Normal、Normal、Above Normal、High 和 Realtime。默认的 Normal 是最常用的优先级类。

在系统什么事情都不做的时候运行的应用程序 (比如屏幕保护程序) 适合分配 **Idle** 优先级类。注意，即使一台计算机没有被交互地使用[②]，也有可能处于忙的状态 (比如作为文件服务器运行)，它不应该和屏幕保护程序竞争 CPU 时间。一些执行统计、跟踪和分析的应用程序只是定期更新与系统有关的状态，它们一般不应妨碍执行更关键的任务。

只有绝对必要的时候才应使用 High 优先级类。Realtime 优先级类要尽可能地避免。Realtime 优先级相当高，它甚至可能干扰操作系统任务，比如阻碍一些必要的磁盘 I/O 和网络传输。除此之外，一个 Realtime 进程的线程可能造成不能及时地处理键盘和鼠标输入，用户会感觉"死机"了。简单地说，必须要有很好的理由才能使用 Realtime 优先级，比如需要响应延迟 (latency) 很短的硬件事件，或者要执行一些不能中断的"短命"任务。

注意　为了保持系统总体平稳运行，除非用户有"提高调度优先级"(Increase Scheduling Priority) 特权，否则进程不能以 Realtime 优先级类运行。管理员和 Power User 默认有这个特权。

[①]　译注：优先级类和优先级是两个概念。根据定义，每个线程的优先级取决于两个标准：第一，它的进程的优先级类；第二，在其进程的优先级类中，线程的优先级。优先级类和优先级合并构成了一个线程的"基础优先级"(base priority)。注意，每个线程都有一个动态优先级 (dynamic priority)。线程调度器根据这个优先级来决定要执行哪个线程。最初，线程的动态优先级和它的基础优先级是相同的。系统可提升 (boost) 和降低 (lower) 动态优先级，以确保它的可响应性，并避免线程在处理器时间内"饥饿"。但是，对于基础优先级 16 ～ 31 之间的线程，系统不会提升它们的优先级。只有基础优先级在 0 ～ 15 之间的线程才会被动态提升 (优先级)。

[②]　译注：所谓交互使用，是指一个用户坐在计算机面前或者以远程连接的方式进行人机交互。

选好优先级类之后，就不要再思考你的应用程序和其他应用程序的关系了。现在，应该将所有注意力放在应用程序中的线程上。Windows 支持 7 个相对线程优先级：Idle、Lowest、Below Normal、Normal、Above Normal、Highest 和 Time-Critical。这些优先级是相对于进程优先级类而言的。同样地，由于 Normal 是默认的相对线程优先级，所以是最常用的。

总之，你的进程是一个优先级类的成员。在你的进程中，要为各个线程分配相对优先级。到目前为止，我一直没有提到关于 0 ～ 31 的线程优先级的任何事情。应用程序开发人员永远不直接处理这些优先级。相反，系统将进程的优先级类和其中的一个线程的相对优先级映射成一个优先级 (0 ～ 31)。表 26-1 总结了进程的优先级类和线程的相对优先级与优先级 (0 ～ 31) 的映射关系。

表 26-1　"进程优先级类"和"相对线程优先级"如何映射到"优先级"值

相对线程优先级	进程优先级类					
	Idle	Below Normal	Normal	Above Normal	High	Realtime
Time-Critical	15	15	15	15	15	31
Highest	6	8	10	12	15	26
Above Normal	5	7	9	11	14	25
Normal	4	6	8	10	13	24
Below Normal	3	5	7	9	12	23
Lowest	2	4	6	8	11	22
Idle	1	1	1	1	1	16

例如，Normal 进程中的一个 Normal 线程的优先级是 8。由于大多数进程都是 Normal 优先级，大多数线程也是 Normal 优先级，所以系统中大多数线程的优先级都是 8。

High 优先级进程中的 Normal 线程的优先级是 13。将进程优先级类更改为 Idle，线程的优先级变成 4。记住，线程优先级是相对于进程优先级类的。更改一个进程的优先级类，线程的相对优先级不会改变，但它的绝对优先级值会改变。

注意，表中没有值为 0 的线程优先级。这是因为 0 优先级保留给零页线程了，系统不允许其他线程的优先级为 0。而且，以下优先级也不可获得：17、18、19、20、21、27、28、29 或者 30。以内核模式运行的设备驱动程序才能获得这些优先级；用户模式的应用程序不能。还要注意，Realtime 优先级类中的线程优先级不能低于 16。类似地，非 Realtime 的优先级类中的线程优先级不能高于 15。

正常情况下，进程根据启动它的进程来分配优先级。大多数进程都由 Windows 文件资源管理器启动，后者在 Normal 优先级类中生成它的所有子进程。托管应用程序不应该表现为拥有它们自己的进程；相反，它们应该表现为在一个 AppDomain 中运行。所以，托管应用程序不应该更改它们的进程的优先级类，因为这会影响进程中运行的所有代码。例如，许多 ASP.NET 应用程序都在单个进程中运行，每个应用程序都在它自己的 AppDomain 中。类似的还有 Silverlight 应用程序，它在一个 IE 浏览器进程中运行。还有托管的存储过程，它在 SQL Server 进程中运行。

> **注意**
>
> "进程优先级类"的概念容易引起混淆。人们可能认为 Windows 在调度进程。事实上 Windows 永远不会调度进程，它只调度线程。"进程优先级类"是微软提出的一个抽象概念，旨在帮助大家理解自己的应用程序和其他正在运行的应用程序的关系，它没有别的用途。

> **重要提示**
>
> 最好是降低一个线程的优先级，而不是提升另一个线程的优先级。如果线程要执行长时间的计算限制任务，比如编译代码、拼写检查、电子表格重新计算等，一般应降低该线程的优先级。如果线程要快速响应某个事件，运行短暂时间，再恢复为等待状态，则应提高该线程的优先级。高优先级线程在其生存期的大多数时间里都应处于等待状态，这样才不至于影响系统的总体响应能力。例如，响应用户按 Windows 徽标键的"Windows 文件资源管理器"线程就是一个高优先级线程。当用户按这个键时，Windows 文件资源管理器立即抢占其他更低优先级的线程，并显示它的菜单。用户在菜单中上下移动时，Windows 文件资源管理器的线程会快速响应每一次按键(或鼠标移动)，更新菜单，并停止运行，直到用户继续在菜单中导航。

注意，Windows Store 应用不能创建额外的 AppDomain，不能更改其进程的优先级类，也不能更改其任何线程的优先级。另外，当 Windows Store 应用不再处于前台时，Windows 自动挂起它的所有线程。这是出于两方面的考虑。首先，这样做可防止后台应用从用户当前正在积极交互的应用"窃取"CPU 时间。确保像"轻扫"(swipe) 这样的触摸事件能快速和流畅地完成。其次，降低 CPU 利用率有利于省电，笔记本 / 平板 PC 充一次电可以运行得更久。

另一方面，大家的应用程序可以更改其线程的相对线程优先级，这需要设置 `Thread` 的 `Priority` 属性，向其传递 `ThreadPriority` 枚举类型定义的 5 个值之一：Lowest、BelowNormal、Normal、AboveNormal 或者 Highest。然而，就像 Windows 为自己保留了优先级 0 和 Realtime 范围一样，CLR 也为自己保留了 Idle 和 Time-Critical 优先级。今天的 CLR 还没有以 Idle 优先级运行的线程，但这一点未来可能改变。然而，如第 21 章"托管堆和垃圾回收"讨论的那样，CLR 的终结器线程以 Time-Critical 优先级运行。所以，作为托管应用程序的开发人员，你实际只需使用表 26-1 中 5 个加了底纹的相对线程优先级。

重要
提示

今天，大多数应用程序都没有利用线程优先级。但是，在我设想的理想世界中，CPU 应保持 100% 的利用率，一直都在做有用的工作。在这种情况下，为了保证系统响应能力不受影响，线程优先级就显得至关重要。遗憾的是，多年来最终用户已养成了一个习惯：一旦看到太高的 CPU 使用率，就感觉应用程序要失去控制了。

在我的新世界中，需要对最终用户进行"知识再普及"，让他们明白高的 CPU 利用率也许是一件好事情——表明计算机正在积极地为用户处理有用的信息。如果所有 CPU 都忙于运行优先级 8 和以上的线程，就真的出问题了。这意味着应用程序在响应最终用户的输入时遇到麻烦。"任务管理器"未来的版本在报告 CPU 利用率时，或许应该将线程优先级考虑在内；诊断有问题的系统时，这种信息是相当有帮助的。

对于桌面应用 (非 Windows Store 应用)，我要强调的是 System.Diagnostics 命名空间包含 Process 类和 ProcessThread 类。这两个类分别提供了进程和线程的 Windows 视图。用托管代码写实用程序 (utility)，或者建构代码来帮助自己进行调试时，就可以使用这两个类。事实上，这正是为什么这两个类都在 System.Diagnostics 命名空间中的原因。应用程序需要以特殊的安全权限运行才能使用这两个类。例如， ASP.NET 应用程序便用不了这两个类。

另一方面，应用程序可以使用 AppDomain 类和 Thread 类，它们公开了在 CLR 眼中的 AppDomain 和线程视图。一般不需要特殊安全权限就可以使用这两个类，虽然某些操作仍需提升权限才可以使用。

26.9 前台线程和后台线程

CLR 将每个线程要么视为前台线程，要么视为后台线程。一个进程的所有前台线程停止运行时，CLR 强制终止仍在运行的任何后台线程。这些后台线程被直接终止；不抛出异常。

　　所以，应该用前台线程执行确实想完成的任务，比如将数据从内存缓冲区 flush[①] 到磁盘。非关键性任务则使用后台线程，比如重新计算电子表格的单元格，或者为记录建立索引等。这是由于这些工作能在应用程序重启时继续，而且如果用户想终止应用程序，就没必要强迫应用程序保持活动。

　　CLR 需要提供前台和后台线程的概念来更好地支持 AppDomain。我们知道，每个 AppDomain 都可以运行一个单独的应用程序，而每个应用程序都有自己的前台线程。如果应用程序退出，造成它的前台线程终止，那么 CLR 仍需保持活动并运行，使其他应用程序能继续运行。所有应用程序都退出，它们的所有前台线程都终止后，整个进程就可以被销毁了。

　　以下代码演示了前台和后台线程之间的差异：

```
using System;
using System.Threading;

public static class Program {
    public static void Main() {
        // 创建新线程（默认为前台线程）
        Thread t = new Thread(Worker);

        // 使线程成为后台线程
        t.IsBackground = true;

        t.Start(); // 启动线程
        // 如果 t 是前台线程，则应用程序大约 10 秒后才终止
        // 如果 t 是后台线程，则应用程序立即终止
        Console.WriteLine(" 从 Main 返回 ");
    }

    private static void Worker() {
        Thread.Sleep(10000); // 模拟做 10 秒钟的工作

        // 下面这行代码只有在由一个前台线程执行时才会显示
        Console.WriteLine(" 从 Worker 返回 ");
    }
}
```

　　在线程的生存期中，任何时候都可以从前台变成后台，或者从后台变成前台。应用程序的主线程以及通过构造一个 Thread 对象来显式创建的任何线程都默认为前台线程。相反，线程池线程默认为后台线程。另外，由进入托管执行环境的本机 (native) 代码创建的任何线程都被标记为后台线程。

---

① 译注：flush 在文档中翻译成"刷新"，本书保留原文未译。其实，flush 在技术文档中的意思和日常生活中一样，即"冲（到别处）"。例如，我们会说"冲水"，不会说"刷水"。

重要提示

> 尽量避免使用前台线程。我有次接手了一个顾问工作，有个应用程序就是不终止。花了几小时研究问题后，才发现是一个 UI 组件显式地创建了一个前台线程 (默认)，这正是进程一直不终止的原因。后来修改组件使用线程池才解决了问题。执行效率也提升了。

26.10 深入学习

本章讲解了线程的基础知识，我希望我已讲清楚了线程是非常宝贵的资源，必须省着用。为了做到这一点，最好的方式就是使用 CLR 的线程池。线程池自动为你管理线程的创建和销毁。线程池创建的线程将为各种任务而重用，所以你的应用程序其实只需几个线程即可完成全部工作。

第 27 章"计算限制的异步操作"重点讲述如何使用 CLR 线程池执行计算限制的操作。第 28 章"I/O 限制的异步操作"则要讨论如何使用线程池执行 I/O 限制的操作。许多时候都可以在不需要线程同步的前提下执行异步的计算限制和 I/O 限制操作。但也有的时候必须进行线程同步。第 29 章"基元线程同步构造"和第 30 章"混合线程同步构造"将讨论线程同步构造的工作方式，以及各种构造之间的区别

结束本章的讨论之前，我想告诉大家，我全面接触并使用线程始于 1992 年 Windows NT 3.1 的第一个 BETA 版本。.NET 开始 BETA 测试时，我开始制作一个类库来简化异步编程和线程同步。这个库称为 Wintellect Power Threading Library，可免费下载和使用。这个库有针对桌面 CLR、Silverlight CLR 和 Compact Framework 的版本。库、文档和示例代码的下载地址是 https://github.com/Wintellect/PowerThreading。

第 **27** 章

计算限制的异步操作

本章内容：

- CLR 线程池基础
- 执行简单的计算限制操作
- 执行上下文
- 协作式取消和超时
- 任务
- **Parallel** 的静态方法 **For**、**ForEach** 和 **Invoke**
- 并行语言集成查询 (PLINQ)
- 执行定时的计算限制操作
- 线程池如何管理线程

本章将讨论以异步方式执行操作的各种方式。异步的计算限制操作要用其他线程执行，例子包括编译代码、拼写检查、语法检查、电子表格重计算、音频或视频数据转码以及生成图像的缩略图。在金融和工程应用程序中，计算限制的操作也相当普遍。

大多数应用程序都不会花太多时间处理内存数据或执行计算。要验证这一点，可以打开"任务管理器"，选择"性能"标签。如果 CPU 利用率不到 100%(大多数时候都如此)，就表明当前运行的进程没有使用由计算机的 CPU 内核提供的全部计算能力。CPU 利用率低于 100% 时，进程中的部分 (但不是全部) 线程根本没有运行。相反，这些线程正在等待某个输入或输出操作。例如，这些线程可能正在等待一个计时器到期[①]；等待在数据库/Web 服务/文件/网络/其他硬件设备中读取或写入数据；或者等待按键、鼠标移动或鼠标点击等。执行 I/O 限制的操作时，Windows 设备驱动程序让硬件设备为你"干活儿"，但 CPU 本身"无所事事"。由于线程不在 CPU 上运行，所以"任务管理器"说 CPU 利用率很低。

但是，即使 I/O 限制非常严重的应用程序也要对接收到的数据执行一些计算，而并行执行这些计算能显著提升应用程序的吞吐能力。本章首先介绍 CLR 的线程池，并解释了和它的工作和使用有关的一些基本概念。这些信息十分重要。为了设计和实现可伸缩的、响应灵敏和可靠的应用程序和组件，线程池是你必须采用的核心技术。然后，本章展示了通过线程池执行计算限制操作的各种机制。

27.1 CLR 线程池基础

如第 26 章"线程基础"所述，创建和销毁线程是一个昂贵的操作，要耗费大量时间。另外，太多的线程会浪费内存资源。由于操作系统必须调度可运行的线程并执行上下文切换，所以太多的线程还对性能不利。为了改善这个情况，CLR 包含了代码来管理它自己的线程池 (thread pool)。线程池是你的应用程序能使用的线程集合。每 CLR 一个线程池；这个线程池由 CLR 控制的所有 AppDomain 共享。如果一个进程中加载了多个 CLR，那么每个 CLR 都有它自己的线程池。

CLR 初始化时，线程池中是没有线程的。在内部，线程池维护了一个操作请求队列。应用程序执行一个异步操作时，就调用某个方法，将一个记录项 (entry) 追加到线程池的队列中。线程池的代码从这个队列中提取记录项，将这个记录项派发 (dispatch) 给一个线程池线程。如果线程池中没有线程，就创建一个新线程。创建线程会造成一定的性能损失 (前面已讨论过)。然而，当线程池线程完成任务后，线程不会被销毁。相反，线程会返回线程池，在那里进入空闲状态，等待响应另一个请求。由于线程不销毁自身，所以不再产生额外的性能损失。

如果你的应用程序向线程池发出许多请求，线程池会尝试只用这一个线程来服务所有请求。然而，如果你的应用程序发出请求的速度超过了线程池线程处理它们的速度，就会创建额外的线程。最终，你的应用程序的所有请求都能由少量线程处理，所以线程池不必创建大量线程。

如果应用程序停止向线程池发出请求，那么池中会出现大量什么都不做的线程。这是对内存资源的浪费。所以，当一个线程池线程闲着没事儿一段时间之后 (不同版本的 CLR 对这个时间的定义不同)，线程会自己醒来终止自己以释放资源。线程终止自己会产生一定的性能损失。然而，线程终止自己是因为它闲得慌，表明应用

---

① 计时器"到期"(come due) 的意思是还有多久触发它。

程序本身就没有做太多的事情，所以这个性能损失的问题不大。

　　线程池可以只容纳少量线程，从而避免浪费资源；也可以容纳更多的线程，以利用多处理器、超线程处理器和多核处理器。它能在这两种不同的状态之间从容地切换。线程池是启发式的。如果应用程序需要执行许多任务，同时有可用的 CPU，那么线程池会创建更多的线程。应用程序负载减轻，线程池线程就终止自己。

27.2　执行简单的计算限制操作

　　要将一个异步的计算限制操作放到线程池的队列中，通常可以调用 ThreadPool 类定义的以下方法之一：

```
static Boolean QueueUserWorkItem(WaitCallback callBack);
static Boolean QueueUserWorkItem(WaitCallback callBack, Object state);
```

　　这些方法向线程池的队列添加一个"工作项"(work item) 以及可选的状态数据。然后，所有方法会立即返回。工作项其实就是由 callBack 参数标识的一个 (回调) 方法，该方法将由线程池线程调用。可向方法传递一个 state 实参 (状态数据)。无 state 参数的那个版本的 QueueUserWorkItem 则向回调方法传递 null。最终，池中的某个线程会处理工作项，造成你指定的方法被调用。你写的回调方法必须匹配 System.Threading.WaitCallback 委托类型，后者的定义如下：

```
delegate void WaitCallback(Object state);
```

注意　WaitCallback 委托、TimerCallback 委托 (参见本章 27.8 节 "执行定时计算限制操作" 的讨论) 和 ParameterizedThreadStart 委托 (参见第 26 章 "线程基础") 的签名完全一致。定义和该签名匹配的方法后，使用 ThreadPool.QueueUserWorkItem、System.Threading.Timer 对 象 和 System.Threading.Thread 对象都可调用该方法。

　　以下代码演示了如何让一个线程池线程以异步方式调用一个方法：

```
using System;
using System.Threading;

public static class Program {
    public static void Main() {
        Console.WriteLine( "主线程：入队一个异步操作 ");
        ThreadPool.QueueUserWorkItem(ComputeBoundOp, 5);
        Console.WriteLine(" 主线程：在这里做其他工作 ...");
        Thread.Sleep(10000); // 模拟做其他工作 (10 秒 )
        Console.WriteLine(" 按 <Enter> 键结束程序 ...");
```

```
        Console.ReadLine();
    }

    // 这个方法的签名必须匹配 WaitCallback 委托
    private static void ComputeBoundOp(Object state) {
        // 这个方法由一个线程池线程执行

        Console.WriteLine(" 现在位于 ComputeBoundOp 中 : state={0}", state);
        Thread.Sleep(1000); // 模拟其他工作 (1 秒 )

        // 这个方法返回后，线程回到池中，等待另一个任务
    }
}
```

编译并运行以上代码得到的输出如下：

```
主线程 : 入队一个异步操作
主线程 : 在这里做其他工作 ...
现在位于 ComputeBoundOp 中 : state=5
```

有时也得到以下输出：

```
主线程 : 入队一个异步操作
现在位于 ComputeBoundOp 中 : state=5
主线程 : 在这里做其他工作 ...
```

之所以输出行的顺序会发生变化，是因为两个方法相互之间是异步运行的。
Windows 调度器决定先调度哪一个线程。如果应用程序在多核机器上运行，可能同
时调度它们。

注意 　一旦回调方法抛出未处理的异常，CLR 就会终止进程 (除非宿主强加了它自
己的策略)。未处理异常的详情已在第 20 章 "异常和状态管理"进行了讨论。

注意 　对于 Windows Store 应用，System.Threading.ThreadPool 类是没有公开的。
但在使用 System.Threading.Tasks 命名空间中的类型时，会间接地使用
该类 (详情参见本章稍后的 27.5 节 "任务")。

27.3 执行上下文

每个线程都关联了一个执行上下文数据结构。执行上下文 (execution context)
包括的东西有安全设置 (压缩栈、Thread 的 Principal 属性和 Windows 身份)、
宿主设置 (参见 System.Threading.HostExecutionContextManager) 以及逻辑

调用上下文数据 (参见 System.Runtime.Remoting.Messaging.CallContext 的 LogicalSetData 和 LogicalGetData 方法)。线程执行它的代码时，一些操作会受到线程执行上下文设置 (尤其是安全设置) 的影响。理想情况下，每当一个线程 (初始线程) 使用另一个线程 (辅助线程) 执行任务时，前者的执行上下文应该流向 (复制到) 辅助线程。这就确保了辅助线程执行的任何操作使用的是相同的安全设置和宿主设置。还确保了在初始线程的逻辑调用上下文中存储的任何数据都适用于辅助线程。

默认情况下，CLR 自动造成初始线程的执行上下文 "流向" 任何辅助线程。这造成将上下文信息传给辅助线程，但这会对性能造成一定影响。这是因为执行上下文中包含大量信息，而收集所有这些信息，再把它们复制到辅助线程，要耗费不少时间。如果辅助线程又采用了更多的辅助线程，还必须创建和初始化更多的执行上下文数据结构。

System.Threading 命名空间有一个 ExecutionContext 类，它允许你控制线程的执行上下文如何从一个线程 "流" 向另一个。下面展示了这个类的样子：

```
public sealed class ExecutionContext : IDisposable, ISerializable {
    [SecurityCritical] public static AsyncFlowControl SuppressFlow();
    public static void RestoreFlow();
    public static Boolean IsFlowSuppressed();

    // 未列出不常用的方法
}
```

可用这个类阻止执行上下文流动以提升应用程序的性能。对于服务器应用程序，性能的提升可能非常显著。但客户端应用程序的性能提升不了多少。另外，由于 SuppressFlow 方法用 [SecurityCritical] 特性进行了标识，所以在某些客户端应用程序中是无法调用的。当然，只有在辅助线程不需要或者不访问上下文信息时，才应阻止执行上下文的流动。如果初始线程的执行上下文不流向辅助线程，辅助线程会使用上一次和它关联的任意执行上下文。在这种情况下，辅助线程不应执行任何要依赖于执行上下文状态 (比如用户的 Windows 身份) 的代码。

下例展示了向 CLR 的线程池队列添加一个工作项的时候，如何通过阻止执行上下文的流动来影响线程逻辑调用上下文中的数据[1]：

```
public static void Main() {
```

---

[1]　添加到逻辑调用上下文的项必须是可序列化的，详情参见第 24 章 "运行时序列化"。对于包含了逻辑调用上下文数据项的执行上下文，让它流动起来可能严重损害性能，因为为了捕捉执行上下文，需要对所有数据项进行序列化和反序列化。

```
    // 将一些数据放到 Main 线程的逻辑调用上下文中
    CallContext.LogicalSetData("Name", "Jeffrey");

    // 初始化要由一个线程池线程做的一些工作,
    // 线程池线程能访问逻辑调用上下文数据
    ThreadPool.QueueUserWorkItem(
      state => Console.WriteLine("Name={0}", CallContext.LogicalGetData("Name")));

    // 现在, 阻止 Main 线程的执行上下文的流动
    ExecutionContext.SuppressFlow();

    // 初始化要由线程池线程做的工作,
    // 线程池线程不能访问逻辑调用上下文数据
    ThreadPool.QueueUserWorkItem(
      state => Console.WriteLine("Name={0}", CallContext.LogicalGetData("Name")));

    // 恢复 Main 线程的执行上下文的流动,
    // 以免将来使用更多的线程池线程
    ExecutionContext.RestoreFlow();
    ...
    Console.ReadLine();
}
```

编译并运行以上代码得到以下输出:

```
Name=Jeffrey
Name=
```

虽然我们讨论的是在调用 `ThreadPool.QueueUserWorkItem` 时阻止执行上下文的流动,但在使用 `Task` 对象 (参见 27.5 节 "任务") 时,以及在发起异步 I/O 操作 (参见第 28 章 "I/O 限制的异步操作") 时,这个技术同样有用。

27.4 协作式取消和超时

.NET Framework 提供了标准的取消操作模式。这个模式是协作式的,意味着要取消的操作必须显式支持取消。换言之,无论执行操作的代码,还是试图取消操作的代码,都必须使用本节提到的类型。对于长时间运行的计算限制操作,支持取消是一件很 "棒" 的事情。所以,你应该考虑为自己的计算限制操作添加取消能力。本节将解释具体如何做。但是,首先解释一下作为标准协作式取消模式一部分的两个 FCL 类型。

取消操作首先要创建一个 `System.Threading.CancellationTokenSource` 对象。这个类看起来像下面这样:

```
public sealed class CancellationTokenSource : IDisposable { // 一个引用类型
```

```
    public CancellationTokenSource();
    public void Dispose(); // 释放资源 ( 比如 WaitHandle)

    public Boolean IsCancellationRequested { get; }
    public CancellationToken Token { get; }

    public void Cancel(); // 内部调用 Cancel 并传递 false
    public void Cancel(Boolean throwOnFirstException);
    ...
}
```

　　这个对象包含和管理取消有关的所有状态。构造好一个 CancellationTokenSource
(一个引用类型) 之后，可从它的 Token 属性获得一个或多个 CancellationToken
(一个值类型) 实例，并传给你的操作，使操作可以取消。以下是 CancellationToken
值类型最有用的成员：

```
public struct CancellationToken { // 一个值类型
    public static CancellationToken None { get; } // 很好用

    public Boolean IsCancellationRequested { get; }      // 由非通过 Task 调用的操作调用
    public void    ThrowIfCancellationRequested();       // 由通过 Task 调用的操作调用

    // CancellationTokenSource 取消时，WaitHandle 会收到信号
    public WaitHandle WaitHandle { get; }
    // GetHashCode, Equals, operator== 和 operator!= 成员未列出

    public Boolean CanBeCanceled { get; } // 很少使用

    public CancellationTokenRegistration Register(Action<Object> callback, Object state,
        Boolean useSynchronizationContext); // 未列出更简单的重载版本
}
```

　　CancellationToken 实例是轻量级值类型，包含单个私有字段，即对其
CancellationTokenSource 对象的引用。在计算限制操作的循环中，可定时调用
CancellationToken 的 IsCancellationRequested 属性，了解循环是否应该提
前终止，从而终止计算限制的操作。提前终止的好处在于，CPU 不需要再把时间浪
费在你对结果不感兴趣的操作上。以下代码将这些概念全部梳理了一遍：

```
internal static class CancellationDemo {
    public static void Go() {
        CancellationTokenSource cts = new CancellationTokenSource();

        // 将 CancellationToken 和 “要数到的数” (number-to-count-to) 传入操作
        ThreadPool.QueueUserWorkItem(o => Count(cts.Token, 1000));

        Console.WriteLine("Press <Enter> to cancel the operation.");
        Console.ReadLine();
```

```
        cts.Cancel(); // 如果 Count 方法已返回，Cancel 没有任何效果
        // Cancel 立即返回，方法从这里继续运行 ...

        Console.ReadLine();
    }

private static void Count(CancellationToken token, Int32 countTo) {
    for (Int32 count = 0; count < countTo; count++) {
        if (token.IsCancellationRequested) {
            Console.WriteLine("Count is cancelled");
            break; // 退出循环以停止操作
        }

        Console.WriteLine(count);
        Thread.Sleep(200); // 出于演示目的而浪费一些时间
    }
    Console.WriteLine("Count is done");
    }
}
```

注意

要执行一个不允许被取消的操作，可以向该操作传递通过调用 CancellationToken 的静态 None 属性而返回的 CancellationToken。该属性返回一个特殊的 CancellationToken 实例，它不和任何 CancellationTokenSource 对象关联 (实例的私有字段为 null)。由于没有 CancellationTokenSource，所以没有代码能调用 Cancel。一个操作如果查询这个特殊 CancellationToken 的 IsCancellationRequested 属性，将总是返回 false。使用某个特殊 CancellationToken 实例查询 CancellationToken 的 CanBeCanceled 属性，属性会返回 false。相反，对于通过查询 CancellationTokenSource 对象的 Token 属性而获得的其他所有 CancellationToken 实例，该属性 (CanBeCanceled) 都会返回 true。

　　如果愿意，可以调用 CancellationToken 的 Register 方法登记一个或多个在取消一个 CancellationTokenSource 时调用的方法。要向方法传递一个 Action<Object> 委托；一个要通过委托传给回调 (方法) 的状态值；一个 Boolean 值 (名为 useSynchronizationContext)，该值指明是否要使用调用线程的 SynchronizationContext 来调用委托。如果为 useSynchronizationContext 参数传递 false，那么调用 Cancel 的线程会顺序调用已登记的所有方法。为 useSynchronizationContext 参数传递 true，则回调 (方法) 会被 send(而不是

post[①]) 给已捕捉的 SynchronizationContext 对象,后者决定由哪个线程调用回调
(方法)。SynchronizationContext 类的详情将在 28.9 节 "应用程序及其线程处
理模型" 讨论。

注意　向被取消的 CancellationTokenSource 登记一个回调方法,将由调用
Register 的线程调用回调方法 (如果为 useSynchronizationContext 参数传
递了 true 值,那么回调方法可能要通过调用线程的 SynchronizationContext
来执行)。

　　多次调用 Register,多个回调方法都会调用。这些回调方法可能抛出未处
理的异常。如果调用 CancellationTokenSource 的 Cancel 方法,向它传递
true,那么抛出了未处理异常的第一个回调方法会阻止其他回调方法的执行,抛
出的异常也会从 Cancel 中抛出。如果调用 Cancel 并向它传递 false,那么登
记的所有回调方法都会调用。所有未处理的异常都会添加到一个集合中。所有回
调方法都执行好后,其中任何一个抛出了未处理的异常,Cancel 就会抛出一个
AggregateException,该异常实例的 InnerExceptions 属性被设为已抛出的
所有异常对象的集合。如果登记的所有回调方法都没有抛出未处理的异常,那么
Cancel 直接返回,不抛出任何异常。

重要
提示　没有办法将 AggregateException 的 InnerExceptions 集合中的一个
异常对象和一个特定操作对应起来;你只知道某个操作出了错,并通过
异常类型知道出了什么错。要跟踪错误的具体位置,需要检查异常对象的
StackTrace 属性,并手动检视自己的源代码。

　　CancellationToken 的 Register 方法返回一个 CancellationTokenRegistration,
如下所示:

```
public struct CancellationTokenRegistration :
    IEquatable<CancellationTokenRegistration>, IDisposable {
    public void Dispose();
    // GetHashCode, Equals, operator== 和 operator!= 成员未列出
}
```

　　可以调用 Dispose 从关联的 CancellationTokenSource 中删除已登记的回

———————————
① 译注:简单地说,如果执行 send 操作,要等到在目标线程那里处理完毕之后才会返回。
在此期间,调用线程会被阻塞。这相当于同步调用。如果执行 post 操作,是指将东西
post 到一个队列中就算完事儿,调用线程立即返回,相当于异步调用。

调；这样一来，在调用 Cancel 时，便不会再调用这个回调。以下代码演示了如何向一个 CancellationTokenSource 登记两个回调：

```
var cts = new CancellationTokenSource();
cts.Token.Register(() => Console.WriteLine( "Canceled 1" ));
cts.Token.Register(() => Console.WriteLine( "Canceled 2" ));

// 出于测试的目的，让我们取消它，以便执行 2 个回调
cts.Cancel();
```

运行以上代码，一旦调用 Cancel 方法，就会得到以下输出：

```
Canceled 2
Canceled 1
```

最后，可以通过链接另一组 CancellationTokenSource 来新建一个 CancellationTokenSource 对象。任何一个链接的 CancellationTokenSource 被取消，这个新的 CancellationTokenSource 对象就会被取消。以下代码对此进行了演示：

```
// 创建一个 CancellationTokenSource
var cts1 = new CancellationTokenSource();
cts1.Token.Register(() => Console.WriteLine("cts1 canceled"));

// 创建另一个 CancellationTokenSource
var cts2 = new CancellationTokenSource();
cts2.Token.Register(() => Console.WriteLine("cts2 canceled"));

// 创建一个新的 CancellationTokenSource，它在 cts1 或 ct2 取消时取消
var linkedCts = CancellationTokenSource.CreateLinkedTokenSource
        (cts1.Token, cts2.Token);
linkedCts.Token.Register(() => Console.WriteLine("linkedCts canceled"));

// 取消其中一个 CancellationTokenSource 对象（我选择 cts2）
cts2.Cancel();

// 显示哪个 CancellationTokenSource 对象被取消了
Console.WriteLine("cts1 canceled={0}, cts2 canceled={1}, linkedCts={2}",
    cts1.IsCancellationRequested, cts2.IsCancellationRequested,
linkedCts.IsCancellationRequested);
```

运行以上代码得到以下输出：

```
linkedCts canceled
cts2 canceled
cts1 canceled=False, cts2 canceled=True, linkedCts=True
```

在很多情况下，我们需要在过一段时间之后才取消操作。例如，服务器应用程序可能会根据客户端的请求而开始计算。但必须在 2 秒钟之内有响应，

无论此时工作是否已经完成。有的时候，与其等待漫长时间获得一个完整的结果，还不如在短时间内报错，或者用部分计算好的结果进行响应。幸好，CancellationTokenSource 提供了在指定时间后自动取消的机制。为了利用这个机制，要么用接收延时参数的构造器构造一个 CancellationTokenSource 对象，要么调用 CancellationTokenSource 的 CancelAfter 方法：

```
public sealed class CancellationTokenSource : IDisposable { // 一个引用类型
    public CancellationTokenSource(Int32 millisecondsDelay);
    public CancellationTokenSource(TimeSpan delay);
    public void CancelAfter(Int32 millisecondsDelay);
    public void CancelAfter(TimeSpan delay);
    ...
}
```

27.5　任务

很容易调用 ThreadPool 的 QueueUserWorkItem 方法发起一次异步的计算限制操作。但这个技术有许多限制。最大的问题是没有内建的机制让你知道操作在什么时候完成，也没有机制在操作完成时获得返回值。为了克服这些限制(并解决其他一些问题)，微软引入了任务的概念。我们通过 System.Threading.Tasks 命名空间中的类型来使用任务。

如此一来，不是调用 ThreadPool 的 QueueUserWorkItem 方法，而是用任务来做相同的事情：

```
ThreadPool.QueueUserWorkItem(ComputeBoundOp, 5);   // 调用 QueueUserWorkItem
new Task(ComputeBoundOp, 5).Start();               // 用 Task 来做相同的事情
Task.Run(() => ComputeBoundOp(5));                 // 另一个等价的写法
```

第二行代码创建 Task 对象并立即调用 Start 来调度任务。当然，也可先创建好 Task 对象再调用 Start。例如，可以创建一个 Task 对象，把它传给另一个方法，由后者决定在什么时候调用 Start 来调度任务。由于创建 Task 对象并立即调用 Start 是常见的编程模式，所以可以像最后一行代码展示的那样调用 Task 的静态 Run 方法。

为了创建一个 Task，需要调用构造器并传递一个 Action 或 Action<Object> 委托。这个委托就是你想执行的操作。如果传递的是期待一个 Object 的方法，还必须向 Task 的构造器传递最终要传给操作的实参。调用 Run 时可以传递一个 Action 或 Func<TResult> 委托来指定想要执行的操作。无论调用构造器还是 Run，都可以选择传递一个 CancellationToken，它使 Task 能在调度前取消(详情参见稍后的 27.5.2 节"取消任务")。

还可选择向构造器传递一些 TaskCreationOptions 标志来控制 Task 的执行方式。TaskCreationOptions 枚举类型定义了一组可按位 OR 的标志。定义如下：

```
[Flags, Serializable]
public enum TaskCreationOptions {
    None            = 0x0000, // 默认

    // 提议 TaskScheduler 你希望该任务尽快执行，宜早不宜迟
    PreferFairness  = 0x0001,

    // 提议 TaskScheduler 应尽可能地创建线程池线程
    LongRunning     = 0x0002,

    // 该提议总是被采纳：将一个 Task 和它的父 Task 关联（稍后讨论）
    AttachedToParent = 0x0004,

     // 该提议总是被采纳：如果一个任务试图和这个父任务连接，它就是一个普通任务，而不是子任务
    DenyChildAttach = 0x0008,

    // 该提议总是被采纳：强迫子任务使用默认调度器而不是父任务的调度器
    HideScheduler   = 0x0010
}
```

有的标志只是"提议"，TaskScheduler 在调度一个 Task 时，可能会、也可能不会采纳这些提议。不过，AttachedToParent，DenyChildAttach 和 HideScheduler 总是得以采纳，因为它们和 TaskScheduler 本身无关。TaskScheduler 对象的详情将在 27.5.7 节"任务调度器"讨论。

27.5.1 等待任务完成并获取结果

可以等待任务完成并获取结果。例如，以下 Sum 方法在 n 值很大的时候会执行较长时间：

```
private static Int32 Sum(Int32 n) {
    Int32 sum = 0;
    for (; n > 0; n--)
        checked { sum += n; } // 如果 n 太大，会抛出 System.OverflowException
    return sum;
}
```

现在可以构造一个 Task<TResult> 对象（派生自 Task），并为泛型 TResult 参数传递计算限制操作的返回类型。开始任务之后，可以等待它完成并获得结果，如以下代码所示：

```
// 创建一个 Task( 现在还没有开始运行 )
Task<Int32> t = new Task<Int32>(n => Sum((Int32)n), 1000000000);
```

```
// 可以在以后某个时间启动任务
t.Start();

// 可选择显式等待任务完成
t.Wait(); // 注意：还有一些重载的版本能接受 timeout/CancellationToken 值

// 可获得结果 (Result 属性内部会调用 Wait)
Console.WriteLine("The Sum is: " + t.Result); // 一个 Int32 值
```

　　如果计算限制的任务抛出未处理的异常，异常会被"吞噬"并存储到一个集合中，而线程池线程可以返回到线程池中。调用 Wait 方法或者 Result 属性时，这些成员会抛出一个 System.AggregateException 对象。

重要
提示

> 线程调用 Wait 方法时，系统检查线程要等待的 Task 是否已开始执行。如果是，调用 Wait 的线程会阻塞，直到 Task 运行结束为止。但是，如果 Task 还没有开始执行，系统可能 (取决于 TaskScheduler) 使用调用 Wait 的线程来执行 Task。在这种情况下，调用 Wait 的线程不会阻塞；它会执行 Task 并立即返回。好处在于，没有线程会被阻塞，所以减少了对资源的占用 (因为不需要创建一个线程来替代被阻塞的线程)，并提升了性能 (因为不需要花时间创建线程，也没有上下文切换)。不好的地方在于，假如线程在调用 Wait 前已获得了一个线程同步锁，而 Task 试图获取同一个锁，就会造成死锁的线程！

　　AggregateException 类型封装了异常对象的一个集合 (如果父任务生成了多个子任务，而多个子任务都抛出了异常，这个集合便可能包含多个异常)。该类型的 InnerExceptions 属性返回一个 ReadOnlyCollection<Exception> 对象。不要混淆 InnerExceptions 属性和 InnerException 属性，后者是 AggregateException 类从 System.Exception 基类继承的。在本例中，AggregateException 的 InnerExceptions 属性的元素 0 将引用由计算限制方法 (Sum) 抛出的实际 System.OverflowException 对象。

　　为方便编码，AggregateException 重写了 Exception 的 GetBaseException 方法，返回作为问题根源的最内层的 AggregateException(假定集合只有一个最内层的异常)。AggregateException 还提供了一个 Flatten 方法，它创建一个新的 AggregateException，其 InnerExceptions 属性包含一个异常列表，其中的异常是通过遍历原始 AggregateException 的内层异常层次结构而生成的。最后，AggregateException 还提供了一个 Handle 方法，它为

AggregateException 中包含的每个异常都调用一个回调方法。然后，回调方法可以为每个异常决定如何对其进行处理；回调返回 true 表示异常已处理；返回 false 表示未处理。调用 Handle 后，如果至少有一个异常没有处理，就创建一个新的 AggregateException 对象，其中只包含未处理的异常，并抛出这个新的 AggregateException 对象。本章以后会展示使用了 Flatten 方法和 Handle 方法的例子。

> **重要提示** ⚠️
>
> 如果一直不调用 Wait 或 Result，或者一直不查询 Task 的 Exception 属性，代码就一直注意不到这个异常的发生。这当然不好，因为程序遇到了未预料到的问题，而你居然没注意到。为了帮助你检测没有被注意到的异常，可以向 TaskScheduler 的静态 UnobservedTaskException 事件登记一个回调方法。每次当一个 Task 被垃圾回收时，如果存在一个没有被注意到的异常，CLR 的终结器线程就会引发这个事件。一旦引发，就会向你的事件处理方法传递一个 UnobservedTaskExceptionEventArgs 对象，其中包含你没有注意到的 AggregateException。

除了等待单个任务，Task 类还提供了两个静态方法，允许线程等待一个 Task 对象数组。其中，Task 类的静态方法 WaitAny 会阻塞调用线程，直到数组中的任何 Task 对象完成。方法返回 Int32 数组索引值，指明完成的是哪个 Task 对象。方法返回后，线程被唤醒并继续运行。如果发生超时，方法将返回 -1。如果 WaitAny 通过一个 CancellationToken 取消，那么会抛出一个 OperationCanceledException。

类似地，Task 类还有一个静态 WaitAll 方法，它阻塞调用线程，直到数组中的所有 Task 对象完成。如果所有 Task 对象都完成，WaitAll 方法返回 true。发生超时则返回 false。如果 WaitAll 通过一个 CancellationToken 取消的话，会抛出一个 OperationCanceledException。

27.5.2 取消任务

可用一个 CancellationTokenSource 取消 Task。首先必须修订前面的 Sum 方法，让它接受一个 CancellationToken：

```
private static Int32 Sum(CancellationToken ct, Int32 n) {
    Int32 sum = 0;
    for (; n > 0; n--) {

        // 在取消标志引用的 CancellationTokenSource 上调用 Cancel，
```

```
        // 下面这行代码就会抛出 OperationCanceledException
        ct.ThrowIfCancellationRequested();

        checked { sum += n; } // 如果 n 太大，会抛出 System.OverflowException
    }
    return sum;
}
```

　　执 行 计 算 限 制 操 作 的 循 环 的 话，会 调 用 CancellationToken 的
ThrowIfCancellationRequested 方法，定期检查操作是否已取消。这个方法
与 CancellationToken 的 IsCancellationRequested 属性相似 (27.4 节已经
讨 论 过 这 个 属 性)。但 是，如 果 CancellationTokenSource 已 经 取 消，那 么
ThrowIfCancellationRequested 会抛出一个 OperationCanceledException。
之所以选择抛出异常，是因为和 ThreadPool 的 QueueUserWorkItem 方法初始化
的工作项不同，任务有办法表示完成，任务甚至能返回一个值。所以，需要采取一
种方式将已完成的任务和出错的任务区分开。而让任务抛出异常，就可以知道任务
没有一直运行到完成。

　　现在像下面这样创建 CancellationTokenSource 和 Task 对象：

```
CancellationTokenSource cts = new CancellationTokenSource();
Task<Int32> t = Task.Run(() => Sum(cts.Token, 1000000000), cts.Token);

// 在之后的某个时间，取消 CancellationTokenSource 以取消 Task
cts.Cancel(); // 这是异步请求，Task 可能已经完成了

try {
    // 如果任务已取消，Result 会抛出一个 AggregateException
    Console.WriteLine("The sum is: " + t.Result); // 一个 Int32 值
}
catch (AggregateException x) {
    // 将任何 OperationCanceledException 对象都视为已处理。
    // 其他任何异常都造成抛出一个新的 AggregateException,
    // 其中只包含未处理的异常
    x.Handle(e => e is OperationCanceledException);

    // 所有异常都处理好之后，执行下面这一行
    Console.WriteLine("Sum was canceled");
}
```

　　可在创建 Task 时将一个 CancellationToken 传给构造器 (如上例所示)，从
而将两者关联。如果 CancellationToken 在 Task 调度前取消，Task 会被取消，

永不执行 [①]。但如果 Task 已调度 (通过调用 Start 方法 [②]），那么 Task 的代码只有显式支持取消，其操作才能在执行期间取消。遗憾的是，虽然 Task 对象关联了一个 CancellationToken，但却没有办法访问它。因此，必须在 Task 的代码中获得创建 Task 对象时的同一个 CancellationToken。为此，最简单的办法就是使用一个 lambda 表达式，将 CancellationToken 作为闭包变量 "传递" (就像上例那样)。

27.5.3 任务完成时自动启动新任务

伸缩性好的软件不应该使线程阻塞。调用 Wait，或者在任务尚未完成时查询任务的 Result 属性 [③]， 极有可能造成线程池创建新线程，这增大了资源的消耗，也不利于性能和伸缩性。幸好，有更好的办法可以知道一个任务在什么时候结束运行。任务完成时可启动另一个任务。下面重写了之前的代码，它不阻塞任何线程：

```
// 创建并启动一个 Task，继续另一个任务
Task<Int32> t = Task.Run(() => Sum(CancellationToken.None, 10000));

// ContinueWith 返回一个 Task，但一般都不需要再使用该对象 ( 下例的 cwt)
Task cwt = t.ContinueWith(task => Console.WriteLine( "The sum is: " + task.Result));
```

现在，执行 Sum 的任务完成时会启动另一个任务 (也在某个线程池线程上) 以显示结果。执行以上代码的线程不会进入阻塞状态并等待这两个任务中的任何一个完成。相反，线程可以执行其他代码。如果线程本身就是一个线程池线程，它可以返回池中以执行其他操作。注意，执行 Sum 的任务可能在调用 ContinueWith 之前完成。但这不是一个问题，因为 ContinueWith 方法会看到 Sum 任务已经完成，会立即启动显示结果的任务。

注意，ContinueWith 返回对新 Task 对象的引用 (我的代码是将该引用放到 cwt 变量中)。当然，可以用这个 Task 对象调用各种成员 (比如 Wait，Result，甚至 ContinueWith)，但一般都忽略这个 Task 对象，不再用变量保存对它的引用。

另外，Task 对象内部包含了 ContinueWith 任务的一个集合。所以，实际可以用一个 Task 对象来多次调用 ContinueWith。任务完成时，所有 ContinueWith 任务都会进入线程池的队列中。此外，可以在调用 ContinueWith 时传递对一组 TaskContinuationOptions 枚举值进行按位 OR 运算的结果。前面 6 个标志(None、PreferFairness、LongRunning、AttachedToParent、DenyChildAttach 和

[①] 顺便说一句，如果一个任务还没有开始就试图取消它，会抛出一个 InvalidOperationException。
[②] 译注：调用静态 Run 方法会自动创建 Task 对象并立即调用 Start。
[③] 译注：Result 属性内部会调用 Wait。

HideScheduler) 与之前描述的 TaskCreationOptions 枚举类型提供的标志完全
一致。下面是 TaskContinuationOptions 类型的定义：

```
[Flags, Serializable]
public enum TaskContinuationOptions {
    None                  = 0x0000, // 默认

    // 提议 TaskScheduler 你希望该任务尽快执行,
    PreferFairness        = 0x0001,
    // 提议 TaskScheduler 应尽可能地创建线程池线程
    LongRunning           = 0x0002,

    // 该提议总是被采纳：将一个 Task 和它的父 Task 关联（稍后讨论）
    AttachedToParent      = 0x0004,

    // 任务试图和这个父任务连接将抛出一个 InvalidOperationException
    DenyChildAttach       = 0x0008,

    // 强迫子任务使用默认调度器而不是父任务的调度器
    HideScheduler         = 0x0010,

    // 除非前置任务 (antecedent task) 完成，否则禁止延续任务完成（取消）
    LazyCancellation      = 0x0020,

    // 这个标志指出你希望由执行第一个任务的线程执行
    // ContinueWith 任务。第一个任务完成后，调用
    // ContinueWith 的线程接着执行 ContinueWith 任务 ①
    ExecuteSynchronously  = 0x80000,

    // 这些标志指出在什么情况下运行 ContinueWith 任务
    NotOnRanToCompletion  = 0x10000,
    NotOnFaulted          = 0x20000,
    NotOnCanceled         = 0x40000,

    // 这些标志是以上三个标志的便利组合
    OnlyOnCanceled        = NotOnRanToCompletion | NotOnFaulted,
    OnlyOnFaulted         = NotOnRanToCompletion | NotOnCanceled,
    OnlyOnRanToCompletion = NotOnFaulted | NotOnCanceled,
}
```

　　调用 ContinueWith 时，可用 TaskContinuationOptions.OnlyOnCanceled
标志指定新任务只有在第一个任务被取消时才执行。类似地，
TaskContinuationOptions.OnlyOnFaulted 标志指定新任务只有在第一个任
务抛出未处理的异常时才执行。当然，还可使用 TaskContinuationOptions.

---

① 译注：ExecuteSynchronously 是指同步执行。两个任务都在使用同一个线程一前一后
　　地执行，就称为同步执行。

OnlyOnRanToCompletion 标志指定新任务只有在第一个任务顺利完成 (中途没有取消，也没有抛出未处理异常) 时才执行。默认情况下，如果不指定上述任何标志，则新任务无论如何都会运行，不管第一个任务如何完成。一个 Task 完成时，它的所有未运行的延续任务都被自动取消 [1]。下面用一个例子来演示所有这些概念：

```
// 创建并启动一个 Task, 它有多个延续任务
Task<Int32> t = Task.Run(() => Sum(10000));

// 每个 ContinueWith 都返回一个 Task, 但这些 Task 一般都用不着了
t.ContinueWith(task => Console.WriteLine("The sum is: " + task.Result),
    TaskContinuationOptions.OnlyOnRanToCompletion);

t.ContinueWith(task => Console.WriteLine("Sum threw: " + task.Exception.InnerException),
    TaskContinuationOptions.OnlyOnFaulted);

t.ContinueWith(task => Console.WriteLine("Sum was canceled"),
    TaskContinuationOptions.OnlyOnCanceled);
```

27.5.4 任务可以启动子任务

最后，任务支持父 / 子关系，如以下代码所示：

```
Task<Int32[]> parent = new Task<Int32[]>(() => {
    var results = new Int32[3]; // 创建一个数组来存储结果

    // 这个任务创建并启动三个子任务
    new Task(() => results[0] = Sum(10000),
            TaskCreationOptions.AttachedToParent).Start();
    new Task(() => results[1] = Sum(20000),
            TaskCreationOptions.AttachedToParent).Start();
    new Task(() => results[2] = Sum(30000),
            TaskCreationOptions.AttachedToParent).Start();

    // 返回对数组的引用 ( 即使数组元素可能还没有初始化 )
    return results;
});

// 父任务及其子任务运行完成后，用一个延续任务显示结果
var cwt = parent.ContinueWith(
    parentTask => Array.ForEach(parentTask.Result, Console.WriteLine));

// 启动父任务，便于它启动它的子任务
parent.Start();
```

在本例中，父任务创建并启动三个 Task 对象。默认情况下，由一个任务创建

---

[1] 译注：未运行是因为不满足前面说的各种条件。

的一个或多个 Task 对象默认都是顶级任务，它们与创建它们的任务是没有关系的。但是，TaskCreationOptions.AttachedToParent 标志将一个 Task 和创建它的 Task 关联，结果是除非所有子任务（以及子任务的子任务）结束运行，否则创建任务（父任务）不认为已经完成。调用 ContinueWith 方法创建 Task 的时候，可以指定 TaskContinuationOptions.AttachedToParent 标志将延续任务指定成子任务。

27.5.5　任务内部揭秘

每个 Task 对象都有一组字段，这些字段构成了任务的状态。其中包括一个 Int32 ID（参见 Task 的只读 Id 属性）、代表 Task 执行状态的一个 Int32、对父任务的引用、对 Task 创建时指定的 TaskScheduler 的引用、对回调方法的引用、对要传给回调方法的对象的引用（可以通过 Task 的只读 AsyncState 属性查询）、对 ExecutionContext 的引用以及对 ManualResetEventSlim 对象的引用。另外，每个 Task 对象都有对根据需要创建的补充状态的引用。补充状态包含一个 CancellationToken、一个 ContinueWithTask 对象集合、为抛出未处理异常的子任务而准备的一个 Task 对象集合等。说了这么多，重点在于虽然任务很有用，但它并不是没有代价的。必须为所有这些状态分配内存。如果不需要任务的附加功能，那么使用 ThreadPool.QueueUserWorkItem 能获得更好的资源利用率。

Task 和 Task<TResult> 类实现了 IDisposable 接口，允许在用完 Task 对象后调用 Dispose。如今，所有 Dispose 方法所做的事情都是关闭 ManualResetEventSlim 对象。但是，可以定义从 Task 和 Task<TResult> 派生的类，在这些类中分配它们自己的资源，并在它们重写的 Dispose 方法中释放这些资源。我建议不要在代码中为 Task 对象显式调用 Dispose；相反，应该让垃圾回收器自己清理任何不再需要的资源。

每个 Task 对象都包含代表 Task 唯一 ID 的 Int32 字段。创建 Task 对象时该字段初始化为零。首次查询 Task 的只读 Id 属性时，属性将一个唯一的 Int32 值分配给该字段，并返回该值。任务 ID 从 1 开始，每分配一个 ID 都递增 1。在 Visual Studio 调试器中查看 Task 对象，会造成调试器显示 Task 的 ID，从而造成为 Task 分配 ID。

该 ID 的意义在于每个 Task 都可以用唯一值进行标识。事实上，Visual Studio 会在"并行任务"和"并行堆栈"窗口中显示这些任务 ID。但由于不能在自己的代码中分配 ID，所以几乎不可能将 ID 和代码正在做的事情联系起来。运行任务的代码时，可查询 Task 的静态 CurrentId 属性来返回一个可空 Int32(Int32?)。调试期间，可在 Visual Studio 的"监视"或"即时"窗口中调用它，获得当前正在调试的代码的 ID。然后，可以在"并行任务"①或"并行堆栈"窗口中找到自己的任务。当前没有任务正在执行，查询 CurrentId 属性会返回 null。

在一个 Task 对象的存在期间，可以查询 Task 的只读 Status 属性了解它在其生存期的什么位置。该属性返回一个 TaskStatus 值，定义如下：

```
public enum TaskStatus {
    // 这些标志指出一个 Task 在其生命期内的状态
    Created,                    // 任务已显式创建：可以手动 Start() 这个任务
    WaitingForActivation,   // 任务已隐式创建；会自动开始

    WaitingToRun,       // 任务已调度，但尚未运行
    Running,            // 任务正在运行

    // 任务正在等待它的子任务完成，子任务完成后它才完成
    WaitingForChildrenToComplete,

    // 任务的最终状态是以下三个之一：
    RanToCompletion,
    Canceled,
    Faulted
}
```

首次构造 Task 对象时，它的状态是 Created。以后，当任务启动时，它的状态变成 WaitingToRun。Task 实际在一个线程上运行时，它的状态变成 Running。任务停止运行，并等待它的任何子任务时，状态变成 WaitingForChildrenToComplete。任务完成时进入以下状态之一：RanToCompletion(运行完成)，Canceled(取消) 或 Faulted(出错)。如果运行完成，可以通过 Task<TResult> 的 Result 属性来查询任务结果。Task 或 Task<TResult> 出错时，可以查询 Task 的 Exception 属性来获得任务抛出的未处理异常；该属性总是返回一个 AggregateException 对象，对象的 InnerExceptions 集合包含了所有未处理的异常。

为了简化编码，Task 提供了几个只读 Boolean 属性，包括 IsCanceled，IsFaulted 和 IsCompleted。注意当 Task 处于 RanToCompletion，Canceled 或 Faulted 状态时，IsCompleted 返回 true。判断一个 Task 是否成功完成最简单的办法是使用如下代码：

```
if (task.Status == TaskStatus.RanToCompletion) ...
```

调用 ContinueWith，ContinueWhenAll，ContinueWhenAny 或 FromAsync 等方法来创建的 Task 对象处于 WaitingForActivation 状态。通过构造 TaskCompletionSource<TResult> 对象来创建的 Task 也处于 WaitingForActivation 状态。该状态

① 译注：Visual Studio 2022 是"并行监视"窗口。

意味着 Task 的调度由任务基础结构控制。例如，不可显式启动通过调用 ContinueWith 来创建的对象。该 Task 会在它的前置任务 (antecedent task) 执行完成后自动启动。

27.5.6　任务工厂

有的时候，需要创建一组共享相同配置的 Task 对象。为避免机械地将相同的参数传给每个 Task 的构造器，可以考虑创建一个任务工厂 (task factory) 来封装通用的配置。System.Threading.Tasks 命名空间定义了一个 TaskFactory 类型和一个 TaskFactory<TResult> 类型。两个类型都派生自 System.Object，也就是说，它们是平级的。

要创建一组返回 void 的任务，就构造一个 TaskFactory；要创建一组具有特定返回类型的任务，就构造一个 TaskFactory<TResult>，并通过泛型 TResult 实参传递任务的返回类型。创建上述任何工厂类时，向构造器传递的应该是工厂创建的所有任务都具有的默认值。具体地说，要向任务工厂传递希望任务具有的 CancellationToken、TaskScheduler、TaskCreationOptions 和 TaskContinuationOptions 设置。

以下代码演示了如何使用 TaskFactory：

```
Task parent = new Task(() => {
    var cts = new CancellationTokenSource();
    var tf = new TaskFactory<Int32>(
        cts.Token,
        TaskCreationOptions.AttachedToParent,
        TaskContinuationOptions.ExecuteSynchronously,
        TaskScheduler.Default);

    // 这个任务创建并启动三个子任务
    var childTasks = new[] {
        tf.StartNew(() => Sum(cts.Token, 10000)),
        tf.StartNew(() => Sum(cts.Token, 20000)),
        tf.StartNew(() => Sum(cts.Token, Int32.MaxValue)) // 太大, 抛出 OverflowException
    };

    // 任何子任务抛出异常, 就取消其余子任务
    for (Int32 task = 0; task < childTasks.Length; task++)
        childTasks[task].ContinueWith(
            t => cts.Cancel(), TaskContinuationOptions.OnlyOnFaulted);

    // 所有子任务完成后, 从未出错 / 未取消的任务获取返回的最大值,
    // 然后将最大值传给另一个任务来显示最大结果
    tf.ContinueWhenAll(
        childTasks,
```

```
            completedTasks => completedTasks.Where(
                t => !t.IsFaulted && !t.IsCanceled).Max(t => t.Result),
            CancellationToken.None)
                .ContinueWith(t =>Console.WriteLine("The maximum is: " + t.Result),
                    TaskContinuationOptions.ExecuteSynchronously);
});

// 子任务完成后，也显示任何未处理的异常
parent.ContinueWith(p => {
    // 我将所有文本放到一个 StringBuilder 中，并只调用 Console.WriteLine 一次，
    // 因为这个任务可能和上面的任务并行执行，而我不希望任务的输出变得不连续
    StringBuilder sb = new StringBuilder(
        "The following exception(s) occurred:" + Environment.NewLine);

    foreach (var e in p.Exception.Flatten().InnerExceptions)
        sb.AppendLine(" "+ e.GetType().ToString());
    Console.WriteLine(sb.ToString());
}, TaskContinuationOptions.OnlyOnFaulted);

// 启动父任务，使它能启动子任务
parent.Start();
```

　　我通过以上代码创建了一个 TaskFactory<Int32> 对象。该任务工厂创建三个 Task 对象。我希望所有子任务都以相同方式配置：每个 Task 对象都共享相同的 CancellationTokenSource 标记，任务都被视为其父任务的子任务，TaskFactory 创建的所有延续任务都以同步方式执行，而且 TaskFactory 创建的所有 Task 对象都使用默认 TaskScheduler。

　　然后创建包含三个子任务对象的数组，所有子任务都调用 TaskFactory 的 StartNew 方法来创建。使用该方法可以很方便地创建并启动子任务。我通过一个循环告诉每个子任务，如果抛出未处理的异常，就取消其他仍在运行的所有子任务。最后，我在 TaskFactory 上调用 ContinueWhenAll，它创建在所有子任务都完成后启动的一个 Task。由于这个任务是用 TaskFactory 创建的，所以它仍被视为父任务的一个子任务，会用默认 TaskScheduler 同步执行。但我希望即使其他子任务被取消，也要运行这个任务，所以我通过传递 CancellationToken.None 来覆盖 TaskFactory 的 CancellationToken。这使该任务不能取消。最后，当处理所有结果的任务完成后，我创建另一个任务来显示从所有子任务中返回的最大值。

> **注意**　调用 TaskFactory 或者 TaskFactory<TResult> 的静态 ContinueWhenAll 和 ContinueWhenAny 方法时，有几个 TaskContinuationOptions 标志是非法的：NotOnRanToCompletion、NotOnFaulted 和 NotOnCanceled。当然，基于这些标志

组合起来的标志 (OnlyOnCanceled、OnlyOnFaulted 和 OnlyOnRanToCompletion) 也是非法的。也就是说，无论前置任务是如何完成的，ContinueWhenAll 和 ContinueWhenAny 都会执行延续任务。

27.5.7　任务调度器

任务基础结构非常灵活，其中 TaskScheduler 对象功不可没。TaskScheduler 对象负责执行被调度的任务，同时向 Visual Studio 调试器公开任务信息。FCL 提供了两个派生自 TaskScheduler 的类型：线程池任务调度器 (thread pool task scheduler) 和同步上下文任务调度器 (synchronization context task scheduler)。默认情况下，所有应用程序使用的都是线程池任务调度器。这个任务调度器将任务调度给线程池的工作者线程，本章后面的 27.9 节 "线程池如何管理线程" 会更详细的讨论它。可以查询 TaskScheduler 的静态 Default 属性来获得对默认任务调度器的引用。

同步上下文任务调度器适合提供了图形用户界面的应用程序，例如 Windows 窗体、Windows Presentation Foundation(WPF)、Silverlight 和 Windows Store 应用程序。它将所有任务都调度给应用程序的 GUI 线程，使所有任务代码都能成功更新 UI 组件 (按钮、菜单项等)。该调度器不使用线程池。可以执行 TaskScheduler 的静态 FromCurrentSynchronizationContext 方法来获得对同步上下文任务调度器的引用。

下面这个简单的 Windows 窗体应用程序演示了如何使用同步上下文任务调度器：

```
internal sealed class MyForm : Form {
    private readonly TaskScheduler m_syncContextTaskScheduler;
    public MyForm() {
        // 获得对一个同步上下文任务调度器的引用
        m_syncContextTaskScheduler =
            TaskScheduler.FromCurrentSynchronizationContext();

        Text = "Synchronization Context Task Scheduler Demo";
        Visible = true; Width = 400; Height = 100;
    }



    private CancellationTokenSource m_cts;

    protected override void OnMouseClick(MouseEventArgs e) {
        if (m_cts != null) { // 一个操作正在进行，取消它
            m_cts.Cancel();
```

```
            m_cts = null;
        } else { // 操作没有开始，启动它
            Text = "Operation running";
            m_cts = new CancellationTokenSource();

            // 这个任务使用默认任务调度器，在一个线程池线程上执行
            Task<Int32> t = Task.Run(() => Sum(m_cts.Token, 20000), m_cts.Token);

            // 这些任务使用同步上下文任务调度器，在 GUI 线程上执行
            t.ContinueWith(task => Text = "Result: " + task.Result,
                CancellationToken.None, TaskContinuationOptions.OnlyOnRanToCompletion,
                m_syncContextTaskScheduler);

            t.ContinueWith(task => Text = "Operation canceled",
            CancellationToken.None, TaskContinuationOptions.OnlyOnCanceled,
            m_syncContextTaskScheduler);

            t.ContinueWith(task => Text = "Operation faulted",
                CancellationToken.None, TaskContinuationOptions.OnlyOnFaulted,
                m_syncContextTaskScheduler);
        }
        base.OnMouseClick(e);
    }
}
```

单击窗体的客户区域，就会在一个线程池线程上启动一个计算限制的任务。使用线程池线程很好，因为 GUI 线程在此期间不会被阻塞，能响应其他 UI 操作。但线程池线程执行的代码不应尝试更新 UI 组件，否则会抛出 InvalidOperationException。

计算限制的任务完成后执行三个延续任务之一。它们由与 GUI 线程对应的同步上下文任务调度器来调度。任务调度器将任务放到 GUI 线程的队列中，使它们的代码能成功更新 UI 组件。所有任务都通过继承的 Text 属性来更新窗体的标题。

由于计算限制的工作 (Sum) 在线程池线程上运行，所以用户可以和 UI 交互来取消操作。在这个简单的例子中，我允许用户在操作进行期间单击窗体的客户区域来取消操作。

当然，如果有特殊的任务调度需求，完全可以定义自己的 TaskScheduler 派生类。微软在 Parallel Extensions Extras 包中提供了大量和任务有关的示例代码，其中包括多个任务调度器源码，下载地址是 https://github.com/ChadBurggraf/parallel-extensions-extras。[①] 下面是这个包提供的一部分任务调度器：

- IOTaskScheduler 这个任务调度器将任务排队给线程池的 I/O 线程而不是

[①] 译注：访问 *https://github.com/dotnet/samples/tree/main/csharp/parallel/ParallelExtensionsExtras*，获取适用于 .NET Core 的版本。

工作者线程；

- `LimitedConcurrencyLevelTaskScheduler` 这个任务调度器不允许超过 *n*(一个构造器参数) 个任务同时执行；
- `OrderedTaskScheduler` 这个任务调度器一次只允许一个任务执行。这个类派生自 `LimitedConcurrencyLevel TaskScheduler`，为 *n* 传递 1；
- `PrioritizingTaskScheduler` 这个任务调度器将任务送入 CLR 线程池队列，之后可调用 `Prioritize` 指出一个 `Task` 应该在所有普通任务之前处理 (如果它还没有处理的话)。可以调用 `Deprioritize` 使一个 `Task` 在所有普通任务之后处理；
- `ThreadPerTaskScheduler` 这个任务调度器为每个任务创建并启动一个单独的线程；它完全不使用线程池。

27.6 Parallel 的静态方法 For、ForEach 和 Invoke

一些常见的编程情形可以通过"任务"来提升性能。为了简化编程，静态 `System.Threading.Tasks.Parallel` 类封装了这些情形，它内部使用 Task 对象。例如，不要像下面这样处理集合中的所有项：

```
// 一个线程顺序执行这个工作 ( 每次迭代调用一次 DoWork)
for (Int32 i = 0; i < 1000; i++) DoWork(i);
```

而要使用 Parallel 类的 For 方法，用多个线程池线程辅助完成工作：

```
// 线程池的线程并行处理工作
Parallel.For(0, 1000, i => DoWork(i));
```

类似地，如果有一个集合，那么不要像这样写：

```
// 一个线程顺序执行这个工作 ( 每次迭代调用一次 DoWork)
foreach (var item in collection) DoWork(item);
```

而要像这样写：

```
// 线程池的线程并行处理工作
Parallel.ForEach(collection, item => DoWork(item));
```

如果既可以使用 For，也可以使用 ForEach，那么建议使用 For，因为它执行得更快。

最后，如果要执行多个方法，那么既可以像下面这样顺序执行：

```
// 一个线程顺序执行所有方法
Method1();
Method2();
```

```
Method3();
```

也可以并行执行，如下所示：

```
// 线程池的线程并行执行方法
Parallel.Invoke(
    () => Method1(),
    () => Method2(),
    () => Method3());
```

Parallel 的所有方法都让调用线程参与处理。从资源利用的角度说，这是一件好事，因为我们不希望调用线程停下来(阻塞)，等线程池线程做完所有工作才能继续。然而，如果调用线程在线程池线程完成自己的那一部分工作之前完成工作，调用线程会将自己挂起，直到所有工作完成。这也是一件好事，因为这提供了和使用普通 for 或 foreach 循环时相同的语义：线程要在所有工作完成后才继续运行。还要注意，如果任何操作抛出未处理的异常，你调用的 Parallel 方法最后会抛出一个 AggregateException。

但这并不是说需要对自己的源代码进行全文替换，将 for 循环替换成对 Parallel.For 的调用，将 foreach 循环替换成对 Parallel.ForEach 的调用。调用 Parallel 的方法时有一个很重要的前提条件：工作项必须能并行执行！所以，如果工作必须顺序执行，就不要使用 Parallel 的方法。另外，要避免会修改任何共享数据的工作项，否则多个线程同时处理可能会损坏数据。解决这个问题一般的办法是围绕数据访问添加线程同步锁。但这样一次就只能有一个线程访问数据，无法享受并行处理多个工作项所带来的好处。

另外，Parallel 的方法本身也有开销；委托对象必须分配，而针对每个工作项都要调用一次这些委托。如果有大量可由多个线程处理的工作项，那么也许能获得性能的提升。另外，如果每一项都涉及大量工作，那么通过委托来调用所产生的性能损失是可以忽略不计的。但是，如果只为区区几个工作项使用 Parallel 的方法，或者为处理得非常快的工作项使用 Parallel 的方法，就会得不偿失，反而降低性能。

注意 Parallel 的 For、ForEach 和 Invoke 方法都提供了接收一个 ParallelOptions 对象的重载版本。这个对象的定义如下：

```
public class ParallelOptions{
    public ParallelOptions();

    // 允许取消操作
    public CancellationToken CancellationToken
            { get; set; } // 默认为 CancellationToken.None

    // 允许指定可以并发操作的最大工作项数目
    public Int32MaxDegreeOfParallelism { get; set; } // 默认为 -1 (可用 CPU 数)
```

```
// 允许指定要使用哪个 TaskScheduler
public TaskScheduler TaskScheduler { get; set; } // 默认为 TaskScheduler.Default
}
```

除此之外，For 方法和 ForEach 方法有一些重载版本允许传递三个委托：

- 任务局部初始化委托 (localInit)，为参与工作的每个任务都调用一次该委托。这个委托是在任务被要求处理一个工作项之前调用的；
- 主体委托 (body)，为参与工作的各个线程所处理的每一项都调用一次该委托；
- 任务局部终结委托 (localFinally)，为参与工作的每一个任务都调用一次该委托，后者是在任务处理好派发给它的所有工作项之后调用的，即使主体委托代码引发一个未处理的异常，也会调用它。

以下代码演示如何利用这三个委托计算一个目录中的所有文件的字节长度：

```
private static Int64 DirectoryBytes(String path, String searchPattern,
    SearchOption searchOption) {
    var files = Directory.EnumerateFiles(path, searchPattern, searchOption);
    Int64 masterTotal = 0;

    ParallelLoopResult result = Parallel.ForEach<String, Int64>(
        files,

        () => { // localInit: 每个任务开始之前调用一次
            // 每个任务开始之前，累加和都初始化为 0
            return 0; // 将 taskLocalTotal 初始值设为 0
        },

        (file, loopState, index, taskLocalTotal) => { // body: 每个工作项调用一次
            // 获得这个文件的大小，把它添加到这个任务的累加和上
            Int64 fileLength = 0;
            FileStream fs = null;
            try {
                fs = File.OpenRead(file);
                fileLength = fs.Length;
            }
            catch (IOException) { /* 忽略拒绝访问的任何文件 */ }
            finally { if (fs != null) fs.Dispose(); }
            return taskLocalTotal + fileLength;
        },

        taskLocalTotal => { // localFinally: 每个任务完成时调用一次
            // 将这个任务的累加和 (taskLocalTotal) 加到总和 (masterTotal) 上
            Interlocked.Add(ref masterTotal, taskLocalTotal);
        });

    return masterTotal;
```

```
}
```

每个任务都通过 `taskLocalTotal` 变量为分配给它的文件维护它自己的累加和 (running total)。每个任务在完成工作之后，都通过调用 `Interlocked.Add` 方法 (参见第 29 章 "基元线程同步构造")，以一种线程安全的方式更新总和 (master total)。由于每个任务都有自己的累加和，所以在一个工作项处理期间，无需进行线程同步。由于线程同步会造成性能的损失，所以不需要线程同步是好事。只有在每个任务返回之后，`masterTotal` 才需要以一种线程安全的方式更新 `masterTotal` 变量。所以，因为调用 `Interlocked.Add` 而造成的性能损失每个任务只发生一次，而不会每个工作项都发生。

注意，我们向主体委托传递了一个 `ParallelLoopState` 对象，它的定义如下：

```
public class ParallelLoopState{
    public void Stop();
    public Boolean IsStopped { get; }

    public void Break();
    public Int64? LowestBreakIteration{ get; }

    public Boolean IsExceptional { get; }
    public Boolean ShouldExitCurrentIteration { get; }
}
```

参与工作的每个任务都获得它自己的 `ParallelLoopState` 对象，并可通过这个对象和参与工作的其他任务进行交互。`Stop` 方法告诉循环停止处理任何更多的工作，未来对 `IsStopped` 属性的查询会返回 true。`Break` 方法告诉循环不再继续处理当前项之后的项。例如，假如 `ForEach` 被告知要处理 100 项，并在处理第 5 项时调用了 `Break`，那么循环会确保前 5 项处理好之后，`ForEach` 才返回。但要注意，这并不是说在这 100 项中，只有前 5 项才会被处理，第 5 项之后的项可能在以前已经处理过了。`LowestBreakIteration` 属性返回在处理过程中调用过 `Break` 方法的最低的项。如果从来没有调用过 `Break`，那么 `LowestBreakIteration` 属性会返回 null。

处理任何一项时，如果造成未处理的异常，`IsException` 属性会返回 true。处理一项时花费太长时间，代码可查询 `ShouldExitCurrentIteration` 属性看它是否应该提前退出。如果调用过 `Stop`，调用过 `Break`，取消过 `CancellationTokenSource`(由 `ParallelOption` 的 `CancellationToken` 属性引用)，或处理一项时造成了未处理的异常，那么该属性会返回 true。

`Parallel` 的 `For` 方法和 `ForEach` 方法都返回一个 `ParallelLoopResult` 实例，它看起来像下面这样：

```
public struct ParallelLoopResult{
    // 如果操作提前终止，以下方法返回 false
    public Boolean IsCompleted { get; }
    public Int64? LowestBreakIteration{ get; }
}
```

可以检查属性来了解循环的结果。如果 `IsCompleted` 返回 `true`，表明循环运行完成，所有项都得到了处理。如果 `IsCompleted` 为 `false`，而且 `LowestBreakIteration` 为 `null`，表明参与工作的某个线程调用了 `Stop` 方法。如果 `IsCompleted` 返回 `false`，而且 `LowestBreakIteration` 不为 `null`，表明参与工作的某个线程调用了 `Break` 方法，从 `LowestBreakIteration` 返回的 `Int64` 值是保证得到处理的最低一项的索引。如果抛出异常，应捕捉 `AggregateException` 来得体地恢复。

27.7 并行语言集成查询 (PLINQ)

微软的语言集成查询 (Language Integrated Query，LINQ) 功能提供了一个简捷的语法来查询数据集合。可以使用 LINQ 轻松地对数据项进行筛选、排序、投射等操作。使用 LINQ to Objects 时，只有一个线程顺序处理数据集合中的所有项；我们称之为顺序查询 (sequential query)。要提高处理性能，可以使用并行 LINQ(Parallel LINQ)，它将顺序查询转换成并行查询，在内部使用任务 (排队给默认 TaskScheduler)，将集合中的数据项的处理工作分散到多个 CPU 上，以便并发处理多个数据项。和 `Parallel` 的方法相似，如果要同时处理大量项，或者每一项的处理过程都是一个耗时的计算限制的操作，那么能从并行 LINQ 获得最大的收益。

静态 `System.Linq.ParallelEnumerable` 类 (在 System.Core.dll 中定义) 实现了 PLINQ 的所有功能，所以必须通过 C# 语言的 using 指令将 System.Linq 命名空间导入你的源代码。尤其是这个类公开了所有标准 LINQ 操作符 (`Where`、`Select`、`SelectMany`、`GroupBy`、`Join`、`OrderBy`、`Skip`、`Take` 等) 的并行版本。所有这些方法都是扩展了 `System.Linq.ParallelQuery<T>` 类型的扩展方法。要让自己的 LINQ to Objects 查询调用这些方法的并行版本，必须将自己的顺序查询 (基于 `IEnumerable` 或者 `IEnumerable<T>`) 转换成并行查询 (基于 `ParallelQuery` 或者 `ParallelQuery<T>`)，这是用 `ParallelEnumerable` 的 `AsParallel` 扩展方法来实现的 [①]，如下所示：

```
public static ParallelQuery<TSource>  AsParallel<TSource>(
           this IEnumerable<TSource> source)
```

---

① `ParallelQuery<T>` 类派生自 `ParallelQuery` 类。

```
public static ParallelQuery          AsParallel(this IEnumerable source)
```

下面展示了将顺序查询转换成并行查询的一个例子。查询返回的是一个程序集中定义的所有过时或弃用 (obsolete) 方法：

```
private static void ObsoleteMethods(Assembly assembly) {
  var query =
    from type in assembly.GetExportedTypes().AsParallel()

    from method in type.GetMethods(BindingFlags.Public |
        BindingFlags.Instance | BindingFlags.Static)

    let obsoleteAttrType = typeof(ObsoleteAttribute)

    where Attribute.IsDefined(method, obsoleteAttrType)

    orderby type.FullName

    let obsoleteAttrObj = (ObsoleteAttribute)
        Attribute.GetCustomAttribute(method, obsoleteAttrType)

    select String.Format( "Type={0}\nMethod={1}\nMessage={2}\n",
        type.FullName, method.ToString(), obsoleteAttrObj.Message);

    // 显示结果
    foreach (var result in query) Console.WriteLine(result);
}
```

虽然不太常见，但在一个查询中，可以从执行并行操作切换回执行顺序操作，这是通过调用 ParallelEnumerable 的 AsSequential 方法做到的：

```
public static IEnumerable<TSource> AsSequential<TSource>(this ParallelQuery<TSource> source)
```

该方法将一个 ParallelQuery<T> 转换回一个 IEnumerable<T>。这样一来，在调用了 AsSequential 之后执行的操作将只由一个线程执行。

通常，一个 LINQ 查询的结果数据是让某个线程执行一个 foreach 语句来计算获得的，就像前面展示的那样。这意味着只有一个线程遍历查询的所有结果。如果希望以并行方式处理查询的结果，就应该使用 ParallelEnumerable 的 ForAll 方法处理查询：

```
static void ForAll<TSource>(this ParallelQuery<TSource> source, Action<TSource> action)
```

这个方法允许多个线程同时处理结果。可修改前面的代码来使用该方法：

```
// 显示结果
query.ForAll(Console.WriteLine);
```

　　然而，让多个线程同时调用 Console.WriteLine 反而会损害性能，因为 Console 类内部会对线程进行同步，确保每次只有一个线程能访问控制台窗口，避免来自多个线程的文本在最后显示时乱成一团。希望为每个结果都执行计算时，才使用 ForAll 方法。

　　由于 PLINQ 用多个线程处理数据项，所以数据项被并发处理，结果被无序地返回。如果需要让 PLINQ 保持数据项的顺序，那么可以调用 ParallelEnumerable 的 AsOrdered 方法。调用这个方法时，线程会成组处理数据项。然后，这些组被合并回去，同时保持顺序。这样会损害性能。以下操作符生成不排序的操作：Distinct、Except、Intersect、Union、Join、GroupBy、GroupJoin 和 ToLookup。在这些操作符之后要再次强制排序，只需调用 AsOrdered 方法。

　　以下操作符生成排序的操作：OrderBy, OrderByDescending, ThenBy 和 ThenByDescending。在这些操作符之后，要再次恢复不排序的处理，只需要调用 AsUnordered 方法。

　　PLINQ 提供了一些额外的 ParallelEnumerable 方法，可以调用它们来控制查询的处理方式：

```
public static ParallelQuery<TSource> WithCancellation<TSource>(
    this ParallelQuery<TSource> source, CancellationToken cancellationToken)

public static ParallelQuery<TSource> WithDegreeOfParallelism<TSource>(
    this ParallelQuery<TSource> source, Int32 degreeOfParallelism)

public static ParallelQuery<TSource> WithExecutionMode<TSource>(
    this ParallelQuery<TSource> source, ParallelExecutionMode executionMode)

public static ParallelQuery<TSource> WithMergeOptions<TSource>(
    this ParallelQuery<TSource> source, ParallelMergeOptions mergeOptions)
```

　　显然，WithCancellation 方法允许传递一个 CancellationToken，使查询处理能提前停止。WithDegreeOfParallelism 方法指定最多允许多少个线程处理查询。但不是说指定多少个它就创建多少个。它是有原则的，不需要的不会创建。你一般不必调用该方法。另外，默认是每个内核用一个线程执行查询。但如果想空出一些内核做其他工作，可以调用 WithDegreeOfParallelism 并传递小于可用内核数的一个数字。另外，如果查询要执行同步 I/O 操作，还可以传递比内核数大的一个数字，因为线程会在这些操作期间阻塞。这虽然会浪费更多线程，但可以用更少的时间生成最终结果。同步 I/O 操作在客户端应用程序中没什么问题，但我强烈建议不要在服务器应用程序中执行同步 I/O 操作。

　　PLINQ 分析一个查询，然后决定如何最好地处理它。有的时候，顺序处理一个查询可以获得更好的性能，尤其是在使用以下任何操作时：Concat、ElementAt(OrDefault)、First(OrDefault)、Last(OrDefault)[①]、Skip(While)、Take(While) 或 Zip。使用 Select(Many) 或 Where 的重载版本，并向你的 selector 或 predicate 委托传递一个位置索引时也如此。然而，可以调用 WithExecutionMode，向它传递某个 ParallelExecutionMode 标志，从而强迫查询以并行方式处理：

```
public enum ParallelExecutionMode {
    Default = 0,              // 让并行 LINQ 决定处理查询的最佳方式
    ForceParallelism = 1      // 强迫查询以并行方式处理
}
```

如前所述，并行 LINQ 让多个线程处理数据项，结果必须再合并回去。可调用 WithMergeOptions，向它传递以下某个 ParallelMergeOptions 标志，从而控制这些结果的缓冲与合并方式：

```
public enum ParallelMergeOptions {
    Default      = 0,    // 目前和 AutoBuffered 一样 ( 将来可能改变 )
    NotBuffered  = 1,    // 结果一旦就绪就开始处理
    AutoBuffered = 2,    // 每个线程在处理前缓冲一些结果
    FullyBuffered = 3    // 每个线程在处理前缓冲所有结果
}
```

这些选项使你能在某种程度上平衡执行速度和内存消耗。NotBuffered 最省内存，但处理速度慢一些。FullyBuffered 消费较多的内存，但运行得最快。AutoBuffered 介于 NotBuffered 和 FullyBuffered 之间。说真的，要想知道应该为一个给定的查询选择哪个并行合并选项，最好的办法就是亲自试验所有选项，并对比其性能。也可以"无脑"地接受默认值，它对于许多查询来说都工作得非常好。详情可访问 https://learn.microsoft.com/zh-cn/dotnet/standard/parallel-programming/，进一步了解 PLINQ 如何在 CPU 内核之间分配工作。

27.8 执行定时计算限制操作

System.Threading 命名空间定义了一个 Timer 类，可用它让一个线程池线程定时调用一个方法。构造 Timer 类的实例相当于告诉线程池：在将来某个时间 (具体由你指定) 回调一个方法。Timer 类提供了几个相似的构造器：

```
public sealed class Timer : MarshalByRefObject, IDisposable {
    public Timer(TimerCallback callback, Object state, Int32 dueTime, Int32 period);
```

① 译注：类似于 (S)Byte 相当于 SByte 和 Byte，ElementAt(OrDefault) 相当于 ElementAt 和 ElementAtOrDefault，以此类推。这是作者喜欢的一种说法。

```
    public Timer(TimerCallback callback, Object state, UInt32 dueTime, UInt32 period);
    public Timer(TimerCallback callback, Object state, Int64 dueTime, Int64 period);
    public Timer(TimerCallback callback, Object state,
                 Timespan dueTime, TimeSpan period);
}
```

4 个构造器以完全一致的方式构造 Timer 对象。callback 参数标识希望由一个线程池线程回调的方法。当然，你写的回调方法必须和 System.Threading.TimerCallback 委托类型匹配，如下所示：

```
delegate void TimerCallback(Object state);
```

构造器的 state 参数允许在每次调用回调方法时都向它传递状态数据；如果没有需要传递的状态数据，那么可以传递 null。dueTime 参数告诉 CLR 在首次调用回调方法之前要等待多少毫秒。可以使用一个有符号或无符号 32 位值、一个有符号 64 位值或者一个 TimeSpan 值来指定毫秒数。如果希望回调方法立即调用，那么为 dueTime 参数指定 0 即可。最后一个参数 (period) 指定了以后每次调用回调方法之前要等待多少毫秒。如果为这个参数传递 Timeout.Infinite(-1)，那么线程池线程只调用回调方法一次。

在内部，线程池为所有 Timer 对象只使用了一个线程。这个线程知道下一个 Timer 对象在什么时候到期 (计时器还有多久触发)。下一个 Timer 对象到期时，线程就会唤醒，在内部调用 ThreadPool 的 QueueUserWorkItem，将一个工作项添加到线程池的队列中，使你的回调方法得到调用。如果回调方法的执行时间很长，那么计时器可能 (在上个回调还没有完成的时候) 再次触发。这可能造成多个线程池线程同时执行你的回调方法。为了解决这个问题，我个人的建议是：构造 Timer 时，为 period 参数指定 Timeout.Infinite。这样，计时器就只触发一次。然后，在你的回调方法中，调用 Change 方法来指定一个新的 dueTime，并再次为 period 参数指定 Timeout.Infinite。以下是 Change 方法的各个重载版本：

```
public sealed class Timer : MarshalByRefObject, IDisposable {
    public Boolean Change(Int32    dueTime, Int32    period);
    public Boolean Change(UInt32   dueTime, UInt32   period);
    public Boolean Change(Int64    dueTime, Int64    period);
    public Boolean Change(TimeSpan dueTime, TimeSpan period);
}
```

Timer 类还提供了一个 Dispose 方法，允许完全取消计时器，并可在当时处于 pending 状态的所有回调完成之后，向 notifyObject 参数标识的内核对象发出信号。以下是 Dispose 方法的各个重载版本：

```
public sealed class Timer : MarshalByRefObject, IDisposable {
```

```
    public Boolean Dispose();
    public Boolean Dispose(WaitHandle notifyObject);
}
```

> **重要提示** ⚠️
>
> Timer 对象被垃圾回收时，它的终结代码告诉线程池取消计时器，使它不再触发。所以，使用 Timer 对象时，要确定有一个变量在保持 Timer 对象的存活，否则对你的回调方法的调用就会停止。21.1.3 节对此进行了详细讨论和演示。

以下代码演示如何让一个线程池线程立即调用回调方法，以后每 2 秒调用一次：

```
internal static class TimerDemo {
    private static Timer s_timer;

    public static void Main() {
        Console.WriteLine("Checking status every 2 seconds");

        // 创建但不启动计时器。确保 s_timer 在线程池线程调用 Status 之前引用该计时器
        s_timer = new Timer(Status, null, Timeout.Infinite, Timeout.Infinite);

        // 现在 s_timer 已被赋值，可以启动计时器了，
        // 现在，在 Status 中调用 Change，保证不会抛出 NullReferenceException
        s_timer.Change(0, Timeout.Infinite);

        Console.ReadLine(); // 防止进程终止
    }

    // 这个方法的签名必须和 TimerCallback 委托匹配
    private static void Status(Object state) {
        // 这个方法由一个线程池线程执行
        Console.WriteLine("In Status at {0}", DateTime.Now);
        Thread.Sleep(1000); // 模拟其他工作 (1 秒 )

        // 返回前让 Timer 在 2 秒后再次触发
        s_timer.Change(2000, Timeout.Infinite);

        // 这个方法返回后，线程回归池中，等待下一个工作项
    }
}
```

如果有需要定时执行的操作，那么可以利用 Task 的静态 Delay 方法和 C# 语言的关键字 async 和 await(第 28 章 "I/O 限制的异步操作" 讨论) 来编码。下面重写了前面的代码。

```
internal static class DelayDemo {
    public static void Main() {
        Console.WriteLine("Checking status every 2 seconds");
```

```
    Status();
    Console.ReadLine(); // 防止进程终止
}


// 该方法可获取你想要的任何参数
private static async void Status() {
    while (true) {
        Console.WriteLine("Checking status at {0}", DateTime.Now);
        // 要检查的代码放到这里 ...

        // 在循环末尾，在不阻塞线程的前提下延迟 2 秒
        await Task.Delay(2000); // await 允许线程返回
        // 2 秒之后，某个线程会在 await 之后介入并继续循环
    }
}
}
```

太多的计时器，太难选择

遗憾的是，FCL 事实上提供了几个计时器，大多数程序员都不清楚它们有什么独特之处。让我试着解释一下。

- **System.Threading 的 Timer 类**　这是上一节讨论的计时器。要在一个线程池线程上执行定时的 (周期性发生的) 后台任务，它是最好的计时器。

- **System.Windows.Forms 的 Timer 类**　构造这个类的实例，相当于告诉 Windows 将一个计时器和调用线程关联 (参见 Win32 SetTimer 函数)。当这个计时器触发时，Windows 将一条计时器消息 (WM_TIMER) 注入线程的消息队列。线程必须执行一个消息循环 (message pump) 来提取这些消息，并把它们派发给需要的回调方法。注意，所有这些工作都只由一个线程完成——设置计时器的线程保证就是执行回调方法的线程。还意味着计时器方法不会由多个线程并发执行。

- **System.Windows.Threading 的 DispatcherTimer 类**　这个类是 System.Windows.Forms 的 Timer 类在 Silverlight 和 WPF 应用程序中的等价物。

- **Windows.UI.Xaml 的 DispatcherTimer 类**　这个类是 System.Windows.Forms 的 Timer 类在 Windows Store 应用中的等价物。

- **System.Timers 的 Timer 类**　这个计时器本质上是 System.Threading 的 Timer 类的包装类。计时器到期 (触发) 会导致 CLR 将事件放到线程池队列中。System.Timers.Timer 类派生自 System.ComponentModel 的 Component 类，允许在 Visual Studio 中将这些计时器对象放到设计平面 (design surface) 上。另外，它还公开了属性和事件，使它在 Visual Studio 的设计器中更容易使用。这个类是在好几年前，微软还没有理清线程处理和计时器的时候添加到 FCL

中的。这个类完全应该删除，强迫每个人都改为使用 `System.Threading.Timer` 类。事实上，我个人从来不用 `System.Timers.Timer` 类，建议你也不要用它，除非真的想在设计平面上添加一个计时器。

27.9 线程池如何管理线程

现在讨论一下线程池代码如何管理工作者线程和 I/O 线程。但我不打算讲太多细节，因为在这么多年的时间里，随着 CLR 的每个版本的发布，其内部的实现已发生了显著变化。未来的版本还会继续变化。最好是将线程池看成一个黑盒。不要拿单个应用程序去衡量它的性能，因为它不是针对某个单独的应用程序而设计的。相反，作为一个常规用途的线程调度技术，它面向的是大量应用程序；它对某些应用程序的效果要好于对其他应用程序。目前，它的工作情况非常理想，我强烈建议你信任它，因为你很难搞出一个比 CLR 自带的更好的线程池。另外，随着时间的推移，线程池代码内部会更改它管理线程的方式，所以大多数应用程序的性能会变得越来越好。

27.9.1 设置线程池限制

CLR 允许开发人员设置线程池要创建的最大线程数。但实践证明，线程池永远都不应该设置线程数上限，因为可能发生饥饿或死锁。假定队列中有 1 000 个工作项，但这些工作项全都因为一个事件而阻塞，等第 1 001 个工作项发出信号才能解除阻塞。如果设置最大 1 000 个线程，第 1 001 个工作项就不会执行，全部 1 000 个线程会一直阻塞，用户将被迫终止应用程序，并丢失所有未保存的工作。

事实上，开发人员很少人为限制自己的应用程序使用的资源。例如，你会启动自己的应用程序，并告诉系统你想限制应用程序能使用的内存量，或限制能使用的网络带宽吗？但出于某种心态，开发人员感觉好像有必要限制线程池拥有的线程数量。

由于存在饥饿和死锁问题，所以 CLR 团队一直都在稳步地增加线程池默认拥有的最大线程数。目前默认值是大约 1 000 个线程。这基本上可以看成是不限数量，因为一个 32 位进程最大有 2 GB 的可用地址空间。加载了一组 Win32 和 CLR DLLs，并分配了本地堆和托管堆之后，剩余约 1.5 GB 的地址空间。由于每个线程都要为其用户模式栈和线程环境块 (TEB) 准备超过 1 MB 的内存，所以在一个 32 位进程中，最多能够有大约 1 360 个线程。试图创建更多的线程会抛出 `OutOfMemoryException`。当然，64 位进程提供了 8 TB 的地址空间，所以理论上可以创建千百万个线程。但分配这么多线程纯属浪费，尤其是当理想线程数等于机器的 CPU 数 (内核数) 的时候。CLR 团队应该做的事情是彻底取消限制，但他们现在还不能这样做，否则预期存在线程池限制的一些应用程序会出错。向下兼容嘛，懂的都懂！

System.Threading.ThreadPool 类提供了几个静态方法，可调用它们设置和查询线程池的线程数：GetMaxThreads、SetMaxThreads、GetMinThreads、SetMinThreads 和 GetAvailableThreads。强烈建议不要调用上述任何方法。限制线程池的线程数，一般都只会造成应用程序的性能变得更差，而不是更好。如果认为自己的应用程序需要几百或几千个线程，表明你的应用程序的架构和使用线程的方式已经出现严重问题。本章和第 28 章会演示使用线程的正确方式。

27.9.2 如何管理工作者线程

图 27-1 展示了构成作为线程池一部分的工作者线程的各种数据结构。ThreadPool.QueueUserWorkItem 方法和 Timer 类总是将工作项放到全局队列中。工作者线程采用一个先入先出 (first-in-first-out，FIFO) 算法将工作项从这个队列中取出，并处理它们。由于多个工作者线程可能同时从全局队列中拿走工作项，所以所有工作者线程都竞争一个线程同步锁，以保证两个或多个线程不会获取同一个工作项。这个线程同步锁在某些应用程序中可能成为瓶颈，对伸缩性和性能造成某种程度的限制。

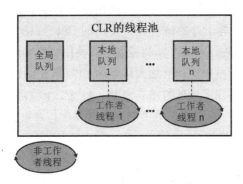

图 27-1 CLR 的线程池

现在说一说使用默认 TaskScheduler[①](查询 TaskScheduler 的静态 Default 属性获得) 来调度的 Task 对象。非工作者线程调度一个 Task 时，该 Task 被添加到全局队列。但每个工作者线程都有自己的本地队列。工作者线程调度一个 Task 时，该 Task 被添加到调用线程的本地队列。

工作者线程准备好处理工作项时，它总是先检查本地队列来查找一个 Task。存在一个 Task，工作者线程就从本地队列移除 Task 并处理工作项。要注意的是，

---

① 其他 TaskScheduler 派生对象的行为可能和我在这里描述的不同。

工作者线程采用后入先出 (LIFO) 算法将任务从本地队列取出。由于工作者线程是唯一允许访问它自己的本地队列头的线程，所以无需同步锁，而且在队列中添加和删除 Task 的速度非常快。这个行为的副作用是 Task 按照和进入队列时相反的顺序执行。

重要提示

> 线程池从不保证排队中的工作项的处理顺序。这是合理的，尤其是考虑到多个线程可能同时处理工作项。但是，上述副作用使这个问题变得恶化了。你必须保证自己的应用程序对于工作项或 Task 的执行顺序不作任何预设。

如果工作者线程发现它的本地队列变空了，会尝试从另一个工作者线程的本地队列"偷"一个 Task。这个 Task 是从本地队列的尾部"偷"走的，并要求获取一个线程同步锁，这对性能有少许影响。当然，我们希望这种"偷盗"行为很少发生，从而很少需要获取锁。如果所有本地队列都变空，那么工作者线程会使用 FIFO 算法，从全局队列提取一个工作项 (取得它的锁)。如果全局队列也为空，工作者线程会进入睡眠状态，等待事情的发生。如果睡眠了太长时间，它会自己醒来，并销毁自身，允许系统回收线程使用的资源 (内核对象、栈、TEB 等)。

线程池会快速创建工作者线程，使工作者线程的数量等于传给 ThreadPool 的 SetMinThreads 方法的值。如果从不调用这个方法 (也建议你永远不调用这个方法)，那么默认值等于你的进程允许使用的 CPU 数量，这是由进程的 affinity mask(关联掩码) 决定的。通常，你的进程允许使用机器上的所有 CPU，所以线程池创建的工作者线程数量很快就会达到机器的 CPU 数。创建了这么多 (CPU 数量) 的线程后，线程池会监视工作项的完成速度。如果工作项完成的时间太长 (具体多长没有正式公布)，线程池会创建更多的工作者线程。如果工作项的完成速度开始变快，工作者线程会被销毁。

第 28 章

I/O 限制的异步操作

本章内容:

- Windows 如何执行 I/O 操作
- C# 的异步函数
- 编译器如何将异步函数转换成状态机
- 异步函数扩展性
- 异步函数和事件处理程序
- FCL 的异步函数
- 异步函数和异常处理
- 异步函数的其他功能
- 应用程序及其线程处理模型
- 以异步方式实现服务器
- 取消 I/O 操作
- 有的 I/O 操作必须同步进行
- I/O 请求优先级

第 27 章"计算限制的异步操作"重点讲述了如何异步执行计算限制的操作,允许线程池在多个 CPU 内核上调度任务,使多个线程能并发工作,从而高效率地使用系统资源,同时提升应用程序的吞吐能力。本章重点讲述如何异步执行 I/O 限制的操作,允许将任务交由硬件设备处理,期间完全不占用线程和 CPU 资源。然而,线程池仍然扮演了一个重要的角色,因为如同你马上就要看到的那样,各种 I/O 操作的结果还是要由线程池线程来处理的。

28.1 Windows 如何执行 I/O 操作

首先讨论 Windows 如何执行同步 I/O 操作。图 28-1 的计算机系统连接了几个硬件设备。每个硬件设备都有自己的电路板，每个电路板都集成了一个小型的、特殊用途的计算机，它知道如何控制自己的硬件设备。例如，硬盘驱动器就有一个小的电路板，它知道如何旋转碟片、寻道、在碟片上读写数据以及和计算机内存交换数据。

程序通过构造一个 FileStream 对象来打开磁盘文件，然后调用 Read 方法从文件中读取数据。调用 FileStream 的 Read 方法时，你的线程从托管代码转变为本机 / 用户模式代码，Read 内部调用 Win32 ReadFile 函数 (①)。ReadFile 分配一个小的数据结构，称为 I/O 请求包 (I/O Request Packet，IRP)(②)。IRP 结构初始化后包含的内容有：文件句柄，文件中的偏移量 (从这个位置开始读取字节)，一个 Byte[] 数组的地址 (数组用读取的字节来填充)，要传输的字节数以及其他常规性内容。

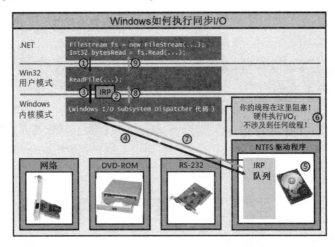

图 28-1　Windows 如何执行同步 I/O 操作

然后，ReadFile 将你的线程从本机 / 用户模式代码转变成本机 / 内核模式代码，向内核传递 IRP 数据结构，从而调用 Windows 内核 (③)。根据 IRP 中的设备句柄，Windows 内核知道 I/O 操作要传送给哪个硬件设备。因此，Windows 将 IRP 传送给恰当的设备驱动程序的 IRP 队列 (④)。每个设备驱动程序都维护着自己的 IRP 队列，其中包含了机器上运行的所有进程发出的 I/O 请求。IRP 数据包到达时，设备驱动程序将 IRP 信息传给物理硬件设备上安装的电路板。现在，硬件设备将执行请求的 I/O 操作 (⑤)。

但要注意一个重要问题：在硬件设备执行 I/O 操作期间，发出了 I/O 请求的线程将无事可做，所以 Windows 将线程变成睡眠状态，防止它浪费 CPU 时间 (⑥)。这当然很好。但是，虽然线程不浪费时间，但它仍然浪费了空间 (内存)，因为它的用户模式栈、内核模式栈、线程环境块 (Thread Environment Block，TEB) 和其他数据结构都还在内存中，而且完全没有谁去访问这些东西。这当然就不好了。

最终，硬件设备会完成 I/O 操作。然后，Windows 会唤醒你的线程，把它调度给一个 CPU，使它从内核模式返回用户模式，再返回至托管代码 (⑦，⑧和⑨)。FileStream 的 Read 方法现在返回一个 Int32，指明从文件中读取的实际字节数，使你知道在传给 Read 的 Byte[] 中，实际能检索到多少个字节。

假定要实现一个 Web 应用程序，每个客户端请求抵达服务器时，都需要发出一个数据库请求。客户端请求抵达时，一个线程池线程会调用你的代码。如果以同步方式发出数据库请求，线程会阻塞不确定的时间，等待数据库返回结果。在此期间，如果另一个客户端请求抵达，线程池会创建另一个线程，这个线程在发出另一个数据库请求后，同样会阻塞。随着越来越多的客户端请求抵达，创建的线程也越来越多，所有这些线程都阻塞并等待数据库的响应。结果是 Web 服务器分配的系统资源 (线程及其内存) 基本上都浪费了！

更糟的是，当数据库用结果来响应请求时，线程会被解锁，全都开始执行。但由于可能运行了大量线程，同时 CPU 内核只有区区几个，所以 Windows 被迫执行频繁的上下文切换，这进一步损害了性能。这和实现一个可伸缩应用程序的初衷是完全背道而驰的。

现在讨论一下 Windows 如何执行异步 I/O 操作。图 28-2 删除了除硬盘之外的所有硬件设备，引入了 CLR 的线程池，稍微修改了代码。打开磁盘文件的方式仍然是通过构造一个 FileStream 对象，但现在传递了一个 FileOptions. Asynchronous 标志，告诉 Windows 我希望文件的读 / 写操作以异步方式执行。

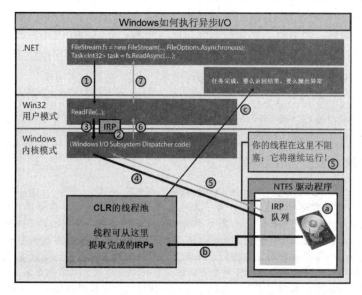

图 28-2 Windows 如何执行异步 I/O 操作

现在调用 ReadAsync 而不是 Read 从文件中读取数据。ReadAsync 内部分配一个 Task<Int32> 对象来代表用于完成读取操作的代码。然后，ReadAsync 调用 Win32 ReadFile 函数 (①)。ReadFile 分配 IRP，和前面的同步操作一样初始化它 (②)，然后把它传给 Windows 内核 (③)。Windows 把 IRP 添加到硬盘驱动程序的 IRP 队列中 (④)。但线程不再阻塞，而是允许返回至你的代码。所以，线程能立即从 ReadAsync 调用中返回 (⑤，⑥和⑦)。当然，此时 IRP 可能尚未处理好，所以不能够在 ReadAsync 之后的代码中访问传递的 Byte[] 中的字节。

那么，什么时候以及用什么方式处理最终读取的数据呢？注意，调用 ReadAsync 返回的是一个 Task<Int32> 对象。可在该对象上调用 ContinueWith 来登记任务完成时执行的回调方法，然后在回调方法中处理数据。当然，也可利用 C# 语言的异步函数功能 (下一节详述) 简化编码，以顺序方式写代码 (感觉就像是执行同步 I/O)。

硬件设备处理好 IRP 后 (ⓐ)，会将完成的 IRP 放到 CLR 的线程池队列中 (ⓑ)。将来某个时候，一个线程池线程会提取完成的 IRP 并执行完成任务的代码，最终要么设置异常 (如果发生错误)，要么返回结果 (本例是代表成功读取的字节数的一个 Int32)(ⓒ)[①]。这样一来，Task 对象就知道操作在什么时候完成，代码可以开始运行并安全地访问 Byte[] 中的数据。

掌握基础知识后，让我们综合运用一下这些知识。假定在传入一个客户端请求之后，服务器发出的是一个异步数据库请求。此时线程不会阻塞，它可返回线程池以处理传入的更多客户端请求。所以，现在用一个线程就能处理所有传入的客户端请求。数据库服务器响应之后，它的响应也会进入线程池队列，使线程池线程能在某个时间处理它，最后将需要的数据发送回客户端。在这种情况下，只用一个线程就处理了所有客户端请求和所有数据库响应。服务器只需使用极少的系统资源，同时运行速度也得到了保证，尤其是考虑到根本不会发生上下文切换！

如果工作项被送入线程池的速度比一个线程处理它们的速度还要快，线程池就可能创建额外的线程。线程池很快会为机器上的每个 CPU 都创建一个线程。例如，在 4 核机器上，4 个客户端请求 / 数据库响应 (任意组合) 可以在 4 个线程上同时运行，而且还不会发生上下文切换。[②]

① 完成的 IRP 使用一个先入先出 (FIFO) 算法从线程池中提取。
② 前提是当前没有运行其他线程。大多数时候都是如此，因为大多数计算机的 CPU 利用率都远低于 100%。即使 CPU 利用率因为低于优先级 8 的线程而达到了 100%，应用程序的可响应性和性能也不会受到影响，因为应用程序的线程会抢占低优先级线程。如果其他线程的优先级和你的发生冲突，那么上下文切换确实会发生。这种情况虽然不利于性能，但对可响应性来说是一件好事。记住，Windows 为每个进程准备了至少一个线程，而通过执行上下文切换，可以避免线程进入死循环的一个应用程序阻止其他应用程序的线程的运行。

　　然而，如果其中任何一个线程主动阻塞 (通过调用同步 I/O 操作，调用 Thread.Sleep 或者等待获取线程同步锁)，Windows 就会通知线程池它的一个线程停止了运行。随后，线程池意识到 CPU 处于欠饱和状态，所以会创建一个新线程来替换阻塞的线程。这当然不理想，因为创建新线程的时间和内存开销都是很 "昂贵" 的。

　　更糟的是，阻塞的线程可能醒来，CPU 又变得过饱和了，所以必须发生上下文切换，这会影响到性能。然而，线程池在这个时候是比较聪明的。线程完成处理并回到池中时，除非 CPU 再度变得饱和[①]，否则线程池不让它们处理新的工作项。这样就减少了上下文切换并提升了性能。如果线程池之后又判断它的线程数超出了需要的数量，那么会允许多余的线程终止自身，回收这些线程使用的资源。

　　在内部，CLR 的线程池使用名为 "I/O 完成端口" (I/O Completion Port) 的 Windows 资源来触发我刚才描述的行为。CLR 在初始化时创建一个 I/O 完成端口。一旦打开硬件设备，这些设备可以和 I/O 完成端口关联，使设备驱动程序知道要将完成的 IRP 送到哪里。要深入了解这个机制，建议阅读我的《Windows 核心编程》[②]。

　　除了将资源利用率降到最低，并减少上下文切换，以异步方式执行 I/O 操作还有其他许多好处。每开始一次垃圾回收，CLR 都必须挂起进程中的所有线程。所以，线程越少，垃圾回收器运行的速度越快。此外，一次垃圾回收发生时，CLR 必须遍历所有线程的栈来查找根。同样，线程越少，栈的数量越少，使垃圾回收速度变得更快。除此之外，如果线程在处理工作项时没有阻塞，那么线程大多数时间都是在线程池中等待。所以，当垃圾回收发生时，线程在它们的栈顶 (无事可做，自然在栈顶)，遍历每个线程的栈来查找根只需很少的时间。

　　另外，在调试应用程序时，一旦遇到断点，Windows 会挂起被调试的应用程序中的所有线程。应用程序恢复继续运行时，Windows 必须恢复它的所有线程。所以，如果应用程序中的线程数太多，在调试器中单步调试代码会慢得令人难受。使用异步 I/O 可以将线程数控制在少数几个，从而增强调试性能。

　　还有一个好处值得一提：假定应用程序要从多个网站下载 10 幅图像，而且每幅图像要花 5 秒下载。如果同步执行这个任务 (一幅接一幅地下载)，就要花 50 秒才能获得 10 幅图像。但如果只用一个线程来初始化 10 个异步下载操作，全部 10 个操作都将并发执行，获得全部 10 幅图像只需 5 秒钟！也就是说，执行多个同步 I/O 操作，获得所有结果的时间是获得每个单独结果所需时间之和。但执行多个异

①　译注：是指刚刚饱和，既不欠饱和，也不过饱和。
②　译注：简体中文版为《Windows 核心编程 (第 5 版)》，繁体中文版为《Windows 应用程式开发经典》。分别由清华大学出版社和台湾悦知文化出版。详情请访问 https://bookzhou.com。扫码可试读，

步 I/O 操作，获得所有结果的时间是表现最差的那个操作所需的时间。

　　对于 GUI 应用程序，异步操作还有另一个好处，即用户界面不会挂起，一直都能灵敏地响应用户的操作。事实上，Windows Store 应用程序只允许异步 I/O 操作，因为用于执行 I/O 操作的类库只公开了异步版本，同步版本根本就没有提供。这个设计是故意的，目的是确保这些应用程序永远不会执行同步 I/O 操作来造成阻塞 GUI 线程，使整个应用程序失去响应。响应灵敏的应用程序能为用户提供更好的使用体验。

28.2 C# 的异步函数

　　执行异步操作是构建可伸缩的、响应灵敏的应用程序的关键，它允许使用少量线程执行大量操作。与线程池结合，异步操作允许利用机器中的所有 CPU。意识到其中的巨大潜力，微软设计了一个编程模型来帮助开发者利用这种能力[①]。该模式利用了第 27 章 "计算限制的异步操作" 讨论的 Task 和一个称为异步函数的 C# 语言功能。以下代码使用异步函数来执行两个异步 I/O 操作：

```
private static async Task<String> IssueClientRequestAsync(String serverName,
        String message) {
  using (var pipe = new NamedPipeClientStream(
      serverName, "PipeName", PipeDirection.InOut,
      PipeOptions.Asynchronous | PipeOptions.WriteThrough)) {

    pipe.Connect(); // 必须在设置 ReadMode 之前连接
    pipe.ReadMode = PipeTransmissionMode.Message;

    // 将数据异步发送给服务器
    Byte[] request = Encoding.UTF8.GetBytes(message);
    await pipe.WriteAsync(request, 0, request.Length);

    // 异步读取服务器的响应
    Byte[] response = new Byte[1000];
    Int32 bytesRead = await pipe.ReadAsync(response, 0, response.Length);
    return Encoding.UTF8.GetString(response, 0, bytesRead);
  } // 关闭管道
}
```

---

① 开发者如果使用 .NET Framework 4.5 之前的版本，我的 AsyncEnumerator 类 (我的 Power Threading 库 的 一 部 分， 可 从 https://github.com/Wintellect/PowerThreading 下 载) 允许使用和 .NET Framework 4.5 非常相似的一个编程模型。事实上，正是因为我的 AsyncEnumerator 类的成功，才使我有机会帮助微软设计本章讨论的这个编程模型。由于两者是如此相似，所以只需花很少代价就能将使用我的 AsyncEnumerator 类的代码移植到新的编程模型。

在以上代码中，很容易分辨 IssueClientRequestAsync 是异步函数，因为第一行代码的 static 后添加了 async 关键字。一旦将方法标记为 async，编译器就会将方法的代码转换成实现了状态机的一个类型 (状态机的详情在下一节讨论)。这就允许线程执行状态机中的一些代码并返回，方法不需要一直执行到结束。所以当线程调用 IssueClientRequestAsync 时，线程会构造一个 NamedPipeClientStream，调用 Connect，设置它的 ReadMode 属性，将传入的消息转换成一个 Byte[]，然后调用 WriteAsync。WriteAsync 内部分配一个 Task 对象并把它返回给 IssueClientRequestAsync。此时，C# await 操作符实际会在 Task 对象上调用 ContinueWith，向它传递用于恢复状态机的方法。然后线程从 IssueClientRequestAsync 返回。

将来某个时候，网络设备驱动程序会结束向管道的写入，一个线程池线程会通知 Task 对象，后者激活 ContinueWith 回调方法，造成一个线程恢复状态机。更具体地说，一个线程会重新进入 IssueClientRequestAsync 方法，但这次是从 await 操作符的位置开始。方法现在执行编译器生成的、用于查询 Task 对象状态的代码。如果操作失败，会设置代表错误的一个异常。如果操作成功完成，await 操作符会返回结果。在本例中，WriteAsync 返回一个 Task 而不是 Task<TResult>，所以无返回值。

现在方法继续执行，分配一个 Byte[] 并调用 NamedPipeClientStream 的异步 ReadAsync 方法。ReadAsync 内部创建一个 Task<Int32> 对象并返回它。同样地，await 操作符实际会在 Task<Int32> 对象上调用 ContinueWith，向其传递用于恢复状态机的方法。然后线程再次从 IssueClientRequestAsync 返回。

将来某个时候，服务器向客户机发送一个响应，网络设备驱动程序获得这个响应，一个线程池线程通知 Task<Int32> 对象，后者恢复状态机。await 操作符造成编译器生成代码来查询 Task 对象的 Result 属性 (一个 Int32) 并将结果赋给局部变量 bytesRead；如果操作失败，则抛出异常。然后执行 IssueClientRequestAsync 剩余的代码，返回结果字符串并关闭管道。此时，状态机执行完毕，垃圾回收器会回收任何内存。

由于异步函数在状态机执行完毕之前返回，所以在 IssueClientRequestAsync 执行它的第一个 await 操作符之后，调用 IssueClientRequestAsync 的方法会继续执行。但是，调用者如何知道 IssueClientRequestAsync 已执行完毕它的状态机呢？一旦将方法标记为 async，编译器会自动生成代码，在状态机开始执行时创建一个 Task 对象。该 Task 对象在状态机执行完毕时自动完成。注意 IssueClientRequestAsync 方法的返回类型是 Task<String>，它实际返回的是由编译器生成的代码为这个方法的调用者而创建的 Task<String> 对象，Task

的 Result 属性在本例中是 String 类型。在 IssueClientRequestAsync 方法靠近尾部的地方，我返回了一个字符串。这造成编译器生成的代码完成它创建的 Task<String> 对象，把对象的 Result 属性设为返回的字符串。

注意，异步函数存在以下限制。

- 不能将应用程序的 Main 方法转变成异步函数。另外，构造器、属性访问器方法和事件访问器方法不能转变成异步函数。
- 异步函数不能使用任何 out 或 ref 参数。
- 不能在 catch、finally 或 unsafe 块中使用 await 操作符。
- 不能在 await 操作符之前获得一个支持线程所有权或递归的锁，并在 await 操作符之后释放它。这是因为 await 之前的代码由一个线程执行，之后的代码则可能由另一个线程执行。在 C# 语言的 lock 语句中使用 await，编译器会报错。如果显式调用 Monitor 的 Enter 方法和 Exit 方法，那么代码虽然能编译，但 Monitor.Exit 会在运行时抛出一个 SynchronizationLockException[①]。
- 在查询表达式中，await 操作符只能在初始 from 子句的第一个集合表达式中使用，或者在 join 子句的集合表达式中使用。

这些限制都不算太大，如果违反，编译器会提醒你，一般只需少量代码修改就可解决问题。

28.3 编译器如何将异步函数转换成状态机

使用异步函数时，理解编译器为你执行的代码转换有助于提高开发效率。另外，我始终认为，最简单、最好的学习方式就是从例子中学习。所以，让我们首先定义一些简单的类型和方法：

```
internal sealed class Type1 { }
internal sealed class Type2 { }
private static async Task<Type1> Method1Async() {
    /* 以异步方式执行一些操作，最后返回一个 Type1 对象 */
}
private static async Task<Type2> Method2Async() {
    /* 以异步方式执行一些操作，最后返回一个 Type2 对象 */
}
```

然后通过异步函数来使用这些简单的类型和方法：

```
private static async Task<String> MyMethodAsync(Int32 argument) {
```

---

① 不要让线程等待一个线程同步构造从而造成线程的阻塞。相反，可以等待 (await) 从 SemaphoreSlim 的 WaitAsync 方法或者我自己的 OneManyLock 的 AcquireAsync 方法所返回的任务，从而避免线程被阻塞。两者均在第 30 章 "混合线程同步构造" 讲述。

```
   Int32 local = argument;
   try {
      Type1 result1 = await Method1Async();
      for (Int32 x = 0; x < 3; x++) {
         Type2 result2 = await Method2Async();
      }
   }
   catch (Exception) {
      Console.WriteLine("Catch");
   }
   finally {
      Console.WriteLine("Finally");
   }
   return "Done";
}
```

　　虽然 MyMethodAsync 看起来很别扭，但它确实演示了一些关键概念。首先，它本身是一个异步函数，返回一个 Task<String>，但代码主体最后返回的是一个 String。其次，它调用了其他函数，这些函数以异步方式执行操作。一个函数是单独执行，另一个是从 for 循环中执行。最后，它包含了异常处理代码。编译 MyMethodAsync 时，编译器将该方法中的代码转换成一个状态机结构。这种结构能挂起和恢复。

　　我编译以上代码，对 IL 代码进行逆向工程以转换回 C# 源代码。然后，我对代码进行了一些简化，并添加了大量注释，帮助大家理解编译器对异步函数做的事情。下面展示的是编译器转换后的精华代码，我展示了转换的 MyMethodAsync 方法及其依赖的状态机结构：

扫码查看

```
// AsyncStateMachine 特性指出这是一个异步方法 ( 对使用反射的工具有用 )：
// 类型指出实现状态机的是哪个结构
[DebuggerStepThrough, AsyncStateMachine(typeof(StateMachine))]
private static Task<String> MyMethodAsync(Int32 argument) {
   // 创建状态机实例并初始化它
   StateMachine stateMachine = new StateMachine() {
      // 创建 builder, 从这个存根方法返回 Task<String>
      // 状态机访问 builder 来设置 Task 完成 / 异常
      m_builder = AsyncTaskMethodBuilder<String>.Create(),

      m_state = -1,               // 初始化状态机位置
      m_argument = argument   // 将实参拷贝到状态机字段
   };

   // 开始执行状态机
   stateMachine.m_builder.Start(ref stateMachine);
   return stateMachine.m_builder.Task; // 返回状态机的 Task
}
```

```
// 这是状态机结构
[CompilerGenerated, StructLayout(LayoutKind.Auto)]
private struct StateMachine : IAsyncStateMachine {

    // 代表状态机 builder(Task) 及其位置的字段
    public AsyncTaskMethodBuilder<String> m_builder;
    public Int32 m_state;

    // 实参和局部变量现在成了字段
    public Int32 m_argument, m_local, m_x;
    public Type1 m_resultType1;
    public Type2 m_resultType2;

    // 每个 awaiter 类型一个字段。
    // 任何时候这些字段只有一个是重要的，那个字段引用最近执行的、以异步方式完成的 await
    private TaskAwaiter<Type1> m_awaiterType1;
    private TaskAwaiter<Type2> m_awaiterType2;

    // 这是状态机方法本身
    void IAsyncStateMachine.MoveNext() {
        String result = null; // Task 的结果值

        // 编译器插入 try 块来确保状态机的任务完成
        try {
            Boolean executeFinally = true;   // 先假定逻辑上离开 try 块
            if (m_state == -1) {             // 如果第一次在状态机方法中，
                m_local = m_argument;        // 原始方法就从头开始执行
            }

            // 原始代码中的 try 块
            try {
                TaskAwaiter<Type1> awaiterType1;
                TaskAwaiter<Type2> awaiterType2;

                switch (m_state) {
                    case -1: // 开始执行 try 块中的代码
                        // 调用 Method1Async 并获得它的 awaiter
                        awaiterType1 = Method1Async().GetAwaiter();
                        if (!awaiterType1.IsCompleted) {
                            m_state = 0; // Method1Async 要以异步方式完成
                            m_awaiterType1 = awaiterType1; // 保存 awaiter 以便将来返回

                            // 告诉 awaiter 在操作完成时调用 MoveNext
                            m_builder.AwaitUnsafeOnCompleted(ref awaiterType1, ref this);
                            // 以上代码调用 awaiterType1 的 OnCompleted，它会在被等待的任务上
                            // 调用 ContinueWith(t => MoveNext())。
                            // 任务完成后，ContinueWith 任务调用 MoveNext

                            executeFinally = false; // 逻辑上不离开 try 块
```

```
                return; // 线程返回至调用者
            }
            // Method1Async 以同步方式完成了
            break;

        case 0: // Method1Async 以异步方式完成了
            awaiterType1 = m_awaiterType1; // 恢复最新的 awaiter
            break;

        case 1: // Method2Async 以异步方式完成了
            awaiterType2 = m_awaiterType2; // 恢复最新的 awaiter
            goto ForLoopEpilog;
    }

    // 在第一个 await 后，我们捕捉结果并启动 for 循环
    m_resultType1 = awaiterType1.GetResult(); // 获取 awaiter 的结果

ForLoopPrologue:
    m_x = 0; // for 循环初始化
    goto ForLoopBody; // 跳到 for 循环主体

ForLoopEpilog:
    m_resultType2 = awaiterType2.GetResult();
    m_x++; // 每次循环迭代都递增 x
    // ↓↓直通到 for 循环主体↓↓

ForLoopBody:
    if (m_x < 3) { // for 循环测试
        // 调用 Method2Async 并获取它的 awaiter
        awaiterType2 = Method2Async().GetAwaiter();
        if (!awaiterType2.IsCompleted) {
            m_state = 1;                      // Method2Async 要以异步方式完成
            m_awaiterType2 = awaiterType2;    // 保存 awaiter 以便将来返回

            // 告诉 awaiter 在操作完成时调用 MoveNext
            m_builder.AwaitUnsafeOnCompleted(ref awaiterType2, ref this);
            executeFinally = false; // 逻辑上不离开 try 块
            return; // 线程返回至调用者
        }
        // Method2Async 以同步方式完成了
        goto ForLoopEpilog; // 以同步方式完成就再次循环
    }
}
catch (Exception) {
    Console.WriteLine("Catch");
}
finally {
    // 只要线程物理上离开 try 就会执行 finally。
    // 我们希望在线程逻辑上离开 try 时才执行这些代码
```

```
        if (executeFinally) {
            Console.WriteLine("Finally");
        }
    }
    result = "Done"; // 这是最终从异步函数返回的东西
  }
  catch (Exception exception) {
      // 未处理的异常：通过设置异常来完成状态机的 Task
      m_builder.SetException(exception);
      return;
  }
  // 无异常：通过返回结果来完成状态机的 Task
  m_builder.SetResult(result);
  }
}
```

花些时间梳理以上代码并读完所有注释，我猜你就能完全地领会编译器为你做的事情了。但是，如何将被等待的对象与状态机粘合起来还需着重解释一下。任何时候使用 await 操作符，编译器都会获取操作数，并尝试在它上面调用一个 GetAwaiter 方法。这可能是实例方法或扩展方法。调用 GetAwaiter 方法所返回的对象称为 awaiter(等待者)，正是它将被等待的对象与状态机粘合起来。

状态机获得 awaiter 后，会查询其 IsCompleted 属性。如果操作已经以同步方式完成了，属性将返回 true，而作为一项优化措施，状态机将继续执行并调用 awaiter 的 GetResult 方法。该方法要么抛出异常 (操作失败)，要么返回结果 (操作成功)。状态机继续执行以处理结果。

如果操作以异步方式完成，IsCompleted 将返回 false。状态机调用 awaiter 的 OnCompleted 方法并向它传递一个委托 (引用状态机的 MoveNext 方法)。现在，状态机允许它的线程回到原地以执行其他代码。将来某个时候，封装了底层任务的 awaiter 会在完成时调用委托以执行 MoveNext。可根据状态机中的字段知道如何到达代码中的正确位置，使方法能从它当初离开时的位置继续。这时，代码调用 awaiter 的 GetResult 方法。执行将从这里继续，以便对结果进行处理。

这便是异步函数的工作原理，开发人员可用它轻松地写出不阻塞的代码。

28.4 异步函数扩展性

在扩展性方面，能用 Task 对象包装一个将来完成的操作，就可以用 await 操作符来等待该操作。用一个类型 (Task) 来表示各种异步操作对编码有利，因为可以实现组合操作 (比如 Task 对象的 WhenAll 方法和 WhenAny 方法) 和其他有用的操作。本章后面会演示如何用 Task 方法包装一个 CancellationToken，在等待异步操作的同时利用超时和取消功能。

我想和你分享另外一个例子。下面是我的 `TaskLogger` 类，可用它显示尚未完成的异步操作。这在调试时特别有用，尤其是当应用程序因为错误的请求或者未响应的服务器而挂起的时候：

```
public static class TaskLogger {
   public enum TaskLogLevel { None, Pending }
   public static TaskLogLevel LogLevel { get; set; }

   public sealed class TaskLogEntry {
      public Task Task { get; internal set; }
      public String Tag { get; internal set; }
      public DateTime LogTime { get; internal set; }
      public String CallerMemberName { get; internal set; }
      public String CallerFilePath { get; internal set; }
      public Int32 CallerLineNumber { get; internal set; }
      public override string ToString() {
         return String.Format("LogTime={0}, Tag={1}, Member={2}, File={3}({4})",
            LogTime, Tag ?? "(none)", CallerMemberName,
            CallerFilePath, CallerLineNumber);
      }
   }

   private static readonly ConcurrentDictionary<Task, TaskLogEntry> s_log =
      new ConcurrentDictionary<Task, TaskLogEntry>();
   public static IEnumerable<TaskLogEntry> GetLogEntries() { return s_log.Values; }

   public static Task<TResult> Log<TResult>(this Task<TResult> task, String tag = null,
      [CallerMemberName] String callerMemberName = null,
      [CallerFilePath] String callerFilePath = null,
      [CallerLineNumber] Int32 callerLineNumber = -1) {
      return (Task<TResult>)
         Log((Task)task, tag, callerMemberName, callerFilePath, callerLineNumber);
   }

   public static Task Log(this Task task, String tag = null,
      [CallerMemberName] String callerMemberName = null,
      [CallerFilePath] String callerFilePath = null,
      [CallerLineNumber] Int32 callerLineNumber = -1) {
      if (LogLevel == TaskLogLevel.None) return task;
      var logEntry = new TaskLogEntry {
         Task = task,
         LogTime = DateTime.Now,
         Tag = tag,
         CallerMemberName = callerMemberName,
         CallerFilePath = callerFilePath,
         CallerLineNumber = callerLineNumber
      };
      s_log[task] = logEntry;
      task.ContinueWith(t => { TaskLogEntry entry; s_log.TryRemove(t, out entry); },
         TaskContinuationOptions.ExecuteSynchronously);
      return task;
```

```
    }
}
```

以下代码演示了如何使用该类：

```
public static async Task Go() {
#if DEBUG
    // 使用 TaskLogger 会影响内存和性能，所以只在调试生成中启用它
    TaskLogger.LogLevel = TaskLogger.TaskLogLevel.Pending;
#endif

    // 初始化为 3 个任务：为了测试 TaskLogger，我们显式控制其持续时间
    var tasks = new List<Task> {
        Task.Delay(2000).Log("2s op"),
        Task.Delay(5000).Log("5s op"),
        Task.Delay(6000).Log("6s op")
    };

    try {
        // 等待全部任务，但在 3 秒后取消：只有一个任务能按时完成
        // 注意：WithCancellation 扩展方法将在本章稍后进行描述
        await Task.WhenAll(tasks).
            WithCancellation(new CancellationTokenSource(3000).Token);
    }
    catch (OperationCanceledException) { }

    // 查询 logger 哪些任务尚未完成，按照从等待时间最长到最短的顺序排序
    foreach (var op in TaskLogger.GetLogEntries().OrderBy(tle => tle.LogTime))
        Console.WriteLine(op);
}
```

在我的机器上生成并运行以上代码得到以下结果。

```
LogTime=7/16/2012 6:44:31 AM, Tag=6s op, Member=Go, File=C:\CLR via C#\Code\Ch28-1-IOOps.cs(332)
LogTime=7/16/2012 6:44:31 AM, Tag=5s op, Member=Go, File=C:\CLR via C#\Code\Ch28-1-IOOps.cs(331)
```

除了增强使用 Task 时的灵活性，异步函数另一个对扩展性有利的地方在于编译器可以在 await 的任何操作数上调用 GetAwaiter。所以操作数不一定是 Task 对象。可以是任意类型，只要提供了一个可以调用的 GetAwaiter 方法。下例展示了我自己的 awaiter，在异步方法的状态机和被引发的事件之间，它扮演了"黏合剂"的角色。

```
public sealed class EventAwaiter<TEventArgs> : INotifyCompletion {
    private ConcurrentQueue<TEventArgs> m_events = new ConcurrentQueue<TEventArgs>();
    private Action m_continuation;

    #region 状态机调用的成员
    // 状态机先调用这个来获得 awaiter；我们自己返回自己
    public EventAwaiter<TEventArgs> GetAwaiter() { return this; }
```

```
// 告诉状态机是否发生了任何事件
public Boolean IsCompleted { get { return m_events.Count > 0; } }

// 状态机告诉我们以后要调用什么方法；我们把它保存起来
public void OnCompleted(Action continuation) {
   Volatile.Write(ref m_continuation, continuation);
}

// 状态机查询结果；这是 await 操作符的结果
public TEventArgs GetResult() {
   TEventArgs e;
   m_events.TryDequeue(out e);
   return e;
}
#endregion

// 如果都引发了事件，多个线程可能同时调用
public void EventRaised(Object sender, TEventArgs eventArgs) {
   m_events.Enqueue(eventArgs); // 保存 EventArgs 以便从 GetResult/await 返回

   // 如果有一个等待进行的延续任务，该线程会运行它
   Action continuation = Interlocked.Exchange(ref m_continuation, null);
   if (continuation != null) continuation(); // 恢复状态机
}
}
```

以下方法使用我的 EventAwaiter 类在事件发生的时候从 await 操作符返回。在本例中，一旦 AppDomain 中的任何线程抛出异常，状态机就会继续：

```
private static async void ShowExceptions() {
   var eventAwaiter = new EventAwaiter<FirstChanceExceptionEventArgs>();
   AppDomain.CurrentDomain.FirstChanceException += eventAwaiter.EventRaised;
   while (true) {
      Console.WriteLine("AppDomain exception: {0}",
         (await eventAwaiter).Exception.GetType());
   }
}
```

最后，用一些代码演示所有这一切是如何工作的。

```
public static void Go() {
   ShowExceptions();

   for (Int32 x = 0; x < 3; x++) {
      try {
         switch (x) {
            case 0: throw new InvalidOperationException();
            case 1: throw new ObjectDisposedException("");
            case 2: throw new ArgumentOutOfRangeException();
         }
```

```
    }
    catch { }
  }
}
```

28.5 异步函数和事件处理程序

异步函数的返回类型一般是 Task 或 Task<TResult>，它们代表函数的状态机完成。但异步函数是可以返回 void 的。实现异步事件处理程序时，C# 编译器允许你利用这个特殊情况简化编码。几乎所有事件处理程序都遵循以下方法签名：

```
void EventHandlerCallback(Object sender, EventArgs e);
```

但经常需要在事件处理方法中执行 I/O 操作，比如在用户点击 UI 元素来打开并读取文件时。为了保持 UI 的可响应性，这个 I/O 应该以异步方式进行。而要在返回 void 的事件处理方法中写这样的代码，C# 编译器就要允许异步函数返回 void，这样才能利用 await 操作符执行不阻塞的 I/O 操作。编译器仍然为返回 void 的异步函数创建状态机，但不再创建 Task 对象，因为创建了也没法使用。所以，没有办法知道返回 void 的异步函数的状态机在什么时候运行完毕。[①]

28.6 FCL 的异步函数

我个人很喜欢异步函数，因为它们易于学习和使用，而且还获得了 FCL 的许多类型的支持。异步函数很容易分辨，因为规范要求为方法名附加 Async 后缀。在 FCL 中，支持 I/O 操作的许多类型都提供了 XxxAsync 方法[②]。下面是一些例子：

- System.IO.Stream 的所有派生类都提供了 ReadAsync、WriteAsyncFlushAsync 和 CopyToAsync 方法；
- System.IO.TextReader 的所有派生类都提供了 ReadAsync、ReadLineAsync、ReadToEndAsync 和 ReadBlockAsync 方法。System.IO.TextWriter 的派生类则提供了 WriteAsync，WriteLineAsync 和 FlushAsync 方法；

---

① 正是由于这个原因，将程序的入口方法 (Main) 标记为 async 将导致 C# 编译器报错：入口点不能用 "async" 修饰符标记。如果在 Main 方法中使用了 await 操作符，进程的主线程会在遇到第一个 await 操作符时立即从 Main 返回。但由于调用 Main 的代码无法获得一个可进行监视并等待完成的 Task，所以进程将终止 (因为已经从 Main 返回了)，Main 中剩下的代码永远执行不到。幸好，C# 编译器认为这是一个错误，所以会阻止它发生。

② WinRT 方法遵循相同的命名规范并返回一个 IAsyncInfo 接口。幸好，.NET Framework 提供了能将 IAsyncInfo 转换为 Task 的扩展方法。要想进一步了解异步 WinRT API 和异步函数配合使用的问题，请参见第 25 章 "与 WinRT 组件互操作"。

- System.Net.Http.HttpClient 类 提 供 了 GetAsync、GetStreamAsync、GetByteArrayAsync、PostAsync、PutAsync、DeleteAsync 和其他许多方法；
- System.Net.WebRequest 的所有派生类(包括 FileWebRequest、FtpWebRequest 和 HttpWebRequest)都提供了 GetRequestStreamAsync 和 GetResponseAsync 方法；
- System.Data.SqlClient.SqlCommand 类提供了 ExecuteDbDataReaderAsync、ExecuteNonQueryAsync、ExecuteReaderAsync、ExecuteScalarAsync 和 ExecuteXmlReaderAsync 方法；
- 生成 Web 服务代理类型的工具 (比如 SvcUtil.exe) 也生成 XxxAsync 方法。

用过早期版本的 .NET Framework 的开发人员应该熟悉它提供的其他异步编程模型。有一个编程模型使用 BeginXxx/EndXxx 方法和 IAsyncResult 接口。还有一个基于事件的编程模型，它也提供了 XxxAsync 方法 (不返回 Task 对象)，能在异步操作完成时调用事件处理程序。现在这两个异步编程模型已经过时，使用 Task 的新模型才是你的首要选择。

当前，FCL 的一些类缺乏 XxxAsync 方法，只提供了 BeginXxx 方法和 EndXxx 方法。这主要是由于微软没有时间用新方法更新这些类。微软将来会增强这些类，使其完全支持新模型。但在此之前，有一个辅助方法可将旧的 BeginXxx 和 EndXxx 方法转变成新的、基于 Task 的模型。

28.2 节 "C# 的异常函数" 展示过通过命名管道来发出请求的客户端应用程序的代码，下面是服务器端的代码：

```
private static async void StartServer() {
   while (true) {
      var pipe = new NamedPipeServerStream(c_pipeName, PipeDirection.InOut, -1,
         PipeTransmissionMode.Message, PipeOptions.Asynchronous
         | PipeOptions.WriteThrough);

      // 异步地接受客户端连接
      // 注意：NamedPipServerStream 使用旧的异步编程模型 (APM)
      // 我用 TaskFactory 的 FromAsync 方法将旧的 APM 转换成新的 Task 模型
      await Task.Factory.FromAsync(pipe.BeginWaitForConnection,
            pipe.EndWaitForConnection,
            null);

      // 开始为客户端提供服务，由于是异步的，所以能立即返回
      ServiceClientRequestAsync(pipe);
   }
}
```

NamedPipeServerStream 类定义了两个方法，分别是 BeginWaitForConnection 和 EndWaitForConnection，但没有定义 WaitForConnectionAsync 方法。FCL

未来的版本有望添加该方法。但不是说在此之前就没有希望了。如以上代码所示，我调用 TaskFactory 的 FromAsync 方法，向它传递 BeginXxx 和 EndXxx 方法的名称。然后，FromAsync 内部创建一个 Task 对象来包装这些方法。现在就可以随同 await 操作符使用 Task 对象了[①]。

　　FCL 没有提供任何辅助方法将旧的、基于事件的编程模型改编成新的、基于 Task 的模型。所以只能采用硬编码的方式。以下代码演示如何用 TaskCompletionSource 包装使用了"基于事件的编程模型"的 WebClient，以便在异步函数中等待它：

```
private static async Task<String> AwaitWebClient(Uri uri) {
  // System.Net.WebClient 类支持基于事件的异步模式
  var wc = new System.Net.WebClient();

  // 创建 TaskCompletionSource 及其基础 Task 对象
  var tcs = new TaskCompletionSource<String>();

  // 字符串下载完毕后，WebClient 对象引发 DownloadStringCompleted 事件，
  // 从而完成 TaskCompletionSource
  wc.DownloadStringCompleted += (s, e) => {
    if (e.Cancelled) tcs.SetCanceled();
    else if (e.Error != null) tcs.SetException(e.Error);
    else tcs.SetResult(e.Result);
  };

  // 启动异步操作
  wc.DownloadStringAsync(uri);

  // 现在可以等待 TaskCompletionSource 的 Task，和往常一样处理结果
  String result = await tcs.Task;
  // 处理结果字符串 ( 如果需要的话 )...

  return result;
}
```

28.7 异步函数和异常处理

　　Windows 设备驱动程序处理异步 I/O 请求时可能出错，Windows 需要向应用程序通知这个情况。例如，通过网络收发字节时可能超时。如果数据没有及时到达，设备驱动程序希望告诉应用程序异步操作虽然完成，但存在一个错误。为此，设备驱动程序会向 CLR 的线程池 post 已完成的 IRP。一个线程池线程会完成 Task 对象并设置异常。状态机方法恢复时，await 操作符发现操作失败并引发该异常。

---

① TaskFactory 的 FromAsync 方法有重载版本能接受一个 IAsyncResult，还有重载版本能接受对 BeginXxx 方法和 EndXxx 方法的委托。尽量不要使用接受 IAsyncResult 的重载版本，因为它们不高效。

　　第 27 章说过，Task 对象通常抛出一个 AggregateException，可查询该异常的 InnerExceptions 属性来查看真正发生了什么异常。但将 await 用于 Task 时，抛出的是第一个内部异常而不是 AggregateException。① 这个设计提供了自然的编程体验。否则就必须在代码中捕捉 AggregateException，检查内部异常，然后要么处理异常，要么重新抛出。这未免过于烦琐。

　　如果状态机出现未处理的异常，那么代表异步函数的 Task 对象会因为未处理的异常而完成。然后，正在等待该 Task 的代码会看到异常。但异步函数也可能使用了 void 返回类型，这时调用者就没有办法发现未处理的异常。所以，当返回 void 的异步函数抛出未处理的异常时，编译器生成的代码将捕捉它，并使用调用者的同步上下文（稍后讨论）重新抛出它。如果调用者通过 GUI 线程执行，GUI 线程最终将重新抛出异常。重新抛出这种异常通常造成整个进程终止。

28.8　异步函数的其他功能

　　本节要和你分享的是和异步函数相关的其他功能。Visual Studio 为异步函数的调试提供了出色的支持。如果调试器在 await 操作符上停止，“逐过程”(F10) 会在异步操作完成后，在抵达下一个语句时重新由调试器接管。在这个时候，执行代码的线程可能已经不是当初发起异步操作的线程。这个设计十分好用，能极大地简化调试。

　　另外，如果不小心对异步函数执行“逐语句”(功能键 F11) 操作，可以“跳出”(组合键 Shift+F11) 函数并返回至调用者；但必须在位于异步函数的起始大括号的时候执行这个操作。一旦越过起始大括号，除非异步函数完成，否则“跳出”(组合键 Shift+F11) 操作无法中断异步函数。要在状态机运行完毕前对调用方法进行调试，在调用方法中插入断点并运行至断点 (F5) 即可。

　　有的异步操作执行速度很快，几乎瞬间就能完成。在这种情况下，挂起状态机并让另一个线程立即恢复状态机就显得不太划算。更有效的做法是让状态机继续执行。幸好，编译器为 await 操作符生成的代码能检测到这个问题。如果异步操作在线程返回前完成，就阻止线程返回，直接由它执行下一行代码。

　　到目前为止一切都很完美，但有时异步函数需要先执行密集的、计算限制的处理，再发起异步操作。如果通过应用程序的 GUI 线程来调用函数，UI 就会突然失去响应，好长时间才能恢复。另外，如果操作以同步方式完成，那么 UI 失去响应的时间还会变得更长。在这种情况下，可以利用 Task 的静态 Run 方法从非调用线程的其他线程中执行异步函数：

① 具体地说，是 TaskAwaiter 的 GetResult 方法抛出第一个内部异常而不是抛出 AggregateException 异常。

```
// Task.Run 在 GUI 线程上调用
Task.Run(async () => {
    // 这里的代码在一个线程池线程上运行
    // TODO：在这里执行密集的、计算限制的处理 ...

    await XxxAsync(); // 发起异步操作
    // 在这里执行更多处理 ...
});
```

以上代码演示了 C# 语言的异步 lambda 表达式。可以看出，不能只在普通的 lambda 表达式主体中添加 await 操作符完事，因为编译器不知道如何将方法转换成状态机。但同时在 lambda 表达式前面添加 async，编译器就能将 lambda 表达式转换成状态机方法来返回一个 Task 或 Task<TResult>，并可赋给返回类型为 Task 或 Task<TResult> 的任何 Func 委托变量。

写代码时，很容易发生调用异步函数但忘记使用 await 操作符的情况。以下代码进行了演示：

```
static async Task OuterAsyncFunction() {
    InnerAsyncFunction(); // Oops，忘了添加 await 操作符

    // 在 InnerAsyncFunction 继续执行期间，这里的代码也继续执行
}
static async Task InnerAsyncFunction() { /* 这里的代码不重要 */ }
```

幸好，C# 编译器会针对这种情况显示以下警告：

由于此调用不会等待，因此在此调用完成之前将会继续执行当前方法。请考虑将 await 操作符应用于调用结果。

这个警告大多数时候都很有用，但极少数情况下，大家确实不关心 InnerAsyncFunction 在什么时候结束，以上代码正是大家想要的结果，毕竟谁都不希望看到警告。

为了取消警告，只需将 InnerAsyncFunction 返回的 Task 赋给一个变量，然后忽略该变量。[①]

```
static async Task OuterAsyncFunction() {
    var noWarning = InnerAsyncFunction(); // 故意不添加 await 操作符

    // 在 InnerAsyncFunction 继续执行期间，这里的代码也继续执行
}
```

我个人更喜欢定义如下所示的扩展方法。

```
[MethodImpl(MethodImplOptions.AggressiveInlining)] // 造成编译器优化调用
public static void NoWarning(this Task task) { /* 这里没有代码 */ }
```

---

① 幸好，编译器不会为从不使用的局部变量显示警告。

然后像下面这样使用它。

```
static async Task OuterAsyncFunction() {
    InnerAsyncFunction().NoWarning(); // 故意不添加 await 操作符

    // 在 InnerAsyncFunction 继续执行期间，这里的代码也继续执行
}
```

异步 I/O 操作最好的一个地方是可以同时发起许多这样的操作，让它们并行执行，从而显著提升应用程序的性能。以下代码启动我的命名管道服务器，然后向它发起大量的客户端请求：

```
public static async Task Go() {
    // 启动服务器并立即返回，因为它异步地等待客户端请求
    StartServer(); // 返回 void，所以编译器会发出警告

    // 发起大量异步客户端请求；保存每个客户端的 Task<String>
    List<Task<String>> requests = new List<Task<String>>(10000);
    for (Int32 n = 0; n < requests.Capacity; n++)
        requests.Add(IssueClientRequestAsync("localhost", "Request #" + n));

    // 异步地等待所有客户端请求完成
    // 注意：如果一个以上的任务抛出异常，WhenAll 重新抛出最后一个抛出的异常
    String[] responses = await Task.WhenAll(requests);

    // 处理所有响应
    for (Int32 n = 0; n < responses.Length; n++)
        Console.WriteLine(responses[n]);
}
```

以上代码启动命名管道服务器来监听客户端请求，然后，for 循环以最快速度发起 10000 个客户端请求。每个 IssueClientRequestAsync 调用都返回一个 Task<String> 对象，这些对象全部添加到一个集合中。现在，命名管道服务器使用线程池线程以最快的速度处理这些请求，机器上的所有 CPU 都将保持忙碌状态。[①] 每处理完一个请求，该请求的 Task<String> 对象都会完成，并从服务器返回字符串响应。

在以上代码中，我希望等待所有客户端请求都获得响应后再处理结果。为此，我调用了 Task 的静态 WhenAll 方法。该方法内部创建一个 Task<String[]> 对象，它在列表中的所有 Task 对象都完成后才完成。然后，我等待 Task<String[]> 对象，使状态机在所有任务完成后继续执行。所有任务完成后，我遍历所有响应并进行处理（调用 Console.WriteLine）。

---

① 我观察到一个有趣的现象。我在一台 8 核电脑上测试代码，所有 CPU 的利用率都达到 100%，这是理所当然的。由于所有 CPU 都非常忙，所以电脑变得更热，风扇变得更吵！处理结束后，CPU 利用率下降，风扇重新变得安静了。我感觉可以根据风扇噪声来验证代码是否正常工作。

如果希望收到一个响应就处理一个，而不是在全部完成后再处理，那么用 Task 的静态 WhenAny 方法可以轻松地实现，下面是修改后的代码：

```
public static async Task Go() {
  // 启动服务器并立即返回，因为它异步地等待客户端请求
  StartServer();

  // 发起大量异步客户端请求；保存每个客户端的 Task<String>
  List<Task<String>> requests = new List<Task<String>>(10000);
  for (Int32 n = 0; n < requests.Capacity; n++)
    requests.Add(IssueClientRequestAsync("localhost", "Request #" + n));

  // 每个任务完成都继续
  while (requests.Count > 0) {
    // 顺序处理每个完成的响应
    Task<String> response = await Task.WhenAny(requests);
    requests.Remove(response); // 从集合中删除完成的任务

    // 处理一个响应
    Console.WriteLine(response.Result);
  }
}
```

以上代码创建 while 循环，针对每个客户端请求都迭代一次。循环内部等待 Task 的 WhenAny 方法，该方法一次返回一个 Task<String> 对象，代表由服务器响应的一个客户端请求。获得这个 Task<String> 对象后，就把它从集合中删除，然后查询它的结果以进行处理 (把它传给 Console.WriteLine)。

28.9 应用程序及其线程处理模型

.NET Framework 支持几种不同的应用程序模型，而每种模型都可能引入了它自己的线程处理模型。控制台应用程序和 Windows 服务 (实际也是控制台应用程序；只是看不见控制台而已) 没有引入任何线程处理模型；换言之，任何线程可以在任何时候做它想做的任何事情。

但 GUI 应用程序 (包括 Windows 窗体、WPF、Silverlight 和 Windows Store 应用程序) 引入了一个线程处理模型。在这个模型中，UI 元素只能由创建它的线程更新。在 GUI 线程中，经常都需要生成一个异步操作，使 GUI 线程不至于阻塞并停止响应用户输入 (比如鼠标、按键、手写笔和触控事件)。但当异步操作完成时，是由一个线程池线程完成 Task 对象并恢复状态机。

对于某些应用程序模型，这样做无可非议，甚至可以说正好符合开发人员的意愿，因为它非常高效。但对于另一些应用程序模型 (比如 GUI 应用程序)，这个做法会造成问题，因为一旦通过线程池线程更新 UI 元素就会抛出异常。线程池线程

必须以某种方式告诉 GUI 线程更新 UI 元素。

　　ASP.NET 应用程序允许任何线程做它想做的任何事情。线程池线程开始处理一个客户端的请求时，可以对客户端的语言文化 (System.Globalization.CultureInfo) 做出假定，从而允许 Web 服务器对返回的数字、日期和时间进行该语言文化特有的格式化处理。[①] 此外，Web 服务器还可对客户端的身份标识(System.Security.Principal.IPrincipal) 做出假定，确保只能访问客户端有权访问的资源。线程池线程生成一个异步操作后，它可能由另一个线程池线程完成，该线程将处理异步操作的结果。代表原始客户端执行工作时，语言文化和身份标识信息需要"流向"新的线程池线程。这样一来，代表客户端执行的任何额外的工作才能使用客户端的语言文化和身份标识信息。

　　幸好 FCL 定义了一个名 System.Threading.SynchronizationContext 的基类，它解决了所有这些问题。简单地说，SynchronizationContext 派生对象将应用程序模型连接到它的线程处理模型。FCL 定义了几个 SynchronizationContext 派生类，但你一般不直接和这些类打交道；事实上，它们中的许多都没有公开或记录到文档。

　　应用程序开发人员通常不需要了解关于 SynchronizationContext 类的任何事情。等待一个 Task 时会获取调用线程的 SynchronizationContext 对象。线程池线程完成 Task 后，会使用该 SynchronizationContext 对象，确保为应用程序模型使用正确的线程处理模型。所以，当 GUI 线程等待一个 Task 时，await 操作符后面的代码保证在 GUI 线程上执行，使代码能更新 UI 元素。[②] 对于 ASP.NET 应用程序，await 后面的代码保证在关联了客户端语言文化和身份标识信息的线程池线程上执行。

　　让状态机使用应用程序模型的线程处理模型来恢复，这在大多数时候都很有用，也很方便。但偶尔也会带来问题。下面是造成 WPF 应用程序死锁的一个例子：

```
private sealed class MyWpfWindow : Window {
  public MyWpfWindow() { Title = "WPF Window"; }

  protected override void OnActivated(EventArgs e) {
    // 查询 Result 属性阻止 GUI 线程返回；
    // 线程在等待结果期间阻塞
    String http = GetHttp().Result; // 以同步方式获取字符串
```

① 译注：欲知详情，请访问 http://msdn.microsoft.com/zh-cn/library/bz9tc508.aspx。注意，帮助文档将 culture 一词翻译成"区域性"。
② 在内部，各种 SynchronizationContext 派生类使用像 System.Windows.Forms.Control.BeginInvoke、System.Windows.Threading.Dispatcher.BeginInvoke 和 Windows.UI.Core.CoreDispatcher.RunAsync 这样的方法让 GUI 线程恢复状态机。

```
    base.OnActivated(e);
  }

  private async Task<String> GetHttp() {
    // 发出 HTTP 请求，让线程从 GetHttp 返回
    HttpResponseMessage msg =
        await new HttpClient().GetAsync("http://Wintellect.com/");
    // 这里永远执行不到；GUI 线程在等待这个方法结束，
    // 但这个方法结束不了，因为 GUI 线程在等它结束 --> 死锁！

    return await msg.Content.ReadAsStringAsync();
  }
}
```

　　类库开发人员为了写高性能的代码来应对各种应用程序模型，尤其需要注意 SynchronizationContext 类。由于许多类库代码都要求不依赖于特定的应用程序模型，所以要避免因为使用 SynchronizationContext 对象而产生的额外开销。此外，类库开发人员要竭尽全力帮助应用程序开发人员防止死锁。为了解决这两方面的问题，Task 和 Task<TResult> 类提供了一个 ConfigureAwait 方法，它的签名如下所示：

```
// 定义这个方法的 Task
public ConfiguredTaskAwaitable ConfigureAwait(Boolean continueOnCapturedContext);

// 定义这个方法的 Task<TResult>
public ConfiguredTaskAwaitable<TResult> ConfigureAwait(Boolean continueOnCapturedContext);
```

　　向方法传递 true 相当于根本没有调用方法。但如果传递 false，await 操作符就不查询调用线程的 SynchronizationContext 对象。当线程池线程结束 Task 时会直接完成它，await 操作符后面的代码通过线程池线程执行。

　　虽然我的 GetHttp 方法不是类库代码，但在添加了对 ConfigureAwait 的调用后，死锁问题就消失了。下面是修改过的 GetHttp 方法：

```
private async Task<String> GetHttp() {
  // 发出 HTTP 请求，让线程从 GetHttp 返回
  HttpResponseMessage msg = await new
    HttpClient().GetAsync("http://Wintellect.com/").ConfigureAwait(false);
  // 这里能执行到了，因为线程池线程可以执行这里的代码，
  // 而非被迫由 GUI 线程执行

  return await msg.Content.ReadAsStringAsync().ConfigureAwait(false);
}
```

　　如以上代码所示，必须将 ConfigureAwait(false) 应用于等待的每个 Task 对象。这是由于异步操作可能同步完成，而且在发生这个情况时，调用线程直接继续执行，

不会返回至它的调用者；你根本不知道哪个操作要求忽略 SynchronizationContext 对象，所以只能要求所有操作都忽略它。这还意味着类库代码不能依赖于任何特定的应用程序模型。另外，也可像下面这样重写 GetHttp 方法，用一个线程池线程执行所有操作：

```
private Task<String> GetHttp() {
  return Task.Run(async () => {
    // 运行一个无 SynchronizationContext 的线程池线程
    HttpResponseMessage msg =
          await new HttpClient().GetAsync("http://Wintellect.com/");
    // 这里的代码真的能执行，因为某个线程池线程能执行这里的代码

    return await msg.Content.ReadAsStringAsync();
  });
}
```

在这个版本中，注意，GetHttp 不再是异步函数；我从方法签名中删除了 async 关键字，因为方法中没有了 await 操作符。但是，传给 Task.Run 的 lambda 表达式是异步函数。

28.10　以异步方式实现服务器

根据我多年来和开发人员的交流经验，发现很少有人知道 .NET Framework 其实内建了对伸缩性很好的一些异步服务器的支持。本书因篇幅所限而无法一一解释，但可以列出 MSDN 文档中值得参考的地方。

- 要构建异步 ASP.NET Web 窗体，在 .aspx 文件中添加 Async="true" 网页指令，并参考 System.Web.UI.Page 的 RegisterAsyncTask 方法。
- 要想构建异步 ASP.NET MVC 控制器的话，使你的控制器类从 System.Web.Mvc.AsyncController 派生并让操作方法返回一个 Task<ActionResult> 即可。
- 要构建异步 ASP.NET 处理程序，使你的类从 System.Web.HttpTaskAsyncHandler 派生，重写其抽象 ProcessRequestAsync 方法。
- 要构建异步 WCF 服务，将服务作为异步函数实现，让它返回 Task 或 Task<TResult>。

28.11　取消 I/O 操作

Windows 一般没有提供取消未完成 I/O 操作的途径。这是许多开发人员都想要的功能，实现起来却很困难。毕竟，如果向服务器请求了 1000 个字节，然后决定

不再需要这些字节，那么其实没有办法告诉服务器忘掉你的请求。在这种情况下，只能让字节照常返回，再将它们丢弃。此外，这里还会发生竞态条件——取消请求的请求可能正好在服务器发送响应的时候到来。这时应该怎么办？所以，要在代码中处理这种潜在的竞态条件，决定是丢弃还是使用数据。

为此，我建议实现一个 WithCancellation 扩展方法来扩展 Task<TResult> (需要类似的重载版本来扩展 Task)，如下所示：

```csharp
private struct Void { } // 因为没有非泛型的 TaskCompletionSource 类

private static async Task<TResult> WithCancellation<TResult>(
                    this Task<TResult> originalTask,
                    CancellationToken ct) {

    // 创建在 CancellationToken 被取消时完成的一个 Task
    var cancelTask = new TaskCompletionSource<Void>();

    // 一旦 CancellationToken 被取消，就完成 Task
    using (ct.Register(
        t => ((TaskCompletionSource<Void>)t).TrySetResult(new Void()), cancelTask)) {

        // 创建在原始 Task 或 CancellationToken Task 完成时都完成的一个 Task
        Task any = await Task.WhenAny(originalTask, cancelTask.Task);

        // 任何 Task 因为 CancellationToken 而完成，就抛出 OperationCanceledException
        if (any == cancelTask.Task) ct.ThrowIfCancellationRequested();
    }

    // 等待原始任务 ( 以同步方式 )；若任务失败，等待它将抛出第一个内部异常，
    // 而不是抛出 AggregateException
    return await originalTask;
}
```

现在可以像下面这样调用该扩展方法：

```csharp
public static async Task Go() {
    // 创建一个 CancellationTokenSource，它在 # 毫秒后取消自己
    var cts = new CancellationTokenSource(5000); // 更快取消需调用 cts.Cancel()
    var ct = cts.Token;

    try {
        // 我用 Task.Delay 进行测试：把它替换成返回一个 Task 的其他方法
        await Task.Delay(10000).WithCancellation(ct);
        Console.WriteLine("Task completed");
    }
    catch (OperationCanceledException) {
        Console.WriteLine("Task cancelled");
    }
}
```

28.12 有的 I/O 操作必须同步进行

　　Win32 API 提供了许多 I/O 函数。遗憾的是，有的方法不允许以异步方式执行 I/O。例如，Win32 CreateFile 方法 (由 FileStream 的构造器调用) 总是以同步方式执行。试图在网络服务器上创建或打开文件，可能要花数秒时间等待 CreateFile 方法返回——在此期间，调用线程一直处于空闲状态。理想情况下，注重性能和伸缩性的应用程序应该调用一个允许以异步方式创建或打开文件的 Win32 函数，使线程不至于傻乎乎地等着服务器响应。遗憾的是，Win32 没有提供一个允许这样做且功能和 CreateFile 相同的函数。因此，FCL 不能以异步方式高效地打开文件。另外，Windows 也没有提供函数以异步方式访问注册表、访问事件日志、获取目录的文件 / 子目录或者更改文件 / 目录的属性等等。

　　下例说明某些时候这真的会造成问题。假定要写一个简单的 UI 允许用户输入文件路径，并提供自动完成功能 (类似于通用 "打开" 对话框)。控件必须用单独的线程枚举目录并在其中查找文件，因为 Windows 没有提供任何现成的函数来异步地枚举文件。当用户继续在 UI 控件中输入时，必须使用更多的线程，并忽略之前创建的任何线程的结果。从 Windows Vista 起，微软引入了一个名为 CancelSynchronousIO 的 Win32 函数。它允许一个线程取消正在由另一个线程执行的同步 I/O 操作。FCL 没有公开该函数，但要在用托管代码实现的桌面应用程序中利用它，可以 P/Invoke 它。本章下一节展示它的 P/Invoke 签名。

　　我想强调的一个重点是，虽然许多人认为同步 API 更易使用 (许多时候确实如此)，但某些时候同步 API 会使局面变得更难。

　　考虑到同步 I/O 操作的各种问题，在设计 Windows Runtime 的时候，Windows 团队决定公开以异步方式执行 I/O 的所有方法。所以，现在可以用一个 Windows Runtime API 以异步方式打开文件了，详情参见 Windows.Storage.StorageFile 的 OpenAsync 方法。事实上，Windows Runtime 没有提供以同步方式执行 I/O 操作的任何 API。幸好，可以使用 C# 语言的异步函数功能简化调用这些 API 时的编码。

FileStream 特有的问题

　　创建 FileStream 对象时，可以通过 FileOptions.Asynchronous 标志指定以同步还是异步方式进行通信。这等价于调用 Win32 CreateFile 函数并传递 FILE_FLAG_OVERLAPPED 标志。如果不指定这个标志，那么 Windows 将以同步方式执行所有文件操作。当然，仍然可以调用 FileStream 类的 ReadAsync 方法。对于你的应用程序，操作表面上异步执行，但 FileStream 类是在内部用另一个线程模拟异步行为。这个额外的线程纯属浪费，而且会影响性能。

另一方面，可以在创建 FileStream 对象时指定 FileOptions.Asynchronous 标志。然后，可以调用 FileStream 类的 Read 方法执行一个同步操作。在内部，FileStream 类会开始一个异步操作，然后立即使调用线程进入睡眠状态，直至操作完成才会唤醒，从而模拟同步行为。这同样效率低下。但相较于不指定 FileOptions.Asynchronous 标志来构造一个 FileStream 并调用 ReadAsync，它的效率还是要高上那么一点点的。

总之，使用 FileStream 时必须先想好是同步还是异步执行文件 I/O，并指定（或不指定）FileOptions.Asynchronous 标志来指明自己的选择。如果指定了该标志，就总是调用 ReadAsync。如果没有指定这个标志，就总是调用 Read。这样可以获得最佳的性能。如果想先对 FileStream 执行一些同步操作，再执行一些异步操作，那么更高效的做法是使用 FileOptions.Asynchronous 标志来构造它。另外，也可针对同一个文件创建两个 FileStream 对象：打开一个 FileStream 进行异步 I/O，打开另一个 FileStream 进行同步 I/O。注意，System.IO.File 类提供了辅助方法（Create、Open 和 OpenWrite）来创建并返回 FileStream 对象。但所有这些方法都没有在内部指定 FileOptions.Asynchronous 标志，所以为了实现响应灵敏的、可伸缩的应用程序，应避免使用这些方法。

还要注意，NTFS 文件系统设备驱动程序总是以同步方式执行一些操作，不管具体如何打开文件。详情参见 https://tinyurl.com/y39kkr3w。

28.13 I/O 请求优先级

第 26 章介绍了线程优先级对线程调度方式的影响。然而，线程还要执行 I/O 请求以便从各种硬件设备中读写数据。如果一个低优先级线程获得了 CPU 时间，它可以在非常短的时间里轻易地将成百上千的 I/O 请求放入队列。由于 I/O 请求一般需要时间来执行，所以一个低优先级线程可能挂起高优先级线程，使后者不能快速完成工作，从而严重影响系统的总体响应能力。正是由于这个原因，当系统执行一些耗时的低优先级服务时（比如磁盘碎片整理程序、病毒扫描程序、内容索引程序等），机器的响应能力可能会变得非常差。[1]

Windows 允许线程在发出 I/O 请求时指定优先级。欲知 I/O 优先级的详情，请参考以下网址的白皮书：*https://tinyurl.com/2dmjcx9z*。遗憾的是，FCL 还没有包含这个功能；但未来的版本有望添加。如果现在就想使用这个功能，可以采取 P/Invoke 本机 Win32 函数的方式。以下是 P/Invoke 代码：

---

[1]　Windows SuperFetch 功能就利用了低优先级 I/O 请求。

```
internal static class ThreadIO {
    public static BackgroundProcessingDisposer BeginBackgroundProcessing(
        Boolean process = false) {

        ChangeBackgroundProcessing(process, true);
        return new BackgroundProcessingDisposer(process);
    }

    public static void EndBackgroundProcessing(Boolean process = false) {
        ChangeBackgroundProcessing(process, false);
    }

    private static void ChangeBackgroundProcessing(Boolean process, Boolean start) {
        Boolean ok = process
            ? SetPriorityClass(GetCurrentWin32ProcessHandle(),
                start ? ProcessBackgroundMode.Start : ProcessBackgroundMode.End)
            : SetThreadPriority(GetCurrentWin32ThreadHandle(),
                start ? ThreadBackgroundgMode.Start : ThreadBackgroundgMode.End);
        if (!ok) throw new Win32Exception();
    }

    // 这个结构使 C# 的 using 语句能终止后台处理模式
    public struct BackgroundProcessingDisposer : IDisposable {
        private readonly Boolean m_process;
        public BackgroundProcessingDisposer(Boolean process) { m_process = process; }
        public void Dispose() { EndBackgroundProcessing(m_process); }
    }

    // 参见 Win32 的 THREAD_MODE_BACKGROUND_BEGIN 和 THREAD_MODE_BACKGROUND_END
    private enum ThreadBackgroundgMode { Start = 0x10000, End = 0x20000 }

    // 参见 Win32 的 PROCESS_MODE_BACKGROUND_BEGIN 和 PROCESS_MODE_BACKGROUND_END
    private enum ProcessBackgroundMode { Start = 0x100000, End = 0x200000 }

    [DllImport("Kernel32", EntryPoint = "GetCurrentProcess", ExactSpelling = true)]
    private static extern SafeWaitHandle GetCurrentWin32ProcessHandle();

    [DllImport("Kernel32", ExactSpelling = true, SetLastError = true)]
    [return: MarshalAs(UnmanagedType.Bool)]
    private static extern Boolean SetPriorityClass(
        SafeWaitHandle hprocess, ProcessBackgroundMode mode);

    [DllImport("Kernel32", EntryPoint = "GetCurrentThread", ExactSpelling = true)]
    private static extern SafeWaitHandle GetCurrentWin32ThreadHandle();

    [DllImport("Kernel32", ExactSpelling = true, SetLastError = true)]
    [return: MarshalAs(UnmanagedType.Bool)]
    private static extern Boolean SetThreadPriority(
        SafeWaitHandle hthread, ThreadBackgroundgMode mode);
```

```
// http://msdn.microsoft.com/en-us/library/aa480216.aspx
[DllImport("Kernel32", SetLastError = true, EntryPoint = "CancelSynchronousIo")]
[return: MarshalAs(UnmanagedType.Bool)]
private static extern Boolean CancelSynchronousIO(SafeWaitHandle hThread);
}
```

以下代码展示了如何使用它：

```
public static void Main () {
    using (ThreadIO.BeginBackgroundProcessing()) {
        // 在这里执行低优先级 I/O 请求 ( 例如：调用 ReadAsync/WriteAsync)
    }
}
```

要调用 ThreadIO 的 BeginBackgroundProcessing 方法，从而告诉 Windows 你的线程要发出低优先级 I/O 请求。注意，这同时会降低线程的 CPU 调度优先级。可调用 EndBackgroundProcessing，或者在 BeginBackgroundProcessing 返回的值上调用 Dispose(如以上 C# 语言的 using 语句所示)，使线程恢复为发出普通优先级的 I/O 请求 (以及普通的 CPU 调度优先级)。线程只能影响它自己的后台处理模式；Windows 不允许线程更改另一个线程的后台处理模式。

如果希望一个进程中的所有线程都发出低优先级 I/O 请求和进行低优先级的 CPU 调度，那么可以调用 BeginBackgroundProcessing，为它的 process 参数传递 true 值。一个进程只能影响它自己的后台处理模式，因为 Windows 不允许一个线程更改另一个进程的后台处理模式。

重要
提示

> 作为开发人员，要由你负责使用这些新的后台优先级增强前台应用程序的响应能力，从而避免优先级发生反转。[1] 在存在大量普通优先级 I/O 操作的情况下，以后台优先级运行的线程可能延迟数秒才能得到它的 I/O 请求结果。如果一个低优先级线程获取了一个线程同步锁，造成普通优先级线程等待，普通优先级线程可能一直等待后台优先级线程，直至低优先级 I/O 请求完成为止。你的后台优先级线程甚至不需要提交自己的 I/O 请求，就可能造成上述问题。所以，应尽量避免 (甚至完全杜绝) 在普通优先级和后台优先级线程之间使用共享的同步对象，避免普通优先级的线程因为后台优先级线程拥有的锁而阻塞，从而发生优先级反转。

---

[1]　译注：高优先级进程被低优先级进程阻塞 (因为低优先级的线程拿着一个共享的资源)，造成它等待的时间变得长，这就是所谓的优先级反转 (Priority Inversion)。

第 **29** 章

基元线程同步构造

本章内容：

- 类库和线程安全
- 基元用户模式和内核模式构造
- 用户模式构造
- 内核模式构造

  一个线程池线程阻塞时，线程池会创建额外的线程，而创建、销毁和调度线程所需的时间和内存资源是相当昂贵的。另外，许多开发人员看见自己程序的线程没有做任何有用的事情时，他们的习惯是创建更多的线程，寄希望于新线程能做有用的事情。为了构建可伸缩的、响应灵敏的应用程序，关键在于不要阻塞你拥有的线程，使它们能用于 (和重用于) 执行其他任务。第 27 章 "计算限制的异步操作" 讲述了如何利用线程执行计算限制的操作，第 28 章 "I/O 限制的异步操作" 则讲述了如何利用线程执行 I/O 限制的操作。

  本章重点在于线程同步。多个线程同时访问共享数据时，线程同步能防止数据损坏。之所以要强调同时，是因为线程同步问题其实就是计时问题。如果一些数据由两个线程访问，但那些线程不可能同时接触到数据，就完全用不着线程同步。第 28 章展示了如何通过不同的线程来执行异步函数的不同部分。可能有两个不同的线程访问相同的变量和数据，但根据异步函数的实现方式，不可能有两个线程同时访问相同的数据。所以，在代码访问异步函数中包含的数据时不需要线程同步。

  不需要线程同步是最理想的情况，因为线程同步存在许多问题。关于锁的第一个问题是它比较烦琐，而且很容易写错。在你的代码中，必须标识出所有可能由多个线程同时访问的数据。然后，必须用额外的代码将这些代码包围起来，并获取和释放一个线程同步锁。锁的作用是确保一次只有一个线程访问资源。只要有一个代码块忘记用锁包围，数据就会损坏。另外，没有办法证明你已正确添加了所有锁定代码。只能运行应用程序，对它进行大量压力测试，并寄希望于没有什么地方出错。事实上，应该在 CPU(或 CPU 内核) 数量尽可能多的机器上测试应用程序。因为 CPU 越多，两个或多个线程同时访问资源的机率越大，越容易检测到问题。

　　锁存在的第二个问题是，它们会损害性能。获取和释放锁是需要时间的，因为要调用一些额外的方法，而且不同的 CPU 必须进行协调，以决定哪个线程先取得锁。让机器中的 CPU 以这种方式相互通信，会对性能造成影响。例如，假定使用以下代码将一个节点添加到链表头：

```
// 这个类由 LinkedList 类使用
public class Node {
    internal Node m_next;
    // 其他成员未列出
}

public sealed class LinkedList {
    private Node m_head;

    public void Add(Node newNode) {
        // 以下两行执行速度非常快的引用赋值
        newNode.m_next = m_head;
        m_head = newNode;
    }
}
```

　　这个 Add 方法执行两个速度很快的引用赋值。现在假定要使 Add 方法线程安全，使多个线程能同时调用它而不至于损坏链表。这需要让 Add 方法获取和释放一个锁：

```
public sealed class LinkedList {
    private SomeKindOfLock m_lock = new SomeKindOfLock();
    private Node m_head;

    public void Add(Node newNode) {
        m_lock.Acquire();
        // 以下两行执行速度非常快的引用赋值
        newNode.m_next = m_head;
        m_head = newNode;
        m_lock.Release();
    }
}
```

　　Add 虽然线程安全了，但速度也显著慢下来了。具体慢多少，取决于所选的锁的种类；本章和下一章会对比各种锁的性能。但即便是最快的锁，也会造成 Add 方法数倍地慢于没有任何锁的版本。当然，如果代码在一个循环中调用 Add 向链表插入几个节点，性能还会变得更差。

　　线程同步锁的第三个问题在于，它们一次只允许一个线程访问资源。这是锁的全部意义之所在，但也是问题之所在，因为阻塞一个线程会造成更多的线程被创建。例如，假定一个线程池线程试图获取一个它暂时无法获取的锁，线程池就可能创建一个新线程，使 CPU 保持"饱和"。如同第 26 章"线程基础"讨论的那样，创建线程是一个昂贵的操作，会耗费大量内存和时间。更不妙的是，当阻塞的线程再次运行时，它会和这个新的线程池线程共同运行。也就是说，Windows 现在要调度比 CPU 数量更多的线程，这会增大上下文切换的机率，进一步损害到性能。

　　综上所述，线程同步是一件不好的事情，所以在设计自己的应用程序时，应该尽可能地避免进行线程同步。具体就是避免使用像静态字段这样的共享数据。线程用 new 操作符构造对象时，new 操作符会返回对新对象的引用。在这个时刻，只有构造对象的线程才有对它的引用；其他任何线程都不能访问那个对象。如果能避免将这个引用传给可能同时使用对象的另一个线程，就不必同步对该对象的访问。

　　可以试着使用值类型，因为它们总是被复制，每个线程操作的都是它自己的副本。到最后，多个线程同时对共享数据进行只读访问是没有任何问题的。例如，许多应用程序都会在它们初始化期间创建一些数据结构。初始化完成后，应用程序就可以创建它希望的任何数量的线程；如果所有线程都只是查询数据，那么所有线程都能同时查询，无需获取或释放一个锁。String 类型便是这样的一个例子：一旦创建好 String 对象，它就是"不可变"(immutable) 的。所以，许多线程能同时访问一个 String 对象，String 对象没有被破坏之虞。

29.1　类库和线程安全

　　现在，我想简单地谈一谈类库和线程同步。微软的 Framework Class Library (FCL) 保证所有静态方法都是线程安全的。这意味着假如两个线程同时调用一个静态方法，不会发生数据被破坏的情况。FCL 必须在内部做到这一点，因为开发不同程序集的多个公司不可能事先协商好使用一个锁来仲裁对资源的访问。Console 类包含了一个静态字段，类的许多方法都要获取和释放这个字段上的锁，确保一次只有一个线程访问控制台。

　　要郑重声明的是，为了使一个方法线程安全，并不是说它一定要在内部获取一个线程同步锁。我们说一个方法是"线程安全"的，意思是在两个线程试图同时访问数据时，数据不会被破坏。System.Math 类有一个静态 Max 方法，它像下面这样实现：

```
public static Int32 Max(Int32 val1, Int32 val2) {
    return (val1 < val2) ? val2 : val1;
}
```

　　这个方法是线程安全的，即使它没有获取任何锁。由于 Int32 是值类型，所以传给 Max 的两个 Int32 值会复制到方法内部。多个线程可以同时调用 Max 方法，每个线程处理的都是它自己的数据，线程之间互不干扰。

　　另一方面，FCL 不保证实例方法是线程安全的，因为假如全部添加锁定，会造成性能的巨大损失。另外，假如每个实例方法都需要获取和释放一个锁，事实上会造成最终在任何给定的时刻，你的应用程序只有一个线程在运行，这对性能的影响的显而易见的。如前所述，线程构造对象时，只有这个线程才拥有对象引用，其他线程都不能访问那个对象，所以在调用实例方法时无需线程同步。然而，如果线程随后公开了这个对象引用——把它放到一个静态字段中，把它作为状态实参传给一个 ThreadPool.QueueUserWorkItem 或 Task——那么在多个线程可能同时进行非只读访问的前提下，就需要线程同步。

　　建议你自己的类库也遵循 FCL 的这个模式；也就是说，使所有静态方法都线程安全，使所有实例方法都非线程安全。这个模式有一点要注意：如果实例方法的目的是协调线程，那么实例方法应该是线程安全的。例如，一个线程可能调用 CancellationTokenSource 的 Cancel 方法取消一个操作，另一个线程通过查询对应的 CancellationToken 的 IsCancellationRequested 属性，检测到它应该停止正在做的事情。这两个实例成员内部通过一些特殊的线程同步代码来协调两个线程。①

29.2 基元用户模式和内核模式构造

　　本章将讨论基元线程同步构造。基元 (primitive) 是指可以在代码中使用的最简单的构造。有两种基元构造：用户模式 (user-mode) 和内核模式 (kernel-mode)。应尽量使用基元用户模式构造，它们的速度要显著快于内核模式的构造。这是因为它们使用了特殊 CPU 指令来协调线程。这意味着协调是在硬件中发生的 (所以才这么快)。但是，这也意味着 Microsoft Windows 操作系统永远检测不到一个线程在基元用户模式的构造上阻塞了。由于在用户模式的基元构造上阻塞的线程池线程永远不认为已阻塞，所以线程池不会创建新线程来替换这种临时阻塞的线程。此外，这些CPU 指令只阻塞线程相当短的时间。

　　所有这一切听起来真不错，是吧？确实如此，这是我建议尽量使用这些构造的

———————
① 具体地说，两个成员访问的字段被标记为 volatile，这是本章稍后要讨论的概念。

原因。但它们也有一个缺点：只有 Windows 操作系统内核才能停止一个线程的运行 (防止它浪费 CPU 时间)。在用户模式中运行的线程可能被系统抢占 (preempted)，但线程会以最快的速度再次调度。所以，想要取得资源但暂时取不到的线程会一直在用户模式中"自旋"。这可能浪费大量 CPU 时间，而这些 CPU 时间本可用于执行其他更有用的工作。即便没有其他更有用的工作，更好的做法也应该是让 CPU 空闲，这至少能省一点电。

这使我们将眼光投向了基元内核模式构造。内核模式的构造是由 Windows 操作系统自身提供的。所以，它们要求在应用程序的线程中调用由操作系统内核实现的函数。将线程从用户模式切换为内核模式 (或相反) 会招致巨大的性能损失，这正是为什么要避免使用内核模式构造的原因。[①] 但它们有一个重要的优点：线程通过内核模式的构造获取其他线程拥有的资源时，Windows 会阻塞线程以避免它浪费 CPU 时间。当资源变得可用时，Windows 会恢复线程，允许它访问资源。

对于在一个构造上等待的线程，如果拥有这个构造的线程一直不释放它，前者就可能一直阻塞。如果是用户模式的构造，线程将一直在一个 CPU 上运行，我们称为"活锁"(livelock)。如果是内核模式的构造，线程将一直阻塞，我们称为"死锁"(deadlock)。两种情况都不好。但在两者之间，死锁总是优于活锁，因为活锁既浪费 CPU 时间，又浪费内存 (线程栈等)，而死锁浪费的只是内存。[②]

我理想中的构造应兼具两者的长处。也就是说，在没有竞争的情况下，这个构造应该快而且不会阻塞 (就像用户模式的构造)。但如果存在对构造的竞争，我希望它被操作系统内核阻塞。像这样的构造确实存在；我把它们称为混合构造 (hybrid construct)，将在第 30 章详细讨论。应用程序使用混合构造是一种很常见的现象，因为在大多数应用程序中，很少会有两个或多个线程同时访问相同的数据。混合构造使你的应用程序在大多数时间都快速运行，偶尔运行得比较慢是为了阻塞线程。但这时慢一些不要紧，因为线程反正都要阻塞。

CLR 的许多线程同步构造实际只是"Win32 线程同步构造"的一些面向对象的类包装器。毕竟，CLR 线程就是 Windows 线程，这意味着要由 Windows 调度线程并控制线程同步。Windows 线程同步构造自 1992 年便存在了，人们已就这个主题撰写了大量内容。[③] 所以，本章只是稍微提及了一下它。

---

① 29.4.1 节"Event 构造"最后会通过一个程序来具体测试性能。

② 之所以说分配给线程的内存被浪费了，是因为在线程没有取得任何进展的前提下，这些内存不会产生任何收益。

③ 事实上，在《Windows 核心编程 (第 5 版)》中，有几章专门讲这个主题的。扫码试读。

29.3 用户模式构造

CLR 保证对以下数据类型的变量的读写是原子性的：Boolean、Char、(S) Byte、(U)Int16、(U)Int32、(U)IntPtr、Single 以及引用类型。这意味着变量中的所有字节都一次性读取或写入。例如，假定有以下类：

```
internal static class SomeType {
    public static Int32 x = 0;
}
```

然后，如果一个线程执行这一行代码：

```
SomeType.x = 0x01234567;
```

x 变量会一次性 (原子性) 地从 0x00000000 变成 0x01234567。另一个线程不可能看到处于中间状态的值。例如，不可能有别的线程查询 SomeType.x 并得到值 0x01230000。假定上述 SomeType 类中的 x 字段是一个 Int64，那么当一个线程执行以下代码时：

```
SomeType.x = 0x0123456789abcdef;
```

另一个线程可能查询 x，并得到值 0x0123456700000000 或 0x0000000089abcdef 值，因为读取和写入操作不是原子性的。这称为一次 torn read[①]。

虽然对变量的原子访问可保证读取或写入操作一次性完成，但由于编译器和 CPU 的优化，不保证操作什么时候发生。本节讨论的基元用户模式构造用于规划好这些原子性读取 / 写入操作的时间。此外，这些构造还可强制对 (U)Int64 和 Double 类型的变量进行原子性的、规划好了时间的访问。

有两种基元用户模式线程同步构造：

- 易变[②] 构造 (volatile construct)，在特定的时间，它在包含一个简单数据类型的变量上执行原子性的读或写操作；
- 互锁构造 (interlocked construct)，在特定的时间，它在包含一个简单数据类型的变量上执行原子性的读*和*写操作。

所有易变和互锁构造都要求传递对包含简单数据类型的一个变量的引用 (内存地址)。

---

① 译注：一次读取被撕成两半。或者说在机器级别上，要分两个 MOV 指令才能读完。
② 译注：文档将 volatile 翻译为"可变"。其实它是"短暂存在"、"易变"的意思，因为可能多个线程都想对这种字段进行修改，本书采用的翻译为"易变"。

29.3.1 易变构造

早期软件是用汇编语言写的。汇编语言非常烦琐，程序员要事必躬亲，清楚地指明：将这个 CPU 寄存器用于这个，分支到那里，通过这个来间接调用等。为了简化编程，人们发明了更高级的语言。这些高级语言引入了一系列常规构造，比如 if/else、switch/case、各种循环、局部变量、实参、虚方法调用、操作符重载等。最终，这些语言的编译器必须将高级构造转换成低级构造，使计算机能真正做你想做的事情。

换言之，C# 编译器将你的 C# 构造转换成中间语言 (IL)。然后，JIT 将 IL 转换成本机 CPU 指令，然后由 CPU 亲自处理这些指令。此外，C# 编译器 JIT 编译器甚至 CPU 本身都可能优化你的代码。例如，下面这个荒谬的方法在编译之后会消失得无影无踪：

```
private static void OptimizedAway() {
    // 常量表达式在编译时计算，结果是 0
    Int32 value = (1 * 100) - (50 * 2);

    // 如果 value 是 0，循环永远不执行
    for (Int32 x = 0; x < value; x++) {
        // 不需要编译循环中的代码，因为永远执行不到
        Console.WriteLine("Jeff");
    }
}
```

在以上代码中，编译器发现 value 始终是 0；所以循环永远不会执行，没有必要编译循环中的代码。换言之，这个方法在编译后会被"优化掉"。事实上，如果一个方法调用了 OptimizedAway，在对那个方法进行 JIT 编译时，JIT 编译器会尝试内联 (嵌入)OptimizedAway 方法的代码。但由于没有代码，所以 JIT 编译器会删除调用 OptimizedAway 的代码。我们喜爱编译器的这个功能。作为开发人员，我们应该以最合理的方式写代码。代码应该容易编写、阅读和维护。然后，编译器将我们的意图转换成机器能理解的代码。在这个过程中，我们希望编译器能有最好的表现。

C# 编译器、JIT 编译器和 CPU 对代码进行优化时，它们保证我们的意图会得到保留。也就是说，从单线程的角度看，方法会做我们希望它做的事情，虽然做的方式可能有别于我们在源代码中描述的方式。但从多线程的角度看，我们的意图并不一定能得到保留。下例演示了在优化之后，程序的工作方式和我们预想的有出入：

```
internal static class StrangeBehavior {
    // 以后会讲到，将这个字段标记成 volatile 可修正问题
    private static Boolean s_stopWorker = false;
```

```
public static void Main() {
    Console.WriteLine("Main: letting worker run for 5 seconds");
    Thread t = new Thread(Worker);
    t.Start();
    Thread.Sleep(5000);
    s_stopWorker = true;
    Console.WriteLine("Main: waiting for worker to stop");
    t.Join();
     }

private static void Worker(Object o) {
    Int32 x = 0;
    while (!s_stopWorker) x++;
    Console.WriteLine("Worker: stopped when x={0}", x);
}
}
```

　　在以上代码中，Main 方法创建一个新线程来执行 Worker 方法。Worker 方法会一直数数，直到被告知停止。Main 方法允许 Worker 线程运行 5 秒，然后将静态 Boolean 字段设为 true 来告诉它停止。在这个时候，Worker 线程应显示它数到多少了，然后线程终止。Main 线程通过调用 Join 来等待 Worker 线程终止，然后 Main 线程返回，造成整个进程终止。

　　看起来很简单，但要注意，由于会对程序执行各种优化，所以它存在一个潜在的问题。当 Worker 方法编译时，编译器发现 s_stopWorker 要么为 true，要么为 false。它还发现这个值在 Worker 方法本身中永远都不变化。因此，编译器会生成代码先检查 s_stopWorker。如果 s_stopWorker 为 true，就显示 "Worker: stopped when x=0"。如果 s_stopWorker 为 false，编译器就生成代码来进入一个无限循环，并在循环中一直递增 x。所以，如你所见，优化导致循环很快就完成，因为对 s_stopWorker 的检查只有循环前发生一次；不会在循环的每一次迭代时都检查。

　　要想实际体验这一切，请将以上代码放到一个 .cs 文件中，再用 C# 编译器 (csc.exe) 的 /platform:x86 和 /optimize+ 开关来编译。运行生成的 EXE 程序，会看到程序一直运行。注意，必须针对 x86 平台来编译，确保在运行时使用的是 x86 JIT 编译器。x86 JIT 编译器比 x64 编译器更成熟，所以它在执行优化的时候更大胆。其他 JIT 编译器不执行这个特定的优化，所以程序会像预期的那样正常运行到结束。这使我们注意另一个有趣的地方：程序是否如预想的那样工作要取决于大量因素，比如使用的是编译器的什么版本和什么开关，使用的是哪个 JIT 编译器，以及代码在什么 CPU 上运行等。除此之外，要看到上面这个程序进入死循环，一定不能在调试器中运行它，因为调试器会造成 JIT 编译器生成未优化的代码 (目的是方便进行单步调试)。

下面再来看另一个例子。在这个例子中，有两个字段要由两个线程同时访问：

```
internal sealed class ThreadsSharingData {
    private Int32 m_flag = 0;
    private Int32 m_value = 0;

    // 这个方法由一个线程执行
    public void Thread1() {
        // 注意：以下两行代码可以按相反的顺序执行
        m_value = 5;
        m_flag = 1;
    }

    // 这个方法由另一个线程执行
    public void Thread2() {
        // 注意：m_value 可能先于 m_flag 读取
        if (m_flag == 1)
            Console.WriteLine(m_value);
    }
}
```

以上代码的问题在于，编译器和 CPU 在解释代码的时候，可能反转 Thread1 方法中的两行代码。毕竟，反转两行代码不会改变方法的意图。方法需要在 m_value 中存储 5，在 m_flag 中存储 1。从单线程应用程序的角度说，这两行代码的执行顺序无关紧要。如果这两行代码真的按相反顺序执行，执行 Thread2 方法的另一个线程可能看到 m_flag 是 1，并显示 0。

下面从另一个角度研究以上代码。假定 Thread1 方法中的代码按照程序顺序 (就是编码顺序) 执行。编译 Thread2 方法中的代码时，编译器必须生成代码将 m_flag 和 m_value 从 RAM 读入 CPU 寄存器。RAM 可能先传递 m_value 的值，它包含 0 值。然后，Thread1 方法可能执行，将 m_value 更改为 5，将 m_flag 更改为 1。但 Thread2 的 CPU 寄存器没有看到 m_value 已被另一个线程更改为 5。然后，m_flag 的值从 RAM 读入 CPU 寄存器。由于 m_flag 已变成 1，造成 Thread2 同样显示 0。

这些细微之处很容易被人忽视。由于调试版本不会进行优化，所以等到程序生成发行版本的时候，这些问题才会显现出来，造成很难提前检测到问题并进行纠正。下面讨论如何解决这个问题。

静态 System.Threading.Volatile 类提供了两个静态方法，如下所示：[1]

```
public static class Volatile {
    public static void Write(ref Int32 location, Int32 value);
```

[1] Read 和 Write 还有一些重载版本可供用于操作以下类型：Boolean、(S)Byte、(U)Int16、UInt32、(U)Int64、(U)IntPtr、Single、Double 和 T，其中 T 是约束为 class(引用类型) 的泛型类型。

```
    public static Int32 Read(ref Int32 location);
}
```

这些方法比较特殊。它们事实上会禁止 C# 编译器、JIT 编译器和 CPU 平常执行的一些优化。下面描述了这些方法是如何工作的：

- Volatile.Write 方法强迫 location 中的值在调用时写入。此外，按照编码顺序，之前的加载和存储操作必须在调用 Volatile.Write 之前发生；
- Volatile.Read 方法强迫 location 中的值在调用时读取。此外，按照编码顺序，之后的加载和存储操作必须在调用 Volatile.Read 之后发生。

重要提示

> 我知道，目前这些概念很容易令人迷惑，所以让我归纳一条简单的规则：当线程通过共享内存相互通信时，调用 Volatile.Write 来写入最后一个值，调用 Volatile.Read 来读取第一个值。

现在就可以使用上述方法来修正 ThreadsSharingData 类：

```
internal sealed class ThreadsSharingData {
    private Int32 m_flag = 0;
    private Int32 m_value = 0;

    // 这个方法由一个线程执行
    public void Thread1() {
        // 注意：在将 1 写入 m_flag 之前，必须先将 5 写入 m_value
        m_value = 5;
        Volatile.Write(ref m_flag, 1);
    }

    // 这个方法由另一个线程执行
    public void Thread2() {
        // 注意：m_value 必然在读取了 m_flag 之后读取
        if (Volatile.Read(ref m_flag) == 1)
            Console.WriteLine(m_value);
    }
}
```

首先注意，我们遵守了规则。Thread1 方法将两个值写入多个线程共享的字段。最后一个值的写入（将 m_flag 设为 1）通过调用 Volatile.Write 来进行。Thread2 方法从多个线程共享的字段读取两个值，第一个值的读取（读取 m_flag 的值）通过调用 Volatile.Read 来进行。

但是，这里真正发生了什么事情？对于 Thread1 方法，Volatile.Write 调用确保在它之前的所有写入操作都在将 1 写入 m_flag 之前完成。由于在调用 Volatile.Write 之前的写入操作是 m_value = 5，所以它必须先完成。事实上，如果在调用 Volatile.Write 之前要对许多变量进行修改，它们全都必须在将 1 写入 m_flag 之前完成。注意，Volatile.Write 调用之前的写入可能被优化成以任意顺序执行；只是所有这些写入都必须在调用 Volatile.Write 之前完成。

对于 Thread2 方法，Volatile.Read 调用确保在它之后的所有变量读取操作都必须在 m_flag 中的值读取之后开始。由于 Volatile.Read 调用之后是对 m_value 的读取，所以必须在读取了 m_flag 之后，才能读取 m_value。如果在调用 Volatile.Read 之后有许多读取，它们都必须在读取了 m_flag 的值之后才能开始。注意，Volatile.Read 调用之后的读取可能被优化成以任何顺序执行；只是所有这些读取都必须在调用了 Volatile.Read 之后发生。

C# 语言对易变字段的支持

如何确保正确调用 Volatile.Read 和 Volatile.Write 方法，是程序员最为头疼的问题之一。程序员来很难记住所有这些方法和规则，并搞清楚其他线程会在后台对共享数据进行什么操作。为了简化编程，C# 编译器提供了 volatile 关键字，它可应用于以下任何类型的静态或实例字段：Boolean、(S)Byte、(U)Int16、(U)Int32、(U)IntPtr、Single 和 Char。还可将 volatile 关键字应用于引用类型的字段，以及基础类型为 (S)Byte，(U)Int16 或 (U)Int32 的任何枚举字段。JIT 编译器确保对易变字段的所有访问都是以易变读取或写入的方式执行，不必显式调用 Volatile 的静态 Read 或 Write 方法。另外，volatile 关键字告诉 C# 和 JIT 编译器不将字段缓存到 CPU 的寄存器中，确保字段的所有读写操作都在 RAM 中进行。

下面用 volatile 关键字重写 ThreadsSharingData 类。

```csharp
internal sealed class ThreadsSharingData {
    private volatile    Int32 m_flag = 0;
    private            Int32 m_value = 0;

    // 这个方法由一个线程执行
    public void Thread1() {
        // 注意：将 1 写入 m_flag 之前，必须先将 5 写入 m_value
        m_value = 5;
        m_flag = 1;
    }

    // 这个方法由另一个线程执行
    public void Thread2() {
        // 注意：m_value 必须在读取了 m_flag 之后读取
        if (m_flag == 1)
            Console.WriteLine(m_value);
    }
}
```

　　一些开发人员 (包括我) 不喜欢 C# 语言的 volatile 关键字，认为 C# 语言就不该提供这个关键字。[①] 大多数算法都不需要对字段进行易变的读取或写入，大多数字段访问都可以按正常方式进行，这样能提高性能。要求对字段的所有访问都是易变的，这种情况极为少见。例如，很难解释如何将易变读取操作应用于下面这样的算法：

```
m_amount = m_amount + m_amount; // 假定 m_amount 是类中定义的一个 volatile 字段
```

　　通常，要倍增一个整数，只需将它的所有位都左移 1 位，许多编译器都能检测到以上代码的意图，并执行这个优化。如果 m_amount 是 volatile 字段，就不允许执行这个优化。编译器必须生成代码将 m_amount 读入一个寄存器，再把它读入另一个寄存器，将两个寄存器加到一起，再将结果写回 m_amount 字段。未优化的代码肯定会更大、更慢；如果它包含在一个循环中，更会成为一个大大的杯具。

　　另外，C# 语言不支持以传引用的方式将 volatile 字段传给方法。例如，如果将 m_amount 定义成一个 volatile Int32，那么试图调用 Int32 类型的 TryParse 方法将导致编译器生成一条如下所示的警告信息：

```
Boolean success = Int32.TryParse( "123", out m_amount);
// 上一行代码导致 C# 编译器生成以下警告信息:
// CS0420: 对 volatile 字段的引用不被视为 volatile
```

29.3.2 互锁构造

　　Volatile 的 Read 方法执行一次原子性的读取操作，Write 方法执行一次原子性的写入操作。也就是说，每个方法执行的是一次原子读取或者原子写入。本节将讨论静态 System.Threading.Interlocked 类提供的方法。Interlocked 类中的每个方法都执行一次原子读取以及写入操作。此外，Interlocked 的所有方法都建立了完整的内存栅栏 (memory fence)。换言之，调用某个 Interlocked 方法之前的任何变量写入都在这个 Interlocked 方法调用之前执行；而这个调用之后的任何变量读取都在这个调用之后读取。

　　对 Int32 变量进行操作的静态方法是目前最常用的方法，如下所示：

```
public static class Interlocked {
    // return (++location)
    public static Int32 Increment(ref Int32 location);

    // return (--location)
    public static Int32 Decrement(ref Int32 location);
```

---

① 顺便说一句，还好微软的 Visual Basic 没有提供什么 "易变" 语义。

```
// return (location1 += value)
// 注意：value 可能是一个负数，从而实现减法运算
public static Int32 Add(ref Int32 location1, Int32 value);

// Int32 old = location1; location1 = value; return old;
public static Int32 Exchange(ref Int32 location1, Int32 value);

// Int32 old = location1;
// if (location1 == comparand) location1 = value;
// return old;
public static Int32 CompareExchange(ref Int32 location1,
    Int32 value, Int32 comparand);
...
}
```

　　上述方法还有一些重载版本能对 Int64 值进行处理。此外，Interlocked 类提供了 Exchange 和 CompareExchange 方法，它们能接受 Object、IntPtr、Single 和 Double 等类型的参数。这两个方法各自还有一个泛型版本，其泛型类型被约束为 class(任意引用类型)。

　　我个人很喜欢使用 Interlocked 的方法，它们相当快，而且能做不少事情。下面用一些代码演示如何使用 Interlocked 的方法异步查询几个 Web 服务器，并同时处理返回的数据。代码很短，绝不阻塞任何线程，而且使用线程池线程来实现自动伸缩 (根据负荷大小使用最多与 CPU 数量等同的线程数)。此外，代码理论上支持访问最多 2147483647(Int32.MaxValue) 个 Web 服务器。换言之，当大家自己动手编程时，这些代码是一个很好的参考模型：

扫码查看

```
internal sealed class MultiWebRequests {
    // 这个辅助类用于协调所有异步操作
    private AsyncCoordinator m_ac = new AsyncCoordinator();

    // 这是想要查询的 Web 服务器及其响应 ( 异常或 Int32) 的集合
    // 注意：多个线程访问该字典不需要以同步方式进行，
    // 因为构造后键就是只读的
    private Dictionary<String, Object> m_servers = new Dictionary<String, Object> {
        { "http://Wintellect.com/", null },
        { "http://Microsoft.com/", null },
        { "http://1.1.1.1/", null }
    };

    public MultiWebRequests(Int32 timeout = Timeout.Infinite) {
        // 以异步方式一次性发起所有请求
        var httpClient = new HttpClient();
        foreach (var server in m_servers.Keys) {
            m_ac.AboutToBegin(1);
            httpClient.GetByteArrayAsync(server)
                .ContinueWith(task => ComputeResult(server, task));
```

```
    }

        // 告诉 AsyncCoordinator 所有操作都已发起，并在所有操作完成、
        // 调用 Cancel 或者发生超时的时候调用 AllDone
        m_ac.AllBegun(AllDone, timeout);
    }

private void ComputeResult(String server, Task<Byte[]> task) {
    Object result;
    if (task.Exception != null) {
        result = task.Exception.InnerException;
    } else {
        // 在线程池线程上处理 I/O 完成，
        // 在此添加自己的计算密集型算法 ...
        result = task.Result.Length; // 本例只是返回长度
    }

    // 保存结果 (exception/sum)，指出一个操作完成
    m_servers[server] = result;
    m_ac.JustEnded();
}

// 调用这个方法指出结果已无关紧要
public void Cancel() { m_ac.Cancel(); }

// 所有 Web 服务器都响应、调用了 Cancel 或者发生超时，就调用该方法
private void AllDone(CoordinationStatus status) {
    switch (status) {
        case CoordinationStatus.Cancel:
            Console.WriteLine("Operation canceled");
            break;

        case CoordinationStatus.Timeout:
            Console.WriteLine("Operation timed-out");
            break;

        case CoordinationStatus.AllDone:
            Console.WriteLine("Operation completed; results below:");
            foreach (var server in m_servers) {
                Console.Write("{0} ", server.Key);
                Object result = server.Value;
                if (result is Exception) {
                    Console.WriteLine("failed due to {0}.", result.GetType().Name);
                } else {
                    Console.WriteLine("returned {0:N0} bytes.", result);
                }
            }
            break;
    }
    break;
```

```
        }
    }
}
```

可以看出，以上代码并没有直接使用 Interlocked 的任何方法，因为我将所有协调代码都放到可重用的 AsyncCoordinator 类中。该类会在以后详细解释。我想先说明一下这个类的作用。构造一个 MultiWebRequest 类时，会先初始化一个 AsyncCoordinator 和包含了一组服务器 URI(及其将来结果) 的字典。然后，它以异步方式一个接一个地发出所有 Web 请求。为此，它首先调用 AsyncCoordinator 的 AboutToBegin 方法，向它传递要发出的请求数量。① 然后，它调用 HttpClient 的 GetByteArrayAsync 来初始化请求。这会返回一个 Task，我随即在这个 Task 上调用 ContinueWith，确保在服务器有了响应之后，我的 ComputeResult 方法可通过许多线程池线程并发处理结果。对 Web 服务器的所有请求都发出之后，将调用 AsyncCoordinator 的 AllBegun 方法，向它传递要在所有操作完成后执行的方法 (AllDone) 以及一个超时值。每收到每一个 Web 服务器响应，线程池线程都会调用 MultiWebRequests 的 ComputeResult 方法。该方法处理服务器返回的字节 (或者发生的任何错误)，将结果存储到字典集合中。存储好每个结果之后，会调用 AsyncCoordinator 的 JustEnded 方法，使 AsyncCoordinator 对象知道一个操作已经完成。

完成所有操作后，AsyncCoordinator 会调用 AllDone 方法处理来自所有 Web 服务器的结果。执行 AllDone 方法的线程就是获取最后一个 Web 服务器响应的那个线程池线程。但如果发生超时或取消，调用 AllDone 的线程就是向 AsyncCoordinator 通知超时的那个线程池线程，或者是调用 Cancel 方法的那个线程。也有可能 AllDone 由发出 Web 服务器请求的那个线程调用——如果最后一个请求在调用 AllBegun 之前完成。

注意，这里存在竞态条件，因为以下事情可能恰好同时发生：所有 Web 服务器请求完成、调用 AllBegun、发生超时以及调用 Cancel。这时，AsyncCoordinator 会选择一个赢家和三个输家，确保 AllDone 方法不被多次调用。赢家是通过传给 AllDone 的 status 实参来识别的，它可以是 CoordinationStatus 类型定义的几个符号之一：

```
internal enum CoordinationStatus { AllDone, Timeout, Cancel };
```

对发生的事情有一个大致了解之后，接着看看它的具体工作原理。AsyncCoordinator 类封装了所有线程协调 (合作) 逻辑。它用 Interlocked 提供

---

① 可以改写代码，在 for 循环前调用一次 m_ac.AboutToBegin(m_requests.Count)，面不是每次循环迭代都调用 AboutToBegin。

的方法来操作一切，确保代码以极快的速度运行，同时没有线程会被阻塞。下面是这个类的代码：

```
internal sealed class AsyncCoordinator {
    private Int32 m_opCount = 1;              // AllBegun 内部调用 JustEnded 来递减它
    private Int32 m_statusReported = 0;       // 0=false, 1=true
    private Action<CoordinationStatus> m_callback;
    private Timer m_timer;

    // 该方法必须在发起一个操作之前调用
    public void AboutToBegin(Int32 opsToAdd = 1) {
        Interlocked.Add(ref m_opCount, opsToAdd);
    }

    // 该方法必须在处理好一个操作的结果之后调用
    public void JustEnded() {
        if (Interlocked.Decrement(ref m_opCount) == 0)
            ReportStatus(CoordinationStatus.AllDone);
    }

    // 该方法必须在发起所有操作之后调用
    public void AllBegun(Action<CoordinationStatus> callback,
        Int32 timeout = Timeout.Infinite) {

        m_callback = callback;
        if (timeout != Timeout.Infinite)
            m_timer = new Timer(TimeExpired, null, timeout, Timeout.Infinite);
        JustEnded();
    }

    private void TimeExpired(Object o) { ReportStatus(CoordinationStatus.Timeout); }
    public void Cancel()               { ReportStatus(CoordinationStatus.Cancel); }

    private void ReportStatus(CoordinationStatus status) {
        // 如果状态从未报告过，就报告它；否则忽略它
        if (Interlocked.Exchange(ref m_statusReported, 1) == 0)
            m_callback(status);
    }
}
```

这个类最重要的字段就是 m_opCount 字段，用于跟踪仍在进行的异步操作的数量。每个异步操作开始前都会调用 AboutToBegin。该方法调用 Interlocked. Add，以原子方式将传给它的数字加到 m_opCount 字段上。m_opCount 上的加法运算必须以原子方式进行，因为随着更多的操作开始，可能开始在线程池线程上处理 Web 服务器的响应。处理好 Web 服务器的响应后会调用 JustEnded。该方法调用 Interlocked.Decrement，以原子方式从 m_opCount 上减 1。无论哪一个线程恰好将 m_opCount 设为 0，都由它调用 ReportStatus。

注意　m_opCount 字段初始化为 1(而非 0)，这一点很重要。执行构造器方法的线程在发出 Web 服务器请求期间，由于 m_opCount 字段为 1，所以能保证 AllDone 不会被调用。构造器调用 AllBegun 之前，m_opCount 永远不可能变成 0。构造器调用 AllBegun 时，AllBegun 内部调用 JustEnded 来递减 m_opCount，所以事实上撤消 (undo) 了把它初始化成 1 的效果。现在 m_opCount 能变成 0 了，但只能是在发起了所有 Web 服务器请求之后。

ReportStatus 方法对全部操作结束、发生超时和调用 Cancel 时可能发生的竞态条件进行仲裁。ReportStatus 必须确保其中只有一个条件胜出，确保 m_callback 方法只被调用一次。为了仲裁赢家，要调用 Interlocked.Exchange 方法，向它传递对 m_statusReported 字段的引用。这个字段实际是作为一个 Boolean 变量使用的；但不能真的把它写成一个 Boolean 变量，因为没有任何 Interlocked 方法能接受 Boolean 变量。因此，我用一个 Int32 变量来代替，0 意味着 false，1 意味着 true。

在 ReportStatus 内部，Interlocked.Exchange 调用会将 m_statusReported 更改为 1。但只有做这个事情的第一个线程才会看到 Interlocked.Exchange 返回 0，只有这个线程才能调用回调方法。调用 Interlocked.Exchange 的其他任何线程都会得到返回值 1，相当于告诉这些线程：回调方法已被调用，你不要再调用了。

29.3.3　实现简单的自旋锁

Interlocked 的方法好用，但主要用于操作 Int32 值。如果需要原子性地操作类对象中的一组字段，又该怎么办呢？在这种情况下，需要采取一个办法阻止所有线程，只允许其中一个进入对字段进行操作的代码区域。可以使用 Interlocked 的方法构造一个线程同步块：[①]

```
internal struct SimpleSpinLock {
    private Int32 m_ResourceInUse; // 0=false( 默认 ), 1=true

    public void Enter() {
        while (true) {
            // 总是将资源设为 " 正在使用 "(1),
            // 只有从 " 未使用 " 变成 " 正在使用 " 才会返回②
            if (Interlocked.Exchange(ref m_ResourceInUse, 1) == 0) return;
```

[①]　译注：自旋锁是指 spin lock。spin 顾名思义是不停旋转的意思。在多线程处理中，它意味着让一个线程暂时 "原地打转"，以免它跑去跟另一个线程竞争资源。注意其中的关键字是 spin，表明线程将一直运行，占用宝贵的 CPU 时间。

[②]　译注：从 0 变成 1 才返回 (结束自旋)，从 1 变成 1 不返回 (继续自旋)。

```
                    // 在这里添加 " 黑科技 "①...
                }
            }

        public void Leave() {
            // 将资源标记为 " 未使用 "
            Volatile.Write(ref m_ResourceInUse, 0);
        }
    }
```

下面这个类展示了如何使用 SimpleSpinLock：

```
public sealed class SomeResource {
    private SimpleSpinLock m_sl = new SimpleSpinLock();

    public void AccessResource() {
        m_sl.Enter();
        // 一次只有一个线程才能进入这里访问资源 ...
        m_sl.Leave();
    }
}
```

SimpleSpinLock 的实现很简单。如果两个线程同时调用 Enter，那么 Interlocked.Exchange 会确保一个线程将 m_resourceInUse 从 0 变成 1，并发现 m_resourceInUse 为 0②，然后这个线程从 Enter 返回，使它能继续执行 AccessResource 方法中的代码。另一个线程会将 m_resourceInUse 从 1 变成 1。由于不是从 0 变成 1，所以会不停地调用 Exchange 进行 "自旋"，直到第一个线程调用 Leave。

第一个线程完成对 SomeResource 对象的字段的处理之后会调用 Leave。Leave 内部调用 Volatile.Write，将 m_resourceInUse 更改回 0。这造成正在 "自旋" 的线程能够将 m_resourceInUse 从 0 变成 1，所以终于能从 Enter 返回，终于可以开始访问 SomeResource 对象的字段。

这就是线程同步锁的一个简单实现。这种锁最大的问题在于，在存在对锁的竞争的前提下，会造成线程 "自旋"。这个 "自旋" 会浪费宝贵的 CPU 时间，阻止 CPU 做其他更有用的工作。因此，自旋锁只应该用于保护那些会执行得非常快的代码区域。

自旋锁一般不要在单 CPU 机器上使用，因为在这种机器上，一方面是希望获得锁的线程自旋，一方面是占有锁的线程不能快速释放锁。如果占有锁的线程的

---

① 译注：本节稍后会在正文中描述 "黑科技"。
② 译注：Interlocked.Exchange 方法将一个存储位置设为指定值，并返回该存储位置的原始值。详情请参考文档。

优先级低于想要获取锁的线程 (自旋线程)，局面甚至还会变得更糟，因为占有锁的线程可能根本没机会运行。这会造成"活锁"这样的情形 [①]。Windows 有时会短时间地动态提升一个线程的优先级。因此，对于正在使用自旋锁的线程，应该禁止像这样的优先级提升，详情请参考 System.Diagnostics.Process 和 System. Diagnostics.ProcessThread 的 PriorityBoostEnabled 属性。超线程机器同样存在自旋锁的问题。为了解决这些问题，许多自旋锁内部都有一些额外的逻辑；我将这些额外的逻辑称为"黑科技"(Black Magic)。这里不打算过多讲解其中的细节，因为随着越来越多的人开始研究锁及其性能，这些逻辑也可能发生变化。但我可以告诉你的是：FCL 提供了一个名为 System.Threading.SpinWait 的结构，它封装了人们关于这种"黑科技"的最新研究成果。

FCL 还包含一个 System.Threading.SpinLock 结构，它和前面展示的 SimpleSpinLock 类相似，只是使用 SpinWait 结构来增强性能。SpinLock 结构还提供了超时支持。很有趣的一点是，我的 SimpleSpinLock 和 FCL 的 SpinLock 都是值类型。这意味着它们是轻量级的、内存友好的对象。例如，如果需要将一个锁同集合中的每一项关联，SpinLock 就是很好的选择。但是，一定不要传递 SpinLock 实例，否则它们会被复制，而你会失去所有同步。虽然可以定义实例 SpinLock 字段，但不要将字段标记为 readonly，因为在操作锁的时候，它的内部状态必须改变。

在线程处理中引入延迟

"黑科技"旨在让希望获得资源的线程暂停执行，使当前拥有资源的线程能执行它的代码并让出资源。为此，SpinWait 结构内部调用 Thread 的静态 Sleep，Yield 和 SpinWait 方法。在这里的补充内容中，我想简单解释一下这些方法。

线程可以告诉系统它在指定时间内不想被调度。这是通过调用 Thread 的静态 Sleep 方法来实现的：

```
public static void Sleep(Int32 millisecondsTimeout);
public static void Sleep(TimeSpan timeout);
```

这个方法导致线程在指定时间内挂起。调用 Sleep 允许线程自愿放弃它的时间片的剩余部分。系统会使线程在大致指定的时间里不被调度。没有错——如果告诉系统你希望一个线程睡眠 100 毫秒，那么会睡眠大致那么长的时间，但也有可能会多睡眠几秒、甚至几分钟的时间。记住，Windows 不是实时操作系统。你的线程可能在正确的时间唤醒，但具体是否这样，要取决于系统中正在发生的别的事情。

可以调用 Sleep 并为 millisecondsTimeout 参数传递 System.Threading.

[①]　译注：活锁和死锁的区别请参见 29.2 节。

Timeout.Infinite 中的值 (定义为 -1)。这告诉系统永远不调度线程，但这样做没什么意义。更好的做法是让线程退出，回收它的栈和内核对象。可以向 Sleep 传递 0，告诉系统调用线程放弃了它当前时间片的剩余部分，强迫系统调度另一个线程。但系统可能重新调度刚才调用了 Sleep 的线程 (如果没有相同或更高优先级的其他可调度线程，就会发生这种情况)。

　　线程可以要求 Windows 在当前 CPU 上调度另一个线程，这是通过 Thread 的 Yield 方法来实现的：

```
public static Boolean Yield();
```

　　如果 Windows 发现有另一个线程准备好在当前处理器上运行，Yield 就会返回 true，调用 Yield 的线程会提前结束它的时间片[①]，所选的线程得以运行一个时间片。然后，调用 Yield 的线程被再次调度，开始用一个全新的时间片运行。如果 Windows 发现没有其他线程准备在当前处理器上运行，Yield 就会返回 false，调用 Yield 的线程继续运行它的时间片。

　　Yield 方法旨在使“饥饿”状态的、具有相等或更低优先级的线程有机会运行。如果一个线程希望获得当前由另一个线程拥有的资源，就调用这个方法。如果运气好，Windows 会调度当前拥有资源的线程，而那个线程会让出资源。然后，当调用 Yield 的线程再次运行时就会拿到资源。

　　调用 Yield 的效果介于调用 Thread.Sleep(0) 和 Thread.Sleep(1) 之间。Thread.Sleep(0) 不允许较低优先级的线程运行，而 Thread.Sleep(1) 总是强迫进行上下文切换，而由于内部系统计时器的解析度的问题，Windows 总是强迫线程睡眠超过 1 毫秒的时间。

　　事实上，超线程 CPU 一次只允许一个线程运行。所以，在这些 CPU 上执行“自旋”循环时，需要强迫当前线程暂停，使 CPU 有机会切换到另一个线程并允许它运行。线程可调用 Thread 的 SpinWait 方法强迫它自身暂停，允许超线程 CPU 切换到另一个线程：

```
public static void SpinWait(Int32 iterations);
```

　　调用这个方法实际会执行一个特殊的 CPU 指令；它不告诉 Windows 做任何事

---

① 译注：这正是 yield 一词在当前上下文中的含义，即放弃或让路；而不是文档中翻译的“生成”或“产生”。例如，文档将“If this method succeeds, the rest of the thread's current time slice is yielded.”这句话翻译成“如果此方法成功，则生成 (实际是让出) 该线程当前时间片的其余部分。”(参见文档中的 Thread.Yield 方法)。我不得不说，大公司在使用计算机辅助翻译软件时的“翻译记忆”会害死人，因为它不区分上下文。相应地，C# 迭代器所用的 yield 关键字确实偏向“生成”(虽然存在一定争议，因为迭代器实际还是一个受控的 goto，同样需要“让路”)。

情 (因为 Windows 已经认为它在 CPU 上调度了两个线程)。在非超线程 CPU 上，这个特殊 CPU 指令会被忽略。

要想进一步了解这些方法，请参见它们的 Win32 等价函数：Sleep、SwitchToThread 和 YieldProcessor。另外，要想进一步了解如何调整系统计时器的解析度，请参考 Win32 timeBeginPeriod 和 timeEndPeriod 函数。

29.3.4　Interlocked Anything 模式

许多人在查看 Interlocked 的方法时，都好奇微软为何不创建一组更丰富的 Interlocked 方法，使它们适用于更广泛的情形。例如，如果 Interlocked 类能提供 Multiple，Divide，Minimum，Maximum，And，Or，Xor 等方法，那么不是更好吗？虽然 Interlocked 类没有提供这些方法，但一个已知的模式允许使用 Interlocked.CompareExchange 方法以原子方式在一个 Int32 上执行任何操作。事实上，由于 Interlocked.CompareExchange 提供了其他重载版本，能操作 Int64，Single，Double，Object 和泛型引用类型，所以该模式适合所有这些类型。

该模式类似于在修改数据库记录时使用的乐观并发模式①。下例使用该模式创建一个原子 Maximum 方法。

```
public static Int32 Maximum(ref Int32 target, Int32 value) {
    Int32 currentVal = target, startVal, desiredVal;

    // 不要在循环中访问目标 (target)，除非是想要改变它时另一个线程也在动它
    do {
        // 记录这一次循环迭代的起始值 (startVal)
        startVal = currentVal;

        // 基于 startVal 和 vale 计算 desiredVal
        desiredVal = Math.Max(startVal, value);

        // 注意：线程在这里可能被 " 抢占 "，所以以下代码不是原子性的：
        // if (target == startVal) target = desiredVal

        // 而应该使用以下原子性的 CompareExchange 方法，它
```

---

① 译注：乐观并发控制 (又名"乐观锁"，Optimistic Concurrency Control，OCC) 是一种并发控制方法。它假设多用户并发的事务在处理时不会彼此互相影响，各事务能在不产生锁的情况下处理各自影响的那部分数据。在提交数据更新之前，每个事务会先检查在该事务读取数据后，有没有其他事务又修改了该数据。如果其他事务有更新的话，正在提交的事务会进行回滚。乐观事务控制最早是由孔祥重 (H. T. Kung) 教授提出。乐观并发控制多数用在数据争用不大、冲突较少的环境中。在这种环境中，偶尔回滚事务的成本会低于读取数据时锁定数据的成本，因此相比其他并发控制方法，可以获得更高的吞吐量。

```
        // 返回在 target 在 ( 可能 ) 被方法修改之前的值
    currentVal = Interlocked.CompareExchange(ref target, desiredVal, startVal);

        // 如果 target 的值在这一次循环迭代中被其他线程改变，就重复
    } while (startVal != currentVal);

    // 在这个线程尝试设置它之前返回最大值
    return desiredVal;
}
```

现在解释一下实际发生的事情。进入方法后，currentVal 被初始化为方法开始执行时的 target 值。然后，在循环内部，startVal 被初始化为同一个值。可用 startVal 执行你希望的任何操作。这个操作可以非常复杂，可以包含成千上万行代码。但最终要得到一个结果，并将结果放到 desiredVal 中。本例判断 startVal 和 value 哪个最大。

现在，当这个操作进行时，其他线程可能更改 target。虽然机率很小，但仍是有可能发生的。如果真的发生，desiredVal 的值就是基于存储在 startVal 中的旧值而获得的，而非基于 target 的新值。这时就不应更改 target。我们用 Interlocked.CompareExchange 方法确保在没有其他线程更改 target 的前提下将 target 的值更改为 desiredVal。该方法验证 target 值和 startVal 值匹配 (startVal 代表操作开始前的 target 值)。如果 target 值没有改变，CompareExchange 就把它更改为 desiredVal 中的新值。如果 target 的值被 (另一个线程) 改变了，CompareExchange 就不更改 target。

CompareExchange 在调用的同时会返回 target 中的值[1]，我将该值存储到 currentVal 中。然后比较 startVal 和 currentVal。两个值相等，表明没有其他线程更改 target，target 现在包含 desiredVal 中的值，while 循环不再继续，方法返回。相反，如果 startVal 不等于 currentVal，表明有其他线程更改了 target，target 没有变成 desiredVal 中的值，所以 while 循环继续下一次迭代，再次尝试相同的操作，这一次用 currentVal 中的新值来反映其他线程的更改。

我个人在自己的大量代码中用的都是这个模式。甚至专门写了一个泛型方法 Morph 来封装这个模式：[2]

```
delegate Int32 Morpher<TResult, TArgument>(Int32 startValue, TArgument argument,
    out TResult morphResult);
```

---

[1] 译注：更准确地说，是返回 target(第 1 个参数) 的原始值。CompareExchange 方法比较第 1 个和第 3 个参数，相等就将用第 2 个参数的值替换第 1 个参数的值。与此同时，方法返回第 1 个参数的原始值。

[2] Morph 方法由于调用了 morpher 回调方法，所以肯定会招致一定的性能惩罚。要想获得最佳性能，只能以内联或嵌入 (inline) 方式执行操作，就像 Maximum 的例子一样。

```
static TResult Morph<TResult, TArgument>(ref Int32 target, TArgument argument,
    Morpher<TResult, TArgument> morpher) {

    TResult morphResult;
    Int32 currentVal = target, startVal, desiredVal;
    do {
        startVal = currentVal;
        desiredVal = morpher(startVal, argument, out morphResult);
        currentVal = Interlocked.CompareExchange(ref target, desiredVal, startVal);
    } while (startVal != currentVal);
    return morphResult;
}
```

29.4 内核模式构造

　　Windows 提供了几个内核模式的构造来同步线程。内核模式的构造比用户模式的构造慢得多，一个原因是它们要求 Windows 操作系统自身的配合，另一个原因是在内核对象上调用的每个方法都造成调用线程从托管代码转换为本机 (native) 用户模式代码，再转换为本机 (native) 内核模式代码。然后，还要朝相反的方向一路返回。这些转换需要大量 CPU 时间；经常执行会对应用程序的总体性能造成负面影响。

　　但内核模式的构造具备基元用户模式构造所不具备的优点：

- 内核模式的构造检测到在一个资源上的竞争时，Windows 会阻塞输掉的线程，使它不占着一个 CPU "自旋"(spinning)，无谓地浪费处理器资源；
- 内核模式的构造可实现本机 (native) 和托管 (managed) 线程相互之间的同步；
- 内核模式的构造可同步在同一台机器的不同进程中运行的线程；
- 内核模式的构造可应用安全性设置，防止未经授权的账户访问它们；
- 线程可一直阻塞，直到集合中的所有内核模式构造都可用，或直到集合中的任何内核模式构造可用；
- 在内核模式的构造上阻塞的线程可指定超时值；指定时间内访问不到希望的资源，线程就可以解除阻塞并执行其他任务。

　　事件和信号量是两种基元内核模式线程同步构造。至于其他内核模式构造，比如互斥体，则是在这两个基元构造上构建的。[①] 欲知 Windows 内核模式构造的详情，请参考《Windows 核心编程 (第 5 版)》。

　　`System.Threading` 命名空间提供了一个名为 `WaitHandle` 抽象基类。`WaitHandle` 类是一个很简单的类，它唯一的作用就是包装一个 Windows 内核对象

---

① 译注：在文档中，semaphores 翻译成"信号量"，mutex 翻译成"互斥体"。本书采用了文档的译法。

句柄。FCL 提供了几个从 `WaitHandle` 派生的类。所有类都在 `System.Threading` 命名空间中定义。类层次结构如下所示：

```
WaitHandle
    EventWaitHandle
        AutoResetEvent
        ManualResetEvent
    Semaphore
    Mutex
```

    `WaitHandle` 基类内部有一个 `SafeWaitHandle` 字段，它容纳了一个 Win32 内核对象句柄。这个字段是在构造一个具体的 `WaitHandle` 派生类时初始化的。除此之外，`WaitHandle` 类公开了由所有派生类继承的方法。在一个内核模式的构造上调用的每个方法都代表一个完整的内存栅栏[①]。下面是 `WaitHandle` 的一些有意思的公共方法 (未列出某些方法的某些重载版本)：

```
public abstract class WaitHandle : MarshalByRefObject, IDisposable {
    // WaitOne 内部调用 Win32 WaitForSingleObjectEx 函数
    public virtual Boolean WaitOne();
    public virtual Boolean WaitOne(Int32 millisecondsTimeout);
    public virtual Boolean WaitOne(TimeSpan timeout);

    // WaitAll 内部调用 Win32 WaitForMultipleObjectsEx 函数
    public static Boolean WaitAll(WaitHandle[] waitHandles);
    public static Boolean WaitAll(WaitHandle[] waitHandles, Int32 millisecondsTimeout);
    public static Boolean WaitAll(WaitHandle[] waitHandles, TimeSpan timeout);

    // WaitAny 内部调用 Win32 WaitForMultipleObjectsEx 函数
    public static Int32 WaitAny(WaitHandle[] waitHandles);
    public static Int32 WaitAny(WaitHandle[] waitHandles, Int32 millisecondsTimeout);
    public static Int32 WaitAny(WaitHandle[] waitHandles, TimeSpan timeout);
    public const Int32 WaitTimeout = 258;  // 超时就从 WaitAny 返回这个

    // Dispose 内部调用 Win32 CloseHandle 函数 - 自己不要调用
    public void Dispose();
}
```

    对于这些方法，需要注意以下几点。

- 可以调用 `WaitHandle` 的 `WaitOne` 方法让调用线程等待底层内核对象收到信号。这个方法在内部调用 Win32 `WaitForSingleObjectEx` 函数。如果对象收到信号，返回的 `Boolean` 是 `true`；超时就返回 `false`。
- 可以调用 `WaitHandle` 的静态 `WaitAll` 方法，让调用线程等待 `WaitHandle[]` 中指定的所有内核对象都收到信号。如果所有对象都收到

---

① 译注：之所以用栅栏这个词，是表明调用这个方法之前的任何变量写入都必须在这个方法调用之前发生；而这个调用之后的任何变量读取都必须在这个调用之后发生。

信号，返回的 Boolean 是 true；超时则返回 false。这个方法在内部调用 Win32 WaitForMultipleObjectsEx 函数，为 bWaitAll 参数传递 TRUE。

- 可以调用 WaitHandle 的静态 WaitAny 方法让调用线程等待 WaitHandle[] 中指定的任何内核对象收到信号。返回的 Int32 是与收到信号的内核对象对应的数组元素索引；如果在等待期间没有对象收到信号，则返回 WaitHandle.WaitTimeout。这个方法在内部调用 Win32 WaitForMultipleObjectsEx 函数，为 bWaitAll 参数传递 FALSE。

- 在传给 WaitAny 和 WaitAll 方法的数组中，包含的元素数不能超过 64 个，否则方法会抛出一个 System.NotSupportedException。

- 可以调用 WaitHandle 的 Dispose 方法来关闭底层内核对象句柄。这个方法在内部调用 Win32 CloseHandle 函数。只有确定没有别的线程要使用内核对象才能显式调用 Dispose。需要写代码并进行测试，这是一个巨大的负担。所以我强烈反对显式调用 Dispose；相反，让垃圾回收器 (GC) 去完成清理工作。GC 知道什么时候没有线程使用对象，会自动进行清理。从某个角度看，GC 是在帮助你进行线程同步！

注意 在某些情况下，当一个 COM 单线程套间线程[①]阻塞时，线程可能在内部醒来以 pump 消息。例如，阻塞的线程会醒来处理发自另一个线程的 Windows 消息。这个设计是为了支持 COM 互操作性。对于大多数应用程序，这都不是一个问题——事实上，反而是一件好事。然而，如果你的代码在处理消息期间获得另一个线程同步锁，就可能发生死锁。如第 30 章所述，所有混合锁都在内部调用这些方法。所以，使用混合锁存在相同的利与弊。

　　不接受超时参数的那些版本的 WaitOne 和 WaitAll 方法应返回 void 而不是 Boolean。原因是隐含的超时时间是无限长 (System.Threading.Timeout.Infinite)，所以它们只会返回 true。调用任何这些方法时都不需要检查返回值。

　　如前所述，AutoResetEvent、ManualResetEvent、Semaphore 和 Mutex 类都派生自 WaitHandle，因此它们继承了 WaitHandle 的方法和行为。但这些类还引入了一些自己的方法，下面将进行解释。

　　首先，所有这些类的构造器都在内部调用 Win32 CreateEvent(为 bManualReset 参数传递 FALSE 或 TRUE)、CreateSemaphore 或 CreateMutex 函

---

① 译注：套间 (apartment) 定义了一组对象的逻辑组合，这些对象共享同一组并发性和重入限制。一个线程要想使用 COM，必须先进入一个套间。COM 规定，只有运行在对象套间中的线程才能访问该对象。COM 的两种套间分别是 STA(单线程套间) 和 MTA(多线程套间)。

数。从所有这些调用返回的句柄值都保存在 WaitHandle 基类内部定义的一个私有
SafeWaitHandle 字段中。

其次，EventWaitHandle、Semaphore 和 Mutex 类都提供了静态 OpenExisting
方法，它们在内部调用 Win32 OpenEvent，OpenSemaphore 或 OpenMutex 函数，
并传递一个 String 实参 (标识现有的一个具名内核对象)。所有函数返回的句柄值
都保存到从 OpenExisting 方法返回的一个新构造的对象中。如果指定名称的内核
对象不存在，就抛出一个 WaitHandleCannotBeOpenedException 异常。

内核模式构造的一个常见用途是创建在任何时刻只允许它的一个实例运行的应
用程序。这种单实例应用程序的例子包括 Microsoft Office Outlook、Windows Live
Messenger、Windows Media Player 和 Windows Media Center。下面展示了如何实现
一个单实例应用程序：

```
using System;
using System.Threading;

public static class Program {
    public static void Main() {
        Boolean createdNew;

        // 尝试创建一个具有指定名称的内核对象
        using (new Semaphore(0, 1, "SomeUniqueStringIdentifyingMyApp",
                    out createdNew)) {
            if (createdNew) {
                // 这个线程创建了内核对象，所以肯定没有这个应用程序
                // 的其他实例正在运行。在这里运行应用程序的其余部分 ...
            } else {
                // 这个线程打开了一个具有相同字符串名称的、现有的内核对象；
                // 表明肯定正在运行这个应用程序的另一个实例。
                // 这里没什么可以做的事情，所以从 Main 返回，终止应用程序
                // 的这个额外的实例。
            }
        }
    }
}
```

以上代码使用的是 Semaphore，但换成 EventWaitHandle 或 Mutex 一样可以，
因为我并没有真正使用对象提供的线程同步行为。但我利用了在创建任何种类的内
核对象时由 Windows 内核提供的一些线程同步行为。下面解释一下代码是如何工
作的。假定这个进程的两个实例同时启动。每个进程都有自己的线程，两个线程都
尝试创建具有相同字符串名称 (本例是 "SomeUniqueStringIdentifyingMyApp")
的一个 Semaphore。Windows 内核确保只有一个线程实际地创建具有指定名称的内
核对象；创建对象的线程会将它的 createdNew 变量设为 true。

对于第二个线程，Windows 发现具有指定名称的内核对象已经存在了。因此，不允许第二个线程创建另一个同名的内核对象。不过，如果这个线程继续运行的话，它能访问和第一个进程的线程所访问的一样的内核对象。不同进程中的线程就是这样通过内核对象来通信的。但在本例中，第二个进程的线程看到它的 **createdNew** 变量设为 **false**，所以知道有进程的另一个实例正在运行，所以进程的第二个实例立即退出。

29.4.1　Event 构造

事件 (event) 其实只是由内核维护的 Boolean 变量。事件为 **false**，在事件上等待的线程就阻塞；事件为 **true**，就解除阻塞。有两种事件，即自动重置事件和手动重置事件。当一个自动重置事件为 **true** 时，它只唤醒一个阻塞的线程，因为在解除第一个线程的阻塞后，内核将事件自动重置回 **false**，造成其余线程继续阻塞。而当一个手动重置事件为 **true** 时，它解除正在等待它的所有线程的阻塞，因为内核不将事件自动重置回 **false**；现在，你的代码必须将事件手动重置回 **false**。下面是与事件相关的类：

```
public class EventWaitHandle : WaitHandle {
    public Boolean Set();         // 将 Boolean 设为 true；总是返回 true
    public Boolean Reset();   // 将 Boolean 设为 false；总是返回 true
}

public sealed class AutoResetEvent : EventWaitHandle {
    public AutoResetEvent(Boolean initialState);
}

public sealed class ManualResetEvent : EventWaitHandle {
    public ManualResetEvent(Boolean initialState);
}
```

可用自动重置事件轻松创建线程同步锁，它的行为和前面展示的 **SimpleSpinLock** 类相似：

```
internal sealed class SimpleWaitLock : IDisposable {
    private readonly AutoResetEvent m_available;

    public SimpleWaitLock() {
        m_available = new AutoResetEvent(true); // 最开始可自由使用
    }

    public void Enter() {
        // 在内核中阻塞①，直到资源可用
```

————————

① 译注：正是因为发生竞争时，没有竞争赢的线程会阻塞，所以这种方式能够最有效地节省资源。

```
        m_available.WaitOne();
    }

    public void Leave() {
        // 让另一个线程访问资源
        m_available.Set();
    }

    public void Dispose() { m_available.Dispose(); }
}
```

可采取和使用 SimpleSpinLock 时完全一样的方式使用这个 SimpleWaitLock。
事实上，外部行为是完全相同的；不过，两个锁的性能截然不同。锁上面没有竞争
的时候，SimpleWaitLock 比 SimpleSpinLock 慢得多，因为对 SimpleWaitLock
的 Enter 和 Leave 方法的每一个调用都强迫调用线程从托管代码转换为内核代码，
再转换回来——这是不好的地方。但在存在竞争的时候，输掉的线程会被内核阻
塞，不会在那里"自旋"，从而浪费 CPU 时间——这是好的地方。还要注意，构造
AutoResetEvent 对象并在它上面调用 Dispose 也会造成从托管向内核的转换，对
性能造成负面影响。这些调用一般很少发生，所以一般不必过于关心它们。

为了更好地理解性能上的差异，我写了一些代码：

```
public static void Main() {
    Int32 x = 0;
    const Int32 iterations = 10000000; // 1000 万

    // x 递增 1000 万次，要花多长时间？
    Stopwatch sw = Stopwatch.StartNew();
    for (Int32 i = 0; i < iterations; i++) {
        x++;
    }
    Console.WriteLine("Incrementing x: {0:N0}", sw.ElapsedMilliseconds);

    // x 递增 1000 万次，加上调用一个什么都不做的方法的开销，要花多长时间？
    sw.Restart();
    for (Int32 i = 0; i < iterations; i++) {
        M(); x++; M();
    }
    Console.WriteLine("Incrementing x in M: {0:N0}", sw.ElapsedMilliseconds);

    // x 递增 1000 万次，加上调用一个无竞争的 SpinLock 的开销，要花多长时间？
    SpinLock sl = new SpinLock(false);
        sw.Restart();
    for (Int32 i = 0; i < iterations; i++) {
        Boolean taken = false; sl.Enter(ref taken); x++; sl.Exit();
    }
    Console.WriteLine("Incrementing x in SpinLock: {0:N0}", sw.ElapsedMilliseconds);
```

```
// x 递增 1000 万次，加上调用一个无竞争的 SimpleWaitLock 的开销，要花多长时间？
using (SimpleWaitLock swl = new SimpleWaitLock()) {
    sw.Restart();
    for (Int32 i = 0; i < iterations; i++) {
        swl.Enter(); x++; swl.Leave();
    }
    Console.WriteLine("Incrementing x in SimpleWaitLock: {0:N0}", sw.ElapsedMilliseconds);
}
}


[MethodImpl(MethodImplOptions.NoInlining)]
private static void M() { /* 这个方法什么都不做，直接返回 */ }
```

在我的机器上运行以上代码，得到以下输出：

```
Incrementing x: 8                       最快
Incrementing x in M: 69                 约慢 9 倍
Incrementing x in SpinLock: 164         约慢 21 倍
Incrementing x in SimpleWaitLock: 8854  约慢 1107 倍
```

由此可以看到，单纯递增 x 只需 8 毫秒。递增前后多调用一个方法，就要多花约 9 倍的时间。然后，在用户模式的构造中执行递增，代码变慢了 21 倍 (164 / 8)。最后，如果使用内核模式的构造，程序更是慢得可怕，慢了大约 1107 倍 (8864 / 8)！所以，线程同步能避免就尽量避免。如果一定要进行线程同步，就尽量使用用户模式的构造。内核模式的构造要尽量避免。

29.4.2 Semaphore 构造

信号量 (semaphore) 其实就是由内核维护的 Int32 变量。信号量为 0 时，在信号量上等待的线程会阻塞；信号量大于 0 时解除阻塞。在信号量上等待的线程解除阻塞时，内核自动从信号量的计数中减 1。信号量还关联了一个最大 Int32 值，当前计数绝不允许超过最大计数。下面展示了 Semaphore 类的样子：

```
public sealed class Semaphore : WaitHandle {
    public Semaphore(Int32 initialCount, Int32 maximumCount);
    public Int32 Release();              // 调用 Release(1); 返回上一个计数
    public Int32 Release(Int32 releaseCount);  // 返回上一个计数
}
```

下面总结了前面描述的三种内核模式基元的行为：

- 多个线程在一个自动重置事件上等待时，设置事件只导致一个线程被解除阻塞；
- 多个线程在一个手动重置事件上等待时，设置事件导致所有线程被解除阻塞；
- 多个线程在一个信号量上等待时，释放信号量导致 releaseCount 个线程被解除阻塞 (releaseCount 是传给 Semaphore 的 Release 方法的实参)。

因此，自动重置事件在行为上和最大计数为 1 的信号量非常相似。两者的区别在于，可以在一个自动重置事件上连续多次调用 Set，同时仍然只有一个线程解除阻塞。相反，在一个信号量上连续多次调用 Release，会使它的内部计数一直递增，这可能解除大量线程的阻塞。顺便说一句，如果在一个信号量上多次调用 Release，会导致它的计数超过最大计数，这时 Release 会抛出一个 SemaphoreFullException。

可以像下面这样用信号量重新实现 SimpleWaitLock，允许多个线程并发访问一个资源 (除非所有线程都以只读方式访问资源，否则不一定安全)：

```
public sealed class SimpleWaitLock : IDisposable {
    private Semaphore m_available;

    public SimpleWaitLock(Int32 maxConcurrent) {
        m_available = new Semaphore(maxConcurrent, maxConcurrent);
    }

    public void Enter() {
        // 在内核中阻塞，直到资源可用
        m_available.WaitOne();
    }

    public void Leave() {
        // 让另一个线程访问资源
        m_available.Release(1);
    }

    public void Dispose() { m_available.Close(); }
}
```

29.4.3 Mutex 构造

互斥体 (mutex) 代表一个互斥的锁。它的工作方式和 AutoResetEvent(或者计数为 1 的 Semaphore 相似，三者都是一次只释放一个正在等待的线程。下面展示了 Mutex 类的样子：

```
public sealed class Mutex : WaitHandle {
    public Mutex();
    public void ReleaseMutex();
}
```

互斥体有一些额外的逻辑，这造成它们比其他构造更复杂。首先，Mutex 对象会查询调用线程的 Int32 ID，记录是哪个线程获得了它。一个线程调用 ReleaseMutex 时，Mutex 确保调用线程就是获取 Mutex 的那个线程。如若不然，Mutex 对象的状态就不会改变，而 ReleaseMutex 会抛出一个 System.ApplicationException。

另外，拥有 Mutex 的线程因为任何原因而终止，在 Mutex 上等待的某个线程会因为抛出 System.Threading.AbandonedMutexException 异常而被唤醒。该异常通常会成为未处理的异常，从而终止整个进程。这是好事，因为线程在获取了一个 Mutex 之后，可能在更新完 Mutex 所保护的数据之前终止。此时如若其他线程捕捉了 AbandonedMutexException，就可能试图访问损坏的数据，造成无法预料的结果和安全隐患。

其次，Mutex 对象维护着一个递归计数 (recursion count)，指出拥有该 Mutex 的线程拥有了它多少次。如果一个线程当前拥有一个 Mutex，而后该线程再次在 Mutex 上等待，计数就会递增，允许这个线程继续运行。线程调用 ReleaseMutex 将导致计数递减。只有计数变成 0，另一个线程才能成为该 Mutex 的所有者。

大多数人都不喜欢这个额外的逻辑。这些"功能"是有代价的。Mutex 对象需要更多的内存来容纳额外的线程 ID 和计数信息。更要紧的是，Mutex 代码必须维护这些信息，使锁变得更慢。如果应用程序需要 (或希望) 这些额外的功能，那么应用程序的代码可以自己来实现；代码不一定要放到 Mutex 对象中。因此，许多人都会避免使用 Mutex 对象。

通常，当一个方法获取了一个锁，然后调用也需要锁的另一个方法，就需要一个递归锁。如以下代码所示：

```
internal class SomeClass : IDisposable {
    private readonly Mutex m_lock = new Mutex();

    public void Method1() {
        m_lock.WaitOne();
        // 随便做什么事情 ...
        Method2(); // Method2 递归地获取锁
        m_lock.ReleaseMutex();
    }

    public void Method2() {
        m_lock.WaitOne();
        // 随便做什么事情 ...
        m_lock.ReleaseMutex();
    }

    public void Dispose() { m_lock.Dispose(); }
}
```

在以上代码中，使用一个 SomeClass 对象的代码可以调用 Method1，它获取 Mutex，执行一些线程安全的操作，然后调用 Method2，它也执行一些线程安全的操作。由于 Mutex 对象支持递归，所以线程会获取两次锁，然后释放它两次。在此之后，另一个线程才能拥有这个 Mutex。如果 SomeClass 使用一个

AutoResetEvent 而不是 Mutex，线程在调用 Method2 的 WaitOne 方法时会阻塞。

如果需要递归锁，可以使用一个 AutoResetEvent 来简单地创建一个：

```
internal sealed class RecursiveAutoResetEvent : IDisposable {
    private AutoResetEvent m_lock = new AutoResetEvent(true);
    private Int32 m_owningThreadId = 0;
    private Int32 m_recursionCount = 0;

    public void Enter() {
        // 获取调用线程的唯一 Int32 ID
        Int32 currentThreadId = Thread.CurrentThread.ManagedThreadId;

        // 如果调用线程拥有锁，就递增递归计数
        if (m_owningThreadId == currentThreadId) {
            m_recursionCount++;
            return;
        }

        // 调用线程不拥有锁，等待它
        m_lock.WaitOne();

        // 调用线程现在拥有了锁，初始化拥有线程的 ID 和递归计数
        m_owningThreadId = currentThreadId;
        m_recursionCount = 1;
    }

    public void Leave() {
        // 如果调用线程不拥有锁，就出错了
        if (m_owningThreadId != Thread.CurrentThread.ManagedThreadId)
            throw new InvalidOperationException();

        // 从递归计数中减 1
        if (--m_recursionCount == 0) {
            // 如果递归计数为 0，表明没有线程拥有锁
            m_owningThreadId = 0;
            m_lock.Set(); // 唤醒一个正在等待的线程（如果有的话）
        }
    }

    public void Dispose() { m_lock.Dispose(); }
}
```

虽然 RecursiveAutoResetEvent 类的行为和 Mutex 类完全一样，但在一个线程试图递归地获取锁时，它的性能会好得多，因为现在跟踪线程所有权和递归的都是托管代码。只有在第一次获取 AutoResetEvent，或者最后把它释放给其他线程时，线程才需要从托管代码转换为内核代码。

第 **30** 章

混合线程同步构造

本章内容：

- 一个简单的混合锁
- 自旋、线程所有权和递归
- FCL 中的混合构造
- 著名的双检锁技术
- 条件变量模式
- 异步的同步构造
- 并发集合类

　　第 29 章 "基元线程同步构造" 讨论了基元用户模式和内核模式线程同步构造。其他所有线程同步构造都基于它们而构建，而且一般都合并了用户模式和内核模式构造，我们称为混合线程同步构造。没有线程竞争时，混合构造提供了基元用户模式构造所具有的性能优势。多个线程竞争一个构造时，混合构造通过基元内核模式的构造来提供不 "自旋" 的优势（避免浪费 CPU 时间）。由于大多数应用程序的线程都很少同时竞争一个构造，所以性能上的增强可以使你的应用程序表现得更出色。

　　本章首先展示了如何基于各种基元构造来构建混合构造。然后展示了 FCL 自带的许多混合构造，描述了它们的行为，并介绍了如何正确使用它们。我还提到了一些我自己创建的构造，它们通过 Wintellect 的 Power Threading 库免费提供给大家使用，请从 https://github.com/Wintellect/PowerThreading 下载。

扫码下载

　　本章末尾展示了如何使用 FCL 的并发集合类来取代混合构造，从而最小化资源使用并提升性能。最后讨论了异步的同步构造，允许以同步方式访问资源，同时不造成任何线程的阻塞，从而减少资源消耗，并提高伸缩性。

30.1 一个简单的混合锁

言归正传，看一看下面这个混合线程同步锁的例子：

```
internal sealed class SimpleHybridLock : IDisposable {
    // Int32 由基元用户模式构造 (Interlocked 的方法 ) 使用
    private Int32 m_waiters = 0;

    // AutoResetEvent 是基元内核模式构造
    private AutoResetEvent m_waiterLock = new AutoResetEvent(false);

    public void Enter() {
        // 指出这个线程想要获得锁
        if (Interlocked.Increment(ref m_waiters) == 1)
            return; // 锁可以自由使用，无竞争，直接返回

        // 另一个线程拥有锁 ( 发生竞争 )，使这个线程等待
        m_waiterLock.WaitOne(); // 这里产生较大的性能影响
        // WaitOne 返回后，这个线程拿到锁了
    }

    public void Leave() {
        // 这个线程准备释放锁
        if (Interlocked.Decrement(ref m_waiters) == 0)
            return; // 没有其他线程正在等待，直接返回

        // 有其他线程正在阻塞，唤醒其中一个
        m_waiterLock.Set(); // 这里产生较大的性能影响
    }

    public void Dispose() { m_waiterLock.Dispose(); }
}
```

SimpleHybridLock 包含两个字段：一个 Int32，由基元用户模式的构造来操作；以及一个 AutoResetEvent，它是一个基元内核模式的构造。为了获得出色的性能，锁要尽量使用 Int32，避免使用 AutoResetEvent。每次构造 SimpleHybridLock 对象就会创建 AutoResetEvent；和 Int32 字段相比，它对性能的影响大得多。本章以后会展示混合构造 AutoResetEventSlim；多个线程同时访问锁时，只有在第一次检测到竞争时才会创建 AutoResetEvent，这样就避免了性能损失。Dispose 方法关闭 AutoResetEvent，这也会对性能造成大的影响。

SimpleHybridLock 对象在构造和 dispose 时的性能有提升当然很好，但我们应该将更多精力放在它的 Enter 方法和 Leave 方法的性能上，因为在对象生存期内，

这两个方法要被大量地调用。下面让我们重点关注这些方法。

调用 Enter 的第一个线程造成 Interlocked.Increment 在 m_waiters 字段上加 1，使它的值变成 1。这个线程发现以前有零个线程正在等待这个锁，所以线程从它的 Enter 调用中返回。值得欣赏的是，线程获得锁的速度非常快。现在，如果另一个线程介入并调用 Enter，这个线程将 m_waiters 递增到 2，发现锁在另一个线程那里。所以，这个线程会使用 AutoResetEvent 对象来调用 WaitOne，从而阻塞自身。调用 WaitOne 造成线程的代码转变成内核模式的代码，这会对性能产生巨大影响。但线程反正都要停止运行，所以让线程花点时间来完全停止，似乎也不是太坏。好消息是，线程现在会阻塞，不会因为在 CPU 上"自旋"而浪费 CPU 时间。29.3.3 节"实现简单的自旋锁"引入的 SimpleSpinLock 的 Enter 方法就会这样"自旋"。

再来看看 Leave 方法。一个线程调用 Leave 时，会调用 Interlocked.Decrement 从 m_waiters 字段减 1。如果 m_waiters 现在是 0，表明没有其他线程在调用 Enter 时发生阻塞，调用 Leave 的线程可以直接返回。同样地，想象一下这有多快：离开一个锁意味着线程从一个 Int32 中减 1，执行快速的 if 测试，然后返回！另一方面，如果调用 Leave 的线程发现 m_waiters 不为 0，线程就知道现在存在一个竞争，至少有一个另外的线程在内核中阻塞。这个线程必须唤醒一个 (而且只能是一个) 阻塞的线程。唤醒线程是通过在 AutoResetEvent 上调用 Set 来实现的。这会造成性能上的损失，因为线程必须转换成内核模式代码，再转换回来。但这个转换只有在发生竞争时才会发生。当然，AutoResetEvent 确保只有一个阻塞的线程被唤醒；在 AutoResetEvent 上阻塞的其他所有线程会继续阻塞，直到新的、解除了阻塞的线程最终调用 Leave。

注意　在实际应用中，任何线程可以在任何时间调用 Leave，因为 Enter 方法没有记录哪一个线程成功获得了锁。很容易添加字段和代码来维护这种信息，但会增大锁对象自身需要的内存，并损害 Enter 和 Leave 方法的性能，因为它们现在必须操作这个字段。我情愿有一个性能高超的锁，并确保我的代码以正确方式使用它。你会注意到，事件和信号量都没有维护这种信息，只有互斥体才有维护。

30.2 自旋、线程所有权和递归

由于转换为内核模式会造成巨大的性能损失，而且线程占有锁的时间通常都很短，所以为了提升应用程序的总体性能，可以让一个线程在用户模式中"自旋"一小段时间，再让线程转换为内核模式。如果线程正在等待的锁在线程"自旋"期间变得可用，就可以避免向内核模式的转换了。

此外，有的锁限制只能由获得锁的线程释放锁。有的锁允许当前拥有它的线程递归地拥有锁 (多次拥有)，Mutex 锁就是这样的一个例子。[①] 可以通过一些别致的逻辑构建支持自旋、线程所有权和递归的一个混合锁，如下所示：

```
internal sealed class AnotherHybridLock : IDisposable {
    // Int32 由基元用户模式构造 (Interlocked 的方法 ) 使用
    private Int32 m_waiters = 0;

    // AutoResetEvent 是基元内核模式构造
    private AutoResetEvent m_waiterLock = new AutoResetEvent(false);

    // 这个字段控制自旋，希望能提升性能
    private Int32 m_spincount = 4000; // 随便选择的一个计数

    // 这些字段指出哪个线程拥有锁，以及拥有了它多少次
    private Int32 m_owningThreadId = 0, m_recursion = 0;

    public void Enter() {
        // 如果调用线程已经拥有锁，递增递归计数并返回
        Int32 threadId = Thread.CurrentThread.ManagedThreadId;
        if (threadId == m_owningThreadId) { m_recursion++; return; }

        // 调用线程不拥有锁，尝试获取它
        SpinWait spinwait = new SpinWait();
        for (Int32 spinCount = 0; spinCount < m_spincount; spinCount++) {
            // 如果锁可以自由使用了，这个线程就获得它；设置一些状态并返回
            if (Interlocked.CompareExchange(ref m_waiters, 1, 0) == 0) goto GotLock;

            // 黑科技：给其他线程运行的机会，希望锁会被释放
            spinwait.SpinOnce();
        }

        // 自旋结束，锁仍未获得，再试一次
        if (Interlocked.Increment(ref m_waiters) > 1) {
            // 仍然是竞态条件，这个线程必须阻塞
            m_waiterLock.WaitOne(); // 等待锁：性能有损失
            // 等这个线程醒来时，它拥有锁；设置一些状态并返回
        }

    GotLock:
        // 一个线程获得锁时，我们记录它的 ID，并
        // 指出线程拥有锁一次
```

[①] 线程在 Mutex 对象上等待时不会"自旋"，因为 Mutex 的代码在内核中。这意味着线程必须转换成内核模式才能检查 Mutex 的状态。

```
        m_owningThreadId = threadId; m_recursion = 1;
    }

    public void Leave() {
        // 如果调用线程不拥有锁，表明存在 bug
        Int32 threadId = Thread.CurrentThread.ManagedThreadId;
        if (threadId != m_owningThreadId)
            throw new SynchronizationLockException("Lock not owned by calling thread");

        // 递减递归计数。如果这个线程仍然拥有锁，那么直接返回
        if (--m_recursion > 0) return;

        m_owningThreadId = 0; // 现在没有线程拥有锁

        // 如果没有其他线程在等待，直接返回
        if (Interlocked.Decrement(ref m_waiters) == 0)
            return;

        // 有其他线程正在等待，唤醒其中一个
        m_waiterLock.Set(); // 这里有较大的性能损失
    }

    public void Dispose() { m_waiterLock.Dispose(); }
}
```

可以看出，为锁添加了额外的行为之后，会增大它拥有的字段数量，进而增大内存消耗。代码还变得更复杂了，而且这些代码必须执行，造成锁的性能的下降。29.4.1 节 "Event 构造" 比较了在各种情况下对一个 Int32 进行递增的性能，这些情况分别是：无任何锁，使用基元用户模式构造，以及使用内核模式构造。下面重复了那些性能测试的结果，并添加了使用 SimpleHybridlock 和 AnotherHybridLock 的结果。结果从快到慢依次为：

```
Incrementing x: 8                              最快
Incrementing x in M: 69                        约慢 9 倍
Incrementing x in SpinLock: 164                约慢 21 倍
Incrementing x in SimpleHybridLock: 164        约慢 21 倍 ( 类似于 SpinLock)
Incrementing x in AnotherHybridLock: 230       约慢 29 倍 ( 因为所有权 / 递归 )
Incrementing x in SimpleWaitLock: 8854         约慢 1107 倍
```

注意，AnotherHybridLock 的性能不如 SimpleHybridLock。这是因为需要额外的逻辑和错误检查来管理线程所有权和递归行为。由此可见，在锁中添加的每一个行为都会影响它的性能。

30.3 FCL 中的混合构造

FCL 自带许多混合构造，它们通过一些别致的逻辑将你的线程保持在用户模式，从而增强应用程序的性能。有的混合构造直到首次有线程在一个构造上发生竞争时，才会创建内核模式的构造。如果线程一直不在构造上发生竞争，那么应用程序就可以避免因为创建对象而产生的性能损失，同时避免为对象分配内存。许多构造还支持使用一个 CancellationToken(参见第 27 章)，使一个线程强迫解除可能正在构造上等待的其他线程的阻塞。本节将介绍这些混合构造。

30.3.1 ManualResetEventSlim 类和 SemaphoreSlim 类

先来看看 System.Threading.ManualResetEventSlim 和 System.Threading. SemaphoreSlim 这两个类。[①] 这两个构造的工作方式和对应的内核模式构造完全一致，只是它们都在用户模式中"自旋"，而且都推迟到发生第一次竞争时，才创建内核模式的构造。它们的 Wait 方法允许传递一个超时值和一个 CancellationToken。下面展示了这些类(未列出部分方法重载)：

扫码查看

```
public class ManualResetEventSlim : IDisposable {
    public ManualResetEventSlim(Boolean initialState, Int32 spinCount);
    public void Dispose();
    public void Reset();
    public void Set();
    public Boolean Wait(Int32 millisecondsTimeout, CancellationToken cancellationToken);

    public Boolean IsSet { get; }
    public Int32 SpinCount { get; }
    public WaitHandle WaitHandle { get; }
}
public class SemaphoreSlim : IDisposable {
    public SemaphoreSlim(Int32 initialCount, Int32 maxCount);
    public void Dispose();
    public Int32 Release(Int32 releaseCount);
    public Boolean Wait(Int32 millisecondsTimeout, CancellationToken cancellationToken);

    // 该特殊方法用于 async 和 await( 参见第 28 章 )
    public Task<Boolean> WaitAsync(Int32 millisecondsTimeout, CancellationToken
        cancellationToken);

    public Int32 CurrentCount { get; }
    public WaitHandle AvailableWaitHandle { get; }
}
```

① 虽然没有一个 AutoResetEventSlim 类，但许多时候都可以构造一个 SemaphoreSlim 对象，并将 maxCount 设为 1。

30.3.2 Monitor 类和同步块

　　或许最常用的混合型线同步构造就是 Monitor 类，它提供了支持自旋、线程所有权和递归的互斥锁。之所以最常用，是因为它资格最老，C# 有内建的关键字支持它，JIT 编译器对它知之甚详，而且 CLR 自己也在代表你的应用程序而使用它。但是，正如稍后就要讲到的那样，这个构造存在许多问题，用它很容易造成代码中出现 bug。我先解释这个构造，然后指出问题以及解决问题的方式。

　　堆中的每个对象都可以关联一个名为同步块的数据结构。同步块包含字段，这些字段和本章前面展示的 AnotherHybridLock 类的字段相似。具体地说，它为内核对象、拥有线程 (owning thread) 的 ID、递归计数 (recursion count) 以及等待线程 (waiting thread) 计数提供了相应的字段。Monitor 是静态类，它的方法接受对任何堆对象的引用。这些方法对指定对象的同步块中的字段进行操作。以下是 Monitor 类最常用的方法：

```
public static class Monitor {
    public static void Enter(Object obj);
    public static void Exit(Object obj);

    // 还可指定尝试进入锁时的超时值 ( 不常用 )：
    public static Boolean TryEnter(Object obj, Int32 millisecondsTimeout);

    // 稍后会讨论 lockTaken 实参
    public static void Enter(Object obj, ref Boolean lockTaken);
    public static void TryEnter(Object obj, Int32 millisecondsTimeout,
        ref Boolean lockTaken);
}
```

　　显然，为堆中每个对象都关联一个同步块数据结构显得很浪费，尤其是考虑到大多数对象的同步块都从不使用。为了节省内存，CLR 团队采用一种更经济的方式提供刚才描述的功能。它的工作原理是：CLR 初始化时在堆中分配一个同步块数组。本书第 4 章说过，每当一个对象在堆中创建的时候，都有两个额外的开销 (overload) 字段与之关联。第一个是"类型对象指针"，包含类型的"类型对象"的内存地址。第二个是"同步块索引"，包含同步块数组中的一个整数索引。

　　一个对象在构造时，它的同步块索引初始化为 -1，表明不引用任何同步块。然后，调用 Monitor.Enter 时，CLR 在数组中找到一个空白同步块，并设置对象的同步块索引，让它引用该同步块。换言之，同步块和对象是动态关联的。调用 Exit 时，会检查是否有其他任何线程正在等待使用对象的同步块。如果没有线程在等待它，同步块就自由了，Exit 将对象的同步块索引设回 -1，自由的同步块将来可与另一个对象关联。

图 30-1 展示了堆中的对象、它们的同步块索引以及 CLR 的同步块数组元素之间的关系。Object-A、Object-B 和 Object-C 都将它们的类型对象指针成员设为引用 Type-T(一个类型对象)。这意味着三个对象全都具有相同的类型。如第 4 章所述，类型对象本身也是堆中的一个对象。和其他所有对象一样，类型对象有两个开销成员：同步块索引和类型对象指针。这意味着同步块可以和类型对象关联，而且可以将一个类型对象引用传给 Monitor 的方法。顺便说一句，如有必要，同步块数组能创建更多的同步块。所以，同时同步大量对象时，不用担心系统会用光同步块。

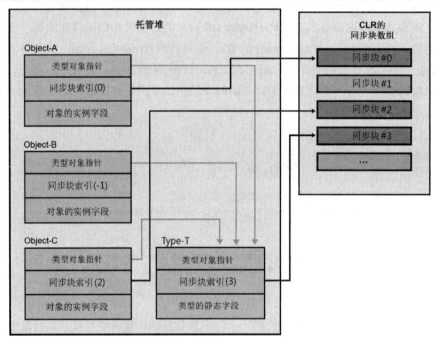

图 30-1 堆中的对象(包括类型对象)可以使其同步块索引引用 CLR 同步块数组中的记录

以下代码演示了 Monitor 类原本的方法：

```
internal sealed class Transaction {
    private DateTime m_timeOfLastTrans;

    public void PerformTransaction() {
        Monitor.Enter(this);
        // 以下代码拥有对数据的独占访问权 ...
        m_timeOfLastTrans = DateTime.Now;
        Monitor.Exit(this);
    }

    public DateTime LastTransaction {
        get {
```

```
        Monitor.Enter(this);
        // 以下代码拥有对数据的独占访问权 ...
        DateTime temp = m_timeOfLastTrans;
        Monitor.Exit(this);
        return temp;
        }
    }
}
```

表面看很简单，但实际是有问题的。问题在于，每个对象的同步块索引都隐式为公共的。以下代码演示了这可能造成的影响：

```
public static void SomeMethod() {
    var t = new Transaction();
    Monitor.Enter(t); // 这个线程获取对象的公共锁

    // 让一个线程池线程显示 LastTransaction 时间
    // 注意：线程池线程会阻塞，直到 SomeMethod 调用了 Monitor.Exit！
    ThreadPool.QueueUserWorkItem(o => Console.WriteLine(t.LastTransaction));
    // 在这里执行其他一些代码 ...
    Monitor.Exit(t);
}
```

在以上代码中，执行 SomeMethod 的线程调用 Monitor.Enter，获取由 Transaction 对象公开的锁。线程池线程查询 LastTransaction 属性时，该属性也调用 Monitor.Enter 来获取同一个锁，造成线程池线程阻塞，直到执行 SomeMethod 的线程调用 Monitor.Exit。使用一个调试器，可以发现线程池线程在 LastTransaction 属性内部阻塞。但是，很难判断是另外哪个线程拥有锁。即使真的弄清楚了是哪个线程拥有锁，还必须弄清楚是什么代码造成它取得锁，这就更难了。更糟的是，即使历经千辛万苦，终于搞清楚了是什么代码造成线程取得锁，最后却发现那些代码不在自己的控制范围之内，或者无法修改它们来修正问题。因此，我的建议是始终坚持使用私有锁。下面展示了如何修正 Transaction 类：

```
internal sealed class Transaction {
    private readonly Object m_lock = new Object();// 现在每个 Transaction 对象都有私有锁
    private DateTime m_timeOfLastTrans;

    public void PerformTransaction() {
        Monitor.Enter(m_lock); // 进入私有锁
        // 以下代码拥有对数据的独占访问权 ...
        m_timeOfLastTrans = DateTime.Now;
        Monitor.Exit(m_lock); // 退出私有锁
    }

    public DateTime LastTransaction {
        get {
```

```
        Monitor.Enter(m_lock); // 进入私有锁
        // 以下代码拥有对数据的独占访问权 ...
        DateTime temp = m_timeOfLastTrans;
        Monitor.Exit(m_lock); // 退出私有锁
        return temp;
    }
  }
}
```

如果 Transaction 的成员是静态的，那么只需将 m_lock 字段也变成静态字段，即可确保静态成员的线程安全性。

通过以上讨论，一个很明显的结论是：Monitor 根本就不该实现成静态类；它应该像其他所有同步构造那样实现。也就是说，应该是一个可以实例化并在上面调用实例方法的类。事实上，正因为 Monitor 被设计成一个静态类，所以它还存在其他许多问题。下面对这些额外的问题进行了总结。

- 变量能引用一个代理对象——前提是变量引用的那个对象的类型派生自 System.MarshalByRefObject 类（参见第 22 章"CLR 寄宿和 AppDomain"）。调用 Monitor 的方法时，传递对代理对象的引用，锁定的是代理对象而不是代理引用的实际对象。

- 如果线程调用 Monitor.Enter，向它传递对类型对象的引用，而且这个类型对象是以"AppDomain 中立"的方式加载的[①]，那么线程会跨越进程中的所有 AppDomain 在那个类型上获取锁。这是 CLR 一个已知的 bug，它破坏了 AppDomain 本应提供的隔离能力。这个 bug 很难在保证高性能的前提下修复，所以它一直没有修复。我的建议是，永远都不要向 Monitor 的方法传递类型对象引用。

- 由于字符串可以留用（参见 14.2.2 节），所以两个完全独立的代码段可能在不知情的情况下获取对内存中的一个 String 对象的引用。如果将这个 String 对象引用传给 Monitor 的方法，两个独立的代码段现在就会在不知情的情况下以同步方式执行[②]。

- 跨越 AppDomain 边界传递字符串时，CLR 不创建字符串的副本；相反，它只是将对字符串的一个引用传给其他 AppDomain。这增强了性能，理论上也是可行的，因为 String 对象本来就不可变（不可修改）。但和其他所有

[①] 译注：参考 22.2 节"AppDomain"。

[②] 译注：再次强调，同步执行意味着不能同时访问一个资源，只有在你用完了之后，我才能接着用。在多线程编程中，"同步"(Synchronizing) 的定义是：当两个或更多的线程需要存取共同的资源时，必须确定在同一时间点只有一个线程能存取共同的资源，而实现这个目标的过程就称为"同步"。

对象一样，String 对象关联了一个同步块索引，这个索引是可变的 (可修改)，使不同 AppDomain 中的线程在不知情的情况下开始同步。这是 CLR 的 AppDomain 隔离存在的另一个 bug。我的建议是永远不要将 String 引用传给 Monitor 的方法。

- 由于 Monitor 的方法要获取一个 Object，所以传递值类型会导致值类型被装箱，造成线程在已装箱对象上获取锁。每次调用 Monitor.Enter 都会在一个完全不同的对象上获取锁，造成完全无法实现线程同步。

- 向方法应用 [MethodImpl(MethodImplOptions.Synchronized)]特性，会造成 JIT 编译器用 Monitor.Enter 和 Monitor.Exit 调用包围方法的本机代码。如果方法是实例方法，会将 this 传给 Monitor 的这些方法，锁定隐式公共的锁。如果方法是静态的，对类型的类型对象的引用会传给这些方法，造成锁定"AppDomain 中立"的类型。我的建议是永远不要使用这个特性。

- 调用类型的类型构造器时 (参见 8.3 节)，CLR 要获取类型对象上的一个锁，确保只有一个线程初始化类型对象及其静态字段。同样地，这个类型可能以"AppDomain 中立"的方式加载，所以会出问题。例如，假定类型构造器的代码进入死循环，进程中的所有 AppDomain 都无法使用该类型。我的建议是尽量避免使用类型构造器，或者至少保持它们的短小和简单。

遗憾的是，除了前面说的这些，还可能出现更糟糕的情况。由于开发人员习惯在一个方法中获取一个锁，做一些工作，然后释放锁，所以 C# 语言通过 lock 关键字来提供了一个简化的语法。假定你要写下面这样的方法：

```
private void SomeMethod() {
    lock (this) {
    // 这里的代码拥有对数据的独占访问权 ...
    }
}
```

它等价于像下面这样写方法：

```
private void SomeMethod() {
    Boolean lockTaken = false;
    try {
        // 这里可能发生异常 ( 比如 ThreadAbortException)...
        Monitor.Enter(this, ref lockTaken);
        // 这里的代码拥有对数据的独占访问权 ...
    }
    finally {
        if (lockTaken) Monitor.Exit(this);
    }
}
```

第一个问题是，C# 团队认为他们在 finally 块中调用 Monitor.Exit 是帮了你一个大忙。他们的想法是，这样一来，可以确保锁总是得以释放，无论 try 块中发生了什么。但这只是他们一厢情愿的想法。在 try 块中，如果在更改状态时发生异常，这个状态就会处于损坏状态。锁在 finally 块中退出时，另一个线程可能开始操作损坏的状态。显然，更好的解决方案是让应用程序挂起，而不是让它带着损坏的状态继续运行。这样不仅结果难以预料，还有可能引发安全隐患。第二个问题是，进入和离开 try 块会影响方法的性能。有的 JIT 编译器不会内联含有 try 块的方法，造成性能进一步下降。所以最终结果是，不仅代码的速度变慢了，还会造成线程访问损坏的状态。[①] 我的建议是杜绝使用 C# 语言的 lock 语句。

现在终于可以开始讨论 Boolean lockTaken 变量了。下面是这个变量试图解决的问题。假定一个线程进入 try 块，但在调用 Monitor.Enter 之前退出（参见第 22 章 "CLR 寄宿和 AppDomain"）。现在，finally 块会得到调用，但它的代码不应退出锁。lockTaken 变量就是为了解决这个问题而设计的。它初始化为 false，假定现在还没有进入锁（还没有获得锁）。然后，如果调用 Monitor.Enter，而且成功获得锁，Enter 方法就会将 lockTaken 设为 true。finally 块通过检查 lockTaken，便知道到底要不要调用 Monitor.Exit。顺便说一句，SpinLock 结构也支持这个 lockTaken 模式。

30.3.3　ReaderWriterLockSlim 类

我们经常都希望让一个线程简单地读取一些数据的内容。如果这些数据被一个互斥锁（比如 SimpleSpinLock、SimpleWaitLock、SimpleHybridLock、AnotherHybridLock、Mutex 或者 Monitor）保护，那么当多个线程同时试图访问这些数据时，只有一个线程才会运行，其他所有线程都会阻塞。这会造成应用程序伸缩性和吞吐能力的急剧下降。如果所有线程都希望以只读方式访问数据，就根本没有必要阻塞它们；应该允许它们并发地访问数据。另一方面，如果一个线程希望修改数据，这个线程就需要对数据的独占式访问。ReaderWriterLockSlim 构造封装了解决这个问题的逻辑。具体地说，这个构造像下面这样控制线程：

- 一个线程向数据写入时，请求访问的其他所有线程都被阻塞；
- 一个线程从数据读取时，请求读取的其他线程允许继续执行，但请求写入的线程仍被阻塞；
- 向线程写入的线程结束后，要么解除一个写入线程 (writer) 的阻塞，使它

[①] 顺便说一句，虽然仍然会对性能造成影响，但假如 try 块的代码只是对状态执行读取操作，而不是试图修改它，那么在 finally 块中释放锁是安全的。

能向数据写入，要么解除所有读取线程 (reader) 的阻塞，使它们能并发读取数据。如果没有线程被阻塞，锁就进入可以自由使用的状态，可供下一个 reader 或 writer 线程获取；

- 从数据读取的所有线程结束后，一个 writer 线程被解除阻塞，使它能向数据写入。如果没有线程被阻塞，锁就进入可以自由使用的状态，可供下一个 reader 或 writer 线程获取。

下面展示了这个类 (未列出部分方法重载)：

```
public class ReaderWriterLockSlim : IDisposable {
    public ReaderWriterLockSlim(LockRecursionPolicy recursionPolicy);
    public void Dispose();

    public void      EnterReadLock();
    public Boolean   TryEnterReadLock(Int32 millisecondsTimeout);
    public void      ExitReadLock();

    public void      EnterWriteLock();
    public Boolean   TryEnterWriteLock(Int32 millisecondsTimeout);
    public void      ExitWriteLock();

    // 大多数应用程序从不查询以下任何属性
    public Boolean IsReadLockHeld                   { get; }
    public Boolean IsWriteLockHeld                  { get; }
    public Int32 CurrentReadCount                   { get; }
    public Int32 RecursiveReadCount                 { get; }
    public Int32 RecursiveWriteCount                { get; }
    public Int32 WaitingReadCount                   { get; }
    public Int32 WaitingWriteCount                  { get; }
    public LockRecursionPolicy RecursionPolicy      { get; }
    // 未列出和 reader 升级到 writer 有关的成员
}
```

以下代码演示了这个构造的用法：

```
internal sealed class Transaction : IDisposable {
    private readonly ReaderWriterLockSlim m_lock =
        new ReaderWriterLockSlim(LockRecursionPolicy.NoRecursion);
    private DateTime m_timeOfLastTrans;

    public void PerformTransaction() {
        m_lock.EnterWriteLock();
        // 以下代码拥有对数据的独占访问权 ...
        m_timeOfLastTrans = DateTime.Now;
        m_lock.ExitWriteLock();
    }

    public DateTime LastTransaction {
```

```
        get {
            m_lock.EnterReadLock();
            // 以下代码拥有对数据的共享访问权 ...
            DateTime temp = m_timeOfLastTrans;
            m_lock.ExitReadLock();
            return temp;
        }
    }

    public void Dispose() { m_lock.Dispose(); }
}
```

这个构造有几个概念要特别留意。首先，`ReaderWriterLockSlim` 的构造器允许传递一个 `LockRecurionsPolicy` 标志，它的定义如下：

```
public enum LockRecursionPolicy { NoRecursion, SupportsRecursion }
```

如果传递 `SupportsRecursion` 标志，锁就支持线程所有权和递归行为。如同本章早些时候讨论的那样，这些行为对锁的性能有负面影响。所以，建议总是向构造器传递 `LockRecursionPolicy.NoRecursion`(就像本例)。reader-writer 锁支持线程所有权和递归的代价非常高昂，因为锁必须跟踪曾允许进入锁的所有 reader 线程，同时为每个线程都单独维护递归计数。事实上，为了以线程安全的方式维护所有这些信息，`ReaderWriterLockSlim` 内部要使用一个互斥的"自旋锁"，我不是在开玩笑！

`ReaderWriterLockSlim` 类提供了一些额外的方法 (前面没有列出) 允许一个 reader 线程升级为 writer 线程。以后，线程可以把自己降级回 reader 线程。设计者的思路是，一个线程刚开始的时候可能是读取数据。然后，根据数据的内容，线程可能想对数据进行修改。为此，线程要把它自己从 reader 升级为 writer。让锁支持这个行为，性能会大打折扣。而且我完全不觉得这是一个有用的功能。线程并不是直接从 reader 变成 writer 的。当时可能还有其他线程正在读取，这些线程必须完全退出锁。在此之后，尝试升级的线程才允许成为 writer。这相当于先让 reader 线程退出锁，再立即获取这个锁以进行写入。

注意　FCL 还提供了一个 `ReaderWriterLock` 构造，它是在 Microsoft .NET Framework 1.0 中引入的。这个构造存在许多问题，所以微软在 .NET Framework 3.5 中引入了 `ReaderWriterLockSlim` 构造。团队没有对原先的 `ReaderWriterLock` 构造进行改进，因为他们害怕失去和那些用了它的应用程序的兼容性。下面列举了 `ReaderWriterLock` 存在的几个问题。首先，即使不存在线程竞争，它的速度也非常慢。其次，线程所有权和递归行为是这个构造强加的，完全取消不了，这使锁变得更慢。最后，相比 writer 线程，它更青睐于 reader 线程，所以 writer 线程可能排起好长的队，却很少有机会获得服务，最终造成"拒绝服务"(DoS) 问题。

30.3.4 OneManyLock 类

我自己创建了一个 reader-writer 构造，它的速度比 FCL 的 `ReaderWriterLockSlim` 类快。[①] 该类名为 `OneManyLock`，因为它要么允许一个 writer 线程访问，要么允许多个 reader 线程访问。下面展示了这个类：

扫码查看

```csharp
public sealed class OneManyLock : IDisposable {
    public OneManyLock();
    public void Dispose();

    public void Enter(Boolean exclusive);
    public void Leave();
}
```

现在，让我讲解一下这个类是如何工作的。在内部，类定义了一个 `Int64` 字段来存储锁的状态、一个供 reader 线程阻塞的 `Semaphore` 对象以及一个供 writer 线程阻塞的 `AutoResetEvent` 对象。`Int64` 状态字段分解成以下 4 个子字段：

- 4 位代表锁本身的状态。0=`Free`，1=`OwnedByWriter`，2=`OwnedByReaders`，3=`OwnedByReadersAndWriterPending`，4=`ReservedForWriter`。其他值未使用；
- 20 位 (0 ~ 1 048 575 的一个数) 代表锁当前允许进入的、正在读取的 reader 线程的数量 (RR)；
- 20 位代表锁当前正在等待进入锁的 reader 线程的数量 (RW)。这些线程在自动重置事件对象 (`AutoResetEvent`) 上阻塞；
- 20 位代表正在等待进入锁的 writer 线程的数量 (WW)。这些线程在其他信号量对象 (`Semaphore`) 上阻塞。

由于与锁有关的全部信息都在单个 `Int64` 字段中，所以可以使用 `Interlocked` 类的方法来操纵这个字段，这就使锁的速度非常快，而且线程只有在存在竞争的时候才会阻塞。

下面说明线程进入一个锁进行共享访问时发生的事情：

- 如果锁的状态是 `Free`，则将状态设为 `OwnedByReaders`，RR=1，返回；
- 如果锁的状态是 `OwnedByReaders`：RR++，返回；
- 否则：RW++，阻塞 reader 线程。线程醒来时，循环并重试；

---

① 参见本书源代码文件 Ch30-1-HybridThreadSync.cs。

下面说明进行共享访问的一个线程离开锁时发生的事情:

- RR--;
- 如果 RR > 0,返回;
- 如果 WW > 0,将状态设为 ReservedForWriter,WW--,释放一个阻塞的 writer 线程,返回;
- 如果 RW==0 && WW == 0,将状态设为 Free,返回。

下面说明一个线程进入锁进行独占访问时发生的事情:

- 如果锁的状态为 Free:将状态设为 OwnedByWriter,返回;
- 如果锁的状态为 ReservedForWriter:将状态设为 OwnedByWriter,返回;
- 如果锁的状态为 OwnedByWriter:WW++,阻塞 writer 线程一旦线程醒来,循环并重试;
- 否则,将状态设为 OwnedByReadersAndWriterPending,WW++,阻塞 writer 线程。线程醒来时,循环并重试。

下面说明进行独占访问的一个线程离开锁时发生的事情:

- 如果 WW==0 && RW==0,将状态设为 Free,返回;
- 如果 WW > 0,将状态设为 ReservedForWriter,WW--,释放一个阻塞的 writer 线程,返回;
- 如果 WW==0 && RW>0,将状态设为 Free,RW=0,唤醒所有阻塞的 reader 线程,返回。

假定当前有一个线程 (reader) 正在锁中进行读取操作,另一个线程 (writer) 想进入锁进行 (独占的) 写入操作。writer 线程首先检查锁是否为 Free,由于不为 Free,所以线程会继续执行下一项检查。然而,在这个时候,reader 线程可能离开了锁,而且在离开时发现 RR 和 WW 都是 0。所以,线程会将锁的状态设为 Free。这便造成了一个问题,因为 writer 线程已经执行过这个测试,并且走开了。简单地说,这里发生的事情是,reader 线程背着 writer 线程改变了 writer 线程访问的状态。我需要解决这个问题,使锁能够正确工作。

为了解决这个问题,所有这些位操作都要使用 29.3.4 节 "Interlocked Anything 模式" 描述的技术来执行。这个模式允许将任何操作转换成线程安全的原子操作。正是因为这个原因,才使得这个锁的速度是如此之快,而且其中维护的状态比其他 reader-writer 锁少。比较 OneManyLock 类与 FCL 的 ReaderWriterLockSlim 和 ReaderWriterLock 类的性能,我得到以下结果:

```
Incrementing x in OneManyLock: 330              最快
Incrementing x in ReaderWriterLockSlim: 554     约慢 1.7 倍
Incrementing x in ReaderWriterLock: 984         约慢 3 倍
```

当然，由于所有 reader-writer 锁都执行比互斥锁更多的逻辑，所以它们的性能可能要稍差一些。但在比较时不要忘记这样一个事实：reader-writer 锁允许多个 reader 线程同时进入锁。

结束本节的讨论之前，我想指出的是，我的 Power Threading 库提供了这个锁的一个稍微不同的版本，称为 OneManyResourceLock。这个锁和库中的其他锁提供了许多附加的功能，比如死锁检测，开启锁的所有权与递归行为 (虽然要付出一定性能代价)，全部锁的统一编程模型，以及观测锁的运行时行为。可供观测的行为包括：一个线程等待获取一个锁的最长时间和一个锁被占有的最短和最长时间。

30.3.5 CountdownEvent 类

下一个构造是 System.Threading.CountdownEvent。这个构造使用了一个 ManualResetEventSlim 对象。这个构造阻塞一个线程，直到它的内部计数器变成 0。从某种角度说，这个构造的行为和 Semaphore 的行为相反。Semaphore 是在计数为 0 时阻塞线程。下面展示这个类 (未列出部分方法的重载版本)：

```
public class CountdownEvent : IDisposable {
    public CountdownEvent(Int32 initialCount);
    public void Dispose();
    public void Reset(Int32 count);              // 将 CurrentCount 设为 count
    public void AddCount(Int32 signalCount);     // 使 CurrentCount 递增 signalCount
    public Boolean TryAddCount(Int32 signalCount);// 使 CurrentCount 递增 signalCount
    public Boolean Signal(Int32 signalCount);    // 使 CurrentCount 递减 signameCount
    public Boolean Wait(Int32 millisecondsTimeout, CancellationToken cancellationToken);
    public Int32 CurrentCount   { get; }
    public Boolean IsSet        { get; }         // 如果 CurrentCount 为 0，就返回 true
    public WaitHandle WaitHandle { get; }
}
```

一旦一个 CountdownEvent 的 CurrentCount 变成 0，它就不能更改了。CurrentCount 为 0 时，AddCount 方法会抛出一个 InvalidOperationException。如果 CurrentCount 为 0，TryAddCount 直接返回 false。

30.3.6 Barrier 类

System.Threading.Barrier 构造用于解决一个非常稀有的问题，平时一般用不上。Barrier 控制的一系列线程需要并行工作，从而在一个算法的不同阶段推进。或许通过一个例子更容易理解：当 CLR 使用它的垃圾回收器 (GC) 的服务器版本时，GC 算法为每个内核都创建一个线程。这些线程在不同应用程序线程的栈中向上移动，并发地标记堆中的对象。每个线程完成了它自己的那一部分工作之后，必须停下来等待其他线程完成。所有线程都标记好对象后，线程就可以并发地压缩(compact) 堆的不同部分。每个线程都完成了对它的那一部分的堆的压缩之后，线程必须阻塞以等待其他线程。所有线程都完成了对自己那一部分的堆的压缩之后，所有线程都要在应用程序的线程的栈中上行，对根进行修正，使之引用因为压缩而发生了移动的对象的新位置。只有在所有线程都完成这个工作之后，垃圾回收器的工作才算真正完成，应用程序的线程现在可以恢复执行了。

使用 Barrier 类可以轻松应付像这样的情形。下面展示了这个类 (未列出部分方法重载)：

```
public class Barrier : IDisposable {
    public Barrier(Int32 participantCount, Action<Barrier> postPhaseAction);
    public void Dispose();
    public Int64 AddParticipants(Int32 participantCount);    // 添加参与者
    public void RemoveParticipants(Int32 participantCount);  // 减去参与者
    public Boolean SignalAndWait(Int32 millisecondsTimeout,
        CancellationToken cancellationToken);

    public Int64 CurrentPhaseNumber { get; }     // 指出进行到哪一个阶段 ( 从 0 开始 )
    public Int32 ParticipantCount { get; }       // 参与者数量
    public Int32 ParticipantsRemaining { get; }  // 需要调用 SignalAndWait 的线程数
}
```

构造 Barrier 时，要告诉它有多少个线程准备参与工作，还可以传递一个 Action<Barrier> 委托来引用所有参与者完成一个阶段的工作后要调用的代码。可以调用 AddParticipant 和 RemoveParticipant 方法在 Barrier 中动态添加和删除参与线程。但在实际应用中，人们很少这样做。每个线程完成它的阶段性工作后，应调用 SignalAndWait,，告诉 Barrier 线程已经完成一个阶段的工作，而 Barrier 会阻塞线程 (使用一个 ManualResetEventSlim)。所有参与者都调用了 SignalAndWait 后，Barrier 将调用指定的委托 (由最后一个调用 SignalAndWait 的线程调用)，然后解除正在等待的所有线程的阻塞，使它们开始下一阶段。

30.3.7 线程同步构造小结

我的建议是，代码尽量不要阻塞任何线程。执行异步计算或 I/O 操作时，将数据从一个线程交给另一个线程时，应避免多个线程同时访问数据。如果不能完全做到这一点，请尽量使用 Volatile 和 Interlocked 的方法，因为它们的速度很快，而且绝不阻塞线程。遗憾的是，这些方法只能操作简单类型。但是，可以像 29.3.4 节描述的那样在这些类型上执行丰富的操作。

主要在以下两种情况下阻塞线程。

- **线程模型很简单**　阻塞线程虽然会牺牲一些资源和性能，但可以顺序地写应用程序代码，无需使用回调方法。不过，C# 的异步方法功能现在提供了不阻塞线程的简化编程模型。
- **线程有专门用途**　有的线程是特定任务专用的。最好的例子就是应用程序的主线程。如果应用程序的主线程没有阻塞，它最终就会返回，造成整个进程终止。其他例子还有应用程序的 GUI 线程。Windows 要求一个窗口或控件总是由创建它的线程操作。因此，我们有时写代码阻塞一个 GUI 线程，直到其他某个操作完成。然后，GUI 线程根据需要对窗口和控件进行更新。当然，阻塞 GUI 线程会造成应用程序挂起，使用户体验变差。

要避免阻塞线程，就不要刻意地为线程打上标签。例如，不要创建一个拼写检查线程、一个语法检查线程、一个处理特定客户端请求的线程等。为线程打上标签，其实是在告诫自己该线程不能做其他任何事情。但是，由于线程是如此昂贵，所以不能把它们专门用于某个目的。相反，应通过线程池将线程出租短暂时间。所以正确方式是一个线程池线程开始拼写检查，再改为语法检查，再代表一个客户端请求执行工作，以此类推。

如果一定要阻塞线程，为了同步在不同 AppDomain 或进程中运行的线程，请使用内核对象构造。要在一系列操作中原子性地操纵状态，请使用带有私有字段的 `Monitor` 类。[①] 另外，可以使用 reader-writer 锁代替 `Monitor`。reader-writer 锁通常比 `Monitor` 慢，但它们允许多个线程并发执行，这提升了总体性能，并将阻塞线程的机率降至最低。

此外，避免使用递归锁 (尤其是递归的 reader-writer 锁)，因为它们会损害性能。但 `Monitor` 是递归的，性能也不错。[②] 另外，不要在 `finally` 块中释放锁，因为进入和离开异常处理块会招致性能损失。如果在更改状态时抛出异常，状态就会损坏，操作这个状态的其他线程会出现不可预料的行为，并可能引入安全隐患。

当然，如果写代码来占有锁，注意时间不要太长，否则会增大线程阻塞的机率。后面的 30.6 节"异步的同步构造"会展示如何利用集合类防止长时间占有锁。

最后，对于计算限制的工作，可以使用任务 (参见第 27.5 节"任务") 避免使用大量线程同步构造。我喜欢的一个设计是，每个任务都关联一个或多个延续任务。某个操作完成后，这些任务将通过某个线程池线程继续执行。这比让一个线程阻塞并等待某个操作完成好得多。对于 I/O 限制的工作，调用各种 XxxAsync 方法将造成你的代码在 I/O 操作完成后继续；这其实类似于任务的延续任务。

---

① 可用 SpinLock 代替 Monitor，因为 SpinLock 稍快一些。但 SpinLock 比较危险，因为它可能浪费 CPU 时间。而且在我看来，它还没有快到非用不可的地步。
② 部分是由于 Monitor 用本机代码 (而非托管代码) 来实现。

30.4 著名的双检锁技术

双检锁 (Double-Check Locking) 是一个非常出名的技术，开发人员用它将单实例 (singleton) 对象的构造推迟到应用程序首次请求该对象时进行。这有时也称为延迟初始化 (lazy initialization)。如果应用程序永远不请求对象，对象就永远不会构造，从而节省了时间和内存。但当多个线程同时请求单实例对象时就可能出问题。这个时候必须使用一些线程同步机制确保单实例对象只被构造一次。

该技术之所以有名，并不是因为它非常有趣或有用，而是因为它曾经是人们热烈讨论的话题。该技术曾在 Java 中大量使用，后来有一天，一些人发现 Java 不能保证该技术在任何地方都能正确工作。这个使它出名的网页对问题进行了清楚的说明：http://www.cs.umd.edu/~pugh/java/memoryModel/DoubleCheckedLocking.html。

扫码查看

无论如何，好消息是 CLR 能很好地支持双检锁技术，这应该归功于 CLR 的内存模型以及“易变”(volatile) 字段访问 (参见第 29 章“基元线程同步构造”)。以下代码演示了如何用 C# 实现双检锁技术 [①]：

```csharp
public sealed class Singleton {
    // s_lock 对象是实现线程安全所需要的。定义这个对象时，我们假设创建单实例对象的
    // 代价高于创建一个 System.Object 对象，并假设可能根本不需要创建单实例对象、
    // 否则，更经济、更简单的做法是在一个类构造器中创建单实例对象、
    private static Object s_lock = new Object();

    // 这个字段引用一个单实例对象
    private static Singleton s_value = null;

    // 私有构造器阻止这个类外部的任何代码创建实例
    private Singleton() {
        // 把初始化单实例对象的代码放在这里 ...
    }

    // 以下公共静态方法返回单实例对象 ( 如有必要就创建它 )
    public static Singleton GetSingleton() {
        // 如果单实例对象已经创建，直接返回它 ( 这样速度很快 )
        if (s_value != null) return s_value;

        Monitor.Enter(s_lock); // 还没有创建，让一个线程创建它
        if (s_value == null) {
            // 仍未创建，创建它
            Singleton temp = new Singleton();

            // 将引用保存到 s_value 中 ( 参见正文的详细讨论 )
            Volatile.Write(ref s_value, temp);
```

----

① 译注：两个 if 语句即是两次检查。

```
        }
        Monitor.Exit(s_lock);

        // 返回对单实例对象的引用
        return s_value;
    }
}
```

双检锁技术背后的思路在于，对 GetSingleton 方法的一个调用可以快速地检查 s_value 字段，判断对象是否创建。如果是，方法就返回对它的引用。这里的妙处在于，如果对象已经构造好，就不需要线程同步；应用程序会运行得非常快。另一方面，如果调用 GetSingleton 方法的第一个线程发现对象还没有创建，就会获取一个线程同步锁来确保只有一个线程构造单实例对象。这意味着只有线程第一次查询单实例对象时，才会出现性能上的损失。

现在，让我解释一下这个模式为什么在 Java 语言中出了问题。Java 虚拟机 (JVM) 在 GetSingleton 方法开始的时候将 s_value 的值读入 CPU 寄存器。然后，对第二个 if 语句求值时，它直接查询寄存器，造成第二个 if 语句总是求值为 true，结果就是多个线程都会创建 Singleton 对象。当然，只有多个线程恰好同时调用 GetSingleton 才会发生这种情况。在大多数应用程序中，发生这种情况的概率都是极低的。这正是该问题在 Java 中长时间都没有被发现的原因。

在 CLR 中，对任何锁方法的调用都构成了一个完整的内存栅栏 (memory fence)，在栅栏之前写入的任何变量都必须在栅栏之前完成；在栅栏之后的任何变量读取都必须在栅栏之后开始。对于 GetSingleton 方法，这意味着 s_value 字段的值必须在调用了 Monitor.Enter 之后重新读取；调用前缓存到寄存器中的东西作不了数。

GetSingleton 内部有一个 Volatile.Write 调用。下面让我解释一下它解决的是什么问题。假定第二个 if 语句中包含的是下面这行代码：

```
s_value = new Singleton(); // 你极有可能这样写
```

你的想法是让编译器生成代码为一个 Singleton 分配内存，调用构造器来初始化字段，再将引用赋给 s_value 字段。使一个值对其他线程可见称为发布 (publishing)。但那只是你一厢情愿的想法，编译器可能这样做：为 Singleton 分配内存，将引用发布到 (赋给)s_value，再调用构造器。从单线程的角度出发，像这样改变顺序是无关紧要的。但在将引用发布给 s_value 之后，并在调用构造器之前，如果另一个线程调用了 GetSingleton 方法，那么会发生什么？这个线程会发现 s_value 不为 null，所以会开始使用 Singleton 对象，但对象的构造器还没有结束执行呢！这是一个很难追踪的 bug，尤其是它完全是由于计时而造成的。

对 Volatile.Write 的调用修正了这个问题。它保证 temp 中的引用只有在构造器结束执行之后，才发布到 s_value 中。解决这个问题的另一个办法是使用 C# volatile 关键字来标记 s_value 字段。这使向 s_value 的写入变得具有"易变性"。同样，构造器必须在写入发生前结束运行。但遗憾的是，这同时会使所有读取操作具有"易变性"[①]，这是完全没必要的。因此，使用 volatile 关键字，会使性能无谓地受到损害。

本节开始便指出双检锁技术无关有趣。在我看来，是开发人员把它捧得太高，在许多不该使用它的时候也在用它。大多数时候，这个技术实际上会损害效率。下面是 Singleton 类的一个简单得多的版本，它的行为和上一个版本相同。这个版本没有使用"著名"的双检锁技术：

```
internal sealed class Singleton {
    private static Singleton s_value = new Singleton();

    // 私有构造器防止这个类外部的任何代码创建一个实例
    private Singleton() {
        // 将初始化单实例对象的代码放在这里 ...
    }

    // 以下公共静态方法返回单实例对象（如有必要就创建它）
    public static Singleton GetSingleton() { return s_value; }
}
```

由于代码首次访问类的成员时，CLR 会自动调用类型的类构造器，所以首次有一个线程查询 Singleton 的 GetSingleton 方法时，CLR 就会自动调用类构造器，从而创建一个对象实例。此外，CLR 已保证了对类构造器的调用是线程安全的。我已在 8.3 节"类型构造器"对此进行了解释。这种方式的缺点在于，首次访问类的*任何*成员都会调用类型构造器。所以，如果 Singleton 类型定义了其他静态成员，就会在访问其他任何静态成员时创建 Singleton 对象。有人通过定义嵌套类来解决这个问题。

下面展示了生成 Singleton 对象的第三种方式：

```
internal sealed class Singleton {
    private static Singleton s_value = null;

    // 私有构造器阻止这个类外部的任何代码创建实例
    private Singleton() {
        // 把初始化单实例对象的代码放在这里 ...
    }
```

---

① 译注：因而所以对字段的读取也要同步了。

```
    // 以下公共静态方法返回单实例对象（如有必要就创建它）
    public static Singleton GetSingleton() {
        if (s_value != null) return s_value;

        // 创建一个新的单实例对象，并把它固定下来（如果另一个线程还没有固定它的话）
        Singleton temp = new Singleton();
        Interlocked.CompareExchange(ref s_value, temp, null);

        // 如果这个线程竞争失败，新建的第二个单实例对象会被垃圾回收

        return s_value; // 返回对单实例对象的引用
    }
}
```

如果多个线程同时调用 GetSingleton，这个版本可能创建两个（或更多）
Singleton 对象。然而，对 Interlocked.CompareExchange 的调用确保只
有一个引用才会发布到 s_value 字段中。没有通过这个字段固定下来的任何对
象[①]会在以后被垃圾回收。由在大多数应用程序都很少发生多个线程同时调用
GetSingleton 的情况，所以不太可能同时创建多个 Singleton 对象。

虽然可能创建多个 Singleton 对象，但以上代码有多方面的优势。首先，
它的速度非常快。其次，它永不阻塞线程。相反，如果一个线程池线程在一个
Monitor 或者其他任何内核模式的线程同步构造上阻塞，线程池就会创建另一个线
程来保持 CPU 的"饱和"。因此，会分配并初始化更多的内存，而且所有 DLL 都
会收到一个线程连接通知。使用 CompareExchange 则永远不会发生这种情况。当然，
只有在构造器没有副作用的时候才能使用这个技术。

FCL 有两个类型封装了本节描述的模式。下面是泛型 System.Lazy 类（有的
方法没有列出）：

```
public class Lazy<T> {
    public Lazy(Func<T> valueFactory, LazyThreadSafetyMode mode);
    public Boolean IsValueCreated { get; }
    public T Value { get; }
}
```

以下代码演示了它是如何工作的：

```
public static void Main() {
    // 创建一个"延迟初始化"包装器，它将 DateTime 的获取包装起来
    Lazy<String> s = new Lazy<String>(() =>
        DateTime.Now.ToLongTimeString(), true);

    Console.WriteLine(s.IsValueCreated);  // 还没有查询 Value，所以返回 false
```

---

① 译注：称为不可达对象。

```
    Console.WriteLine(s.Value);              // 现在调用委托
    Console.WriteLine(s.IsValueCreated);     // 已经查询了 Value，所以返回 true
    Thread.Sleep(10000);                     // 等待 10 秒，再次显示时间
    Console.WriteLine(s.Value);              // 委托没有调用；显示相同结果
}
```

在我的机器上运行，得到以下结果：

```
False
2:40:42 PM
True
2:40:42 PM     ← 注意，10 秒之后，时间未发生改变
```

以上代码构造 Lazy 类的实例，并向它传递某个 LazyThreadSafetyMode 标志。
下面总结了这些标志：

```
public enum LazyThreadSafetyMode {
    None,                           // 完全没有线程安全支持（适合 GUI 应用程序）
    ExecutionAndPublication         // 使用双检锁技术
    PublicationOnly,                // 使用 Interlocked.CompareExchange 技术
}
```

内存有限的时候，可能不想创建 Lazy 类的实例。这时可以调用 System.
Threading.LazyInitializer 类的静态方法。下面展示了这个类：

```
public static class LazyInitializer {
    // 这两个方法在内部使用了 Interlocked.CompareExchange:
    public static T EnsureInitialized<T>(ref T target) where T: class;
    public static T EnsureInitialized<T>(ref T target, Func<T> valueFactory)
                    where T: class;

    // 这两个方法在内部将同步锁 (syncLock) 传给 Monitor 的 Enter 和 Exit 方法
    public static T EnsureInitialized<T>(ref T target, ref Boolean initialized,
        ref Object syncLock);
    public static T EnsureInitialized<T>(ref T target, ref Boolean initialized,
        ref Object syncLock, Func<T> valueFactory);
}
```

另外，为 EnsureInitialized 方法的 syncLock 参数显式指定同步对象，可
以用同一个锁保护多个初始化函数和字段。下例展示了如何使用这个类的方法：

```
public static void Main() {
    String name = null;
    // 由于 name 为 null，所以委托执行并初始化 name
    LazyInitializer.EnsureInitialized(ref name, () => "Jeffrey");
    Console.WriteLine(name); // 显示 "Jeffrey"

    // 由于 name 已经不为 null，所以委托不运行；name 不改变
    LazyInitializer.EnsureInitialized(ref name, () => "Richter");
```

```
        Console.WriteLine(name); // 还是显示 "Jeffrey"
}
```

30.5 条件变量模式

　　假定一个线程希望在一个复合条件为 true 时执行一些代码。一个选项是让线程连续"自旋"，反复测试条件。但这会浪费 CPU 时间，也不可能对构成复合条件的多个变量进行原子性的测试。幸好，有一个模式允许线程根据一个复合条件来同步它们的操作，而且不会浪费资源。这个模式称为条件变量 (condition variable) 模式。我们通过 Monitor 类中定义的以下方法来使用该模式：

```
public static class Monitor {
    public static Boolean Wait(Object obj);
    public static Boolean Wait(Object obj, Int32 millisecondsTimeout);

    public static void Pulse(Object obj);
    public static void PulseAll(Object obj);
}
```

　　下面展示了这个模式：

```
internal sealed class ConditionVariablePattern {
    private readonly Object m_lock = new Object();
    private Boolean m_condition = false;

    public void Thread1() {
        Monitor.Enter(m_lock);       // 获取一个互斥锁

        // 在锁中，"原子性"地测试复合条件
        while (!m_condition) {
            // 条件不满足，就等待另一个线程更改条件
            Monitor.Wait(m_lock);    // 临时释放锁，使其他线程能获取它
        }

        // 条件满足，处理数据 ...

        Monitor.Exit(m_lock);        // 永久释放锁
    }

    public void Thread2() {
        Monitor.Enter(m_lock);       // 获取一个互斥锁

        // 处理数据并修改条件 ...
        m_condition = true;

        // Monitor.Pulse(m_lock);    // 锁释放之后唤醒一个正在等待的线程
```

```
        Monitor.PulseAll(m_lock);  // 锁释放之后唤醒所有正在等待的线程

        Monitor.Exit(m_lock);        // 释放锁
    }
}
```

在以上代码中，执行 Thread1 方法的线程进入一个互斥锁，然后对一个条件进行测试。在这里，我只是检查一个 Boolean 字段，但它可以是任意复合条件。例如，可以检查是不是三月的一个星期二，同时一个特定的集合对象是否包含 10 个元素。如果条件为 false，大家可能希望线程在条件上"自旋"。但自旋会浪费 CPU 时间，所以线程不是自旋，而是调用 Wait。Wait 释放锁，使另一个线程能获得它并阻塞调用线程。

Thread2 方法展示了第二个线程执行的代码。它调用 Enter 来获取锁的所有权，处理一些数据，造成一些状态的改变，再调用 Pulse 或 PulseAll，从而解除一个线程因为调用 Wait 而进入的阻塞状态。注意，Pulse 只解除等待最久的线程(如果有的话)的阻塞，而 PulseAll 解除所有正在等待的线程(如果有的话)的阻塞。但所有未阻塞的线程还没有醒来。执行 Thread2 的线程必须调用 Monitor.Exit，允许锁由另一个线程拥有。另外，如果调用的是 PulseAll，其他线程不会同时解除阻塞。调用 Wait 的线程解除阻塞后，它成为锁的所有者。由于这是一个互斥锁，所以一次只能有一个线程拥有它。其他线程只有在锁的所有者调用了 Wait 或 Exit 之后才能得到它。

执行 Thread1 的线程醒来时，它进行下一次循环迭代，再次对条件进行测试。如果条件仍为 false，它就再次调用 Wait。如果条件为 true，它就处理数据，并最终调用 Exit。这样就会将锁释放，使其他线程能得到它。这个模式的妙处在于，可以使用简单的同步逻辑(只是一个锁)来测试构成一个复合条件的几个变量，而且多个正在等待的线程可以全部解除阻塞，而不会造成任何逻辑错误。唯一的缺点就是解除线程的阻塞可能浪费一些 CPU 时间。

下面展示了一个线程安全的队列，它允许多个线程在其中对数据项 (item) 进行入队和出队操作。注意，除非有了一个可供处理的数据项，否则试图出队一个数据项的线程会一直阻塞。

```
internal sealed class SynchronizedQueue<T> {
    private readonly Object m_lock = new Object();
    private readonly Queue<T> m_queue = new Queue<T>();

    public void Enqueue(T item) {  // 入队
        Monitor.Enter(m_lock);

        // 一个数据项入队后，就唤醒任何 / 所有正在等待的线程
```

```
        m_queue.Enqueue(item);
        Monitor.PulseAll(m_lock);

        Monitor.Exit(m_lock);
    }

    public T Dequeue() {  // 出队
        Monitor.Enter(m_lock);

        // 队列为空 ( 这是条件 ) 就一直循环
        while (m_queue.Count == 0)
            Monitor.Wait(m_lock);

        // 使一个数据项出队，返回它供处理
        T item = m_queue.Dequeue();
        Monitor.Exit(m_lock);
        return item;
    }
}
```

30.6 异步的同步构造

　　任何使用了内核模式基元的线程同步构造，我都不是特别喜欢。因为所有这些基元都会阻塞一个线程的运行。创建线程的代价很大。创建了却不用，这于情于理都说不通。下面这个例子能很好地说明这个问题。

　　假定客户端向网站发出请求。客户端请求到达时，一个线程池线程开始处理客户端请求。假定这个客户端想以线程安全的方式修改服务器中的数据，所以它请求一个 reader-writer 锁来进行写入 (这使线程成为一个 writer 线程)。假定这个锁被长时间占有。在锁被占有期间，另一个客户端请求到达了，所以线程池为这个请求创建新线程。然后，线程阻塞，尝试获取 reader-writer 锁来进行读取 (这使线程成为一个 reader 线程)。事实上，随着越来越多的客户端请求到达，线程池会创建越来越多的线程，所有这些线程都傻傻地在锁上面阻塞。服务器把它的所有时间都花在创建线程上面，而目的仅仅是让它们停止运行！，这样的服务器完全没有伸缩性可言。

　　更糟的是，当 writer 线程释放锁时，所有 reader 线程都同时解除阻塞并开始执行。现在，又变成了大量线程试图在相对数量很少的 CPU 上运行。所以，Windows 开始在线程之间不停地进行上下文切换。由于上下文切换产生了大量开销，所以真正的工作反正没有得到很快的处理。

　　观察本章介绍的所有构造，你会发现这些构造想要解决的许多问题其实最好都是用第 27 章 "计算限制的异步操作" 讨论的 Task 类来完成。拿 Barrier 类来说：

可以生成几个 Task 对象来处理一个阶段。然后，当所有这些任务完成后，可以用另外一个或多个 Task 对象继续。和本章展示的大量构造相比，任务具有下述许多优势：

- 任务使用的内存比线程少得多，创建和销毁所需的时间也少得多；
- 线程池根据可用 CPU 数量自动伸缩任务规模；
- 每个任务完成一个阶段后，运行任务的线程回到线程池，在那里能接受新任务；
- 线程池是站在整个进程的高度观察任务。所以，它能更好地调度这些任务，减少进程中的线程数，并减少上下文切换。

锁很流行，但长时间拥有会造成严重的伸缩性问题。如果代码能通过异步的同步构造指出它想要一个锁，那么会非常有用。在这种情况下，如果线程得不到锁，可以直接返回并执行其他工作，而不必在那里傻傻地阻塞。以后当锁可用时，代码可以恢复执行并访问锁所保护的资源。我当年在为客户解决一个重大的伸缩性问题时有了这个思路并于 2009 年将该专利卖给了微软，专利号是 7603502。

SemaphoreSlim 类通过 WaitAsync 方法实现了这个思路，下面是该方法的最复杂的重载版本的签名：

```
public Task<Boolean> WaitAsync(Int32 millisecondsTimeout,
                               CancellationToken cancellationToken);
```

可以用它以异步方式同步对一个资源的访问 (不阻塞任何线程)：

```
private static async Task AccessResourceViaAsyncSynchronization(SemaphoreSlim asyncLock) {
    // TODO: 执行你想要的任何代码 ...

    await asyncLock.WaitAsync(); // 请求获得锁来获得对资源的独占访问
    // 执行到这里，表明没有别的线程正在访问资源
    // TODO: 独占地访问资源 ...

    // 资源访问完毕就放弃锁，使其他代码能访问资源
    asyncLock.Release();

    // TODO: 执行你想要的任何代码 ...
}
```

SemaphoreSlim 的 WaitAsync 方法很有用，但它提供的是信号量语义。一般创建最大计数为 1 的 SemaphoreSlim，从而对 SemaphoreSlim 保护的资源进行互斥访问。所以，这和使用 Monitor 时的行为相似，只是 SemaphoreSlim 不支持线程所有权和递归语义 (这是好事)。

但 reader-writer 语义呢？ .NET Framework 提供了 ConcurrentExclusiveScheduler

Pair 类：

```
public class ConcurrentExclusiveSchedulerPair {
  public ConcurrentExclusiveSchedulerPair();

  public TaskScheduler ExclusiveScheduler { get; }
  public TaskScheduler ConcurrentScheduler { get; }

  // 未列出其他方法 ...
}
```

这个类的实例带有两个 TaskScheduler 对象，它们在调度任务时负责提供 reader/writer 语义。只要当前没有运行使用 ConcurrentScheduler 调度的任务，使用 ExclusiveScheduler 调度的任何任务将独占式地运行 (一次只能运行一个)。另外，只要当前没有运行使用 ExclusiveScheduler 调度的任务，使用 ConcurrentScheduler 调度的任务就可同时运行 (一次运行多个)。以下代码演示了该类的使用：

```
private static void ConcurrentExclusiveSchedulerDemo() {
  var cesp = new ConcurrentExclusiveSchedulerPair();
  var tfExclusive = new TaskFactory(cesp.ExclusiveScheduler);
  var tfConcurrent = new TaskFactory(cesp.ConcurrentScheduler);

  for (Int32 operation = 0; operation < 5; operation++) {
    var exclusive = operation < 2; // 出于演示的目的，我建立了 2 个独占和 3 个并发

    (exclusive ? tfExclusive : tfConcurrent).StartNew(() => {
      Console.WriteLine("{0} access", exclusive ? "exclusive" : "concurrent");
      // TODO: 在这里进行独占写入或并发读取操作 ...
    });
  }
}
```

遗憾的是，.NET Framework 没有提供具有 reader-writer 语义的异步锁。但我构建了这样的一个类，称为 AsyncOneManyLock。它的用法和 SemaphoreSlim 一样。下面是一个例子：

```
private static async Task AccessResourceViaAsyncSynchronization(
                       AsyncOneManyLock asyncLock) {
  // TODO: 执行你想要的任何代码 ...

  // 为想要的并发访问传递 OneManyMode.Exclusive 或 OneManyMode.Shared
  await asyncLock.AcquireAsync(OneManyMode.Shared); // 要求共享访问
  // 如果执行到这里，表明没有其他线程在向资源写入；可能有其他线程在读取
  // TODO: 从资源读取 ...

  // 资源访问完毕就放弃锁，使其他代码能访问资源
```

```
    asyncLock.Release();

    // TODO：执行你想要的任何代码 ...
}
```

　　下面展示了 AsyncOneManyLock 类：

```
public enum OneManyMode { Exclusive, Shared }

public sealed class AsyncOneManyLock {
    #region 锁的代码
    private SpinLock m_lock = new SpinLock(true); // 自旋锁不要用 readonly
    private void Lock() { Boolean taken = false; m_lock.Enter(ref taken); }
    private void Unlock() { m_lock.Exit(); }
    #endregion

    #region 锁的状态和辅助方法
    private Int32 m_state = 0;
    private Boolean IsFree { get { return m_state == 0; } }
    private Boolean IsOwnedByWriter { get { return m_state == -1; } }
    private Boolean IsOwnedByReaders { get { return m_state > 0; } }
    private Int32 AddReaders(Int32 count) { return m_state += count; }
    private Int32 SubtractReader() { return --m_state; }
    private void MakeWriter() { m_state = -1; }
    private void MakeFree() { m_state = 0; }
    #endregion

    // 目的是在非竞态条件时增强性能和减少内存消耗
    private readonly Task m_noContentionAccessGranter;

    // 每个等待的 writer 都通过它们在这里排队的 TaskCompletionSource 来唤醒
    private readonly Queue<TaskCompletionSource<Object>> m_qWaitingWriters =
        new Queue<TaskCompletionSource<Object>>();

    // 一个 TaskCompletionSource 收到信号，所有等待的 reader 都唤醒
    private TaskCompletionSource<Object> m_waitingReadersSignal =
        new TaskCompletionSource<Object>();
    private Int32 m_numWaitingReaders = 0;

    public AsyncOneManyLock() {
        m_noContentionAccessGranter = Task.FromResult<Object>(null);
    }

    public Task WaitAsync(OneManyMode mode) {
        Task accessGranter = m_noContentionAccessGranter; // 假定无竞争

        Lock();
        switch (mode) {
            case OneManyMode.Exclusive:
```

```
                if (IsFree) {
                    MakeWriter(); // 无竞争
                } else {
                    // 有竞争：新的 writer 任务进入队列，并返回它使 writer 等待
                    var tcs = new TaskCompletionSource<Object>();
                    m_qWaitingWriters.Enqueue(tcs);
                    accessGranter = tcs.Task;
                }
                break;

            case OneManyMode.Shared:
                if (IsFree || (IsOwnedByReaders && m_qWaitingWriters.Count == 0)) {
                    AddReaders(1); // 无竞争
                } else { // 有竞争
                    // 竞争：递增等待的 reader 数量，并返回 reader 任务使 reader 等待
                    m_numWaitingReaders++;
                    accessGranter = m_waitingReadersSignal.Task.ContinueWith(t => t.Result);
                }
                break;
        }
        Unlock();

        return accessGranter;
}

public void Release() {
    TaskCompletionSource<Object> accessGranter = null; // 假定没有代码被释放

    Lock();
    if (IsOwnedByWriter) MakeFree(); // 一个 writer 离开
    else SubtractReader(); // 一个 reader 离开

    if (IsFree) {
        // 如果自由，唤醒一个等待的 writer 或所有等待的 readers
        if (m_qWaitingWriters.Count > 0) {
            MakeWriter();
            accessGranter = m_qWaitingWriters.Dequeue();
        } else if (m_numWaitingReaders > 0) {
            AddReaders(m_numWaitingReaders);
            m_numWaitingReaders = 0;
            accessGranter = m_waitingReadersSignal;

            // 为将来需要等待的 readers 创建一个新的 TCS
            m_waitingReadersSignal = new TaskCompletionSource<Object>();
        }
    }
    Unlock();

    // 唤醒锁外面的 writer/reader，减少竞争机率以提高性能
```

```
        if (accessGranter != null) accessGranter.SetResult(null);
    }
}
```

如同我说过的一样，以上代码永远不会阻塞线程。原因是我在内部没有使用任何内核构造。这里确实使用了一个 SpinLock，它在内部使用了用户模式的构造。但第 29 章"基元线程同步构造"讨论自旋锁的时候说过，只有执行时间很短的代码段才可以用自旋锁来保护。查看我的 WaitAsync 方法，会发现我用锁保护的只是一些整数计算和比较，以及构造一个 TaskCompletionSource 并把它添加到队列的动作。这花不了多少时间，所以能保证锁只是短时间被占有。

类似地，查看我的 Release 方法，会发现做的事情不外乎一些整数计算、一个比较以及将一个 TaskCompletionSource 出队或者构造一个 TaskCompletionSource。这同样花不了多少时间。使用一个 SpinLock 来保护对 Queue 的访问，我感觉非常自在。线程在使用这种锁时永远不会阻塞，使我能构建响应灵敏的、伸缩性好的软件。

30.7 并发集合类

FCL 自带 4 个线程安全的集合类，全都是在 System.Collections.Concurrent 命名空间中定义的，分别是 ConcurrentQueue、ConcurrentStack、ConcurrentDictionary 和 ConcurrentBag。以下是它们最常用的一些成员：

```
// 以先入先出 (FIFO) 的顺序处理数据项
public class ConcurrentQueue<T> : IProducerConsumerCollection<T>,
    IEnumerable<T>, ICollection, IEnumerable {

    public ConcurrentQueue();
    public void Enqueue(T item);
    public Boolean TryDequeue(out T result);
    public Int32 Count { get; }
    public IEnumerator<T> GetEnumerator();
}

// 以后入先出 (LIFO) 的方式处理数据项
public class ConcurrentStack<T> : IProducerConsumerCollection<T>,
    IEnumerable<T>, ICollection, IEnumerable {

    public ConcurrentStack();
    public void Push(T item);
    public Boolean TryPop(out T result);
    public Int32 Count { get; }
    public IEnumerator<T> GetEnumerator();
}
```

```
// 一个无序数据项集合，允许重复
public class ConcurrentBag<T> : IProducerConsumerCollection<T>,
    IEnumerable<T>, ICollection, IEnumerable {

    public ConcurrentBag();
    public void Add(T item);
    public Boolean TryTake(out T result);
    public Int32 Count { get; }
    public IEnumerator<T> GetEnumerator();
}

// 一个无序 key/value 对集合
public class ConcurrentDictionary<TKey, TValue> : IDictionary<TKey, TValue>,
    ICollection<KeyValuePair<TKey, TValue>>, IEnumerable<KeyValuePair<TKey, TValue>>,
    IDictionary, ICollection, IEnumerable {

    public ConcurrentDictionary();
    public Boolean TryAdd(TKey key, TValue value);
    public Boolean TryGetValue(TKey key, out TValue value);
    public TValue this[TKey key] { get; set; }
    public Boolean TryUpdate(TKey key, TValue newValue, TValue comparisonValue);
    public Boolean TryRemove(TKey key, out TValue value);
    public TValue AddOrUpdate(TKey key, TValue addValue,
        Func<TKey, TValue> updateValueFactory);
    public TValue GetOrAdd(TKey key, TValue value);
    public Int32 Count { get; }
    public IEnumerator<KeyValuePair<TKey, TValue>> GetEnumerator();
}
```

　　所有这些集合类都是“非阻塞”的。换言之，如果一个线程试图提取一个不存在的元素（数据项），线程会立即返回；线程不会阻塞在那里，等着一个元素的出现。正是由于这个原因，所以如果获取了一个数据项，像 TryDequeue、TryPop、TryTake 和 TryGetValue 这样的方法全都返回 true；否则返回 false。

　　一个集合“非阻塞”，并不意味着它不需要锁。ConcurrentDictionary 类在内部使用了 Monitor。但是，对集合中的项进行操作时，锁只被占有极短的时间。ConcurrentQueue 类和 ConcurrentStack 类确实不需要锁；它们两个在内部都使用 Interlocked 的方法来操纵集合。一个 ConcurrentBag 对象（一个 bag）由大量迷你集合对象构成，每个线程一个。线程将一个项添加到 bag 中时，就用 Interlocked 的方法将这个项添加到调用线程的迷你集合中。一个线程试图从 bag 中提取一个元素时，bag 就检查调用线程的迷你集合，试图从中取出数据项。如果数据项在那里，就用一个 Interlocked 方法来提取这个项。如果不在，就在内部获取一个 Monitor，以便从另一个线程的迷你集合中提取一个项。这就是所谓的一个线程从另一个线程"窃取"一个数据项。

　　注意，所有并发集合类都提供了 GetEnumerator 方法，它一般用于 C# 语言的 foreach 语句，但也可用于 LINQ。对于 ConcurrentStack 类、ConcurrentQueue 类和 ConcurrentBag 类，GetEnumerator 方法获取集合内容的一个"快照"，并从这个快照中返回元素；实际集合的内容可能在使用快照枚举时发生改变。ConcurrentDictionary 类的 GetEnumerator 方法不获取它的内容的快照。因此，在枚举字典期间，字典的内容可能改变；这一点务必注意。还要注意的是，Count 属性返回的是查询时集合中的元素数量。如果其他线程同时正在集合中增删元素，这个计数可能马上就变得不正确了。

　　ConcurrentStack、ConcurrentQueue 和 ConcurrentBag 这三个并发集合类都实现了 IProducerConsumerCollection 接口。接口定义如下：

```
public interface IProducerConsumerCollection<T> : IEnumerable<T>, ICollection, IEnumerable {
    Boolean TryAdd(T item);
    Boolean TryTake(out T item);
    T[] ToArray();
    void CopyTo(T[] array, Int32 index);
}
```

　　实现了这个接口的任何类都能转变成一个阻塞集合。如果集合已满，那么负责生产(添加)数据项的线程会阻塞；如果集合已空，那么负责消费(移除)数据项的线程会阻塞。当然，我会尽量不使用这种阻塞集合，因为它们生命的全部意义就是阻塞线程。要将非阻塞的集合转变成阻塞集合，需要构造一个 System.Collections.Concurrent.BlockingCollection 类，向它的构造器传递对非阻塞集合的引用。BlockingCollection 类看起来像下面这样(有的方法未列出)：

```
public class BlockingCollection<T> : IEnumerable<T>, ICollection,
                    IEnumerable, IDisposable {
    public BlockingCollection(IProducerConsumerCollection<T> collection,
                              Int32 boundedCapacity);

    public void Add(T item);
    public Boolean TryAdd(T item, Int32 msTimeout, CancellationToken cancellationToken);
    public void CompleteAdding();

    public T Take();
    public Boolean TryTake(out T item, Int32 msTimeout, CancellationToken cancellationToken);

    public Int32 BoundedCapacity { get; }
    public Int32 Count { get; }
    public Boolean IsAddingCompleted { get; }  // 如果调用了 CompleteAdding，则为 true
    public Boolean IsCompleted { get; }    // 如果 IsAddingCompleted 为 true，
                                           // 而且 Count==0，则返回 true
```

```
    public IEnumerable<T> GetConsumingEnumerable(CancellationToken cancellationToken);

    public void CopyTo(T[] array, int index);
    public T[] ToArray();
    public void Dispose();
}
```

构造一个 BlockingCollection 时，boundedCapacity 参数指出你想在集合
中最多容纳多少个数据项。在基础集合已满的时候，如果一个线程调用 Add，生产
线程就会阻塞。如果愿意，生产线程可调用 TryAdd，传递一个超时值 (以毫秒为
单位) 和 / 或一个 CancellationToken，使线程一直阻塞，直到数据项成功添加、
超时到期或者 CancellationToken 被取消 (对 CancellationToken 类的讨论请
参见第 27 章)。

BlockingCollection 类实现了 IDisposable 接口。调用 Dispose 时，这个
Dispose 会调用基础集合的 Dispose。它还会对类内部用于阻塞生产者和消费者的
两个 SemaphoreSlim 对象进行清理。

生产者不再向集合添加更多的项时，生产者应调用 CompleteAdding 方法。这
会向消费者发出信号，让它们知道不要再生产更多的项了。具体地说，这会造成正
在使用 GetConsumingEnumerable 的一个 foreach 循环终止。下例演示了如何设
置一个生产者 / 消费者环境以及如何在完成数据项的添加之后发出通知：

```
public static void Main() {
    var bl = new BlockingCollection<Int32>(new ConcurrentQueue<Int32>());

    // 由一个线程池线程执行 " 消费 "
    ThreadPool.QueueUserWorkItem(ConsumeItems, bl);

    // 在集合中添加 5 个数据项
    for (Int32 item = 0; item < 5; item++) {
        Console.WriteLine("Producing: " + item);
        bl.Add(item);
    }

    // 告诉消费线程 ( 可能有多个这样的线程 )，不会在集合中添加更多的项了
    bl.CompleteAdding();

    Console.ReadLine(); // 这一行代码是出于测试的目的 ( 防止 Main 返回 )
}

private static void ConsumeItems(Object o) {
    var bl = (BlockingCollection<Int32>)o;
    // 阻塞，直到出现一个数据项。出现后就处理它
    foreach (var item in bl.GetConsumingEnumerable()) {
```

```
        Console.WriteLine("Consuming: " + item);
    }

    // 集合空白，没有更多的项进入其中
    Console.WriteLine("All items have been consumed");
}
```

在我自己的机器上执行以上代码，得到以下输出：

```
Producing: 0
Producing: 1
Producing: 2
Producing: 3
Producing: 4
Consuming: 0
Consuming: 1
Consuming: 2
Consuming: 3
Consuming: 4
All items have been consumed
```

大家在自己执行以上代码时，"Producing"和"Consuming"行可能交错出现。但"All items have been consumed"这一行必然是最后出现的。

BlockingCollection 类还提供了静态 AddToAny、TryAddToAny、TakeFromAny 和 TryTakeFromAny 方法。所有这些方法都获取一个 BlockingCollection<T>[]，以及一个数据项、一个超时值以及一个 CancellationToken。(Try)AddToAny 方法遍历数组中的所有集合，直到发现因为容量还没有达到 (还没有满)，而能够接受数据项的一个集合。(Try)TakeFromAny 方法则遍历数组中的所有集合，直到发现一个能从中移除一个数据项的集合。

术语表

下表列出了本书中文版使用的一些术语，有异于 MSDN 文档 (已于 2019 年迁移至 Microsoft Docs，后者现已更名为 Microsoft Learn) 的会专门指出。

术语	说明
(S)Byte	等同于 "SByte 和 Byte"，这是作者喜欢的说法。类似的还有 (U)Int16，(U)Int32，(U)IntPtr 等
AppDomain	(保留原文)
Compute-Bound 和 I/O-Bound	计算限制和 I/O 限制 (一个操作如果因为处理器和 I/O 的限制而不得不等待，就称为计算限制或 I/O 限制的操作)
JIT(just-in-time)	文档中喜欢把它翻译为 "实时"，例如 "实时编译"。但不要忽略这里 "just" 的含义。它的意思是 "刚好" 在需要的时候我才做这个事情。不需要我就不做。所以，我们把它翻译为 "即时"，以示跟 "real-time" 的区别。事实上，程序员之间的交流都是用 JIT "某某"。
Windows Store app	Windows Store 应用 (文档中翻译成 "Windows 应用商店应用"，显得过于冗长)
action method	操作方法
antecedent task 和 continuation task	前置任务和延续任务
arity	元数。在计算机编程中，一个函数或运算 (操作) 的元数是指函数获取的实参或操作数的个数。它源于像 unary(arity=1)、binary(arity=2)、ternary(arity=3) 这样的单词
asynchronously synchronization	异步地同步 (同步对资源的访问，但以异步方式进行，即不阻塞线程)
atomic	原子性 (读或写都是一次完成，别的线程看不到中间状态，就说这种读写是原子性的)

（续表）

术语	说明
attribute	特性（以文档为准）
awaiter	等待者（调用 GetAwaiter 所返回的对象）
bit flag	位标志
block	阻塞（停下来等着）
callback	回调（回调方法简称为"回调"）
calling thread	调用线程（发出调用的线程，也称主调线程）
capture	捕捉（文档中主要用"捕捉"，偶尔用"捕获"）
cast	转型（不用文档的"强制类型转换"是因为太冗长）
Compact	压缩（但此压缩非彼压缩，这里只是按照约定俗成的方式将 compact 翻译成"压缩"。不要以为"压缩"后内存会增多。相反，这里的"压缩"更接近于"碎片整理"。事实上，compact 正确的意思是"变得更紧凑"。但事实上，从上个世纪 80 年开始，人们就把它看成是 compress 的近义词而翻译成"压缩"，以讹传讹至今）
compute-bound 和 I/O-bound 的操作	本书分别翻译为"计算限制"和"I/O 限制"的操作。一个操作如果因为处理器或 I/O 的限制而不得不等待，就称为计算限制或 I/O 限制的操作。为什么不是"计算密集型"和"I/O 密集型"？虽然后者更常用，八、九十年代的教科书均采用这种说法，但它们并不准确。这些操作之所以最好以异步的方式来做，不是因为它们很"密集"，而是因为设备(CPU、存储设备等)本身能力有限，不能很快地完成一个操作。例如，某个操作需要长时间"霸占"CPU 来完成冗长的计算任务。这个时候能说它是一个"计算密集型"操作吗？
contract	文档的翻译非常混乱，包括协定、协议、合约、约定和契约等；本书使用"协定"
covariance 和 contravariance	协变和逆变（协变是指在要求使用一个类型的地方，能改为使用它的基类；逆变则是指在要求使用一个类型的地方，能改为使用它的派生类。C# 用关键字 in 表示逆变量，用在输入位置；用 out 表示协变量，用在输出位置。详情参见 12.5 节）

（续表）

术语	说明
culture	语言文化（而不是文档中的"区域性"）
cyclical reference	循环引用（我引用你，你引用我）
declarative	声明性（文档如此，个人更喜欢"宣告式"）
dispose	文档翻译成"释放"。但"dispose一个对象"真正的意思是"清理或处置对象中包装的资源（比如它的字段引用的对象），然后等着在一次垃圾回收之后回收该对象占用的托管堆内存（此时才释放）。"为避免误解，本书将dispose翻译成"清理"，偶尔也会保留原文。
entry	记录项（而不是"条目"、"入口"）
flush	文档翻译成"刷新"，本书保留原文。其实flush在技术文档中的意思和日常生活中一样，即"冲洗（到别处）"。例如，我们会说"冲水"，不会说"刷新水"
formatter	格式化器（文档是"格式化程序"）
get accessor method	get访问器方法（取值函数或getter）
guideline	设计规范（和文档一致，但"指导原则"更佳）
handler	处理程序。文档如此，个人不喜欢"程序"二字。
heap 和 stack	heap是"堆"，stack是"栈"，两者有严格的区分。但是，因为长期的"误译"，包括许多教科书和微软自己的文档在内，都将stack翻译为"堆栈"，例如"调用堆栈"（图22-2）和"堆栈跟踪"(https://tinyurl.com/bdzepr9m)。本书为了保持和文档的一致性，有时不得不将stack也说成"堆栈"。但看到"堆栈"，请自动脑补为stack。
helper method	辅助方法
host	寄宿（动词）或宿主（名词）
invoke 和 call	都翻译成"调用"，但两者是有区别的。执行一个所有信息都已知的方法时，用call比较恰当。但在需要先"唤出"(invoke)某个东西来帮你调用一个信息不明的方法时，用invoke就比较恰当。阅读关于委托和反射的章节时，可以更好地体会两者的区别

（续表）

术语	说明
literal	直接在代码中书写的值就是 literal 值，比如字符串值和数值（"Hello"和123）。翻译成什么的都有，包括直接量、字面值、文字常量、常值（台译）等。但实际最容易理解的还是英文原文。本书采用"字面值"
marshal	封送
metadata	元数据
mutex	互斥体
native method	本机方法（其实就是非托管方法）
native	本机（文档如此，个人更喜欢"原生"，比如原生类库、原生 C/C++ 代码、原生堆。一切非托管的，都是 native 的）
operand	操作数（要操作/运算的目标）
operator	操作符（而不是文档中的"运算符"）
overload 和 override	重载和重写，后者经常说成"覆写"或"覆盖"
preempt	抢占
primitive types	基元类型（文档如此，不是"基本类型"。可以在代码中使用的最简单的构造就称为"基元"，其他构造都是它们复合而成的）
provider	提供程序（文档如此，个人不喜欢"程序"二字）
raise an event	引发事件
recursion count 和 recursive lock	递归计数和递归锁（可重入的锁就是递归锁，重入的次数就是递归计数）
scalability	伸缩性（在少量时间里做更多工作的能力，就是所谓的"伸缩性"。作为一个伸缩性好的服务器,理论上应该CPU越多,一个耗时操作所需的时间就越短。通俗地说，在多个 CPU 之间并行执行，执行时间将根据CPU的数量成比例地缩短）
self-hosted	自寄宿（应用程序的进程自己容纳 CLR，就是所谓的自寄宿）
semaphore	信号量
set accessor method	set 访问器方法（赋值函数或 setter）

（续表）

术语	说明
side effect	副作用。在计算机编程中，如果一个函数／方法或表达式除了生成一个值，还会造成状态的改变，就说它会造成副作用；或者说会执行一个副作用
singleton	单实例（例如，如果某类型在每个 AppDomain 中只能有一个实例，它就是单实例类型）
spinning	自旋（线程不是阻塞，而是原地"打转"，浪费 CPU 时间。但在用于保护执行得非常快的代码区域时性能比较好）
string interning	字符串留用（而不是文档中的"字符串拘留"）
synchronous 和 asynchronous	同步和异步。同步意味着一个操作开始后必须等待它完成；异步则意味着不用等它完成，可立即返回做其他事情。不要将"同步"理解成"同时"。同步意味着不能同时访问一个资源，只有在你用完了之后，我才能接着用。在多线程编程中，"同步"的定义是：当两个或更多的线程需要存取共同的资源时，必须确定在同一时间点只有一个线程能存取该资源，而实现这个目标的过程就称为"同步"。切记不可将同步理解成能够"同时访问一个资源"。
tap（点击），press and hold（长按），slide（滑动），swipe（轻扫），turn（转动），pinch（收缩）和 stretch（拉伸）	Windows 8 开始引入的各种触摸"手势"
throw an exception	抛出异常（而不是文档中的"引发异常"）
unwind	一般翻译成"展开"，但这并不是一个很好的翻译。wind 和 unwind 源于生活。把线缠到线圈上称为 wind；从线圈上松开称为 unwind。同样地，调用方法时压入栈帧，称为 wind；方法执行完毕，弹出栈帧，称为 unwind。记住，这个过程是"一圈一圈"地进行的。
volatile	易变（文档将 volatile 翻译为"可变"。其实它是"短暂存在"、"易变"的意思，因为可能有多个线程都对这种字段进行修改，本书采用"易变"）
work item 和 worker thread	工作项和工作者线程（线程池术语。工作项是指要由一个线程池线程调用的方法，代表线程实际要做的工作；处理工作项的线程称为工作者线程。工作项被放到一个队列中，工作者线程将工作项从队列中取出并处理）